C$_{19}$-二萜生物碱

周先礼 著

科学出版社

北京

内 容 简 介

本书系统总结了 C_{19}-二萜生物碱的结构类型、新颖结构及特殊取代基、结构修正、结构修饰及化学合成、药理作用、核磁共振波谱特征等内容，并全面收集 900 余个 C_{19}-二萜生物碱的名称、分子式、植物来源以及碳、氢化学位移数据。

本书是二萜生物碱系列书的分册之一，适合天然产物化学、天然药物化学、医药学、植物学、波谱分析等领域的科研和专业技术人员参考。

图书在版编目（CIP）数据

C_{19}-二萜生物碱/周先礼著. —北京：科学出版社，2022.3
ISBN 978-7-03-065951-4

Ⅰ.①C… Ⅱ.①周… Ⅲ.①二萜烯生物碱 Ⅳ.①Q946.88

中国版本图书馆 CIP 数据核字（2020）第 162217 号

责任编辑：华宗琪 / 责任校对：杜子昂
责任印制：罗 科 / 封面设计：墨创文化

科 学 出 版 社 出版
北京东黄城根北街 16 号
邮政编码：100717
http://www.sciencep.com
四川煤田地质制图印刷厂 印刷
科学出版社发行 各地新华书店经销
*
2022 年 3 月第 一 版 开本：B5（720×1000）
2022 年 3 月第一次印刷 印张：65
字数：1 310 000
定价：**499.00 元**
（如有印装质量问题，我社负责调换）

序

自 1833 年盖革（P. L. Geiger）从欧乌头（*Aconitum napellus* L.）中分离出乌头碱以来，对二萜生物碱的化学研究已有 180 多年。迄今为止，被报道的二萜生物碱已逾 1500 个。早期二萜生物碱的研究主要集中于提取分离与结构测定方面。随着大量新结构和许多有显著生理活性的二萜生物碱的发现，该类生物碱成为天然有机化学的重要研究领域之一。

20 世纪 80 年代以前，二萜生物碱化学的研究主要集中于北美[雅可布（W. A. Jacobs）、马里恩（L. Marion）、爱德华兹（O. E. Edwards）、威斯纳尔（K. Wiesner）、杰拉西（C. Djerassi）、派勒蒂尔（S. W. Pelletier）、本恩（M. H. Benn）]、日本（杉野目晴贞、落合英二、坂井进一郎）和苏联[尤努索夫父子（S. Yu. Yunusov，M. S. Yunusov）]。此后，研究的中心则逐渐转移到美国[派勒蒂尔（S. W. Pelletier）]和中国。在我国，首先是朱任宏（20 世纪 50 年代），后来是周俊、梁晓天、陈耀祖等先后开展国产草乌中二萜生物碱化学的研究。此外，郝小江实验室对蔷薇科绣线菊属（*Spiraea* L.）植物中 C_{20}-二萜生物碱也做了持久而深入的研究。

数十年来围绕着二萜生物碱的植化、谱学、合成、生物活性等方面做了大量的研究工作。近年来，研究的重点又更多地侧重于活性和全合成方面。

在二萜生物碱研究的专著方面，除了我们 2010 年编写出版的单卷本《C_{19}-二萜生物碱》（*The Alkaloids*：*Chemistry and Biology*，Vol. 69，G. A. Cordell，Eds.，Elsevier Press）外，其余多以单章形式收载在 Manske 和 Pelletier 两个权威系列的生物碱丛书中。但是，中文版的二萜生物碱研究方面的专著至今尚未看到。考虑到二萜生物碱的重要性以及发展现状与趋势，周先礼和高峰两位教授合作编著了二萜生物碱系列书。该书的出版无疑将为我国广大从事生物碱化学和天然有机化学研究的科研人员提供重要参考。

在结构上，该丛书按照此类生物碱的结构类型，分别撰写为《C_{18}-二萜生物碱》、《C_{19}-二萜生物碱》和《C_{20}-二萜生物碱》三部。每部都比较系统地归纳总结了各类二萜生物碱的生源途径、来源分布、结构类型、代表性化合物、结构修饰、半合成与全合成、药理作用及波谱特征等。该书涉及面较广，内容翔实，结构严谨。此外，著者对此类化合物的研究与积累有十多年之久。

　　该书对于从事生物碱化学、植物化学、中药化学、天然药物化学与天然有机化学等方面研究的研究生、科研人员来说，都是一本很值得推荐的参考书。

王锋鹏

2019 年 12 月

于成都华西坝

前　言

生物碱是一类含氮的碱性天然有机化合物。二萜生物碱是生物碱家族中结构类型最为复杂的一类，是由四环二萜或五环二萜氨基化而形成的杂环体系，具有广泛的药用价值，尤其在镇痛、抗炎、抗心衰以及抗心律失常等方面表现出显著的药理作用。按骨架类型可分为 C_{18}-二萜生物碱、C_{19}-二萜生物碱、C_{20}-二萜生物碱及双二萜生物碱。随着天然有机化学的不断发展，植物源天然产物的化学宝库也不断被丰富。据统计，至 2020 年初，已报道的天然 C_{19}-二萜生物碱 900 余个。核磁共振波谱在结构解析过程中是不可或缺的重要工具之一，系统地整理该类化合物的核磁共振波谱数据将有助于在结构解析方面的应用。

本书共分为两章。第 1 章绪论部分简述了 C_{19}-二萜生物碱结构类型、新颖结构及特殊取代基、结构修正、结构修饰及化学合成、药理作用、核磁共振波谱特征等内容。第 2 章收录了 900 余个 C_{19}-二萜生物碱的名称、分子式、植物来源以及碳、氢核磁共振波谱数据。

由于作者水平有限，时间仓促，加之资料的局限，不免有疏漏或不当之处，诚恳地希望读者批评指正，以便改进。

周先礼

2020 年 6 月于成都

目　　录

第1章 绪 论

自 1833 年盖革（P. L. Geiger）从欧乌头（*Aconitum napellus* L.）中分离出第一个 C_{19}-二萜生物碱——乌头碱，至今，发现的天然 C_{19}-二萜生物碱近 1000 个，是数量最多的一类二萜生物碱。C_{19}-二萜生物碱主要分布在毛茛科（Ranunculaceae）乌头属（*Aconitum* L.）和翠雀属（*Delphinium* L.）植物中，飞燕草属（*Consolida* L.）中也有分布。C_{19}-二萜生物碱结构复杂，生物活性多样，具有镇痛、抗炎、强心、抗肿瘤等药理作用，备受人们关注。草乌甲素（bulleyaconitine A）、3-乙酰乌头碱（3-acetylaconitine）已开发为非成瘾性镇痛药应用于临床；中乌宁碱（mesaconine）为附子的强心活性成分，表现出极强的强心与抗心衰作用，正在进行临床前研究。为使读者全面了解 C_{19}-二萜生物碱，现从结构类型、新颖结构及特殊取代基、结构修正、结构修饰及化学合成、药理作用、核磁共振波谱特征六个方面进行简单总结。

1.1 结 构 类 型

C_{19}-二萜生物碱根据骨架的差异及 C(7)位上含氧取代基的有无，分为 6 个类型：乌头碱型（B1）、牛扁碱型（B2）、热解型（B3）、内酯型（B4）、7, 17-断裂型（B5）和重排型（B6）（Wang F P et al.，2010）。结构如图 1.1 所示。

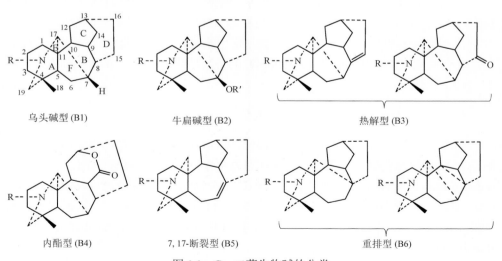

乌头碱型 (B1)　　牛扁碱型 (B2)　　热解型 (B3)

内酯型 (B4)　　7, 17-断裂型 (B5)　　重排型 (B6)

图 1.1　C_{19}-二萜生物碱的分类

1. 乌头碱型（aconitine type，B1）

乌头碱型是 C$_{19}$-二萜生物碱中数量最多的一种类型，约 500 个。主要分布在乌头属植物中，翠雀属中偶有分布。该类型 C(7)位上无含氧取代基，且 C(6)位上的含氧取代基如羟基、甲氧基等多为 α 构型。乙酸酯、苯甲酸酯、藜芦酸酯、大茴香酸酯、肉桂酸酯等常连接在 C(14)位，C(8)次之。氮原子上常有甲基、乙基、氢原子、醛基等取代或以亚胺、季铵盐形式存在。

2. 牛扁碱型（lycoctonine type，B2）

乌头碱型与牛扁碱型包含了绝大多数的 C$_{19}$-二萜生物碱，牛扁碱型在数量上仅次于乌头碱型，主要分布在翠雀属植物中。C(7)位上的含氧取代基是其主要结构特征，也是其与乌头碱型二萜生物碱的主要区别。另外，不同于乌头碱型二萜生物碱，牛扁碱型 C(6)上含氧取代基多为 β 构型；邻氨基苯甲酸酯及其衍生物常连接在 C(18)位，极少在 C(8)或 C(14)位上。此外，常见的取代基还有 7,8-亚甲二氧基，且该取代基仅存在于牛扁碱型结构类型中。

3. 热解型（pyro type，B3）

该结构类型的化合物约 12 个，全部存在于乌头属植物中。其生源上衍生于乌头碱型生物碱分子中 C(8)—OAc 的消除，具有 $\Delta^{8(15)}$ 或 C(15)＝O 结构。

4. 内酯型（lactone type，B4）

该结构类型的化合物约 13 个。由乌头碱型二萜生物碱 C 环中 C(14)＝O 经 Baeyer-Villiger 氧化形成六元内酯。肖培根等（2006）曾对中国乌头属植物药用亲缘学关系进行了初步研究，发现内酯型二萜生物碱是甘青乌头系（*Ser. Tangutica*）与圆叶乌头系（*Ser. Rotundifolia* Steinb.）的特征性化学成分，并将其合称为内酯型二萜生物碱类群。

5. 7,17-断裂型（7,17-seco type，B5）

由乌头碱型二萜生物碱 C(17)—C(7)键经 Grob 裂解，形成 C(7)＝C(8)键。裂解后，部分化合物进一步形成了 N—C(17)—O—C(3)氮杂缩醛结构，如化合物 secoaconitine（**1**）；部分化合物保留了 N＝C(17)亚胺结构，如化合物 secokaraconitine（**2**）。此外，该类型中部分化合物还具有 N—C(17)—O—C(6)结构，根据二萜生物碱的生源关系认为是由 C(6)α-OH 进攻亚胺盐形成，如化合物 franchetine（**3**）和francheline（**4**）（图 1.2）。

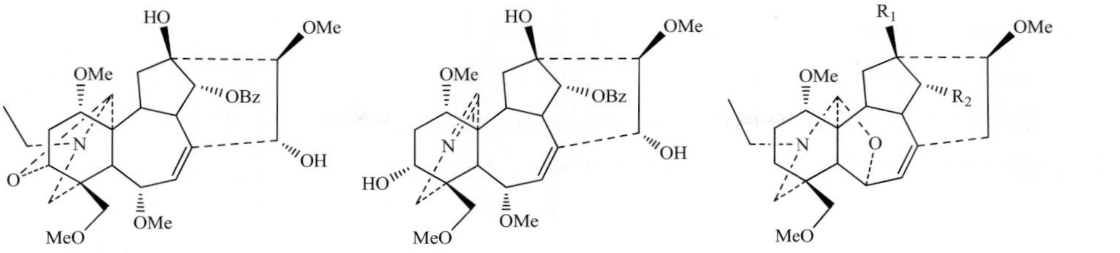

secoaconitine (**1**)

secokaraconitine (**2**)

franchetine (**3**) R$_1$ = H, R$_2$ = OBz
francheline (**4**) R$_1$ = OH, R$_2$ = OH

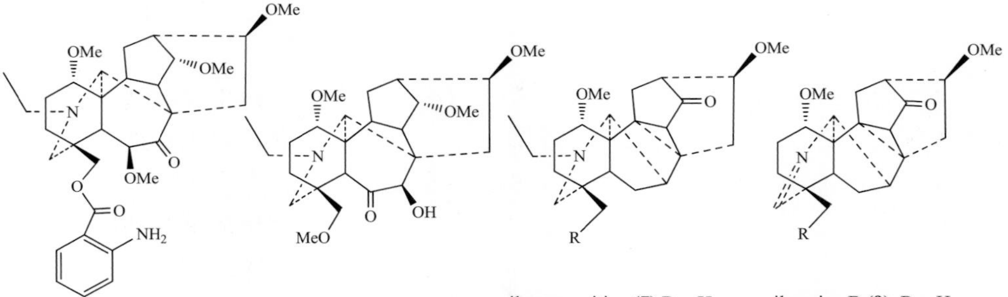

acoseptine (**5**)

puberuline C (**6**)

vilmoraconitine (**7**) R = H
aconitramine A (**8**) R = OMe

vilmorine B (**9**) R = H
vilmorine C (**10**) R = OMe

图 1.2 化合物 **1**～**10** 结构式

6. 重排型（rearranged type，B6）

该类型生物碱包括 acoseptine 和 vilmoraconitine 两种亚型。Acoseptine 亚型是由含 7,8-邻二羟基牛扁碱型二萜生物碱经频哪醇（pinacol）重排而来，C(7)—C(17)键断裂，重排成 C(8)—C(17)键，C(6)或 C(7)位形成酮羰基。如化合物 acoseptine（**5**）具有 C(7)=O 结构，puberuline C（**6**）具有 C(6)=O 结构。从黄草乌（*A. vilmorinianum*）中分离得到的 vilmoraconitine（**7**）是首个发现的 vilmoraconitine 亚型结构，该亚型具有 C(8)—C(9)—C(10)三元环结构，同类型的化合物还有 aconitramine A（**8**）、vilmorine B（**9**）、vilmorine C（**10**）。

1.2 新颖结构及特殊取代基

1.2.1 新骨架 C$_{19}$-二萜生物碱

截至 2020 年，乌头属植物中发现的新骨架化合物结构如图 1.3 所示。新骨架化合物 vilmorine A（**11**）、vilmotenitine A～B（**12**～**13**）是通过 C(8)—C(9)键迁移为 C(8)—C(10)键而形成的具有重排六元 B 环结构的 C$_{19}$-二萜生物碱。从黄草乌（*A.*

vilmorinianum Kom.）中分离得到的 **11**，是首个发现的该骨架类型化合物，且 C(1) 位上连有十分少见的 β 构型甲氧基（Yin T P et al.，2015）。Cai 等（2015）从黄草乌的变种展毛黄草乌（*A. vilmorinianum* var. *patentipilum* W. T. Wang）中分离得到另外两种相同骨架类型化合物 **12** 和 **13**。

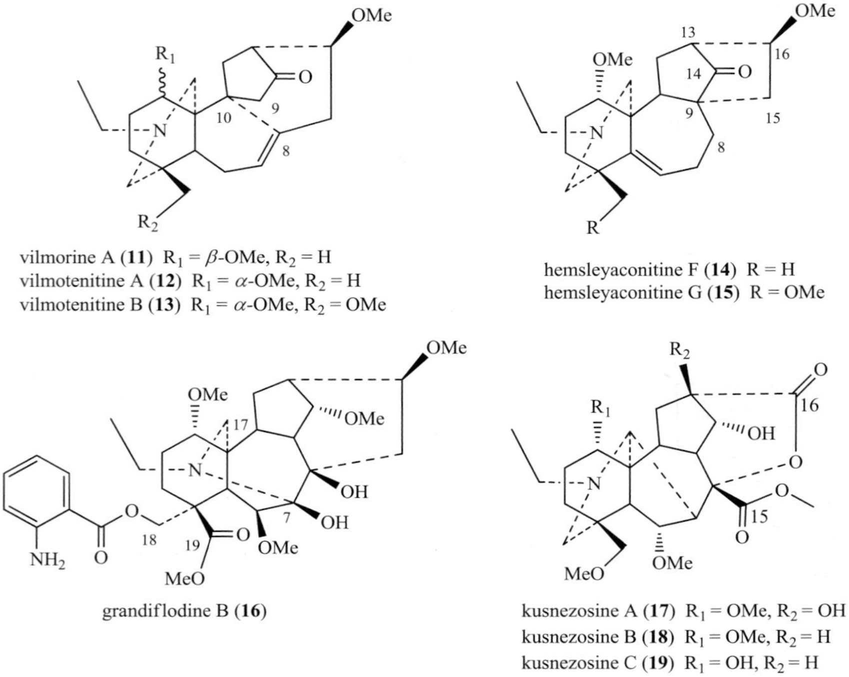

vilmorine A (**11**) R₁ = β-OMe, R₂ = H
vilmotenitine A (**12**) R₁ = α-OMe, R₂ = H
vilmotenitine B (**13**) R₁ = α-OMe, R₂ = OMe

hemsleyaconitine F (**14**) R = H
hemsleyaconitine G (**15**) R = OMe

grandiflodine B (**16**)

kusnezosine A (**17**) R₁ = OMe, R₂ = OH
kusnezosine B (**18**) R₁ = OMe, R₂ = H
kusnezosine C (**19**) R₁ = OH, R₂ = H

图 1.3　化合物 **11**～**19** 结构式

　　与常见的具有六元 D 环的 C₁₉-二萜生物碱不同，化合物 hemsleyaconitine F（**14**）和 hemsleyaconitine G（**15**）具有重排 D 环，C(8)—C(15)键断裂重排为 C(9)—C(15)键，形成由 C(9)、C(13)、C(14)、C(15)和 C(16)组成的五元 D 环结构。**14** 和 **15** 是 Shen 等（2011）从瓜叶乌头（*A. hemsleyanum*）根部分离得到的 2 个新型 C₁₉-二萜生物碱。

　　从翠雀（*Delphinium grandiflorum* L.）全草中发现的 grandiflodine B（**16**），其 N—C(19)键和 C(7)—C(17)键断裂形成罕见的 N—C(7)键（Chen N H et al.，2017）。

　　从宽裂北乌头［*A. kusnezoffii* var. *gibbiferum* (Reichb.)］中分离得到的 kusnezosine A～C（**17**～**19**），其 C(15)—C(16)键断裂酯化后形成具有内酯 D 环结构的二萜生物碱（Li Y Z et al.，2020）。

1.2.2　具有开环结构的 C$_{19}$-二萜生物碱

从保山乌头系（*Ser. Bullatifolia* W. T. Wang）保山乌头（*A. nagarum* Stapf）中分离得到的化合物 nagarine A（**20**）、nagarine B（**21**）是具有 D 环开环结构的新颖 C$_{19}$-二萜生物碱，且其 C(14)位无取代基也十分罕见。

Yin 等（2019）提出这两种化合物的可能生源途径如图 1.4 所示。推测其前体化合物可能为 C(15)位具有羟基的乌头碱型 C$_{19}$-二萜生物碱 fuziline，经消除反应生成双键，形成中间体 A。再经氧化反应，C(8)—C(15)键断裂使得形成具有 D 环开环结构的中间体 B，经还原得 **20** 和 **21**。李玉（2019）从乌头系（*Ser. Inflata* Steinb）植物乌头（*A. carmichaelii* Debx.）中也分离得到这两种化合物，进一步证实了该骨架类型的存在。**20**、**21** 作为结构特殊的特征性成分，对乌头亚属及系的划分具有重要的参考价值。

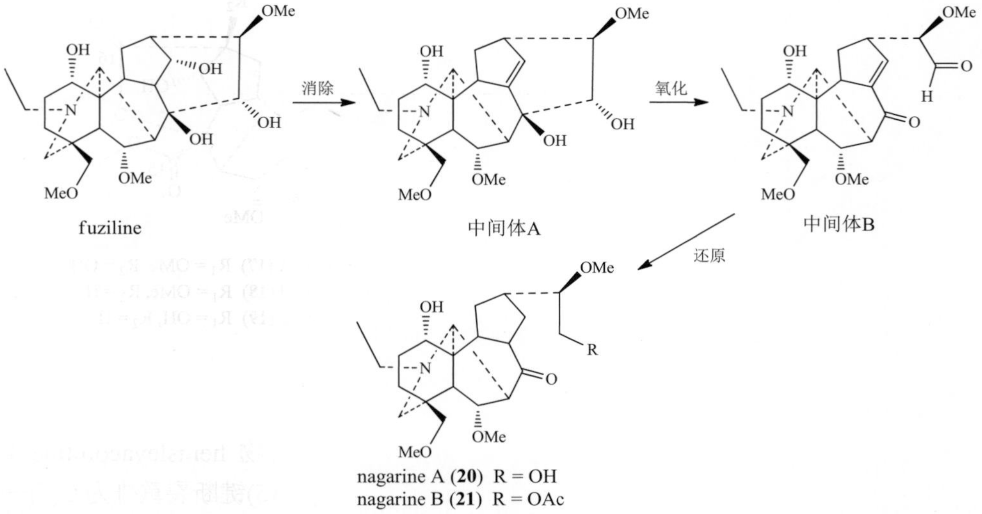

图 1.4　化合物 **20** 和 **21** 的结构式及可能的生源途径

1.2.3　含特殊取代基的 C$_{19}$-二萜生物碱

1. 氰基

目前发现的含氰基的二萜生物碱仅有 2 个。Carmichasine A（**22**）是首个发现的含有氰基的 C$_{19}$-二萜生物碱（图 1.5）（Li Y et al.，2018），另一个为 C$_{20}$-海替生型二萜生物碱 grandiflodine A。

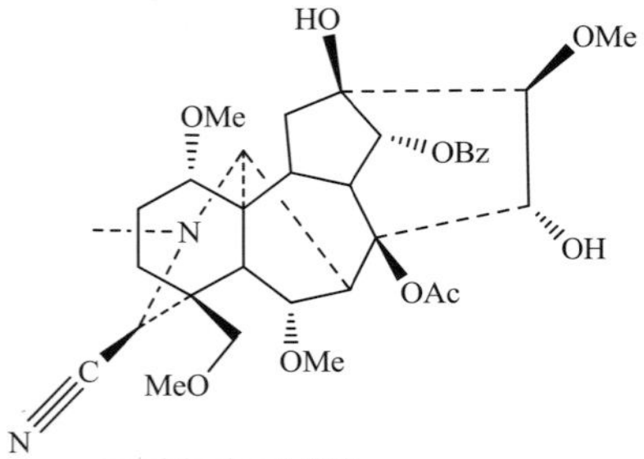

carmichasine A (**22**)

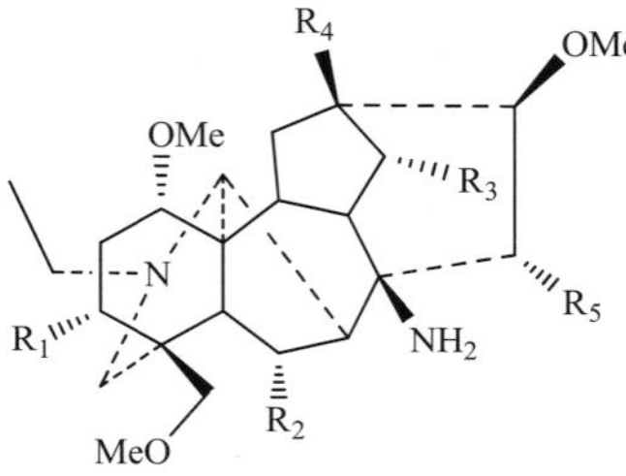

hemsleyatine (**23**)
R₁ = OH, R₂ = OMe, R₃ = OH, R₄ = OH, R₅ = H
kongboentine A (**24**)
R₁ = H, R₂ = H, R₃ = OH, R₄ = H, R₅ = H
lasianine (**25**)
R₁ = OH, R₂ = OMe, R₃ = OH, R₄ = OH, R₅ = OH
14-anisoyl-lasianine (**26**)
R₁ = OH, R₂ = OMe, R₃ = OAs, R₄ = OH, R₅ = OH

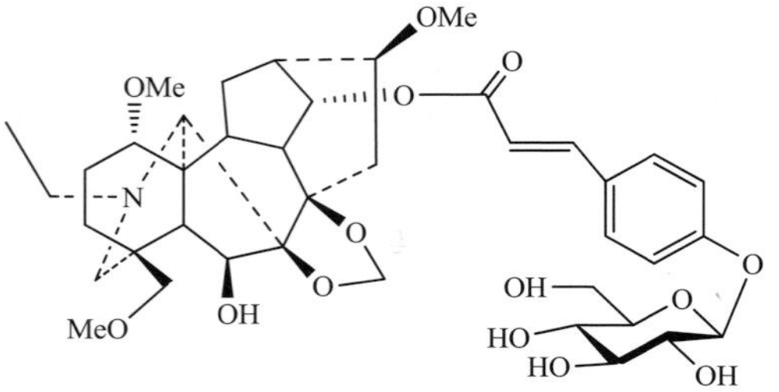

iliensine A (**27**)

R=   **28**   **29**   **30**   **31**

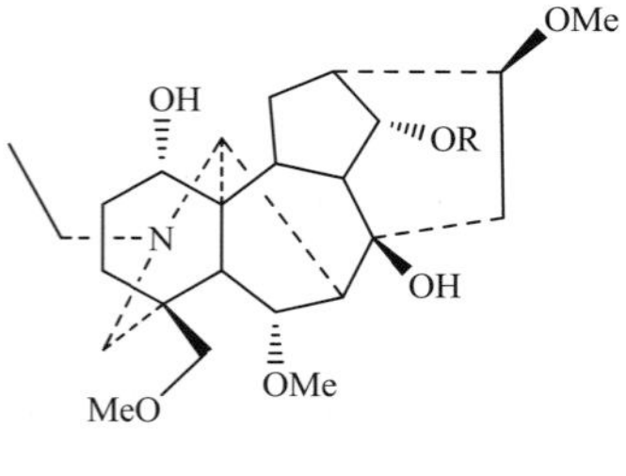

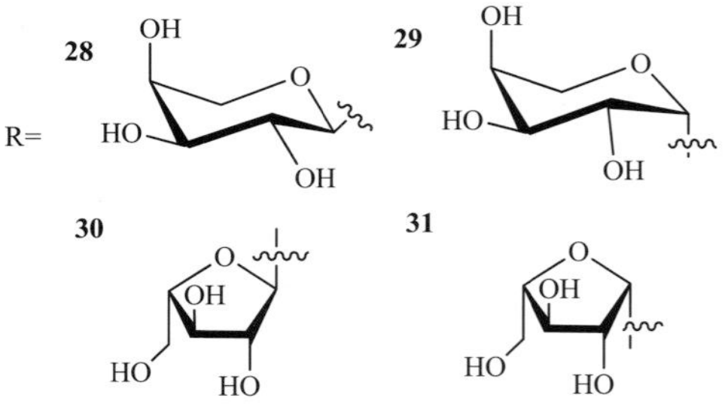

图 1.5 化合物 **22**～**31** 结构式

2. C(8)位氨基取代

C(8)位具有氨基取代基的天然 C₁₉-二萜生物碱较为少见，目前仅有四个：hemsleyatine（**23**）、kongboentine A（**24**）、lasianine（**25**）和 14-anisoyl-lasianine（**26**）。从瓜叶乌头（*A. hemsleyanum* Pritz.）中分离得到的 hemsleyatine 是首个 C(8)位具有氨基取代基的乌头碱型二萜生物碱（Zhou X L et al.，2003）。

3. 糖苷

糖基是近年来发现的新颖二萜生物碱取代基，自 2016 年首次发现含糖二萜生物碱以来，陆续已有 10 余个含有糖基取代基的二萜生物碱被报道。周先礼课题组从采自新疆地区的伊犁翠雀花（*D. iliense* Huth.）中发现的 iliensine A（**27**）是首个含有肉桂酸葡萄糖基的牛扁碱型二萜生物碱（Zhang J F et al.，

2016）。随后，石建功课题组从乌头侧根附子中发现四个具有 L-阿拉伯吡喃糖和 L-阿拉伯呋喃糖取代基的乌头碱型二萜生物碱 aconicarmichoside A～D（**28**～**31**）（Meng X H et al.，2017）。2018 年，该课题组又从附子中发现了另外八个含糖苷的 C_{19}-二萜生物碱（Guo Q L et al.，2018）。

4. 不含甲氧基取代的 C_{19}-二萜生物碱

不含甲氧基取代的天然 C_{19}-二萜生物碱非常罕见。16-β-hydroxycardiopetaline（**32**）（Diaz J G et al.，2005）和 1-*epi*-16β-hydroxycardiopetaline（**33**）（Tang T X et al.，2014）是仅有的 2 个不含甲氧基取代的 C_{19}-二萜生物碱。这两个化合物是一对差向异构体，后者具有十分少见的 C(1)-β 羟基构型（图 1.6）。

5. N—C(19)—O—C(6)氮杂半缩醛结构

来源于瓜叶乌头（*A. hemsleyanum* Pritz.）中的 pengshenine A（**34**）（Peng C S et al.，2002）和直缘乌头（*A. transsecutum* Diels）中的 transconitine D（**35**）（Chen D L et al.，2003）是两个具有较为少见的 N—C(19)—O—C(6)氮杂半缩醛结构的 C_{19}-二萜生物碱。

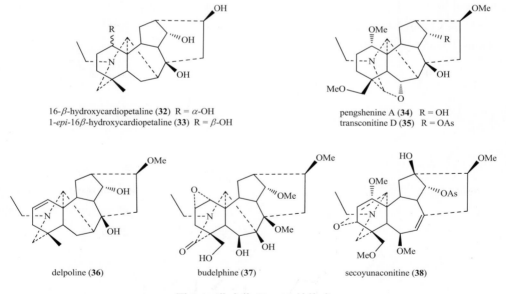

16-β-hydroxycardiopetaline (**32**) R = α-OH
1-*epi*-16β-hydroxycardiopetaline (**33**) R = β-OH

pengshenine A (**34**)　R = OH
transconitine D (**35**)　R = OAs

delpoline (**36**)

budelphine (**37**)

secoyunaconitine (**38**)

图 1.6　化合物 **32**～**38** 结构式

6. 双键及环氧结构

Delpoline（**36**）是首个具有 $\Delta^{1(2)}$ 结构的乌头碱型生物碱（Boronova Z S and Sultankhodzhaev M N，2000）。Budelphine（**37**）具有 C(1)—O—C(2)环氧结构，植物来源为 *D. buschianum* Grossh.（Bitis L et al.，2007）。Secoyunaconitine（**38**）是具有 C(3)—O—C(17)环氧结构的 7,17-断裂型生物碱（Li Z Y et al.，2004）。

7. 酯

目前报道的 C$_{19}$-二萜生物碱中较为少见的酯基取代类型有长链脂肪酸酯、邻氨基苯甲酸酯、对羟基苯甲酸酯以及 2-(2-甲基-4-氧代-4*H*-喹唑啉基)-苯甲酸酯。

在 C$_{19}$-二萜生物碱中具有长链结构的脂肪酸酯多在 C(8)位取代，如 lipodeoxyaconitine（**39**）和 lipoaconitine（**40**）（Liang X X et al.，2017）（图1.7）。8-*O*-azeloyl-14-benzoylaconine（**41**）中 N 原子与 C(8)位上的壬二酸酯侧链形成两性离子化合物（Chodoeva A et al.，2005）。Sinomontanitine A（**42**）和 B（**43**）在 C(8)位上具有 *N*-(succinimido)-anthranoyl 取代基结构（Wang F P et al.，2001）。从彭州黑水翠雀（*D. potaninii* Huth var. *jiufengshanense*）根中得到的牛扁碱型生物碱 jiufengsine（**44**）是首次报道的含 C(8)-邻氨基苯甲酸酯基的 C$_{19}$-二萜生物碱（Shen X L and Wang F P，2004b）。来自东川乌头（*A. geniculatum*）块根中的 geniculine（**45**），其 C(14)位上连有对羟基苯甲酰氧基，是首个发现含有该基团的二萜生物碱（Dong J Y and Li L，2001）。

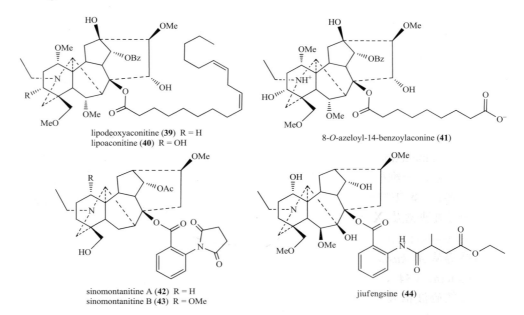

lipodeoxyaconitine (**39**) R = H
lipoaconitine (**40**) R = OH

8-*O*-azeloyl-14-benzoylaconine (**41**)

sinomontanitine A (**42**) R = H
sinomontanitine B (**43**) R = OMe

jiufengsine (**44**)

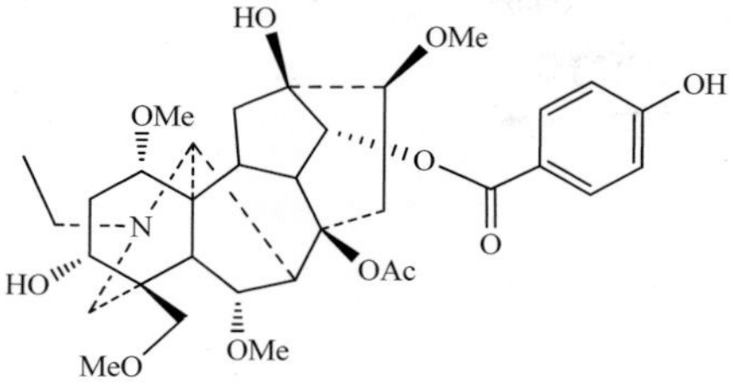

geniculine (**45**)

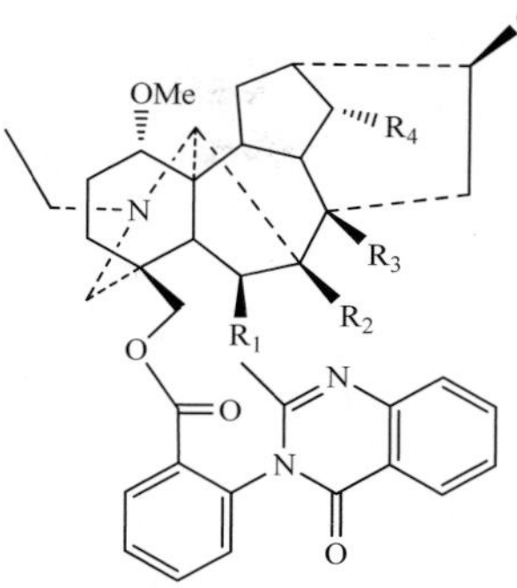

14-*O*-acetyl-8-*O*-methyl-18-*O*-2-(2-metyl-4-oxo-4*H*-quinazoline-3-yl)-
benzoylcammaconine (**46**)
R₁ = H, R₂ = H, R₃ = OMe, R₄ = OAc
18-*O*-2-(2-methyl-4-oxo-4*H*-quinazoline-3-yl)-benzoyllycoctonine (**47**)
R₁ = OMe, R₂ = OH, R₃ = OH, R₄ = OMe
brevicanine A (**48**) R₁ = H, R₂ = H, R₃ = OH, R₄ = OMe
brevicanine B (**49**) R₁ = H, R₂ = H, R₃ = OAc, R₄ = OMe
brevicanine C (**50**) R₁ = H, R₂ = H, R₃ = H, R₄ = OAc
brevicanine D (**51**) R₁ = H, R₂ = H, R₃ = OEt, R₄ = OMe

图 1.7　化合物 **39**～**51** 结构式

　　目前，含有 2-(2-甲基-4-氧代-4*H*-喹唑啉基)-苯甲酸酯的二萜生物碱仅有六个。Shim 等（2006）从 *A. pseudo-laeve* var. *erectum* 中发现的乌头碱型 14-*O*-acetyl-8-*O*-methyl-18-*O*-2-(2-metyl-4-oxo-4*H*-quinazoline-3-yl)-benzoylcammaconine（**46**）和牛扁碱型 18-*O*-2-(2-methyl-4-oxo-4*H*-quinazoline-3-yl)-benzoyllycoctonine（**47**）是首次报道的两个含该类取代基的二萜生物碱。Wang 等（2019）从短距乌头（*A. brevicalcaratum*）干燥块根中分离得到了另外四个具有该取代基的乌头碱型二萜生物碱 brevicanines A～D（**48**～**51**），同时，Wang 等通过半合成的方式对这四个化合物的阻转异构现象进行了探讨（见 brevicanine A 半合成）。

1.3　结 构 修 正

　　化合物 franchetine 由 Chen 等从大渡乌头（*A. franchetii* Finet et Gagnep.）根部首次发现，通过一维核磁共振波谱将结构确定为 **52**（Chen D H and Sung W L，1983）。1997 年，王锋鹏教授又从 *A. hemsleyanum* Pritz var. *pengshiese* 中分离得到该化合物，通过二维核磁分析将结构修正为 **52a**（Wang F P et al.，1997）。一同修正的还有结构相类似的化合物 vilmorisine（**53**），修正为 **53a**。2000 年，王锋鹏教授等从 *A. kusnezoffii* 和 *A. hemsleyanum* var. *pengzhouense* 中分离得到了 6-*epi*-forsticine（**54**），与已报道的 forsticine 相似，但一维核磁数据相差较大，通过二维核磁波谱及 X 射线单晶衍射分析证实其 C(6)—OH 为 *α* 构型，故将

forsticine 的 C(6)—OH 修正为 β 构型（**55**）（Wang F P et al.，2000）。Gao 和 Wang（2005）通过 X 射线单晶衍射分析将 hemsleyadine（**56**）结构修正为 **56a**（图 1.8）。

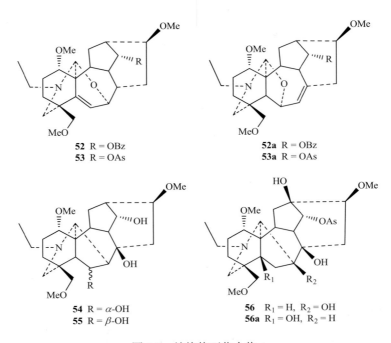

52 R = OBz
53 R = OAs

52a R = OBz
53a R = OAs

54 R = α-OH
55 R = β-OH

56 R₁ = H, R₂ = OH
56a R₁ = OH, R₂ = H

图 1.8　结构修正化合物-1

Jiang 等（2012）报道了 26 个从附子中分离得到的新二萜生物碱，并认为大部分新化合物（**57～77**）的 A 环发生了构象改变。Zhang 等认为部分新化合物的结构变化是由于 Jiang 等在使用高效液相色谱（HPLC）分离纯化部分化合物时，在流动相中添加了三氟乙酸（TFA），导致文中报道的二萜生物碱发生质子化，与三氟乙酸形成三氟乙酸盐，而并非是由 A 环构象变化引起的（Zhang Z T et al.，2013；Wang F P et al.，2014）。Zhang 等合成了文中报道的部分化合物，并采用氘代丙酮-三氟乙酸为溶剂测定了这些化合物的核磁共振波谱，结果与 Jiang 等的数据一致，并结合 X 射线单晶衍射分析证实了这些化合物成盐的推测。因此，化合物 **57** 和 **58** 并非 A 环构象异构体，**58** 为游离生物碱 **57** 的三氟乙酸盐。其余化合物均为二萜生物碱的三氟乙酸盐，故将 **58～77** 结构式修正为 **58a～77a**（图 1.9）。

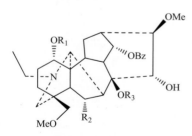

57 $R_1 = R_3 = OH, R_2 = R_4 = Me, A\text{-}c$
58 $R_1 = R_3 = OH, R_2 = R_4 = Me, A\text{-}b$
59 $R_1 = R_3 = OH, R_2 = Ac, R_4 = Et, A\text{-}b$
60 $R_1 = OAc, R_2 = R_4 = Me, R_3 = OH, A\text{-}b$
61 $R_1 = R_3 = OH, R_2 = Me, R_4 = Et, A\text{-}b$
62 $R_1 = R_3 = OH, R_2 = H, R_4 = Me\ A\text{-}b$
63 $R_1 = OH, R_2 = Ac, R_3 = H, R_4 = Et, A\text{-}b$
64 $R_1 = H, R_2 = Ac, R_3 = OH, R_4 = Me, A\text{-}b$

58a $R_1 = R_3 = OH, R_2 = R_4 = Me$
59a $R_1 = R_3 = OH, R_2 = Ac, R_4 = Et$
60a $R_1 = OAc, R_2 = R_4 = Me, R_3 = OH$
61a $R_1 = R_3 = OH, R_2 = Me, R_4 = Et$
62a $R_1 = R_3 = OH, R_2 = H, R_4 = Me$
63a $R_1 = OH, R_2 = Ac, R_3 = H, R_4 = Et$
64a $R_1 = H, R_2 = Ac, R_3 = OH, R_4 = Me$

65 $R_1 = H, R_2 = OMe, R_3 = Ac, R_4 = OH, R_5 = Et, A\text{-}b$
66 $R_1 = R_3 = R_4 = H, R_2 = OMe, R_5 = Me, A\text{-}b$
67 $R_1 = R_4 = OH, R_2 = OMe, R_3 = H, R_5 = Me, A\text{-}b$
68 $R_1 = R_4 = OH, R_2 = OMe, R_3 = Bz, R_5 = H, A\text{-}b$
69 $R_1 = H, R_2 = OMe, R_4 = OH, R_3 = R_5 = Me, A\text{-}b$
70 $R_1 = R_2 = R_3 = H, R_4 = OH, R_5 = Me, A\text{-}b$

65a $R_1 = H, R_2 = OMe, R_3 = Ac, R_4 = OH, R_5 = Et$
66a $R_1 = R_3 = R_4 = H, R_2 = OMe, R_5 = Me$
67a $R_1 = R_4 = OH, R_2 = OMe, R_3 = H, R_5 = Me$
68a $R_1 = R_4 = OH, R_2 = OMe, R_3 = Bz, R_5 = H$
69a $R_1 = H, R_2 = OMe, R_4 = OH, R_3 = R_5 = Me$
70a $R_1 = R_2 = R_3 = H, R_4 = OH, R_5 = Me$

71 $R_1 = R_3 = Me, R_2 = OH, A\text{-}b$
72 $R_1 = Me, R_2 = OH, R_3 = H, A\text{-}b$
73 $R_1 = Me, R_2 = OH, R_3 = Et, A\text{-}b$
74 $R_1 = Me, R_2 = R_3 = H, A\text{-}b$
75 $R_1 = R_2 = R_3 = H, A\text{-}b$
76 $R_1 = R_3 = H, R_2 = OMe, A\text{-}b$
77 $R_1 = Me, R_2 = OMe, R_3 = Ac, A\text{-}b$

71a $R_1 = R_3 = Me, R_2 = OH$
72a $R_1 = Me, R_2 = OH, R_3 = H$
73a $R_1 = Me, R_2 = OH, R_3 = Et$
74a $R_1 = Me, R_2 = R_3 = H$
75a $R_1 = R_2 = R_3 = H$
76a $R_1 = R_3 = H, R_2 = OMe$
77a $R_1 = Me, R_2 = OMe, R_3 = Ac$

图 1.9　结构修正化合物-2

1.4 结构修饰及化学合成

1.4.1 *O*-去甲基化

Fan 等（2000）将 pseudaconine（**78**）在 50% H$_2$SO$_4$ 溶液中回流，制备得 6-*O*-去甲基化合物 6-*O*-demethylpseudaconine（**79**），收率高达 96%（图 1.10）。

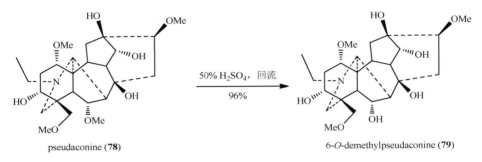

pseudaconine (**78**)   6-*O*-demethylpseudaconine (**79**)

50% H$_2$SO$_4$，回流
96%

图 1.10 Fan 等采用的 *O*-去甲基化反应路线

Zou 等（2008）采用 HBr-AcOH 法，50～80 ℃，反应 17 h，将化合物 **80**～**82** 转化为相应的 *O*-去甲基化合物 **83**～**85**，产率 81%～90%（图 1.11）。

talatisamine (**80**)   83

HBr-AcOH
80 ℃，17 h
81%

8-acetyl-14-metylsulfonyl-talatisamine (**81**)   84

HBr-AcOH
50 ℃，20 h
90%

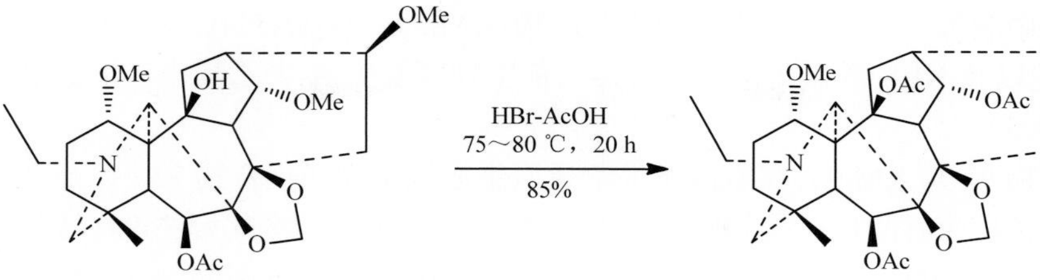

deltaline (**82**)　　**85**

图 1.11　Zou 等采用的 *O*-去甲基化反应路线

Hardick 等（1994）用 Me_3SiI 对化合物 **86** 进行去甲基化得 **87**，收率为 48%。对 **88** 采用同样的方法，未能得到预期的 C(18)—*O*-去甲基化物，仅得到比例约为 1∶3∶3 的三个化合物 **89**～**91**。由此推测，C(3)—OAc 的存在不利于 C(18)—*O*-去甲基化反应的发生（图 1.12）。

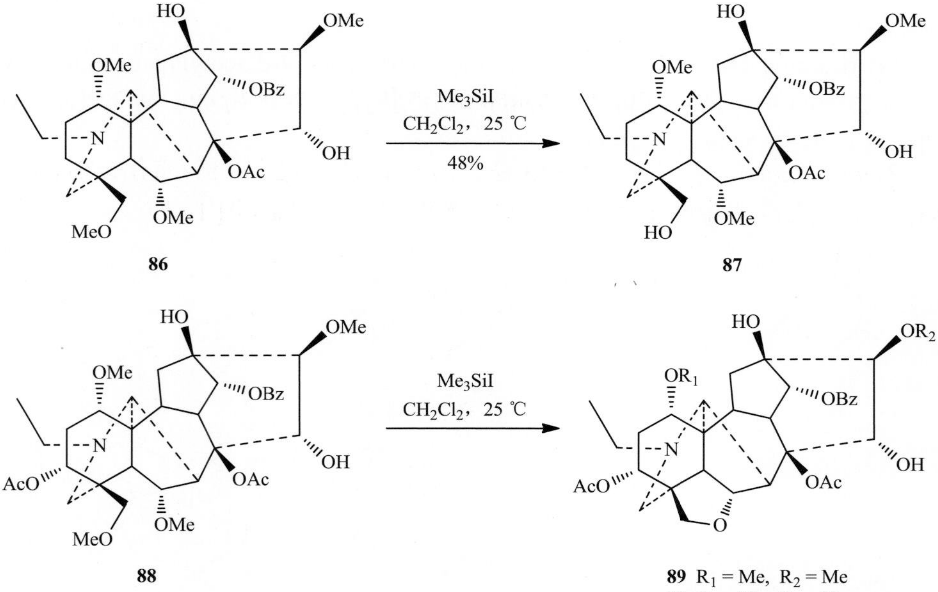

89 R_1 = Me，R_2 = Me
90 R_1 = Me，R_2 = H
91 R_1 = H，R_2 = H

图 1.12　Hardick 等采用的 *O*-去甲基化反应路线

1.4.2　氮原子的结构修饰

对 C_{19}-二萜生物碱氮原子进行修饰，包括制备氮杂缩醛、*N*-去乙基化合物、亚胺以及硝酮等不同氮原子状态的修饰产物。KMnO₄、Ag₂O、Pb(OAc)₄、Hg(OAc)₂、CrO₃/吡啶以及 NBS 等氧化剂可使 C₁₉-二萜生物碱发生 N-去乙基化（于德泉和吴毓林，2005）。

化合物 **92** 与 KMnO₄ 在室温条件下反应生成氮杂缩醛化合物 **93**。在升高反应温度和延长反应时间后可得到较高产率的 N-去乙基氮杂缩醛化合物 **94**（图 1.13）（Li Z B et al.，2000）。

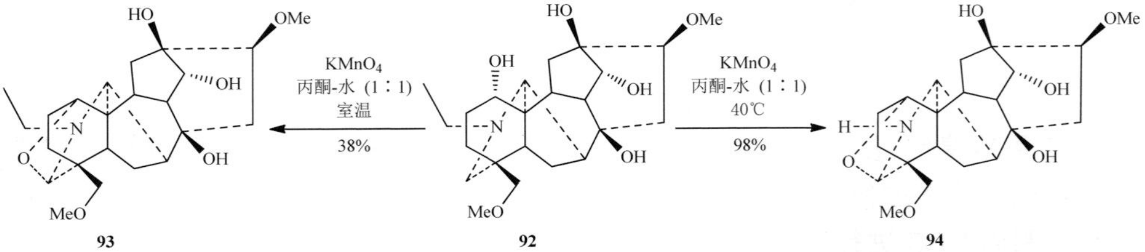

图 1.13 氮原子的结构修饰路线-1

Talatisamine（**95**）、14-acetyltalatisamine（**96**）、8, 14-diacetyltalatisamine（**97**）在无水 DMSO 中，100～130 ℃反应 6 h 可分别制得亚胺产物 **98**、**99** 和 **100**、**102**（图 1.14）（He Y M et al.，2007）。

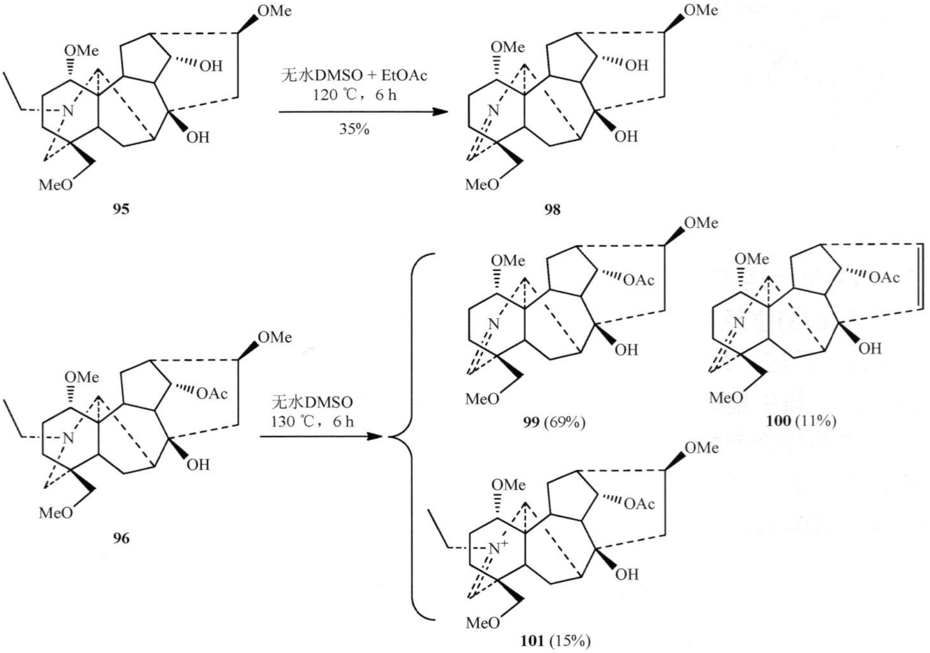

97　　**102**

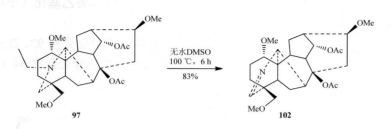

图 1.14　氮原子的结构修饰路线-2

应用 *N*-溴代琥珀酰亚胺（NBS）与乌头碱型二萜生物碱反应可同时制得两种不同氮原子状态的修饰产物——亚胺和 *N*-去乙基化合物，且反应条件温和，易于控制。利用 NBS 进行 N 原子结构修饰时，产物的种类及产率在很大程度上取决于底物类型和反应条件。

3-acetylpseudaconine（**103**）在丙酮-水（3∶1）溶液中，室温下与 NBS 反应可得 *N*-去乙基化合物 **104** 和亚胺产物 **105**（图 1.15）（Wang F P et al.，1999）。

103　　**104** (49%)　　**105** (51%)

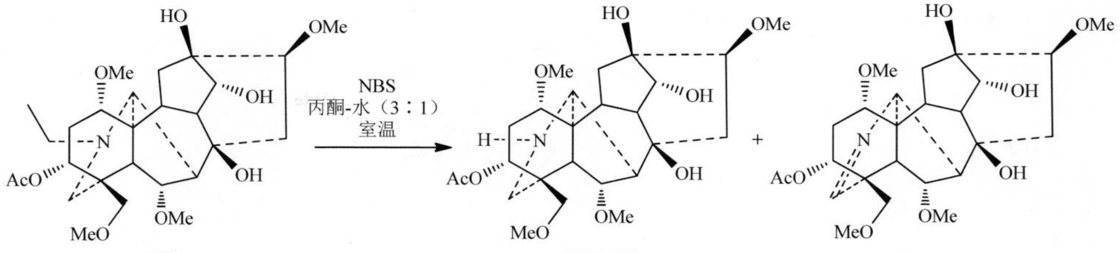

图 1.15　氮原子的结构修饰路线-3

若 C(3)位上连有羟基，则不易发生去氮乙基反应。13-dehydroxyindaconitine（**106**）具有 C(3)位羟基，若要制得其去氮乙基产物，须先将 **107** 乙酰化后，再与 NBS（6 eq）反应，最后水解乙酰基得目标产物 **109**（图 1.16）。

当 NBS 与牛扁碱型二萜生物碱反应时可制得以亚胺盐为主产物的多种不同氮原子状态的修饰产物。如 acetyllycoctonine（**110**）与 NBS 反应可制得六个具有不同氮原子状态的化合物 **111**～**116**，主产物为亚胺盐 **111**（图 1.17）（Shen X L and Wang F P，2004a）。

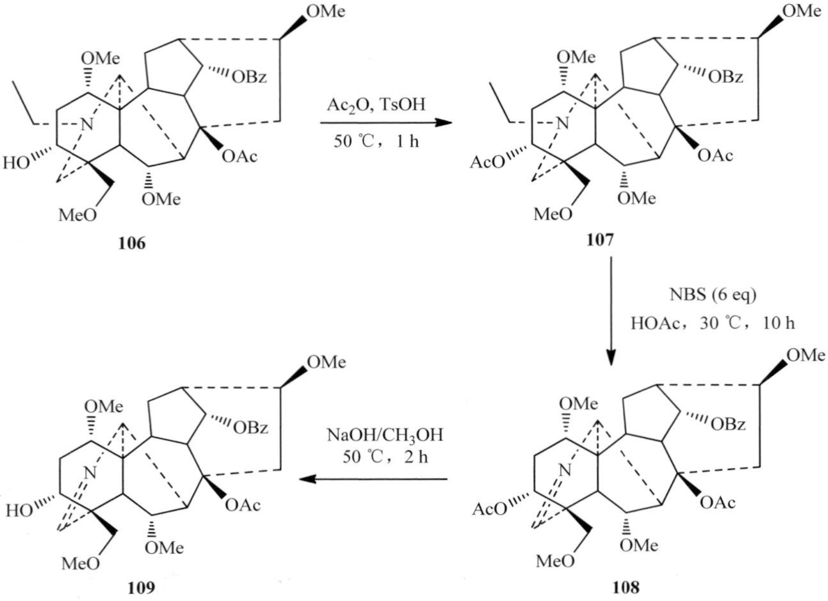

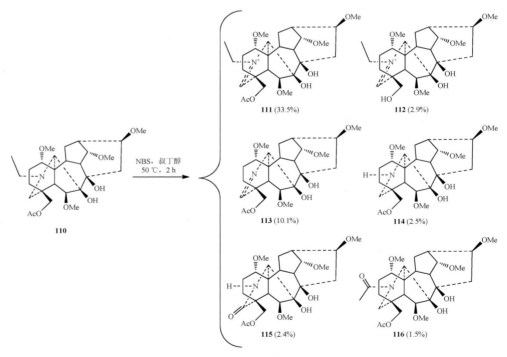

图 1.16　氮原子的结构修饰路线-4

图 1.17　氮原子的结构修饰路线-5

化合物 **117** 经 *N*-氧化、Cope 消除反应以及 $K_3Fe(CN)_6/NaHCO_3$ 氧化得硝酮 **120**（图 1.18）（Osadchii S A et al.，2000）。

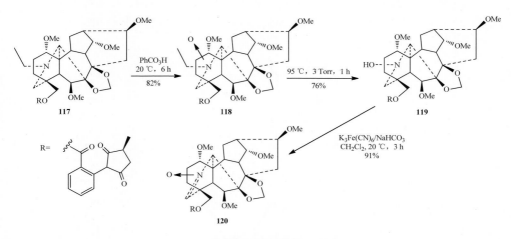

图 1.18 氮原子的结构修饰路线-6

1.4.3 草乌甲素的结构修饰

王建莉（2004）以草乌甲素为原料，对其 N 原子、C(8)和 C(14)位进行结构修饰，得到了系列修饰产物。

1. 草乌甲素 N 原子结构修饰

草乌甲素（**121**）分别与 8 eq 和 3 eq 的 NBS/AcOH 在室温条件下反应，得到亚胺化物 **122** 和去氮乙基物 **123**，收率分别为 73%和 90%（图 1.19）。

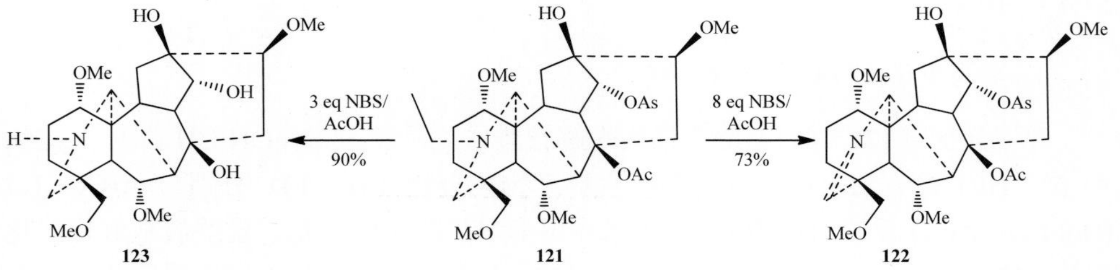

图 1.19 草乌甲素 N 原子结构修饰路线

2. 草乌甲素 C(8)位结构修饰

草乌甲素（**121**）在乙醇中回流反应 48 h，可得化合物 **124**，收率为 89%。在异戊醇中回流反应 3 d，得到化合物 **125**（收率 30%）和化合物 **126**（收率 40%）（图 1.20）。

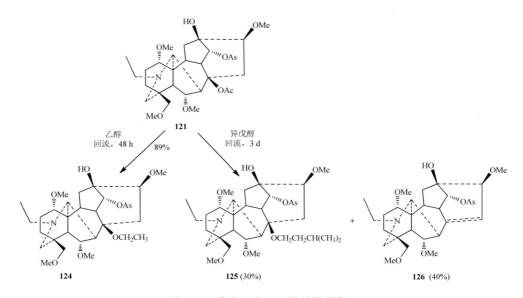

图 1.20　草乌甲素 C(8)位结构修饰-1

草乌甲素在二氧六环-H_2O（1∶1）中回流过夜，得到 C(8)位单水解产物 **127**。化合物 **127** 在 4-二甲氨基吡啶（DMAP）催化下，以苯甲酰氯为酰化试剂，在吡啶中回流反应 12 h，得到化合物 **128**（收率 43%）。化合物 **127** 与二碳酸二叔丁基甲酯在二氯甲烷溶剂中室温反应过夜，得到化合物 **129**（收率 51%）和 **130**（收率 34%）（图 1.21）。

3. 草乌甲素 C(14)位结构修饰

草乌甲素（**121**）C(14)位选择性水解较难发生，经 5% $NaOH/CH_3OH$、K_2CO_3 和 5% HCl 等方法水解，仅得到全水解产物化合物 **131**。**131** 分别与 ArCOCl、(Boc)₂O、Ac₂O 反应可制得 C(14)为苯甲酰氧基、叔丁酰氧基、乙酰氧基取代的化合物 **132**（收率 65%）、**133**（32%）和 **134**（86%）（图 1.22）。但选用反式肉桂酰氯作为酰化试剂与 **131** 反应，却未能得到期望的 C(14)位为反式肉桂酰氧基取代的目标化合物，推测原因可能是空间位阻较大，反应难以发生。

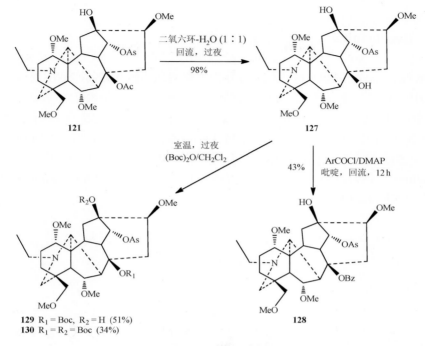

图 1.21　草乌甲素 C(8)位结构修饰-2

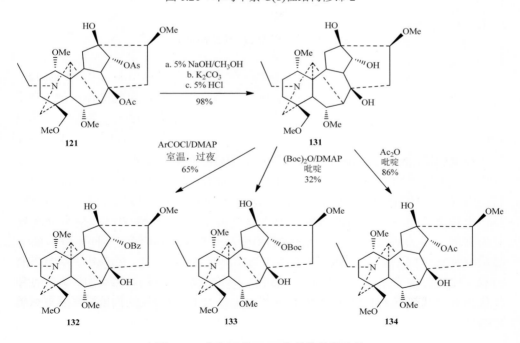

图 1.22　草乌甲素 C(14)位结构修饰路线

1.4.4　Brevicanine A 的半合成

Brevicanine A（**139**）是具有阻转异构现象的乌头碱型 C₁₉-二萜生物碱。Wang 等（2019）以邻氨基苯甲酸（**135**）作为原料，与乙酸酐闭环缩合生成 2-甲基-4*H*-苯并[*d*][1,3]噁嗪-4-酮（**136**），再与邻氨基苯甲酸偶联得到侧链 2-(2-甲基-4-氧代喹唑啉-3-基)苯甲酸（**137**）。随后将侧链 **137** 与生物碱母核花葶乌头宁 **138** 进行酯化反应，由于受空间位阻的影响，**137** 优先和 **138** 的 C(18)伯醇反应，得到产物 brevicanine A（**139**）。**139** 进一步乙酰化得到 C(8)位乙酰化产物 brevicanine B（**140**），合成路线如图 1.23 所示。

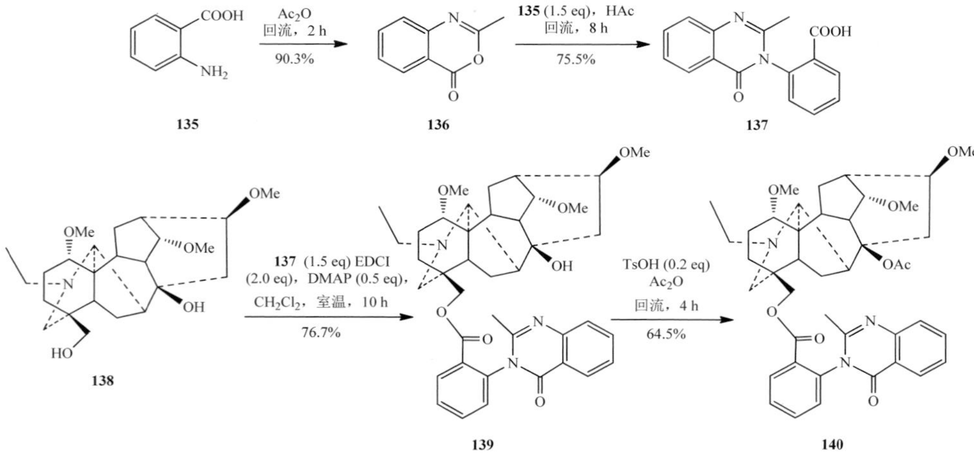

图 1.23　brevicanine A 的半合成路线

有趣的是，brevicanine A 在常温下，¹H NMR 谱图中有两对成对出现的"双重峰"，如图 1.24 中 18A 和 18A′、18B 和 18B′以及 14 和 14′，且随着温度的升高，成对出现的双峰信号逐渐靠拢，当升温至 140 ℃时，"双重峰"完全重叠，呈现出稳定的单一化合物波谱特征。当温度再次降低到 25 ℃时，信号又重新变为高度不等的信号峰。这是由于 C(18)位的芳基-喹唑啉酮轴手性侧链中的芳基和喹唑啉之间的 C—N 键旋转受阻产生阻转异构现象。由于受到空间位阻的影响，该化合物在常温下产生两种比较稳定的阻转异构体，升高温度可降低异构体相互转化的势垒，使得这种阻转异构现象消失，从而表现出单一化合物的波谱特征。

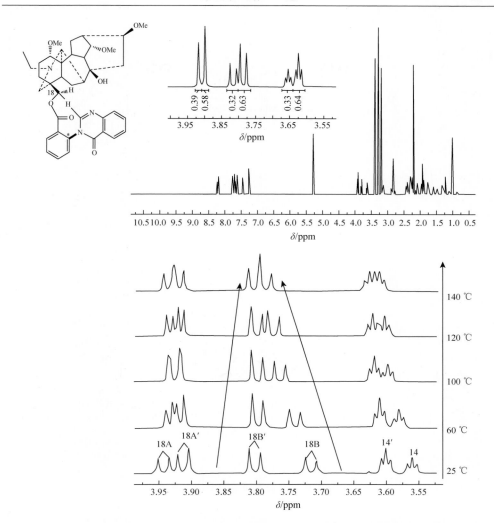

图 1.24 brevicanine A 在 DMSO-D$_6$ 中的变温 ^{1}H NMR 谱图

1.4.5 甲基牛扁碱的半合成

甲基牛扁碱（methyllycaconitine，**145**）为非蛋白类竞争性神经元烟碱乙酰胆碱受体（nAChR）拮抗剂。Hardick 等（1994）以牛扁碱（**141**）为原料对甲基牛扁碱进行了半合成。**141** 的 C(18)伯醇在 DMAP 催化下与活性酸酐发生酰化反应生成 **142**。进一步反应得到 **143** 和 **144**，再采用 N, N-碳酰二咪唑（CDI）脱水环合生成最终产物甲基牛扁碱（图 1.25）。

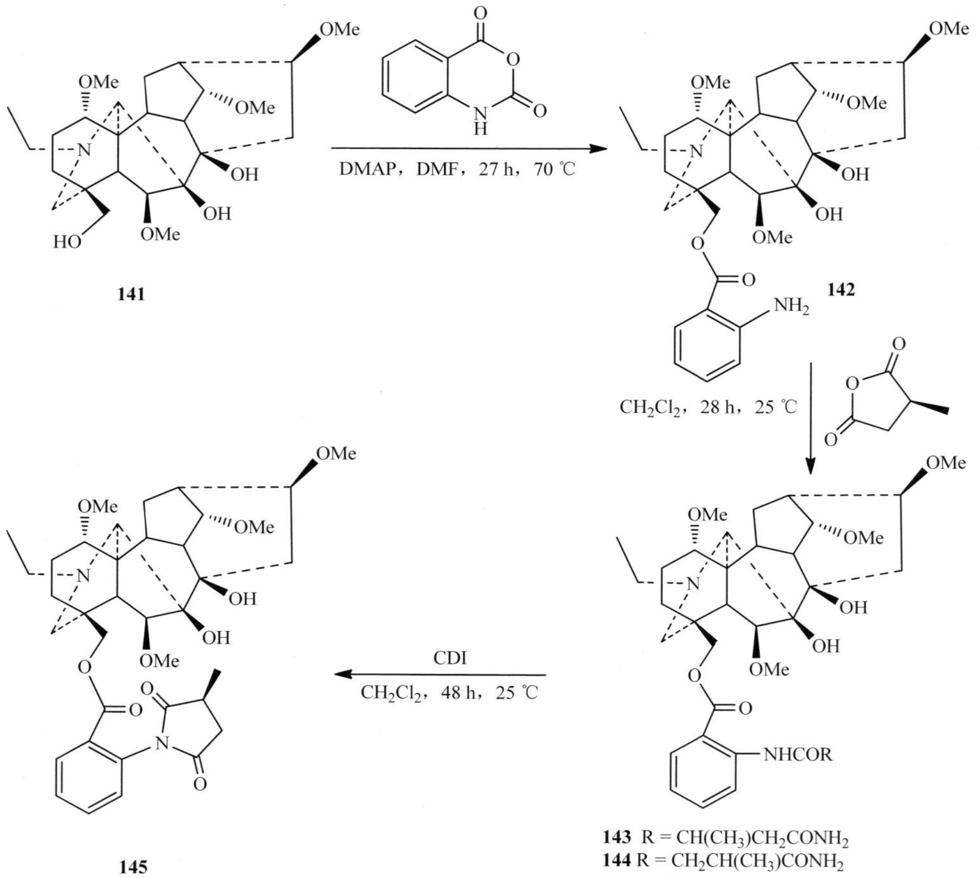

图 1.25　甲基牛扁碱的半合成路线

1.4.6　全合成研究

　　C₁₉-二萜生物碱因其多环稠合骨架以及高度氧化的复杂结构使得其全合成研究具有一定难度。

　　1974 年，加拿大纽布伦斯威克（New Brunswick）大学的 Wiesner 课题组基于生源合成，首次完成了 talatisamine（**153**）的全合成（Wiesner K et al.，1974）。合成路线如图 1.26 所示，通过关键的海替生中间体 **146**，经官能团转化得重排前体 **148**，经过重排构建 C/D[3.2.1]桥环产物 **149**。在乙酸汞作用下，通过烯烃氧化、羟醛缩合、亚胺还原等步骤完成 C(7)—C(17)键的构建并得到目标产物 talatisamine。

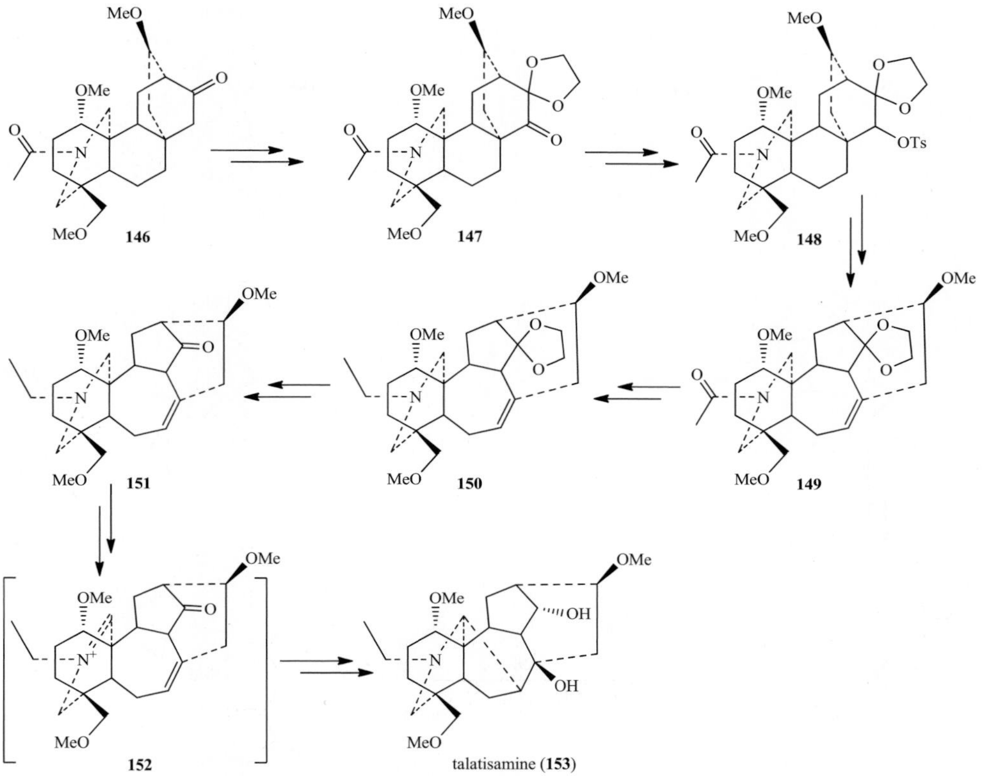

图 1.26 Wiesner 等全合成 talatisamine 的路线

近期，日本东京大学 Masayuki 课题组以 33 步反应再一次完成了 talatisamine 的全合成（Kamakura D et al.，2019）。合成路线如图 1.27 所示，该路线从 2-环己烯酮（**154**）出发，通过双重 Mannich 反应、Fleming-Tamao 氧化、叔丁基二甲基硅基（TBS）保护等多步反应构建 A/E[3.3.1]桥环产物 **155**。**155** 与六元环 **156** 经格氏反应偶联为具有 18 个碳的 **157**，并经还原构建 C(5)位手性中心。然后将 C(10)烯烃化生成关键中间体 **158**，完成了 talatisamine 第 19 个骨架碳原子的引入。**158** 经氧化去芳香化、Diels-Alder 反应生成具有六元 B 环的 **159**，然后将 **159** 的 B/C[4.4.0]环系经 Wagner-Meerwein 反应重排为[5.3.0]环系化合物 **160**，完成 ABCDE 环的构建。经重氮重排在 C(7)、C(8)位引入双键（**161**），完成 C(7)—C(17) 键的连接和跨环环化，最终完成 talatisamine 的全合成。

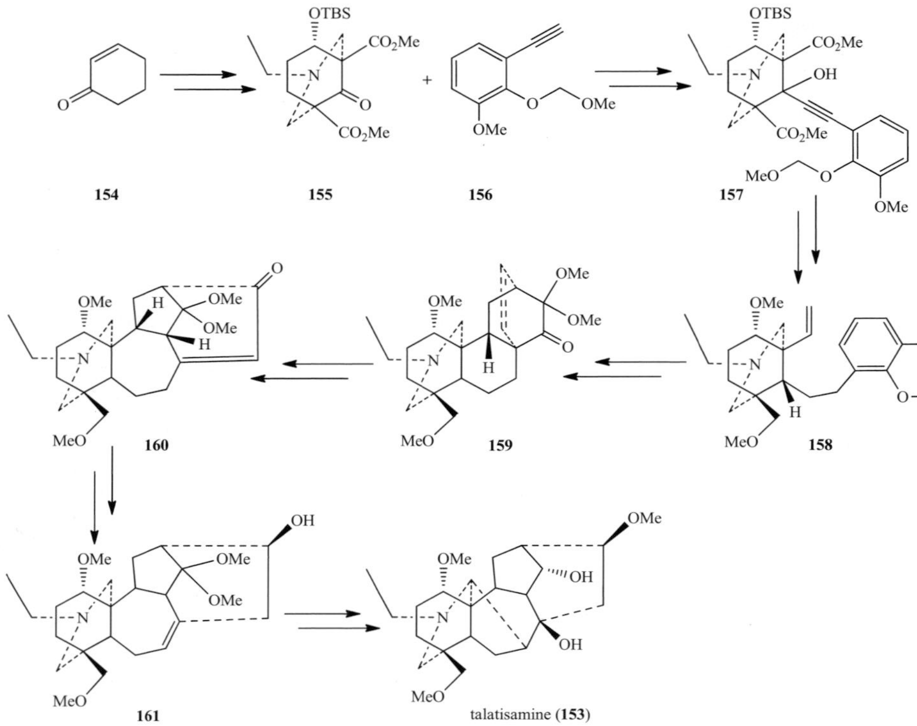

图 1.27　Masayuki 等全合成 talatisamine 的路线

　　Wiesner 课题组还完成了 13-desoxydelphonine（**173**）和 chasmanine（**174**）两个 C₁₉-二萜生物碱的全合成（Wiesner K et al，1978；Wiesner K，1979）。合成路线如图 1.28 所示，以邻甲基苯酚（**162**）为原料经多步反应，以 Diels-Alder 反应为关键步骤合成 **163**。**163** 与三甲基硅发生叠氮反应生成氮丙啶，经酸催化开环重排为 **164**，完成 N—C(17)—C(7)键的构建。然后经 Baeyer-Villiger 氧化、格氏加成、Aldol 反应构建 A 环。**165** 经[2 + 2]环加成反应、逆 Aldol 反应等步骤形成具有 C(4)季碳中心的化合物 **167**。**167** 通过官能团转化，在碱性条件下完成 E 环的环合及 C(5)—H 的差向异构化。再经氧化去芳香化、Diels-Alder 反应、氢化还原双键等步骤得到纳哌啶型关键中间体 **170**。**170** 经 NBS 溴代生成重排前体化合物 **171**。再通过 Wagner-Meerwein 重排构建 C/D[3.2.1]环系，最终完成 13-desoxydelphonine 和 chasmanine 的全合成。

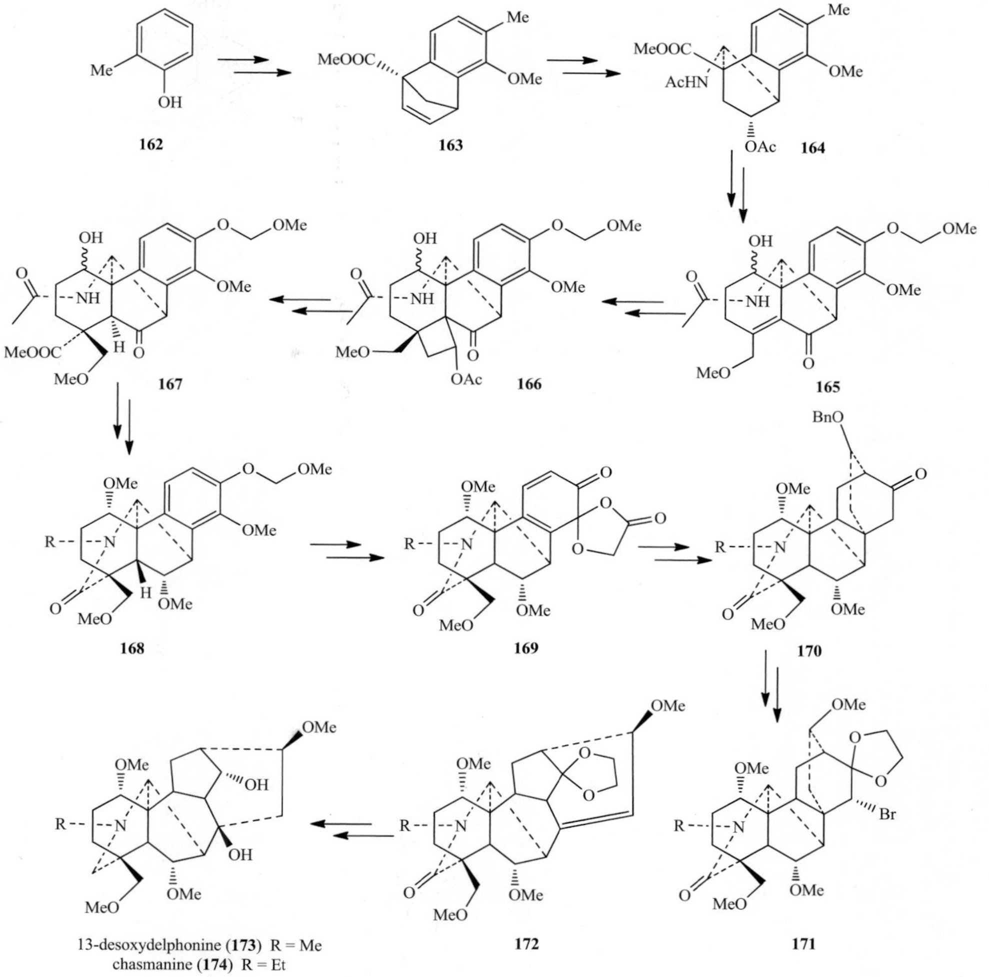

图 1.28 Wiesner 等全合成 13-desoxydelphonine 和 chasmanine 的路线

2016 年，日本 Nagoya 大学 Fukuyama 课题组首次完成了(-)-cardiopetaline（**184**）的全合成（Nishiyama Y et al.，2016）。如图 1.29 所示，基于前期合成 C$_{20}$-二萜生物碱 lepenine 过程产生的中间体 **175**，Fukuyama 用十余步反应制得关键中间体磺酰环氧化物 **179**。通过 Wagner-Meerwein 重排一步完成 C/D 环的构建，形成具有乌头碱型基本骨架的产物 **182**，继而经还原、去甲基化完成(-)-cardiopetaline 的全合成。

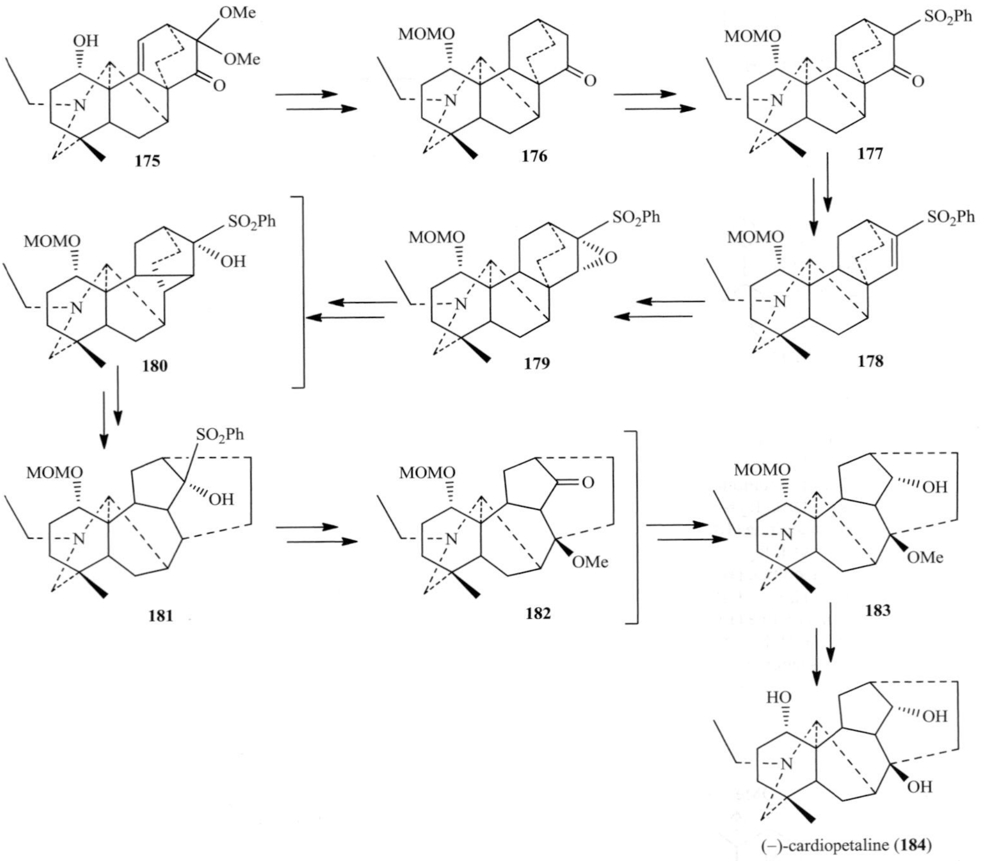

图 1.29　Fukuyama 等全合成(–)-cardiopetaline 的路线

1.5　药　理　作　用

1.5.1　镇痛作用

镇痛作用是二萜生物碱的主要药理活性之一，C$_{18}$-二萜生物碱高乌甲素（lappaconitine）、C$_{19}$-二萜生物碱乌头碱（aconitine，**185**）和 C$_{20}$-二萜生物碱雪上一枝蒿甲素（bullatine A）等都有着显著的镇痛效果。在 C$_{19}$-二萜生物碱中，具有较强镇痛活性的多为与乌头碱结构类似的乌头碱型化合物，如草乌甲素（**121**）、3-乙酰乌头碱（3-acetylaconitine，**186**）、新乌头碱（mesaconitine，**187**）、次乌头碱（hypaconitine，**188**）、滇乌碱（yunaconitine，**189**）、丽江乌头碱（foresaconitine，

190）等（图 1.30）。目前，我国已成功开发了 3 个二萜生物碱类镇痛药物用于临床，分别是高乌甲素、草乌甲素以及 3-乙酰乌头碱。

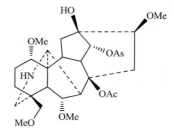

crassicauline A / bulleyaconitine A (**121**)
R_1 = H, R_2 = OAs, R_3 = H, R_4 = Et
aconitine (**185**)
R_1 = OH, R_2 = OBz, R_3 = OH, R_4 = Et
3-acetylaconitine (**186**)
R_1 = OAc, R_2 = OBz, R_3 = OH, R_4 = Et
mesaconitine (**187**)
R_1 = OH, R_2 = OBz, R_3 = OH, R_4 = Me
hypaconitine (**188**)
R_1 = H, R_2 = OBz, R_3 = OH, R_4 = Me
yunaconitine (**189**)
R_1 = OH, R_2 = OAs, R_3 = H, R_4 = Et
foresaconitine (**190**)
R_1 = H, R_2 = OAs, R_3 = H, R_4 = Et

8-O-deacetyl-8-O-ethylcrassicauline A (**191**)
R_1 = H, R_2 = H, R_3 = OEt, R_4 = OMe
hemsleyanisine (**192**)
R_1 = OH, R_2 = OH, R_3 = OH, R_4 = OH
8-O-ethylyunaconitine (**193**)
R_1 = OH, R_2 = H, R_3 = OEt, R_4 = OMe
1-demethoxyyunaconitine (**194**)
R_1 = OH, R_2 = H, R_3 = OAc, R_4 = OMe

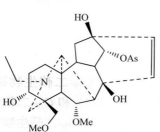

N-deethylcrassicauline imine (**195**)

N-deethylcrassicauline A (**196**)

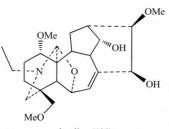

1,16-didemethoxy-8-O-deacety-$\Delta^{15, 16}$-yunaconitine (**197**)

guiwuline (**198**)

图 1.30　化合物 **185**～**198** 结构式

王锋鹏教授和方起程教授从云南龙县地区产的粗茎乌头（*A. crassicaule* W. T. Wang）中发现粗茎乌碱甲（crassicauline A，**121**）（王锋鹏和方起程，1981）；同期，罗士德与陈维新从产自云南西部地区的滇西嘟啦即滇西乌头（*A. bulleyanum* Diels）中得到同一化合物，命名为滇西嘟啦碱甲（bulleyaconitine A，**121**）（罗士德和陈维新，1981）。唐希灿等将其开发为非成瘾性镇痛药——商品名为草乌甲素（唐希灿，1986），其注射液、胶囊等制剂在临床上应用于治疗各种慢性疼痛已有三十余年。

唐希灿等（1986）发现，草乌甲素（**121**）的镇痛效果强于 3-乙酰乌头碱（**186**），药理研究表明草乌甲素的镇痛作用与脑内的 5-羟色胺（5-HT）水平、离子通道以及前列腺素（PG）合成的抑制等相关。海青山等（2017）通过小鼠乙酸扭体法对比考察了草乌甲素（**121**）、滇乌碱（**189**）和丽江乌头碱（**190**）的镇痛效果及急性毒性。结果表明，三种生物碱均有不同程度的镇痛效果，当给药剂量为 2 mg/kg 时，对小鼠疼痛抑制率分别为 81.6%、58.5%、51.2%。三种生物碱的毒性大小为 **189**＞**121**＞**190**［半数致死量（LD$_{50}$）分别为 4.06 mg/kg、2.81 mg/kg、12.00 mg/kg］。

Wang 等（2009）以高乌甲素、草乌甲素和滇乌碱为原料，通过半合成的方式，制备了 5 个 C$_{18}$-二萜生物碱和 20 个 C$_{19}$-二萜生物碱。以乙酸诱导小鼠疼痛反应为模型，对制备的化合物及部分天然产物的镇痛活性及构效关系进行了研究。结果表明：给药 20 min 后，在 0.1～10 mg/kg 剂量范围内，化合物 8-*O*-deacetyl-8-*O*-ethylcrassicauline A（**191**）、hemsleyanisine（**192**）、8-*O*-ethylyunaconitine（**193**）、1-demethoxyyunaconitine（**194**）、*N*-deethylcrassicauline imine（**195**）、*N*-deethylcrassicauline A（**196**）和 1, 16-didemethoxy-8-*O*-deacety-Δ$^{15, 16}$-yunaconitine（**197**）表现出良好的镇痛效果，抑制范围可达到 77.8%～94.1%。其中，化合物 **191** 和 **193** 的镇痛效果最强，有效中量（ED$_{50}$）分别为 0.0591 mg/kg、0.0972 mg/kg，草乌甲素的 ED$_{50}$ 为 0.0480 mg/kg。

构效关系分析表明影响乌头碱型二萜生物碱镇痛活性的关键因素有：①A 环的三价 N 原子。A 环 N 原子上连有酰胺或以 N-去乙基、亚胺结构形式存在均会导致镇痛活性降低。②B 环上 C(8)位乙酰氧基或乙氧基是重要的活性基团。③C(14)位上酯基被取代则镇痛活性降低。④D 环的饱和度是镇痛活性关键影响因素，若在 D 环引入双键，镇痛活性降低。

近年来，发现的具有良好生物活性的二萜生物碱越来越多。Guiwuline（**198**）是 7, 17-断裂型 C$_{19}$-二萜生物碱，植物来源为乌头（*A. carmichaelii* Debx.）（Wang D P et al.，2012）。小鼠热板法实验研究发现，**198** 具有一定的镇痛活性，其 ED$_{50}$ 值为（15±2.4）mg/kg，与乌头碱［ED$_{50}$ =（0.08±0.012）mg/kg］相比，镇痛效果虽相差较大，但毒性极低，LD$_{50}$ 值为（500±25.8）mg/kg，远比乌头碱［（0.16±0.08）mg/kg］毒性小得多。Guo 等（2018）采用乙酸诱导小鼠疼痛模型对 aconicarmichoside E～L（**199**～**206**）进行镇痛活性研究（图 1.31）。结果表明，当药物浓度为 1.0 mg/kg 时，

化合物 **199**、**200**、**202**、**203** 和 **204** 的疼痛抑制率均大于阳性对照吗啡抑制率（浓度为 0.3 mg/kg，抑制率 = 65.5%）。结合化合物的结构分析发现阿拉伯糖单元的构象变化、C(6)位甲氧基的有无对活性没有影响，而 C(1)羟基的甲基化可能会导致活性降低。

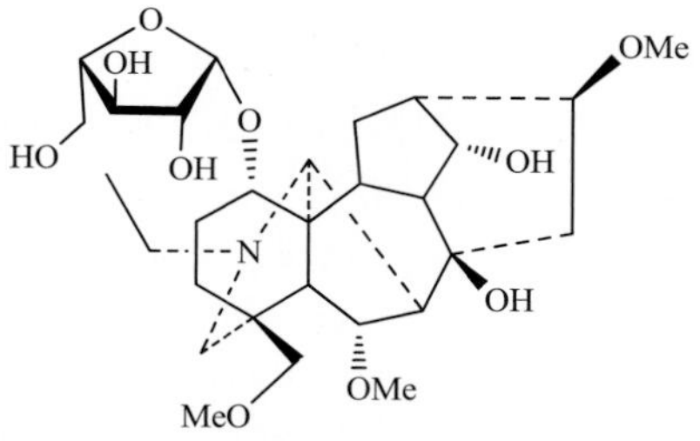

aconicarmichoside E (**199**)

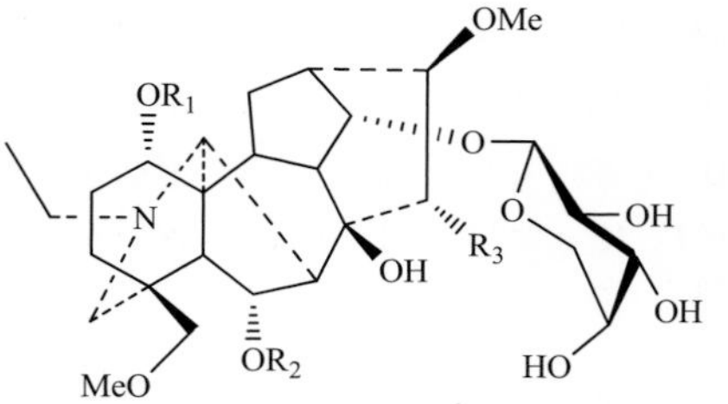

aconicarmichoside F (**200**) R$_1$ = R$_2$ = R$_3$ = H
aconicarmichoside I (**203**) R$_1$ = H, R$_2$ = OMe, R$_3$ = OH
aconicarmichoside K (**205**) R$_1$ = Me, R$_2$ = R$_3$ = H
aconicarmichoside L (**206**) R$_1$ = Me, R$_2$ = OMe, R$_3$ = H

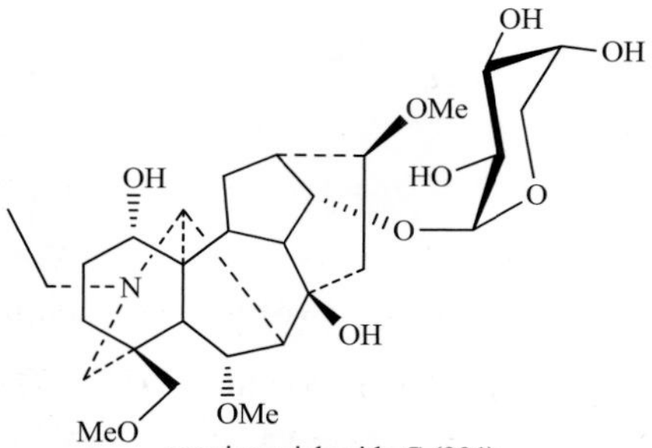

aconicarmichoside G (**201**)

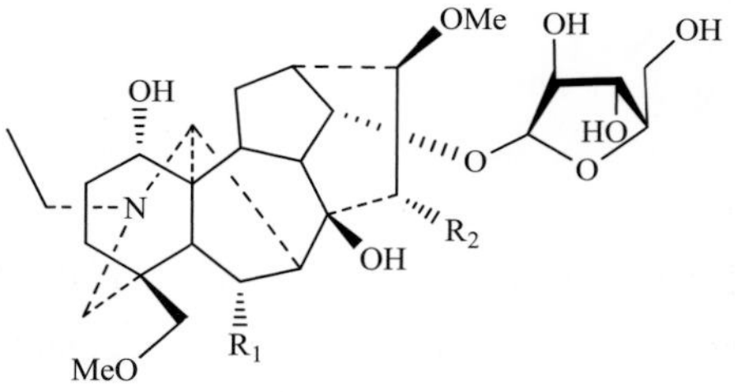

aconicarmichoside H (**202**) R$_1$ = R$_2$ = H
aconicarmichoside J (**204**) R$_1$ = OMe, R$_2$ = OH

图 1.31　化合物 **199**～**206** 结构式

1.5.2　抗炎活性

川乌、附子等作为传统中药材用于治疗类风湿性关节炎是由于其主要成分二萜生物碱具有抗炎解热的作用。乌头碱（**185**）、次乌头碱（**188**）等可抑制角叉菜胶、组胺及 5-HT 所引起的大鼠足跖肿胀，抑制二甲苯引起的小鼠耳肿，以及抑制组胺、5-HT 引发的毛细血管通透性增大而导致的各种体液渗出增加的作用。朱瑞丽等（2015）采用 CCK8（Cell Counting Kit 8）方法测定了来自附子的 3 种乌头碱型二萜生物碱 benzoylaconine（**207**）、benzoylmesaconine（**208**）、benzoylhypaconine（**209**）对体外培养的小鼠巨噬细胞 RAW 264.7 增殖的影响（图 1.32）。结果表明，三种化合物均能不同程度地抑制脂多糖诱导的 RAW 264.7 细胞中 TNF-α、IL-6 的表达。Begum 等（2014）从 *A. laeve* Royle.中分离得到的两个牛扁碱型 C$_{19}$-二萜生物碱 swatinine A（**210**）和 swatinine B（**211**）在激活中性白细胞的氯化硝基四氮唑蓝（NBT）检测模型下表现出良好的抗炎活性，50%抑制浓度（IC$_{50}$）分别是 25.82 μg/mL、38.71 μg/mL，与阳性对照吲哚美辛（42.02 μg/mL）相近。化合物 7, 8-epoxy-franchetine（**212**）和 *N*(19)-en-austroconitine（**213**）对脂多糖（LPS）介导的 RAW 264.7 巨噬细胞一氧化氮的产生有较弱的抑制作用，抑制率分别为 27.3%和 29.2%（Guo R H et al.，2017）。Taronenine A、B 和 D（**214~216**）对 LPS 诱导的 RAW 264.7 巨噬细胞白介素-6 的生成有一定的抑制作用，IC$_{50}$ 值分别为（29.60±0.08）μg/mL、（18.87±0.14）μg/mL 和（25.39±0.11）μg/mL，阳性对照地塞米松 IC$_{50}$ 值为（15.36±0.08）μg/mL（Yin T P et al.，2018）。

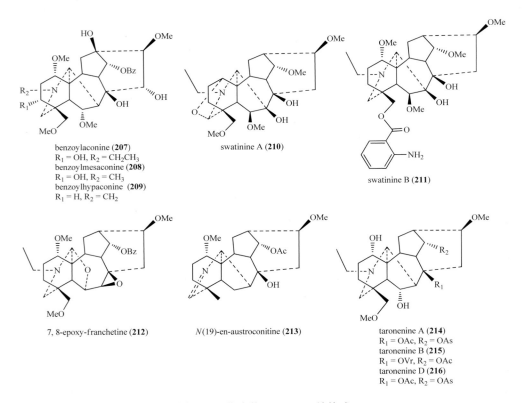

图 1.32　化合物 **207~216** 结构式

1.5.3　强心活性

附子为乌头属植物乌头（*A. carmichaellii* Debx.）的子根加工品，具有温中散寒、回阳救逆、强心、抗心衰等作用。Kosuge 和 Yokota（1976）从日本产附子中发现强心成分消旋去甲乌药碱（*dl*-demethylcoclaurine）。1982 年，陈迪华等从附子中得到的水溶性猪毛菜定碱（salsoline）具有较弱的强心作用（Chen D H and Liang X T，1982）。随后，韩公羽等（1991）又从附子中发现具有显著强心作用的活性成分尿嘧啶（uracil）。2012 年，王锋鹏课题组首次报道了附子中二萜生物碱的强心作用，采用离体蛙心实验，先后对合成及分离得到的 60 余个二萜生物碱进行强心活性筛选和构效关系研究（Liu X X et al.，2012；Jian X X et al.，2012；Zhang Z T et al.，2015）。结果表明，C_{19}-二萜生物碱 1-hydroxyl-3, 13-didehydroxylmesaconine（**217**）、中乌宁碱（mesaconine，**218**）、次乌宁碱（hypaconine，**219**）、北乌亭宁（beiwutinine，**220**）、*N*-deethylezochasmanine（**221**）以及 3-hydroxyl-13-dehydroxylhypaconine（**222**）能明显改善心功能（图 1.33）。药理实验证明，中乌宁碱在 1×10^{-9} mol/L 剂量下，对大鼠缺血再灌注离体心脏的损伤有保护作用，可直接增加心肌收缩力、改善心肌舒张功能，且基本不影响心率。构效关系表明：C(1)—OH(α) 或 OMe、C(8)—OH、C(15)—OH(α)、NH 或 N—Me 是乌头碱型生物碱具有强心活性的必需结构，此外，C(3)—OH(α) 有助于增强活性，而 C_{18}-牛扁碱型、C_{19}-牛扁碱型、C_{20}-维特钦型以及光翠雀碱型二萜生物碱未表现出强心活性。

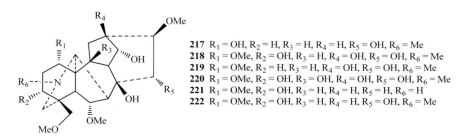

图 1.33　化合物 **217**～**222** 结构式

1.5.4　拒食活性

乌头、翠雀属植物提取物在民间用作土农药由来已久，常用于防治病虫害，消灭蚊蝇幼虫（吴月铭，1959）。Jennings 等（1986）采用活性跟踪法从翠雀种子中分离了对亚热带黏虫（*Spodoptera eridania*）和家蝇（*Musca domestica*）具有极强的杀虫和抑制烟碱型乙酰胆碱受体（nAChR）活性的二萜生物碱——甲基牛扁碱（methyllycaconitine，MLA）。药理研究表明其在极低的浓度下对斜纹夜蛾有极快速的致死作用，而且幸存的昆虫不再取食，生长发育也受到抑制（Macallan D R E et al.，1988）。机制研究发现 MLA 具有很强的抑制 α-银环蛇毒素作用，表明其作用靶标可能是昆虫烟碱型乙酰胆碱受体（Ward J M et al.，1990）。

Gonzalez-Coloma 等（2004）研究了 43 个二萜生物碱对马铃薯甲虫（*Leptinotarsa*

decemlineata）和灰翅夜蛾（*Spodoptera littoralis*）的拒食活性。受试化合物中 1, 14-diacetylcardiopetaline（**223**）（半数效应浓度 EC$_{50}$ = 0.11 μg/cm^2）和 18-hydroxy-14-*O*-methylgadesine（**224**）（EC$_{50}$ = 0.13 μg/cm^2）对马铃薯甲虫拒食活性最强；8-*O*-methylconsolarine（**225**）、14-*O*-acetyldelectinine（**226**）、karakoline（**227**）、cardiopetaline（**228**）、18-*O*-demethylpubescenine（**229**）、14-*O*-acetyldeltatsine（**230**）、takaosamine（**231**）、ajadine（**232**）和 8-*O*-methylcolumbianine（**233**）活性次之，EC$_{50}$ < 1 μg/cm^2（图 1.34）。化合物 **232**、**230**、14-*O*-acetyldelcosine（**234**）

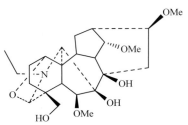

18-hydroxy-14-*O*-methylgadesine (**224**)

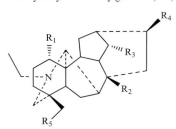

1,14-diacetylcardiopetaline (**223**) R$_1$ = OAc, R$_2$ = OH, R$_3$ = OAc, R$_4$ = H, R$_5$ = H
karakoline (**227**) R$_1$ = OH, R$_2$ = OH, R$_3$ = OH, R$_4$ = OMe, R$_5$ = H
cardiopetaline (**228**) R$_1$ = OH, R$_2$ = OH, R$_3$ = OH, R$_4$ = H, R$_5$ = H
8-*O*-methylcolumbianine (**233**) R$_1$ = OH, R$_2$ = OMe, R$_3$ = OH, R$_4$ = OMe, R$_5$ = OH

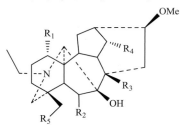

8-*O*-methylconsolarine (**225**) R$_1$ = OH, R$_2$ = α-OH, R$_3$ = OMe, R$_4$ = OH, R$_5$ = H
14-*O*-acetyldelectinine (**226**) R$_1$ = OMe, R$_2$ = β-OH, R$_3$ = OH, R$_4$ = OAc, R$_5$ = OH
18-*O*-demethylpubescenine (**229**) R$_1$ = OH, R$_2$ = α-OH, R$_3$ = OMe, R$_4$ = OAc, R$_5$ = OH
14-*O*-acetyldeltatsine (**230**) R$_1$ = OH, R$_2$ = β-OMe, R$_3$ = OMe, R$_4$ = OAc, R$_5$ = OMe
takaosamine (**231**) R$_1$ = OH, R$_2$ = β-OMe, R$_3$ = OH, R$_4$ = OH, R$_5$ = H
ajadine (**232**) R$_1$ = OMe, R$_2$ = β-OH, R$_3$ = OH, R$_4$ = OAc, R$_5$ = OCOPhNHAc
14-*O*-acetyldelcosine (**234**) R$_1$ = OH, R$_2$ = β-OMe, R$_3$ = OH, R$_4$ = OAc, R$_5$ = OMe
delphatine (**235**) R$_1$ = OMe, R$_2$ = β-OMe, R$_3$ = OH, R$_4$ = OMe, R$_5$ = OMe

图 1.34 化合物 **223**～**235** 结构式

和 delphatine（**235**）对灰翅夜蛾有较强的拒食活性，EC_{50} 分别为 0.42 μg/cm^2、0.84 μg/cm^2、1.51 μg/cm^2、2.72 μg/cm^2。

陈琳（2017）采用选择性叶碟法对来自展毛大渡乌头（*A. franchetii* var. *villosulum* W. T. Wang）、空茎乌头（*A. apetalum* Huth）、白喉乌头（*A. leucostomum* Worosch.）、船苞翠雀花（*D. naviculare* W. T. Wang）的 15 个牛扁碱型和 24 个乌头碱型 C_{19}-二萜生物碱进行了甜菜夜蛾（*Spodoptera exigua* Hiibner）3 龄幼虫的拒食活性测试并对构效关系进行初步分析。在牛扁碱型生物碱中，anthranoyllycoctonine（**236**）（$EC_{50} = 0.73$ mg/cm^2）以及 avadharidine（**237**）（$EC_{50} = 0.84$ mg/cm^2）活性最强，delbonine（**238**）及 anthriscifolrine B（**239**）（$EC_{50} < 5$ mg/cm^2）次之，阳性对照化合物印棟素 A（azadirachtin A）EC_{50} 约为 0.02 mg/cm^2（图 1.35）。根据所测化合物的结构特征及活性结果进行初步分析，总结得出：①delcorine（**240**）（$EC_{50} = 11.44$ mg/cm^2）相较于 acosanine（**241**）（$EC_{50} = 6.34$ mg/cm^2）活性降低了许多，表明牛扁碱型二萜生物碱的C(7)和C(8)位形成亚甲二氧基后，其拒食活性有所降低。②C(14)位为羟基或甲氧基取代对活性影响较小，如 delcorine（**240**）（$EC_{50} = 11.44$ mg/cm^2）和 delcoridine（**242**）（$EC_{50} = 9.83$ mg/cm^2），deltaline（**243**）（$EC_{50} = 6.32$ mg/cm^2）和

anthranoyllycoctonine (**236**)　R = H
avadharidine (**237**)　R = COCH$_2$CH$_2$CONH$_2$

delbonine (**238**)
R$_1$ = OH, R$_2$ = OMe, R$_3$ = OMe, R$_4$ = OAc
acosanine (**241**)
R$_1$ = OMe, R$_2$ = OH, R$_3$ = OH, R$_4$ = OMe

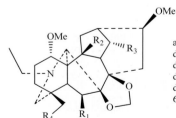

anthriscifolrine B (**239**)　R$_1$ = H, R$_2$ = OH, R$_3$ = OAc, R$_4$ = OMe
delcorine (**240**)　R$_1$ = OH, R$_2$ = H, R$_3$ = OMe, R$_4$ = OMe
delcoridine (**242**)　R$_1$ = OH, R$_2$ = H, R$_3$ = OH, R$_4$ = OMe
deltaline (**243**)　R$_1$ = OAc, R$_2$ = OH, R$_3$ = OMe, R$_4$ = H
dictyocarpine (**244**)　R$_1$ = OAc, R$_2$ = OH, R$_3$ = OH, R$_4$ = H
6-deoxydelcorine (**245**)　R$_1$ = H, R$_2$ = H, R$_3$ = OMe, R$_4$ = OMe

图 1.35　化合物 **236**～**245** 结构式

dictyocarpine（**244**）（EC$_{50}$ = 6.57 mg/cm^2）。③delcorine（**240**）（EC$_{50}$ = 11.44 mg/cm^2）和 6-deoxydelcorine（**245**）（EC$_{50}$ = 29.83 mg/cm^2）两者在结构上的差异仅在于前者 C(6)位有羟基取代，但活性相差较大。

　　乌头碱型生物碱中，对甜菜夜蛾 3 龄幼虫的拒食活性效果最好的是 aconitine（**185**）（EC$_{50}$ = 0.02 mg/cm^2）和 pubescensine（**246**，图 1.36）（EC$_{50}$ = 0.03 mg/cm^2），与阳性对照印棟素 A（azadirachtin A）活性相当。构效关系为：①petaldine K（**247**）和 talassicumine A（**248**）的活性相当（EC$_{50}$ 分别为 0.68 mg/cm^2、0.76 mg/cm^2），表明氮原子上的乙基被换为氢后对活性效果影响不大。当形成 N = C(19)键后，如 petaldine L（**249**），其活性降为 1/10 左右，EC$_{50}$ 值为 9.23 mg/cm^2。②C(15)和 C(16)发生消除反应，形成双键后，拒食活性有明显的增强，如 aconorine（**250**）（EC$_{50}$ = 5.65 mg/cm^2）和 petaldine J（**251**）（EC$_{50}$ = 0.28 mg/cm^2）。③含双酯结构的 C$_{19}$-乌头碱型生物碱拒食活性强于单酯生物碱，可能与含双酯结构的生物碱同时具有较大的毒性有一定关系。

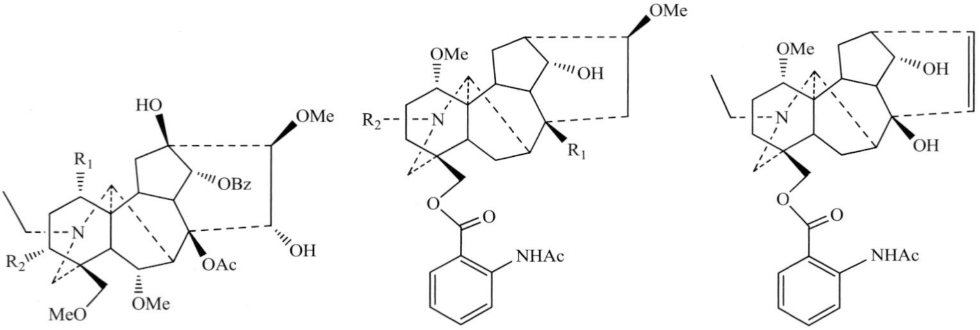

aconitine（**185**）
R$_1$ = OMe, R$_2$ = OH
pubescensine（**246**）
R$_1$ = OH, R$_2$ = H

petaldine K（**247**）
R$_1$ = OEt, R$_2$ = H
talassicumine A（**248**）
R$_1$ = OEt, R$_2$ = CH$_2$CH$_3$
petaldine L（**249**）
R$_1$ = OEt, R$_2$ = N=C(19)
aconorine（**250**）
R$_1$ = OH, R$_2$ = CH$_2$CH$_3$

petaldine J（**251**）

图 1.36　化合物 **246**～**251** 结构式

1.5.5　抗肿瘤活性

　　20 世纪 80 年代初期，药理学研究者们以乌头碱为代表，开始了二萜生物碱的抗肿瘤活性研究。汤铭新和孙桂枝（1986）通过小鼠腹腔注射发现中药乌头提取物乌头碱（0.4 mg/mL）对小鼠前胃癌 FC 细胞及肉瘤 S180 细胞有一定的抑制作用，抑制率分别为 34.9%和 46%。乌头碱可通过提高正常小鼠和阳虚模型小鼠腹腔巨噬细胞表面 La 抗原的表达，从而增强巨噬细胞递呈抗原能力，达到提高吞噬功能的效果。肿瘤多药耐药性（MDR）是导致肿瘤治疗失败的主要因素之一。药理研究表明，乌头碱对耐药的人口腔鳞状上皮细胞癌细胞系（KBv200）具有逆转多药耐药效应，作用机制可能是使 Pgp 蛋白的表达降低，恢复 KBv200 细胞对化疗药物的敏感性，从而达到抗癌药物对细胞的杀伤效果（刘雪强，2005）。Gao 等（2012）测定了附子中的 10 个化合物对人结肠癌细胞（HCT8）、人乳腺癌细胞（MCF7）和人肝癌细胞（HePG2）的抑制活性，结果表明：乌头碱（**185**）、次乌头碱（**188**）、中乌头碱（mesaconitne，**252**）及 oxonitine（**253**）对 HePG2 有较强的抑制效果（图 1.37），IC_{50} 值分别为$(0.85\pm0.06)\mu mol/L$、$(0.92\pm0.06)\mu mol/L$、$(1.45\pm0.01)\mu mol/L$、$(8.61\pm1.31)\mu mol/L$。

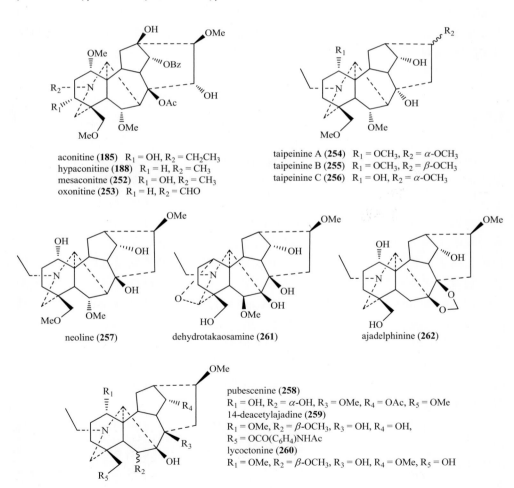

aconitine (**185**)　R_1 = OH, R_2 = CH$_2$CH$_3$
hypaconitine (**188**)　R_1 = H, R_2 = CH$_3$
mesaconitne (**252**)　R_1 = OH, R_2 = CH$_3$
oxonitine (**253**)　R_1 = H, R_2 = CHO

taipeinine A (**254**)　R_1 = OCH$_3$, R_2 = α-OCH$_3$
taipeinine B (**255**)　R_1 = OCH$_3$, R_2 = β-OCH$_3$
taipeinine C (**256**)　R_1 = OH, R_2 = α-OCH$_3$

neoline (**257**)

dehydrotakaosamine (**261**)

ajadelphinine (**262**)

pubescenine (**258**)
R_1 = OH, R_2 = α-OH, R_3 = OMe, R_4 = OAc, R_5 = OMe
14-deacetylajadine (**259**)
R_1 = OMe, R_2 = β-OCH$_3$, R_3 = OH, R_4 = OH,
R_5 = OCO(C$_6$H$_4$)NHAc
lycoctonine (**260**)
R_1 = OMe, R_2 = β-OCH$_3$, R_3 = OH, R_4 = OMe, R_5 = OH

图 1.37　化合物 **252**～**262** 结构式

　　Guo 等（2013）从太白乌头（*A. taipaicum* Hand.-Mazz.）中分离得到的 C$_{19}$-乌头碱型生物碱 taipeinine A～C（**254**～**256**）对肿瘤细胞株 K562、HL-60 表现出较强的细胞毒性，生长抑制 IC$_{50}$ 值在 0.2～21 μmol/L 之间。其中，**254** 对人慢性髓性白血病细胞株 K562、人早幼粒白血病细胞株 HL-60 的抑制作用最强，IC$_{50}$ 值分别为（0.2±0.05）μmol/L 和（0.7±0.15）μmol/L，优于阳性对照药物阿霉素（adriamycin）[IC$_{50}$ 分别是（2.0±0.05）μmol/L 和（2.0±0.06）μmol/L]，具有进一步研究的意义。随后，Zhang 等（2014）在研究中发现，**254** 可抑制人肝癌细胞株 HepG2 的增殖，且呈剂量和时间依赖性，可将细胞阻滞在 G1/S 期，高剂量的 **254** 还可降低细胞侵袭能力，诱导细胞凋亡。

　　De Ines 等（2006）发现 neoline（**257**）、pubescenine（**258**）、14-deacetylajadine（**259**）、lycoctonine（**260**）、dehydrotakaosamine（**261**）和 ajadelphinine（**262**）对人结肠腺癌细胞株 SW480、人宫颈癌细胞株 HeLa 和人恶性黑色素瘤细胞株 SkMel25 具有良好的选择性和不可逆的抑制作用，这可能与降低肿瘤细胞中腺苷三磷酸（ATP）的表达水平有关。

1.5.6　神经保护活性

　　阿尔茨海默病（AD）是一种多因素引起的神经退行性疾病，发病机制存在诸多假说：基于突触功能失调及神经元死亡的神经保护学说、基于胆碱能系统活性下降的胆碱能学说、基于淀粉样斑块的 Aβ 蛋白学说和基于神经元纤维缠结的 Tau 蛋白学说等（Querfurth H W and Laferla F M，2010）。附子为"回阳救逆"第一品，多种以附子为主药的中药复方具有显著增强记忆力的功效。洗心汤（人参、半夏、茯神、附子、菖蒲）可有效改善老年痴呆的临床症状。药理实验证明洗心汤能够调节散发性老年痴呆（SAD）模型大鼠脑组织 tau 蛋白 *O*-GlcNAc 糖基转移酶（OGT）和 *O*-GlcNAc 糖苷酶（*O*-GlcNAcase）的表达，达到干预 tau 蛋白过度磷酸化的目的，进而防治散发性老年痴呆（第五永长等，2013）。四逆汤（附子、干姜、炙甘草）可以改善血管性痴呆（VD）模型大鼠的学习记忆能力，其机制可能是与抑制一氧化氮合酶（NOS）活性、降低脑组织内一氧化氮含量、增强谷胱甘肽过氧化物酶（GSH-Px）活性相关，提高了脑组织的抗氧化能力，从而发挥神经保护作用（李建华等，2011）。

　　甲基牛扁碱（methyllycaconitine，MLA，**145**）是迄今发现的活性最强的非蛋白类竞争性神经元烟碱乙酰胆碱受体（nAChR）拮抗剂，能够通过调节神经元而影响认知、学习、记忆等大脑功能，从而改善 AD 症状。Drasdo 等（1992）通过药理实验证明，10 μmol/L MLA 可阻断小鼠纹状体内多巴胺的释放，同时还可阻断小鼠颈上神经节烟碱反应，这表明 MLA 是一种竞争性烟碱拮抗剂且与 α7 神经元烟碱型乙酰胆碱受体（α7-nAChR）有极高的亲和性。Hoau 等（2000）等发现 α7-nAChR 与淀粉样 β 蛋白（Aβ）具有很高的亲和性，表明神经细胞的损伤原因可能是 Aβ 与 α7-nAChR 的结合。汪志刚等（2011）探讨了 MLA 对 Aβ 处理 PC12 细胞的影响及机制，认为 MLA 是通过下调 α7-nAChR 并阻断 Aβ 的损伤作用，进而抑制细胞的凋亡。

AD 患者的脑内神经细胞会出现不同程度的 K^+ 通道紊乱或 K^+ 大量外流，其可能原因是患者脑内 Aβ 堆积，激活 K^+ 通道，使得 K^+ 过量流出。乌头碱型 C_{19}-生物碱塔拉萨敏（talatisamine，TLA，**153**）能够特异性阻滞 K^+ 通道，减少 Aβ 神经毒性，达到抗 AD 的效果。Song 等（2008）研究表明 TLA 对延迟整流性钾通道电流（I_k）有抑制作用，IC_{50} 为（146.0±5.8）μmol/L，活性高于常用的 K^+ 通道阻滞剂四乙胺（TEA）20 倍，且当 TLA 浓度低至 $1×10^{-3}$ mmol/L 时，才表现出 Na^+、Ca^{2+} 通道的阻滞作用，说明 TLA 是特异性 K^+ 通道阻滞剂且活性很强。

1.5.7 胆碱酯酶抑制作用

来源于植物且具有胆碱酯酶抑制作用的天然产物在治疗 AD 方面发挥着至关重要的作用。20 世纪 80 年代初，从石杉科植物蛇足石杉（*Huperzia serrata*）中分离得到的石杉碱甲（huperzine A），是一种高效的、可逆的选择性乙酰胆碱酯酶（AChE）抑制剂，作为治疗 AD 的药物已在我国批准上市。Ahmad 等（2016）测试了从翠雀属植物 *D. chitralense* 中分离得到的阿替生型 C_{20}-二萜生物碱 ajaconine（**263**）和牛扁碱型 C_{19}-二萜生物碱 delectinine（**264**）对 AChE 和丁酰胆碱酯酶（BChE）的抑制活性（图 1.38）。结果表明，**264** 对 AChE 有较强的抑制作用，IC_{50} 值为（5.04±0.09）μmol/L，优于阳性对照药物 galanthamine [IC_{50} =（8.74±0.13）μmol/L]。这两个化合物对 BChE 表现了一定的抑制效果，IC_{50} 值分别为（10.18±0.91）μmol/L、（9.21±0.06）μmol/L，优于阳性对照 galanthamine [IC_{50} =（12.16±0.25）μmol/L]。Ahmad 等（2017）测试了不同浓度的 isotalatizidine 水合物（**265**）对胆碱酯酶的抑制作用，该化合物对 AChE 和 BChE 均表现出良好的抑制作用，IC_{50} 值分别为（12.13±0.43）μmol/L 和（21.41±0.23）μmol/L。来源于乌头属植物 *A. falconeri* 的乌头碱型 C_{19}-二萜生物碱 faleoconitine（**266**）和 pseudaconitine（**267**）对 AChE 抑制活性较弱，其 IC_{50} 值分别为（293±3.8）（μmol/L）和（278±3.6）μmol/L（Atta-ur-Rahman et al.，2000）。

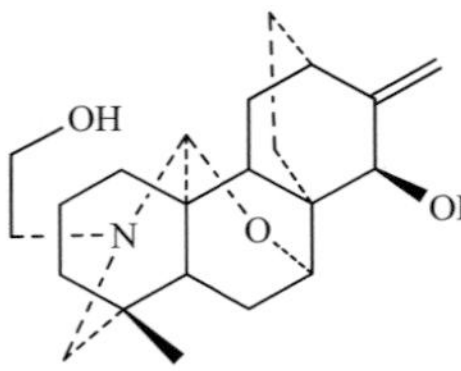

ajaconine (**263**) 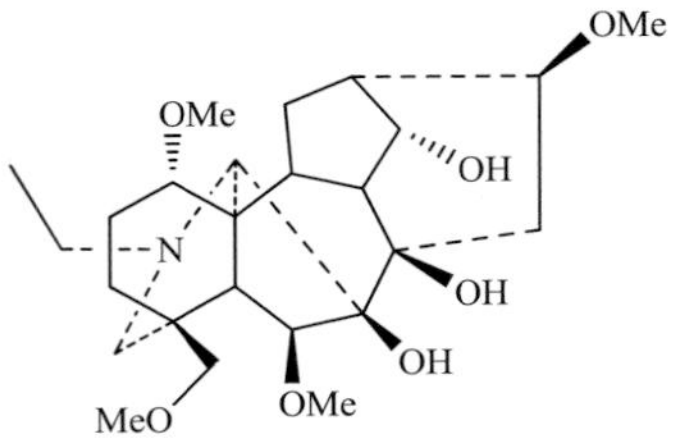　　　　delectinine (**264**) 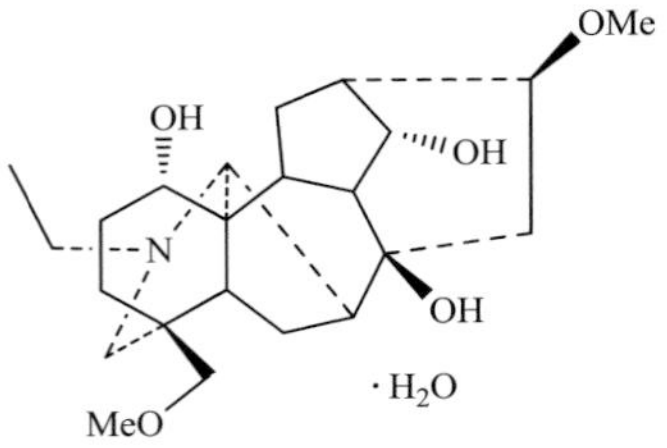　　　　isotalatizidine hydrate (**265**)

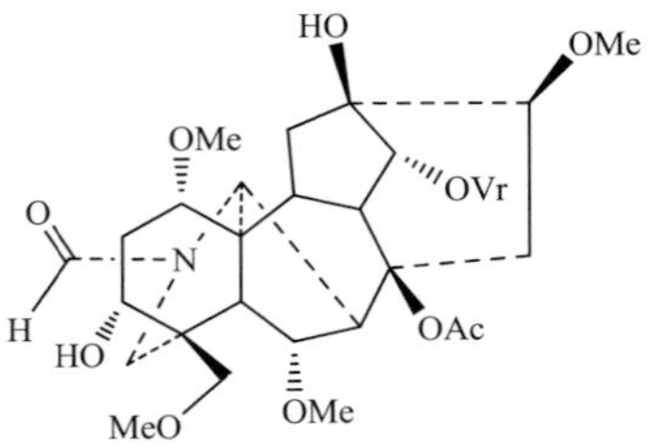

faleoconitine (**266**) 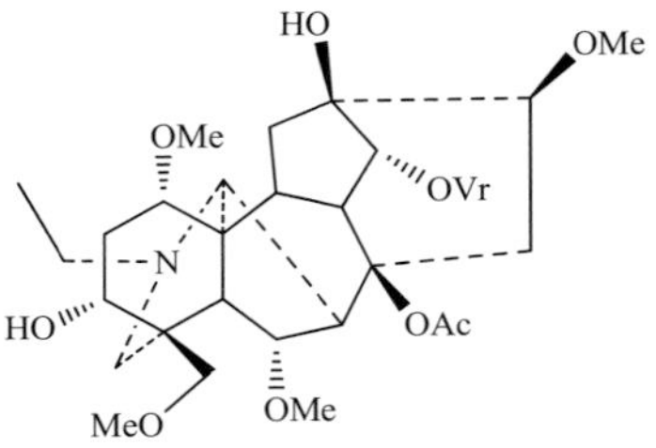　　　　　　　　pseudaconitine (**267**)

图 1.38　化合物 **263**～**267** 结构式

1.6　C$_{19}$-二萜生物碱的核磁共振波谱特征

　　C$_{19}$-二萜生物碱具有多环稠合的骨架结构，取代基的种类较多且位置多变。由于核磁共振波谱中各碳、氢的化学位移对空间及化学环境较为敏感，所以据此不仅能对取代基进行定性、定位，还可确证构型、构象及骨架类型等。Pelletier 等（1981）、王锋鹏（1982）、龚运维（1986）及丁立生和陈维新（1989）等先后整理了该类化合物的 ^{1}H NMR、^{13}C NMR 数据，并归纳总结了化合物的结构与核磁共振波谱数据之间的规律，对 C$_{19}$-二萜生物碱的结构解析有很大的帮助。

1.6.1　季碳

　　季碳的信号峰易于识别，化学位移几乎恒定，只有当骨架改变或主要结构发生变化时，才会发生较大变化，其归属在二萜生物碱的结构鉴定中非常重要，又被称为二萜生物碱的"指纹区"。乌头碱型 C$_{19}$-二萜生物碱中，不含氧取代季碳 C(4)、C(11)和含氧取代季碳 C(8)化学位移相对恒定。牛扁碱型中，除这 3 个季碳外，还有一个含氧季碳 C(7)，其化学位移 δ_C 常在 85～90 ppm 之间（表 1.1）。若存在 7,8-亚甲二氧基，则 δ_C 值向低场移动至 91～93 ppm。此外，由于取代基的引入，季碳还可能包括 C(9)、C(10)、C(13)。除 C(4)和 C(11)外,由于连有含氧取代基团,其余几个季碳的化学位移大于 70 ppm。通常根据氧化程度、季碳信号个数及化学位移可初步确定骨架类型。

表 1.1 季碳原子的化学位移

位置	化学位移 δ_C/ppm
C(4)	33~35 (—CH₃),37~40 (—CH₂OR),43~45 (3-OR)
C(7)	47~49 (乌头碱型), 85~90 (7-OH),91~93 (7,8-亚甲二氧基)
C(8)	73~78 (—OH),84~86 (—OAc/OAr),约 78 (—OCH₃/OCH₂CH₃), 约 80 (7-OCH₃),81~84 (7,8-亚甲二氧基)
C(9)	77~79 (乌头碱型),78~81 (牛扁碱型)
C(10)	78~83 (—OH)
C(11)	47~51,52~58 (10-OH)
C(13)	74~79

1.6.2 特定结构单元

1. 氮杂缩醛

C₁₉-二萜生物碱主要有 N—C(19)—O—C(1)、N—C(17)—O—C(6)两种氮杂缩醛结构单元。如化合物 tianshanisine 有 N—C(19)—O—C(1)结构类型,由于氧桥的形成,与氧直接相连的 C(1)和 C(19)的化学位移分别向低场移动至 68.8 ppm 和 89.0 ppm(表 1.2)。N—C(17)—O—C(6)的氮杂缩醛则常见于 7,17-断裂型 C₁₉-二萜生物碱中,如化合物 14-debenzoylfranchetine,C(17)和 C(6)的 δ_C 值分别为 92.6 ppm 和 75.1 ppm,如表 1.2 所示。

tianshanisine   14-debenzoylfranchetine

表 1.2　含氮杂缩醛结构的碳原子化学位移

类型	δ_C/ppm				
	C(1)	C(6)	C(11)	C(17)	C(19)
N—C(19)—O—C(1)（tianshanisine）	67~69		46~51	60~66	85~92
N—C(17)—O—C(6)（14-debenzoylfranchetine）		约75		约50	约92

2. 亚胺

C₁₉-二萜生物碱中的亚胺结构绝大多数为 N 与 C(19)形成的碳氮双键，如化合物 tianshanidine。仅少数为 N 与 C(17)形成的亚胺基团，且多存在于 7, 17-断裂型中，如化合物 secokaraconitine。第三种亚胺类型如化合物 circinatine F，其 N 原子被极化，失去一对孤对电子，形成了硝酮结构。还有一种类型为季铵盐结构，如化合物 sharwuphinine B。具体形成何种亚胺结构单元可根据 C(19)的化学位移值确定，如表 1.3 所示。

secokaraconitine

tianshanidine

circinatine F

sharwuphinine B

表 1.3　含亚胺结构的碳原子化学位移

类型	δ_C/ppm		
	C(11)	C(17)	C(19)
N=C(17)（secokaraconitine）	约51	约165	约51
N=C(19)（tianshanidine）	48~51	61~66	163~168

类型	δ_C/ppm		
	C(11)	C(17)	C(19)
N=C(19)（circinatine F）	约 51	76～79	136～144
N=C(19)（sharwuphinine B）	约 51	约 68	约 181

3. 双键

在具有 $\Delta^{2(3)}$ 双键的 C_{19}-二萜生物碱结构中，当 C(1)位连有羟基时，C(2)化学位移为 130～131 ppm，C(3)为 137～138 ppm；当 C(1)位连有甲氧基或乙酰氧基时，C(2)化学位移向高场移动至 124～125 ppm，C(3)位移变化不大。7, 17-断裂型 C_{19}-二萜生物碱中常包含 $\Delta^{7(8)}$ 双键，若 C(6)位存在羰基，形成 α, β-不饱和酮，使得 C(8)化学位移向低场移动，如化合物 vilmoritine 中 C(8)的化学位移为 157.1 ppm。$\Delta^{8(15)}$ 双键一般存在于热解型 C_{19}-二萜生物碱中，C(8)和 C(15)两个不饱和碳的化学位移分别在 146～147 ppm、约 116 ppm 范围内，如化合物 talassicumine B 的 C(7)位连有甲氧基，C(8)、C(15)的化学位移分别为 150.8 ppm、108.0 ppm。所涉及的双键碳原子化学位移见表 1.4。

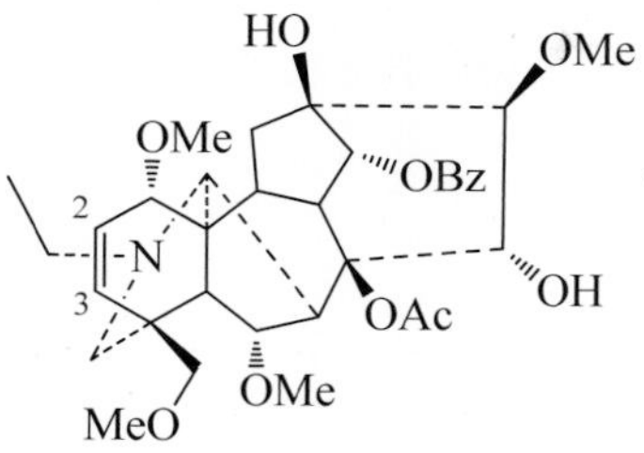

anhydroaconitine

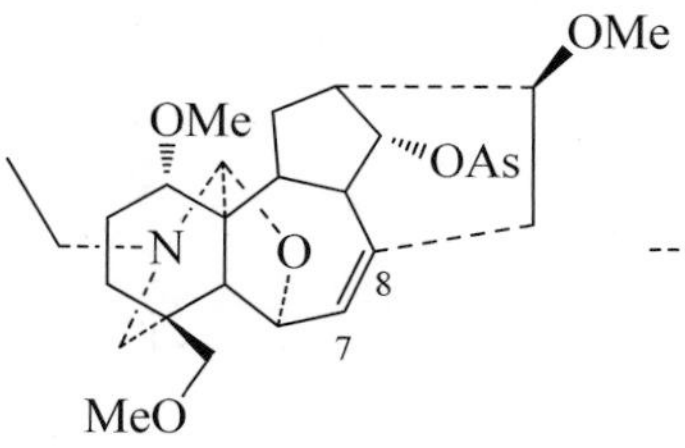

kongboendine

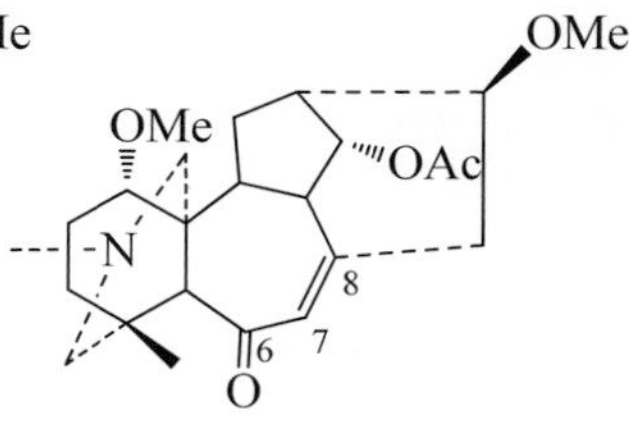

vilmoritine

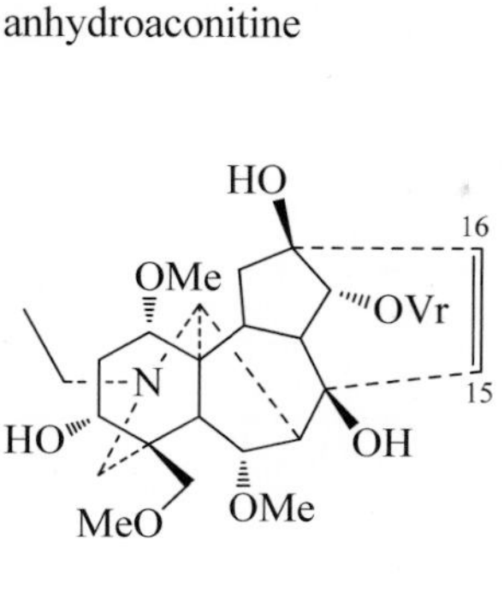

balfourine

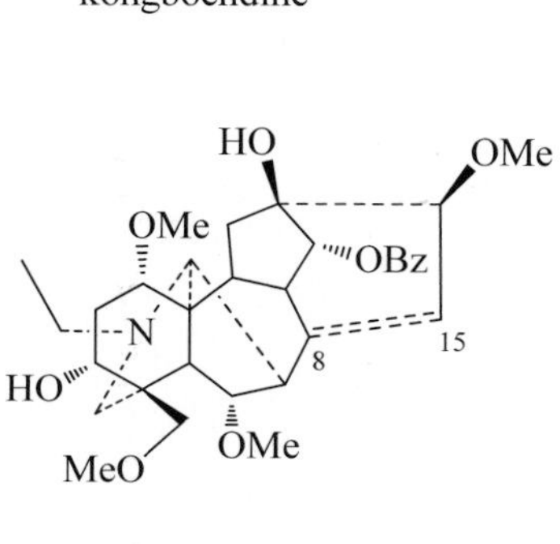

mithaconitine

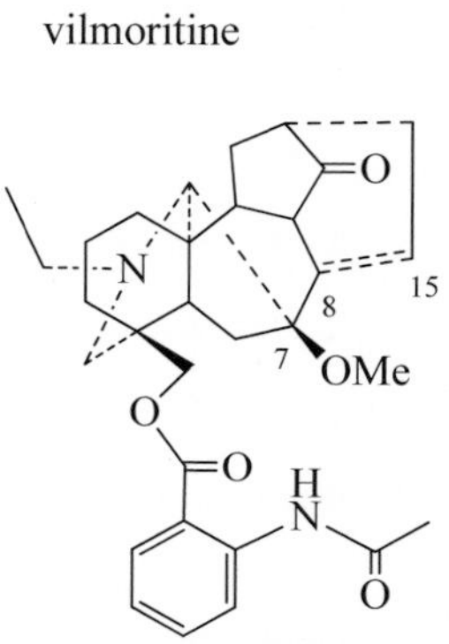

talassicumine B

表 1.4　含双键结构的碳原子化学位移（ppm）

	$\Delta^{2(3)}$（anhydroaconitine）	$\Delta^{7(8)}$（kongboendine 和 vilmoritine）	$\Delta^{15(16)}$（balfourine）	$\Delta^{8(15)}$（mithaconitine 和 talassicumine B）
C(2)	124～125（1-OMe） 130～131（1-OH）			
C(3)	137～138			
C(7)		124～129		
C(8)		137～138 约 157 [C(6)羰基]		146～147 约 150（7-OMe）
C(15)			130～135	约 116（16-OMe） 约 108
C(16)			130～135	

1.6.3　常见取代基的化学位移

连接在 C$_{19}$-二萜生物碱骨架上的常见取代基团包括甲氧基、酯基及亚甲二氧基等。氮原子上则常有甲基或乙基取代。各取代基的碳原子化学位移见表 1.5，氢原子化学位移见表 1.6。

表 1.5　常见取代基的碳原子化学位移

取代基	化学位移 δ_C/ppm
甲氧基（OCH$_3$）	55～59
乙氧基（O—CH$_2$—CH$_3$）	54～55（O—CH_2—CH$_3$），15～16（O—CH$_2$—CH_3）
氮甲基（N—CH$_3$）	42～53
氮乙基（N—CH$_2$—CH$_3$）	46～50（N—CH_2—CH$_3$），12～15（N—CH$_2$—CH_3）
亚甲二氧基（OCH$_2$O）	92～94
乙酰氧基（OCOCH$_3$）	169～172（C＝O），21～22（CH$_3$）
苯甲酰氧基（OCOC$_6$H$_5$）	166～168（C＝O），130～131（1′），129～130（2′，6′），128～129（3′，5′），132～133（4′）
对甲氧基苯甲酰氧基（OCOC$_6$H$_4$OCH$_3$）	166～168（C＝O），122～123（1′），131～132（2′，6′），113～114（3′，5′），163～164（4′），55～56（4′-OCH$_3$）
3,4-二甲氧基苯甲酰氧基[OCOC$_6$H$_3$(OCH$_3$)$_2$]	166～168（C＝O），122～123（1′），110～112（2′），148～149（3′），152～153（4′），110～112（5′），123～124（6′），55～56（3′-OCH$_3$，4′-OCH$_3$）

续表

取代基	化学位移 δ_C/ppm
邻氨基苯甲酰氧基（OCOC$_6$H$_4$NH$_2$）	167～169（C＝O），110～112（1'），150～151（2'），116～117（3'），133～135（4'），116～117（5'），130～131（6'）
邻乙酰氨基苯甲酰氧基（OCOC$_6$H$_4$NHCOCH$_3$）	167～169（C＝O），114～116（1'），141～142（2'），120～121（3'），134～135（4'），122～123（5'），131～132（6'），168～169（NH—CO），25～26（COCH$_3$）
异丁酰氧基[OCOCH(CH$_3$)$_2$]	176～177（C＝O），34～35（1'），18～19（2',3'）

表 1.6 常见取代基的氢原子化学位移

取代基	化学位移 δ_H/ppm
甲氧基（OCH$_3$）	3.0～3.4（s，脂肪碳取代） 3.8～3.9（s，芳环取代）
乙氧基（O—CH$_2$—CH$_3$）	0.9～1.1（t）
氮甲基（N—CH$_3$）	2.3～3.1（s）
氮乙基（N—CH$_2$—CH$_3$）	2.2～2.8（m，N—CH$_2$—CH$_3$） 1.0～1.2（t，N—CH$_2$—CH$_3$）
亚甲二氧基（OCH$_2$O）	4.8～5.2（s）
乙酰氧基（OCOCH$_3$）	1.9～2.1（s） 1.2～1.5（s，8-OCOCH$_3$，14 位为芳香酸酯基）
苯甲酰氧基（OCOC$_6$H$_5$）	7.1～8.5（m）
对甲氧基苯甲酰氧基（OCOC$_6$H$_3$OCH$_3$）	6.9～8.0（m，Ar—H） 3.8～3.9（s，Ar—OCH$_3$）
邻氨基苯甲酰氧基（OCOC$_6$H$_4$NH$_2$）	6.6～7.8（m，Ar—H） 5.6～5.7（br s，NH$_2$）
邻乙酰氨基苯甲酰氧基（OCOC$_6$H$_4$NHCOCH$_3$）	7.4～8.0（m，Ar—H）11.0～11.2（s，NH） 2.1～2.2（COCH$_3$）
3,4-二甲氧基苯甲酰氧基[OCOC$_6$H$_3$(OCH$_3$)$_2$]	6.8～7.7（m，Ar—H） 3.9（s，OCH$_3$）
异丁酰氧基[OCOCH(CH$_3$)$_2$]	1.1～1.2（d）[CH(CH$_3$)$_2$] 2.5～2.8（m）[CH(CH$_3$)$_2$]

1. 甲氧基

甲氧基质子信号为尖锐单峰。连接在脂肪碳上的甲氧基，质子化学位移（δ_H）在 3.0～3.4 ppm 之间；若连接在芳香碳上，δ_H 值为 3.8～3.9 ppm。C$_{19}$-二萜生物碱中，甲氧基常见于 C(1)、C(6)、C(8)、C(14)、C(15)、C(16)、C(18)位。C(8)位甲氧基化学位移值常在最高场，δ_C 值为 48 ppm 左右，而 C(16)位一般位于最低场，δ_C 值为 62 ppm 左右，其余位置上的甲氧基化学位移通常在 55～59 ppm。

2. 酯

酯可简单划分为脂肪酸酯和芳香酸酯。C$_{19}$-二萜生物碱中，最常见的脂肪酸酯是乙酸酯，其次是异丁酸酯、异戊酸酯等。芳香酸酯主要包括苯甲酸酯、大茴香酸酯、藜芦酸酯、肉桂酸酯以及邻氨基苯甲酸酯及其衍生物等。C$_{19}$-二萜生物碱中单酯或双酯取代的结构较为常见，具有三酯结构的化合物较少，如 brachyaconitine B、*N*-deethyl-3-*O*-acetylyunaconitine、*N*-deethyl-3-*O*-acetylchasmaconitine 等。

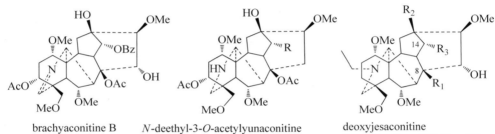

brachyaconitine B

N-deethyl-3-*O*-acetylyunaconitine
R = OAs
N-deethyl-3-*O*-acetylchasmaconitine
R = OBz

deoxyjesaconitine
R$_1$ = OAc, R$_2$ = OH, R$_3$ = OAs
anisoezochasmaconitine
R$_1$ = OAs, R$_2$ = H, R$_3$ = OAc

乙酰氧基的质子化学位移 δ_H 一般在 1.9～2.1 ppm 之间。若 C(14)位是芳香酸酯基取代，由于苯环的屏蔽作用，连接在 C(8)位乙酰氧基的质子化学位移 δ_H 在 1.2～1.5 ppm，如化合物 deoxyjesaconitine，其 C(8)—OCOCH$_3$ 的化学位移 δ_H 为 1.43 ppm。若 C(8)位是芳香酰基取代，C(14)位乙酰氧基的质子化学位移也会向高场移动，如化合物 anisoezochasmaconitine 的 C(14)—OCOCH$_3$ 质子化学位移 δ_H 为 1.78 ppm。

3. 氮原子上取代

氮原子上常为甲基或乙基取代，氮甲基（—NCH$_3$）质子化学位移 δ_H 为 2.3～3.1 ppm（s），δ_C 值为 42～53 ppm。氮乙基中甲基（—NCH$_2$CH$_3$）的质子信号峰较为明显，δ_H 在 1.0～1.2 ppm（t）范围内，δ_C 为 12～15 ppm。

4. 7,8-亚甲二氧基

目前报道的化合物中，7,8-亚甲二氧基仅出现在牛扁碱型二萜生物碱中，且几乎全部分布于翠雀属植物中。亚甲二氧基的亚甲基碳化学位移 δ_C 在 92～94 ppm 范围内。受化学环境的影响，亚甲二氧基的两个质子可能表现出不同的化学位移，在 δ_H4.1～5.2 ppm 内出现一个或两个宽单峰（表 1.7）。如化合物 paciline 在

δ_H5.07 ppm 处出现单峰。若 C(6)位连有羰基，则两个质子峰出现在 δ_H5.1ppm 和 5.5 ppm 左右，如化合物 pacinine 中两个质子的 δ_H 为 5.08 ppm 和 5.52 ppm。

paciline　　　　　　　　　　　　pacinine

表 1.7　含 7,8-亚甲二氧基化合物的化学位移

类型	δ_C/ppm				δ_H/ppm
	C(6)	C(7)	C(8)	O—CH$_2$—O	O—CH$_2$—O
paciline	89.8	92.2	83.4	93.4	5.07 s（2H）
pacinine	215.9	89.9	82.4	94.9	5.08 s（1H） 5.52 s（1H）

参 考 文 献

陈琳.2017. 四种药用植物中生物碱成分及甜菜夜蛾拒食活性研究. 成都：西南交通大学.

丁立生, 陈维新. 1989. 天然 C$_{19}$-二萜生物碱核磁共振谱（Ⅰ）. 天然产物研究与开发, 1（1）：6-32.

第五永长, 田金洲, 时晶. 2013. 洗心汤对 SAD 大鼠脑内 tau 蛋白 O-GlcNAc 糖基化修饰相关酶的影响. 南方医科大学学报, 33（10）：1442-1447.

龚运维. 1986. 天然有机化合物的 ^{13}C 核磁共振化学位移. 昆明：云南科技出版社.

海青山, 马晓霞, 杨榆青, 等. 2017. 滇西乌头中三种二萜生物碱相关药效和毒性的对比. 昆明药科大学学报, 38（1）：18-22.

韩公羽, 梁清华, 廖耀中, 等. 1991. 四川江油附子新的强心成分. 第二军医大学学报, 12（1）：10-13.

罗士德, 陈维新. 1981. 木里嘟拉的生物碱研究. 化学学报, 39（8）：808-810.

李建华, 纪双泉, 陈福泉, 等. 2011. 四逆汤对血管性痴呆大鼠学习记忆力的影响. 中国实验方剂学杂志, 17（12）：188-191.

李玉. 2019. 乌头中生物碱成分的研究. 成都：西南交通大学.

刘雪强. 2005. 乌头碱逆转耐药性人口腔上皮鳞状癌细胞分子机制研究. 北京：北京中医药大学.

唐希灿. 1986. 镇痛抗炎新药滇西嘟拉碱甲. 新药与临床, 5（2）：120-121.

唐希灿, 刘雪君, 陆维华, 等. 1986. 滇西嘟拉碱甲的镇痛和身体依赖性研究. 药学学报, 21（12）：886-889.

汤铭新, 孙桂枝. 1986. 乌头碱抑瘤及抗转移的研究与治癌的观察. 北京中医药, 3：27-28.

汪志刚, 戚仁斌, 李卫, 等. 2011. α7 烟碱样乙酰胆碱受体拮抗剂减轻淀粉样 β 蛋白诱导的 PC12 细胞损伤的机制研究. 中国病理生理杂志, 27（5）：916-922.

王锋鹏. 1982. 二萜生物碱的 ^{13}C 核磁共振谱. 有机化学, 3（3）：161-169.

王锋鹏，方起程. 1981. 粗茎乌头生物碱的化学研究. 中国药学杂志，16（2）：49.

王建莉. 2004. 镇痛药高乌甲素和草乌甲素的结构修饰以及脂肪环醚氧化成内酯反应的研究. 成都：四川大学.

吴月铭. 1959. 中国土农药志. 北京：科学出版社.

肖培根，王锋鹏，高峰，等. 2006. 中国乌头属植物药用亲缘学研究. 植物分类学报，44（1）：1-46.

于德泉，吴毓林. 2005. 天然产物化学进展. 北京：北京工业出版社.

张吉泉. 2018. 五种新疆特有药用草乌生物碱成分及生物活性研究. 成都：西南交通大学.

朱瑞丽，易浪，董燕，等. 2015. 附子中 3 种乌头原碱对巨噬细胞的抗炎作用. 广州中医药大学学报，32（5）：908-913.

Ahmad S，Ahmad H，Khan H U，et al. 2016. Crystal structure，phytochemical study and enzyme inhibition activity of ajaconine and delectinine. Journal of Molecular Structure，1123：441-448.

Ahmad H，Ahmad S，Khan E，et al. 2017. Isolation，crystal structure determination and cholinesterase inhibitory potential of isotalatizidine hydrate from *Delphinium denudatum*. Pharmaceutical Biology，55（1）：680-686.

Atta-ur-Rahman，Fatima N，Akhtar F，et al. 2000. New norditerpenoid alkaloids from *Aconitum falconeri*. Journal of Natural Products，63（10）：1393-1395.

Boronova Z S，Sultankhodzhaev M N. 2000. Alkaloids of *Delphinium poltoratskii*. Chemistry of Natural Compounds，36（4）：390-392.

Bitis L，Suzgec S，Sozer U，et al. 2007. Diterpenoid alkaloids of *Delphinium buschianum* Grossh. Helvetica Chimica Acta，90（11）：2217-2221.

Begum S，Ali M，Latif A，et al. 2014. Pharmacologically active C$_{19}$ diterpenoid alkaloids from the aerial parts of *Aconitum laeve* Royle. Records of Natural Products，8（2）：83-92.

Cai L，Fang H X，Yin T P，et al. 2015. Unusual C$_{19}$-diterpenoid alkaloids from *Aconitum vilmorinianum* var. *patentipilum*. Phytochemisty，14：106-110.

Chen D L，Jian X X，Chen Q H，et al. 2003. New C$_{19}$-diterpenoid alkaloids from the roots of *Aconitum transsecutum*. Acta Chimica. Sinica，61（6）：901-906.

Chen N H，Zhang Y B，Li W，et al. 2017. Grandiflodines A and B，two novel diterpenoid alkaloids from *Delphinium grandiflorum*. RSC Advances，7（39）：24129-24132.

Chen D H，Liang X T. 1982. Studies on the constituents of lateral root of *Aconitum carmichaeli* Debx（Ⅰ）. Isolation and structural determination of salsolinol. Acta Pharmaceutica Sinica，17（10）：792-794.

Chodoeva A，Bosc J J，Guillon J，et al. 2005. 8-*O*-azeloyl-14-benzoylaconine：a new alkaloid from the roots of *Aconitum karacolicum* Rapcs and its antiproliferative activities. Bioorganic & Medicinal Chemistry，13（23）：6493-6501.

Chen D H，Sung W L. 1983. The structure of franchetine，a novel C$_{19}$-diterpenoid alkaloid from *Aconitum franchetii*. Acta Chimica Sinica，41（9）：843-847.

De Ines C，Reina M，Gavin J A，et al. 2006. *In vitro* cytotoxicity of norditerpenoid alkaloids. Zeitschrift Fue Naturforschung C：A Journal of Biosciences，61（1/2）：11-18.

Diaz J G，Ruiza J G，Herz W. 2005. Norditerpene and diterpene alkaloids from *Aconitum variegatum*. Phytochemistry，66（7）：837-846.

Dong J Y，Li L. 2001. A new norditerpenoid alkaloid from *Aconitum geniculatum*. Acta Botanica Yunnanica，23（3）：381-384.

Drasdo A，Caulfield M，Bertrand D，et al. 1992. Methyllycaconitine：a novel nicotinic antagonist. Molecular and Cellular Neuroscience，3（3），237-243.

Fan J Z，Li Z B，Chen Q H，et al. 2000. Demethoxylation and *O*-demethylation of pseudaconine and isotalatizidine. Chinese Chemical Letters，11（5）：417-420.

Gao F，Li Y Y，Wang D，et al. 2012. Diterpenoid alkaloids from the Chinese traditional herbal "Fuzi" and their cytotoxic activity. Molecules，17（5）：5187-5194.

Gao F，Wang F P. 2005. Structural revision of hemsleyadine and new alkaloids hemsleyanines A，B from *Aconitum hemsleyanium* var. *circinacum*. Hetercoycles，65（2）：365-370.

Gonzalez-Coloma A，Reina M，Medinaveitia A，et al. 2004. Structural diversity and defensive properties of norditerpenoid alkaloids. Journal of Chemical Ecology，30（7）：1393-1408.

Guo Q L，Xia H，Meng X H，et al. 2018. C_{19}-Diterpenoid alkaloid arabinosides from an aqueous extract of the lateral root of *Aconitum carmichaelii* and their analgesic activities. Acta Pharmaceutica Sinica B，8（3）：409-419.

Guo R H，Guo C X，He D，et al. 2017. Two new C_{19}-diterpenoid alkaloids with anti-inflammatory activity from *Aconitum iochanicum*. Chinese Journal of Chemistry，35（10）：1644-1647.

Guo Z J，Xu Y，Zhang H，et al. 2013. New alkaloids from *Aconitum taipaicum* and their cytotoxic activities. Natural Product Research，28（3）：164-168.

Hardick D J，Blagbrough I S，Wonnacoot S，et al. 1994. Regioselective anthranoylation of demethylated aconitine-novel analogs of aconitine，inuline and methyllycaconitine. Tetrahedron Letters，35（20）：3371-3374.

He Y M，Zou C L，Chen Q H，et al. 2007. New formation of imines of C_{19}-diterpenoid alkaloids by heating with DMSO. Journal of Asian Natural Products Research，9（8）：713-720.

Hoau Y W，Daniel H S，Coralie B，et al. 2000. Amyloid peptide $A\beta_{1-42}$ binds selectively and with picomolar affinity to $\alpha7$ nicotinic acetylcholine receptors. Journal of Neurochemistry，75（3）：1155-1161.

Jennings K R，Brown D G，Wright D P. 1986. Methyllycaconitine，a naturally occurring insecticide with a high affinity for the insect cholin ergic receptor. Cellular and Molecular Life Sciences，42（6）：611-613.

Jian X X，Tang P，Liu X X，et al. 2012. Structure-cardiac activity relationship of C_{19}-diterpenoid alkaloids. Natural Product Communications，7（6）：713-720.

Jiang B Y，Lin S，Zhu C G，et al. 2012. Diterpenoid alkaloids from the lateral root of *Aconitum carmichaelii*. Journal of Natural Products，75（6）：1145-1159.

Kosuge T，Yokota M. 1976. Studies on cardiac principle of *Aconitum* root. Chemical & Pharmaceutical Bulletin，24（1）：176-178.

Kamakura D，Todoroki H，Urabe D，et al. 2019. Total synthesis of talatisamine. Angewandte Chemie International Edition，59（1）：479-486.

Li Y，Gao F，Zhang J F，et al. 2018. Four new diterpenoid alkaloids from the roots of *Aconitum carmichaelii*. Chemistry & Biodiversity，15（7）：e1800147.

Li Z B，Chen Q H，Wang F P，et al. 2000. Oxidation of the norditerpenoid alkaloids isotalatizidine and 6-epiforsticine. Chinese Chemical Letters，11（5）：421-424.

Li Y Z，Qin L L，Gao F，et al. 2020. Kusnezosines A-C，three C_{19}-diterpenoid alkaloids with a new skeleton from *Aconitum kusnezoffii* Reichb. var. *gibbiferum*. Fitoterapia，144：104609.

Li Z Y，Zhao J F，Yang J H，et al. 2004. A new diterpenoid alkaloid from *Aconitum episcopale*. Helvetica Chimica Acta，87（8）：2085-2087.

Liang X X，Chen L，Song L，et al. 2017. Diterpenoid alkaloids from the root of *Aconitum sinchiangense* W. T. Wang with their antitumor and antibacterial activities. Natural Product Research，31（17）：2016-2023.

Liu X X，Jian X X，Cai X F，et al. 2012. Cardioactive C_{19}-diterpenoid alkaloids from the lateral roots of *Aconitum carmichaeli* "Fuzi". Chemical & Pharmaceutical Bulletin，60（1）：144-149.

Liu Z L，Cao J，Zhang H M，et al. 2011. Feeding deterrents from *Aconitum episcopale* roots against the red flour beetle，

Tribolium castaneum. Journal of Agricultural & Food Chemistry，59（8）：3701-3706.

Macallan D R E，Lunt G G，Wonnacott S，et al. 1988. Methyllycaconitine and (+)-anatoxin: a differentiate between nicotinic receptors in vertebrate and invertebrate nervous systems. Febs Letters，226（2）：357-363.

Meng X H，Guo Q L，Zhu C G，et al. 2017. Unprecedented C$_{19}$-diterpenoid alkaloid glycosides from an aqueous extract of "fu zi": neoline 14-*O*-L-arabinosides with four isomeric L-anabinosyls. Chinese Chemical Letters，28（8）：1705-1710.

Nishiyama Y，Yokoshima S，Fukuyama T. 2016. Total Synthesis of (−)-cardiopetaline. Organic Letters，18（10）：2359-2362.

Osadchii S A，Pankrushina N A，Shakirov M M，et al. 2000. Study of alkaloids from plants of *Siberia* and *Altai*. Russian Chemical Bulletin，49（3）：557-562.

Peng C S，Wang F P，Jian X X. 2002. Norditerpenoid alkaloids from the roots of *Aconitum hemsleyanum* Pritz. var. *pengzhouense*. Chinese Chemical Letters，13（3）：233-236.

Pelletier S W，Mody N V，Varughase K I，et al. 1981. Structure revision of 37 lycoctonine-related diterpenoid alkaloids. Journal of the American Chemical Society，103（21）：6536-6538.

Querfurth H W，Laferla F M. 2010. Mechanisms of disease Alzheimer's Disease. New England Journal of Medicine，362（4）：329-344.

Shen X L，Wang F P. 2004a. New products from the reaction of acetyllycoctonine with *N*-bromosuccinimide（NBS）. Chemical & Pharmaceutical Bulletin，52（9）：1095-1097.

Shen X L，Wang F P. 2004b. Structure of jiufengsine. Chinese Journal of Natural Medicines，2（3）：152-154.

Shen Y，Zuo A X，Jiang Z Y，et al. 2011. Hemsleyaconitines F and G，two novel C$_{19}$-diterpenoid alkaloids possessing a unique skeleton from *Aconitum hemsleyanum*. Helvetica Chimica Acta，94（2）：268-272.

Shim S H，Kim J S，Son K H，et al. 2006. Alkaloids from the roots of *Aconitum pseudo-laeve* var. *erectum*. Journal of Natural Products，69（3）：400-402.

Song M K，Liu H，Jiang H L，et al. 2008. Discovery of talatisamine as a novel specific blocker for the delayed rectifier K$^+$ channels in rat hippocampal neurons. Neuroscience，155（2）：469-475.

Tang T X，Chen D L，Wang F P. 2014. A new C$_{19}$-diterpenoid alkaloid from *Aconitum vilmorinianum*. Chinese Journal of Organic Chemistry，34（5）：909-915.

Ward J M，Cockcroft V B，Lunt G G，et al. 1990. Methyllycaconitine: a selective probe for neuronal α-bungarotoxin binding sites. FEBS Letters，270（1-2）：45-48.

Wang C，Sun D N，Liu C F，et al. 2015. Mother root of *Aconitum carmichaelii* Debeaux exerts antinociceptive effect in Complet Freund's Adjuvant-induced mice: roles of dynorpin/kappa-opioid system and transient receptor potential vanilloid type-1 ion channel. Journal of Translational Medicine，13：284.

Wang D P，Lou H Y，Huang L，et al. 2012. A novel franchetine type norditerpenoid isolated from the roots of *Aconitum carmichaeli* Debx. with potential analgesic activity and less toxicity. Bioorganic & Medicinal Chemistry Letters，22（13）：4444-4446.

Wang F P，Chen D L，Deng H Y，et al. 2014. Further revisions on the diterpenoid alkaloids reported in a JNP paper（2012，75，1145-1159）. Tetrahedron，70（15）：2582-2590.

Wang F P，Chen Q H，Liu X Y. 2010. Diterpenoid alkaloids. Natural Product Resports，27（4）：529-570.

Wang F P，Fang J Z，Jian X X，et al. 1999. Modifications of norditerpenoid alkaloids: III. preparation of 7, 17-seco yunnaconitine derivatives via rearrangement of chloroamine. Chinese Chemical Letters，10（5）：379-382.

Wang F P，Fang Q C. 1981. Alkaloids from roots of *Aconitum crassicaule*. Planta Medica，42（4）：375-379.

Wang F P, Li Z B, Chen J J, et al. 2000. Structure of 6-epiforsticine and revision of the stereochemistry of forsticine. Chinese Chemical Letters, 11 (11): 1003-1004.

Wang F P, Li Z B, Yang J S, et al. 1999. Modification of norditerpenoid alkaloids: II. A simple and convenient preparation of the imine derivatives of norditerpenoid alkaloids. Chinese Chemical Letters, 10 (6): 453-456.

Wang F P, Li Z J, Dai X P, et al. 1997. Structural revision of franchetine and vilmorisine, two norditerpenoid alkaloids from the roots of *Aconitum* spp. Phytochemistry, 45 (7): 1539-1542.

Wang F P, Peng C S, Jian X X, et al. 2001. Five new norditerpenoid alkaloids from *Aconitum sinomontanum*. Journal of Asian Natural Products Research, 3 (1): 15-22.

Wang J L, Shen X L, Chen Q H, et al. 2009. Structure-analgesic activity relationship studies on the C_{18}- and C_{19}-diterpenoid alkaloids. Chemical & Pharmaceutical Bulletin, 57 (8): 801-807.

Wang Z S, Chen W, Jiang H Y, et al. 2019. Semi-synthesis andstructural elucidation of brevicanines A-D, four new C_{19}-diterpenoid alkaloids with rotameric phenomenon from *Aconitum brevicalcaratum*. Fitoterapia, 134: 404-410.

Wiesner K. 1979. Total synthesis of delphinine-type alkaloids by simple, fourth generation methods. Pure and Applied Chemistry, 51 (4): 689-703.

Wiesner K, Tsai T Y R, Huber K, et al. 1974. Total synthesis of talatisamine, a delphinine type alkaloid. Journal of the American Chemical Society, 96 (15): 4990-4992.

Wiesner K, Tsai T Y R, Nambiar K P. 1978. A new stereo-specific total synthesis of chasmanine and 13-desoxydelphonine. Canadian Journal of Chemistry, 56 (10): 1451-1454.

Yin T P, Cai L, Fang H X, et al. 2015. Diterpenoid alkaloids from *Aconitum vilmorinianum*. Phytochemistry, 116: 314-319.

Yin T P, Hu X F, Mei R F, et al. 2018. Four new diterpenoid alkaloids with anti-inflammatory activities from *Aconitum taronense* Fletcher et Lauener. Phytochemistry Letters, 25: 152-155.

Yin T P, Shu Y, Zhou H, et al. 2019. Nagarines A and B, two novel 8, 15-seco diterpenoid alkaloids from *Aconitum nagarum*. Fitoterapia, 135: 1-4.

Yuan C L, Wang X L. 2012. Isolation of active substances and bioactivity of *Aconitum sinomontanum* Nakai. Natural Product Research, 26 (22): 2099-2102.

Zhang H, Guo Z J, Han L, et al. 2014. The antitumor effect and mechanism of taipeinine A, a new C_{19}-diterpenoid alkaloid from *Aconitum taipeicum*, on the HepG2 human hepatocellular carcinoma cell line. Journal of Buon, 19(3): 705-712.

Zhang J F, Dai R Y, Shan L H, et al. 2016. Iliensines A and B: two new C_{19}-diterpenoid alkaloids from *Delphinium iliense*. Phytochemistry Letters, 17: 299-303.

Zhang Z T, Jian X X, Ding J Y, et al. 2015. Further studies on structure-cardiac activity relationships of diterpenoid alkaloids. Natural Product Communications, 10 (12): 2075-2084.

Zhang Z T, Wang L, Chen Q F, et al. 2013. Revisions of the diterpenoid alkaloids reported in a JNP paper (2012, 75, 1145-1159). Tetrahedron, 69 (29): 5859-5866.

Zhou X L, Chen Q H, Chen D L, et al. 2003. Hemsleyatine, a novel C_{19}-diterpenoid alkaloid with 8-amino group from *Aconitum hemsleyanum*. Chemical & Pharmaceutical Bulletin, 51 (5): 592-594.

Zou C L, Ji H, Xie G B, et al. 2008. An effective *O*-demethylation of some C_{19}-diterpenoid alkaloids with HBr-glacial acetic acid. Journal of Asian Natural Products Research, 10 (11): 1063-1067.

第 2 章　C₁₉-二萜生物碱核磁数据

　　近年来结构新颖的 C₁₉-二萜生物碱不断被发现，但由于其结构复杂多变，核磁图谱解析也较为困难。在现代植物化学及药物合成研究中，对于一个未知化合物的结构解析，¹³C NMR 和 ¹H NMR 谱的测定及解析是常用的方法之一。通过对测定的化合物的核磁共振波谱数据进行解析，或与文献中已有的化合物数据进行分析比对，再结合其他波谱分析，便可得出待测化合物的结构。因此，我们在此对 C₁₉-二萜生物碱的核磁数据、植物来源、分子式及分子量进行归纳、整理，以便广大读者查阅。

　　常见的基团缩写：

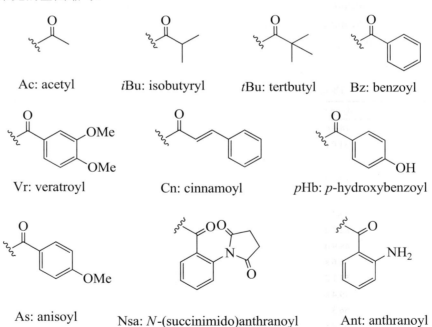

Ac: acetyl　　　　iBu: isobutyryl　　　　tBu: tertbutyl　　　　Bz: benzoyl

Vr: veratroyl　　　　Cn: cinnamoyl　　　　pHb: p-hydroxybenzoyl

As: anisoyl　　　Nsa: N-(succinimido)anthranoyl　　　Ant: anthranoyl

2.1　乌头碱型（aconitine type，B1）

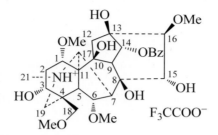

化合物名称：(−)-(A-*b*)-14*α*-benzoyloxy-3*α*, 8*β*, 10*β*, 13*β*, 15*α*-pentahydroxy-1*α*, 6*α*, 16*β*, 18-tetramethoxy-*N*-methylaconitane

分子式：$C_{31}H_{44}NO_{11}$　　　　　　　**分子量**（M^+）：606

植物来源：*Aconitum carmichaelii* Debx. 乌头

参考文献：Jiang B Y，Lin S，Zhu C G，et al. 2012. Diterpenoid alkaloids from the lateral root of *Aconitum carmichaelii*. Journal of Natural Products，75（6）：1145-1159.

Zhang Z T，Wang L，Chen Q F，et al. 2013. Revisions of the diterpenoid alkaloids reported in a JNP paper（2012，75，1145-1159）. Tetrahedron，69（29）：5859-5866.

(−)-(A-*b*)-14*α*-benzoyloxy-3*α*, 8*β*, 10*β*, 13*β*, 15*α*-pentahydroxy-1*α*, 6*α*, 16*β*, 18-tetramethoxy-*N*-methylaconitane 的 NMR 数据

位置	δ_C/ppm	δ_H/ppm（J/Hz）	位置	δ_C/ppm	δ_H/ppm（J/Hz）
1	78.4 d	4.01 br s	16	91.7 d	3.23 d（5.5）
2	31.0 t	2.39 br d（15.5）	17	68.1 d	3.40 br s
		1.40 dt（15.5, 4.0）	18	78.1 t	3.61 d（8.5）
3	70.3 d	4.29 br d（4.0）			3.56 d（8.5）
4	44.0 s		19	52.6 t	3.62 d（10.0）
5	40.2 d	2.74 br d（7.0）			3.42 d（10.0）
6	82.2 d	4.28 d（7.0）	21	42.2 q	3.07 br s
7	48.9 d	2.83 br s	1-OMe	55.4 q	3.42 s
8	76.6 s		6-OMe	58.3 q	3.31 s
9	54.1 d	2.51 d（5.5）	16-OMe	61.1 q	3.65 s
10	79.4 s		18-OMe	59.2 q	3.29 s
11	56.3 s		14-OCO	166.5 s	
12	47.4 t	2.39 d（15.0）	1′	131.4 s	
		2.16 d（15.0）	2′, 6′	130.6 d	8.07 d（7.5）
13	75.8 s		3′, 5′	129.2 d	7.47 t（7.5）
14	79.5 d	5.36 d（5.5）	4′	133.7 d	7.60 t（7.5）
15	82.5 d	4.77 d（5.5）			

注：溶剂(CD₃)₂CO；¹³C NMR：100 MHz；¹H NMR：400 MHz

化合物名称：(−)-(A-b)-14α-benzoyloxy-N-ethyl-3α, 10β, 13β, 15α-tetrahydroxy-1α, 6α, 8β, 16β, 18-pentamethoxyaconitane

分子式：C$_{33}$H$_{48}$NO$_{11}$ **分子量**（M^+）：634

植物来源：*Aconitum carmichaelii* Debx. 乌头

参考文献：Jiang B Y，Lin S，Zhu C G，et al. 2012. Diterpenoid alkaloids from the lateral root of *Aconitum carmichaelii*. Journal of Natural Products，75（6）：1145-1159.

Zhang Z T，Wang L，Chen Q F，et al. 2013. Revisions of the diterpenoid alkaloids reported in a JNP paper（2012，75，1145-1159）. Tetrahedron，69（29）：5859-5866.

(−)-(A-b)-14α-benzoyloxy-N-ethyl-3α, 10β, 13β, 15α-tetrahydroxy-1α, 6α, 8β, 16β, 18-pentamethoxyaconitane 的 NMR 数据

位置	δ$_C$/ppm	δ$_H$/ppm （J/Hz）	位置	δ$_C$/ppm	δ$_H$/ppm （J/Hz）
1	78.2 d	4.01 br s	16	93.7 d	3.39 d (5.5)
2	31.1 t	2.42 br d (16.0)	17	67.7 d	3.40 br s
		1.45 ddd （16.0, 4.0, 4.0）	18	77.3 t	3.63 d (8.0)
3	70.1 d	4.27 br d (4.0)			3.40 d (8.0)
4	44.0 s		19	52.2 t	3.70 d (10.0)
5	39.0 d	2.85 br d (6.0)			3.41 d (10.0)
6	82.6 d	4.23 br d (6.0)	21	41.9 q	3.15 br s
7	43.1 d	3.15 br s	1-OMe	55.4 q	3.42 s
8	81.7 s		6-OMe	59.1 q	3.35 s
9	54.3 d	2.57 d (5.0)	8-OMe	50.4 q	3.17 s
10	79.3 s		16-OMe	62.3 q	3.69 s
11	56.8 s		18-OMe	59.2 q	3.32 s
12	47.4 t	2.46 d (15.0)	14-OCO	166.3 s	
		2.20 d (15.0)	1′	131.2 s	
13	76.0 s		2′, 6′	130.4 d	8.07 d (7.5)
14	79.3 d	5.34 d (5.5)	3′, 5′	129.3 d	7.52 t (7.5)
15	77.7 d	4.73 d (5.5)	4′	133.9 d	7.64 t (7.5)

注：溶剂(CD$_3$)$_2$CO；^{13}C NMR：100 MHz；^{1}H NMR：400 MHz

化合物名称： (−)-(A-*b*)-14α-benzoyloxy-*N*-ethyl-1α, 8β, 15α-trihydroxy-6α, 16β, 18-trimethoxyaconitane

分子式： C$_{31}$H$_{44}$NO$_8$　　　　　　　　**分子量**（M^+）：558

植物来源： *Aconitum carmichaelii* Debx. 乌头

参考文献： Jiang B Y，Lin S，Zhu C G，et al. 2012. Diterpenoid alkaloids from the lateral root of *Aconitum carmichaelii*. Journal of Natural Products，75（6）：1145-1159.

Zhang Z T，Wang L，Chen Q F，et al. 2013. Revisions of the diterpenoid alkaloids reported in a JNP paper（2012，75，1145-1159）. Tetrahedron，69（29）：5859-5866.

(−)-(A-*b*)-14α-benzoyloxy-*N*-ethyl-1α, 8β, 15α-trihydroxy-6α, 16β, 18-trimethoxyaconitane 的 NMR 数据

位置	δ_C/ppm	δ_H/ppm（J/Hz）	位置	δ_C/ppm	δ_H/ppm（J/Hz）
1	71.8 d	4.19 br s	17	64.0 d	3.53 br s
2	28.5 t	1.69 m	18	79.5 t	3.62 d（8.0）
		1.68 m			3.51 d（8.0）
3	27.9 t	2.01 m	19	58.5 t	3.54 d（12.0）
		1.95 m			3.19 d（12.0）
4	39.0 s		21	50.2 t	3.47 m
5	43.4 d	2.42 d（6.5）			3.20 m
6	82.9 d	4.34 br d（6.5）	22	10.9 q	1.50 t（7.0）
7	49.4 d	2.73 br s	6-OMe	58.1 q	3.37 s
8	78.4 s		16-OMe	57.6 q	3.36 s
9	45.1 d	2.48 dd（6.0, 4.5）	18-OMe	59.2 q	3.30 s
10	44.0 d	2.33 m	14-OCO	166.2 s	
11	50.4 s		1′	131.5 s	
12	30.3 t	2.31 m	2′, 6′	130.6 d	8.08 d（7.5）
		1.81 br d（10.0）	3′, 5′	129.2 d	7.47 t（7.5）
13	39.4 d	2.58 dd（6.0, 4.5）	4′	133.6 d	7.60 t（7.5）
14	76.8 d	5.05 dd（4.5, 4.5）			
15	79.0 d	4.57 d（6.5）			
16	91.4 d	3.12 d（6.5）			

注：溶剂(CD$_3$)$_2$CO；^{13}C NMR：100 MHz；^{1}H NMR：400 MHz

化合物名称: (−)-(A-*b*)-14α-benzoyloxy-3α, 10β, 13β, 15α-tetrahydroxy-1α, 6α, 8β, 16β, 18-pentamethoxy-*N*-methylaconitane

分子式: $C_{32}H_{46}NO_{11}$　　　　　　　　分子量（M^+）: 620

植物来源: *Aconitum carmichaelii* Debx. 乌头

参考文献: Jiang B Y, Lin S, Zhu C G, et al. 2012. Diterpenoid alkaloids from the lateral root of *Aconitum carmichaelii*. Journal of Natural Products, 75（6）: 1145-1159.

Zhang Z T, Wang L, Chen Q F, et al. 2013. Revisions of the diterpenoid alkaloids reported in a JNP paper（2012, 75, 1145-1159）. Tetrahedron, 69（29）: 5859-5866.

(−)-(A-*b*)-14α-benzoyloxy-3α, 10β, 13β, 15α-tetrahydroxy-1α, 6α, 8β, 16β, 18-pentamethoxy-*N*-methylaconitane 的 NMR 数据

位置	δ_C/ppm	δ_H/ppm（J/Hz）	位置	δ_C/ppm	δ_H/ppm（J/Hz）
1	78.2 d	4.01 br s	16	93.7 d	3.39 d（5.5）
2	31.1 t	2.42 br d（16.0）	17	67.7 d	3.40 br s
		1.45 ddd（16.0, 4.0, 4.0）	18	77.3 t	3.63 d（8.0）
3	70.1 d	4.27 br d（4.0）			3.40 d（8.0）
4	44.0 s		19	52.2 t	3.70 d（10.0）
5	39.0 d	2.85 br d（6.0）			3.41 d（10.0）
6	82.6 d	4.23 br d（6.0）	21	41.9 q	3.15 br s
7	43.1 d	3.15 br s	1-OMe	55.4 q	3.42 s
8	81.7 s		6-OMe	59.1 q	3.35 s
9	54.1 d	2.57 d（5.0）	8-OMe	50.4 q	3.17 s
10	79.3 s		16-OMe	62.3 q	3.69 s
11	56.8 s		18-OMe	59.2 q	3.32 s
12	47.4 t	2.46 d（15.0）	14-OCO	166.3 s	
		2.20 d（15.0）	1′	131.2 s	
13	76.0 s		2′, 6′	130.4 d	8.07 d（7.5）
14	79.3 d	5.34 d（5.5）	3′, 5′	129.3 d	7.52 t（7.5）
15	77.7 d	4.73 d（5.5）	4′	133.9 d	7.64 t（7.5）

注: 溶剂(CD₃)₂CO; ¹³C NMR: 100 MHz; ¹H NMR: 400 MHz

化合物名称：(−)-(A-b)-14α-benzoyloxy-N-ethyl-13β, 15α-dihydroxy-1α, 6α, 8β, 16β, 18-pentamethoxyaconitane

分子式：$C_{33}H_{48}NO_9$　　分子量（M^+）：602

植物来源：*Aconitum carmichaelii* Debx. 乌头

参考文献：Jiang B Y，Lin S，Zhu C G，et al. 2012. Diterpenoid alkaloids from the lateral root of *Aconitum carmichaelii*. Journal of Natural Products，75（6）：1145-1159.

Zhang Z T，Wang L，Chen Q F，et al. 2013. Revisions of the diterpenoid alkaloids reported in a JNP paper（2012，75，1145-1159）. Tetrahedron，69（29）：5859-5866.

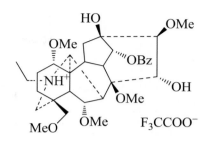

(−)-(A-b)-14α-benzoyloxy-N-ethyl-13β, 15α-dihydroxy-1α, 6α, 8β, 16β, 18-pentamethoxyaconitane 的 NMR 数据

位置	δ_C/ppm	δ_H/ppm（J/Hz）	位置	δ_C/ppm	δ_H/ppm（J/Hz）
1	81.6 d	3.68 br s	17	63.3 d	3.54 br s
2	22.2 t	2.01 ddd（14.5, 5.0）	18	78.9 t	3.42 d（8.0）
		1.45 ddd（14.5, 14.5, 5.0）			3.42 d（8.0）
3	27.3 t	1.98 dd（14.5, 5.0）	19	58.1 t	3.51 d（10.0）
		1.91 ddd（14.5, 14.5, 4.5）			3.25 d（10.0）
4	38.9 s		21	50.4 t	3.61 dq（13.0, 7.5）
5	42.6 d	2.56 d（5.5）			3.51 dq（13.0, 7.5）
6	82.6 d	4.21 d（5.5）	22	10.9 q	1.51 t（7.0）
7	43.6 d	3.07 br s	1-OMe	55.8 q	3.38 s
8	83.5 s		6-OMe	59.3 q	3.34 s
9	44.9 d	2.57 dd（6.0, 5.0）	8-OMe	50.4 q	3.18 s
10	40.6 d	2.53 ddd（12.5, 6.0, 4.5）	16-OMe	62.4 q	3.73 s
11	51.4 s		18-OMe	59.0 q	3.32 s
12	37.4 t	2.38 dd（14.0, 12.5）	14-OCO	166.3 s	
		1.82 dd（14.0, 4.5）	1′	131.1 s	
13	75.3 s		2′, 6′	130.4 d	8.07 d（7.5）
14	79.9 d	4.87 d（5.0）	3′, 5′	129.3 d	7.53 t（7.5）
15	76.5 d	4.73 d（5.5）	4′	133.9 d	7.64 t（7.5）
16	94.7 d	3.32 d（5.5）			

注：溶剂(CD₃)₂CO；¹³C NMR：100 MHz；¹H NMR：400 MHz

化合物名称：(−)-(A-*b*)-14α-benzoyloxy-*N*-ethyl-3α, 8β, 13β, 15α-tetrahydroxy-1α, 6α, 16β, 18-tetramethoxyaconitane

分子式：$C_{32}H_{46}NO_{10}$　分子量（M^+）：604

植物来源：*Aconitum carmichaelii* Debx. 乌头

参考文献：Jiang B Y，Lin S，Zhu C G，et al. 2012. Diterpenoid alkaloids from the lateral root of *Aconitum carmichaelii*. Journal of Natural Products，75（6）：1145-1159.

Zhang Z T，Wang L，Chen Q F，et al. 2013. Revisions of the diterpenoid alkaloids reported in a JNP paper（2012，75，1145-1159）. Tetrahedron，69（29）：5859-5866.

(−)-(A-*b*)-14α-benzoyloxy-*N*-ethyl-3α, 8β, 13β, 15α-tetrahydroxy-1α, 6α, 16β, 18-tetramethoxyaconitane 的 NMR 数据

位置	δ_C/ppm	δ_H/ppm（J/Hz）	位置	δ_C/ppm	δ_H/ppm（J/Hz）
1	77.9 d	3.67 br s	17	65.0 d	3.57 br s
2	31.7 t	2.36 br d（16.0）	18	77.2 t	3.61 br d（8.5）
		1.63 dt（10.5, 4.0）			3.55 br d（8.5）
3	70.3 d	4.30 br s	19	50.4 t	2.63 d（12.5）
4	43.8 s				2.42 d（12.5）
5	42.0 d	2.50 d（6.5）	21	51.0 t	3.54 dq（13.0, 7.5）
6	82.6 d	4.29 d（6.5）			3.26 dq（13.0, 7.5）
7	45.4 d	2.74 br s	22	11.4 q	1.47 t（7.5）
8	90.3 s		1-OMe	56.3 q	3.43 s
9	53.1 d	2.54 dd（7.0, 5.0）	6-OMe	59.1 q	3.31 s
10	78.7 d	2.48 ddd（12.5, 7.0, 4.5）	16-OMe	61.7 q	3.68 s
11	55.3 s		18-OMe	59.3 q	3.28 s
12	47.0 t	2.30 dd（14.0, 12）	14-OCO	166.9 s	
		1.88 dd（14.0, 4.5）	1′	130.6 s	
13	75.4 s		2′, 6′	130.3 d	8.05 d（7.5）
14	80.1 d	4.91 d（5.0）	3′, 5′	129.7 d	7.47 t（7.5）
15	78.6 d	4.75 d（6.0）	4′	134.5 d	7.60 t（7.5）
16	88.6 d	3.24 d（6.0）			

注：溶剂($CD_3)_2CO$；^{13}C NMR：100 MHz；^1H NMR：400 MHz

化合物名称：(−)-(A-*b*)-8*β*-acetoxy-14*α*-benzoyloxy-*N*-ethyl-13*β*, 15*α*-dihydroxy-1*α*, 6*α*, 16*β*, 18-tetramethoxyaconitane

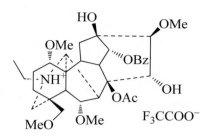

分子式：$C_{34}H_{48}NO_{10}$ 分子量（M^+）：630

植物来源：*Aconitum carmichaelii* Debx. 乌头

参考文献：Jiang B Y，Lin S，Zhu C G, et al. 2012. Diterpenoid alkaloids from the lateral root of *Aconitum carmichaelii*. Journal of Natural Products，75（6）：1145-1159.

Zhang Z T，Wang L，Chen Q F，et al. 2013. Revisions of the diterpenoid alkaloids reported in a JNP paper（2012，75，1145-1159）. Tetrahedron，69（29）：5859-5866.

(−)-(A-*b*)-8*β*-acetoxy-14*α*-benzoyloxy-*N*-ethyl-13*β*, 15*α*-dihydroxy-1*α*, 6*α*, 16*β*, 18-tetramethoxyaconitane 的 NMR 数据

位置	δ_C/ppm	δ_H/ppm （J/Hz）	位置	δ_C/ppm	δ_H/ppm （J/Hz）
1	81.4 d	3.72 br s	17	62.8 d	3.63 br s
2	22.2 t	2.03 dd （15.0, 4.5）	18	78.8 t	3.54 d （8.0）
		1.48 dt （15.0, 4.5）			3.38 d （8.0）
3	27.4 t	2.06 dd （15.0, 4.5）	19	58.2 t	3.48 br d （12.0）
		1.91 ddd （15.0, 4.5）			3.29 br d （12.0）
4	39.0 s		21	50.7 t	3.60 m
5	43.0 d	2.71 d （6.5）			3.34 m
6	82.4 d	4.35 d （6.5）	22	10.8 q	1.58 t （7.0）
7	45.5 d	3.15 br s	1-OMe	55.8 q	3.39 s
8	90.9 s		6-OMe	59.3 q	3.31 s
9	44.0 d	2.96 dd （7.0, 4.5）	16-OMe	61.8 q	3.73 s
10	39.8 d	2.68 ddd （13.0, 7.0）	18-OMe	59.1 q	3.31 s
11	51.0 s		8-OAc	173.0 s	
12	36.8 t	2.46 dd （14.0, 13.0）		21.4 q	1.49 s
		1.88 dd （14.0, 5.0）	14-OCO	166.1 s	
13	74.9 s		1′	130.6 s	
14	79.4 d	4.97 d （4.5）	2′, 6′	130.4 d	8.05 d （7.5）
15	79.3 d	4.60 d （5.5）	3′, 5′	129.7 d	7.56 t （7.5）
16	91.1 d	3.41 d （5.5）	4′	134.4 d	7.69 t （7.5）

注：溶剂(CD₃)₂CO；¹³C NMR：100 MHz；¹H NMR：400 MHz

化合物名称：(−)-(A-*b*)-8*β*-acetoxy-14*α*-benzoyloxy-*N*-ethyl-3*α*, 10*β*, 13*β*, 15*α*-tetrahydroxy-1*α*, 6*α*, 16*β*, 18-tetramethoxyaconitane

分子式：C$_{34}$H$_{48}$NO$_{12}$ **分子量**（M$^+$）：662

植物来源：*Aconitum carmichaelii* Debx. 乌头

参考文献：Jiang B Y，Lin S，Zhu C G，et al. 2012. Diterpenoid alkaloids from the lateral root of *Aconitum carmichaelii*. Journal of Natural Products，75（6）：1145-1159.

Zhang Z T，Wang L，Chen Q F，et al. 2013. Revisions of the diterpenoid alkaloids reported in a JNP paper（2012，75，1145-1159）. Tetrahedron，69（29）：5859-5866.

(−)-(A-*b*)-8*β*-acetoxy-14*α*-benzoyloxy-*N*-ethyl-3*α*, 10*β*, 13*β*, 15*α*-tetrahydroxy-1*α*, 6*α*, 16*β*, 18-tetramethoxyaconitane 的 NMR 数据

位置	δ_C/ppm	δ_H/ppm （J/Hz）	位置	δ_C/ppm	δ_H/ppm （J/Hz）
1	77.9 d	3.94 br s	18	77.2 t	3.48 d（8.0）
2	31.0 t	2.34 br d（15.5）			3.30 d（8.0）
		1.39 ddd（15.5, 4.0, 4.0）	19	50.4 t	3.65 d（12.0）
3	70.3 d	4.20 br s			3.55 d（12.0）
4	43.7 s		21	51.0 t	3.30 m
5	40.2 d	2.85 d（6.5）			3.03 m
6	82.6 d	4.23 d（6.5）	22	11.1 q	1.36 t（7.5）
7	45.4 d	3.07 br s	1-OMe	55.3 q	3.36 s
8	88.6 s		6-OMe	59.1 q	3.20 s
9	53.1 d	2.79 d（5.0）	16-OMe	61.7 q	3.58 s
10	41.2 s		18-OMe	59.3 q	3.19 s
11	56.4 s		8-OAc	172.9 s	
12	47.0 t	2.39 d（15.5）		21.3 q	1.39 s
		2.15 d（15.5）	14-OCO	166.1 s	
13	75.4 s		1′	130.6 s	
14	78.7 d	5.29 d（5.0）	2′, 6′	130.3 d	7.94 d（7.5）
15	80.1 d	4.50 d（5.5）	3′, 5′	129.7 d	7.44 t（7.5）
16	90.3 d	3.27 d（5.5）	4′	134.5 d	7.57 t（7.5）
17	65.0 d	3.62 br s			

注：溶剂(CD$_3$)$_2$CO；^{13}C NMR：100 MHz；^{1}H NMR：400 MHz

化合物名称：(−)-(A-*c*)-14α-benzoyloxy-3α, 10β, 13β, 15α-tetrahydroxy-1α, 6α, 8β, 16β, 18-pentamethoxy-*N*-methylaconitane

分子式：$C_{32}H_{45}NO_{11}$　　　　　　　**分子量**（$M+1$）：620

植物来源：*Aconitum carmichaelii* Debx. 乌头

参考文献：Jiang B Y，Lin S，Zhu C G，et al. 2012. Diterpenoid alkaloids from the lateral root of *Aconitum carmichaelii*. Journal of Natural Products，75（6）：1145-1159.

(−)-(A-*c*)-14α-benzoyloxy-3α, 10β, 13β, 15α-tetrahydroxy-1α, 6α, 8β, 16β, 18-pentamethoxy-*N*-methylaconitane 的 NMR 数据

位置	δ_C/ppm	δ_H/ppm（*J*/Hz）	位置	δ_C/ppm	δ_H/ppm（*J*/Hz）
1	78.1 d	3.80 dd（8.0, 6.0）	16	94.9 d	3.20 d（5.5）
2	35.0 t	2.37 m	17	64.1 d	2.84 br s
		2.02 m	18	75.1 t	3.70 d（8.5）
3	69.8 d	3.73 dd（8.0, 6.0）			3.44 d（8.5）
4	44.1 s		19	50.5 t	2.80 d（10.0）
5	41.5 d	2.52 d（6.0）			2.78 d（10.0）
6	84.0 d	4.07 d（6.0）	21	42.9 q	2.37 br s
7	42.4 d	2.88 br s	1-OMe	55.7 q	3.25 s
8	81.8 s		6-OMe	58.8 q	3.26 s
9	56.0 d	2.49 t（5.5）	8-OMe	49.9 q	3.12 s
10	79.4 s		16-OMe	62.2 q	3.67 s
11	56.9 s		18-OMe	58.9 q	3.27 s
12	48.7 t	2.37 d（16.0）	14-OCO	166.5 s	
		1.98 d（16.0）	1′	131.7 s	
13	76.3 s		2′, 6′	130.4 d	8.06 d（7.5）
14	80.0 d	5.32 d（5.5）	3′, 5′	129.2 d	7.50 t（7.5）
15	78.7 d	4.65 t（5.5）	4′	133.6 d	7.62 t（7.5）

注：溶剂(CD₃)₂CO；¹³C NMR：100 MHz；¹H NMR：400 MHz

化合物名称：(−)-(A-*c*)-8*β*-acetoxy-14*α*-benzoyloxy-*N*-ethyl-13*β*, 15*α*-dihydroxy-1*α*, 6*α*, 16*β*, 18-tetramethoxy-19-oxo-aconitane

分子式：C$_{34}$H$_{45}$NO$_{11}$　　　　　　　　分子量（*M* + 1）：644

植物来源：*Aconitum carmichaelii* Debx. 乌头

参考文献：Jiang B Y，Lin S，Zhu C G，et al. 2012. Diterpenoid alkaloids from the lateral root of *Aconitum carmichaelii*. Journal of Natural Products，75（6）：1145-1159.

(−)-(A-*c*)-8*β*-acetoxy-14*α*-benzoyloxy-*N*-ethyl-13*β*, 15*α*-dihydroxy-1*α*, 6*α*, 16*β*, 18-tetramethoxy-19-oxo-aconitane 的 NMR 数据

位置	δ_C/ppm	δ_H/ppm（*J*/Hz）	位置	δ_C/ppm	δ_H/ppm（*J*/Hz）
1	82.5 d	3.34 t（7.5）	17	60.2 d	3.67 br s
2	26.3 t	2.04 dd（12.5, 7.5）	18	79.2 t	3.42 br d（9.0）
		1.47 ddd（13.5, 12.5, 7.5）			4.02 br d（9.0）
3	33.8 t	1.75 m	19	173.0 s	
		1.75 m	21	41.4 t	2.98 dq（13.0, 7.5）
4	47.7 s				3.75 dq（13.0, 7.5）
5	49.0 d	2.56 br d（7.5）	22	13.2 q	1.10 t（7.5）
6	84.5 d	4.05 d（7.5）	1-OMe	55.6 q	3.27 s
7	51.7 d	2.86 br s	6-OMe	57.8 q	3.11 s
8	90.1 s		16-OMe	61.3 q	3.69 s
9	43.4 d	2.71 dd（6.5, 5.0）	18-OMe	59.2 q	3.27 s
10	41.2 d	2.45 ddd（13.0, 6.5, 6.0）	8-OAc	173.0 s	
11	49.8 s			21.5 q	1.39 s
12	36.3 t	2.61 dd（15.0, 6.0）	14-OCO	166.2 s	
		2.18 dd（15.0, 13.0）	1′	130.9 s	
13	75.1 s		2′, 6′	130.3 d	8.05 d（7.5）
14	79.7 d	4.90 d（5.0）	3′, 5′	129.6 d	7.55 t（7.5）
15	79.6 d	4.52 d（5.0）	4′	134.2 d	7.67 t（7.5）
16	91.6 d	3.27 d（5.0）			

注：溶剂(CD$_3$)$_2$CO；^{13}C NMR：125 MHz；^{1}H NMR：500 MHz

化合物名称：1β-hydroxy, 14β-acetylcondelphine

分子式：$C_{25}H_{39}NO_6$　　　　　　　　**分子量**（$M+1$）：450

植物来源：*Delphinium denudatum* Wall.

参考文献：Ahmad H，Ahmad S，Ali M，et al. 2018. Norditerpenoid alkaloids of *Delphinium denudatum* as cholinesterase inhibitors. Bioorganic Chemistry，78：427-435.

1β-hydroxy, 14β-acetylcondelphine 的 NMR 数据

位置	δ_C/ppm	δ_H/ppm（J/Hz）	位置	δ_C/ppm	δ_H/ppm（J/Hz）
1	72.0 d	3.78 br s	14	76.9 d	4.89 t（4.75）
2	29.0 t	1.90 m（2H）	15	42.6 t	1.91 m（2H）
3	29.6 t	1.54 m（2H）	16	82.0 d	3.04 d（6.25）
4	37.2 s		17	63.6 d	2.77 s
5	41.4 d	1.03 m（2H）	18	78.9 t	3.16 d（8.5）（2H）
6	25.0 t	1.95 m（2H）	19	56.0 t	2.12 s（2H）
7	45.5 d	1.2 m	21	48.5 t	
8	74.7 s		22	12.9 q	1.15 br s
9	44.7 d	2.02 m	16-OMe	56.4 q	3.28 s
10	43.3 d		18-OMe	59.4 q	3.34 s
11	48.9 s		14-OAc	170.4 s	
12	26.6 t	1.64 m		21.3 q	2.08 s
		1.87 m	1-OH		7.15 br s
13	36.5 d	2.30 t（9.1）			

注：溶剂 CDCl₃；¹³C NMR：125 MHz；¹H NMR：500 MHz

化合物名称：1-acetyldelphisine

分子式：C$_{30}$H$_{45}$NO$_9$　　　　　　　　　　　分子量（$M+1$）：564

植物来源：*Delphinium staphisagria* L.

参考文献：Ross S A，Pelletier S W. 1988. Delstaphisinine and acetyldelphisine，new alkaloids from *Delphinium staphisagria*. Journal of Natural Products，51（3）：572-577.

1-acetyldelphisine 的 NMR 数据

位置	δ_C/ppm	δ_H/ppm（*J*/Hz）	位置	δ_C/ppm	δ_H/ppm（*J*/Hz）
1	77.4 d		16	83.0 d	
2	27.8 t		17	60.6 d	
3	34.4 t		18	80.0 t	
4	38.9 s		19	54.2 t	
5	49.1 d		21	48.5 t	
6	83.4 d	4.07 dd	22	13.3 q	1.09 t（7）
7	49.3 d		6-OMe	58.0 q	3.24 s
8	85.5 s		16-OMe	56.4 q	3.27 s
9	44.2 d		18-OMe	59.0 q	
10	38.5 d		1-OAc	170.2 s	
11	49.3 s			21.9 q	1.96 s
12	29.4 t		8-OAc	169.4 s	
13	44.0 d			22.4 q	2.02 s
14	74.9 d	4.75 dd（4.5）	14-OAc	170.7 s	
15	37.6 t			21.1 q	2.06 s

注：溶剂 CDCl$_3$

化合物名称：1-demethylhypaconitine

分子式：$C_{32}H_{43}NO_{10}$　　　　　　　**分子量**（$M+1$）：602

植物来源：*Aconitum flavum* Hand.-Mazz. 伏毛铁棒锤

参考文献：Chen Z G，Lao A N，Wang H C，et al. 1987. Studies on the active principles from *Aconitum flavum* Hand.-Mazz. The structures of five new diterpenoid alkaloids. Heterocycles，26（6）：1455-1460.

1-demethylhypaconitine 的 NMR 数据

位置	δ_C/ppm	δ_H/ppm（J/Hz）	位置	δ_C/ppm	δ_H/ppm（J/Hz）
1	71.9 d	3.66 m	17	64.4 d	
2	29.4 t		18	79.6 t	3.18 ABq（8.1）
3	29.9 t				3.53 ABq（8.1）
4	36.1 s		19	58.5 t	
5	43.3 d		21	42.7 q	2.38 s
6	83.5 d	3.97 d（6.4）	6-OMe	58.0 q	
7	43.3 d		16-OMe	61.4 q	
8	91.7 s		18-OMe	59.1 q	
9	42.2 d		8-OAc	172.4 s	
10	33.4 d			21.3 q	1.39 s
11	49.2 s		14-OCO	166.0 s	
12	36.2 t		1′	129.5 s	
13	73.9 s		2′, 6′	129.5 d	
14	79.1 d	4.87 d（4.9）	3′, 5′	128.6 d	7.44～8.02 m
15	70.7 d	4.47 dd（5.4, 2.6）	4′	133.3 d	
16	89.7 d	3.40 d（5.2）	15-OH		4.40 d（2.6）

注：溶剂 CDCl₃；¹³C NMR：100 MHz；¹H NMR：400 MHz

化合物名称：1-*epi*-12β-hydroxykarasamine

分子式：C$_{23}$H$_{37}$NO$_5$　　　　　　　　　分子量（$M+1$）：408

植物来源：*Delphinium nuttallianum* Pritz.

参考文献：Bai Y L，Sun F，Benn M，et al. 1994. Diterpenoid and norditerpenoid alkaloids from *Delphinium nuttallianum*. Phytochemistry，37（6）：1717-1724.

1-*epi*-12β-hydroxykarasamine 的 NMR 数据

位置	δ_C/ppm	δ_H/ppm（J/Hz）	位置	δ_C/ppm	δ_H/ppm（J/Hz）
1	69.4 d	4.23 br s	13	45.9 d	2.42 m
2	31.3 t	1.50～1.65 m	14	82.9 d	4.16 t（4.6）
3	34.2 t	1.50～1.65 m	15	43.1 t	2.20～2.40 m
		1.42 m			1.95～2.05 m
4	34.2 s		16	80.1 d	3.19 t（8.5）
5	46.1 d	1.71 d（7.7）	17	64.0 d	2.20～2.40 m
6	25.4 t	1.88 m	18	26.1 q	0.79 s
		1.50～1.65 m	19	56.7 t	2.20～2.40 m
7	43.9 d	1.95～2.05 m			1.95～2.05 m
8	74.1 s		21	48.7 t	2.20～2.40 m
9	45.5 d	2.42 m	22	13.4 q	1.02 t（7.0）
10	52.0 d	2.20～2.40 m	14-OMe	57.8 q	3.43 s
11	48.0 s		16-OMe	56.3 q	3.36 s
12	76.2 d	3.97 d（2.9）			

注：溶剂 CDCl$_3$；^{13}C NMR：100 MHz；^{1}H NMR：400 MHz

化合物名称：1-*epi*-16*β*-hydroxycardiopetaline

分子式：$C_{21}H_{33}NO_4$　　　　　　**分子量**（$M+1$）：364

植物来源：*Aconitum vilmorinianum* Kom. 黄草乌

参考文献：唐天兴，陈东林，王锋鹏. 2014. 黄草乌中的新的二萜生物碱. 有机化学，34：909-915.

1-*epi*-16*β*-hydroxycardiopetaline 的 NMR 数据

位置	δ_C/ppm	δ_H/ppm（J/Hz）	位置	δ_C/ppm	δ_H/ppm（J/Hz）
1	65.4 d	4.13 br s	12	26.4 t	1.39～1.43 m
2	29.2 t	1.80（hidden）			2.09～2.15 m
		3.02（hidden）	13	42.4 d	2.43（hidden）
3	32.6 t	1.39～1.43 m	14	73.9 d	4.52 t（4.8）
		1.94～2.00 m	15	44.1 t	2.61 dd（15.6, 4.8）
4	32.4 s				2.69～2.73 m
5	44.1 d	2.00（hidden）	16	71.2 d	4.02 t（6.4）
6	23.4 t	1.61 dd（14.4, 8.0）	17	61.2 d	2.77 br s
		2.19（hidden）	18	24.2 q	0.78 s
7	43.0 d	2.22 d（7.6）	19	55.1 t	2.03（hidden）
8	72.4 s				2.41（hidden）
9	45.0 d	2.47（hidden）	21	46.8 t	2.25～2.32 m
10	37.8 d	2.80～2.86 m			2.43～2.46 m
11	47.9 s		22	11.3 q	1.02 t（7.2）

注：溶剂 C_5D_5N + $CDCl_3$；^{13}C NMR：100 MHz；^1H NMR：400 MHz

化合物名称：1-*epi*-crassicaudine

分子式：C₃₄H₄₇NO₈　　　　　　　　分子量（*M*＋1）：598

植物来源：*Aconitum hemslevanum* Pritz. var. *pengshinese* W. J. Zhang

参考文献：Wang F P，Dai X P，Wang J Z，et al. 1995. Structure of 1-epicrassicaudine. Chinese Chemical Letters，6（2）：109-110.

1-*epi*-crassicaudine 的 NMR 数据

位置	δ_C/ppm	δ_H/ppm（*J*/Hz）	位置	δ_C/ppm	δ_H/ppm（*J*/Hz）
1	80.1 d		17	60.2 d	
2	22.6 t		18	77.9 t	3.64 ABq（12）
3	31.8 t		19	56.5 t	
4	38.2 s		21	49.5 t	
5	32.6 d		22	14.0 q	1.07 t（7）
6	82.1 d	4.11 dd（6，1）	1-OMe	56.2 q	3.23 s
7	43.4 d		6-OMe	58.4 q	3.29 s
8	84.0 s		16-OMe	55.8 q	3.41 s
9	48.8 d		18-OMe	59.1 q	3.41 s
10	42.5 d		8-OAc	169.7 s	
11	50.6 s			21.7 q	1.47 s
12	29.5 t		14-OCO	165.8 s	
13	38.6 d		1′	129.6 s	
14	74.9 d	5.09 t（5）	2′，6′	129.5 d	
15	38.1 t		3′，5′	128.5 d	7.25～8.10 m
16	82.2 d		4′	133.3 d	

注：溶剂 CDCl₃；¹³C NMR：200 MHz；¹H NMR：50 MHz

化合物名称：1-*epi*-deacetylaconitine

分子式：$C_{32}H_{45}NO_{10}$　　　　　　**分子量**（$M+1$）：604

植物来源：*Aconitum nemorum* M. Pop. 林地乌头

参考文献：Wei X Y，Xie H H，Liu M F，et al. 2000. 1-*epi*-deacetylaconitine，a new norditerpenoid alkaloid from *Aconitum nemorum*. Heterocycles，53（9）：2027-2031.

1-*epi*-deacetylaconitine 的 NMR 数据

位置	δ_C/ppm	δ_H/ppm（J/Hz）	位置	δ_C/ppm	δ_H/ppm（J/Hz）
1	80.0 d	3.44 br s	17	64.3 d	3.33 br s
2	29.1 t	1.37 m	18	76.9 t	3.53 d（8.4）
		2.30 br d（11.6）			3.55 d（8.4）
3	69.5 d	4.21 br s	19	50.6 t	3.52 d（12.4）
4	43.3 s				3.26 d（12.4）
5	47.9 d	2.95 br d（5.6）	21	49.9 t	3.26 m
6	81.4 d	4.21 br d（5.6）			2.98 m
7	43.2 d	2.25 br s	22	11.1 q	1.34 t（6.5）
8	78.3 s		1-OMe	55.1 q	3.30 s
9	43.6 d	2.54 t（4.2）	6-OMe	58.2 q	3.35 s
10	40.6 d	2.22 dd（4.2, 9.6）	16-OMe	60.9 q	3.70 s
11	50.0 s		18-OMe	59.1 q	3.24 s
12	35.3 t	1.77 br d（9.6）	14-OCO	166.3 s	
		2.22 t（9.6）	1′	129.9 s	
13	74.2 s		2′, 6′	129.8 d	8.03 d（7.2）
14	78.7 d	4.93 d（4.5）	3′, 5′	128.5 d	7.43 t（7.2）
15	81.1 d	4.76 d（5.2）	4′	133.0 d	7.53 t（7.2）
16	90.0 d	3.10 br d（5.2）	3-OH		7.82 br s

注：溶剂 CDCl₃；¹³C NMR：100 MHz；¹H NMR：400 MHz

化合物名称：1-*epi*-delphisine

分子式：C$_{28}$H$_{43}$NO$_8$　　　　　　　分子量（$M+1$）：522

植物来源：*Delphinium staphisagria* L.

参考文献：Joshi B S，Desai H K，Bhandaru S，et al. 1993. Crystal and molecular structure of 1-*epi*-delphisine and NMR：assignments for delphisine，1-*epi*-delphisine and delphinine. Journal of Crystallographic and Spectroscopic Research，23（11）：877-883.

1-*epi*-delphisine 的 NMR 数据

位置	δ_C/ppm	δ_H/ppm（J/Hz）	位置	δ_C/ppm	δ_H/ppm（J/Hz）
1	68.8 d	3.87	15	38.1 t	2.84
2	29.3 t	2.10			2.08
		1.30	16	83.1 d	3.17
3	31.2 t	1.90	17	62.2 d	2.40
		1.40	18	80.0 t	3.53
4	39.1 s				3.17
5	44.5 d	2.40	19	53.5 t	2.40
6	83.6 d	4.00	21	48.7 t	2.40
7	47.7 d	3.00	22	13.3 q	1.03 t（7.2）
8	86.0 s		6-OMe	57.9 q	3.23 s
9	43.4 d	2.54	16-OMe	56.5 q	3.30 s
10	38.4 d	2.40	18-OMe	59.0 q	3.28 s
11	50.7 s		8-OAc	169.6 s	
12	30.2 t	2.90		22.3 q	1.96 s
		1.52	14-OAc	170.7 s	
13	39.0 d	2.54		21.2 q	2.03 s
14	75.5 d	4.84			

注：溶剂 CDCl$_3$

化合物名称：1-*epi*-acetyldelphisine

分子式：$C_{30}H_{45}NO_9$　　　　　　　**分子量**（$M+1$）：564

植物来源：*Delphinium* L.

参考文献：Pelletier S W，Djarmati Z. 1976. Carbon-13 nuclear magnetic resonance：aconitine-type diterpenoid alkaloids from *Aconitum* and *Delphinium* species. Journal of the American Chemical Society，98（9）：2626-2636.

1-*epi*-acetyldelphisine 的 NMR 数据

位置	δ_C/ppm	δ_H/ppm（J/Hz）	位置	δ_C/ppm	δ_H/ppm（J/Hz）
1	72.6 d		16	82.8 d	
2	27.2 t		17	62.2 d	
3	32.0 t		18	79.9 t	
4	39.1 s		19	53.6 t	
5	39.3 d		21	48.8 t	
6	83.6 d		22	13.1 q	
7	47.8 d		6-OMe	57.9 q	3.26 s
8	85.5 s		16-OMe	56.5 q	3.30 s
9	43.5 d		18-OMe	59.1 q	3.30 s
10	38.4 d		1-OAc	169.7 s	
11	49.3 s			22.3 q	1.96 s
12	29.3 t		8-OAc	169.2 s	
13	45.4 d			22.3 q	2.00 s
14	75.2 d		14-OAc	170.4 s	
15	38.1 t			21.3 q	2.05 s

注：溶剂 CDCl₃；¹³C NMR：25 MHz；¹H NMR：100 MHz

化合物名称：1-*epi*-neoline

分子式：$C_{24}H_{39}NO_6$　　　　　　　　分子量（*M* + 1）：438

植物来源：*Aconitum* L.

参考文献：Pelletier S W，Djarmati Z. 1976. Carbon-13 nuclear magnetic resonance：aconitine-type diterpenoid alkaloids from *Aconitum* and *Delphinium* species. Journal of the American Chemical Society，98（9）：2626-2636.

1-*epi*-neoline 的 NMR 数据

位置	δ_C/ppm	δ_H/ppm（*J*/Hz）	位置	δ_C/ppm	δ_H/ppm（*J*/Hz）
1	69.0 d	3.86 m	13	45.5 d	
2	30.3 t		14	75.7 d	4.16 dd（4.5）
3	31.2 t		15	42.1 t	
4	40.1 s		16	82.4 d	
5	39.7 d		17	63.3 d	
6	82.8 d	4.15 dd（7）	18	80.4 t	
7	51.7 d		19	53.8 t	
8	73.9 s		21	48.8 t	
9	48.4 d		22	13.5 q	
10	39.4 d		6-OMe	57.5 q	3.29 s
11	50.5 s		16-OMe	56.2 q	3.32 s
12	28.9 t		18-OMe	59.2 q	3.32 s

注：溶剂 CDCl₃；¹³C NMR：25 MHz；¹H NMR：100 MHz

化合物名称：1-ketodelphisine

分子式：C$_{28}$H$_{41}$NO$_8$　　　　　　　**分子量（$M+1$）**：520

植物来源：*Aconitum* L.

参考文献：Pelletier S W，Djarmati Z. 1976. Carbon-13 nuclear magnetic resonance：aconitine-type diterpenoid alkaloids from *Aconitum* and *Delphinium* species. Journal of the American Chemical Society，98（9）：2626-2636.

1-ketodelphisine 的 NMR 数据

位置	δ_C/ppm	δ_H/ppm（J/Hz）	位置	δ_C/ppm	δ_H/ppm（J/Hz）
1	212.7 s		15	39.2 t	
2	41.5 t		16	82.8 d	
3	38.4 t		17	63.2 d	
4	39.4 s		18	78.7 t	
5	52.9 d		19	54.7 t	
6	83.2 d	4.00 dd（7）	21	48.6 t	
7	48.9 d		22	13.3 q	
8	85.9 s		6-OMe	58.2 q	3.27 s
9	43.5 d		16-OMe	56.4 q	3.27 s
10	38.6 d		18-OMe	59.1 q	3.28 s
11	61.0 s		8-OAc	169.4 s	
12	34.2 t			22.3 q	1.97 s
13	39.1 d		14-OAc	170.4 s	
14	75.6 d	4.48 dd（4.5）		21.2 q	2.03 s

注：溶剂 CDCl$_3$；^{13}C NMR：25 MHz；^{1}H NMR：100 MHz

化合物名称：1-ketoneoline

分子式：$C_{24}H_{37}NO_6$　　　　　　　　　　分子量（$M+1$）：436

植物来源：*Aconitum* L.

参考文献：Pelletier S W，Djarmati Z. 1976. Carbon-13 nuclear magnetic resonance：aconitine-type diterpenoid alkaloids from *Aconitum* and *Delphinium* species. Journal of the American Chemical Society，98（9）：2626-2636.

1-ketoneoline 的 NMR 数据

位置	δ_C/ppm	δ_H/ppm（J/Hz）	位置	δ_C/ppm	δ_H/ppm（J/Hz）
1	213.8 s		13	40.4 d	
2	41.4 t		14	75.8 d	
3	38.8 t		15	42.3 t	
4	39.5 s		16	82.2 d	
5	53.5 d		17	64.1 d	
6	82.2 d		18	79.2 t	
7	52.9 d		19	55.0 t	
8	74.0 s		21	48.6 t	
9	48.4 d		22	13.4 q	
10	39.8 d		6-OMe	57.9 q	3.27 s
11	60.9 s		16-OMe	56.3 q	3.28 s
12	33.5 t		18-OMe	59.2 q	3.35 s

注：溶剂 $CDCl_3$；^{13}C NMR：25 MHz；^{1}H NMR：100 MHz

化合物名称：1, 8, 14-tri-*O*-methylneoline

分子式：$C_{27}H_{45}NO_6$　　　　　　　　**分子量**（$M+1$）：480

植物来源：*Aconitum* L.

参考文献：Pelletier S W，Djarmati Z. 1976. Carbon-13 nuclear magnetic resonance: aconitine-type diterpenoid alkaloids from *Aconitum* and *Delphinium* species. Journal of the American Chemical Society，98（9）：2626-2636.

1, 8, 14-tri-*O*-methylneoline 的 NMR 数据

位置	δ_C/ppm	δ_H/ppm（*J*/Hz）	位置	δ_C/ppm	δ_H/ppm（*J*/Hz）
1	85.4 d		15	34.7 t	
2	26.3 t		16	83.6 d	
3	35.2 t		17	60.8 d	
4	39.0 s		18	80.4 t	
5	48.4 d		19	54.3 t	
6	84.1 d		21	48.9 t	
7	48.4 d		22	13.4 q	
8	78.3 s		1-OMe	56.3 q	
9	45.6 d		6-OMe	57.6 q	
10	38.1 d		8-OMe	48.0 q	
11	50.9 s		14-OMe	58.5 q	
12	30.2 t		16-OMe	56.1 q	
13	46.1 d		18-OMe	59.1 q	
14	83.6 d				

注：溶剂 CDCl₃；¹³C NMR：25 MHz；¹H NMR：100 MHz

化合物名称：1, 8-diacetylcondelphine

分子式：C$_{29}$H$_{43}$NO$_8$ 分子量（$M+1$）：534

植物来源：*Delphinium pyrimadale*

参考文献：Ulubelen A，Arfan M，Sonmez U，et al. 1998. Norditerpenoid alkaloids from *Delphinium pyrimadale*. Phytochemistry，48（2）：385-388.

1, 8-diacetylcondelphine 的 NMR 数据

位置	δ_C/ppm	δ_H/ppm（J/Hz）	位置	δ_C/ppm	δ_H/ppm（J/Hz）
1	77.0 d	4.88 q（5）	16	82.3 d	
2	29.0 t	2.65 m	17	64.0 d	
3	29.5 t		18	79.1 t	3.15 d（9）
4	37.4 s		19	56.8 t	3.20 d（9）
5	41.6 d	1.90 m			2.50 m
6	25.2 t		21	48.5 t	
7	45.5 d		22	13.0 q	1.07 t（7）
8	77.8 s		16-OMe	55.8 q	3.26 s
9	45.8 d		18-OMe	59.3 q	3.24 s
10	44.0 d		1-OAc	169.8 s	
11	49.0 s			21.2 q	2.00 s
12	27.4 t		8-OAc	170.3 s	
13	38.8 d			22.1 q	2.04 s
14	76.4 d	4.78 t（4.5）	14-OAc	170.8 s	
15	43.0 t			22.4 q	1.98 s

注：溶剂 CDCl$_3$

化合物名称：1, 14-diacetylneoline

分子式：C$_{28}$H$_{43}$NO$_8$　　　　　　　　　**分子量**（$M+1$）：522

植物来源：*Aconitum napellus* L. 欧乌头

参考文献：De la Fuente G，Reina M，Valencia E，et al. 1988. The diterpenoid alkaloids from *Aconitum napellus*. Heterocycles，27（5）：1109-1113.

1, 14-diacetylneoline 的 NMR 数据

位置	δ_C/ppm	δ_H/ppm（J/Hz）	位置	δ_C/ppm	δ_H/ppm（J/Hz）
1	76.7 d	4.81 dd（10.2, 7.5）	15	41.3 t	
2	27.3 t		16	82.0 d	3.11 dd（10, 4.6）
3	34.7 t		17	61.1 d	2.94 s
4	39.2 s		18	80.5 t	3.63 d（8.5）
5	50.1 d	2.11 d（6.8）	19	54.4 t	2.68 d（12）
6	82.3 d	4.11 d（6.8）	21	48.7 t	
7	53.6 d		22	13.7 q	
8	73.5 s		6-OMe	57.5 q	3.21 s
9	47.0 d		16-OMe	56.2 q	3.27 s
10	44.1 d		18-OMe	59.2 q	3.31 s
11	49.2 s		1-OAc	170.4 s	
12	29.2 t			21.3 q	2.00 s
13	35.7 d		14-OAc	170.5 s	
14	78.0 d	4.74 t（5）		22.1 q	2.02 s

化合物名称：1, 14-diketoneoline

分子式：C$_{24}$H$_{35}$NO$_6$　　　　　　　　**分子量**（$M+1$）：434

植物来源：*Aconitum* L.

参考文献：Pelletier S W，Djarmati Z. 1976. Carbon-13 nuclear magnetic resonance：aconitine-type diterpenoid alkaloids from *Aconitum* and *Delphinium* species. Journal of the American Chemical Society，98（9）：2626-2636.

1, 14-diketoneoline 的 NMR 数据

位置	δ_C/ppm	δ_H/ppm （J/Hz）	位置	δ_C/ppm	δ_H/ppm （J/Hz）
1	213.2 s		13	47.2 d	
2	41.5 t		14	216.5 s	
3	38.9 t		15	41.8 t	
4	39.5 s		16	86.8 d	
5	53.0 d		17	64.0 d	
6	82.8 d		18	79.0 t	
7	53.0 d		19	54.8 t	
8	80.3 s		21	48.6 t	
9	54.8 d		22	13.4 q	
10	37.6 d		6-OMe	58.1 q	3.25 s
11	61.0 s		16-OMe	56.0 q	3.27 s
12	31.9 t		18-OMe	59.2 q	3.35 s

注：溶剂 CDCl$_3$；^{13}C NMR：25 MHz；^{1}H NMR：100 MHz

化合物名称：1, 15-dimethoxy-3-hydroxy-14-benzoyl-16-ketoneoline

分子式：$C_{32}H_{43}NO_9$　　　　　　　　**分子量**（$M+1$）：586

植物来源：*Aconitum kusnezoffii* Reichb. 北乌头

参考文献：Xu N，Zhao D F，Liang X M，et al. 2011. Identification of diterpenoid alkaloids from the roots of *Aconitum kusnezoffii* Reichb. Molecules，16（4）：3345-3350.

1, 15-dimethoxy-3-hydroxy-14-benzoyl-16-ketoneoline 的 NMR 数据

位置	δ_C/ppm	δ_H/ppm（J/Hz）	位置	δ_C/ppm	δ_H/ppm（J/Hz）
1	82.5 d	3.20 m	17	62.1 d	3.15 s
2	32.6 t	1.97 m	18	76.3 t	3.59 d（8.7）
		2.38 m			3.70 d（8.7）
3	71.0 d	3.88 d（4.9）	19	49.3 t	2.65 d（11.9）
4	43.6 s				3.25 d（11.9）
5	46.5 d	2.23 d（6.4）	21	48.5 t	2.72 m
6	83.7 d	3.95 d（6.6）			2.74 m
7	42.3 d	2.79 m	22	12.2 q	1.14 t（7.0）
8	77.5 s		1-OMe	55.9 q	3.28 s
9	38.0 d	2.84 m	6-OMe	58.3 q	3.29 s
10	44.2 d	2.33 m	15-OMe	62.4 q	3.82 s
11	51.2 s		18-OMe	59.2 q	3.30 s
12	31.8 t	1.92 m	14-OCO	166.0 s	
		2.91 dd（15.3, 6.9）	1′	129.7 s	
13	49.4 d	2.67 m	2′, 6′	129.1 d	7.96 d（7.6）
14	78.3 d	5.44 d（5.0）	3′, 5′	128.7 d	7.47 t（7.5）
15	85.8 d	3.86 s	4′	133.8 d	7.61 t（7.1）
16	211.8 s				

注：溶剂 CDCl$_3$；^{13}C NMR：100 MHz；^{1}H NMR：400 MHz

化合物名称：2-hydroxydeoxyaconitine

分子式：$C_{34}H_{47}NO_{11}$　　　　　　　　分子量（$M+1$）：646

植物来源：*Aconitum pendulum* Busch　铁棒锤

参考文献：Zhang S M，Tan L Q，Ou Q Y. 1997. Diterpenoid alkaloids from *Aconitum pendulum*. Chinese Chemical Letters，8（11）：967-970.

2-hydroxydeoxyaconitine 的 NMR 数据

位置	δ_C/ppm	δ_H/ppm（J/Hz）	位置	δ_C/ppm	δ_H/ppm（J/Hz）
1	79.4 d		18	75.5 t	3.1 br d（10）
2	69.3 d				2.9 br d（10）
3	29.0 t		19	50.5 t	
4	43.0 s		21	49.9 t	
5	42.9 d		22	10.7 q	1.45 t（7.0）
6	82.1 d		1-OMe	55.0 q	3.27 s
7	44.6 d		6-OMe	58.9 q	3.35 s
8	89.6 s		16-OMe	61.3 q	3.37 s
9	41.1 d		18-OMe	58.6 q	3.42 s
10	39.5 d		8-OAc	172.2 s	
11	50.1 s			20.9 q	1.46 s
12	34.6 t		14-OCO	165.5 s	
13	73.6 s		1′	129.3 s	
14	77.9 d	4.85 d（4.5）	2′, 6′	128.9 d	7.90 m
15	78.3 d		3′, 5′	128.6 d	7.45 m
16	89.5 d		4′	133.5 d	7.45 m
17	62.8 d				

注：溶剂 CDCl₃。根据化学位移变化推测，实际结构可能为该化合物对应的季铵盐结构

化合物名称：3-acetylmesaconitine

分子式：C$_{35}$H$_{47}$NO$_{12}$　　　　　　　　　　**分子量**（$M+1$）：674

植物来源：*Aconitum tschangbaischanense* S. H. Li et Y. H. Huang 长白乌头

参考文献：郝志刚，刘静涵，赵守训，等. 1990. 长白乌头化学成分的研究. 中国药科大学学报，21（2）：69-72.

3-acetylmesaconitine 的 NMR 数据

位置	δ_C/ppm	δ_H/ppm（J/Hz）	位置	δ_C/ppm	δ_H/ppm（J/Hz）
1	83.68 d	3.11 m	18	71.83 t	3.78 d
2	32.01 t	2.39 m			2.92 d
		2.28 m	19	49.97 t	
3	71.64 d	4.91 dd	21	42.30 q	
4	42.79 s		1-OMe	56.33 q	3.18 s
5	45.69 d	2.27 br d	6-OMe	58.21 q	3.18 s
6	82.10 d	4.06 br d	16-OMe	60.87 q	3.71 s
7	44.90 d	2.86 br s	18-OMe	58.71 q	3.25 s
8	91.98 s		3-OAc	169.93 s	
9	44.58 d	2.93 m		20.98 q	
10	40.87 d	2.10 m	8-OAc	172.21 s	
11	49.97 s			21.33 q	1.37 s
12	36.47 t		14-OCO	166.03 s	
13	74.26 s		1'	130.25 s	
14	79.01 d	4.85 d	2', 6'	129.69 d	
15	79.01 d	4.42 dd	3', 5'	128.55 d	7.44～8.01 m
16	90.49 d	3.29 d	4'	133.02 d	
17	62.02 d				

注：溶剂 CDCl$_3$；^{13}C NMR：100 MHz；^{1}H NMR：400 MHz

化合物名称：3-acetylaconifine

分子式：$C_{36}H_{49}NO_{13}$　　　　　分子量（$M+1$）：704

植物来源：*Aconitum kusnezoffii* Reichb. 北乌头

参考文献：任玉琳，黄兆宏，贾世山. 1999. 蒙药草乌花中的三酯型二萜生物碱的分离和鉴定. 药学学报，34（11）：873-876.

3-acetylaconifine 的 NMR 数据

位置	δ_C/ppm	δ_H/ppm（J/Hz）	位置	δ_C/ppm	δ_H/ppm（J/Hz）
1	83.3 d		18	71.6 t	
2	31.7 t		19	47.3 t	
3	71.5 d	4.90 dd（5.4，12.6）	21	47.3 t	
4	42.6 s		22	13.3 q	1.10 t（7.1）
5	45.0 d		1-OMe	56.1 q	3.29 s
6	83.2 d		6-OMe	56.5 q	3.17 s
7	44.0 d		16-OMe	58.7 q	3.73 s
8	89.6 s		18-OMe	58.4 q	3.17 s
9	54.2 d		8-OAc	172.3 s	
10	78.2 s			21.2 q	1.38 s
11	55.2 s		3-OAc	170.3 s	
12	49.9 t			21.2 q	2.05 s
13	78.1 s		14-OCO	166.2 s	
14	79.5 d	5.38 d（5.1）	1′	129.6 s	
15	78.4 d		2′，6′	129.6 d	
16	89.7 d		3′，5′	128.6 d	7.30～8.00 m
17	62.3 d		4′	133.1 d	

注：溶剂 CDCl₃；¹³C NMR：125 MHz；¹H NMR：500 MHz

化合物名称： 3-acetylaconitine

分子式： C₃₆H₄₉NO₁₂　　　　　　　　**分子量（M+1）：** 688

植物来源： *Aconitum pendulum* Busch 铁棒锤

参考文献： 王毓杰，曾陈娟，姚喆，等. 2010. 铁棒锤及其炮制品中二萜生物碱化学成分研究. 中草药，41（3）：347-351.

3-acetylaconitine 的 NMR 数据

位置	δ_C/ppm	δ_H/ppm（J/Hz）	位置	δ_C/ppm	δ_H/ppm（J/Hz）
1	83.5 d		18	71.5 t	
2	31.9 t		19	49.0 t	
3	71.6 d	4.90 dd（5.4, 12.9）	21	47.2 t	
4	42.3 s		22	13.4 q	1.10 t（7.1）
5	45.9 d		1-OMe	56.4 q	3.25 s
6	81.9 d		6-OMe	58.3 q	3.19 s
7	45.3 d		16-OMe	60.7 q	3.73 s
8	91.9 s		18-OMe	58.8 q	3.19 s
9	44.6 d		3-OAc	170.4 s	
10	40.6 d			21.2 q	2.06 s
11	49.7 s		8-OAc	172.4 s	
12	36.4 t			21.3 q	1.39 s
13	74.1 s		14-OCO	166.1 s	
14	78.8 d	4.87 d（5.2）	1′	129.9 s	
15	78.9 d	4.47 dd（5.2, 2.8）	2′, 6′	129.6 d	8.03 d（7.1）
16	90.2 d		3′, 5′	128.6 d	7.45 t（7.5）
17	61.0 d	2.84 s	4′	133.2 d	7.56 t（7.3）

注：溶剂 CDCl₃；¹³C NMR：150 MHz；¹H NMR：600 MHz

化合物名称：3-dehydroxyl-lipoindaconitine

分子式：C$_{50}$H$_{75}$NO$_9$　　　　　　　　**分子量**（$M+1$）：834

植物来源：*Aconitum ouvrardianum* Hand.-Mazz. 德钦乌头

参考文献：Liu W Y，He D，Zhao D K，et al. 2019. Four new C$_{19}$-diterpenoid alkaloids from the roots of *Aconitum ouvrardianum*. Journal of Asian Natural Products Research，21（1）：9-16.

3-dehydroxyl-lipoindaconitine 的 NMR 数据

位置	δ_C/ppm	δ_H/ppm（J/Hz）	位置	δ_C/ppm	δ_H/ppm（J/Hz）
1	85.4 d	3.03～3.05 m	18	80.3 t	3.14 d（8.0）
2	26.0 t	2.21～2.03 m			3.60 d（8.0）
		2.29～2.31 m	19	53.6 t	2.55～2.57 m
3	34.7 t	1.54～1.56 m			2.91～2.93 m
		1.69～1.71 m	21	49.3 t	2.47～2.49 m
4	39.5 s				2.55～2.57 m
5	49.1 d	2.09～2.11 m	22	13.4 q	1.09 t（7.1）
6	83.1 d	3.96 d（6.4）	1-OMe	56.2 q	3.14 s
7	49.1 d	3.02 s	6-OMe	58.7 q	3.25 s
8	85.0 s		16-OMe	58.0 q	3.53 s
9	45.1 d	2.91 s	18-OMe	59.1 q	3.27 s
10	41.1 d	2.09～2.11 m	14-OCO	166.3 s	
11	50.2 s		1″	130.2 s	
12	35.7 t	2.04～2.06 m	2″, 6″	129.7 d	8.07 d（7.2）
		2.80～2.82 m	3″, 5″	128.0 d	7.44 dd（8.0，7.2）
13	74.8 s		4″	133.0 d	7.54 t（8.0）
14	78.9 d	4.89 d（5.6）	8-OCO	172.0 s	
15	39.1 t	2.06～2.08 m	1′	34.9 t	1.12～1.14 m
		3.03～3.05 m			1.67～1.69 m
16	83.7 d	3.40～3.42 m	2′	24.2 t	1.28～1.37 m
17	61.9 d	2.91～2.93 m	3′	28.9 t	1.28～1.37 m

续表

位置	δ_C/ppm	δ_H/ppm（J/Hz）	位置	δ_C/ppm	δ_H/ppm（J/Hz）
4′	29.0 t	1.28~1.37 m	12′	127.8 d	5.30~5.40 m
5′	29.1 t	1.28~1.37 m	13′	130.0 d	5.30~5.40 m
6′	29.3 t	1.28~1.37 m	14′	26.5 t	1.94~2.10 m
7′	29.6 t	1.28~1.37 m	15′	29.7 t	1.26~1.30 m
8′	27.2 t	1.94~2.10 m	16′	31.5 t	1.26~1.30 m
9′	130.3 d	5.30~5.40 m	17′	22.0 t	1.25~1.27 m
10′	128.5 d	5.30~5.40 m			1.62~1.64 m
11′	25.5 t	2.73~2.81 m	18′	14.1 q	0.85~0.89 m

注：溶剂 CDCl$_3$；^{13}C NMR：150 MHz；^{1}H NMR：600 MHz

化合物名称：3-deoxyaconitine

分子式：$C_{34}H_{47}NO_{10}$　　　　　　　　　**分子量**（$M+1$）：630

植物来源：*Aconitum pendulum* Busch 铁棒锤

参考文献：王毓杰，曾陈娟，姚喆，等. 2010. 铁棒锤及其炮制品中二萜生物碱化学成分研究. 中草药，41（3）：347-351.

3-deoxyaconitine 的 NMR 数据

位置	δ_C/ppm	δ_H/ppm（J/Hz）	位置	δ_C/ppm	δ_H/ppm（J/Hz）
1	85.2 d		17	61.4 d	
2	26.3 t		18	79.0 t	
3	35.3 t		19	53.2 t	
4	39.1 s		21	49.1 t	
5	49.2 d		22	13.4 q	1.06 t（7.1）
6	83.3 d		1-OMe	56.2 q	3.28 s
7	45.2 d		6-OMe	57.9 q	3.26 s
8	92.4 s		16-OMe	61.0 q	3.73 s
9	44.6 d		18-OMe	59.1 q	3.19 s
10	41.0 d		8-OAc	172.4 s	
11	49.9 s			21.4 q	1.37 s
12	36.7 t		14-OCO	166.1 s	
13	71.4 s		1′	129.9 s	
14	78.8 d	4.87 d（5.0）	2′, 6′	129.6 d	8.02 d（7.3）
15	80.3 d		3′, 5′	128.6 d	7.45 t（7.5）
16	90.2 d		4′	133.2 d	7.56 t（7.3）

注：溶剂 CDCl₃；¹³C NMR：150 MHz；¹H NMR：600 MHz

化合物名称：3-hydroxykaracoline

分子式：$C_{22}H_{35}NO_5$　　　　　　　　　**分子量**（$M+1$）：394

植物来源：*Aconitum japonicum* subsp. *subcuneatum* (Nakai) Kadota

参考文献：Yamashita H，Miyao M，Hiramori K，et al. 2020. Cytotoxic diterpenoid alkaloid from *Aconitum japonicum* subsp. *subcuneatum*. Journal of Natural Medicines，74（1）：83-89.

3-hydroxykaracoline 的 NMR 数据

位置	δ_C/ppm	δ_H/ppm（J/Hz）	位置	δ_C/ppm	δ_H/ppm（J/Hz）
1	72.0 d	3.78 m	13	38.8 d	2.36 m
2	41.0 t	2.09 m	14	75.7 d	4.20 t（5.5）
		2.01 m	15	40.4 t	2.42 m
3	74.8 d	3.76 m			2.09 m
4	39.0 s		16	82.1 d	3.40 m
5	44.0 d	1.94 d（7.6）	17	62.4 d	2.99 s
6	25.6 t	4.06 d（6.2）	18	21.3 q	0.91 s
7	44.6 d	2.10 m	19	57.2 t	2.35 d（11.7）
8	73.5 s				2.10 d（11.7）
9	46.8 d	2.30 t（5.5）	21	48.8 t	2.52 m
10	44.6 d	1.84 m			2.42 m
11	48.9 s		22	13.5 q	1.09 t（7.5）
12	27.6 t	1.95 m	16-OMe	56.4 q	3.34 s
		1.81 m			

注：溶剂 CDCl₃；¹³C NMR：150 MHz；¹H NMR：600 MHz

化合物名称：3-hydroxytalatisamine

分子式：C$_{24}$H$_{39}$NO$_6$　　　　　　　　　　分子量（$M+1$）：438

植物来源：*Aconitum nasutum* Fisch. et Reicht.

参考文献：Mericli A H，Mericli F，Becker H，et al. 1996. 3-Hydroxytalatisamine from *Aconitum nasutum*. Phytochemistry，42（3）：909-911.

3-hydroxytalatisamine 的 NMR 数据

位置	δ_C/ppm	δ_H/ppm（J/Hz）	位置	δ_C/ppm	δ_H/ppm（J/Hz）
1	82.3 d	3.40 m	14	75.6 d	4.10 dd
2	37.7 t	2.37 dd	15	39.1 t	1.80 dd
		2.42 dd	16	82.3 d	3.40 m
3	72.0 d	3.72 t	17	62.8 d	3.30 s
4	45.8 s		18	78.5 t	3.10 br d
5	48.5 d	2.30 br d			2.90 br d
6	24.6 t	1.80 dd	19	53.2 t	2.47 d
7	46.0 d	2.20 d			2.37 d
8	72.8 s		21	49.5 t	2.80 q
9	47.0 d	2.28 m	22	13.5 q	1.10 t
10	45.2 d	2.30 m	1-OMe	56.3 q	3.35 s
11	48.8 s		16-OMe	56.5 q	3.35 s
12	28.7 t	1.30 dd	18-OMe	59.6 q	3.28 s
13	45.3 d	2.00 m			

注：溶剂 CDCl$_3$；^{13}C NMR：100 MHz；^{1}H NMR：400 MHz

化合物名称：3′-methoxyacoforestinine

分子式：C$_{36}$H$_{53}$NO$_{11}$　　　　　　分子量（$M+1$）：676

植物来源：*Aconitum falconeri* Stapf

参考文献：Atta-ur-Rahman，Fatima N，Akhtar F，et al. 2000. New norditerpenoid alkaloids from *Aconitum falconeri*. Journal of Natural Products，63（10）：1393-1395.

3′-methoxyacoforestinine 的 NMR 数据

位置	δ_C/ppm	δ_H/ppm（J/Hz）	位置	δ_C/ppm	δ_H/ppm（J/Hz）
1	83.0 d		19	48.6 t	
2	33.0 t		21	47.8 t	
3	71.6 d		22	13.0 q	1.13 t（7.1）
4	43.1 s		1-OMe	55.97 q	
5	48.8 d		6-OMe	58.7 q	
6	82.4 d		16-OMe	58.8 q	
7	45.7 d		18-OMe	59.1 q	
8	78.3 s		8-OEt	58.6 t	
9	45.8 d			15.2 q	0.56 t（7.0）
10	41.3 d		14-OCO	166.0 s	
11	50.8 s		1′	123.3 s	
12	35.5 t		2′	112.3 d	7.62 d（2.0）
13	75.2 s		3′	148.5 s	
14	79.1 d	4.81 d（5.0）	4′	152.8 s	
15	37.7 t		5′	110.2 d	6.87 d（8.5）
16	84.0 d		6′	123.7 d	7.70 dd（8.5）
17	61.2 d		3′-OMe	55.84 q	3.92 s
18	76.9 t		4′-OMe	55.81 q	3.91 s

注：溶剂 CDCl$_3$；^{13}C NMR：100 MHz；^{1}H NMR：400 MHz

化合物名称：3-*O*-acetylbeiwutine

分子式：$C_{35}H_{47}NO_{13}$ 分子量（$M+1$）：690

植物来源：*Aconitum liaotungeuse* Nakai

参考文献：Zhu D Y，Lin L Z，Cordell G A. 1993. 3-*O*-acetylbeiwutine from *Aconitum liaotungeuse*. Phytochemistry，32（3）：767-770.

3-*O*-acetylbeiwutine 的 NMR 数据

位置	δ_C/ppm	δ_H/ppm（J/Hz）	位置	δ_C/ppm	δ_H/ppm（J/Hz）
1	75.89 d	3.72 dd（11, 7）	18		2.92 d（9）
2	31.60 t	2.40 m	19	49.86 t	2.65 d（11.5）
		2.45 m			2.32 d（11.5）
3	71.46 d	4.94 dd（12.5, 6）	21	42.66 q	2.36 s
4	42.27 s		3-OAc	170.36 s	
5	41.43 d	2.62 d（6.5）		21.23 q	2.06 s
6	83.13 d	4.12 dd（6.5, 0.5）	8-OAc	172.24 s	
7	43.75 d	2.91 d（0.5）		21.23 q	1.41 s
8	89.54 s		1-OMe	56.49 q	3.31 s
9	54.15 d	2.90 m	6-OMe	58.39 q	3.17 s
10	74.61 s		16-OMe	61.03 q	3.73 s
11	55.35 s		18-OMe	58.66 q	3.17 s
12	47.10 t	3.55 d（16）	14-OCO	—	
		2.05 br d（16）	1'	129.29 s	
13	78.06 s		2', 6'	129.65 d	8.08 dd（8.3, 1.5）
14	78.41 d	5.40 d（5）	3', 5'	128.66 d	7.47 dt（8.3, 1.5）
15	79.52 d	4.50 dd（5, 2.5）	4'	133.35 d	7.59 dt（8.3, 1.5）
16	89.70 d	3.28 d（5）	13-OH		4.02 s
17	62.26 d	2.96 m	15-OH		4.30 d（2.5）
18	72.24 t	3.75 d（9）	10-OH		4.30 s

注：溶剂 CDCl_3；^{13}C NMR：125 MHz；^{1}H NMR：500 MHz

化合物名称：6, 14-dimethoxyforesticine

分子式：$C_{26}H_{43}NO_6$　　　　　　**分子量**（$M+1$）：466

植物来源：*Aconitum leucostomum* Worosch. 白喉乌头

参考文献：魏孝义，韦璧瑜，张继. 1995. 白喉乌头中的二萜生物碱成分. 中草药，26（7）：344-346.

6, 14-dimethoxyforesticine 的 NMR 数据

位置	δ_C/ppm	δ_H/ppm（J/Hz）	位置	δ_C/ppm	δ_H/ppm（J/Hz）
1	85.7 d		14	83.9 d	3.65 t（4.5）
2	26.1 t		15	37.7 t	
3	35.1 t		16	81.9 d	
4	38.9 s		17	63.1 d	
5	48.8 d		18	81.0 t	
6	84.3 d	4.14 d（6.5）	19	54.2 t	
7	52.6 d		21	49.3 t	
8	74.3 s		22	14.1 q	1.06 t（6.5）
9	45.7 d		1-OMe	56.5 q	3.31 s
10	38.9 d		6-OMe	57.8 q	3.35 s
11	50.7 s		14-OMe	57.4 q	3.36 s
12	28.5 t		16-OMe	56.1 q	3.34 s
13	46.0 d		18-OMe	59.2 q	3.34 s

注：溶剂 CDCl₃；¹³C NMR：100 MHz；¹H NMR：400 MHz

化合物名称：6-*O*-acetylbicolorine

分子式：C$_{24}$H$_{37}$NO$_6$　　　　　　　　　分子量（*M*＋1）：436

植物来源：*Delphinium bicolor* Nutt.

参考文献：De la Fuente G，Ruiz-Mesia L，Rodriguez M I. 1994. The revised structure of the norditerpenoid alkaloid peregrine. Helvetica Chimica Acta，77（7）：1768-1772.

6-*O*-acetylbicolorine 的 NMR 数据

位置	δ_C/ppm	δ_H/ppm （*J*/Hz）	位置	δ_C/ppm	δ_H/ppm （*J*/Hz）
1	72.5 d		13	39.3 d	
2	28.9 t		14	76.1 d	
3	31.8 t		15	43.5 t	
4	33.1 s		16	81.9 d	
5	52.3 d		17	65.5 d	
6	72.7 d		18	27.3 q	
7	45.1 d		19	61.3 t	
8	74.6 s		21	48.4 t	
9	48.5 d		22	13.0 q	
10	44.3 d		16-OMe	56.3 q	
11	48.2 s		6-OAc	170.8 s	
12	29.7 t			21.7 q	

注：溶剂 CDCl$_3$

化合物名称：8β, 14α-dibenzoyloxy-3α, 10β, 13β, 15α-tetrahydroxy-1α, 6α, 16β, 18-tetramethoxy-N-methylaconitane

分子式：$C_{38}H_{47}NO_{12}$　　　　　　　　分子量（$M+1$）：710

植物来源：*Aconitum carmichaelii* Debx. 乌头

参考文献：Zong X X，Yan X J，Wu J L，et al. 2019. Potentially cardiotoxic diterpenoid alkaloids from the roots of *Aconitum carmichaelii*. Journal of Natural Products，82（4）：980-989.

8β, 14α-dibenzoyloxy-3α, 10β, 13β, 15α-tetrahydroxy-1α, 6α, 16β, 18-tetramethoxy-N-methylaconitane 的 NMR 数据

位置	δ_C/ppm	δ_H/ppm（J/Hz）	位置	δ_C/ppm	δ_H/ppm（J/Hz）
1	76.9 d	3.76 m	18	76.5 t	3.65 d（9.0）
2	33.5 t	2.38 m			3.49 d（9.0）
		2.07 m	19	49.6 t	2.80 d（11.4）
3	71.2 d	3.80 dd（9.0, 4.8）			2.46 d（11.4）
4	43.2 s		21	42.4 q	2.40 s
5	42.5 d	2.39 m	1-OMe	56.0 q	3.34 s
6	83.2 d	4.14 d（6.0）	6-OMe	58.2 q	2.91 s
7	43.5 d	3.11 br s	16-OMe	61.1 q	3.77 s
8	89.9 s		18-OMe	59.0 q	3.28 s
9	54.1 d	3.07，dd（4.8, 1.2）	8-OCO	166.3 s	
10	78.7 s		1′	130.6 s	
11	55.7 s		2′, 6′	129.5 d	7.88 d（7.8）
12	46.8 t	3.34 m	3′, 5′	128.2 d	7.21 t（7.8）
		2.12 dd（16.2, 1.8）	4′	133.0 d	7.39 t（7.8）
13	74.7 s		14-OCO	167.1 s	
14	78.4 d	5.43 d（5.4）	1″	129.1 s	
15	79.7 d	4.66 m	2″, 6″	129.2 d	7.77 d（7.8）
16	89.5 d	3.38 m	3″, 5″	128.0 d	7.14 t（7.8）
17	62.8 d	3.01 s	4″	132.9 d	7.30 m

注：溶剂 CDCl₃；^{13}C NMR：150 MHz；^{1}H NMR：600 MHz

化合物名称：8β, 14α-dibenzoyloxy-13β, 15α-dihydroxy-1α, 6α, 16β, 18-tetramethoxy-N-methylaconitane

分子式：C$_{38}$H$_{47}$NO$_{10}$　　　　　　　　　　分子量（$M+1$）：678

植物来源：*Aconitum carmichaelii* Debx. 乌头

参考文献：Zong X X，Yan X J，Wu J L，et al. 2019. Potentially cardiotoxic diterpenoid alkaloids from the roots of *Aconitum carmichaelii*. Journal of Natural Products，82（4）：980-989.

8β, 14α-dibenzoyloxy-13β, 15α-dihydroxy-1α, 6α, 16β, 18-tetramethoxy-N-methylaconitane 的 NMR 数据

位置	δ_C/ppm	δ_H/ppm（J/Hz）	位置	δ_C/ppm	δ_H/ppm（J/Hz）
1	85.1 d	3.11 m	18		3.12 m
2	26.3 t	2.02 m 2.27 m	19	56.0 t	2.59 d（8.4）
3	34.8 t	1.62 m 1.68 m			2.42 m
4	39.3 s		21	42.6 q	2.43 br s
5	48.2 d	2.16 d（6.6）	1-OMe	56.6 q	3.33 s
6	83.2 d	4.11 d（6.0）	6-OMe	58.0 q	2.88 s
7	44.1 d	3.09 m	16-OMe	61.0 q	3.77 s
8	92.3 s		18-OMe	59.0 q	3.26 s
9	44.7 d	3.19 m	8-OCO	166.3 s	
10	41.2 d	2.22 m	1′	129.8 s	
11	50.0 s		2′, 6′	129.6 d	7.86 m
12	36.2 t	2.22 m 2.99 m	3′, 5′	128.1 d	7.18 m
13	74.2 s		4′	132.4 d	7.38 m
14	79.1 d	4.95 d（4.8）	14-OCO	167.4 s	
15	78.8 d	4.63 dd（5.4, 3.0）	1″	129.2 s	
16	90.2 d	3.41 d（5.4）	2″, 6″	129.1 d	7.70 m
17	62.3 d	3.19 m	3″, 5″	128.1 d	7.13 m
18	80.1 t	3.62 d（8.4）	4″	132.7 d	7.34 m

注：溶剂 CDCl$_3$；^{13}C NMR：150 MHz；^{1}H NMR：600 MHz

化合物名称：8β, 14α-dibenzoyloxy-3α, 10β, 13β, 15α-tetrahydroxy-1α, 6α, 16β, 18-tetramethoxy-N-methylaconitane

分子式：$C_{38}H_{47}NO_{12}$　　　　　　　分子量（$M+1$）：710

植物来源：*Aconitum carmichaelii* Debx. 乌头

参考文献：Zong X X，Yan X J，Wu J L，et al. 2019. Potentially cardiotoxic diterpenoid alkaloids from the roots of *Aconitum carmichaelii*. Journal of Natural Products，82（4）：980-989.

8β, 14α-dibenzoyloxy-3α, 10β, 13β, 15α-tetrahydroxy-1α, 6α, 16β, 18-tetramethoxy-N-methylaconitane 的 NMR 数据

位置	δ_C/ppm	δ_H/ppm（J/Hz）	位置	δ_C/ppm	δ_H/ppm（J/Hz）
1	76.9 d	3.76 m	18	76.5 t	3.65 d（9.0）
2	33.5 t	2.38 m			3.49 d（9.0）
		2.07 m	19	49.6 t	2.80 d（11.4）
3	71.2 d	3.80 dd（9.0, 4.8）			2.46 d（11.4）
4	43.2 s		21	42.4 q	2.40 s
5	42.5 d	2.39 m	1-OMe	56.0 q	3.34 s
6	83.2 d	4.14 d（6.0）	6-OMe	58.2 q	2.91 s
7	43.5 d	3.11 br s	16-OMe	61.1 q	3.77 s
8	89.9 s		18-OMe	59.0 q	3.28 s
9	54.1 d	3.07，dd（4.8, 1.2）	8-OCO	166.3 s	
10	78.7 s		1′	130.6 s	
11	55.7 s		2′, 6′	129.5 d	7.88 d（7.8）
12	46.8 t	3.34 m	3′, 5′	128.2 d	7.21 t（7.8）
		2.12 dd（16.2, 1.8）	4′	133.0 d	7.39 t（7.8）
13	74.7 s		14-OCO	167.1 s	
14	78.4 d	5.43 d（5.4）	1″	129.1 s	
15	79.7 d	4.66 m	2″, 6″	129.2 d	7.77 d（7.8）
16	89.5 d	3.38 m	3″, 5″	128.0 d	7.14 t（7.8）
17	62.8 d	3.01 s	4″	132.9 d	7.30 m

注：溶剂 CDCl₃；¹³C NMR：150 MHz；¹H NMR：600 MHz

化合物名称：8*β*, 14*α*-dibenzoyloxy-13*β*, 15*α*-dihydroxy-1*α*, 6*α*, 16*β*, 18-tetramethoxy-*N*-methylaconitane

分子式：$C_{38}H_{47}NO_{10}$　　　　　　　分子量（*M*+1）：678

植物来源：*Aconitum carmichaelii* Debx. 乌头

参考文献：Zong X X，Yan X J，Wu J L，et al. 2019. Potentially cardiotoxic diterpenoid alkaloids from the roots of *Aconitum carmichaelii*. Journal of Natural Products，82（4）：980-989.

8*β*, 14*α*-dibenzoyloxy-13*β*, 15*α*-dihydroxy-1*α*, 6*α*, 16*β*, 18-tetramethoxy-*N*-methylaconitane 的 NMR 数据

位置	δ_C/ppm	δ_H/ppm（*J*/Hz）	位置	δ_C/ppm	δ_H/ppm（*J*/Hz）
1	85.1 d	3.11 m	18		3.12 m
2	26.3 t	2.02 m / 2.27 m	19	56.0 t	2.59 d（8.4）
3	34.8 t	1.62 m / 1.68 m			2.42 m
4	39.3 s		21	42.6 q	2.43 br s
5	48.2 d	2.16 d（6.6）	1-OMe	56.6 q	3.33 s
6	83.2 d	4.11 d（6.0）	6-OMe	58.0 q	2.88 s
7	44.1 d	3.09 m	16-OMe	61.0 q	3.77 s
8	92.3 s		18-OMe	59.0 q	3.26 s
9	44.7 d	3.19 m	8-OCO	166.3 s	
10	41.2 d	2.22 m	1′	129.8 s	
11	50.0 s		2′, 6′	129.6 d	7.86 m
12	36.2 t	2.22 m / 2.99 m	3′, 5′	128.1 d	7.18 m
13	74.2 s		4′	132.4 d	7.38 m
14	79.1 d	4.95 d（4.8）	14-OCO	167.4 s	
15	78.8 d	4.63 dd（5.4, 3.0）	1″	129.2 s	
16	90.2 d	3.41 d（5.4）	2″, 6″	129.1 d	7.70 m
17	62.3 d	3.19 m	3″, 5″	128.1 d	7.13 m
18	80.1 t	3.62 d（8.4）	4″	132.7 d	7.34 m

注：溶剂 CDCl₃；¹³C NMR：150 MHz；¹H NMR：600 MHz

化合物名称：6, 14-diacetylforesticine

分子式：C$_{28}$H$_{43}$NO$_8$　　　　　　　**分子量**（$M+1$）：522

植物来源：*Aconitum forrestii* Stapf

参考文献：Pelletier S W，Ying C S，Joshi B S，et al. 1984. The structures of forestine and foresticine，two new C$_{19}$-diterpenoid alkaloids from *Aconitum forrestii* Stapf. Journal of Natural Products，47（3）：474-477.

6, 14-diacetylforesticine 的 NMR 数据

位置	δ_C/ppm	δ_H/ppm（J/Hz）	位置	δ_C/ppm	δ_H/ppm（J/Hz）
1	84.4 d		15	39.7 t	
2	26.2 t		16	82.2 d	
3	34.9 t		17	62.0 d	
4	38.8 s		18	80.6 t	
5	49.3 d		19	54.0 t	
6	74.7 d	5.74 d（7）	21	50.7 t	
7	55.0 d		22	13.4 q	1.03 t（7.5）
8	73.8 s		1-OMe	56.0 q	3.29 s
9	46.9 d		16-OMe	56.0 q	3.29 s
10	37.6 d		18-OMe	59.3 q	3.31 s
11	49.0 s		6-OAc	171.2 s	
12	29.0 t			21.4 q	2.03 s
13	45.3 d		14-OAc	171.2 s	
14	76.3 d	4.85 t（4.5）		21.7 q	2.10 s

注：溶剂 CDCl$_3$

化合物名称：6-epichasmanine

分子式：$C_{25}H_{41}NO_6$　　　　　　　　分子量（$M+1$）：452

植物来源：*Aconitum kusnezoffii* Reichb. 北乌头

参考文献：Zhang B L，Wang F P. 1996. Structure of 6-epichasmanine. Chinese Chemical Letters，7（5）：443-444.

6-epichasmanine 的 NNR 数据

位置	δ_C/ppm	δ_H/ppm（J/Hz）	位置	δ_C/ppm	δ_H/ppm（J/Hz）
1	85.3 d		14	75.3 d	3.94 t（4.5）
2	25.7 t		15	37.1 t	
3	32.6 t		16	82.0 d	
4	38.4 s		17	64.1 d	
5	46.1 d		18	78.2 t	
6	82.0 d	3.87 d（7.5）	19	53.6 t	
7	51.1 d		21	49.4 t	
8	74.0 s		22	13.5 q	1.02 t（7.2）
9	49.6 d		1-OMe	56.3 q	3.25 s
10	37.1 d		6-OMe	57.0 q	3.33 s
11	48.3 s		16-OMe	56.2 q	3.38 s
12	28.0 t		18-OMe	59.0 q	3.28 s
13	45.9 d				

注：溶剂 CDCl$_3$；^{13}C NMR：50 MHz；^{1}H NMR：200 MHz

化合物名称：6-epiforsticine

分子式：C$_{24}$H$_{39}$NO$_6$　　　　　　分子量（$M+1$）：438

植物来源：*Aconitum hemsleyanum* Pritz. var. *pengzhouense*

参考文献：Wang F P，Li Z B，Chen J J，et al. 2000. Structure of 6-epiforsticine and revision of the stereochemistry of forsticine. Chinese Chemical Letters，11（11）：1003-1004.

6-epiforsticine 的 NMR 数据

位置	δ_C/ppm	δ_H/ppm （J/Hz）	位置	δ_C/ppm	δ_H/ppm （J/Hz）
1	85.7 d	3.02 dd （10.4, 6.4）	12		1.99 m
2	25.7 t	1.88 m	13	38.2 d	2.28 m
		2.28 m	14	75.1 d	4.12 t （4.8）
3	35.0 t	1.52 ddd （10.4, 10.4, 3.2）	15	38.9 t	2.08 d （16.4）
		1.69 m			2.41 dd （16.4, 9.2）
4	39.1 s		16	81.9 d	3.32 m
5	50.4 d	2.28 m	17	62.3 d	3.06 s
			18	80.6 t	3.40 ABq （8.4）
6	71.6 d	4.80 d （6.8）			3.80 ABq （8.4）
7	56.3 d	1.96 m	19	53.9 t	2.62 ABq （10.8）
					2.79 ABq （10.8）
8	73.7 s		21	49.0 t	2.58 m
9	48.6 d	2.23 t （5.2）	22	13.4 q	1.09 t （7.2）
10	45.4 d		1-OMe	56.2 q	3.34 s
11	50.5 s		16-OMe	55.9 q	3.24 s
12	28.5 t	1.78 m	18-OMe	59.0 q	

注：溶剂 CDCl$_3$；^{13}C NMR：100 MHz；^{1}H NMR：400 MHz

化合物名称：6-*epi*-neolinine

分子式：$C_{23}H_{37}NO_6$　　　　　　　　　分子量（$M+1$）：424

植物来源：*Delphinium nuttallianum* Pritz.

参考文献：Bai Y L，Benn M，Majak W. 1989. New C₁₉-diterpenoid alkaloids from *Delphinium nuttallianum* Pritz. Heterocycles，29（6）：1017-1021.

6-*epi*-neolinine 的 NMR 数据

位置	δ_C/ppm	δ_H/ppm（J/Hz）	位置	δ_C/ppm	δ_H/ppm（J/Hz）
1	72.4 d		13	39.8 d	
2	26.9 t		14	76.1 d	
3	30.0 t		15	40.7 t	
4	37.7 s		16	81.8 d	
5	44.4 d		17	65.3 d	
6	82.5 d		18	67.4 t	
7	50.9 d		19	57.7 t	
8	75.4 s		21	48.5 t	
9	46.2 d		22	12.9 q	
10	45.2 d		6-OMe	57.6 q	
11	48.5 s		16-OMe	56.3 q	
12	29.6 t				

化合物名称：6-*epi*-neolinine 14-*O*-acetate

分子式：$C_{25}H_{39}NO_7$　　　　　　　　　　**分子量**（$M+1$）：466

植物来源：*Delphinium nuttallianum* Pritz.

参考文献：Bai Y L，Benn M，Majak W. 1990. Further norditerpenoid alkaloids from *Delphinium nuttallianum*. Heterocycles，31（7）：1233-1236.

6-*epi*-neolinine 14-*O*-acetate 的 NMR 数据

位置	δ_C/ppm	δ_H/ppm（J/Hz）	位置	δ_C/ppm	δ_H/ppm（J/Hz）
1	72.4 d	3.80 m	14	76.7 d	4.78 t（4.5）
2	26.7 t		15	40.2 t	
3	29.9 t		16	81.7 d	
4	37.6 s		17	65.0 d	
5	43.5 d		18	67.3 t	
6	82.9 d		19	57.6 t	
7	51.1 d		21	48.5 t	
8	75.1 s		22	12.9 q	1.12 t（7.2）
9	44.7 d		6-OMe	57.6 q	3.34 s
10	44.0 d		16-OMe	56.2 q	3.39 s
11	48.5 s		14-OAc	171.6 s	
12	29.6 t			21.5 q	2.08 s
13	37.9 d				

化合物名称：8-acetoxydemethoxyisopyrodelphinine

分子式：C$_{32}$H$_{41}$NO$_8$　　　　　　　　**分子量**（$M+1$）：568

植物来源：*Aconitum* L.

参考文献：Pelletier S W，Djarmati Z. 1976. Carbon-13 nuclear magnetic resonance：aconitine-type diterpenoid alkaloids from *Aconitum* and *Delphinium* species. Journal of the American Chemical Society，98（9）：2626-2636.

8-acetoxydemethoxyisopyrodelphinine 的 NMR 数据

位置	δ_C/ppm	δ_H/ppm（J/Hz）	位置	δ_C/ppm	δ_H/ppm（J/Hz）
1	85.1 d		16	125.2 d	
2	26.2 t		17	64.4 d	
3	34.9 t		18	80.5 t	
4	39.6 s		19	56.1 t	
5	48.8 d		21	42.5 q	
6	82.3 d		1-OMe	56.2 q	
7	44.6 d		6-OMe	57.2 q	
8	83.7 s		18-OMe	59.1 q	
9	44.2 d		8-OAc	169.5 s	
10	42.2 d			21.6 q	
11	50.1 s		14-OCO	166.7 s	
12	39.2 t		1′	130.1 s	
13	76.0 s		2′，6′	129.7 d	
14	78.2 d		3′，5′	128.4 d	
15	137.4 d		4′	133.1 d	

注：溶剂 CDCl$_3$；^{13}C NMR：25 MHz；^{1}H NMR：100 MHz

化合物名称：8-acetyl-14-benzoxylneoline

分子式：$C_{33}H_{45}NO_8$　　　　　　　**分子量**（$M+1$）：584

植物来源：*Aconitum miyabei* Nakai

参考文献：Pelletier S W，Mody N V，Katsui N. 1977. The structures of sachaconitine and isodelphinine from *Aconitum miyabei* Nakai. Tetrahedron Letters，46：4027-4030.

8-acetyl-14-benzoxylneoline 的 NMR 数据

位置	δ_C/ppm	δ_H/ppm（J/Hz）	位置	δ_C/ppm	δ_H/ppm（J/Hz）
1	72.2 d		17	63.0 d	
2	29.5 t		18	79.9 t	
3	30.1 t		19	56.6 t	
4	38.9 s		21	48.3 t	
5	44.4 d		22	13.0 q	
6	84.0 d		6-OMe	57.9 q	
7	48.2 d		16-OMe	56.9 q	
8	85.9 s		18-OMe	59.1 q	
9	43.5 d		8-OAc	169.6 s	
10	38.2 d			21.6 q	
11	49.9 s		14-OCO	166.0 s	
12	29.5 t		1′	130.3 s	
13	43.2 d		2′, 6′	129.7 d	
14	75.7 d		3′, 5′	128.4 d	
15	38.9 t		4′	133.0 d	
16	82.8 d				

注：溶剂 CDCl₃

化合物名称：8-acetyl-15-hydroxyneoline

分子式：$C_{26}H_{41}NO_8$　　　　　　　　　**分子量**（$M+1$）：496

植物来源：*Aconitum napellus* L. 欧乌头

参考文献：Liu H M，Katz A. 1996. Diterpenoid alkaloids from aphids *Brachycaudus aconiti* and *Brachycaudus napelli* feeding on *Aconitum napellus*. Journal of Natural Products，59（2）：135-138.

8-acetyl-15-hydroxyneoline 的 NMR 数据

位置	δ_C/ppm	δ_H/ppm（J/Hz）	位置	δ_C/ppm	δ_H/ppm（J/Hz）
1	71.8 d	3.65 s	15	76.0 d	4.41 dd（5.2, 2.8）
2	29.6 t	1.56 m（2H）	16	88.6 d	3.22 d（5.2）
3	29.6 t	1.62 m	17	63.0 d	2.79 s
		1.88 m	18	79.8 t	3.05 d（9.0）
4	38.1 s				3.63 d（9.0）
5	43.1 d	2.27 d（6.4）	19	56.4 t	2.26 d（10.6）
6	84.0 d	4.09 d（6.4）			2.63 d（10.6）
7	44.0 d	2.91 s	21	49.0 t	2.43 m
8	91.8 s				2.79 m
9	46.7 d	2.36 t（5.4）	22	13.0 q	1.13 t（7.1）
10	43.6 d	1.92 m	6-OMe	58.4 q	3.28 s
11	49.4 s		16-OMe	57.9 q	3.49 s
12	29.6 t	1.88 m	18-OMe	59.2 q	3.33 s
		2.07 m	8-OAc	172.6 s	
13	41.2 d	2.30 dd（7.6, 4.9）		22.4 q	2.09 s
14	74.9 d	4.12 t（4.9）			

注：溶剂 CDCl₃；¹³C NMR：100 MHz；¹H NMR：400 MHz

化合物名称：8-acetylcondelphine

分子式：C$_{27}$H$_{41}$NO$_7$　　　　　　　　分子量（$M+1$）：492

植物来源：*Delphinium pyrimadale* Royle

参考文献：Ulubelen A，Arfan M，Sonmez U，et al. 1998. Norditerpenoid alkaloids from *Delphinium pyrimadale*. Phytochemistry，48（2）：385-388.

8-acetylcondelphine 的 NMR 数据

位置	δ_C/ppm	δ_H/ppm（J/Hz）	位置	δ_C/ppm	δ_H/ppm（J/Hz）
1	72.1 d	3.72 br s	15	42.5 t	1.92 m
2	29.1 t	2.55 m			2.25 dd（5, 10）
		1.28 dd（5, 12）	16	82.0 d	3.25 dd（4, 11）
3	29.6 t	1.60 dd（4, 12）	17	63.6 d	2.74 br s
		2.20 m	18	78.9 t	3.00 d（9）
4	37.1 s				3.15 d（9）
5	41.3 d	1.85 m	19	56.5 t	2.32 m
6	24.9 t	1.68 dd（4, 14）			1.98 m
		1.95 m	21	48.4 t	2.48 m
7	45.5 d	2.07 m	22	12.9 q	1.10 t（7）
8	84.5 s		16-OMe	56.5 q	3.27 s
9	36.6 d	2.62 t（6）	18-OMe	59.5 q	3.30 s
10	44.6 d	2.15 dd（3, 13）	8-OAc	170.1 s	
11	49.0 s			21.3 q	2.05 s
12	26.5 t	1.58 dd（4, 11）	14-OAc	169.7 s	
		1.94 m		22.1 q	2.03 s
13	43.2 d	1.97 m			
14	77.1 d	4.84 t（4.5）			

注：溶剂 CDCl$_3$；^{13}C NMR：50 MHz；^{1}H NMR：200 MHz

化合物名称：8-deacetylsungpaconitine

分子式：C$_{34}$H$_{47}$NO$_8$　　　　　　　　　　分子量（M + 1）：598

植物来源：*Aconitum hemsleyanum* Pritz. var. *pengzhouense*

参考文献：Peng C S，Wang F P，Jian X X. 2000. New norditerpenoid alkaloids from *Aconitum hemsleyanum* var. *pengzhouense*. Journal of Asian Natural Products Research，2（4）：245-249.

8-deacetylsungpaconitine 的 NMR 数据

位置	δ_C/ppm	δ_H/ppm （J/Hz）	位置	δ_C/ppm	δ_H/ppm （J/Hz）
1	82.6 d		17	61.9 d	
2	32.4 t		18	77.4 t	
3	71.4 d		19	48.4 t	
4	43.2 s		21	48.9 t	
5	46.3 d		22	12.9 q	1.18 t （7.1）
6	81.7 d		1-OMe	55.6 q	3.31 s
7	53.2 d		6-OMe	57.8 q	3.25 s
8	73.8 s		16-OMe	56.1 q	3.41 s
9	53.2 d		18-OMe	59.2 q	3.27 s
10	37.0 d		14-OCO	166.4 s	
11	50.4 s		1′	117.7 d	6.42 d （16.0）
12	28.7 t		2′	145.3 d	7.33 d （16.0）
13	44.6 d		3′	134.2 s	
14	76.6 d	4.99 t （4.8）	4′, 8′	128.8 d	
15	41.5 t		5′, 7′	128.2 d	7.32～7.54 m
16	81.9 d		6′	130.4 d	

注：溶剂 CDCl$_3$；^{13}C NMR：50 MHz；^{1}H NMR：200 MHz

化合物名称：8-dehydroxyl-bikhaconine

分子式：C$_{25}$H$_{41}$NO$_6$　　　　　　　　　　**分子量**（*M*＋1）：452

植物来源：*Aconitum ouvrardianum* Hand.-Mazz. 德钦乌头

参考文献：Liu W Y，He D，Zhao D K，et al. 2019. Four new C$_{19}$-diterpenoid alkaloids from the roots of *Aconitum ouvrardianum*. Journal of Asian Natural Products Research，21（1）：9-16.

8-dehydroxyl-bikhaconine 的 NMR 数据

位置	δ_C/ppm	δ_H/ppm（*J*/Hz）	位置	δ_C/ppm	δ_H/ppm（*J*/Hz）
1	85.6 d	3.01 dd（7.2, 4.2）	14	75.8 d	3.92 d（4.8）
2	26.0 t	1.94～1.96 m	15	37.4 t	1.86～1.88 m
		2.02～2.04 m			2.18～2.20 m
3	32.9 t	1.20～1.22 m	16	82.4 d	3.41～3.43 m
		2.00～2.02 m	17	64.4 d	3.31～3.33 m
4	38.7 s		18	78.5 t	2.88 d（9.0）
5	51.1 d	2.40～2.42 m			3.01 d（9.0）
6	82.4 d	3.82 d（7.2）	19	53.9 t	1.70～1.72 m
7	46.4 d	2.98～3.00 m			2.49～2.51 m
8	46.3 d	1.70～1.72 m	21	49.7 t	2.38～2.40 m
9	49.8 d	1.84～1.86 m			2.47～2.49 m
10	37.4 d	2.29～2.31 m	22	13.8 q	0.99 t（7.2）
11	48.6 s		1-OMe	56.5 q	3.20 s
12	28.3 t	1.74～1.76 m	6-OMe	57.4 q	3.23 s
		1.82～1.85 m	16-OMe	56.6 q	3.35 s
13	74.4 s		18-OMe	59.5 q	3.38 s

注：溶剂 CDCl$_3$；^{13}C NMR：150 MHz；^{1}H NMR：600 MHz

化合物名称：8-ethoxysachaconitine

分子式：$C_{25}H_{41}NO_4$　　　　　　　　**分子量**（$M+1$）：420

植物来源：*Aconitum variegatum* L.

参考文献：Diaz J G，Ruiza J G，Herz W. 2005. Norditerpene and diterpene alkaloids from *Aconitum variegatum*. Phytochemistry，66（7）：837-846.

8-ethoxysachaconitine 的 NMR 数据

位置	δ_C/ppm	δ_H/ppm（J/Hz）	位置	δ_C/ppm	δ_H/ppm（J/Hz）
1	86.2 d	3.07 dd（10.7, 6.6）	14	75.2 d	4.01 br q（5.3）
2	26.7 t	2.28 ddd（14.5, 13, 10.5, 3）	15	35.0 t	2.18 dd（15.7, 4.8）
		1.91 m			3.33 br d（15.7, 9）
3	37.9 t	1.57 m	16	82.6 d	2.91 br s
		1.21 m	17	62.2 d	0.77 br s
4	34.5 s		18	26.4 q	2.46 d（11.6）
5	51.0 d	1.41 d（7.3）	19	56.8 t	2.00 dd（11.6, 1.7）
6	24.3 t	1.91 dd（14.8, 7.3）	21	49.3 t	2.50 m
		1.33 dd（14.8, 8）			2.39 m
7	40.6 d	2.35 br d（8）	22	13.6 q	1.11 t（7）
8	78.2 s		1-OMe	56.2 q	3.25 s
9	45.9 d	2.21 br t（6）	16-OMe	56.3 q	3.36 s
10	45.5 d	1.76 ddd（11.6, 6.3, 6）	8-OEt	55.9 t	3.38 m
11	49.0 s				3.37 m
12	28.9 t	2.06 dd（14.8, 6.3）		16.1 q	1.12 t（7）
		1.84 ddd（14.8, 11.6, 8）	14-OH		3.60 d（6.5）
13	38.8 d	2.32 br t（5.5）			

注：溶剂 CDCl₃；¹³C NMR：125 MHz；¹H NMR：500 MHz

化合物名称：8-methoxykarakoline

分子式：C$_{23}$H$_{37}$NO$_4$　　　　　　　　分子量（$M+1$）：392

植物来源：*Delphinium gracile* DC.

参考文献：Reina M，Mancha R，Gonzalez-Coloma A，et al. 2007. Diterpenoid alkaloids from *Delphinium gracile*. Natural Product Research，21（12）：1048-1055.

8-methoxykarakoline 的 NMR 数据

位置	δ_C/ppm	δ_H/ppm（J/Hz）	位置	δ_C/ppm	δ_H/ppm（J/Hz）
1	72.7 d	3.72 br s	14	75.9 d	4.09 t（4.3）
2	30.1 t		15	37.5 t	
3	31.4 t		16	83.2 d	
4	33.2 s		17	63.5 d	2.67 br s
5	48.9 d		18	27.9 q	0.82 s
6	24.5 t		19	60.7 t	2.06 d（11.0）
7	45.6 d				2.30 d（11.0）
8	79.3 s		21	48.7 t	2.40 m
9	—	2.13 dd（6.0, 8.8）			2.45 m
10	40.4 d	2.35 dd（4.7, 4.7）	22	13.3 q	1.03 t（7.0）
11	49.5 s		8-OMe	56.8 q	3.18 s
12	27.9 t		16-OMe	56.8 q	3.37 s
13	44.2 d				

注：溶剂 CDCl$_3$；^{13}C NMR：125 MHz；^{1}H NMR：500 MHz

化合物名称：8-*O*-acetylkarasamine

分子式：C$_{25}$H$_{39}$NO$_5$ 分子量（*M*＋1）：434

植物来源：*Delphinium nuttallianum* Pritz.

参考文献：Bai Y L，Sun F，Benn M，et al. 1994. Diterpenoid and norditerpenoid alkaloids from *Delphinium nuttallianum*. Phytochemistry，37（6）：1717-1724.

8-*O*-acetylkarasamine 的 NMR 数据

位置	δ_C/ppm	δ_H/ppm（*J*/Hz）	位置	δ_C/ppm	δ_H/ppm（*J*/Hz）
1	72.3 d	3.73 br s	15	38.1 t	2.79 dd（15，8）
2	29.6 t	1.50～1.80 m			2.23 dd（8，15）
3	30.9 t	1.50～1.80 m	16	83.2 d	3.28 t（8.3）
4	32.7 s		17	62.5 d	2.72 br s
5	46.2 d	1.50～1.80 m	18	27.6 q	0.88 s
6	25.1 t		19	60.4 t	2.24 d（12）
7	40.5 d	3.18 d（7.6）			2.04 d（12）
8	86.4 s		21	48.3 t	2.54 m
9	41.1 d	2.43 dd（4.5，7.0）			2.47 m
10	43.7 d	1.91 dd（7.1，4.7）	22	12.9 q	1.12 t（7.0）
11	49.2 s		14-OMe	57.6 q	3.41 s
12	29.7 t	2.02 m	16-OMe	56.7 q	3.36 s
		1.50～1.80 m	8-OAc	169.8 s	
13	39.5 d	2.38 dd（4.5，7.4）		22.4 q	1.98 s
14	83.9 d	3.61 t（4.5）			

注：溶剂 CDCl$_3$；^{13}C NMR：100 MHz；^{1}H NMR：400 MHz

化合物名称：8-*O*-azeloyl-14-benzoylaconine

分子式：$C_{41}H_{59}NO_{13}$　　　　　　　　分子量（M^+）：773

植物来源：*Aconitum karacolicum* Rapcs

参考文献：Chodoeva A，Bosc J J，Guillon J，et al. 2005. 8-*O*-azeloyl-14-benzoylaconine：a new alkaloid from the roots of *Aconitum karacolicum* Rapcs and its antiproliferative activities. Phytochemistry，13（23）：6493-6501.

8-*O*-azeloyl-14-benzoylaconine 的 NMR 数据

位置	δ_C/ppm	δ_H/ppm（J/Hz）	位置	δ_C/ppm	δ_H/ppm（J/Hz）
1	80.19 d	3.49 m	21	50.70 t	3.27 m
2	29.87 t	1.41 br d	22	11.34 q	1.44 t（7.6）
		2.40 d（11.3）	1-OMe	55.63 q	3.38 s
3	70.33 d	4.34 br s	6-OMe	59.53 q	3.24 s
4	43.70 s		16-OMe	62.13 q	3.79 s
5	45.39 d	2.91 s	18-OMe	59.60 q	3.29 s
6	82.93 d	4.15 d（6.0）	14-OCO	166.31 s	
7	41.97 d	2.60 d（6.0）	1′	129.73 s	
8	90.22 s		2′, 6′	129.39 d	7.99 d（7.2）
9	43.97 d	2.96 t（5.8）	3′, 5′	130.19 d	7.47 t（7.2）
10	40.50 d	2.36 m	4′	134.30 d	7.61 t（7.2）
11	51.05 s		8-OCO	175.87 s	
12	35.36 t	1.94 d（9.6）	1″	34.76 t	1.58 m
		2.36 br d			1.82 m
13	74.40 s		2″	24.79 t	1.58 m
14	78.71 d	4.91 d（5.2）	3″	30.27 t	0.87 m
15	79.11 d	4.51 d（5.2）			1.26 m
16	90.30 d	3.26 m	4″	28.52 t	0.99 q（7.4）
17	63.51 d	3.32 s	5″	28.84 t	1.12 m
18	76.05 t	3.49 br d	6″	24.39 t	1.58 m
		3.27 br d	7″	34.33 t	2.28 t（7.7）
19	50.77 t	3.14 d（11.4）	8″	176.90 s	
		3.94 d（11.4）	NH		8.26 br s

注：溶剂 CDCl$_3$；^{13}C NMR：100 MHz；^{1}H NMR：400 MHz

化合物名称：8-*O*-cinnamoylneoline

分子式：C$_{33}$H$_{45}$NO$_7$　　　　　　　　**分子量**（*M*+1）：568

植物来源：*Aconitum carmichaelii* Debx. 乌头

参考文献：Taki M，Niitu K，Omiya Y，et al. 2003. 8-*O*-cinnamoylneoline，a new alkaloid from the flower buds of *Aconitum carmichaeli* and its toxic and analgesic activities. Planta Medica，69（9）：800-803.

8-*O*-cinnamoylneoline 的 NMR 数据

位置	δ_C/ppm	δ_H/ppm（*J*/Hz）	位置	δ_C/ppm	δ_H/ppm（*J*/Hz）
1	72.2 d	3.67 br s	17	63.2 d	
2	30.1 t		18	80.0 t	3.12 d（8.3）
3	29.5 t				3.61 d（8.3）
4	38.1 s		19	56.9 t	
5	44.4 d		21	48.3 t	
6	84.1 d		22	13.0 q	1.15 t（7.3）
7	48.4 d		6-OMe	58.3 q	3.30 s
8	85.8 s		16-OMe	56.2 q	3.31 s
9	46.3 d		18-OMe	59.2 q	3.36 s
10	44.0 d		8-OCO	166.0 s	
11	49.8 s		1′	119.4 d	6.44 d（15.6）
12	29.3 t		2′	144.7 d	7.65 d（15.6）
13	40.9 d		3′	134.5 s	
14	75.3 d		4′, 8′	129.0 d	
15	38.7 t		5′, 7′	128.1 d	7.26~7.51 m
16	82.3 d		6′	130.2 d	

注：溶剂 CDCl$_3$；^{13}C NMR：125 MHz；^{1}H NMR：500 MHz

化合物名称：8-*O*-ethyl-14-benzoylmesaconine

分子式：$C_{33}H_{47}NO_{10}$　　　　　　**分子量**（*M*＋1）：618

植物来源：*Aconitum pendulum* Busch　铁棒锤

参考文献：宋蓓，王菲，李玉泽，等. 2019. 铁牛七化学成分的研究. 中成药，41（8）：1871-1875.

8-*O*-ethyl-14-benzoylmesaconine 的 NMR 数据

位置	δ_C/ppm	δ_H/ppm（*J*/Hz）	位置	δ_C/ppm	δ_H/ppm（*J*/Hz）
1	82.4 d	3.22 d（6.4）	17	62.4 d	2.97 s
2	32.9 t		18	76.7 t	3.56 d（8.7）
3	71.1 d	3.91 m			3.48 d（8.9）
4	43.8 s		19	50.5 t	
5	45.1 d	2.31 m	21	42.8 q	2.57 s
6	83.2 d	4.09 d（6.7）	1-OMe	56.4 q	3.30 s
7	44.5 d	2.78 br s	6-OMe	58.9 q	3.26 s
8	82.1 s		16-OMe	64.0 q	3.74 s
9	42.6 d	2.65 t（6.1）	18-OMe	59.4 q	3.31 s
10	41.3 d	2.31 m	8-OEt	57.5 t	3.20 m
11	51.0 s				3.51 m
12	36.2 t	2.13 m		15.5 q	0.56 t（6.9）
		2.88 m	14-OCO	166.5 s	
13	74.9 s		1′	129.9 s	
14	79.5 d	4.81 d（5.1）	2′, 6′	128.6 d	8.02 d（7.5）
15	78.4 d	4.54 d（5.8）	3′, 5′	128.5 d	7.43 t（7.8）
16	93.3 d	3.23 d（5.0）	4′	133.2 d	7.54 t（7.2）

注：溶剂 CDCl₃；¹³C NMR：100 MHz；¹H NMR：400 MHz

化合物名称：8-*O*-ethylcammaconine

分子式：C$_{25}$H$_{41}$NO$_5$　　　　　　　　　　**分子量**（*M*+1）：436

植物来源：*Aconitum forrestii* Stapf 丽江乌头

参考文献：Xu J J，Zhao D K，Ai H L，et al. 2013. Three new C$_{19}$-diterpenoid alkaloids from *Aconitum forrestii*. Helvetica Chimica Acta，96（11）：2155-2159.

8-*O*-ethylcammaconine 的 NMR 数据

位置	δ_C/ppm	δ_H/ppm（*J*/Hz）	位置	δ_C/ppm	δ_H/ppm（*J*/Hz）
1	84.9 d	3.11 dd（10.4, 6.4）	14	75.0 d	4.03 t（4.5）
2	25.3 t	1.35 dd（12.1, 6.4）	15	38.7 t	2.13~2.19 m
		1.74~1.80 m			2.47~2.52 m
3	32.8 t	1.18~1.24 m	16	82.4 d	3.26~3.31 m
		1.48~1.54 m	17	62.6 d	2.93 s
4	38.5 s		18	68.3 t	3.53 t（9.8）
5	45.8 d	2.52~2.58 m			3.95 t（9.8）
6	24.6 t	1.84~1.89 m	19	52.0 t	1.83 d（10.8）
		2.26~2.31 m			2.35 d（10.8）
7	45.6 d	1.46 d（7.2）	21	49.3 t	2.42~2.47 m
8	78.0 s				2.52~2.58 m
9	47.1 d	1.80~1.85 m	22	13.2 q	1.06 t（7.0）
10	45.3 d	3.30~3.35 m	1-OMe	56.2 q	3.22 s
11	48.8 s		16-OMe	56.3 q	3.29 s
12	27.9 t	1.76~1.81 m	8-OEt	55.6 t	3.27~3.33 m
		2.49~2.54 m		16.1 q	1.02 t（6.8）
13	37.9 d	2.34~2.38 m			

注：溶剂 CDCl$_3$；^{13}C NMR：100 MHz；^{1}H NMR：400 MHz

化合物名称：8-*O*-ethylscaconine

分子式：C₂₆H₄₃NO₅　　　　　　　　**分子量**（*M*+1）：450

植物来源：*Aconitum brevicalcaratum* Diels　短距乌头

参考文献：李英和，陈迪华. 1994. 短距乌头根的生物碱成分Ⅰ. 药学学报，52（2）：204-208.

8-*O*-ethylscaconine 的 NMR 数据

位置	δ_C/ppm	δ_H/ppm（*J*/Hz）	位置	δ_C/ppm	δ_H/ppm（*J*/Hz）
1	85.5 d		14	83.9 d	
2	26.4 t		15	39.3 t	
3	32.1 t		16	83.9 d	
4	38.8 s		17	61.8 d	
5	45.1 d		18	69.2 t	
6	24.2 t		19	53.4 t	
7	41.1 d		21	49.4 t	
8	77.4 s		22	13.6 q	
9	41.1 d		1-OMe	56.4 q	
10	36.3 d		14-OMe	57.7 q	
11	49.4 s		16-OMe	56.4 q	
12	29.6 t		8-OEt	55.5 t	
13	45.9 d			16.4 q	

注：溶剂 CDCl₃；¹³C NMR：100 MHz

化合物名称：8-*O*-ethylyunaconitine

分子式：C$_{35}$H$_{51}$NO$_{10}$ 分子量（*M*＋1）：646

植物来源：*Aconitum transsectum* Diels 直缘乌头

参考文献：Chen D L，Jian X X，Chen Q H，et al. 2003. New C$_{19}$-diterpenoid alkaloids from the roots of *Aconitum transsectum*. Acta Chimica Sinica，61（6）：901-906.

8-*O*-ethylyunaconitine 的 NMR 数据

位置	δ_C/ppm	δ_H/ppm（*J*/Hz）	位置	δ_C/ppm	δ_H/ppm（*J*/Hz）
1	82.6 d	3.12~3.20 m	18	76.8 t	3.47 ABq（8.8）
2	33.3 t	1.88~1.96 m			3.57 ABq（8.8）
		2.30~2.41 m	19	48.5 t	2.52（hidden）
3	71.6 d	3.76~3.86 m			3.00（hidden）
4	43.1 s		21	47.6 t	2.40~2.56 m
5	45.9 d	2.10 d（5.6）	22	13.2 q	1.10 t（6.4）
6	83.2 d	4.04 d（6.4）	8-OEt	55.9 t	3.17~3.35 m
7	48.7 d	2.37 d（6.4）		15.2 q	0.61 t（6.8）
8	78.3 s		1-OMe	55.8 q	3.25 s
9	45.9 d	2.68 dd（5.2, 6.8）	6-OMe	58.7 q	3.31 s
10	41.3 d	2.00~2.13 m	16-OMe	58.6 q	3.55 s
11	50.7 s		18-OMe	59.0 q	3.27 s
12	35.7 t	2.00~2.15 m	14-OCO	166.2 s	
		2.42~2.56 m	1'	123.2 s	
13	75.2 s		2', 6'	131.7 d	8.02 AA'BB'（8.8）
14	79.1 d	4.84 d（5.2）	3', 5'	113.4 d	6.92 AA'BB'（8.8）
15	37.6 t	2.26~2.38 m	4'	163.1 s	
16	83.9 d	3.42 t（7.6）	4'-OMe	55.3 q	3.87 s
17	61.1 d	2.76 s			

注：溶剂 CDCl$_3$；^{13}C NMR：100 MHz；^{1}H NMR：400 MHz

化合物名称：8-*O*-linoleoyl-14-benzoylaconine

分子式：C$_{50}$H$_{75}$NO$_{11}$　　　　　　　　分子量（*M*+1）：866

植物来源：*Aconitum ferox* Wall.

参考文献：Hanuman J B，Katz A. 1994. New lipo norditerpenoid alkaloids from root tubers of *Aconitum ferox*. Journal of Natural Products，57（1）：105-115.

8-*O*-linoleoyl-14-benzoylaconine 的 NMR 数据

位置	δ_C/ppm	δ_H/ppm（*J*/Hz）	位置	δ_C/ppm	δ_H/ppm（*J*/Hz）
1	82.44 d	3.08~3.14 m	19	47.06 t	2.31~2.37 m
2	33.59 t	1.93~2.13 m			2.77~2.94 m
		2.31~2.43 m	21	48.91 t	2.37~2.43 m
3	71.55 d	3.76~3.81 m			2.68~2.85 m
4	43.15 s		22	13.34 q	1.09 t（7）
5	46.54 d	2.07~2.15 m	1-OMe	55.91 q	3.26 s
6	83.54 d	4.02 d（6.7）	6-OMe	58.18 q	3.16 s
7	44.77 d	3.08~3.14 m	16-OMe	60.98 q	3.76 s
8	91.77 s		18-OMe	59.11 q	3.30 s
9	44.35 d	2.84~2.94 m	14-OCO	166.04 s	
10	41.03 d	2.07~2.15 m	1″	129.82 s	
11	50.14 s		2″, 6″	129.74 d	8.00~8.05 d
12	35.80 t	2.07~2.15 m	3″, 5″	128.66 d	7.41~7.49 m
		2.68~2.72 m	4″	133.28 d	7.53~7.62 m
13	74.09 s		8-OCO	175.16 s	
14	79.01 d	4.86 d（4.9）	1′	34.80 t	1.71~1.90 m
15	79.01 d	4.44 dd（5.3, 2.8）			0.96~1.04 m
			2′	24.18 t	1.22~1.35 m
16	90.09 d	3.34 d（5.4）	3′	29.01 t	1.22~1.35 m
17	61.27 d	2.80~2.94 m	4′	29.01 t	1.22~1.35 m
18	76.75 t	3.44 d（8.8）	5′	29.36 t	1.22~1.35 m
		3.61 d（8.8）	6′	28.88 t	1.22~1.35 m

位置	δ_C/ppm	δ_H/ppm（J/Hz）	位置	δ_C/ppm	δ_H/ppm（J/Hz）
7′	27.22 t	1.93~2.12 m	14′	28.01 t	1.25~1.35 m
8′	130.00 d	5.32~5.37 m	15′	31.56 t	1.25~1.35 m
9′	128.16 d	5.31~5.41 m	16′	22.60 t	1.25~1.35 m
10′	25.67 t	2.72~2.84 m			1.71~1.90 m
11′	127.90 d	5.32~5.37 m	17′	14.08 q	0.85~0.92 m
12′	130.31 d	5.31~5.41 m	13-OH		3.96 s
13′	27.22 t	1.93~2.12 m	15-OH		4.49 d（2.8）

注：溶剂 CDCl$_3$；^{13}C NMR：50 MHz；^{1}H NMR：200 MHz

化合物名称：8-*O*-methylcolumbianine

分子式：$C_{23}H_{37}NO_5$　　　　　　　**分子量**（$M+1$）：408

植物来源：*Consolida oliveriana* DC.

参考文献：Grandez M，Madinaveitia A，Gavin J A，et al. 2002. Alkaloids from *Consolida oliveriana*. Journal of Natural Products，65（4）：513-516.

8-*O*-methylcolumbianine 的 NMR 数据

位置	δ_C/ppm	δ_H/ppm（J/Hz）	位置	δ_C/ppm	δ_H/ppm（J/Hz）
1	72.1 d	3.75 t（3.5）	13	40.1 d	2.37（overlapped）
2	29.8 t	1.59 m	14	75.5 d	4.12 t（4.6）
		1.57 m	15	37.2 t	2.17 m
3	26.2 t	1.92 m			2.17 m
		1.92 m	16	82.9 d	3.38 t（8.9）
4	37.9 s		17	63.7 d	2.73 s
5	41.1 d	1.87 d（6.9）	18	68.4 t	3.48 d（10.5）
6	23.7 t	1.81 m			3.32 d（10.5）
		1.51 m	19	56.5 t	2.37 d（11.2）
7	39.1 d	2.44 d（7.6）			2.09 d（11.2）
8	78.9 s		21	48.4 t	2.55 m
9	45.3 d	2.11 t（5.7）			2.49 m
10	43.8 d	1.91 m	22	13.0 q	1.14 t
11	49.0 s		8-OMe	48.6 q	3.19 s
12	29.7 t	1.65 m	16-OMe	56.5 q	3.39 s
		2.04 ddd（14.1, 11.6, 7.7）			

注：溶剂 CDCl₃；¹³C NMR：125 MHz；¹H NMR：500 MHz

化合物名称：8-*O*-methylhypaconine

分子式：$C_{25}H_{41}NO_8$ 分子量（$M+1$）：484

植物来源：*Aconitum carmichaelii* Debx. 乌头

参考文献：Lee S Y，Shim S H，Kim J S，et al. 2007. Norditerpenoid and dianthramide glucoside alkaloids from cultivated *Aconitum* species from Korea. Archives of Pharmacal Research，30（6）：691-694.

8-*O*-methylhypaconine 的 NMR 数据

位置	δ_C/ppm	δ_H/ppm（J/Hz）	位置	δ_C/ppm	δ_H/ppm（J/Hz）
1	85.0 d	3.03 dd（6.3, 9.0）	14	78.2 d	3.84 d（4.8）
2	26.3 t		15	77.9 d	4.54 d（6.0）
3	34.6 t		16	93.3 d	3.18 br d（6.0）
4	39.1 s		17	62.7 d	2.87 br s
5	47.2 d	2.08 br d（6.6）	18	80.1 t	3.08 d（8.4）
6	83.2 d	4.05 dd（1.5, 6.6）			3.71 d（8.4）
7	41.5 d	2.83 br s	19	56.1 t	2.67 br s
8	83.0 s		21	42.7 q	2.43 br s
9	48.4 d	2.22 br s	1-OMe	56.6 q	3.27 s
10	41.5 d		6-OMe	58.7 q	3.34 s
11	50.3 s		8-OMe	50.1 q	3.41 s
12	37.3 t		16-OMe	62.0 q	3.67 s
13	76.5 s		18-OMe	59.0 q	3.31 s

注：溶剂 CDCl₃；¹³C NMR：75 MHz；¹H NMR：300 MHz

化合物名称：8-*O*-methylkarasamine

分子式：$C_{24}H_{39}NO_4$　　　　　　　　分子量（$M+1$）：406

植物来源：*Delphinium nuttallianum* Pritz.

参考文献：Bai Y L，Benn M，Majak W. 1989. New C₁₉-diterpenoid alkaloids from *Delphinium nuttallianum* Pritz. Heterocycles，29（6）：1017-1021.

8-*O*-methylkarasamine 的 NMR 数据

位置	δ_C/ppm	δ_H/ppm（*J*/Hz）	位置	δ_C/ppm	δ_H/ppm（*J*/Hz）
1	72.4 d		13	39.1 d	
2	29.5 t		14	84.4 d	
3	29.9 t		15	36.3 t	
4	32.7 s		16	83.7 d	
5	38.2 d		17	62.5 d	
6	24.4 t		18	27.7 q	
7	45.9 d		19	60.6 t	
8	78.4 s		21	48.2 t	
9	42.8 d		22	13.0 q	
10	44.0 d		8-OMe	48.2 q	
11	49.5 s		14-OMe	57.6 q	
12	30.9 t		16-OMe	56.4 q	

化合物名称：8-*O*-methylsachaconitine

分子式：C$_{24}$H$_{39}$NO$_4$ 分子量（*M*＋1）：406

植物来源：*Delphinium cardiopetalum* DC.

参考文献：Reina M，Madinaveitia A，De la Fuente G. 1997. Further norditerpenoid alkaloids from *Delphinium cardiopetalum*. Phytochemistry，45（8）：1707-1711.

8-*O*-methylsachaconitine 的 NMR 数据

位置	δ$_C$/ppm	δ$_H$/ppm（*J*/Hz）	位置	δ$_C$/ppm	δ$_H$/ppm（*J*/Hz）
1	86.3 d	3.06 dd（10.7, 6.7）	14	75.1 d	4.0 br q（5.9）
2	26.6 t		15	33.5 t	
3	37.8 t		16	82.3 d	3.38 br t（4.0）
4	34.5 s		17	62.4 d	2.96 br s
5	50.9 d	1.43 d（8.4）	18	26.4 q	0.78 s
6	24.1 t		19	56.7 t	
7	40.0 d		21	49.3 t	
8	78.0 s		22	13.6 q	1.06 t（7.0）
9	45.6 d		1-OMe	56.4 q	3.15 s
10	45.9 d		8-OMe	48.3 q	3.26 s
11	49.2 s		16-OMe	56.4 q	3.37 s
12	28.5 t		14-OH		3.66 d（7.2）
13	38.0 d				

注：溶剂 CDCl$_3$；^{13}C NMR：50 MHz；^{1}H NMR：400 MHz

化合物名称：8-*O*-methyltalatisamine

分子式：C$_{25}$H$_{41}$NO$_5$　　　　　　　　**分子量**（$M+1$）：436

植物来源：*Aconitum columbianum* Nutt.

参考文献：Boido V，Edwards O E，Handa K L，et al. 1984. Alkaloids of *Aconitum columbianum* Nutt. Canadian Journal of Chemistry，62（4）：778-784.

8-*O*-methyltalatisamine 的 NMR 数据

位置	δ_C/ppm	δ_H/ppm（J/Hz）	位置	δ_C/ppm	δ_H/ppm（J/Hz）
1	85.5 d		14	75.4 d	
2	26.5 t		15	33.7 t	
3	33.0 t		16	82.7 d	
4	38.8 s		17	62.5 d	
5	46.5 d		18	79.9 t	
6	24.2 t		19	53.6 t	
7	40.2 d		21	49.4 t	
8	78.3 s		22	13.7 q	1.05 t（7）
9	46.0 d		1-OMe	55.7 q	3.17 s
10	46.4 d		8-OMe	47.9 q	3.14 s
11	49.0 s		16-OMe	55.8 q	2.96 s
12	28.9 t		18-OMe	59.1 q	3.08 s
13	38.8 d				

注：溶剂 C$_6$D$_6$；^{13}C NMR：20 MHz；^{1}H NMR：80 MHz

化合物名称：8-*O*-methylveratroylpseudaconine

分子式：C$_{35}$H$_{51}$NO$_{11}$　　　　　　　　　分子量（*M* + 1）：662

植物来源：*Aconitun balfourii* Stapf

参考文献：Khetwal K S，Joshi B S，Desai H K，et al. 1992. Alkaloids of *Aconitum balfourii* Stapf. Heterocycles，34（3）：441-444.

8-*O*-methylveratroylpseudaconine 的 NMR 数据

位置	δ_C/ppm	δ_H/ppm（*J*/Hz）	位置	δ_C/ppm	δ_H/ppm（*J*/Hz）
1	83.7 d		19	48.8 t	
2	35.4 t		21	48.3 t	
3	71.4 d		22	12.8 q	
4	43.1 s		1-OMe	56.0 q	
5	48.1 d		6-OMe	58.7 q	
6	82.0 d		8-OMe	48.7 q	
7	45.6 d		16-OMe	58.9 q	
8	78.6 s		18-OMe	59.1 q	
9	45.3 d		14-OCO	166.1 s	
10	41.2 d		1′	122.9 s	
11	50.8 s		2′	112.1 d	
12	32.4 t		3′	148.4 s	
13	75.2 s		4′	152.8 s	
14	78.9 d		5′	110.2 d	
15	36.9 t		6′	123.8 d	
16	82.7 d		3′-OMe	55.8 q	
17	61.7 d		4′-OMe	55.8 q	
18	76.9 t				

注：溶剂 CDCl$_3$；^{13}C NMR：90 MHz

化合物名称：8β, 14α-dibenzoyloxy-N-ethyl-13β, 15α-dihydroxy-1α, 6α, 16β, 18-tetramethoxyaconitane

分子式：$C_{39}H_{49}NO_{12}$　　　　　　分子量（$M+1$）：724

植物来源：*Aconitum carmichaelii* Debx. 乌头

参考文献：Zong X X，Yan G，Wu J L, et al. 2017. New C₁₉-diterpenoid alkaloids from the parent roots of *Aconitum carmichaelii*. Tetrahedron Letters，58（16）：1622-1626.

8β, 14α-dibenzoyloxy-N-ethyl-13β, 15α-dihydroxy-1α, 6α, 16β, 18-tetramethoxyaconitane 的 NMR 数据

位置	δ_C/ppm	δ_H/ppm（J/Hz）	位置	δ_C/ppm	δ_H/ppm（J/Hz）
1	77.1 d	3.77 m	18		3.43 d（9.0）
2	32.8 t	2.44 m	19	49.6 t	2.99 d（10.8）
		1.85 m			2.52 m
3	71.6 d	3.89 m	21	47.7 t	2.86 m
4	42.8 s				2.50 m
5	42.2 d	2.49 m	22	13.1 q	1.11 t（7.2）
6	83.2 d	4.16 br d（6.0）	1-OMe	55.6 q	3.33 s
7	44.4 d	3.07 m	6-OMe	58.4 q	3.29 s
8	89.9 s		16-OMe	61.3 q	3.78 s
9	53.8 d	3.09 m	18-OMe	59.1 q	3.29 s
10	78.9 s		8-OCO	166.5 s	
11	55.7 s		1′	129.2 s	
12	46.5 t	3.15 m	2′, 6′	129.6 d	7.85 d（7.8）
		2.16 dd（15.6, 1.2）	3′, 5′	128.2 d	7.23 t（7.8）
13	74.8 s		4′	133.3 d	7.34 d（7.8）
14	78.4 d	5.44 d（4.8）	14-OCO	167.3 s	
15	79.6 d	4.68 dd（5.4, 3.0）	1″	129.1 s	
16	89.4 d	3.37 d（5.4）	2″, 6″	129.4 d	7.73 d（7.8）
17	61.6 d	3.08 m	3″, 5″	128.2 d	7.14 t（7.8）
18	77.0 t	3.62 d（9.0）	4″	133.0 d	7.29 t（7.8）

注：溶剂 CDCl₃；¹³C NMR：150 MHz；¹H NMR：600 MHz

化合物名称：9-hydroxysenbushine A

分子式：$C_{23}H_{37}NO_7$　　　　　　　　**分子量（$M+1$）**：440

植物来源：*Aconitum balfourii* Stapf

参考文献：Khetwal K S，Pande S. 2004. Constitutens of high altitude Himalayan herbs part XV：a new norditerpenoid alkaloid from the roots of *Aconitum balfourii*. Natural Product Research，18（2）：129-133.

9-hydroxysenbushine A 的 NMR 数据

位置	δ_C/ppm	δ_H/ppm（J/Hz）	位置	δ_C/ppm	δ_H/ppm（J/Hz）
1	72.2 d		13	41.6 d	
2	26.1 t		14	75.8 d	4.11 d（5）
3	32.8 t		15	43.2 t	
4	37.2 s		16	81.7 d	
5	45.1 d		17	64.0 d	
6	74.0 d	4.22 d（6.4）	18	80.4 t	
7	46.7 d		19	52.4 t	
8	81.4 s		21	48.5 t	
9	78.8 s		22	13.1 q	
10	45.6 d		16-OMe	56.5 q	3.32 s
11	50.5 s		18-OMe	59.4 q	3.34 s
12	30.1 t				

注：溶剂 CDCl₃；¹³C NMR：75 MHz；¹H NMR：300 MHz。根据生源推测，C(9)—OH 可能为 β 构型

化合物名称：10-hydroxy-8-*O*-methyltalatizamine

分子式：C$_{25}$H$_{41}$NO$_6$　　　　　　**分子量**（$M+1$）：452

植物来源：*Aconitum anthora* L.

参考文献：Forgo P，Borcsa B，Csupor D，et al. 2011. Diterpene alkaloids from *Aconitum anthora* and assessment of the hERG-inhibiting ability of *Aconitum* alkaloids. Planta Medica，77（4）：368-373.

10-hydroxy-8-*O*-methyltalatizamine 的 NMR 数据

位置	δ_C/ppm	δ_H/ppm（J/Hz）	位置	δ_C/ppm	δ_H/ppm（J/Hz）
1	78.6 d	3.75 t（4.8）	14	73.3 d	4.59 t（4.5）
2	26.0 t	2.28 ddd（4.8, 10.2, 19.5）	15	35.3 t	2.19 dd（15.7, 9.0）
		2.04 m			2.10 dd（15.7, 4.5）
3	32.4 t	1.75 m	16	81.8 d	3.33 dd（8.9, 4.5）
		1.42 ddd（5.0, 10.8, 15.0）	17	63.3 d	2.87 s
4	38.4 s		18	79.5 t	3.13 d（9.0）
5	42.1 d	1.84 s			3.01 d（9.0）
6	24.1 t	1.82 dd（18.8, 7.7）	19	52.9 t	2.54 d（11.5）
		1.47 m			2.02 d（11.6）
7	39.4 d	2.41 d（7.4）	21	49.4 t	2.50 m
8	77.0 s				2.41 dq（19.4, 7.4）
9	55.5 d	1.99 d（7.4）	22	13.6 q	1.08 t（7.4）
10	81.1 s		1-OMe	56.0 q	3.28 s
11	54.8 s		8-OMe	48.2 q	3.14 s
12	39.1 t	2.66 d（16.1）	16-OMe	56.4 q	3.37 s
		1.71 dd（16.1, 8.2）	18-OMe	59.5 q	3.31 s
13	38.6 d	2.50 m			

注：溶剂 CDCl$_3$；^{13}C NMR：125 MHz；^{1}H NMR：500 MHz

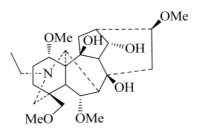

化合物名称：10-hydroxychasmanine

分子式：$C_{25}H_{41}NO_7$　　　　　　　分子量（$M+1$）：468

植物来源：*Aconitum japonicum* subsp. *subcuneatum* (Nakai) Kadota

参考文献：Yamashita H，Miyao M，Hiramori K，et al. 2020. Cytotoxic diterpenoid alkaloid from *Aconitum japonicum* subsp. *subcuneatum*. Journal of Natural Medicines，74（1）：83-89.

10-hydroxychasmanine 的 NMR 数据

位置	δ_C/ppm	δ_H/ppm（J/Hz）	位置	δ_C/ppm	δ_H/ppm（J/Hz）
1	78.9 d	3.65 m	14	74.2 d	4.70 t（5.5）
2	25.8 t	2.34 m	15	40.1 t	2.45 d（18.6）
		1.97 m			2.09 d（18.6）
3	35.0 t	1.65 m	16	81.5 d	3.38 d（9.6）
		1.52 m	17	63.4 d	2.98 s
4	39.3 s		18	80.7 t	3.76 d（8.9）
5	46.3 d	2.21 d（6.8）			3.29 d（8.9）
6	82.4 d	4.15 d（6.8）	19	53.7 t	2.65 d（9.6）
7	52.2 d	2.05 s			2.51 d（9.6）
8	71.2 s		21	49.3 t	2.53 m
9	58.0 d	2.05 s			2.45 m
10	81.7 s		22	13.7 q	1.08 t（7.5）
11	55.6 s		1-OMe	55.9 q	3.25 s
12	38.5 t	2.58 d（16.5）	6-OMe	57.6 q	3.31 s
		1.71 dd（16.5, 8.3）	16-OMe	56.4 q	3.34 s
13	38.3 d	2.45 d（8.3）	18-OMe	59.2 q	3.31 s

注：溶剂 CDCl₃

化合物名称：10-hydroxyisotalatizidine/jadwarine-A

分子式：$C_{23}H_{37}NO_6$　　　　　　　　**分子量**（$M+1$）：424

植物来源：*Aconitum sanyoense* Nakai. var. *tonense* Nakai，*Delphinium denudatum* Wall.

参考文献：Takayama H，Hitotsuyanagi Y，Yamaguchi K，et al. 1992. On the alkaloidal constituents of *Aconitum sanyoense* Nakai var. *tonense* Nakai. Chemical & Pharmaceutical Bulletin，40（11）：2927-2931.

Ahmad H，Ahmad S，Ali M，et al. 2018. Norditerpenoid alkaloids of *Delphinium denudatum* as cholinesterase inhibitors. Bioorganic Chemistry，78：427-435.

10-hydroxyisotalatizidine/jadwarine-A 的 NMR 数据（Takayama H et al.，1992）

位置	δ_C/ppm	δ_H/ppm （J/Hz）	位置	δ_C/ppm	δ_H/ppm （J/Hz）
1	69.2 d	4.07 br s	13	37.5 d	
2	30.8 t		14	74.3 d	4.67 t （5.0）
3	26.6 t		15	43.4 t	
4	36.9 s		16	81.3 d	
5	40.5 d		17	64.8 d	
6	25.0 t		18	78.9 t	
7	44.7 d		19	56.6 t	
8	73.4 s		21	48.5 t	
9	56.1 d		22	13.0 q	1.13 t （7.0）
10	82.3 s		16-OMe	56.3 q	3.34 s
11	53.3 s		18-OMe	59.4 q	3.33 s
12	39.1 t				

注：溶剂 CDCl₃；¹³C NMR：125 MHz；¹H NMR：500 MHz

10-hydroxyisotalatizidine/jadwarine-A 的 NMR 数据（Ahmad H et al.，2018）

位置	δ_C/ppm	δ_H/ppm（J/Hz）	位置	δ_C/ppm	δ_H/ppm（J/Hz）
1	68.7 d	3.89 br s	13	39.3 d	2.3 m
2	28.9 t	1.91 m（2H）	14	75.8 d	4.29 t（4.8）
3	27.1 t	1.22 m（2H）	15	44.6 t	
4	41.4 s		16	82.2 d	3.17 t（6.5）
5	38.5 d	1.09 m	17	63.9 d	2.59 s
6	24.7 t	1.6 s（2H）	18	79.4 t	3.05～3.13 dd（8.0, 8.0）（2H）
7	46.7 d	2.28 t（5.94）	19	53.2 t	
8	73.8 s		21	49.0 t	
9	41.6 d	2.05 d（8.16）	22	13.5 q	1.07 t（7.14）
10	77.1 s		16/18-OMe	59.5 q	3.68 s
11	49.4 s			56.3 q	3.33 s
12	30.5 t	1.7 m（2H）			

注：溶剂 CDCl₃；¹³C NMR：150 MHz；¹H NMR：600 MHz

化合物名称：10-hydroxyneoline

分子式：C$_{24}$H$_{39}$NO$_7$　　　　　　　　　分子量（$M+1$）：454

植物来源：*Aconitum fukutomei* Hay.

参考文献：Takayama H，Yokota M，Aimi N，et al. 1990. Two new diterpene alkaloids，10-hydroxyneoline and 14-*O*-acetyl-10-hydroxyneoline，from *Aconitum fukutomei*. Journal of Natural Products，53（4）：936-939.

10-hydroxyneoline 的 NMR 数据

位置	δ_C/ppm	δ_H/ppm（J/Hz）	位置	δ_C/ppm	δ_H/ppm（J/Hz）
1	69.4 d	4.02 br s	15	43.7 t	2.35 dd（9.1, 15.7）
2	30.9 t				2.10 dd（6.1, 15.7）
3	29.4 t		16	81.2 d	
4	37.9 s		17	64.2 d	2.53 br s
5	41.0 d	2.42 d（6.1）	18	80.2 t	3.68 d（8.0）
6	82.7 d	4.14 d（6.4）			3.26 d（8.0）
7	51.8 d	2.02 br s	19	57.0 t	2.72 d（10.5）
8	72.6 s				2.32 d（10.5）
9	57.8 d	2.06 d（5.2）	21	48.4 t	
10	82.6 s		22	13.0 q	1.13 t（7.2）
11	54.2 s		6-OMe	58.0 q	3.35 s
12	40.1 t	2.30 d（15.1）	16-OMe	56.3 q	3.34 s
13	41.0 d		18-OMe	59.2 q	3.33 s
14	74.5 d	4.66 dd（5.2, 5.2）	1-OH		7.51 br d（8.8）

注：溶剂 CDCl$_3$；^{13}C NMR：125 MHz；^{1}H NMR：500 MHz

化合物名称：10-hydroxyperegrine

分子式：C$_{26}$H$_{41}$NO$_7$ 分子量（$M+1$）：480

植物来源：*Delphinium munzianum* P. H. Davis & Kit Tan

参考文献：De la Fuente G，Mericli A H，Ruiz-Mesia L，et al. 1995. Norditerpenoid alkaloids of *Delphinium munzianum*. Phytochemistry，39（6）：1467-1473.

10-hydroxyperegrine 的 NMR 数据

位置	δ_C/ppm	δ_H/ppm （J/Hz）	位置	δ_C/ppm	δ_H/ppm （J/Hz）
1	77.8 d	3.71 d （9.6, 7.4）	14	73.5 d	4.55 t （4.8）
2	26.4 t		15	35.4 t	
3	36.6 t		16	81.9 d	3.31 m
4	34.1 s		17	64.4 d	3.01 s
5	52.1 d	1.69 br s	18	25.9 q	0.86 s
6	73.4 d	5.31 d （7.3）	19	57.3 t	2.62 d （11.8）
7	41.8 d	2.72 d （7.4）	21	49.2 t	
8	77.9 s		22	13.4 q	1.06 t （7.1）
9	54.4 d	2.82 d （5）	1-OMe	55.7 q	3.26 s
10	81.4 s		8-OMe	48.2 q	3.08 s
11	53.7 s		16-OMe	56.4 q	3.35 s
12	39.5 t	1.74 dd （15.7, 7.4）	6-OAc	170.9 s	
		2.96 d （15.8）		21.7 q	2.05 s
13	39.1 d				

注：溶剂 CDCl$_3$；^{13}C NMR：100 MHz；^{1}H NMR：400 MHz

化合物名称：10-hydroxytalatizamine

分子式：$C_{24}H_{39}NO_6$　　　　　　　　**分子量**（$M+1$）：438

植物来源：*Aconitum sanyoense* Nakai var. *tonese* Nakai

参考文献：Takayama H，Hitotsuyanagi Y，Yamaguchi K，et al. 1992. On the alkaloidal constituents of Aconitum sanyoense Nakai var. tonense Nakai. Chemical & Pharmaceutical Bulletin，40（11）：2927-2931.

10-hydroxytalatizamine 的 NMR 数据

位置	δ_C/ppm	δ_H/ppm（J/Hz）	位置	δ_C/ppm	δ_H/ppm（J/Hz）
1	78.5 d	3.76 dd（10.2, 6.6）	13	37.7 d	
2	25.7 t		14	74.1 d	4.72 t（5.1）
3	32.5 t		15	39.5 t	
4	38.5 s		16	81.7 d	
5	42.0 d		17	63.9 d	
6	25.4 t		18	79.4 t	
7	45.2 d		19	52.9 t	
8	72.1 s		21	49.5 t	
9	56.0 d		22	13.7 q	1.07 t（7.1）
10	81.1 s		1-OMe	56.0 q	3.27 s
11	54.0 s		16-OMe	56.4 q	3.30 s
12	37.6 t		18-OMe	59.5 q	3.35 s

注：溶剂 CDCl₃

化合物名称：12β-hydroxykarasamine

分子式：C$_{23}$H$_{37}$NO$_5$　　　　　　　　分子量（$M+1$）：408

植物来源：*Delphinium nuttallianum* Pritz.

参考文献：Bai Y L，Sun F，Benn M，et al. 1994. Diterpenoid and norditerpenoid alkaloids from *Delphinium nuttallianum*. Phytochemistry，37（6）：1717-1724.

12β-hydroxykarasamine 的 NMR 数据

位置	δ_C/ppm	δ_H/ppm（J/Hz）	位置	δ_C/ppm	δ_H/ppm（J/Hz）
1	71.6 d	4.07 br s	13	47.6 d	2.35 m
2	29.7 t	1.72 m（2H）	14	82.8 d	4.13 t（4.7）
3	31.8 t	1.72 m	15	43.2 t	2.26 dd（8.4，14.8）
		1.50 m			2.04 dd（8.4，14.8）
4	33.1 s		16	79.1 d	3.32 t（8.6）
5	46.4 d	1.60 m	17	63.9 d	2.65 br s
6	25.3 t	1.60 m	18	27.4 q	0.89 s
		1.90 m	19	59.9 t	2.35 m
7	44.8 d	2.08 m			2.08 m
8	74.0 s		21	48.5 t	2.50 m（2H）
9	46.0 d	2.35 m	22	12.8 q	1.13 t（7.2）
10	55.4 d	1.72 m	14-OMe	57.7 q	3.43 s
11	48.3 s		16-OMe	56.3 q	3.36 s
12	76.7 d	4.24 d（2.9）			

注：溶剂 CDCl$_3$；^{13}C NMR：100 MHz；^{1}H NMR：400 MHz

化合物名称：12β-hydroxykarasamine 8-O-acetate

分子式：C$_{25}$H$_{39}$NO$_6$　　　　　　　　分子量（$M+1$）：450

植物来源：*Delphinium nuttallianum* Pritz.

参考文献：Bai Y L，Sun F，Benn M，et al. 1994. Diterpenoid and norditerpenoid alkaloids from *Delphinium nuttallianum*. Phytochemistry，37（6）：1717-1724.

12β-hydroxykarasamine 8-O-acetate 的 NMR 数据

位置	δ_C/ppm	δ_H/ppm（J/Hz）	位置	δ_C/ppm	δ_H/ppm（J/Hz）
1	71.1 d	4.16 br s	14	81.7 d	4.05 t（4.5）
2	29.5 t	1.67～1.72 m	15	38.7 t	2.25～2.23 m
3	31.3 t	1.73～1.82 m			2.80 dd（8.3, 14.9）
		1.49～1.57 m	16	79.3 d	3.32 t（8.5）
4	32.9 s		17	63.6 d	2.66 br s
5	46.1 d	1.67～1.72 m	18	27.4 q	0.88 s
6	25.1 t	1.49～1.57 m	19	60.0 t	2.25～2.35 m
		1.73～1.82 m			2.06 t（11.1）
7	40.5 d	3.19 d（4.7）	21	48.4 t	2.06 d（11.1）
8	85.2 s				2.50～2.64 m
9	41.3 d	2.50～2.64 m	22	12.7 q	1.14 t（7.2）
10	54.9 d	1.73～1.82 m	14-OMe	57.6 q	3.44 s
11	48.3 s		16-OMe	56.8 q	3.37 s
12	75.8 d	4.23 d（2.7）	8-OAc	169.8 s	
13	50.3 d	2.25～2.35 m		22.4 q	1.98 s

注：溶剂 CDCl$_3$；^{13}C NMR：100 MHz；^{1}H NMR：400 MHz

化合物名称：13, 15-dideoxyaconitine/hemsleyanaine

分子式：C$_{34}$H$_{47}$NO$_9$　　　　　　　　　　**分子量**（M＋1）：614

植物来源：*Aconitum sungpanense* Hand.-Mazz. 松潘乌头，*Aconitum hemsleyanum* Pritz. 瓜叶乌头

参考文献：Li H G，Li G Y. 1988. Studies on the diterpenoid alkaloids from *Aconitum sungpanense* Hand-Mazz. Acta Pharmaceutica Sinca，23（6）：460-463.

丁立生，陈瑛，王明奎，等. 1994. 瓜叶乌头的二萜生物碱. 植物学报，36（11）：901-904.

13, 15-dideoxyaconitine/hemsleyanaine 的 NMR 数据（Li H G and Li G Y，1988）

位置	δ_C/ppm	δ_H/ppm（J/Hz）	位置	δ_C/ppm	δ_H/ppm（J/Hz）
1	82.77 d		18	76.85 t	3.62 ABq（8.8）
2	33.39 t				3.47 ABq（8.8）
3	71.43 d	3.86 dd（6.0）	19	48.89 t	
4	43.25 s		21	47.69 t	
5	46.93 d		22	13.12 q	1.12 t（7.2）
6	82.27 d	4.20 d（6.0）	8-OAc	169.42 s	
7	48.67 d			21.57 q	1.41 s
8	85.74 s		1-OMe	55.50 q	3.25 s
9	44.88 d		6-OMe	57.77 q	3.32 s
10	39.02 d		16-OMe	56.47 q	3.46 s
11	50.51 s		18-OMe	59.08 q	3.36 s
12	28.40 t		14-OCO	166.06 s	
13	43.68 d		1′	129.35 s	
14	75.66 d	5.14 t（4.5）	2′, 6′	130.62 d	8.04 d（7.2）
15	38.05 t		3′, 5′	128.45 d	7.36 t（7.6）
16	83.68 d		4′	132.89 d	7.53 t（7.2）
17	61.35 d				

注：溶剂 CDCl$_3$

13, 15-dideoxyaconitine/hemsleyanaine 的 NMR 数据（丁立生等，1994）

位置	δ_C/ppm	δ_H/ppm（J/Hz）	位置	δ_C/ppm	δ_H/ppm（J/Hz）
1	83.5 d		17	61.4 d	
2	33.4 t		18	77.3 t	
3	71.9 d		19	47.6 t	
4	43.2 s		21	48.8 t	
5	48.7 d		22	13.3 q	1.10 t（7）
6	82.7 d		1-OMe	55.6 q	
7	44.8 d		6-OMe	57.9 q	
8	85.9 s		16-OMe	56.7 q	
9	47.0 d		18-OMe	59.1 q	
10	43.6 d		8-OAc	169.7 s	
11	50.5 s			21.6 q	1.39 s
12	28.3 t		14-OCO	166.2 s	
13	39.1 d		1′	130.3 s	
14	75.6 d	5.08 t（5）	2′, 6′	129.7 d	
15	38.1 t		3′, 5′	128.5 d	7.40～8.10 m
16	82.4 d		4′	133.0 d	

注：溶剂 CDCl₃；¹³C NMR：75 MHz；¹H NMR：300 MHz

化合物名称：13-deoxyludaconitine

分子式：C₃₂H₄₅NO₈　　　　　　　　**分子量**（*M* + 1）：572

植物来源：*Aconitum hemsleyanum* Pritz. var. *pengzhouense*

参考文献：Peng C S，Wang F P，Jian X X. 2000. New norditerpenoid alkaloids from *Aconitum hemsleyanum* var. *pengzhouense*. Journal of Asian Natural Products Research，2（4）：245-249.

13-deoxyludaconitine 的 NMR 数据

位置	δ_C/ppm	δ_H/ppm（*J*/Hz）	位置	δ_C/ppm	δ_H/ppm（*J*/Hz）
1	82.4 d		16	81.7 d	
2	33.0 t		17	62.2 d	
3	71.2 d		18	77.1 t	
4	43.1 s		19	48.6 t	
5	45.8 d		21	48.9 t	
6	81.7 d		22	12.5 q	1.16 t（6.6）
7	53.4 d		1-OMe	56.0 q	3.30 s
8	73.9 s		6-OMe	57.8 q	3.30 s
9	45.8 d		16-OMe	55.5 q	3.34 s
10	37.1 d		18-OMe	59.1 q	3.22 s
11	50.4 s		14-OCO	166.2 s	
12	28.4 t		1′	130.9 s	
13	44.5 d		2′, 6′	129.5 d	
14	76.5 d	5.15 t（4.8）	3′, 5′	128.4 d	7.39～8.05 m
15	41.4 t		4′	132.8 d	

注：溶剂 CDCl₃；¹³C NMR：50 MHz；¹H NMR：200 MHz

化合物名称：14α-benzoyloxy-*N*-ethyl-15α-hydroxy-1α, 8β, 16β, 18-tetramethoxy-aconitane

分子式：C₃₂H₄₅NO₇　　　　　　　　　**分子量**（*M*＋1）：556

植物来源：*Aconitum carmichaelii* Debx. 乌头

参考文献：Zong X X，Yan X J，Wu J L，et al. 2019. Potentially cardiotoxic diterpenoid alkaloids from the roots of *Aconitum carmichaelii*. Journal of Natural Products，82（4）：980-989.

14α-benzoyloxy-*N*-ethyl-15α-hydroxy-1α, 8β, 16β, 18-tetramethoxyaconitane 的 NMR 数据

位置	δ_C/ppm	δ_H/ppm（*J*/Hz）	位置	δ_C/ppm	δ_H/ppm（*J*/Hz）
1	85.8 d	3.16 m	16	93.0 d	3.14 m
2	26.5 t	2.33 m	17	61.9 d	3.00 s
		2.04 m	18	79.9 t	3.14 m
3	32.7 t	1.83 m			3.06 d（7.2）
		1.47 m	19	53.0 t	2.57 d（11.4）
4	38.4 s				2.02 m
5	45.8 d	1.63 d（7.2）	21	49.4 t	2.66 m
6	23.6 t	1.89 m			2.41 m
		1.44 m	22	13.5 q	1.09 t（7.2）
7	33.3 d	2.92 d（7.8）	1-OMe	56.2 q	3.33 s
8	81.4 s		8-OMe	49.5 q	3.19 s
9	37.1 d	2.54 m	16-OMe	56.9 q	3.43 s
10	45.2 d	2.01 m	18-OMe	59.4 q	3.32 s
11	49.0 s		14-OCO	166.2 s	
12	29.6 t	2.62 m	1′	129.9 s	
		2.04 m	2′, 6′	129.7 d	8.05 d（7.8）
13	37.1 d	2.54 m	3′, 5′	128.4 d	7.46 t（7.8）
14	76.2 d	4.98 dd（4.8, 4.2）	4′	133.8 d	7.58 m
15	76.3 d	4.41 d（6.6）			

注：溶剂 CDCl₃；¹³C NMR：150 MHz；¹H NMR：600 MHz

化合物名称：14α-benzoyloxy-N-ethyl-13β, 15α-dihydroxy-1α, 8β, 16β, 18-tetrame-thoxyaconitane

分子式：$C_{32}H_{45}NO_8$　　　　　　　　　**分子量（M + 1）**：572

植物来源：*Aconitum carmichaelii* Debx. 乌头

参考文献：Zong X X，Yan X J，Wu J L，et al. 2019. Potentially cardiotoxic diterpenoid alkaloids from the roots of *Aconitum carmichaelii*. Journal of Natural Products，82（4）：980-989.

14α-benzoyloxy-N-ethyl-13β, 15α-dihydroxy-1α, 8β, 16β, 18-tetramethoxyaconitane 的 NMR 数据

位置	δ_C/ppm	δ_H/ppm（J/Hz）	位置	δ_C/ppm	δ_H/ppm（J/Hz）
1	85.7 d	3.12 m	18	79.8 t	3.06 d（7.2）
2	26.5 t	2.30 m 1.99 m			3.03 m
3	32.7 t	1.79 m 1.43 m	19	53.0 t	2.55 d（11.4）
4	38.5 s				2.01 m
5	45.7 d	1.60 d（7.8）	21	49.5 t	2.64 m
6	23.7 t	1.78 m 1.42 m			2.40 m
7	33.6 d	2.80 m	22	13.7 q	1.08 t（7.2）
8	81.9 s		1-OMe	56.5 q	3.30 s
9	43.9 d	2.63 m	8-OMe	49.1 q	2.99 s
10	41.9 d	2.10 m	16-OMe	62.3 q	3.72 s
11	49.7 s		18-OMe	59.6 q	3.28 s
12	36.7 t	2.82 m 2.08 m	14-OCO	166.6 s	
13	75.3 s		1′	130.6 s	
14	79.9 d	4.82 d（5.4）	2′, 6′	129.9 d	8.03 d（7.8）
15	79.0 d	4.49 d（6.0）	3′, 5′	128.4 d	7.43 t（7.8）
16	94.1 d	3.25 d（6.0）	4′	132.8 d	7.52 m
17	62.4 d	3.02 m			

注：溶剂 CDCl₃；¹³C NMR：150 MHz；¹H NMR：600 MHz

化合物名称：14-acetoxy-8-*O*-methylsachaconitine

分子式：$C_{26}H_{41}NO_5$　　　　　　　**分子量**（$M+1$）：448

植物来源：*Aconitum forrestii* Stapf 丽江乌头

参考文献：Xu J J，Zhao D K，Ai H L，et al. 2013. Three new C₁₉-diterpenoid alkaloids from *Aconitum forrestii*. Helvetica Chimica Acta，96（11）：2155-2159.

14-acetoxy-8-*O*-methylsachaconitine 的 NMR 数据

位置	δ_C/ppm	δ_H/ppm（J/Hz）	位置	δ_C/ppm	δ_H/ppm（J/Hz）
1	85.8 d	3.10 dd（10.2, 6.8）	14	75.8 d	4.73 t（4.8）
2	26.8 t	1.32~1.35 m	15	35.4 t	2.04~2.11 m
		1.89~1.95 m			2.45~2.52 m
3	37.4 t	1.22~1.28 m	16	83.3 d	3.28~3.33 m
		1.82~1.87 m	17	61.4 d	3.01 br s
4	34.3 s		18	26.5 q	0.76 s
5	50.1 d	1.98 d（7.8）	19	56.8 t	1.98 d（11.2）
6	24.4 t	1.97~2.04 m			2.46 d（11.2）
		2.36~2.40 m	21	50.4 t	2.40~2.45 m
7	39.8 d	1.52 d（7.2）			2.64~2.69 m
8	77.8 s		22	13.4 q	1.06 t（7.0）
9	43.1 d	1.96~2.01 m	1-OMe	56.3 q	3.27 s
10	45.1 d	3.27~3.33 m	8-OMe	48.1 q	3.12 s
11	51.0 s		16-OMe	56.3 q	3.33 s
12	29.0 t	1.86~1.91 m	14-OAc	171.6 s	
		2.40~2.46 m		21.4 q	1.98 s
13	38.0 d	2.38~2.43 m			

注：溶剂 CDCl₃；¹³C NMR：100 MHz；¹H NMR：400 MHz

化合物名称：14-acetoxyscaconine

分子式：$C_{25}H_{39}NO_6$　　　　　　　　　　**分子量**（$M+1$）：450

植物来源：*Aconitum forrestii* Stapf 丽江乌头

参考文献：Xu J J，Zhao D K，Ai H L，et al. 2013. Three new C₁₉-diterpenoid alkaloids from *Aconitum forrestii*. Helvetica Chimica Acta，96（11）：2155-2159.

14-acetoxyscaconine 的 NMR 数据

位置	δ_C/ppm	δ_H/ppm（J/Hz）	位置	δ_C/ppm	δ_H/ppm（J/Hz）
1	86.0 d	3.07 dd (10.0, 6.5)	14	75.5 d	4.82 t (4.7)
2	25.6 t	1.38 dd (12.4, 6.5)	15	38.2 t	2.03~2.08 m
		1.79~1.85 m			3.00~3.06 m
3	32.4 t	1.25~1.32 m	16	82.1 d	3.30~3.35 m
		1.61~1.66 m	17	62.7 d	2.93 br s
4	37.4 s		18	70.0 t	3.76 t (9.6)
5	45.9 d	2.50~2.54 m			4.11 t (9.6)
6	24.8 t	2.03~2.09 m	19	52.6 t	1.86 d (11.0)
		2.39~2.45 m			2.37 d (11.0)
7	45.7 d	1.43 d (7.3)	21	49.4 t	2.38~2.44 m
8	72.7 s				2.51~2.56 m
9	46.8 d	1.78~1.83 m	22	13.6 q	1.07 t (7.1)
10	46.0 d	3.39~3.42 m	1-OMe	56.4 q	3.25 s
11	48.7 s		16-OMe	56.5 q	3.32 s
12	27.6 t	1.95~2.00 m	14-OAc	171.2 s	
		2.39~2.45 m		20.9 q	2.04 s
13	37.6 d	2.51~2.56 m			

注：溶剂 CDCl₃；¹³C NMR：100 MHz；¹H NMR：400 MHz

化合物名称：14-acetylchasmanine

分子式：$C_{27}H_{43}NO_7$　　　　　　　　　分子量（$M+1$）：494

植物来源：*Delphinium uncinatum*

参考文献：Kolak U S，Ulusoylu M. 1998. Constituents of *Delphinium uncinatum*. Scientia Pharmaceutica，66（4）：381-385.

14-acetylchasmanine 的 NMR 数据

位置	δ_C/ppm	δ_H/ppm （J/Hz）	位置	δ_C/ppm	δ_H/ppm （J/Hz）
1	86.3 d	3.10 d	16	82.2 d	3.20 dd
2	25.8 t		17	61.7 d	3.08 s
3	36.0 t	1.50 m	18	80.5 t	3.05 d
4	39.5 s				2.96 d
5	48.2 d		19	53.7 t	3.00 d
6	82.9 d	4.06 dd			2.95 d
7	52.0 d		21	48.8 t	
8	72.6 s		22	13.6 q	1.05 t
9	50.4 d		1-OMe	56.9 q	3.38 s
10	38.8 d		6-OMe	57.0 q	3.35 s
11	50.7 s		16-OMe	56.5 q	3.28 s
12	28.3 t		18-OMe	58.8 q	3.24 s
13	44.9 d		14-OAc	170.5 s	
14	77.2 d	4.86 t		21.3 q	2.07 s
15	39.5 t		8-OH		3.84 s

注：溶剂 CDCl₃；¹³C NMR：50 MHz；¹H NMR：200 MHz

化合物名称：14-acetylgenicunine B

分子式：C$_{25}$H$_{39}$NO$_6$　　　　　　　　　　**分子量**（$M+1$）：450

植物来源：*Aconitum variegatum* L.

参考文献：Diaz J G，Ruiza J G，Herz W. 2005. Norditerpene and diterpene alkaloids from *Aconitum variegatum*. Phytochemistry，66（7）：837-846.

14-acetylgenicunine B 的 NMR 数据

位置	δ_C/ppm	δ_H/ppm（J/Hz）	位置	δ_C/ppm	δ_H/ppm（J/Hz）
1	78.8 d	3.74 dd（10.3, 6.9）	13	35.4 d	2.78 br dd（8, 5）
2	26.4 t	2.35 m	14	76.2 d	5.32 t（5）
		1.98 m	15	42.0 t	2.41 dd（16.5, 9.5）
3	37.4 t	1.60 m			1.91 dd（16.5, 4.5）
		1.22 dddd（14.5, 13.5, 4.5, 2.5）	16	81.2 d	3.17 dd（9.5, 4.5）
4	34.3 s		17	62.6 d	2.85 br s
5	46.5 d	1.63 d（6.5）	18	26.4 q	0.80 s
6	25.8 t	1.89 dd（15.6, 6.5）	19	56.7 t	2.50 d（11.1）
		1.56 dd（15.6, 8）			2.04 br d（11）
7	45.5 d	2.08 d（8）	21	49.3 t	2.48 m
8	72.8 s				2.41 m
9	55.0 d	2.18 d（5）	22	13.5 q	1.06 t（7.1）
10	80.7 s		1-OMe	55.9 q	3.28 s
11	54.3 s		16-OMe	56.1 q	3.22 s
12	39.4 t	2.71 d（16）	14-OAc	170.7 s	
		1.74 dd（16, 8）		21.5 q	2.05 s

注：溶剂 CDCl$_3$；^{13}C NMR：125 MHz；^{1}H NMR：400 MHz

化合物名称：14-acetylkaracoline

分子式：$C_{24}H_{37}NO_5$　　　　　　　分子量（$M+1$）：420

植物来源：*Delphinium confusum*

参考文献：Vaisov Z M，Yunusov M S. 1986. 14-acetylkaracoline，a new alkaloid from *Delphinium confusum*. Chemistry of Natural Compounds，22（6）：744-745.

14-acetylkaracoline 的 NMR 数据

位置	δ_C/ppm	δ_H/ppm（J/Hz）	位置	δ_C/ppm	δ_H/ppm（J/Hz）
1	72.2 d		13	44.7 d	
2	30.9 t		14	76.7 d	
3	29.1 t		15	42.6 t	
4	32.8 s		16	82.0 d	
5	43.3 d		17	63.1 d	
6	29.5 t		18	26.6 q	
7	45.5 d		19	60.2 t	
8	74.8 s		21	48.5 t	
9	46.2 d		22	13.8 q	
10	50.9 d		16-OMe	56.1 q	
11	49.1 s		14-OAc	170.5 s	
12	29.7 t			21.4 q	

注：溶剂 CDCl₃

化合物名称：14-acetylneoline

分子式：C$_{26}$H$_{41}$NO$_7$　　　　　　　　　　**分子量**（$M+1$）：480

植物来源：*Aconitum napellus* L. 欧乌头

参考文献：Liu H M，Katz A. 1996. Diterpenoid alkaloids from aphids *Brachycaudus aconiti* and *Brachycaudus napelli* feeding on *Aconitum napellus*. Journal of Natural Products，59（2）：135-138.

14-acetylneoline 的 NMR 数据

位置	δ_C/ppm	δ_H/ppm（J/Hz）	位置	δ_C/ppm	δ_H/ppm（J/Hz）
1	72.5 d	3.68 br s	15	43.0 t	2.32 m
2	30.1 t	1.55 m（2H）			1.92 m
3	29.5 t	1.62 m	16	82.4 d	3.30 m
		1.90 m	17	63.7 d	2.66 s
4	38.3 s		18	80.6 t	3.25 d（8.8）
5	44.8 d	2.20 d（6.4）			3.64 d（8.8）
6	83.8 d	4.12 d（6.4）	19	57.3 t	2.31 d（10.8）
7	52.9 d	2.00 s			2.68 d（10.8）
8	75.2 s		21	48.6 t	2.48 dq（13.2, 7.1）
9	46.5 d	2.25 t（5.4）			2.57 dq（13.2, 7.1）
10	43.6 d	1.90 m	22	13.1 q	1.13 t（7.1）
11	50.0 s		6-OMe	58.3 q	3.35 s
12	29.8 t	1.80 dd（13.5, 4.9）	16-OMe	56.4 q	3.27 s
		2.10 m	18-OMe	59.5 q	3.33 s
13	36.8 d	2.62 dd（7.8, 4.9）	14-OAc	170.4 s	
14	77.7 d	4.86 t（4.9）		21.4 q	2.07 s

注：溶剂 CDCl$_3$；^{13}C NMR：100 MHz；^{1}H NMR：400 MHz

化合物名称：14-anisoyl-lasianine

分子式：C$_{33}$H$_{48}$N$_2$O$_{10}$　　　　　　　　**分子量**（M+1）：633

植物来源：*Aconitum japonicum* subsp. *subcuneatum* (Nakai) Kadota

参考文献：Yamashita H，Takeda K，Haraguchi M，et al. 2018. Four new diterpenoid alkaloids from *Aconitum japonicum* subsp. *subcuneatum*. Journal of Natural Medicines，72（1）：230-237.

14-anisoyl-lasianine 的 NMR 数据

位置	δ_C/ppm	δ_H/ppm（J/Hz）	位置	δ_C/ppm	δ_H/ppm（J/Hz）
1	82.5 d	3.15 m	18	77.4 t	3.60 d（8.9）
2	32.8 t	2.32 m 1.78 m			3.37 d（8.9）
3	72.0 d	3.83 m	19	47.5 t	2.83 d（11.0）
4	42.8 s				2.45 d（11.0）
5	44.9 d	2.16 d（6.2）	21	48.8 t	2.67 m 2.41 m
6	84.6 d	3.99 d（6.2）	22	13.3 q	1.10 t（6.8）
7	48.6 d	2.06 s	1-OMe	55.7 q	3.26 s
8	59.8 s		6-OMe	58.2 q	3.30 s
9	47.4 d	2.40 t（5.5）	16-OMe	61.9 q	3.71 s
10	42.6 d	2.06 m	18-OMe	59.1 q	3.31 s
11	50.8 s		14-OCO	165.8 s	
12	35.7 t	2.53 dd（13.7, 12.3）	1′	121.9 s	
		2.13 dd（13.7, 6.8）	2′, 6′	131.9 d	7.99 d（8.2）
13	74.6 s		3′, 5′	113.9 d	6.93 d（8.2）
14	79.9 d	5.05 d（5.5）	4′	163.7 s	
15	82.2 d	4.32 d（6.8）	4′-OMe	55.5 q	3.86 s
16	91.1 d	3.34 d（6.8）	8-NH$_2$		3.80 s
17	61.2 d	2.95 s			2.91 br s

注：溶剂 CDCl$_3$；^{13}C NMR：150 MHz；^{1}H NMR：600 MHz

化合物名称：14-anisoylliljestrandisine

分子式：$C_{31}H_{43}NO_7$　　　　　　　　　　分子量（$M+1$）：542

植物来源：*Aconitum tsaii* W. T. Wang　碧江乌头

参考文献：Li G Q，Zhang L M，Zhao D K，et al. 2017. Two new C_19-diterpenoid alkaloids from *Aconitum tsaii*. Journal of Asian Natural Products Research，19（5）：457-461.

14-anisoylliljestrandisine 的 NMR 数据

位置	δ_C/ppm	δ_H/ppm（J/Hz）	位置	δ_C/ppm	δ_H/ppm（J/Hz）
1	85.9 d	3.11～3.14 m	15		2.68～2.72 m
2	26.1 t	2.01～2.05 m	16	74.5 d	4.25～4.28 m
		2.32～2.36 m	17	62.7 d	3.15 s
3	32.8 t	1.42～1.48 m	18	79.5 t	2.98 d（9.0）
		1.76～1.80 m			3.14 d（9.0）
4	38.6 s		19	53.1 t	1.97～2.01 m
5	46.8 d	2.50～2.54 m			2.51～2.54 m
6	24.9 t	1.56～1.59 m	21	48.7 t	2.33～2.37 m
		1.92～1.96 m			2.52～2.56 m
7	46.1 d	2.10～2.14 m	22	13.7 q	1.07 t（7.1）
8	73.4 s		1-OMe	56.3 q	3.27 s
9	46.1 d	1.60～1.64 m	18-OMe	59.5 q	3.30 s
10	45.6 d	1.76～1.80 m	14-OCO	165.3 s	
11	49.5 s		1′	122.7 s	
12	28.4 t	1.98～2.02 m	2′, 6′	131.5 d	7.94 d（7.0）
		2.35～2.38 m	3′, 5′	113.7 d	6.91 d（7.0）
13	40.6 d	2.35～2.39 m	4′	163.5 s	
14	75.2 d	5.10 t（4.7）	4′-OMe	55.5 q	3.86 s
15	39.9 t	2.10～2.13 m			

注：溶剂 CDCl₃；¹³C NMR：100 MHz；¹H NMR：400 MHz

化合物名称：14-anisoyl-*N*-deethylaconine

分子式：C$_{31}$H$_{43}$NO$_{11}$　　　　　　　　**分子量**（*M* + 1）：606

植物来源：*Aconitum japonicum* subsp. *subcuneatum* (Nakai) Kadota

参考文献：Yamashita H，Takeda K，Haraguchi M，et al. 2018. Four new diterpenoid alkaloids from *Aconitum japonicum* subsp. *subcuneatum*. Journal of Natural Medicines，72（1）：230-237.

14-anisoyl-*N*-deethylaconine 的 NMR 数据

位置	δ_C/ppm	δ_H/ppm（*J*/Hz）	位置	δ_C/ppm	δ_H/ppm（*J*/Hz）
1	82.4 d	3.17 br s	15	82.1 d	4.54 d（5.5）
2	33.3 t	2.36 m	16	90.8 d	3.27 m
		1.92 m	17	61.2 d	3.00 br s
3	71.9 d	3.78 m	18	77.7 t	3.66 d（8.9）
4	43.1 s				3.58 d（8.9）
5	46.4 d	2.08 d（6.2）	19	49.0 t	2.43 d（11.0）
6	83.3 d	4.10 d（6.2）	1-OMe	55.9 q	3.27 s
7	47.6 d	2.93 m	6-OMe	58.0 q	3.30 s
8	78.5 s		16-OMe	61.9 q	3.71 s
9	46.4 d	2.55 m	18-OMe	59.2 q	3.32 s
10	42.0 d	2.07 m	14-OCO	165.9 s	
11	50.4 s		1′	122.0 s	
12	36.1 t	2.67 m	2′, 6′	131.9 d	7.99 d（8.3）
		2.05 m	3′, 5′	113.8 d	6.93 d（8.3）
13	74.8 s		4′	163.6 s	
14	79.5 d	5.00 d	4′-OMe	55.5 q	3.87 s

注：溶剂 CDCl$_3$；^{13}C NMR：150 MHz；^{1}H NMR：600 MHz

化合物名称：14-benzoyl-8-*O*-methylaconine

分子式：$C_{33}H_{47}NO_{10}$　　　　　　　　**分子量（$M+1$）**：618

植物来源：*Aconitum pseudostapfianum* W. T. Wang 拟玉龙乌头

参考文献：陈瑛，丁立生，王明奎，等. 1996. 拟玉龙乌头的二萜生物碱研究. 中草药，27（1）：5-8.

14-benzoyl-8-*O*-methylaconine 的 NMR 数据

位置	δ_C/ppm	δ_H/ppm（J/Hz）	位置	δ_C/ppm	δ_H/ppm（J/Hz）
1	83.1 d		17	61.8 d	
2	32.4 t		18	77.2 t	
3	71.3 d		19	48.0 t	
4	43.1 s		21	49.2 t	
5	45.0 d		22	12.8 q	1.18 t（7.0）
6	82.0 d	4.06 d（6.6）	1-OMe	55.6 q	3.15 s
7	44.9 d		6-OMe	58.6 q	3.29 s
8	82.5 s		8-OMe	50.0 q	3.30 s
9	42.6 d		16-OMe	62.3 q	3.76 s
10	41.8 d		18-OMe	59.1 q	3.31 s
11	50.5 s		14-OCO	166.2 s	
12	36.0 t		1′	130.0 s	
13	74.7 s		2′, 6′	129.7 d	
14	79.3 d	4.84 d（5.1）	3′, 5′	128.1 d	7.46～8.03 m
15	77.4 d	4.58 d（5.0）	4′	132.9 d	
16	93.3 d				

注：溶剂 $CDCl_3$；^{13}C NMR：75 MHz；^1H NMR：300 MHz

化合物名称：14-benzoylaconine-8-palmitate

分子式：$C_{48}H_{75}NO_{11}$　　　　　　　　**分子量**（$M+1$）：842

植物来源：*Aconitum soongaricum* var. *pubescens* 毛序准噶尔乌头

参考文献：Bai Y L，Desai H K，Pelletier S W. 1994. Long-chain fatty acid esters of some norditerpenoid alkaloids. Journal of Natural Products，57（7）：963-970.

14-benzoylaconine-8-palmitate 的 NMR 数据

位置	δ_C/ppm	δ_H/ppm（J/Hz）	位置	δ_C/ppm	δ_H/ppm（J/Hz）
1	82.3 d		1-OMe	55.8 q	3.24 s
2	33.4 t		6-OMe	58.0 q	3.14 s
3	71.3 d		16-OMe	61.6 q	3.74 s
4	42.9 s		18-OMe	59.0 q	3.28 s
5	46.3 d		14-OCO	165.9 s	
6	83.3 d	4.01 d（6.7）	1′	129.6 s	
7	44.5 d		2′, 6′	129.6 d	8.02 d（7.2）
8	91.6 s		3′, 5′	128.5 d	7.43 t（7.2）
9	44.1 d		4′	133.2 d	7.56 t（7.2）
10	40.8 d		8-OCO	175.1 s	
11	49.9 s		1″	34.6 t	
12	35.6 t		2″	24.1 t	
13	73.9 s		3″	28.7 t	
14	78.8 d	4.84 d（5.0）	4″	28.9 t	
15	78.8 d	4.42 dd（5.3, 2.8）	5″	29.2 t	
16	89.9 d	3.33 d（5.5）	6″～12″	29.6 t	
17	60.9 d		13″	31.8 t	
18	76.4 t	3.44 d（8.9）	14″	22.6 t	
		3.60 d（8.9）	15″	14.0 q	
19	46.9 t		13-OH		3.95 s
21	48.8 t		15-OH		4.48 d（7.2）
22	13.3 q	1.08 t（7.2）			

注：溶剂 CDCl₃

化合物名称：14-benzoylliljestrandisine

分子式：$C_{30}H_{41}NO_6$　　　　　　　　　**分子量**（$M+1$）：512

植物来源：*Aconitum tsaii* W. T. Wang　碧江乌头

参考文献：Li G Q，Zhang L M，Zhao D K，et al. 2017. Two new C₁₉-diterpenoid alkaloids from *Aconitum tsaii*. Journal of Asian Natural Products Research，19（5）：457-461.

14-benzoylliljestrandisine 的 NMR 数据

位置	δ_C/ppm	δ_H/ppm（J/Hz）	位置	δ_C/ppm	δ_H/ppm（J/Hz）
1	85.9 d	3.13~3.18 m	15	39.9 t	2.12~2.14 m
2	26.1 t	1.99~2.03 m			2.50~2.53 m
		2.22~2.26 m	16	75.1 d	4.26~4.29 m
3	32.8 t	2.11~2.15 m	17	62.7 d	3.14 s
		2.67~2.71 m	18	79.5 t	2.99 d（9.0）
4	38.6 s				3.12 d（9.0）
5	46.8 d	2.54~2.57 m	19	53.1 t	1.98~2.02 m
6	24.9 t	1.53~1.57 m			2.50~2.53 m
		1.95~1.99 m	21	48.7 t	2.34~2.37 m
7	46.1 d	2.53 s			2.51~2.54 m
8	73.4 s		22	13.7 q	1.08 t（7.1）
9	46.1 d	1.65~1.68 m	1-OMe	56.3 q	3.24 s
10	45.6 d	2.69~2.73 m	18-OMe	59.5 q	3.28 s
11	49.5 s		14-OCO	165.6 s	
12	28.5 t	1.96~1.99 m	1′	130.4 s	
		2.21~2.25 m	2′, 6′	129.5 d	7.99 d（7.2）
13	40.7 d	2.32~2.36 m	3′, 5′	128.5 d	7.44 dd（7.2, 7.2）
14	75.2 d	5.13 t（4.8）	4′	133.1 d	7.57 t（7.2）

注：溶剂 CDCl₃；¹³C NMR：100 MHz；¹H NMR：400 MHz

化合物名称：14-benzoylmesaconine

分子式：$C_{31}H_{43}NO_{10}$　　　　　**分子量**（$M+1$）：590

植物来源：*Aconitum nagarum* Stapf 保山乌头

参考文献：李正邦，吕光华，陈东林，等. 1997. 草乌中生物碱的化学研究. 天然产物研究与开发，9（1）：9-14.

14-benzoylmesaconine 的 NMR 数据

位置	δ_C/ppm	δ_H/ppm（J/Hz）	位置	δ_C/ppm	δ_H/ppm（J/Hz）
1	82.9 d		16	90.6 d	3.33 d（5.2）
2	33.3 t		17	62.6 d	
3	71.6 d		18	77.0 t	3.85 ABq（9.2）
4	43.2 s				3.56 ABq（9.2）
5	47.4 d		19	50.2 t	
6	82.3 d	4.10 d（6.6）	21	42.4 q	2.41 s
7	45.6 d		1-OMe	56.2 q	3.27 s
8	78.2 s		6-OMe	57.8 q	3.28 s
9	45.7 d		16-OMe	61.5 q	3.67 s
10	41.6 d		18-OMe	59.1 q	3.28 s
11	49.8 s		14-OCO	166.2 s	
12	35.8 t		1′	129.7 s	
13	74.7 s		2′, 6′	129.7 d	
14	79.6 d	4.99 d（5.0）	3′, 5′	128.3 d	7.38～8.03 m
15	81.7 d	4.57 d（6.2）	4′	133.0 d	

注：溶剂 CDCl₃；¹³C NMR：50 MHz；¹H NMR：200 MHz

化合物名称：14-benzoylneoline

分子式：$C_{31}H_{43}NO_7$　　　　　　　**分子量（$M+1$）**：542

植物来源：*Aconitum subcuneatum* Nakai

参考文献：Wada K，Bando H，Mori T，et al. 1985. Studies on the constituents of *Aconitum* species. Ⅲ. On the components of *Aconitum subcuneatum* Nakai. Chemical & Pharmaceutical Bulletin，33（9）：3658-3661.

14-benzoylneoline 的 NMR 数据

位置	δ_C/ppm	δ_H/ppm（J/Hz）	位置	δ_C/ppm	δ_H/ppm（J/Hz）
1	72.0 d		16	81.9 d	
2	29.3 t		17	63.3 d	
3	29.9 t		18	80.0 t	
4	38.1 s		19	56.9 t	
5	44.4 d		21	48.2 t	
6	83.3 d	4.14 d（7.0）	22	13.0 q	1.14 t（7.0）
7	52.9 d		6-OMe	57.9 q	
8	74.8 s		16-OMe	56.0 q	
9	46.0 d		18-OMe	59.1 q	
10	37.4 d		14-OCO	166.0 s	
11	49.6 s		1′	130.1 s	
12	29.5 t		2′, 6′	129.5 d	
13	43.6 d		3′, 5′	128.4 d	7.32～8.03 m
14	76.9 d	5.18 t（5.0）	4′	132.9 d	
15	42.5 t				

注：溶剂 CDCl₃；¹³C NMR：100 MHz；¹H NMR：400 MHz

化合物名称：14-benzoylpseudaconine

分子式：$C_{32}H_{45}NO_9$ 分子量（$M+1$）：588

植物来源：*Aconitum balfourii* Stapf

参考文献：Khetwal K S. 2007. Constituents of high altitude Himalayan herbs. Part XX. A C₁₉-diterpenoid alkaloid from *Aconitum balfourii*. Indian Journal of Chemistry Section B，46（8）：1364-1366.

14-benzoylpseudaconine 的 NMR 数据

位置	δ_C/ppm	δ_H/ppm（J/Hz）	位置	δ_C/ppm	δ_H/ppm（J/Hz）
1	83.1 d		16	82.6 d	
2	35.9 t		17	61.9 d	
3	71.9 d		18	77.5 t	
4	43.3 s		19	49.0 t	
5	48.0 d		21	47.5 t	
6	82.5 d	4.00 d	22	13.0 q	1.16 t（7.5）
7	47.9 d		1-OMe	56.1 q	3.28 s
8	73.8 s		6-OMe	57.6 q	3.31 s
9	53.3 d		16-OMe	59.2 q	3.36 s
10	42.0 d		18-OMe	59.0 q	3.38 s
11	50.2 s		14-OCO	167.7 s	
12	33.6 t		1′	130.0 s	
13	76.0 s		2′, 6′	129.7 d	
14	83.0 d	5.10 d（4.5）	3′, 5′	128.6 d	
15	42.1 t		4′	133.2 d	

注：溶剂 CDCl₃；¹³C NMR：75 MHz；¹H NMR：300 MHz

化合物名称：14-benzoylsachaconitine

分子式：C₃₀H₄₁NO₅　　　　　　　　**分子量（M+1）**：496

植物来源：*Aconitum nagarum* var. *lasiandrum* W. T. Wang 宣威乌头

参考文献：Dong J Y，Li Z Y，Li L，et al. 2000. Diterpenoid alkaloids from *Aconitum nagarum* var. *lasiandrum*. Chinese Chemical Letters，11（11）：1005-1006.

14-benzoylsachaconitine 的 NMR 数据

位置	δ_C/ppm	δ_H/ppm（J/Hz）	位置	δ_C/ppm	δ_H/ppm（J/Hz）
1	85.7 d		15	40.8 t	
2	26.6 t		16	81.7 d	
3	37.8 t		17	61.7 d	
4	34.4 s		18	26.3 q	
5	50.7 d		19	56.7 t	
6	25.4 t		21	49.2 t	
7	45.1 d		22	13.5 q	1.03 t（7.1）
8	73.8 s		1-OMe	55.9 q	3.27 s
9	46.6 d		16-OMe	56.1 q	3.18 s
10	36.4 d		14-OCO	166.5 s	
11	48.9 s		1′	130.6 s	
12	28.5 t		2′, 6′	129.4 d	
13	45.1 d		3′, 5′	128.3 d	
14	76.8 d	5.13 t（5）	4′	132.5 d	

注：溶剂 CDCl₃；¹³C NMR：100 MHz；¹H NMR：400 MHz

化合物名称：14-benzoyltalatisamine

分子式：$C_{31}H_{43}NO_6$　　　　　　　　分子量（$M+1$）：526

植物来源：*Aconitum kongboense* Lauener　工布乌头

参考文献：Yue J M，Jun X，Chen Y Z. 1994. C_{19}-diterpenoid alkaloids of *Aconitum kongboense*. Phytochemistry，35（3）：829-831.

14-benzoyltalatisamine 的 NMR 数据

位置	δ_C/ppm	δ_H/ppm（J/Hz）	位置	δ_C/ppm	δ_H/ppm（J/Hz）
1	85.7 d		16	81.6 d	
2	26.1 t		17	62.4 d	
3	32.7 t		18	79.5 t	
4	38.5 s		19	53.1 t	
5	36.3 d		21	49.4 t	
6	25.0 t		22	13.6 q	1.08 t（7）
7	45.9 d		1-OMe	56.0 q	3.17 s
8	73.8 s		16-OMe	56.3 q	3.30 s
9	45.3 d		18-OMe	59.5 q	3.30 s
10	45.2 d		14-OCO	166.6 s	
11	48.8 s		1′	130.6 s	
12	28.5 t		2′, 6′	129.5 d	8.02 d（7.6）
13	46.6 d		3′, 5′	128.4 d	7.44 t（7.4）
14	76.9 d	5.15 t（4.9）	4′	132.7 d	7.56 t（7.5）
15	40.8 t				

注：^{13}C NMR：100 MHz；^{1}H NMR：400 MHz

化合物名称：14-cinnamoyloxy-15α-hydroxyneoline trifluoroacetate

分子式：$C_{33}H_{45}NO_8$ **分子量**（M^+）：584

植物来源：*Aconitum carmichaelii* Debx. 乌头

参考文献：Jiang B Y，Lin S，Zhu C G，et al. 2012. Diterpenoid alkaloids from the lateral root of *Aconitum carmichaelii*. Journal of Natural Products，75（6）：1145-1159.

Zhang Z T，Wang L，Chen Q F，et al. 2013. Revisions of the diterpenoid alkaloids reported in a JNP paper（2012，75，1145-1159）. Tetrahedron，69（29）：5859-5866.

14-cinnamoyloxy-15α-hydroxyneoline trifluoroacetate 的 NMR 数据

位置	δ_C/ppm	δ_H/ppm（J/Hz）	位置	δ_C/ppm	δ_H/ppm（J/Hz）
1	70.9 d	4.16 br s	17	63.1 d	3.53 br s
2	27.6 t	1.68 m	18	78.7 t	3.61 d（8.4）
		1.68 m			3.52 d（8.4）
3	27.1 t	2.02 dd（14.4, 4.2）	19	57.7 t	3.52 d（12.6）
		1.93 ddd（14.4, 14.4, 5.4）			3.18 d（12.6）
4	38.1 s		21	49.3 t	3.45 m
5	42.5 d	2.41 d（7.2）			3.22 m
6	82.0 d	4.34 d（7.2）	22	10.0 q	1.48 t（7.2）
7	48.4 d	2.69 br s	6-OMe	57.3 q	3.38 s
8	77.5 s		16-OMe	56.7 q	3.37 s
9	44.7 d	2.42 dd（6.0, 4.8）	18-OMe	58.3 q	3.29 s
10	43.1 d	2.29 m	14-OCO	165.6 s	
11	49.6 s		1′	118.5 d	6.53 d（16.2）
12	29.6 t	2.27 m	2′	144.6 d	7.72 d（16.2）
		1.78 br d（9.6）	3′	134.7 s	
13	38.3 d	2.54 dd（6.0, 4.8）	4′, 8′	128.2 d	7.87 m
14	75.6 d	4.93 t（4.8）	5′, 7′	128.9 d	7.42 m
15	78.0 d	4.51 d（6.6）	6′	130.2 d	7.43 m
16	90.5 d	3.10 d（6.6）			

注：溶剂(CD₃)₂CO；¹³C NMR：125 MHz；¹H NMR：500 MHz

化合物名称：14-*O*-acetyl-10-hydroxyneoline

分子式：C$_{26}$H$_{41}$NO$_8$　　　　　　　　**分子量**（*M* + 1）：496

植物来源：*Aconitum fukutomei* Hay. 梨山乌头

参考文献：Takayama H，Yokota M，Aimi N，et al. 1990. Two new diterpene alkaloids，10-hydroxyneoline and 14-*O*-acetyl-10-hydroxyneoline，from *Aconitum fukutomei*. Journal of Natural Products，53（4）：936-939.

14-*O*-acetyl-10-hydroxyneoline 的 NMR 数据

位置	δ_C/ppm	δ_H/ppm（*J*/Hz）	位置	δ_C/ppm	δ_H/ppm（*J*/Hz）
1	69.5 d	4.06 br s	14	77.5 d	5.29 dd（4.9，4.9）
2	30.9 t		15	43.6 t	
3	29.4 t		16	81.1 d	
4	37.8 s		17	63.8 d	
5	40.8 d		18	80.2 t	
6	82.9 d	4.10 d（6.6）	19	57.0 t	
7	52.4 d		21	48.4 t	
8	72.9 s		22	13.0 q	1.13 t（7.3）
9	55.7 d		6-OMe	58.0 q	3.35 s
10	81.8 s		16-OMe	56.1 q	3.33 s
11	54.5 s		18-OMe	59.2 q	3.25 s
12	40.5 t		14-OAc	170.5 s	
13	37.2 d			21.3 q	2.07 s

注：溶剂 CDCl$_3$；^{13}C NMR：67.8 MHz；^{1}H NMR：270 MHz

化合物名称：14-*O*-acetyl-8-*O*-methyl-18-*O*-2-(2-metyl-4-oxo-4*H*-quinazoline-3-yl)benzoylcammaconine

分子式：$C_{42}H_{51}N_3O_8$　**分子量**（$M+1$）：726

植物来源：*Aconitum pseudo-laeve* var. *erectum* Nakai

参考文献：Shim S H，Kim J S，Son K H，et al. 2006. Alkaloids from the roots of *Aconitum pseudo-laeve* var. *erectum*. Journal of Natural Products，69（3）：400-402.

14-*O*-acetyl-8-*O*-methyl-18-*O*-2-(2-metyl-4-oxo-4*H*-quinazoline-3-yl)benzoylcammaconine 的 NMR 数据

位置	δ_C/ppm	δ_H/ppm（J/Hz）	位置	δ_C/ppm	δ_H/ppm（J/Hz）
1	86.0 d	2.79 dd（6.6, 9.9）	1-OMe	56.5 q	3.20 s
2	27.3 t		8-OMe	48.1 q	3.04 s
3	33.1 t		16-OMe	56.4 q	3.30 s
4	38.7 s		14-OAc	173.2 s	
5	46.5 d			21.3 q	1.98 s
6	24.9 t		18-OCO	166.5 s	
7	41.0 d		1′	138.3 s	
8	79.0 s		2′	130.1 s	
9	44.2 d		3′	133.4 d	8.20 m
10	45.7 d		4′	131.2 d	7.70 td（1.2, 7.5）
11	50.0 s		5′	135.4 d	7.81 td（1.5, 7.8）
12	29.8 t		6′	131.3 d	7.43 dd（0.9, 7.8）
13	39.7 d		7′	166.5 s	
14	77.1 d	4.71 t（4.8）	2″	156.4 s	
15	36.5 t		4″	163.8 s	
16	84.7 d		5″	127.9 d	8.20 m
17	62.3 d	2.71 br s	6″	128.3 d	7.58 m
18	71.6 t	3.78 d（11.1）	7″	136.4 d	7.90 tt（15, 8.4）
		3.96 d（11.1）	8″	127.9 d	7.75 m
19	53.4 t		9″	148.7 s	
21	49.9 t		10″	122.0 s	
22	13.7 q	1.01 t（7.2）	2″-Me	24.0 q	2.22 s

注：溶剂 CD₃OD；¹³C NMR：75 MHz；¹H NMR：300 MHz

化合物名称：14-O-acetylperegrine

分子式：C$_{28}$H$_{43}$NO$_7$　　　　　　　分子量（$M+1$）：506

植物来源：*Delphinium munzianum* P. H. Davis & Kit Tan

参考文献：De la Fuente G，Mericli A H，Ruiz-Mesia L，et al. 1995. Norditerpenoid alkaloids of *Delphinium munzianum*. Phytochemistry，39（6）：1467-1473.

14-O-acetylperegrine 的 NMR 数据

位置	δ_C/ppm	δ_H/ppm（J/Hz）	位置	δ_C/ppm	δ_H/ppm（J/Hz）
1	84.2 d	3.07 dd（9.8, 7.3）	16	83.6 d	
2	27.1 t		17	64.0 d	2.89 d（2）
3	37.2 t	1.52 dm（16.9）	18	26.1 q	0.81 s
4	34.2 s		19	57.5 t	2.59 d（12.9）
5	56.5 d	1.39 br s			2.40 m
6	73.1 d	5.16 d（7.3）	21	48.5 t	2.40 m（2H）
7	42.0 d	2.69 d（7.2）	22	13.6 q	1.02 t（7）
8	78.5 s		1-OMe	56.0 q	3.24 s
9	41.2 d		8-OMe	48.0 q	2.98 s
10	46.0 d		16-OMe	56.5 q	3.36 s
11	48.5 s		6-OAc	171.5 s	
12	28.6 t			21.7 q	1.97 s
13	39.1 d		14-OAc	171.5 s	
14	76.3 d	4.68 t（4.8）		21.4 q	1.97 s
15	35.8 t				

注：溶剂 CDCl$_3$；^{13}C NMR：50 MHz；^{1}H NMR：200 MHz

化合物名称：14-O-acetylsachaconitine

分子式：$C_{25}H_{39}NO_5$　　　　　　　　分子量（M + 1）：434

植物来源：*Aconitum delphinifolium* DC.

参考文献：Aiyar V N，Kulanthaivel P，Benn M. 1986. The C₁₉-diterpenoid alkaloids of *Aconitum delphinifolium*. Phytochemistry，25（4）：973-975.

14-O-acetylsachaconitine 的 NMR 数据

位置	δ_C/ppm	δ_H/ppm （J/Hz）	位置	δ_C/ppm	δ_H/ppm （J/Hz）
1	85.8 d		14	77.1 d	4.79 dd （5.0）
2	26.4 t		15	41.1 t	
3	37.6 t		16	81.8 d	
4	34.5 s		17	61.8 d	
5	45.4 d		18	26.4 q	0.76 s
6	25.4 t		19	57.0 t	
7	46.2 d		21	49.4 t	
8	73.9 s		22	13.5 q	1.05 t （7.0）
9	50.5 d		1-OMe	56.2 q	3.25 s
10	35.6 d		16-OMe	56.3 q	3.20 s
11	49.0 s		14-OAc	170.8 s	
12	28.6 t			21.4 q	2.03 t
13	44.9 d				

注：溶剂 CDCl₃；¹³C NMR：50 MHz；¹H NMR：200 MHz

化合物名称：14-*O*-acetylsenbusine A

分子式：C$_{25}$H$_{39}$NO$_7$　　　　　　　　**分子量**（*M*+1）：466

植物来源：*Aconitum ferox* Wall.

参考文献：Hanuman J B，Katz A. 1994. Diterpenoid alkaloids from ayurvedic processed and unprocessed *Aconitum ferox*. Phytochemistry，36（6）：1527-1535.

14-*O*-acetylsenbusine A 的 NMR 数据

位置	δ_C/ppm	δ_H/ppm（*J*/Hz）	位置	δ_C/ppm	δ_H/ppm（*J*/Hz）
1	72.1 d	3.71 br s	14	77.1 d	4.83 t（5）
2	29.6 t	1.48～1.64 m	15	42.3 t	1.85～2.01 m
		1.80～1.89 m			2.22～2.29 m
3	29.9 t	1.52～1.62 m	16	82.0 d	3.28～3.36 m
		1.52～1.62 m	17	63.4 d	2.66 s
4	38.0 s		18	80.5 t	3.28～3.36 m
5	45.8 d	2.11 d（6）			3.28～3.36 m
6	73.3 d	4.71 d（6）	19	57.1 t	2.35 d（10）
7	55.8 d	1.93 s			2.77 d（10）
8	75.6 s		21	48.3 t	2.50～2.60 m
9	46.3 d	2.22～2.29 m			2.50～2.60 m
10	43.6 d	1.81～2.02 m	22	13.1 q	1.14 t（6）
11	50.2 s		16-OMe	56.2 q	3.28 s
12	29.6 t	1.81～2.02 m	18-OMe	59.3 q	3.34 s
		1.96～2.17 m	14-OAc	170.6 s	
13	37.0 d	2.54～2.64 m		21.3 q	2.07 s

注：溶剂 CDCl$_3$；^{13}C NMR：50 MHz；^{1}H NMR：200 MHz

化合物名称：14-acetyltalatisamine

分子式：$C_{26}H_{41}NO_6$　　　　　　　　**分子量**（$M+1$）：464

植物来源：*Aconitum vilmorinianum* Kom. 黄草乌

参考文献：唐天兴，陈东林，王锋鹏. 2014. 黄草乌中的新的二萜生物碱. 有机化学，34（5）：909-915.

14-acetyltalatisamine 的 NMR 数据

位置	δ_C/ppm	δ_H/ppm（J/Hz）	位置	δ_C/ppm	δ_H/ppm（J/Hz）
1	85.7 d		14	76.6 d	4.81 t（4.8）
2	26.1 t		15	40.8 t	
3	32.6 t		16	81.5 d	
4	38.4 s		17	62.2 d	
5	35.2 d		18	79.4 t	
6	24.8 t		19	53.0 t	
7	45.8 d		21	49.3 t	
8	73.6 s		22	13.5 q	1.05 t（7.2）
9	46.1 d		1-OMe	56.1 q	
10	44.8 d		16-OMe	56.2 q	
11	48.6 s		18-OMe	59.4 q	
12	28.3 t		14-OAc	170.7 s	
13	45.3 d			21.3 q	

注：溶剂 CDCl₃；¹³C NMR：100 MHz；¹H NMR：400 MHz

化合物名称：14-*O*-anisoylneoline

分子式：C$_{32}$H$_{45}$NO$_8$　　　　　　　**分子量**（*M* + 1）：572

植物来源：*Aconitum carmichaelii* Debx. 乌头

参考文献：Shim S H，Kim J S，Kang S S. 2003. Norditerpenoid alkaloids from the processed tubers of *Aconitum carmichaeli*. Chemical & Pharmaceutical Bulletin，51（8）：999-1002.

14-*O*-anisoylneoline 的 NMR 数据

位置	δ_C/ppm	δ_H/ppm（*J*/Hz）	位置	δ_C/ppm	δ_H/ppm（*J*/Hz）
1	72.0 d	3.72 br s	17	63.4 d	
2	29.3 t		18	80.0 t	3.31 d（8.1）
3	29.8 t				3.60 d（8.1）
4	38.1 s		19	56.9 t	
5	44.4 d	2.20 br d（6.3）	21	48.3 t	
6	83.3 d	4.12 br d（6.6）	22	12.9 q	1.14 t（7.2）
7	53.0 d		6-OMe	57.9 q	3.24 s
8	74.8 s		16-OMe	56.1 q	3.32 s
9	46.0 d		18-OMe	59.1 q	3.32 s
10	43.6 d		14-OCO	165.8 s	
11	49.8 s		1′	122.5 s	
12	29.6 t		2′, 6′	131.6 d	7.95 d（9.0）
13	37.5 d	2.63 dd（4.8，7.2）	3′, 5′	113.7 d	6.90 d（9.0）
14	76.9 d	5.14 t（4.5）	4′	163.4 s	
15	42.5 t		4′-OMe	55.4 q	3.84 s
16	81.9 d				

注：溶剂 CDCl$_3$；^{13}C NMR：75 MHz；^{1}H NMR：300 MHz

化合物名称：14-O-benzoylperegrine

分子式：C$_{33}$H$_{45}$NO$_7$ 分子量（M+1）：568

植物来源：*Delphinium munzianum* P. H. Davis & Kit Tan

参考文献：De la Fuente G，Mericli A H，Ruiz-Mesia L，et al. 1995. Norditerpenoid alkaloids of *Delphinium munzianum*. Phytochemistry，39（6）：1467-1473.

14-O-benzoylperegrine 的 NMR 数据

位置	δ_C/ppm	δ_H/ppm（J/Hz）	位置	δ_C/ppm	δ_H/ppm（J/Hz）
1	84.2 d	3.11 dd（9.9, 7.2）	17	63.9 d	2.97 d（2.0）
2	26.8 t		18	25.9 q	0.82 s
3	37.1 t		19	57.3 t	
4	34.1 s		21	49.1 t	
5	56.2 d	1.44 br s	22	13.5 q	1.04 t（7.0）
6	72.9 d	5.17 d（7.4）	1-OMe	55.9 q	3.11 s
7	42.0 d	2.62 d（7.4）	8-OMe	47.5 q	3.28 s
8	78.3 s		16-OMe	55.9 q	3.38 s
9	41.4 d		6-OAc	171.4 s	
10	45.8 d			21.5 q	1.93 s
11	48.4 s		14-OCO	166.6 s	
12	28.3 t		1′	131.2 s	
13	38.3 d		2′, 6′	129.5 d	
14	76.4 d	4.96 t（4.9）	3′, 5′	128.1 d	7.43～8.04 m
15	35.3 t		4′	132.2 d	
16	83.3 d	3.46 dd（12.5, 7.2）			

注：溶剂 CDCl$_3$；^{13}C NMR：50 MHz；^{1}H NMR：200 MHz

化合物名称：14-*O*-cinnamoylneoline

分子式：C$_{33}$H$_{45}$NO$_7$　　　　　　　　　　**分子量**（*M*+1）：568

植物来源：*Aconitum carmichaelii* Debx. 乌头

参考文献：Shim S H，Kim J S，Kang S S. 2003. Norditerpenoid alkaloids from the processed tubers of *Aconitum carmichaeli*. Chemical & Pharmaceutical Bulletin，51（8）：999-1002.

14-*O*-cinnamoylneoline 的 NMR 数据

位置	δ$_C$/ppm	δ$_H$/ppm（*J*/Hz）	位置	δ$_C$/ppm	δ$_H$/ppm（*J*/Hz）
1	71.9 d	3.71 t	17	63.4 d	
2	29.3 t		18	80.0 t	3.25 d（8.1）
3	29.6 t				3.63 d（8.1）
4	38.2 s		19	56.9 t	
5	44.4 d	2.21 d（6.9）	21	48.6 t	
6	83.1 d	4.14 br d（6.3）	22	12.7 q	1.14 t（7.0）
7	53.1 d		6-OMe	58.0 q	3.28 s
8	74.7 s		16-OMe	56.2 q	3.33 s
9	46.1 d		18-OMe	59.2 q	3.35 s
10	43.5 d		14-OCO	166.1 s	
11	50.8 s		1′	117.7 d	6.42 d（16.2）
12	29.3 t		2′	145.5 d	7.68 d（16.2）
13	37.2 d	2.65 dd（4.5，7.2）	3′	134.2 s	
14	76.8 d	5.04 t（4.7）	4′，8′	128.2 d	7.51～7.54 m
15	42.5 t		5′，7′	128.9 d	7.37～7.41 m
16	82.0 d		6′	130.5 d	7.37～7.41 m

注：溶剂 CDCl$_3$；^{13}C NMR：75MHz；^{1}H NMR：300 MHz

化合物名称：14-*O*-methylforesticine

分子式：$C_{25}H_{41}NO_6$　　　　　　　　　**分子量**（$M+1$）：452

植物来源：*Aconitum septentrionale* Koelle. 紫花高乌头

参考文献：Sayed H M，Desai H K，Ross S A，et al. 1992. New diterpenoid alkaloids from the roots of *Aconitum septentrionale*：isolation by an ion exchange method. Journal of Natural Products，55（11）：1595-1606.

14-*O*-methylforesticine 的 NMR 数据

位置	δ_C/ppm	δ_H/ppm（J/Hz）	位置	δ_C/ppm	δ_H/ppm（J/Hz）
1	85.1 d		14	84.5 d	3.70 t（4.5）
2	26.1 t		15	42.5 t	
3	32.3 t		16	82.5 d	
4	38.6 s		17	64.1 d	
5	49.8 d		18	79.4 t	
6	72.1 d	4.35 d（7.0）	19	54.4 t	
7	54.2 d		21	49.5 t	
8	76.8 s		22	13.6 q	1.04 t（7.0）
9	45.7 d		1-OMe	56.2 q	3.26 s
10	45.4 d		14-OMe	57.4 q	3.32 s
11	48.1 s		16-OMe	56.2 q	3.33 s
12	29.5 t		18-OMe	59.6 q	3.39 s
13	36.5 d				

注：溶剂 CDCl₃；¹³C NMR：75 MHz；¹H NMR：300 MHz

化合物名称：14-*O*-methylperegrine

分子式：$C_{27}H_{43}NO_6$　　　　　　　　　分子量（$M+1$）：478

植物来源：*Delphinium gueneri* P. H. Davis

参考文献：Ulubelen A，Mericli A H，Mericli F，et al. 1993. C₁₉-diterpene alkaloids from *Delphinium gueneri*. Phytochemistry，33（1）：213-215.

14-*O*-methylperegrine 的 NMR 数据

位置	δ_C/ppm	δ_H/ppm（J/Hz）	位置	δ_C/ppm	δ_H/ppm（J/Hz）
1	84.2 d		15	36.9 t	
2	26.7 t		16	83.6 d	
3	35.6 t		17	63.6 d	
4	34.1 s		18	25.9 q	
5	41.3 d		19	57.5 t	
6	73.1 d		21	49.0 t	
7	56.3 d		22	13.3 q	
8	77.6 s		1-OMe	55.9 q	
9	46.3 d		8-OMe	47.8 q	
10	39.3 d		14-OMe	57.5 q	
11	48.4 s		16-OMe	56.3 q	
12	28.7 t		6-OAc	170.9 s	
13	42.1 d			21.7 q	
14	84.2 d				

注：溶剂 CDCl₃

化合物名称：14-*O*-methyltalatisamine

分子式：$C_{25}H_{41}NO_5$　　　　　　　　**分子量**（$M+1$）：436

植物来源：*Aconitum columbianum* Nutt.

参考文献：Boido V，Edwards O E，Handa K L，et al. 1984. Alkaloids of *Aconitum columbianum* Nutt. Canadian Journal of Chemistry，62（4）：778-784.

14-*O*-methyltalatisamine 的 NMR 数据

位置	δ_C/ppm	δ_H/ppm（J/Hz）	位置	δ_C/ppm	δ_H/ppm（J/Hz）
1	85.5 d		14	85.0 d	
2	27.0 t		15	42.7 t	
3	33.2 t		16	83.1 d	
4	38.8 s		17	62.1 d	
5	46.6 d		18	79.9 t	
6	25.9 t		19	53.8 t	
7	46.0 d		21	49.4 t	
8	74.1 s		22	13.8 q	
9	47.5 d		1-OMe	55.6 q	
10	46.0 d		14-OMe	57.4 q	
11	49.1 s		16-OMe	55.9 q	
12	29.9 t		18-OMe	59.2 q	
13	37.9 d				

注：溶剂 C_6D_6；^{13}C NMR：20 MHz

化合物名称：14α-benzoyloxy-8β-butoxy-3α, 13β, 15α-trihydroxy-1α, 6α, 16β, 18-tetramethoxyl-*N*-methylaconitane

分子式：$C_{35}H_{51}NO_{10}$　　　　　　　**分子量**（*M*+1）：646

植物来源：*Aconitum carmichaelii* Debx. 乌头

参考文献：Zong X X，Yan G，Wu J L，et al. 2017. New C_{19}-diterpenoid alkaloids from the parent roots of *Aconitum carmichaelii*. Tetrahedron Letters，58（16）：1622-1626.

14α-benzoyloxy-8β-butoxy-3α, 13β, 15α-trihydroxy-1α, 6α, 16β, 18-tetramethoxyl-*N*-methylaco-nitane 的 NMR 数据

位置	δ_C/ppm	δ_H/ppm（*J*/Hz）	位置	δ_C/ppm	δ_H/ppm（*J*/Hz）
1	82.7 d	3.15 dd（8.4, 6.0）	18	76.4 t	3.62 d（9.0）
2	33.9 t	2.34 m			3.55 d（9.0）
		2.09 m	19	49.5 t	2.81 m
3	71.4 d	3.80 d（10.2, 5.4）			2.46 d（11.4）
4	43.4 s		21	42.5 q	2.36 s
5	45.3 d	2.05 d（7.2）	1-OMe	56.4 q	3.30 s
6	83.3 d	4.08 dd（6.6, 1.2）	6-OMe	58.8 q	3.29 s
7	42.0 d	2.75 br s	16-OMe	62.5 q	3.76 s
8	82.0 s		18-OMe	59.1 q	3.33 s
9	45.2 d	2.69 t（6.0）	14-OCO	166.1 s	
10	41.4 d	2.08 m	1′	130.3 s	
11	50.6 s		2′, 6′	129.8 d	8.06 d（7.8）
12	36.1 t	2.76 m	3′, 5′	128.3 d	7.45 t（7.8）
		2.11 m	4′	132.9 d	7.55 t（7.8）
13	74.7 s		1″	61.8 t	3.46 m
14	79.5 d	4.80 d（5.4）			3.26 m
15	78.7 d	4.53 d（6.0）	2″	32.4 t	0.92 m
16	93.4 d	3.27 m	3″	19.3 t	0.88 m
17	62.4 d	2.82 m	4″	13.9 q	0.51 t（7.2）

注：溶剂 CDCl₃；¹³C NMR：150 MHz；¹H NMR：600 MHz

化合物名称：14α-benzoyloxy-8β-butoxy-N-ethyl-13α, 15α-dihydroxy-1α, 6α, 16β, 18-tetramethoxyaconitane formate

分子式：C$_{36}$H$_{54}$NO$_9$ 分子量（M^+）：644

植物来源：*Aconitum carmichaelii* Debx. 乌头

参考文献：Zong X X，Yan G，Wu J L，et al. 2017. New C$_{19}$-diterpenoid alkaloids from the parent roots of *Aconitum carmichaelii*. Tetrahedron Letters，58（16）：1622-1626.

14α-benzoyloxy-8β-butoxy-N-ethyl-13α, 15α-dihydroxy-1α, 6α, 16β, 18-tetramethoxyaconitane formate 的 NMR 数据

位置	δ_C/ppm	δ_H/ppm（J/Hz）	位置	δ_C/ppm	δ_H/ppm（J/Hz）
1	82.0 d	3.41 m	18	78.3 t	3.54 m
2	22.7 t	2.04 m			3.18 m
		1.46 m	19	56.4 t	3.36 m
3	28.8 t	2.00 m			3.27 m
		1.63 m	21	50.6 t	3.48 m
4	38.4 s		22	11.5 q	1.38 m
5	42.6 d	2.32 d（6.0）	1-OMe	56.2 q	3.36 s
6	82.1 d	4.10 d（6.0）	6-OMe	59.0 q	3.28 s
7	43.8 d	2.93 s	16-OMe	62.0 q	3.81 s
8	82.5 s		18-OMe	59.3 q	3.32 s
9	44.2 d	2.62 t（6.0）	14-OCO	166.3 s	
10	40.5 d	2.20 m	1'	130.1 s	
11	50.6 s		2', 6'	130.0 d	8.04 d（7.8）
12	36.2 t	2.27 m	3', 5'	128.6 d	7.45 t（7.8）
		1.93 m	4'	133.3 d	7.56 t（7.8）
13	74.6 s		1''	62.2 t	3.36 m
14	78.9 d	4.80 d（4.8）	2''	32.3 t	0.87 m
15	77.2 d	4.59 m	3''	19.3 t	0.85 m
16	92.8 d	3.36 m	4''	13.9 q	0.48 t（7.8）
17	64.0 d	3.41 m			

注：溶剂 CDCl$_3$；^{13}C NMR：150 MHz；^{1}H NMR：600 MHz

化合物名称：14α-benzoyloxy-8β-butoxy-N-ethyl-3α, 13β, 15α-trihydroxy-1α, 6α, 16β, 18-tetramethoxylaconitane

分子式：$C_{36}H_{53}NO_{10}$　　　　　**分子量**（$M+1$）：660

植物来源：*Aconitum carmichaelii* Debx. 乌头

参考文献：Zong X X，Yan G，Wu J L，et al. 2017. New C_{19}-diterpenoid alkaloids from the parent roots of *Aconitum carmichaelii*. Tetrahedron Letters，58（16）：1622-1626.

14α-benzoyloxy-8β-butoxy-N-ethyl-3α, 13β, 15α-trihydroxy-1α, 6α, 16β, 18-tetramethoxylaconitane 的 NMR 数据

位置	δ_C/ppm	δ_H/ppm（J/Hz）	位置	δ_C/ppm	δ_H/ppm（J/Hz）
1	82.6 d	3.18 m	18		3.48 d（9.0）
2	33.3 t	1.93 m	19	47.3 t	2.96 d（11.4）
		2.39 m			2.49 m
3	71.7 d	3.85 dd（8.4, 4.8）	21	48.9 t	2.49 m
4	43.0 s				2.71 m
5	45.4 d	2.10 m	22	13.3 q	1.13 t（7.2）
6	83.5 d	4.09 dd（6.6, 1.8）	1-OMe	55.8 q	3.29 m
7	43.0 d	2.71 d（1.8）	6-OMe	58.7 q	3.29 m
8	82.2 s		16-OMe	62.4 q	3.78 s
9	45.2 d	2.68 m	18-OMe	59.1 q	3.34 s
10	41.5 d	2.04 m	14-OCO	166.1 s	
11	50.6 s		1′	130.3 s	
12	36.1 t	2.61 dd（13.8, 4.2）	2′, 6′	129.8 d	8.06 d（7.8）
		2.10 m	3′, 5′	128.3 d	7.46 t（7.8）
13	74.7 s		4′	132.8 d	7.55 t（7.8）
14	79.5 d	4.82 d（5.4）	1″	61.8 t	3.26 m
15	78.8 d	4.55 d（6.6）			3.45 m
16	93.4 d	3.31 m	2″	32.4 t	0.93 m
17	61.1 d	2.91 m	3″	19.2 t	0.91 m
18	76.9 t	3.61 d（9.0）	4″	13.8 q	0.52 t（7.2）

注：溶剂 CDCl₃；¹³C NMR：150 MHz；¹H NMR：600 MHz

化合物名称：14α-benzoyloxy-13β, 15α-dihydroxy-1α, 6α, 8β, 16β, 18-pentame-thoxy-19-oxoaconitan

分子式：$C_{32}H_{43}NO_{10}$　　　　　　分子量（$M+1$）：602

植物来源：*Aconitum austroyunnanense* W. T. Wang 滇南乌头

参考文献：胡疆，吕涛，蔡建，等. 2019. 滇南乌头中 C₁₉-二萜生物碱化学成分研究. 中国中药杂志，44（4）：717-722.

14α-benzoyloxy-13β, 15α-dihydroxy-1α, 6α, 8β, 16β, 18-pentamethoxy-19-oxoaconitan 的 NMR 数据

位置	δ_C/ppm	δ_H/ppm（J/Hz）	位置	δ_C/ppm	δ_H/ppm（J/Hz）
1	82.8 d	3.41 t（6.0）	15	77.2 d	4.75 d（5.1）
2	26.4 t	2.12 m	16	95.0 d	3.39 d（5.1）
		1.53 m	17	62.9 d	3.45 br s
3	33.6 t	1.82 m	18	79.3 t	3.57 d（9.0）
		1.75 m			4.12 d（9.0）
4	48.0 s		19	174.8 s	
5	47.8 d	2.56 d（6.5）	21	32.3 q	3.20 s
6	84.5 d	4.05 dd（6.5, 1.9）	1-OMe	55.7 q	3.33 s
7	49.4 d	2.94 d（1.9）	6-OMe	57.8 q	3.26 s
8	83.2 s		8-OMe	50.4 q	3.17 s
9	44.6 d	2.49 dd（6.5, 5.0）	16-OMe	61.9 q	3.80 s
10	41.9 d	2.45 m	18-OMe	59.1 q	3.40 s
11	50.2 s		14-OCO	166.4 s	
12	36.7 t	2.23 dd（15.1, 13.1）	1'	131.5 s	
		2.68 dd（15.1, 6.0）	2', 6'	130.4 d	8.18 d（7.6）
13	75.7 s		3', 5'	129.2 d	7.63 t（7.6）
14	80.3 d	4.95 d（5.0）	4'	133.6 d	7.74 t（7.6）

注：溶剂 CDCl₃；¹³C NMR：125 MHz；¹H NMR：500 MHz

化合物名称：14α-benzoyloxy-N-ethyl-15α-hydroxy-1α, 6α, 8β, 16β, 18-pentame-thoxyaconitane formate

分子式：$C_{33}H_{48}NO_8$　　　　　　　　分子量（M^+）：586

植物来源：*Aconitum carmichaelii* Debx. 乌头

参考文献：Zong X X，Yan G，Wu J L，et al. 2017. New C_{19}-diterpenoid alkaloids from the parent roots of *Aconitum carmichaelii*. Tetrahedron Letters，58（16）：1622-1626.

14α-benzoyloxy-N-ethyl-15α-hydroxy-1α, 6α, 8β, 16β, 18-pentamethoxyaconitane formate 的 NMR 数据

位置	δ_C/ppm	δ_H/ppm（J/Hz）	位置	δ_C/ppm	δ_H/ppm（J/Hz）
1	80.9 d	3.50 m	17	63.2 d	3.33 m
2	22.0 t	1.37 m 1.97 m	18	78.0 t	3.58 d（7.2）
3	27.2 t	1.77 m 1.97 m			3.18 m
4	38.0 s		19	56.7 t	3.32 m
5	41.3 d	2.41 d（6.6）	21	50.8 t	3.48 m
6	81.9 d	4.17 d（6.0）	22	10.7 q	1.41 m
7	42.8 d	2.93 br s	1-OMe	55.9 q	3.37 s
8	82.1 s		6-OMe	58.8 q	3.34 s
9	44.2 d	2.47 m	8-OMe	50.4 q	3.28 s
10	43.4 d	2.16 m	16-OMe	57.2 q	3.45 s
11	50.7 s		18-OMe	59.2 q	3.33 s
12	29.3 t	1.53 m 2.21 m	14-OCO	166.1 s	
13	36.8 d	2.64 m	1'	129.9 s	
14	75.2 d	5.00 t（4.8）	2', 6'	129.8 d	8.02 d（7.8）
15	74.0 d	4.50 d（5.4）	3', 5'	128.5 d	7.45 t（7.8）
16	91.7 d	3.18 m	4'	133.1 d	7.56 t（7.8）

注：溶剂 CDCl₃；¹³C NMR：150 MHz；¹H NMR：600 MHz

化合物名称：15-deoxyaconifine trifluoroacetate

分子式：$C_{34}H_{48}NO_{11}$　　　　　　　　　　分子量（M^+）：646

植物来源：*Aconitum carmichaelii* Debx. 乌头

参考文献：Jiang B Y，Lin S，Zhu C G，et al. 2012. Diterpenoid alkaloids from the lateral root of *Aconitum carmichaelii*. Journal of Natural Products，75（6）：1145-1159.

Zhang Z T，Wang L，Chen Q F，et al. 2013. Revisions of the diterpenoid alkaloids reported in a JNP paper（2012，75，1145-1159）. Tetrahedron，69（29）：5859-5866.

15-deoxyaconifine trifluoroacetate 的 NMR 数据

位置	δ_C/ppm	δ_H/ppm（J/Hz）	位置	δ_C/ppm	δ_H/ppm（J/Hz）
1	78.0 d	4.05 s	17	66.8 d	3.36 br s
2	30.9 t	2.44 br d（16.0）	18	77.2 t	3.59 d（8.5）
		1.45 br d（16.0）			3.45 d（8.5）
3	70.2 d	4.30 br s	19	50.2 t	3.84 br d（12.0）
4	43.7 s				3.30 br d（12.0）
5	40.3 d	2.94 br d（5.0）	21	50.9 t	3.57 m
6	82.8 d	4.31 d（5.0）			3.39 m
7	49.8 d	3.36 br s	22	11.0 q	1.46 t（7.0）
8	82.7 s		1-OMe	55.3 q	3.44 s
9	53.8 d	2.88 d（5.0）	6-OMe	59.2 q	3.31 s
10	78.5 s		16-OMe	59.6 q	3.54 s
11	57.1 s		18-OMe	59.0 q	3.30 s
12	46.6 t	2.42 d（15.0）	8-OAc	170.0 s	
		2.23 d（15.0）		21.3 q	1.39 s
13	76.1 s		14-OCO	166.3 s	
14	78.7 d	5.43 d（5.0）	1′	130.9 s	
15	42.2 t	3.20 dd（16.0，9.0）	2′，6′	130.4 d	8.09 d（7.5）
		2.52 dd（16.0，6.5）	3′，5′	129.6 d	7.55 t（7.5）
16	83.0 d	3.63 dd（9.0，6.5）	4′	134.4 d	7.67 t（7.5）

注：溶剂(CD₃)₂CO；¹³C NMR：125 MHz；¹H NMR：500 MHz

化合物名称：3-deoxybeiwutine trifluoroacetate

分子式：$C_{33}H_{46}NO_{11}$　　　　　　　　**分子量**（M^+）：632

植物来源：*Aconitum carmichaelii* Debx. 乌头

参考文献：Jiang B Y，Lin S，Zhu C G，et al. 2012. Diterpenoid alkaloids from the lateral root of *Aconitum carmichaelii*. Journal of Natural Products，75（6）：1145-1159.

Zhang Z T，Wang L，Chen Q F，et al. 2013. Revisions of the diterpenoid alkaloids reported in a JNP paper（2012，75，1145-1159）. Tetrahedron，69（29）：5859-5866.

15-deoxybeiwutine trifluoroacetate 的 NMR 数据

位置	δ_C/ppm	δ_H/ppm（J/Hz）	位置	δ_C/ppm	δ_H/ppm（J/Hz）
1	79.0 d	4.01 br s	16	90.0 d	3.52 d（5.5）
2	23.2 t	2.04 br d（15.0）	17	67.2 d	3.47 br s
		1.39 dt（15.0, 4.5）	18	78.9 t	3.55 d（8.0）
3	27.6 t	2.07 dd（15.0, 4.5）			3.43 d（8.0）
4	38.6 s		19	59.2 t	3.51 br d（12.0）
5	39.3 d	1.86 dt（15.0, 4.5）			3.32 br d（12.0）
6	82.1 d	2.93 d（6.0）	21	42.7 q	3.19 s
7	45.1 d	4.31 d（6.0）	1-OMe	56.0 q	3.35 s
8	88.6 s		6-OMe	59.3 q	3.32 s
9	53.0 d	3.21 br s	16-OMe	61.6 q	3.69 s
10	78.6 s		18-OMe	59.1 q	3.30 s
11	56.4 s		8-OAc	172.9 s	
12	47.4 t	2.88 d（5.0）		21.4 q	1.50 s
		2.45 d（15.0）	14-OCO	166.1 s	
13	75.4 s		1′	130.6 s	
14	78.8 d	2.30 d（15.0）	2′, 6′	130.4 d	8.06 d（7.5）
15	80.2 d	5.42 d（5.0）	3′, 5′	129.7 d	7.56 t（7.5）
		4.60 d（5.5）	4′	134.4 d	7.69 t（7.5）

注：溶剂(CD₃)₂CO；¹³C NMR：125 MHz；¹H NMR：500 MHz

合物名称：16β-acetoxy-cardiopetaline

分子式：$C_{23}H_{35}NO_5$　　　　　　　分子量（$M+1$）：406

植物来源：*Aconitum napellus* ssp. *vulgare*

参考文献：Liu H M，Katz A. 1994. A new norditerpenoid alkaloid from seeds of *Aconitum napellus* ssp. *vulgare*. Natural Product Letters，5（2）：147-151.

16β-acetoxy-cardiopetaline 的 NMR 数据

位置	δ_C/ppm	δ_H/ppm（J/Hz）	位置	δ_C/ppm	δ_H/ppm（J/Hz）
1	72.3 d	3.72 br s	13	42.1 d	2.20 m
2	29.7 t	1.60 m	14	75.6 d	4.27 t（4.8）
3	29.4 t	1.59 m	15	41.8 t	2.05 m
		1.84 m			2.48 m
4	32.9 s		16	74.9 d	4.85 dd（9.5, 6.6）
5	46.5 d	1.60 m	17	63.2 d	2.78 s
6	25.2 t	1.63 m	18	27.6 q	0.89 s
7	45.2 d	2.05 m	19	60.3 t	2.04 d（11.5）
8	74.7 s				2.28 d（11.5）
9	46.5 d	2.22 t（3.7）	21	48.5 t	2.50 m
10	43.9 d	1.90 m	22	12.9 q	1.13 t（7.2）
11	49.0 s		16-OAc	170.1 s	
12	31.2 t	1.82 m		21.4 q	2.06 s
		2.04 m			

注：溶剂 CDCl₃；¹³C NMR：50 MHz；¹H NMR：200 MHz

化合物名称：16-*β*-hydroxycardiopetaline

分子式：$C_{21}H_{33}NO_4$　　　　　　　　分子量（$M+1$）：364

植物来源：*Aconitum variegatum* L.

参考文献：Diaz J G，Ruiza J G，Herz W. 2005. Norditerpene and diterpene alkaloids from *Aconitum variegatum*. Phytochemistry，66（7）：837-846.

16-*β*-hydroxycardiopetaline 的 NMR 数据

位置	δ_C/ppm	δ_H/ppm（J/Hz）	位置	δ_C/ppm	δ_H/ppm（J/Hz）
1	72.4 d	3.70 t（3.0）	12		1.63 m
2	29.7 t	1.58 m（2H）	13	44.0 d	2.25 m
3	31.3 t	1.72 dtd（14.5, 12.6, 6.3）	14	76.1 d	4.30 t（5.0）
		1.49 m	15	45.4 t	2.54 m
4	32.9 s				2.00 m
5	46.6 d	1.61 d（7.8）	16	72.5 d	3.83 dd（9.2, 4.3）
6	25.0 t	1.88 dd（14.8, 7.8）	17	63.2 d	2.79 br s
		1.58 m	18	27.6 q	0.87 s
7	45.5 d	2.04 br d（8.0）	19	60.3 t	2.28 d（11.1）
8	74.5 s				2.06 br d（11.1）
9	46.4 d	2.20 br t（6.0）	21	48.3 t	2.53 m
10	43.8 d	1.82 ddd（11.6, 6.2, 6.0）			2.47 m
11	48.7 s		22	13.0 q	1.10 t（7.2）
12	28.1 t	1.98 m			

注：溶剂 CDCl₃；¹³C NMR：100 MHz；¹H NMR：400 MHz

化合物名称：18-acetylcammaconine

分子式：C$_{25}$H$_{39}$NO$_6$ 分子量（$M+1$）：450

植物来源：*Aconitum piepunense* Hand.-Mazz. 中甸乌头

参考文献：Cai L，Chen D L，Liu S Y，et al. 2006. New C$_{19}$-diterpenoid alkaloids from *Aconitum piepunense*. Chemical & Pharmaceutical Bulletin，54（6）：779-781.

18-acetylcammaconine 的 NMR 数据

位置	δ_C/ppm	δ_H/ppm（J/Hz）	位置	δ_C/ppm	δ_H/ppm（J/Hz）
1	86.0 d	3.10 m	14	75.5 d	4.14 t（4.4）
2	25.6 t	1.82 m	15	38.3 t	2.12 m
		2.09 m			2.56 m
3	32.4 t	1.63 m	16	82.2 d	3.43 m
		1.82 m	17	62.6 d	3.18 br s
4	37.8 s		18	70.0 t	3.77 ABq（11.2）
5	37.5 d	2.38 m			3.81 ABq（11.2）
6	24.8 t	1.28 m	19	52.7 t	2.07 ABq（11.2）
		1.44 m			2.53 ABq（11.2）
7	45.9 d	1.69 m	21	49.3 t	2.36 m
8	72.7 s				2.46 m
9	46.9 d	2.30 m	22	13.5 q	1.06 t（7.2）
10	45.7 d	1.82 m	1-OMe	56.2 q	3.28 s
11	48.7 s		16-OMe	56.4 q	3.34 s
12	27.6 t	1.72 m	18-OAc	171.0 s	
		1.92 m		20.8 q	2.06 s
13	46.0 d	2.20 m			

注：溶剂 CDCl$_3$；^{13}C NMR：100 MHz；^{1}H NMR：400 MHz

化合物名称：19R-acetonyl-talatisamine

分子式：$C_{27}H_{43}NO_6$　　　　　　　　　**分子量**（$M+1$）：478

植物来源：*Aconitum ouvrardianum* Hand.-Mazz. 德钦乌头

参考文献：Liu W Y，He D，Zhao D K，et al. 2019. Four new C₁₉-diterpenoid alkaloids from the roots of *Aconitum ouvrardianum*. Journal of Asian Natural Products Research，21（1）：9-16.

19R-acetonyl-talatisamine 的 NMR 数据

位置	δ_C/ppm	δ_H/ppm（J/Hz）	位置	δ_C/ppm	δ_H/ppm（J/Hz）
1	86.0 d	3.07~3.09 m	15	38.2 t	2.29~2.31 m
2	26.2 t	1.89~1.91 m			2.39~2.41 m
		2.39~2.41 m	16	82.4 d	3.42~3.44 m
3	46.2 t	1.79~1.81 m	17	59.4 d	3.05~3.07 m
		2.39~2.41 m	18	79.2 t	2.88 d（9.6）
4	41.0 s				2.90 d（9.6）
5	37.7 d	2.27~2.29 m	19	56.0 d	3.13~3.15 m
6	23.8 t	1.64~1.66 m	21	44.6 t	2.18~2.20 m
		1.89~1.91 m			2.20~2.22 m
7	46.4 d	2.79~2.81 m	22	14.5 q	1.03 t（7.2）
8	73.1 s		1-OMe	56.4 q	3.18 s
9	47.9 d	2.23~2.25 m	16-OMe	56.7 q	3.42 s
10	45.5 d	2.09~2.11 m	18-OMe	59.1 q	3.21 s
11	48.0 s		1′	29.1 t	1.81~1.83 m
12	27.5 t	1.78~1.80 m			1.02~1.04 m
		1.81~1.83 m	2′	208.1 s	
13	47.2 d	1.78~1.80 m	3′	30.6 q	2.12 s
14	75.8 d	4.12 t（4.8）			

注：溶剂 CDCl₃；¹³C NMR：150 MHz；¹H NMR：600 MHz

化合物名称：acoapetaludine A

分子式：$C_{32}H_{46}N_2O_7$ 分子量（$M+1$）：571

植物来源：*Aconitum apetalum* (Huth) B. Fedtsch. 空茎乌头

参考文献：Hu Z X，Tang H Y，Yan X H，et al. 2019. Five new alkaloids from *Aconitum apetalum* (Ranunculaceae). Phytochemistry Letters，29：6-11.

acoapetaludine A 的 NMR 数据

位置	δ_C/ppm	δ_H/ppm（J/Hz）	位置	δ_C/ppm	δ_H/ppm（J/Hz）
1	86.9 d	3.19 m	16	83.8 d	3.35 m
2	27.2 t	2.05 m	17	63.6 d	3.14 br s
		2.31 m	18	70.9 t	4.07 br d（11.0）
3	33.8 t	1.50 m			3.95 br d（11.0）
		1.85 m	19	54.0 t	2.64 br d（11.0）
4	39.4 s				2.19 br d（11.0）
5	47.5 d	1.72 m	21	50.3 t	2.43 m
6	26.0 t	1.54 m			2.54 m
		1.97 m	22	13.8 q	1.08 t（7.2）
7	47.6 d	2.05 m	1-OMe	56.5 q	3.29 s
8	74.6 s		16-OMe	56.6 q	3.32 s
9	47.9 d	2.21 m	18-OCO	169.4 s	
10	47.1 d	1.81 m	1′	112.4 s	
11	50.1 s		2′	151.2 s	
12	29.4 t	1.88 m	3′	114.2 d	7.01 d（8.0）
		1.97 m	4′	135.6 d	7.39 t（8.0）
13	39.7 d	2.26 m	5′	117.7 d	6.72 t（8.0）
14	76.2 d	4.05 t（5.0）	6′	132.1 d	7.87 d（8.0）
15	40.1 t	2.37 dd（16.5, 8.8）	7′	76.4 t	4.73 d（6.6）
		1.99 m	7′-OMe	54.3 q	3.29 s

注：溶剂 CD₃OD；¹³C NMR：125 MHz；¹H NMR：500 MHz

化合物名称：acoapetaludine B

分子式：$C_{24}H_{39}NO_5$　　　　　　　　**分子量**（$M+1$）：422

植物来源：*Aconitum apetalum* (Huth) B. Fedtsch. 空茎乌头

参考文献：Hu Z X，An Q，Tang H Y，et al. 2019. Acoapetaludines A-K，C_{20} and C_{19}-diterpenoid alkaloids from the whole plants of *Aconitum apetalum* (Huth) B. Fedtsch. Phytochemistry，167：112111.

acoapetaludine B 的 NMR 数据

位置	δ_C/ppm	δ_H/ppm（J/Hz）	位置	δ_C/ppm	δ_H/ppm（J/Hz）
1	85.9 d	3.09 m	13	38.0 d	2.35 m
2	26.0 t	2.27 m	14	75.1 d	3.99 dd（11.0, 5.2）
		1.96 m	15	33.2 t	2.10 m
3	32.0 t	1.84 m			2.08 m
		1.42 m	16	82.3 d	3.36 m
4	39.0 s		17	62.9 d	3.02 br s
5	46.6 d	1.64 d（7.2）	18	69.1 t	3.40 d（11.0）
6	23.5 t	1.85 m			3.34 d（11.0）
		1.35 m	19	52.9 t	2.52 d（11.2）
7	40.1 d	2.40 m			2.14 d（11.2）
8	77.8 s		21	49.5 t	2.53 m
9	45.9 d	2.19 m			2.41 m
10	45.7 d	1.76 m	22	13.6 q	1.07 t（7.2）
11	48.9 s		1-OMe	56.4 q	3.27 s
12	28.4 t	1.88 m	8-OMe	48.3 q	3.13 s
		1.80 m	16-OMe	56.4 q	3.36 s

注：溶剂 CDCl₃； ¹³C NMR：125 MHz； ¹H NMR：500 MHz

化合物名称：acoapetaludine C

分子式：$C_{26}H_{41}NO_6$　　　　　　　　　**分子量**（$M+1$）：464

植物来源：*Aconitum apetalum* (Huth) B. Fedtsch. 空茎乌头

参考文献：Hu Z X，An Q，Tang H Y，et al. 2019. Acoapetaludines A-K，C_{20} and C_{19}-diterpenoid alkaloids from the whole plants of *Aconitum apetalum* (Huth) B. Fedtsch. Phytochemistry，167：112111.

acoapetaludine C 的 NMR 数据

位置	δ_C/ppm	δ_H/ppm（J/Hz）	位置	δ_C/ppm	δ_H/ppm（J/Hz）
1	85.7 d	3.09 dd（10.8，7.2）	14	75.1 d	3.99 dd（11.0，5.2）
2	25.9 t	2.25 m	15	33.3 t	2.09 m
		1.99 m			2.08 m
3	32.5 t	1.76 m	16	82.3 d	3.36 m
		1.34 m	17	62.6 d	3.02 br s
4	37.7 s		18	70.1 t	3.79 m
5	46.2 d	1.69 d（7.2）			3.79 m
6	23.8 t	1.87 m	19	52.6 t	2.55 d（11.2）
		1.33 m			2.41 d（11.2）
7	40.1 d	2.40 m	21	49.4 t	2.51 m
8	77.8 s				2.42 m
9	45.9 d	2.19 m	22	13.6 q	1.07 t（7.2）
10	45.6 d	1.74 m	1-OMe	56.4 q	3.27 s
11	48.9 s		8-OMe	48.3 q	3.13 s
12	28.4 t	1.97 m	16-OMe	56.4 q	3.35 s
		1.82 m	18-OAc	171.2 s	
13	38.0 d	2.35 m		20.9 q	2.05 s

注：溶剂 CDCl₃；¹³C NMR：125 MHz；¹H NMR：500 MHz

化合物名称：acoapetaludine D

分子式：$C_{30}H_{41}NO_7$　　　　　　　　分子量（$M+1$）：528

植物来源：*Aconitum apetalum* (Huth) B. Fedtsch. 空茎乌头

参考文献：Hu Z X，An Q，Tang H Y，et al. 2019. Acoapetaludines A-K，C_{20} and C_{19}-diterpenoid alkaloids from the whole plants of *Aconitum apetalum* (Huth) B. Fedtsch. Phytochemistry，167：112111.

acoapetaludine D 的 NMR 数据

位置	δ_C/ppm	δ_H/ppm（J/Hz）	位置	δ_C/ppm	δ_H/ppm（J/Hz）
1	86.0 d	3.13 dd（10.8, 7.2）	18	70.6 t	4.13 d（11.0）
2	25.7 t	2.32 m 2.04 m			4.01 d（11.0）
3	32.8 t	1.87 m 1.44 m	19	52.8 t	2.64 br d（11.2）
4	38.3 s				2.19 br d（11.2）
5	46.1 d	1.71 d（7.2）	21	49.5 t	2.55 m 2.43 m
6	25.0 t	2.04 m 1.51 m	22	13.7 q	1.08 t（7.2）
7	46.0 d	2.15 m	1-OMe	56.4 q	3.28 s
8	72.7 s		16-OMe	56.5 q	3.34 s
9	47.0 d	2.29 m	18-OCO	170.1 s	
10	45.7 d	1.75 m	1′	112.5 s	
11	48.9 s		2′	161.7 s	
12	27.7 t	1.85 m	3′	117.7 d	6.99 d（8.0）
13	37.5 d	2.37 m	4′	135.7 d	7.47 t（8.0）
14	75.5 d	4.14 m	5′	119.2 d	6.89 t（8.0）
15	38.3 t	2.44 m 2.09 m	6′	129.7 d	7.80 d（8.0）
16	82.2 d	3.43 m	OH		10.75 s
17	62.7 d	3.22 br s			

注：溶剂 CDCl₃；¹³C NMR：125 MHz；¹H NMR：500 MHz

化合物名称：acoapetaludine E

分子式：C$_{31}$H$_{43}$NO$_7$　　　　　　　　　分子量（$M+1$）：542

植物来源：*Aconitum apetalum* (Huth) B. Fedtsch. 空茎乌头

参考文献：Hu Z X，An Q，Tang H Y，et al. 2019. Acoapetaludines A-K，C$_{20}$ and C$_{19}$-diterpenoid alkaloids from the whole plants of *Aconitum apetalum* (Huth) B. Fedtsch. Phytochemistry，167：112111.

acoapetaludine E 的 NMR 数据

位置	δ_C/ppm	δ_H/ppm（J/Hz）	位置	δ_C/ppm	δ_H/ppm（J/Hz）
1	85.6 d	3.13 dd（10.8，7.2）	18	70.7 t	4.11 d（11.0）
2	26.0 t	2.03 m 2.30 m			4.04 d（11.0）
3	32.7 t	1.48 m 1.94 m	19	52.6 t	2.65 br d（11.2）
4	38.2 s				2.17 br d（11.2）
5	46.2 d	1.71 d（7.2）	21	49.3 t	2.44 m 2.54 m
6	24.0 t	1.43 m 1.95 m	22	13.6 q	1.09 t（7.2）
7	40.2 d	2.44 m	1-OMe	56.4 q	3.28 s
8	77.8 s		8-OMe	48.3 q	3.14 s
9	45.9 d	2.21 m	16-OMe	56.4 q	3.37 s
10	45.6 d	1.82 m	18-OCO	170.1 s	
11	49.0 s		1′	112.4 s	
12	28.4 t	1.87 m 1.98 m	2′	161.7 s	
13	38.0 d	2.35 m	3′	117.7 d	6.99 d（8.0）
14	75.0 d	4.00 m	4′	135.8 d	7.46 t（8.0）
15	33.3 t	2.21 m	5′	119.2 d	6.90 t（8.0）
16	82.3 d	3.38 m	6′	129.7 d	7.80 d（8.0）
17	62.5 d	3.73 br s	OH		10.75 s

注：溶剂 CDCl$_3$；^{13}C NMR：125 MHz；^{1}H NMR：500 MHz

化合物名称：acoapetaludine F

分子式：$C_{30}H_{41}NO_6$　　　　　　　**分子量**（$M+1$）：512

植物来源：*Aconitum apetalum* (Huth) B. Fedtsch. 空茎乌头

参考文献：Hu Z X，An Q，Tang H Y，et al. 2019. Acoapetaludines A-K，C_{20} and C_{19}-diterpenoid alkaloids from the whole plants of *Aconitum apetalum* (Huth) B. Fedtsch. Phytochemistry，167：112111.

acoapetaludine F 的 NMR 数据

位置	δ_C/ppm	δ_H/ppm（J/Hz）	位置	δ_C/ppm	δ_H/ppm（J/Hz）
1	86.1 d	3.13 dd（10.8, 7.2）	15	38.3 t	2.43 m
2	25.7 t	2.31 m			2.08 m
		2.02 m	16	82.2 d	3.44 m
3	32.8 t	1.88 m	17	62.8 d	3.21 br s
		1.44 m	18	70.5 t	4.08 d（11.0）
4	38.3 s				4.01 d（11.0）
5	46.2 d	1.72 d（7.2）	19	52.9 t	2.65 br d（11.2）
6	25.0 t	2.04 m			2.20 br d（11.2）
		1.53 m	21	49.5 t	2.55 m
7	46.0 d	2.15 m			2.43 m
8	72.8 s		22	13.7 q	1.08 t（7.2）
9	47.0 d	2.30 m	1-OMe	56.4 q	3.28 s
10	45.8 d	1.75 m	16-OMe	56.5 q	3.35 s
11	48.9 s		18-OCO	166.5 s	
12	27.7 t	1.86 m	1′	130.3 s	
		1.84 m	2′, 6′	129.6 d	8.02 d（8.0）
13	37.5 d	2.37 m	3′, 5′	128.4 d	7.45 d（8.0）
14	75.6 d	4.14 dd（11.0, 5.2）	4′	133.0 d	7.56 t（8.0）

注：溶剂 CDCl₃；¹³C NMR：125 MHz；¹H NMR：500 MHz

化合物名称：acoapetaludine G

分子式：$C_{31}H_{44}N_2O_6$　　　　　　分子量（$M+1$）：541

植物来源：*Aconitum apetalum* (Huth) B. Fedtsch. 空茎乌头

参考文献：Hu Z X，An Q，Tang H Y, et al. 2019. Acoapetaludines A-K，C₂₀ and C₁₉-diterpenoid alkaloids from the whole plants of *Aconitum apetalum* (Huth) B. Fedtsch. Phytochemistry，167：112111.

acoapetaludine G 的 NMR 数据

位置	δ_C/ppm	δ_H/ppm（J/Hz）	位置	δ_C/ppm	δ_H/ppm（J/Hz）
1	85.7 d	3.12 m	18	69.7 t	4.03 d（11.0）
2	26.0 t	2.01 m 2.28 m			3.94 d（11.0）
3	32.8 t	1.45 m 1.86 m	19	52.8 t	2.62 br d（11.2）
4	38.2 s				2.15 br d（11.2）
5	46.3 d	1.69 d（7.2）	21	49.4 t	2.52 m 2.42 m
6	24.0 t	1.42 m 1.92 m	22	13.6 q	1.08 t（7.2）
7	40.1 d	2.42 m	1-OMe	56.4 q	3.27 s
8	77.8 s		8-OMe	48.3 q	3.13 s
9	45.9 d	2.19 m	16-OMe	56.4 q	3.35 s
10	45.5 d	1.78 m	18-OCO	168.0 s	
11	49.0 s		1′	110.7 s	
12	28.5 t	1.84 m 1.98 m	2′	150.6 s	
13	38.0 d	2.34 m	3′	116.2 d	6.65 d（8.0）
14	75.1 d	3.99 dd（11.0, 5.2）	4′	134.2 d	7.26 t（8.0）
15	33.3 t	2.09 m（2H）	5′	116.8 d	6.64 t（8.0）
16	82.3 d	3.37 m	6′	131.0 d	7.80 d（8.0）
17	62.6 d	3.03 br s			

注：溶剂 CDCl₃；¹³C NMR：125 MHz；¹H NMR：500 MHz

化合物名称：acoapetaludine H

分子式：$C_{28}H_{35}NO_6$　　　　　　　　**分子量**（$M+1$）：482

植物来源：*Aconitum apetalum* (Huth) B. Fedtsch. 空茎乌头

参考文献：Hu Z X，An Q，Tang H Y，et al. 2019. Acoapetaludines A-K，C_{20} and C_{19}-diterpenoid alkaloids from the whole plants of *Aconitum apetalum* (Huth) B. Fedtsch. Phytochemistry，167：112111.

acoapetaludine H 的 NMR 数据

位置	δ_C/ppm	δ_H/ppm（J/Hz）	位置	δ_C/ppm	δ_H/ppm（J/Hz）
1	84.6 d	3.23 m	13	37.3 d	2.42 m
2	25.6 t	2.03 m	14	75.5 d	4.17 m
		1.42 m	15	37.5 t	2.64 dd（17.5, 8.5）
3	28.1 t	1.87 m			2.10 m
		1.47 m	16	82.0 d	3.50 m
4	50.1 s		17	62.8 d	4.23 br s
5	43.0 d	1.79 m	18	67.2 t	4.42 d（11.2）
6	26.0 t	2.11 m			4.40 d（11.2）
		1.56 dd（14.7, 7.5）	19	163.6 d	7.44 s
7	52.3 d	2.19 m	1-OMe	56.2 q	3.24 s
8	72.3 s		16-OMe	56.6 q	3.36 s
9	46.3 d	2.22 m	18-OCO	166.3 s	
10	46.3 d	1.77 m	1′	129.8 s	
11	47.7 s		2′, 6′	129.6 d	8.03 d（8.0）
12	27.2 t	1.83 m	3′, 5′	128.5 d	7.46 t（8.0）
		1.74 m	4′	133.3 d	7.58 t（8.0）

注：溶剂 $CDCl_3$；¹³C NMR：125 MHz；¹H NMR：500 MHz

化合物名称：acoapetaludine I

分子式：$C_{29}H_{37}NO_6$　　　　　　　　分子量（$M+1$）：496

植物来源：*Aconitum apetalum* (Huth) B. Fedtsch. 空茎乌头

参考文献：Hu Z X，An Q，Tang H Y，et al. 2019. Acoapetaludines A-K，C_{20} and C_{19}-diterpenoid alkaloids from the whole plants of *Aconitum apetalum* (Huth) B. Fedtsch. Phytochemistry，167：112111.

acoapetaludine I 的 NMR 数据

位置	δ_C/ppm	δ_H/ppm（J/Hz）	位置	δ_C/ppm	δ_H/ppm（J/Hz）
1	83.4 d	3.27 m	14	75.1 d	4.04 m
2	24.4 t	1.89 m	15	32.4 t	2.34 dd (17.5, 8.5)
		1.55 m			2.14 m
3	27.4 t	1.82 m	16	81.9 d	3.45 m
		1.58 m	17	62.5 d	4.01 br s
4	49.1 s		18	67.2 t	4.41 d (11.2)
5	42.1 d	1.83 m			4.39 d (11.2)
6	24.5 t	1.99 dd (14.7, 7.5)	19	163.8 d	7.44 s
		1.48 dd (14.7, 7.5)	1-OMe	56.3 q	3.24 s
7	47.4 d	2.50 m	8-OMe	48.5 q	3.12 s
8	77.2 s		16-OMe	56.5 q	3.38 s
9	44.9 d	2.14 m	18-OCO	166.4 s	
10	45.6 d	1.89 m	1′	129.8 s	
11	48.7 s		2′, 6′	129.6 d	8.03 d (8.0)
12	28.1 t	1.88 m	3′, 5′	128.6 d	7.47 t (8.0)
		1.67 m	4′	133.3 d	7.59 t (8.0)
13	37.9 d	2.42 m			

注：溶剂 CDCl₃；¹³C NMR：125 MHz；¹H NMR：500 MHz

化合物名称：acoapetaludine J

分子式：$C_{28}H_{35}NO_7$　　　　　　　　分子量（$M+1$）：498

植物来源：*Aconitum apetalum* (Huth) B. Fedtsch. 空茎乌头

参考文献：Hu Z X，An Q，Tang H Y, et al. 2019. Acoapetaludines A-K，C_{20} and C_{19}-diterpenoid alkaloids from the whole plants of *Aconitum apetalum* (Huth) B. Fedtsch. Phytochemistry，167：112111.

acoapetaludine J 的 NMR 数据

位置	δ_C/ppm	δ_H/ppm（J/Hz）	位置	δ_C/ppm	δ_H/ppm（J/Hz）
1	84.5 d	3.23 m	15		2.11 m
2	25.5 t	1.44 m 2.03 m	16	82.0 d	3.50 m
3	28.0 t	1.47 m 1.82 m	17	62.9 d	4.24 br s
4	50.0 s		18	67.4 t	4.45 d（11.2）
5	42.9 d	1.77 m			4.42 d（11.2）
6	26.1 t	2.10 m	19	163.1 d	7.41 s
7	52.3 d	1.52 dd（14.7, 7.5） 2.18 m	1-OMe	56.2 q	3.24 s
8	72.2 s		16-OMe	56.6 q	3.36 s
9	46.3 d	2.21 m	18-OCO	169.9 s	
10	46.3 d	1.77 m	1′	112.1 s	
11	47.7 s		2′	161.8 s	
12	27.2 t	1.74 m 1.87 m	3′	117.8 d	7.80 d（8.0）
13	37.3 d	2.41 m	4′	136.1 d	7.48 t（8.0）
14	75.4 d	4.17 m	5′	119.3 d	6.90 t（8.0）
15	37.6 t	2.63 dd（17.5, 8.5）	6′	129.6 d	7.80 d（8.0）

注：溶剂 CDCl$_3$；^{13}C NMR：125 MHz；^{1}H NMR：500 MHz

化合物名称：acoapetaludine K

分子式：C$_{31}$H$_{42}$N$_2$O$_7$ 分子量（$M+1$）：555

植物来源：*Aconitum apetalum* (Huth) B. Fedtsch. 空茎乌头

参考文献：Hu Z X，An Q，Tang H Y，et al. 2019. Acoapetaludines A-K，C$_{20}$ and C$_{19}$-diterpenoid alkaloids from the whole plants of *Aconitum apetalum* (Huth) B. Fedtsch. Phytochemistry，167：112111.

acoapetaludine K 的 NMR 数据

位置	δ_C/ppm	δ_H/ppm（J/Hz）	位置	δ_C/ppm	δ_H/ppm（J/Hz）
1	83.4 d	3.27 m	17	61.9 d	3.54 br s
2	26.0 t	1.41 m 2.14 m	18	65.9 t	4.67 d（11.5）
3	31.1 t	1.63 m 2.01 m			4.49 d（11.5）
4	50.4 s		19	170.8 s	
5	44.1 d	1.96 m	21	41.5 t	2.86 m 3.93 m
6	25.7 t	1.58 m，2.18 m	22	13.1 q	1.09 t（7.2）
7	47.7 d	2.38 m	1-OMe	56.5 q	3.38 s
8	76.2 s		8-OMe	48.5 q	3.14 s
9	44.9 d	2.19 m	16-OMe	55.8 q	3.25 s
10	45.7 d	1.89 m	18-OCO	167.6 s	
11	47.6 s		1′	110.6 s	
12	27.1 t	1.86 dd（14.7, 6.9）	2′	150.7 s	
		1.73 dd（14.7, 6.9）	3′	116.8 d	6.67 d（8.0）
13	36.5 d	2.46 m	4′	134.2 d	7.27 t（8.0）
14	74.8 d	3.98 m	5′	116.2 d	6.65 t（8.0）
15	30.4 t	2.04 m 2.19 m	6′	130.9 d	7.80 d（8.0）
16	81.6 d	3.49 m			

注：溶剂 CDCl$_3$；^{13}C NMR：125 MHz；^{1}H NMR：500 MHz

化合物名称：acobretine A

分子式：$C_{33}H_{46}N_2O_7$　　　　　　　分子量（$M+1$）：583

植物来源：*Aconitum brevicalcaratum* Diels　短距乌头

参考文献：李英和，陈迪华. 1994. 短距乌头根的生物碱成分 I. 化学学报，52（2）：204-208.

acobretine A 的 NMR 数据

位置	δ_C/ppm	δ_H/ppm（J/Hz）	位置	δ_C/ppm	δ_H/ppm（J/Hz）
1	85.9 d		18		4.01 ABq（11.0）
2	26.4 t		19	52.6 t	
3	32.7 t		21	49.1 t	
4	37.9 s		22	13.4 q	1.15 t（7.0）
5	45.8 d		1-OMe	56.1 q	3.34 s
6	25.2 t		14-OMe	57.6 q	3.28 s
7	41.5 d		16-OMe	56.5 q	3.40 s
8	85.1 s		8-OAc	169.4 s	
9	41.5 d			22.5 q	1.96 s
10	37.4 d		18-OCO	167.5 s	
11	48.9 s		1′	110.3 s	
12	29.1 t		2′	150.4 s	
13	45.2 d		3′	116.5 d	6.64 m
14	83.1 d	3.57 t（4.5）	4′	133.9 d	7.27 t（9.0）
15	39.7 t		5′	115.9 d	6.64 m
16	83.2 d		6′	130.6 d	7.83 dd（9.0, 2.0）
17	61.5 d		NH₂		5.76 br s（2H）
18	69.4 t	3.91 ABq（11.0）			

注：溶剂 CDCl₃；¹³C NMR：25 MHz；¹H NMR：100 MHz

化合物名称：acobretine B

分子式：C$_{33}$H$_{48}$N$_2$O$_6$　　　　　　　　　　分子量（$M+1$）：569

植物来源：*Aconitum brevicalcaratum* Diels 短距乌头

参考文献：李英和，陈迪华. 1994. 短距乌头根的生物碱成分 I. 化学学报，52（2）：204-208.

acobretine B 的 NMR 数据

位置	δ_C/ppm	δ_H/ppm（J/Hz）	位置	δ_C/ppm	δ_H/ppm（J/Hz）
1	85.2 d		18		4.03 ABq（11.0）
2	26.3 t		19	52.6 t	
3	32.5 t		21	49.0 t	
4	37.8 s		22	13.4 q	1.16 t（7.0）
5	45.5 d		1-OMe	56.1 q	3.28 s
6	24.3 t		14-OMe	57.4 q	3.36 s
7	42.6 d		16-OMe	56.1 q	3.38 s
8	76.8 s		8-OEt	55.1 t	
9	40.7 d			16.0 q	1.16 t（7.0）
10	35.9 d		18-OCO	167.5 s	
11	49.0 s		1′	110.3 s	
12	29.2 t		2′	150.2 s	
13	45.5 d		3′	116.3 d	6.64 m
14	83.6 d		4′	133.6 d	7.27 t（8.0）
15	39.0 t		5′	115.7 d	6.64 m
16	83.5 d		6′	130.5 d	7.80 dd（8.0, 2.0）
17	61.2 d		NH$_2$		5.74 br s（2H）
18	69.6 t	3.95 ABq（11.0）			

注：溶剂 CDCl$_3$；^{13}C NMR：25 MHz；^{1}H NMR：100 MHz

化合物名称：acobretine C

分子式：C$_{35}$H$_{50}$N$_2$O$_7$　　　　　　　　分子量（$M+1$）：611

植物来源：*Aconitum brevicalcaratum* Diels 短距乌头

参考文献：李英和，陈迪华. 1994. 短距乌头根的生物碱成分Ⅰ. 化学学报，52（2）：204-208.

acobretine C 的 NMR 数据

位置	δ_C/ppm	δ_H/ppm（J/Hz）	位置	δ_C/ppm	δ_H/ppm（J/Hz）
1	85.6 d		19	53.0 t	
2	26.4 t		21	49.2 t	
3	32.7 t		22	13.5 q	1.17 t（7.0）
4	38.0 s		1-OMe	56.3 q	3.30 s
5	45.8 d		14-OMe	57.7 q	3.32 s
6	24.6 t		16-OMe	56.3 q	3.37 s
7	42.9 d		8-OEt	55.5 t	
8	77.4 s			16.3 q	1.11 t（7.0）
9	41.1 d		18-OCO	167.9 s	
10	36.2 d		1′	114.7 s	
11	49.2 s		2′	141.5 s	
12	29.5 t		3′	120.3 d	8.70 d（8.3）
13	45.8 d		4′	134.6 d	7.51 m
14	83.8 d		5′	122.3 d	7.09 t（8.3）
15	39.3 t		6′	130.3 d	7.97 dd（8.2，1.5）
16	83.8 d		NH		11.03 br s
17	61.3 d		1″	168.7 s	
18	70.8 t	4.02 ABq（11.0）	2″	25.4 q	2.23 s
		4.09 ABq（11.0）			

注：溶剂 CDCl$_3$；^{13}C NMR：25 MHz；^{1}H NMR：100 MHz

化合物名称：acobretine D

分子式：C$_{35}$H$_{48}$N$_2$O$_8$ **分子量**（$M+1$）：625

植物来源：*Aconitum brevicalcaratum* Diels 短距乌头

参考文献：李英和，陈迪华. 1994. 短距乌头根的两个新二萜生物碱. 植物学报，36（2）：148-152.

acobretine D 的 NMR 数据

位置	δ_C/ppm	δ_H/ppm（J/Hz）	位置	δ_C/ppm	δ_H/ppm（J/Hz）
1	85.9 d		19	52.6 t	
2	26.4 t		21	49.1 t	
3	32.7 t		22	13.4 q	1.08 t（7.0）
4	37.9 s		1-OMe	56.1 q	3.24 s
5	45.8 d		14-OMe	57.6 q	3.30 s
6	25.2 t		16-OMe	56.5 q	3.36 s
7	41.5 d		8-OAc	169.6 s	
8	85.1 s			22.1 q	1.96 s
9	41.5 d		18-OCO	168.1 s	
10	37.4 d		1′	114.8 s	
11	48.9 s		2′	141.7 s	
12	29.1 t		3′	120.4 d	8.64 d（7.7）
13	45.2 d		4′	134.7 d	7.51 t（7.8）
14	83.1 d		5′	122.4 d	7.07 t（7.8）
15	39.7 t		6′	130.4 d	7.94 d（7.8）
16	83.2 d		NH		11.03 br s
17	61.5 d		1″	169.0 s	
18	69.4 t	3.97 ABq（11.0）	2″	25.4 q	2.23 s
		4.02 ABq（11.0）			

注：溶剂 CDCl$_3$；^{13}C NMR：50 MHz；^{1}H NMR：200 MHz

化合物名称：acobretine E

分子式：$C_{30}H_{42}N_2O_6$　　　　　　　**分子量（$M+1$）**：527

植物来源：*Aconitum brevicalcaratum* Diels　短距乌头

参考文献：李英和，陈迪华. 1994. 短距乌头根的两个新二萜生物碱. 植物学报，36（2）：148-152.

acobretine E 的 NMR 数据

位置	δ_C/ppm	δ_H/ppm（J/Hz）	位置	δ_C/ppm	δ_H/ppm（J/Hz）
1	85.9 d		18	69.5 t	3.90 ABq（11.0）
2	25.6 t				3.98 ABq（11.0）
3	32.5 t		19	52.8 t	
4	38.2 s		21	49.3 t	
5	46.0 d		22	13.5 q	1.04 t（7.0）
6	24.8 t		1-OMe	56.3 q	3.23 s
7	45.8 d		16-OMe	56.1 q	3.30 s
8	72.6 s		18-OCO	167.6 s	
9	46.8 d		1′	110.6 s	
10	37.5 d		2′	150.5 s	
11	48.7 s		3′	116.6 d	6.60 m
12	27.6 t		4′	133.9 d	7.23 t（7.8）
13	45.5 d		5′	116.0 d	6.60 m
14	75.3 d	4.11 dd（4.5）	6′	130.8 d	7.77 d（7.8）
15	38.2 t		NH_2		5.75 br s
16	82.1 d		14-OH		4.77 br d
17	62.5 d		8-OH		3.61 br s

注：溶剂 $CDCl_3$；^{13}C NMR：50 MHz；^1H NMR：200 MHz

化合物名称：acofamine A

分子式：C$_{32}$H$_{45}$NO$_9$　　　　　　　　　分子量（$M+1$）：588

植物来源：*Aconitum karakolicum* Rapaics 多根乌头

参考文献：Atta-ur-Rahman，Wahab A T，Sultankhodzhaev M N，et al. 2005. Norditerpenoid alkaloids from *Aconitum karakolicum* Rapaics. Natural Product Research，19（7）：713-718.

acofamine A 的 NMR 数据

位置	δ_C/ppm	δ_H/ppm（J/Hz）	位置	δ_C/ppm	δ_H/ppm（J/Hz）
1	80.0 d	3.36 hidden	17	64.3 d	3.57 br s
2	31.8 t	2.30 dt（10.8，5.3）	18	77.2 t	3.61 d（12.4）
		1.71 dt（9.6，4.4）			3.57 d（12.4）
3	69.7 d	3.97 dd（9.6，5.0）	19	50.5 t	3.11 d（11.0）
4	43.2 s				2.84 d（11.0）
5	43.1 d	2.03 br s	21	49.9 t	2.94 m
6	81.7 d	4.20 d（6.5）			2.66 m
7	48.0 d	2.43 m	22	11.0 q	1.16 t（7.1）
8	78.2 s		1-OMe	55.0 q	3.27 s
9	43.8 d	2.45 dd（6.4，4.4）	6-OMe	58.4 q	3.36 s
10	44.0 d	2.15 d（6.4）	16-OMe	57.5 q	3.35 s
11	50.0 s		18-OMe	59.1 q	3.25 s
12	28.6 t	2.52 m	14-OCO	166.3 s	
		1.90 m	1′	130.1 s	
13	38.6 d	2.58 m	2′，6′	130.0 d	8.00 m
14	75.4 d	5.03 t（4.5）	3′，5′	128.4 d	7.40 m
15	78.7 d	4.48 d（6.5）	4′	132.8 d	7.51 m
16	89.3 d	3.05 m			

注：溶剂 CDCl$_3$；^{13}C NMR：125 MHz；^{1}H NMR：300 MHz

化合物名称：acofamine B

分子式：C$_{32}$H$_{45}$NO$_9$　　　　　　　　　分子量（M + 1）：588

植物来源：*Aconitum karakolicum* Rapaics 多根乌头

参考文献：Atta-ur-Rahman，Wahab A T，Sultankhodzhaev M N，et al. 2005. Norditerpenoid alkaloids from *Aconitum karakolicum* Rapaics. Natural Product Research，19（7）：713-718.

acofamine B 的 NMR 数据

位置	δ_C/ppm	δ_H/ppm（J/Hz）	位置	δ_C/ppm	δ_H/ppm（J/Hz）
1	82.4 d	3.05 t (5.8)	16	90.7 d	3.18（6.8）
2	33.0 t	2.29 m	17	60.9 d	2.89 br s
		1.80 m	18	29.2 q	1.17 s
3	71.9 d	3.84 dd（10.0, 4.6）	19	53.8 t	2.54 br s
4	43.0 s				2.76 d（10.9）
5	47.6 d	2.21 br s	21	48.9 t	2.63 m
6	83.5 d	4.02 d（6.4）			2.33 m
7	46.0 d	2.06 m	22	13.2 q	1.02 t（7.0）
8	78.6 s		1-OMe	55.7 q	3.14 s
9	46.0 d	2.47 d（6.4）	6-OMe	59.1 q	3.22 s
10	41.9 d	2.07 m	8-OMe	58.0 q	3.22 s
11	50.4 s		16-OMe	61.6 q	3.63 s
12	35.9 t	2.09 m	14-OCO	166.2 s	
		2.49 m	1′	129.8 s	
13	74.7 s		2′, 6′	129.8 d	7.93 m
14	79.7 d	4.91 d（4.9）	3′, 5′	128.4 d	7.33 m
15	81.8 d	4.46 d（6.8）	4′	133.1 d	7.47 m

注：溶剂 CDCl$_3$；^{13}C NMR：125 MHz；^{1}H NMR：300 MHz

化合物名称：acoforesticine

分子式：C$_{33}$H$_{47}$NO$_8$ **分子量**（$M+1$）：586

植物来源：*Aconitum forrestii* Stapf 丽江乌头

参考文献：Pelletier S W，Joshi B S，Glinski J A，et al. 1987. The structures of four new C$_{19}$-diterpenoid alkaloids from *Aconitum forrestii* Stapf. Heterocycles，25（1）：365-376.

acoforesticine 的 NMR 数据

位置	δ_C/ppm	δ_H/ppm （J/Hz）	位置	δ_C/ppm	δ_H/ppm （J/Hz）
1	85.4 d		17	61.9 d	
2	26.2 t		18	80.7 t	
3	34.8 t		19	54.0 t	
4	39.2 s		21	49.6 t	
5	49.1 d		22	13.5 q	1.08 t (7.5)
6	82.7 d	4.14 d (6.5)	1-OMe	56.2 q	3.20 s
7	46.9 d		6-OMe	57.6 q	3.26 s
8	73.8 s		16-OMe	56.0 q	3.29 s
9	49.1 d		18-OMe	59.2 q	3.30 s
10	45.1 d		14-OCO	166.2 s	
11	50.3 s		1′	122.8 s	
12	29.1 t		2′, 6′	131.6 d	7.95 d (9.0)
13	41.3 d		3′, 5′	113.7 d	6.92 d (9.0)
14	76.7 d	5.11 t (5.0)	4′	163.3 s	
15	36.9 t		4′-OMe	55.4 q	3.84 s
16	81.7 d				

注：溶剂 CDCl$_3$；^{13}C NMR：50 MHz；^{1}H NMR：200 MHz

化合物名称：acoforestine

分子式：C$_{35}$H$_{51}$NO$_9$　　　　　　　　分子量（$M+1$）：630

植物来源：*Aconitum forrestii* Stapf 丽江乌头

参考文献：Pelletier S W，Joshi B S，Glinski J A，et al. 1987. The structures of four new C$_{19}$-diterpenoid alkaloids from *Aconitum forrestii* Stapf. Heterocycles，25（1）：365-376.

acoforestine 的 NMR 数据

位置	δ_C/ppm	δ_H/ppm（J/Hz）	位置	δ_C/ppm	δ_H/ppm（J/Hz）
1	85.4 d		18	80.4 t	
2	26.4 t		19	54.2 t	
3	34.8 t		21	49.6 t	
4	39.3 s		22	13.5 q	1.09 t（7.5）
5	48.7 d		1-OMe	56.1 q	3.26 s
6	84.5 d	4.1 d（7）	6-OMe	59.8 q	3.26 s
7	46.7 d		16-OMe	58.8 q	3.29 s
8	78.3 s		18-OMe	59.1 q	3.50 s
9	49.1 d		8-OEt	55.9 t	
10	41.7 d			15.3 q	
11	50.9 s		14-OCO	166.4 s	
12	37.3 t		1′	123.8 s	
13	75.6 s		2′, 6′	131.9 d	8.00 ABq（9）
14	79.3 d	4.81 d（5）	3′, 5′	113.6 d	6.88 ABq（9）
15	36.8 t		4′	163.3 s	
16	83.3 d		4′-OMe	55.4 q	3.84 s
17	61.3 d				

注：溶剂 CDCl$_3$；^{13}C NMR：50 MHz；^{1}H NMR：200 MHz

化合物名称：acoforine

分子式：$C_{28}H_{45}NO_6$　　　　　　　　**分子量**（$M+1$）：492

植物来源：*Aconitum forrestii* Stapf 丽江乌头

参考文献：Pelletier S W，Joshi B S，Glinski J A，et al. 1987. The structures of four new C₁₉-diterpenoid alkaloids from *Aconitum forrestii* Stapf. Heterocycles，25（1）：365-376.

acoforine 的 NMR 数据

位置	δ_C/ppm	δ_H/ppm（J/Hz）	位置	δ_C/ppm	δ_H/ppm（J/Hz）
1	85.5 d		15	36.3 t	
2	26.3 t		16	83.4 d	
3	32.4 t		17	61.7 d	
4	38.1 s		18	79.7 t	
5	40.9 d		19	53.1 t	
6	24.0 t		21	49.3 t	
7	43.1 d		22	13.5 q	1.07 t（7.5）
8	77.5 s		1-OMe	56.2 q	3.23 s
9	45.7 d		16-OMe	56.2 q	3.24 s
10	45.1 d		18-OMe	59.4 q	3.26 s
11	49.0 s		8-OEt	55.6 t	
12	28.9 t			16.3 q	
13	38.3 d		14-OAc	171.4 s	
14	75.8 d	4.65 t（4.5）		21.4 q	

注：溶剂 CDCl₃；¹³C NMR：50 MHz；¹H NMR：200 MHz

化合物名称：acoleareine

分子式：$C_{29}H_{45}NO_8$　　　　　　　分子量（$M+1$）：536

植物来源：*Aconitum cochleare* Worosch.

参考文献：Kolak U，Turkekul A，Ozgokce F，et al. 2005. Two new diterpenoid alkaloids from *Aconitum cochleare*. Pharmazie，60（12）：953-955.

acoleareine 的 NMR 数据

位置	δ_C/ppm	δ_H/ppm（J/Hz）	位置	δ_C/ppm	δ_H/ppm（J/Hz）
1	84.0 d	3.20 dd（10.0, 7.0）	17	63.8 d	2.92 d（2.0）
2	27.3 t		18	80.1 t	3.65 d（10.0）
3	37.5 t				3.50 d（10.0）
4	34.1 s		19	57.4 t	3.04 d（12.7）
5	56.4 d	1.40 br s			2.59 d（12.7）
6	73.4 d	5.27 t（7.0）	21	48.5 t	2.25 m
7	42.0 d	2.62 d（7.2）	22	13.4 q	0.83 t（7.0）
8	78.5 s		1-OMe	56.0 q	3.15 s
9	40.9 d		8-OMe	47.9 q	3.29 s
10	45.9 d		16-OMe	56.4 q	3.19 s
11	48.4 s		18-OMe	59.2 q	3.29 s
12	27.9 t		6-OAc	171.0 s	
13	39.0 d			22.0 q	1.99 s
14	76.4 d	4.80 t（4.5）	14-OAc	172.1 s	
15	35.6 t			21.5 q	2.10 s
16	83.9 d				

注：溶剂 CDCl₃；¹³C NMR：100 MHz；¹H NMR：400 MHz

化合物名称：aconicarmichoside A

分子式：C$_{29}$H$_{47}$NO$_{10}$ 分子量（$M+1$）：570

植物来源：*Aconitum carmichaelii* Debx. 乌头

参考文献：Meng X H，Guo Q L，Zhu C G，et al. 2017. Unprecedented C$_{19}$-diterpenoid alkaloid glycosides from an aqueous extract of "fu zi"：neoline 14-*O*-L-arabinosides with four isomeric L-anabinosyls. Chinese Chemical Letters，28（8）：1705-1710.

aconicarmichoside A 的 NMR 数据

位置	δ_C/ppm	δ_H/ppm（J/Hz）	位置	δ_C/ppm	δ_H/ppm（J/Hz）
1	72.1 d	4.00 br s	17	64.6 d	3.25 br s
2	28.9 t	1.62 m 1.60 m	18	79.8 t	3.52 s（2H）
3	28.5 t	2.02 m 1.82 m	19	59.1 t	3.40 d（12.0） 3.01 d（12.0）
4	39.3 s		21	50.1 t	3.30 dq（12.6, 7.2）
5	43.9 d	2.36 d（6.6）			3.16 dq（12.6, 7.2）
6	83.3 d	4.34 br d（6.6）	22	10.7 q	1.37 t（7.2）
7	55.2 d	2.16 br s	6-OMe	58.5 q	3.40 s
8	74.8 s		16-OMe	56.5 q	3.33 s
9	45.2 d	2.37 m	18-OMe	59.5 q	3.31 s
10	45.1 d	2.15 m	1'	103.3 d	4.38 d（7.2）
11	51.5 s		2'	72.2 d	3.61 dd（7.2, 9.0）
12	30.9 t	2.14 m 1.54 m	3'	74.6 d	3.52 dd（3.0, 9.0）
13	41.0 d	2.34 m	4'	69.7 d	3.78 m
14	81.7 d	4.23 dd（4.2, 4.8）	5'	67.1 t	3.85 dd（3.0, 12.6）
15	42.0 t	2.25 dd（9.0, 15.0）			3.56 dd（1.8, 12.6）
		2.21 dd（6.0, 15.0）			
16	84.0 d	3.28 m			

注：溶剂 CD$_3$OD；^{13}C NMR：150 MHz；^{1}H NMR：600 MHz。根据化学位移变化推测，实际结构可能为该化合物对应的季铵盐结构

化合物名称：aconicarmichoside B

分子式：C$_{29}$H$_{47}$NO$_{10}$　　　　　　　　分子量（$M+1$）：570

植物来源：*Aconitum carmichaelii* Debx. 乌头

参考文献：Meng X H，Guo Q L，Zhu C G，et al. 2017. Unprecedented C$_{19}$-diterpenoid alkaloid glycosides from an aqueous extract of "fu zi"：neoline 14-*O*-L-arabinosides with four isomeric L-anabinosyls. Chinese Chemical Letters，28（8）：1705-1710.

aconicarmichoside B 的 NMR 数据

位置	δ_C/ppm	δ_H/ppm（J/Hz）	位置	δ_C/ppm	δ_H/ppm（J/Hz）
1	72.4 d	3.93 br s	17	65.1 d	3.15 br s
2	29.2 t	1.56 m 1.54 m	18	80.1 t	3.48 d（8.0）
3	28.8 t	1.97 m 1.75 m			3.45 d（8.0）
4	39.6 s		19	59.4 t	3.34 d（12.0）
5	44.2 d	2.31 d（6.0）			2.96 d（12.0）
6	83.5 d	4.24 br d（6.0）	21	50.4 t	3.23 dq（12.5，7.0）
7	55.9 d	2.12 br s			3.10 dq（12.5，7.0）
8	74.8 s		22	11.0 q	1.31 t（7.0）
9	47.3 d	2.18 dd（5.0，6.5）	6-OMe	58.8 q	3.35 s
10	45.2 d	2.11 m	16-OMe	56.9 q	3.30 s
11	51.7 s		18-OMe	59.8 q	3.25 s
12	30.5 t	2.07 m 1.52 m	1′	100.5 d	4.91 d（3.0）
13	39.2 d	2.37 dd（5.0，6.5）	2′	71.0 d	3.66 dd（3.0，9.0）
14	81.9 d	4.08 dd（4.5，5.0）	3′	71.8 d	3.70 dd（3.5，9.0）
15	42.5 t	2.25 dd（9.0，15.0）	4′	70.5 d	3.79 m
		2.21 dd（8.0，15.0）	5′	65.1 t	3.98 br d（12.0）
16	84.1 d	3.26 m			3.51 dd（3.0，12.0）

注：CD$_3$OD；^{13}C NMR：125 MHz；^{1}H NMR：500 MHz。根据化学位移变化推测，实际结构可能为该化合物对应的季铵盐结构

化合物名称：aconicarmichoside C

分子式：C₂₉H₄₇NO₁₀　　　　　**分子量**（M＋1）：570

植物来源：*Aconitum carmichaelii* Debx. 乌头

参考文献：Meng X H，Guo Q L，Zhu C G，et al. 2017. Unprecedented C₁₉-diterpenoid alkaloid glycosides from an aqueous extract of "fu zi"：neoline 14-*O*-L-arabinosides with four isomeric L-anabinosyls. Chinese Chemical Letters，28（8）：1705-1710.

aconicarmichoside C 的 NMR 数据

位置	δ_C/ppm	δ_H/ppm（J/Hz）	位置	δ_C/ppm	δ_H/ppm（J/Hz）
1	72.4 d	3.95 br s	17	65.0 d	3.16 br s
2	29.2 t	1.58 m 1.55 m	18	80.1 t	3.49 d（8.0）
3	28.8 t	1.98 m 1.76 m			3.46 d（8.0）
4	39.6 s		19	59.4 t	3.34 d（12.5）
5	44.2 d	2.32 d（6.5）			2.97 d（12.5）
6	83.6 d	4.26 br d（6.5）	21	50.4 t	3.25 dq（12.0, 7.0）
7	55.7 d	2.12 br s			3.10 dq（12.0, 7.0）
8	75.0 s		22	11.0 q	1.31 t（7.0）
9	46.1 d	2.12 dd（4.5, 6.5）	6-OMe	58.8 q	3.36 s
10	45.1 d	2.10 m	16-OMe	56.9 q	3.30 s
11	51.7 s		18-OMe	59.8 q	3.26 s
12	30.8 t	2.10 m 1.48 m	1′	109.5 d	5.01 br s
13	41.4 d	2.31 m	2′	82.1 d	3.96 br d（2.0）
14	81.0 d	4.04 t（4.5）	3′	79.4 d	3.75 dd（2.0, 3.5）
15	42.4 t	2.21 dd（9.0, 15.0）	4′	88.0 d	4.05 m
		2.08 dd（6.0, 15.0）	5′	63.7 t	3.64 dd（3.5, 11.0）
16	84.4 d	3.23 m			3.59 dd（5.0, 11.0）

注：CD₃OD；¹³C NMR：125 MHz；¹H NMR：500 MHz。根据化学位移变化推测，实际结构可能为该化合物对应的季铵盐结构

化合物名称：aconicarmichoside D

分子式：C$_{29}$H$_{47}$NO$_{10}$　　　　　　　　**分子量**（M + 1）：570

植物来源：*Aconitum carmichaelii* Debx. 乌头

参考文献：Meng X H，Guo Q L，Zhu C G，et al. 2017. Unprecedented C$_{19}$-diterpenoid alkaloid glycosides from an aqueous extract of "fu zi"：neoline 14-*O*-L-arabinosides with four isomeric L-anabinosyls. Chinese Chemical Letters，28（8）：1705-1710.

aconicarmichoside D 的 NMR 数据

位置	δ_C/ppm	δ_H/ppm（J/Hz）	位置	δ_C/ppm	δ_H/ppm（J/Hz）
1	72.1 d	4.00 br s	17	64.7 d	3.21 br s
2	28.9 t	1.62 m 1.60 m	18	79.8 t	3.54 d（7.8）
3	28.5 t	2.02 m 1.81 m			3.51 d（7.8）
4	39.3 s		19	59.1 t	3.41 d（12.0）
5	44.0 d	2.37 d（6.6）			3.02 d（12.0）
6	83.2 d	4.32 br d（6.6）	21	50.1 t	3.30 dq（12.6，7.2）
7	55.0 d	2.18 br s			3.16 dq（12.6，7.2）
8	74.5 s		22	10.7 q	1.37 t（7.2）
9	47.6 d	2.29 dd（4.8，6.0）	6-OMe	58.6 q	3.41 s
10	45.0 d	2.13 m	16-OMe	56.7 q	3.36 s
11	51.4 s		18-OMe	59.5 q	3.31 s
12	30.5 t	2.15 m 1.57 m	1′	103.6 d	5.08 d（4.8）
			2′	78.9 d	3.93 dd（4.8，7.2）
13	39.7 d	2.39 dd（4.8，6.6）	3′	75.6 d	4.03 t（7.2）
14	82.6 d	4.18 t（4.8）	4′	84.4 d	3.74 m
15	42.4 t	2.29 dd（9.0，15.0）	5′	63.1 t	3.71 dd（3.6，12.0）
		2.15 dd（6.0，15.0）			3.62 dd（4.8，12.0）
16	83.7 d	3.30 m			

注：CD$_3$OD；^{13}C NMR：150 MHz，^{1}H NMR：600 MHz。根据化学位移变化推测，实际结构可能为该化合物对应的季铵盐结构

化合物名称：aconicarmichoside E

分子式：$C_{29}H_{47}NO_{10}$　　　　　　**分子量**（$M+1$）：570

植物来源：*Aconitum carmichaelii* Debx. 乌头

参考文献：Guo L Q，Xia H，Meng X H，et al. 2018. C₁₉-Diterpenoid alkaloid arabinosides from an aqueous extract of the lateral root of *Aconitum carmichaelii* and their analgesic activities. Acta Pharmaceutica Sinica B，8（3）：409-419.

aconicarmichoside E 的 NMR 数据

位置	δ_C/ppm	δ_H/ppm （J/Hz）	位置	δ_C/ppm	δ_H/ppm （J/Hz）
1	77.3 d	4.19 br s	16	83.6 d	3.35 m
2	22.6 t	2.00 m 1.51 m	17	66.7 d	3.27 br s
3	28.8 t	2.02 m	18	80.0 t	3.57 d （8.0）
		1.55 dt （15.5, 4.0）			3.50 d （8.0）
4	39.1 s		19	58.6 t	3.39 d （12.5）
5	44.2 d	2.42 d （7.0）			3.06 d （12.5）
6	82.7 d	4.33 br d （7.0）	21	50.9 t	3.30 m
7	55.1 d	2.20 br s			3.25 m
8	74.6 s		22	10.3 q	1.43 t （7.5）
9	48.0 d	2.14 dd （6.5, 5.0）	6-OMe	58.5 q	3.35 s
10	45.3 d	2.18 m	16-OMe	56.5 q	3.40 s
11	52.1 s		18-OMe	59.5 q	3.32 s
12	31.0 t	2.10 m	1′	97.7 d	5.11 d （5.5）
		1.66 dd （14.5, 4.5）	2′	77.9 d	4.16 dd （8.0, 5.5）
13	41.3 d	2.25 m	3′	75.8 d	4.02 dd （8.0, 7.0）
14	76.0 d	4.14 dd （5.0, 4.5）	4′	84.0 d	3.76 m
15	41.8 t	2.28 dd （15.0, 9.0）	5′	63.6 t	3.75 m
		2.25 dd （15.0, 6.0）			3.65 dd （12.5, 6.5）

注：溶剂 CD₃OD；¹³C NMR：125 MHz；¹H NMR：500 MHz。根据化学位移变化推测，实际结构可能为该化合物对应的季铵盐结构

化合物名称：aconicarmichoside F

分子式：$C_{28}H_{45}NO_9$　　　　　　　分子量（$M+1$）：540

植物来源：*Aconitum carmichaelii* Debx. 乌头

参考文献：Guo L Q，Xia H，Meng X H，et al. 2018. C₁₉-Diterpenoid alkaloid arabinosides from an aqueous extract of the lateral root of *Aconitum carmichaelii* and their analgesic activities. Acta Pharmaceutica Sinica B，8（3）：409-419.

aconicarmichoside F 的 NMR 数据

位置	δ_C/ppm	δ_H/ppm（J/Hz）	位置	δ_C/ppm	δ_H/ppm（J/Hz）
1	72.2 d	4.05 br s	17	65.4 d	3.29 br s
2	28.7 t	1.68 m 1.62 m	18	78.9 t	3.21 d（9.0）
3	26.2 t	1.93 m 1.81 m			3.15 d（9.0）
4	38.8 s		19	57.8 t	2.98 d（12.6）
5	40.7 d	2.05 m			2.88 d（12.6）
6	26.0 t	2.10 m 1.84 m	21	50.1 t	3.30 dq（12.0，7.2）
7	47.6 d	2.24 br d（8.4）			3.15 dq（12.0，7.2）
8	75.2 s		22	10.6 q	1.37 t（7.2）
9	43.9 d	2.40 dd（5.4，4.8）	16-OMe	56.5 q	3.32 s
10	44.8 d	2.14 m	18-OMe	59.6 q	3.32 s
11	50.6 s		1′	103.1 d	4.36 d（6.6）
12	30.5 t	2.14 m 1.47 m	2′	72.2 d	3.59 dd（9.0，6.6）
13	41.0 d	2.35 dd（6.6，4.8）	3′	74.7 d	3.49 dd（9.0，3.6）
14	81.5 d	4.24 t（4.8）	4′	69.8 d	3.77 m
15	42.3 t	2.24 dd（15.0，9.0）	5′	67.2 t	3.84 dd（12.6，2.4）
		2.18 dd（15.0，6.0）			3.56 dd（12.6，1.8）
16	84.1 d	3.32 m			

注：溶剂 CD₃OD；¹³C NMR：150 MHz；¹H NMR：600 MHz。根据化学位移变化推测，实际结构可能为该化合物对应的季铵盐结构

化合物名称：aconicarmichoside G

分子式：C28H45NO9　　　　　　　**分子量（M + 1）**：540

植物来源：*Aconitum carmichaelii* Debx. 乌头

参考文献：Guo L Q，Xia H，Meng X H，et al. 2018. C19-Diterpenoid alkaloid arabinosides from an aqueous extract of the lateral root of *Aconitum carmichaelii* and their analgesic activities. Acta Pharmaceutica Sinica B，8（3）：409-419.

aconicarmichoside G 的 NMR 数据

位置	δ_C/ppm	δ_H/ppm（J/Hz）	位置	δ_C/ppm	δ_H/ppm（J/Hz）
1	72.1 d	4.06 br s	15		2.15 dd（15.0, 6.0）
2	28.7 t	1.68 m 1.62 m	16	83.8 d	3.30 m
3	26.2 t	1.93 dd（15.0, 5.0）	17	65.6 d	3.26 br s
		1.82 dt（5.4, 15.0）	18	79.0 t	3.22 d（9.0）
4	38.8 s				3.17 d（9.0）
5	40.8 d	2.07 m	19	57.8 t	2.99 d（12.6）
6	25.9 t	2.08 m 1.84 m			2.89 d（12.6）
7	48.2 d	2.28 br d（8.4）	21	50.1 t	3.30 m 3.15 m
8	74.9 s		22	10.7 q	1.36 t（7.2）
9	45.9 d	2.27 dd（6.0, 4.8）	16-OMe	56.6 q	3.36 s
10	44.7 d	2.16 m	18-OMe	59.6 q	3.33 s
11	50.5 s		1′	100.3 d	4.95 d（3.0）
12	29.8 t	2.14 m	2′	70.7 d	3.72 dd（9.0, 3.0）
		1.50 dd（13.8, 4.2）	3′	71.5 d	3.76 dd（9.0, 3.0）
13	38.9 d	2.44 dd（7.2, 4.8）	4′	70.2 d	3.84 m
14	81.5 d	4.15 t（4.8）	5′	64.8 t	3.99 dd（12.0, 1.8）
15	42.3 t	2.28 dd（15.0, 9.0）			3.57 dd（12.0, 3.0）

注：溶剂 CD3OD；13C NMR：150 MHz；1H NMR：600 MHz。根据化学位移变化推测，实际结构可能为该化合物对应的季铵盐结构

化合物名称：aconicarmichoside H

分子式：C₂₈H₄₅NO₉　　　　　　　　　分子量（$M+1$）：540

植物来源：*Aconitum carmichaelii* Debx. 乌头

参考文献：Guo L Q，Xia H，Meng X H，et al. 2018. C₁₉-Diterpenoid alkaloid arabinosides from an aqueous extract of the lateral root of *Aconitum carmichaelii* and their analgesic activities. Acta Pharmaceutica Sinica B，8（3）：409-419.

aconicarmichoside H 的 NMR 数据

位置	δ_C/ppm	δ_H/ppm（J/Hz）	位置	δ_C/ppm	δ_H/ppm（J/Hz）
1	72.2 d	4.06 br s	16	84.2 d	3.30 m
2	28.7 t	1.68 m 1.62 m	17	65.5 d	3.25 br s
3	26.2 t	1.94 m	18	78.9 t	3.22 d（9.0）
		1.83 dt（15.0, 6.0）			3.17 d（9.0）
4	38.8 s		19	57.8 t	2.98 d（13.2）
5	40.8 d	2.05 m			2.89 d（13.2）
6	25.9 t	2.07 m 1.85 m	21	50.1 t	3.30 m 3.14 m
7	48.0 d	2.25 br d（8.4）	22	10.7 q	1.35 t（7.2）
8	75.0 s		16-OMe	56.5 q	3.34 s
9	44.6 d	2.29 dd（4.8, 6.0）	18-OMe	59.6 q	3.33 s
10	44.6 d	2.15 m	1′	109.2 d	5.05 br s
11	50.5 s		2′	81.7 d	4.01 br d（1.8）
12	30.2 t	2.15 m 1.46 m	3′	79.1 d	3.79 dd（3.6, 1.8）
13	41.1 d	2.37 dd（6.6, 4.8）	4′	87.7 d	4.09 m
14	80.7 d	4.09 t（4.8）	5′	63.4 t	3.68 dd （11.4, 4.2）
15	42.4 t	2.28 dd（15.0, 9.0）			3.64 dd （11.4, 4.8）
		2.11 dd（15.0, 6.0）			

注：溶剂 CD₃OD；¹³C NMR：150 MHz；¹H NMR：600 MHz。根据化学位移变化推测，实际结构可能为该化合物对应的季铵盐结构

化合物名称：aconicarmichoside I

分子式：C$_{29}$H$_{47}$NO$_{11}$　　　　　　　**分子量**（$M+1$）：586

植物来源：*Aconitum carmichaelii* Debx. 乌头

参考文献：Guo L Q，Xia H，Meng X H，et al. 2018. C$_{19}$-Diterpenoid alkaloid arabinosides from an aqueous extract of the lateral root of *Aconitum carmichaelii* and their analgesic activities. Acta Pharmaceutica Sinica B，8（3）：409-419.

aconicarmichoside I 的 NMR 数据

位置	δ_C/ppm	δ_H/ppm（J/Hz）	位置	δ_C/ppm	δ_H/ppm（J/Hz）
1	72.5 d	3.94 br s	16	93.0 d	2.95 br d（7.0）
2	29.5 t	1.58 m 1.55 m	17	64.7 d	3.28 br s
3	28.8 t	1.97 m	18	80.3 t	3.48 s，3.48 s
		1.77 dt（15.0，6.0）	19	59.4 t	3.40 d（12.0）
4	39.8 s				2.93 d（12.0）
5	44.0 d	2.29 d（7.5）	21	51.0 t	3.27 m 2.98 m
6	84.1 d	4.26 br d（7.5）	22	11.3 q	1.38 t（7.5）
7	49.2 d	2.44 br s	6-OMe	59.0 q	3.35 s
8	79.4 s		16-OMe	58.0 q	3.36 s
9	46.8 d	2.34 dd（5.5，4.5）	18-OMe	59.9 q	3.27 s
10	45.4 d	2.09 m	1′	103.9 d	4.30 d（7.0）
11	51.6 s		2′	72.7 d	3.53 dd（9.0，7.0）
12	31.6 t	2.10 m 1.53 m	3′	75.2 d	3.45 dd（9.0，3.0）
13	41.0 d	2.31 dd（6.0，4.5）	4′	70.4 d	3.72 m
14	82.3 d	4.13 t（4.5）	5′	67.9 t	3.80 dd （12.5，3.0）
15	79.6 d	4.25 d（7.0）			3.51 br d（12.5）

注：溶剂 CD$_3$OD；^{13}C NMR：125 MHz；^{1}H NMR：500 MHz。根据化学位移变化推测，实际结构可能为该化合物对应的季铵盐结构

化合物名称：aconicarmichoside J

分子式：C$_{29}$H$_{47}$NO$_{11}$　　　　　　　　分子量（$M+1$）：586

植物来源：*Aconitum carmichaelii* Debx. 乌头

参考文献：Guo L Q，Xia H，Meng X H，et al. 2018. C$_{19}$-Diterpenoid alkaloid arabinosides from an aqueous extract of the lateral root of *Aconitum carmichaelii* and their analgesic activities. Acta Pharmaceutica Sinica B，8（3）：409-419.

aconicarmichoside J 的 NMR 数据

位置	δ_C/ppm	δ_H/ppm（J/Hz）	位置	δ_C/ppm	δ_H/ppm（J/Hz）
1	72.1 d	3.99 br s	16	93.1 d	2.99 br d（6.6）
2	29.0 t	1.62 m 1.59 m	17	64.2 d	3.29 br s
3	28.4 t	2.02 dd（14.4, 6.0）	18	79.8 t	3.53 s 3.53 s
		1.82 dt（6.0, 14.4）	19	58.9 t	3.44 d（13.2）
4	39.3 s				2.98 d（13.2）
5	43.6 d	2.35 d（6.6）	21	50.5 t	3.30 m 3.02 m
6	83.6 d	4.23 br d（6.6）	22	10.9 q	1.42 t（7.2）
7	49.9 d	2.50 br s	6-OMe	58.5 q	3.40 s
8	78.9 s		16-OMe	57.6 q	3.44 s
9	46.8 d	2.27 dd（6.0, 4.8）	18-OMe	59.5 q	3.32 s
10	44.7 d	2.15 m	1′	109.4 d	5.04 s
11	51.0 s		2′	82.0 d	4.00 br d（1.8）
12	30.8 t	2.15 m 1.58 m	3′	79.1 d	3.80 dd（3.6, 1.8）
13	40.9 d	2.39 dd（6.6, 4.8）	4′	87.5 d	4.09 m
14	81.0 d	4.02 t（4.8）	5′	63.4 t	3.69 dd （11.4, 3.6）
15	79.4 d	4.23 d（6.6）			3.64 dd （11.4, 5.4）

注：溶剂 CD$_3$OD；^{13}C NMR：150 MHz；^{1}H NMR：600 MHz。根据化学位移变化推测，实际结构可能为该化合物对应的季铵盐结构

化合物名称：aconicarmichoside K

分子式：C$_{29}$H$_{47}$NO$_9$　　　　　　　　分子量（$M+1$）：554

植物来源：*Aconitum carmichaelii* Debx. 乌头

参考文献：Guo L Q，Xia H，Meng X H，et al. 2018. C$_{19}$-Diterpenoid alkaloid arabinosides from an aqueous extract of the lateral root of *Aconitum carmichaelii* and their analgesic activities. Acta Pharmaceutica Sinica B，8（3）：409-419.

aconicarmichoside K 的 NMR 数据

位置	δ_C/ppm	δ_H/ppm（J/Hz）	位置	δ_C/ppm	δ_H/ppm（J/Hz）
1	82.5 d	3.57 br s	16	84.0 d	3.23 m
2	22.2 t	1.93 m	17	64.5 d	3.21 br s
		1.44 m			
3	25.8 t	1.88 dd（15.0, 4.8）	18	78.7 t	3.15 d（9.0）
		1.60 dt（4.8, 15.0）			3.10 d（9.0）
4	38.7 s		19	58.1 t	2.90 d（12.6）
5	40.5 d	2.04 br s			2.85 d（12.6）
6	25.9 t	2.05 m	21	50.1 t	3.26 dq（12.6, 7.2）
		1.77 dd（15.0, 7.8）			3.07 dq（12.6, 7.2）
7	47.4 d	2.19 br d（7.8）	22	10.6 q	1.30 t（7.2）
8	75.2 s		1-OMe	56.3 q	3.32 s
9	43.9 d	2.36 t（5.4）	16-OMe	56.5 q	3.28 s
10	45.0 d	2.12 m	18-OMe	59.6 q	3.27 s
11	51.3 s		1′	103.1 d	4.32 d（7.2）
12	30.4 t	2.11 m	2′	72.2 d	3.55 dd（9.0, 7.2）
		1.24 m	3′	74.7 d	3.45 dd（9.0, 3.6）
13	40.9 d	2.31 dd（6.0, 4.8）	4′	69.8 d	3.73 m
14	81.4 d	4.20 t（4.8）	5′	67.2 t	3.80 dd（12.6, 3.0）
15	42.3 t	2.17 dd（13.8, 6.6）			3.50 dd（12.6, 1.2）
		2.13 dd（13.8, 6.0）			

注：溶剂 CD$_3$OD；^{13}C NMR：150 MHz；^{1}H NMR：600 MHz。根据化学位移变化推测，实际结构可能为该化合物对应的季铵盐结构

化合物名称：aconicarmichoside L

分子式：C$_{30}$H$_{49}$NO$_{10}$　　　　　　　　　分子量（$M+1$）：584

植物来源：*Aconitum carmichaelii* Debx. 乌头

参考文献：Guo L Q，Xia H，Meng X H，et al. 2018. C$_{19}$-Diterpenoid alkaloid arabinosides from an aqueous extract of the lateral root of *Aconitum carmichaelii* and their analgesic activities. Acta Pharmaceutica Sinica B，8（3）：409-419.

aconicarmichoside L 的 NMR 数据

位置	δ_C/ppm	δ_H/ppm（J/Hz）	位置	δ_C/ppm	δ_H/ppm（J/Hz）
1	82.3 d	3.52 br s	17	63.8 d	3.19 br s
2	22.2 t	1.38 m 1.91 m	18	79.7 t	3.48 d（8.4）
3	28.0 t	1.96 dd（15.0, 4.8）			3.45 d（8.4）
		1.58 dt（4.8, 15.0）	19	59.3 t	3.38 d（12.0）
4	39.2 s				2.93 d（12.0）
5	43.7 d	2.35 d（6.6）	21	50.1 t	3.26 dq（13.2, 7.2）
6	82.9 d	4.29 br d（6.6）			3.10 dq（13.2, 7.2）
7	55.0 d	2.11 br s	22	10.7 q	1.31 t（7.2）
8	74.7 s		1-OMe	56.0 q	3.30 s
9	45.2 d	2.34 dd（6.6, 4.8）	6-OMe	58.6 q	3.35 s
10	45.2 d	2.13 m	16-OMe	56.5 q	3.28 s
11	52.1 s		18-OMe	59.5 q	3.26 s
12	30.7 t	1.24 m 2.12 m	1'	103.2 d	4.33 d（7.2）
13	41.0 d	2.31 t（6.0, 4.8）	2'	72.2 d	3.56 dd（9.0, 7.2）
14	81.6 d	4.18 t（4.8）	3'	74.6 d	3.46 dd（9.0, 3.6）
15	42.0 t	2.20 dd（13.8, 8.4）	4'	69.7 d	3.73 m
		2.17 dd（13.8, 8.4）	5'	67.1 t	3.80 dd（12.6, 3.0）
16	83.9 d	3.22 t（8.4）			3.50 dd（12.6, 1.2）

注：溶剂 CD$_3$OD；^{13}C NMR：150 MHz；^{1}H NMR：600 MHz。根据化学位移变化推测，实际结构可能为该化合物对应的季铵盐结构

化合物名称：aconine

分子式：C$_{25}$H$_{41}$NO$_9$ **分子量**（$M+1$）：500

植物来源：*Aconitum carmichaelii* Debx. 乌头

参考文献：魏巍，李绪文，周洪玉，等. 2010. 3 种乌头原碱的 NMR. 吉林大学学报，48（1）：127-132.

aconine 的 NMR 数据

位置	δ_C/ppm	δ_H/ppm（J/Hz）	位置	δ_C/ppm	δ_H/ppm（J/Hz）
1	83.71 d	3.07 m	14	79.81 d	4.28 d（4.8）
2	36.33 t	2.85 m	15	82.42 d	5.15 d（4.8）
		2.44 m	16	93.40 d	3.52 d（6.0）
3	69.30 d	4.08 m	17	62.05 d	3.57 s
4	44.59 s		18	74.70 t	4.12 d（8.4）
5	47.69 d	2.30 d（7.2）			3.90 d（7.8）
6	84.56 d	4.47 d（6.6）	19	48.22 t	3.19 d（10.8）
7	48.72 d	2.81 m			2.60 d（10.8）
8	79.43 s		21	49.88 t	3.05 m
9	50.83 d	2.43 m			2.54 m
10	42.71 d	1.89 m	22	14.06 q	1.09 t（7.2）
11	50.50 s		1-OMe	55.84 q	3.09 s
12	39.15 t	3.08 m	6-OMe	58.01 q	3.30 s
		2.24 m	16-OMe	61.18 q	3.61 s
13	77.51 s		18-OMe	58.98 q	3.27 s

注：溶剂 C$_5$D$_5$N；^{13}C NMR：150 MHz；^{1}H NMR：600 MHz

化合物名称：aconitilearine

分子式：$C_{25}H_{41}NO_7$　　　　　　　　分子量（$M+1$）：468

植物来源：*Aconitum cochleare* Woroschin

参考文献：Mericli A H，Pirildar S，Suzgec S，et al. 2006. Norditerpenoid alkaloids from the aerial parts of *Aconitum cochleare* Woroschin. Helvetica Chimica Acta，89（2）：210-217.

aconitilearine 的 NMR 数据

位置	δ_C/ppm	δ_H/ppm（J/Hz）	位置	δ_C/ppm	δ_H/ppm（J/Hz）
1	82.6 d	3.20 dd（9，6）	14	84.0 d	3.57 t（5）
2	28.6 t	1.70～1.73 m	15	33.8 t	1.69～1.71 m
		1.66～1.68 m			2.52 dd（12，14）
3	33.6 t	1.74～1.77 m	16	83.8 d	3.60 dd（7，12）
		2.43～2.47 m	17	64.7 d	2.87 s
4	38.5 s		18	67.7 t	3.32 d（10）
5	43.2 d	1.89～1.91 m			3.58 d（10）
6	83.3 d	4.10 dd（1，6）	19	90.5 d	3.85 s
7	52.3 d	2.25 d（1）	21	51.1 t	2.59～2.61 m
8	73.4 s				2.43～2.47 m
9	43.2 d	1.79～1.82 m	22	13.0 q	1.07 t（7）
10	44.6 d	1.61～1.65 m	1-OMe	55.8 q	3.38 s
11	48.9 s		6-OMe	57.9 q	3.36 s
12	28.8 t	2.29～2.31 m	14-OMe	57.9 q	3.34 s
		1.61～1.65 m	16-OMe	56.3 q	3.33 s
13	38.0 d	2.39～2.42 m			

注：¹³C NMR：125 MHz；¹H NMR：500 MHz

化合物名称：aconitine

分子式：C$_{34}$H$_{47}$NO$_{11}$ 　　　　　分子量（$M+1$）：646

植物来源：*Aconitum carmichaelii* Debx. 乌头

参考文献：王宪楷，赵同芳，赖盛. 1996. 中坝鹅掌叶附子中的生物碱研究Ⅱ. 中国药学杂志，31（2）：74-77.

aconitine 的 NMR 数据

位置	δ_C/ppm	δ_H/ppm（J/Hz）	位置	δ_C/ppm	δ_H/ppm（J/Hz）
1	83.3 d	3.15 br s	17	61.2 d	3.12 br s
2	35.7 t	2.42 br s	18	76.6 t	2.62 d（8.8）
		1.95 br s			3.51 d（8.8）
3	71.3 d	3.82 br s	19	49.0 t	2.42 d（7.8）
4	43.1 s				2.35 d（7.8）
5	46.3 d	2.14 d（6.4）	21	47.6 t	2.80
6	82.3 d	4.05 br d（6.4）	22	13.2 q	1.14 t（7.0）
7	44.7 d	2.84 br s	1-OMe	55.9 q	3.28 s
8	91.9 s		6-OMe	58.1 q	3.30 s
9	44.1 d	2.91 dd（7.3, 4.9）	16-OMe	61.2 q	3.76 s
10	40.8 d	2.15 m	18-OMe	59.1 q	3.17 s
11	50.0 s		8-OAc	172.5 s	
12	33.1 t	2.7 br s		21.4 q	1.40 s
		2.16 m	14-OCO	166.1 s	
13	74.0 s		1'	129.7 s	
14	78.8 d	4.88 d（5.4）	2', 6'	129.6 d	8.03 br d（7.8）
15	78.8 d	4.48 dd（5.4, 2.9）	3', 5'	128.7 d	7.46 br t（7.8）
16	89.9 d	3.36 d（5.4）	4'	133.4 d	7.58 br t（7.8）

注：溶剂 CDCl$_3$

化合物名称：aconitorientaline

分子式：$C_{25}H_{39}NO_7$　　　　　　　　　分子量（$M+1$）：466

植物来源：*Aconitum orientale*

参考文献：Mericli A H，Cagal-Yurdusever N，Ozcelik H，et al. 2012. A new diterpenoid alkaloid from the roots of a white-flowering *Aconitum orientale* sample. Helvetica Chimica Acta，95（2）：314-319.

aconitorientaline 的 NMR 数据

位置	δ_C/ppm	δ_H/ppm（J/Hz）	位置	δ_C/ppm	δ_H/ppm（J/Hz）
1	85.4 d	3.69～3.71 m	13	41.5 d	2.39～2.42 m
2	29.9 t	1.72～1.74 m	14	82.4 d	3.59 t（5）
		1.65～1.67 m	15	79.8 d	4.35 d（6）
3	32.0 t	1.74～1.77 m	16	86.4 d	3.75 dd（7, 12）
		2.43～2.46 m	17	68.3 d	2.87 s
4	39.2 s		18	65.8 t	3.52 d（10）
5	44.5 d	1.90～1.92 m			3.32 d（10）
6	81.8 d	4.14 dd（1, 6）	19	68.9 d	3.58 s
7	41.8 d	2.25 d（1）	21	48.2 t	2.58～2.61 m
8	79.1 s				2.44～2.46 m
9	46.9 d	1.79～1.82 m	22	12.2 q	1.12 t（7）
10	40.0 d	1.61～1.65 m	6-OMe	55.5 q	3.20 s
11	48.1 s		8-OMe	57.9 q	3.40 s
12	29.0 t	2.29～2.31 m	14-OMe	57.0 q	3.35 s
		1.61～1.65 m	16-OMe	55.7 q	3.32 s

注：溶剂 CDCl₃；¹³C NMR：125 MHz；¹H NMR：500 MHz

化合物名称：aconitramine B

分子式：$C_{33}H_{45}NO_7$ 分子量（$M+1$）：568

植物来源：*Aconitum transsectum* Diels 直缘乌头

参考文献：Shen Y，Ai H L，Cao T W，et al. 2012. Three new C_{19}-diterpenoid alkaloids from *Aconitum transsectum*. Helvetica Chimica Acta，95（3）：509-513.

aconitramine B 的 NMR 数据

位置	δ_C/ppm	δ_H/ppm（J/Hz）	位置	δ_C/ppm	δ_H/ppm（J/Hz）
1	85.7 d	3.12 dd（8.8，6.5）	15		2.89～2.95 m
2	25.5 t	1.32～1.37 m	16	83.0 d	3.28～3.33 m
		1.77～1.83 m	17	61.4 d	2.91 br s
3	37.8 t	1.21～1.27 m	18	26.3 q	0.70 s
		1.75～1.81 m	19	56.6 t	1.96 d（11.4）
4	34.4 s				2.42 d（11.4）
5	45.1 d	1.96～2.02 m	21	49.1 t	2.40～2.46 m
6	26.7 t	1.97～2.04 m			2.46～2.53 m
		2.33～2.39 m	22	13.4 q	1.07 t（7.1）
7	50.9 d	1.43 d（7.3）	1-OMe	56.1 q	3.28 s
8	86.4 s		16-OMe	56.5 q	3.32 s
9	42.4 d	2.09～2.15 m	14-OAc	171.5 s	
10	41.7 d	3.28～3.33 m		21.4 q	1.78 s
11	49.1 s		8-OCO	164.7 s	
12	29.6 t	1.94～1.99 m	1′	124.0 s	
		2.43～2.49 m	2′, 6′	131.3 d	7.92 d（8.8）
13	39.0 d	2.54～2.61 m	3′, 5′	113.5 d	6.90 d（8.8）
14	75.6 d	4.83 d（4.7）	4′	163.2 s	
15	37.8 t	2.15～2.19 m	4′-OMe	55.4 q	3.85 s

注：溶剂 $CDCl_3$；^{13}C NMR：125 MHz；^1H NMR：500 MHz

化合物名称: aconitramine C

分子式: C₃₄H₄₇NO₈   **分子量** (M+1): 598

植物来源: Aconitum transsectum Diels 直塞乌头

参考文献: Shen Y, Cao T W, et al. 2012. Three new C₁₉-diterpenoid alkaloids from Aconitum transsectum. Helvetica Chimica Acta, 95 (3): 509-513.

aconitramine C 的 NMR 数据

位置	δ_C/ppm	δ_H/ppm (J/Hz)	位置	δ_C/ppm	δ_H/ppm (J/Hz)
1	85.6 d	3.12 dd (10.2, 6.6)	17	61.6 d	2.90 s
2	25.5 t	1.40 dd (12.6, 6.6)	18	26.3 q	0.69 s
3	37.7 t	1.18~1.23 m	19	56.6 t	1.95 d (11.0)
		1.77~1.82 m	21	49.2 t	2.42 d (11.0)
		1.58~1.64 m			2.40~2.46 m
4	34.3 s				2.51~2.56 m
5	42.1 d	2.89~2.93 m	22	13.4 q	1.06 t (7.1)
6	26.9 t	1.93~1.98 m	1-OMe	56.2 q	3.26 s
7	50.8 d	1.43 d (7.2)	16-OMe	56.5 q	3.32 s
8	86.6 s		14-OAc	171.6 s	
9	45.0 d	1.95~2.01 m	8-OCO	164.6 s	
10	41.5 d	3.29~3.35 m	1'	123.8 s	
11	49.0 s		2'	110.1 d	7.48 d (1.7)
12	28.7 t	1.91~1.96 m	3'	148.5 s	
13	39.3 d	2.27~2.32 m	4'	152.7 s	
14	75.7 d	4.79 d (4.7)	5'	111.5 d	6.86 d (8.4)
15	37.8 t	2.21~2.26 m	6'	123.2 d	7.59 dd (8.4, 1.7)
16	83.0 d	2.89~2.93 m	3'-OMe	55.9 q	3.92 s
		3.26~3.30 m	4'-OMe	55.9 q	3.94 s

化合物名称: aconitramine D

分子式: C₃₂H₄₃NO₆ **分子量** (M+1): 538

植物来源: Aconitum transsectum Diels 其等多头

参考文献: Shen Y, Ai H L, Zi S H, et al. 2012. Two new C₁₉-diterpenoid alkaloids from Aconitium transsectum. Journal of Asian Natural Products Research, 14 (3): 244-248.

aconitramine D 的 NMR 数据

位置	δC/ppm	δH/ppm (J/Hz)	位置	δC/ppm	δH/ppm (J/Hz)
1	85.7 d	3.12 dd (9.2, 6.5)	17	61.6 d	2.90 s
2	26.9 t	2.28 m / 1.96 m	18	26.3 q	0.70 s
3	37.7 t	1.53 m / 1.22 m	19	56.5 t	1.95 m
4	34.3 s		21	49.2 t	2.38 m / 2.42 m
5	45.0 d	2.01 m	22	13.5 q	1.07 t (7.1)
6	25.5 t	1.79 m / 1.41 m	1-OMe	56.5 q	3.28 s
7	50.8 d	3.30 s	16-OMe	56.2 q	3.32 s
8	86.9 s		14-OAc	171.5 s	
9	42.3 d	2.90 m		21.4 q	1.77 s
10	41.6 d	1.45 d (6.2)	8-OCO	164.8 s	
11	48.9 s		1'	131.4 s	
12	28.8 t	1.91 m / 2.42 m	2',6'	129.3 d	7.97 d (7.2)
13	38.9 d	2.45 m	3',5'	128.3 d	7.42 dd (7.2, 7.2)
14	75.5 d	4.84 t (4.8)	4'	132.7 d	7.53 dd (7.2, 7.2)
15	37.1 t	2.34 m / 2.93 m			
16	82.9 d	3.30 (overlapped)			

注: 溶剂 CDCl₃; ¹³C NMR: 100 MHz; ¹H NMR: 400 MHz

化合物名称：aconitramine E

分子式：$C_{33}H_{47}NO_8$　　　　　　　分子量（$M+1$）：586

植物来源：*Aconitum transsectum* Diels　直缘乌头

参考文献：Shen Y，Ai H L，Zi S H，et al. 2012. Two new C₁₉-diterpenoid alkaloids from *Aconitum transsectum*. Journal of Asian Natural Products Research，14（3）：244-248.

aconitramine E 的 NMR 数据

位置	δ_C/ppm	δ_H/ppm（J/Hz）	位置	δ_C/ppm	δ_H/ppm（J/Hz）
1	85.6 d	3.01 dd（9.8, 6.2）	16	81.9 d	3.38 m
2	25.9 t	1.90 m	17	62.5 d	3.12 s
		2.28 m	18	80.4 t	3.14 d（8.4）
3	34.5 t	1.41 m			3.63 d（8.4）
		1.47 m	19	53.7 t	2.42 m
4	37.9 s				2.49 m
5	50.2 d	2.07 d（6.6）	21	49.2 t	2.47 m
6	83.0 d	4.17 d（6.7）			2.52 m
7	47.1 d	3.33 s	22	13.3 q	1.06 t（7.0）
8	84.4 s		1-OMe	56.1 q	3.15 s
9	49.3 d	2.43 m	6-OMe	57.6 q	3.23 s
10	45.1 d	1.81 m	16-OMe	56.5 q	3.28 s
11	49.7 s		18-OMe	59.1 q	3.22 s
12	28.1 t	1.86 m	8-OCO	165.4 s	
		2.01 m	1′	124.2 s	
13	39.2 d	2.30 m	2′, 6′	131.5 d	7.96 d（8.8）
14	74.8 d	4.05 t（4.8）	3′, 5′	113.5 d	6.86 d（8.8）
15	35.0 t	2.64 m	4′	163.1 s	
		2.73 m	4′-OMe	55.3 q	3.81 s

注：溶剂 CDCl₃；¹³C NMR：100 MHz；¹H NMR：400 MHz

化合物名称：aconorine

分子式：C$_{32}$H$_{44}$N$_2$O$_7$；569 (M+1)

植物来源：*Aconitum talassicum* M. Pop. var. *villosulum* W. T. Wang 伊犁乌头

参考文献：Yue J M, Xu J, Chen Y Z, et al. 1994. Diterpenoid alkaloids from *Aconitum talassicum*. Phytochemistry, 37 (5): 1467-1470.

aconorine 的 NMR 数据

位置	δ$_C$/ppm	δ$_H$/ppm (J/Hz)	位置	δ$_C$/ppm	δ$_H$/ppm (J/Hz)
1	85.8 d		18	70.7 t	
2	25.7 t		19	52.8 t	
3	32.8 t		21	49.4 t	
4	38.4 s		22	13.6 q	1.10 t (7.1)
5	46.9 d		1-OMe	56.4 q	3.33 s
6	25.0 t		16-OMe	56.5 q	3.30 s
7	46.0 d		18-OCO	169.1 s	
8	72.8 s		1'	114.9 s	
9	46.0 d		2'	141.7 s	
10	37.6 d		3'	120.4 d	8.43 d (8.6)
11	48.8 s		4'	134.7 d	7.61 t (8.5)
12	27.7 t		5'	122.4 d	7.20 t (7.9)
13	45.7 d		6'	130.5 d	7.95 d (8.0)
14	75.4 d	4.15 t (4.6)	NH		11.15 s
15	38.2 t		1"	168.2 s	
16	82.2 d		2"	25.5 q	2.25 s
17	62.6 d				

注：溶剂 CDCl$_3$; ^{13}C NMR: 100 MHz; ^{1}H NMR; 90 MHz

化合物名称: acoseptridine

分子式: $C_{29}H_{40}N_2O_6$　　　　**分子量** ($M+1$): 513

植物来源: *Aconitum septentrionale* Koelle. 紫花高乌头

参考文献: Sayed H M, Desai H K, Ross S A, et al. 1992. New diterpenoid alkaloids from the roots of *Aconitum septentrionale*: isolation by an ion exchange method. Journal of Natural Products, 55 (11): 1595-1606.

acoseptridine 的 NMR 数据

位置	δ_C/ppm	δ_H/ppm (J/Hz)	位置	δ_C/ppm	δ_H/ppm (J/Hz)
1	72.1 d	3.71 br s	16	81.9 d	
2	28.4 t		17	63.6 d	
3	29.5 t		18	69.2 t	
4	36.7 s		19	56.2 t	
5	43.9 d		21	48.3 t	
6	26.6 t		22	12.9 q	1.12 t (7.2)
7	46.5 d		16-OMe	56.2 q	3.30 s
8	77.1 s		18-OCO	167.9 s	
9	45.2 d		1′	110.4 s	
10	41.6 d		2′	150.6 s	
11	48.6 s		3′	116.7 d	
12	24.9 t		4′	134.1 d	
13	39.8 d		5′	116.1 d	
14	75.6 d	4.14 t (4.5)	6′	130.8 d	
15	42.2 t		NH₂		5.77 br s

注: 溶剂 CDCl₃

化合物名称：acoseptrigine

分子式：C$_{27}$H$_{43}$NO$_7$　　　　　　　　　　分子量（$M+1$）：494

植物来源：*Aconitum septentrionale* Koelle. 紫花高乌头

参考文献：Ross S A，Pelletier S W，Aasen A J. 1992. New norditerpenoid alkaloids from *Aconitum septentrionale*. Tetrahedron，48（7）：1183-1192.

acoseptrigine 的 NMR 数据

位置	δ_C/ppm	δ_H/ppm（J/Hz）	位置	δ_C/ppm	δ_H/ppm（J/Hz）
1	84.6 d		15	42.9 t	
2	26.1 t		16	82.4 d	
3	32.0 t		17	64.3 d	
4	38.6 s		18	78.7 t	
5	46.0 d		19	53.8 t	
6	72.7 d	5.30 d（7.0）	21	49.2 t	
7	51.3 d		22	13.5 q	1.05 t（7.0）
8	74.1 s		1-OMe	56.0 q	3.27 s
9	48.5 d		14-OMe	57.7 q	3.28 s
10	44.2 d		16-OMe	56.1 q	3.31 s
11	47.8 s		18-OMe	59.4 q	3.40 s
12	29.0 t		6-OAc	171.1 s	
13	36.7 d			21.7 q	2.02 s
14	84.4 d	3.68 t（4.5）			

注：溶剂 CDCl$_3$

化合物名称：acoseptriginine

分子式：$C_{25}H_{41}NO_6$　　　　分子量（$M+1$）：452

植物来源：*Aconitum septentrionale* Koelle. 紫花高乌头

参考文献：Ross S A, Pelletier S W, Aasen A J. 1992. New norditerpenoid alkaloids from *Aconitum septentrionale*. Tetrahedron, 48 (7): 1183-1192.

acoseptriginine 的 NMR 数据

位置	δc/ppm	δH/ppm (J/Hz)	位置	δc/ppm	δH/ppm (J/Hz)
1	84.5 d		14	84.2 d	
2	26.2 t		15	39.4 t	
3	29.6 t		16	82.1 d	
4	38.5 s		17	63.4 d	
5	46.4 d		18	68.0 t	
6	83.0 d		19	53.7 t	
7	51.5 d		21	49.3 t	
8	74.4 s		22	13.4 q	1.05 t (7.0)
9	49.5 d		1-OMe	56.1 q	3.28 s
10	44.5 d		6-OMe	57.5 q	3.33 s
11	48.6 s		14-OMe	57.7 q	3.41 s
12	29.2 t		16-OMe	56.2 q	3.43 s
13	37.8 d				

注：溶剂 CDCl₃

化合物名称: acotoxinine

分子式: $C_{33}H_{47}NO_9$　　**分子量** $(M+1)$: 602

植物来源: *Aconitum toxicum* Rchb.

参考文献: Csupor D, Forgo P, Csedo K, et al. 2006. C_{19} and C_{20} diterpene alkaloids from *Aconitum toxicum* Rchb. Helvetica Chimica Acta, 89 (12): 2981-2986.

acotoxinine 的 NMR 数据

位置	δ$_C$/ppm	δ$_H$/ppm (J/Hz)	位置	δ$_C$/ppm	δ$_H$/ppm (J/Hz)
1	72.1 d	3.71 br s	17	63.4 d	2.81 s
2	29.9 t	1.65 m 1.53 m	18	79.9 t	3.59 d (8.1)
3	29.5 t	1.90 dd (13.7, 5.6) 1.70 dd (13.7, 4.6)	19	56.9 t	3.12 d (8.1) 2.71 d (11.0)
4	38.2 s				2.41 m
5	44.4 d	2.28 d (6.4)	21	48.5 t	2.74 m 2.65 m
6	84.0 d	4.20 m	22	12.7 q	1.20 t (7.2)
7	48.6 d	3.31 s	6-OMe	58.2 q	3.04 s
8	85.6 s		16-OMe	56.6 q	3.35 s
9	46.4 d	2.52 t (5.9)	18-OMe	59.1 q	3.29 s
10	43.9 d	2.00 m	8-OCO	165.5 s	
11	49.9 s		1'	124.1 s	
12	29.2 t	2.10 m 1.82 dd (14.4, 4.6)	2'	112.1 d	7.54 d (1.7)
13	40.8 d	2.36 m	3'	148.7 s	
14	75.3 d	4.20 m	4'	153.0 s	
15	38.6 t	3.00 dd (16.2, 8.9) 2.38 m	5'	110.3 d	6.85 d (8.4)
16	82.1 d	3.42 t (8.3, 6.8)	6'	123.4 d	7.66 dd (8.4, 1.7)
			3'-OMe	56.0 q	3.91 s
			4'-OMe	56.0 q	3.92 s

注: 溶剂 CDCl₃; ¹³C NMR: 125 MHz; ¹H NMR: 500 MHz.

化合物名称: aldohypaconitine

分子式: $C_{33}H_{43}NO_{11}$ **分子量** (M+1)：630

植物来源: *Aconitum carmichaelii* Debx. 乌头

参考文献: 王锋鹏，赵同芳，新疆. 1995. 中蒿麻素叶排于中的生物碱研究 I. 中国药物化学杂志, 30 (12): 716-719.

aldohypaconitine 的 NMR 数据

位置	δ_C/ppm	δ_H/ppm (J/Hz)	位置	δ_C/ppm	δ_H/ppm (J/Hz)
1	82.8 d	3.12 br t (6.4)	18	79.6 t	3.72 d (8.8)
2	25.0 t	1.94 m			3.18 d (8.8)
		1.48 m	19	44.4 t	3.73 d (13.6)
3	33.2 t	1.61 dd (11.2, 4.9)			3.16 d (13.6)
4	37.8 s		21	163.0 d	8.09 s
5	48.3 d	2.34 d (6.8)	1-OMe	55.4 q	3.21 s
6	81.5 d	4.08 br d (6.8)	6-OMe	57.7 q	3.30 s
7	50.7 d	2.69 br s	16-OMe	61.0 q	3.78 s
8	90.5 s		18-OMe	59.2 q	3.14 s
9	43.0 d	2.85 dd (6.3, 4.9)	8-OAc	172.2 s	
10	40.7 d	2.22 ddd (14.2, 6.3, 4.4)		21.3 q	1.34 s
11	49.0 s		14-OCO	166.0 s	
12	34.5 t	2.81 dd (14.2, 4.4)	1'	129.6 s	
13	74.1 s	2.14 t (14.2)	2',6'	129.6 d	8.03 br d (7.6)
14	78.8 d	4.90 d (4.9)	3',5'	128.7 d	7.47 br t (7.6)
15	78.5 d	4.5 dd (4.9, 2.9)	4'	133.5 d	7.59 br t (7.6)
16	90.0 d	3.37 d (4.9)	13-OH		3.97
17	58.1 d	3.94 br s	15-OH		4.27 d (2.9)

注: 溶剂 CDCl$_3$; ^{13}C NMR: 100 MHz; ^{1}H NMR: 400 MHz

化合物名称: alexhumboldtine

分子式: C₂₅H₃₉NO₇　　　　分子量 (M+1): 466

植物来源: *Aconitum vulparia* Rchb.

参考文献: Kurtoglu S, Sen B, Melikoglu G, et al. 2012. Diterpenoid alkaloids of *Aconitum vulparia* Rchb. Zeitschrift fur Naturforschung C: Journal of Biosciences, 67 (3-4): 103-107.

alexhumboldtine 的 NMR 数据

位置	δC/ppm	δH/ppm (J/Hz)	位置	δC/ppm	δH/ppm (J/Hz)
1	87.6 d	3.38 dd (9, 6)	14	83.7 d	3.66 t (5)
2	29.6 t	1.79 m	15	33.0 t	1.73 m
3	30.9 t	1.82 m	16	82.6 d	3.57 dd (7, 12)
		1.47 m			2.63 dd (12, 14)
4	37.7 s		17	69.7 d	2.87 s
5	42.5 d	1.87 m	18	65.7 t	3.31 d (10)
6	82.0 d	4.15 dd (1, 6)			3.66 d (10)
7	52.6 d	2.14 d (1)	19	56.4 t	1.79 m
8	76.7 s				3.31 m
9	45.4 d	1.80 m	21	56.4 t	2.86 m (2H)
10	42.1 d	1.46 m	22	179.8 d	9.22 s
11	51.9 s		1-OMe	56.1 q	3.38 s
12	26.6 t	2.42 m	6-OMe	57.9 q	3.34 s
		1.50 m	14-OMe	56.4 q	3.34 s
13	37.7 d	2.42 m	16-OMe	56.3 q	3.30 s

注: ¹³C NMR: 125 MHz; ¹H NMR: 500 MHz

化合物名称： aljesaconitine A

分子式： $C_{34}H_{49}NO_{11}$　　　　　　　　　**分子量**（$M+1$）：648

植物来源： *Aconitum japonicum* Thunb.

参考文献： Bando H，Wada K，Watanabe M，et al. 1985. Studies on the constituents of *Aconitum* species. Ⅳ. On the components of *Aconitum japonicum* Thunb. Chemical & Pharmaceutical Bulletin，33（11）：4717-4722.

aljesaconitine A 的 NMR 数据

位置	δ_C/ppm	δ_H/ppm（J/Hz）	位置	δ_C/ppm	δ_H/ppm（J/Hz）
1	82.2 d		17	61.3 d	
2	32.8 t	6.92 d（9.0）	18	77.4 t	
3	71.5 d		19	47.6 t	
4	43.0 s		21	48.8 t	
5	45.4 d		22	13.0 q	1.13 t（7.0）
6	83.1 d		1-OMe	55.6 q	3.15 s
7	45.0 d		6-OMe	58.4 q	3.29 s
8	82.2 s		8-OMe	49.8 q	3.31 s
9	42.4 d		16-OMe	62.3 q	3.64 s
10	41.4 d		18-OMe	59.0 q	3.28 s
11	50.3 s		14-OCO	165.7 s	
12	36.1 t	6.92 d（9.0）	1′	122.4 s	
13	74.7 s		2′, 6′	131.6 d	8.00 d（9.0）
14	79.4 d	4.55 d（6.0）	3′, 5′	113.5 d	6.92 d（9.0）
15	76.9 d		4′	163.2 s	
16	93.3 d		4′-OMe	55.3 q	3.87 s

注：溶剂 CDCl₃；¹³C NMR：100 MHz；¹H NMR：400 MHz

化合物名称：aljesaconitine B

分子式：C₃₅H₅₁NO₁₁　　　　**分子量**（M+1）：662

植物来源：Aconitum japonicum Thunb.

参考文献：Bando H, Wada K, Watanabe M, et al. 1985. Studies on the constituents of Aconitum species. IV. On the components of Aconitum japonicum Thunb. Chemical & Pharmaceutical Bulletin, 33 (11): 4717-4722.

aljesaconitine B 的 NMR 数据

位置	δC/ppm	δH/ppm (J/Hz)	位置	δC/ppm	δH/ppm (J/Hz)
1	82.5 d		18	76.8 t	
2	33.2 t		19	47.3 t	
3	71.6 d		21	48.9 t	
4	42.9 s		22	13.2 q	1.11 t (7.0)
5	45.5 d		1-OMe	55.8 q	3.28 s
6	83.4 d		6-OMe	58.5 q	3.33 s
7	45.2 d		16-OMe	62.3 q	3.75 s
8	82.1 s		18-OMe	59.0 q	
9	42.9 d		8-OEt	57.1 t	
10	41.3 d			15.3 q	0.64 t (6.0)
11	50.5 s		14-OCO	165.8 s	
12	36.2 t		1'	122.7 s	
13	74.2 s		2',6'	131.6 d	8.00 d (9.0)
14	79.2 d	4.60 d (6.0)	3',5'	113.6 d	6.93 d (9.0)
15	77.3 d		4'	163.1 s	
16	93.3 d		4'-OMe	55.3 q	3.88 s
17	61.1 d				

注：溶剂 CDCl₃；¹³C NMR：100 MHz；¹H NMR：400 MHz

化合物名称: altaconitine

分子式: $C_{34}H_{47}NO_{12}$　　　分子量 (M+1): 662

植物来源: *Aconitum altaicum* Steinb.

参考文献: Batbayar N, Batsuren D, Tashkhodzhaev B, et al. 1993. Alkaloids of Mongolian flora. III. Altaconitine—A new alkaloid from *Aconitum altaicum*. Khimiya Prirodnykh Soedinenii, 29 (1): 47-53.

altaconitine 的 NMR 数据

位置	δ_C/ppm	δ_H/ppm (J/Hz)	位置	δ_C/ppm	δ_H/ppm (J/Hz)
1	83.6 d		17	59.3 d	
2	65.2 d		18	71.6 t	
3	67.7 d		19	48.6 t	
4	43.8 s		21	43.8 t	
5	45.6 d		22	12.0 q	1.34 t (7.0)
6	82.4 d	4.11 d (5.0)	1-OMe	56.0 q	3.24 s
7	44.9 d		6-OMe	58.4 q	3.31 s
8	91.5 s		16-OMe	60.9 q	3.33 s
9	45.3 d		18-OMe	58.7 q	3.72 s
10	40.5 d		8-OAc	172.2 s	
11	52.4 s			21.2 q	1.41 s
12	38.1 t		14-OCO	166.0 s	
13	73.8 s		1′	129.7 s	
14	78.6 d	4.88 d (5.0)	2′,6′	129.5 d	
15	78.6 d	4.35 d (3.0)	3′,5′	128.5 d	7.47~8.06 m
16	90.1 d		4′	133.2 d	

注: 溶剂 CDCl₃; ¹³C NMR: 75 MHz; ¹H NMR: 300 MHz

化合物名称：anhydroaconitine

分子式：C$_{34}$H$_{45}$NO$_{10}$　　　　　　　　分子量（$M+1$）：628

植物来源：*Aconitum* L.

参考文献：Pelletier S W，Djarmati Z. 1976. Carbon-13 nuclear magnetic resonance：aconitine-type diterpenoid alkaloids from *Aconitum* and *Delphinium* species. Journal of the American Chemical Society，98（9）：2626-2637.

anhydroaconitine 的 NMR 数据

位置	δ_C/ppm	δ_H/ppm（J/Hz）	位置	δ_C/ppm	δ_H/ppm（J/Hz）
1	83.9 d		17	59.2 d	
2	125.3 d		18	78.5 t	
3	137.6 d		19	52.2 t	
4	40.9 s		21	48.1 t	
5	47.5 d		22	12.6 q	
6	81.3 d		1-OMe	56.0 q	
7	42.6 d		6-OMe	57.9 q	
8	92.5 s		16-OMe	61.2 q	
9	44.1 d		18-OMe	59.0 q	
10	41.2 d		8-OAc	172.2 s	
11	48.7 s			21.4 q	
12	34.2 t		14-OCO	165.9 s	
13	74.3 s		1′	130.0 s	
14	79.1 d		2′, 6′	129.6 d	
15	79.1 d		3′, 5′	128.6 d	
16	89.9 d		4′	133.2 d	

注：溶剂 CDCl$_3$；^{13}C NMR：25 MHz

化合物名称: anisoezochasmaconitine

分子式: C$_{35}$H$_{49}$NO$_9$ 分子量 (M+1): 628

植物来源: Aconitum yesoense Nakai

参考文献: Takayama H, Tokita A, Ito M, et al. 1982. On the alkaloids of Aconitum yesoense Nakai. Yakugaku Zasshi, 102 (3): 245-257.

anisoezochasmaconitine 的 NMR 数据

位置	δ$_C$/ppm	δ$_H$/ppm (J/Hz)	位置	δ$_C$/ppm	δ$_H$/ppm (J/Hz)
1	84.8 d		18	80.3 t	
2	26.4 t		19	53.7 t	
3	34.8 t		21	48.9 t	
4	39.0 s		22	13.4 q	1.16 t (7)
5	49.1 d		1-OMe	56.5 q	3.32 s
6	83.4 d		6-OMe	57.8 q	3.28 s
7	49.2 d		16-OMe	55.9 q	3.24 s
8	85.9 s		18-OMe	59.0 q	2.96 s
9	44.9 d		14-OAc	171.1 s	
10	39.3 d			21.4 q	1.78 s
11	50.2 s		8-OCO	164.4 s	
12	29.0 t		1'	123.5 s	
13	43.9 d		2',6'	131.1 d	7.93 d (9)
14	75.6 d	4.80 t (4.5)	3',5'	113.3 d	6.86 d (9)
15	37.6 t		4'	162.9 s	
16	82.7 d		4'-OMe	55.3 q	3.84 s
17	61.3 d				

注: 溶剂 CDCl$_3$; ^{13}C NMR, 25 MHz; ^{1}H NMR, 100 MHz

化合物名称: anisoylyunaconine

分子式: C₃₃H₄₇NO₁₀　　分子量 (M+1): 618

植物来源: Aconitium ferox Wall.

参考文献: Hanuman J B, Katz A. 1994. New lipo norditerpenoid alkaloids from root tubers of Aconitium ferox. Journal of Natural Products, 57 (1): 105-115.

anisoylyunaconine 的 NMR 数据

位置	δC/ppm	δH/ppm (J/Hz)	位置	δC/ppm	δH/ppm (J/Hz)
1	82.69 d	3.12 dd (6.1, 8.8)	17	61.88 d	3.02 br s
2	33.75 t	1.95~2.10 m	18	77.53 t	3.71 br s
2	33.75 t	2.27~2.40 m	19	47.53 t	2.95 d (11)
3	72.07 d	3.76 dd			2.43 d (11)
4	43.39 s		21	49.00 t	2.48~2.67 m (2H)
5	48.05 d	1.98~2.08 m	22	13.59 q	1.11 t (7.1)
6	83.56 d	4.08 d (6.8)	1-OMe	56.06 q	3.31 s
7	53.41 d		6-OMe	57.56 q	3.25 s
8	73.87 s		16-OMe	58.38 q	3.40 s
9	48.17 d	2.46~2.58 m	18-OMe	59.23 q	3.28 s
10	42.14 d	1.98~2.08 m	14-OCO	166.53 s	
11	50.35 s		1'	122.40 s	
12	36.08 t	1.98~2.08 m	2',6'	131.84 d	7.98 d (8)
		2.50~2.60 m	3',5'	113.87 d	6.93 d (8)
13	76.06 s		4'	163.82 s	
14	80.02 d	5.14 d (5)	4'-OMe	55.48 q	3.86 s
15	42.25 t	2.48~2.66 m	3-OH		2.25 s
16	83.54 d	3.31~3.38 m	13-OH		3.91 s

注: 溶剂 CDCl₃; ¹³C NMR, 50 MHz; ¹H NMR, 200 MHz

化合物名称：apetaldine A

分子式：$C_{36}H_{50}N_2O_8$　**分子量**（$M+1$）：639

植物来源：*Aconitum apetalum* (Huth) B. Fedtsch. 空茎乌头

参考文献：Zhang J F，Chen L，Huang S，et al. 2017. Diterpenoid alkaloids from two *Aconitum* species with antifeedant activity against *Spodoptera exigua*. Journal of Natural Products，80（12）：3136-3142.

apetaldine A 的 NMR 数据

位置	δ_C/ppm	δ_H/ppm（J/Hz）	位置	δ_C/ppm	δ_H/ppm（J/Hz）
1	85.3 d	3.12 dd（10.2, 7.2）	18		4.08 ABq（11.4）
2	26.4 t	2.05 m	19	52.8 t	2.10 ABq（11.4）
		2.32 m			2.60 ABq（11.4）
3	32.8 t	1.47 br t（13.2）	21	49.3 t	2.36 m
		1.85 m			2.52 m
4	38.1 s		22	13.6 q	1.07 t（7.2）
5	45.9 d	1.66 d（7.2）	1-OMe	56.4 q	3.32 s
6	24.4 t	1.39 dd（15.0, 7.2）	16-OMe	56.4 q	3.27 s
		2.01 m	8-OEt	55.7 t	3.33 m
7	41.1 d	2.40 m			3.36 m
8	76.9 s			16.4 q	1.06 t（7.2）
9	43.2 d	2.38 t（5.4）	14-OAc	171.5 s	
10	38.3 d	2.40 m		21.5 q	2.01 s
11	49.2 s		18-OCO	168.3 s	
12	29.1 t	1.91 m	1′	114.9 s	
		2.43 m	2′	141.8 s	
13	45.2 d	1.96 m	3′	120.5 d	8.69 d（7.8）
14	75.8 d	4.72 t（4.8）	4′	134.8 d	7.54 t（7.8）
15	36.3 t	1.99 m	5′	122.5 d	7.09 t（7.8）
		2.13 m	6′	130.6 d	7.95 d（7.8）
16	83.5 d	3.24 m	NH		11.02 s
17	61.5 d	2.84 br s	1″	169.1 s	
18	70.9 t	3.99 ABq（11.4）	2″	25.6 q	2.22 s

注：溶剂 $CDCl_3$；^{13}C NMR：150 MHz；^1H NMR：600 MHz

化合物名称：apetaldine B

分子式：C$_{34}$H$_{46}$N$_2$O$_8$　**分子量**（$M+1$）：611

植物来源：*Aconitum apetalum* (Huth) B. Fedtsch. 空茎乌头

参考文献：Zhang J F，Chen L，Huang S，et al. 2017. Diterpenoid alkaloids from two *Aconitum* species with antifeedant activity against *Spodoptera exigua*. Journal of Natural Products，80（12）：3136-3142.

apetaldine B 的 NMR 数据

位置	δ_C/ppm	δ_H/ppm（J/Hz）	位置	δ_C/ppm	δ_H/ppm（J/Hz）
1	85.5 d	3.15 dd（10.8, 6.6）	18	70.8 t	3.96 ABq（10.8）
2	26.2 t	2.06 m			4.10 ABq（10.8）
		2.31 m	19	52.8 t	2.63 ABq（13.8）
3	32.9 t	1.48 br t（12.6）			2.13 ABq（13.8）
		1.86 m	21	49.4 t	2.41 m
4	38.2 s				2.56 m
5	46.1 d	1.70 d（7.2）	22	13.7 q	1.08 t（7.2）
6	25.3 t	1.54 dd（15.0, 7.2）	1-OMe	56.5 q	3.28 s
		1.96 dd（15.0, 7.2）	16-OMe	56.3 q	3.23 s
7	46.4 d	2.13 d（7.2）	14-OAc	170.9 s	
8	73.7 s			21.5 q	2.04 s
9	45.5 d	2.34 t（6.0）	18-OCO	168.3 s	
10	35.5 d	2.63 m	1′	114.9 s	
11	49.0 s		2′	141.8 s	
12	28.6 t	1.85 m	3′	120.6 d	8.70 d（7.8）
		2.15 m	4′	134.9 d	7.48 t（7.8）
13	45.0 d	1.87 m	5′	122.5 d	7.01 t（7.8）
14	77.0 d	4.82 t（4.8）	6′	130.6 d	7.96 d（7.8）
15	41.0 t	1.83 m	NH		11.04 s
		2.43 m	1″	169.2 s	
16	81.7 d	3.19 m	2″	25.7 q	2.23 s
17	62.1 d	3.05 br s			

注：溶剂 CDCl$_3$；^{13}C NMR：150 MHz；^{1}H NMR：600 MHz

化合物名称：apetaldine C

分子式：$C_{34}H_{44}N_2O_8$　分子量（$M+1$）：609

植物来源：*Aconitum apetalum* (Huth) B. Fedtsch. 空茎乌头

参考文献：Zhang J F，Chen L，Huang S，et al. 2017. Diterpenoid alkaloids from two *Aconitum* species with antifeedant activity against *Spodoptera exigua*. Journal of Natural Products，80（12）：3136-3142.

apetaldine C 的 NMR 数据

位置	δ_C/ppm	δ_H/ppm（J/Hz）	位置	δ_C/ppm	δ_H/ppm（J/Hz）
1	85.7 d	3.24 dd（10.8, 6.6）	17	63.2 d	3.57 br s
			18	70.4 t	3.99 ABq（10.8）
2	25.8 t	2.07 m			4.04 ABq（10.8）
		2.34 m	19	52.7 t	2.20 ABq（11.4）
3	32.8 t	1.44 m			2.64 ABq（11.4）
		1.88 m	21	49.4 t	2.43 m
4	38.4 s				2.62 m
5	46.0 d	1.75 d（7.8）	22	13.7 q	1.12 t（7.2）
6	25.5 t	1.50 m	1-OMe	56.4 q	3.32 s
		1.99 m	16-OMe	56.4 q	3.28 s
7	43.0 d	1.96 m	8-OAc	170.5 s	
8	92.1 s			22.7 q	1.97 s
9	52.6 d	2.42 t（6.0）	18-OCO	168.3 s	
10	41.7 d	3.35 m	1′	114.8 s	
11	49.0 s		2′	141.9 s	
12	24.9 t	2.05 m	3′	120.7 d	8.71 d（7.8）
		2.20（overlapped）	4′	135.0 d	7.56 t（7.8）
13	46.6 d	2.53 m	5′	122.6 d	7.10 t（7.8）
14	215.1 s		6′	130.6 d	7.95 d（7.8）
15	31.9 t	2.46 m	NH		11.00 s
		2.61 m	1″	169.2 s	
16	86.1 d	3.80 td（5.4, 1.8）	2″	25.7 q	2.24 s

注：溶剂 CDCl₃；¹³C NMR：150 MHz；¹H NMR：600 MHz

化合物名称：apetaldine D

分子式：$C_{33}H_{46}N_2O_7$　分子量（$M+1$）：583

植物来源：*Aconitum apetalum* (Huth) B. Fedtsch. 空茎乌头

参考文献：Zhang J F，Chen L，Huang S，et al. 2017. Diterpenoid alkaloids from two *Aconitum* species with antifeedant activity against *Spodoptera exigua*. Journal of Natural Products，80（12）：3136-3142.

apetaldine D 的 NMR 数据

位置	δ_C/ppm	δ_H/ppm（J/Hz）	位置	δ_C/ppm	δ_H/ppm（J/Hz）
1	72.1 d	3.78 br s	18	70.5 t	4.00 ABq（10.8）
2	29.7 t	1.59 m			4.14 ABq（10.8）
		1.68 m	19	56.4 t	2.21 m
3	30.1 t	1.53 m			2.25 m
		1.92 m	21	48.5 t	2.46 m
4	36.9 s				2.58 m
5	41.7 d	1.93 d（7.8）	22	13.1 q	1.12 t（7.2）
6	24.3 t	1.60 m	8-OEt	56.4 t	3.44 m
		1.98 m			3.46 m
7	43.9 d	2.52 m		16.3 q	1.16 t（7.2）
8	79.0 s		16-OMe	56.7 q	3.40 s
9	45.4 d	2.13 t（6.0）	18-OCO	168.5 s	
10	40.0 d	2.39 m	1′	114.8 s	
11	49.1 s		2′	141.9 s	
12	26.7 t	1.91 m	3′	120.7 d	8.71 d（7.8）
		2.50 m	4′	135.1 d	7.57 t（7.8）
13	40.2 d	2.45 m	5′	122.7 d	7.10 t（7.8）
14	75.7 d	4.13 t（4.2）	6′	130.5 d	7.96 d（7.8）
15	38.1 t	2.15 m	NH		11.01 s
		2.22 m	1″	169.2 s	
16	83.2 d	3.37 m	2″	25.7 q	2.24 s
17	63.4 d	2.67 br s			

注：溶剂 CDCl₃；¹³C NMR：150 MHz；¹H NMR：600 MHz

化合物名称：apetaldine E

分子式：$C_{31}H_{40}N_2O_6$　　　　　　　　　**分子量**（$M+1$）：537

植物来源：*Aconitum apetalum* (Huth) B. Fedtsch. 空茎乌头

参考文献：Zhang J F，Chen L，Huang S，et al. 2017. Diterpenoid alkaloids from two *Aconitum* species with antifeedant activity against *Spodoptera exigua*. Journal of Natural Products，80（12）：3136-3142.

apetaldine E 的 NMR 数据

位置	δ_C/ppm	δ_H/ppm（J/Hz）	位置	δ_C/ppm	δ_H/ppm（J/Hz）
1	85.6 d	3.14 dd（10.2, 6.6）	17	63.0 d	2.99 br s
2	26.2 t	1.95 m	18	71.1 t	3.97 ABq（11.4）
		2.39 m			4.13 ABq（11.4）
3	33.0 t	1.48 br t（12.6）	19	53.0 t	2.15 ABq（11.4）
		1.87 m			2.61 ABq（11.4）
4	38.3 s		21	49.5 t	2.41 m
5	46.0 d	1.68 d（7.2）			2.48 m
6	24.0 t	1.57 dd（14.4, 7.2）	22	13.6 q	1.05 t（7.2）
		2.01 dd（14.4, 7.2）	1-OMe	56.5 q	3.26 s
7	42.7 d	2.13 d（7.2）	18-OCO	168.3 s	
8	74.4 s		1′	115.0 s	
9	46.6 d	2.29 t（5.4）	2′	141.9 s	
10	46.0 d	1.97 m	3′	120.6 d	8.71 d（7.8）
11	48.7 s		4′	134.9 d	7.55 t（7.8）
12	33.3 t	1.88 m	5′	122.6 d	7.10 t（7.8）
		2.48 m	6′	130.6 d	7.97 d（7.8）
13	39.2 d	2.45 m	NH		11.05 s
14	74.7 d	4.08 t（4.2）	1″	169.3 s	
15	132.0 d	5.65 d（8.4）	2″	25.7 q	2.24 s
16	130.0 d	5.91 dd（8.4, 7.2）			

注：溶剂 CDCl₃；¹³C NMR：150 MHz；¹H NMR：600 MHz

化合物名称：apetaldine F

分子式：$C_{32}H_{44}N_2O_7$　　　　　　　　　分子量（$M+1$）：569

植物来源：*Aconitum apetalum* (Huth) B. Fedtsch. 空茎乌头

参考文献：Zhang J F，Chen L，Huang S，et al. 2017. Diterpenoid alkaloids from two *Aconitum* species with antifeedant activity against *Spodoptera exigua*. Journal of Natural Products，80（12）：3136-3142.

apetaldine F 的 NMR 数据

位置	δ_C/ppm	δ_H/ppm （J/Hz）	位置	δ_C/ppm	δ_H/ppm （J/Hz）
1	83.2 d	3.31 m	17	57.5 d	3.22 br s
2	25.0 t	1.72 m	18	70.8 t	3.96 ABq （10.8）
		1.90 m			4.06 ABq （10.8）
3	28.7 t	1.68 m	19	48.2 t	2.53 ABq （13.2）
		1.87 m			2.88 ABq （13.2）
4	37.8 s		1-OMe	56.6 q	3.37 s
5	43.1 d	1.85 d （7.2）	16-OMe	56.0 q	3.29 s
6	24.5 t	1.66 m	8-OEt	56.4 t	3.41 m
		1.98 dd （15.0, 7.2）			3.43 m
7	47.3 d	2.37 d （7.2）		16.3 q	1.12 t （7.2）
8	78.8 s		18-OCO	168.4 s	
9	45.2 d	2.15 t （6.0）	1′	114.8 s	
10	45.2 d	1.92 m	2′	141.9 s	
11	49.3 s		3′	120.6 d	8.71 d （7.8）
12	28.7 t	1.68 dd （14.4, 7.8）	4′	135.0 d	7.55 t （7.8）
		1.87 m	5′	122.6 d	7.08 t （7.8）
13	40.1 d	2.34 m	6′	130.5 d	7.95 d （7.8）
14	75.5 d	4.06 （overlapped）	NH		11.02 s
15	36.3 t	2.05 dd （14.5, 6.0）	1″	169.2 s	
		2.38 dd （14.5, 6.0）	2″	25.7 q	2.24 s
16	82.7 d	3.28 （overlapped）			

注：溶剂 CDCl₃；¹³C NMR：150 MHz；¹H NMR：600 MHz

化合物名称：apetaldine G

分子式：$C_{32}H_{42}N_2O_7$　　　　　　分子量（$M+1$）：567

植物来源：*Aconitum apetalum* (Huth) B. Fedtsch. 空茎乌头

参考文献：Zhang J F，Chen L，Huang S，et al. 2017. Diterpenoid alkaloids from two *Aconitum* species with antifeedant activity against *Spodoptera exigua*. Journal of Natural Products，80（12）：3136-3142.

apetaldine G 的 NMR 数据

位置	δ_C/ppm	δ_H/ppm（J/Hz）	位置	δ_C/ppm	δ_H/ppm（J/Hz）
1	83.3 d	3.27 dd（10.2, 6.6）	16	82.1 d	3.40 m
2	24.7 t	1.54 m	17	62.6 d	3.96 br s
		1.86 m	18	67.7 t	4.34 ABq（11.4）
3	27.4 t	1.53 m			4.38 ABq（11.4）
		1.78 m	19	162.8 d	7.36 d（1.2）
4	49.0 s		1-OMe	56.6 q	3.36 s
5	42.0 d	1.79 d（7.2）	16-OMe	56.4 q	3.23 s
6	24.3 t	1.43 dd（14.4, 7.2）	8-OEt	56.2 t	3.28 m
		2.00 dd（14.4, 7.2）			3.38 m
7	48.1 d	2.45 d（7.2）		16.2 q	1.08 t（7.2）
8	77.4 s		18-OCO	168.1 s	
9	44.8 d	2.13 t（6.0）	1′	114.5 s	
10	45.5 d	1.86 m	2′	141.9 s	
11	48.9 s		3′	120.6 d	8.70 d（7.8）
12	28.5 t	1.67 dd（12.6, 4.8）	4′	135.1 d	7.55 t（7.8）
		1.88 m	5′	122.6 d	7.08 t（7.8）
13	38.5 d	2.39 m	6′	130.5 d	7.96 d（7.8）
14	75.3 d	4.04 dd（9.6, 4.8）	NH		11.00 s
15	33.8 t	2.10 m	1″	169.1 s	
		2.36 m	2″	25.6 q	2.22 s

注：溶剂 CDCl₃；¹³C NMR：150 MHz；¹H NMR：600 MHz

化合物名称：apetaldine H

分子式：C$_{34}$H$_{48}$N$_2$O$_8$　分子量（$M+1$）：613

植物来源：*Aconitum apetalum* (Huth) B. Fedtsch. 空茎乌头

参考文献：Zhang J F，Chen L，Zhou X L. 2018. Three new C$_{19}$-diterpenoid alkaloids from *Aconitum apetalum*. Heterocycles，96（2）：304-310.

apetaldine H 的 NMR 数据

位置	δ_C/ppm	δ_H/ppm（J/Hz）	位置	δ_C/ppm	δ_H/ppm（J/Hz）
1	78.4 d	3.78 dd（10.2，6.6）	18	71.0 t	4.03 ABq（10.8）
2	26.1 t	2.10 m			4.07 ABq（10.8）
		2.34 m	19	52.8 t	2.16 d（11.4）
3	32.6 t	1.48 dd（13.2，4.2）			2.65 d（11.4）
		1.88 m	21	49.4 t	2.36 m
4	38.0 s				2.55 m
5	42.3 d	1.97 d（7.8）	22	13.6 q	1.09 t（7.2）
6	24.7 t	1.96 dd（15.0，7.8）	1-OMe	56.2 q	3.29 s
		1.50 m	16-OMe	56.6 q	3.35 s
7	40.5 d	2.43 m	8-OEt	56.1 t	3.37 m
8	77.3 s				3.49 m
9	55.5 d	2.04 d（4.8）		16.2 q	1.12 t（7.2）
10	81.1 s		18-OCO	168.4 s	
11	54.4 s		1′	114.9 s	
12	40.2 t	1.71 dd（16.2，8.4）	2′	141.9 s	
		2.77 d（16.2）	3′	120.6 d	8.70 d（8.4）
13	39.4 d	2.51 m	4′	135.0 d	7.56 t（8.4）
14	73.5 d	4.58 dd（10.2，5.4）	5′	122.7 d	7.10 t（8.4）
15	36.7 t	2.12 m	6′	130.7 d	7.97 d（8.4）
		2.26 m	NH		11.01 s
16	82.1 d	3.30 m	1″	169.2 s	
17	63.0 d	2.89 br s	2″	25.7 q	2.24 s

注：溶剂 CDCl$_3$；^{13}C NMR：150 MHz；^{1}H NMR：600 MHz

化合物名称：apetaldine I

分子式：$C_{34}H_{46}N_2O_7$　分子量（$M+1$）：595

植物来源：*Aconitum apetalum* (Huth) B. Fedtsch. 空茎乌头

参考文献：Zhang J F，Chen L，Zhou X L. 2018. Three new C₁₉-diterpenoid alkaloids from *Aconitum apetalum*. Heterocycles，96（2）：304-310.

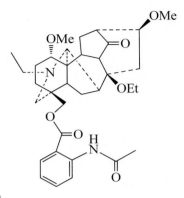

apetaldine I 的 NMR 数据

位置	δ_C/ppm	δ_H/ppm（J/Hz）	位置	δ_C/ppm	δ_H/ppm（J/Hz）
1	85.5 d	3.23 dd（10.2, 6.6）	18	70.1 t	3.99 ABq（11.4）
2	25.5 t	2.07 m			4.04 ABq（11.4）
		2.31 m	19	52.5 t	2.20 d（11.4）
3	32.4 t	1.45 br t（7.2）			2.65 d（11.4）
		1.87 m	21	49.0 t	2.45 m
4	38.0 s				2.58 m
5	45.1 d	1.71 d（7.2）	22	13.4 q	1.07 t（7.2）
6	25.1 t	1.54 dd（15.0, 7.8）	1-OMe	55.9 q	3.31 s
		1.90 dd（15.0, 7.8）	16-OMe	56.1 q	3.31 s
7	43.5 d	1.92 m	8-OEt	58.2 t	3.42 m
8	86.2 s				3.47 m
9	52.6 d	2.39 d（6.0）		15.8 q	1.09 t（7.2）
10	45.4 d	2.33 m	18-OCO	167.9 s	
11	48.7 s		1′	114.5 s	
12	24.4 t	2.02 m	2′	141.5 s	
		2.13 dd（14.4, 7.2）	3′	120.2 d	8.70 d（8.4）
13	46.1 d	2.48 m	4′	134.6 d	7.55 t（8.4）
14	216.8 s		5′	122.3 d	7.09 t（8.4）
15	33.0 t	1.86 m	6′	130.2 d	7.95 d（8.4）
		2.37 m	NH		11.02 s
16	84.7 d	3.78 t（5.4）	1″	168.9 s	
17	62.0 d	3.55 br s	2″	25.3 q	2.23 s

注：溶剂 CDCl₃；¹³C NMR：150 MHz；¹H NMR：600 MHz

化合物名称：apetaldine J

分子式：C$_{33}$H$_{46}$N$_2$O$_7$　　　　　　分子量（$M+1$）：583

植物来源：*Aconitum apetalum* (Huth) B. Fedtsch. 空茎乌头

参考文献：Zhang J F，Chen L，Zhou X L. 2018. Three new C$_{19}$-diterpenoid alkaloids from *Aconitum apetalum*. Heterocycles，96（2）：304-310.

apetaldine J 的 NMR 数据

位置	δ_C/ppm	δ_H/ppm（J/Hz）	位置	δ_C/ppm	δ_H/ppm（J/Hz）
1	85.7 d	3.12 t（6.4）	17	62.6 d	3.06 br s
2	28.5 t	1.87 m	18	70.9 t	3.98 ABq（11.2）
		2.13 m			4.08 ABq（11.2）
3	32.9 t	1.44 m	19	52.8 t	2.64 d（11.2）
		1.88 m			2.10 d（11.2）
4	38.3 s		21	49.4 t	2.42 m
5	46.4 d	1.69 d（7.2）			2.53 m
6	24.1 t	1.42 m	22	13.7 q	1.08 t（7.2）
		1.97 m	1-OMe	56.5 q	3.36 s
7	40.3 d	2.45 m	8-OMe	48.4 q	3.14 s
8	77.9 s		16-OMe	56.5 q	3.27 s
9	45.7 d	2.23 m	18-OCO	168.3 s	
10	38.0 d	2.35 t（5.2）	1'	114.9 s	
11	49.1 s		2'	141.8 s	
12	28.5 t	1.81 m	3'	120.6 d	8.68 d（8.4）
		2.14 m	4'	134.9 d	7.55 t（8.4）
13	46.1 d	1.84 m	5'	122.6 d	7.09 t（8.4）
14	75.1 d	3.99 t（7.2）	6'	130.6 d	7.96 d（8.4）
15	33.2 t	2.05 m	NH		11.02 s
		2.15 m	1"	169.2 s	
16	82.3 d	3.37 m	2"	25.6 q	2.23 s

注：溶剂 CDCl$_3$；^{13}C NMR：150 MHz；^{1}H NMR：600 MHz

化合物名称：apetalrine A

分子式：$C_{43}H_{55}N_3O_{10}$　　　　　　分子量（$M+1$）：774

植物来源：*Aconitum apetalum* (Huth) B. Fedtsch. 空茎乌头

参考文献：Wan L X，Zhang J F，Zhen Y Q，et al. 2021. Isolation，structure elucidation，semi-synthesis，and structural modification of C₁₉-diterpenoid alkaloids from *Aconitum apetalum* and their neuroprotective activities. Journal of Natural Products，84（4）：1067-1077.

apetalrine A 的 NMR 数据

位置	δ_C/ppm	δ_H/ppm（J/Hz）	位置	δ_C/ppm	δ_H/ppm（J/Hz）
1	85.4 d	3.16 dd（10.8，6.6）	11	49.0 s	
2	26.2 t	1.86 m	12	28.6 t	2.16 m
		2.33 t（5.4）			2.43 m
3	32.9 t	1.45 br t（12.6）	13	45.5 d	2.34 m
		1.88 m	14	77.0 d	4.82 t（4.8）
4	38.3 s		15	41.0 t	1.90 m
5	46.2 d	1.70 d（7.2）			2.42 m
6	25.4 t	1.56（overlapped）	16	81.8 d	3.20 m
		2.04（overlapped）	17	62.0 d	3.05 s
7	46.4 d	2.14 m	18	71.2 t	4.01ABq（10.8）
8	73.7 s				4.12ABq（10.8）
9	45.0 d	1.83 m	19	52.9 t	2.15ABq（11.4）
10	35.5 d	2.62 t（6.6）			2.65ABq（11.4）

位置	δ_C/ppm	δ_H/ppm （J/Hz）	位置	δ_C/ppm	δ_H/ppm （J/Hz）
21	49.4 t	2.42 m	7′	167.7 s	
		2.54 m	2′-NH		12.04 s
22	13.7 q	1.08 t （7.2）	1″	121.3 s	
1-OMe	56.5 q	3.28 s	2″	140.0 s	
16-OMe	56.3 q	3.22 s	3″	121.5 d	7.86 d （7.2）
14-OAc	170.9 s		4″	133.2 d	7.54 t （7.8）
	21.5 q	2.04 s	5″	127.4 d	7.22 t （7.8）
18-OCO	168.6 s		6″	123.6 d	8.72 d （7.8）
1′	115.8 s		7″	175.9 s	
2′	141.5 s		8″	73.7 s	
3′	121.0 d	8.83 d （7.8）	9″	28.1 q	1.57 s
4′	135.0 d	7.62 dt （7.8, 1.2）	10″	28.1 q	1.57 s
5′	123.3 d	7.17 t （7.2）	2″-NH		11.94 s
6′	130.8 d	8.03 dd （7.8, 1.2）			

注：溶剂 CDCl$_3$；^{13}C NMR：150 MHz；^{1}H NMR：600 MHz

化合物名称：apetalrine B

分子式：C$_{41}$H$_{53}$N$_3$O$_9$　　　　　　　　　分子量（$M+1$）：732

植物来源：*Aconitum apetalum* (Huth) B. Fedtsch. 空茎乌头

参考文献：Wan L X，Zhang J F，Zhen Y Q，et al. 2021. Isolation，structure elucidation，semi-synthesis，and structural modification of C$_{19}$-diterpenoid alkaloids from *Aconitum apetalum* and their neuroprotective activities. Journal of Natural Products，84（4）：1067-1077.

apetalrine B 的 NMR 数据

位置	δ_C/ppm	δ_H/ppm（J/Hz）	位置	δ_C/ppm	δ_H/ppm（J/Hz）
1	86.1 d	3.04 dd（10.8，6.6）	21	49.6 t	2.33 m
2	25.9 t	1.93 m			2.46 m
		2.21 m	22	13.8 q	0.99 t（7.2）
3	33.0 t	1.35 br t（12.6）	1-OMe	56.7 q	3.25 s
		1.75 m	16-OMe	56.5 q	3.18 s
4	38.5 s		18-OCO	168.6 s	
5	46.3 d	1.61 d（7.2）	1′	115.9 s	
6	25.2 t	1.43 dd（15.0，7.8）	2′	141.5 s	
		1.77 m	3′	121.0 d	8.74 d（8.4）
7	47.1 d	2.19 m	4′	134.9 d	7.53 t（7.8）
8	72.9 s		5′	123.3 d	7.08 t（7.8）
9	45.9 d	1.66 m	6′	130.9 d	7.94 d（7.8）

续表

位置	δ$_C$/ppm	δ$_H$/ppm（J/Hz）	位置	δ$_C$/ppm	δ$_H$/ppm（J/Hz）
10	37.7 d	2.27 t（6.0）	7′	167.8 s	
11	49.0 s		2′-NH		11.97 s
12	27.8 t	2.06 m	1″	121.2 s	
		2.45 m	2″	140.1 s	
13	46.2 d	2.41 m	3″	121.5 d	7.78 d（7.8）
14	75.7 d	4.05（overlapped）	4″	133.3 d	7.45 t（7.8）
15	38.5 t	1.95 m	5″	127.4 d	7.14 t（7.8）
		2.35 m	6″	123.7 d	8.63 d（8.4）
16	82.3 d	3.34 d（7.8）	7″	175.9 s	
17	62.7 d	3.13 s	8″	73.7 s	
18	71.2 t	3.93 ABq（12.6）	9″	28.1 q	1.47 s
		4.02 ABq（12.6）	10″	28.1 q	1.47 s
19	53.0 t	2.11 ABq（10.8）	2″-NH		11.85 s
		2.54 ABq（10.8）			

注：溶剂 CDCl$_3$；^{13}C NMR：150 MHz；^{1}H NMR：600 MHz

化合物名称：apetalrine C

分子式：$C_{45}H_{57}N_3O_{11}$　　　　　　　　**分子量**（$M+1$）：816

植物来源：*Aconitum apetalum* (Huth) B. Fedtsch. 空茎乌头

参考文献：Wan L X，Zhang J F，Zhen Y Q，et al. 2021. Isolation，structure elucidation，semi-synthesis，and structural modification of C_{19}-diterpenoid alkaloids from *Aconitum apetalum* and their neuroprotective activities. Journal of Natural Products，84（4）：1067-1077.

apetalrine C 的 NMR 数据

位置	δ_C/ppm	δ_H/ppm（J/Hz）	位置	δ_C/ppm	δ_H/ppm（J/Hz）
1	85.1 d	3.14 dd（10.2, 6.6）	22	13.6 q	1.09 t（7.2）
2	26.4 t	1.82 m	1-OMe	56.7 q	3.31 s
		2.11 m	16-OMe	56.4 q	3.28 s
3	32.8 t	1.48 br t（12.6）	8-OAc	169.7 s	
		1.86 m		22.6 q	1.92 s
4	38.1 s		14-OAc	171.2 s	
5	46.1 d	1.74 d（7.2）		21.5 q	2.02 s
6	25.2 t	1.46 dd（15.0, 7.8）	18-OCO	168.6 s	
		1.88 m	1′	115.8 s	
7	41.7 d	3.21 m	2′	141.5 s	
8	86.0 s		3′	121.0 d	8.84 d（8.4）
9	45.0 d	1.73 m	4′	135.0 d	7.63 dt（7.8, 1.2）

续表

位置	δ_C/ppm	δ_H/ppm（J/Hz）	位置	δ_C/ppm	δ_H/ppm（J/Hz）
10	38.6 d	2.35 t（6.6）	5′	123.4 d	7.19 dt（7.8, 1.2）
11	49.0 s		6′	130.8 d	8.03 dd（7.8, 1.2）
12	28.8 t	2.12 m	7′	167.8 s	
		2.44 m	2′-NH		12.03 s
13	42.5 d	2.61 m	1″	121.3 s	
14	75.3 d	4.79 t（4.8）	2″	140.1 s	
15	37.7 t	2.10 m	3″	121.5 d	7.87 dd（7.8, 1.2）
		2.81 m	4″	133.3 d	7.55 dt（7.8, 1.2）
16	82.9 d	3.24 m	5″	127.4 d	7.23 dt（7.8, 1.2）
17	61.7 d	2.93 s	6″	123.6 d	8.72 dd（7.8, 1.2）
18	71.1 t	4.02 ABq（10.8）	7″	175.9 s	
		4.06 ABq（10.8）	8″	73.7 s	
19	52.6 t	2.12 m	9″	28.1 q	1.57 s
		2.60 m	10″	28.1 q	1.57 s
21	49.3 t	2.36 q（12.0, 7.2）	2″-NH		11.93 s
		2.56 q（12.0, 7.2）			

注：溶剂 CDCl$_3$；^{13}C NMR：150 MHz；^{1}H NMR：600 MHz

化合物名称：apetalrine D

分子式：C$_{43}$H$_{57}$N$_3$O$_9$　　　　　　　　　**分子量**（$M+1$）：760

植物来源：*Aconitum apetalum* (Huth) B. Fedtsch. 空茎乌头

参考文献：Wan L X，Zhang J F，Zhen Y Q，et al. 2021. Isolation，structure elucidation，semi-synthesis，and structural modification of C$_{19}$-diterpenoid alkaloids from *Aconitum apetalum* and their neuroprotective activities. Journal of Natural Products，84（4）：1067-1077.

apetalrine D 的 NMR 数据

位置	δ_C/ppm	δ_H/ppm （J/Hz）	位置	δ_C/ppm	δ_H/ppm （J/Hz）
1	85.6 d	3.14 dd （10.8, 6.6）	21		2.54 m
2	26.2 t	2.06 m	22	13.7 q	1.08 t （7.2）
		2.21 m	1-OMe	56.5 q	3.36 s
3	32.9 t	1.46 br t （12.6）	16-OMe	56.5 q	3.28 s
		1.88 m	8-OEt	56.1 t	3.36 m
4	38.7 s				3.28 m
5	46.4 d	1.72 d （7.2）		16.3 q	1.12 t （7.2）
6	24.3 t	1.41 dd （15.0, 7.8）	18-OCO	168.7 s	
		1.99 m	1′	115.8 s	
7	41.0 d	2.43 m	2′	141.4 s	
8	78.1 s		3′	121.1 d	8.84 d （8.4）
9	46.0 d	1.86 m	4′	135.0 d	7.63 dt （7.8, 1.2）

位置	δ_C/ppm	δ_H/ppm（J/Hz）	位置	δ_C/ppm	δ_H/ppm（J/Hz）
10	38.2 d	2.35 t（6.0）	5′	123.4 d	7.19 t（7.8）
11	49.1 s		6′	130.9 d	8.04 dt（7.8, 1.2）
12	28.9 t	2.08 m	7′	167.8 s	
		2.41 m	2′-NH		12.05 s
13	45.6 d	2.22 m	1″	121.5 s	
14	75.2 d	4.02 dd（5.4, 10.8）	2″	140.0 s	
15	34.8 d	2.06 m	3″	121.5 d	7.87 d（7.8）
		2.42 m	4″	133.3 d	7.56 t（7.8）
16	82.6 d	3.35 m	5″	127.4 d	7.23 t（7.8）
17	62.5 d	3.02 s	6″	123.6 d	8.72 d（8.4）
18	71.4 t	4.06 ABq（11.4）	7″	175.8 s	
		4.08 ABq（11.4）	8″	73.7 s	
19	52.8 t	2.16 m	9″	28.1 q	1.58 s
		2.65 ABq（11.4）	10″	28.1 q	1.58 s
21	49.4 t	2.28 m	2″-NH		11.94 s

注：溶剂 CDCl$_3$；^{13}C NMR：150 MHz；^{1}H NMR：600 MHz

化合物名称： apetalrine E

分子式： C₄₄H₅₇N₃O₁₀　　　　　　　　**分子量**（M+1）：788

植物来源： *Aconitum apetalum* (Huth) B. Fedtsch. 空茎乌头

参考文献： Wan L X，Zhang J F，Zhen Y Q，et al. 2021. Isolation，structure elucidation，semi-synthesis，and structural modification of C₁₉-diterpenoid alkaloids from *Aconitum apetalum* and their neuroprotective activities. Journal of Natural Products，84（4）：1067-1077.

apetalrine E 的 NMR 数据

位置	δ_C/ppm	δ_H/ppm（J/Hz）	位置	δ_C/ppm	δ_H/ppm（J/Hz）
1	85.5 d	3.16 dd（11.2, 6.6）	22	13.7 q	1.09 t（7.2）
2	26.2 t	1.87 m	1-OMe	56.5 q	3.29 s
		2.32 t（6.0）	16-OMe	56.4 q	3.23 s
3	32.9 t	1.49 br t（12.0）	14-OAc	170.9 s	
		1.89 m		21.5 q	2.05 s
4	38.3 s		18-OCO	168.6 s	
5	46.2 d	1.71 d（7.8）	1′	115.9 s	
6	25.4 t	1.56（overlapped）	2′	141.5 s	
		2.13（overlapped）	3′	121.0 d	8.84 d（8.4）
7	46.5 d	2.15 m	4′	135.0 d	7.64 dt（7.8, 1.2）
8	73.7 s		5′	123.3 d	7.19 dt（7.8, 1.2）
9	45.1 d	1.72 m	6′	130.9 d	8.04 dd（7.8, 1.2）
10	35.6 d	2.65 t（6.0）	7″	167.8 s	

位置	δ_C/ppm	δ_H/ppm（J/Hz）	位置	δ_C/ppm	δ_H/ppm（J/Hz）
11	49.0 s		2′-NH		12.06 s
12	28.6 t	2.16 m	1″	121.2 s	
		2.44 m	2″	140.1 s	
13	45.6 d	2.35 m	3″	121.5 d	7.88 dd（7.8, 1.2）
14	76.9 d	4.83 t（4.8）	4″	133.3 d	7.55 dt（7.2, 1.2）
15	41.1 t	1.88 m	5″	127.4 d	7.24 dt（7.2, 1.2）
		2.43 m	6″	123.7 d	8.73 dd（8.4, 1.2）
16	81.8 d	3.21 dd（9.6, 4.2）	7″	175.4 s	
17	62.1 d	3.06 s	8″	76.2 s	
18	71.2 t	4.03 ABq（10.8）	9″	26.5 q	1.54 s
		4.13 ABq（10.8）	10″	33.7 t	1.78 dd（14.4, 7.2）
19	52.9 t	2.14 m			1.94 m
		2.65 m	11″	8.1 q	0.96 t（7.2）
21	49.5 t	2.43 q（12.0, 7.2）	2″-NH		11.89 s
		2.55 q（12.0, 7.2）			

注：溶剂 CDCl$_3$；^{13}C NMR：150 MHz；^{1}H NMR：600 MHz

化合物名称：atropurpursine

分子式：$C_{34}H_{47}NO_{11}$ 分子量（$M+1$）：646

植物来源：*Aconitum hemsleyanium* var. *atropurpureum* Hand.-Mazz.

参考文献：Tang P，Chen D L，Jian X X，et al. 2007. Two new C₁₉-diterpenoid alkaloids from roots *Aconitum hemsleyanium* var. *atropurpureum*. Chinese Chemical Letters，18（6）：704-707.

atropurpursine 的 NMR 数据

位置	δ_C/ppm	δ_H/ppm（J/Hz）	位置	δ_C/ppm	δ_H/ppm（J/Hz）
1	83.5 d	3.19 d（5.2）	17	60.1 d	2.73 s
2	65.2 d	4.05 m	18	71.8 t	3.46 ABq（8.0）
3	67.8 d	3.55 dd（8.8, 4.4）			3.62 ABq（8.0）
4	43.9 s		19	45.2 t	2.24 ABq（12.0）
5	45.8 d	2.30 d（6.8）			2.63 ABq（12.0）
6	82.5 d	4.08 d（6.0）	21	48.4 t	2.64 m
7	49.7 d	3.10 s	22	12.0 q	1.14 t（7.2）
8	85.1 s		1-OMe	55.9 q	3.32 s
9	45.5 d	3.00 t（4.4）	6-OMe	58.3 q	3.21 s
10	40.5 d	2.19 s	16-OMe	58.7 q	3.52 s
11	52.7 s		18-OMe	58.8 q	3.30 s
12	37.3 t	2.20 s	8-OAc	169.7 s	
		2.66 s		21.3 q	1.32 s
13	74.6 s		14-OCO	166.3 s	
14	78.5 d	4.91 d（4.8）	1′	130.1 s	
15	39.4 t	2.43 d（6.8）	2′, 6′	129.7 d	8.05 d（8.0）
		2.95 d（6.8）	3′, 5′	128.5 d	7.44 t（8.0）
16	83.6 d	3.31（hidden）	4′	133.1 d	7.56 t（8.0）

注：溶剂 CDCl₃；¹³C NMR：100 MHz；¹H NMR：400 MHz

化合物名称：austroconitine B

分子式：C$_{33}$H$_{47}$NO$_9$ 分子量（$M+1$）：602

植物来源：*Aconitum austroyunnanense* W. T. Wang 滇南草乌

参考文献：蒋子华，陈泗英，周俊. 1989. 滇南草乌的化学成分研究（II）. 云南植物研究，11（4）：461-464.

austroconitine B 的 NMR 数据

位置	δ_C/ppm	δ_H/ppm（J/Hz）	位置	δ_C/ppm	δ_H/ppm（J/Hz）
1	82.7 d		17	61.7 d	
2	33.3 t		18	77.5 t	
3	72.3 d		19	48.6 t	
4	43.2 s		21	47.9 t	
5	46.6 d		22	13.4 q	1.17 t（7.04）
6	81.8 d	4.20 d（6.48）	1-OMe	55.6 q	3.33 s
7	47.3 d		6-OMe	57.2 q	3.31 s
8	74.5 s		16-OMe	56.0 q	3.22 s
9	53.2 d		18-OMe	59.7 q	3.18 s
10	44.9 d		14-OCO	165.8 s	
11	50.3 s		1′	122.6 s	
12	29.6 t		2′, 6′	131.5 d	7.96 d（8.68）
13	37.1 d		3′, 5′	113.5 d	6.91 d（8.68）
14	76.5 d	5.14 t（4.48）	4′	163.2 s	
15	41.4 t		4′-OMe	55.4 q	3.85 s
16	82.5 d				

注：溶剂 CDCl$_3$

化合物名称：balfourine

分子式：$C_{33}H_{45}NO_{10}$　　　　　　**分子量**（$M+1$）：616

植物来源：*Aconitun balfourii* Stapf

参考文献：Khetwal K S，Joshi B S，Desai H K，et al. 1992. Alkaloids of *Aconitum balfourii* Stapf. Heterocycles，34（3）：441-444.

balfourine 的 NMR 数据

位置	δ_C/ppm	δ_H/ppm （J/Hz）	位置	δ_C/ppm	δ_H/ppm （J/Hz）
1	82.5 d		18	77.2 t	
2	34.0 t		19	49.1 t	
3	71.9 d		21	47.5 t	
4	43.4 s		22	13.4 q	
5	46.9 d		1-OMe	56.0 q	
6	81.6 d		6-OMe	57.5 q	
7	48.0 d		18-OMe	59.2 q	
8	73.8 s		14-OCO	166.0 s	
9	48.8 d		1′	121.6 s	
10	42.5 d		2′	112.2 d	
11	50.2 s		3′	148.6 s	
12	40.6 t		4′	153.1 s	
13	76.0 s		5′	110.4 d	
14	80.3 d		6′	123.6 d	
15	134.7 d		3′-OMe	56.1 q	
16	130.1 d		4′-OMe	56.1 q	
17	62.4 d				

化合物名称：beiwucine

分子式：$C_{33}H_{47}NO_{11}$　　　　　　　**分子量**（$M+1$）：634

植物来源：*Aconitum kusnezoffii* Reichb. 北乌头

参考文献：于海兰，贾世山. 2000. 蒙药草乌叶中一个新二萜生物碱 Beiwucine. 药学学报，35（3）：232-234.

beiwucine 的 NMR 数据

位置	δ_C/ppm	δ_H/ppm（J/Hz）	位置	δ_C/ppm	δ_H/ppm（J/Hz）
1	83.1 d		17	63.2 d	
2	33.4 t		18	76.7 t	
3	71.7 d	3.38 m	19	49.9 t	
4	43.2 s		21	42.5 q	2.39 s
5	47.1 d		1-OMe	55.9 q	3.28 s
6	79.3 d	4.05 d（6.45）	6-OMe	58.7 q	3.30 s
7	41.4 d		16-OMe	62.3 q	3.31 s
8	79.1 s		18-OMe	59.1 q	3.71 s
9	55.3 d		8-OEt	57.3 t	3.49 q（7.00）
10	75.4 s			15.2 q	0.59 t（6.96）
11	56.2 s		14-OCO	166.2 s	
12	41.9 t		1′	130.3 s	
13	75.4 s		2′, 6′	129.7 d	
14	78.8 d	5.29 d（5.30）	3′, 5′	128.3 d	7.30～8.00 m
15	77.4 d		4′	132.9 d	
16	92.9 d				

注：溶剂 CDCl₃；¹³C NMR：125 MHz；¹H NMR：500 MHz

化合物名称：beiwutine

分子式：C$_{33}$H$_{45}$NO$_{12}$　　　　　　分子量（M+1）：648

植物来源：*Aconitum kusnezoffii* Reichb. 北乌头

参考文献：于海兰，贾世山. 2000. 蒙药草乌叶中一个新二萜生物碱 Beiwucine. 药学学报，35（3）：232-234.

beiwutine 的 NMR 数据

位置	δ_C/ppm	δ_H/ppm（J/Hz）	位置	δ_C/ppm	δ_H/ppm（J/Hz）
1	82.3 d		17	62.8 d	
2	33.7 t		18	76.5 t	
3	71.2 d		19	49.7 t	
4	43.5 s		21	42.5 q	2.36 s
5	46.9 d		1-OMe	55.9 q	3.16 s
6	79.7 d		6-OMe	58.1 q	3.28 s
7	42.3 d		16-OMe	61.1 q	3.70 s
8	89.6 s		18-OMe	59.1 q	3.30 s
9	53.9 d		8-OAc	172.3 s	
10	74.7 s			21.3 q	1.40 s
11	55.7 s		14-OCO	166.1 s	
12	43.2 t		1′	129.8 s	
13	77.2 s		2′, 6′	128.7 d	
14	78.3 d	5.37 d（5.15）	3′, 5′	128.7 d	
15	77.0 d		4′	133.4 d	
16	89.6 d				

注：溶剂 CDCl$_3$；^{13}C NMR：125 MHz；^{1}H NMR：500 MHz

化合物名称： 14-benzoylaconine

分子式： C$_{32}$H$_{45}$NO$_{10}$　　　　　　　　　　　**分子量**（*M*+1）：604

植物来源： *Aconitum kusnezoffii* Reichb. 北乌头

参考文献： 李正邦，吕光华，陈东林，等. 1997. 草乌中生物碱的化学研究. 天然产物研究与开发，9（1）：9-14.

14-benzoylaconine 的 NMR 数据

位置	δ_C/ppm	δ_H/ppm（*J*/Hz）	位置	δ_C/ppm	δ_H/ppm（*J*/Hz）
1	82.7 d		16	90.6 d	
2	31.9 t		17	61.4 d	
3	71.3 d		18	77.7 t	
4	43.1 s		19	48.2 t	
5	48.2 d		21	49.2 t	
6	81.5 d	4.10 d（7.0）	22	13.0 q	1.23 t（7.0）
7	45.6 d		1-OMe	55.6 q	3.28 s
8	78.4 s		6-OMe	58.1 q	3.29 s
9	45.8 d		16-OMe	61.4 q	3.70 s
10	41.6 d		18-OMe	59.2 q	3.32 s
11	50.3 s		14-OCO	166.3 s	
12	35.9 t		1′	129.9 s	
13	74.6 s		2′, 5′	129.9 d	
14	79.5 d	5.00 d（5.0）	3′, 6′	128.5 d	7.35～8.05 m
15	81.5 d		4′	133.1 d	

注：溶剂 CDCl$_3$；^{13}C NMR：50 MHz；^{1}H NMR：200 MHz

化合物名称：benzoyldeoxyaconine

分子式：$C_{32}H_{45}NO_9$　　　　　分子量（$M+1$）：588

植物来源：*Aconitum polyschistum* Hand.-Mazz. 多裂乌头

参考文献：Wang H C，Lao A N，Fujimoto Y，et al. 1988. Studies on the alkaloids from *Aconitum polyschistum* Hand-Mazz. Part Ⅱ. Heterocycles，27（7）：1615-1621.

benzoyldeoxyaconine 的 NMR 数据

位置	δ_C/ppm	δ_H/ppm（J/Hz）	位置	δ_C/ppm	δ_H/ppm（J/Hz）
1	83.0 d		16	91.0 d	
2	20.9 t		17	62.0 d	
3	39.0 t		18	79.8 t	
4	38.9 s		19	55.8 t	
5	48.6 d		21	49.8 t	
6	82.5 d		22	12.5 q	1.23 t（7.0）
7	48.7 d		1-OMe	58.0 q	3.30 s
8	81.7 s		6-OMe	59.1 q	3.43 s
9	45.0 d		16-OMe	61.2 q	3.73 s
10	41.6 d		18-OMe	58.0 q	3.47 s
11	47.0 s		14-OCO	166.3 s	
12	36.9 t		1′	130.0 s	
13	74.9 s		2′, 6′	129.9 d	
14	79.7 d	4.98 d（5.1）	3′, 5′	128.4 d	7.43～8.10 m
15	81.7 d		4′	133.0 d	

注：溶剂 CDCl₃；¹³C NMR：100 MHz；¹H NMR：400 MHz

化合物名称：bicoloridine

分子式：$C_{25}H_{39}NO_6$ 分子量（$M+1$）：450

植物来源：*Delphinium peregrinum* var. *elongatum*

参考文献：De la Fuente G，Ruiz-Mesia L. 1995. Norditerpenoid alkaloids from *Delphinium peregrinum* var. *elongatum*. Phytochemistry，39（6）：1459-1465.

bicoloridine 的 NMR 数据

位置	δ_C/ppm	δ_H/ppm（J/Hz）	位置	δ_C/ppm	δ_H/ppm（J/Hz）
1	72.6 d		14	75.9 d	
2	29.7 t		15	37.8 t	
3	31.6 t		16	83.8 d	
4	32.8 s		17	65.5 d	
5	52.8 d		18	27.3 q	
6	72.3 d		19	61.6 t	
7	42.3 d		21	43.8 t	
8	79.9 s		22	12.9 q	
9	44.4 d		8-OMe	48.0 q	
10	44.4 d		16-OMe	56.4 q	
11	48.9 s		6-OAc	170.9 s	
12	30.6 t			21.5 q	
13	40.0 d				

注：溶剂 CDCl₃；¹³C NMR：50 MHz

化合物名称：bicoloridine alcohol

分子式：$C_{23}H_{37}NO_5$　　　　　　　　**分子量**（$M+1$）：408

植物来源：*Delphinium peregrinum* var. *elongatum*

参考文献：De la Fuente G，Ruiz-Mesia L. 1995. Norditerpenoid alkaloids from *Delphinium peregrinum* var. *elongatum*. Phytochemistry，39（6）：1459-1465.

bicoloridine alcohol 的 NMR 数据

位置	δ_C/ppm	δ_H/ppm（J/Hz）	位置	δ_C/ppm	δ_H/ppm（J/Hz）
1	72.9 d	3.72 m	13	39.9 d	
2	29.6 t		14	75.8 d	4.11 t（4.9）
3	31.8 t		15	37.4 t	
4	32.6 s		16	83.0 d	
5	54.8 d		17	65.1 d	2.79 d（2.1）
6	72.5 d	4.37 d（7.3）	18	27.5 q	1.05 s
7	45.5 d	2.59 d（7.3）	19	62.2 t	1.92 d（11.6）
8	81.1 s		21	48.6 t	
9	44.4 d	2.90 t（6）	22	13.1 q	1.08 t（7.1）
10	43.5 d		8-OMe	48.5 q	3.32 s
11	48.9 s		16-OMe	56.6 q	3.37 s
12	30.3 t				

注：溶剂 CDCl₃；¹³C NMR：50 MHz；¹H NMR：200 MHz

化合物名称：bicolorine 14-*O*-acetate

分子式：$C_{24}H_{37}NO_6$ 分子量（$M+1$）：436

植物来源：*Delphinium nuttallianum* Pritz.

参考文献：Bai Y L，Benn M，Majak W. 1990. Further norditerpenoid alkaloids from *Delphinium nuttallianum*. Heterocycles，31（7）：1233-1236.

bicolorine 14-*O*-acetate 的 NMR 数据

位置	δ_C/ppm	δ_H/ppm（J/Hz）	位置	δ_C/ppm	δ_H/ppm（J/Hz）
1	72.6 d		13	36.7 d	
2	29.7 t		14	77.3 d	
3	31.6 t		15	42.7 t	
4	32.6 s		16	82.2 d	
5	44.0 d		17	65.0 d	
6	72.4 d		18	27.5 q	1.04 s
7	54.6 d		19	61.9 t	
8	76.2 s		21	48.4 t	
9	50.4 d		22	13.0 q	1.11 t (7.2)
10	43.5 d		16-OMe	56.1 q	3.29 s
11	48.7 s		14-OAc	170.7 s	
12	29.4 t			21.4 q	2.07 s

化合物名称：bicolorine

分子式：$C_{22}H_{35}NO_5$　　　　　　　　　　**分子量（$M+1$）**：394

植物来源：*Delphinium peregrium* var. *elongatum*

参考文献：De la Fuente G，Ruiz-Mesia L，Rodriguez M I. 1994. The revised structure of the norditerpenoid alkaloid peregrine. Helvetica Chimica Acta，77（7）：1768-1772.

bicolorine 的 NMR 数据

位置	δ_C/ppm	δ_H/ppm（J/Hz）	位置	δ_C/ppm	δ_H/ppm（J/Hz）
1	72.9 d		12	29.7 t	
2	29.7 t		13	40.0 d	
3	32.2 t		14	76.1 d	
4	32.8 s		15	42.4 t	
5	54.8 d		16	82.4 d	
6	72.0 d		17	64.9 d	
7	50.2 d		18	27.4 q	
8	76.0 s		19	61.8 t	
9	46.1 d		21	48.4 t	
10	44.4 d		22	13.0 q	
11	48.4 s		16-OMe	56.3 q	

注：溶剂 CDCl₃；¹³C NMR：100 MHz

化合物名称：bikhaconine

分子式：$C_{25}H_{41}NO_7$　　　　　　　　分子量（$M+1$）：468

植物来源：*Aconitum ferox* Wall.

参考文献：Hanuman J B，Katz A. 1994. Diterpenoid alkaloids from ayurvedic processed and unprocessed *Aconitum ferox*. Phytochemistry，36（6）：1527-1535.

bikhaconine 的 NMR 数据

位置	δ_C/ppm	δ_H/ppm（J/Hz）	位置	δ_C/ppm	δ_H/ppm（J/Hz）
1	86.0 d	2.99 dd（7，11）	15	39.5 t	2.52 d（3）
2	25.9 t	1.95～2.07 m			2.33 d（2）
		2.23～2.40 m	16	84.7 d	3.41～3.44 m
3	35.3 t	1.68 dd（2，4）	17	62.7 d	3.15 s
		1.41～1.59 m	18	80.8 t	3.70 d（8）
4	39.7 s				3.30 d
5	50.2 d	2.00 d（9）	19	53.8 t	2.59～2.62 m
6	82.4 d	4.10 d（7）			2.44～2.48 m
7	52.4 d	2.07 s	21	49.4 t	2.50～2.57 m（2H）
8	72.7 s		22	13.8 q	1.07 t（7）
9	50.6 d	2.31～2.34 m	1-OMe	56.3 q	3.23 s
10	42.4 d	1.86～2.02 m	6-OMe	57.4 q	3.30 s
11	50.2 s		16-OMe	57.7 q	3.41 s
12	36.0 t	1.86～2.02 m	18-OMe	59.3 q	3.34 s
		2.35～2.44 m	OH		2.33 s
13	76.8 s				3.44 s
14	79.8 d	3.99 d（4）			4.01 s

注：溶剂 CDCl_3；^{13}C NMR：200 MHz；^{1}H NMR：50 MHz

化合物名称：bikhaconitine

分子式：C₃₆H₅₁NO₁₁　　　　　　　　分子量（M + 1）：674

植物来源：*Aconitum ferox* Wall.

参考文献：Hanuman J B，Katz A. 1993. Isolation and identification of four norditerpenoid alkaloids from processed and unprocessed root tubers of *Aconitum ferox*. Journal of Natural Products，56（6）：801-809.

bikhaconitine 的 NMR 数据

位置	δ_C/ppm	δ_H/ppm（J/Hz）	位置	δ_C/ppm	δ_H/ppm（J/Hz）
1	84.95 d	2.96～3.08 m	18		3.61 d（8.4）
2	26.24 t	1.90～2.11 m	19	53.77 t	2.40～2.57 m
		2.18～2.34 m			2.96～3.08 m
3	34.74 t	1.64～1.73 m	21	49.21 t	2.48～2.71 m
		1.64～1.73 m	22	13.41 q	1.09 t（7）
4	39.15 s		1-OMe	56.05 q	3.26 s
5	49.10 d	2.08～2.11 m	6-OMe	57.86 q	3.15 s
6	83.06 d	3.96 m	16-OMe	58.78 q	3.52 s
7	49.10 d	2.40～2.57 m	18-OMe	59.13 q	3.28 s
8	85.53 s		8-OAc	169.87 s	
9	45.11 d	2.85～2.98 m		21.69 q	1.31 s
10	41.01 d	2.00～2.11 m	14-OCO	166.08 s	
11	50.24 s		1′	122.83 s	
12	35.70 t	2.00～2.08 m	2′	112.04 d	7.61 d（1.8）
		2.71～2.82 m	3′	148.70 s	
13	74.93 s		4′	153.05 s	
14	78.64 d	4.87 d（5.2）	5′	110.34 d	6.89 d（8.4）
15	39.52 t	2.40～2.57 m	6′	123.75 d	7.71 dd（1.8, 8.4）
		2.96～3.08 m	3′-OMe	56.27 q	3.91 s
16	83.89 d	3.38 dd（8, 5）	4′-OMe	55.86 q	3.94 s
17	62.01 d	3.00 br s	13-OH		3.82 s
18	80.36 t	3.17 m			

注：溶剂 CDCl₃；¹³C NMR：50 MHz；¹H NMR：200 MHz

化合物名称：brachyaconitine

分子式：$C_{38}H_{53}NO_{11}$　　　　　　　分子量（$M+1$）：700

植物来源：*Aconitum napellus* L. 欧乌头

参考文献：Liu H M，Katz A. 1996. Diterpenoid alkaloids from aphids *Brachycaudus aconiti* and *Brachycaudus napelli* feeding on *Aconitum napellus*. Journal of Natural Products，59（2）：135-138.

brachyaconitine 的 NMR 数据

位置	δ_C/ppm	δ_H/ppm（J/Hz）	位置	δ_C/ppm	δ_H/ppm（J/Hz）
1	82.3 d	3.15 m	19		2.89 d（11.2）
2	33.5 t	2.00 m 2.38 m	21	48.9 t	2.40 m 2.74 m
3	71.5 d	3.78 m	22	13.3 q	1.10 t（7.1）
4	43.1 s		1-OMe	55.9 q	3.27 s
5	46.6 d	2.12 d（6.3）	6-OMe	58.2 q	3.15 s
6	83.4 d	4.03 d（6.3）	16-OMe	61.2 q	3.76 s
7	44.8 d	2.85 s	18-OMe	59.1 q	3.30 s
8	92.3 s		8-OCO	173.6 s	
9	44.2 d	2.92 m	1′	38.4 t	2.20 dd（16.5, 5.3）
10	41.0 d	2.13 m			2.48 dd（16.5, 6.1）
11	50.1 s		2′	119.4 d	5.04 m
12	35.8 t	2.15 m 2.74 m	3′	136.7 d	5.08 m
13	74.0 s		4′	25.3 t	1.86 m
14	78.9 d	4.88 d（4.8）	5′	13.3 q	0.89 t（7.1）
15	78.9 d	4.48 dd（5.1, 3.0）	14-OCO	166.0 s	
16	90.0 d	3.34 d（5.1）	1″	129.7 s	
17	61.1 d	3.11 s	2″, 6″	129.7 d	8.04 d（8.4）
18	76.6 t	3.49 d（8.9）	3″, 5″	128.7 d	7.45 t（8.4）
		3.63 d（8.9）	4″	133.3 d	7.58 t（8.4）
19	47.1 t	2.35 d（11.2）	5-OH		4.40 d（3.0）

注：溶剂 CDCl_3；^{13}C NMR：100 MHz；^{1}H NMR：400 MHz

化合物名称：brachyaconitine A

分子式：C₃₅H₄₅NO₁₃　　　　　　　分子量（M+1）：688

植物来源：*Aconitum brachypodum* Diels 短柄乌头

参考文献：Shen Y，Zuo A X，Jiang Z Y，et al. 2010. Four new nor-diterpenoid alkaloids from *Aconitum brachypodum*. Helvetica Chimica Acta，93（5）：863-869.

brachyaconitine A 的 NMR 数据

位置	δ_C/ppm	δ_H/ppm（J/Hz）	位置	δ_C/ppm	δ_H/ppm（J/Hz）
1	78.9 d	3.14~3.18（overlapped）	18	71.2 t	3.08 d（8.9）
2	30.8 t	1.37 dd（12.7,10.4）			3.94 d（8.9）
		2.47~2.52 m	19	39.2 t	2.94 dd（13.9, 5.4）
3	70.5 d	4.41 dd（13.0, 5.4）			4.02 d（13.2）
4	41.1 s		21	163.1 d	8.10 br s
5	46.5 d	2.51 d（6.8）	1-OMe	55.7 q	3.14 s
6	82.9 d	4.16 d（7.0）	6-OMe	57.8 q	3.19 s
7	51.0 d	2.68 br s	16-OMe	61.0 q	3.20 s
8	90.1 s		18-OMe	58.9 q	3.75 s
9	43.0 d	2.85 dd（6.7, 5.8）	3-OAc	170.1 s	
10	40.3 d	2.17 dd（6.9, 5.9）		21.0 q	2.03 s
11	48.5 s		8-OAc	172.2 s	
12	34.0 t	2.05~2.31 m		21.2 q	1.32 s
		2.94 dd（11.6, 5.2）	14-OCO	165.9 s	
13	74.1 s		1'	129.6 s	
14	78.3 d	4.87 d（5.0）	2', 6'	129.6 d	8.01 d（7.6）
15	78.7 d	4.47 d（5.1）	3', 5'	128.7 d	7.45 dd（7.6）
16	89.9 d	3.32 d（5.1）	4'	133.4 d	7.57 t（7.6）
17	57.7 d	4.03 br s			

注：溶剂 CDCl₃；¹³C NMR：125 MHz；¹H NMR：500 MHz

化合物名称：brachyaconitine B

分子式：$C_{34}H_{43}NO_{12}$　　　　　　　　分子量（$M+1$）：658

植物来源：*Aconitum brachypodum* Diels 短柄乌头

参考文献：Shen Y，Zuo A X，Jiang Z Y，et al. 2010. Four new nor-diterpenoid alkaloids from *Aconitum brachypodum*. Helvetica Chimica Acta，93（5）：863-869.

brachyaconitine B 的 NMR 数据

位置	δ_C/ppm	δ_H/ppm（J/Hz）	位置	δ_C/ppm	δ_H/ppm（J/Hz）
1	80.3 d	3.20~3.25（overlapped）	17	60.7 d	4.17 br s
2	30.3 t	1.73~1.79 m	18	72.4 t	3.40~3.46（overlapped）
		2.00~2.06 m			4.05 d（8.5）
3	72.9 d	5.12 d（6.3）	19	163.0 d	7.37 br s
4	49.7 s		1-OMe	55.8 q	3.06 s
5	44.3 d	2.31 d（6.9）	6-OMe	57.4 q	3.18 s
6	83.8 d	3.99 d（7.1）	16-OMe	61.0 q	3.25 s
7	50.2 d	2.90 br s	18-OMe	58.9 q	3.75 s
8	90.1 s		3-OAc	170.4 s	
9	42.4 d	2.72 t（4.8）		21.0 q	2.06 s
10	40.4 d	2.15~2.19（overlapped）	8-OAc	172.0 s	
11	49.5 s			21.2 q	1.33 s
12	35.5 t	2.15~2.19 m	14-OCO	165.9 s	
		2.35~2.39 m	1′	129.5 s	
13	74.0 s		2′, 6′	129.5 d	8.01 d（7.6）
14	78.8 d	4.89 t（4.7）	3′, 5′	128.6 d	7.44 dd（7.5）
15	78.5 d	4.48 d（4.3）	4′	133.3 d	7.57 t（7.5）
16	89.6 d	3.40~3.46（overlapped）			

注：溶剂 CDCl₃；¹³C NMR：125 MHz；¹H NMR：500 MHz

化合物名称：brachyaconitine D

分子式：$C_{32}H_{43}NO_{11}$　　　　　　　分子量（$M+1$）：618

植物来源：*Aconitum brachypodum* Diels 短柄乌头

参考文献：Shen Y，Zuo A X，Jiang Z Y，et al. 2010. Four new nor-diterpenoid alkaloids from *Aconitum brachypodum*. Helvetica Chimica Acta，93（5）：863-869.

brachyaconitine D 的 NMR 数据

位置	δ_C/ppm	δ_H/ppm（J/Hz）	位置	δ_C/ppm	δ_H/ppm（J/Hz）
1	82.9 d	4.01 d（6.2）	16	88.9 d	3.37 d（5.2）
2	23.9 t	1.36～1.43（overlapped）	17	57.3 d	2.88 br s
		1.91～1.94 m	18	80.0 t	3.01 d（8.3）
3	28.9 t	1.36～1.43（overlapped）			3.58 d（8.4）
		1.77～1.80 m	19	49.7 t	2.16～2.20（overlapped）
4	38.7 s				3.22～3.27（overlapped）
5	39.6 d	2.55 d（6.5）	1-OMe	55.4 q	3.14 s
6	79.8 d	4.52 d（5.2）	6-OMe	58.0 q	3.26 s
7	48.5 d	2.80 br s	16-OMe	61.2 q	3.29 s
8	89.5 s		18-OMe	59.1 q	3.76 s
9	52.7 d	2.75 d（5.0）	8-OAc	172.0 s	
10	78.9 s			21.2 q	1.39 s
11	55.0 s		14-OCO	166.1 s	
12	46.1 t	2.17 br s	1′	129.5 s	
		2.51 br s	2′, 6′	129.6 d	8.01 d（7.2）
13	74.7 s		3′, 5′	128.7 d	7.45 dd（7.3）
14	78.3 d	5.39 d（5.1）	4′	133.4 d	7.57 t（7.3）
15	78.8 d	3.70 br s			

注：溶剂 CDCl₃；¹³C NMR：100 MHz；¹H NMR：400 MHz

化合物名称：brevicanine

分子式：C$_{34}$H$_{48}$N$_2$O$_7$　　　　　　　　　分子量（$M+1$）：597

植物来源：*Aconitum brevicalcaratum* Diels 短距乌头

参考文献：Jiang H Y，Huang S，Gao F，et al. 2019. Diterpenoid alkaloids from *Aconitum brevicalcaratum* as autophagy inducers. Natural Products Research，33（12）：1714-1746.

brevicanine 的 NMR 数据

位置	δ_C/ppm	δ_H/ppm（J/Hz）	位置	δ_C/ppm	δ_H/ppm（J/Hz）
1	85.5 d	3.14 t（7.2）	18	71.7 t	3.98 ABq（10.8）
2	26.5 t	1.85（overlapped）			4.11 ABq（10.8）
3	32.9 t	1.51 m	19	53.0 t	2.15（overlapped）
		1.85（overlapped）			2.61 d（11.4）
4	38.1 s		21	49.3 t	2.43（overlapped）
5	45.9 d	1.65 d（7.2）			2.52 m
6	24.5 t	1.45（overlapped）	22	13.6 q	1.08 t（7.2）
		1.98（overlapped）	1-OMe	56.5 q	3.28 s
7	40.3 d	2.23（overlapped）	8-OMe	48.2 q	3.13 s
8	77.7 s		14-OMe	67.8 q	3.35 s
9	40.3 d	2.43（overlapped）	16-OMe	56.5 q	3.35 s
10	38.5 d	2.29 m	18-OCO	168.3 s	
11	49.5 s		1′	115.0 s	
12	29.6 t	2.36 m	2′	141.9 s	
		1.85	3′	120.6 d	8.70 d（8.4）
13	46.0 d	1.85（overlapped）	4′	134.8 d	7.54 t（8.4）
14	83.9 d	3.53 t（4.8）	5′	122.5 d	7.09 t（8.4）
15	35.5 t	2.01 m	6′	130.6 d	7.97 d（7.8）
		2.15（overlapped）	1″	169.2 s	
16	83.8 d	3.22 t（8.4）	2″	25.6 q	2.23 s
17	61.4 d	2.86 br s			

注：溶剂 CDCl$_3$；^{13}C NMR：150 MHz；^{1}H NMR：600 MHz

化合物名称：brevicanine A

分子式：$C_{40}H_{49}N_3O_7$　分子量（$M+1$）：684

植物来源：*Aconitum brevicalcaratum* Diels 短距乌头

参考文献：Wang Z S，Chen W，Jiang H Y，et al. 2019. Semi-synthesis and structural elucidation of brevicanines A-D，four new C₁₉-diterpenoid alkaloids with rotameric phenomenon from *Aconitum brevicalcaratum*. Fitoterapia，134：404-410.

brevicanine A 的 NMR 数据

位置	δ_C/ppm	δ_H/ppm（J/Hz）	位置	δ_C/ppm	δ_H/ppm（J/Hz）
1	85.2 d	2.86 m	19	52.5 t	1.88 m
2	26.1 t	2.08 m			2.36 m
		2.14 m	21	49.2 t	2.27 m
3	32.4 t	1.47 m			2.42 m
		1.12 m	22	13.6 q	1.01 t（7.2）
4	37.7 s		1-OMe	56.2 q	3.20 s
5	46.0 d	1.34 m	14-OMe	57.8 q	3.38 s
6	25.1 t	1.30 m	16-OMe	56.3 q	3.28 s
		1.76 m	18-OCO	164.9 s	
7	45.7 d	1.96 d（7.8）	1′	137.7 s	
8	73.9 s		2′	129.8 s	
9	46.2 d	2.08～2.14 m	3′	134.7 d	8.24 d（7.8）
10	36.9 d	2.31 m	4′	130.1 d	7.60 d（7.2）
11	48.7 s		5′	134.1 d	7.71 d（7.8）
12	29.4 t	1.75 m	6′	132.6 d	7.25 t（7.8）
		2.27 m	2″	154.0 s	
13	45.2 d	1.59 m	4″	162.2 s	
14	84.4 d	3.62 t（4.8）	5″	127.1 d	8.20 d（7.8）
15	41.7 t	1.85 m	6″	126.7 d	7.45 t（7.8）
		2.29 m	7″	128.7 d	7.75 t（7.8）
16	82.6 d	3.13 dd（9.6）	8″	127.1 d	7.69 t（7.8）
17	61.9 d	2.83 m	9″	147.7 s	
18	71.4 t	3.80 ABq（10.8）	10″	120.9 s	
		3.90 ABq（10.8）	2″-Me	24.3 q	2.21 s

注：溶剂 CDCl₃；¹³C NMR：150 MHz；¹H NMR：600 MHz

化合物名称：brevicanine B

分子式：C$_{42}$H$_{51}$N$_3$O$_8$　**分子量**（$M+1$）：726

植物来源：*Aconitum brevicalcaratum* Diels 短距乌头

参考文献：Wang Z S，Chen W，Jiang H Y，et al. 2019. Semi-synthesis and structural elucidation of brevicanines A-D，four new C$_{19}$-diterpenoid alkaloids with rotameric phenomenon from *Aconitum brevicalcaratum*. Fitoterapia，134：404-410.

brevicanine B 的 NMR 数据

位置	δ_C/ppm	δ_H/ppm（J/Hz）	位置	δ_C/ppm	δ_H/ppm（J/Hz）
1	84.8 d	2.85 m	19		2.35 m
2	26.2 t	1.66 m	21	49.1 t	2.28 m
		2.08 m			2.43 m
3	32.1 t	1.51 m	22	13.3 q	0.99 t（7.2）
		1.57 m	1-OMe	56.2 q	3.18 s
4	37.6 s		8-OAc	169.8 s	
5	45.5 d	1.23 m		22.5 q	1.91 s
6	24.9 t	1.29 m	14-OMe	57.7 q	3.39 s
		1.66 m	16-OMe	56.6 q	3.29 s
7	41.6 d	2.20 m	18-OCO	165.0 s	
8	80.6 s		1′	137.6 s	
9	41.6 d	2.25 m	2′	129.8 s	
10	39.8 d	2.18 m	3′	134.7 d	8.17 d（7.8）
11	48.7 s		4′	129.9 d	7.67 t（7.8）
12	29.0 t	1.75 m	5′	134.1 d	7.75 t（7.2）
		2.31 m	6′	132.7 d	7.20 d（7.8）
13	45.0 d	1.65 m	2″	154.1 s	
14	83.3 d	3.50 m	4″	162.1 s	
15	37.3 t	2.13 m	5″	127.0 d	8.10 d（7.8）
		2.68 m	6″	126.9 d	7.63 d（8.4）
16	83.2 d	3.11 dd（8.4）	7″	128.6 d	7.54 t（7.8）
17	61.3 d	2.75 m	8″	127.0 d	7.70 d（7.8）
18	71.1 t	3.81 ABq（10.6）	9″	147.6 s	
		3.90 ABq（10.6）	10″	120.9 s	
19	52.2 t	1.86 m	2″-Me	24.1 q	2.21 s

注：溶剂 CDCl$_3$；^{13}C NMR：150 MHz；^{1}H NMR：600 MHz

化合物名称：brevicanine C

分子式：C$_{41}$H$_{49}$N$_3$O$_8$　分子量（$M+1$）：712

植物来源：*Aconitum brevicalcaratum* Diels 短距乌头

参考文献：Wang Z S，Chen W，Jiang H Y，et al. 2019. Semi-synthesis and structural elucidation of brevicanines A-D，four new C$_{19}$-diterpenoid alkaloids with rotameric phenomenon from *Aconitum brevicalcaratum*. Fitoterapia，134：404-410.

brevicanine C 的 NMR 数据

位置	δ_C/ppm	δ_H/ppm（J/Hz）	位置	δ_C/ppm	δ_H/ppm（J/Hz）
1	85.2 d	2.77~2.87 m	19	52.5 t	1.92 m
2	25.9 t	1.37 m			2.41 m
		1.75 m	21	49.3 t	2.32 m
3	32.4 t	1.14 m			2.45 m
		1.50 m	22	13.7 q	1.02 t（7.2）
4	37.8 s		1-OMe	56.1 q	3.19 s
5	45.7 d	1.35 m	14-OAc	170.9 s	
6	25.0 t	1.34 m		21.5 q	2.05 s
		1.71 m	16-OMe	56.2 q	3.21 s
7	46.3 d	2.01 d（7.6）	18-OCO	165.0 s	
8	73.6 s		1′	137.8 s	
9	45.3 d	2.16 m	2′	129.9 s	
10	35.5 d	1.58 m	3′	134.7 d	8.25 d（7.8）
11	48.7 s		4′	129.9 d	7.70 t（7.8）
12	28.5 t	1.85 m	5′	134.1 d	7.77 d（7.8）
		2.07 m	6′	132.7 d	7.27 d（7.8）
13	44.7 d	2.58~2.62 m	2″	154.1 s	
14	77.0 d	4.80 m	4″	162.1 s	
15	40.9 t	1.82 m	5″	127.0 d	8.20 d（7.8）
		2.35 dd（9.6）	6″	126.9 d	7.47 t（7.2）
16	81.7 d	3.14 dd（8.4）	7″	128.7 d	7.73 t（7.8）
17	61.9 d	2.92 br s	8″	127.1 d	7.64 t（7.8）
18	71.2 t	3.84 ABq（10.6）	9″	147.8 s	
		3.93 ABq（10.6）	10″	121.0 s	
			2″-Me	24.2 q	2.21 s

注：溶剂 CDCl$_3$；^{13}C NMR：150 MHz；^{1}H NMR：600 MHz

化合物名称：brevicanine D

分子式：C$_{42}$H$_{53}$N$_3$O$_7$　分子量（$M+1$）：712

植物来源：*Aconitum brevicalcaratum* Diels 短距乌头

参考文献：Wang Z S，Chen W，Jiang H Y，et al. 2019. Semi-synthesis and structural elucidation of brevicanines A-D，four new C$_{19}$-diterpenoid alkaloids with rotameric phenomenon from *Aconitum brevicalcaratum*. Fitoterapia，134：404-410.

brevicanine D 的 NMR 数据

位置	δ_C/ppm	δ_H/ppm（J/Hz）	位置	δ_C/ppm	δ_H/ppm（J/Hz）
1	85.3 d	2.83～2.88 m	19		2.37 m
2	26.4 t	1.27 m	21	49.2 t	2.29 m
		1.73 m			2.43 m
3	32.4 t	1.17 m	22	13.6 q	1.01 t（7.2）
		1.57 m	1-OMe	56.3 q	3.20 s
4	37.7 s		8-OEt	56.4 t	3.25 m
5	45.6 d	1.34 m		16.3 q	1.06 t（7.2）
6	24.4 t	1.35 m	14-OMe	57.8 q	3.38 s
		1.79 m	16-OMe	56.5 q	3.33 s
7	41.0 d	2.16 m	18-OCO	165.0 s	
8	77.4 s		1′	137.8 s	
9	42.9 d	2.27 m	2′	129.8 s	
10	38.9 d	2.22 m	3′	134.6 d	8.24 t（7.8）
11	49.2 s		4′	130.1 d	7.72 d（7.8）
12	29.9 t	1.25 m	5′	134.1 d	7.76 t（7.8）
		2.31 m	6′	132.6 d	7.28 d（7.8）
13	45.6 d	2.24 m	2″	154.0 s	
14	84.1 d	3.48～3.52 m	4″	162.2 s	
15	36.2 t	1.96 m	5″	127.2 d	8.20 d（7.8）
		2.10 m	6″	126.7 d	7.46 t（7.2）
16	83.9 d	3.14～3.17 m	7″	128.8 d	7.70 t（7.8）
17	61.3 d	2.71 br s	8″	127.2 d	7.62 t（7.8）
18	71.5 t	3.83 ABq（10.4）	9″	147.8 s	
		3.90 ABq（10.4）	10″	121.1 s	
19	52.7 t	1.90 m	2″-Me	24.3 q	2.21 s

注：溶剂 CDCl$_3$；^{13}C NMR：150 MHz；^{1}H NMR：600 MHz

化合物名称：brochyponine A

分子式：$C_{25}H_{41}NO_5$　　　　　　　　　**分子量**（$M+1$）：436

植物来源：*Aconitum brevicalcaratum* Diels 短距乌头

参考文献：Shu Y，Yin T P，Wang J P，et al. 2018. Three new diterpenoid alkaloids isolated from *Aconitum brevicalcaratum*. Chinese Journal of Natural Medicines，16（11）：866-870.

brochyponine A 的 NMR 数据

位置	δ_C/ppm	δ_H/ppm（J/Hz）	位置	δ_C/ppm	δ_H/ppm（J/Hz）
1	81.0 d	3.39 br s	14	84.7 d	3.59 t（4.4）
2	24.0 t	2.03 m	15	36.3 t	2.16 m
		2.25 m			2.50 m
3	24.8 t	1.81 m	16	83.5 d	3.43 br s
		2.02 m	17	67.7 d	3.61 d（3.4）
4	41.0 s		18	66.6 t	4.00 d（11.3）
5	39.0 d	1.87 m			4.44 d（11.3）
6	25.9 t	1.81 m	19	55.8 t	4.11 m
		1.94 m			4.49 m
7	39.2 d	2.49 m	21	49.6 t	2.94 br s
8	78.7 s				2.94 br s
9	41.7 d	2.22 m	22	13.8 q	1.44 t（7.2）
10	43.0 d	1.97 m	1-OMe	56.3 q	3.18 s
11	49.9 s		8-OMe	48.9 q	3.09 s
12	30.4 t	1.26 m	14-OMe	57.7 q	3.43 s
		1.88 m	16-OMe	56.4 q	3.32 s
13	39.9 d	2.46 br s			

注：溶剂 C_5D_5N；^{13}C NMR：150 MHz；^1H NMR：600 MHz

化合物名称：brochyponine B

分子式：$C_{32}H_{46}N_2O_6$ 分子量（$M+1$）：555

植物来源：*Aconitum brevicalcaratum* Diels 短距乌头

参考文献：Shu Y，Yin T P，Wang J P，et al. 2018. Three new diterpenoid alkaloids isolated from *Aconitum brevicalcaratum*. Chinese Journal of Natural Medicines，16（11）：866-870.

brochyponine B 的 NMR 数据

位置	δ_C/ppm	δ_H/ppm（J/Hz）	位置	δ_C/ppm	δ_H/ppm（J/Hz）
1	85.4 d	3.15 m	18	69.9 t	4.05 ABq（11.2） 3.94 ABq（11.2）
2	26.3 t	1.98 m 2.29 m			
3	32.3 t	1.52 m 1.87 m	19	53.3 t	2.13 ABq（11.2） 2.69 ABq（11.2）
4	38.1 s				
5	45.5 d	1.68 d（7.3）	21	49.3 t	2.53 m（2H）
6	24.4 t	1.48 m 1.96 m	22	13.4 q	1.10 t（7.2）
7	40.2 d	2.42 d（7.8）	1-OMe	56.5 q	3.28 s
8	77.7 s		8-OMe	48.3 q	3.12 s
9	43.5 d	2.23 m	14-OMe	57.8 q	3.35 s
10	38.5 d	2.29 m	16-OMe	56.5 q	3.35 s
11	49.5 s		18-OCO	168.1 s	
12	29.6 t	1.84 m 2.29 m	1′	110.8 s	
13	45.7 d	1.84 m	2′	150.7 s	
14	83.9 d	3.53 t（4.5）	3′	116.9 d	6.66 d（8.2）
15	35.6 t	2.02 m 2.15 m	4′	134.3 d	7.26 td（8.2，1.5）
16	83.8 d	3.21 m	5′	116.4 d	6.65 d（8.2）
17	61.6 d	2.86 br s	6′	131.1 d	7.80 dd（8.2，1.5）

注：溶剂 CDCl₃；¹³C NMR：100 MHz；¹H NMR：400 MHz

化合物名称：brochyponine C

分子式：$C_{29}H_{38}N_2O_6$　　　　　　　　分子量（$M+1$）：511

植物来源：*Aconitum brevicalcaratum* Diels 短距乌头

参考文献：Shu Y，Yin T P，Wang J P，et al. 2018. Three new diterpenoid alkaloids isolated from *Aconitum brevicalcaratum*. Chinese Journal of Natural Medicines，16（11）：866-870.

brochyponine C 的 NMR 数据

位置	δ_C/ppm	δ_H/ppm（J/Hz）	位置	δ_C/ppm	δ_H/ppm（J/Hz）
1	83.6 d	3.27 m	16	83.4 d	3.29 m
2	24.9 t	1.63 m 1.81 m	17	63.0 d	4.25 br s
3	27.8 t	1.63 m 1.81 m	18	67.6 t	4.56 ABq（11.4） 4.45 ABq（11.4）
4	49.2 s				
5	42.5 d	1.84 d（7.3）	19	162.7 d	7.59 s
6	26.5 t	1.84 d（7.3）	1-OMe	56.4 q	3.22 s
		2.31 m	14-OMe	57.9 q	3.43 s
7	55.1 d	2.43 d（6.3）	16-OMe	56.4 q	3.22 s
8	73.7 s		18-OCO	168.7 s	
9	45.5 d	2.29 m	1′	110.7 s	
10	46.0 d	1.81 m	2′	153.1 s	
11	49.9 s		3′	117.7 d	7.07 d（8.2）
12	30.4 t	1.33 m 1.96 m	4′	135.1 d	7.36 t（8.2）
13	38.5 d	2.46 m	5′	116.1 d	6.74 t（8.2）
14	85.2 d	3.72 t（4.6）	6′	131.9 d	8.16 d（8.2）
15	42.1 t	2.44 m 2.56 m			

注：溶剂 C_5D_5N；¹³C NMR：150 MHz；¹H NMR：600 MHz

化合物名称：bullatine E

分子式：C$_{27}$H$_{43}$NO$_7$　　　　　　　　　　**分子量**（$M+1$）：494

植物来源：*Aconitum bullatifolium* Levl. var. *heterotrichum* W. T. Wang 雪上一支蒿

参考文献：杨培明，应百平，方圣鼎，等. 1988. 中国乌头之研究——一枝蒿戊素和己素的结构. 化学学报，46（8）：827-830.

bullatine E 的 NMR 数据

位置	δ_C/ppm	δ_H/ppm（J/Hz）	位置	δ_C/ppm	δ_H/ppm（J/Hz）
1	72.01 d		15	75.41 d	
2	29.97 t		16	82.86 d	
3	29.82 t		17	63.81 d	
4	38.11 s		18	80.18 t	
5	44.78 d		19	56.87 t	
6	83.16 d		21	48.51 t	2.52 dq（4.5，7.1）
7	50.83 d		22	13.04 q	1.14 t（7.1）
8	84.65 s		6-OMe	57.88 q	3.33 s
9	45.97 d		16-OMe	57.92 q	3.34 s
10	40.80 d		18-OMe	59.17 q	3.39 s
11	49.71 s		1′	107.57 s	
12	29.82 t		2′	24.92 q	
13	43.56 d		3′	26.17 q	
14	74.93 d				

注：溶剂 CDCl$_3$；^{13}C NMR：100 MHz；^{1}H NMR：400 MHz

化合物名称：bullatine F

分子式：C$_{24}$H$_{39}$NO$_7$ 　 　 　 　 　 　 **分子量**（$M+1$）：454

植物来源：*Aconitum bullatifolium* Levl. var. *heterotrichum* W. T. Wang 雪上一支蒿

参考文献：杨培明，应百平，方圣鼎，等. 1988. 中国乌头之研究——一枝蒿戊素和己素的结构. 化学学报，46（8）：827-830.

bullatine F 的 NMR 数据

位置	δ_C/ppm	δ_H/ppm（J/Hz）	位置	δ_C/ppm	δ_H/ppm（J/Hz）
1	72.24 d		13	44.60 d	
2	29.49 t		14	74.48 d	
3	29.80 t		15	68.18 d	
4	38.34 s		16	83.50 d	
5	44.47 d		17	62.15 d	
6	84.09 d		18	80.23 t	
7	53.11 d		19	57.04 t	
8	74.88 s		21	48.41 t	2.43 dq（4.0，7.1）
9	48.11 d		22	12.75 q	1.05 t（7.1）
10	42.15 d		6-OMe	57.70 q	3.27 s
11	49.73 s		16-OMe	57.95 q	3.32 s
12	30.54 t		18-OMe	59.04 q	3.43 s

注：溶剂 CDCl$_3$；^{13}C NMR：100 MHz；^{1}H NMR：400 MHz

化合物名称：caeruline

分子式：C$_{25}$H$_{37}$NO$_5$　　　　　　　　**分子量**（$M+1$）：432

植物来源：*Delphinium caeruleum* Jacq. ex Camb. 蓝翠雀花

参考文献：潘远江，王锐，陈绍农，等. 1992. 藏药蓝翠雀花中的新二萜生物碱. 高等学校化学学报，13（11）：1418-1419.

caeruline 的 NMR 数据

位置	δ_C/ppm	δ_H/ppm（J/Hz）	位置	δ_C/ppm	δ_H/ppm（J/Hz）
1	71.5 d		14	79.1 d	3.64 t
2	130.8 d	5.75 dd（10, 4）	15	33.7 t	
3	137.2 d	5.60 d（10）	16	81.9 d	
4	34.1 s		17	61.6 d	
5	54.9 d		18	23.0 q	0.92 s
6	78.7 d	5.42 br s	19	58.1 t	
7	34.7 d		21	48.7 t	
8	54.4 d		22	13.9 q	1.03 t（7.0）
9	47.8 d		14-OMe	57.5 q	3.29 s
10	39.3 d		16-OMe	56.2 q	3.31 s
11	50.7 s		6-OAc	169.8 s	
12	27.9 t			21.3 q	2.08 s
13	37.8 d				

注：溶剂 CDCl$_3$；^{13}C NMR：100 MHz；^{1}H NMR：400 MHz

化合物名称：cammaconine

分子式：C$_{23}$H$_{37}$NO$_5$　　　　　　　　分子量（$M+1$）：408

植物来源：*Aconitum brevicalcaratum* Diels 短距乌头

参考文献：李英和，陈迪华. 1994. 短距乌头根的两个新二萜生物碱. 植物学报，36（2）：148-152.

cammaconine 的 NMR 数据

位置	δ_C/ppm	δ_H/ppm（J/Hz）	位置	δ_C/ppm	δ_H/ppm（J/Hz）
1	86.1 d		13	45.6 d	
2	25.8 t		14	75.6 d	
3	33.2 t		15	38.8 t	
4	39.1 s		16	82.3 d	
5	46.0 d		17	63.0 d	
6	24.6 t		18	68.8 t	
7	45.9 d		19	53.1 t	
8	73.0 s		21	49.5 t	
9	47.0 d		22	13.7 q	
10	37.6 d		1-OMe	56.5 q	
11	48.8 s		16-OMe	56.3 q	
12	27.7 t				

注：溶剂 CDCl$_3$；^{13}C NMR：50 MHz

化合物名称：cardiopetaline

分子式：$C_{21}H_{33}NO_3$　　　　　　　　**分子量**（$M+1$）：348

植物来源：*Delphinium cossonianum* Batt.

参考文献：De la Fuente G，Gavin J A，Acosta R D，et al. 1993. Three diterpenoid alkaloids from *Delphinium cossonianum*. Phytochemistry，34（2）：553-558.

cardiopetaline 的 NMR 数据

位置	δ_C/ppm	δ_H/ppm（J/Hz）	位置	δ_C/ppm	δ_H/ppm（J/Hz）
1	72.3 d	3.37 br s	13	35.0 d	
2	29.7 t		14	75.7 d	4.07 t（4.7）
3	31.5 t		15	31.5 t	
4	33.1 s		16	25.2 t	
5	47.1 d		17	63.0 d	3.03 s
6	25.7 t		18	27.7 q	0.85 s
7	46.8 d		19	60.5 t	2.03 d（11.2）
8	77.0 s				2.25 d（11.2）
9	46.3 d		21	48.5 t	2.43 q（7.2）
10	44.3 d				2.48 q（7.2）
11	49.1 s		22	13.0 q	1.08 t（7.2）
12	32.7 t				

注：溶剂 CDCl₃；¹³C NMR：50 MHz；¹H NMR：200 MHz

化合物名称：carmichaeline E trifluoroacetate

分子式：$C_{32}H_{46}NO_8$　**分子量**（M^+）：572

植物来源：*Aconitum carmichaelii* Debx. 乌头

参考文献：Jiang B Y，Lin S，Zhu C G，et al. 2012. Diterpenoid alkaloids from the lateral root of *Aconitum carmichaelii*. Journal of Natural Products，75（6）：1145-1159.

Zhang Z T，Wang L，Chen Q F，et al. 2013. Revisions of the diterpenoid alkaloids reported in a JNP paper（2012，75，1145-1159）. Tetrahedron，69（29）：5859-5866.

carmichaeline E trifluoroacetate 的 NMR 数据

位置	δ_C/ppm	δ_H/ppm（J/Hz）	位置	δ_C/ppm	δ_H/ppm（J/Hz）
1	82.1 d	3.70 br s	16	83.7 d	3.56 dd（8.5,6.0）
2	22.0 t	2.02 dd（15.0,4.5）	17	63.9 d	3.51 br s
		1.49 dt（15.0,4.5）	18	79.3 t	3.60 d（8.0）
3	27.6 t	2.05 dd（15.0,4.5）			3.50 d（8.0）
		1.83 dt（4.5,15.0）	19	58.9 t	3.53 br d（12.0）
4	38.9 s				3.26 br d（12.0）
5	40.8 d	2.56 d（6.0）	21	51.5 t	3.60 m
6	81.7 d	4.31 d（6.0）			3.38 m
7	43.5 d	2.59 br s	22	10.9 q	1.51 t（7.0）
8	74.2 s		1-OMe	55.9 q	3.37 s
9	45.4 d	2.65 dd（7.0,5.0）	6-OMe	58.2 q	3.34 s
10	54.8 d	2.54 ddd（13.0,7.0,5.0）	16-OMe	59.3 q	3.53 s
11	50.2 s		18-OMe	59.1 q	3.29 s
12	36.9 t	2.36 dd（14.0,13.0）	14-OCO	166.5 s	
		1.78 dd（14.0,5.0）	1′	131.5 s	
13	75.6 s		2′,6′	130.6 d	8.07 d（7.5）
14	80.1 d	4.98 d（5.0）	3′,5′	129.2 d	7.50 t（7.5）
15	43.3 t	2.77 dd（16.0,8.5）	4′	133.8 d	7.62 t（7.5）
		2.58 dd（16.0,6.0）			

注：溶剂(CD₃)₂CO；¹³C NMR：125 MHz；¹H NMR：500 MHz

化合物名称：carmichaeline F trifluoroacetate

分子式：C$_{38}$H$_{48}$NO$_{11}$　　　　　　**分子量**（M^+）：694

植物来源：*Aconitum carmichaelii* Debx. 乌头

参考文献：Jiang B Y，Lin S，Zhu C G，et al. 2012. Diterpenoid alkaloids from the lateral root of *Aconitum carmichaelii*. Journal of Natural Products，75（6）：1145-1159.

Zhang Z T，Wang L，Chen Q F，et al. 2013. Revisions of the diterpenoid alkaloids reported in a JNP paper（2012，75，1145-1159）. Tetrahedron，69（29）：5859-5866.

carmichaeline F trifluoroacetate 的 NMR 数据

位置	δ_C/ppm	δ_H/ppm （J/Hz）	位置	δ_C/ppm	δ_H/ppm （J/Hz）
1	80.6 d	3.76 br s	18	77.1 t	3.55 d （8.0）
2	30.1 t	2.40 br d （14.5）			3.39 d （8.0）
		1.67 br d （14.5）	19	51.4 t	3.73 d （12.0）
3	70.1 d	4.35 br s			3.36 d （12.0）
4	44.2 s		21	42.8 q	3.24 s
5	45.5 d	3.34 d （5.5）	1-OMe	55.5 q	3.41 s
6	82.8 d	4.56 d （5.5）	6-OMe	58.9 q	3.26 s
7	44.3 d	3.30 br s	16-OMe	61.7 q	3.73 s
8	91.5 s		18-OMe	59.2 q	3.05 s
9	42.8 d	2.58 dd （5.5,5.0）	8-OCO	167.7 s	
10	40.3 d	2.59 m	1′	130.2 s	
11	52.2 s		2′, 6′	130.3 d	7.86 d （7.5）
12	36.0 t	2.45 dd （14.0,12.5）	3′, 5′	130.2 d	7.47 t （7.5）
		2.04 dd （14.0, 5.0）	4′	134.6 d	7.60 t （7.5）
13	75.1 s		14-OCO	166.5 s	
14	79.4 d	4.98 d （5.0）	1″	129.8 s	
15	79.7 d	4.71 d （5.5）	2″, 6″	129.3 d	7.78 d （7.5）
16	90.8 d	3.57 d （5.5）	3″, 5″	129.1 d	7.20 t （7.5）
17	67.3 d	3.24 s	4″	133.9 d	7.36 t （7.5）

注：溶剂(CD₃)₂CO；^{13}C NMR：125 MHz；^{1}H NMR：500 MHz

化合物名称：carmichaeline G trifluoro-
acetate

分子式：$C_{31}H_{44}NO_8$

分子量（M^+）：558

植物来源：*Aconitum carmichaelii* Debx.
乌头

参考文献：Jiang B Y，Lin S，Zhu C G，
et al. 2012. Diterpenoid alkaloids from the
lateral root of *Aconitum carmichaelii*. Journal of Natural Products，75（6）：1145-1159.

Zhang Z T，Wang L，Chen Q F，et al. 2013. Revisions of the diterpenoid alkaloids
reported in a JNP paper（2012，75，1145-1159）. Tetrahedron，69（29）：5859-5866.

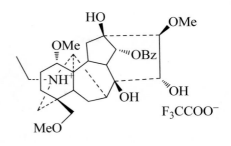

carmichaeline G trifluoroacetate 的 NMR 数据

位置	δ_C/ppm	δ_H/ppm（J/Hz）	位置	δ_C/ppm	δ_H/ppm（J/Hz）
1	82.0 d	3.70 br s	16	92.6 d	3.22 d（6.0）
2	22.0 t	2.00 dd（15.0, 4.5）	17	63.7 d	3.60 br s
		1.58 ddd（15.0, 15.0, 4.5）	18	78.4 t	3.22 d（9.0）
3	25.2 t	1.92 dd（15.0, 4.5）			3.19 d（9.0）
		1.78 ddd（15.0, 15.0, 4.5）	19	57.7 t	3.13 br d（10.5）
4	38.5 s				3.04 br d（10.5）
5	39.9 d	2.13 d（7.5）	21	50.2 t	3.42 dq（10.5, 7.0）
6	24.6 t	1.98 dd（15.0, 7.5）			3.14 dq（10.5, 7.0）
7	41.3 d	1.79 dd（15.0, 7.5）	22	10.8 q	1.50 t（7.0）
8	78.3 s		1-OMe	56.0 q	3.36 s
9	43.7 d	2.83 d（7.5）	16-OMe	61.3 q	3.64 s
10	40.6 d	2.50 dd（7.5, 5.0）	18-OMe	59.4 q	3.27 s
11	50.3 s		14-OCO	166.6 s	
12	37.2 t	2.43 ddd（13.0, 5.0, 5.0）	1′	131.5 s	
		2.30 dd（14.0, 13.0）	2′, 6′	130.6 d	8.00 d（7.5）
13	75.4 s		3′, 5′	129.2 d	7.43 t（7.5）
14	80.2 d	4.88 d（5.0）	4′	133.6 d	7.55 t（7.5）
15	81.6 d	4.68 d（6.0）			

注：溶剂(CD₃)₂CO；¹³C NMR：125 MHz；¹H NMR：500 MHz

化合物名称：carmichaeline H trifluoroacetate

分子式：$C_{32}H_{46}NO_8$　　　　　　　　**分子量（M^+）**：572

植物来源：*Aconitum carmichaelii* Debx. 乌头

参考文献：Jiang B Y，Lin S，Zhu C G，et al. 2012. Diterpenoid alkaloids from the lateral root of *Aconitum carmichaelii*. Journal of Natural Products，75（6）：1145-1159.

Zhang Z T，Wang L，Chen Q F，et al. 2013. Revisions of the diterpenoid alkaloids reported in a JNP paper（2012，75，1145-1159）. Tetrahedron，69（29）：5859-5866.

carmichaeline H trifluoroacetate 的 NMR 数据

位置	δ_C/ppm	δ_H/ppm（J/Hz）	位置	δ_C/ppm	δ_H/ppm（J/Hz）
1	81.7 d	3.70 br s	16	93.5 d	3.16 d（6.0）
2	22.0 t	2.00 dd（14.0, 4.5）	17	63.6 d	3.46 br s
		1.49 ddd（14.0, 14.0, 4.5）	18	79.3 t	3.80 d（8.0）
3	27.2 t	2.05 dd（13.5, 4.5）			3.60 d（8.0）
		1.86 ddd（13.5, 13.5, 4.5）	19	58.6 t	3.72 br d（12.0）
4	38.8 s				3.29 br d（12.0）
5	44.2 d	2.33 d（6.0）	21	50.2 t	3.54 m
6	71.3 d	4.83 d（6.0）			3.28 m
7	44.7 d	3.03 br s	22	10.9 q	1.51 t（7.0）
8	83.4 s		1-OMe	55.7 q	3.37 s
9	45.2 d	2.50 dd（5.5, 4.0）	8-OMe	50.6 q	3.27 s
10	43.8 d	2.40 m	16-OMe	57.4 q	3.38 s
11	51.6 s		18-OMe	59.2 q	3.27 s
12	29.5 t	2.39 dd（12.5, 12.5）	14-OCO	166.1 s	
		1.63 br d（12.5）	1′	131.5 s	
13	38.2 d	2.64 dd（5.5, 4.5）	2′, 6′	130.3 d	8.03 d（7.5）
14	76.5 d	5.00 dd（4.5, 4.0）	3′, 5′	129.3 d	7.51 t（7.5）
15	75.1 d	4.77 d（6.0）	4′	133.8 d	7.63 t（7.5）

注：溶剂(CD₃)₂CO；¹³C NMR：125 MHz；¹H NMR：500 MHz

化合物名称：carmichaeline I trifluoroacetate

分子式：$C_{31}H_{44}NO_8$　分子量（M^+）：558

植物来源：*Aconitum carmichaelii* Debx. 乌头

参考文献：Jiang B Y，Lin S，Zhu C G，et al. 2012. Diterpenoid alkaloids from the lateral root of *Aconitum carmichaelii*. Journal of Natural Products，75（6）：1145-1159.

Zhang Z T，Wang L，Chen Q F，et al. 2013. Revisions of the diterpenoid alkaloids reported in a JNP paper（2012，75，1145-1159）. Tetrahedron，69（29）：5859-5866.

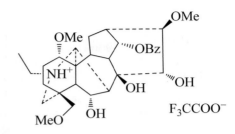

carmichaeline I trifluoroacetate 的 NMR 数据

位置	δ_C/ppm	δ_H/ppm（J/Hz）	位置	δ_C/ppm	δ_H/ppm（J/Hz）
1	82.0 d	3.68 br s	16	91.1 d	3.07 d（5.4）
2	22.0 t	2.02 dd（15.0, 4.2）	17	63.4 d	3.47 br s
		1.50 ddd（15.0, 15.0, 4.2）	18	79.2 t	3.86 d（8.4）
3	27.2 t	2.07（12.0, 4.2）			3.51 d（8.4）
		1.77 ddd（12.0, 12.0, 4.2）	19	59.0 t	3.72 m
4	38.7 s				3.17 m
5	43.9 d	2.29 d（6.6）	21	50.2 t	3.45 m
6	71.9 d	4.88 d（6.6）			3.18 m
7	51.5 d	2.70 br s	22	10.9 q	1.51 t（7.2）
8	79.0 s		1-OMe	55.7 q	3.36 s
9	45.6 d	2.49 dd（5.4, 4.8）	16-OMe	57.7 q	3.34 s
10	44.2 d	2.37 ddd（12.6, 5.4, 3.0）	18-OMe	59.2 q	3.27 s
11	51.4 s		14-OCO	166.3 s	
12	29.8 t	2.36 dd（12.6, 12.6）	1'	131.6 s	
		1.61 dd（12.6, 3.0）	2', 6'	130.5 d	8.03 d（7.2）
13	39.7 d	2.57 dd（6.0, 4.2）	3', 5'	129.2 d	7.42 t（7.2）
14	76.7 d	5.00 dd（4.8, 4.2）	4'	133.6 d	7.55 t（7.2）
15	79.2 d	4.52 d（5.4）			

注：溶剂(CD₃)₂CO；¹³C NMR：125 MHz；¹H NMR：500 MHz

化合物名称：carmichaeline J trifluoroacetate

分子式：$C_{33}H_{48}NO_8$　分子量（M^+）：586

植物来源：*Aconitum carmichaelii* Debx. 乌头

参考文献：Jiang B Y，Lin S，Zhu C G，et al. 2012. Diterpenoid alkaloids from the lateral root of *Aconitum carmichaelii*. Journal of Natural Products，75（6）：1145-1159.

Zhang Z T，Wang L，Chen Q F，et al. 2013. Revisions of the diterpenoid alkaloids reported in a JNP paper（2012，75，1145-1159）. Tetrahedron，69（29）：5859-5866.

carmichaeline J trifluoroacetate 的 NMR 数据

位置	δ_C/ppm	δ_H/ppm（J/Hz）	位置	δ_C/ppm	δ_H/ppm（J/Hz）
1	81.8 d	3.72 br s	17	63.6 d	3.47 br s
2	22.0 t	2.02 dd（14.0,4.5）	18	79.2 t	3.79 d（8.0）
		1.50 ddd（14.0, 7.5, 4.5）			3.61 d（8.0）
3	27.2 t	2.04（15.0, 4.5）	19	58.2 t	3.72 br d（12.0）
		1.84 ddd（15.0, 15.0, 4.5）			3.28 br d（12.0）
4	38.8 s		21	50.2 t	3.53 dq（12.5, 7.0）
5	44.3 d	2.34 d（6.5）			3.27 dq（12.5, 7.0）
6	71.3 d	4.87 d（6.5）	22	10.9 q	1.51 t（7.0）
7	45.2 d	3.02 br s	1-OMe	55.7 q	3.38 s
8	83.1 s		16-OMe	57.5 q	3.40 s
9	45.2 d	2.54 dd（5.0, 4.5）	18-OMe	59.2 q	3.28 s
10	43.8 d	2.41 ddd（12.5, 5.0, 2.5）	8-OEt	58.2 t	3.62 m（2H）
11	51.6 s			15.7 q	0.72 t（7.0）
12	29.9 t	2.39 dd（12.5,12.5）	14-OCO	166.0 s	
		1.63 dd（12.5, 2.5）	1'	131.5 s	
13	38.3 d	2.65 dd（6.0, 4.5）	2', 6'	130.3 d	8.05 d（7.5）
14	76.5 d	4.99 dd（4.5, 4.5）	3', 5'	129.2 d	7.50 t（7.5）
15	75.7 d	4.48 d（6.0）	4'	133.8 d	7.63 t（7.5）
16	93.6 d	3.17 d（6.0）			

注：溶剂(CD₃)₂CO；¹³C NMR：125 MHz；¹H NMR：500 MHz

化合物名称：carmichaeline K trifluoro-acetate

分子式：$C_{31}H_{44}NO_7$　分子量（M^+）：542

植物来源：*Aconitum carmichaelii* Debx. 乌头

参考文献：Jiang B Y，Lin S，Zhu C G，et al. 2012. Diterpenoid alkaloids from the lateral root of *Aconitum carmichaelii*. Journal of Natural Products，75（6）：1145-1159.

Zhang Z T，Wang L，Chen Q F，et al. 2013. Revisions of the diterpenoid alkaloids reported in a JNP paper（2012，75，1145-1159）. Tetrahedron，69（29）：5859-5866.

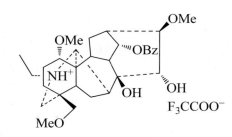

carmichaeline K trifluoroacetate 的 NMR 数据

位置	δ_C/ppm	δ_H/ppm（J/Hz）	位置	δ_C/ppm	δ_H/ppm（J/Hz）
1	82.0 d	3.76 br s	15	79.2 d	4.54 d（6.5）
2	22.0 t	2.04 dd（15.0, 4.5）	16	91.7 d	3.08 d（6.5）
3	25.2 t	1.58 ddd（15.0, 15.0, 5.5）	17	63.6 d	3.53 br s
		1.95 dd（15.0, 5.5）	18	78.5 t	3.27 d（8.5）
		1.81 ddd（15.0, 15.0, 4.5）			3.22 d（8.5）
4	38.5 s		19	57.7 t	3.15 d（12.0）
5	40.0 d	2.16 d（7.5）			3.05 d（12.0）
6	24.9 t	2.10 dd（15.0, 7.5）	21	50.1 t	3.43 m
		1.82 dd（15.0, 7.5）			3.17 m
7	41.2 d	2.89 d（7.5）	22	10.7 q	1.49 t（7.0）
8	78.4 s		1-OMe	56.0 q	3.38 s
9	44.1 d	2.49 m	16-OMe	57.6 q	3.34 s
10	43.9 d	2.35 m	18-OMe	59.4 q	3.31 s
11	50.5 s		14-OCO	166.3 s	
12	29.4 t	2.33 dd（14.0, 13.0）	1′	131.6 s	
		1.55 dd（14.0, 5.0）	2′, 6′	130.6 d	8.07 d（7.5）
13	39.5 d	2.59 dd（5.0, 4.0）	3′, 5′	129.2 d	7.46 t（7.5）
14	76.6 d	5.04 dd（4.5, 4.0）	4′	133.6 d	7.59 t（7.5）

注：溶剂(CD₃)₂CO；¹³C NMR：125 MHz；¹H NMR：500 MHz

化合物名称：carmichaeline L trifluoroacetate

分子式：C$_{30}$H$_{42}$NO$_7$ 分子量（M^+）：528

植物来源：*Aconitum carmichaelii* Debx. 乌头

参考文献：Jiang B Y，Lin S，Zhu C G，et al. 2012. Diterpenoid alkaloids from the lateral root of *Aconitum carmichaelii*. Journal of Natural Products，75（6）：1145-1159.

Zhang Z T，Wang L，Chen Q F，et al. 2013. Revisions of the diterpenoid alkaloids reported in a JNP paper（2012，75，1145-1159）. Tetrahedron，69（29）：5859-5866.

carmichaeline L trifluoroacetate 的 NMR 数据

位置	δ_C/ppm	δ_H/ppm（J/Hz）	位置	δ_C/ppm	δ_H/ppm（J/Hz）
1	71.8 d	4.19 br s	16	91.6 d	3.12 d（6.6）
2	28.4 t	1.72 m 1.74 m	17	64.4 d	3.54 br s
3	25.8 t	1.94 m 1.96 m	18	78.8 t	3.26 d（9.0）
4	38.5 s				3.23 d（9.0）
5	40.2 d	2.07 d（7.2）	19	57.3 t	3.17 d（12.6）
6	25.0 t	2.10 dd（15.0, 7.2）			3.01 d（12.6）
		1.87 dd（15.0, 7.2）	21	50.1 t	3.42 m
7	41.3 d	2.89 d（7.2）			3.20 m
8	78.3 s		22	10.7 q	1.46 t（7.2）
9	44.2 d	2.48 dd（5.4, 4.8）	16-OMe	57.5 q	3.34 s
10	43.9 d	2.29 ddd （9.0, 5.4, 3.0）	18-OMe	59.4 q	3.30 s
11	49.8 s		14-OCO	166.3 s	
12	30.1 t	2.28 dd（9.0, 3.0）	1'	131.6 s	
		1.78 br d（9.0）	2', 6'	130.6 d	8.01 d（7.2）
13	39.3 d	2.57 dd（5.4, 4.8）	3', 5'	129.2 d	7.41 t（7.2）
14	76.8 d	5.02 dd（4.8, 4.8）	4'	133.6 d	7.54 t（7.2）
15	79.2 d	4.50 d（6.6）			

注：溶剂(CD$_3$)$_2$CO；^{13}C NMR：150 MHz；^{1}H NMR：600 MHz

化合物名称：carmichaeline M trifluoroacetate

分子式：$C_{34}H_{48}NO_9$　　　　　　　　　**分子量**（M^+）：614

植物来源：*Aconitum carmichaelii* Debx. 乌头

参考文献：Jiang B Y，Lin S，Zhu C G，et al. 2012. Diterpenoid alkaloids from the lateral root of *Aconitum carmichaelii*. Journal of Natural Products，75（6）：1145-1159.

Zhang Z T，Wang L，Chen Q F，et al. 2013. Revisions of the diterpenoid alkaloids reported in a JNP paper（2012，75，1145-1159）. Tetrahedron，69（29）：5859-5866.

carmichaeline M trifluoroacetate 的 NMR 数据

位置	δ_C/ppm	δ_H/ppm（J/Hz）	位置	δ_C/ppm	δ_H/ppm（J/Hz）
1	81.3 d	3.71 br s	17	62.4 d	3.50 s
2	22.2 t	2.03 dd（15.0, 4.5）	18	78.8 t	3.55 d（7.8）
		1.49 ddd（15.0, 15.0, 4.5）			3.34 d（7.8）
3	27.4 t	2.05 dd（15.0, 4.5）	19	58.1 t	3.55 d（12.0）
		1.96 ddd（15.0, 15.0, 4.5）			3.29 d（12.0）
4	38.9 s		21	50.6 t	3.42 m 3.49 m
5	49.7 d	2.69 d（6.0）	22	10.7 q	1.54 t（6.6）
6	83.3 d	4.39 d（6.0）	1-OMe	55.7 q	3.36 s
7	45.5 d	3.15 s	6-OMe	59.0 q	3.33 s
8	91.2 s		16-OMe	58.1 q	3.41 s
9	44.1 d	2.90 dd（6.0, 5.4）	18-OMe	59.2 q	3.30 s
10	43.1 d	2.56 m	8-OAc	173.1 s	
11	51.0 s			21.7 q	1.71 s
12	30.6 t	1.69 m，2.45 m	14-OCO	165.9 s	
13	39.5 d	2.68 dd（6.6, 4.8）	1′	130.9 s	
14	75.8 d	5.11 dd（4.8, 4.8）	2′, 6′	130.2 d	7.97 d（7.8）
15	76.8 d	4.41 d（6.0）	3′, 5′	129.7 d	7.51 t（7.8）
16	89.8 d	3.25 d（6.0）	4′	134.2 d	7.62 t（7.8）

注：溶剂(CD₃)₂CO；¹³C NMR：150 MHz；¹H NMR：600 MHz

化合物名称：carmichaenine A

分子式：C₃₁H₄₃NO₇   分子量（$M+1$）：542

植物来源：*Aconitum carmichaelii* Debx. 乌头

参考文献：Qin X D，Yang S，Zhao Y，et al. 2015. Five new C₁₉-diterpenoid alkaloids from *Aconitum carmichaeli*. Phytochemistry Letters，13：390-393.

carmichaenine A 的 NMR 数据

位置	δ_C/ppm	δ_H/ppm（J/Hz）	位置	δ_C/ppm	δ_H/ppm（J/Hz）
1	71.1 d	4.02 br s	15	37.2 t	2.92 dd（16.0, 8.3）
2	27.4 t	1.88 m			2.48 dd（16.0, 6.3）
		1.45 m	16	80.9 d	3.59 t（8.3）
3	28.7 t	2.04 m	17	64.6 d	3.61 s
		1.69 m	18	78.5 t	3.37 d（8.2）
4	38.4 s				3.32 d（8.2）
5	43.5 d	2.28 d（6.2）	19	56.6 t	3.17 s
6	82.5 d	4.28 d（6.2）	21	49.7 t	3.34（overlapped）
7	49.5 d	3.45 s	22	10.6 q	1.45 t（6.8）
8	84.1 s		6-OMe	58.4 q	3.00 s
9	45.7 d	2.58 t（5.4）	16-OMe	56.6 q	3.32 s
10	43.5 d	2.05 m	18-OMe	59.1 q	3.23 s
11	50.5 s		8-OCO	165.8 s	
12	28.9 t	2.10 m	1′	130.6 s	
		1.94 m	2′, 6′	129.7 d	8.09 d（7.4）
13	39.7 d	2.32 t（4.9）	3′, 5′	128.5 d	7.42 t（7.4）
14	74.3 d	4.22 t（4.7）	4′	133.2 d	7.53 t（7.4）

注：溶剂 CDCl₃；¹³C NMR：150 MHz；¹H NMR：600 MHz

化合物名称：carmichaenine B

分子式：C$_{23}$H$_{37}$NO$_7$　　　　　　　分子量（$M+1$）：440

植物来源：*Aconitum carmichaelii* Debx. 乌头

参考文献：Qin X D，Yang S，Zhao Y，et al. 2015. Five new C$_{19}$-diterpenoid alkaloids from *Aconitum carmichaeli*. Phytochemistry Letters，13：390-393.

carmichaenine B 的 NMR 数据

位置	δ_C/ppm	δ_H/ppm（J/Hz）	位置	δ_C/ppm	δ_H/ppm（J/Hz）
1	71.2 d	4.04 br s	13	42.4 d	2.34 m
2	31.6 t	1.54 m	14	75.0 d	4.55 t（5.0）
3	29.6 t	1.92 m	15	43.9 t	2.20 d（8.3）
		1.54 m	16	83.7 d	3.26 d（8.3）
4	39.8 s		17	64.6 d	2.57 s
5	42.2 d	2.44 d（6.5）	18	70.2 t	3.78 d（10.2）
6	84.2 d	4.16 d（6.5）			3.60 d（10.2）
7	53.8 d	1.96 s	19	58.4 t	2.73 m
8	73.7 s				2.35 m
9	57.8 d	1.99 d（5.1）	21	49.2 t	2.59 m
10	83.5 s				2.52 m
11	55.6 s		22	13.4 q	1.13 t（6.8）
12	42.2 t	2.16 d（15.9）	6-OMe	58.4 q	3.35 s
		1.84 dd（15.9, 8.0）	16-OMe	56.4 q	3.31 s

注：溶剂 CD$_3$OD；^{13}C NMR：150 MHz；^{1}H NMR：600 MHz

化合物名称：carmichaenine C

分子式：C$_{30}$H$_{41}$NO$_7$　　　　　　分子量（$M+1$）：528

植物来源：*Aconitum carmichaelii* Debx. 乌头

参考文献：Qin X D，Yang S，Zhao Y，et al. 2015. Five new C$_{19}$-diterpenoid alkaloids from *Aconitum carmichaeli*. Phytochemistry Letters，13：390-393.

carmichaenine C 的 NMR 数据

位置	δ_C/ppm	δ_H/ppm（J/Hz）	位置	δ_C/ppm	δ_H/ppm（J/Hz）
1	72.8 d	3.95 br s	15		2.21 dd（16.0, 6.3）
2	29.5 t	1.58 m	16	83.9 d	3.36 t（8.3）
3	29.0 t	1.99 m	17	64.5 d	2.97 s
		1.74 m	18	80.3 t	3.65 d（8.0）
4	39.1 s				3.61 d（8.0）
5	45.6 d	2.15 d（6.6）	19	58.8 t	3.16 m
6	72.9 d	4.72 d（6.6）			2.70 m
7	58.2 d	2.01 s	21	49.7 t	2.93 m
8	75.5 s				2.85 m
9	45.4 d	2.44 t（6.0）	22	11.8 q	1.26 t（6.8）
10	44.7 d	2.19 m	16-OMe	56.5 q	3.29 s
11	51.3 s		18-OMe	59.4 q	3.31 s
12	30.4 t	2.21 m	14-OCO	167.7 s	
		1.69 m	1′	131.7 s	
13	39.4 d	2.61 m	2′, 6′	130.9 d	8.08 d（7.2）
14	77.5 d	5.10 t（4.8）	3′, 5′	129.4 d	7.46 t（7.2）
15	42.1 t	2.31 dd（16.0, 8.3）	4′	134.1 d	7.59 t（7.2）

注：溶剂 CD$_3$OD；^{13}C NMR：150 MHz；^{1}H NMR：600 MHz

化合物名称：carmichaenine D

分子式：C$_{29}$H$_{39}$NO$_7$　　　　　　　　**分子量**（$M+1$）：514

植物来源：*Aconitum carmichaelii* Debx. 乌头

参考文献：Qin X D，Yang S，Zhao Y，et al. 2015. Five new C$_{19}$-diterpenoid alkaloids from *Aconitum carmichaeli*. Phytochemistry Letters，13：390-393.

carmichaenine D 的 NMR 数据

位置	δ_C/ppm	δ_H/ppm（J/Hz）	位置	δ_C/ppm	δ_H/ppm（J/Hz）
1	73.8 d	3.77 br s	15		2.21 dd（14.3, 6.2）
2	30.5 t	1.58 m	16	84.2 d	3.39 t（8.2）
3	29.7 t	1.89 m	17	64.2 d	2.73 s
		1.59 m	18	70.2 t	3.80 d（10.2）
4	40.0 s				3.69 d（10.2）
5	47.1 d	2.06 d（6.6）	19	58.2 t	2.81 m
6	73.8 d	4.66 d（6.6）			2.38 m
7	57.7 d	1.91 s	21	49.1 t	2.64 m
8	75.9 s				2.56 m
9	45.8 d	2.42 t（6.2）	22	13.4 q	1.16 t（7.1）
10	44.8 d	2.06 m	16-OMe	55.6 q	3.29 s
11	51.2 s		14-OCO	167.8 s	
12	30.7 t	2.18 m	1′	131.9 s	
		1.75 m	2′, 6′	130.9 d	8.08 d（7.8）
13	39.6 d	2.59 m	3′, 5′	129.4 d	7.46 t（7.8）
14	78.0 d	5.09 t（4.8）	4′	134.0 d	7.58 t（7.8）
15	42.4 t	2.27 dd（14.3, 8.2）			

注：溶剂 CD$_3$OD；^{13}C NMR：150 MHz；^{1}H NMR：600 MHz

化合物名称：carmichaenine E

分子式：C$_{31}$H$_{43}$NO$_8$　　　　　　　　分子量（$M+1$）：558

植物来源：*Aconitum carmichaelii* Debx. 乌头

参考文献：Qin X D，Yang S，Zhao Y，et al. 2015. Five new C$_{19}$-diterpenoid alkaloids from *Aconitum carmichaeli*. Phytochemistry Letters，13：390-393.

carmichaenine E 的 NMR 数据

位置	δ_C/ppm	δ_H/ppm（J/Hz）	位置	δ_C/ppm	δ_H/ppm（J/Hz）
1	70.9 d	4.11 br s	16	83.7 d	3.31 t（8.3）
2	31.4 t	1.58 m	17	64.2 d	2.71 s
3	30.1 t	1.94 m	18	80.6 t	3.58 d（8.7）
		1.61 m			3.32 d（8.7）
4	38.9 s		19	58.3 t	2.79 m
5	41.3 d	2.63 d（5.9）			2.45 m
6	84.8 d	4.23 d（5.9）	21	49.5 t	2.78 m
7	49.6 d	3.27 s			2.69 m
8	85.4 s		22	12.9 q	1.22 t（6.8）
9	56.6 d	2.38 d（5.0）	6-OMe	58.8 q	3.01 s
10	83.3 s		16-OMe	56.6 q	3.33 s
11	55.9 s		18-OMe	59.3 q	3.28 s
12	41.8 t	2.21 d（15.8）	8-OCO	167.1 s	
		1.92 dd（15.8, 8.0）	1′	132.6 s	
13	42.3 d	2.48 m	2′, 6′	130.6 d	8.05 d（7.4）
14	74.1 d	4.63 t（5.0）	3′, 5′	129.5 d	7.46 t（7.4）
15	40.3 t	2.92 dd（16.0, 8.3）	4′	134.1 d	7.58 t（7.4）
		2.48 dd（16.0, 6.3）			

注：溶剂 CD$_3$OD；^{13}C NMR：150 MHz；^{1}H NMR：600 MHz

化合物名称：carmichasine A

分子式：$C_{34}H_{44}N_2O_{10}$　　　　　　　　　　分子量（$M+1$）：641

植物来源：*Aconitum carmichaelii* Debx. 乌头

参考文献：Li Y，Gao F，Zhang J F，et al. 2018. Four new diterpenoid alkaloids from the roots of *Aconitum carmichaelii*. Chemistry & Biodiversity，15（7）：e1800147.

carmichasine A 的 NMR 数据

位置	δ_C/ppm	δ_H/ppm（J/Hz）	位置	δ_C/ppm	δ_H/ppm（J/Hz）
1	83.9 d	3.06～3.09 m	17	62.6 d	3.22 s
2	26.2 t	2.10～2.13 m	18	78.6 t	3.15 d（8.4）
		2.34～2.35 m			3.82 d（8.4）
3	32.4 t	2.00～2.03 m	19	56.4 d	3.80 s
		1.73～1.79 m	21	41.4 q	2.55 s
4	41.4 s		1-OMe	56.5 q	3.29 s
5	47.4 d	2.34 d（7.2）	6-OMe	58.1 q	3.16 s
6	82.8 d	4.01 d（7.2）	16-OMe	61.2 q	3.74 s
7	44.5 d	2.88 s	18-OMe	59.3 q	3.31 s
8	91.3 s		8-OAc	172.6 s	
9	44.2 d	2.85～2.87 m		21.5 q	1.36 s
10	41.2 d	2.14～2.16 m	14-OCO	166.2 s	
11	49.1 s		1′	129.9 s	
12	35.8 t	2.95～2.98 m	2′, 6′	129.8 d	8.03 d（7.2）
		2.16～2.22 m	3′, 5′	128.8 d	7.46 t（7.2）
13	74.2 s		4′	133.5 d	7.58 t（7.2）
14	78.8 d	4.86 d（5.4）	—C≡N	118.8 s	
15	78.9 d	4.45～4.46 m	13-OH		3.90 s
16	90.2 d	3.33（overlapped）	15-OH		4.28 d（6.0）

注：溶剂 CDCl₃；¹³C NMR：150 MHz；¹H NMR：600 MHz

化合物名称：carmichasine D

分子式：$C_{32}H_{41}NO_{10}$　　　　　　　　分子量（$M+1$）：600

植物来源：*Aconitum carmichaelii* Debx. 乌头

参考文献：Li Y，Gao F，Zhang J F，et al. 2018. Four new diterpenoid alkaloids from the roots of *Aconitum carmichaelii*. Chemistry & Biodiversity，15（7）：e1800147.

carmichasine D 的 NMR 数据

位置	δ_C/ppm	δ_H/ppm（J/Hz）	位置	δ_C/ppm	δ_H/ppm（J/Hz）
1	82.1 d	3.22～3.24 m	16	89.8 d	3.44 d（4.8）
2	22.8 t	1.69～1.71 m	17	60.5 d	3.99 s
		1.53～1.60 m	18	78.1 t	3.45 d（8.4）
3	28.1 t	1.65～1.67 m			3.82 d（8.4）
		1.67～1.68 m	19	165.8 d	7.33 s
4	46.6 s		1-OMe	56.3 q	3.20 s
5	45.6 d	2.24～2.25 m	6-OMe	57.3 q	3.05 s
6	84.0 d	3.93 d（8.4）	16-OMe	61.3 q	3.77 s
7	49.4 d	2.89 s	18-OMe	59.3 q	3.31 s
8	90.5 s		8-OAc	172.2 s	
9	42.5 d	2.71～2.73 m		21.5 q	1.34 s
10	40.4 d	2.16～2.19 m	14-OCO	166.2 s	
11	51.2 s		1'	129.8 s	
12	36.3 t	2.20～2.23 m	2', 6'	129.8 d	8.03 d（7.2）
		2.23～2.24 m	3', 5'	128.8 d	7.46 t（7.8）
13	74.2 s		4'	133.5 d	7.58 t（7.2）
14	79.2 d	4.91 d（4.8）	13-OH		4.02 s
15	78.8 d	4.50～4.51 m	15-OH		4.39 br d

注：溶剂 CDCl₃；¹³C NMR：150 MHz；¹H NMR：600 MHz

化合物名称：chasmaconitine

分子式：$C_{34}H_{47}NO_9$　　　　　　　　**分子量**（$M+1$）：614

植物来源：*Aconitum taronense* Fletcher et Lauener 独龙乌头

参考文献：尹田鹏，王雅溶，王敏，等. 2019. 三个 C_{19}-二萜生物碱的 NMR 数据全归属. 波谱学杂志，36（3）：331-340.

chasmaconitine 的 NMR 数据

位置	δ_C/ppm	δ_H/ppm（J/Hz）	位置	δ_C/ppm	δ_H/ppm（J/Hz）
1	85.2 d	2.99 m	17	62.4 d	2.91 br s
2	26.5 t	2.27 m	18	80.6 t	3.59 ABq（8.4）
		1.92 m			3.16 ABq（8.4）
3	35.1 t	1.63 m（2H）	19	53.9 t	2.49 m（2H）
4	39.5 s		21	49.4 t	2.59 m
5	50.2 d	2.10 m			2.46 m
6	83.1 d	3.96 d（6.6）	22	13.7 q	1.09 t（7.2）
7	49.4 d	3.00 br s	1-OMe	56.4 q	3.25 s
8	85.8 s		6-OMe	58.0 q	3.13 s
9	45.3 d	2.90 m	16-OMe	58.9 q	3.52 s
10	41.3 d	2.09 m	18-OMe	59.3 q	3.27 s
11	50.4 s		8-OAc	170.1 s	
12	36.0 t	2.76 m		21.8 q	1.27 s
		2.08 m	14-OCO	166.6 s	
13	75.1 s		1′	130.5 s	
14	79.1 d	4.90 d（5.2）	2′, 6′	129.9 d	8.06 d（8.0）
15	39.4 t	3.03 m	3′, 5′	128.7 d	7.43 t（8.0）
		2.43 m	4′	133.3 d	7.54 t（8.0）
16	83.9 d	3.38 dd（8.8, 5.6）			

注：溶剂 CDCl₃；¹³C NMR：100 MHz；¹H NMR：400 MHz

化合物名称：chasmanine

分子式：$C_{25}H_{41}NO_6$　　　　　　　分子量（$M+1$）：452

植物来源：*Aconitum* L.

参考文献：Pelletier S W，Djarmati Z. 1976. Carbon-13 nuclear magnetic resonance：aconitine-type diterpenoid alkaloids from *Aconitum* and *Delphinium* species. Journal of the American Chemical Society，98（9）：2626-2636.

chasmanine 的 NMR 数据

位置	δ_C/ppm	δ_H/ppm（J/Hz）	位置	δ_C/ppm	δ_H/ppm（J/Hz）
1	86.1 d		14	75.5 d	
2	26.0 t		15	39.2 t	
3	35.2 t		16	82.2 d	
4	39.5 s		17	62.4 d	
5	48.8 d		18	80.8 t	
6	82.5 d		19	54.0 t	
7	52.8 d		21	49.3 t	
8	72.6 s		22	13.6 q	
9	50.3 d		1-OMe	56.3 q	
10	38.4 d		6-OMe	57.2 q	
11	50.4 s		16-OMe	55.9 q	
12	28.6 t		18-OMe	59.2 q	
13	45.7 d				

注：溶剂 CDCl₃；¹³C NMR：25 MHz

化合物名称：chasmanthinine

分子式：C₃₆H₄₉NO₉　　　　　　　　分子量（*M* + 1）：640

植物来源：*Delphinium pictum* Willd.

参考文献：Gabrieldela F，Rafael D A，Tomas O. 1989. Diterpenoid alkaloids from *Delphinium pictum* Willd. The structure of pictumine. Heterocycles，29（2）：205-208.

chasmanthinine 的 NMR 数据

位置	δ_C/ppm	δ_H/ppm（*J*/Hz）	位置	δ_C/ppm	δ_H/ppm（*J*/Hz）
1	85.1 d		18	80.7 t	
2	26.5 t		19	53.9 t	
3	35.8 t		21	49.3 t	
4	39.2 s		22	13.6 q	1.08 t（7.2）
5	49.2 d		1-OMe	56.85 q	
6	83.2 d		6-OMe	58.95 q	
7	49.5 d		16-OMe	59.25 q	
8	85.8 s		18-OMe	59.85 q	
9	45.2 d		8-OAc	169.8 s	
10	41.4 d			22.5 q	1.77 s
11	50.4 s		14-OCO	166.2 s	
12	39.5 t		1′	118.3 d	
13	74.8 s		2′	145.5 d	
14	78.8 d	4.95 d（4.8）	3′	133.1 s	
15	36.6 t		4′, 8′	128.2 d	
16	83.7 d		5′, 7′	129.1 d	
17	61.7 d		6′	130.5 d	

注：溶剂 CDCl₃；¹³C NMR：150 MHz；¹H NMR：600 MHz

化合物名称：circinadine A

分子式：C$_{32}$H$_{45}$NO$_9$ 　　　　　　　　**分子量**（$M + 1$）：588

植物来源：*Aconitum hemsleyanium* var. *circinacum* W. T. Wang 拳距瓜叶乌头

参考文献：Gao F，Chen D L，Wang F P. 2006. Two new C$_{19}$-diterpenoid alkaloids from *Aconitum hemsleyanium* var. *circinacum*. Chemical & Pharmaceutical Bulletin，54（1）：117-118.

circinadine A 的 NMR 数据

位置	δ_C/ppm	δ_H/ppm（J/Hz）	位置	δ_C/ppm	δ_H/ppm（J/Hz）
1	82.8 d	3.26 m	17	62.1 d	3.12 br s
2	34.4 t	2.24 m 2.32 m	18	77.0 t	3.02 ABq（11.2）
3	71.7 d	3.76 dd（12.0,5.6）			3.18 ABq（11.2）
4	43.2 s		19	46.5 t	1.54 m（hidden）
5	43.8 d	2.08 m			1.82 m（hidden）
6	22.5 t	1.54 m 1.86 m	21	49.2 t	2.46 m 2.54 m
7	46.4 d	1.96 m（hidden）	22	13.5 q	1.10 t（7.2）
8	73.6 s		1-OMe	56.2 q	3.28 s
9	46.8 d	2.43 m	16-OMe	58.2 q	3.36 s
10	42.2 d	2.10 m	18-OMe	59.4 q	3.32 s
11	48.4 s		14-OCO	166.8 s	
12	35.7 t	2.02 m 2.46 m	1′	122.5 s	
13	76.4 s		2′, 6′	131.7 d	7.95 d（12.0）
14	80.2 d	5.12 d（4.8）	3′, 5′	113.7 d	6.91 d（12.0）
15	41.2 t	2.35 m 2.42 m	4′	164.2 s	
16	83.5 d	3.28 m	4′-OMe	55.3 q	3.84 s

注：溶剂 CDCl$_3$；^{13}C NMR：100 MHz；^{1}H NMR：400 MHz

化合物名称： circinadine B

分子式： $C_{24}H_{39}NO_7$　　　　　　　　**分子量（$M+1$）：** 454

植物来源： *Aconitum hemsleyanium* var. *circinacum* W. T. Wang 拳距瓜叶乌头

参考文献： Gao F，Chen D L，Wang F P. 2006. Two new C_{19}-diterpenoid alkaloids from *Aconitum hemsleyanium* var. *circinacum*. Chemical & Pharmaceutical Bulletin，54（1）：117-118.

circinadine B 的 NMR 数据

位置	δ_C/ppm	δ_H/ppm（J/Hz）	位置	δ_C/ppm	δ_H/ppm（J/Hz）
1	83.2 d		13	76.6 s	
2	34.1 t		14	79.6 d	4.20 d（4.8）
3	72.1 d		15	42.0 t	
4	43.3 s		16	84.8 d	
5	43.9 d		17	62.6 d	
6	24.8 t		18	77.3 t	
7	45.3 d		19	46.5 t	
8	72.8 s		21	49.4 t	
9	48.8 d		22	13.6 q	1.09 t（7.2）
10	39.0 d		1-OMe	56.3 q	3.25 s
11	48.2 s		16-OMe	57.7 q	3.41 s
12	35.1 t		18-OMe	59.5 q	3.32 s

注：溶剂 CDCl₃；¹³C NMR：100 MHz；¹H NMR：400 MHz

化合物名称：circinasine A

分子式：C$_{23}$H$_{37}$NO$_7$　　　　　　　　**分子量（$M+1$）**：440

植物来源：*Aconitum hemsleyanum* var. *circinatum* W. T. Wang 拳距瓜叶乌头

参考文献：Gao F，Chen Q H，Wang F P. 2007. C$_{19}$-diterpenoid alkaloids from *Aconitum hemsleyanum* var. *circinatum*. Journal of Natural Products，70（5）：876-879.

circinasine A 的 NMR 数据

位置	δ_C/ppm	δ_H/ppm（J/Hz）	位置	δ_C/ppm	δ_H/ppm（J/Hz）
1	83.6 d	3.16 m	13	76.6 s	
2	25.7 t	1.82 m	14	79.5 d	4.20 d（4.8）
		2.16 m	15	43.7 t	2.16 m
3	28.2 t	1.34 m			2.80 m
		2.23 m	16	75.5 d	3.73 d（8.8）
4	41.3 s		17	63.7 d	3.16 br s
5	84.6 s		18	78.5 t	2.95 ABq（9.2）
6	34.4 t	1.98 m			3.65 ABq（9.2）
		2.15 m	19	55.5 t	1.76（hidden）
7	45.0 d	2.03 m			2.56（hidden）
8	73.6 s		21	49.1 t	2.26 m
9	48.6 d	2.65 t（4.8）			2.56 m
10	36.9 d	2.50 m	22	13.5 q	1.03 t（7.2）
11	50.5 s		1-OMe	56.3 q	3.24 s
12	35.4 t	2.12 m	18-OMe	59.5 q	3.33 s
		2.55 m			

注：溶剂 CDCl$_3$；^{13}C NMR：100 MHz；^{1}H NMR：400 MHz

化合物名称：circinasine B

分子式：$C_{31}H_{43}NO_{10}$　　　　　　分子量（$M+1$）：590

植物来源：*Aconitum hemsleyanum* var. *circinatum* W. T. Wang 拳距瓜叶乌头

参考文献：Gao F，Chen Q H，Wang F P. 2007. C₁₉-diterpenoid alkaloids from *Aconitum hemsleyanum* var. *circinatum*. Journal of Natural Products，70（5）：876-879.

circinasine B 的 NMR 数据

位置	δ_C/ppm	δ_H/ppm（J/Hz）	位置	δ_C/ppm	δ_H/ppm（J/Hz）
1	81.9 d		16	74.2 d	3.78 br d（9.2）
2	34.9 t		17	62.7 d	
3	65.2 d	4.31 dd（12.0,6.0）	18	73.3 t	
4	46.2 s		19	48.2 t	
5	84.9 s		21	48.9 t	
6	35.2 t		22	13.5 q	1.07 t（7.2）
7	45.5 d		1-OMe	56.5 q	3.27 s
8	74.0 s		18-OMe	59.5 q	3.37 s
9	47.6 d		14-OCO	167.9 s	
10	36.5 d		1′	121.3 s	
11	50.4 s		2′, 6′	131.7 d	7.95 d（8.8）
12	36.2 t		3′, 5′	113.7 d	6.94 d（8.8）
13	76.8 s		4′	163.8 s	
14	81.4 d	5.24 d（4.8）	4′-OMe	55.4 q	3.84 s
15	43.5 t				

注：溶剂 CDCl₃；¹³C NMR：100 MHz；¹H NMR：400 MHz

化合物名称：circinasine C

分子式：$C_{31}H_{43}NO_9$　　　　　　　分子量（$M+1$）：574

植物来源：*Aconitum hemsleyanum* var. *circinatum* W. T. Wang 拳距瓜叶乌头

参考文献：Gao F，Chen Q H，Wang F P. 2007. C₁₉-diterpenoid alkaloids from *Aconitum hemsleyanum* var. *circinatum*. Journal of Natural Products，70（5）：876-879.

circinasine C 的 NMR 数据

位置	δ_C/ppm	δ_H/ppm（J/Hz）	位置	δ_C/ppm	δ_H/ppm（J/Hz）
1	82.9 d	3.10 m	15		2.77 m
2	34.0 t	2.28 m	16	76.0 d	5.24 d（9.2）
		2.34 m	17	62.4 d	3.20 br s
3	71.8 d	3.85 dd（12.0, 4.8）	18	77.2 t	3.16（hidden）
4	43.5 s				3.33（hidden）
5	43.8 d	1.58 m	19	46.7 t	1.79 ABq（9.2）
6	24.8 t	1.54 d（8.0）			2.99 ABq（9.2）
		1.92 m	21	49.2 t	2.41 m
7	45.5 d	2.17 d（8.0）			2.54 m
8	73.2 s		22	13.4 q	1.09 t（7.2）
9	48.0 d	2.42 m	1-OMe	56.1 q	3.25 s
10	42.0 d	1.88 m	18-OMe	59.4 q	3.32 s
11	48.2 s		16-OCO	166.8 s	
12	36.9 t	1.93 m	1′	122.2 s	
		2.26 m	2′, 6′	131.8 d	7.96 d（8.8）
13	77.5 s		3′, 5′	113.8 d	6.90 d（8.8）
14	78.5 d	4.10 d（4.8）	4′	163.6 s	
15	41.6 t	2.22 m	4′-OMe	55.4 q	3.85 s

注：溶剂 CDCl₃；¹³C NMR：100 MHz；¹H NMR：400 MHz

化合物名称：circinasine D

分子式：$C_{31}H_{43}NO_8$　　　　　　　分子量（$M+1$）：558

植物来源：*Aconitum hemsleyanum* var. *circinatum* W. T. Wang 拳距瓜叶乌头

参考文献：Gao F，Chen Q H，Wang F P. 2007. C₁₉-diterpenoid alkaloids from *Aconitum hemsleyanum* var. *circinatum*. Journal of Natural Products，70（5）：876-879.

circinasine D 的 NMR 数据

位置	δ_C/ppm	δ_H/ppm（J/Hz）	位置	δ_C/ppm	δ_H/ppm（J/Hz）
1	83.7 d	3.24 m	15		2.30 m
2	26.2 t	2.03 m	16	72.5 d	3.80 d（9.2）
		2.32 m	17	63.1 d	3.03 br s
3	28.3 t	1.38 m	18	78.9 t	2.95 ABq（9.2）
		2.22 m			3.65 ABq（9.2）
4	41.1 s		19	55.5 t	1.85（hidden）
5	84.3 s				2.55（hidden）
6	34.6 t	1.87 m	21	48.9 t	2.37 m
		2.16 m			2.52 m
7	45.7 d	1.95 m	22	13.5 q	1.04 t（7.2）
8	73.8 s		1-OMe	56.3 q	3.27 s
9	45.1 d	2.68 m	18-OMe	59.5 q	3.32 s
10	39.0 d	2.42 m	14-OCO	165.8 s	
11	50.6 s		1′	122.6 s	
12	28.0 t	1.92 m	2′, 6′	131.6 d	7.95 d（8.8）
		2.21 m	3′, 5′	113.8 d	6.91 d（8.8）
13	41.6 d	2.47 m	4′	162.3 s	
14	76.8 d	5.29 t（4.8）	4′-OMe	55.5 q	3.84 s
15	43.3 t	2.01 m			

注：溶剂 CDCl₃；¹³C NMR：100 MHz；¹H NMR：400 MHz

化合物名称：circinasine E

分子式：C₂₃H₃₇NO₆   分子量（$M+1$）：424

植物来源：*Aconitum hemsleyanum* var. *circinatum* W. T. Wang 拳距瓜叶乌头

参考文献：Gao F，Chen Q H，Wang F P. 2007. C₁₉-diterpenoid alkaloids from *Aconitum hemsleyanum* var. *circinatum*. Journal of Natural Products，70（5）：876-879.

circinasine E 的 NMR 数据

位置	δ_C/ppm	δ_H/ppm（J/Hz）	位置	δ_C/ppm	δ_H/ppm（J/Hz）
1	84.0 d		13	40.9 d	
2	25.8 t		14	75.7 d	4.33 t（4.8）
3	28.3 t		15	42.6 t	
4	41.1 s		16	72.5 d	
5	84.9 s		17	63.8 d	
6	34.3 t		18	78.7 t	
7	46.6 d		19	55.5 t	
8	73.6 s		21	49.1 t	
9	45.2 d		22	13.5 q	1.04 t（7.2）
10	39.7 d		1-OMe	56.4 q	3.26 s
11	50.6 s		18-OMe	59.5 q	3.34 s
12	27.7 t				

注：溶剂 CDCl₃；¹³C NMR：100 MHz；¹H NMR：400 MHz

化合物名称：circinasine F

分子式：C₂₄H₃₉NO₈　　　　　　　　　　**分子量**（M＋1）：470

植物来源：*Aconitum hemsleyanum* var. *circinatum* W. T. Wang 拳距瓜叶乌头

参考文献：Gao F，Chen Q H，Wang F P. 2007. C₁₉-diterpenoid alkaloids from *Aconitum hemsleyanum* var. *circinatum*. Journal of Natural Products，70（5）：876-879.

circinasine F 的 NMR 数据

位置	δ_C/ppm	δ_H/ppm（J/Hz）	位置	δ_C/ppm	δ_H/ppm（J/Hz）
1	81.6 d	3.23 m	14	79.5 d	4.08 t (4.8)
2	34.7 t	2.28 m	15	39.6 t	2.36 m
		2.32 m			2.40 m
3	65.2 d	4.30 dd (12.0, 4.8)	16	84.7 d	3.45 m
4	46.3 s		17	63.1 d	3.15 s
5	85.1 s		18	73.4 t	2.45 ABq (9.2)
6	35.0 t	1.98 m			3.52 ABq (9.2)
		2.06 m	19	48.2 t	1.54 ABq (9.2)
7	44.7 d	1.88 m			2.93 ABq (9.2)
8	73.1 s		21	49.0 t	2.48 m
9	49.6 d	2.68 t (4.8)			2.53 m
10	36.2 d	2.18 m	22	13.5 q	1.06 t (7.2)
11	50.3 s		1-OMe	56.4 q	3.26 s
12	35.1 t	1.94 m	16-OMe	57.7 q	3.41 s
		2.00 m	18-OMe	59.4 q	3.37 s
13	77.0 s				

注：溶剂 CDCl₃；¹³C NMR：100 MHz；¹H NMR：400 MHz

化合物名称：circinasine G

分子式：$C_{30}H_{39}NO_{10}$ 分子量（$M+1$）：574

植物来源：*Aconitum hemsleyanum* var. *circinatum* W. T. Wang 拳距瓜叶乌头

参考文献：Gao F，Chen Q H，Wang F P. 2007. C₁₉-diterpenoid alkaloids from *Aconitum hemsleyanum* var. *circinatum*. Journal of Natural Products，70（5）：876-879.

circinasine G 的 NMR 数据

位置	δ_C/ppm	δ_H/ppm（J/Hz）	位置	δ_C/ppm	δ_H/ppm（J/Hz）
1	81.2 d		15	40.7 t	
2	34.9 t		16	83.3 d	
3	66.1 d		17	63.8 d	
4	56.9 s		18	71.2 t	
5	81.0 s		19	163.0 d	7.19 s
6	35.0 t		1-OMe	56.2 q	3.37 s
7	45.7 d		16-OMe	58.1 q	3.42 s
8	73.0 s		18-OMe	59.5 q	3.25 s
9	53.7 d		14-OCO	166.7 s	
10	36.5 d		1′	122.3 s	
11	49.7 s		2′, 6′	131.6 d	7.96 d（8.8）
12	35.7 t		3′, 5′	113.6 d	6.81 d（8.8）
13	76.3 s		4′	163.3 s	
14	79.9 d	5.22 d（4.8）	4′-OMe	55.2 q	3.85 s

注：溶剂 CDCl₃；¹³C NMR：100 MHz；¹H NMR：400 MHz

化合物名称：circinatine B

分子式：C₂₂H₃₃NO₆　　　　　　　　　　分子量（$M+1$）：408

植物来源：*Aconitum hemsleyanum* var. *circinatum* W. T. Wang 拳距瓜叶乌头

参考文献：Xu J B，Huang S，Zhou X L. 2018. C₁₉-diterpenoid alkaloids from *Aconitum hemsleyanum* var. *circinatum*. Phytochemistry Letters，27：178-182.

circinatine B 的 NMR 数据

位置	δ_C/ppm	δ_H/ppm（J/Hz）	位置	δ_C/ppm	δ_H/ppm（J/Hz）
1	83.2 d	3.25 m	12	27.0 t	1.67 q（7.8）
2	25.6 t	1.40 m			1.91 m
		2.09 m	13	37.6 d	2.42 m
3	24.5 t	1.45 m	14	75.6 d	4.25 q（4.2）
		2.20 m	15	38.2 t	2.15 m
4	53.0 s				2.63 q（9.0）
5	81.2 s		16	82.3 d	3.50 m
6	35.7 t	2.01 m	17	64.5 d	4.13 s
		2.06 m	18	76.7 t	3.46 d（9.0）
7	53.0 d	2.06 m			4.00 d（9.0）
8	72.7 s		19	163.7 d	7.06 s
9	46.4 d	2.54 t（5.4）	1-OMe	56.3 q	3.21 s
10	39.9 d	2.26 m	16-OMe	56.7 q	3.37 s
11	49.8 s		18-OMe	60.0 q	3.40 s

注：溶剂 CDCl₃；¹³C NMR：150 MHz；¹H NMR：600 MHz

化合物名称：circinatine C

分子式：C$_{30}$H$_{39}$NO$_8$　　　　　　　　　　**分子量**（$M+1$）：542

植物来源：*Aconitum hemsleyanum* var. *circinatum* W. T. Wang 拳距瓜叶乌头

参考文献：Xu J B，Huang S，Zhou X L. 2018. C$_{19}$-diterpenoid alkaloids from *Aconitum hemsleyanum* var. *circinatum*. Phytochemistry Letters，27：178-182.

circinatine C 的 NMR 数据

位置	δ_C/ppm	δ_H/ppm（J/Hz）	位置	δ_C/ppm	δ_H/ppm（J/Hz）
1	82.3 d	3.29 t（7.2）	14	76.7 d	5.25 t（4.8）
2	23.9 t	1.54 m	15	40.9 t	2.66 q（7.2）
		2.18 m			2.10 m
3	24.4 t	1.46 m	16	81.8 d	3.36 m
		2.13 m	17	64.2 d	3.95 s
4	51.9 s		18	76.6 t	3.96 d（10.2）
5	80.3 s				3.42 d（9.0）
6	35.6 t	2.10 m	19	163.1 d	7.02 s
		1.96 d（13.8）	1-OMe	56.2 q	3.23 s
7	53.6 d	2.06 m	16-OMe	56.4 q	3.20 s
8	73.7 s		18-OMe	60.0 q	3.40 s
9	44.5 d	2.60 t（5.4）	14-OCO	166.3 s	
10	38.4 d	2.52 m	1′	123.0 s	
11	50.8 s		2′，6′	131.7 d	7.95 d（9.0）
12	28.1 t	1.79 q（7.8）	3′，5′	113.9 d	6.91 d（9.0）
		2.10 m	4′	163.4 s	
13	37.0 d	2.72 q（5.4）	4′-OMe	55.6 q	3.85 s

注：溶剂 CDCl$_3$；^{13}C NMR：150 MHz；^{1}H NMR：600 MHz

化合物名称：circinatine D

分子式：$C_{30}H_{39}NO_9$　　　　　　　　　　　**分子量**（$M+1$）：558

植物来源：*Aconitum hemsleyanum* var. *circinatum* W. T. Wang 拳距瓜叶乌头

参考文献：Xu J B，Huang S，Zhou X L. 2018. C₁₉-diterpenoid alkaloids from *Aconitum hemsleyanum* var. *circinatum*. Phytochemistry Letters，27：178-182.

circinatine D 的 NMR 数据

位置	δ_C/ppm	δ_H/ppm（J/Hz）	位置	δ_C/ppm	δ_H/ppm（J/Hz）
1	82.6 d	3.41 m	14	80.7 d	5.26 d（4.8）
2	24.5 t	1.25 m	15	41.3 t	2.32 d（7.2）
		2.23 m			2.78 m
3	24.8 t	1.46 m	16	83.6 d	3.28 t（6.6）
		2.12 m	17	64.3 d	4.08 s
4	52.5 s		18	76.6 t	3.96 d（9.6）
5	80.4 s				3.43 d（9.0）
6	35.7 t	1.86 d（14.4）	19	163.5 d	7.03 s
		2.07 m	1-OMe	56.5 q	3.22 s
7	53.6 d	2.07 m	16-OMe	58.5 q	3.37 s
8	73.8 s		18-OMe	60.0 q	3.39 s
9	46.5 d	2.78 m	14-OCO	167.0 s	
10	36.5 d	2.62 m	1′	122.6 s	
11	50.2 s		2′, 6′	131.9 d	7.97 d（9.0）
12	35.7 t	2.14 m	3′, 5′	113.9 d	6.92 d（9.0）
		2.21 m	4′	163.6 s	
13	76.8 s		4′-OMe	55.6 q	3.86 s

注：溶剂 CDCl₃；¹³C NMR：150 MHz；¹H NMR：600 MHz

化合物名称：circinatine E

分子式：C$_{31}$H$_{41}$NO$_{10}$ 分子量（$M+1$）：588

植物来源：*Aconitum hemsleyanum* var. *circinatum* W. T. Wang 拳距瓜叶乌头

参考文献：Xu J B，Huang S，Zhou X L. 2018. C$_{19}$-diterpenoid alkaloids from *Aconitum hemsleyanum* var. *circinatum*. Phytochemistry Letters，27：178-182.

circinatine E 的 NMR 数据

位置	δ_C/ppm	δ_H/ppm（J/Hz）	位置	δ_C/ppm	δ_H/ppm（J/Hz）
1	81.3 d	3.27 t（7.2）	15	41.4 t	2.34 m
2	25.1 t	1.32 m			2.68 m
		2.12 m	16	83.7 d	3.40 d（6.6）
3	27.9 t	1.40 m	17	59.9 d	3.94 s
		2.23 m	18	78.0 t	3.10 d（9.6）
4	40.5 s				3.73 d（9.6）
5	83.4 s		19	45.4 t	2.52 d（14.4）
6	35.1 t	1.99 d（15.0）			3.85 m
		2.39 m	21	162.1 d	8.02 s
7	52.9 d	1.90 d（7.8）	1-OMe	55.6 q	3.20 s
8	73.7 s		16-OMe	58.6 q	3.35 s
9	46.9 d	2.84 t（5.4）	18-OMe	59.9 q	3.36 s
10	36.6 d	2.62 m	14-OCO	167.1 s	
11	50.1 s		1′	122.5 s	
12	35.1 t	2.08 m	2′, 6′	131.9 d	7.95 d（9.0）
		2.22 m	3′, 5′	114.0 d	6.92 d（9.0）
13	77.1 s		4′	163.7 s	
14	80.5 d	5.26 d（5.4）	4′-OMe	55.6 q	3.86 s

注：溶剂 CDCl$_3$；^{13}C NMR：150 MHz；^{1}H NMR：600 MHz

化合物名称：circinatine F

分子式：C₃₀H₃₉NO₁₀　　　　　　　　**分子量**（M + 1）：574

植物来源：*Aconitum hemsleyanum* var. *circinatum* W. T. Wang 拳距瓜叶乌头

参考文献：Xu J B，Huang S，Zhou X L. 2018. C₁₉-diterpenoid alkaloids from *Aconitum hemsleyanum* var. *circinatum*. Phytochemistry Letters，27：178-182.

circinatine F 的 NMR 数据

位置	δ_C/ppm	δ_H/ppm（J/Hz）	位置	δ_C/ppm	δ_H/ppm（J/Hz）
1	80.8 d	3.36 t（7.2）	14	79.8 d	5.24 d（5.4）
2	23.1 t	1.63 m	15	41.5 t	2.34 m
		2.13 m			2.80 m
3	26.0 t	1.50 m	16	83.0 d	3.41 m
		2.26 m	17	76.9 d	3.97 s
4	46.3 s		18	75.8 t	3.88 m
5	79.5 s				3.31 d（9.6）
6	35.3 t	2.00 m	19	136.5 d	6.44 s
		2.28 m	1-OMe	56.6 q	3.25 s
7	53.7 d	2.53 d（7.8）	16-OMe	58.6 q	3.40 s
8	73.2 s		18-OMe	60.0 q	3.40 s
9	45.7 d	2.80 t（5.4）	14-OCO	166.7 s	
10	35.5 d	2.69 m	1′	122.4 s	
11	51.6 s		2′, 6′	132.0 d	7.98 d（9.0）
12	35.8 t	1.93 m	3′, 5′	114.0 d	6.92 d（9.0）
		2.22 m	4′	163.7 s	
13	76.5 s		4′-OMe	55.6 q	3.86 s

注：溶剂 CDCl₃；¹³C NMR：150 MHz；¹H NMR：600 MHz

化合物名称：columbianine

分子式：$C_{22}H_{35}NO_5$　　　　　　　　分子量（$M+1$）：394

植物来源：*Aconitum columbianum* Nutt.

参考文献：Boido V，Edwards O E，Handa K L，et al. 1984. Alkaloids of *Aconitum columbianum* Nutt. Canadian Journal of Chemistry，62（4）：778-784.

columbianine 的 NMR 数据

位置	δ_C/ppm	δ_H/ppm（J/Hz）	位置	δ_C/ppm	δ_H/ppm（J/Hz）
1	72.4 d		12	28.5 t	
2	26.5 t		13	40.3 d	
3	29.9 t		14	75.9 d	
4	38.1 s		15	42.3 t	
5	41.4 d		16	82.0 d	
6	24.8 t		17	64.1 d	
7	45.3 d		18	68.3 t	
8	74.2 s		19	56.4 t	
9	46.8 d		21	48.6 t	
10	44.2 d		22	13.1 q	1.12 t（7）
11	48.8 s		16-OMe	56.5 q	3.34 s

注：溶剂 CDCl₃；¹³C NMR：20 MHz；¹H NMR：80 MHz

化合物名称：columbidine

分子式：$C_{26}H_{43}NO_5$　　　　　　　　　分子量（$M+1$）：450

植物来源：*Aconitum columbianum* Nutt.

参考文献：Pelletier S W，Srivastava S K，Joshi B S，et al. 1985. Alkaloids of *Aconitum columbianum* Nutt. Heterocycles，23（2）：331-338.

columbidine 的 NMR 数据

位置	δ_C/ppm	δ_H/ppm（J/Hz）	位置	δ_C/ppm	δ_H/ppm（J/Hz）
1	85.6 d		14	75.1 d	
2	26.0 t		15	35.2 t	
3	32.0 t		16	82.6 d	
4	38.5 s		17	62.4 d	
5	38.5 d		18	79.2 t	
6	23.9 t		19	53.2 t	
7	40.0 d		21	49.4 t	
8	78.2 s		22	13.6 q	
9	45.4 d		1-OMe	56.1 q	
10	45.7 d		16-OMe	56.4 q	
11	49.1 s		18-OMe	59.5 q	
12	28.9 t		8-OEt	55.9 t	
13	39.1 d			16.2 q	

化合物名称：conaconitine

分子式：C$_{23}$H$_{37}$NO$_5$ 　　　　　　　　　**分子量**（M + 1）：408

植物来源：*Aconitum contortum* Finet et Gagnep. 苍山乌头

参考文献：汪双清，陈于澍，赵树年，等. 1989. 七星草乌化学成分的研究. 化学学报，47：1101-1104.

conaconitine 的 NMR 数据

位置	δ_C/ppm	δ_H/ppm（J/Hz）	位置	δ_C/ppm	δ_H/ppm（J/Hz）
1	84.1 d		12	33.0 t	1.74~2.04 m（2H）
2	29.6 t	1.42~1.74 m（2H）	13	78.8 s	
3	30.8 t	1.42~1.74 m（2H）	14	75.6 d	4.12~4.30 m
4	34.0 s		15	43.2 t	1.74~2.04 m（2H）
5	46.6 d	2.20 s	16	80.1 d	4.12~4.30 m
6	26.0 t	3.77 br s	17	64.4 d	2.81 s
		1.42~1.74 m	18	28.2 q	0.91 s
7	48.0 d		19	61.6 t	2.29 s（2H）
8	74.2 s		21	49.7 t	
9	48.2 d	2.40 d（3.3）	22	13.6 q	1.14 t（7.0）
10	41.1 d	2.15 s	1-OMe	57.6 q	3.40 s
11	50.2 s		16-OMe	57.6 q	3.40 s

注：溶剂 CDCl$_3$

化合物名称：condelphine

分子式：$C_{25}H_{39}NO_6$　　　　　　　　分子量（$M+1$）：450

植物来源：*Aconitum balfourii* Stapf

参考文献：Khetwal K S，Desai H K，Joshi B S，et al. 1994. Norditerpenoid alkaloids from the aerial parts of *Aconitum balfourii* Stapf. Heterocycles，38（4）：833-842.

condelphine 的 NMR 数据

位置	δ_C/ppm	δ_H/ppm（J/Hz）	位置	δ_C/ppm	δ_H/ppm（J/Hz）
1	72.0 d	3.72 br s	15	42.5 t	1.94 d（13.2）
2	29.6 t	1.61 m			2.31 d（13.2）
3	26.5 t	1.62 m	16	82.0 d	3.27 m
		1.88 m	17	63.6 d	2.72 s
4	37.1 s		18	78.9 t	2.98 d（10.5）
5	41.3 d	1.84 s			3.14 d（10.5）
6	24.9 t	1.75 m	19	56.5 t	2.05 m
7	44.6 d	2.26 m			2.30 m
8	74.7 s		21	48.4 t	2.51 dq（12.8, 7.1）
9	45.4 d	2.08 s			2.44 dq（12.8, 7.1）
10	43.1 d	1.90 m	22	13.0 q	1.10 t（7.1）
11	48.8 s		16-OMe	56.0 q	3.26 s
12	29.0 t	1.70 m	18-OMe	59.4 q	3.35 s
		2.10 m	14-OAc	170.4 s	
13	36.5 d	2.60 m		21.3 q	2.04 s
14	77.0 d	4.84 t（6.0）			

注：溶剂 CDCl₃；¹³C NMR：75 MHz；¹H NMR：300 MHz

化合物名称：consolinine

分子式：$C_{25}H_{41}NO_6$　　　　　　　　分子量（$M+1$）：452

植物来源：*Consolida hohenackeri* (Boiss.) Grossh.

参考文献：Ulubelen A，Mericli A H，Mericli F，et al. 1999. Norditerpene and diterpene alkaloids from *Consolida hohenackeri*. Phytochemistry，50（5）：909-912.

consolinine 的 NMR 数据

位置	δ_C/ppm	δ_H/ppm（J/Hz）	位置	δ_C/ppm	δ_H/ppm（J/Hz）
1	71.3 d	3.65 m	14	75.7 d	4.20 t（4.5）
2	29.7 t	1.95 dd（7, 12）	15	37.0 t	2.25 dd（7, 14）
		1.30 ddd（3, 6, 12）			2.00 m
3	31.4 t	1.50 m	16	83.6 d	3.47 d（7）
		1.80 m	17	61.9 d	3.20 s
4	39.2 s		18	79.0 t	3.75 m
5	45.0 d	2.07 d（6.5）			3.60 m
6	83.7 d	3.54 d（6.5）	19	53.6 t	3.25 d（12）
7	48.8 d	3.20 br s			3.00 d（12）
8	78.3 s		21	49.0 t	2.90 m
9	46.7 d	2.65 dd（5, 7）	22	13.0 q	0.97 t（7）
10	40.1 d	2.30 dd（5, 11）	6-OMe	56.5 q	3.35 s
11	51.5 s		8-OMe	48.3 q	3.34 s
12	29.9 t	1.40 ddd（7, 11, 14）	16-OMe	56.6 q	3.42 s
		2.00 dd（7, 14）	18-OMe	59.3 q	3.40 s
13	38.6 d	2.20 t（6, 5）			

注：溶剂 CDCl₃；¹³C NMR：125 MHz；¹H NMR：500 MHz

化合物名称：crassicaudine/8-acetyl-14-benzoylchasmanine

分子式：C$_{34}$H$_{47}$NO$_8$　　　　　　　　**分子量**（$M+1$）：598

植物来源：*Aconitum crassicaule* W. T. Wang 粗茎乌头，*Aconitum tatsienense* Finet et Gagnep. 康定乌头

参考文献：Wang F P，Pelletier S W. 1987. Diterpenoid alkaloids from *Aconitum crassicaule*. Journal of Natural Products，50（1）：55-62.

吕光华，李正邦，袁玲，等. 1999. 康定乌头根的化学成分研究. 中草药，30（3）：164-167.

crassicaudine/8-acetyl-14-benzoylchasmanine 的 NMR 数据（Wang F P and Pelletier S W，1987）

位置	δ_C/ppm	δ_H/ppm（J/Hz）	位置	δ_C/ppm	δ_H/ppm（J/Hz）
1	85.1 d		17	61.6 d	
2	26.4 t		18	80.5 t	3.66 t（12）
3	35.0 t		19	53.9 t	
4	39.1 s		21	48.9 t	
5	49.3 d		22	13.4 q	1.06 t（7）
6	82.3 d	4.10 dd（1, 6）	1-OMe	56.5 q	3.16 s
7	44.9 d		6-OMe	57.8 q	3.36 s
8	85.9 s		16-OMe	55.9 q	3.36 s
9	49.3 d		18-OMe	59.0 q	3.26 s
10	44.1 d		8-OAc	169.6 s	
11	50.4 s			21.7 q	1.34 s
12	29.0 t		14-OCO	166.3 s	
13	39.1 d		1′	130.7 s	
14	75.6 d	5.10 t（4.5）	2′, 6′	129.7 d	
15	37.9 t		3′, 5′	128.4 d	7.36～8.20 m
16	83.5 d		4′	132.8 d	

注：溶剂 CDCl$_3$

crassicaudine/8-acetyl-14-benzoylchasmanine 的 NMR 数据（吕光华等，1999）

位置	δ_C/ppm	δ_H/ppm（J/Hz）	位置	δ_C/ppm	δ_H/ppm（J/Hz）
1	86.0 d		17	61.4 d	
2	26.7 t		18	80.0 t	
3	34.7 t		19	54.1 t	
4	38.8 s		21	49.0 t	
5	49.1 d		22	13.5 q	1.11 t
6	82.8 d		1-OMe	56.6 q	3.16 s
7	49.0 d		6-OMe	57.9 q	3.27 s
8	85.1 s		16-OMe	56.0 q	3.37 s
9	44.5 d		18-OMe	59.0 q	3.27 s
10	43.6 d		8-OAc	169.7 s	
11	50.3 s			21.5 q	1.35 s
12	28.8 t		14-OCO	166.2 s	
13	37.8 d		1′	130.5 s	
14	75.4 d	5.05 t（4.8）	2′, 6′	129.6 d	
15	38.9 t		3′, 5′	128.4 d	7.38～8.06 m
16	83.2 d		4′	132.9 d	

注：溶剂 $CDCl_3$；^{13}C NMR：50 MHz；^{1}H NMR：200 MHz

化合物名称：crassicaulidine

分子式：$C_{24}H_{39}NO_8$　　　　　　　　分子量（$M+1$）：470

植物来源：*Aconitum crassicaule* W. T. Wang　粗茎乌头

参考文献：Wang F P，Liang X T. 1985. Structures of crassicauline B and crassicaulidine. Planta Medica，51（5）：443-444.

crassicaulidine 的 NMR 数据

位置	δ_C/ppm	δ_H/ppm（J/Hz）	位置	δ_C/ppm	δ_H/ppm（J/Hz）
1	72.0 d		13	44.2 d	
2	38.2 t		14	74.2 d	
3	72.5 d		15	67.8 d	
4	46.2 s		16	83.3 d	
5	41.0 d		17	61.7 d	
6	83.2 d		18	79.5 t	
7	52.6 d		19	49.8 t	
8	74.9 s		21	48.1 t	
9	47.7 d		22	13.1 q	
10	43.0 d		6-OMe	58.4 q	
11	48.4 s		16-OMe	57.8 q	
12	30.1 t		18-OMe	59.2 q	

注：溶剂 CDCl₃；¹³C NMR：100 MHz

化合物名称： crassicauline A

分子式： $C_{35}H_{49}NO_{10}$　　　　　　　**分子量（M + 1）：** 644

植物来源： *Aconitum episcopale* Levl. 紫乌头

参考文献： Yang J H，Li Z Y，Li L，et al. 1999. Diterpenoid alkaloids from *Aconitum episcopale*. Phytochemistry，50（2）：345-348.

crassicauline A 的 NMR 数据

位置	δ_C/ppm	δ_H/ppm（J/Hz）	位置	δ_C/ppm	δ_H/ppm（J/Hz）
1	84.2 d	3.09 m	18	80.0 t	3.52 d（8.4）
2	25.8 t		19	53.9 t	
3	35.7 t		21	49.0 t	
4	38.9 s		22	12.8 q	1.07 t（7.1）
5	48.5 d	2.39 d（5.8）	1-OMe	55.8 q	
6	82.8 d	3.90 d（6.5）	6-OMe	58.7 q	
7	44.9 d		16-OMe	57.7 q	
8	85.2 s		18-OMe	59.0 q	
9	48.5 d		8-OAc	169.6 s	
10	40.8 d			21.5 q	1.24 s
11	50.2 s		14-OCO	165.9 s	
12	35.7 t		1′	122.6 s	
13	74.7 s		2, 6′	131.6 d	7.95 d（7.0）
14	78.4 d	4.84 d（5.2）	3′, 5′	113.7 d	6.85 d（7.0）
15	39.3 t		4′	163.4 s	
16	83.6 d	3.31 t	4′-OMe	55.3 q	3.81 s
17	61.6 d	3.78 s			

注：溶剂 CDCl₃；¹³C NMR：100 MHz；¹H NMR：400 MHz

化合物名称：crassicausine

分子式：C₃₄H₄₉NO₉　　　　　　　　　**分子量**（$M+1$）：616

植物来源：*Aconitum crassicaule* W. T. Wang　粗茎乌头

参考文献：Wang F P，Pelletier S W. 1987. Diterpenoid alkaloids from *Aconitum crassicaule*. Journal of Natural Products，50（1）：55-62.

crassicausine 的 NMR 数据

位置	δ_C/ppm	δ_H/ppm（J/Hz）	位置	δ_C/ppm	δ_H/ppm（J/Hz）
1	85.3 d		17	61.4 d	
2	26.3 t		18	80.3 t	
3	34.8 t	1.5～1.8 m（2H）	19	53.9 t	
4	39.1 s		21	48.6 t	
5	49.0 d		22	13.5 q	1.10 t（7）
6	82.9 d	4.00 dd（1，6）	1-OMe	56.2 q	2.99 s
7	48.4 d		6-OMe	58.6 q	3.26 s
8	78.4 s		8-OMe	58.8 q	3.54 s
9	46.5 d		16-OMe	58.8 q	3.29 s
10	36.3 d		18-OMe	59.0 q	3.29 s
11	50.6 s		14-OCO	166.5 s	
12	36.5 t		1′	123.3 s	
13	85.4 s		2′，6′	131.8 d	8.04 ABq
14	80.3 d	4.87 d（4.5）	3′，5′	113.5 d	6.90 ABq
15	41.6 t		4′	163.5 s	
16	84.0 d		4′-OMe	55.4 q	3.84 s

注：溶剂 CDCl₃

化合物名称：crassicautine

分子式：C$_{34}$H$_{49}$NO$_{10}$　　　　　　　分子量（$M+1$）：632

植物来源：*Aconitum crassicaule* W. T. Wang　粗茎乌头

参考文献：Wang F P，Pelletier S W. 1987. Diterpenoid alkaloids from *Aconitum crassicaule*. Journal of Natural Products，50（1）：55-62.

crassicautine 的 NMR 数据

位置	δ_C/ppm	δ_H/ppm（J/Hz）	位置	δ_C/ppm	δ_H/ppm（J/Hz）
1	83.1 d		17	61.1 d	
2	33.4 t		18	79.1 t	
3	71.8 d		19	47.6 t	
4	43.2 s		21	48.6 t	
5	47.5 d		22	13.3 q	1.10 t（7.0）
6	82.6 d	4.05 dd（1, 6）	1-OMe	55.8 q	
7	48.4 d		6-OMe	58.6 q	
8	78.6 s		8-OMe	58.8 q	
9	46.1 d		16-OMe	58.8 q	
10	35.6 d		18-OMe	59.1 q	
11	50.8 s		14-OAs	166.3 s	
12	36.7 t		1′	123.3 s	
13	75.3 s		2′, 6′	131.8 d	8.07 ABq
14	79.1 d	4.89 d（4.5）	3′, 5′	113.5 d	6.94 ABq
15	41.5 t		4′	163.5 s	
16	83.9 d		4′-OMe	55.3 q	3.87 s

注：溶剂 CDCl$_3$

化合物名称：crispulidine

分子式：$C_{23}H_{37}NO_5$　　　　　　　　分子量（$M+1$）：408

植物来源：*Delphinium crispulum* Rupr.

参考文献：Ulubelen A，Mericli A H，Mericli F，et al. 1999. Diterpenoid alkaloids from *Delphinium crispulum*. Phytochemistry，50（3）：513-516.

crispulidine 的 NMR 数据

位置	δ_C/ppm	δ_H/ppm（J/Hz）	位置	δ_C/ppm	δ_H/ppm（J/Hz）
1	72.6 d	3.72 t（3.5）	12		2.0 d（9）
2	33.6 t	1.74 m	13	43.0 d	2.32 m
		1.80 m	14	75.7 d	4.22 t（4.5）
3	72.2 d	3.68 dd（4，11）	15	40.0 t	2.25 m
4	39.1 s		16	82.5 d	3.25 t（9）
5	41.6 d	1.90 d（8）	17	64.5 d	2.20 s
6	24.8 t	1.5 dd（8，14）	18	27.2 q	0.90 s
		1.8 m	19	55.0 t	2.30 m
7	39.5 d	2.4 d（8）			1.95 d（11）
8	78.9 s		21	46.5 t	2.50 m
9	45.2 d	2.10 dd（5，11）			2.58 m
10	43.9 d	1.76 m	22	13.0 q	1.12 t（7）
11	49.0 s		8-OMe	48.2 q	3.35 s
12	29.6 t	1.60 m	16-OMe	57.2 q	3.38 s

注：溶剂 CDCl₃

化合物名称：cyphoplectine

分子式：$C_{32}H_{45}NO_7$　　　　　　　分子量（$M+1$）：556

植物来源：*Delphinium cyphoplectrum* Boiss.

参考文献：Mericli A H，Mericli F，Seyhan G V，et al. 1999. Cyphoplectine，a norditerpene alkaloid from *Delphinium cyphoplectrum*. Heterocycles，51（8）：1843-1848.

cyphoplectine 的 NMR 数据

位置	δ_C/ppm	δ_H/ppm（J/Hz）	位置	δ_C/ppm	δ_H/ppm（J/Hz）
1	72.1 d	3.85 m	17	65.6 d	2.70 br s
2	26.5 t	1.25 m 2.00 m	18	68.4 t	4.20 d（10）
3	31.7 t	1.30 m 2.40 m			4.22 d（10）
4	38.1 s		19	60.1 t	1.80 m 3.30 m
5	41.6 d	1.80 m	21	51.8 t	2.48 m 2.62 m
6	25.0 t	1.60 m	22	13.9 q	1.10 t（7）
7	46.9 d	2.47 m	8-OMe	59.3 q	3.42 s
8	78.5 s		14-OMe	57.5 q	3.37 s
9	42.3 d	1.75 m	16-OMe	56.1 q	3.34 s
10	35.7 d	1.85 m	18-OCO	166.8 s	
11	49.4 s		1′	123.2 s	
12	29.5 t	1.70 m 2.30 m	2′	145.0 s	
13	42.0 d	1.20 m	3′	127.7 d	7.20 br d（8.5）
14	82.1 d	3.65 t（5）	4′	115.3 d	6.80 m
15	45.0 t	2.65 dd（12，14）	5′	115.3 d	6.80 m
		2.90 dd（7，12）	6′	129.9 d	7.10 br d（8.5）
16	84.6 d	3.80 dd（7，14）	2′-OMe	55.3 q	3.74 s

注：溶剂 CDCl₃；¹³C NMR：125 MHz；¹H NMR：500 MHz

化合物名称：dehydrobicoloridine

分子式：C$_{25}$H$_{37}$NO$_6$　　　　　　分子量（M＋1）：448

植物来源：*Delphinium peregrinum* var. *elongatum*

参考文献：De la Fuente G，Ruiz-Mesia L. 1995. Norditerpenoid alkaloids from *Delphinium peregrinum* var. *elongatum*. Phytochemistry，39（6）：1459-1465.

dehydrobicoloridine 的 NMR 数据

位置	δ_C/ppm	δ_H/ppm（J/Hz）	位置	δ_C/ppm	δ_H/ppm（J/Hz）
1	68.7 d		14	75.3 d	
2	22.9 t		15	35.1 t	
3	30.0 t		16	82.7 d	
4	38.4 s		17	62.5 d	
5	53.8 d		18	19.5 q	
6	74.9 d		19	90.3 d	
7	48.5 d		21	47.3 t	
8	78.1 s		22	14.1 q	
9	43.6 d		8-OMe	48.3 q	
10	37.4 d		16-OMe	56.4 q	
11	48.3 s		6-OAc	171.1 s	
12	29.7 t			21.7 q	
13	39.2 d				

注：溶剂 CDCl$_3$；^{13}C NMR：50 MHz

化合物名称：dehydrocardiopetaline

分子式：C$_{21}$H$_{31}$NO$_3$　　　　　　　分子量（$M+1$）：346

植物来源：*Delphinium cossonianum* Batt.

参考文献：De la Fuente G，Gavin J A，Acosta R D，et al. 1993. Three diterpenoid alkaloids from *Delphinium cossonianum*. Phytochemistry，34（2）：553-558.

dehydrocardiopetaline 的 NMR 数据

位置	δ_C/ppm	δ_H/ppm（J/Hz）	位置	δ_C/ppm	δ_H/ppm（J/Hz）
1	69.0 d	3.74 d（4.8）	12	30.6 t	
2	24.7 t		13	35.7 d	
3	30.7 t		14	74.7 d	4.07 t（5）
4	38.3 s		15	29.2 t	
5	47.6 d		16	23.3 t	
6	23.4 t		17	62.3 d	2.84 s
7	55.8 d	1.88 d（7.7）	18	20.0 q	0.85 s
8	75.0 s		19	91.5 d	3.39 s
9	45.4 d	1.92 t（5）	21	48.1 t	2.72 q（7.2）
10	37.0 d				2.73 q（7.2）
11	48.5 s		22	14.5 q	1.03 t（7.2）

注：溶剂 CDCl$_3$；^{13}C NMR：50 MHz；^{1}H NMR：200 MHz

化合物名称：delphidine

分子式：$C_{26}H_{41}NO_7$　　　　　　　分子量（M + 1）：480

植物来源：*Delphinium* L.

参考文献：Pelletier S W，Djarmati Z. 1976. Carbon-13 nuclear magnetic resonance：aconitine-type diterpenoid alkaloids from *Aconitum* and *Delphinium* species. Journal of the American Chemical Society，98（9）：2626-2636.

delphidine 的 NMR 数据

位置	δ_C/ppm	δ_H/ppm（J/Hz）	位置	δ_C/ppm	δ_H/ppm（J/Hz）
1	72.0 d		14	75.0 d	
2	29.5 t		15	38.4 t	
3	29.9 t		16	82.4 d	
4	38.2 s		17	63.0 d	
5	46.1 d		18	79.8 t	
6	84.1 d		19	56.8 t	
7	48.2 d		21	48.4 t	
8	85.4 s		22	12.7 q	1.13 t（7.0）
9	44.0 d		6-OMe	58.1 q	3.26 s
10	40.8 d		16-OMe	56.6 q	3.31 s
11	49.9 s		18-OMe	59.1 q	3.34 s
12	29.5 t		8-OAc	169.9 s	
13	44.0 d			22.5 q	2.00 s

注：溶剂 CDCl₃

化合物名称：delphinine

分子式：C₃₃H₄₅NO₉　　　　　　　　分子量（$M+1$）：600

植物来源：*Delphinium staphisagria* L.

参考文献：Joshi B S，Desai H K，Bhandaru S，et al. 1993. Crystal and molecular structure of 1-*epi*-delphisine and NMR：assignments for delphisine，1-*epi*-delphisine and delphinine. Journal of Crystallographic and Spectroscopic Research，23（11）：877-883.

delphinine 的 NMR 数据

位置	δ_C/ppm	δ_H/ppm（J/Hz）	位置	δ_C/ppm	δ_H/ppm（J/Hz）
1	84.9 d	3.01 br d	17	63.3 d	2.75 s
2	26.3 t	2.20 m	18	80.2 t	3.58 d（9.0）
		2.00 m			3.15 d（9.0）
3	34.6 t	1.62（2H）	19	56.0 t	2.54 d（11.0）
4	39.2 s				2.31 d（11.0）
5	48.6 d	2.08 d（7.2）	21	42.5 q	2.30 s
6	82.9 d	3.95 d（1.65）	1-OMe	56.5 q	3.25 s
7	48.0 d	3.03 br s	6-OMe	57.7 q	3.13 s
8	85.4 s		16-OMe	58.7 q	3.51 s
9	45.0 d	2.89 br t	18-OMe	59.0 q	3.25 s
10	41.0 d	2.08 br d（4.2）	8-OAc	169.4 s	
11	50.2 s			21.5 q	1.25 s
12	35.4 t	2.80 m	14-OCO	165.9 s	
		2.10 m	1′	129.7 s	
13	74.8 s		2′，6′	129.3 d	8.05 d（7.5）
14	78.7 d	4.89 d	3′，5′	128.1 d	7.42 t（7.5）
15	39.2 t	2.98 dd（16.2）	4′	132.7 d	7.54 t（7.5）
		2.44 dd（16.2）	13-OH		3.83 s
16	83.5 d	3.36 dd（8.4）			

注：溶剂 CDCl₃

化合物名称：delphinine 13-acetate

分子式：$C_{35}H_{47}NO_{10}$　　　　　　**分子量**（$M+1$）：642

植物来源：*Delphinium staphisagria* L.

参考文献：Pelletier S W，Djarmati Z. 1976. Carbon-13 nuclear magnetic resonance：aconitine-type diterpenoid alkaloids from *Aconitum* and *Delphinium* species. Journal of the American Chemical Society，98（9）：2626-2636.

delphinine 13-acetate 的 NMR 数据

位置	δ_C/ppm	δ_H/ppm（J/Hz）	位置	δ_C/ppm	δ_H/ppm（J/Hz）
1	84.7 d		18	80.1 t	
2	26.3 t		19	56.1 t	
3	35.3 t		21	42.4 q	
4	39.2 s		1-OMe	56.1 q	
5	48.5 d		6-OMe	57.7 q	
6	83.1 d		16-OMe	58.0 q	
7	48.0 d		18-OMe	59.0 q	
8	85.3 s		8-OAc	170.0 s	
9	43.6 d			21.2 q	
10	41.7 d		13-OAc	169.4 s	
11	50.3 s			21.4 q	
12	34.8 t		14-OCO	166.0 s	
13	82.0 s		1′	130.1 s	
14	77.5 d		2′, 6′	129.8 d	
15	39.2 t		3′, 5′	128.4 d	
16	80.0 d		4′	133.0 d	
17	63.2 d				

注：溶剂 CDCl₃

化合物名称：delphisine

分子式：$C_{28}H_{43}NO_8$　　　　　　　　　分子量（$M+1$）：522

植物来源：*Delphinium staphisagria* L.

参考文献：Joshi B S，Desai H K，Bhandaru S，et al. 1993. Crystal and molecular structure of 1-*epi*-delphisine and NMR：assignments for delphisine，1-*epi*-delphisine and delphinine. Journal of Crystallographic and Speetroscopic Research，23（11）：877-883.

delphisine 的 NMR 数据

位置	δ_C/ppm	δ_H/ppm（J/Hz）	位置	δ_C/ppm	δ_H/ppm（J/Hz）
1	72.0 d	3.65 br s	15		2.08 dd
2	30.0 t	1.87 m	16	82.6 d	3.32 d（9）
		1.59 m	17	62.7 d	2.62 s
3	29.4 t	1.55 m	18	79.8 t	3.57 d（8.1）
4	38.0 s				3.10 d（8.1）
5	43.9 d	2.23 s	19	56.7 t	2.59 d（4.2）
6	84.0 d	4.03 d（6.3）			2.26 d（4.2）
7	47.9 d	3.05 br s	21	48.2 t	2.54 m
8	85.8 s				2.46 m
9	43.1 d	2.50 dd	22	12.9 q	1.11 t（7.2）
10	43.2 d	1.99 m	6-OMe	58.1 q	3.23 s
11	49.7 s		16-OMe	56.6 q	3.31 s
12	29.4 t	1.90 m	18-OMe	59.1 q	3.30 s
		1.80 m	8-OAc	169.5 s	
13	38.5 d	2.42 ddd		22.3 q	1.96 s
14	75.5 d	4.81 t（4.6）	14-OAc	170.6 s	
15	38.4 t	2.85 dd		21.2 q	2.03 s

注：溶剂 CDCl₃

化合物名称： delpoline

分子式： $C_{22}H_{33}NO_3$　　　　　　　　　　**分子量** $(M+1)$：360

植物来源： *Delphinium poltoratskii* Rupr.

参考文献： Boronova Z S，Sultankhodzhaev M N. 2000. Alkaloids of *Delphinium poltoratskii*. Chemistry of Natural Compounds，36（4）：390-392.

delpoline 的 NMR 数据

位置	δ_C/ppm	δ_H/ppm（J/Hz）	位置	δ_C/ppm	δ_H/ppm（J/Hz）
1	127.1 d	5.35 d（9）	12	28.8 t	
2	128.8 d	5.86 dd（3，9）	13	44.4 d	
3	40.7 t		14	75.9 d	4.21 t（5）
4	33.8 s		15	41.8 t	
5	47.8 d		16	82.2 d	
6	24.4 t		17	61.5 d	
7	42.2 d		18	26.6 q	0.82 s
8	74.5 s		19	60.2 t	
9	46.4 d		21	48.9 t	
10	39.9 d		22	13.1 q	1.02 t
11	47.9 s		16-OMe	56.4 q	3.31 s

注：溶剂 CDCl₃；¹³C NMR：125 MHz；¹H NMR：500 MHz

化合物名称：delponine

分子式：C$_{24}$H$_{39}$NO$_7$　　　　　　　　分子量（$M+1$）：454

植物来源：*Delphinium* L.

参考文献：Pelletier S W，Djarmati Z. 1976. Carbon-13 nuclear magnetic resonance：aconitine-type diterpenoid alkaloids from *Aconitum* and *Delphinium* species. Journal of the American Chemical Society，98（9）：2626-2636.

delponine 的 NMR 数据

位置	δ_C/ppm	δ_H/ppm（J/Hz）	位置	δ_C/ppm	δ_H/ppm（J/Hz）
1	85.7 d		13	76.7 s	
2	25.9 t		14	79.3 d	
3	34.9 t		15	40.3 t	
4	39.5 s		16	84.4 d	
5	49.4 d		17	63.5 d	
6	82.3 d		18	80.6 t	
7	51.5 d		19	56.2 t	
8	72.8 s		21	42.3 q	
9	50.4 d		1-OMe	56.2 q	
10	42.3 d		6-OMe	57.8 q	
11	50.2 s		16-OMe	57.2 q	
12	36.4 t		18-OMe	59.1 q	

注：溶剂 CDCl$_3$

化合物名称：delstaphidine

分子式：C$_{28}$H$_{41}$NO$_8$　　　　　　　　　　**分子量**（$M+1$）：520

植物来源：*Delphinium staphisagria* L.

参考文献：Ross S A，Desai H K，Pelletier S W. 1987. New diterpenoid alkaloids from *Delphinium staphisagria* Linne. Heterocycles，26（11）：2895-2904.

delstaphidine 的 NMR 数据

位置	δ_C/ppm	δ_H/ppm（J/Hz）	位置	δ_C/ppm	δ_H/ppm（J/Hz）
1	69.2 d		15	37.9 t	
2	26.6 t		16	82.9 d	
3	22.7 t		17	60.0 d	
4	46.5 s		18	75.2 t	
5	36.6 d		19	87.1 d	
6	84.9 d		21	47.5 t	
7	58.9 d		22	14.0 q	
8	84.1 s		6-OMe	57.9 q	
9	49.7 d		16-OMe	56.5 q	
10	38.8 d		18-OMe	58.9 q	
11	50.4 s		8-OAc	169.3 s	
12	30.0 t			22.4 q	
13	41.7 d		14-OAc	170.7 s	
14	75.2 d			21.9 q	

注：溶剂 CDCl$_3$

化合物名称：delstaphinine

分子式：C$_{24}$H$_{37}$NO$_6$ 　　　　　　　　　分子量（$M+1$）：436

植物来源：*Delphinium staphisagria* L.

参考文献：Pelletier S W，Badawi M M. 1987. New alkaloids from *Delphinium staphisagria*. Journal of Natural Products，50（3）：381-385.

delstaphinine 的 NMR 数据

位置	δ_C/ppm	δ_H/ppm（J/Hz）	位置	δ_C/ppm	δ_H/ppm（J/Hz）
1	69.2 d	3.69 m	13	46.8 d	
2	29.7 t		14	75.5 d	4.21 dd（4.5, 4.5）
3	22.6 t		15	40.2 t	
4	40.2 s		16	81.7 d	
5	36.8 d		17	60.8 d	
6	84.2 d	4.04 s	18	75.3 t	
7	56.4 d		19	87.8 d	3.58 s
8	71.4 s		21	50.1 t	
9	49.8 d		22	14.2 q	1.13 t（7）
10	38.9 d		6-OMe	57.8 q	3.31 s
11	48.0 s		16-OMe	56.4 q	3.31 s
12	27.7 t		18-OMe	60.5 q	3.36 s

注：溶剂 CDCl$_3$

化合物名称：delstaphisine

分子式：$C_{27}H_{41}NO_8$　　　　　　　　分子量（$M+1$）：508

植物来源：*Delphinium staphisagria* L.

参考文献：Pelletier S W，Badawi M M. 1985. New alkaloids from *Delphinium staphisagria* Linne. Heterocycles，23（11）：2873-2883.

delstaphisine 的 NMR 数据

位置	δ_C/ppm	δ_H/ppm（J/Hz）	位置	δ_C/ppm	δ_H/ppm（J/Hz）
1	71.9 d		15	41.3 t	
2	29.3 t		16	72.9 d	
3	29.9 t		17	62.9 d	
4	38.1 s		18	79.7 t	
5	43.8 d		19	56.8 t	
6	83.8 d		21	48.4 t	
7	48.0 d		22	12.7 q	
8	85.7 s		6-OMe	58.1 q	
9	43.1 d		18-OMe	59.2 q	
10	42.9 d		8-OAc	169.6 s	
11	49.8 s			22.3 q	
12	29.0 t		14-OAc	170.5 s	
13	43.1 d			21.2 q	
14	76.0 d				

注：溶剂 CDCl₃

化合物名称：delstaphisinine

分子式：C$_{27}$H$_{41}$NO$_8$ 分子量（$M+1$）：508

植物来源：*Delphinium staphisagria* L.

参考文献：Ross S A，Pelletier S W. 1988. Delstaphisinine and acetyldelphisine，new alkaloids from *Delphinium staphisagria*. Journal of Natural Products，51（3）：572-577.

delstaphisinine 的 NMR 数据

位置	δ_C/ppm	δ_H/ppm（J/Hz）	位置	δ_C/ppm	δ_H/ppm（J/Hz）
1	71.9 d		15	38.3 t	
2	29.4 t		16	82.6 d	
3	29.7 t		17	62.6 d	
4	37.8 s		18	80.5 t	
5	46.3 d		19	56.8 t	
6	73.1 d		21	48.1 t	
7	49.9 d		22	12.8 q	
8	85.8 s		16-OMe	56.5 q	
9	43.1 d		18-OMe	59.1 q	
10	38.7 d		8-OAc	169.5 s	
11	50.1 s			22.0 q	
12	29.7 t		14-OAc	170.6 s	
13	43.3 d			21.0 q	
14	75.5 d				

注：溶剂 CDCl$_3$

化合物名称：demethoxyisopyrodelphonine

分子式：$C_{23}H_{35}NO_5$　　　　　　　分子量（$M+1$）：406

植物来源：*Delphinium* L.

参考文献：Pelletier S W，Djarmati Z. 1976. Carbon-13 nuclear magnetic resonance：aconitine-type diterpenoid alkaloids from *Aconitum* and *Delphinium* species. Journal of the American Chemical Society，98（9）：2626-2636.

demethoxyisopyrodelphonine 的 NMR 数据

位置	δ_C/ppm	δ_H/ppm（J/Hz）	位置	δ_C/ppm	δ_H/ppm（J/Hz）
1	86.6 d		13	77.2 s	
2	26.4 t		14	77.7 d	
3	35.1 t		15	134.3 d	
4	39.6 s		16	128.7 d	
5	48.7 d		17	62.1 d	
6	84.9 d		18	80.6 t	
7	44.6 d		19	56.4 t	
8	40.1 d		21	42.4 q	
9	42.0 d		1-OMe	56.4 q	
10	40.8 d		6-OMe	57.8 q	
11	50.9 s		18-OMe	59.2 q	
12	42.9 t				

注：溶剂 $CDCl_3$

化合物名称：deoxyaconine

分子式：C$_{25}$H$_{41}$NO$_8$　　　　　　　　　分子量（$M+1$）：484

植物来源：*Delphinium* L.

参考文献：Pelletier S W，Mody N V，Sawhney R S. 1979. Carbon-13 nuclear magnetic resonance spectra of some C$_{19}$-diterpenoid alkaloids and their derivatives. Canadian Journal of Chemistry，57（13）：1652-1655.

deoxyaconine 的 NMR 数据

位置	δ_C/ppm	δ_H/ppm（J/Hz）	位置	δ_C/ppm	δ_H/ppm（J/Hz）
1	85.4 d		14	80.6 d	
2	26.5 t		15	78.8 d	
3	35.3 t		16	91.1 d	
4	39.1 s		17	61.4 d	
5	49.3 d		18	81.5 t	
6	83.7 d		19	53.8 t	
7	49.3 d		21	48.9 t	
8	76.5 s		22	13.5 q	
9	48.2 d		1-OMe	56.2 q	
10	41.8 d		6-OMe	58.0 q	
11	48.9 s		16-OMe	61.4 q	
12	38.0 t		18-OMe	59.1 q	
13	79.2 s				

注：溶剂 CDCl$_3$

化合物名称：deoxyjesaconitine

分子式：$C_{35}H_{49}NO_{11}$　　　　　　　　　分子量（$M+1$）：660

植物来源：*Aconitum subcuneatum* Nakai

参考文献：Mori T，Bando H，Kanaiwa Y，et al. 1983. Studies on the constituents of *Aconitum species*. Ⅱ. Structure of deoxyjesaconitine. Chemical & Pharmaceutical Bulletin，31（8）：2884-2886.

deoxyjesaconitine 的 NMR 数据

位置	δ_C/ppm	δ_H/ppm（J/Hz）	位置	δ_C/ppm	δ_H/ppm（J/Hz）
1	85.2 d		18	80.3 t	
2	26.4 t		19	53.2 t	
3	35.2 t		21	49.1 t	
4	39.0 s		22	13.4 q	1.08 t（7.0）
5	49.2 d		1-OMe	56.2 q	3.17 s
6	83.3 d		6-OMe	58.0 q	3.28 s
7	45.2 d		16-OMe	61.1 q	3.74 s
8	92.1 s		18-OMe	59.1 q	3.30 s
9	44.1 d		8-OAc	172.4 s	
10	41.0 d			21.5 q	1.43 s
11	49.9 s		14-OCO	165.8 s	
12	36.6 t		1′	122.3 s	
13	74.2 s		2′, 6′	131.2 d	7.97 d（8.0）
14	78.7 d		3′, 5′	113.8 d	6.92 d（8.0）
15	78.8 d		4′	163.4 s	
16	90.2 d		4′-OMe	55.5 q	3.88 s
17	61.4 d				

注：溶剂 CDCl₃；¹³C NMR：100 MHz；¹H NMR：25 MHz

化合物名称：dolichotine A

分子式：C$_{34}$H$_{47}$NO$_8$ 分子量（$M+1$）：598

植物来源：*Aconitum dolichorhynchum* W. T. Wang 长柱乌头

参考文献：Liang H L，Chen S Y. 1989. Five new diterpenoids from *Aconitum dolichorhynchum*. Heterocycles，29（12）：2317-2326.

dolichotine A 的 NMR 数据

位置	δ_C/ppm	δ_H/ppm（J/Hz）	位置	δ_C/ppm	δ_H/ppm（J/Hz）
1	85.1 d		17	61.6 d	
2	26.1 t		18	79.1 t	
3	32.2 t		19	52.7 t	
4	38.1 s		21	49.0 t	
5	41.4 d		22	13.1 q	1.09 t（7）
6	24.7 t		1-OMe	55.1 q	3.24 s
7	45.6 d		16-OMe	55.8 q	3.30 s
8	85.9 s		18-OMe	59.1 q	3.33 s
9	42.1 d		14-OAc	171.1 s	
10	38.6 d			21.1 q	1.79 s
11	48.5 s		8-OCO	164.3 s	
12	28.4 t		1′	123.8 s	
13	44.8 d		2′, 6′	131.1 d	7.94 d（9）
14	75.3 d	4.83 t（4.5）	3′, 5′	113.2 d	6.91 d（9）
15	37.5 t		4′	162.9 s	
16	82.7 d		4′-OMe	56.2 q	3.85 s

注：溶剂 CDCl$_3$

化合物名称：dolichotine B

分子式：C₃₅H₄₉NO₉　　　　　　　　分子量（$M+1$）：628

植物来源：*Aconitum dolichorhynchum* W. T. Wang 长柱乌头

参考文献：Liang H L，Chen S Y. 1989. Five new diterpenoids from *Aconitum dolichorhynchum*. Heterocycles，29（12）：2317-2326.

dolichotine B 的 NMR 数据

位置	δ_C/ppm	δ_H/ppm（J/Hz）	位置	δ_C/ppm	δ_H/ppm（J/Hz）
1	85.2 d		19	53.2 t	
2	26.3 t		21	49.3 t	
3	32.3 t		22	13.3 q	1.10 t（7）
4	38.4 s		1-OMe	56.0 q	
5	41.8 d		16-OMe	56.0 q	
6	25.1 t		18-OMe	59.4 q	
7	45.6 d		14-OAc	171.5 s	
8	86.5 s			21.6 q	1.74 s
9	42.1 d		8-OCO	164.7 s	
10	39.2 d		1′	124.0 s	
11	49.0 s		2′	112.0 d	7.73 d（3）
12	28.8 t		3′	149.8 s	
13	45.2 d		4′	153.0 s	
14	75.8 d	4.79 t（4.5）	5′	110.4 d	7.02 d（9）
15	37.8 t		6′	123.4 d	7.60 dd（9，3）
16	83.1 d		3′-OMe	56.1 q	3.90 s
17	61.7 d		4′-OMe	56.6 q	3.98 s
18	79.4 t				

注：溶剂 CDCl₃

化合物名称：dolichotine D

分子式：$C_{49}H_{77}NO_9$　　　　　　　　　　**分子量**（$M+1$）：824

植物来源：*Aconitum dolichorhynchum* W. T. Wang 长柱乌头

参考文献：Liang H L，Chen S Y. 1989. Five new diterpenoids from *Aconitum dolichorhynchum*. Heterocycles，29（12）：2317-2326.

dolichotine D 的 NMR 数据

位置	δ_C/ppm	δ_H/ppm（J/Hz）	位置	δ_C/ppm	δ_H/ppm（J/Hz）
1	85.1 d		19	54.0 t	
2	26.4 t		21	49.3 t	
3	34.8 t		22	13.0 q	1.05 t（7）
4	39.1 s		1-OMe	56.6 q	
5	49.1 d		6-OMe	58.1 q	
6	83.4 d	4.05 t（7）	16-OMe	55.9 q	
7	44.9 d		18-OMe	59.1 q	
8	85.8 s		8-OCO	172.5 s	
9	49.2 d		1′	22.6 t	
10	43.9 d		2′～14′	24.0～30.0 t	
11	50.6 s		15′	11.4 q	
12	29.2 t		14-OCO	166.0 s	
13	39.8 d		1″	123.0 s	
14	75.3 d	5.03 t（4.5）	2″，6″	131.8 d	7.99 d（9）
15	38.1 t		3″，5″	113.8 d	6.89 d（9）
16	82.9 d		4″	163.5 s	
17	61.3 d		4″-OMe	55.4 q	3.84 s
18	80.4 t				

注：溶剂 CDCl₃

化合物名称：dolichotine E

分子式：$C_{49}H_{77}NO_{10}$　　　　　分子量（$M+1$）：840

植物来源：*Aconitum dolichorhynchum* W. T. Wang　长柱乌头

参考文献：Liang H L，Chen S Y. 1989. Five new diterpenoids from *Aconitum dolichorhynchum*. Heterocycles，29（12）：2317-2326.

dolichotine E 的 NMR 数据

位置	δ_C/ppm	δ_H/ppm（J/Hz）	位置	δ_C/ppm	δ_H/ppm（J/Hz）
1	84.2 d		19	54.2 t	
2	25.8 t		21	49.4 t	
3	35.3 t		22	13.6 q	1.05 t（7）
4	39.6 s		1-OMe	55.7 q	
5	48.8 d		6-OMe	58.0 q	
6	83.8 d	4.09 dd（6，1）	16-OMe	58.9 q	
7	49.1 d		18-OMe	59.4 q	
8	85.4 s		8-OCO	172.6 s	
9	40.7 d		1′	22.8 t	
10	44.6 d		2′~14′	24.0~30.0 t	
11	50.0 s		15′	11.6 q	
12	34.5 t		14-OCO	166.3 s	
13	75.8 s		1″	123.2 s	
14	79.0 d	5.10 d（4.5）	2″，6″	132.1 d	8.10 d（9）
15	38.4 t		3″，5″	114.2 d	6.90 d（9）
16	84.0 d		4″	163.9 s	
17	62.3 d		4″-OMe	55.5 q	3.77 s
18	80.4 t				

注：溶剂 CDCl₃

化合物名称：ducloudine A

分子式：C$_{33}$H$_{45}$NO$_9$ 分子量（$M+1$）：600

植物来源：*Aconitum duclouxii* Levl. 宾川乌头

参考文献：Yin T P，Cai L，Lei G，et al. 2013. Two new diterpenoid alkaloids from the roots of *Aconitum duclouxii* Levl. Chinese Journal of Organic Chemistry，33（12）2528-2532.

ducloudine A 的 NMR 数据

位置	δ_C/ppm	δ_H/ppm（J/Hz）	位置	δ_C/ppm	δ_H/ppm（J/Hz）
1	71.97 d	3.64～3.66 m	17	62.74 d	2.80～2.82 m
2	30.04 t	1.56～1.58 m	18	79.80 t	3.50 ABq（8.0）
		1.53～1.54 m			3.04 ABq（8.0）
3	29.52 t	1.91～1.93 m	19	56.31 t	2.56 ABq（12.4）
		1.64～1.66 m			2.27 ABq（12.4）
4	38.08 s		21	48.70 t	2.73～2.75 m
5	43.64 d	2.20 d（6.4）			2.36～2.38 m
6	84.10 d	4.00 d（6.4）	22	13.02 q	1.08 t（7.2）
7	43.69 d	2.82～2.84 m	6-OMe	58.09 q	3.13 s
8	92.01 s		16-OMe	57.80 q	3.45 s
9	43.55 d	2.67 t（5.6）	18-OMe	59.13 q	3.25 s
10	43.01 d	2.00～2.02 m	8-OAc	172.34 s	
11	49.22 s			21.46 q	1.43 s
12	29.39 t	2.13 dd（4.0）	14-OCO	165.94 s	
		2.11 dd（4.0）	1′	129.89 s	
13	38.33 d	2.51 t（5.6）	2′, 5′	129.63 d	7.96 d（8.0）
14	75.64 d	5.00 t（4.8）	3′, 6′	128.60 d	7.38 t（8.0）
15	76.20 d	4.31 dd（6.0, 2.8）	4′	133.21 d	7.50 t（8.0）
16	88.94 d	3.23 d（6.0）			

注：溶剂 CDCl$_3$；^{13}C NMR：125 MHz；^{1}H NMR：500 MHz

化合物名称：ducloudine B

分子式：$C_{28}H_{43}NO_9$　　　　　　　　　分子量（$M+1$）：538

植物来源：*Aconitum duclouxii* Levl. 宾川乌头

参考文献：Yin T P，Cai L，Lei G，et al. 2013. Two new diterpenoid alkaloids from the roots of *Aconitum duclouxii* Levl. Chinese Journal of Organic Chemistry，33（12）2528-2532.

ducloudine B 的 NMR 数据

位置	δ_C/ppm	δ_H/ppm（J/Hz）	位置	δ_C/ppm	δ_H/ppm（J/Hz）
1	72.07 d	3.67～3.69 m	15	68.15 d	5.15 d（8.5）
2	29.89 t	1.53～1.55 m	16	81.78 d	3.39 dd（8.5，1.5）
		1.57～1.59 m	17	62.57 d	2.58～2.60 m
3	29.26 t	1.87～1.89 m	18	80.07 t	3.63 ABq（8.0）
		1.24～1.26 m			3.22 ABq（8.0）
4	37.94 s		19	56.69 t	2.31 ABq（10.4）
5	44.33 d	2.21 d（6.4）			2.67 ABq（10.4）
6	82.91 d	4.16 dd（6.4）	21	48.34 t	2.57～2.59 m
7	52.49 d	2.11～2.13 m			2.51～2.53 m
8	75.31 s		22	12.98 q	1.14 t（7.2）
9	46.61 d	2.31～2.33 m	6-OMe	57.94 q	3.32 s
10	43.12 d	1.91～1.93 m	16-OMe	58.41 q	3.23 s
11	49.27 s		18-OMe	59.16 q	3.32 s
12	29.78 t	2.11～2.13 m	14-OAc	170.27 s	
		1.91～1.93 m		20.88 q	2.07 s
13	38.08 d	2.61～2.63 m	15-OAc	170.34 s	
14	75.31 d	4.74 t（4.8）		21.14 q	2.14 s

注：溶剂 CDCl₃；¹³C NMR：125 MHz；¹H NMR：500 MHz

化合物名称：ducloudine C

分子式：C$_{24}$H$_{35}$NO$_6$　　　　　　　　　分子量（M + 1）：434

植物来源：*Aconitum duclouxii* Levl. 宾川乌头

参考文献：Yin T P，Cai L，He J M，et al. 2014. Three new diterpenoid alkaloids from the roots of *Aconitum duclouxii*. Journal of Asian Natural Products Research，16（4）：345-350.

ducloudine C 的 NMR 数据

位置	δ$_C$/ppm	δ$_H$/ppm（J/Hz）	位置	δ$_C$/ppm	δ$_H$/ppm（J/Hz）
1	148.3 d	6.47 d（10.0）	14	75.8 d	4.30 t（4.8）
2	131.6 d	6.22 d（10.0）	15	42.3 t	2.39～2.41 m
3	200.9 s				2.13～2.16 m
4	51.1 s		16	82.0 d	3.27～3.29 m
5	49.0 d	3.03 d（6.8）	17	61.2 d	2.18～2.20 m
6	81.8 d	4.26～4.28 m	18	72.2 t	3.86～3.88 m
7	53.2 d	1.29 d（4.8）	19	51.5 t	2.64 ABq（10.8）
8	74.3 s				2.31 ABq（10.8）
9	47.9 d	2.29～3.31 m	21	48.7 t	2.49～2.51 m
10	41.7 d	2.07～2.09 m			2.47～2.49 m
11	49.5 s		22	13.0 q	0.99 t（7.2）
12	30.8 t	2.09～2.11 m	6-OMe	58.0 q	3.38 s
		1.29～1.31 m	16-OMe	56.4 q	3.34 s
13	40.2 d	2.28～2.30 m	18-OMe	59.1 q	3.28 s

注：溶剂 CDCl$_3$；^{13}C NMR：100 MHz；^{1}H NMR：400 MHz

化合物名称：ducloudine D

分子式：$C_{24}H_{39}NO_7$　　　　　　　　分子量（$M+1$）：454

植物来源：*Aconitum duclouxii* Levl. 宾川乌头

参考文献：Yin T P，Cai L，He J M，et al. 2014. Three new diterpenoid alkaloids from the roots of *Aconitum duclouxii*. Journal of Asian Natural Products Research，16（4）：345-350.

ducloudine D 的 NMR 数据

位置	δ_C/ppm	δ_H/ppm（J/Hz）	位置	δ_C/ppm	δ_H/ppm（J/Hz）
1	72.4 d	3.66~3.69 m	14	75.6 d	4.12 t（4.5）
2	37.9 t	1.67~1.69 m	15	42.2 t	2.00~2.02 m
		1.82~1.84 m			2.25~2.27 m
3	71.9 d	4.02 d（4.0）	16	82.4 d	3.25~3.27 m
4	44.2 s		17	63.1 d	2.73 br s
5	46.3 d	2.00 d（6.4）	18	79.7 t	3.46 ABq（8.0）
6	82.9 d	4.10 d（6.4）			3.51 ABq（8.0）
7	52.2 d	1.97~1.99 m	19	48.1 t	2.05 ABq（11.2）
8	74.0 s				3.04 ABq（11.2）
9	48.0 d	2.41~2.43 m	21	48.1 t	2.39~2.41 m
10	43.7 d	1.72~1.74 m			2.43~2.45 m
11	49.5 s		22	13.0 q	1.07 t（7.2）
12	29.7 t	1.59~1.61 m	6-OMe	57.8 q	3.28 s
		1.93~1.95 m	16-OMe	56.3 q	3.27 s
13	40.3 d	2.10 t（6.6）	18-OMe	59.1 q	3.24 s

注：溶剂 CDCl₃；¹³C NMR：100 MHz；¹H NMR：400 MHz

化合物名称：ducloudine E

分子式：C$_{26}$H$_{41}$NO$_8$　　　　　　　　分子量（$M+1$）：496

植物来源：*Aconitum duclouxii* Levl. 宾川乌头

参考文献：Yin T P，Cai L，He J M，et al. 2014. Three new diterpenoid alkaloids from the roots of *Aconitum duclouxii*. Journal of Asian Natural Products Research，16（4）：345-350.

ducloudine E 的 NMR 数据

位置	δ_C/ppm	δ_H/ppm（J/Hz）	位置	δ_C/ppm	δ_H/ppm（J/Hz）
1	72.4 d	3.78 t (3.2)	15	42.6 t	2.30～2.32 m
2	37.9 t	1.78～1.80 m			2.35～2.38 m
		1.95～1.97 m	16	81.9 d	3.29～3.31 m
3	72.1 d	4.13 d (4.0)	17	62.9 d	2.78～2.80 m
4	44.2 s		18	79.8 t	3.53 ABq (8.0)
5	46.0 d	2.11～2.13 m			3.57 ABq (8.0)
6	83.1 d	4.13 d (6.4)	19	48.1 t	2.48 ABq (11.2)
7	52.8 d	2.08～2.10 m			2.79 ABq (11.2)
8	74.5 s		21	48.2 t	2.50～2.52 m
9	46.0 d	2.25～2.27 m			2.54～2.56 m
10	43.0 d	1.88～1.90 m	22	12.9 q	1.15 t (7.2)
11	49.7 s		6-OMe	57.9 q	3.36 s
12	29.7 t	1.17～1.19 m	16-OMe	56.1 q	3.28 s
		1.73～1.75 m	18-OMe	59.1 q	3.33 s
13	36.6 d	2.64 t (5.6)	14-OAc	170.3 s	
14	77.0 d	4.86 t (4.8)		21.3 q	2.07 s

注：溶剂 CDCl₃；¹³C NMR：100 MHz；¹H NMR：400 MHz

化合物名称：ducloudine F

分子式：$C_{24}H_{35}NO_6$　　　　　　　　分子量（$M+1$）：434

植物来源：*Aconitum duclouxii* Levl. 宾川乌头

参考文献：Yin T P，Cai L，Zhou H，et al. 2014. A new C₁₉-diterpenoid alkaloid from the roots of *Aconitum duclouxii*. Natural Product Research，28（19）：1649-1654.

ducloudine F 的 NMR 数据

位置	δ_C/ppm	δ_H/ppm（J/Hz）	位置	δ_C/ppm	δ_H/ppm（J/Hz）
1	70.5 d	3.89 d（4.0）	15	40.8 t	1.54 dd（11.2, 8.8）
2	131.8 d	5.90 dd（10.0, 4.8）			2.05 dd（11.2, 8.8）
3	134.3 d	5.80 d（10.0）	16	87.1 d	3.61 d（7.2）
4	39.3 s		17	64.6 d	3.12 br s
5	48.5 d	3.04 m	18	76.0 t	3.09 ABq（8.8）
6	82.3 d	3.92 m			3.34 ABq（8.8）
7	48.5 d	2.05 s	19	52.2 t	1.73 ABq（11.2）
8	80.1 s				2.30 ABq（11.2）
9	54.2 d	2.78 m	21	48.6 t	2.33 m
10	41.7 d	2.18 m			2.47 m
11	48.3 s		22	12.9 q	1.04 t（7.2）
12	26.1 t	2.14 m	6-OMe	57.2 q	3.30 s
		2.44 m	16-OMe	56.0 q	3.27 s
13	47.1 d	2.33 m	18-OMe	59.3 q	3.29 s
14	216.2 s				

注：溶剂 CDCl₃；¹³C NMR：100 MHz；¹H NMR：400 MHz

化合物名称： ezochasmaconitine

分子式： $C_{34}H_{47}NO_8$ **分子量（$M+1$）：** 598

植物来源： *Aconitum yesoense* Nakai

参考文献： Takayama H，Tokita A，Ito M，et al. 1982. On the alkaloids of *Aconitum yesoense* Nakai. Yakugaku Zasshi，102（3）：245-257.

ezochasmaconitine 的 NMR 数据

位置	δ_C/ppm	δ_H/ppm（J/Hz）	位置	δ_C/ppm	δ_H/ppm（J/Hz）
1	84.7 d		17	61.4 d	
2	26.4 t		18	80.2 t	
3	34.8 t		19	53.7 t	
4	39.0 s		21	48.9 t	
5	49.1 d		22	13.4 q	1.10 t（7）
6	83.4 d		1-OMe	56.5 q	
7	49.2 d		6-OMe	57.8 q	
8	86.4 s		16-OMe	55.9 q	
9	44.8 d		18-OMe	58.9 q	
10	39.2 d		14-OAc	171.1 s	
11	50.2 s			21.4 q	1.76 s
12	29.0 t		8-OCO	164.5 s	
13	43.9 d		1′	131.0 s	
14	75.6 d	4.82 t（4.5）	2′, 6′	129.1 d	
15	37.6 t		3′, 5′	128.1 d	7.45～8.00 m
16	82.6 d		4′	132.5 d	

注：溶剂 CDCl₃；¹³C NMR：25 MHz；¹H NMR：100 MHz

化合物名称：ezochasmanine

分子式：$C_{25}H_{41}NO_7$　　　　　　　分子量（$M+1$）：468

植物来源：*Aconitum yesoense* Nakai

参考文献：Takayama H，Tokita A，Ito M，et al. 1982. On the alkaloids of *Aconitum yesoense* Nakai. Yakugaku Zasshi，102（3）：245-257.

ezochasmanine 的 NMR 数据

位置	δ_C/ppm	δ_H/ppm（J/Hz）	位置	δ_C/ppm	δ_H/ppm（J/Hz）
1	83.2 d		15	39.1 t	
2	33.9 t		16	82.0 d	
3	72.2 d		17	62.2 d	
4	43.5 s		18	77.4 t	
5	48.5 d		19	47.4 t	
6	82.2 d	4.24 dd（7，1）	21	49.1 t	
7	52.4 d		22	13.7 q	
8	72.5 s		1-OMe	56.4 q	3.33 s
9	48.8 d		6-OMe	57.3 q	3.31 s
10	38.1 d		16-OMe	56.0 q	3.31 s
11	50.2 s		18-OMe	59.2 q	3.21 s
12	28.1 t		OH		4.42 br s
13	45.3 d	3.51 s			
14	75.5 d	4.10 t（5）			

注：溶剂 CDCl₃；¹³C NMR：25 MHz；¹H NMR：100 MHz

化合物名称：falconeridine

分子式：C$_{34}$H$_{49}$NO$_9$ 分子量（$M+1$）：616

植物来源：*Aconitum falconeri* Stapf

参考文献：Desai H K，Pelletier S W. 1989. Falconericine and falconeridine：two new alkaloids from *Aconitum falconeri* Stapf. Heterocycles，29（2）：225-230.

falconeridine 的 NMR 数据

位置	δ_C/ppm	δ_H/ppm（J/Hz）	位置	δ_C/ppm	δ_H/ppm（J/Hz）
1	85.5 d		18	80.7 t	
2	26.3 t		19	54.0 t	
3	35.0 t		21	49.2 t	
4	39.2 s		22	13.7 q	1.02 t（7.2）
5	46.9 d		1-OMe	56.1 q	
6	81.9 d	4.07 d（6.4）	6-OMe	57.7 q	
7	53.9 d		16-OMe	56.3 q	
8	73.8 s		18-OMe	59.2 q	
9	49.6 d		14-OCO	166.2 s	
10	45.2 d		1′	123.5 s	
11	50.3 s		2′	112.1 d	7.49 d（2.0）
12	29.2 t		3′	148.6 s	
13	37.2 d		4′	152.9 s	
14	76.7 d	5.08 d（4.8）	5′	110.4 d	6.82 t（8.4）
15	41.5 t		6′	122.9 d	7.55 d（8.4）
16	82.8 d		3′-OMe	56.0 q	3.85 s
17	61.9 d		4′-OMe	56.0 q	3.85 s

化合物名称：falconerine

分子式：$C_{34}H_{49}NO_{10}$　　　　　　　　**分子量**（$M+1$）：632

植物来源：*Aconitum falconeri* Stapf

参考文献：Desai H K，Joshi B S，Pelletier S W. 1986. Structures of falconerine and falconerine 8-acetate，two new C_{19}-diterpenoid alkaloids. Heterocycles，24（4）：1061-1066.

falconerine 的 NMR 数据

位置	δ_C/ppm	δ_H/ppm（J/Hz）	位置	δ_C/ppm	δ_H/ppm（J/Hz）
1	82.9 d		18	77.5 t	
2	33.5 t		19	48.8 t	
3	72.0 d		21	45.1 t	
4	43.2 s		22	13.5 q	1.09 t（7）
5	47.7 d		1-OMe	56.1 q	3.22 s
6	81.9 d		6-OMe	57.7 q	3.31 s
7	53.6 d		16-OMe	56.0 q	3.26 s
8	74.1 s		18-OMe	59.2 q	3.34 s
9	47.5 d		14-OCO	166.0 s	
10	46.6 d		1'	122.9 s	
11	50.5 s		2'	112.2 d	7.59 d
12	28.7 t		3'	148.7 s	
13	37.4 d		4'	153.0 s	
14	76.5 d	5.15 t（4.5）	5'	110.5 d	6.83 d（9）
15	41.7 t		6'	123.6 d	7.65 dd（2，9）
16	82.7 d		3'-OMe	55.8 q	3.92 s
17	61.5 d		4'-OMe	55.8 q	3.92 s

注：溶剂 CDCl₃

化合物名称：falconerine 8-acetate

分子式：$C_{36}H_{51}NO_{11}$　　　　　　分子量（$M+1$）：674

植物来源：*Aconitum falconeri* Stapf

参考文献：Desai H K，Joshi B S，Pelletier S W. 1986. Structures of falconerine and falconerine 8-acetate，two new C₁₉-diterpenoid alkaloids. Heterocycles，24（4）：1061-1066.

falconerine 8-acetate 的 NMR 数据

位置	δ_C/ppm	δ_H/ppm（J/Hz）	位置	δ_C/ppm	δ_H/ppm（J/Hz）
1	83.5 d		19	48.6 t	
2	33.4 t		21	47.6 t	
3	71.6 d		22	13.3 q	1.08 t（7）
4	43.1 s		1-OMe	55.6 q	3.19 s
5	48.6 d		6-OMe	57.9 q	3.25 s
6	82.4 d		16-OMe	56.6 q	3.30 s
7	44.8 d		18-OMe	59.1 q	3.40 s
8	85.8 s		8-OAc	169.7 s	
9	46.9 d			21.7 q	1.37 s
10	43.5 d		14-OCO	165.9 s	
11	50.4 s		1′	122.9 s	
12	28.2 t		2′	112.0 d	7.65 d
13	39.3 d		3′	148.7 s	
14	75.3 d	5.02 t	4′	152.9 s	
15	38.2 t		5′	110.4 d	6.90 d（9）
16	82.8 d		6′	123.6 d	7.71 dd（2，9）
17	61.3 d		3′-OMe	55.9 q	3.91 s
18	77.0 t		4′-OMe	56.0 q	3.94 s

注：溶剂 CDCl₃

化合物名称：faleoconitine

分子式：$C_{35}H_{47}NO_{13}$　　　　　　　　**分子量**（$M+1$）：690

植物来源：*Aconitum falconeri* Stapf

参考文献：Atta-ur-Rahman，Fatima N，Akhtar F，et al. 2000. New norditerpenoid alkaloids from *Aconitum falconeri*. Journal of Natural Products，63（10）：1393-1395.

faleoconitine 的 NMR 数据

位置	δ_C/ppm	δ_H/ppm（J/Hz）	位置	δ_C/ppm	δ_H/ppm（J/Hz）
1	84.8 d		19	49.0 t	
2	35.2 t		21	164.8 d	
3	71.5 d		1-OMe	55.7 q	
4	45.0 s		6-OMe	57.8 q	
5	49.0 d		16-OMe	58.1 q	
6	83.0 d		18-OMe	58.9 q	
7	48.5 d		8-OAc	170.8 s	
8	85.7 s			21.2 q	1.78 s
9	45.9 d		14-OCO	168.8 s	
10	43.2 d		1′	123.1 s	
11	49.4 s		2′	111.8 d	7.58 s
12	33.5 t		3′	148.2 s	
13	74.1 s		4′	152.7 s	
14	74.8 d	4.84 d（4.8）	5′	111.0 d	6.88 d（8.2）
15	36.8 t		6′	122.1 d	7.67 d（8.2）
16	78.3 d		3′-OMe	55.4 q	
17	61.1 d		4′-OMe	55.3 q	
18	77.7 t				

注：溶剂(CD₃)₂SO；¹³C NMR：100 MHz；溶剂 CDCl₃；¹H NMR：400 MHz

化合物名称：flavaconidine

分子式：C$_{32}$H$_{41}$NO$_{12}$　　　　　　　　　**分子量**（$M+1$）：632

植物来源：*Aconitum flavum* Hand.-Mazz. 伏毛铁棒锤

参考文献：Chen Z G，Lao A N，Wang H C，et al. 1989. Continuing investigation on the constituents from *Aconitum flavum*. Heterocycles，29（6）：997-1002.

flavaconidine 的 NMR 数据

位置	δ_C/ppm	δ_H/ppm（J/Hz）	位置	δ_C/ppm	δ_H/ppm（J/Hz）
1	67.6 d	4.95 m	18	80.4 t	3.28 ABq（8.4）
2	31.9 t	2.04 m			3.77 ABq（8.4）
		2.11 m	19	49.0 t	3.55 ABq（13.3）
3	33.5 t	1.92 m			4.37 ABq（13.3）
4	38.6 s		21	163.3 d	8.87 s
5	54.9 d	3.28 d（7.3）	6-OMe	58.0 q	3.27 s
6	84.0 d	4.35 d（7.7）	16-OMe	61.5 q	3.78 s
7	51.9 d	3.21 s	18-OMe	59.1 q	3.06 s
8	89.6 s		8-OAc	172.2 s	
9	44.9 d	3.38 d（5.0）		21.4 q	1.37 s
10	78.5 s		14-OCO	166.4 s	
11	55.9 s		1′	130.9 s	
12	45.3 t	2.95 ABq（15.5）	2′，6′	130.1 d	8.26 d（7.9）
		4.34 ABq（15.5）	3′，5′	129.0 d	7.39 t（7.3）
13	76.0 s		4′	133.6 d	7.52 t（7.4）
14	80.6 d	6.29 d（5.0）	1-OH		6.55 d（3.9）
15	79.8 d	5.10 dd（5.2, 2.9）	15-OH		5.33 d（2.9）
16	92.1 d	3.90 d（5.2）	10/13-OH		6.60 s
17	59.4 d	4.60 s			7.12 s

注：溶剂 C$_5$D$_5$N；^{13}C NMR：100 MHz；^{1}H NMR：400 MHz

化合物名称：flavaconijine

分子式：C$_{33}$H$_{43}$NO$_{11}$　　　　　　　　分子量（$M+1$）：630

植物来源：*Aconitum flavum* Hand.-Mazz. 伏毛铁棒锤

参考文献：Chen Z G，Lao A N，Wang H C，et al. 1989. Continuing investigation on the constituents from *Aconitum flavum*. Heterocycles，29（6）：997-1002.

flavaconijine 的 NMR 数据

位置	δ_C/ppm	δ_H/ppm（J/Hz）	位置	δ_C/ppm	δ_H/ppm（J/Hz）
1	73.5 d	3.85 m	18	79.8 t	3.44 ABq（8.1）
2	31.5 t	1.98 m			3.69 ABq（8.1）
3	33.8 t	1.78 m 1.88 m	19	46.8 t	3.48 ABq（13.2）
4	38.3 s				4.62 ABq（13.2）
5	51.1 d	2.31 d（6.8）	21	170.7 s	
6	83.5 d	4.19 d（6.9）	22	22.4 q	2.80 s
7	48.0 d	3.05 s	6-OMe	57.9 q	3.29 s
8	91.3 s		16-OMe	61.3 q	3.78 s
9	43.7 d	3.12 m	18-OMe	59.2 q	3.12 s
10	41.1 d	2.28 m	8-OAc	172.1 s	
11	50.4 s			21.3 q	1.44 s
12	36.6 t	3.77 m	14-OCO	166.0 s	
		2.63 t（14.0）	1′	130.1 s	
13	74.4 s		2′, 6′	129.7 d	8.25 d（8.3）
14	78.9 d	5.49 d（4.6）	3′, 5′	128.7 d	7.39 t（7.5）
15	78.9 d	4.96 m	4′	133.3 d	7.70 t（7.6）
16	90.5 d	3.77 m	1-OH		6.52 d（3.8）
17	59.2 d	4.65 s	15-OH		5.30 d（3.0）

注：溶剂 C$_5$D$_5$N；^{13}C NMR：100 MHz；^{1}H NMR：400 MHz

化合物名称：flavaconitine

分子式：C$_{31}$H$_{41}$NO$_{11}$　　　　　　　分子量（M+1）：604

植物来源：*Aconitum nagarum* var. *lasiandrum* W. T. Wang. 宣威乌头

参考文献：陈泗英，李社花，郝小江. 1986. 宣威乌头中的二萜生物碱及其分类意义. 植物学报，28（1）：86-90.

flavaconitine 的 NMR 数据

位置	δ$_C$/ppm	δ$_H$/ppm（J/Hz）	位置	δ$_C$/ppm	δ$_H$/ppm（J/Hz）
1	69.2 d	4.10 m	16	89.1 d	
2	28.9 t		17	61.3 d	
3	30.7 t		18	79.8 t	
4	37.9 s		19	49.2 t	
5	40.5 d		6-OMe	57.9 q	
6	82.9 d		16-OMe	58.1 q	
7	49.8 d		18-OMe	59.1 q	
8	89.3 s		8-OAc	172.4 s	
9	52.3 d			21.3 q	1.43 s
10	78.5 s		14-OCO	166.2 s	
11	53.9 s		1'	129.7 s	
12	47.2 t		2', 6'	128.7 d	
13	74.8 s		3', 5'	128.3 d	7.47～8.23 m
14	78.5 d	5.44 dd（5.0）	4'	133.4 d	
15	78.5 d				

注：溶剂 CDCl$_3$

化合物名称：foresaconitine

分子式：$C_{35}H_{49}NO_9$　　　　　　　　分子量（$M+1$）：628

植物来源：*Aconitum forrestii* Stapf 丽江乌头

参考文献：Chen W S，Breitmaier E. 1981. Foresaconitine，the main alkaloid from the roots of *Aconitum foresfii* Stapf. Chemische Berichte，114（1）：394-397.

Wang F P，Pelletier S W. 1987. Diterpenoid alkaloids from *Aconitum crassicaule*. Journal of Natural Products，50（1）：55-62.

foresaconitine 的 NMR 数据

位置	δ_C/ppm	δ_H/ppm（J/Hz）	位置	δ_C/ppm	δ_H/ppm（J/Hz）
1	85.1 d		18	80.4 t	
2	26.4 t		19	53.8 t	
3	34.9 t		21	49.0 t	
4	39.1 s		22	13.4 q	
5	49.2 d		1-OMe	56.6 q	
6	82.6 d		6-OMe	57.8 q	
7	44.9 d		16-OMe	56.0 q	
8	85.9 s		18-OMe	59.1 q	
9	49.3 d		8-OAc	169.8 s	
10	43.9 d			21.8 q	
11	50.3 s		14-OCO	166.2 s	
12	29.0 t		1′	123.0 s	
13	39.1 d		2′, 6′	131.8 d	
14	75.4 d		3′, 5′	113.7 d	
15	37.9 t		4′	163.5 s	
16	83.5 d		4′-OMe	55.4 q	
17	61.7 d				

注：溶剂 CDCl₃

化合物名称：forsticine

分子式：C$_{24}$H$_{39}$NO$_6$　　　　　　　　分子量（$M+1$）：438

植物来源：*Aconitum hemsleyanum* Pritz. var. *pengzhouense*

参考文献：Wang F P，Li Z B，Chen J J，et al. 2000. Structure of 6-epiforsticine and revision of the stereochemistry of forsticine. Chinese Chemical Letters，11（11）：1003-1004.

forsticine 的 NMR 数据

位置	δ_C/ppm	δ_H/ppm（J/Hz）	位置	δ_C/ppm	δ_H/ppm（J/Hz）
1	85.7 d		13	38.7 d	
2	25.8 t		14	75.3 d	
3	34.8 t		15	39.4 t	
4	39.1 s		16	82.2 d	
5	49.3 d		17	62.6 d	
6	71.9 d		18	80.8 t	
7	54.3 d		19	54.3 t	
8	74.0 s		21	50.4 t	
9	48.9 d		22	13.5 q	
10	49.6 d		1-OMe	56.1 q	
11	50.6 s		16-OMe	56.4 q	
12	28.8 t		18-OMe	59.2 q	

注：溶剂 CDCl$_3$

化合物名称：forestine

分子式：$C_{33}H_{47}NO_9$　　　　　　　　　分子量（$M+1$）：602

植物来源：*Aconitum forrestii* Stapf 丽江乌头

参考文献：Pelletier S W，Ying C S，Joshi B S，et al. 1984. The Structures of forestine and foresticine，two new C_{19}-diterpenoid alkaloids from *Aconitum forrestii* Stapf. Journal of Natural Products，47（3）：474-477.

forestine 的 NMR 数据

位置	δ_C/ppm	δ_H/ppm（J/Hz）	位置	δ_C/ppm	δ_H/ppm（J/Hz）
1	85.4 d		17	62.2 d	
2	26.0 t		18	80.6 t	
3	34.9 t		19	53.6 t	
4	39.3 s		21	48.3 t	
5	49.6 d		22	13.6 q	1.10 t（7）
6	82.5 d	4.06 d（6）	1-OMe	56.3 q	3.30 s
7	49.2 d		6-OMe	58.3 q	3.32 s
8	73.7 s		16-OMe	57.5 q	3.33 s
9	53.6 d		18-OMe	59.2 q	3.40 s
10	42.3 d		14-OCO	166.6 s	
11	50.2 s		1′	122.4 s	
12	36.4 t		2′, 6′	131.8 d	8.05 ABq（6.95）
13	76.1 s		3′, 5′	113.8 d	6.95 ABq（6.95）
14	80.1 d	5.12 d（6）	4′	163.4 s	
15	41.9 t		4′-OMe	55.4 q	3.86 s
16	83.3 d				

注：溶剂 CDCl₃

化合物名称：fuziline

分子式：C$_{24}$H$_{39}$NO$_7$ 分子量（$M+1$）：454

植物来源：*Aconitum carmichaelii* Debx. 乌头

参考文献：王宪楷，赵同芳，赖盛. 1996. 中坝鹅掌叶附子中的生物碱研究Ⅱ. 中国药学杂志，31（2）：74-77.

fuziline 的 NMR 数据

位置	δ_C/ppm	δ_H/ppm（J/Hz）	位置	δ_C/ppm	δ_H/ppm（J/Hz）
1	72.2 d	3.66 br s	14	75.7 d	4.12 t（4.9）
2	29.4 t	1.90 m	15	77.3 d	4.41 dd（6.8, 2.9）
		1.54 m	16	90.6 d	3.16 d（6.8）
3	30.0 t	1.60 m（2H）	17	62.5 d	2.72 br s
4	38.1 s		18	80.1 t	3.66 d（7.8）
5	44.1 d	2.17 d（6.3）			3.17 d（7.8）
6	84.4 d	4.13 br d（6.3）	19	56.8 t	2.69 d（11.2）
7	46.7 d	2.33 br s			2.27 d（11.2）
8	79.1 s		21	48.5 t	2.73 dq（12.7, 7.3）
9	48.5 d	2.25 dd（7.3, 4.9）			2.42 dq（12.7, 7.3）
10	40.7 d	2.04 m	22	13.1 q	1.11 t（7.3）
11	49.4 s		6-OMe	57.5 q	3.35 s
12	30.8 t	1.82 dd（13.7, 4.4）	16-OMe	58.0 q	3.45 s
		1.88 m	18-OMe	59.1 q	3.34 s
13	43.6 d	2.15 dd（7.3, 4.9）			

注：溶剂 CDCl$_3$；^{13}C NMR：22.5 MHz；^{1}H NMR：90 MHz

化合物名称：geniconitine

分子式：C$_{32}$H$_{45}$NO$_8$　　　　　　　　分子量（$M+1$）：572

植物来源：*Aconitum geniculatum* Fletcher et Lauener　膝瓣乌头

参考文献：郝小江，陈泗英，周俊. 1985. 膝瓣乌头中的新生物碱——膝乌碱. 植物学报，27（5）：504-509.

geniconitine 的 NMR 数据

位置	δ_C/ppm	δ_H/ppm（J/Hz）	位置	δ_C/ppm	δ_H/ppm（J/Hz）
1	85.2 d		16	82.0 d	
2	26.1 t		17	62.0 d	
3	35.1 t		18	81.0 t	
4	38.8 s		19	54.6 t	
5	49.0 d		21	50.4 t	
6	72.4 d	4.77 d（6）	22	13.4 q	1.09 t（7）
7	54.6 d		1-OMe	56.1 q	3.21 s
8	74.7 s		16-OMe	57.1 q	3.31 s
9	47.0 d		18-OMe	59.2 q	3.27 s
10	45.1 d		14-OCO	165.9 s	
11	50.8 s		1'	123.0 s	
12	29.2 t		2', 6'	131.7 d	8.00 d（9）
13	37.2 t		3', 5'	113.8 d	6.90 d（9）
14	76.5 d	5.11 t（4.5）	4'	163.1 s	
15	41.2 t		4'-OMe	55.4 q	3.85 s

注：溶剂 CDCl$_3$；^{13}C NMR：22.5 MHz；^{1}H NMR：90 MHz

化合物名称：geniculatine A

分子式：C$_{34}$H$_{47}$NO$_9$ 分子量（$M+1$）：614

植物来源：*Aconitum geniculatum* Fletcher et Lauener 膝瓣乌头

参考文献：Li Z B，Xu L，Jian X X，et al. 2001. New norditerpenoid alkaloids from the roots of *Aconitum geniculatum*. Journal of Asian Natural Products Research，3（2）：131-137.

geniculatine A 的 NMR 数据

位置	δ_C/ppm	δ_H/ppm（J/Hz）	位置	δ_C/ppm	δ_H/ppm（J/Hz）
1	72.0 d		17	62.9 d	
2	29.3 t		18	79.8 t	
3	29.9 t		19	56.6 t	
4	38.0 s		21	48.2 t	
5	44.1 d		22	12.8 q	1.14 t（7.2）
6	83.7 d	4.04 d（5.4）	6-OMe	57.9 q	
7	47.9 d		16-OMe	56.6 q	
8	85.7 s		18-OMe	59.1 q	
9	43.2 d		8-OAc	169.7 s	
10	42.9 d			21.6 q	1.42 s
11	49.6 s		14-OCO	165.1 s	
12	29.3 t		1′	122.5 s	
13	38.8 d		2′, 6′	131.6 d	7.98 ABq（8.8）
14	75.4 d	5.04 t（5.0）	3′, 5′	113.6 d	6.90 ABq（8.8）
15	38.6 t		4′	163.3 d	
16	82.7 d		4′-OMe	55.3 q	3.84 s

注：^{13}C NMR：50 MHz；^{1}H NMR：200 MHz

化合物名称：geniculatine B

分子式：C$_{33}$H$_{47}$NO$_9$　　　　　　　　分子量（$M+1$）：602

植物来源：*Aconitum geniculatum* Fletcher et Lauener　膝瓣乌头

参考文献：Li Z B，Xu L，Jian X X，et al. 2001. New norditerpenoid alkaloids from the roots of *Aconitum geniculatum*. Journal of Asian Natural Products Research，3（2）：131-137.

geniculatine B 的 NMR 数据

位置	δ_C/ppm	δ_H/ppm（J/Hz）	位置	δ_C/ppm	δ_H/ppm（J/Hz）
1	72.0 d		18	80.0 t	
2	29.3 t		19	56.8 t	
3	30.8 t		21	48.2 t	
4	38.0 s		22	12.9 q	1.15 t（6.8）
5	44.3 d		6-OMe	57.9 q	3.26 s
6	83.3 d		16-OMe	56.0 q	3.31 s
7	53.1 d		18-OMe	59.1 q	3.31 s
8	74.7 s		14-OCO	165.8 s	
9	45.8 d		1′	122.5 s	
10	43.6 d		2′	112.0 d	7.56 s
11	49.7 s		3′	148.5 s	
12	29.5 t		4′	152.9 s	
13	37.6 d		5′	110.3 d	6.87 ABq（8.4）
14	76.7 d	5.15 t（4.6）	6′	123.5 d	7.62 ABq（8.4）
15	42.5 t		3′-OMe	55.8 q	3.91 s
16	81.9 d		4′-OMe	56.1 q	3.91 s
17	63.2 d				

注：¹³C NMR：50 MHz；¹H NMR：200 MHz

化合物名称：geniculatine C

分子式：$C_{34}H_{47}NO_9$　　　　　　　　　分子量（$M+1$）：614

植物来源：*Aconitum geniculatum* Fletcher et Lauener 膝瓣乌头

参考文献：Li Z B，Xu L，Jian X X，et al. 2001. New norditerpenoid alkaloids from the roots of *Aconitum geniculatum*. Journal of Asian Natural Products Research，3（2）：131-137.

geniculatine C 的 NMR 数据

位置	δ_C/ppm	δ_H/ppm（J/Hz）	位置	δ_C/ppm	δ_H/ppm（J/Hz）
1	71.9 d		18	78.6 t	
2	26.5 t		19	56.3 t	
3	29.6 t		21	48.4 t	
4	37.0 s		22	12.7 q	1.13 t（7.2）
5	41.2 d		16-OMe	56.6 q	3.33 s
6	24.8 t		18-OMe	59.3 q	3.23 s
7	43.1 d		14-OAc	171.2 s	
8	86.3 s			21.5 q	1.77 s
9	41.2 d		8-OCO	164.7 s	
10	40.5 d		1′	123.2 s	
11	48.8 s		2′	111.4 d	7.44 d（1.8）
12	29.0 t		3′	148.5 s	
13	39.0 d		4′	152.9 s	
14	75.8 d	4.79 t（4.6）	5′	110.1 d	6.85 ABq（8.4）
15	38.4 t		6′	123.2 d	7.57 ABq（8.4）
16	82.8 d		3′-OMe	55.8 q	3.90 s
17	63.2 d		4′-OMe	55.9 q	3.91 s

注：¹³C NMR：50 MHz；¹H NMR：200 MHz

化合物名称：geniculatine D

分子式：$C_{32}H_{45}NO_8$　　　　　　　　分子量（$M+1$）：572

植物来源：*Aconitum geniculatum* Fletcher et Lauener 膝瓣乌头

参考文献：Li Z B，Xu L，Jian X X，et al. 2001. New norditerpenoid alkaloids from the roots of *Aconitum geniculatum*. Journal of Asian Natural Products Research，3（2）：131-137.

geniculatine D 的 NMR 数据

位置	δ_C/ppm	δ_H/ppm（J/Hz）	位置	δ_C/ppm	δ_H/ppm（J/Hz）
1	85.7 d		17	62.6 d	
2	25.4 t		18	70.1 t	
3	31.8 t		19	52.9 t	
4	38.2 s		21	49.4 t	
5	45.8 d		22	13.4 q	1.07 t （6.6）
6	24.9 t		1-OMe	56.4 q	3.27 s
7	45.6 d		16-OMe	56.3 q	3.34 s
8	72.7 s		14-OCO	166.2 s	
9	46.8 d		1′	122.6 s	
10	45.8 d		2′	112.2 d	7.52 d （1.6）
11	48.7 s		3′	148.6 s	
12	27.6 t		4′	152.9 s	
13	37.5 d		5′	110.2 d	6.88 ABq （8.4）
14	75.4 d	4.84 t （4.5）	6′	123.3 d	7.63 ABq （8.4）
15	38.4 t		3′-OMe	55.9 q	3.93 s
16	82.0 d		4′-OMe	55.9 q	3.93 s

注：¹³C NMR：50 MHz；¹H NMR：200 MHz

化合物名称：geniculine

分子式：C$_{34}$H$_{47}$NO$_{11}$ **分子量（$M+1$）**：646

植物来源：*Aconitum geniculatum* Fletcher et Lauener 膝瓣乌头

参考文献：董锦艳，李良. 2001. 东川乌头中一个新的去甲二萜生物碱. 云南植物研究，23（3）：381-384.

geniculine 的 NMR 数据

位置	δ_C/ppm	δ_H/ppm（J/Hz）	位置	δ_C/ppm	δ_H/ppm（J/Hz）
1	82.2 d	3.08 m	18	77.3 t	3.56 dd（8.9）
2	33.3 t				3.52 dd（8.9）
3	72.0 d	3.78 dd（4.6, 9.0）	19	47.6 t	2.93 m
4	43.1 s				2.34 m
5	40.9 d		21	48.7 t	
6	83.1 d	3.98 d（6.5）	22	13.2 q	1.05 t（7.2）
7	48.7 d		1-OMe	55.7 q	3.20 s
8	85.8 s		6-OMe	58.0 q	3.11 s
9	44.7 d		16-OMe	58.8 q	3.50 s
10	47.3 d		18-OMe	59.1 q	3.26 s
11	50.3 s		8-OAc	170.2 s	
12	35.2 t			21.6 q	1.30 s
13	74.8 s		14-OCO	166.3 s	
14	78.5 d	4.83 d（5）	1′	121.8 s	
15	39.8 t		2′, 6′	131.9 d	7.90 d（9.0）
16	83.6 d	3.38 dd（8.8, 5.5）	3′, 5′	115.4 d	6.81 d（9.0）
17	61.7 d	2.92 s	4′	161.3 s	

注：溶剂 CDCl$_3$；^{13}C NMR：100 MHz；^{1}H NMR：400 MHz

化合物名称：genicunine A

分子式：C$_{22}$H$_{35}$NO$_4$　　　　　　　　**分子量**（$M+1$）：378

植物来源：*Aconitum geniculatum* Fletcher et Lauener 膝瓣乌头

参考文献：王锋鹏，李正邦，王建忠，等. 2000. 膝瓣乌头根中新去甲二萜生物碱的结构研究. 化学学报，58（5）：576-579.

genicunine A 的 NMR 数据

位置	δ$_C$/ppm	δ$_H$/ppm（J/Hz）	位置	δ$_C$/ppm	δ$_H$/ppm（J/Hz）
1	86.5 d	3.06 dd（6.4, 10.8）	12	27.8 t	
2	26.2 t		13	40.5 d	
3	37.8 t		14	75.7 d	4.21 t（5.2）
4	34.6 s		15	42.1 t	
5	50.8 d		16	72.3 d	3.81 m
6	25.0 t		17	62.7 d	3.12 s
7	45.6 d		18	26.2 q	0.75 s
8	73.5 s		19	56.6 t	
9	46.3 d		21	49.4 t	
10	46.1 d		22	13.6 q	
11	48.8 s		1-OMe	56.3 q	3.24 s

注：溶剂 CDCl$_3$；^{13}C NMR：50 MHz；^{1}H NMR：200 MHz

化合物名称：genicunine B

分子式：$C_{23}H_{37}NO_5$　　　　　　　　**分子量**（$M+1$）：408

植物来源：*Aconitum geniculatum* Fletcher et Lauener 膝瓣乌头

参考文献：王锋鹏，李正邦，王建忠，等. 2000. 膝瓣乌头根中新去甲二萜生物碱的结构研究. 化学学报，58（5）：576-579.

genicunine B 的 NMR 数据

位置	δ_C/ppm	δ_H/ppm（J/Hz）	位置	δ_C/ppm	δ_H/ppm（J/Hz）
1	78.6 d	3.74 dd（7.2, 10.4）	13	37.5 d	
2	26.0 t		14	73.9 d	4.71 t（4.6）
3	37.5 t		15	39.4 t	
4	34.3 s		16	81.5 d	3.37 m
5	46.6 d		17	63.5 d	2.96 s
6	25.7 t		18	26.2 q	0.76 s
7	44.8 d		19	56.3 t	
8	72.0 s		21	49.3 t	
9	55.6 d		22	13.6 q	1.04 t（7.2）
10	80.8 s		1-OMe	56.3 q	3.23 s
11	54.0 s		16-OMe	55.9 q	3.33 s
12	37.5 t				

注：溶剂 CDCl₃；¹³C NMR：50 MHz；¹H NMR：200 MHz

化合物名称： genicunine C

分子式： $C_{23}H_{35}NO_5$　　　　　　　　　　**分子量**（$M+1$）：406

植物来源： *Aconitum geniculatum* Fletcher et Lauener　膝瓣乌头

参考文献： 王锋鹏，李正邦，王建忠，等. 2000. 膝瓣乌头根中新去甲二萜生物碱的结构研究. 化学学报，58（5）：576-579.

genicunine C 的 NMR 数据

位置	δ_C/ppm	δ_H/ppm（J/Hz）	位置	δ_C/ppm	δ_H/ppm（J/Hz）
1	71.5 d	3.67 dd（7.2, 9.0）	13	46.9 d	
2	26.6 t		14	216.6 s	
3	29.6 t		15	41.2 t	
4	37.0 s		16	86.6 d	3.82 m
5	41.1 d		17	63.7 d	
6	25.1 t		18	78.6 t	
7	44.9 d		19	56.1 t	2.99 ABq（8.8）
8	80.2 s				3.14 ABq（8.8）
9	53.7 d		21	48.3 t	
10	40.9 d		22	13.2 q	1.12 t（7.2）
11	48.9 s		16-OMe	56.0 q	3.30 s
12	26.7 t		18-OMe	59.3 q	3.31 s

注：溶剂 CDCl₃；¹³C NMR：50 MHz；¹H NMR：200 MHz

化合物名称：giraldine I

分子式：C$_{22}$H$_{35}$NO$_3$ 分子量（$M+1$）：362

植物来源：*Delphinium giraldii* Diels 秦岭翠雀花

参考文献：Zhou X L，Chen Q H，Wang F P. 2004. Three new C$_{19}$-diterpenoid alkaloids from *Delphinium giraldii*. Chemical & Pharmaceutical Bulletin，52（4）：456-458.

giraldine I 的 NMR 数据

位置	δ_C/ppm	δ_H/ppm（J/Hz）	位置	δ_C/ppm	δ_H/ppm（J/Hz）
1	86.5 d	3.08 dd（10.4, 6.4）	12	29.8 t	2.08 m
2	26.2 t	1.81 m			2.14 t（5.2）
		2.22 m	13	35.2 d	2.04 m
3	37.9 t	1.28 m	14	74.7 d	4.00 t（4.8）
		1.63 m	15	26.2 t	1.57 m
4	34.6 s		16	22.6 t	1.32 m
5	51.3 d	1.42 d（6.8）	17	62.8 d	3.42 s
6	25.1 t	1.40 dd（14.4, 6.8）	18	26.2 q	0.75 s
		1.86 dd（14.4, 7.6）	19	56.9 t	2.07（hidden）
7	46.8 d	2.08 m			2.45 d（11.2）
8	75.5 s		21	49.4 t	2.48 m
9	46.4 d	2.14 m	22	13.9 q	1.03 t（7.2）
10	45.7 d	1.60 m	1-OMe	56.3 q	3.27 s
11	49.4 s				

注：溶剂 CDCl$_3$；^{13}C NMR：100 MHz；^{1}H NMR：400 MHz

化合物名称：guenerin

分子式：C$_{25}$H$_{37}$NO$_7$　　　　　　　　　　分子量（$M+1$）：464

植物来源：*Delphinium gueneri* P. H. Davis

参考文献：Ulubelen A，Mericli A H，Mericli F，et al. 1993. C$_{19}$-Diterpene alkaloids from *Delphinium gueneri*. Phytochemistry，33（1）：213-215.

guenerin 的 NMR 数据

位置	δ_C/ppm	δ_H/ppm（J/Hz）	位置	δ_C/ppm	δ_H/ppm（J/Hz）
1	82.5 d		14	84.2 d	3.65 t（4.5）
2	35.1 t		15	36.0 t	
3	72.6 d		16	83.8 d	
4	43.4 s		17	63.7 d	
5	48.1 d	3.15 d（7.5）	18	24.2 q	1.22 s
6	75.2 d	5.24 d（7.5）	19	143.4 d	
7	56.5 d		1-OMe	56.3 q	
8	77.6 s		8-OMe	48.1 q	
9	46.4 d		14-OMe	57.5 q	
10	40.4 d		16-OMe	56.5 q	
11	48.4 s		6-OAc	174.0 s	
12	27.5 t			21.4 q	2.04 s
13	42.1 d				

注：溶剂 CDCl$_3$

化合物名称：gymnaconitine

分子式：$C_{34}H_{47}NO_8$　　　　　　　　分子量（$M+1$）：598

植物来源：*Aconitum gymnandrum* Maxim. 露蕊乌头

参考文献：蒋山好，郭素华，周炳南，等. 1986. 露蕊乌头生物碱的研究（Ⅰ）. 药学学报，21（4）：279-284.

gymnaconitine 的 NMR 数据

位置	δ_C/ppm	δ_H/ppm（J/Hz）	位置	δ_C/ppm	δ_H/ppm（J/Hz）
1	71.9 d		18	78.8 t	
2	29.2 t		19	56.3 t	
3	29.3 t		21	48.6 t	
4	37.1 s		22	12.7 q	1.16 t（7）
5	41.2 d		16-OMe	56.1 q	3.28 s
6	25.0 t		18-OMe	59.4 q	3.32 s
7	44.6 d		14-OCO	166.6 s	
8	74.7 s		1′	151.1 d	6.28 d（16）
9	45.6 d		2′	149.1 d	7.62 d（16）
10	37.2 d		3′	148.3 s	
11	48.9 s		4′	127.1 d	7.04 s
12	26.5 t		5′	123.0 s	
13	43.3 d		6′	115.2 s	
14	77.6 d	5.04 t（4.5）	7′	110.8 d	6.84 d（8）
15	42.4 t		8′	109.4 d	7.12 d（8）
16	82.1 d		5′-OMe	55.9 q	3.92 s
17	63.8 d		6′-OMe	55.9 q	3.92 s

注：溶剂 CDCl₃；¹³C NMR：25 MHz；¹H NMR：100 MHz

化合物名称：habaenine A

分子式：$C_{35}H_{47}NO_{11}$　　　　　　　　**分子量**（$M+1$）：658

植物来源：*Aconitum habaense* W. T. Wang 哈巴乌头

参考文献：Yang S，Yang X D，Zhao J F，et al. 2007. Habaenines A and B, two new norditerpenoid alkaloids from *Aconitum habaense*. Helvetica Chimica Acta，90（6）：1160-1164.

habaenine A 的 NMR 数据

位置	δ_C/ppm	δ_H/ppm（J/Hz）	位置	δ_C/ppm	δ_H/ppm（J/Hz）
1	83.0 d	3.22 t（3.8）	17	60.0 d	3.43 s
2	25.5 t	2.04～2.07 m	18	78.1 t	4.11 d（8.4）
		1.39～1.41 m			3.52 d（8.4）
3	33.0 t	1.81～1.83 m	19	172.7 s	
		1.24～1.26 m	21	40.8 t	3.79～3.82 m
4	46.5 s				2.98～3.01 m
5	53.8 d	3.05 s	22	12.6 q	1.15 t（7.2）
6	82.0 d	4.02 d（6.5）	1-OMe	55.0 q	3.08 s
7	48.3 d	2.49 d（6.5）	6-OMe	58.3 q	3.54 s
8	76.7 s		16-OMe	56.6 q	3.24 s
9	43.0 d	2.74 t（5.5）	18-OMe	58.6 q	3.30 s
10	40.9 d	1.84～1.87 m	8-OAc	169.5 s	
11	48.5 s			21.2 q	1.33 s
12	33.8 t	2.09～2.13 m	14-OCO	165.7 s	
		2.50～2.54 m	1′	122.1 s	
13	74.7 s		2′, 6′	131.3 d	8.02 d（8.8）
14	77.6 d	4.87 d（4.7）	3′, 5′	113.3 d	6.92 d（8.8）
15	36.6 t	2.62 dd（16.2, 8.6）	4′	163.1 s	
		2.96～2.98 m	4′-OMe	55.0 q	3.86 s
16	82.6 d	3.36～3.40 m			

注：溶剂 CDCl₃；¹³C NMR：125 MHz；¹H NMR：500 MHz

化合物名称：habaenine B

分子式：$C_{33}H_{45}NO_{10}$ 分子量（$M+1$）：616

植物来源：*Aconitum habaense* W. T. Wang 哈巴乌头

参考文献：Yang S，Yang X D，Zhao J F，et al. 2007. Habaenines A and B，two new norditerpenoid alkaloids from *Aconitum habaense*. Helvetica Chimica Acta，90（6）：1160-1164.

habaenine B 的 NMR 数据

位置	δ_C/ppm	δ_H/ppm（J/Hz）	位置	δ_C/ppm	δ_H/ppm（J/Hz）
1	81.6 d	3.25 t（3.9）	16	81.6 d	3.46 t（6.8）
2	23.0 t	1.88~1.91 m	17	57.2 d	3.21 s
		1.41~1.44 m	18	79.5 t	3.53 d（8.3）
3	28.6 t	1.78~1.83 m			3.06 d（8.3）
		1.37~1.40 m	19	48.9 t	2.18 d（11.0）
4	38.7 s				3.27 d（11.0）
5	43.3 d	2.28 d（6.4）	1-OMe	55.0 q	3.18 s
6	82.1 d	3.99 d（6.4）	6-OMe	58.3 q	3.54 s
7	53.0 d	2.98 s	16-OMe	57.3 q	3.24 s
8	85.1 s		18-OMe	58.7 q	3.29 s
9	43.8 d	2.79 t（5.9）	8-OAc	169.1 s	
10	39.9 d	2.04~2.07 m		21.1 q	1.35 s
11	49.9 s		14-OCO	165.4 s	
12	34.9 t	1.81 dd（14.3, 4.6）	1'	122.0 s	
		1.85~1.88 m	2', 6'	131.2 d	7.98 d（8.9）
13	74.2 s		3', 5'	113.3 d	6.90 d（8.9）
14	78.3 d	4.89 d（5.1）	4'	163.0 s	
15	39.3 t	2.36 dd（15.3, 8.9）	4'-OMe	54.9 q	3.85 s
		2.00~2.03 m			

注：溶剂 CDCl₃；¹³C NMR：125 MHz；¹H NMR：500 MHz

化合物名称：habaenine C

分子式：$C_{35}H_{47}NO_{10}$　　　　　　　　**分子量**（$M+1$）：642

植物来源：*Aconitum habaense* W. T. Wang 哈巴乌头

参考文献：Yang S，Yang X D，Zhao J F，et al. 2008. A new C_{19}-diterpenoid alkaloid，habaenine C，from *Aconitum habaense*. Chemistry of Natural Compounds，44（3）：334-336.

habaenine C 的 NMR 数据

位置	δ_C/ppm	δ_H/ppm（J/Hz）	位置	δ_C/ppm	δ_H/ppm（J/Hz）
1	81.6 d	3.34 t (3.8)	17	59.9 d	3.28 s
2	25.3 t	1.98~2.03 m	18	78.1 t	4.15 d (8.7)
		1.47~1.52 m			3.48 d (8.7)
3	27.1 t	2.17~2.22 m	19	172.8 s	
		1.24~1.27 m	21	40.7 t	3.81~3.84 m
4	46.5 s				2.96~2.99 m
5	54.0 d	3.06 s	22	12.5 q	1.17 t (7.2)
6	82.9 d	4.08 d (6.8)	1-OMe	54.9 q	3.24 s
7	48.3 d	2.49 d (6.8)	6-OMe	56.6 q	3.49 s
8	76.7 s		16-OMe	56.0 q	3.31 s
9	44.3 d	2.12 t (5.5)	18-OMe	58.6 q	3.40 s
10	41.2 d	2.60~2.63 m	8-OAc	169.4 s	
11	48.8 s			21.2 q	1.40 s
12	32.8 t	1.76~1.79 m	14-OCO	165.6 s	
		1.81~1.84 m	1′	122.3 s	
13	37.6 d	2.52 m	2′, 6′	131.3 d	8.01 d (8.8)
14	74.2 d	5.04 t (9.5)	3′, 5′	113.3 d	6.91 d (8.8)
		2.38 dd (16.2, 8.6)			
15	35.8 t	2.96~2.98 m	4′	163.0 s	
16	81.6 d	3.21~3.23 m	4′-OMe	54.8 q	3.85 s

注：溶剂 CDCl₃；^{13}C NMR：125 MHz；^{1}H NMR：500 MHz

化合物名称：hanyuannine

分子式：$C_{34}H_{47}NO_{11}$　　　　　　　　分子量（$M+1$）：646

植物来源：*Aconitum hemsleyanum* var. *hanyuanum* 汉源乌头

参考文献：Gao F，Zhu S A，Wu W，et al. 2010. C₁₉-Diterpenoid alkaloids from the roots of *Aconitum hemsleyanum* var. *hanyuanum* and their chemotaxonomic significance. Biochemical Systematics and Ecology，38（5）：1052-1055.

hanyuannine 的 NMR 数据

位置	δ_C/ppm	δ_H/ppm（J/Hz）	位置	δ_C/ppm	δ_H/ppm（J/Hz）
1	81.0 d	3.32 m	18	72.8 t	3.53 ABq（9.6）
2	31.8 t	2.42 m 2.55 m			3.20 ABq（9.6）
3	68.9 d	5.41 dd （12.4, 5.6）	19	48.0 t	2.93 ABq（12.0）
4	44.8 s				1.62 ABq（12.0）
5	85.3 s		21	49.2 t	2.40 m 2.52 m
6	35.5 t	2.00 m 2.46 m	22	13.5 q	1.09 t（6.8）
7	45.2 d	2.11 m	1-OMe	56.6 q	3.26 s
8	72.8 s		16-OMe	58.3 q	3.35 s
9	47.5 d	2.82 t（5.6）	18-OMe	59.5 q	3.27 s
10	36.2 d	2.57 m	3-OAc	163.4 s	
11	50.4 s			27.8 q	2.07 s
12	35.3 t	1.86 m 2.01 m	14-OCO	166.8 s	
13	77.4 s		1′	122.4 s	
14	79.6 d	5.24 d（4.8）	2′, 6′	131.7 d	7.96 d（8.8）
15	41.6 t	2.26 m 2.48 m	3′, 5′	113.7 d	6.92 d（8.8）
16	83.5 d	3.36 m	4′	163.3 s	
17	62.5 d	3.13 s	4′-OMe	55.4 q	3.86 s

注：溶剂 CDCl₃；¹³C NMR：100 MHz；¹H NMR：400 MHz

化合物名称：hemaconitine B

分子式：C$_{41}$H$_{53}$NO$_{12}$　　　　　　分子量（$M+1$）：752

植物来源：*Aconitum hemsleyanum* var. *circinatum* W. T. Wang 拳距瓜叶乌头

参考文献：He D，Liu W Y，Xiong J，et al. 2019. Four new C$_{19}$-diterpenoid alkaloids from *Aconitum hemsleyanum* var. *circinatum*. Journal of Asian Natural Products Research，21（9）：833-841.

hemaconitine B 的 NMR 数据

位置	δ_C/ppm	δ_H/ppm（J/Hz）	位置	δ_C/ppm	δ_H/ppm（J/Hz）
1	82.3 d	3.11～3.14 m	19	47.5 t	2.09～2.11 m
2	33.6 t	1.99～2.02 m			2.86～2.89 m
		2.32～2.35 m	21	48.9 t	2.46～2.49 m
3	71.7 d	3.75～3.77 m			2.59～2.63 m
4	43.2 s		22	13.4 q	1.11 t（7.1）
5	41.0 d	2.11～2.14 m	1-OMe	56.0 q	2.89 s
6	83.2 d	4.09～4.12 m	6-OMe	58.0 q	3.25 s
7	49.0 d	3.18～3.20 m	16-OMe	58.8 q	3.49 s
8	85.7 s		18-OMe	59.2 q	3.24 s
9	45.1 d	3.08～3.11 m	8-OCO	166.6 s	
10	47.5 d	2.35～2.38 m	1′	122.2 s	
11	50.3 s		2′, 6′	131.8 d	7.79 d（8.9）
12	35.3 t	2.10～2.13 m	3′, 5′	113.1 d	6.56 d（8.9）
		2.60～2.62 m	4′	163.1 s	
13	74.8 s		4′-OMe	55.2 q	3.68 s
14	78.6 d	4.93 d（5.1）	14-OCO	165.1 s	
15	39.7 t	2.54～2.57 m	1″	122.8 s	
		3.14～3.17 m	2″, 6″	131.2 d	7.56 d（8.9）
16	83.6 d	3.41～3.43 m	3″, 5″	113.3 d	6.56 d（8.9）
17	61.7 d	2.95 br s	4″	162.8 s	
18	77.1 t	3.49 d（9.1）	4″-OMe	55.3 q	3.73 s
		3.60 d（9.1）			

注：溶剂 CDCl$_3$；^{13}C NMR：100 MHz；^{1}H NMR：400 MHz

化合物名称：hemaconitine C

分子式：C$_{34}$H$_{47}$NO$_{11}$ 　　　　　分子量（$M+1$）：646

植物来源：*Aconitum hemsleyanum* var. *circinatum* W. T. Wang 拳距瓜叶乌头

参考文献：He D，Liu W Y，Xiong J，et al. 2019. Four new C$_{19}$-diterpenoid alkaloids from *Aconitum hemsleyanum* var. *circinatum*. Journal of Asian Natural Products Research，21（9）：833-841.

hemaconitine C 的 NMR 数据

位置	δ_C/ppm	δ_H/ppm（J/Hz）	位置	δ_C/ppm	δ_H/ppm（J/Hz）
1	71.8 d	3.55~3.58 m	17	62.6 d	2.67 br s
2	37.8 t	1.64~1.66 m	18	78.8 t	3.28 d（9.1）
		1.75~1.78 m			3.35 d（9.1）
3	71.2 d	3.93~3.96 m	19	47.5 t	2.20~2.23 m
4	43.3 s				2.96~2.98 m
5	38.8 d	1.95~1.98 m	21	47.9 t	2.40~2.43 m
6	83.0 d	3.81~3.84 m			2.92~2.95 m
7	47.7 d	2.91~2.93 m	22	12.5 q	1.02 t（7.1）
8	85.1 s		6-OMe	57.5 q	3.04 s
9	43.3 d	2.65~2.68 m	16-OMe	58.7 q	3.42 s
10	45.5 d	1.97~1.99 m	18-OMe	58.7 q	3.12 s
11	49.3 s		8-OAc	169.5 s	
12	35.9 t	1.94~1.97 m		21.2 q	1.21 s
		2.06~2.09 m	14-OCO	165.4 s	
13	74.3 s		1′	122.0 s	
14	78.4 d	4.73 d（5.1）	2′, 6′	131.3 d	7.86 d（8.9）
15	40.0 t	2.27~2.30 m	3′, 5′	113.5 d	6.78 d（8.9）
		2.95~2.97 m	4′	163.2 s	
16	83.0 d	3.33~3.35 m	4′-OMe	55.1 q	3.73 s

注：溶剂 CDCl$_3$；^{13}C NMR：100 MHz；^{1}H NMR：400 MHz

化合物名称：hemaconitine D

分子式：$C_{28}H_{45}NO_6$　　　　　　　　　　**分子量**（$M+1$）：492

植物来源：*Aconitum hemsleyanum* var. *circinatum* W. T. Wang 拳距瓜叶乌头

参考文献：He D，Liu W Y，Xiong J，et al. 2019. Four new C₁₉-diterpenoid alkaloids from *Aconitum hemsleyanum* var. *circinatum*. Journal of Asian Natural Products Research，21（9）：833-841.

hemaconitine D 的 NMR 数据

位置	δ_C/ppm	δ_H/ppm（J/Hz）	位置	δ_C/ppm	δ_H/ppm（J/Hz）
1	85.3 d	3.04～3.07 m	15	33.5 t	2.02～2.05 m
2	26.2 t	1.71～1.73 m			2.10～2.14 m
		1.95～1.98 m	16	82.2 d	3.32～3.35 m
3	45.7 t	2.47～2.50 m	17	58.7 d	3.06 br s
		2.81～2.94 m	18	79.4 t	2.92 d（9.3）
4	40.7 s				3.02 d（9.1）
5	46.0 d	1.76～1.79 m	19	55.6 d	3.26～3.29 m
6	22.8 t	1.54～1.57 m	21	44.2 t	2.18～2.21 m
		1.80～1.83 m			2.21～2.24 m
7	39.5 d	2.46～2.49 m	22	14.2 q	0.85 t（7.2）
8	78.1 s		1-OMe	56.1 q	3.23 s
9	46.0 d	2.20～2.24 m	8-OMe	48.4 q	3.12 s
10	48.0 d	1.70～1.73 m	16-OMe	58.7 q	3.36 s
11	48.1 s		18-OMe	59.2 q	3.15 s
12	28.8 t	1.23～1.26 m	1′	28.2 t	2.02～2.05 m
		1.82～1.85 m	2′	208.1 s	
13	38.3 d	2.30～2.33 m	3′	30.5 q	2.20 s
14	75.1 d	3.98 t（5.1）			

注：溶剂 CDCl₃；¹³C NMR：100 MHz；¹H NMR：400 MHz

化合物名称：hemsleyaconitine A

分子式：$C_{32}H_{45}NO_7$　　　　　　　　分子量（$M+1$）：556

植物来源：*Aconitum hemsleyanum* Pritz. 瓜叶乌头

参考文献：Shen Y，Zuo A X，Jiang Z Y，et al. 2010. Five new C₁₉-diterpenoid alkaloids from *Aconitum hemsleyanum*. Helvetica Chimica Acta，93（3）：482-489.

hemsleyaconitine A 的 NMR 数据

位置	δ_C/ppm	δ_H/ppm（J/Hz）	位置	δ_C/ppm	δ_H/ppm（J/Hz）
1	86.0 d	3.15 dd（10.5, 6.6）	16	81.8 d	3.27～3.30（overlapped）
2	26.7 t	1.96～2.00 m	17	61.9 d	2.99 br s
		2.32～2.37 m	18	26.4 q	0.78 s
3	37.8 t	1.20～1.25 m	19	56.7 t	2.00～2.04（overlapped）
		1.23～1.27 m			2.41～2.46 m
4	34.5 s		21	49.3 t	2.47～2.51 m
5	45.3 d	1.45 d（7.1）			2.48～2.54 m
6	25.4 t	1.51 dd（14.9, 8.1）	22	13.6 q	1.07 t（7.0）
		1.88～1.94 m	1-OMe	56.3 q	3.20 s
7	50.8 d	2.10 br d（7.8）	16-OMe	56.0 q	3.29 s
8	74.0 s		14-OCO	166.3 s	
9	46.6 d	1.89～1.92（overlapped）	1′	123.0 s	
10	45.3 d	2.43～2.49 m	2′	112.0 d	7.57 d（1.7）
11	49.0 s		3′	148.5 s	
12	28.6 t	1.95～1.99 m	4′	152.8 s	
		2.25 dd（15.0, 5.9）	5′	110.3 d	6.89 d（8.4）
13	36.6 d	2.63 dd（6.7, 5.4）	6′	123.5 d	7.64 dd（8.3, 1.7）
14	76.6 d	5.14 t（4.7）	3′-OMe	55.9 q	3.92 s
15	41.0 t	2.02～2.07 m	4′-OMe	56.0 q	3.93 s
		2.47～2.52 m			

注：溶剂 CDCl₃；¹³C NMR：125 MHz；¹H NMR：500 MHz

化合物名称：hemsleyaconitine B

分子式：$C_{32}H_{45}NO_9$　　　　　　　　分子量（$M+1$）：588

植物来源：*Aconitum hemsleyanum* Pritz. 瓜叶乌头

参考文献：Shen Y，Zuo A X，Jiang Z Y，et al. 2010. Five new C_{19}-diterpenoid alkaloids from *Aconitum hemsleyanum*. Helvetica Chimica Acta，93（3）：482-489.

hemsleyaconitine B 的 NMR 数据

位置	δ_C/ppm	δ_H/ppm（J/Hz）	位置	δ_C/ppm	δ_H/ppm（J/Hz）
1	72.0 d	3.70 br s	17	63.3 d	2.68 br s
2	29.2 t	1.83 dd （14.0, 9.7）	18	80.4 t	3.30～3.35 m
		2.21～2.28 m			3.64 d （8.4）
3	29.7 t	1.48～1.53 m	19	56.9 t	2.31～2.35 （overlapped）
		1.59～1.66 m			2.74 d （10.6）
4	37.8 s		21	48.2 t	2.51 dd （12.8, 7.1）
5	45.8 d	1.96 d （5.7）			2.53 dd （12.9, 7.1）
6	72.9 d	4.67 d （6.2）	22	13.0 q	1.14 t （7.0）
7	55.8 d	1.90 br s	16-OMe	56.2 q	3.27 s
8	75.6 s		18-OMe	59.1 q	3.31 s
9	45.8 d	2.35～2.39 （overlapped）	14-OCO	165.9 s	
10	43.7 d	2.06～2.10 m	1′	122.6 s	
11	50.1 s		2′	112.1 d	7.59 s
12	29.3 t	1.57～1.64 m	3′	148.5 s	
		2.11～2.17 m	4′	152.9 s	
13	37.8 d	2.59 dd （6.2, 5.8）	5′	110.2 d	6.87 d （8.4）
14	76.6 d	5.09 t （4.3）	6′	123.5 d	7.65 d （8.3）
15	42.0 t	2.06～2.12 m	3′-OMe	55.9 q	3.91 s
		2.27～2.31 m	4′-OMe	56.0 q	3.92 s
16	82.1 d	3.27～3.37 （overlapped）			

注：溶剂 CDCl₃；¹³C NMR：125 MHz；¹H NMR：500 MHz

化合物名称：hemsleyaconitine C

分子式：C$_{27}$H$_{43}$NO$_5$　　　　　　　分子量（$M+1$）：462

植物来源：*Aconitum hemsleyanum* Pritz. 瓜叶乌头

参考文献：Shen Y，Zuo A X，Jiang Z Y，et al. 2010. Five new C₁₉-diterpenoid alkaloids from *Aconitum hemsleyanum*. Helvetica Chimica Acta，93（3）：482-489.

hemsleyaconitine C 的 NMR 数据

位置	δ_C/ppm	δ_H/ppm （J/Hz）	位置	δ_C/ppm	δ_H/ppm （J/Hz）
1	86.0 d	3.07 dd （10.4, 6.7）	14	75.8 d	4.71 t （4.8）
2	27.0 t	1.93～1.98 m	15	37.8 t	1.17～1.23 m
		2.22～2.29 m			1.57 d （11.3）
3	36.3 t	1.92～1.97 m	16	83.4 d	3.21～3.24 （overlapped）
		2.11 dd （14.2, 9.0）	17	61.3 d	2.73 br s
4	34.3 s		18	26.5 q	0.73 s
5	50.5 d	1.34 d （7.3）	19	56.7 t	1.93～1.97 m
6	24.5 t	1.28～1.36 m			2.38～2.46 m
		1.92～1.98 m	21	49.2 t	2.30～2.36 m
7	40.8 d	2.34～2.37 （overlapped）			2.41～2.45 m
8	77.6 s		22	13.5 q	1.03 t （7.1）
9	45.1 d	2.34～2.38 （overlapped）	1-OMe	56.2 q	3.24 s
10	43.2 d	1.83～1.89 m	16-OMe	56.2 q	3.30 s
11	50.5 s		8-OEt	55.5 t	3.29～2.36 m
12	29.1 t	1.92～1.99 m		16.3 q	1.07 t （6.9）
		1.83～1.89 m	14-OAc	171.4 s	
13	38.1 d	2.34～2.39 （overlapped）		21.4 q	2.00 s

注：溶剂 CDCl₃；¹³C NMR：125 MHz；¹H NMR：500 MHz

化合物名称：hemsleyaconitine D

分子式：C$_{31}$H$_{43}$NO$_8$　分子量（$M+1$）：558

植物来源：*Aconitum hemsleyanum* Pritz. 瓜叶乌头

参考文献：Shen Y，Zuo A X，Jiang Z Y，et al. 2010. Five new C$_{19}$-diterpenoid alkaloids from *Aconitum hemsleyanum*. Helvetica Chimica Acta，93（3）：482-489.

hemsleyaconitine D 的 NMR 数据

位置	δ_C/ppm	δ_H/ppm（J/Hz）	位置	δ_C/ppm	δ_H/ppm（J/Hz）
1	72.1 d	3.75 br s	16	81.8 d	3.36 dd (9.1, 5.1)
2	26.7 t	1.76 dd（14.0, 4.3）	17	63.8 d	2.81 br s
		1.90～1.95 m	18	70.0 t	3.95 d（10.8）
3	29.6 t	1.59～1.64 m			4.11 d（10.8）
		1.64～1.68 m	19	56.3 t	2.20～2.23 m
4	36.9 s				2.44 d（11.0）
5	41.8 d	1.63～1.66（overlapped）	21	48.4 t	2.48 dd（12.6, 7.2）
6	25.1 t	1.61～1.66 m			2.57 dd（12.4, 7.2）
		1.92～1.98 m	22	13.0 q	1.13 t（7.2）
7	45.1 d	1.88～1.93（overlapped）	16-OMe	56.3 q	3.33 s
8	74.1 s		18-OCO	166.3 s	
9	46.6 d	2.20～2.23（overlapped）	1′	122.6 s	
10	44.0 d	2.07～2.11 m	2′	112.0 d	7.51 d（1.9）
11	48.7 s		3′	148.7 s	
12	28.4 t	1.59～1.65 m	4′	153.1 s	
		2.00～2.05 m	5′	110.3 d	6.88 d（8.5）
13	39.9 d	2.31 dd（7.5, 5.4）	6′	123.4 d	7.62 dd（8.4, 1.9）
14	75.7 d	4.21 t（4.9）	3′-OMe	56.0 q	3.91 s
15	42.3 t	2.05～2.11 m	4′-OMe	56.0 q	3.92 s
		2.38 dd（12.9, 9.2）			

注：溶剂 CDCl$_3$；^{13}C NMR：125 MHz；^{1}H NMR：500 MHz

化合物名称：hemsleyaconitine E

分子式：$C_{35}H_{51}NO_9$　**分子量**（$M+1$）：630

植物来源：*Aconitum hemsleyanum* Pritz. 瓜叶乌头

参考文献：Shen Y，Zuo A X，Jiang Z Y，et al. 2010. Five new C₁₉-diterpenoid alkaloids from *Aconitum hemsleyanum*. Helvetica Chimica Acta，93（3）：482-489.

hemsleyaconitine E 的 NMR 数据

位置	δ_C/ppm	δ_H/ppm（J/Hz）	位置	δ_C/ppm	δ_H/ppm（J/Hz）
1	83.5 d	3.15 dd（10.4，6.2）	18	76.8 t	3.41 d（8.7）
2	33.0 t	1.81～1.86 m			3.57 d（8.6）
		2.30～2.35 m	19	48.5 t	3.31～3.35（overlapped）
3	72.0 d	3.81 dd（12.3，7.6）			3.45 d（11.1）
4	42.9 s		21	47.7 t	2.39～2.45 m
5	48.6 d	2.39 d（7.2）			2.46～2.50 m
6	82.7 d	4.13 d（6.3）	22	13.3 q	1.07 t（7.1）
7	45.4 d	2.47～2.49（overlapped）	1-OMe	55.7 q	3.24 s
8	78.3 s		6-OMe	58.6 q	3.30 s
9	45.1 d	1.93～1.95（overlapped）	16-OMe	56.3 q	3.33 s
10	45.1 d	2.10～2.15 m	18-OMe	59.1 q	3.29 s
11	50.9 s		8-OEt	55.9 t	2.85～2.88 m
12	28.7 t	1.92～1.95 m		15.5 q	0.80 t（6.9）
		2.14～2.19 m	14-OCO	166.2 s	
13	38.4 d	2.45～2.51（overlapped）	1′	123.3 s	
14	75.9 d	4.96 t（4.8）	2′，6′	131.7 d	8.02 d（8.7）
15	36.5 t	2.10～2.15 m	3′，5′	113.4 d	6.89 d（8.8）
		2.13～2.19 m	4′	163.1 s	
16	83.2 d	3.31～3.34（overlapped）	4′-OMe	53.3 q	3.84 s
17	60.8 d	2.66 br s			

注：溶剂 CDCl₃；¹³C NMR：125 MHz；¹H NMR：500 MHz

化合物名称：hemsleyadine

分子式：$C_{32}H_{45}NO_9$　　　　　　　　　分子量（$M+1$）：588

植物来源：*Aconitum hemsleyanum* var. *circinatum* W. T. Wang 拳距瓜叶乌头

参考文献：Gao F，Liu X Y，Wang F P. 2010. Three new C₁₉-diterpenoid alkaloids from *Aconitum hemsleyanum* var. *circinatum*. Helvetica Chimica Acta，93（4）：785-790.

hemsleyadine 的 NMR 数据

位置	δ_C/ppm	δ_H/ppm（J/Hz）	位置	δ_C/ppm	δ_H/ppm（J/Hz）
1	83.3 d	3.09	17	63.0 d	3.02 br s
2	25.7 t	1.92, 2.00	18	78.3 t	2.87 ABq
3	27.9 t	1.21, 2.18			3.47 ABq
4	40.8 s		19	55.1 t	1.73, 2.43
5	83.7 s		21	48.7 t	2.16, 2.37
6	34.2 t	1.67, 1.86	22	13.2 q	0.92 t（7.2）
7	45.4 d	1.86	1-OMe	56.0 q	3.12 s
8	73.4 s		16-OMe	57.8 q	3.20 s
9	46.8 d	2.67 t（5.2）	18-OMe	59.1 q	3.17 s
10	36.3 d	2.39	14-OCO	166.5 s	
11	50.2 s		1′	122.3 s	
12	35.7 t	2.20, 2.36	2′, 6′	131.3 d	7.80
13	76.3 s		3′, 5′	113.2 d	6.74
14	80.1 d	5.03 d（4.8）	4′	162.9 s	
15	41.0 t	2.28, 2.38	4′-OMe	54.9 q	3.68 s
16	83.5 d	3.18			

注：溶剂 CDCl₃；¹³C NMR：100 MHz；¹H NMR：400 MHz

化合物名称：hemsleyaline

分子式：$C_{34}H_{49}NO_9$　　　　分子量（$M+1$）：616

植物来源：*Aconitum hemsleyanum* Pritz. 瓜叶乌头

参考文献：Luo Z H，Chen Y，Sun X Y，et al. 2019. A new diterpenoid alkaloid from *Aconitum hemsleyanum*. Natural Product Research，34（9）：1331-1336.

hemsleyaline 的 NMR 数据

位置	δ_C/ppm	δ_H/ppm（J/Hz）	位置	δ_C/ppm	δ_H/ppm（J/Hz）
1	82.7 d	3.16 m	17	63.2 d	2.70 m
2	33.1 t	2.33 m	18	77.3 t	3.62 ABq（8.8）
		1.86 m			3.47 ABq（8.8）
3	72.0 d	3.83 dd（4.8，2.8）	19	47.8 t	2.91 ABq（11.2）
4	43.0 s				3.47 ABq（11.2）
5	45.9 d	2.11 m	21	48.5 t	3.18 m
6	83.4 d	4.13 d（6.4）			2.48 m
7	48.0 d	2.42 br s	22	13.3 q	1.09 t（7.2）
8	78.6 s		1-OMe	55.7 q	3.26 s
9	45.1 d	2.45 m	6-OMe	58.5 q	3.32 s
10	45.2 d	1.95 m	8-OMe	48.5 q	3.16 s
11	50.9 s		16-OMe	56.3 q	3.33 s
12	28.8 t	2.22 m	18-OMe	59.1 q	3.32 s
		1.97 m	14-OCO	166.2 s	
13	38.2 d	2.52 m	1′	123.3 s	
14	75.8 d	4.99 t（4.8）	2′，6′	131.7 d	8.02 d（8.6）
15	35.6 t	2.20 m	3′，5′	113.5 d	6.91 d（8.6）
		2.14 m	4′	163.1 s	
16	83.1 d	3.35 m	4′-OMe	55.4 q	3.85 s

注：溶剂 CDCl₃；¹³C NMR：100 MHz；¹H NMR：400 MHz

化合物名称：hemsleyanine A

分子式：C$_{31}$H$_{43}$NO$_9$　　　　　　　**分子量**（$M+1$）：574

植物来源：*Aconitum hemsleyanum* var. *circinatum* W. T. Wang 拳距瓜叶乌头

参考文献：Gao F，Wang F P. 2005. Structural revision of hemsleyadine and new alkaloids hemsleyanines A，B from *Aconitum hemsleyanium* var. *circinacum*. Heterocycles，65（2）：365-370.

hemsleyanine A 的 NMR 数据

位置	δ_C/ppm	δ_H/ppm（J/Hz）	位置	δ_C/ppm	δ_H/ppm（J/Hz）
1	83.6 d		16	83.6 d	
2	25.9 t		17	63.6 d	
3	28.3 t		18	78.6 t	
4	41.0 s		19	55.3 t	
5	84.3 s		21	49.2 t	
6	34.6 t		22	13.5 q	
7	45.2 d		1-OMe	58.4 q	
8	74.8 s		16-OMe	56.6 q	
9	47.5 d		18-OMe	59.6 q	
10	36.7 d		14-OCO	167.2 s	
11	50.5 s		1′	121.7 s	
12	36.2 t		2′，6′	131.8 d	
13	77.0 s		3′，5′	115.3 d	
14	80.8 d		4′	160.9 s	
15	41.0 t				

注：溶剂 CDCl$_3$

化合物名称：hemsleyanine B

分子式：C$_{24}$H$_{39}$NO$_7$　　　　　　　分子量（$M+1$）：454

植物来源：*Aconitum hemsleyanum* var. *circinatum* W. T. Wang 拳距瓜叶乌头

参考文献：Gao F，Wang F P. 2005. Structural revision of hemsleyadine and new alkaloids hemsleyanines A，B from *Aconitum hemsleyanium* var. *circinacum*. Heterocycles，65（2）：365-370.

hemsleyanine B 的 NMR 数据

位置	δ$_C$/ppm	δ$_H$/ppm（J/Hz）	位置	δ$_C$/ppm	δ$_H$/ppm（J/Hz）
1	84.8 d		13	77.0 s	
2	25.7 t		14	79.4 d	
3	28.2 t		15	39.5 t	
4	41.0 s		16	83.8 d	
5	84.3 s		17	63.7 d	
6	34.4 t		18	78.6 t	
7	44.5 d		19	55.3 t	
8	73.2 s		21	49.1 t	
9	49.0 d		22	13.5 q	
10	36.5 d		1-OMe	57.7 q	
11	50.3 s		16-OMe	56.4 q	
12	35.3 t		18-OMe	59.4 q	

注：溶剂 CDCl$_3$

化合物名称：hemsleyanine C

分子式：$C_{24}H_{39}NO_6$　　　　　　　　　**分子量**（$M+1$）：438

植物来源：*Aconitum hemsleyanum* var. *circinatum* W. T. Wang 拳距瓜叶乌头

参考文献：Gao F，Chen D L，Wang F P. 2007. New aconitine-type C_{19}-diterpenoid alkaloids from *Aconitum hemsleyanium* var. *circinacum*. Archives of Pharmacal Research，30（12）：1497-1500.

hemsleyanine C 的 NMR 数据

位置	δ_C/ppm	δ_H/ppm（J/Hz）	位置	δ_C/ppm	δ_H/ppm（J/Hz）
1	84.2 d	3.23 m	13	39.7 d	2.46 m
2	25.9 t	1.96 m	14	75.4 d	4.23 d（4.8）
		2.04 m	15	38.8 t	2.38 m
3	28.4 t	1.48 m			2.50 m
		2.14 m	16	82.3 d	3.32 m
4	41.1 s		17	63.7 d	3.17 br s
5	84.7 s		18	78.8 t	3.03 ABq（11.2）
6	34.4 t	1.72 m			3.42（hidden）
		1.92 m	19	55.5 t	1.69（hidden）
7	45.4 d	1.94 m			2.12（hidden）
8	73.0 s		21	49.2 t	2.14 m
9	47.0 d	2.56 t（5.6）			2.22 m
10	37.7 d	2.23 m	22	13.6 q	1.09 t（7.2）
11	50.3 s		1-OMe	56.4 q	3.23 s
12	27.5 t	2.20 m	16-OMe	56.2 q	3.32 s
		2.34 m	18-OMe	59.5 q	3.30 s

注：溶剂 CDCl₃；¹³C NMR：100 MHz；¹H NMR：400 MHz

化合物名称：hemsleyanine D

分子式：$C_{32}H_{45}NO_8$　　　　　　　　**分子量（$M+1$）**：572

植物来源：*Aconitum hemsleyanum* var. *circinatum* W. T. Wang 拳距瓜叶乌头

参考文献：Gao F，Chen D L，Wang F P. 2007. New aconitine-type C₁₉-diterpenoid alkaloids from *Aconitum hemsleyanium* var. *circinacum*. Archives of Pharmacal Research，30（12）：1497-1500.

hemsleyanine D 的 NMR 数据

位置	δ_C/ppm	δ_H/ppm（J/Hz）	位置	δ_C/ppm	δ_H/ppm（J/Hz）
1	83.7 d		16	81.8 d	
2	26.2 t		17	63.1 d	
3	28.3 t		18	78.9 t	
4	40.9 s		19	55.4 t	
5	84.2 s		21	49.0 t	
6	34.7 t		22	13.5 q	1.04 t（7.0）
7	45.2 d		1-OMe	55.8 q	3.14 s
8	73.9 s		16-OMe	55.3 q	3.31 s
9	45.5 d		18-OMe	59.8 q	3.27 s
10	41.1 d		14-OCO	166.1 s	
11	50.8 s		1′	122.9 s	
12	28.3 t		2′, 6′	131.4 d	7.94 d
13	41.1 d		3′, 5′	113.8 d	6.87 d
14	76.7 d	5.18 t（4.8）	4′	163.0 s	
15	38.9 t		4′-OMe	56.4 q	3.83 s

注：溶剂 CDCl₃；¹³C NMR：200 MHz；¹H NMR：50 MHz

化合物名称：hemsleyanine E

分子式：C$_{30}$H$_{41}$NO$_9$　　　　　　　分子量（$M+1$）：560

植物来源：*Aconitum hemsleyanum* var. *circinatum* W. T. Wang　拳距瓜叶乌头

参考文献：Gao F，Liu X Y，Wang F P. 2010. Three new C$_{19}$-diterpenoid alkaloids from *Aconitum hemsleyanum* var. *circinatum*. Helvetica Chimica Acta，93（4）：785-790.

hemsleyanine E 的 NMR 数据

位置	δ_C/ppm	δ_H/ppm（J/Hz）	位置	δ_C/ppm	δ_H/ppm（J/Hz）
1	82.1 d	3.24～3.28 m	15	41.8 t	2.27～2.31 m
2	25.0 t	1.75～1.78 m			2.63～2.66 m
		2.15～2.21 m	16	83.0 d	3.32～3.36 m
3	26.4 t	1.38～1.42 m	17	58.3 d	3.12 br s
		2.10～2.15 m	18	78.0 t	2.98 ABq（9.2）
4	41.3 s				3.58 ABq（9.2）
5	82.8 s		19	50.4 t	2.48 d（10.2）
6	34.8 t	1.78～1.82 m			2.60（hidden）
		2.17～2.20 m	1-OMe	55.7 q	3.26 s
7	51.7 d	1.90～1.93 m	16-OMe	58.1 q	3.40 s
8	74.2 s		18-OMe	59.4 q	3.32 s
9	45.7 d	2.75 dd（9.6, 4.4）	14-OCO	166.4 s	
10	35.8 d	2.57～2.61 m	1′	122.4 s	
11	50.7 s		2′, 6′	131.7 d	7.97 d（8.4）
12	34.9 t	1.99～2.02 m	3′, 5′	113.5 d	6.90 d（8.4）
		2.08～2.12 m	4′	163.2 s	
13	76.1 s		4′-OMe	55.2 q	3.84 s
14	79.8 d	5.16 d（4.8）			

注：溶剂 CDCl$_3$；^{13}C NMR：100 MHz；^{1}H NMR：400 MHz

化合物名称：hemsleyanine F

分子式：$C_{31}H_{41}NO_9$　　　　　　　分子量（$M+1$）：572

植物来源：*Aconitum hemsleyanum* var. *circinatum* W. T. Wang 拳距瓜叶乌头

参考文献：Gao F，Liu X Y，Wang F P. 2010. Three new C₁₉-diterpenoid alkaloids from *Aconitum hemsleyanum* var. *circinatum*. Helvetica Chimica Acta，93（4）：785-790.

hemsleyanine F 的 NMR 数据

位置	δ_C/ppm	δ_H/ppm（J/Hz）	位置	δ_C/ppm	δ_H/ppm（J/Hz）
1	212.2 s		15		2.50～2.54 m
2	40.9 t	2.40～2.44 m	16	83.2 d	3.28～3.32 m
		3.24～3.28 m	17	64.6 d	2.90 br s
3	31.7 t	1.70～1.74 m	18	77.5 t	3.12 ABq（9.6）
		2.43～2.47 m			3.66 ABq（9.6）
4	41.2 s		19	56.5 t	2.18（hidden）
5	88.8 s				2.73（hidden）
6	34.2 t	1.80～1.85 m	21	48.5 t	2.40～2.44 m
		2.13～2.16 m			2.46～2.49 m
7	47.1 d	2.10 br s	22	13.5 q	1.09 t（7.2）
8	74.6 s		16-OMe	58.3 q	3.43 s
9	45.9 d	2.76 t（5.2）	18-OMe	59.5 q	3.34 s
10	31.6 d	2.17～2.20 m	14-OCO	166.2 s	
11	63.5 s		1′	122.5 s	
12	39.3 t	1.33～1.38 m	2′, 6′	131.8 d	7.92 d（8.8）
		2.60～2.64 m	3′, 5′	113.6 d	6.89 d（8.8）
13	75.9 s		4′	163.4 s	
14	80.0 d	5.19 d（4.8）	4′-OMe	55.3 q	3.83 s
15	43.0 t	2.32～2.35 m			

注：溶剂 CDCl₃；^{13}C NMR：100 MHz；^{1}H NMR：400 MHz

化合物名称：hemsleyanine G

分子式：C$_{31}$H$_{41}$NO$_8$　　　　　　　　分子量（$M+1$）：556

植物来源：*Aconitum hemsleyanum* var. *circinatum* W. T. Wang 拳距瓜叶乌头

参考文献：Gao F，Liu X Y，Wang F P. 2010. Three new C$_{19}$-diterpenoid alkaloids from *Aconitum hemsleyanum* var. *circinatum*. Helvetica Chimica Acta，93（4）：785-790.

hemsleyanine G 的 NMR 数据

位置	δ_C/ppm	δ_H/ppm（J/Hz）	位置	δ_C/ppm	δ_H/ppm（J/Hz）
1	83.6 d	3.22~3.26 m	15	130.1 d	5.56 d（9.6）
2	26.2 t	2.00~2.04 m	16	135.0 d	5.90 d（9.6）
		2.05~2.09 m	17	63.5 d	3.01 br s
3	28.4 t	1.35~1.38 m	18	79.1 t	2.98 ABq（11.2）
		1.70~1.74 m			3.68 ABq（11.2）
4	41.1 s		19	55.7 t	2.42（hidden）
5	83.8 s				2.86（hidden）
6	33.4 t	1.85~1.89 m	21	49.0 t	2.30~2.34 m
		2.20~2.24 m			2.63~2.68 m
7	41.2 d	2.50~2.54 m	22	13.4 q	1.00 t（7.2）
8	74.3 s		1-OMe	56.4 q	3.24 s
9	46.1 d	2.84 dd（9.6，4.8）	18-OMe	59.5 q	3.33 s
10	36.7 d	2.40~2.45 m	14-OCO	167.2 s	
11	50.5 s		1′	121.8 s	
12	41.0 t	2.00~2.04 m	2′，6′	131.7 d	7.80 d（8.8）
		2.05~2.09 m	3′，5′	113.8 d	6.90 d（8.8）
13	77.3 s		4′	163.8 s	
14	81.2 d	5.24 d（4.8）	4′-OMe	55.4 q	3.84 s

注：溶剂 CDCl$_3$；^{13}C NMR：100 MHz；^{1}H NMR：400 MHz

化合物名称：hemsleyanisine

分子式：C$_{31}$H$_{43}$NO$_9$　　　　　　　　分子量（$M+1$）：574

植物来源：*Aconitum hemsleyanum* var. *circinatum* W. T. Wang 拳距瓜叶乌头

参考文献：Gao F，Chen Q H，Wang F P. 2007. C$_{19}$-diterpenoid alkaloids from *Aconitum hemsleyanum* var. *circinatum*. Journal of Natural Products，70（5）：876-879.

hemsleyanisine 的 NMR 数据

位置	δ_C/ppm	δ_H/ppm（J/Hz）	位置	δ_C/ppm	δ_H/ppm（J/Hz）
1	83.6 d		16	74.2 d	
2	25.9 t		17	63.2 d	
3	28.3 t		18	78.7 t	
4	41.0 s		19	55.3 t	
5	84.2 s		21	49.0 t	
6	34.5 t		22	13.5 q	
7	45.5 d		1-OMe	56.5 q	
8	74.0 s		18-OMe	59.8 q	
9	49.0 d		14-OCO	167.8 s	
10	36.8 d		1′	121.8 s	
11	50.4 s		2′, 6′	131.7 d	
12	36.4 t		3′, 5′	113.6 d	
13	76.7 s		4′	163.6 s	
14	81.8 d		4′-OMe	55.3 q	
15	43.5 t				

注：溶剂 CDCl$_3$；^{13}C NMR：100 MHz

化合物名称：hemsleyatine

分子式：$C_{25}H_{42}N_2O_7$　　　　　　　　　　分子量（$M+1$）：483

植物来源：*Aconitum hemsleyanum* Pritz. 瓜叶乌头

参考文献：Zhou X L，Chen Q H，Chen D L，et al. 2003. Hemsleyatine，a novel C₁₉-diterpenoid alkaloid with 8-amino group from *Aconitum hemsleyanum*. Chemical & Pharmaceutical Bulletin，51（5）：592-594.

hemsleyatine 的 NMR 数据

位置	δ_C/ppm	δ_H/ppm（J/Hz）	位置	δ_C/ppm	δ_H/ppm（J/Hz）
1	82.8 d	3.06 dd（9.0，6.2）	15	42.0 t	2.46 m
2	33.6 t	2.08 m			2.02 m
		2.32 m	16	84.7 d	3.39 m
3	71.6 d	3.70 dd（10.0，4.8）	17	61.9 d	3.12 s
4	43.4 s		18	77.0 t	3.60 d（9.2）
5	47.7 d	2.06 d（6.8）			3.74 d（9.2）
6	83.2 d	4.04 d（6.4）	19	47.4 t	2.44（hidden）
7	54.5 d	1.82 m			2.90（hidden）
8	53.7 s		21	48.9 t	2.52 m
9	49.1 d	2.10 m	22	13.5 q	1.09 t（7.2）
10	42.4 d	1.86 m	1-OMe	55.9 q	3.24 s
11	50.2 s		6-OMe	57.6 q	3.34 s
12	35.6 t	1.90 m	16-OMe	58.1 q	3.42 s
		2.34 m	18-OMe	59.1 q	3.32 s
13	76.7 s		NH₂		4.77 br s
14	79.3 d	3.90 d（4.8）			

注：溶剂 CDCl₃；¹³C NMR：100 MHz；¹H NMR：400 MHz

化合物名称：hoheconsoline

分子式：C₂₆H₄₃NO₆   分子量（$M+1$）：466

植物来源：*Consolida hohenackeri* (Boiss.) Grossh.

参考文献：Ulubelen A，Mericli A H，Mericli F，et al. 1999. Norditerpene and diterpene alkaloids from *Consolida hohenackeri*. Phytochemistry，50（5）：909-912.

hoheconsoline 的 NMR 数据

位置	δ_C/ppm	δ_H/ppm（J/Hz）	位置	δ_C/ppm	δ_H/ppm（J/Hz）
1	86.6 d	3.67 d（4.5）	14	85.6 d	3.60 t（4.5）
2	27.7 t	1.95 dd（5, 12）	15	42.0 t	2.95 m
		1.28 m			3.05 m
3	29.8 t	1.30 m	16	82.0 d	3.50 m
		2.20 m	17	67.7 d	3.25 s
4	38.0 s		18	70.4 t	2.85 d（10）
5	46.8 d	1.72 d（6）			3.00 d（10）
6	82.6 d	4.52 d（6）	19	54.2 t	2.40 d（11.5）
7	52.8 d	2.90 s			2.00 m
8	77.6 s		21	50.3 t	3.10 dt（7, 14）
9	56.1 d	2.70 dd（5, 7）	22	11.2 q	1.10 t（7）
10	39.6 d	2.30 ddd（5, 7, 11）	1-OMe	56.4 q	3.22 s
11	50.3 s		6-OMe	58.9 q	3.35 s
12	31.6 t	1.20 ddd（8, 11, 14）	8-OMe	48.7 q	3.45 s
		1.90 dd（7, 14）	14-OMe	58.2 q	3.33 s
13	46.4 d	2.45 dd（5, 7）	16-OMe	56.1 q	3.40 s

注：溶剂 CDCl₃；¹³C NMR：125 MHz；¹H NMR：500 MHz

化合物名称：hokbusine A

分子式：C$_{32}$H$_{45}$NO$_{10}$　　　　　　　　分子量（$M+1$）：604

植物来源：*Aconitum carmichaelii* Debx. 乌头

参考文献：Hang G Y，Cai P，Wang J Z，et al. 1988. Correction of the spectroscopic data of hokbusine A：confirmation of the C-8 methoxyl group. Journal of Natural Products，51（2）：364-366.

hokbusine A 的 NMR 数据

位置	δ_C/ppm	δ_H/ppm（J/Hz）	位置	δ_C/ppm	δ_H/ppm（J/Hz）
1	82.34 d	3.19 br t（6）	16	93.11 d	3.31（overlapped）
2	33.10 t	1.98 m	17	63.20 d	2.93 br s
		2.35 m	18	76.99 t	3.54 d（9）
3	71.06 d	3.88 m			3.60 d（9）
4	42.39 s		19	50.13 t	2.57 m（2H）
5	44.95 d	2.05～2.20 m	21	42.39 q	2.52 br s
6	82.82 d	4.05 d（6）	1-OMe	56.18 q	3.31 s
7	41.86 d	2.80 br s	6-OMe	58.62 q	3.29 s
8	82.05 s		8-OMe	49.95 q	3.15 s
9	44.95 d	2.59 br d	16-OMe	62.25 q	3.75 s
10	41.16 d	2.05～2.20 m	18-OMe	59.13 q	3.31 s
11	50.50 s		14-OCO	166.25 s	
12	35.92 t	2.05～2.20 m（2H）	1′	130.04 s	
13	76.58 s		2′, 6′	129.69 d	8.02 d（8）
14	79.24 d	4.83 d（5.1）	3′, 5′	128.37 d	7.44 t（8）
15	77.34 d	4.56 d（5.9）	4′	132.93 d	7.53 t（8）

注：溶剂 CDCl$_3$；^{13}C NMR：100 MHz；^{1}H NMR：400 MHz

化合物名称：hokbusine B

分子式：$C_{22}H_{33}NO_5$ 分子量（$M+1$）：392

植物来源：*Aconitum carmichaeli* Debx. 乌头

参考文献：Hikino H，Kuroiwa Y，Konno C. 1983. Structure of hokbusine A and B，diterpenic alkaloids of *Aconitum carmichaeli* roots from Japan. Journal of Natural Products，46（2）：178-182.

hokbusine B 的 NMR 数据

位置	δ_C/ppm	δ_H/ppm （J/Hz）	位置	δ_C/ppm	δ_H/ppm （J/Hz）
1	72.7 d		12	29.6 t	
2	30.8 t		13	43.6 d	
3	32.1 t		14	77.0 d	
4	33.3 s		15	41.8 t	
5	47.0 d		16	83.1 d	
6	25.8 t		17	57.7 d	
7	55.0 d		18	27.6 q	
8	74.0 s		19	52.4 t	
9	44.4 d		16-OMe	55.8 q	
10	38.3 d		14-OAc	171.0 s	
11	49.1 s			21.4 q	

注：溶剂 C_5D_5N

化合物名称：homochasmanine

分子式：C$_{26}$H$_{43}$NO$_6$　　　　　　　　分子量（$M+1$）：466

植物来源：*Aconitum handelianum* Comber　剑川乌头

参考文献：尹田鹏，陈阳，罗萍，等. 2018. 两个 C₁₉-二萜生物碱的结构鉴定和 NMR 信号归属. 波谱学杂志，35（1）：90-97.

homochasmanine 的 NMR 数据

位置	δ_C/ppm	δ_H/ppm（J/Hz）	位置	δ_C/ppm	δ_H/ppm（J/Hz）
1	85.8 d	2.98 dd（10.0, 6.4）	15	34.1 t	2.11 m（2H）
2	26.4 t	2.30 m	16	82.5 d	3.28 m
		1.91 m	17	62.0 d	2.83 br s
3	35.4 t	1.60 m（2H）	18	80.4 t	3.09 ABq（8.0）
4	39.2 s				3.67 ABq（8.0）
5	49.1 d	2.07 d（6.8）	19	53.8 t	2.46 ABq（10.8）
6	83.1 d	4.11 d（6.8）			2.52 ABq（10.8）
7	48.4 d	2.39 br s	21	49.2 t	2.52 m
8	78.6 s				2.46 m
9	48.1 d	2.13 m	22	13.7 q	1.05 t（7.2）
10	45.4 d	1.77 m	1-OMe	56.3 q	3.22 s
11	50.6 s		6-OMe	58.9 q	3.31 s
12	29.5 t	2.13 m	8-OMe	48.8 q	3.24 s
		1.83 m	16-OMe	56.5 q	3.35 s
13	38.9 d	2.26 m	18-OMe	59.2 q	3.29 s
14	75.2 d	3.99 m			

注：溶剂 CDCl₃；¹³C NMR：100 MHz；¹H NMR：400 MHz

化合物名称：hypaconine

分子式：$C_{24}H_{39}NO_8$　　　　　　　　**分子量**（$M+1$）：470

植物来源：*Aconitum carmichaelii* Debx. 乌头

参考文献：魏巍，李绪文，周洪玉，等. 2010. 3 种乌头原碱的 NMR. 吉林大学学报，48（1）：127-132.

hypaconine 的 NMR 数据

位置	δ_C/ppm	δ_H/ppm （J/Hz）	位置	δ_C/ppm	δ_H/ppm （J/Hz）
1	85.47 d	2.94 m	13	77.56 s	
2	26.94 t	1.89 m	14	79.83 d	4.28 d （4.8）
		2.41 m	15	82.59 d	5.13 d （6.0）
3	35.08 t	1.62 m	16	93.38 d	3.51 d （6.0）
		1.82 m	17	63.53 d	3.47 s
4	39.98 s		18	81.28 t	3.77 d （8.4）
5	49.72 d	2.02 d （6.6）			3.45 s
6	84.01 d	4.34 d （6.6）	19	57.15 t	2.46 d （10.8）
7	47.30 d	2.78 m			2.90 d （10.8）
8	79.28 s		21	43.34 q	2.49 s
9	50.83 d	2.40 m	1-OMe	55.74 q	3.07 s
10	42.91 d	1.84 m	6-OMe	57.75 q	3.37 s
11	50.58 s		16-OMe	61.05 q	3.59 s
12	39.07 t	3.13 m	18-OMe	59.17 q	3.22 s
		2.24 m			

注：溶剂 C_5D_5N；^{13}C NMR：150 MHz；^1H NMR：600 MHz

化合物名称：hypaconitine

分子式：C$_{33}$H$_{45}$NO$_{10}$　　　　　　　分子量（$M+1$）：616

植物来源：*Aconitum carmichaelii* Debx. 乌头

参考文献：王宪楷，赵同芳，赖盛. 1995. 中坝鹅掌叶附子中的生物碱研究Ⅰ. 中国药学杂志，30（12）：716-719.

hypaconitine 的 NMR 数据

位置	δ_C/ppm	δ_H/ppm（J/Hz）	位置	δ_C/ppm	δ_H/ppm（J/Hz）
1	85.1 d	3.04 dd（10.2, 6.3）	18	80.2 t	3.63 d（8.3）
2	26.4 t	2.23 m			3.11 d（8.3）
		2.00 m	19	56.0 t	2.55 d（10.7）
3	34.9 t	1.64 dd（9.3, 4.4）			2.36 d（10.7）
4	39.3 s		21	42.6 q	2.34 s
5	48.2 d	2.09 d（6.8）	1-OMe	56.6 q	3.281 s
6	83.2 d	3.89 br d（6.8）	6-OMe	58.0 q	3.285 s
7	44.6 d	2.89 br s	16-OMe	61.0 q	3.73 s
8	92.0 s		18-OMe	59.1 q	3.16 s
9	43.9 d	2.90 dd（7.2, 4.9）	8-OAc	172.4 s	
10	41.1 d	2.14 m		21.4 q	1.38 s
11	50.0 s		14-OCO	166.1 s	
12	36.5 t	2.92 m	1′	129.9 s	
		2.14 m	2′, 6′	129.6 d	8.03 br d（7.3）
13	74.2 s		3′, 5′	128.6 d	7.46 br t（7.3）
14	78.9 d	4.88 d（4.9）	4′	133.3 d	7.58 br t（7.3）
15	79.0 d	4.47 dd（5.4, 2.9）	13-OH		3.92 s
16	90.2 d	3.33 d（5.4）	15-OH		4.36 d（2.9）
17	62.2 d	3.08 br s			

注：溶剂 CDCl$_3$；^{13}C NMR：100 MHz；^{1}H NMR：400 MHz

化合物名称：indaconitine

分子式：C$_{34}$H$_{47}$NO$_{10}$　　　　　　分子量（$M+1$）：630

植物来源：*Aconitum balfourii* Stapf

参考文献：Khetwal K S，Desai H K，Joshi B S，et al. 1994. Norditerpenoid alkaloids from the aerial parts of *Aconitum balfourii* Stapf. Heterocycles，38（4）：833-842.

indaconitine 的 NMR 数据

位置	δ_C/ppm	δ_H/ppm（J/Hz）	位置	δ_C/ppm	δ_H/ppm（J/Hz）
1	82.2 d	3.10 m	17	61.7 d	2.90 s
2	33.5 t	2.03 m	18	77.0 t	3.53 d（8.9）
		2.35 m			3.64 d（8.9）
3	71.6 d	3.76 dd（4.6，9.0）	19	47.4 t	2.34 m
4	43.1 s				2.90 m
5	40.8 d	2.09 s	21	48.8 t	2.50 m
6	83.1 d	4.02 d（6.5）	22	13.3 q	1.10 t（7.2）
7	48.6 d	3.01 m	1-OMe	55.9 q	3.26 s
8	85.5 s		6-OMe	57.8 q	3.16 s
9	44.6 d	2.90 m	16-OMe	58.7 q	3.54 s
10	47.3 d	2.09 m	18-OMe	59.1 q	3.30 s
11	50.2 s		8-OAc	169.8 s	
12	35.1 t	2.08 m		21.5 q	1.29 s
		2.60 m	14-OCO	166.2 s	
13	74.7 s		1′	130.0 s	
14	78.7 d	4.90 d（5.1）	2′，6′	129.6 d	8.06 d（7.0）
15	39.5 t	2.40 m	3′，4′	128.5 d	7.45 dd（7.5，7.0）
		3.05 m	5′	133.1 d	7.57 dd（7.5，2.0）
16	83.4 d	3.40 dd（8.8，5.5）			

注：溶剂 CDCl$_3$；^{13}C NMR：75 MHz；^{1}H NMR：300 MHz

化合物名称：isodelphinine

分子式：C$_{33}$H$_{45}$NO$_9$　　　　　　　　分子量（M + 1）：600

植物来源：*Aconitum miyabei* Nakai

参考文献：Pelletier S W，Mody N V，Katsui N. 1977. The structures of sachaconitine and isodelphinine from *Aconitum miyabei* Nakai. Tetrahedron Letters，46：4027-4030.

isodelphinine 的 NMR 数据

位置	δ_C/ppm	δ_H/ppm（J/Hz）	位置	δ_C/ppm	δ_H/ppm（J/Hz）
1	85.1 d		17	62.2 d	
2	26.4 t		18	80.2 t	
3	34.9 t		19	56.5 t	
4	39.3 s		21	42.6 q	
5	47.9 d		1-OMe	56.1 q	
6	83.7 d		6-OMe	57.7 q	
7	44.5 d		16-OMe	58.0 q	
8	92.1 s		18-OMe	59.1 q	
9	44.7 d		8-OAc	172.3 s	
10	38.7 d			21.5 q	
11	50.0 s		14-OCO	166.1 s	
12	29.4 t		1′	130.1 s	
13	43.9 d		2′, 6′	129.7 d	
14	76.4 d		3′, 5′	128.6 d	
15	78.8 d		4′	133.1 d	
16	89.3 d				

注：溶剂 CDCl$_3$

化合物名称：isohemsleyanisine

分子式：C$_{31}$H$_{43}$NO$_9$　　　　　　　　分子量（$M+1$）：574

植物来源：*Aconitum hemsleyanum* var. *circinatum* W. T. Wang 拳距瓜叶乌头

参考文献：Gao F，Chen Q H，Wang F P. 2007. C$_{19}$-diterpenoid alkaloids from *Aconitum hemsleyanum* var. *circinatum*. Journal of Natural Products，70（5）：876-879.

isohemsleyanisine 的 NMR 数据

位置	δ_C/ppm	δ_H/ppm（J/Hz）	位置	δ_C/ppm	δ_H/ppm（J/Hz）
1	83.6 d	3.19	15	41.8 t	2.21
2	25.8 t	1.85			2.73
		2.19	16	76.0 d	5.12 br d（8.8）
3	28.2 t	1.39	17	63.5 d	3.18
		2.31	18	78.6 t	2.98
4	41.0 s				3.62
5	84.4 s		19	55.4 t	1.86
6	34.4 t	1.96			2.57
		2.03	21	49.0 t	2.38
7	45.6 d	2.00	22	13.5 q	1.05 t（7.2）
8	73.5 s		1-OMe	56.2 q	3.24 s
9	48.4 d	2.74	18-OMe	59.4 q	3.32 s
10	36.4 d	2.42	16-OCO	166.4 s	
11	50.5 s		1′	121.4 s	
12	36.9 t	2.06	2′，6′	131.7 d	7.97 d（8.8）
		2.47	3′，5′	113.5 d	6.90 d（8.8）
13	77.4 s		4′	163.2 s	
14	78.4 d	4.18 t（4.8）	4′-OMe	55.2 q	3.84 s

注：溶剂 CDCl$_3$；^{13}C NMR：100 MHz；^{1}H NMR：400 MHz

化合物名称：isotalatizidine

分子式：C$_{23}$H$_{37}$NO$_5$　　　　　　　　　**分子量**（$M+1$）：408

植物来源：*Aconitum balfourii* Stapf

参考文献：Khetwal K S，Desai H K，Joshi B S，et al. 1994. Norditerpenoid alkaloids from the aerial parts of *Aconitum balfourii* Stapf. Heterocycles，38（4）：833-842.

isotalatizidine 的 NMR 数据

位置	δ_C/ppm	δ_H/ppm（J/Hz）	位置	δ_C/ppm	δ_H/ppm（J/Hz）
1	72.1 d	3.69 br s	13	39.9 d	2.30 m
2	29.6 t	1.60 m	14	75.6 d	4.17 t（5.0）
3	26.6 t	1.61 m	15	42.3 t	2.02 m
		1.85 m			2.38 m
4	37.1 s		16	81.9 d	3.38 m
5	41.5 d	1.80 m	17	63.9 d	2.74 s
6	24.8 t	1.60 m	18	78.9 t	3.01 d（8.8）
		1.90 m			3.14 d（8.8）
7	45.0 d	2.02 d（4.8）	19	56.5 t	2.05 m
8	74.2 s				2.35 m
9	46.5 d	2.18 m	21	48.4 t	2.40 dq（12.3, 7.1）
10	43.8 d	1.80 m			2.51 dq（12.3, 7.1）
11	48.5 s		22	13.0 q	1.10 t（7.1）
12	28.5 t	1.55 m	16-OMe	56.3 q	3.30 s
		2.05 m	18-OMe	59.3 q	3.29 s

注：溶剂 CDCl$_3$；^{13}C NMR：75 MHz；^{1}H NMR：300 MHz

化合物名称：jadwarine-B

分子式：C$_{25}$H$_{39}$NO$_5$ 　　　　　　　　　**分子量**（$M+1$）：434

植物来源：*Delphinium denudatum* Wall.

参考文献：Ahmad H，Ahmad S，Ali M，et al. 2018. Norditerpenoid alkaloids of *Delphinium denudatum* as cholinesterase inhibitors. Bioorganic Chemistry，78：427-435.

jadwarine-B 的 NMR 数据

位置	δ_C/ppm	δ_H/ppm（J/Hz）	位置	δ_C/ppm	δ_H/ppm（J/Hz）
1	87.5 d	4.04 d（6.5）	14	75.0 d	4.30 t（5）
2	24.3 t	1.81 m（2H）	15	41.0 t	1.98 d（5.15）（2H）
3	22.8 t	1.32 m（2H）	16	80.0 d	3.16 t（5.75）
4	42.0 s		17	63.2 d	2.78 d（7.7）
5	148.0 s		18	79.0 t	3.68 d（8.5）（2H）
6	130.1 d	5.37 d（4.1）	19	53.1 t	2.39 d（6.9）（2H）
7	45.2 d	2.34 m	21	49.0 t	
8	86.7 s		22	13.9 q	0.96 t（7.7）
9	47.4 d	2.03 d（6.25）	OMe	59.7 q	3.47 s
10	32.5 d			58.0 q	3.39 s
11	52.9 s			57.3 q	3.36 s
12	27.1 t	1.30 m（2H）		56.2 q	3.32 s
13	43.3 d				

注：溶剂 CDCl$_3$；^{13}C NMR：150 MHz；^{1}H NMR：600 MHz

化合物名称：jesaconitine

分子式：C$_{35}$H$_{49}$NO$_{12}$　　　　　　　　分子量（M+1）：676

植物来源：*Aconitum japonicum* Thunb.

参考文献：Bando H，Wada K，Watanabe M，et al. 1985. Studies on the constituents of *Aconitum* species. Ⅳ. On the components of *Aconitum japonicum* Thunb. Chemical & Pharmaceutical Bulletin，33（11）：4717-4722.

jesaconitine 的 NMR 数据

位置	δ_C/ppm	δ_H/ppm（J/Hz）	位置	δ_C/ppm	δ_H/ppm（J/Hz）
1	83.3 d		18	75.8 t	
2	33.6 t		19	46.9 t	
3	70.9 d		21	48.9 t	
4	43.1 s		22	13.3 q	
5	46.6 d		1-OMe	55.8 q	
6	82.3 d		6-OMe	57.9 q	
7	44.6 d		16-OMe	61.1 q	
8	91.9 s		18-OMe	59.0 q	
9	44.2 d		8-OAc	172.4 s	
10	40.8 d			21.5 q	
11	49.9 s		14-OCO	165.7 s	
12	35.8 t		1′	122.1 s	
13	74.0 s		2′,6′	131.6 d	
14	78.6 d		3′,5′	113.8 d	
15	78.8 d		4′	163.5 s	
16	90.0 d		4′-OMe	55.4 q	
17	60.9 d				

注：溶剂 CDCl$_3$；^{13}C NMR：25 MHz

化合物名称：karaconitine

分子式：C$_{34}$H$_{47}$NO$_{11}$ **分子量**（M + 1）：646

植物来源：*Aconitum karakolicum* Rapaics 多根乌头

参考文献：Lao A N，Wang Y，Wang H C，et al. 1996. Studies on the alkaloids from *Aconitum karakolicum* Rap. Part Ⅱ. Heterocycles，43（6）：1267-1270.

karaconitine 的 NMR 数据

位置	δ_C/ppm	δ_H/ppm（J/Hz）	位置	δ_C/ppm	δ_H/ppm（J/Hz）
1	85.9 d	3.14 d（4.5）	18		2.97 d（8.8）
2	62.3 d	4.02 m	19	51.4 t	2.58 d（11.2）
3	42.3 t	2.02 dd（14.8, 3.6）			2.51 d（11.2）
		1.71 dd（14.8, 2.0）	21	48.8 t	2.88 m
4	38.8 s				2.24 m
5	48.8 d	2.25 d（6.0）	22	12.1 q	1.15 t（7.2）
6	82.3 d	4.00 d（6.0）	8-OAc	172.4 s	
7	45.5 d	2.92 s		21.3 q	1.41 s
8	91.7 s		1-OMe	56.1 q	3.33 s
9	45.0 d	2.97 m	6-OMe	58.9 q	3.19 s
10	40.7 d	2.25 m	16-OMe	61.0 q	3.72 s
11	52.5 s		18-OMe	58.3 q	3.28 s
12	38.6 t	2.78 m	14-OCO	166.1 s	
13	73.9 s	2.30 m	1′	129.8 s	
14	78.8 d	4.90 d（4.4）	2′, 6′	129.6 d	8.03 d（7.2）
15	78.7 d	4.46 dd（4.4, 3.2）	3′, 5	128.6 d	7.46 t（7.2）
16	90.2 d	3.26 d（4.4）	4′	133.3 d	7.58 t（7.2）
17	60.0 d	3.06 s	13-OH		3.87 s
18	78.9 t	3.68 d（8.8）	15-OH		4.35 d（3.2）

注：溶剂 CDCl$_3$；^{13}C NMR：100 MHz；^{1}H NMR：400 MHz

化合物名称：karakanine

分子式：$C_{22}H_{33}NO_4$　　　　　　**分子量**（$M+1$）：376

植物来源：*Aconitum karakolicum* Rapaics 多根乌头

参考文献：Sultankhodzhaev M N. 1993. Karakanine—A new alkaloid from the epigeal part of *Aconitum karakolicum*. Chemistry of Natural Compounds，29（1）：51-52.

karakanine 的 NMR 数据

位置	δ_C/ppm	δ_H/ppm（J/Hz）	位置	δ_C/ppm	δ_H/ppm（J/Hz）
1	68.9 d		12	30.5 t	
2	27.1 t		13	45.6 d	
3	23.3 t		14	75.5 d	
4	24.4 s		15	39.7 t	
5	37.0 d		16	82.0 d	
6	23.3 t		17	61.5 d	
7	54.9 d		18	20.0 q	
8	72.3 s		19	91.5 d	
9	45.6 d		21	48.0 t	
10	38.6 d		22	14.5 q	
11	46.9 s		16-OMe	56.5 q	

注：溶剂 CDCl₃；¹³C NMR：25 MHz

化合物名称：karakoline

分子式：C$_{22}$H$_{35}$NO$_4$ 分子量（$M+1$）：378

植物来源：*Delphinium davisii* Munz.

参考文献：Ulubelen A，Desai H K，Srivastava S K，et al. 1996. Diterpenoid alkaloids from *Delphinium davisii*. Journal of Natural Products，59（4）：360-366.

karakoline 的 NMR 数据

位置	δ_C/ppm	δ_H/ppm（J/Hz）	位置	δ_C/ppm	δ_H/ppm（J/Hz）
1	72.4 d	3.69 t（2.5）	12		2.00 m
2	29.6 t	1.55 m	13	40.0 d	2.30 t（5.0）
		1.62 m	14	75.7 d	4.18 t（4.8）
3	31.1 t	1.46 td（3.0, 13.0）	15	42.2 t	2.05 m
		1.71 dt（6.0, 13.0）			2.35 m
4	32.8 s		16	82.0 d	3.35 dd（5.0, 9.0）
5	46.4 d	1.58	17	63.3 d	2.74 s
6	25.1 t	1.55	18	27.5 q	0.85 s
		1.88 q（7.0, 15.0）	19	60.2 t	2.05 ABq（10.5）
7	45.0 d	2.05 m			2.25 ABq（10.5）
8	74.2 s		21	48.3 t	2.40 m
9	46.6 d	2.20 m			2.49 m
10	43.9 d	1.80 m	22	13.0 q	1.10 t（7.5）
11	48.7 s		16-OMe	56.2 q	3.31 s
12	28.5 t	1.60 m			

注：溶剂 CDCl$_3$；^{13}C NMR：75 MHz；^{1}H NMR：300 MHz

化合物名称：kohatenine

分子式：C$_{28}$H$_{43}$NO$_8$　　　　　　　　**分子量**（$M+1$）：522

植物来源：*Delphinium kohatense* Munz.

参考文献：Shaheen F，Ahmad M，Rizvi T S，et al. 2015. Norditerpenoid alkaloids from *Delphinium kohatense* Munz. Records of Natural Products，9（1）：76-80.

kohatenine 的 NMR 数据

位置	δ_C/ppm	δ_H/ppm（J/Hz）	位置	δ_C/ppm	δ_H/ppm（J/Hz）
1	82.4 d	3.12 m	15	32.9 t	2.0
2	28.6 t	2.1 m	16	81.9 d	3.33 d（6.1）
3	32.9 t		17	64.7 d	3.15 d（2.0）
4	34.5 s		18	25.8 q	0.799 s
5	42.4 d	2.69 d（7.2）	19	53.4 t	
6	73.4 d	5.21 d（7.3）	21	49.2 t	2.40 m
7	56.1 d	1.43	22	13.6 q	1.02 t（6.8）
8	79.1 s		1-OMe	57.5 q	
9	44.5 d	2.95 d（3.1）	8-OMe	48.3 q	
10	84.6 s		16-OMe	56.4 q	
11	48.2 s		6-OAc	170.01 s	
12	29.7 t	1.65		21.66 q	1.17 s
		1.72	14-OAc	170.02 s	
13	38.5 d	2.3 t（5.6）		21.67 q	1.22 s
14	75.4 d	3.95 t（5.6）			

注：溶剂 CD$_3$OD；^{13}C NMR：100 MHz；^{1}H NMR：400 MHz

化合物名称：kongboenine

分子式：C$_{34}$H$_{49}$NO$_8$　　　　　　　　分子量（$M+1$）：600

植物来源：*Aconitum kongboense* var. *villosum* W. T. Wang 展毛工布乌头

参考文献：Yue J M，Chen Y Z，Li Y Z. 1990. C$_{19}$-diterpenoid alkaloids of *Aconitum kongboense*. Phytochemistry，29（7）：2379-2380.

kongboenine 的 NMR 数据

位置	δ_C/ppm	δ_H/ppm（J/Hz）	位置	δ_C/ppm	δ_H/ppm（J/Hz）
1	85.45 d		17	61.44 d	
2	26.40 t		18	80.14 t	
3	35.00 t		19	49.00 t	
4	39.04 s		21	53.72 t	
5	49.13 d		22	13.52 q	1.10 t（7.1）
6	82.92 d	4.02 d（6.4）	1-OMe	56.38 q	3.24 s
7	48.40 d		6-OMe	58.70 q	3.32 s
8	78.05 s		16-OMe	58.70 q	3.53 s
9	46.35 d		18-OMe	59.03 q	3.24 s
10	41.36 d		8-OEt	55.61 t	
11	50.95 s			15.17 q	0.55 t（7.0）
12	36.47 t		14-OCO	166.56 s	
13	75.36 s		1′	130.79 s	
14	79.40 d	4.74 d（5.0）	2′, 6′	129.75 d	8.09 d（7.5）
15	37.24 t		3′, 5′	129.14 d	7.43 t（7.5）
16	83.99 d		4′	132.57 d	7.54 t（7.5）

注：溶剂 CDCl$_3$；^{13}C NMR：100 MHz；^{1}H NMR：400 MHz

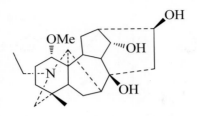

化合物名称：kongboensine

分子式：$C_{22}H_{35}NO_4$　　　　　　**分子量**（$M+1$）：378

植物来源：*Aconitum kongboense* Lauener　工布乌头

参考文献：陈瑛，王明奎，吴凤锷，等. 1994. 工布乌头根中的二萜生物碱. 植物学报，36（12）：970-972.

kongboensine 的 NMR 数据

位置	δ_C/ppm	δ_H/ppm（J/Hz）	位置	δ_C/ppm	δ_H/ppm（J/Hz）
1	86.2 d		12	28.0 t	
2	26.1 t		13	46.5 d	
3	37.5 t		14	76.0 d	4.27 t（5）
4	34.6 s		15	41.1 t	
5	48.9 d		16	73.8 d	
6	25.1 t		17	62.5 d	
7	45.7 d		18	26.3 q	0.79 s
8	72.6 s		19	56.8 t	
9	46.5 d		21	49.5 t	
10	42.7 d		22	13.5 q	1.06 t（7）
11	50.6 s		1-OMe	56.3 q	3.27 s

注：溶剂 CDCl₃；¹³C NMR：100 MHz；¹H NMR：400 MHz

化合物名称：kongboentine A

分子式：C$_{24}$H$_{40}$N$_2$O$_4$　　　　　　　　分子量（$M+1$）：421

植物来源：*Aconitum kongboense* Lauener 工布乌头

参考文献：A Ping，Chen Q H，Chen D L，et al. 2004. Two new C$_{19}$-diterpenoid alkaloids from *Aconitum kongboense*. Journal of Natural Products Research，6（2）：151-154.

kongboentine A 的 NMR 数据

位置	δ_C/ppm	δ_H/ppm（J/Hz）	位置	δ_C/ppm	δ_H/ppm（J/Hz）
1	86.0 d		13	46.0 d	
2	25.8 t		14	75.3 d	4.05 t（5.2）
3	32.5 t		15	36.2 t	
4	38.4 s		16	82.3 d	
5	37.6 d		17	62.6 d	
6	24.8 t		18	79.4 t	
7	45.1 d		19	52.9 t	
8	54.7 s		21	49.4 t	
9	46.7 d		22	13.6 q	1.05 t（7.0）
10	46.0 d		1-OMe	56.2 q	3.26 s
11	48.5 s		16-OMe	56.3 q	3.33 s
12	29.2 t		18-OMe	59.3 q	3.28 s

注：溶剂 CDCl$_3$；^{13}C NMR：100 MHz；^{1}H NMR：400 MHz

化合物名称：kongboentine B

分子式：$C_{31}H_{43}NO_7$　　　　　　　分子量（$M+1$）：542

植物来源：*Aconitum kongboense* Lauener　工布乌头

参考文献：A Ping，Chen Q H，Chen D L，et al. 2004. Two new C₁₉-diterpenoid alkaloids from *Aconitum kongboense*. Journal of Natural Products Research，6（2）：151-154.

kongboentine B 的 NMR 数据

位置	δ_C/ppm	δ_H/ppm（J/Hz）	位置	δ_C/ppm	δ_H/ppm（J/Hz）
1	85.1 d		16	81.8 d	
2	22.6 t		17	62.0 d	
3	31.9 t		18	81.1 t	
4	39.3 s		19	54.6 t	
5	56.8 d		21	49.1 t	
6	72.6 d	4.77 d（6.8）	22	14.0 q	1.08 t（7.2）
7	56.8 d		1-OMe	56.2 q	3.25 s
8	74.6 s		16-OMe	56.8 q	3.29 s
9	47.0 d		18-OMe	59.2 q	3.19 s
10	45.0 d		14-OCO	166.4 s	
11	50.7 s		1′	130.4 s	
12	29.3 t		2′, 6′	129.5 d	
13	37.0 d		3′, 5′	128.4 d	7.39～7.98 m
14	76.9 d	5.10 t（4.8）	4′	132.8 d	
15	41.2 t				

注：溶剂 CDCl₃；¹³C NMR：100 MHz；¹H NMR：400 MHz

化合物名称：lasianine

分子式：C$_{25}$H$_{42}$N$_2$O$_8$　　　　　　　　分子量（$M+1$）：499

植物来源：*Aconitum nagarum* var. *lasiandrum* W. T. Wang 宣威乌头

参考文献：Ji H，Chen D L，Wang F P. 2004. Two new C$_{19}$-diterpenoid alkaloids from *Aconitum nagarum* var. *lasiandrum*. Heterocycles，63（10）：2363-2370.

lasianine 的 NMR 数据

位置	δ_C/ppm	δ_H/ppm（J/Hz）	位置	δ_C/ppm	δ_H/ppm（J/Hz）
1	83.9 d	3.15 dd（7.6, 6.4）	14	80.2 d	3.81 d（5.2）
2	34.9 t	1.98 m	15	82.4 d	4.23 d（6.4）
		2.33 m	16	93.4 d	3.09 d（6.4）
3	70.8 d	3.76 dd（9.6, 4.8）	17	62.8 d	3.06 s
4	44.4 s		18	75.6 t	3.35 ABq（8.4）
5	49.7 d	2.06 br s			3.70 ABq（8.4）
6	85.3 d	4.13 d（6.4）	19	50.0 t	2.78（hidden）
7	46.7 d	2.15 m			2.44（hidden）
8	61.0 s		21	48.4 t	2.47 m
9	50.3 d	2.13 m			2.81 m
10	43.2 d	1.94 m	22	13.5 q	1.11 t（7.2）
11	51.4 s		1-OMe	55.9 q	3.26 s
12	38.3 t	2.51 m	6-OMe	58.3 q	3.37 s
		1.92 m	16-OMe	61.7 q	3.58 s
13	77.6 s		18-OMe	59.1 q	3.29 s

注：溶剂 CD$_3$OD；^{13}C NMR：100 MHz；^{1}H NMR：400 MHz

化合物名称：lasiansine

分子式：C$_{24}$H$_{39}$NO$_7$　　　　　　**分子量（$M+1$）**：454

植物来源：*Aconitum nagarum* var. *lasiandrum* W. T. Wang 宣威乌头

参考文献：Ji H，Wang F P. 2006. Structure of lasiansine from *Aconitum nagarum* var. *lasiandrum*. Journal of Asian Natural Products Research，8（7）：619-624.

lasiansine 的 NMR 数据

位置	δ_C/ppm	δ_H/ppm（J/Hz）	位置	δ_C/ppm	δ_H/ppm（J/Hz）
1	85.6 d	3.00 dd（10.8, 6.4）	13	76.6 s	
2	25.7 t	1.94 m	14	79.1 d	3.97 d（5.2）
		2.27 m	15	40.1 t	2.25 m
3	35.2 t	1.50 td（11.6, 3.6）			2.49 m
		1.68 dt（12.8, 3.6）	16	84.1 d	3.36 d（8.4）
4	39.0 s		17	62.5 d	3.09 s
5	50.5 d	2.00（hidden）	18	80.8 t	3.36 ABq（8.4）
6	71.8 d	4.71 d（6.8）			3.78 ABq（8.4）
7	56.1 d	2.01（hidden）	19	54.0 t	2.57 m
8	73.9 s				2.78 d（10.8）
9	50.6 d	2.34 m	21	49.1 t	2.55 m
10	42.1 d	1.90 m	22	13.5 q	1.09 t（7.2）
11	50.4 s		1-OMe	56.0 q	3.23 s
12	36.2 t	2.26 m	16-OMe	57.8 q	3.40 s
		2.52 m	18-OMe	59.1 q	3.31 s

注：溶剂 CDCl$_3$；^{13}C NMR：100 MHz；^{1}H NMR：400 MHz

化合物名称：leucanthumsine A

分子式：C$_{36}$H$_{49}$NO$_8$　　　　　　　分子量（$M+1$）：624

植物来源：*Aconitum sungpanense* var. *leucanthum* W. T. Wang　白花松潘乌头

参考文献：Yan H，Chen D L，Jian X X，et al. 2007. New diterpene alkaloids from *Aconitum sungpanense* var. *leucanthum*. Helvetica Chimica Acta，90（6）：1133-1140.

leucanthumsine A 的 NMR 数据

位置	δ_C/ppm	δ_H/ppm（J/Hz）	位置	δ_C/ppm	δ_H/ppm（J/Hz）
1	84.9 d	3.04 t	18	80.3 t	3.14 ABq（8.4）
2	26.4 t	1.91~1.94 m			3.64 ABq（8.4）
		2.35 t（5.2）	19	53.7 t	2.42~2.47 m
3	34.8 t	1.64（hidden）	21	49.0 t	2.53~2.56 m
4	39.0 s				3.20（hidden）
5	49.4 d	2.08 d（6.8）	22	13.4 q	1.07 t（6.8）
6	83.5 d	4.06 d（6.8）	1-OMe	56.0 q	3.24 s
7	49.2 d	3.04 t	6-OMe	57.9 q	3.21 s
8	85.9 s		16-OMe	56.6 q	3.37 s
9	44.0 d	2.72 t	18-OMe	59.1 q	3.29 s
10	44.8 d	1.96~1.98 m	8-OAc	169.7 s	
11	50.3 s			22.3 q	1.80 s
12	29.0 t	2.57~2.59 m	14-OCO	166.7 s	
		1.96~1.98 m	1′	118.5 d	6.42 d（16）
13	39.3 d	2.36 t（5.2）	2′	144.9 d	7.68 d（16）
14	75.4 d	4.94 t（5.2）	3′	134.3 s	
15	37.8 t	2.16~2.18 m	4′, 8′	128.0 d	7.49~7.52 m
		2.85~2.91 m	5′, 7′	128.9 d	7.37~7.39 m
16	82.8 d	3.32（hidden）	6′	130.3 d	7.37~7.39 m
17	61.5 d	2.84 s			

注：溶剂 CDCl$_3$；^{13}C NMR：100 MHz；^{1}H NMR：400 MHz

化合物名称：leucanthumsine B

分子式：C$_{34}$H$_{47}$NO$_7$　　　　　　　　　　分子量（$M+1$）：582

植物来源：*Aconitum sungpanense* var. *leucanthum* W. T. Wang　白花松潘乌头

参考文献：Yan H，Chen D L，Jian X X，et al. 2007. New diterpene alkaloids from *Aconitum sungpanense* var. *leucanthum*. Helvetica Chimica Acta，90（6）：1133-1140.

leucanthumsine B 的 NMR 数据

位置	δ_C/ppm	δ_H/ppm（J/Hz）	位置	δ_C/ppm	δ_H/ppm（J/Hz）
1	85.9 d		17	61.8 d	
2	26.3 t		18	80.7 t	
3	35.0 t		19	53.9 t	
4	39.2 s		21	49.1 t	
5	49.7 d		22	13.6 q	
6	82.7 d		1-OMe	56.0 q	
7	47.0 d		6-OMe	57.6 q	
8	73.8 s		16-OMe	56.1 q	
9	53.5 d		18-OMe	59.2 q	
10	44.9 d		14-OCO	166.5 s	
11	50.3 s		1′	118.0 d	
12	29.3 t		2′	145.1 d	
13	36.6 d		3′	134.4 s	
14	76.9 d		4′, 8′	128.1 d	
15	29.7 t		5′, 7′	128.8 d	
16	81.8 d		6′	130.3 d	

注：溶剂 CDCl$_3$；^{13}C NMR：100 MHz

化合物名称：leucanthumsine C

分子式：$C_{24}H_{39}NO_6$ 分子量（$M+1$）：438

植物来源：*Aconitum sungpanense* var. *leucanthum* W. T. Wang 白花松潘乌头

参考文献：Yan H，Chen D L，Jian X X，et al. 2007. New diterpene alkaloids from *Aconitum sungpanense* var. *leucanthum*. Helvetica Chimica Acta，90（6）：1133-1140.

leucanthumsine C 的 NMR 数据

位置	δ_C/ppm	δ_H/ppm（J/Hz）	位置	δ_C/ppm	δ_H/ppm（J/Hz）
1	85.9 d		14	75.5 d	4.14 t（4.4）
2	26.1 t		15	39.1 t	
3	36.4 t		16	—	
4	39.7 s		17	62.7 d	3.60 s
5	48.7 d		18	71.9 t	3.48 ABq（4.4）
6	82.0 d	4.28 d（6.8）			3.73 ABq（4.4）
7	52.0 d		19	53.9 t	
8	72.6 s		21	49.4 t	
9	51.7 d		22	13.6 q	1.08 t（7.2）
10	38.0 d		1-OMe	56.3 q	3.25 s
11	50.3 s		6-OMe	57.3 q	3.35 s
12	28.5 t		16-OMe	55.9 q	3.35 s
13	45.5 d				

注：溶剂 CDCl₃；¹³C NMR：100 MHz；¹H NMR：400 MHz

化合物名称：leucanthumsine D

分子式：$C_{23}H_{35}NO_6$　　　　　　　**分子量**（$M+1$）：422

植物来源：*Aconitum sungpanense* var. *leucanthum* W. T. Wang　白花松潘乌头

参考文献：Yan H，Chen D L，Jian X X，et al. 2007. New diterpene alkaloids from *Aconitum sungpanense* var. *leucanthum*. Helvetica Chimica Acta，90（6）：1133-1140.

leucanthumsine D 的 NMR 数据

位置	δ_C/ppm	δ_H/ppm （J/Hz）	位置	δ_C/ppm	δ_H/ppm （J/Hz）
1	84.0 d	3.14～3.17 m	12		1.71～1.75 m
2	28.8 t	1.48～1.51 m	13	45.7 d	1.76～1.78 m
		1.81～1.83 m	14	75.2 d	4.15 t（4.8）
3	24.5 t	1.54 t（2.0）	15	37.8 t	2.14 t（7.6）
		1.84（hidden）			2.57～2.64 m
4	47.3 s		16	81.8 d	3.47 br d（8.8）
5	48.0 d	2.18 d（1.6）	17	61.6 d	4.03 s
6	82.7 d	4.14（hidden）	18	78.2 t	3.67 ABq（8.8）
7	47.2 d	2.04 t（5.2）			3.82 ABq（8.8）
8	71.5 s		19	166.6 d	7.45 s
9	57.6 d	2.12 t（7.6）	1-OMe	56.3 q	3.36 s
10	37.8 d	2.35～2.39 m	6-OMe	56.9 q	3.25 s
11	50.3 s		16-OMe	55.6 q	3.20 s
12	27.7 t	1.85～1.86 m	18-OMe	59.0 q	3.34 s

注：溶剂 CDCl₃；¹³C NMR：100 MHz；¹H NMR：400 MHz

化合物名称：leucanthumsine E

分子式：$C_{33}H_{45}NO_{10}$ **分子量**（$M+1$）：616

植物来源：*Aconitum sungpanense* var. *leucanthum* W. T. Wang 白花松潘乌头

参考文献：Yan H，Chen D L，Jian X X，et al. 2007. New diterpene alkaloids from *Aconitum sungpanense* var. *leucanthum*. Helvetica Chimica Acta，90（6）：1133-1140.

leucanthumsine E 的 NMR 数据

位置	δ_C/ppm	δ_H/ppm（J/Hz）	位置	δ_C/ppm	δ_H/ppm（J/Hz）
1	72.2 d	3.75 br s	17	63.1 d	2.84（hidden）
2	37.9 t	1.81～1.83 m	18	79.3 t	3.45（hidden）
		1.95 br d（8.0）			3.48（hidden）
3	71.8 d	4.12 br d（4.8）	19	47.9 t	2.40 s
4	44.2 s				3.15 s
5	39.1 d	2.10（hidden）	21	48.4 t	2.58～2.63 m
6	83.3 d	4.0 br d（6.8）			3.09 br s
7	48.2 d	3.09 s	22	12.8 q	1.18 t（7.2）
8	85.5 s		6-OMe	57.9 q	3.18 s
9	43.6 d	2.84（hidden）	16-OMe	59.1 q	3.57 s
10	46.0 d	2.13（hidden）	18-OMe	59.1 q	3.30 s
11	49.8 s		8-OAc	169.8 s	
12	36.2 t	2.25 br s		21.4 q	1.32 s
		2.06 d（4.4）	14-OCO	166.1 s	
13	74.6 s		1′	130.0 s	
14	79.0 d	4.92 d（5.4）	2′, 6′	129.6 d	8.06 d（6.8）
15	40.3 t	2.42 d（8.8）	3′, 5′	128.6 d	7.45 d（8.0）
		3.07 d（8.8）	4′	133.2 d	7.56 d（7.6）
16	83.3 d	3.50（hidden）			

注：溶剂 CDCl₃；¹³C NMR：150 MHz；¹H NMR：600 MHz

化合物名称：leueantine A

分子式：$C_{36}H_{49}NO_9$　　　　　　　　　　分子量（$M+1$）：640

植物来源：*Aconitum hemsleyanum* var. *leueanthus*　白花瓜叶乌头

参考文献：Li L Y，Chen Q H，Zhou X L，et al. 2003. New norditerpenoid alkaloids from *Aconitum hemsleyanum* var. *leueanthus*. Journal of Natural Products，66（2）：269-271.

leueantine A 的 NMR 数据

位置	δ_C/ppm	δ_H/ppm（J/Hz）	位置	δ_C/ppm	δ_H/ppm（J/Hz）
1	83.6 d		18	77.1 t	
2	33.2 t		19	47.5 t	
3	71.7 d	3.79 dd（7.8，4.4）	21	48.5 t	
4	42.9 s		22	13.2 q	1.08 t（7.0）
5	48.4 d		1-OMe	56.6 q	3.44 s
6	82.2 d	4.12 d（16.0）	6-OMe	57.8 q	3.38 s
7	48.5 d		16-OMe	55.6 q	3.30 s
8	85.8 s		18-OMe	59.0 q	3.25 s
9	43.6 d		14-OAc	169.7 s	
10	39.0 d			22.3 q	1.81 s
11	50.4 s		8-OCO	166.6 s	
12	28.4 t		1′	118.2 d	6.44 d（16.0）
13	44.7 d		2′	145.1 d	7.69 d（16.0）
14	75.4 d	4.94 d（4.4）	3′	134.2 s	
15	38.0 t		4′，8′	128.9 d	
16	82.6 d		5′，7′	128.0 d	7.39～7.50 m
17	61.2 d		6′	130.3 d	

注：溶剂 CDCl₃；¹³C NMR：50 MHz；¹H NMR：200 MHz

化合物名称：leueantine B

分子式：$C_{36}H_{49}NO_8$　　　　　分子量（$M+1$）：624

植物来源：*Aconitum hemsleyanum* var. *leueanthus* 白花瓜叶乌头

参考文献：Li L Y，Chen Q H，Zhou X L，et al. 2003. New norditerpenoid alkaloids from *Aconitum hemsleyanum* var. *leueanthus*. Journal of Natural Products，66（2）：269-271.

leueantine B 的 NMR 数据

位置	δ_C/ppm	δ_H/ppm（J/Hz）	位置	δ_C/ppm	δ_H/ppm（J/Hz）
1	84.8 d		18	80.2 t	3.63 ABq（8.2）
2	26.3 t		19	53.7 t	
3	34.7 t		21	49.0 t	
4	38.9 s		22	13.3 q	1.06 t（7.0）
5	48.9 d		1-OMe	56.5 q	3.61 s
6	82.7 d	4.06 d（6.6）	6-OMe	57.8 q	3.36 s
7	44.7 d		16-OMe	55.9 q	3.27 s
8	85.5 s		18-OMe	59.0 q	3.24 s
9	48.9 d		14-OAc	169.6 s	
10	39.2 d			22.3 q	1.81 s
11	50.2 s		8-OCO	166.8 s	
12	28.9 t		1′	118.3 d	6.43 d（16.0）
13	43.9 d		2′	144.9 d	7.67 d（16.0）
14	75.4 d	4.93 d（4.8）	3′	134.2 s	
15	37.7 t		4′, 8′	128.8 d	
16	83.4 d		5′, 7′	127.9 d	7.35～7.52 m
17	61.4 d		6′	130.2 d	

注：溶剂 CDCl₃；¹³C NMR：50 MHz；¹H NMR：200 MHz

化合物名称：leueantine C

分子式：C₃₃H₄₅NO₆　　　　　　　分子量（$M+1$）：552

植物来源：*Aconitum hemsleyanum* var. *leueanthus* 白花瓜叶乌头

参考文献：Li L Y，Chen Q H，Zhou X L，et al. 2003. New norditerpenoid alkaloids from *Aconitum hemsleyanum* var. *leueanthus*. Journal of Natural Products，66（2）：269-271.

leueantine C 的 NMR 数据

位置	δ_C/ppm	δ_H/ppm （J/Hz）	位置	δ_C/ppm	δ_H/ppm （J/Hz）
1	85.7 d		17	61.2 d	
2	26.1 t		18	79.5 t	
3	32.6 t		19	53.1 t	
4	38.5 s		21	49.3 t	
5	36.0 d		22	13.5 q	1.06 t （7.0）
6	24.9 t		1-OMe	56.2 q	3.30 s
7	45.9 d		16-OMe	56.0 q	3.28 s
8	73.7 s		18-OMe	59.4 q	3.21 s
9	46.3 d		14-OCO	166.7 s	
10	45.4 d		1′	118.1 d	6.42 d （16.0）
11	48.7 s		2′	144.9 d	7.67 d （16.0）
12	28.5 t		3′	134.3 s	
13	45.1 d		4′, 8′	128.8 d	
14	76.8 d	4.99 d （5.0）	5′, 7′	128.1 d	7.36～7.55 m
15	40.9 t		6′	130.2 d	
16	81.7 d				

注：溶剂 CDCl₃；¹³C NMR：50 MHz；¹H NMR：200 MHz

化合物名称：leueantine D

分子式：$C_{33}H_{45}NO_7$　　　　　　　　　**分子量**（$M+1$）：568

植物来源：*Aconitum hemsleyanum* var. *leueanthus* 白花瓜叶乌头

参考文献：Li L Y，Chen Q H，Zhou X L，et al. 2003. New norditerpenoid alkaloids from *Aconitum hemsleyanum* var. *leueanthus*. Journal of Natural Products，66（2）：269-271.

leueantine D 的 NMR 数据

位置	δ_C/ppm	δ_H/ppm（J/Hz）	位置	δ_C/ppm	δ_H/ppm（J/Hz）
1	85.2 d		17	61.9 d	
2	26.1 t		18	80.9 t	3.76 ABq（8.6）
3	35.1 t		19	54.3 t	
4	38.8 s		21	49.0 t	
5	50.3 d		22	13.5 q	1.09 t（7.0）
6	72.3 d	4.78 d（6.8）	1-OMe	56.0 q	3.31 s
7	56.8 d		16-OMe	56.0 q	3.26 s
8	74.7 s		18-OMe	59.1 q	3.23 s
9	46.9 d		14-OCO	166.7 s	
10	45.0 d		1′	118.1 d	6.45 d（16.0）
11	50.6 s		2′	145.0 d	7.68 d（16.0）
12	29.2 t		3′	134.3 s	
13	37.0 d		4′, 8′	128.7 d	
14	76.7 d	4.97 d（5.0）	5′, 7′	128.3 d	7.36～7.54 m
15	41.0 t		6′	130.2 d	
16	81.9 d				

注：溶剂 CDCl₃；¹³C NMR：50 MHz；¹H NMR：200 MHz

化合物名称：liaconitine A

分子式：C$_{35}$H$_{47}$NO$_{10}$　　　　　　　分子量（$M+1$）：642

植物来源：*Aconitum episcopale* Levl. 紫乌头

参考文献：Yang J H，Li Z Y，Li L，et al. 1999. Diterpenoid alkaloids from *Aconitum episcopale*. Phytochemistry，50（2）：345-348.

liaconitine A 的 NMR 数据

位置	δ_C/ppm	δ_H/ppm（J/Hz）	位置	δ_C/ppm	δ_H/ppm（J/Hz）
1	83.4 d	3.27 d（3.6）	18	78.7 t	3.68 d（8.4）
2	125.1 d	6.08 dd（3.6, 10）	19	52.7 t	
3	137.5 d	5.78 d（10）	21	47.4 t	
4	40.7 s		22	12.5 q	1.10 t（7.1）
5	47.7 d	2.39 d（6.3）	1-OMe	56.1 q	3.29 s
6	81.1 d	3.98 d（6.4）	6-OMe	58.9 q	3.30 s
7	44.5 d		16-OMe	57.7 q	3.54 s
8	85.8 s		18-OMe	59.1 q	3.15 s
9	46.1 d		8-OAc	169.9 s	
10	40.8 d			21.6 q	1.33 s
11	48.1 s		14-OCO	163.3 s	
12	33.7 t		1′	122.6 s	
13	74.7 s		2′, 6′	131.3 d	7.97 d（8.8）
14	78.5 d	4.87 d（5.2）	3′, 5′	113.7 d	6.89 d（8.8）
15	40.0 t		4′	165.7 s	
16	83.4 d	3.42 t	4′-OMe	55.3 q	3.80 s
17	59.2 d	3.86 s			

注：溶剂 CDCl$_3$；^{13}C NMR：100 MHz；^{1}H NMR：400 MHz

化合物名称：liaconitine B

分子式：C$_{41}$H$_{51}$NO$_{11}$ 分子量（$M+1$）：734

植物来源：*Aconitum episcopale* Levl. 紫乌头

参考文献：Yang J H，Li Z Y，Li L，et al. 1999. Diterpenoid alkaloids from *Aconitum episcopale*. Phytochemistry，50（2）：345-348.

liaconitine B 的 NMR 数据

位置	δ_C/ppm	δ_H/ppm（J/Hz）	位置	δ_C/ppm	δ_H/ppm（J/Hz）
1	83.6 d	3.27 d（3.6）	21	47.6 t	
2	125.1 d	6.01 dd（3.5, 9.8）	22	12.6 q	1.11 t（7.1）
3	137.6 d	5.76 d（9.8）	1-OMe	56.1 q	
4	40.8 s		6-OMe	58.7 q	
5	48.0 d	2.39 d（6.2）	16-OMe	57.9 q	
6	81.2 d	4.09 d（6.4）	18-OMe	59.1 q	
7	44.9 d		8-OCO	162.8 s	
8	86.1 s		1′	122.3 s	
9	46.4 d		2′, 6′	131.1 d	7.54 d（6.9）
10	40.9 d		3′, 5′	113.0 d	6.86 d（8.8）
11	48.8 s		4′	165.0 s	
12	33.9 t		4′-OMe	55.1 q	
13	74.9 s		14-OCO	163.1 s	
14	78.3 d	4.92 d（5.2）	1″	122.6 s	
15	40.2 t		2″, 6″	131.6 d	7.55 d（7.1）
16	83.4 d	3.51 t	3″, 5″	113.2 d	6.86 d（8.8）
17	59.2 d	3.92 s	4″	166.3 s	
18	78.8 t	3.68 d（8.5）	4″-OMe	55.1 q	
19	52.7 t				

注：溶剂 CDCl$_3$；^{13}C NMR：100 MHz；^{1}H NMR：400 MHz

化合物名称：liaconitine C

分子式：$C_{35}H_{49}NO_9$　　　　　　　**分子量**（$M+1$）：628

植物来源：*Aconitum episcopale* Levl. 紫乌头

参考文献：Yang J H，Li Z Y，Li L，et al. 1999. Diterpenoid alkaloids from *Aconitum episcopale*. Phytochemistry，50（2）：345-348.

<h3 align="center">liaconitine C 的 NMR 数据</h3>

位置	δ_C/ppm	δ_H/ppm（J/Hz）	位置	δ_C/ppm	δ_H/ppm（J/Hz）
1	84.0 d	3.25 d（3.5）	18	78.8 t	3.68 d（8.3）
2	125.6 d	6.04 dd（3.5，9.8）	19	52.7 t	
3	137.6 d	5.78 d（9.8）	21	47.5 t	
4	40.9 s		22	12.7 q	1.08 t（7.2）
5	47.9 d	2.39 d（6.2）	1-OMe	56.3 q	
6	81.6 d	4.01 d（6.2）	6-OMe	58.8 q	
7	45.9 d		16-OMe	58.2 q	
8	79.2 s		18-OMe	59.2 q	
9	46.1 d		8-OEt	56.0 t	
10	41.6 d			15.1 q	0.57 t（7.0）
11	49.2 s		14-OCO	163.4 s	
12	34.3 t		1′	122.4 s	
13	74.9 s		2′，6′	131.7 d	7.98 d（6.8）
14	78.3 d	4.82 d（5.3）	3′，5′	113.5 d	6.90 d（6.8）
15	38.0 t		4′	166.1 s	
16	83.7 d	3.44 t	4′-OMe	55.3 q	3.83 s
17	58.5 d	3.88 s			

注：溶剂 CDCl₃；¹³C NMR：100 MHz；¹H NMR：400 MHz

化合物名称：liangshantine

分子式：C$_{26}$H$_{37}$NO$_7$ 分子量（$M+1$）：476

植物来源：*Aconitum liangshanicum* W. T. Wang 凉山乌头

参考文献：Zhang Z T，Liu X Y，Chen D L，et al. 2010. New diterpenoid alkaloids from *Aconitum liangshanicum*. Helvetica Chimica Acta，93：811-817.

liangshantine 的 NMR 数据

位置	δ_C/ppm	δ_H/ppm（J/Hz）	位置	δ_C/ppm	δ_H/ppm（J/Hz）
1	200.6 s		15	42.3 t	1.97～2.02 m
2	131.7 d	6.22 d（10.4）			2.39～2.45 m
3	147.7 d	6.50 d（10.4）	16	81.9 d	3.18 t（8.0）
4	49.4 s		17	60.7 d	2.46～2.50 m
5	48.6 d	3.05 d（6.4）	18	72.0 t	3.89 ABq（8.4）
6	81.8 d	4.20 d（6.8）			3.84 ABq（8.4）
7	53.5 d	2.22～2.24 m	19	51.3 t	2.46～2.50 m
8	74.6 s				2.66～2.70 m
9	40.9 d	2.22～2.24 m	21	48.5 t	2.39～2.45 m
10	36.4 d	2.66～2.70 m	22	12.9 q	0.98 t（7.2）
11	50.9 s		6-OMe	57.9 q	3.38 s
12	31.1 t	1.33～1.38 m	16-OMe	56.0 q	3.26 s
		2.39～2.45 m	18-OMe	59.0 q	3.27 s
13	45.7 d	2.39～2.45 m	14-OAc	170.0 s	
14	76.8 d	4.90 t（4.8）		20.8 q	2.07 s

注：溶剂 CDCl$_3$；^{13}C NMR：100 MHz；^{1}H NMR：400 MHz

化合物名称：liljestrandinine

分子式：$C_{23}H_{35}NO_4$　　　　　　　**分子量**（$M+1$）：390

植物来源：*Aconitum liljestrandii* Hand.-Mazz. 贡嘎乌头

参考文献：Xie G B，Chen Q H，Chen D L，et al. 2003. New C_{19}-diterpenoid alkaloids from *Aconitum liljestrandii*. Heterocycles，34（28）：631-636.

liljestrandinine 的 NMR 数据

位置	δ_C/ppm	δ_H/ppm（J/Hz）	位置	δ_C/ppm	δ_H/ppm（J/Hz）
1	85.7 d	3.09 dd（10.8, 6.8）	12		2.39 m
2	22.6 t	1.97 m	13	38.9 d	2.41 m
		2.24 m	14	74.5 d	4.05 t（4.4）
3	32.6 t	1.76 m	15	131.7 d	5.63 dd（9.6, 1.6）
		1.43 td（13.2, 2.8）	16	129.8 d	5.89 dd（9.2, 6.8）
4	38.5 s		17	63.2 d	2.94 s
5	45.6 d	1.64 d（7.2）	18	79.6 t	3.00 ABq（9.6）
6	23.4 t	1.54 dd（14.8, 8.0）			3.13 ABq（9.6）
		1.92 m	19	53.1 t	1.98（hidden）
7	42.3 d	2.09 d（8.0）			2.51（hidden）
8	74.3 s		21	49.4 t	2.41 m
9	46.3 d	2.27 m	22	13.4 q	1.02 t（7.6）
10	45.8 d	1.92 m	1-OMe	56.2 q	3.24 s
11	48.2 s		18-OMe	59.4 q	3.30 s
12	33.0 t	1.86 m			

注：溶剂 CDCl₃；¹³C NMR：100 MHz；¹H NMR：400 MHz

化合物名称：liljestrandisine

分子式：C$_{23}$H$_{37}$NO$_5$　　　　　　　　**分子量**（$M+1$）：408

植物来源：*Aconitum liljestrandii* Hand.-Mazz. 贡嘎乌头

参考文献：谢光波，王锋鹏. 2004. C$_{19}$-二萜生物碱贡乌生的结构研究. 高等学校化学学报，25（3）：482-483.

liljestrandisine 的 NMR 数据

位置	δ_C/ppm	δ_H/ppm（J/Hz）	位置	δ_C/ppm	δ_H/ppm（J/Hz）
1	86.2 d	3.07 dd（6.4, 10.4）	13	40.8 d	2.23 m
2	25.7 t	1.98 m	14	75.8 d	4.22 t（5.0）
		2.19 m	15	42.3 t	1.95 m
3	32.7 t	1.38 dd（11.6）			2.58 m
		1.74 m	16	72.5 d	3.82 d（8.0）
4	38.7 s		17	63.0 d	3.18 s
5	46.0 d	1.64 d（7.2）	18	79.4 t	2.99 ABq（9.2）
6	24.6 t	1.47 dd（7.6, 14.4）			3.11 ABq（8.4）
		1.89 d（7.6）	19	53.2 t	2.02 d（11.6）
7	46.4 d	2.07 d（8.0）			2.51 m
8	73.6 s		21	49.5 t	2.39 m
9	46.5 d	2.25 m			2.56 m
10	45.8 d	1.70 m	22	13.6 q	1.05 t（7.2）
11	48.7 s		1-OMe	56.2 q	3.26 s
12	27.9 t	1.78 m（2H）	18-OMe	59.5 q	3.29 s

注：溶剂 CDCl$_3$；^{13}C NMR：100 MHz；^{1}H NMR：400 MHz

化合物名称：linearilobin

分子式：$C_{37}H_{46}N_2O_9$　**分子量**（$M+1$）：663

植物来源：*Delphinium linearilobum* (Trautv.) N. Busch

参考文献：Kolak U，Oeztuerk M，Oezgoekce F，et al. 2006. Norditerpene alkaloids from *Delphinium linearilobum* and antioxidant activity. Phytochemistry，67（19）：2170-2175.

linearilobin 的 NMR 数据

位置	δ_C/ppm	δ_H/ppm（J/Hz）	位置	δ_C/ppm	δ_H/ppm（J/Hz）
1	72.52 d	3.76 t（3.0）	18		4.22 d（11）
2	29.25 t	1.60 m	19	57.66 t	2.70 d（13）
		1.58 m			2.80 d（13）
3	31.43 t	1.85 m	21	48.61 t	2.54 m
		1.64 m			2.48 m
4	37.60 s		22	13.22 q	1.32 t（4.5）
5	43.22 d	1.75 d（8）	16-OMe	57.40 q	3.56 s
6	25.43 t	1.79 dd（14, 8）	1′	148.06 s	
		1.56 m	2′	151.02 s	
7	48.16 d	2.42 d（8.0）	3′	114.21 d	7.17 br d（8.3）
8	85.90 s		4′	121.30 d	7.45 td（8.3, 1.2）
9	46.43 d	2.10 dd（10.4, 4.7）	5′	118.63 d	6.75 td（8.3, 1.2）
10	44.28 d	1.94 m	6′	114.26 d	7.90 dd（8.3, 1.5）
11	49.17 s		18-OCO	167.35 s	
12	27.76 t	2.05 m	1″	114.72 s	
		1.62 m	2″	151.87 s	
13	42.68 d	2.34 m	3″	116.35 d	7.96 dd（8.5, 1.5）
14	76.32 d	4.14 t（5）	4″	135.83 d	7.48 ddd（8.5, 7.5, 1.5）
15	43.24 t	2.15 dd（15, 5）	5″	116.88 d	7.04 ddd（8.5, 7.5, 1.5）
		3.30 dd（15, 8.5）	6″	130.62 d	8.62 dd（7.5, 1.5）
16	82.63 d	3.25 br d（9）	NH		11.4 s
17	65.46 d	2.71 br s	1‴	169.0 s	
18	68.74 t	4.15 d（11）	2‴	51.0 q	3.60 s

注：溶剂 CDCl₃；¹³C NMR：125 MHz；¹H NMR：500 MHz

lipo=亚油酰基（linoleoyl）或
　　　硬脂酰基（stearoyl）或
　　　棕榈酰基（palmitoyl）或
　　　油酰基（oleoyl）

化合物名称：lipo-14-*O*-anisoylbikhaconine

分子式：C$_{51}$H$_{77}$NO$_{10}$（lipo = linoleoyl）；C$_{51}$H$_{81}$NO$_{10}$（lipo = stearoyl）；C$_{49}$H$_{77}$NO$_{10}$（lipo = palmitoyl）；C$_{51}$H$_{79}$NO$_{10}$（lipo = oleoyl）

分子量（*M* + 1）：864（lipo = linoleoyl）；868（lipo = stearoyl）；840（lipo = palmitoyl）；866（lipo = oleoyl）

植物来源：*Aconitum carmichaelii* Debx.（乌头）

参考文献：Shim S H，Kim J S，Kang S S. 2003. Norditerpenoid alkaloids from the processed tubers of *Aconitum carmichaeli*. Chemical & Pharmaceutical Bulletin，51（8）：999-1002.

lipo-14-*O*-anisoylbikhaconine 的 NMR 数据

位置	δ_C/ppm	δ_H/ppm（*J*/Hz）	位置	δ_C/ppm	δ_H/ppm（*J*/Hz）
1	85.4 d	3.01～3.06 m	15	40.0 t	3.04 dd（8.8, 15.6）
2	26.7 t	2.26～2.39 m			2.41 dd（5.9, 15.6）
		1.95～1.99 m	16	84.2 d	3.39 dd（5.9, 8.8）
3	35.3 t	1.62～1.82 m	17	62.3 d	2.92
4	39.5 s		18	80.7 t	3.62 d（8.4）
5	49.5 d	2.11 br d（5.5）			3.16 d（8.4）
6	83.5 d	3.98 d（6.5）	19	54.1 t	2.48 d（11.0）
7	49.7 d	3.05 br s			2.51 d（11.0）
8	85.8 s		21	49.5 t	2.43～2.46 m
9	45.6 d	2.92 t（5.2）			2.55～2.63 m
10	41.5 d	2.46～2.53 m	22	13.8 q	1.10 t（7.1）
11	50.7 s		1-OMe	56.6 q	3.27 s
12	36.2 t	2.79 dd（6.7, 12.8）	6-OMe	58.4 q	3.16 s
		2.44～2.49 m	16-OMe	59.2 q	3.55 s
13	75.2 s		18-OMe	59.5 q	3.30 s
14	79.0 d	4.88 d（4.9）	13-OH		3.83 br s

续表

位置	δ_C/ppm	δ_H/ppm（J/Hz）	位置	δ_C/ppm	δ_H/ppm（J/Hz）
14-OCO	166.5 s		9′	130.43 d	5.34～5.42 m
1″	123.2 s		10′	128.46 d	5.34～5.42 m
2″, 6″	132.2 d	8.03 d（8.8）	11′	26.02 t	2.79
3″, 5″	114.2 d	6.92 d（8.8）	12′	128.27 d	5.34～5.42 m
4″	164.8 s		13′	130.67 d	5.34～5.42 m
4″-OMe	55.8 q	3.87 s	14′	27.60 t	2.01～2.08 m
8-OCO	173.04 s		18′	14.47 q	0.88～0.92 m
	173.08 s			14.52 q	
8′	27.60 t	2.01～2.08 m	(CH$_2$)$_n$	22.97～35.20 t	1.28

注：溶剂 CDCl$_3$；^{13}C NMR：75 MHz；^{1}H NMR：300 MHz

lipo=硬脂酰基（stearoyl）或
　　　亚油酰基（linoleoyl）或
　　　棕榈酰基（palmitoyl）

化合物名称：lipobikhaconitine

分子式：C$_{52}$H$_{83}$NO$_{11}$（lipo = stearoyl）；C$_{52}$H$_{79}$NO$_{11}$（lipo = linoleoyl）；C$_{50}$H$_{79}$NO$_{11}$（lipo = palmitoyl）

分子量（$M+1$）：898（lipo = stearoyl）；894（lipo = linoleoyl）；870（lipo = palmitoyl）

植物来源：*Aconitum ferox* Wall.

参考文献：Hanuman J B，Katz A. 1994. New lipo norditerpenoid alkaloids from root tubers of *Aconitum ferox*. Journal of Natural Products，57（1）：105-115.

lipobikhaconitine 的 NMR 数据

位置	δ_C/ppm	δ_H/ppm（J/Hz）	位置	δ_C/ppm	δ_H/ppm（J/Hz）
1	85.04 d	2.99～3.07 br t	16	83.99 d	3.35～3.42 m
2	26.36 t	1.90～2.03 m	17	61.89 d	2.90 m
		2.26 br d（9.9）	18	80.36 t	3.12 d
3	34.96 t	1.55～1.69 m			3.61 d（8.4）
4	39.15 s		19	53.70 t	2.35～2.50 m
5	49.23 d	2.06～2.12 m			2.99～3.20 m
6	83.17 d	3.94 m	21	49.07 t	2.36～2.59 m
7	49.23 d	3.03 br s			2.36～2.59 m
8	85.36 s		22	13.45 q	1.08 t（7.1）
9	45.24 d	2.90 br s	1-OMe	56.01 q	3.25 s
10	41.09 d	2.06～2.12 m	6-OMe	58.00 q	3.14 s
11	50.30 s		16-OMe	58.84 q	3.52 s
12	35.73 t	199～2.12 m	18-OMe	59.09 q	3.28 s
		2.73～2.81 m	14-OCO	166.00 s	
13	74.91 s		1′	122.88 s	
14	78.69 d	4.85 d（5）	2′	112.10 d	7.62 d（2）
15	39.75 t	2.35～2.50 m	3′	148.75 s	
		2.99～3.20 m	4′	153.09 s	

续表

位置	δ_C/ppm	δ_H/ppm（J/Hz）	位置	δ_C/ppm	δ_H/ppm（J/Hz）
5′	110.37 d	6.88 d（8）	7″	27.23 t	1.99～2.12 m
6′	123.80 d	7.70 d（2.8）	8″	130.04 d	5.25～5.45 m
3′-OMe	56.01 q	3.90 s	9″	128.07 d	5.20～5.40 m
4′-OMe	55.84 q	3.92 s	10″	25.64 t	2.73～2.81 m
8-OCO	172.63 s		11″	127.91 d	5.20～5.40 m
1″	34.80 t	1.69～1.77 m	12″	130.27 d	5.25～5.45 m
		0.89～1.01 m	13″	27.23 t	1.99～2.12 m
2″	24.23 t	1.25～1.35 m	14″	29.11 t	1.25～1.35 m
3″	29.11 t	1.25～1.35 m	15″	31.93 t	1.25～1.35 m
4″	29.11 t	1.25～1.35 m	16″	22.70 t	1.25～1.35 m
5″	29.35 t	1.25～1.35 m			1.69～1.77 m
6″	29.63 t	1.25～1.35 m	17″	14.10 q	0.85～0.89 m

注：溶剂 CDCl₃；¹³C NMR：50 MHz；¹H NMR：200 MHz

化合物名称：lipodeoxyaconitine

分子式：C$_{50}$H$_{75}$NO$_{10}$　　**分子量**（$M+1$）：850

植物来源：*Aconitum sinchiangenes* W. T. Wang 新疆乌头

参考文献：Liang X X，Chen L，Song L，et al. 2017. Diterpenoid alkaloids from the root of *Aconitum sinchiangense* W. T. Wang with their antitumor and antibacterial activities. Natural Product Research，31（17）：2016-2023.

lipodeoxyaconitine 的 NMR 数据

位置	δ_C/ppm	δ_H/ppm （J/Hz）	位置	δ_C/ppm	δ_H/ppm （J/Hz）
1	83.3 d		18-OMe	58.7 q	3.30 s
2	26.4 t		8-OCO	174.9 s	
3	35.3 t		1′	34.7 t	
4	38.7 s		2′	27.2 t	
5	48.9 d		3′	29.3 t	
6	85.2 d	3.99 d（8）	4′	24.1 t	
7	44.7 d		5′	29.0 t	
8	91.3 s		6′	27.1 t	
9	41.0 d		7′	29.6 t	
10	45.1 d		8′	130.2 d	5.38 m
11	49.9 s		9′	128.1 d	5.38 m
12	36.6 t		10′	31.2 t	
13	74.1 s		11′	127.8 d	5.38 m
14	79.1 d	4.87 d（4.0）	12′	129.9 d	5.38 m
15	78.9 d	4.49 d（2.8）	13′	25.6 t	
16	90.2 d		14′	28.9 t	
17	61.4 d		15′	28.9 t	
18	80.2 t	3.65 d（8.0）	16′	22.5 t	
		3.35 d（8.0）	17′	14.0 q	
19	53.1 t		14-OCO	165.0 s	
21	49.2 t		1″	129.4 s	
22	13.4 q	1.09 t（7.2）	2″,6″	129.6 d	8.05 d（8.0）
1-OMe	57.9 q	3.17 s	3″,5″	128.4 d	7.46 t（8.0）
6-OMe	55.8 q	3.29 s	4″	133.1 d	7.58 t（8.0）
16-OMe	61.1 q	3.77 s			

注：溶剂 CDCl$_3$；^{13}C NMR：150 MHz；^{1}H NMR：400 MHz

lipo=花生酰基（arachidoyl）或
硬脂酰基（stearoyl）或
亚油酰基（linoleoyl）或
棕榈酰基（palmitoyl）

化合物名称：lipoforesaconitine

分子式：$C_{53}H_{85}NO_9$（lipo = arachidoyl）；$C_{51}H_{81}NO_9$（lipo = stearoyl）；$C_{51}H_{77}NO_9$（lipo = linoleoyl）；$C_{49}H_{77}NO_9$（lipo = palmitoyl）

分子量（$M+1$）：880（lipo = arachidoyl）；852（lipo = stearoyl）；848（lipo = linoleoyl）；824（lipo = palmitoyl）

植物来源：*Aconitum carmichaelii* Debx. 乌头

参考文献：Shim S H，Lee S Y，Kim J S，et al. 2005. Norditerpenoid alkaloids and other components from the processed tubers of *Aconitum carmichaeli*. Archives of Pharmacal Research，28（11）：1239-1243.

lipoforesaconitine 的 NMR 数据

位置	δ_C/ppm	δ_H/ppm（J/Hz）	位置	δ_C/ppm	δ_H/ppm（J/Hz）
1	85.0 d	4.38 dd（5.1, 11.1）	21	48.9 t	
2	26.4 t		22	13.4 q	1.07 t（7.2）
3	34.8 t		1-OMe	56.6 q	3.15 s
4	39.3 s		6-OMe	57.9 q	3.25 s
5	49.0 d		16-OMe	56.1 q	3.38 s
6	82.9 d	4.04 br d（6.6）	18-OMe	59.1 q	3.28 s
7	45.0 d	3.03 br s	14-OCO	166.0 s	
8	85.6 s		1″	123.0 s	
9	49.0 d	2.76 t（5.7）	2″, 6″	131.7 d	8.00 d（9.0）
10	44.0 d		3″, 5″	113.7 d	6.89 d（9.0）
11	50.4 s		4″	163.3 s	
12	28.9 t		4′-OMe	55.4 q	3.83 s
13	39.1 d		8-OCO	172.4 s	
14	75.4 d	5.02 t（4.8）	8″	130.2 d	
15	38.1 t	2.19 dd（6.9, 15.6） 3.05 dd（7.2, 15.6）	9″	128.6 d	
16	83.5 d		11″	128.0 d	
17	61.5 d		12″	130.0 d	
18	80.3 t	3.12 d（8.4） 3.62 d（8.4）	$(CH_2)_n$	22.5～34.8 t	
19	53.8 t		CH_3	14.0 q	0.81 t（7.0）

注：溶剂 CDCl₃；¹³C NMR：75 MHz；¹H NMR：300 MHz

lipo=亚油酰基（linoleoyl）或
　　棕榈酰基（palmitoyl）或
　　油酰基（oleoyl）或
　　硬脂酰基（stearoyl）或
　　亚麻酰基（linolenoyl）

化合物名称：lipohypaconitine

分子式：C$_{50}$H$_{75}$NO$_{10}$（lipo = linoleoyl）；C$_{48}$H$_{75}$NO$_{10}$（lipo = palmitoyl）；C$_{50}$H$_{77}$NO$_{10}$（lipo = oleoyl）；C$_{50}$H$_{79}$NO$_{10}$（lipo = stearoyl）；C$_{50}$H$_{73}$NO$_{10}$（lipo = linolenoyl）

分子量（$M+1$）：850（lipo = linoleoyl）；826（lipo = palmitoyl）；852（lipo = oleoyl）；854（lipo = stearoyl）；848（lipo = linolenoyl）

植物来源：*Aconitum carmichaelii* Debx. 乌头

参考文献：Kitagawa I，Yoshikawa M，Chen Z L，et al. 1982. Four new lipo-alkaloids from *Aconiti tuber*. Chemical & Pharmaceutical Bulletin，30（2）：758-761.

lipohypaconitine 的 NMR 数据

位置	δ_C/ppm	δ_H/ppm（J/Hz）	位置	δ_C/ppm	δ_H/ppm（J/Hz）
1	84.8 d		14	78.8 d	
2	26.1 t		15	78.8 d	
3	34.7 t		16	90.0 d	
4	39.0 s		17	61.9 d	
5	49.8 d		18	79.8 t	
6	83.0 d		19	49.8 t	
7	44.4 d		21	42.3 q	
8	91.3 s		1-OMe	56.2 q	
9	43.7 d		6-OMe	57.8 q	
10	40.9 d		16-OMe	60.8 q	
11	49.8 s		18-OMe	58.7 q	
12	34.5 t		8-OCO	174.7 s	
13	73.9 s		14-OCO	165.6 s	

注：溶剂 CDCl$_3$

lipo=硬脂酰基（stearoyl）或
亚油酰基（linoleoyl）或
棕榈酰基（palmitoyl）

化合物名称：lipoindaconitine

分子式：$C_{54}H_{79}NO_{10}$（lipo = stearoyl）；$C_{50}H_{75}NO_{10}$（lipo = linoleoyl）；$C_{48}H_{75}NO_{10}$（lipo = palmitoyl）

分子量（$M+1$）：854（lipo = stearoyl）；850（lipo = linoleoyl）；826（lipo = palmitoyl）

植物来源：*Aconitum ferox* Wall.

参考文献：Hanuman J B，Katz A. 1994. New lipo norditerpenoid alkaloids from root tubers of *Aconitum ferox*. Journal of Natural Products，57（1）：105-115.

lipoindaconitine 的 NMR 数据

位置	δ_C/ppm	δ_H/ppm（J/Hz）	位置	δ_C/ppm	δ_H/ppm（J/Hz）
1	82.29 d	3.07~3.14 m	16	83.61 d	3.41 dd（6, 8）
2	33.51 t	1.94~2.04 m	17	61.60 d	2.85 br s
		2.25~2.41 m	18	77.04 t	3.48 d（8.9）
3	71.67 d	3.78 dd（4.0, 8.0）			3.62 d（8.9）
4	43.20 s		19	47.59 t	2.34~2.44 m
5	47.11 d	2.07~2.17 m			2.85~2.93 m
6	83.28 d	4.01 d（6.7）	21	48.74 t	2.48~2.62 m
7	48.74 d	3.04 br s			2.48~2.62 m
8	85.40 s		22	13.31 q	1.10 t（7）
9	44.79 d	2.85~2.93 m	1-OMe	55.84 q	3.25 s
10	40.95 d	2.05~2.15 m	6-OMe	57.99 q	3.15 s
11	50.40 s		16-OMe	58.88 q	3.56 s
12	35.18 t	2.05~2.15 m	18-OMe	59.14 q	3.29 s
		2.55~2.68 m	14-OCO	166.23 s	
13	74.75 s		1′	129.77 s	
14	78.90 d	4.89 d（5）	2′, 6′	129.77 d	8.04~8.08 m
15	39.87 t	2.36~2.44 m	3′, 5′	128.54 d	7.40~7.56 m
		3.00~3.15 m	4′	133.12 d	7.40~7.56 m

位置	δ_C/ppm	δ_H/ppm（J/Hz）	位置	δ_C/ppm	δ_H/ppm（J/Hz）
8-OCO	172.66 s		10″	25.65 t	2.74～2.80 m
1″	34.77 t	1.63～1.78 m	11″	127.90 d	5.27～5.42 m
		1.01～1.16 m	12″	130.27 d	5.32～5.48 m
2″	24.15 t	1.26～1.38 m	13″	27.24 t	1.91～2.04 m
3″	29.07 t	1.26～1.38 m	14″	29.07 t	1.26～1.38 m
4″	29.07 t	1.26～1.38 m	15″	31.93 t	1.26～1.38 m
5″	29.37 t	1.26～1.38 m	16″	22.60 t	1.26～1.38 m
6″	29.71 t	1.26～1.38 m			1.63～1.78 m
7″	27.24 t	1.91～2.04 m	17″	14.10 q	0.85～0.92 m
8″	130.03 d	5.32～5.45 m	13-OH		3.91 s
9″	128.12 d	5.27～5.42 m			

注：溶剂 CDCl₃；¹³C NMR：50 MHz，¹H NMR：200 MHz

lipo=硬脂酰基（stearoyl）或
油酰基（oleoyl）或
亚油酰基（linoleoyl）或
亚麻酰基（linolenoyl）或
棕榈酰基（palmitoyl）

化合物名称：lipojesaconitine

分子式：$C_{51}H_{81}NO_{12}$（lipo = stearoyl）；$C_{51}H_{79}NO_{12}$（lipo = oleoyl）；$C_{51}H_{77}NO_{12}$（lipo = linoleoyl）；$C_{51}H_{75}NO_{12}$（lipo = linolenoyl）；$C_{49}H_{77}NO_{12}$（lipo = palmitoyl）

分子量（$M+1$）：900（lipo = stearoyl）；898（lipo = oleoyl）；896（lipo = linoleoyl）；894（lipo = linolenoyl）；872（lipo = palmitoyl）

植物来源：*Aconitum japonicum* subsp. *subcuneatum*

参考文献：Yamashita H，Miyao M，Hiramori K，et al. 2020. Cytotoxic diterpenoid alkaloid from *Aconitum japonicum* subsp. *subcuneatum*. Journal of Natural Medicines，74（1）：83-89.

lipojesaconitine 的 NMR 数据

位置	δ_C/ppm	δ_H/ppm（J/Hz）	位置	δ_C/ppm	δ_H/ppm（J/Hz）
1	82.4 d	3.13 dd（7.2, 5.9）	18	76.8 t	3.61 d（9.1）
2	33.5 t	2.37 m			3.46 d（9.1）
		1.98 m	19	47.0 t	2.87 d（11.4）
3	71.6 d	3.78 m			2.35 d（11.4）
4	43.1 s		21	48.9 t	2.74 m
5	46.5 d	2.11 d（6.8）			2.39 m
6	83.5 d	4.03 d（6.8）	22	13.3 q	1.10 t（7.2）
7	44.7 d	2.84 s	1-OMe	55.9 q	3.26 s
8	91.7 s		6-OMe	58.2 q	3.16 s
9	44.3 d	2.89 m	16-OMe	61.3 q	3.76 s
10	41.0 d	2.11 m	18-OMe	59.1 q	3.30 s
11	50.1 s		8-OCO	175.2 s	
12	35.7 t	2.69 m	14-OCO	165.8 s	
		2.11 m	1′	122.3 s	
13	74.1 s		2′, 6′	131.8 d	7.97 d（8.6）
14	78.7 d	4.82 d（5.0）	3′, 5′	113.9 d	6.92 d（8.6）
15	79.0 d	4.43 d（5.5）	4′	163.6 s	
16	90.1 d	3.33 d（5.5）	4′-OMe	55.4 q	3.85 s
17	61.0 d	3.08 s			

注：溶剂 CDCl₃；^{13}C NMR：150 MHz；^{1}H NMR：600 MHz

lipo=亚油酰基（linoleoyl）或
棕榈酰基（palmitoyl）或
油酰基（oleoyl）或
硬脂酰基（stearoyl）或
亚麻酰基（linolenoyl）

化合物名称：lipomesaconitine

分子式：C$_{49}$H$_{73}$NO$_{11}$（lipo = linoleoyl）；C$_{47}$H$_{73}$NO$_{11}$（lipo = palmitoyl）；C$_{49}$H$_{75}$NO$_{11}$（lipo = oleoyl）；C$_{49}$H$_{77}$NO$_{11}$（lipo = stearoyl）；C$_{49}$H$_{71}$NO$_{11}$（lipo = linolenoyl）

分子量（$M + 1$）：852（lipo = linoleoyl）；828（lipo = palmitoyl）；854（lipo = oleoyl）；856（lipo = stearoyl）；850（lipo = linolenoyl）

植物来源：*Aconitum carmichaelii* Debx.乌头

参考文献：Kitagawa I，Yoshikawa M，Chen Z L，et al. 1982. Four new lipo-alkaloids from *Aconiti tuber*. Chemical & Pharmaceutical Bulletin，30（2）：758-761.

lipomesaconitine 的 NMR 数据

位置	δ_C/ppm	δ_H/ppm（J/Hz）	位置	δ_C/ppm	δ_H/ppm（J/Hz）
1	83.1 d		14	78.8 d	
2	35.6 t		15	78.8 d	
3	70.5 d		16	90.0 d	
4	43.3 s		17	62.0 d	
5	46.0 d		18	75.5 t	
6	82.3 d		19	49.2 t	
7	44.2 d		21	42.2 q	
8	91.3 s		1-OMe	56.1 q	
9	43.6 d		6-OMe	58.0 q	
10	40.7 d		16-OMe	60.9 q	
11	49.9 s		18-OMe	58.8 q	
12	34.0 t		8-OCO	174.9 s	
13	73.9 s		14-OCO	165.8 s	

注：溶剂 CDCl$_3$

lipo＝亚油酰基（linoleoyl）或
棕榈酰基（palmitoyl）或
硬脂酰基（stearoyl）

化合物名称：lipopseudaconitine

分子式：$C_{52}H_{79}NO_{12}$（lipo＝linoleoyl）；$C_{50}H_{79}NO_{12}$（lipo＝palmitoyl）；$C_{52}H_{83}NO_{12}$（lipo＝stearoyl）

分子量（$M+1$）：910（lipo＝linoleoyl）；886（lipo＝palmitoyl）；914（lipo＝stearoyl）

植物来源：*Aconitum ferox* Wall.

参考文献：Hanuman J B，Katz A. 1994. New lipo norditerpenoid alkaloids from root tubers of *Aconitum ferox*. Journal of Natural Products，57（1）：105-115.

lipopseudaconitine 的 NMR 数据

位置	δ_C/ppm	δ_H/ppm（J/Hz）	位置	δ_C/ppm	δ_H/ppm（J/Hz）
1	82.33 d	3.05～3.15 m	16	83.83 d	3.37～3.40 m
2	33.51 t	1.90～2.03 m	17	61.60 d	2.85 br s
		2.27～2.35 m	18	77.00 t	3.48 d（9）
3	71.65 d	3.78 dd（4.2, 8.2）			3.62 d（9）
4	43.19 s		19	47.53 t	2.35～2.45 m
5	47.07 d	2.06～2.17 m			2.89～2.94 m
6	83.27 d	4.02 d（6.5）	21	48.74 t	2.45～2.60 m
7	48.74 d	3.03 br s			2.45～2.60 m
8	85.35 s		22	13.31 q	1.09 t（7）
9	44.83 d	2.89～2.94 m	1-OMe	56.01 q	3.25 s
10	40.95 d	2.06～2.15 m	6-OMe	58.00 q	3.15 s
11	50.38 s		16-OMe	58.90 q	3.54 s
12	35.10 t	2.06～2.15 m	18-OMe	59.14 q	3.30 s
		2.50～2.65 m	14-OCO	165.91 s	
13	74.80 s		1′	122.73 s	
14	78.65 d	4.86 d（5）	2′	112.04 d	7.61 d（1.6）
15	40.03 t	2.42～2.48 m	3′	148.76 s	
		3.03 br t（4）	4′	153.14 s	

位置	δ_C/ppm	δ_H/ppm（J/Hz）	位置	δ_C/ppm	δ_H/ppm（J/Hz）
5′	110.38 d	6.79 d（8.3）	8″	130.02 d	5.30～5.45 m
6′	123.79 d	7.70 d（1.6, 8.3）	9″	128.10 d	5.25～5.36 m
3′-OMe	55.85 q	3.93 s	10″	25.65 t	2.73～2.79 m
4′-OMe	55.85 q	3.96 s	11″	127.90 d	5.25～5.36 m
8-OCO	172.68 s		12″	130.26 d	5.30～5.45 m
1″	34.80 t	1.65～1.80 m	13″	27.23 t	1.90～2.03 m
		0.97～1.13 m	14″	29.11 t	1.25～1.42 m
2″	24.24 t	1.25～1.42 m	15″	31.93 t	1.25～1.42 m
3″	29.11 t	1.25～1.42 m	16″	22.70 t	1.25～1.42 m
4″	29.11 t	1.25～1.42 m			1.65～1.80 m
5″	29.36 t	1.25～1.42 m	17″	14.10 q	0.85～0.90 m
6″	29.69 t	1.25～1.42 m	13-OH		3.89 s
7″	27.23 t	1.90～2.03 m			

注：溶剂 CDCl$_3$；^{13}C NMR：50 MHz；^{1}H NMR：200 MHz

lipo=亚油酰基（linoleoyl）或
棕榈酰基（palmitoyl）或
硬脂酰基（stearoyl）

化合物名称： lipoyunaconitine

分子式： $C_{51}H_{77}NO_{11}$（lipo = linoleoyl）；$C_{49}H_{77}NO_{11}$（lipo = palmitoyl）；$C_{51}H_{81}NO_{11}$（lipo = stearoyl）

分子量（$M+1$）：880（lipo = linoleoyl）；856（lipo = palmitoyl）；884（lipo = stearoyl）

植物来源： *Aconitum ferox* Wall.

参考文献： Hanuman J B，Katz A. 1994. New lipo norditerpenoid alkaloids from root tubers of *Aconitum ferox*. Journal of Natural Products，57（1）：105-115.

lipoyunaconitine 的 NMR 数据

位置	δ_C/ppm	δ_H/ppm（J/Hz）	位置	δ_C/ppm	δ_H/ppm（J/Hz）
1	82.31 d	3.07～3.13 m	16	83.68 d	3.40 br d（8）
2	33.51 t	1.88～2.03 m	17	61.59 d	2.85 br s
		2.29～2.51 m	18	77.04 t	3.49 d（8.9）
3	71.70 d	3.78 dd（4.4, 8.6）			3.62 d（8.9）
4	43.19 s		19	47.57 t	2.32～2.51 m
5	47.10 d	1.93～2.20 m			2.85～2.94 m
6	83.27 d	4.02 d（6.1）	21	48.67 t	2.48～2.60 m
7	48.73 d	3.03 br s			2.48～2.60 m
8	85.39 s		22	13.30 q	1.09 t（7.1）
9	44.83 d	2.85～2.94 m	1-OMe	55.83 q	3.25 s
10	40.95 d	2.10～2.25 m	6-OMe	57.98 q	3.15 s
11	50.39 s		16-OMe	58.88 q	3.55 s
12	35.19 t	2.10～2.25 m	18-OMe	59.14 q	3.25 s
		2.55～2.70 m	14-OCO	165.98 s	
13	74.75 s		1′	122.67 s	
14	78.61 d	4.85 d（5）	2′, 6′	131.79 d	8.00 d（8.8）
15	39.89 t	2.29～2.51 m	3′, 5′	113.78 d	6.91 d（8.8）
		2.99～3.07 m	4′	163.53 s	

位置	δ_C/ppm	δ_H/ppm（J/Hz）	位置	δ_C/ppm	δ_H/ppm（J/Hz）
4′-OMe	55.42 q	3.85 s	10″	25.65 t	2.74～2.80 m
8-OCO	172.68 s		11″	127.89 d	5.26～5.41 m
1″	34.84 t	1.65～1.77 m	12″	130.28 d	5.31～5.47 m
		0.97～1.13 m	13″	27.23 t	1.93～2.10 m
2″	24.26 t	1.25～1.42 m	14″	29.12 t	1.25～1.42 m
3″	29.12 t	1.25～1.42 m	15″	31.93 t	1.25～1.42 m
4″	29.12 t	1.25～1.42 m	16″	22.60 t	1.25～1.42 m
5″	29.36 t	1.25～1.42 m			1.65～1.77 m
6″	29.69 t	1.25～1.42 m	17″	14.11 q	0.88 m
7″	27.23 t	1.93～2.10 m	3-OH		2.39 s
8″	130.02 d	5.31～5.47 m	13-OH		3.89 s
9″	128.09 d	5.26～5.47 m			

注：溶剂 CDCl$_3$；^{13}C NMR：50 MHz；^{1}H NMR：200 MHz

化合物名称：longtouconitine A

分子式：$C_{35}H_{49}NO_{10}$　　　　　　　　　分子量（$M+1$）：644

植物来源：*Aconitum longtounense* T. L. Ming 龙头乌头

参考文献：罗士德，刘茂明，吴少波，等. 1985. 龙头乌头生物碱成分的研究. 化学学报，43（6）：557-580.

longtouconitine A 的 NMR 数据

位置	δ_C/ppm	δ_H/ppm（J/Hz）	位置	δ_C/ppm	δ_H/ppm（J/Hz）
1	85.0 d		18	80.4 t	3.61 d（8）
2	26.3 t		19	53.7 t	
3	35.9 t		21	49.1 t	
4	39.3 s		22	13.4 q	1.08 t（7）
5	49.1 d		1-OMe	57.7 q	3.25 s
6	83.1 d	3.97 d（6）	6-OMe	58.7 q	3.15 s
7	45.2 d		16-OMe	56.0 q	3.56 s
8	85.6 s		18-OMe	59.0 q	3.28 s
9	49.5 d		8-OAc	169.7 s	
10	41.0 d			21.6 q	1.33 s
11	50.2 s		14-OCO	166.1 s	
12	34.9 t		1′	122.8 s	
13	74.9 s		2′, 6′	131.7 d	8.06 d
14	78.6 d	4.87 d（4.5）	3′, 5′	113.8 d	6.96 d
15	39.1 t		4′	163.5 s	
16	83.8 d		4′-OMe	55.4 q	3.86 s
17	61.9 d				

注：溶剂 $CDCl_3$；^{13}C NMR：22.5 MHz；^1H NMR：90 MHz

化合物名称：longzhoushansine

分子式：C$_{32}$H$_{45}$NO$_8$ 分子量（$M+1$）：572

植物来源：*Aconitum longzhoushanense* W. J. Zhang et G. H. Chen 龙帚山乌头

参考文献：He P，Jian X X，Chen D L，et al. 2009. Diterpenoid alkaloids from *Aconitum longzhoushanense*. Natural Product Communications，4（1）：19-22.

longzhoushansine 的 NMR 数据

位置	δ_C/ppm	δ_H/ppm（J/Hz）	位置	δ_C/ppm	δ_H/ppm（J/Hz）
1	72.2 d	3.74 br s	17	63.6 d	2.83 br s
2	26.6 t	1.62（hidden）	18	78.8 t	2.93 ABq（8.8）
		1.86（hidden）			3.12 ABq（8.8）
3	29.7 t	1.26（hidden）	19	56.4 t	2.04 d（10.4）
		1.64（hidden）			2.31 d（10.8）
4	37.2 s		21	48.4 t	2.53（hidden）
5	41.4 d	1.93 d（6.8）			2.65 m
6	24.8 t	1.56 m	22	12.9 q	1.13 t（7.2）
7	44.6 d	2.54（hidden）	16-OMe	56.0 q	3.35 s
8	85.8 s		18-OMe	59.3 q	3.27 s
9	41.0 d	3.40（hidden）	8-OCO	165.4 s	
10	43.7 d	1.99 m	1′	124.1 s	
11	48.8 s		2′	111.9 d	7.52 d（2.0）
12	28.6 t	1.68 d（4.8）	3′	148.6 s	
		1.71 d（5.2）	4′	152.8 s	
13	40.4 d	2.38 m	5′	110.2 d	6.85 d（8.4）
14	75.1 d	4.20 t（4.8）	6′	123.4 d	7.64 dd（8.4, 2.0）
15	38.5 t	2.42 d（6.0）	3′-OMe	55.9 q	3.92 s
		2.94 dd（16.0, 8.8）	4′-OMe	55.9 q	3.92 s
16	82.2 d	3.40（hidden）			

注：溶剂 CDCl$_3$；^{13}C NMR：100 MHz；^{1}H NMR：400 MHz

化合物名称：macrorhynine A

分子式：C$_{33}$H$_{43}$NO$_9$　　　　　　　　分子量（$M+1$）：598

植物来源：*Aconitum macrorhynchum* Turcz. 细叶乌头

参考文献：Yang X D，Yang S，Yang J，et al. 2008. Macrorhynines A and B，two novel norditerpenoid alkaloids from *Aconitum macrorhynchum*. Helvetica Chimica Acta，91（3）：569-574.

macrorhynine A 的 NMR 数据

位置	δ_C/ppm	δ_H/ppm（J/Hz）	位置	δ_C/ppm	δ_H/ppm（J/Hz）
1	81.7 d	3.15 t（3.9）	15		2.87～2.91 m
2	24.8 t	2.10～2.12 m	16	83.2 d	3.45 t（6.8）
		1.26～1.28 m	17	69.8 d	3.72 s
3	34.2 t	2.26～2.28 m	18	74.8 t	3.81 d（8.3）
		1.96～1.98 m			3.64 d（8.3）
4	48.9 s		19	162.6 d	8.04 s
5	37.8 d	3.62 d（6.4）	1-OMe	55.5 q	3.12 s
6	82.6 d	4.08 d（6.4）	6-OMe	58.9 q	3.55 s
7	43.8 d	2.88 s	16-OMe	57.4 q	3.20 s
8	84.2 s		18-OMe	59.2 q	3.30 s
9	54.1 d	2.80 t（5.9）	8-OAc	169.9 s	
10	40.8 d	2.10～2.12 m		21.6 q	1.29 s
11	51.6 s		14-OCO	166.1 s	
12	33.0 t	1.96～1.98 m	1′	122.3 s	
		2.12～2.14 m	2′，6′	131.7 d	7.98 d（8.9）
13	—	2.18 m	3′，5′	113.8 d	6.91 d（8.9）
14	78.0 d	4.84 d（5.0）	4′	163.6 s	
15	38.9 t	2.44 dd（15.3，8.9）	4′-OMe	55.6 q	3.85 s

注：溶剂 CDCl$_3$；^{13}C NMR：125 MHz；^{1}H NMR：500 MHz

化合物名称：macrorhynine B

分子式：$C_{33}H_{43}NO_{10}$　　　　　　　　**分子量（$M+1$）**：614

植物来源：*Aconitum macrorhynchum* Turcz. 细叶乌头

参考文献：Yang X D，Yang S，Yang J，et al. 2008. Macrorhynines A and B，two novel norditerpenoid alkaloids from *Aconitum macrorhynchum*. Helvetica Chimica Acta，91（3）：569-574.

macrorhynine B 的 NMR 数据

位置	δ_C/ppm	δ_H/ppm （J/Hz）	位置	δ_C/ppm	δ_H/ppm （J/Hz）
1	81.7 d	3.88 t （3.9）	15		3.20～3.23 m
2	24.8 t	2.08～2.10 m	16	83.4 d	3.48 t （6.8）
		1.76～1.78 m	17	59.1 d	3.77 s
3	34.2 t	2.24～2.26 m	18	79.6 t	3.80 d （8.3）
		1.91～1.93 m			3.63 d （8.3）
4	48.9 s		19	162.3 d	7.30 s
5	37.8 d	3.60 d （6.4）	1-OMe	55.4 q	3.10 s
6	82.6 d	4.04 d （6.4）	6-OMe	58.7 q	3.53 s
7	43.8 d	2.78 t （8.2）	16-OMe	57.6 q	3.18 s
8	84.2 s		18-OMe	59.1 q	3.26 s
9	54.1 d	3.16 t （5.9）	8-OAc	169.7 s	
10	40.8 d	2.18～2.20 m		21.5 q	1.29 s
11	51.6 s		14-OCO	165.9 s	
12	33.0 t	1.81 d （14.3）	1′	122.5 s	
		2.34～2.38 m	2′，6′	131.7 d	7.97 d （8.9）
13	74.8 s		3′，5′	113.6 d	6.89 d （8.9）
14	78.0 d	4.85 d （4.5）	4′	163.3 s	
15	38.9 t	2.44 dd （15.3，8.9）	4′-OMe	55.6 q	3.85 s

注：溶剂 CDCl₃；¹³C NMR：125 MHz；¹H NMR：500 MHz

化合物名称：manshuritine

分子式：$C_{38}H_{47}NO_{11}$　　　　　　　**分子量（$M+1$）**：694

植物来源：*Aconitum manshuricum* Nakai. 光梗鸭绿乌头

参考文献：Ishimi K，Makino M，Asada Y，et al. 2006. Norditerpenoid alkaloids from *Aconitum manshuricum*. Journal of Natural Medicines，60（3）：255-257.

manshuritine 的 NMR 数据

位置	δ_C/ppm	δ_H/ppm（J/Hz）	位置	δ_C/ppm	δ_H/ppm（J/Hz）
1	82.5 d	3.14 br d（9.3）	18	76.4 t	3.55 d（9.0）
2	34.1 t	2.18 m			3.63 d（9.0）
		2.34 m	19	49.5 t	2.37 d（11.7）
3	71.3 d	3.77 m			2.79 d（11.5）
4	43.5 s		21	42.5 q	2.40 br s
5	46.8 d	2.01 d（6.8）	1-OMe	56.4 q	3.31 s
6	83.3 d	4.15 d（6.8）	6-OMe	58.1 q	2.87 s
7	43.9 d	3.08 s	16-OMe	61.4 q	3.75 s
8	92.3 s		18-OMe	59.1 q	3.26 s
9	44.5 d	3.19 t（5.6）	8-OCO	167.3 s	
10	41.0 d	2.19 d（5.9）	1′	129.4 s	
11	50.0 s		2′, 6′	129.3 d	7.68 br d（7.1）
12	35.8 t	2.18 m	3′, 5′	128.1 d	7.16 br t（8.1）
		2.90 br d（9.3）	4′	133.0 d	7.35 br t（7.5）
13	74.2 s		14-OCO	166.6 s	
14	79.1 d	4.92 d（5.1）	1″	129.6 s	
15	78.9 d	4.62 m	2″, 6″	129.6 d	7.84 br d（7.1）
16	90.1 d	3.39 d（5.1）	3″, 5″	128.1 d	7.12 br t（7.8）
17	62.3 d	3.16 s	4″	132.9 d	7.26 br t（7.5）

注：溶剂 CDCl₃；¹³C NMR：100 MHz；¹H NMR：400 MHz

化合物名称：merckonine

分子式：C$_{32}$H$_{41}$NO$_{11}$ 分子量（$M+1$）：616

植物来源：*Aconitum napellus* L. 欧乌头

参考文献：Desai H K，Silverman L P，Pelletier S W，et al. 1998. Merckonine，a new aconitine-type norditerpenoid alkaloid with a-N═C─19H functionality. Heterocycles，48（6）：1107-1110.

merckonine 的 NMR 数据

位置	δ_C/ppm	δ_H/ppm（J/Hz）	位置	δ_C/ppm	δ_H/ppm（J/Hz）
1	82.6 d		16	89.8 d	
2	33.5 t		17	57.8 d	
3	69.9 d		18	74.9 t	
4	42.1 s		19	163.1 d	8.10 s
5	50.6 d		1-OMe	55.6 q	
6	79.5 d		6-OMe	57.4 q	
7	42.8 d		16-OMe	61.1 q	
8	90.2 s		18-OMe	59.2 q	
9	48.2 d		8-OAc	172.3 s	
10	40.4 d			21.4 q	1.34 s
11	49.4 s		14-OCO	166.0 s	
12	34.2 t		1′	129.6 s	
13	74.5 s		2′, 6′	129.6 d	8.03 d（7）
14	78.8 d		3′, 5′	128.6 d	7.47 t（7.1）
15	78.4 d		4′	133.5 d	7.60 t（7.4）

化合物名称：mesaconine

分子式：C$_{24}$H$_{39}$NO$_9$　　　　　　　**分子量**（$M+1$）：486

植物来源：*Aconitum carmichaelii* Debx. 乌头

参考文献：魏巍，李绪文，周洪玉，等. 2010. 3 种乌头原碱的 NMR. 吉林大学学报，48（1）：127-132.

mesaconine 的 NMR 数据

位置	δ_C/ppm	δ_H/ppm（J/Hz）	位置	δ_C/ppm	δ_H/ppm（J/Hz）
1	83.19 d	3.12 m	13	77.50 s	
2	35.60 t	2.73 m	14	79.72 d	4.29 d（5.4）
		2.50 m	15	82.38 d	5.18 m
3	69.20 d	4.11 m	16	93.28 d	3.51 d（8.4）
4	44.71 s		17	63.98 d	3.47 s
5	46.58 d	2.30 d（7.2）	18	74.93 t	4.04 d（8.4）
6	84.20 d	4.46 d（6.6）			3.86 d（8.4）
7	47.85 d	2.89 m	19	50.85 t	3.11 m
8	79.35 s				2.73 m
9	50.54 d	2.46 t（6.6）	21	43.14 q	2.56 s
10	42.53 d	1.91 m	1-OMe	55.70 q	3.08 s
11	50.61 s		6-OMe	58.08 q	3.44 s
12	38.88 t	3.23 m	16-OMe	61.09 q	3.60 s
		2.26 m	18-OMe	58.99 q	3.24 s

注：溶剂 C$_5$D$_5$N；^{13}C NMR：150 MHz；^{1}H NMR：600 MHz

化合物名称：mesaconitine

分子式：C$_{33}$H$_{45}$NO$_{11}$　　　　　　　　**分子量（$M+1$）**：632

植物来源：*Aconitum carmichaelii* Debx. 乌头

参考文献：王宪楷，赵同芳，赖盛. 1995. 中坝鹅掌叶附子中的生物碱研究Ⅰ. 中国药学杂志，30（12）：716-719.

mesaconitine 的 NMR 数据

位置	δ_C/ppm	δ_H/ppm（J/Hz）	位置	δ_C/ppm	δ_H/ppm（J/Hz）
1	83.3 d	3.11 dd（8.8, 6.3）	17	62.3 d	3.06 br s
2	36.0 t	2.32 ddd（12.2, 12.2, 8.8）	18	76.4 t	3.65 d（8.8）
		2.15 ddd（12.2, 6.3, 6.3）			3.56 d（8.8）
3	71.2 d	3.74 dd（12.2, 6.3）	19	49.6 t	2.77 d（11.2）
4	43.6 s				2.36 d（11.2）
5	46.8 d	2.07 d（6.6）	21	42.5 q	2.34 s
6	82.5 d	4.04 br d（6.6）	1-OMe	56.4 q	3.29 s
7	44.4 d	2.88 br s	6-OMe	58.0 q	3.30 s
8	92.0 s		16-OMe	61.1 q	3.74 s
9	43.9 d	2.91 dd（7.3, 5.4）	18-OMe	59.2 q	3.17 s
10	41.0 d	2.13 m	8-OAc	172.5 s	
11	50.1 s			21.5 q	1.38 s
12	34.2 t	2.84 br d（9.8）	14-OCO	166.2 s	
		2.15 m	1′	129.9 s	
13	74.2 s		2′, 6′	129.7 d	8.03 br d（7.8）
14	79.0 d	4.87 d（5.4）	3′, 5′	128.7 d	7.46 br t（7.8）
15	79.0 d	4.47 dd（5.4, 2.9）	4′	133.4 d	7.58 br t（7.8）
16	90.2 d	3.33 d（5.4）			

注：溶剂 CDCl$_3$；^{13}C NMR：22.5 MHz；^{1}H NMR：400 MHz

化合物名称：munzianine

分子式：C$_{23}$H$_{37}$NO$_5$　　　　　　　**分子量**（$M+1$）：408

植物来源：*Delphinium munzianum* P. H. Davis & Kit Tan

参考文献：De la Fuente G，Mericli A H，Ruiz-Mesia L，et al. 1995. Norditerpenoid alkaloids of *Delphinium munzianum*. Phytochemistry，39（6）：1467-1473.

munzianine 的 NMR 数据

位置	δ_C/ppm	δ_H/ppm（J/Hz）	位置	δ_C/ppm	δ_H/ppm（J/Hz）
1	85.9 d	3.07 dd (10.5, 6.91)	13	37.5 d	
2	26.0 t		14	75.5 d	4.16 t（4.8）
3	37.3 t	1.56 d（12.9）	15	39.3 t	
4	34.7 s		16	82.2 d	
5	58.1 d	1.42 br s	17	64.2 d	
6	72.7 d	4.32 d（7.2）	18	25.8 q	0.95 s
7	45.9 d		19	58.1 t	2.56 d（11.6）
8	75.3 s		21	49.5 t	
9	49.5 d		22	13.6 q	1.04 t（7.1）
10	46.0 d		1-OMe	56.3 q	3.26 s
11	48.4 s		16-OMe	56.5 q	3.35 s
12	28.1 t				

注：溶剂 CDCl$_3$；^{13}C NMR：50 MHz；^{1}H NMR：200 MHz

化合物名称：munzianone

分子式：C$_{24}$H$_{37}$NO$_5$ **分子量**（$M+1$）：420

植物来源：*Delphinium munzianum* P. H. Davis & Kit Tan

参考文献：De la Fuente G，Mericli A H，Ruiz-Mesia L，et al. 1995. Norditerpenoid alkaloids of *Delphinium munzianum*. Phytochemistry，39（6）：1467-1473.

munzianone 的 NMR 数据

位置	δ_C/ppm	δ_H/ppm（J/Hz）	位置	δ_C/ppm	δ_H/ppm（J/Hz）
1	84.8 d	3.19 dd（10.5, 6.7）	14	74.4 d	3.96 dt（6.9, 5.1）
2	26.8 t		15	32.3 t	
3	38.5 t		16	82.1 d	3.47 m
4	34.6 s		17	62.5 d	3.48 br s
5	63.1 d	1.72 s	18	25.3 q	0.93 s
6	214.6 s		19	57.6 t	2.58 d（12.1）
7	49.5 d	2.67 s	21	49.4 t	2.34 dq（12.1, 7）
8	78.6 s		22	13.7 q	1.08 t（7.1）
9	46.7 d	2.09 t（4.7）	1-OMe	56.6 q	3.30 s
10	46.2 d		8-OMe	49.4 q	3.33 s
11	47.3 s		16-OMe	56.8 q	3.37 s
12	28.2 t		14-OH		3.74 d（7.4）
13	37.7 d				

注：溶剂 CDCl$_3$；^{13}C NMR：100 MHz；^{1}H NMR：400 MHz

化合物名称：*N*(19)-en-austroconitine A

分子式：C$_{23}$H$_{33}$NO$_5$　　　　　　　　**分子量**（*M* + 1）：404

植物来源：*Aconitum iochanicum* Ulbr. 滇北乌头

参考文献：Guo R H，Guo C X，He D，et al. 2017. Two new C$_{19}$-diterpenoid alkaloids with anti-inflammatory activity from *Aconitum iochanicum*. Chinese Journal of Chemistry，35（10）：1644-1647.

N(19)-en-austroconitine A 的 NMR 数据

位置	δ$_C$/ppm	δ$_H$/ppm（*J*/Hz）	位置	δ$_C$/ppm	δ$_H$/ppm（*J*/Hz）
1	83.9 d	3.19～3.21 m	12	28.0 t	1.91～1.93 m
2	26.0 t	1.83～1.85 m			1.96～1.98 m
		1.94～1.96 m	13	35.6 d	2.64～2.66 m
3	32.4 t	1.24～1.27 m	14	77.0 d	4.85 t（5.0）
		1.58～1.61 m	15	40.1 t	1.89～1.91 m
4	45.5 s				2.61 dd（9.3, 7.2）
5	46.3 d	1.51～1.53 m	16	82.3 d	3.28～3.30 m
6	25.8 t	1.41～1.43 m	17	61.3 d	3.93 s
		1.54～1.56 m	18	22.9 q	1.09 s
7	53.1 d	2.11 d（7.6）	19	168.6 d	7.18 s
8	73.1 s		1-OMe	56.1 q	3.23 s
9	44.4 d	2.45 dd（5.7, 5.0）	16-OMe	56.3 q	3.25 s
10	45.3 d	1.84～1.86 m	14-OAc	170.8 s	
11	48.1 s			21.4 q	2.05 s

注：溶剂 CDCl$_3$；^{13}C NMR：125 MHz；^{1}H NMR：500 MHz

化合物名称：*N*-acetylflavaconitine

分子式：C$_{33}$H$_{43}$NO$_{12}$ 分子量（*M*＋1）：646

植物来源：*Aconitum flavum* Hand.-Mazz. 伏毛铁棒锤

参考文献：Chen Z G，Lao A N，Wang H C，et al. 1989. Continuing investigation on the constituents from *Aconitum flavum*. Heterocycles，29（6）：997-1002.

N-acetylflavaconitine 的 NMR 数据

位置	δ_C/ppm	δ_H/ppm（*J*/Hz）	位置	δ_C/ppm	δ_H/ppm（*J*/Hz）
1	67.9 d	4.96 m	18		3.80 ABq（8.3）
2	31.9 t	2.09 m	19	49.4 t	3.51 ABq（13.3）
3	33.6 t	1.92 m			4.32 ABq（13.3）
4	38.4 s		21	170.3 s	
5	54.2 d	3.24 d（6.7）	22	22.9 q	2.90 s
6	84.5 d	4.33 d（5.8）	6-OMe	58.1 q	3.26 s
7	51.7 d	3.18 s	16-OMe	61.6 q	3.81 s
8	89.9 s		18-OMe	59.0 q	3.06 s
9	44.2 d	3.39 d（5.0）	8-OAc	172.2 s	
10	78.6 s			21.4 q	1.38 s
11	56.7 s		14-OCO	166.4 s	
12	45.9 t	2.97 ABq（15.6）	1′	130.8 s	
		4.35 ABq（15.6）	2′，6′	130.0 d	8.25 d（7.7）
13	76.0 s		3′，5′	129.0 d	7.38 t（7.7）
14	79.8 d	6.29 d（5.1）	4′	133.5 d	7.51 t（7.3）
15	80.6 d	5.09 dd（5.5，3.4）	1-OH		6.57 d（3.9）
16	92.1 d	3.83 d（5.6）	10/13-OH		6.60 s
17	58.7 d	4.65 s			7.12 s
18	80.5 t	3.30 ABq（8.3）	15-OH		5.33 d（3.2）

注：溶剂 C$_5$D$_5$N；^{13}C NMR：100 MHz；^{1}H NMR：400 MHz

化合物名称：nagaconitine A

分子式：$C_{36}H_{51}NO_{12}$　　　　　**分子量**（$M+1$）：690

植物来源：*Aconitum nagarum* var. *heterotrichum* Fletcher et Lauener　小白撑

参考文献：Zhao D K，Shi X Q，Zhang L M，et al. 2017. Four new diterpenoid alkaloids with antitumor effect from *Aconitum nagarum* var. *heterotrichum*. Chinese Chemical Letters，28（2）：358-361.

nagaconitine A 的 NMR 数据

位置	δ_C/ppm	δ_H/ppm（J/Hz）	位置	δ_C/ppm	δ_H/ppm（J/Hz）
1	83.4 d	4.02 d (8.6)	18		3.57 d (8.8)
2	33.4 t	1.91 m 2.36 m	19	48.9 t	2.36 m 2.68 m
3	71.4 d	3.76 m	21	46.9 t	2.35 m 2.86 m
4	43.0 s		22	13.3 q	1.07 t (7.1)
5	46.2 d	2.15 m	1-OMe	55.9 q	3.15 s
6	82.3 d	3.08 m	6-OMe	59.0 q	3.24 s
7	44.2 d	2.86 m	16-OMe	58.2 q	3.28 s
8	92.1 s		18-OMe	61.3 q	3.75 s
9	44.6 d	2.81 m	8-OCO	175.0 s	
10	40.9 d	2.10 m	1′	31.4 t	1.56 m 1.92 m
11	50.0 s		2′	27.0 t	1.24 m 1.36 m
12	35.6 t	2.68 m	3′	65.1 t	3.19 m
13	74.0 s		14-OCO	165.9 s	
14	78.9 d	4.43 br s	1″	129.7 s	
15	78.8 d	4.84 d (4.9)	2″	129.7 d	8.02 d (7.2)
16	89.9 d	3.92 d (4.9)	3″	128.7 d	7.45 dd (7.2, 7.2)
17	61.3 d	3.06 br s	4″	133.3 d	7.57 dd (7.2, 7.2)
18	76.6 t	3.44 d (8.8)			

注：溶剂 CDCl₃；¹³C NMR：100 MHz；¹H NMR：400 MHz

化合物名称：nagaconitine C

分子式：C$_{28}$H$_{43}$NO$_9$　　　　　　　　　**分子量**（$M+1$）：538

植物来源：*Aconitum nagarum* var. *heterotrichum* Fletcher et Lauener 小白撑

参考文献：Zhao D K，Shi X Q，Zhang L M，et al. 2017. Four new diterpenoid alkaloids with antitumor effect from *Aconitum nagarum* var. *heterotrichum*. Chinese Chemical Letters，28（2）：358-361.

nagaconitine C 的 NMR 数据

位置	δ_C/ppm	δ_H/ppm（J/Hz）	位置	δ_C/ppm	δ_H/ppm（J/Hz）
1	72.0 d	3.67 m	16	81.7 d	3.37 d（8.6）
2	29.2 t	1.57 m	17	62.6 d	2.62 br s
		1.92 m	18	80.0 t	3.21 d（8.1）
3	29.9 t	1.93 m			3.62 d（8.1）
		2.20 m	19	56.6 t	2.32 m
4	37.8 s				2.70 m
5	46.6 d	2.30 m	21	48.3 t	2.48 m
6	82.9 d	4.16 d（6.5）			2.62 m
7	44.3 d	2.21 d（6.7）	22	13.0 q	1.13 t（7.2）
8	74.2 s		6-OMe	58.4 q	3.22 s
9	52.4 d	2.11 m	16-OMe	57.9 q	3.31 s
10	43.1 d	1.91 m	18-OMe	59.2 q	3.31 s
11	49.2 s		8-OAc	170.2 s	
12	29.7 t	2.16 m		21.1 q	1.92 s
13	38.0 d	2.62 m	14-OAc	170.3 s	
14	75.3 d	4.73 t（5.0）		20.9 q	2.13 s
15	68.1 d	5.14 d（8.5）			

注：溶剂 CDCl$_3$；^{13}C NMR：100 MHz；^{1}H NMR：400 MHz

化合物名称：nagadine/pengshenine B

分子式：$C_{22}H_{33}NO_5$　　　　　　　　**分子量**（$M+1$）：392

植物来源：*Aconitum nagarum* var. *lasiandrum* W. T. Wang 宣威乌头/*Aconitum hemsleyanum* Pritz. var. *pengzhouense*

参考文献：Dong J Y，Li Z Y，Li L. 2000. Diterpenoid alkaloids from *Aconitum nagarum* var. *lasiandrum*. Chinese Chemical Letters，11（11）：1005-1006.

Peng C S，Wang F P，Jian X X. 2002. Norditerpenoid alkaloids from the roots of *Aconitum hemsleyanum* Pritz. var. *pengzhouense*. Chinese Chemical Letters，13（3）：233-236.

nagadine/pengshenine B 的 NMR 数据（Dong J Y et al.，2000）

位置	δ_C/ppm	δ_H/ppm（J/Hz）	位置	δ_C/ppm	δ_H/ppm（J/Hz）
1	84.7 d		12	27.3 t	
2	25.6 t		13	37.6 d	
3	27.8 t		14	75.5 d	
4	47.8 s		15	37.8 t	
5	46.3 d		16	82.1 d	
6	25.5 t		17	62.8 d	
7	42.7 d		18	75.7 t	
8	72.3 s		19	164.9 d	7.24 br s
9	52.3 d		1-OMe	55.9 q	3.31 s
10	46.3 d		16-OMe	56.5 q	3.30 s
11	50.4 s		18-OMe	59.5 q	3.22 s

注：溶剂 $CDCl_3$；^{13}C NMR：100 MHz；^{1}H NMR：400 MHz

nagadine/pengshenine B 的 NMR 数据（Peng C S et al.，2000）

位置	δ_C/ppm	δ_H/ppm（J/Hz）	位置	δ_C/ppm	δ_H/ppm（J/Hz）
1	84.7 d	3.14 m	12	27.1 t	1.80 m
2	25.5 t	1.92 m			1.66 m
		1.28 m	13	37.2 d	2.36 br s
3	27.8 t	1.68 m	14	75.3 d	4.10 br s
		1.33 m	15	37.5 t	2.58 dd (17.5, 8.4)
4	47.6 s				2.04 m
5	52.3 d	2.08 d (5.6)	16	81.9 d	3.44 m
6	25.6 t	1.94 m	17	62.7 d	4.08 s
		1.42 m	18	75.5 t	3.08 ABq (8.0)
7	42.6 d	1.65 m			3.35 (hidden)
8	72.7 s		19	165.3 d	7.27 s
9	46.1 d	2.14 dd (4.8, 4.4)	1-OMe	56.5 q	3.34 s
10	46.2 d	1.69 m	16-OMe	56.0 q	3.20 s
11	50.4 s		18-OMe	59.5 q	3.32 s

注：溶剂 CDCl₃；^{13}C NMR：100 MHz；^{1}H NMR：400 MHz

化合物名称：nagarine

分子式：C$_{34}$H$_{47}$NO$_{12}$　　　　　　　　**分子量**（$M+1$）：662

植物来源：*Aconitum nagarum* var. *lasiandrum* W. T. Wang 宣威乌头

参考文献：王洪诚，高耀良，徐任生，等. 1981. 中国乌头之研究 XV.宣威乌头中的生物碱及其结构研究. 化学学报，39（9）：869-873.

nagarine 的 NMR 数据

位置	δ_C/ppm	δ_H/ppm（J/Hz）	位置	δ_C/ppm	δ_H/ppm（J/Hz）
1	80.1 d		17	60.4 d	
2	34.2 t		18	75.4 t	
3	70.5 d		19	48.4 t	
4	41.4 s		21	46.2 t	
5	42.5 d		22	14.2 q	
6	84.4 d		1-OMe	55.6 q	
7	43.2 d		6-OMe	57.7 q	
8	90.4 s		16-OMe	61.2 q	
9	54.2 d		18-OMe	59.2 q	
10	77.1 s		8-OAc	172.3 s	
11	56.2 s			21.4 q	
12	49.2 t		14-OCO	166.2 s	
13	77.2 s		1′	129.8 s	
14	77.5 d		2′, 6′	129.7 d	
15	79.1 d		3′, 5′	128.8 d	
16	89.5 d		4′	133.4 d	

注：溶剂 CDCl$_3$

化合物名称：*N*-deacetylscaconitine

分子式：C$_{31}$H$_{44}$N$_2$O$_6$　　　　　　分子量（*M* + 1）：541

植物来源：*Aconitum scaposum* Franch. 花葶乌头

参考文献：郝小江，陈泗英，周俊. 1985. 花葶乌头中的三个新二萜生物碱. 云南植物研究，7（2）：217-224.

N-deacetylscaconitine 的 NMR 数据

位置	δ_C/ppm	δ_H/ppm（*J*/Hz）	位置	δ_C/ppm	δ_H/ppm（*J*/Hz）
1	85.4 d		17	62.0 d	
2	26.3 t		18	69.9 t	
3	32.8 t		19	53.0 t	
4	38.1 s		21	49.2 t	
5	45.8 d		22	13.5 q	1.08 t（7）
6	25.3 t		1-OMe	56.1 q	3.29 s
7	45.4 d		14-OMe	57.7 q	3.33 s
8	74.0 s		16-OMe	56.1 q	3.40 s
9	46.3 d		18-OCO	167.9 s	
10	36.9 d		1′	110.4 s	
11	48.9 s		2′	150.8 s	
12	29.4 t		3′	116.7 d	6.68 d
13	46.3 d		4′	134.0 d	7.20 t
14	84.3 d	3.68 t（4.5）	5′	116.0 d	6.62 t
15	41.8 t		6′	130.9 d	7.80 d
16	82.7 d		NH$_2$		5.78

注：溶剂 CDCl$_3$；^{13}C NMR：22.5 MHz；^{1}H NMR：90 MHz

化合物名称：*N*-deethyl-14-*O*-methylperegrine

分子式：$C_{25}H_{39}NO_6$　　　　　　　　　**分子量**（$M+1$）：450

植物来源：*Delphinium gueneri* P. H. Davis

参考文献：Ulubelen A，Mericli A H，Mericli F，et al. 1993. C₁₉-diterpene alkaloids from *Delphinium gueneri*. Phytochemistry，33（1）：213-215.

N-deethyl-14-O-methylperegrine 的 NMR 数据

位置	δ_C/ppm	δ_H/ppm（J/Hz）	位置	δ_C/ppm	δ_H/ppm（J/Hz）
1	84.2 d		14	84.0 d	3.58 t（4.5）
2	27.0 t		15	39.0 t	
3	35.6 t		16	84.0 d	
4	39.1 s		17	65.9 d	
5	41.0 d	2.35 d（7.5）	18	25.9 q	1.06 s
6	71.4 d	5.46 d（7.5）	19	57.2 t	
7	55.7 d		1-OMe	56.6 q	
8	77.6 s		8-OMe	48.5 q	
9	45.9 d		14-OMe	57.5 q	
10	44.3 d		16-OMe	56.6 q	
11	48.5 s		6-OAc	171.3 s	
12	28.5 t			21.6 q	2.05 s
13	43.1 d		NH		3.27 s

注：溶剂 CDCl₃

化合物名称：*N*-deethyl-3-acetylaconitine

分子式：C$_{34}$H$_{45}$NO$_{12}$　　　　　　　　　分子量（*M*＋1）：660

植物来源：*Aconitum pendulum* Busch　铁棒锤

参考文献：Wang Y J，Zhang J，Zeng C J，et al. 2011. Three new C$_{19}$-diterpenoid alkaloids from *Aconitum pendulum*. Phytochemistry Letters，4（2）：166-169.

N-deethyl-3-acetylaconitine 的 NMR 数据

位置	δ_C/ppm	δ_H/ppm（*J*/Hz）	位置	δ_C/ppm	δ_H/ppm（*J*/Hz）
1	80.8 d	3.23 m	17	55.7 d	3.26 s
2	31.7 t	1.85 m	18	73.4 t	2.97 d（8.7）
		2.30 m			3.78 d（8.7）
3	72.1 d	5.04 dd（5.6，9.3）	19	41.4 t	2.76 d（13.5）
4	42.9 s				3.05 d（13.5）
5	51.2 d	2.75 d（6.9）	1-OMe	55.8 q	3.26 s
6	83.6 d	4.10 d（6.9）	6-OMe	58.1 q	3.19 s
7	45.1 d	2.36 s	16-OMe	61.1 q	3.74 s
8	91.5 s		18-OMe	58.8 q	3.22 s
9	43.7 d	3.25 m	3-OAc	170.3 s	
10	40.7 d	2.09 m		21.1 q	2.05 s
11	49.1 s		8-OAc	172.1 s	
12	35.0 t	2.12 m		21.3 q	1.38 s
		2.68 m	14-OCO	166.0 s	
13	74.1 s		1′	129.8 s	
14	78.8 d	4.89 d（5.2）	2′，6′	129.6 d	8.03 d（7.6）
15	78.9 d	4.50 d（2.8，5.4）	3′，5′	128.6 d	7.46 t（7.6）
16	89.8 d	3.36 d（5.4）	4′	133.3 d	7.59 t（7.6）

注：溶剂 CDCl$_3$；^{13}C NMR：150 MHz；^{1}H NMR：600 MHz

化合物名称：*N*-deethyl-3-*O*-acetylchasmaconitine

分子式：C$_{34}$H$_{45}$NO$_{11}$　　　　　　　　分子量（*M*+1）：644

植物来源：*Aconitum brachypodum* Diels　短柄乌头

参考文献：Wang X Y，Wang D X，Lai G F，et al. 2018. Diterpenoid alkaloids from *Aconitum brachypodum*. Chemistry of Natural Compounds，54（1）：137-141.

N-deethyl-3-O-acetylchasmaconitine 的 NMR 数据

位置	δ_C/ppm	δ_H/ppm（*J*/Hz）	位置	δ_C/ppm	δ_H/ppm（*J*/Hz）
1	83.6 d	3.12 m	18	74.3 t	3.51 d（8.2）
2	32.2 t	2.39 m 2.15 m			3.79 d（8.2）
3	72.1 d	3.88 dd（6.5，4.5）	19	42.6 t	2.98 m 3.34 m
4	43.5 s		1-OMe	57.4 q	3.13 s
5	45.7 d	2.03 d（6.8）	6-OMe	55.8 q	3.17 s
6	81.1 d	4.06 m	16-OMe	56.6 q	3.25 s
7	51.3 d	2.85 m	18-OMe	58.4 q	3.70 s
8	83.5 s		3-OAc	170.1 s	
9	43.4 d	2.99 m		21.0 q	1.57 s
10	40.3 d	2.09 m	8-OAc	172.1 s	
11	49.5 s			21.3 q	2.11 s
12	34.6 t	2.33 m 2.75 m	14-OCO	166.8 s	
13	74.3 s		1′	130.0 s	
14	78.7 d	5.05 d（5.0）	2′，6′	129.8 d	8.12 m
15	38.2 t	3.16 m 3.68 m	3′，5′	129.4 d	7.45 m
16	82.8 d	3.55 m	4′	132.6 d	7.56 m
17	57.6 d	3.34 m			

注：溶剂 CDCl$_3$；^{13}C NMR：150 MHz；^{1}H NMR：600 MHz

化合物名称：*N*-deethyl-3-*O*-acetyljesaconitine

分子式：C$_{35}$H$_{47}$NO$_{13}$　　　　　　　　分子量（*M*+1）：690

植物来源：*Aconitum brachypodum* Diels 短柄乌头

参考文献：Wang X Y，Wang D X，Lai G F，et al. 2018. Diterpenoid alkaloids from *Aconitum brachypodum*. Chemistry of Natural Compounds，54（1）：137-141.

N-deethyl-3-*O*-acetyljesaconitine 的 NMR 数据

位置	δ_C/ppm	δ_H/ppm（*J*/Hz）	位置	δ_C/ppm	δ_H/ppm（*J*/Hz）
1	84.2 d	3.22 dd (6.4, 11.0)	18	73.7 t	3.94 d（8.8）
2	32.0 t	2.37 m 2.13 m			3.16 d（8.8）
3	72.4 d	3.89 dd（6.4, 4.8）	19	41.8 t	3.00 m 3.20 m
4	43.3 s		1-OMe	58.2 q	3.19 s
5	45.6 d	2.07 d（6.4）	6-OMe	55.4 q	3.15 s
6	81.1 d	4.18 m	16-OMe	61.7 q	3.75 s
7	52.0 d	3.11 m	18-OMe	58.8 q	3.31 s
8	92.1 s		3-OAc	170.4 s	
9	44.6 d	3.15 m		21.1 q	1.47 s
10	41.0 d	2.12 m	8-OAc	172.5 s	
11	49.7 s			21.4 q	2.11 s
12	37.0 t	2.45 m	14-OCO	166.4 s	
		3.00 dd (12.8, 3.6)	1'	130.6 s	
13	75.4 s		2', 6'	129.9 d	8.27 dd（8.0, 1.4）
14	80.2 d	5.45 d（5.0）	3', 5'	117.8 d	7.41 dd（8.0, 1.4）
15	79.7 d	4.96 d（4.2）	4'	162.6 s	
16	91.8 d	3.64 m	4'-OMe	56.5 q	3.86 s
17	56.3 d	3.75 m			

注：溶剂 CDCl$_3$；^{13}C NMR：150 MHz；^{1}H NMR：600 MHz

化合物名称：*N*-deethyl-3-*O*-acetylyunaconitine

分子式：C$_{35}$H$_{47}$NO$_{12}$　　　　　　　　分子量（*M* + 1）：674

植物来源：*Aconitum brachypodum* Diels　短柄乌头

参考文献：Wang X Y，Wang D X，Lai G F，et al. 2018. Diterpenoid alkaloids from *Aconitum brachypodum*. Chemistry of Natural Compounds，54（1）：137-141.

N-deethyl-3-*O*-acetylyunaconitine 的 NMR 数据

位置	δ_C/ppm	δ_H/ppm（*J*/Hz）	位置	δ_C/ppm	δ_H/ppm（*J*/Hz）
1	83.4 d	3.14 m	18	74.5 t	3.54 d（8.2）
2	32.3 t	2.41 m 2.08 m			3.99 d（8.2）
3	72.0 d	3.86 dd（6.5，4.6）	19	42.9 t	2.95 m，3.31 m
4	43.6 s		1-OMe	57.2 q	3.15 s
5	45.5 d	2.06 d（6.6）	6-OMe	55.5 q	3.17 s
6	81.0 d	4.09 m	16-OMe	56.3 q	3.21 s
7	51.1 d	2.91 m	18-OMe	58.2 q	3.73 s
8	83.2 s		3-OAc	170.3 s	
9	43.2 d	3.03 m		21.1 q	1.68 s
10	40.1 d	2.11 m	8-OAc	172.2 s	
11	49.4 s			21.3 q	2.09 s
12	34.5 t	2.33 m 2.75 m	14-OCO	166.4 s	
13	74.2 s		1′	130.1 s	
14	78.8 d	4.98 d（5.4）	2′，6′	129.8 d	8.22 dd（8.2，2.0）
15	38.0 t	3.18 m 3.76 m	3′，5′	118.8 d	7.43 dd（8.2，2.0）
16	82.6 d	3.62 m	4′	162.9 s	
17	57.5 d	3.42 m	4′-OMe	55.8 q	3.27 s

注：溶剂 CDCl$_3$；^{13}C NMR：150 MHz；^{1}H NMR：600 MHz

化合物名称：*N*-deethylaconitine

分子式：C$_{32}$H$_{43}$NO$_{11}$　　　　　　　　　分子量（*M*＋1）：618

植物来源：*Aconitum duclouxii* Levl. 宾川乌头

参考文献：Yin T P，Cai L，Zhou H，et al. 2014. A new C$_{19}$-diterpenoid alkaloid from the roots of *Aconitum duclouxii*. Natural Product Research，28（19）：1649-1654.

N-deethylaconitine 的 NMR 数据

位置	δ_C/ppm	δ_H/ppm（J/Hz）	位置	δ_C/ppm	δ_H/ppm（J/Hz）
1	81.3 d	3.10 m	16	89.7 d	3.30 t（6.4）
2	34.9 t	2.50 m	17	53.9 d	3.25 m
		1.88 m	18	77.1 t	3.58 ABq（8.0）
3	70.7 d	3.76 m			3.51 ABq（8.0）
4	43.8 s		19	40.6 t	2.94 m
5	46.9 d	2.04 d（4.8）			2.30 ABq（11.2）
6	83.3 d	4.02 d（4.8）	1-OMe	55.1 q	
7	50.8 d	2.70 m	6-OMe	57.7 q	3.30 s
8	91.4 s		16-OMe	61.1 q	3.27 s
9	43.3 d	2.78 m	18-OMe	59.1 q	3.29 s
10	40.6 d	1.98 m	8-OAc	172.1 s	
11	49.2 s			21.3 q	1.31 s
12	34.8 t	2.63 m	14-OCO	166.0 s	
		2.02 m	1′	129.7 s	
13	74.1 s		2′,6′	129.6 d	7.99 d（8.0）
14	78.8 d	4.83 d（5.0）	3′,5′	128.6 d	7.43 t（8.0）
15	78.9 d	4.44 m	4′	133.3 d	7.53 t（8.0）

注：溶剂 CDCl$_3$；^{13}C NMR：100 MHz；^{1}H NMR：400 MHz

化合物名称：*N*-deethylaljesaconitine A

分子式：C₃₂H₄₅NO₁₁　　　　　　　**分子量（*M*＋1）**：620

植物来源：*Aconitum japonicum* subsp. *subcuneatum* (Nakai) Kadota

参考文献：Yamashita H，Takeda K，Haraguchi M，et al. 2018. Four new diterpenoid alkaloids from *Aconitum japonicum* subsp. *subcuneatum*. Journal of Natural Medicines，72（1）：230-237.

N-deethylaljesaconitine A 的 NMR 数据

位置	δ_C/ppm	δ_H/ppm（*J*/Hz）	位置	δ_C/ppm	δ_H/ppm（*J*/Hz）
1	82.5 d	3.15 m	16	93.3 d	3.27 m
2	33.4 t	2.38 m	17	61.3 d	2.92 br s
		1.93 m	18	77.2 t	3.61 d（8.2）
3	71.8 d	3.83 m			3.54 d（8.2）
4	43.0 s		19	49.0 t	2.50 d（11.0）
5	45.7 d	2.07 d（6.2）	1-OMe	55.9 q	3.27 s
6	83.3 d	4.06 d（6.2）	6-OMe	58.6 q	3.29 s
7	42.4 d	2.74 s	8-OMe	49.9 q	3.15 s
8	82.3 s		16-OMe	62.6 q	3.74 s
9	45.1 d	2.58 m	18-OMe	59.2 q	3.32 s
10	41.5 d	2.08 m	14-OCO	166.0 s	
11	50.6 s		1′	122.0 s	
12	36.2 t	2.12 m	2′, 6′	131.8 d	7.99 d（8.3）
13	74.8 s		3′, 5′	113.6 d	6.94 d（8.3）
14	79.2 d	4.83 d（4.9）	4′	163.3 s	
15	77.7 d	4.56 d（5.5）	4′-OMe	55.4 q	3.87 s

注：溶剂 CDCl₃；¹³C NMR：150 MHz；¹H NMR：600 MHz

化合物名称：*N*-deethylchasmanine

分子式：C$_{23}$H$_{37}$NO$_6$　　　　　　　分子量（*M* + 1）：424

植物来源：*Aconitum transsecutum* Diels 直缘乌头

参考文献：Chen D L，Jian X X，Chen Q H，et al. 2003. New C$_{19}$-diterpenoid alkaloids from the roots of *Aconitum transsecutum*. Acta Chimica Sinica，61（6）：901-906.

N-deethylchasmanine 的 NMR 数据

位置	δ_C/ppm	δ_H/ppm（*J*/Hz）	位置	δ_C/ppm	δ_H/ppm（*J*/Hz）
1	83.1 d	3.17～3.25 m	13	40.1 d	2.20～2.30 m
2	24.2 t	1.70～1.82 m	14	75.9 d	4.17 t（5.2）
		1.75～1.86 m	15	41.2 t	2.02 dd（4.8, 16）
3	30.0 t	1.45～1.56 m			2.57 dd（7.6, 16）
		1.68～1.76 m	16	81.8 d	3.34（hidden）
4	39.4 s		17	57.5 d	2.89 s
5	48.1 d	2.17 d（6.4）	18	80.4 t	3.19 ABq（8.4）
6	82.7 d	4.22 d（6.8）			3.65 ABq（8.4）
7	58.1 d	1.91 d（3.2）	19	49.3 t	2.27 ABq（hidden）
8	73.9 s				3.37 ABq（hidden）
9	45.7 d	2.16 d（5.2）	1-OMe	55.4 q	3.22 s
10	45.3 d	1.75 d（4.8）	6-OMe	56.3 q	3.33 s
11	50.2 s		16-OMe	57.6 q	3.36 s
12	28.2 t	1.76～1.88 m	18-OMe	59.2 q	3.32 s
		1.61 d（6.4）			

注：溶剂 CDCl$_3$；^{13}C NMR：100 MHz；^{1}H NMR：400 MHz

化合物名称：*N*-deethyldelphisine

分子式：C$_{26}$H$_{39}$NO$_8$　　　　　　　　分子量（*M*+1）：494

植物来源：*Delphinium staphisagria* L.

参考文献：Ross S A，Desai H K，Pelletier S W. 1987. New diterpenoid alkaloids from *Delphinium staphisagria* Linne. Heterocycles，26（11）：2895-2904.

_N_-deethyldelphisine 的 NMR 数据

位置	δ_C/ppm	δ_H/ppm（*J*/Hz）	位置	δ_C/ppm	δ_H/ppm（*J*/Hz）
1	71.9 d		14	75.5 d	4.77 dd（4.5, 4.5）
2	29.4 t		15	38.0 t	
3	29.8 t		16	82.8 d	
4	38.2 s		17	59.1 d	
5	44.1 d		18	79.7 t	
6	83.7 d		19	54.9 t	
7	49.1 d		6-OMe	57.8 q	3.24 s
8	85.6 s		16-OMe	56.5 q	3.30 s
9	43.1 d		18-OMe	58.1 q	3.30 s
10	38.5 d		8-OAc	169.5 s	
11	49.4 s			22.3 q	1.95 s
12	28.9 t		14-OAc	170.6 s	
13	42.8 d			21.1 q	2.01 s

注：溶剂 CDCl$_3$

化合物名称：*N*-deethyldelstaphidine

分子式：$C_{26}H_{37}NO_8$　　　　　　　　　分子量（$M+1$）：492

植物来源：*Delphinium staphisagria* L.

参考文献：Ross S A，Desai H K，Pelletier S W. 1987. New diterpenoid alkaloids from *Delphinium staphisagria* Linne. Heterocycles，26（11）：2895-2904.

N-deethyldelstaphidine 的 NMR 数据

位置	δ_C/ppm	δ_H/ppm（J/Hz）	位置	δ_C/ppm	δ_H/ppm（J/Hz）
1	69.3 d		14	74.9 d	4.74 dd（4.5, 4.5）
2	27.1 t		15	37.5 t	
3	22.3 t		16	82.8 d	
4	46.7 s		17	58.8 d	
5	36.5 d		18	74.9 t	
6	84.5 d		19	82.6 d	3.47 s
7	58.1 d		6-OMe	58.0 q	3.16 s
8	83.7 s		16-OMe	56.5 q	3.21 s
9	49.3 d		18-OMe	58.0 q	3.24 s
10	38.9 d		8-OAc	169.2 s	
11	49.5 s			22.3 q	1.90 s
12	29.8 t		14-OAc	170.6 s	
13	41.5 d			21.1 q	1.97 s

注：溶剂 CDCl₃

化合物名称：*N*-deethyldelstaphinine

分子式：$C_{22}H_{33}NO_6$　　　　　　　分子量（*M* + 1）：408

植物来源：*Delphinium staphisagria* L.

参考文献：Pelletier S W，Badawi M M. 1987. New alkaloids from *Delphinium staphisagria*. Journal of Natural Products，50（3）：381-385.

_N_-deethyldelstaphinine 的 NMR 数据

位置	δ_C/ppm	δ_H/ppm（*J*/Hz）	位置	δ_C/ppm	δ_H/ppm（*J*/Hz）
1	69.4 d		12	27.2 t	
2	27.6 t		13	46.8 d	
3	22.3 t		14	75.5 d	
4	46.7 s		15	40.1 t	
5	36.9 d		16	81.7 d	
6	83.1 d		17	61.7 d	
7	53.1 d		18	75.3 t	
8	71.1 s		19	84.1 d	
9	53.0 d		6-OMe	58.2 q	
10	39.2 d		16-OMe	56.5 q	
11	49.6 s		18-OMe	58.9 q	

注：溶剂 CDCl₃

化合物名称：*N*-deethyldeoxyaconitine

分子式：$C_{32}H_{43}NO_{10}$ 分子量（$M+1$）：602

植物来源：*Aconitum pendulum* Busch 铁棒锤

参考文献：Wang Y J，Zhang J，Zeng C J，et al. 2011. Three new C₁₉-diterpenoid alkaloids from *Aconitum pendulum*. Phytochemistry Letters，4（2）：166-169.

N-deethyldeoxyaconitine 的 NMR 数据

位置	δ_C/ppm	δ_H/ppm（*J*/Hz）	位置	δ_C/ppm	δ_H/ppm（*J*/Hz）
1	82.6 d	3.23 m	16	89.6 d	3.40 d（5.4）
2	23.7 t	1.46 m	17	56.9 d	3.26 s
		1.89 m	18	80.1 t	3.01 d（8.5）
3	29.3 t	1.42 m			3.56 d（8.5）
		1.75 m	19	49.4 t	2.16 d（13.3）
4	39.2 s				2.77 d（13.3）
5	49.2 d	3.21 d（6.5）	1-OMe	55.4 q	3.24 s
6	83.5 d	4.01 d（6.5）	6-OMe	57.9 q	3.17 s
7	43.9 d	2.29 s	16-OMe	61.2 q	3.77 s
8	91.8 s		18-OMe	59.1 q	3.29 s
9	43.4 d	2.81 m	8-OAc	172.1 s	
10	40.6 d	2.06 m		21.4 q	1.40 s
11	49.9 s		14-OCO	165.9 s	
12	35.5 t	2.10 m	1'	129.8 s	
		2.21 m	2', 6'	129.6 d	8.03 d（7.6）
13	74.1 s		3', 5'	128.6 d	7.46 t（7.6）
14	79.1 d	4.91 d（5.2）	4'	133.3 d	7.58 t（7.6）
15	79.1 d	4.52 dd（2.7，5.4）			

注：溶剂 CDCl₃；¹³C NMR：150 MHz；¹H NMR：600 MHz

化合物名称：*N*-deethyl-*N*-19-didehydrosachaconitine

分子式：C$_{21}$H$_{31}$NO$_4$ 分子量（*M*+1）：362

植物来源：*Aconitum variegatum* L.

参考文献：Diaz J G，Ruiza J G，Herz W. 2005. Norditerpene and diterpene alkaloids from *Aconitum variegatum*. Phytochemistry，66（7）：837-846.

N-deethyl-*N*-19-didehydrosachaconitine 的 NMR 数据

位置	δ_C/ppm	δ_H/ppm（*J*/Hz）	位置	δ_C/ppm	δ_H/ppm（*J*/Hz）
1	85.2 d	3.18 dd (10.2, 7)	11	47.5 s	
2	26.3 t	1.99 m	12	27.1 t	1.84 ddd（16, 10.5, 7）
3	32.9 t	1.33 dddd（14, 12.5, 10, 5）			1.76 dd（16, 7）
		1.57 ddd（13.5, 5, 3）	13	37.3 d	2.40 br t（7）
		1.22 ddd（13.5, 13.5, 4.3）	14	75.5 d	4.15 t
4	46.3 s		15	37.4 t	2.62 dd（17.5, 8.5）
5	47.0 d	1.50 dd（7.9, 1）			2.01 d（17.5）
6	26.5 t	2.03 dd（15, 7.9）	16	82.1 d	3.50 dd（8.5, 3）
		1.45 dd（15, 7.5）	17	62.0 d	4.19 br s
7	52.5 d	2.12 d（7.5）	18	22.5 q	1.09 s
8	72.3 s		19	168.9 d	7.1 br s
9	46.4 d	2.21 t（5）	1-OMe	55.9 q	3.22 s
10	46.6 d	1.70 m	16-OMe	56.5 q	3.36 s

注：溶剂 CDCl$_3$；^{13}C NMR：125 MHz；^{1}H NMR：500 MHz

化合物名称：*N*-deethylperegrine alcohol

分子式：C$_{22}$H$_{35}$NO$_5$　　　　　　　　　分子量（$M+1$）：394

植物来源：*Delphinium virgatum* Poiret

参考文献：Mericli A H，Mericli F，Desai H K，et al. 2001. Diterpenoid alkaloids from *Delphinium virgatum* Poiret. Pharmazie，56（5）：418-419.

N-deethylperegrine alcohol 的 NMR 数据

位置	δ_C/ppm	δ_H/ppm（J/Hz）	位置	δ_C/ppm	δ_H/ppm（J/Hz）
1	83.0 d		12	28.2 t	
2	25.6 t		13	38.9 d	
3	34.5 t		14	75.2 d	4.10 t（5）
4	34.1 s		15	34.0 t	
5	58.7 d		16	82.1 d	
6	72.8 d	4.58 d（7）	17	77.2 d	
7	45.6 d		18	26.4 q	0.98 s
8	77.3 s		19	52.0 t	
9	45.0 d		1-OMe	55.7 q	3.27 s
10	49.2 d		8-OMe	48.3 q	3.31 s
11	48.4 s		16-OMe	56.4 q	3.38 s

注：溶剂 CDCl$_3$；^{13}C NMR：75 MHz；^{1}H NMR：300 MHz

化合物名称： *N*-deethyltalatisamine

分子式： C$_{22}$H$_{35}$NO$_5$　　　　　　　　**分子量（*M*+1）：** 394

植物来源： *Aconitum liljestrandii* Hand.-Mazz. 贡嘎乌头

参考文献： Xie G B，Chen Q H，Chen D L，et al. 2003. New C$_{19}$-diterpenoid alkaloids from *Aconitum liljestrandii*. Heterocycles，60（3）：631-636.

N-deethyltalatisamine 的 NMR 数据

位置	δ_C/ppm	δ_H/ppm（*J*/Hz）	位置	δ_C/ppm	δ_H/ppm（*J*/Hz）
1	83.9 d	3.25 m	12		1.82 m
2	24.2 t	1.88 m	13	38.5 d	2.34 t（6.8）
		1.94 m	14	75.4 d	4.16 t（5.2）
3	30.4 t	1.67 m	15	39.2 t	2.06 m
		1.56 m			2.55 dd（17.2, 8.4）
4	38.2 s		16	81.9 d	3.39 d（8.0）
5	43.6 d	1.78 m	17	57.4 d	3.24 s
6	24.8 t	1.76 m	18	78.9 t	2.97 ABq（8.8）
		2.00 t（7.6）			3.10 ABq（8.8）
7	52.1 d	2.09 m	19	48.2 t	2.52 ABq（13.6）
8	73.2 s				2.80 ABq（13.6）
9	46.3 d	2.23 t（5.2）	1-OMe	55.8 q	3.27 s
10	45.5 d	1.72 m	16-OMe	56.3 q	3.34 s
11	48.7 s		18-OMe	59.5 q	3.29 s
12	27.9 t	1.61 m			

注：溶剂 CDCl$_3$；^{13}C NMR：100 MHz；^{1}H NMR：400 MHz

化合物名称：*N*-desethyl-*N*-formyl-8-*O*-methyltalatisamine

分子式：C$_{24}$H$_{37}$NO$_6$　　　　　　　　　分子量（*M* + 1）：436

植物来源：*Aconitum vilmorinianum* Kom. 黄草乌

参考文献：Chen C L，Tan W H，Wang Y，et al. 2015. New norditerpenoid alkaloids from *Aconitum vilmorinianum* Komarov. Journal of Natural Medicines，69（4）：601-607.

N-desethyl-N-formyl-8-O-methyltalatisamine 的 NMR 数据

位置	δ$_C$/ppm	δ$_H$/ppm（*J*/Hz）	位置	δ$_C$/ppm	δ$_H$/ppm（*J*/Hz）
1	82.9 d	3.14 m	13	37.5 d	2.42 br s
2	25.0 t	1.28 m	14	74.8 d	3.99 br s
		2.05 m	15	32.2 t	2.13 br s
3	31.9 t	1.37 m			2.18 br s
		1.78 m	16	81.8 d	3.46 br s
4	37.6 s		17	59.9 d	3.82 br s
5	45.7 d	1.88 m	18	78.2 t	3.09 m
6	24.0 t	1.62 m			3.18 m
		2.02 m	19	43.7 t	2.72 d（14.0）
7	47.7 d	2.24 m			3.75 m
8	77.2 s		21	162.4 d	8.01 s
9	45.1 d	1.85 m	1-OMe	55.7 q	3.21 s
10	45.4 d	2.21 m	8-OMe	48.5 q	3.15 s
11	48.1 s		16-OMe	56.5 q	3.39 s
12	27.1 t	1.85 m	18-OMe	59.5 q	3.31 s
		1.92 m			

注：溶剂 CDCl$_3$；^{13}C NMR：100 MHz；^{1}H NMR：400 MHz

化合物名称：neojiangyouaconitine

分子式：C$_{33}$H$_{47}$NO$_9$　　　　　　　**分子量**（$M+1$）：602

植物来源：*Aconitum carmichaelii* Debx. 乌头

参考文献：张卫东，韩公羽，梁华清. 1992. 四川江油附子生物碱成分的研究. 药学学报，27（9）：670-673.

neojiangyouaconitine 的 NMR 数据

位置	δ_C/ppm	δ_H/ppm（J/Hz）	位置	δ_C/ppm	δ_H/ppm（J/Hz）
1	85.3 d		17	62.4 d	
2	26.4 t		18	79.9 t	
3	34.6 t		19	56.0 t	
4	39.1 s		21	49.3 t	
5	47.2 d		22	13.2 q	1.18 t（7）
6	82.0 d	4.10 d（6）	1-OMe	56.6 q	
7	41.6 d	2.82 br s	6-OMe	58.6 q	
8	83.1 s		8-OMe	57.0 q	
9	46.0 d		16-OMe	62.3 q	
10	41.4 d		18-OMe	59.0 q	
11	50.4 s		14-OCO	166.2 s	
12	36.7 t		1′	130.3 s	
13	74.6 s		2′, 6′	129.7 d	8.05 m
14	79.6 d	4.65 d（5.1）	3′, 5′	128.2 d	7.45 m
15	78.3 d	4.53 m	4′	132.7 d	7.55 m
16	93.6 d				

注：溶剂 CDCl$_3$；^{13}C NMR：75 MHz；^{1}H NMR：300 MHz

化合物名称：neoline

分子式：$C_{24}H_{39}NO_6$　　　　　　　　分子量（$M+1$）：438

植物来源：*Aconitum carmichaelii* Debx. 乌头

参考文献：王宪楷，赵同芳，赖盛. 1996. 中坝鹅掌叶附子中的生物碱研究 II.
中国药学杂志，31（2）：74-77.

neoline 的 NMR 数据

位置	δ_C/ppm	δ_H/ppm（J/Hz）	位置	δ_C/ppm	δ_H/ppm（J/Hz）
1	72.1 d	3.67	14	75.6 d	4.22 t（5.3）
2	29.2 t	1.88 m	15	42.5 t	2.06 dd（16.1, 5.4）
		1.52 m			2.38 dd（16.1, 9.3）
3	29.7 t	1.60 m（2H）	16	82.1 d	3.38 dd（9.3, 5.9）
4	38.0 s		17	63.4 d	2.70 br s
5	44.7 d	2.17 d（6.3）	18	80.1 t	3.64 d（8.3）
6	83.1 d	4.17 br d（6.3）			3.27 d（8.3）
7	52.1 d	2.00 br s	19	56.9 t	2.72 d（11.7）
8	74.2 s				2.33 d（11.7）
9	48.1 d	2.29 dd（7.3, 5.3）	21	48.1 t	2.57 dq（13.4, 7.3）
10	40.5 d	2.04 m			2.51 dq（13.4, 7.3）
11	49.4 s		22	12.9 q	1.14 t（7.3）
12	29.7 t	1.72 dd（14.2, 5.4）	6-OMe	57.7 q	3.343 s
		1.86 m	16-OMe	56.2 q	3.340 s
13	44.0 d	2.18 dd（7.5, 5.5）	18-OMe	59.0 q	3.33 s

注：溶剂 CDCl₃

化合物名称：neolinine

分子式：C$_{23}$H$_{37}$NO$_6$　　　　　　　　分子量（$M+1$）：424

植物来源：*Delphinium staphisagria* L.

参考文献：Ross S A，Desai H K，Pelletier S W. 1987. New diterpenoid alkaloids from *Delphinium staphisagria* Linne. Heterocycles，26（11）：2895-2904.

neolinine 的 NMR 数据

位置	δ_C/ppm	δ_H/ppm（J/Hz）	位置	δ_C/ppm	δ_H/ppm（J/Hz）
1	72.1 d		13	44.2 d	
2	29.6 t		14	75.9 d	
3	29.6 t		15	42.8 t	
4	39.0 s		16	82.0 d	
5	46.7 d		17	63.7 d	
6	82.7 d	4.15 dd（1.0，7.0）	18	70.9 t	
7	51.7 d		19	56.9 t	
8	74.1 s		21	48.3 t	
9	48.3 d		22	12.9 q	1.10 t（7.0）
10	40.5 d		6-OMe	57.9 q	
11	49.6 s		16-OMe	56.3 q	
12	29.6 t				

注：溶剂 CDCl$_3$

化合物名称：nevadenine

分子式：$C_{23}H_{35}NO_5$ 分子量（$M+1$）：406

植物来源：*Aconitum nevadense* Vechtr.

参考文献：Gonzalez A G，De la Fuente G，Orribo T，et al. 1985. Nevadenine and nevadensine，two new diterpenoid alkaloids from *Aconitum nevadense* Vechtr. Heterocycles，23（12）：2979-2982.

nevadenine 的 NMR 数据

位置	δ_C/ppm	δ_H/ppm（J/Hz）	位置	δ_C/ppm	δ_H/ppm（J/Hz）
1	69.4 d	3.78 s	13	38.6 d	
2	24.3 t		14	75.7 d	4.17 t（5）
3	22.8 t		15	39.7 t	
4	42.9 s		16	82.1 d	
5	37.2 d		17	62.1 d	4.85 t（4.8）
6	25.8 t		18	74.4 t	
7	44.5 d		19	87.6 d	3.67 m
8	72.3 s		21	48.2 t	2.70 q（7）
9	45.8 d		22	14.6 q	1.04 t（7）
10	54.9 d		16-OMe	56.6 q	3.29 s
11	47.8 s		18-OMe	59.1 q	3.33 s
12	27.1 t				

注：溶剂 CDCl₃

化合物名称：nuttalianine

分子式：$C_{26}H_{41}NO_7$　　　　　　　　　　分子量（$M+1$）：480

植物来源：*Delphinium nuttallianum* Pritz.

参考文献：Bai Y L，Benn M，Majak W. 1989. New C_{19}-diterpenoid alkaloids from *Delphinium nuttallianum* Pritz. Heterocycles，29（6）：1017-1021.

nuttalianine 的 NMR 数据

位置	δ_C/ppm	δ_H/ppm（J/Hz）	位置	δ_C/ppm	δ_H/ppm（J/Hz）
1	72.6 d		14	76.1 d	
2	27.4 t		15	37.0 t	
3	29.8 t		16	83.0 d	
4	36.9 s		17	65.4 d	
5	43.7 d		18	79.4 t	
6	72.1 d		19	58.3 t	
7	50.1 d		21	48.6 t	
8	81.3 s		22	13.0 q	
9	42.8 d		8-OMe	48.2 q	
10	43.7 d		16-OMe	56.3 q	
11	48.8 s		18-OMe	59.5 q	
12	29.4 t		14-OAc	170.7 s	
13	37.0 d			21.3 q	

化合物名称：nuttalline

分子式：$C_{24}H_{39}NO_6$　　　　　　　　分子量（$M+1$）：438

植物来源：*Delphinium nuttallianum* Pritz.

参考文献：Bai Y L，Benn M，Majak W. 1990. Further norditerpenoid alkaloids from *Delphinium nuttallianum*. Heterocycles，31（7）：1233-1236.

nuttalline 的 NMR 数据

位置	δ_C/ppm	δ_H/ppm（J/Hz）	位置	δ_C/ppm	δ_H/ppm（J/Hz）
1	85.3 d		13	37.2 d	
2	25.6 t		14	75.6 d	4.0 t（4.5）
3	31.9 t		15	37.2 t	
4	39.0 s		16	82.1 d	
5	46.3 d		17	64.2 d	
6	82.3 d		18	68.1 t	
7	51.2 d		19	53.7 t	
8	74.1 s		21	49.5 t	
9	49.6 d		22	13.6 q	1.06 t（7.2）
10	46.1 d		1-OMe	56.4 q	3.28 s
11	48.4 s		6-OMe	57.7 q	3.36 s
12	28.1 t		16-OMe	56.3 q	3.44 s

化合物名称：nuttallianine

分子式：$C_{26}H_{41}NO_7$　　　　　　　　分子量（$M+1$）：480

植物来源：*Delphinium nuttallianum* Pritz.

参考文献：Bai Y L，Sun F，Benn M，et al. 1994. Diterpenoid and norditerpenoid alkaloids from *Delphinium nuttallianum*. Phytochemistry，37（6）：1717-1724.

nuttallianine 的 NMR 数据

位置	δ_C/ppm	δ_H/ppm（J/Hz）	位置	δ_C/ppm	δ_H/ppm（J/Hz）
1	72.6 d		14	76.1 d	
2	27.4 t		15	37.0 t	
3	29.8 t		16	83.0 d	
4	36.9 s		17	65.4 d	
5	50.1 d		18	79.4 t	
6	72.1 d		19	58.3 t	
7	43.7 d		21	48.6 t	
8	81.3 s		22	13.0 q	
9	42.8 d		8-OMe	48.2 q	
10	43.7 d		16-OMe	56.3 q	
11	48.8 s		18-OMe	59.5 q	
12	29.4 t		14-OAc	170.7 s	
13	37.0 d			21.3 q	

注：溶剂 CDCl₃；¹³C NMR：100 MHz

化合物名称：ouvrardiantine

分子式：$C_{35}H_{49}NO_{11}$　　　　　　　分子量（M+1）：660

植物来源：*Aconitum ouvrardianum* Hand.-Mazz. 德钦乌头

参考文献：Hou L H，Chen D L，Jian X X，et al. 2007. Three new diterpenoid alkaloids from roots of *Aconitum ouvrardianum* Hand.-Mazz. Chemical & Pharmaceutical Bulletin，55（7）：1090-1092.

ouvrardiantine 的 NMR 数据

位置	δ_C/ppm	δ_H/ppm（J/Hz）	位置	δ_C^*/ppm	δ_H/ppm（J/Hz）
1	85.6 d	3.12 d（4.8）	18	79.1 t	3.01 d（8.4）
2	62.3 d	4.01 m			3.65 d（8.4）
3	42.1 t	1.74 dd（14.8, 3.6）	19	51.8 t	2.53 ABq（11.4）
		1.96 dd（15.0, 2.2）			2.58 ABq（11.4）
4	38.9 s		21	48.8 t	2.61 m
5	49.4 d	2.23 d（6.4）			2.68 m
6	82.2 d	4.01 d（6.0）	22	12.2 q	1.16 t（7.2）
7	49.7 d	3.10 br s	1-OMe	56.0 q	3.31 s
8	85.3 s		6-OMe	58.1 q	3.18 s
9	45.6 d	2.97 m	16-OMe	58.8 q	3.52 s
10	40.8 d	2.20 m	18-OMe	59.0 q	3.27 s
11	52.7 s		8-OAc	169.8 s	
12	37.7 t	2.18 m		21.6 q	1.36 s
		2.68 m	14-OCO	166.1 s	
13	74.7 s		1′	122.6 s	
14	78.4 d	4.88 d（5.2）	2′, 6′	131.7 d	8.01 d（8.8）
15	39.5 t	2.46 dd（14.2, 5.6）	3′, 5′	113.8 d	6.91 d（8.8）
		2.97 m	4′	163.5 s	
16	83.7 d	3.30 m	4′-OMe	55.4 q	3.87 s
17	60.7 d	2.80 br s			

注：溶剂 CDCl₃；¹³C NMR：150 MHz；¹H NMR：600 MHz

化合物名称：patentine

分子式：$C_{33}H_{45}NO_8$　　　　　　　　分子量（$M+1$）：584

植物来源：*Aconitum vilmorinianum* var. *patentipilum* W. T. Wang　展毛黄草乌

参考文献：Ding L S，Chen Y Z，Wu F G，et al. 1990. A diterpenoid alkaloid from *Aconitum vilmorinianum* var. *patentipilum*. Phytochemistry，29（11）：3694-3696.

patentine 的 NMR 数据

位置	δ_C/ppm	δ_H/ppm（J/Hz）	位置	δ_C/ppm	δ_H/ppm（J/Hz）
1	85.7 d		17	61.6 d	
2	26.2 t		18	81.6 t	
3	35.8 t		19	54.7 t	
4	39.1 s		21	49.1 t	
5	49.1 d		22	13.4 q	1.07 t（7.2）
6	72.7 d	4.68 d（6.6）	1-OMe	56.1 q	
7	44.7 d		16-OMe	56.6 q	
8	85.8 s		18-OMe	59.2 q	
9	49.2 d		8-OAc	169.7 s	
10	44.2 d			21.5 q	1.38 s
11	50.8 s		14-OCO	166.3 s	
12	29.3 t		1′	130.4 s	
13	39.1 d		2′，6′	128.4 d	8.07 d（7.5）
14	75.6 d	5.06 t（7.5）	3′，5′	129.6 d	7.44 d（7.5）
15	38.0 t		4′	132.9 d	7.54 t（7.5）
16	82.2 d				

注：溶剂 CDCl₃；¹³C NMR：100 MHz；¹H NMR：400 MHz

化合物名称：penduline

分子式：C$_{34}$H$_{47}$NO$_9$　　　　　　　　分子量（$M+1$）：614

植物来源：*Aconitum pseudostapfianum* W. T. Wang 拟玉龙乌头

参考文献：陈瑛，丁立生，王明奎，等. 1996. 拟玉龙乌头的二萜生物碱研究. 中草药，27（1）：5-8.

penduline 的 NMR 数据

位置	δ_C/ppm	δ_H/ppm（J/Hz）	位置	δ_C/ppm	δ_H/ppm（J/Hz）
1	86.5 d		17	62.0 d	
2	30.4 t		18	81.0 t	
3	36.0 t		19	53.9 t	
4	39.7 s		21	49.9 t	
5	49.5 d		22	13.4 q	1.06 t（7.0）
6	84.4 d		1-OMe	56.8 s	3.27 s
7	45.2 d		6-OMe	58.4 s	3.18 s
8	92.9 s		16-OMe	58.7 s	3.53 s
9	45.8 d		18-OMe	59.7 s	3.29 s
10	39.4 d		8-OAc	172.9 s	
11	50.7 s			22.1 q	1.43 s
12	37.1 t		14-OCO	166.8 s	
13	45.3 d		1′	130.4 s	
14	77.0 d	5.04 t（4.8）	2′, 6′	129.2 d	
15	76.3 d		3′, 5′	129.1 d	7.41～8.08 m
16	90.4 d		4′	133.8 d	

注：溶剂 CDCl$_3$；^{13}C NMR：75 MHz；^{1}H NMR：300 MHz

化合物名称：pengshenine A

分子式：C₂₄H₃₇NO₆　　　　　　　　　分子量（$M+1$）：436

植物来源：*Aconitum hemsleyanum* Pritz. var. *pengzhouense*

参考文献：Peng C S，Wang F P，Jian X X. 2002. Norditerpenoid alkaloids from the roots of *Aconitum hemsleyanum* Pritz. var. *pengzhouense*. Chinese Chemical Letters，13（3）：233-236.

pengshenine A 的 NMR 数据

位置	δ_C/ppm	δ_H/ppm（J/Hz）	位置	δ_C/ppm	δ_H/ppm（J/Hz）
1	86.8 d	3.19 m（hidden）	14	74.9 d	4.05 dd（4.9, 2.6）
2	24.9 t	2.34 m	15	34.3 t	2.08 m
		1.82 m			1.98 m
3	25.9 t	2.04 m	16	82.1 d	3.45 m
		1.50 m	17	63.2 d	3.35 s
4	45.5 s		18	80.0 t	3.20 ABq（8.8）
5	51.4 d	1.90 d（4.4）			2.95 ABq（8.8）
6	78.9 d	4.70 dd（4.4, 2.8）	19	92.1 d	4.35 s
7	53.0 d	2.29 br s	21	45.7 t	2.82 m
8	70.1 s				2.54 m
9	46.5 d	1.84 m	22	14.3 q	1.02 t（7.2）
10	45.5 d	1.62 m	1-OMe	56.4 q	3.25 s
11	47.3 s		16-OMe	56.7 q	3.33 s
12	27.4 t	1.84 m	18-OMe	59.3 q	3.27 s
		1.46 m	8-OH		3.74 s
13	36.8 d	2.38 m	14-OH		5.35 d（5.2）

注：溶剂 CDCl₃；¹³C NMR：100 MHz；¹H NMR：400 MHz

化合物名称：pentagyline

分子式：$C_{30}H_{41}NO_7$　　　　　　　分子量（$M+1$）：528

植物来源：*Delphinium pentagynum* Lam.

参考文献：Gonzalez A G，De la Fuente G，Diaz A R. 1984. Structures of gadenine and pentagyline，two new diterpenoid alkaloids. Heterocycles，22（1）：17-20.

pentagyline 的 NMR 数据

位置	δ_C/ppm	δ_H/ppm（J/Hz）	位置	δ_C/ppm	δ_H/ppm（J/Hz）
1	69.8 d	4.22 m	15	41.6 t	
2	29.7 t		16	81.8 d	
3	31.4 t		17	65.2 d	
4	32.2 s		18	27.9 q	1.00 s
5	46.5 d		19	61.5 t	
6	82.7 d	3.99 d（8）	21	48.7 t	
7	50.7 d		22	12.7 q	1.03 t（7）
8	73.9 s		6-OMe	57.8 q	3.31 s
9	54.4 d		16-OMe	56.1 q	3.38 s
10	82.4 s		14-OCO	166.6 s	
11	53.8 s		1′	130.6 s	
12	40.5 t		2′, 6′	129.9 d	8.15 m
13	38.4 d		3′, 5′	128.3 d	7.50 m
14	75.6 d	5.55 t（4.5）	4′	132.6 d	7.50 m

注：溶剂 CDCl₃

化合物名称：pentagynine

分子式：C$_{23}$H$_{35}$NO$_5$　　　　　　　　**分子量**（$M+1$）：406

植物来源：*Delphinium pentagynum* Lam.

参考文献：Gonzalez A G，De la Fuente G，Diaz A R. 1982. Four new diterpenoid alkaloids from *Delphinium pentagynum*. Phytochemistry，21（7）：1781-1782.

pentagynine 的 NMR 数据

位置	δ_C/ppm	δ_H/ppm（J/Hz）	位置	δ_C/ppm	δ_H/ppm（J/Hz）
1	68.75 d	3.64 m	13	45.72 d	
2	22.96 t		14	75.50 d	4.13 dd（4.5，4.5）
3	30.22 t		15	39.04 t	
4	38.32 s		16	82.17 d	
5	37.34 d		17	61.72 d	
6	84.30 d	3.94 d（7.0）	18	20.20 q	0.75 s
7	56.88 d		19	91.19 d	3.62 s
8	73.57 s		21	47.84 t	
9	52.63 d		22	14.35 q	0.96 t（7.0）
10	39.04 d		6-OMe	58.00 q	2.90 s
11	47.50 s		16-OMe	56.35 q	3.15 s
12	28.65 t				

注：溶剂 CDCl$_3$

化合物名称：peregrine

分子式：$C_{26}H_{41}NO_6$ 分子量（$M+1$）：464

植物来源：*Delphinium peregrinum* var. *elongatum*

参考文献：De la Fuente G，Ruiz-Mesia L. 1995. Norditerpenoid alkaloids from *Delphinium peregrinum* var. *elongatum*. Phytochemistry，39（6）：1459-1465.

peregrine 的 NMR 数据

位置	δ_C/ppm	δ_H/ppm（J/Hz）	位置	δ_C/ppm	δ_H/ppm（J/Hz）
1	84.7 d		14	75.5 d	
2	26.5 t		15	33.0 t	
3	37.1 t		16	82.5 d	
4	34.5 s		17	64.7 d	
5	56.4 d		18	25.9 q	0.82 s
6	73.4 d		19	57.6 t	
7	42.4 d		21	49.3 t	
8	79.1 s		22	13.6 q	1.04 t（7.0）
9	44.6 d		1-OMe	56.0 q	
10	46.2 d		8-OMe	48.3 q	
11	48.2 s		16-OMe	56.4 q	
12	28.6 t		6-OAc	170.2 s	
13	38.6 d			21.7 q	

注：溶剂 CDCl_3；^{13}C NMR：50 MHz；^{1}H NMR：200 MHz

化合物名称：peregrine alcohol

分子式：C$_{24}$H$_{39}$NO$_5$　　　　　　　　　**分子量**（$M+1$）：422

植物来源：*Delphinium peregrinum* var. *elongatum*

参考文献：De la Fuente G，Ruiz-Mesia L，Rodriguez M I. 1994. The revised structure of the norditerpenoid alkaloid peregrine. Helvetica Chimica Acta，77（7）：1768-1772.

<h3 style="text-align:center">peregrine alcohol 的 NMR 数据</h3>

位置	δ_C/ppm	δ_H/ppm（J/Hz）	位置	δ_C/ppm	δ_H/ppm（J/Hz）
1	85.6 d		13	37.7 d	
2	26.5 t		14	75.2 d	
3	37.5 t		15	33.1 t	
4	34.6 s		16	82.4 d	
5	58.9 d		17	64.3 d	
6	73.0 d		18	26.0 q	
7	45.9 d		19	58.1 t	
8	80.9 s		21	49.6 t	
9	43.8 d		22	13.8 q	
10	46.3 d		1-OMe	56.3 q	
11	48.3 s		8-OMe	48.6 q	
12	28.5 t		16-OMe	56.5 q	

注：溶剂 CDCl$_3$

化合物名称：peregrinine

分子式：$C_{24}H_{35}NO_6$　　　　　　　　**分子量**（$M+1$）：434

植物来源：*Delphinium peregrinum* var. *elongatum*

参考文献：De la Fuente G，Ruiz-Mesia L. 1995. Norditerpenoid alkaloids from *Delphinium peregrinum* var. *elongatum*. Phytochemistry，39（6）：1459-1465.

peregrinine 的 NMR 数据

位置	δ_C/ppm	δ_H/ppm（J/Hz）	位置	δ_C/ppm	δ_H/ppm（J/Hz）
1	82.5 d	3.26 t（6.7）	13	38.4 d	2.38 br t（6.2）
2	24.6 t	1.79 m	14	75.5 d	4.05 dt（5.1, 5.3）
		1.49 m	15	32.4 t	2.13 dd（15.7, 4.5）
3	31.2 t	1.33 m			2.28 dd（15.9, 8.3）
4	45.3 s		16	82.1 d	3.42 m
5	52.0 d	1.65 br s	17	63.4 d	3.99 br s
6	75.3 d	5.07 d（6.8）	18	22.6 q	1.13 s
7	46.5 d	2.79 d（7.0）	19	168.5 d	7.20 s
8	77.3 s		1-OMe	55.9 q	3.21 s
9	43.8 d	2.83 t（5.6）	8-OMe	48.4 q	3.07 s
10	45.8 d	2.01 m	16-OMe	56.5 q	3.37 s
11	47.9 s		6-OAc	170.6 s	
12	28.7 t	1.91 m		21.5 q	2.04 s

注：溶剂 CDCl₃；¹³C NMR：100 MHz；¹H NMR：400 MHz

化合物名称：piepunensine A

分子式：C$_{22}$H$_{33}$NO$_6$　　　　　　　分子量（$M+1$）：408

植物来源：*Aconitum piepunense* Hand.-Mazz. 中甸乌头

参考文献：Cai L，Chen D L，Liu S Y，et al. 2006. New C$_{19}$-diterpenoid alkaloids from *Aconitum piepunense*. Chemical & Pharmaceutical Bulletin，54（6）：779-781.

piepunensine A 的 NMR 数据

位置	δ_C/ppm	δ_H/ppm（J/Hz）	位置	δ_C/ppm	δ_H/ppm（J/Hz）
1	84.3 d	3.25 m	12	27.0 t	1.85 m
2	26.3 t	1.80 m			1.89 m
		2.22 m	13	45.7 d	1.86 m
3	30.3 t	1.70 m	14	75.1 d	4.14 t（4.8）
		2.04 m	15	36.7 t	2.18 m
4	51.1 s				2.38 m
5	36.9 d	2.32 m	16	81.9 d	3.47 m
6	26.1 t	1.67 m	17	56.2 d	3.63 br s
		2.09 m	18	74.4 t	3.57 ABq（10.0）
7	54.8 d	2.14 m			3.64 ABq（10.0）
8	71.5 s		19	174.5 s	
9	45.7 d	2.34 m	1-OMe	55.9 q	3.28 s
10	43.0 d	2.06 m	16-OMe	56.5 q	3.36 s
11	47.1 s		18-OMe	59.4 q	3.35 s

注：溶剂 CDCl$_3$；^{13}C NMR：100 MHz；^{1}H NMR：400 MHz

化合物名称：polyschistine A

分子式：C$_{36}$H$_{51}$NO$_{11}$　　　　　　　**分子量**（$M+1$）：674

植物来源：*Aconitum polyschistum* Hand.-Mazz. 多裂乌头

参考文献：Wang H C，Lao A N，Fujimoto Y，et al. 1985. The structure of polyschistine A，B and C：three new diterpenoid alkaloids from *Aconitum polyschistum* Hand-Mazz. Heterocycles，23（4）：803-807.

polyschistine A 的 NMR 数据

位置	δ_C/ppm	δ_H/ppm（J/Hz）	位置	δ_C/ppm	δ_H/ppm（J/Hz）
1	83.6 d	3.13 dd（6.6, 10.7）			3.80 d（8.8）
2	32.1 t	2.41 m, 2.49 m	19	49.1 t	2.31 d（11.2）
3	71.8 d	4.93 dd（6.1, 12.9）			2.85 d（11.2）
4	42.4 s		21	47.4 t	2.56 m, 2.67 m
5	45.7 d	2.24 dd（6.3）	22	13.4 q	1.10 t（6.8）
6	82.2 d	4.14 d（7.1）	1-OMe	56.4 q	3.26 s
7	45.5 d	2.69 s	6-OMe	57.2 q	3.21 s
8	82.4 s		16-OMe	60.9 q	3.73 s
9	43.7 d	2.68 dd（5.1, 6.6）	18-OMe	58.8 q	3.29 s
10	41.1 d	2.07 m	8-OEt	58.8 t	3.20 m, 3.49 m
11	50.3 s			15.3 q	0.57 t（6.8）
12	37.1 t	2.12 m, 2.96 m	3-OAc	170.2 s	
13	74.9 s			21.2 q	2.18 s
14	79.6 d	4.81 d（5.1）	14-OCO	166.2 s	
15	78.5 d	4.53 d（5.6）	1′	130.6 s	
16	93.7 d	3.23 d（5.6）	2′, 6′	129.7 d	8.04
17	62.2 d	2.95 s	3′, 5′	128.3 d	7.44
18	71.8 t	2.96 d（8.8）	4′	132.8 d	7.56

注：溶剂 CDCl$_3$；^{13}C NMR：22.5 MHz；^{1}H NMR：400 MHz

化合物名称：polyschistine B

分子式：$C_{34}H_{47}NO_{11}$　　　　　　分子量（$M+1$）：646

植物来源：*Aconitum polyschistum* Hand.-Mazz. 多裂乌头

参考文献：Wang H C，Lao A N，Fujimoto Y，et al. 1985. The structure of polyschistine A，B and C: three new diterpenoid alkaloids from *Aconitum polyschistum* Hand-Mazz. Heterocycles，23（4）：803-807.

polyschistine B 的 NMR 数据

位置	δ_C/ppm	δ_H/ppm（J/Hz）	位置	δ_C/ppm	δ_H/ppm（J/Hz）
1	81.6 d	3.70 dd（5.9，9.2）	18	74.8 t	3.12 d（8.3）
2	30.9 t	1.88 m，2.32 m			3.63 d（8.3）
3	38.0 t	1.71 m	19	55.3 t	2.69 d（10.5）
4	39.7 s				3.27 d（10.5）
5	46.9 d	2.45 d（6.1）	21	50.1 t	2.64 m，2.81 m
6	79.3 d	4.00 d（6.6）	22	11.2 q	1.17 t（6.8）
7	44.6 d	2.88 s	1-OMe	56.6 q	3.29 s
8	89.3 s		6-OMe	58.8 q	3.17 s
9	52.4 d	2.80 d（5.1）	16-OMe	61.5 q	3.74 s
10	78.1 s		18-OMe	59.2 q	3.31 s
11	55.9 s		8-OAc	172.7 s	
12	44.6 t	2.12 d（12.2）		21.4 q	1.42 s
		3.27 d（12.2）	14-OCO	165.7 s	
13	77.9 s		1′	129.5 s	
14	78.3 d	5.40 d（5.1）	2′，6′	129.5 d	8.03
15	78.3 d	4.50 d（5.4）	3′，5′	127.8 d	7.47
16	88.5 d	3.28 d（5.4）	4′	133.3 d	7.57
17	61.2 d	2.95 s			

注：溶剂 CDCl₃；¹³C NMR：22.5 MHz；¹H NMR：400 MHz

化合物名称：polyschistine C

分子式：C$_{31}$H$_{41}$NO$_{10}$　　　　　　　　分子量（$M+1$）：588

植物来源：*Aconitum polyschistum* Hand.-Mazz. 多裂乌头

参考文献：Wang H C，Lao A N，Fujimoto Y，et al. 1985. The structure of polyschistine A，B and C: three new diterpenoid alkaloids from *Aconitum polyschistum* Hand-Mazz. Heterocycles，23（4）：803-807.

polyschistine C 的 NMR 数据

位置	δ_C/ppm	δ_H/ppm（J/Hz）	位置	δ_C/ppm	δ_H/ppm（J/Hz）
1	30.4 t	1.20~2.35 m	16	89.2 d	3.34 d（5.6）
2	30.2 t	1.20~2.35 m	17	63.1 d	3.03 s
3	30.8 t	1.20~2.35 m	18	69.2 t	3.14 d（8.3）
4	38.0 s				3.57 d（8.3）
5	48.9 d	2.51 d（6.8）	19	47.2 t	2.60~2.90 m
6	83.1 d	3.97 d（6.8）	6-OMe	58.2 q	3.17 s
7	43.8 d	2.84 s	16-OMe	61.5 q	3.76 s
8	89.3 s		18-OMe	59.1 q	3.31 s
9	52.7 d	2.72 d（5.4）	8-OAc	172.3 s	
10	79.6 s			21.3 q	1.42 s
11	57.5 s		14-OCO	165.9 s	
12	40.3 t		1′	129.7 s	
13	74.7 s		2′, 6′	129.7 d	8.04
14	78.8 d	5.36 d（5.4）	3′, 5′	128.7 d	7.47
15	79.6 d	4.51 d（5.6）	4′	133.3 d	7.59

注：溶剂 CDCl$_3$；^{13}C NMR：22.5 MHz；^{1}H NMR：400 MHz

化合物名称：polyschistine D

分子式：$C_{34}H_{47}NO_{11}$　　　　　　　　　**分子量**（$M+1$）：646

植物来源：*Aconitum polyschistum* Hand.-Mazz. 多裂乌头

参考文献：Wang H C，Lao A N，Fujimoto Y，et al. 1988. Studies on the alkaloids from *Aconitum polyschistum* Hand-Mazz. Part Ⅱ. Heterocycles，27（7）：1615-1621.

polyschistine D 的 NMR 数据

位置	δ_C/ppm	δ_H/ppm（J/Hz）	位置	δ_C/ppm	δ_H/ppm（J/Hz）
1	83.9 d		17	60.5 d	
2	32.0 t		18	72.0 t	
3	72.2 d	4.92 dd（6.1, 12.9）	19	49.0 t	
4	42.5 s		21	47.9 t	
5	49.6 d		22	13.3 q	1.10 t（7.1）
6	82.1 d	4.08 d（7.1）	1-OMe	56.0 q	
7	46.8 d		6-OMe	58.7 q	
8	75.9 s		16-OMe	61.3 q	
9	46.0 d		18-OMe	58.1 q	
10	41.7 d		3-OAc	170.1 s	
11	50.1 s			21.0 q	2.08 s
12	37.0 t		14-OCO	166.3 s	
13	75.0 s		1′	132.2 s	
14	80.1 d	5.02 d（5.1）	2′, 6′	129.8 d	
15	81.9 d	4.55 dd（5.4, 5.5）	3′, 5′	128.3 d	
16	91.5 d		4′	132.9 d	

注：溶剂 CDCl₃；¹³C NMR：100 MHz；¹H NMR：400 MHz

化合物名称：pseudaconine

分子式：C$_{25}$H$_{41}$NO$_8$　　　　　　　　分子量（$M+1$）：484

植物来源：*Aconitum ferox* Wall.

参考文献：Hanuman J B，Katz A. 1994. Diterpenoid alkaloids from ayurvedic processed and unprocessed *Aconitum ferox*. Phytochemistry，36（6）：1527-1535.

pseudaconine 的 NMR 数据

位置	δ_C/ppm	δ_H/ppm（J/Hz）	位置	δ_C/ppm	δ_H/ppm（J/Hz）
1	84.5 d	3.06 dd（7，10）	14	79.6 d	4.01 br s
2	33.9 t	2.22~2.26 m	15	39.9 t	2.32~2.36 m
		2.32~2.37 m			2.48~2.59 m
3	72.7 d	3.68 dd（5，12）	16	83.1 d	3.32~3.47 m
4	43.5 s		17	62.3 d	3.13 s
5	48.7 d	1.99 d（7.1）	18	77.4 t	3.77 s（2H）
6	82.3 d	4.15 d（7）	19	49.2 t	2.94 d（11）
7	52.2 d	2.07 s			2.45 d（11）
8	72.2 s		21	47.4 t	2.46~2.59 m
9	50.4 d	2.32~2.37 m			2.46~2.59 m
10	42.0 d	1.82~1.91 m	22	13.7 q	1.09 t（7）
11	50.2 s		1-OMe	56.2 q	3.23 s
12	35.8 t	1.82~1.91 m	6-OMe	57.8 q	3.30 s
		2.32~2.37 m	16-OMe	57.3 q	3.42 s
13	76.8 s		18-OMe	59.3 q	3.32 s

注：溶剂 CDCl$_3$；^{13}C NMR：50 MHz；^{1}H NMR：200 MHz

化合物名称：pseudaconitine

分子式：C$_{36}$H$_{51}$NO$_{12}$　　　　　　分子量（M + 1）：690

植物来源：*Aconitum ferox* Wall.

参考文献：Hanuman J B，Katz A. 1993. Aconitum. XI. Isolation and identification of four norditerpenoid alkaloids from processed and unprocessed root tubers of *Aconitum ferox*. Journal of Natural Products，56（6）：801-809.

pseudaconitine 的 NMR 数据

位置	δ_C/ppm	δ_H/ppm（J/Hz）	位置	δ_C/ppm	δ_H/ppm（J/Hz）
1	82.33 d	3.08～3.18 m	19	47.46 t	2.25～2.45 m
2	33.65 t	1.95～2.11 m			2.89 m
		2.25～2.45 m	21	48.82 t	2.36～2.60 m
3	71.62 d	3.76 dd（9，5）	22	13.36 q	1.10 t（7.1）
4	43.22 s		1-OMe	56.05 q	3.26 s
5	48.69 d	2.05～2.16 m	6-OMe	57.81 q	3.16 s
6	83.16 d	4.02 d（6.4）	16-OMe	58.84 q	3.53 s
7	47.33 d	2.90～2.98 m	18-OMe	59.16 q	3.30 s
8	85.55 s		8-OAc	169.87 s	
9	44.67 d	2.87～2.91 m		21.68 q	1.33 s
10	40.87 d	2.05～2.15 m	14-OCO	166.00 s	
11	50.28 s		1′	122.72 s	
12	35.19 t	2.05～2.15 m	2′	112.03 d	7.62 d（1.2）
		2.55～2.69 m	3′	148.74 s	
13	74.83 s		4′	153.11 s	
14	78.61 d	4.87 d（5）	5′	110.46 d	6.90 d（8）
15	39.76 t	2.40～2.55 m	6′	123.75 d	7.70 dd（1.2，8）
		3.06 m	3′-OMe	55.88 q	3.92 s
16	83.77 d	3.36～3.43 m	4′-OMe	55.88 q	3.94 s
17	61.70 d	3.00 br s	3-OH		2.09 s
18	77.03 t	3.51 m	13-OH		3.86 s
		3.64 d（8.9）			

注：溶剂 CDCl$_3$；^{13}C NMR：50 MHz；^{1}H NMR：200 MHz

化合物名称：pubescensine

分子式：C$_{33}$H$_{45}$NO$_{10}$ 分子量（$M+1$）：616

植物来源：*Aconitum soongaricum* var. *pubescens* Steinb. 毛序准噶尔乌头

参考文献：Chen L，Shan L H，Zhang J F，et al. 2015. Diterpenoid alkaloids from *Aconitum soongaricum* var. *pubescens*. Natural Products Communications，10（12）：2063-2065.

pubescensine 的 NMR 数据

位置	δ_C/ppm	δ_H/ppm（J/Hz）	位置	δ_C/ppm	δ_H/ppm（J/Hz）
1	71.9 d	3.67 br s	18	79.8 t	3.11 ABq（8.4）
2	30.0 t	1.62 m			3.55 ABq（8.4）
		1.52 m	19	56.2 t	2.30 ABq（10.8）
3	29.5 t	1.26 m			2.61 ABq（10.8）
		1.90 m	21	48.7 t	2.44 m
4	38.1 s				2.82（overlapped）
5	44.0 d	2.26 d（6.4）	22	13.0 q	1.15 t（7.2）
6	83.7 d	3.98 d（6.4）	6-OMe	58.1 q	3.17 s
7	43.6 d	2.82（overlapped）	16-OMe	61.5 q	3.77 s
8	91.9 s		18-OMe	59.1 q	3.31 s
9	43.3 d	2.82（overlapped）	8-OAc	172.4 s	
10	39.6 d	2.16 m		21.4 q	1.42 s
11	49.2 s		14-OCO	165.9 s	
12	36.3 t	2.20（overlapped）	1'	129.7 s	
		2.27（overlapped）	2', 6'	129.6 d	8.02 d（7.2）
13	74.0 s		3', 5'	128.7 d	7.46 t（7.2）
14	79.1 d	4.89 d（4.8）	4'	133.3 d	7.58 t（7.2）
15	78.7 d	4.49 dd（2.7, 5.4）	13-OH		3.94 s
16	89.8 d	3.41 d（5.4）	15-OH		4.45 d（2.7）
17	62.9 d	2.91 s			

注：溶剂 CDCl$_3$；^{13}C NMR：150 MHz；^{1}H NMR：600 MHz

化合物名称：racemulosine B

分子式：C$_{31}$H$_{43}$NO$_8$ 分子量（$M+1$）：558

植物来源：*Aconitum racemulosum* Franch. 岩乌头

参考文献：Ge Y H，Mu S Z，Yang S Y，et al. 2009. New diterpenoid alkaloids from *Aconitum recemulosum* Franch. Helvetica Chimica Acta，92（9）：1860-1865.

racemulosine B 的 NMR 数据

位置	δ_C/ppm	δ_H/ppm（J/Hz）	位置	δ_C/ppm	δ_H/ppm（J/Hz）
1	83.8 d	3.15~3.17 m	16	74.9 d	5.09 d（9.6）
2	26.1 t	2.32~2.35 m	17	63.4 d	3.13 s
		2.01~2.04 m	18	78.9 t	2.97 d（9.2）
3	28.3 t	2.21~2.22 m			3.66 d（9.2）
		1.39~1.41 m	19	55.4 t	1.82 d（11.2）
4	41.0 s				2.56（hidden）
5	84.6 s		21	49.1 t	2.35~2.38 m
6	34.6 t	2.13 br s			2.53~2.55 m
		1.97~1.99 m	22	13.6 q	1.06 t（7.2）
7	44.8 d	2.03 s	1-OMe	56.5 q	3.27 s
8	73.5 s		18-OMe	59.6 q	3.34 s
9	47.0 d	2.56 t（4.8）	16-OCO	165.3 s	
10	40.9 d	2.23~2.25 m	1′	122.7 s	
11	50.5 s		2′, 6′	131.5 d	7.94 d（8.0）
12	28.2 t	1.36 d（4.0）	3′, 5′	113.7 d	6.90 d（8.0）
		2.21~2.23 m	4′	163.4 s	
13	39.3 d	2.26~2.29 m	4′-OMe	55.5 q	3.86 s
14	75.1 d	4.34 t（4.8）			
15	40.2 t	2.73~2.75 m			
		2.16~2.18 m			

注：溶剂 CDCl$_3$；^{13}C NMR：100 MHz；^{1}H NMR：400 MHz

化合物名称：raveyine

分子式：C$_{23}$H$_{37}$NO$_5$　　　　　　　　　　分子量（$M+1$）：408

植物来源：*Consolida raveyi* (Boiss.) Schrod.

参考文献：Mericli A H，Mericli F，Seyhan V，et al. 1997. Isolation and structure of raveyine，a novel norditerpenoid alkaloid from *Consolida raveyi*(Boiss.)Schrod. Heterocycles，45（10）：1955-1965.

raveyine 的 NMR 数据

位置	δ_C/ppm	δ_H/ppm（J/Hz）	位置	δ_C/ppm	δ_H/ppm（J/Hz）
1	72.1 d	3.74 t（2.8）	13	40.0 d	2.38 m
2	29.6 t	1.64 m	14	75.4 d	4.10 t（4.7）
		1.57 m	15	37.0 t	2.14 m
3	26.0 t	1.62 m			2.16 dd（10.3, 9.0）
		1.87 m	16	82.7 d	3.35 t（9.0）
4	37.7 s		17	63.5 d	2.71 br s
5	40.9 d	1.85 d（8.1）	18	68.0 t	3.45 ABq（10.4）
6	23.6 t	1.51 dd（14.3, 8.1）			3.28 ABq（10.4）
		1.79 m	19	56.4 t	2.34 ABq（11.7）
7	38.9 d	2.42 d（8.0）			2.07 ABq（11.7）
8	78.8 s		21	48.3 t	2.54 m
9	45.1 d	2.09 dd（10.4, 4.7）			2.48 m
10	43.7 d	1.92 m	22	12.9 q	1.11 t（7.5）
11	48.8 s		8-OMe	48.5 q	3.14 s
12	29.7 t	2.04 m	16-OMe	56.4 q	3.38 s
		1.62 m			

注：溶剂 CDCl$_3$；^{13}C NMR：100 MHz；^{1}H NMR：400 MHz

化合物名称：royleinine

分子式：C₂₄H₃₉NO₅　　　　　　　　分子量（$M+1$）：422

植物来源：*Delphinium roylei* Munz.

参考文献：Ulubelen A，Mericli A H，Mericli F，et al. 2000. Royleinine, a new norditerpenoid alkaloid from *Delphinium roylei*. Heterocycles，53（10）：2279-2283.

royleinine 的 NMR 数据

位置	δ_C/ppm	δ_H/ppm（J/Hz）	位置	δ_C/ppm	δ_H/ppm（J/Hz）
1	87.4 d	3.80 m	13	45.2 d	1.30 m
2	26.9 t	1.80 m	14	75.5 d	4.20 t（5）
		2.10 m	15	39.5 t	2.70 dd（7, 14）
3	31.5 t	1.60 m			3.00 dd（12, 14）
		2.40 m	16	81.9 d	3.72 dd（7, 12）
4	31.1 s		17	62.2 d	2.60 br s
5	40.1 d	2.00 m	18	26.8 q	0.88 s
6	82.6 d	4.05 dd（1, 7）	19	48.2 t	1.80 m
7	44.2 d	2.50 d（1）			3.15 m
8	74.0 s		21	49.2 t	2.40 m
9	45.8 d	1.80 m			2.65 m
10	36.9 d	1.75 m	22	13.0 q	1.07 t（7）
11	43.1 s		1-OMe	54.5 q	3.38 s
12	29.4 t	1.45 m	6-OMe	56.0 q	3.36 s
		2.50 m	16-OMe	56.5 q	3.33 s

注：溶剂 CDCl₃；¹³C NMR：50 MHz；¹H NMR：200 MHz

化合物名称：scaconine

分子式：C$_{24}$H$_{39}$NO$_5$ 分子量（M + 1）：422

植物来源：*Aconitum scaposum* Franch. 花葶乌头

参考文献：郝小江，陈泗英，周俊. 1985. 花葶乌头中的三个新二萜生物碱. 云南植物研究，7（2）：217-224.

scaconine 的 NMR 数据

位置	δ$_C$/ppm	δ$_H$/ppm（J/Hz）	位置	δ$_C$/ppm	δ$_H$/ppm（J/Hz）
1	85.7 d		13	45.7 d	
2	26.4 t		14	84.4 d	3.68 t（4.5）
3	32.1 t		15	41.7 t	
4	38.9 s		16	82.7 d	
5	45.7 d		17	62.3 d	
6	25.0 t		18	68.6 t	
7	45.2 d		19	53.1 t	
8	74.3 s		21	49.3 t	
9	46.4 d		22	13.5 q	1.06 t（7.0）
10	36.9 d		1-OMe	56.1 q	3.28 s
11	48.8 s		14-OMe	57.6 q	3.32 s
12	29.5 t		16-OMe	56.3 q	3.40 s

注：溶剂 CDCl$_3$

化合物名称：scaconitine

分子式：C$_{33}$H$_{46}$N$_2$O$_7$　　　　　　　**分子量（$M+1$）**：583

植物来源：*Aconitum scaposum* Franch. 花葶乌头

参考文献：郝小江，陈泗英，周俊. 1985. 花葶乌头中的三个新二萜生物碱. 云南植物研究，7（2）：217-224.

scaconitine 的 NMR 数据

位置	δ_C/ppm	δ_H/ppm（J/Hz）	位置	δ_C/ppm	δ_H/ppm（J/Hz）
1	85.1 d		18	70.9 t	
2	26.3 t		19	52.8 t	
3	32.7 t		21	49.1 t	
4	38.1 s		22	13.5 q	1.10 t（7）
5	45.8 d		1-OMe	56.1 q	3.30 s
6	25.4 t		14-OMe	57.6 q	3.33 s
7	45.5 d		16-OMe	56.1 q	3.40 s
8	73.9 s		18-OCO	168.1 s	
9	46.4 d		1′	114.9 s	
10	36.9 d		2′	141.8 s	
11	48.9 s		3′	120.4 d	8.71 d
12	29.5 t		4′	134.6 d	7.52 t
13	46.2 d		5′	122.4 d	7.10 t
14	84.4 d	3.68 t（4.5）	6′	130.5 d	7.91 d
15	41.8 t		NH		11.26 br s
16	82.6 d		1″	168.9 s	
17	61.8 d		2″	29.7 q	2.24 s

注：溶剂 CDCl$_3$

化合物名称：senbusine A

分子式：C$_{23}$H$_{37}$NO$_6$　　　　　　　　　分子量（$M+1$）：424

植物来源：*Aconitum carmichaeli* Debx. 乌头

参考文献：Konno C，Shirasaka M，Hikino H. 1982. Structure of senbusine A，B and C，diterpenic alkaloids of *Aconitum carmichaeli* roots from China. Journal of Natural Products，45（2）：128-133.

senbusine A 的 NMR 数据

位置	δ_C/ppm	δ_H/ppm（J/Hz）	位置	δ_C/ppm	δ_H/ppm（J/Hz）
1	72.1 d		13	44.2 d	
2	29.2 t		14	75.4 d	4.20 t（4.5）
3	29.8 t		15	42.2 t	
4	37.9 s		16	82.4 d	
5	48.2 d		17	63.5 d	
6	72.6 d		18	80.3 t	
7	55.4 d		19	57.1 t	
8	75.6 s		21	49.7 t	
9	45.6 d		22	12.9 q	1.14 t（7）
10	40.6 d		16-OMe	56.3 q	3.34 s
11	48.2 s		18-OMe	59.2 q	3.34 s
12	29.9 t				

注：溶剂 CDCl$_3$

化合物名称：senbusine B

分子式：$C_{23}H_{37}NO_6$　　　　　　　　　**分子量**（$M+1$）：424

植物来源：*Aconitum carmichaeli* Debx. 乌头

参考文献：Konno C，Shirasaka M，Hikino H. 1982. Structure of senbusine A，B and C，diterpenic alkaloids of *Aconitum carmichaeli* roots from China. Journal of Natural Products，45（2）：128-133.

senbusine B 的 NMR 数据

位置	δ_C/ppm	δ_H/ppm（J/Hz）	位置	δ_C/ppm	δ_H/ppm（J/Hz）
1	72.1 d	4.88 dd（7.0，10.0）	13	44.0 d	
2	29.2 t		14	75.4 d	4.11 t（4.5）
3	29.6 t		15	77.6 d	4.37 d（6）
4	37.2 s		16	90.5 d	
5	40.9 d		17	63.2 d	
6	24.8 t		18	79.0 t	3.12 m
7	46.8 d		19	56.5 t	
8	79.0 s		21	48.7 t	1.13 t（7）
9	47.9 d		22	12.8 q	
10	40.7 d		16-OMe	57.4 q	3.33 s
11	48.7 s		18-OMe	59.4 q	3.45 s
12	26.4 t				

注：溶剂 CDCl₃

化合物名称：sinchiangensine A

分子式：$C_{50}H_{75}NO_{12}$

分子量（$M+1$）：882

植物来源：*Aconitum sinchiangense* W. T. Wang　新疆乌头

参考文献：Liang X X，Chen L，Song L，et al. 2017. Diterpenoid alkaloids from the root of *Aconitum sinchiangense* W. T. Wang with their antitumor and antibacterial activities. Natural Product Research，31（17）：2016-2023.

sinchiangensine A 的 NMR 数据

位置	δ_C/ppm	δ_H/ppm（J/Hz）	位置	δ_C/ppm	δ_H/ppm（J/Hz）
1	81.9 d	3.13 t（6.8）	16-OMe	61.3 q	3.78 s
2	31.9 t	2.34（overlapped）	18-OMe	59.0 q	3.31 s
		1.96（overlapped）	8-OCO	175.1 s	
3	71.1 d	3.78（overlapped）	1′	34.7 t	1.45 m
4	43.0 s				1.79 m
5	40.8 d	2.12（overlapped）	2′	27.1 t	2.04（overlapped）
6	83.3 d	4.03 d（8.0）	3′	29.6 t	1.36（overlapped）
7	44.7 d	2.84（overlapped）	4′	24.1 t	1.16（overlapped）
8	91.7 s				1.02（overlapped）
9	44.1 d	2.91（overlapped）	5′	28.9 t	1.36（overlapped）
10	77.2 s		6′	27.2 t	2.04（overlapped）
11	50.1 s		7′	29.3 t	1.26（overlapped）
12	35.5 t	2.70 m	8′	130.2 d	5.37（overlapped）
		2.15（overlapped）	9′	128.1 d	5.37（overlapped）
13	74.0 s		10′	31.5 t	1.30 m
14	78.8 d	4.87 d（4.0）	11′	127.8 d	5.37（overlapped）
15	78.8 d	4.45 d（2.8）	12′	129.9 d	5.37（overlapped）
16	89.9 d	3.35 d（8.0）	13′	25.6 t	2.77（overlapped）
17	61.2 d	3.10 s	14′	29.0 t	1.36（overlapped）
18	76.4 t	3.62 d（8.0）	15′	29.0 t	1.16（overlapped）
		3.47 d（8.0）			1.00（overlapped）
19	47.6 t	2.85（overlapped）	16′	22.5 t	1.30（overlapped）
		2.37（overlapped）	17′	14.1 q	0.89（overlapped）
21	49.0 t	2.77 m	14-OCO	165.9 s	
		2.37 m	1″	129.7 s	
22	12.8 q	1.10 t（7.2）	2″，6″	129.7 d	8.04 d（8.0）
1-OMe	55.7 q	3.28 s	3″，5″	128.6 d	7.46 t（8.0）
6-OMe	58.2 q	3.17 s	4″	133.2 d	7.58 t（8.0）

注：溶剂 CDCl₃；¹³C NMR：100 MHz；¹H NMR：400 MHz

化合物名称：sinomontanine C

分子式：C₃₄H₄₄N₂O₉　　　　　　　**分子量**（M＋1）：625

植物来源：*Aconitum sinomontanum* Nakai　高乌头

参考文献：彭崇胜，陈东林，陈巧鸿，等. 2005. 高乌头根中新的二萜生物碱. 有机化学，25（10）：1235-1239.

sinomontanine C 的 NMR 数据

位置	δ_C/ppm	δ_H/ppm（J/Hz）	位置	δ_C/ppm	δ_H/ppm（J/Hz）
1	72.1 d		17	63.5 d	
2	29.3 t		18	70.4 t	
3	27.0 t		19	56.5 t	
4	36.6 s		21	48.3 t	
5	40.9 d		22	12.8 q	
6	26.3 t		14-OMe	57.8 q	
7	45.9 d		16-OMe	56.1 q	
8	75.9 s		18-OCO	164.4 s	
9	77.2 s		1′	127.1 s	
10	48.6 d		2′	132.6 s	
11	49.2 s		3′	129.7 d	
12	23.5 t		4′	133.1 d	
13	36.1 d		5′	129.3 d	
14	90.2 d		6′	131.3 d	
15	44.7 t		1″, 4″	176.5 s	
16	82.7 d		2″, 3″	28.7 t	

注：溶剂 CDCl₃；¹³C NMR：100 MHz

化合物名称：sinomontanitine A

分子式：$C_{35}H_{44}N_2O_9$ 　　　　分子量（$M+1$）：637

植物来源：*Aconitum sinomontanum* Nakai 高乌头

参考文献：Wang F P，Peng C S，Jian X X，et al. 2001. Five new norditerpenoid alkaloids from *Aconitum sinomontanum*. Journal of Asian Natural Products Research，3（1）：15-22.

sinomontanitine A 的 NMR 数据

位置	δ_C/ppm	δ_H/ppm（J/Hz）	位置	δ_C/ppm	δ_H/ppm（J/Hz）
1	71.8 d	3.78 br s			4.09 ABq（10.8）
2	29.5 t	1.61 m, 2.08 m	19	56.1 t	2.16 ABq（10.8）
3	26.4 t	1.60 m, 1.84 m			2.41 ABq（10.8）
4	36.6 s		21	48.3 t	2.54 m
5	41.2 d	1.86 m	22	12.9 q	1.14 t（7.2）
6	25.1 t	1.68 m, 2.13 m	16-OMe	56.0 q	3.27 s
7	45.4 d	2.10 m	14-OAc	170.4 s	
8	74.6 s			21.2 q	2.06 s
9	44.6 d	2.26 m	8-OCO	164.3 s	
10	43.1 d	1.94 m	1′	126.9 s	
11	48.9 s		2′	132.6 s	
12	28.9 t	1.73 m, 2.13 m	3′	129.1 d	7.27 d（7.6）
13	36.5 d	2.65 dd（7.4, 4.8）	4′	133.6 d	7.69 t（7.6）
14	76.9 d	4.86 t（4.8）	5′	129.4 d	7.54 t（7.6）
15	42.5 t	2.28 m, 1.88 m	6′	131.2 d	8.06 d（6.4）
16	81.9 d	3.27 m	1″, 4″	176.5 s	
17	63.2 d	2.78 s	2″, 3″	28.5 t	2.92 ABq（6.8）
18	70.2 t	3.89 ABq（10.8）			2.95 ABq（6.8）

注：溶剂 $CDCl_3$；^{13}C NMR：100 MHz；^1H NMR：400 MHz

化合物名称：sinomontanitine B

分子式：C₃₆H₄₆N₂O₉　　　　　　　　分子量（M+1）：651

植物来源：*Aconitum sinomontanum* Nakai　高乌头

参考文献：Wang F P，Peng C S，Jian X X，et al. 2001. Five new norditerpenoid alkaloids from *Aconitum sinomontanum*. Journal of Asian Natural Products Research，3（1）：15-22.

sinomontanitine B 的 NMR 数据

位置	δ_C/ppm	δ_H/ppm（J/Hz）	位置	δ_C/ppm	δ_H/ppm（J/Hz）
1	85.3 d				4.02 ABq（10.8）
2	26.0 t		19	52.6 t	
3	32.5 t		21	49.3 t	
4	37.9 s		22	13.5 q	1.06 t（7.1）
5	46.2 d		1-OMe	56.3 q	3.32 s
6	25.1 t		16-OMe	56.1 q	3.26 s
7	45.8 d		14-OAc	170.8 s	
8	73.6 s			21.4 q	2.04 s
9	45.2 d		8-OCO	164.2 s	
10	44.7 d		1′	127.1 s	
11	48.7 s		2′	132.7 s	
12	28.3 t		3′	129.6 d	
13	35.3 d		4′	133.5 d	
14	76.8 d		5′	129.4 d	7.23～8.10 m
15	41.4 t		6′	131.3 d	
16	81.6 d		1″, 4″	176.7 s	
17	62.0 d		2″, 3″	28.8 t	2.92 ABq（6.8）
18	70.6 t	3.85 ABq（10.8）			2.94 ABq（6.8）

注：溶剂 CDCl₃；¹³C NMR：50 MHz；¹H NMR：200 MHz

化合物名称：souline A

分子式：C$_{26}$H$_{39}$NO$_7$ 分子量（$M+1$）：478

植物来源：*Delphinium souliei* Franch. 川甘翠雀花

参考文献：Pan X，He L，Li B G，et al. 1998. Two new norditerpenoid alkaloids from *Delphinium souliei*. Chinese Chemical Letters，9（1）：57-59.

souline A 的 NMR 数据

位置	δ_C/ppm	δ_H/ppm（J/Hz）	位置	δ_C/ppm	δ_H/ppm（J/Hz）
1	76.7 d		14	75.2 d	
2	29.6 t		15	42.5 t	
3	31.9 t		16	81.7 d	
4	34.4 s		17	62.8 d	
5	42.5 d		18	25.7 q	0.80 s
6	74.2 d		19	57.0 t	
7	55.9 d		21	48.7 t	
8	85.5 s		22	13.2 q	1.07 t（7.0）
9	44.6 d		16-OMe	54.8 q	3.33 s
10	36.3 d		1-OAc	169.5 s	
11	47.1 s			21.7 q	2.15 s
12	29.2 t		8-OAc	170.7 s	
13	44.6 d			22.3 q	1.96 s

注：溶剂 CDCl$_3$；^{13}C NMR：100 MHz

化合物名称：souline D

分子式：C$_{22}$H$_{35}$NO$_3$　　　　　　　　　分子量（M+1）：362

植物来源：*Delphinium souliei* Franch. 川甘翠雀花

参考文献：Zhang K，He L，Pan X，et al. 1998. Souline C and souline D，two new diterpenoid alkaloids from *Delphinium souliei*. Planta Medica，64（6）：580-581.

souline D 的 NMR 数据

位置	δ_C/ppm	δ_H/ppm（J/Hz）	位置	δ_C/ppm	δ_H/ppm（J/Hz）
1	86.5 d	3.06 q（6.5）	12	30.0 t	
2	26.7 t		13	35.3 d	1.99 m
3	29.8 t		14	74.8 d	3.99 t（4.5）
4	34.7 s		15	37.0 t	
5	45.7 d		16	25.1 t	
6	43.0 t		17	63.0 d	3.41 s
7	51.3 d		18	26.3 q	0.75 s
8	75.6 s		19	56.9 t	
9	46.7 d		21	49.4 t	
10	35.3 d		22	13.7 q	1.07 t（7.0）
11	49.7 s		1-OMe	56.4 q	3.26 s

注：溶剂 CDCl$_3$；^{13}C NMR：100 MHz；^{1}H NMR：400 MHz

化合物名称：souline E

分子式：C$_{22}$H$_{35}$NO$_3$　　　　　　　　　　分子量（$M+1$）：362

植物来源：*Delphinium souliei* Franch. 川甘翠雀花

参考文献：He L，Pan Y J，Pan X，et al. 1999. New diterpenoid alkaloids from *Delphinium souliei* Franch. Chinese Chemical Letters，10（5）：395-396.

souline E 的 NMR 数据

位置	δ_C/ppm	δ_H/ppm（J/Hz）	位置	δ_C/ppm	δ_H/ppm（J/Hz）
1	72.8 d	3.84 d（1.3）	12	29.4 t	
2	29.1 t		13	42.1 d	
3	31.7 t		14	75.0 d	
4	34.0 s		15	31.7 t	
5	42.1 d		16	83.2 d	
6	25.0 t		17	60.6 d	3.35 d（2.7）
7	51.8 d		18	27.0 q	0.94 s
8	40.5 d		19	59.8 t	
9	48.6 d		21	48.8 t	
10	37.5 d		22	13.2 q	1.09 t（7.2）
11	51.6 s		16-OMe	56.9 q	3.33 s

注：溶剂 CDCl$_3$；^{13}C NMR：100 MHz；^{1}H NMR：400 MHz

化合物名称：spicatine A

分子式：C$_{34}$H$_{49}$NO$_{10}$　　　　　　　　分子量（$M+1$）：632

植物来源：*Aconitum spicatum* Stapf　亚东乌头

参考文献：Gao L M，Yan H Y，He Y Q，et al. 2006. Norditerpenoid alkaloids from *Aconitum spicatum* Stapf. Journal of Integrative Plant Biology，48（3）：364-369.

spicatine A 的 NMR 数据

位置	δ_C/ppm	δ_H/ppm（J/Hz）	位置	δ_C/ppm	δ_H/ppm（J/Hz）
1	82.4 d	3.12 t（12.8, 6.4）	18	77.2 t	3.43 d（8.8）
2	33.0 t	2.34 dt（13.6, 6.4）			3.55 d（8.8）
		1.86 dt（13.6, 4.8）	19	48.8 t	2.43 m
3	71.5 d	3.80 dd（6.4, 4.8）			2.70 m
4	42.9 s		21	47.3 t	2.43 m
5	45.2 d	2.08 d（6.4）			2.91 m
6	83.3 d	4.03 d（6.4）	22	13.1 q	1.07 t（7.2）
7	42.9 d	2.67 m	8-OEt	57.1 t	3.29 m
8	82.1 s				3.46 m
9	45.0 d	2.61 dd（6.4, 5.0）		15.2 q	0.54 t（6.4）
10	41.2 d	2.06 m	1-OMe	55.8 q	3.23 s
11	50.4 s		6-OMe	58.5 q	3.23 s
12	36.1 t	2.55 dd（14.0, 4.0）	16-OMe	62.3 q	3.71 s
		2.10 m	18-OMe	59.0 q	3.28 s
13	74.6 s		14-OCO	166.1 s	
14	79.4 d	4.79 d（5.2）	1′	130.1 s	
15	78.1 d	4.52 d（6.4）	2′, 6′	129.5 d	8.01 d（7.6）
16	93.3 d	3.24 m	3′, 5′	128.1 d	7.41 t（7.6）
17	61.1 d	2.87 m	4′	132.8 d	7.53 t（7.6）

注：溶剂 CDCl$_3$；^{13}C NMR：100 MHz；^{1}H NMR：400 MHz

化合物名称：spicatine B

分子式：$C_{31}H_{41}NO_{10}$　　　　　　　　分子量（$M+1$）：588

植物来源：*Aconitum spicatum* Stapf　亚东乌头

参考文献：Gao L M，Yan H Y，He Y Q，et al. 2006. Norditerpenoid alkaloids from *Aconitum spicatum* Stapf. Journal of Integrative Plant Biology，48（3）：364-369.

spicatine B 的 NMR 数据

位置	δ_C/ppm	δ_H/ppm（J/Hz）	位置	δ_C/ppm	δ_H/ppm（J/Hz）
1	71.8 d	3.66 br s	15	78.8 d	4.46 dd（5.2, 2.6）
2	28.8 t	1.85 m	16	89.5 d	3.37 d（5.2）
		1.60 m	17	57.5 d	3.06 br s
3	29.9 t	1.61 m	18	79.6 t	3.05 d（9.2）
		1.61 m			3.50 d（9.2）
4	38.2 s		19	48.6 t	2.25 m
5	50.4 d	2.70 br s			3.22 m
6	83.2 d	3.95 d（6.4）	6-OMe	57.9 q	3.12 s
7	43.9 d	2.25 m	16-OMe	61.2 q	3.70 s
8	91.4 s		18-OMe	59.0 q	3.26 s
9	42.9 d	2.75 t（5.2）	8-OAc	172.3 s	
10	39.5 d	2.1 m		21.2 q	1.34 s
11	49.0 s		14-OCO	165.7 s	
12	36.1 t	2.20 m	1′	129.6 s	
		2.25 m	2′, 6′	129.6 d	7.97 d（7.6）
13	73.9 s		3′, 5′	128.5 d	7.40 t（7.6）
14	78.9 d	4.85 d（4.9）	4′	133.2 d	7.55 t（7.6）

注：溶剂 CDCl₃；¹³C NMR：100 MHz；¹H NMR：400 MHz

化合物名称：stapfianine A

分子式：C$_{32}$H$_{43}$NO$_6$　　　　　　　**分子量**（$M+1$）：538

植物来源：*Aconitum stapfianum* Hand.-Mazz. 玉龙乌头

参考文献：Yin T P，Cai L，Li Y，et al. 2015. New alkaloids from *Aconitum stapfianum*. Natural Products and Bioprospecting，5（6）：271-275.

stapfianine A 的 NMR 数据

位置	δ_C/ppm	δ_H/ppm（J/Hz）	位置	δ_C/ppm	δ_H/ppm（J/Hz）
1	72.2 d	3.74 br s	18	79.2 t	3.13 ABq（7.4）
2	27.8 t	1.59 m			2.99 ABq（8.8）
3	26.7 t	1.62 m，1.88 m	19	56.6 t	2.32 ABq（11.2）
4	37.3 s				2.04 ABq（11.2）
5	43.5 d	1.93 m	21	48.6 t	2.50 m
6	25.2 t	1.84 m，1.63 m			2.44 m
7	45.8 d	2.03 br s	22	13.1 q	1.10 t（7.2）
8	75.0 s		16-OMe	56.2 q	3.26 s
9	44.8 d	2.30 m	18-OMe	59.5 q	3.30 s
10	43.6 d	1.94 m	14-OCO	166.6 s	
11	49.0 s		1′	118.0 d	6.41 d（16.0）
12	29.3 t	2.11 m，1.73 m	2′	145.4 d	7.65 d（16.0）
13	37.4 d	2.63 m	3′	134.4 s	
14	77.2 d	5.01 t（4.8）	4′，8′	128.3 d	7.50 m
15	42.6 t	2.34 m，2.03 m	5′，7′	129.0 d	7.36 m
16	82.3 d	3.31 m	6′	130.5 d	7.36 m
17	63.8 d	2.75 br s			

注：溶剂 CDCl$_3$；^{13}C NMR：100 MHz；^{1}H NMR：400 MHz

化合物名称：staphisadrine

分子式：C$_{27}$H$_{39}$NO$_9$　　　　　　　　　**分子量**（$M+1$）：522

植物来源：*Delphinium staphisagria* L.

参考文献：Liang X H，Desai H K，Pelletier S W. 1990. Two novel norditerpenoid alkaloids from *Delphinium staphisagria*. Journal of Natural Products，53（5）：1307-1311.

staphisadrine 的 NMR 数据

位置	δ_C/ppm	δ_H/ppm（J/Hz）	位置	δ_C/ppm	δ_H/ppm（J/Hz）
1	72.2 d	3.77 dd（5.2, 5.2）	15	38.2 t	
2	42.3 t		16	82.6 d	
3	70.5 d	4.04 dd（5.2, 7.6）	17	62.5 d	
4	50.6 s		18	204.4 d	9.39 s
5	47.1 d	3.04 d（6.6）	19	53.5 t	
6	81.2 d	3.98 d（6.6）	21	48.7 t	
7	47.7 d		22	13.0 q	1.15 t（7.2）
8	85.2 s		6-OMe	57.7 q	3.15 s
9	42.5 d		16-OMe	56.6 q	3.33 s
10	38.7 d		8-OAc	170.7 s	
11	48.2 s			21.2 q	1.97 s
12	28.4 t		14-OAc	169.6 s	
13	43.1 d			22.4 q	2.04 s
14	75.3 d	4.82 t（4.6）			

注：溶剂 CDCl$_3$

化合物名称：staphisadrinine

分子式：$C_{23}H_{35}NO_6$　　　　　　　　分子量（$M+1$）：422

植物来源：*Delphinium staphisagria* L.

参考文献：Liang X H，Desai H K，Pelletier S W. 1990. Two novel norditerpenoid alkaloids from *Delphinium staphisagria*. Journal of Natural Products，53（5）：1307-1311.

staphisadrinine 的 NMR 数据

位置	δ_C/ppm	δ_H/ppm（J/Hz）	位置	δ_C/ppm	δ_H/ppm（J/Hz）
1	72.3 d	3.61 br s	13	53.2 d	
2	29.4 t		14	74.5 d	4.35 t（4.7）
3	29.9 t		15	53.5 t	
4	38.2 s		16	212.9 s	
5	44.6 d		17	63.5 d	
6	83.0 d	4.25 d（6.6）	18	80.2 t	3.21 d（8.1）
7	52.2 d				3.67 d（8.1）
8	73.6 s		19	57.1 t	
9	48.2 d		21	48.2 t	
10	43.9 d		22	12.9 q	1.08 t（7.1）
11	49.6 s		6-OMe	58.0 q	3.33 s
12	29.4 t		18-OMe	59.3 q	3.36 s

注：溶剂 CDCl₃

化合物名称：straconitine A

分子式：C$_{31}$H$_{43}$NO$_8$ 分子量（$M+1$）：558

植物来源：*Aconitum straminiflorum* Chang ex W. T. Wang 草黄乌头

参考文献：Qi Y，Zhao D K，Zi S H，et al. 2016. Two new C$_{19}$-diterpenoid alkaloids from *Aconitum straminiflorum*. Journal of Asian Natural Products Research，18（4）：366-370.

straconitine A 的 NMR 数据

位置	δ_C/ppm	δ_H/ppm（J/Hz）	位置	δ_C/ppm	δ_H/ppm（J/Hz）
1	72.9 d	3.94 br d（9.2）	16	84.7 d	3.34（overlapped）
2	38.6 t	2.35～2.38 m	17	62.9 d	3.11 s
		2.54～2.57 m	18	79.8 t	3.07 d（8.8）
3	71.4 d	3.70～3.73 m			3.54 d（8.8）
4	42.6 s		19	48.8 t	2.21～2.25 m
5	45.8 d	2.02～2.06 m			2.43～2.46 m
6	83.6 d	4.47 dd（6.4, 1.2）	21	48.6 t	2.38～2.42 m
7	53.4 d	3.28 s			2.46～2.48 m
8	73.9 s		22	13.5 q	1.03 t（7.1）
9	45.3 d	2.86～2.90 m	6-OMe	58.0 q	3.51 s
10	44.6 d	1.51～1.53 m	16-OMe	56.2 q	3.32 s
11	50.6 s		18-OMe	58.8 q	3.25 s
12	30.1 t	1.96～1.99 m	14-OCO	166.6 s	
		2.43～2.46 m	1′	130.1 s	
13	38.7 d	2.51～2.55 m	2′, 6′	131.7 d	8.03 d（7.2）
14	77.5 d	5.38 t（4.8）	3′, 5′	128.7 d	7.43 dd（7.2, 7.2）
15	42.6 t	2.50～2.53 m	4′	133.0 d	7.53 t（7.2）
		2.78～2.82 m			

注：溶剂 CDCl$_3$；^{13}C NMR：100 MHz；^{1}H NMR：400 MHz

化合物名称：straconitine B

分子式：C$_{30}$H$_{41}$NO$_8$　　　　　　　　　分子量（$M+1$）：544

植物来源：*Aconitum straminiflorum* Chang ex W. T. Wang　草黄乌头

参考文献：Qi Y，Zhao D K，Zi S H，et al. 2016. Two new C$_{19}$-diterpenoid alkaloids from *Aconitum straminiflorum*. Journal of Asian Natural Products Research，18（4）：366-370.

straconitine B 的 NMR 数据

位置	δ_C/ppm	δ_H/ppm（J/Hz）	位置	δ_C/ppm	δ_H/ppm（J/Hz）
1	72.4 d	4.02 br d（9.8）			2.74～2.78 m
2	37.9 t	2.46～2.50 m	16	82.2 d	3.35～3.39 m
		2.71～2.73 m	17	63.0 d	2.70 s
3	70.7 d	3.62～3.66 m	18	80.3 t	3.12 d（8.6）
4	43.8 s				3.66 d（8.6）
5	46.7 d	2.20～2.23 m	19	48.3 t	2.42～2.46 m
6	72.0 d	4.17 d（6.7, 1.0）			2.51～2.54 m
7	54.3 d	3.01 s	21	48.3 t	2.44～2.47 m
8	73.2 s				2.55～2.59 m
9	45.2 d	2.80～2.83 m	22	12.9 q	1.06 t（7.0）
10	44.1 d	1.74～1.78 m	16-OMe	56.2 q	3.24 s
11	49.9 s		18-OMe	59.1 q	3.21 s
12	29.5 t	1.82～1.85 m	14-OCO	166.3 s	
		2.21～2.25 m	1′	129.7 s	
13	37.5 d	2.42～2.45 m	2′, 6′	130.1 d	7.98 d（7.0）
14	76.8 d	5.00 t（4.8）	3′, 5′	128.3 d	7.36 dd（7.2, 7.0）
15	41.5 t	2.60～2.64 m	4′	132.8 d	7.48 t（7.2）

注：溶剂 CDCl$_3$；^{13}C NMR：100 MHz；^{1}H NMR：400 MHz

化合物名称：subcumine

分子式：$C_{26}H_{41}NO_7$ 分子量（$M+1$）：480

植物来源：*Aconitum japonicum* Thunb.

参考文献：Bando H，Wada K，Amiya T，et al. 1988. Studies on the constituents of *Aconitum* species. Ⅶ. The components of *Aconitum japonicum* Thunb. Heterocycles，27（9）：2167-2174.

subcumine 的 NMR 数据

位置	δ_C/ppm	δ_H/ppm（J/Hz）	位置	δ_C/ppm	δ_H/ppm（J/Hz）
1	72.5 d		14	76.6 d	
2	27.2 t		15	40.3 t	
3	30.0 t		16	81.5 d	
4	36.9 s		17	65.0 d	
5	44.0 d		18	77.7 t	
6	82.9 d		19	57.9 t	
7	51.1 d		21	48.5 t	
8	75.1 s		22	12.9 q	1.11 t（7.3）
9	43.5 d		6-OMe	57.2 q	
10	45.1 d		16-OMe	56.2 q	
11	48.7 s		18-OMe	59.1 q	
12	29.2 t		14-OAc	171.5 s	
13	37.9 d			21.6 q	2.06 s

注：溶剂 CDCl₃；¹³C NMR：67.5 MHz；¹H NMR：270 MHz

化合物名称：subcusine

分子式：$C_{24}H_{39}NO_6$　　　　　　　**分子量**（$M+1$）：438

植物来源：*Aconitum japonicum* Thunb.

参考文献：Bando H，Wada K，Amiya T，et al. 1988. Studies on the constituents of *Aconitum* species. Ⅶ. The components of *Aconitum japonicum* Thunb. Heterocycles，27（9）：2167-2174.

subcusine 的 NMR 数据

位置	δ_C/ppm	δ_H/ppm（J/Hz）	位置	δ_C/ppm	δ_H/ppm（J/Hz）
1	72.4 d		13	39.8 d	
2	27.3 t		14	76.0 d	
3	30.0 t		15	40.6 t	
4	37.0 s		16	81.5 d	
5	44.2 d		17	65.2 d	
6	82.4 d		18	77.7 t	
7	50.8 d		19	57.6 t	
8	75.1 s		21	48.5 t	
9	46.1 d		22	12.9 q	1.07 t（7.0）
10	45.4 d		6-OMe	57.1 q	3.30 s
11	48.3 s		16-OMe	56.3 q	3.33 s
12	29.3 t		18-OMe	59.1 q	3.33 s

注：溶剂 CDCl₃；¹³C NMR：67.5 MHz；¹H NMR：270 MHz

化合物名称：sungpanconitine

分子式：C$_{36}$H$_{49}$NO$_9$　　　　　　　　分子量（$M+1$）：640

植物来源：*Aconitum sungpanase* Hand.-Mazz.

参考文献：Wang R，Chen Y Z. 1987. Diterpenoid alkaloids of *Aconitum sungpanase*. Planta Medica，53（6）：544-546.

sungpanconitine 的 NMR 数据

位置	δ_C/ppm	δ_H/ppm（J/Hz）	位置	δ_C/ppm	δ_H/ppm（J/Hz）
1	83.8 d		18	77.3 t	
2	33.5 t		19	47.0 t	
3	71.8 d		21	48.8 t	
4	43.2 s		22	13.3 q	1.14 t（7.0）
5	48.6 d		1-OMe	56.6 q	3.29 s
6	82.4 d		6-OMe	58.0 q	3.32 s
7	47.7 d		16-OMe	55.6 q	3.40 s
8	85.9 s		18-OMe	59.2 q	3.40 s
9	43.8 d		8-OAc	169.7 s	
10	38.1 d			22.4 q	1.87 s
11	50.6 s		14-OCO	166.0 s	
12	28.6 t		1′	118.5 d	6.42 d（16.0）
13	44.9 d		2′	145.1 d	7.73 d（16.0）
14	76.6 d	4.90 t（4.5）	3′	134.4 s	
15	39.4 t		4′, 8′	129.0 d	7.40 m
16	82.8 d		5′, 7′	128.1 d	7.40 m
17	61.2 d		6′	130.4 d	7.40 m

注：溶剂 CDCl$_3$

化合物名称：taipeinine A

分子式：$C_{25}H_{41}NO_6$　　　　　　　　　　分子量（$M+1$）：452

植物来源：*Aconitum taipaicum* Hand.-Mazz. 太白乌头

参考文献：Guo Z J，Xu Y，Zhang H，et al. 2014. New alkaloids from *Aconitum taipaicum* and their cytotoxic activities. Natural Product Research，28（3）：164-168.

taipeinine A 的 NMR 数据

位置	δ_C/ppm	δ_H/ppm（J/Hz）	位置	δ_C/ppm	δ_H/ppm（J/Hz）
1	86.51 d	3.02 dd	14	75.55 d	4.12 t（4.5）
2	25.80 t	1.92 m	15	38.91 t	2.10 m
		2.27 m			2.43 m
3	35.50 t	1.52 m	16	82.02 d	3.40 m
		1.71 m	17	62.62 d	3.14 s
4	39.40 s		18	80.66 t	3.32 ABq
5	48.60 d	2.21 m			3.71 ABq
6	82.32 d	4.20 d	19	53.96 t	2.55 m
7	52.62 d	2.05 m			2.66 m
8	50.50 s		21	48.60 t	2.55 m
9	49.36 d	2.05 m			2.55 m
10	45.54 d	1.73 m	22	13.61 q	1.08 t（7.2）
11	50.25 s		1-OMe	56.20 q	3.25 s
12	28.35 t	1.85 m	6-OMe	57.39 q	3.31 s
		1.96 m	16-OMe	56.44 q	3.34 s
13	37.96 d	2.31 m	18-OMe	59.24 q	3.31 s

注：溶剂 CDCl₃；¹³C NMR：125 MHz；¹H NMR：500 MHz。参考文献中 C(16)—OMe 为 α 构型，根据化学位移变化推测，实际 C(16)—OMe 可能为 β 构型，C(8)—OH 可能为 β 构型

化合物名称：taipeinine B

分子式：C$_{25}$H$_{41}$NO$_6$　　　　　　　　　　**分子量**（$M+1$）：452

植物来源：*Aconitum taipaicum* Hand.-Mazz. 太白乌头

参考文献：Guo Z J，Xu Y，Zhang H，et al. 2014. New alkaloids from *Aconitum taipaicum* and their cytotoxic activities. Natural Product Research，28（3）：164-168.

taipeinine B 的 NMR 数据

位置	δ_C/ppm	δ_H/ppm（J/Hz）	位置	δ_C/ppm	δ_H/ppm（J/Hz）
1	86.21 d	3.00 dd	14	75.58 d	4.12 t（4.5）
2	25.97 t	1.94 m	15	38.81 t	2.08 m
		2.27 m			2.45 m
3	35.27 t	1.52 m	16	82.05 d	3.40 m
		1.66 m	17	62.66 d	3.13 s
4	39.44 s		18	80.77 t	3.33 ABq
5	48.65 d	2.21 m			3.71 ABq
6	82.35 d	4.20 d	19	53.80 t	2.50 m
7	52.59 d	2.04 m			2.63 m
8	72.53 s		21	49.33 t	2.47 m
9	50.36 d	2.03 m			2.52 m
10	45.59 d	1.72 m	22	13.75 q	1.06 t（7.2）
11	50.25 s		1-OMe	56.20 q	3.24 s
12	28.34 t	1.85 m	6-OMe	57.33 q	3.34 s
		1.98 m	16-OMe	56.42 q	3.30 s
13	37.88 d	2.30 m	18-OMe	59.24 q	3.30 s

注：溶剂 CDCl$_3$；^{13}C NMR：125 MHz；^{1}H NMR：500 MHz。参考文献中 C(14)—OH 为 β 构型，根据化学位移变化推测，实际 C(14)—OH 可能为 α 构型，C(8)—OH 可能为 β 构型

化合物名称：taipeinine C

分子式：$C_{24}H_{39}NO_6$ 分子量（$M+1$）：438

植物来源：*Aconitum taipaicum* Hand.-Mazz. 太白乌头

参考文献：Guo Z J，Xu Y，Zhang H，et al. 2014. New alkaloids from *Aconitum taipaicum* and their cytotoxic activities. Natural Product Research，28（3）：164-168.

taipeinine C 的 NMR 数据

位置	δ_C/ppm	δ_H/ppm（J/Hz）	位置	δ_C/ppm	δ_H/ppm（J/Hz）
1	72.22 d	3.65 dd	14	76.01 d	4.21 t（4.5）
2	29.3 t	1.70 m	15	42.82 t	2.08 m
		2.05 m			2.38 m
3	29.37 t	1.62 m	16	81.83 d	2.38 m
		1.90 m	17	63.76 d	2.67 s
4	38.12 s		18	80.25 t	3.26 ABq
5	44.84 d	2.17 m			3.65 ABq
6	83.12 d	4.17 d	19	57.01 t	2.31 m
7	52.16 d	2.00 m			2.70 m
8	72.24 s		21	48.27 t	2.48 m
9	48.29 d	2.18 m			2.57 m
10	40.33 d	2.28 m	22	13.05 q	1.12 t（7.2）
11	49.47 s		6-OMe	57.88 q	3.33 s
12	29.87 t	1.51 m	16-OMe	56.31 q	3.33 s
		1.49 m	18-OMe	59.18 q	3.33 s
13	44.10 d	1.86 m			

注：溶剂 CDCl₃；¹³C NMR：125 MHz；¹H NMR：500 MHz。C(8)—OH 可能为 β 构型

化合物名称：talassicumine A

分子式：C$_{34}$H$_{48}$N$_2$O$_7$ 分子量（$M+1$）：597

植物来源：*Aconitum talassicum* M. Pop. var. *villosulum* W. T. Wang   伊犁乌头

参考文献：Yue J M，Xu J，Chen Y Z，et al. 1994. Diterpenoid alkaloids from *Aconitum talassicum*. Phytochemistry，37（5）：1467-1470.

talassicumine A 的 NMR 数据

位置	δ_C/ppm	δ_H/ppm（J/Hz）	位置	δ_C/ppm	δ_H/ppm（J/Hz）
1	85.4 d		19	52.7 t	
2	26.0 t		21	49.3 t	
3	32.8 t		22	13.6 q	1.14 t（7.1）
4	38.1 s		8-OEt	56.0 t	
5	46.2 d			16.2 q	1.11 t（7.3）
6	24.1 t		1-OMe	56.4 q	3.38 s
7	40.8 d		16-OMe	56.4 q	3.28 s
8	78.0 s		18-OCO	169.1 s	
9	45.4 d		1′	114.8 s	
10	38.6 d		2′	141.7 s	
11	48.9 s		3′	120.4 d	8.73 d（8.4）
12	28.7 t		4′	134.8 d	7.57 t（8.4）
13	45.8 d		5′	122.5 d	7.15 t（8.1）
14	75.1 d		6′	130.5 d	8.00 d（8.1）
15	34.0 t		NH		11.15 t（8.4）
16	82.4 d		1″	168.2 s	
17	62.3 d		2″	25.5 q	
18	70.8 t				

注：溶剂 CDCl$_3$

化合物名称：talassicumine C

分子式：C$_{31}$H$_{40}$N$_2$O$_5$　　　　　　　**分子量**（$M+1$）：521

植物来源：*Aconitum talassicum* M. Pop. var. *villosulum* W. T. Wang　伊犁乌头

参考文献：Yue J M，Xu J，Chen Y Z，et al. 1994. Diterpenoid alkaloids from *Aconitum talassicum*. Phytochemistry，37（5）：1467-1470.

talassicumine C 的 NMR 数据

位置	δ_C/ppm	δ_H/ppm（J/Hz）	位置	δ_C/ppm	δ_H/ppm（J/Hz）
1	86.4 d		17	60.9 d	
2	26.1 t		18	71.0 t	
3	32.8 t		19	53.0 t	
4	38.1 s		21	49.3 t	
5	49.0 d		22	13.4 q	1.08 t（7.0）
6	35.9 t		1-OMe	56.3 q	3.29 s
7	35.5 d		18-OCO	169.0 s	
8	40.6 d		1′	114.8 s	
9	40.3 d		2′	141.8 s	
10	38.8 d		3′	120.4 d	
11	48.7 s		4′	134.7 d	7.55 t（8.5）
12	27.3 t		5′	122.4 d	7.12 t（8.0）
13	45.7 d		6′	130.5 d	8.00 d（7.9）
14	74.6 d	4.03 t（4.5）	NH		11.06 s
15	130.7 d	5.64 dd（2.7, 9.3）	1″	168.2 s	
16	139.1 d	5.86 t（8.0）	2″	25.5 q	2.24 s

注：溶剂 CDCl$_3$

化合物名称：talatisamine

分子式：$C_{24}H_{39}NO_5$　　　　　　　　　**分子量**（$M+1$）：422

植物来源：*Aconitum geniculatum* Fletcher et Lauener　膝瓣乌头

参考文献：李正邦，徐亮，王建忠，等. 2000. 膝瓣乌头中生物碱成分的研究. 天然产物研究与开发，12（3）：16-21.

talatisamine 的 NMR 数据

位置	δ_C/ppm	δ_H/ppm（J/Hz）	位置	δ_C/ppm	δ_H/ppm（J/Hz）
1	86.4 d		13	37.4 d	
2	25.7 t		14	75.4 d	4.10 t（5.0）
3	32.7 t		15	38.2 t	
4	38.6 s		16	82.1 d	
5	46.0 d		17	62.9 d	
6	24.6 t		18	79.4 t	
7	45.7 d		19	53.1 t	
8	72.6 s		21	49.5 t	
9	46.8 d		22	13.6 q	1.03 t（7.2）
10	45.6 d		1-OMe	56.5 q	3.24 s
11	48.6 s		16-OMe	56.3 q	3.27 s
12	27.6 t		18-OMe	59.4 q	3.32 s

注：溶剂 CDCl₃；¹³C NMR：50 MHz；¹H NMR：200 MHz

化合物名称：talatisamine 8-acetyl-14-*p*-methoxybenzoate

分子式：$C_{34}H_{47}NO_8$　　　　　　　　分子量（*M* + 1）：598

植物来源：*Aconitum bulleyanum* Diels　滇西乌头

参考文献：Jiang S H，Yang P M，Zhou H，et al. 2002. Two norditerpenoid ester alkaloids from *Aconitum bulleyanum*. Planta Medica，68：1147-1149.

talatisamine 8-acetyl-14-*p*-methoxybenzoate 的 NMR 数据

位置	δ_C/ppm	δ_H/ppm（*J*/Hz）	位置	δ_C/ppm	δ_H/ppm（*J*/Hz）
1	85.51 d	3.09 m	16	82.85 d	3.28 m
2	26.39 t	1.97 m	17	62.13 d	2.89 br s
		2.20 m	18	79.49 t	2.93 d（10.0）
3	32.61 t	1.40 m			3.04 d（10.0）
		1.75 m	19	52.88 t	1.85 d（10.7）
4	38.63 s				2.46 d（10.7）
5	41.63 d	3.10 d	21	49.34 t	2.50 m
6	24.73 t	1.36 m			2.35 m
		1.68 m	22	13.46 q	1.03 t（7.1）
7	45.97 d	1.63 m	1-OMe	55.36 q	3.26 s
8	85.97 s		16-OMe	56.20 q	3.34 s
9	42.15 d	2.74 m	18-OMe	59.46 q	3.25 s
10	38.74 d	2.40 br s	14-OCO	166.15 s	
11	48.73 s		1′	123.11 s	
12	28.54 t	1.94 m	2′, 6′	131.66 d	7.98 d（8.5）
		2.42 m	3′, 5′	113.60 d	6.87 d（8.5）
13	45.00 d	1.97 m	4′	163.20 s	
14	75.16 d	5.00 t（4.9）	4′-OMe	55.35 q	3.82 s
15	37.74 t	2.20 dd（12.0,14.0）	8-OAc	169.78 s	
		2.85 dd（7.0,14.0）		21.72 q	1.34 s

注：溶剂 CDCl₃；¹³C NMR：100 MHz；¹H NMR：400 MHz

化合物名称：talatisamine 14-*p*-methoxybenzoate

分子式：$C_{32}H_{45}NO_7$　　　　　　分子量（$M+1$）：556

植物来源：*Aconitum bulleyanum* Diels　　滇西乌头

参考文献：Jiang S H，Yang P M，Zhou H，et al. 2002. Two norditerpenoid ester alkaloids from *Aconitum bulleyanum*. Planta Medica，68：1147-1149.

talatisamine 14-*p*-methoxybenzoate 的 NMR 数据

位置	δ_C/ppm	δ_H/ppm（*J*/Hz）	位置	δ_C/ppm	δ_H/ppm（*J*/Hz）
1	85.84 d	3.12 m	16	81.78 d	3.25 m
2	26.32 t	1.97 m	17	62.49 d	3.02 br s
		2.25 m	18	79.65 t	2.97 d（10.0）
3	32.76 t	1.40 m			3.10 d（10.0）
		1.75 m	19	53.19 t	1.98 d（10.7）
4	38.63 s				2.54 d（10.7）
5	36.48 d	2.62 d	21	49.51 t	2.05 m
6	25.07 t	1.36 m			2.38 m
		1.72 m	22	13.70 q	1.05 t（7.1）
7	46.07 d	1.63 m	1-OMe	56.08 q	3.15 s
8	73.93 s		16-OMe	56.19 q	3.26 s
9	45.41 d	1.87 m	18-OMe	59.58 q	3.28 s
10	45.35 d	2.41 br s	14-OCO	166.39 s	
11	48.88 s		1'	123.04 s	
12	28.59 t	2.17 m	2',6'	131.70 d	7.94 d（8.5）
		2.28 m	3',5'	113.80 d	6.89 d（8.5）
13	46.65 d	2.05 m	4'	163.31 s	
14	76.67 d	5.11 t（4.9）	4'-OMe	55.50 q	3.83 s
15	40.96 t	2.02 dd（12.0, 14.0）			
		2.45 dd（7.0, 14.0）			

注：溶剂 CDCl₃；¹³C NMR：100 MHz；¹H NMR：400 MHz

化合物名称：talatizidine

分子式：$C_{23}H_{37}NO_5$　　　　　　　　　**分子量**（$M+1$）：408

植物来源：*Aconitum austroyunnanense* W. T. Wang　　滇南草乌

参考文献：蒋子华，陈泗英，周俊. 1989. 滇南草乌的化学成分研究（Ⅱ）. 云南植物研究，11（4）：461-464.

talatizidine 的 NMR 数据

位置	δ_C/ppm	δ_H/ppm（J/Hz）	位置	δ_C/ppm	δ_H/ppm（J/Hz）
1	67.6 d		13	41.9 d	
2	29.8 t		14	75.9 d	4.43 t（4.5）
3	31.2 t		15	43.1 t	
4	38.9 s		16	83.8 d	
5	41.2 d		17	63.8 d	
6	25.5 t		18	79.9 t	
7	45.2 d		19	53.8 t	
8	74.5 s		21	49.3 t	
9	47.5 d		22	13.5 q	1.08 t（7.04）
10	40.2 d		16-OMe	55.8 q	3.26 s
11	50.1 s		18-OMe	59.0 q	3.35 s
12	29.8 t				

注：溶剂 CDCl₃

化合物名称：taronenine A

分子式：$C_{34}H_{47}NO_{10}$　　　　　　　分子量（$M+1$）：630

植物来源：*Aconitum taronense* Fletcher et Lauener　独龙乌头

参考文献：Yin T P，Hu X F，Mei R F，et al. 2018. Four new diterpenoid alkaloids with anti-inflammatory activities from *Aconitum taronense* Fletcher et Lauener. Phytochemistry Letters，25：152-155.

taronenine A 的 NMR 数据

位置	δ_C/ppm	δ_H/ppm（J/Hz）	位置	δ_C/ppm	δ_H/ppm（J/Hz）
1	72.2 d	3.64 m	18	79.9 t	3.50 ABq（8.8）
2	30.0 t	1.57 m，1.52 m			3.13 ABq（8.8）
3	29.5 t	1.88 m，1.23 m	19	56.8 t	2.57 ABq（8.8）
4	38.2 s				2.27 ABq（8.8）
5	44.5 d	2.23 m	21	48.4 t	2.57 m，2.51 m
6	83.6 d	3.94 d（6.4）	22	13.0 q	1.13 t（7.2）
7	48.0 d	2.99 br s	6-OMe	58.0 q	3.14 s
8	85.8 s		16-OMe	59.1 q	3.53 s
9	43.9 d	2.80 m	18-OMe	59.2 q	3.28 s
10	39.5 d	2.10 m	8-OAc	170.0 s	
11	49.7 s			21.6 q	1.34 s
12	36.2 t	2.27 m，2.12 m	14-OCO	165.9 s	
13	74.7 s		1′	122.5 s	
14	78.9 d	4.87 d（4.4）	2′，6′	131.8 d	7.96 d（8.8）
15	40.6 t	3.04 dd（15.2，8.8）	3′，5′	113.9 d	6.89 d（8.8）
		2.37 dd（15.2，8.8）	4′	163.6 s	
16	83.6 d	3.44 t（5.2）	4′-OMe	55.5 q	3.83 s
17	63.5 d	2.67 s			

注：溶剂 CDCl₃；¹³C NMR：100 MHz；¹H NMR：400 MHz

化合物名称：taronenine B

分子式：$C_{34}H_{47}NO_{10}$　　　　分子量（$M+1$）：630

植物来源：*Aconitum taronense* Fletcher et Lauener　独龙乌头

参考文献：Yin T P，Hu X F，Mei R F，et al. 2018. Four new diterpenoid alkaloids with anti-inflammatory activities from *Aconitum taronense* Fletcher et Lauener. Phytochemistry Letters，25：152-155.

taronenine B 的 NMR 数据

位置	δ_C/ppm	δ_H/ppm（J/Hz）	位置	δ_C/ppm	δ_H/ppm（J/Hz）
1	72.3 d	3.70 m			3.22 ABq（8.8）
2	30.1 t	1.71 m，1.58 m	19	57.2 t	2.75 ABq（10.8）
3	30.1 t	1.76 m，1.67 m			2.32 ABq（10.8）
4	38.0 s		21	48.4 t	2.67 m，2.59 m
5	46.7 d	2.17 m	22	13.1 q	1.17 t（7.2）
6	73.8 d	4.76 d（7.2）	16-OMe	56.9 q	3.35 s
7	50.5 d	3.24 br s	18-OMe	59.3 q	3.27 s
8	86.5 s		14-OAc	171.3 s	
9	43.4 d	2.85 m		21.6 q	1.84 s
10	43.6 d	2.08 m	8-OCO	164.9 s	
11	50.5 s		1′	123.4 s	
12	29.6 t	2.11 m，1.87 m	2′	111.9 d	7.49 d（1.6）
13	39.4 d	2.44 t（3.9）	3′	148.8 s	
14	76.1 d	4.81 t（4.8）	4′	153.3 s	
15	38.6 t	2.98 dd（14.2，8.8）	5′	110.4 d	6.86 d（8.4）
		2.23 dd（14.2，8.8）	6′	123.5 d	7.60 d（8.4）
16	83.0 d	3.40 m	3′-OMe	56.1 q	3.92 s
17	63.0 d	2.74 s	4′-OMe	56.2 q	3.93 s
18	80.9 t	3.62 ABq（8.8）			

注：溶剂 CDCl₃；¹³C NMR：100 MHz；¹H NMR：400 MHz

化合物名称：taronenine C

分子式：C$_{33}$H$_{45}$NO$_9$　　　　　　　　　　分子量（$M+1$）：600

植物来源：*Aconitum taronense* Fletcher et Lauener　　独龙乌头

参考文献：Yin T P, Hu X F, Mei R F, et al. 2018. Four new diterpenoid alkaloids with anti-inflammatory activities from *Aconitum taronense* Fletcher et Lauener. Phytochemistry Letters，25：152-155.

taronenine C 的 NMR 数据

位置	δ_C/ppm	δ_H/ppm（J/Hz）	位置	δ_C/ppm	δ_H/ppm（J/Hz）
1	72.0 d	3.79 m	17	63.3 d	
2	29.8 t	1.77 m，1.60 m	18	81.1 t	3.62 ABq（8.5）
3	29.9 t	1.83 m，1.66 m			3.22 ABq（8.5）
4	38.5 s		19	57.2 t	2.74 ABq（10.0）
5	46.4 d	2.24 m			2.21 ABq（10.0）
6	73.6 d	4.78 d（7.2）	21	48.7 t	2.70 m，2.60 m
7	50.8 d	3.23 br s	22	13.8 q	1.13 t（7.2）
8	86.6 s		16-OMe	56.9 q	3.35 s
9	43.5 d	2.80 m	18-OMe	59.4 q	3.27 s
10	43.5 d	2.10 m	14-OAc	171.3 s	
11	51.0 s			21.5 q	1.84 s
12	29.6 t	2.13 m，1.84 m	8-OCO	166.3 s	
13	39.1 d	2.46 t（4.0）	1′	123.3 s	
14	75.9 d	4.84 t（4.8）	2′，6′	131.6 d	7.91 d（9.0）
15	38.1 t	2.98 dd（14.2, 8.8）	3′，5′	113.9 d	6.90 d（9.0）
		2.24 m	4′	164.0 s	
16	83.1 d	3.43 m	4′-OMe	55.6 q	3.85 s

注：溶剂 CDCl$_3$；^{13}C NMR：125 MHz；^{1}H NMR：500 MHz

化合物名称：taronenine D

分子式：$C_{33}H_{45}NO_9$　　　　　　　　**分子量**（$M+1$）：600

植物来源：*Aconitum taronense* Fletcher et Lauener　独龙乌头

参考文献：Yin T P，Hu X F，Mei R F，et al. 2018. Four new diterpenoid alkaloids with anti-inflammatory activities from *Aconitum taronense* Fletcher et Lauener. Phytochemistry Letters，25：152-155.

taronenine D 的 NMR 数据

位置	δ_C/ppm	δ_H/ppm（J/Hz）	位置	δ_C/ppm	δ_H/ppm（J/Hz）
1	72.2 d	3.77 m	17	63.2 d	2.67 s
2	29.8 t	1.58 m，1.50 m	18	80.8 t	3.78 ABq（8.8）
3	30.1 t	1.74 m，1.68 m			3.10 ABq（8.8）
4	38.1 s		19	57.0 t	2.71 ABq（11.2）
5	46.6 d	2.16 m			1.86 ABq（11.2）
6	73.4 d	4.67 d（6.4）	21	48.4 t	2.62 m，2.55 m
7	50.3 d	3.04 br s	22	13.0 q	1.14 t（7.2）
8	86.0 s		16-OMe	56.8 q	3.39 s
9	43.5 d	2.65 m	18-OMe	59.4 q	3.26 s
10	43.3 d	2.21 m	8-OAc	170.0 s	
11	50.4 s			21.6 q	1.40 s
12	29.5 t	2.22 m，1.86 m	14-OCO	166.1 s	
13	39.2 d	2.51 m	1′	122.8 s	
14	75.8 d	5.05 t（4.8）	2′，6′	131.8 d	7.96 d（8.8）
15	38.9 t	2.88 dd（15.2，8.8）	3′，5′	113.9 d	6.88 d（8.8）
		1.71 m	4′	163.6 s	
16	83.0 d	3.41 m	4′-OMe	55.5 q	3.83 s

注：溶剂 $CDCl_3$；^{13}C NMR：100 MHz；^1H NMR：400 MHz

化合物名称：taronenine E

分子式：C₂₄H₃₇NO₆ 分子量（$M+1$）：436

植物来源：*Aconitum taronense* Fletcher et Lauener 独龙乌头

参考文献：尹田鹏，王雅溶，王敏，等. 2019. 三个 C₁₉-二萜生物碱的 NMR 数据全归属. 波谱学杂志，36（3）：331-340.

taronenine E 的 NMR 数据

位置	δ_C/ppm	δ_H/ppm（J/Hz）	位置	δ_C/ppm	δ_H/ppm（J/Hz）
1	84.5 d	3.20 m	14	75.0 d	4.03 m
2	26.0 t	2.05 m	15	36.5 t	2.13 m
		2.50 m			2.09 m
3	32.7 t	1.53 m	16	81.7 d	3.49 m
		1.80 m	17	62.8 d	3.62 s
4	38.2 s		18	77.2 t	3.19 ABq（9.2）
5	58.6 d	2.00 s			3.09 ABq（9.2）
6	218.1 s		19	53.9 t	2.67 ABq（10.4）
7	56.3 d	2.29 s			1.85 ABq（10.4）
8	73.4 s		21	49.4 t	2.51 m
9	47.9 d	2.05 m			2.37 m
10	46.1 d	1.85 m	22	13.6 q	1.08 t（7.2）
11	47.1 s		1-OMe	56.5 q	3.31 s
12	27.4 t	1.89 m	16-OMe	56.9 q	3.36 s
		1.79 m	18-OMe	59.5 q	3.33 s
13	37.4 d	2.44 m			

注：溶剂 CDCl₃；¹³C NMR：100 MHz；¹H NMR：400 MHz

化合物名称：taurenine

分子式：$C_{26}H_{41}NO_8$　　　　　　　　分子量（$M+1$）：496

植物来源：*Aconitum tauricum*

参考文献：Tel'nov V A，Vaisov Z M，Yunusov M S，et al. 1992. Alkaloids of the cultivated species *Aconitum tauricum*. Khimiya Prirodnykh Soedinenii，1：108-112.

taurenine 的 NMR 数据

位置	δ_C/ppm	δ_H/ppm（J/Hz）	位置	δ_C/ppm	δ_H/ppm（J/Hz）
1	72.3 d		14	75.1 d	
2	29.7 t		15	76.0 d	
3	29.7 t		16	89.0 d	
4	38.2 s		17	62.5 d	
5	43.6 d		18	80.0 t	
6	84.7 d		19	56.5 t	
7	47.0 d		21	48.7 t	
8	92.2 s		22	13.2 q	
9	43.6 d		6-OMe	58.3 q	
10	41.5 d		16-OMe	58.3 q	
11	49.4 s		18-OMe	59.2 q	
12	29.7 t		8-OAc	172.8 s	
13	43.6 d			22.6 q	

注：溶剂 CDCl₃

化合物名称：transconitine A

分子式：C$_{33}$H$_{45}$NO$_7$　　　　　　　　**分子量**（$M+1$）：568

植物来源：*Aconitum transsectum* Diels　直缘乌头

参考文献：Gao L M，Hao X J，Zhan S Z，et al. 1996. The new diterpene alkaloids from *Aconitum transsectum*. Chinese Chemical Letters，7（2）：135-138.

transconitine A 的 NMR 数据

位置	δ_C/ppm	δ_H/ppm（J/Hz）	位置	δ_C/ppm	δ_H/ppm（J/Hz）
1	85.2 d		17	61.6 d	
2	26.3 t		18	79.4 t	
3	32.4 t		19	53.2 t	
4	38.4 s		21	49.3 t	
5	41.6 d		22	13.3 q	1.09 t（7）
6	24.6 t		1-OMe	56.0 q	3.21 s
7	45.9 d		16-OMe	56.4 q	3.24 s
8	86.7 s		18-OMe	59.4 q	3.29 s
9	45.8 d		14-OAc	171.3 s	
10	38.7 d			21.3 q	1.76 s
11	48.9 s		8-OCO	164.8 s	
12	28.8 t		1′	131.6 s	
13	45.0 d		2′, 6′	129.4 d	7.93 d（8）
14	75.5 d	4.81 t（5）	3′, 5′	128.3 d	7.36 t（8）
15	37.7 t		4′	132.9 d	7.49 t（8）
16	82.9 d				

注：溶剂 CDCl$_3$；^{13}C NMR：100 MHz；^{1}H NMR：400 MHz

化合物名称：transconitine B

分子式：C$_{35}$H$_{49}$NO$_{12}$　　　　　　　　分子量（$M+1$）：676

植物来源：*Aconitum transsectum* Diels　直缘乌头

参考文献：Gao L M，Hao X J，Zhan S Z，et al. 1996. The new diterpene alkaloids from *Aconitum transsectum*. Chinese Chemical Letters，7（2）：135-138.

transconitine B 的 NMR 数据

位置	δ_C/ppm	δ_H/ppm（J/Hz）	位置	δ_C/ppm	δ_H/ppm（J/Hz）
1	83.5 d		18	71.9 t	
2	65.4 d		19	48.5 t	
3	67.9 d		21	45.5 t	
4	43.9 s		22	12.1 q	1.15 t（7）
5	49.9 d		1-OMe	55.9 q	
6	82.6 d	4.08 d（5）	6-OMe	58.8 q	
7	45.7 d		16-OMe	58.4 q	
8	85.2 s		18-OMe	58.8 q	
9	46.0 d		8-OAc	169.7 s	
10	40.7 d			21.5 q	1.34 s
11	52.7 s		14-OCO	166.1 s	
12	37.4 t		1′	122.7 s	
13	74.7 s		2′, 6′	113.8 d	7.97 d（9）
14	78.4 d	4.85 d（5）	3′, 5′	131.7 d	6.88 d（9）
15	39.5 t		4′	163.6 s	
16	83.8 d		4′-OMe	55.4 q	3.84 s
17	60.1 d				

注：溶剂 CDCl₃；¹³C NMR：100 MHz；¹H NMR：400 MHz

化合物名称：transconitine C

分子式：C$_{40}$H$_{65}$NO$_7$　　　　　　　　　　**分子量**（$M+1$）：672

植物来源：*Aconitum transsectum* Diels　直缘乌头

参考文献：Gao L M，Hao X J，Zhan S Z，et al. 1996. The new diterpene alkaloids from *Aconitum transsectum*. Chinese Chemical Letters，7（2）：135-138.

<h3 align="center">transconitine C 的 NMR 数据</h3>

位置	δ_C/ppm	δ_H/ppm（J/Hz）	位置	δ_C/ppm	δ_H/ppm（J/Hz）
1	82.5 d		15	37.6 t	
2	26.5 t		16	82.4 d	
3	35.6 t		17	61.7 d	
4	48.0 s		18	75.7 t	
5	37.1 d		19	164.0 d	7.12 d（1）
6	24.5 t		1-OMe	56.0 q	3.15 s
7	41.3 d		16-OMe	56.4 q	3.30 s
8	84.7 s		18-OMe	59.4 q	3.32 s
9	44.3 d		14-OAc	170.7 s	
10	40.9 d			21.2 q	2.00 s
11	49.3 s		8-OCO	171.8 s	
12	28.7 t		1′	22.6 t	
13	48.1 d		2′～14′	23.6～32.0 t	1.14～1.42 m
14	75.3 d	4.77 t（5）	15′	14.0 q	0.83 t（7）

注：溶剂 CDCl$_3$；^{13}C NMR：100 MHz；^{1}H NMR：400 MHz

化合物名称：transconitine D

分子式：$C_{32}H_{43}NO_8$　　　　　　　分子量（$M+1$）：570

植物来源：*Aconitum transsectum* Diels　直缘乌头

参考文献：Chen D L，Jian X X，Chen Q H，et al. 2003. New C_{19}-diterpenoid alkaloids from the roots of *Aconitum transsecutum*. Acta Chimica Sinica，61（6）：901-906.

transconitine D 的 NMR 数据

位置	δ_C/ppm	δ_H/ppm （J/Hz）	位置	δ_C/ppm	δ_H/ppm （J/Hz）
1	86.5 d		17	62.8 d	
2	24.8 t		18	80.0 t	
3	25.7 t		19	92.2 d	4.38 s
4	45.8 s		21	45.7 t	
5	51.1 d		22	14.2 q	1.07 t （7.0）
6	78.7 d	4.71 d （6.8）	1-OMe	56.1 q	3.29 s
7	53.6 d		16-OMe	56.3 q	3.28 s
8	70.2 s		18-OMe	59.2 q	3.08 s
9	44.9 d		14-OCO	166.4 s	
10	44.7 d		1′	122.6 s	
11	47.1 s		2′, 6′	131.7 d	7.95 ABq （9.0）
12	27.6 t		3′, 5′	113.6 d	6.91 ABq （9.0）
13	34.6 d		4′	163.1 s	
14	75.6 d	5.04 t （4.8）	4′-OMe	55.3 q	3.84 s
15	36.4 t		8-OH		3.85 s
16	80.2 d				

注：溶剂 CDCl₃；¹³C NMR：50 MHz；¹H NMR：200 MHz

化合物名称：transconitine E

分子式：$C_{34}H_{45}NO_{11}$ **分子量**（$M+1$）：644

植物来源：*Aconitum transsectum* Diels   直缘乌头

参考文献：Chen D L，Jian X X，Chen Q H，et al. 2003. New C_{19}-diterpenoid alkaloids from the roots of *Aconitum transsecutum*. Acta Chimica Sinica，61（6）：901-906.

transconitine E 的 NMR 数据

位置	δ_C/ppm	δ_H/ppm（J/Hz）	位置	δ_C/ppm	δ_H/ppm（J/Hz）
1	212.7 s		17	63.6 d	
2	41.3 t		18	78.4 t	
3	77.2 d		19	54.5 t	
4	40.8 s		21	48.5 t	
5	53.0 d		22	13.3 q	1.11 t（7.2）
6	82.5 d	3.91 d（6.2）	6-OMe	57.8 q	3.18 s
7	48.6 d		16-OMe	58.0 q	3.52 s
8	85.7 s		18-OMe	59.1 q	3.26 s
9	44.1 d		8-OAc	169.9 s	
10	44.0 d			21.6 q	1.36 s
11	61.8 s		14-OCO	166.0 s	
12	40.3 t		1′	122.3 s	
13	74.7 s		2′, 6′	131.7 d	7.99 ABq（9.0）
14	78.7 d	4.91 d（5.0）	3′, 5′	113.7 d	6.91 ABq（9.0）
15	38.9 t		4′	163.5 s	
16	83.6 d		4′-OMe	55.4 q	3.85 s

注：溶剂 CDCl₃；¹³C NMR：50 MHz；¹H NMR：200 MHz

化合物名称：tschangbaischanitine

分子式：$C_{35}H_{49}NO_{11}$　　　　　　分子量（$M+1$）：660

植物来源：*Aconitum tschangbaischanense* S. H. Li et Y. H. Huang　长白乌头

参考文献：郝志刚，刘静涵，赵守训. 1990. 长白乌头化学成分的研究. 中国药科大学学报，21（2）：69-72.

tschangbaischanitine 的 NMR 数据

位置	δ_C/ppm	δ_H/ppm（J/Hz）	位置	δ_C/ppm	δ_H/ppm（J/Hz）
1	82.00 d		18	71.82 t	
2	32.06 t		19	50.08 t	
3	71.82 d		21	42.81 q	
4	42.81 s		1-OMe	56.40 q	
5	45.90 d		6-OMe	58.70 q	
6	83.60 d		16-OMe	62.38 q	
7	44.97 d		18-OMe	58.70 q	
8	82.00 s		3-OAc	169.96 s	
9	42.43 d			21.00 q	2.05 s
10	41.30 d		8-OEt	57.14 t	
11	50.46 s			15.30 q	
12	36.99 t		14-OCO	166.17 s	
13	75.00 s		1′	130.81 s	
14	79.64 d		2′, 6′	129.78 d	
15	78.64 d		3′, 5′	128.55 d	7.24～8.10 m
16	93.68 d		4′	132.66 d	
17	61.96 d				

注：溶剂 $CDCl_3$

化合物名称：veratroylbikhaconine

分子式：C$_{34}$H$_{49}$NO$_{10}$ 分子量（$M+1$）：632

植物来源：*Aconitum ferox* Wall.

参考文献：Hanuman J B，Katz A. 1994. New lipo norditerpenoid alkaloids from root tubers of *Aconitum ferox*. Journal of Natural Products，57（1）：105-115.

veratroylbikhaconine 的 NMR 数据

位置	δ_C/ppm	δ_H/ppm（J/Hz）	位置	δ_C/ppm	δ_H/ppm（J/Hz）
1	85.50 d	3.04 br t	18	80.66 t	3.66 d（8.4）
2	26.18 t	1.90～2.08 m			3.26～3.39 m
		2.19～2.33 m	19	53.77 t	2.19～2.23 m
3	35.05 t	1.55～1.72 m			2.41～2.69 m
4	39.36 s		21	49.28 t	2.41～2.69 m
5	49.82 d	2.04～2.12 m	22	13.67 q	1.09 t（7.1）
6	82.61 d	4.02 d（6.6）	1-OMe	56.07 q	3.27 s
7	53.68 d	2.03～2.17 m	6-OMe	57.59 q	3.26 s
8	73.77 s		16-OMe	58.40 q	3.39 s
9	48.41 d	2.47～2.61 m	18-OMe	59.22 q	3.30 s
10	42.36 d	2.04～2.12 m	14-OCO	166.53 s	
11	50.32 s		1′	122.60 s	
12	36.46 t	2.00～2.09 m	2′	112.28 d	7.59 d（1.7）
		2.49～2.69 m	3′	148.77 s	
13	76.15 s		4′	153.20 s	
14	80.11 d	5.15 d（5）	5′	110.48 d	6.90 d（8.4）
15	42.14 t	2.19～2.33 m	6′	123.80 d	7.69 dd（1.7，8.4）
		2.50～2.69 m	3′-OMe	56.01 q	3.93 s
16	83.49 d	3.26～3.39 m	4′-OMe	55.94 q	3.94 s
17	62.26 d	3.00～3.09 m			

注：溶剂 CDCl$_3$；^{13}C NMR：50 MHz；^{1}H NMR：200 MHz

化合物名称：veratroylpseudaconine

分子式：C$_{34}$H$_{49}$NO$_{11}$　　　　分子量（$M+1$）：648

植物来源：*Acomtum ferox* Wall.

参考文献：Hanuman J B，Katz A. 1994. New lipo norditerpenoid alkaloids from root tubers of *Aconitum ferox*. Journal of Natural Products，57（1）：105-115.

veratroylpseudaconine 的 NMR 数据

位置	δ_C/ppm	δ_H/ppm（J/Hz）	位置	δ_C/ppm	δ_H/ppm（J/Hz）
1	82.59 d	3.12 dd（6.0, 8.0）	17	61.84 d	3.00 br s
2	33.65 t	2.03～2.17 m	18	77.42 t	3.64～3.78 m
		2.25～2.45 m	19	47.45 t	2.42 d（12.0）
3	71.97 d	3.64～3.78 m			2.94 d（12.0）
4	43.29 s		21	48.93 t	2.39～2.57 m（2H）
5	47.91 d	2.03～2.13 m			
6	82.49 d	4.07 d（6.7）	22	13.52 q	1.12 t（7.0）
7	53.47 d	2.03～2.13 m	1-OMe	55.86 q	3.27 s
8	73.83 s		6-OMe	57.55 q	3.25 s
9	47.91 d	2.51～2.57 m	16-OMe	58.40 q	3.42 s
10	42.00 d	2.03～2.13 m	18-OMe	59.17 q	3.31 s
11	50.27 s		14-OCO	166.35 s	
12	35.83 t	2.03～2.13 m	1′	122.40 s	
		2.31～2.57 m	2′	112.17 d	7.59 d（1.7）
13	75.88 s		3′	148.70 s	
14	79.83 d	5.12 d（5.0）	4′	153.17 s	
15	42.35 t	2.22～2.42 m	5′	110.41 d	6.90 d（8.4）
		2.51～2.68 m	6′	123.75 d	7.67 dd（1.7, 8.4）
16	83.23 d	3.31～3.42 m	3′-OMe	56.30 q	3.93 s
			4′-OMe	56.01 q	3.94 s

注：溶剂 CDCl$_3$；^{13}C NMR：50 MHz；^{1}H NMR：200 MHz

化合物名称：villosudine A

分子式：$C_{35}H_{49}NO_9$　　　　　　　　分子量（$M+1$）：628

植物来源：*Aconitum franchetii* var. *villosulum* W. T. Wang　展毛大渡乌头

参考文献：Xu W L，Chen L，Gao F，et al. 2018. Two new C₁₉-diterpenoid alkaloids from *Aconitum franchetii* var. *villosulum*. Heterocycles，96（9）：1631-1637.

villosudine A 的 NMR 数据

位置	δ_C/ppm	δ_H/ppm（J/Hz）	位置	δ_C/ppm	δ_H/ppm（J/Hz）
1	82.6 d	3.13 m	18	77.4 t	3.48 ABq（8.8）
2	33.3 t	1.90 m，2.32 m			3.58 ABq（8.8）
3	71.8 d	3.78 m	19	47.8 t	2.43 d（12.4）
4	43.1 s				2.91 d（12.4）
5	48.0 d	2.39 d（6.4）	21	48.7 t	2.50（overlapped）
6	83.1 d	4.01 d（6.4）	22	13.4 q	1.10 t（7.2）
7	46.1 d	2.07 s	1-OMe	56.0 q	3.23 s
8	78.7 s		6-OMe	58.7 q	3.28 s
9	45.9 d	2.58 s	8-OMe	48.8 q	3.12 s
10	41.4 d	2.03（overlapped）	16-OMe	58.9 q	3.52 s
11	50.8 s		18-OMe	59.2 q	3.29 s
12	35.9 t	2.03（overlapped）	14-OCO	166.9 s	
		2.50（overlapped）	1′	118.5 d	6.42 d（16.0）
13	75.3 s		2′	144.9 d	7.68 d（16.0）
14	79.1 d	4.76 d（5.2）	3′	134.7 s	
15	36.9 t	2.28 m	4′，8′	128.2 d	7.50～7.53 m
16	83.7 d	3.38 t（8.0）	5′，7′	129.0 d	7.36～7.38 m
17	61.2 d	2.77 br s	6′	130.3 d	7.36～7.38 m

注：溶剂 CDCl₃；¹³C NMR：100 MHz；¹H NMR：400 MHz

化合物名称：villosudine B

分子式：$C_{36}H_{49}NO_{11}$　　　　　　　　**分子量**（$M+1$）：672

植物来源：*Aconitum franchetii* var. *villosulum* W. T. Wang　展毛大渡乌头

参考文献：Xu W L，Chen L，Gao F，et al. 2018. Two new C_{19}-diterpenoid alkaloids from *Aconitum franchetii* var. *villosulum*. Heterocycles，96（9）：1631-1637.

villosudine B 的 NMR 数据

位置	δ_C/ppm	δ_H/ppm（J/Hz）	位置	δ_C/ppm	δ_H/ppm（J/Hz）
1	83.8 d	3.30 d（5.2）			3.63 ABq（8.0）
2	66.0 d	3.97 m	19	46.5 t	2.21 d（12.0）
3	68.5 d	3.43 m			2.66 d（12.0）
4	44.7 s		21	49.0 t	2.50 q（7.2）
5	46.5 d	2.35 d（6.4）			2.70 q（7.2）
6	83.9 d	4.15 d（6.4）	22	12.6 q	1.08 t（7.2）
7	50.5 d	3.12 s	1-OMe	55.4 q	3.28 s
8	85.9 s		6-OMe	58.8 q	3.28 s
9	46.8 d	2.88 m	16-OMe	59.1 q	3.50 s
10	41.3 d	2.28 m	18-OMe	58.9 q	3.26 s
11	53.0 s		8-OAc	169.8 s	
12	38.8 t	2.65 m，2.09 m		22.3 q	1.78 s
13	75.5 s		14-OCO	166.9 s	
14	79.4 d	4.77 d（5.2）	1′	119.4 d	6.58 d（16.0）
15	40.5 t	2.42 dd（6, 16）	2′	145.8 d	7.74 d（16.0）
		2.99 dd（8.8, 16）	3′	135.4 s	
16	84.6 d	3.41 dd（6, 8.8）	4′, 8′	129.9 d	7.67～7.69 m
17	60.6 d	2.82 br s	5′, 7′	129.0 d	7.67～7.69 m
18	72.6 t	3.47 ABq（8.0）	6′	131.3 d	7.43～7.46 m

注：溶剂$(CD_3)_2CO$；^{13}C NMR：100 MHz；^1H NMR：400 MHz

化合物名称：villosutine

分子式：C$_{36}$H$_{49}$NO$_{10}$　　　　　　　　　分子量（$M+1$）：656

植物来源：*Aconitum franchetii* var. *villosulum* W. T. Wang　展毛大渡乌头

参考文献：Xu W L，Shan L H，Huang S，et al. 2016. New diterpenoid alkaloid from the whole plant of *Aconitum franchetii* var. *villosulum*. Chinese Journal of Organic Chemistry，36（11）：2739-2742.

villosutine 的 NMR 数据

位置	δ_C/ppm	δ_H/ppm（J/Hz）	位置	δ_C/ppm	δ_H/ppm（J/Hz）
1	82.3 d	3.10 t（6.6）			3.63 ABq（9.0）
2	33.6 t	2.32 m，1.98 m	19	47.6 t	2.31 m，2.47 m
3	71.8 d	3.76 m	21	48.9 t	2.38 m，2.86 m
4	43.3 s		22	13.5 q	1.09 t（6.6）
5	48.8 d	3.03 m	1-OMe	55.9 q	3.24 s
6	83.4 d	4.03 d（6.6）	6-OMe	58.1 q	3.19 s
7	47.3 d	2.10 d（3.0）	16-OMe	59.3 q	3.29 s
8	85.8 s		18-OMe	58.9 q	3.51 s
9	44.8 d	2.85 m	8-OAc	169.9 s	
10	40.9 d	2.06 m		22.4 q	1.77 s
11	50.4 s		14-OCO	166.7 s	
12	35.5 t	2.05 m，2.57 m	1′	118.1 d	6.41 d（16.2）
13	74.8 s		2′	145.6 d	7.68 d（16.2）
14	78.7 d	4.78 d（5.4）	3′	134.3 s	
15	39.7 t	2.31 m，3.02 m	4′，8′	128.2 d	7.51 m
16	83.5 d	3.36 m	5′，7′	129.1 d	7.39 m
17	61.7 d	2.84 m	6′	130.6 d	7.38 m
18	77.1 t	3.50 ABq（9.0）			

注：溶剂 CDCl$_3$；^{13}C NMR：150 MHz；^{1}H NMR：600 MHz

化合物名称：vilmorinine

分子式：C$_{35}$H$_{49}$NO$_9$　　　　　　　　**分子量**（$M+1$）：628

植物来源：*Aconitum vilmorinianum* Kom. 黄草乌

参考文献：丁立生，陈耀祖，吴凤锷. 1992. 黄草乌中的新二萜生物碱. 化学学报，50（4）：405-408.

vilmorinine 的 NMR 数据

位置	δ_C/ppm	δ_H/ppm（J/Hz）	位置	δ_C/ppm	δ_H/ppm（J/Hz）
1	83.0 d		19	53.4 t	
2	24.9 t		21	49.3 t	
3	32.6 t		22	13.3 q	1.10 t（7.0）
4	38.3 s		1-OMe	56.6 q	3.22 s
5	45.9 d		16-OMe	56.2 q	3.28 s
6	27.7 t		18-OMe	59.4 q	3.32 s
7	41.5 d		14-OAc	171.4 s	
8	85.1 s			21.5 q	1.77 s
9	44.9 d		8-OCO	164.7 s	
10	39.2 d		1′	123.7 s	
11	50.7 s		2′	110.2 d	7.52 dd（8, 2）
12	28.7 t		3′	148.6 s	
13	42.0 d		4′	152.9 s	
14	76.6 d	4.79 t（4.5）	5′	111.7 d	6.86 d
15	37.8 t		6′	123.3 d	7.65 d（2）
16	82.2 d		3′-OMe	56.0 q	3.91 s
17	61.8 d		4′-OMe	56.0 q	3.93 s
18	79.3 t				

注：溶剂 CDCl$_3$；^{13}C NMR：100 MHz；^{1}H NMR：400 MHz

化合物名称：vilmorrianine A

分子式：C$_{35}$H$_{49}$NO$_{10}$ **分子量**（$M+1$）：644

植物来源：*Aconitum vilmorinianum* Kom. 黄草乌

参考文献：杨崇仁，王德祖，吴大刚，等. 1981. 几个新乌头碱型——二萜生物碱的 ^{13}C 核磁共振谱研究. 化学学报，39（5）：147-151.

vilmorrianine A 的 NMR 数据

位置	δ_C/ppm	δ_H/ppm（J/Hz）	位置	δ_C/ppm	δ_H/ppm（J/Hz）
1	83.6 d		18	75.3 t	
2	33.5 t		19	48.8 t	
3	71.4 d		21	47.6 t	
4	43.1 s		22	13.3 q	
5	47.0 d		1-OMe	55.4 q	
6	82.4 d		6-OMe	58.0 q	
7	44.8 d		16-OMe	55.6 q	
8	85.9 s		18-OMe	59.1 q	
9	48.6 d		8-OAc	169.7 s	
10	43.7 d			21.7 q	
11	50.5 s		14-OCO	166.0 s	
12	28.4 t		1′	122.9 s	
13	38.1 d		2′, 6′	113.7 d	
14	76.8 d		3′, 5′	131.7 d	
15	39.2 t		4′	163.4 s	
16	82.8 d		4′-OMe	56.5 q	
17	61.3 d				

注：溶剂 CDCl$_3$

化合物名称：vilmorrianine B

分子式：C$_{22}$H$_{35}$NO$_4$　　　　　　　　**分子量**（$M+1$）：378

植物来源：*Aconitum vilmorinianum* Kom. 黄草乌

参考文献：杨崇仁，王德祖，吴大刚，等. 1981. 几个新乌头碱型——二萜生物碱的 ^{13}C 核磁共振谱研究. 化学学报，39（5）：147-151.

vilmorrianine B 的 NMR 数据

位置	δ_C/ppm	δ_H/ppm（J/Hz）	位置	δ_C/ppm	δ_H/ppm（J/Hz）
1	72.4 d	3.71 t（3.0）	12	29.3 t	
2	29.6 t		13	44.1 d	
3	31.3 t		14	75.6 d	
4	32.9 s		15	42.5 t	
5	45.1 d		16	82.4 d	
6	25.2 t		17	63.0 d	
7	46.6 d		18	27.6 q	0.88 s
8	74.3 s		19	60.3 t	
9	46.7 d		21	48.3 t	1.12 t（7.0）
10	40.4 d		22	13.0 q	
11	48.9 s		16-OMe	56.2 q	

注：溶剂 CDCl$_3$

化合物名称：vilmorrianine D

分子式：$C_{23}H_{37}NO_4$　　　　　　　　　　**分子量**（$M+1$）：392

植物来源：*Aconitum vilmorinianum* Kom. 黄草乌

参考文献：杨崇仁，王德祖，吴大刚，等. 1981. 几个新乌头碱型——二萜生物碱的 ¹³C 核磁共振谱研究. 化学学报，39（5）：147-151.

vilmorrianine D 的 NMR 数据

位置	δ_C/ppm	δ_H/ppm（J/Hz）	位置	δ_C/ppm	δ_H/ppm（J/Hz）
1	86.5 d		13	45.9 d	
2	26.3 t		14	75.6 d	4.13 q（4.5）
3	37.9 t		15	38.8 t	
4	34.6 s		16	82.4 d	
5	45.9 d		17	62.3 d	
6	25.2 t		18	27.9 q	0.78 s
7	47.1 d		19	57.0 t	
8	72.5 s		21	49.3 t	
9	49.0 d		22	13.7 q	1.05 t（7.0）
10	37.9 d		1-OMe	56.4 q	3.31 s
11	50.9 s		16-OMe	56.1 q	3.62 s
12	26.3 t				

注：溶剂 CDCl₃

化合物名称：vilmorrianine F

分子式：C$_{23}$H$_{35}$NO$_5$　　　　　　　　分子量（$M+1$）：406

植物来源：*Aconitum vilmorinianum* Kom. 黄草乌

参考文献：Chen C L，Tan W H，Wang Y，et al. 2015. New norditerpenoid alkaloids from *Aconitum vilmorinianum* Komarov. Journal of Natural Medicines，69（4）：601-607.

vilmorrianine F 的 NMR 数据

位置	δ_C/ppm	δ_H/ppm（J/Hz）	位置	δ_C/ppm	δ_H/ppm（J/Hz）
1	83.6 d	3.13 m	12	28.1 t	1.54 m
2	24.3 t	1.37 m			1.84 m
		1.74 m	13	38.0 d	2.28 m
3	27.0 t	1.38 m	14	75.0 d	3.93 br s
		1.60 m	15	32.4 t	2.06 m
4	48.6 s				2.21 m
5	41.8 d	1.64 br s	16	81.9 d	3.34 br s
6	24.1 t	1.33 m	17	62.3 d	3.81 br s
		1.79 m	18	75.6 t	3.29 m
7	47.3 d	2.33 m	19	165.3 d	7.18 s
8	77.2 s		1-OMe	56.1 q	3.12 s
9	44.8 d	2.00 m	8-OMe	48.3 q	3.03 s
10	45.5 d	1.72 m	16-OMe	56.4 q	3.28 s
11	49.4 s		18-OMe	59.4 q	3.27 s

注：溶剂 CDCl$_3$；^{13}C NMR：100 MHz；^{1}H NMR：400 MHz

化合物名称：vilmorrianine G

分子式：C$_{22}$H$_{33}$NO$_4$　　　　　　　分子量（$M+1$）：376

植物来源：*Aconitum vilmorinianum* Kom. 黄草乌

参考文献：Chen C L，Tan W H，Wang Y，et al. 2015. New norditerpenoid alkaloids from *Aconitum vilmorinianum* Komarov. Journal of Natural Medicines，69（4）：601-607.

vilmorrianine G 的 NMR 数据

位置	δ_C/ppm	δ_H/ppm（J/Hz）	位置	δ_C/ppm	δ_H/ppm（J/Hz）
1	84.3 d	3.20 m	12	27.7 t	1.73 m
2	25.9 t	1.38 m			1.85 m
		1.94 m	13	37.6 d	2.40 m
3	32.5 t	1.26 m	14	75.1 d	4.01 br s
		1.59 m	15	31.8 t	2.08 m
4	45.7 s				2.31 m
5	46.6 d	1.53 m	16	82.0 d	3.45 br s
6	25.0 t	1.35 m	17	61.7 d	3.94 br s
		1.91 m	18	22.8 q	1.10 s
7	47.3 d	2.41 br s	19	169.0 d	7.19 s
8	77.2 s		1-OMe	56.1 q	3.23 s
9	45.1 d	2.12 m	8-OMe	48.4 q	3.12 s
10	46.1 d	1.80 m	16-OMe	56.4 q	3.28 s
11	48.2 s				

注：溶剂 CDCl$_3$；^{13}C NMR：100 MHz；^{1}H NMR：400 MHz

化合物名称：vilmotenitine C

分子式：$C_{22}H_{33}NO_4$　　　　　　　**分子量**（$M+1$）：376

植物来源：*Aconitum vilmorinianum* var. *patentipilum* W. T. Wang　展毛黄草乌

参考文献：Cai L，Fang H X，Yin T P，et al. 2015. Unusual C_{19}-diterpenoid alkaloids from *Aconitum vilmorinianum* var. *patentipilum*. Phytochemistry Letters，14：106-110.

vilmotenitine C 的 NMR 数据

位置	δ_C/ppm	δ_H/ppm（J/Hz）	位置	δ_C/ppm	δ_H/ppm（J/Hz）
1	215.5 s		14	75.7 d	4.18 t（4.8）
2	41.4 t	2.29 m	15	41.7 t	2.00 m
3	40.7 t	1.58 m			2.35 m
4	34.6 s		16	81.8 d	3.23 m
5	54.7 d	1.94 m	17	64.7 d	2.85 s
6	26.0 t	1.55 m	18	25.4 q	0.79 s
7	39.8 d	2.09 m	19	57.6 t	2.20 m
8	73.7 s				2.56 d（11.4）
9	46.7 d	2.13 m	21	48.8 t	2.20 m
10	39.1 d	2.43 m			2.39 m
11	60.6 s		22	13.4 q	1.00 t（7.0）
12	31.3 t	0.96 m	16-OMe	56.3 q	3.26 s
13	46.1 d	2.25 m			

注：溶剂 $CDCl_3$；^{13}C NMR：100 MHz；^{1}H NMR：400 MHz

化合物名称：yunaconitine

分子式：C$_{35}$H$_{49}$NO$_{11}$　　　　　　　　**分子量（M＋1）**：660

植物来源：*Aconitum transsectum* Diels　直缘乌头

参考文献：熊娇，刘王艳，何丹，等. 2019. 直缘乌头地上部分二萜生物碱成分研究. 中草药，50（10）：2279-2284.

yunaconitine 的 NMR 数据

位置	δ_C/ppm	δ_H/ppm（J/Hz）	位置	δ_C/ppm	δ_H/ppm（J/Hz）
1	83.6 d		18	76.7 t	
2	33.5 t		19	48.8 t	
3	71.8 d		21	47.5 t	
4	43.2 s		22	13.4 q	1.08 t（7.1）
5	47.4 d		1-OMe	55.9 q	
6	82.3 d		6-OMe	58.8 q	
7	44.7 d		16-OMe	57.8 q	
8	85.6 s		18-OMe	59.2 q	
9	48.8 d		8-OAc	169.9 s	
10	40.9 d			21.7 q	1.33 s
11	50.3 s		14-OCO	166.1 s	
12	35.2 t		1′	122.6 s	
13	74.8 s		2′, 6′	131.7 d	7.99 d（8.9）
14	78.5 d	4.87 d（5.2）	3′, 5′	113.8 d	6.91 d（8.9）
15	39.6 t		4′	163.5 s	
16	83.6 d		4′-OMe	55.5 q	
17	61.7 d	2.87 s			

注：溶剂 CDCl$_3$；^{13}C NMR：125 MHz；^{1}H NMR：500 MHz

2.2　牛扁碱型（lycoctonine type，B2）

化合物名称：1-demethylwinkleridine

分子式：$C_{22}H_{35}NO_6$　　　　　　　　　分子量（$M+1$）：410

植物来源：*Aconitella hohenackeri* (Boiss.) Sojak

参考文献：Almanza G，Bastida J，Codina C，et al. 1997. Norditerpenoid alkaloids from *Aconitella hohenackeri*. Phytochemistry，45（5）：1079-1085.

1-demethylwinkleridine 的 NMR 数据

位置	δ_C/ppm	δ_H/ppm（J/Hz）	位置	δ_C/ppm	δ_H/ppm（J/Hz）
1	73.0 d	3.34 br t（4.3）			1.69 ddd（14.5，11.5，8.0）
2	29.4 t	1.23 m	13	40.6 d	1.93 dd（7.5，5.0）
		1.21 m	14	75.7 d	3.81 t（4.5）
3	26.6 t	1.27 ddd（13.5，12.5，5.5）	15	35.5 t	2.53 dd（15.5，9.5）
		1.59 br d（14.0）			1.41 dd（16.0，6.5）
4	38.9 s		16	83.3 d	2.97 m
5	41.8 d	1.46 d（8.0）	17	65.6 d	2.37 s
6	33.5 t	1.21 d（15.0）	18	67.5 t	3.08 d（11.0）
		1.94 dd（15.0，7.5）			2.90 d（11.0）
7	86.2 s		19	56.5 t	2.09 d（11.0）
8	77.0 s				2.42 d（11.5）
9	48.1 d	1.79 dd（7.0，5.5）	21	51.1 t	2.72 dq（14.0，7.0）
10	44.0 d	1.52 ddd（11.5，7.0，5.0）			2.59 dq（14.0，7.0）
11	49.1 s		22	13.8 q	0.77 t（7.0）
12	30.0 t	1.14 dd（14.5，5.5）	16-OMe	56.5 q	3.01 s

注：溶剂 CDCl₃-CD₃OD（8∶1）

化合物名称：1-O, 19-didehydrotakaosamine

分子式：C$_{23}$H$_{35}$NO$_7$　　　　　　　**分子量**（M + 1）：438

植物来源：*Consolida orientalis*

参考文献：Alva A，Grandez M，Madinaveitia A，et al. 2004. Seven new norditerpenoid alkaloids from spanish *Consolida orientalis*. Helvetica Chimica Acta，87（8）：2110-2119.

1-O, 19-didehydrotakaosamine 的 NMR 数据

位置	δ_C/ppm	δ_H/ppm（J/Hz）	位置	δ_C/ppm	δ_H/ppm（J/Hz）
1	68.6 d	3.70 d（5.1）	13	37.9 d	2.46 m
2	21.8 t	1.80 ddd（12.6, 9.2, 5.1）	14	75.2 d	4.10 t（4.8）
		1.51 ddd（12.6, 9.2, 9.2）	15	33.7 t	2.68 dd（17.1, 8.8）
3	24.8 t	1.60 dd（12.0, 9.2）			1.81 dd（17.1, 8.1）
		1.68 ddd（12.0, 9.2, 9.2）	16	81.5 d	3.39 m
4	43.5 s		17	64.2 d	2.60 d（2.7）
5	49.8 d	1.58 br s	18	63.9 t	3.69 d（10.6）
6	90.0 d	3.97 d（1.4）			3.62 d（10.6）
7	85.1 s		19	84.9 d	4.07 s
8	76.0 s		21	47.3 t	2.96 dq（12.3, 7.0）
9	45.2 d	2.73 dd（4.8, 6.9）			2.71 dq（12.3, 7.0）
10	36.7 d	1.96 ddd（11.2, 6.9, 6.9）	22	13.6 q	1.10 t（7.0）
11	46.4 s		6-OMe	58.0 q	3.41 s
12	27.5 t	1.08 dd（14.0, 6.9）	16-OMe	56.5 q	3.37 s
		1.85 ddd（14.0, 11.2, 6.9）			

注：溶剂 CDCl$_3$；^{13}C NMR：50 MHz；^{1}H NMR：500 MHz

化合物名称：1-*O*-demethyltricornine

分子式：C₂₆H₄₁NO₈　　　　　　　　　分子量（*M*＋1）：496

植物来源：*Consolida orientalis*

参考文献：Alva A，Grandez M，Madinaveitia A，et al. 2004. Seven new norditerpenoid alkaloids from spanish *Consolida orientalis*. Helvetica Chimica Acta，87（8）：2110-2119.

1-*O*-demethyltricornine 的 NMR 数据

位置	δ_C/ppm	δ_H/ppm（*J*/Hz）	位置	δ_C/ppm	δ_H/ppm（*J*/Hz）
1	72.4 d	3.71 br s（6.0）	15	33.5 t	2.63 dd（14.6, 8.3）
2	26.9 t	1.67 m			1.77 dd（14.6, 8.3）
		1.49 dddd（13.8, 13.8, 4.3, 2.5）	16	82.9 d	3.30 t（8.3）
3	30.4 t	1.73 m	17	65.8 d	2.84 d（1.8）
		1.83 m	18	68.8 t	4.00 d（11.0）
4	36.4 s				3.97 d（11.0）
5	45.2 d	1.82 d（1.8）	19	56.9 t	2.53 d（11.5）
6	90.9 d	3.96 s			2.50 d（11.5）
7	87.8 s		21	50.3 t	2.99 dq（12.8, 7.2）
8	78.5 s				2.86 dq（12.8, 7.2）
9	44.0 d	2.96 dd（6.8, 4.5）	22	13.5 q	1.12 t（7.2）
10	43.4 d	1.98 ddd（11.7, 6.8, 4.5）	6-OMe		3.32 s
11	49.5 s		14-OMe		3.42 s
12	29.1 t	1.74 dd（13.1, 4.5）	16-OMe		3.37 s
		2.07 ddd（13.1, 11.7, 7.4）	18-OAc	171.0 s	
13	37.7 d	2.41 dd（7.4, 4.5）		20.8 q	2.11 s
14	84.5 d	3.64 t（4.5）			

注：溶剂 CDCl₃；¹³C NMR：75 MHz；¹H NMR：500 MHz

化合物名称：6, 14-didehydrodictyocarpinine

分子式：$C_{24}H_{33}NO_7$　　　　　　**分子量**（$M+1$）：448

植物来源：*Delphinium* L.

参考文献：Pelletier S W，Mody N V，Dailey O D J. 1980. ¹³C nuclear magnetic resonance spectroscopy of methylenedioxy group-containing C₁₉-diterpenoid alkaloids and their derivatives. Canadian Journal of Chemistry，58（17）：1875-1879.

6, 14-didehydrodictyocarpinine 的 NMR 数据

位置	δ_C/ppm	δ_H/ppm（J/Hz）	位置	δ_C/ppm	δ_H/ppm（J/Hz）
1	77.1 d		13	45.2 d	
2	26.2 t		14	211.2 s	
3	37.3 t		15	31.1 t	
4	35.2 s		16	83.4 d	
5	56.5 d		17	63.8 d	
6	215.6 s		18	24.6 q	
7	90.6 s		19	57.0 t	
8	86.2 s		21	50.2 t	
9	59.6 d		22	13.8 q	
10	79.0 d		1-OMe	55.7 q	
11	51.6 s		16-OMe	56.2 q	
12	36.1 t		O—CH₂—O	96.4 t	

注：溶剂 CDCl₃

化合物名称：6-acetyldelcorine

分子式：C$_{28}$H$_{43}$NO$_8$　　　　　　　　　**分子量（$M+1$）**：522

植物来源：*Delphinium* L.

参考文献：Pelletier S W，Mody N V，Dailey O D J. 1980. ^{13}C nuclear magnetic resonance spectroscopy of methylenedioxy group-containing C$_{19}$-diterpenoid alkaloids and their derivatives. Canadian Journal of Chemistry，58（17）：1875-1879.

6-acetyldelcorine 的 NMR 数据

位置	δ_C/ppm	δ_H/ppm（J/Hz）	位置	δ_C/ppm	δ_H/ppm（J/Hz）
1	83.4 d		15	33.9 t	
2	26.6 t		16	81.7 d	
3	31.7 t		17	64.5 d	
4	38.0 s		18	78.0 t	
5	51.1 d		19	53.3 t	
6	78.4 d		21	50.5 t	
7	92.0 s		22	13.9 q	
8	83.3 s		1-OMe	55.3 q	
9	48.4 d		14-OMe	57.7 q	
10	40.0 d		16-OMe	56.2 q	
11	50.1 s		18-OMe	59.3 q	
12	28.0 t		6-OAc	170.0 s	
13	38.7 d			21.6 q	
14	81.9 d		O—CH$_2$—O	93.5 t	

注：溶剂 CDCl$_3$

化合物名称：6-acetyldelpheline

分子式：C$_{27}$H$_{41}$NO$_7$　　　　　　　　**分子量**（$M+1$）：492

植物来源：*Delphinium tiantaishanense* W. J. Zhang et G. H. Chen　天台山翠雀花

参考文献：车华军，陈东林. 2014. 天台山翠雀花中二萜生物碱成分的研究. 华西药学杂志，29（1）：14-16.

6-acetyldelpheline 的 NMR 数据

位置	δ_C/ppm	δ_H/ppm（J/Hz）	位置	δ_C/ppm	δ_H/ppm（J/Hz）
1	83.3 d		15	36.8 t	
2	27.1 t		16	82.1 d	
3	33.8 t		17	64.3 d	
4	33.9 s		18	21.8 q	0.83 s
5	57.6 d		19	56.7 t	
6	78.4 d	5.39 s	21	50.4 t	
7	91.9 s		22	14.0 q	1.03 t（7.2）
8	83.3 s		1-OMe	55.4 q	3.25 s
9	48.2 d		14-OMe	56.3 q	3.32 s
10	39.8 d		16-OMe	55.9 q	3.42 s
11	50.2 s		6-OAc	160.0 s	
12	28.0 t			25.4 q	2.05 s
13	38.6 d		O—CH₂—O	93.5 t	4.88 s
14	81.6 d	3.67 t（4.8）			4.92 s

注：溶剂 CDCl₃；¹³C NMR：100 MHz；¹H NMR：400 MHz

化合物名称：6-demethyldelsoline

分子式：C$_{24}$H$_{39}$NO$_7$　　　　　　　　**分子量**（$M+1$）：454

植物来源：*Aconitum excelsum* Reichb. 紫花高乌头

参考文献：张树祥，贾世山. 1999. 蒙药紫花高乌头根中新二萜生物碱的分离和鉴定. 药学学报，34（10）：762-766.

6-demethyldelsoline 的 NMR 数据

位置	δ_C/ppm	δ_H/ppm（J/Hz）	位置	δ_C/ppm	δ_H/ppm（J/Hz）
1	72.5 d		13	36.9 d	
2	29.1 t		14	84.7 d	3.70 t（4.6）
3	30.6 t		15	36.3 t	
4	37.5 s		16	82.6 d	
5	43.9 d		17	66.8 d	
6	80.6 d	3.83 s	18	78.8 t	
7	87.9 s		19	57.8 t	
8	79.2 s		21	50.5 t	
9	49.9 d		22	13.6 q	1.09 t（7.2）
10	43.4 d		14-OMe	57.6 q	3.35 s
11	49.0 s		16-OMe	56.2 q	3.36 s
12	27.4 t		18-OMe	59.5 q	3.40 s

注：溶剂 CDCl$_3$；^{13}C NMR：125 MHz；^{1}H NMR：500 MHz

化合物名称：6-dehydrodelcorine

分子式：$C_{26}H_{39}NO_7$　　　　　　　　　**分子量**（$M+1$）：478

植物来源：*Delphinium* L.

参考文献：Pelletier S W，Mody N V，Dailey O D J. 1980. ^{13}C nuclear magnetic resonance spectroscopy of methylenedioxy group-containing C_{19}-diterpenoid alkaloids and their derivatives. Canadian Journal of Chemistry，58（17）：1875-1879.

6-dehydrodelcorine 的 NMR 数据

位置	δ_C/ppm	δ_H/ppm（J/Hz）	位置	δ_C/ppm	δ_H/ppm（J/Hz）
1	82.7 d		14	82.4 d	
2	26.5 t		15	32.9 t	
3	32.2 t		16	82.3 d	
4	41.8 s		17	63.0 d	
5	56.5 d		18	76.8 t	
6	216.7 s		19	53.4 t	
7	90.4 s		21	50.2 t	
8	81.5 s		22	13.7 q	
9	47.8 d		1-OMe	55.9 q	
10	38.6 d		14-OMe	58.1 q	
11	46.1 s		16-OMe	56.5 q	
12	27.7 t		18-OMe	59.2 q	
13	38.7 d		O—CH$_2$—O	95.3 q	

注：溶剂 CDCl$_3$

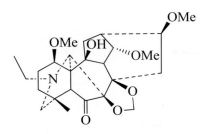

化合物名称：6-dehydrodeltaline

分子式：$C_{25}H_{37}NO_7$ 　　　　　　　　　　**分子量**（$M+1$）：464

植物来源：*Delphinium* L.

参考文献：Pelletier S W，Mody N V，Dailey O D J. 1980. ^{13}C nuclear magnetic resonance spectroscopy of methylenedioxy group-containing C₁₉-diterpenoid alkaloids and their derivatives. Canadian Journal of Chemistry，58（17）：1875-1879.

6-dehydrodeltaline 的 NMR 数据

位置	δ_C/ppm	δ_H/ppm（J/Hz）	位置	δ_C/ppm	δ_H/ppm（J/Hz）
1	77.0 d		14	81.3 d	
2	27.0 t		15	34.0 t	
3	39.2 t		16	81.0 d	
4	35.2 s		17	62.6 d	
5	57.2 d		18	25.0 q	
6	216.7 s		19	56.5 t	
7	90.2 s		21	50.0 t	
8	82.8 s		22	13.7 q	
9	51.2 d		1-OMe	55.7 q	
10	80.3 s		14-OMe	58.1 q	
11	51.7 s		16-OMe	56.5 q	
12	37.7 t		O—CH₂—O	95.5 t	
13	38.3 d				

注：溶剂 CDCl₃

化合物名称：6-dehydrodictyocarpinine

分子式：C$_{24}$H$_{35}$NO$_7$　　　　　　　　分子量（$M+1$）：450

植物来源：*Delphinium* L.

参考文献：Pelletier S W，Mody N V，Dailey O D J. 1980. ^{13}C nuclear magnetic resonance spectroscopy of methylenedioxy group-containing C$_{19}$-diterpenoid alkaloids and their derivatives. Canadian Journal of Chemistry，58（17）：1875-1879.

6-dehydrodictyocarpinine 的 NMR 数据

位置	δ_C/ppm	δ_H/ppm（J/Hz）	位置	δ_C/ppm	δ_H/ppm（J/Hz）
1	77.1 d		13	36.3 d	
2	26.4 t		14	71.9 d	
3	37.7 t		15	32.7 t	
4	35.2 s		16	81.0 d	
5	56.5 d		17	63.4 d	
6	217.7 s		18	24.8 q	
7	91.2 s		19	57.2 t	
8	82.2 s		21	50.0 t	
9	53.8 d		22	13.8 q	
10	79.7 s		1-OMe	55.9 q	
11	51.5 s		16-OMe	56.5 q	
12	37.3 t		O—CH$_2$—O	95.8 t	

注：溶剂 CDCl$_3$

化合物名称：6-dehydroeladine

分子式：$C_{24}H_{35}NO_6$　　　　　　　　分子量（$M+1$）：434

植物来源：*Delphinium elatum* L. 高翠雀花

参考文献：Wada K，Chiba R，Kanazawa R，et al. 2015. Six new norditerpenoid alkaloids from *Delphinium elatum*. Phytochemistry Letters，12：79-83.

6-dehydroeladine 的 NMR 数据

位置	δ_C/ppm	δ_H/ppm（J/Hz）	位置	δ_C/ppm	δ_H/ppm（J/Hz）
1	83.5 d	3.24 dd (10.3, 6.9)	14	82.9 d	3.74 t (4.8)
2	26.5 t	2.57 m	15	35.5 t	2.56 dd (17.2, 8.2)
		2.00 m			1.75 d (17.2)
3	37.9 t	1.66 ddd (13.8, 5.5, 2.1)	16	71.4 d	3.77 dt (2.8, 8.9)
		1.34 m	17	63.1 d	3.72 d (1.4)
4	35.1 s		18	24.6 q	0.95 s
5	60.8 d	1.73 s	19	57.1 t	2.62 dd (12.4, 6.9)
6	216.8 s				2.17 dd (12.4, 2.7)
7	91.6 s		21	50.2 t	2.78 dd (12.4, 7.6)
8	81.5 s				2.62 dd (12.4, 6.9)
9	41.4 d	2.37 br s	22	13.8 q	1.06 t (7.5)
10	47.7 d	1.91 br s	1-OMe	56.1 q	3.31 s
11	46.2 s		14-OMe	58.3 q	3.43 s
12	26.7 t	1.92 m	O—CH₂—O	95.4 t	5.55 s
13	39.7 d	2.45 br s			5.12 s

注：溶剂 CDCl₃；¹³C NMR：150 MHz；¹H NMR：600 MHz

化合物名称：6-demethyldelphatine/acosanine

分子式：C$_{25}$H$_{41}$NO$_7$　　　　　　　　**分子量**（$M+1$）：468

植物来源：*Aconitum septentrionale* Koelle. 紫花高乌头/*Aconitum sajanense* Kumin.

参考文献：Sayed H M，Desai H K，Ross S A，et al. 1992. New diterpenoid alkaloids from the roots of *Aconitum septentrionale*：isolation by an ion exchange method. Journal of Natural Products，55（11）：1595-1606；Vaisov Z M，Bessonova I A. 1992. Alkaloids of *Aconitum sajanense*. Ⅱ. Structure of dehydroacosanine. Khimiya Prirodnykh Soedinenii，5：531-534.

6-demethyldelphatine/acosanine 的 NMR 数据（Sayed et al.，1992）

位置	δ_C/ppm	δ_H/ppm（J/Hz）	位置	δ_C/ppm	δ_H/ppm（J/Hz）
1	84.1 d		14	84.1 d	3.68 t（4.5）
2	25.7 t		15	36.4 t	
3	31.9 t		16	82.2 d	
4	38.5 s		17	65.9 d	
5	54.2 d		18	79.2 t	
6	80.7 d	4.30 s	19	53.4 t	
7	87.2 s		21	51.7 t	
8	78.2 s		22	14.6 q	1.03 t（7.1）
9	45.6 d		1-OMe	55.7 q	
10	44.0 d		14-OMe	57.8 q	
11	48.1 s		16-OMe	56.3 q	
12	28.9 t		18-OMe	59.6 q	
13	37.0 d				

注：溶剂 CDCl$_3$

6-demethyldelphatine/acosanine 的 NMR 数据（Vaisov and Bessonova，1992）

位置	δ_C/ppm	δ_H/ppm（J/Hz）	位置	δ_C/ppm	δ_H/ppm（J/Hz）
1	84.33 d		14	84.33 d	
2	25.73 t		15	36.30 t	
3	32.01 t		16	82.43 d	
4	38.54 s		17	65.80 d	
5	44.07 d		18	79.21 t	
6	80.75 d		19	53.57 t	
7	87.47 s		21	51.61 t	
8	78.71 s		22	14.56 q	
9	54.37 d		1-OMe	55.72 q	
10	37.27 d		14-OMe	57.78 q	
11	48.29 s		16-OMe	56.25 q	
12	29.02 t		18-OMe	59.53 q	
13	45.75 d				

注：溶剂 CDCl₃；¹³C NMR：25 MHz

化合物名称：6-deoxydelcorine

分子式：$C_{26}H_{41}NO_6$ 　　　　　　　　**分子量**（$M+1$）：464

植物来源：*Delphinium corumbosum* Rgl.

参考文献：Salimov B T，Yunusov M S，Abdullaev N D，et al. 1985. Corumdefine—new alkaloid from *Delphinium corumbosum*. Khimiya Prirodnykh Soedinenii，1：95-98.

6-deoxydelcorine 的 NMR 数据

位置	δ_C/ppm	δ_H/ppm（J/Hz）	位置	δ_C/ppm	δ_H/ppm（J/Hz）
1	83.1 d		14	83.5 d	
2	26.6 t		15	33.1 t	
3	32.2 t		16	81.9 d	
4	38.1 s		17	61.8 d	
5	44.5 d		18	79.0 t	
6	32.2 t		19	52.6 t	
7	90.5 s		21	50.4 t	
8	81.7 s		22	13.8 q	
9	47.8 d		1-OMe	55.4 q	
10	43.6 d		14-OMe	57.6 q	
11	50:8 s		16-OMe	56.1 q	
12	28.0 t		18-OMe	59.3 q	
13	38.3 d		O—CH₂—O	93.3 t	

注：溶剂 CDCl₃

化合物名称：6-*epi*-pubescenine

分子式：$C_{26}H_{41}NO_8$　　　　　　**分子量**（$M+1$）：496

植物来源：*Delphinium nuttallianum* Pritz.

参考文献：Bai Y L，Benn M，Majak W. 1989. New C_{19}-diterpenoid alkaloids from *Delphinium nuttallianum* Pritz. Heterocycles，29（6）：1017-1021.

6-*epi*-pubescenine 的 NMR 数据

位置	δ_C/ppm	δ_H/ppm（J/Hz）	位置	δ_C/ppm	δ_H/ppm（J/Hz）
1	72.6 d		14	75.4 d	
2	26.9 t		15	29.4 t	
3	29.2 t		16	82.2 d	
4	37.2 s		17	66.5 d	
5	44.2 d		18	78.9 t	
6	81.1 d	4.40 s	19	57.7 t	
7	90.1 s		21	50.6 t	
8	84.7 s		22	13.8 q	1.10 t（7.2）
9	41.5 d		8-OMe	51.5 q	3.47 s
10	49.3 d		16-OMe	56.3 q	3.33 s
11	49.6 s		18-OMe	59.6 q	3.37 s
12	27.2 t		14-OAc	170.2 s	
13	36.5 d			21.3 q	2.04 s

化合物名称：6-*O*-acetyl-14-*O*-methyldelphinifoline

分子式：C$_{26}$H$_{41}$NO$_8$　　　　　　　分子量（*M* + 1）：496

植物来源：*Aconitum lycoctonum* L.

参考文献：Chen Y，Katz A. 1999. Isolation of norditerpenoid alkaloids from flowers of *Aconitum lycoctonum*. Journal of Natural Products，62（5）：798-799.

6-*O*-acetyl-14-*O*-methyldelphinifoline 的 NMR 数据

位置	δ_C/ppm	δ_H/ppm（*J*/Hz）	位置	δ_C/ppm	δ_H/ppm（*J*/Hz）
1	72.3 s	3.70 m	15	38.6 t	1.43～2.10 m
2	29.4 t	1.43～2.10 m			2.85～3.00 m
3	27.2 t	1.43～2.10 m	16	82.7 d	3.07～3.29 m
4	38.3 s		17	67.0 d	2.85～3.00 m
5	47.2 d	1.43～2.10 m	18	78.2 t	3.07～3.29 m
6	80.4 d	5.48 s	19	57.6 t	2.54 d（11.6）
7	88.4 s				2.67 d（11.6）
8	78.5 s		21	50.4 t	2.85～3.00 m
9	43.6 d	3.07～3.29 m	22	13.7 q	1.10 t（7.2）
10	43.4 d	1.43～2.10 m	14-OMe	57.4 q	3.40 s
11	49.1 s		16-OMe	56.3 q	3.31 s
12	30.8 t	1.43～2.10 m	18-OMe	59.4 q	3.35 s
13	37.0 d	2.46 t（5.4）	6-OAc	—	
14	84.9 d	3.74 t（4.6）		21.6 q	2.05 s

注：溶剂 CDCl$_3$；^{13}C NMR：50 MHz；^{1}H NMR：200 MHz

化合物名称：6-*O*-acetyldemethylenedelcorine/leucostine A

分子式：C$_{27}$H$_{43}$NO$_8$　　　　　　　　**分子量**（*M* + 1）：510

植物来源：*Aconitum lycoctonum* L./*Aconitum leucostomum* Worosch. 白喉乌头

参考文献：Chen Y，Katz A. 1999. Isolation of norditerpenoid alkaloids from flowers of *Aconitum lycoctonum*. Journal of Natural Products，62（5）：798-799；Yue J M，Xu J，Zhao S X，et al. 1996. Diterpenoid alkaloids from *Aconitum leucostomum*. Journal of Natural Products，59（3）：277-279.

6-*O*-acetyldemethylenedelcorine/leucostine A 的 NMR 数据（Chen and Katz，1999）

位置	δ_C/ppm	δ_H/ppm（*J*/Hz）	位置	δ_C/ppm	δ_H/ppm（*J*/Hz）
1	84.0 d	2.97 dd（6.8, 11.8）	15	38.0 t	1.52 dd（5.7, 16.3）
2	26.0 t	2.12 m			2.87 dd（9.3, 16.3）
		1.94 m	16	82.2 d	3.17 dd（6.9, 9.1）
3	31.9 t	1.70 m	17	66.0 d	2.72 s
		1.35 m	18	78.6 t	3.33 d（12.6）
4	38.6 s				3.16 d（12.6）
5	51.7 d	1.66 br s	19	52.8 t	2.69 d（11.0）
6	81.1 d	5.31 s			2.49 dd（1.8, 11.0）
7	88.9 s		21	51.1 t	2.94 dq（6.7, 14.2）
8	77.1 s				2.98 m
9	43.3 d	2.99 t（4.6）	22	14.1 q	1.04 t（7.1）
10	45.8 d	1.98 m	1-OMe	55.6 q	3.25 s
11	48.5 s		14-OMe	57.7 q	3.40 s
12	28.8 t	2.41 dd（6.0, 12.6）	16-OMe	56.3 q	3.32 s
		1.86 m	18-OMe	59.4 q	3.28 s
13	37.5 d	2.37 dd（4.7, 7.2）	6-OAc	172.4 s	
14	84.4 d	3.69 t（4.7）		21.5 q	2.04 s

注：溶剂 CDCl$_3$；^{13}C NMR：50 MHz；^{1}H NMR：200 MHz

6-*O*-acetyldemethylenedelcorine/leucostine A 的 NMR 数据（Yue et al.，1996）

位置	δ_C/ppm	δ_H/ppm（J/Hz）	位置	δ_C/ppm	δ_H/ppm（J/Hz）
1	83.95 d		15	37.93 t	
2	25.96 t		16	82.12 d	
3	31.79 t		17	66.08 d	
4	38.56 s		18	78.57 t	
5	43.24 d		19	52.67 t	
6	81.06 d	5.34 s	21	51.17 t	
7	88.87 s		22	14.18 q	1.06 t（7.1）
8	76.33 s		1-OMe	55.64 q	3.28 s
9	51.53 d		14-OMe	57.67 q	3.32 s
10	37.27 d		16-OMe	56.35 q	3.38 s
11	48.39 s		18-OMe	59.41 q	3.43 s
12	28.73 t		6-OAc	172.47 s	
13	45.60 d			21.54 q	2.21 s
14	84.31 d	3.74 t（5.3）			

注：溶剂 CDCl₃；¹³C NMR：100 MHz；¹H NMR：400 MHz

化合物名称：6-oxocorumdephine

分子式：C₂₅H₃₇NO₇　　　　　　　　　　**分子量**（$M+1$）：464

植物来源：*Delphinium uralense* N.

参考文献：Gabbasov T M，Tsyrlina E M，Spirikhin L V，et al. 2008. 6-Oxocorumdephine and 18-methoxyeladine，new norditerpene alkaloids from the aerial part of *Delphinium uralense*. Chemistry of Natural Compounds，44（6）：745-748.

6-oxocorumdephine 的 NMR 数据

位置	δ_C/ppm	δ_H/ppm （J/Hz）	位置	δ_C/ppm	δ_H/ppm （J/Hz）
1	83.2 d		15	35.4 t	
2	26.0 t		16	71.3 d	
3	32.3 t		17	63.6 d	
4	38.8 s		18	76.6 t	3.01 d （9.0）
5	56.1 d				3.19 d （9.0）
6	217.1 s		19	53.4 t	
7	91.8 s		21	50.3 t	
8	81.4 s		22	13.8 q	1.02 t （7.2）
9	47.7 d		1-OMe	56.0 q	3.26 s
10	41.3 d		14-OMe	58.3 q	3.30 s
11	45.9 s		18-OMe	59.2 q	3.38 s
12	26.6 t		O—CH₂—O	95.3 t	5.07 s
13	39.6 d				5.50 s
14	82.8 d	3.69 t （4.5）			

注：溶剂 CDCl₃；¹³C NMR：75 MHz；¹H NMR：300 MHz

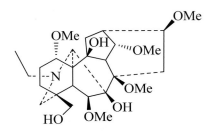

化合物名称：8-methyl-10-hydroxyllycoctonine

分子式：C$_{26}$H$_{43}$NO$_8$ **分子量**（$M+1$）：498

植物来源：*Aconitum excelsum* Reichb. 紫花高乌头

参考文献：张树祥，贾世山. 1999. 蒙药紫花高乌头根中新二萜生物碱的分离和鉴定. 药学学报，34（10）：762-766.

8-methyl-10-hydroxyllycoctonine 的 NMR 数据

位置	δ_C/ppm	δ_H/ppm（J/Hz）	位置	δ_C/ppm	δ_H/ppm（J/Hz）
1	83.1 d		14	83.4 d	3.46 t（5.1）
2	28.1 t		15	37.8 t	
3	31.0 t		16	82.8 d	
4	38.6 s		17	66.7 d	
5	46.6 d		18	68.8 t	
6	91.2 d	3.52 s	19	52.6 t	
7	89.6 s		21	51.9 t	
8	80.5 s		22	14.8 q	1.03 t（7.1）
9	53.5 d		1-OMe	56.3 q	3.34 s
10	84.7 s		6-OMe	57.5 q	3.42 s
11	52.0 s		8-OMe	55.5 q	3.20 s
12	40.6 t		14-OMe	59.7 q	3.44 s
13	37.6 d		16-OMe	56.3 q	3.35 s

注：溶剂 CDCl$_3$；^{13}C NMR：125 MHz；^{1}H NMR：500 MHz

化合物名称：8-methyllycoctonine

分子式：$C_{26}H_{43}NO_7$　　　　　　　　**分子量**（$M+1$）：482

植物来源：*Aconitum excelsum* Reichb. 紫花高乌头

参考文献：张树祥，贾世山. 1999. 蒙药紫花高乌头根中新二萜生物碱的分离和鉴定. 药学学报，34（10）：762-766.

8-methyllycoctonine 的 NMR 数据

位置	δ_C/ppm	δ_H/ppm（J/Hz）	位置	δ_C/ppm	δ_H/ppm（J/Hz）
1	83.4 d		14	83.0 d	3.50 t (6.3)
2	25.4 t		15	33.4 t	
3	31.6 t		16	82.8 d	
4	38.6 s		17	66.7 d	
5	40.7 d		18	68.3 t	
6	90.6 d	3.54 s	19	53.5 t	
7	88.4 s		21	51.8 t	
8	80.5 s		22	12.9 q	1.01 t (7.0)
9	51.9 d		1-OMe	55.4 q	3.31 s
10	46.6 d		6-OMe	57.5 q	3.41 s
11	47.2 s		8-OMe	53.4 q	3.19 s
12	27.9 t		14-OMe	59.6 q	3.42 s
13	37.8 d		16-OMe	56.3 q	3.32 s

注：溶剂 CDCl3；^{13}C NMR：125 MHz；^{1}H NMR：500 MHz

化合物名称：8-*O*-cinnamoylgraciline

分子式：$C_{30}H_{37}NO_5$ 分子量（$M+1$）：492

植物来源：*Delphinium cossonianum* Batt.

参考文献：De la Fuente G，Gavin J A，Acosta R D，et al. 1993. Three diterpenoid alkaloids from *Delphinium cossonianum*. Phytochemistry，34（2）：553-558.

8-*O*-cinnamoylgraciline 的 NMR 数据

位置	δ_C/ppm	δ_H/ppm（J/Hz）	位置	δ_C/ppm	δ_H/ppm（J/Hz）
1	68.6 d	3.07 d（4.9）	16	23.0 t	
2	22.7 t		17	64.4 d	2.70 s
3	30.5 t		18	19.7 q	0.85 s
4	38.1 s		19	89.2 d	3.81 s
5	46.7 d		21	47.9 t	2.97 q（7）
6	30.0 t				3.03 q（7）
7	87.1 s		22	14.2 q	1.08 t（7.1）
8	76.2 s		8-OCO	168.3 s	
9	45.6 d		1′	119.8 d	6.46 d（15.7）
10	36.3 d		2′	142.2 d	7.63 d（15.7）
11	46.7 s		3′	134.6 s	
12	28.9 t		4′, 8′	129.0 d	7.50 m
13	35.4 d		5′, 7′	128.0 d	7.36 m
14	74.4 d	4.03 t（4.8）	6′	130.0 d	7.36 m
15	27.3 t				

注：溶剂 CDCl$_3$；^{13}C NMR：50 MHz；^{1}H NMR：200 MHz

化合物名称：8-*O*-methylconsolarine

分子式：$C_{23}H_{37}NO_6$　　　　　　　　分子量（$M+1$）：424

植物来源：*Consolida orientalis*

参考文献：Alva A，Grandez M，Madinaveitia A，et al. 2004. Seven new norditerpenoid alkaloids from spanish *Consolida orientalis*. Helvetica Chimica Acta，87（8）：2110-2119.

8-*O*-methylconsolarine 的 NMR 数据

位置	δ_C/ppm	δ_H/ppm（J/Hz）	位置	δ_C/ppm	δ_H/ppm（J/Hz）
1	72.3 d	3.66 br s	13	40.4 d	2.31 dd（7.6, 4.5）
2	28.9 t	1.54 m	14	75.0 d	4.05 t（4.5）
		1.52 m	15	29.2 t	2.68 dd（15.3, 8.9）
3	34.8 t	1.75 m			1.77 dd（15.3, 6.7）
		1.46 ddd（13.2, 3.6, 3.6）	16	82.2 d	3.48 t（5.5）
4	33.7 s		17	63.4 d	2.79 s
5	50.3 d	1.91 d（6.8）	18	30.1 q	1.29 s
6	71.2 d	4.53 d（6.8）	19	60.5 t	2.39 d（11.0）
7	85.1 s				2.78 d（11.0）
8	80.7 s		21	50.5 t	3.04 dq（14.0, 7.0）
9	45.3 d	2.16 dd（6.9, 4.5）			2.91 dq（14.0, 7.0）
10	44.2 d	1.87 ddd（11.9, 6.9, 5.1）	22	13.8 q	1.14 t（7.2）
11	47.5 s		8-OMe	52.8 q	3.45 s
12	29.1 t	1.75 dd（14.4, 5.2）	16-OMe	56.6 q	3.41 s
		2.04 ddd（14.4, 11.0, 7.3）			

注：溶剂 CDCl₃；¹³C NMR：75 MHz；¹H NMR：500 MHz

化合物名称：8-*O*-methyllycaconitine

分子式：C₃₇H₅₀N₂O₁₀　　　　　　　　分子量（*M* + 1）：683

植物来源：*Aconitum septentrionale* Koelle. 紫花高乌头

参考文献：Ross S A，Pelletier S W，Joergen A A. 1992. New norditerpenoid alkaloids from *Aconitum septentrionale*. Tetrahedron，48（7）：1183-1192.

8-*O*-methyllycaconitine 的 NMR 数据

位置	δ_C/ppm	δ_H/ppm（*J*/Hz）	位置	δ_C/ppm	δ_H/ppm（*J*/Hz）
1	83.3 d		19	53.0 t	
2	25.4 t		21	51.7 t	
3	31.5 t		22	14.8 q	1.04 t（7）
4	37.6 s		1-OMe	55.5 q	3.21 s
5	40.5 d		6-OMe	59.8 q	3.41 s
6	91.2 d	4.04 s	8-OMe	54.2 q	3.43 s
7	90.0 s		14-OMe	57.6 q	3.34 s
8	80.6 s		16-OMe	56.3 q	3.43 s
9	51.9 d		18-OCO	164.3 s	
10	46.6 d		1′	127.2 s	
11	47.4 s		2′	132.6 s	
12	27.8 t		3′	129.8 d	7.23 d（8）
13	37.8 d		4′	133.5 d	7.65 t（8）
14	82.9 d	3.53 t（5）	5′	129.4 d	7.51 t（8）
15	27.9 t		6′	131.5 d	8.06 d（8）
16	82.7 d		1″，4″	176.6 s	
17	66.1 d		2″，3″	28.8 t	
18	70.3 t				

注：溶剂 CDCl₃

化合物名称：9-hydroxyvirescenine

分子式：$C_{23}H_{37}NO_7$　　　　　　　　分子量（$M+1$）：440

植物来源：*Aconitum yesoense* var. *macroyesoense* (Nakai) Tamura

参考文献：Wada K，Kawahara N. 2009. Diterpenoid and norditerpenoid alkaloids from the roots of *Aconitum yesoense* var. *macroyesoense*. Helvetica Chimica Acta，92（4）：629-637.

9-hydroxyvirescenine 的 NMR 数据

位置	δ_C/ppm	δ_H/ppm（J/Hz）	位置	δ_C/ppm	δ_H/ppm（J/Hz）
1	72.7 d	3.54~3.58 m	13	39.5 d	2.20 dd（7.8, 5.3）
2	29.1 t	1.48~1.51 m	14	81.1 d	3.85 d（5.3）
3	26.7 t	1.60~1.65 m	15	37.6 t	3.04 dd（15.6, 8.8）
		1.82~1.86 m			1.73 dd（15.6, 6.8）
4	37.6 s		16	82.4 d	3.38 t（8.3）
5	40.7 d	1.81 d（7.3）	17	64.9 d	2.65 s
6	32.3 t	1.39 d（14.7）	18	79.0 t	2.99 ABq（8.3）
		2.82~2.93 m			3.09 ABq（8.3）
7	85.6 s		19	56.3 t	2.39 ABq（11.2）
8	78.0 s				2.69 ABq（11.2）
9	77.9 s		21	50.5 t	2.90 q（7.3）
10	48.5 d	1.89 dd（12.7, 5.3）	22	13.8 q	1.04 t（7.3）
11	49.7 s		16-OMe	56.5 q	3.28 s
12	26.4 t	1.56~1.63 m	18-OMe	59.4 q	3.24 s
		2.08~2.18 m			

注：溶剂 CDCl$_3$；^{13}C NMR：100 MHz；^{1}H NMR：400 MHz

化合物名称：10-hydroxydelsoline

分子式：$C_{25}H_{41}NO_8$ 　　　　分子量（$M+1$）：484

植物来源：*Aconitum vulparia* subsp. *neapolitanum*

参考文献：De la Fuente G，Ruiz M L. 1994. Norditerpenoid alkaloids from *Aconitum vulparia* subsp. *neapolitanum*. Phytochemistry，37（1）：271-274.

10-hydroxydelsoline 的 NMR 数据

位置	δ_C/ppm	δ_H/ppm（J/Hz）	位置	δ_C/ppm	δ_H/ppm（J/Hz）
1	69.9 d	4.04 br s	14	81.9 d	4.10 t（4.3）
2	27.2 t		15	34.6 t	
3	30.5 t		16	82.6 d	3.25 t（8.7）
4	37.2 s		17	66.3 d	2.72 d（2.2）
5	41.2 d	2.12 d（2.1）	18	77.3 t	3.05 d（9）
6	90.8 d	4.06 s	19	57.1 t	
7	87.1 s		21	50.2 t	
8	76.8 s		22	13.4 q	1.01 t（7.2）
9	53.5 d		6-OMe	57.7 q	3.36 s
10	82.1 s		14-OMe	57.6 q	3.36 s
11	53.9 s		16-OMe	56.2 q	3.40 s
12	40.9 t		18-OMe	58.9 q	3.44 s
13	37.9 d		8-OH		4.01 s

注：溶剂 CDCl₃；¹³C NMR：50 MHz；¹H NMR：200 MHz

化合物名称：10-hydroxymethyllycaconitine

分子式：$C_{37}H_{50}N_2O_{11}$

分子量（$M+1$）：699

植物来源：*Delphinium dissectum* Huth

参考文献：Batbayar N，Enkhzaya S，Tunsag J，et al. 2003. Norditerpenoid alkaloids from *Delphinium* species. Phytochemistry，62：543-550.

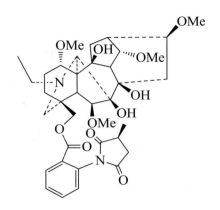

10-hydroxymethyllycaconitine 的 NMR 数据

位置	δ_C/ppm	δ_H/ppm（J/Hz）	位置	δ_C/ppm	δ_H/ppm（J/Hz）
1	77.2 d	3.59 t（7.8）	19	52.4 t	2.48 d（12.6）
2	26.0 t	2.12 m			2.70 d（12.6）
		2.19 m	21	51.0 t	2.82 m
3	31.7 t	1.54 m			2.96 m
		1.75 m	22	14.0 q	1.07 t（7.5）
4	37.3 s		1-OMe	55.6 q	3.21 s
5	46.0 d	1.99 br s	6-OMe	58.5 q	3.37 s
6	91.4 d	3.91 br s	14-OMe	57.9 q	3.43 s
7	87.8 s		16-OMe	56.3 q	3.34 s
8	75.8 s		18-OCO	164.2 s	
9	53.5 d	2.89 d（4.6）	1′	127.1 s	
10	81.2 s		2′	132.9 s	
11	54.5 s		3′	130.0 d	7.27 dd（1.0, 7.6）
12	39.7 t	1.70 dd（8.0, 15.6）	4′	133.7 d	7.68 dt（1.0, 7.6）
		3.09 d（15.6）	5′	129.5 d	7.54 dt（1.0, 7.6）
13	38.2 d	2.49 dd（4.8, 7.2）	6′	131.1 d	8.04 dd（1.0, 7.6）
14	82.4 d	4.12 t（4.6）	1″	176.0 s	
15	34.8 t	1.72 dd（8.0, 15.0）	2″	35.2 d	3.05 m
		2.67 dd（8.0, 15.0）	3″	37.0 t	2.53 m
16	82.0 d	3.18 t（8.0）			3.11 m
17	64.8 d	2.86 br s	4″	180.0 s	
18	69.3 t	4.00 d（11.2）	5″	16.2 q	1.45 d（7.0）
		4.20 d（11.2）			

注：溶剂 CDCl₃

化合物名称：10-hydroxynudicaulidine

分子式：$C_{24}H_{39}NO_7$ **分子量**（$M+1$）：454

植物来源：*Delphinium excelsum* Reichb.

参考文献：Batbayar N，Enkhzaya S，Tunsag J，et al. 2003. Norditerpenoid alkaloids from *Delphinium* species. Phytochemistry，62：543-550.

10-hydroxynudicaulidine 的 NMR 数据

位置	δ_C/ppm	δ_H/ppm（J/Hz）	位置	δ_C/ppm	δ_H/ppm（J/Hz）
1	77.7 d	3.68 dd (7.4, 10.2)	13	37.4 d	2.53 dd (4.9, 8.6)
2	26.3 t	2.02 m	14	74.0 d	4.61 t (4.9)
		2.15 m	15	34.3 t	1.75 dd (2.1, 17.4)
3	37.3 t	1.22 m			2.62 dd (8.7, 17.4)
		1.60 m	16	81.6 d	3.43 dd (3.2, 8.7)
4	34.5 s		17	66.1 d	3.05 br s
5	51.4 d	1.65 br s	18	27.1 q	0.99 s
6	91.8 d	3.89 s	19	56.7 t	2.46 d (12.0)
7	88.6 s				2.65 d (12.0)
8	75.5 s		21	51.5 t	2.81 dq (6.8, 12.8)
9	54.6 d	2.97 d (4.9)			2.90 dq (6.8, 12.8)
10	80.7 s		22	14.7 q	1.05 t (7.1)
11	54.4 s		1-OMe	56.0 q	3.24 s
12	38.3 t	1.70 dd (8.6, 16.0)	6-OMe	59.0 q	3.42 s
		2.52 d (16.0)	16-OMe	56.8 q	3.35 s

注：溶剂 CDCl₃

化合物名称：14-(2-methylbutyryl)-nudicaulidine

分子式：C$_{29}$H$_{47}$NO$_7$　　　　　　　　**分子量**（$M+1$）：522

植物来源：*Delphinium cardiopetalum* DC.

参考文献：Reina M，Madinaveitia A，De la Fuente G. 1997. Further norditerpenoid alkaloids from *Delphinium cardiopetalum*. Phytochemistry，45（8）：1707-1711.

14-(2-methylbutyryl)-nudicaulidine 的 NMR 数据

位置	δ_C/ppm	δ_H/ppm（J/Hz）	位置	δ_C/ppm	δ_H/ppm（J/Hz）
1	84.5 d	2.96 dd（10.0, 7.0）	16	82.3 d	
2	26.3 t		17	64.5 d	2.87 br s
3	37.4 t		18	26.8 q	0.89 s
4	34.0 s		19	56.5 t	2.39 d（11.3）
5	54.7 d	1.38 br s			2.63 d（11.3）
6	91.1 d	3.85 s	21	51.0 t	
7	88.5 s		22	14.2 q	1.04 t（7.2）
8	77.4 s		1-OMe	55.8 q	3.24 s
9	43.2 d		6-OMe	58.2 q	3.28 s
10	45.7 d		16-OMe	55.9 q	3.40 s
11	49.1 s		14-OCO	176.9 s	
12	29.7 t		1′	41.2 d	
13	37.8 d		2′	26.6 t	
14	75.5 d	4.79 t（5.0）	3′	11.6 q	0.91 t（7.4）
15	33.7 t		4′	16.2 q	1.16 d（6.9）

注：溶剂 CDCl$_3$；^{13}C NMR：50 MHz；^{1}H NMR：400 MHz

化合物名称：14-acetylbrowniine

分子式：$C_{27}H_{43}NO_8$　　　　　　　　分子量（$M+1$）：510

植物来源：*Consolida ajacis* (L.) Schur　飞燕草

参考文献：Pelletier S W，Mody N V，Sawhney R S，et al. 1977. Application of carbon-13 NMR spectroscopy to the structural elucidation of C₁₉-diterpenoid alkaloids from *Aconitum* and *Delphinium* species. Heterocycles，7（1）：327-339.

14-acetylbrowniine 的 NMR 数据

位置	δ_C/ppm	δ_H/ppm（J/Hz）	位置	δ_C/ppm	δ_H/ppm（J/Hz）
1	84.2 d		15	33.7 t	
2	26.2 t		16	82.4 d	
3	32.4 t		17	64.8 d	
4	38.1 s		18	78.0 t	
5	42.6 d		19	52.7 t	
6	90.3 d		21	48.8 t	
7	88.3 s		22	14.2 q	
8	77.1 s		1-OMe	55.8 q	
9	51.2 d		6-OMe	57.3 q	
10	38.1 d		16-OMe	56.2 q	
11	49.5 s		18-OMe	59.0 q	
12	28.2 t		14-OAc	171.9 s	
13	45.7 d			21.5 q	
14	76.0 d				

注：溶剂 CDCl₃；¹³C NMR：25 MHz

化合物名称：14-acetyldihydrogadesine

分子式：$C_{25}H_{39}NO_7$　　　　　　　**分子量**（$M+1$）：466

植物来源：*Delphinium pentagynum* Lam.

参考文献：Gonzalez A G，De la Fuente G，Diaz R. 1982. Four new diterpenoid alkaloids from *Delphinium pentagynum*. Phytochemistry，21（7）：1781-1782.

14-acetyldihydrogadesine 的 NMR 数据

位置	δ_C/ppm	δ_H/ppm（J/Hz）	位置	δ_C/ppm	δ_H/ppm（J/Hz）
1	72.9 d		14	76.5 d	
2	29.2 t		15	34.0 t	
3	31.8 t		16	82.8 d	
4	33.1 s		17	65.7 d	
5	50.1 d		18	27.8 q	
6	91.2 d		19	61.2 t	
7	87.8 s		21	50.5 t	
8	78.5 s		22	13.8 q	
9	43.7 d		6-OMe	58.0 q	
10	42.7 d		16-OMe	56.4 q	
11	49.7 s		14-OAc	171.8 s	
12	29.9 t			21.6 q	
13	38.1 d				

注：溶剂 CDCl₃

化合物名称：14-acetylbearline

分子式：$C_{39}H_{50}N_2O_{12}$

分子量（$M+1$）：739

植物来源：*Delphinium nuttallianum* Pritz.

参考文献：Gardner D R，Manners G D，Panter K E，et al. 2000. Three new toxic norditerpenoid alkaloids from the low larkspur *Delphinium nuttallianum*. Journal of Natural Products，63（8）：1127-1130.

14-acetylbearline 的 NMR 数据

位置	δ_C/ppm	δ_H/ppm（J/Hz）	位置	δ_C/ppm	δ_H/ppm（J/Hz）
1	83.8 d	2.98 m	21	51.0 t	2.79 m
2	25.9 t	2.07 m			2.94 m
		2.15 m	22	14.1 q	1.06 t（7.2）
3	27.5 t	1.57 m	1-OMe	55.7 q	3.24 s
		1.73 m	6-OMe	58.2 q	3.36 s
4	37.6 s		14-OAc	171.4 s	
5	49.9 d	1.76 br s		21.4 q	2.02 s
6	90.6 d	3.87 br s	16-OAc	170.4 s	
7	88.3 s			21.4 q	2.08 s
8	77.0 s		18-OCO	164.1 s	
9	42.5 d	3.24 m	1′	127.6 s	
10	45.4 d	1.98 m	2′	133.1 s	
11	48.9 s		3′	129.5 d	7.27 dd（1.0, 8.0）
12	32.1 t	1.91 m	4′	133.7 d	7.69 dt（2.0, 9.2）
		1.97 m	5′	130.1 d	7.55 dt（2.0, 9.2）
13	38.6 d	2.37 t（5.6）	6′	131.0 d	8.04 dd（1.0, 8.0）
14	75.2 d	4.76 t（4.8）	1″	175.9 s	
15	33.1 t	1.56 dd（5.6, 16.8）	2″	35.3 d	3.04 br s
		2.71 dd（9.2, 16.8）	3″	37.6 t	2.51 m
16	74.4 d	4.86 dd（5.6, 9.2）	4″	179.8 s	
17	64.4 d	3.02 d（2.0）	5″	16.4 q	1.47 br s
18	69.3 t	4.08 br s			
19	52.3 t	2.43 d（12.0）			
		2.70 d（12.0）			

注：溶剂 CDCl_3；^{13}C NMR：100 MHz；^{1}H NMR：400 MHz

化合物名称：14-acetyldelcosine

分子式：$C_{26}H_{41}NO_8$　　　　　　　　分子量（$M+1$）：496

植物来源：*Consolida ajacis* (L.) Schur　飞燕草

参考文献：Pelletier S W，Mody N V，Sawhney R S，et al. 1977. Application of carbon-13 NMR spectroscopy to the structural elucidation of C_{19}-diterpenoid alkaloids from *Aconitum* and *Delphinium* species. Heterocycles，7（1）：327-339.

14-acetyldelcosine 的 NMR 数据

位置	δ_C/ppm	δ_H/ppm（J/Hz）	位置	δ_C/ppm	δ_H/ppm（J/Hz）
1	72.6 d		14	76.3 d	
2	27.2 t		15	33.8 t	
3	29.6 t		16	82.7 d	
4	37.5 s		17	66.1 d	
5	43.5 d		18	77.3 t	
6	90.2 d		19	57.2 t	
7	87.6 s		21	50.3 t	
8	78.4 s		22	13.6 q	
9	44.9 d		6-OMe	57.2 q	
10	38.0 d		16-OMe	56.3 q	
11	49.2 s		18-OMe	59.1 q	
12	29.4 t		14-OAc	171.4 s	
13	42.6 d			21.4 q	

注：溶剂 CDCl_3；^{13}C NMR：25 MHz

化合物名称：14-acetyldictyocarpine

分子式：$C_{28}H_{41}NO_9$ 分子量（$M+1$）：536

植物来源：*Delphinium glaucescens* Rybd.

参考文献：Desai H K，Pelletier S W. 1993. Revised ^{13}C NMR assignments for norditerpenoid alkaloids with 7, 8-methylenedioxy and 10β-OH groups. Journal of Natural Products，56（7）：1140-1147.

14-acetyldictyocarpine 的 NMR 数据

位置	δ_C/ppm	δ_H/ppm（J/Hz）	位置	δ_C/ppm	δ_H/ppm（J/Hz）
1	77.2 d	3.56 dd（10.2, 7.3）	16	81.1 d	3.23 m
2	26.9 t	2.01 m	17	63.9 d	3.08 d（2.2）
		2.13 m	18	25.6 q	0.88 s
3	36.4 t	1.21 m	19	56.7 t	2.45 ABq（11.9）
		1.61 m			2.71 ABq（11.9）
4	33.7 s		21	50.3 t	2.76 m
5	50.3 d	1.58 br s	22	13.9 q	1.06 t（7.1）
6	78.9 d	5.42 s	1-OMe	55.4 q	3.26 s
7	91.6 s		16-OMe	56.2 q	3.30 s
8	81.2 s		14-OAc	171.6 s	
9	49.8 d	3.55 d（4.5）		21.4 q	2.08 s
10	83.3 s		6-OAc	170.0 s	
11	55.7 s			21.7 q	2.08 s
12	38.6 t	1.78 m	O—CH₂—O	93.8 t	4.87 s
		3.15 m			4.95 s
13	37.2 d	2.65 m	10-OH		1.26 s
14	74.6 d	5.23 t（4.9）			
15	34.9 t	1.70 m			
		2.65 m			

注：溶剂 CDCl₃；^{13}C NMR：75 MHz；^{1}H NMR：300 MHz

化合物名称：16-acetylelasine

分子式：$C_{28}H_{41}NO_9$　　　　　　　分子量（$M+1$）：536

植物来源：*Delphinium elatum* L. 高翠雀花

参考文献：Pelletier S W，Ross S A，Kulanthaivel P. 1989. New alkaloids from *Delphinium elatum* L. Tetrahedron，45（7）：1887-1892.

16-acetylelasine 的 NMR 数据

位置	δ_C/ppm	δ_H/ppm（J/Hz）	位置	δ_C/ppm	δ_H/ppm（J/Hz）
1	79.1 d		16	73.7 d	
2	26.9 t		17	63.6 d	
3	38.5 t		18	25.6 q	0.89 s
4	33.8 s		19	56.9 t	
5	50.5 d		21	50.2 t	
6	77.1 d	5.48 br s	22	13.8 q	1.07 t（7）
7	91.9 s		1-OMe	55.2 q	
8	83.4 s		14-OMe	57.8 q	
9	50.5 d		6-OAc	169.8 s	
10	81.1 s			21.4 q	2.05 s
11	55.9 s		16-OAc	170.6 s	
12	36.5 t			21.7 q	2.08 s
13	38.5 d		O—CH₂—O	94.0 t	4.88 s
14	81.1 d	4.16 t（4.5）			4.96 s
15	34.0 t				

注：溶剂 CDCl₃

化合物名称：14-acetylgadesine

分子式：$C_{25}H_{37}NO_7$ 分子量（$M+1$）：464

植物来源：*Delphinium pentagynum* Lam.

参考文献：Gonzalez A G，De la Fuente G，Reina M，et al. 1986. The structures of four new diterpenoid alkaloids. Heterocycle，24（6）：1513-1516.

14-acetylgadesine 的 NMR 数据

位置	δ_C/ppm	δ_H/ppm（J/Hz）	位置	δ_C/ppm	δ_H/ppm（J/Hz）
1	68.7 d	3.79 s	14	76.0 d	4.76 t（4.5）
2	30.0 t		15	33.8 t	
3	22.7 t		16	82.8 d	3.69 m
4	38.9 s		17	64.0 d	
5	37.0 d		18	20.2 q	0.94 s
6	91.4 d	3.79 s	19	89.2 d	3.69 m
7	84.5 s		21	47.6 t	
8	76.7 s		22	13.9 q	1.04 t（7）
9	43.0 d		6-OMe	58.5 q	3.29 s
10	52.0 d		16-OMe	56.4 q	3.29 s
11	47.0 s		14-OAc	171.8 s	
12	30.5 t			21.6 q	2.03 s
13	38.6 d				

注：溶剂 CDCl₃

化合物名称：14-acetylisodelpheline

分子式：C₂₇H₄₁NO₇　　　　　　分子量（$M+1$）：492

植物来源：*Delphinium elatum* L. 高翠雀花

参考文献：Pelletier S W，Ross S A，Kulanthaivel P. 1989. New alkaloids from *Delphinium elatum* L. Tetrahedron，45（7）：1887-1892.

14-acetylisodelpheline 的 NMR 数据

位置	δ_C/ppm	δ_H/ppm（J/Hz）	位置	δ_C/ppm	δ_H/ppm（J/Hz）
1	82.1 d		15	35.5 t	
2	26.9 t		16	81.4 d	
3	37.2 t		17	63.7 d	
4	33.5 s		18	26.1 q	
5	56.1 d		19	57.0 t	
6	89.2 d		21	50.3 t	
7	92.5 s		22	13.8 q	
8	83.0 s		1-OMe	55.1 q	
9	47.7 d		6-OMe	58.5 q	
10	40.1 d		16-OMe	55.9 q	
11	50.3 s		14-OAc	171.4 s	
12	27.4 t			21.4 q	
13	37.1 d		O—CH₂—O	93.6 t	
14	75.5 d				

注：溶剂 CDCl₃

化合物名称：14-acetylnudicaulidine

分子式：$C_{26}H_{41}NO_7$ 分子量（$M+1$）：480

植物来源：*Delphinium andersonii* Gray

参考文献：Pelletier S W，Kulanthaivel P，Olsen J D. 1989. New alkaloids from *Delphinium andersonii* Gray. Heterocycles，28（1）：107-110.

14-acetylnudicaulidine 的 NMR 数据

位置	δ_C/ppm	δ_H/ppm（J/Hz）	位置	δ_C/ppm	δ_H/ppm（J/Hz）
1	85.3 d		14	77.0 d	4.65
2	27.5 t		15	34.8 t	
3	37.9 t		16	83.6 d	
4	34.8 s		17	65.4 d	
5	55.7 d		18	27.1 q	0.96 s
6	92.2 d		19	57.4 t	
7	89.4 s		21	51.6 t	
8	78.0 s		22	14.4 q	0.98 t
9	46.4 d		1-OMe	55.9 q	3.22 s
10	43.4 d		6-OMe	58.6 q	3.19 s
11	50.0 s		16-OMe	56.1 q	3.37 s
12	29.1 t		14-OAc	171.9 s	
13	38.7 d			21.6 q	1.91 s

注：溶剂 CD₃CN；¹³C NMR：75 MHz；¹H NMR：300 MHz

化合物名称： 14-acetylvirescenine

分子式： $C_{25}H_{39}NO_7$　　　　　　　　**分子量**（$M+1$）：466

植物来源： *Delphinium virescens* Nutt.

参考文献： Pelletier S W，Mody N V，Venkov A P，et al. 1979. Alkaloids of *Delphinium virescens* Nutt.： virescenine and 14-acetylvirescenine. Heterocycles，12（6）：779-782.

14-acetylvirescenine 的 NMR 数据

位置	δ_C/ppm	δ_H/ppm（J/Hz）	位置	δ_C/ppm	δ_H/ppm（J/Hz）
1	72.4 d		14	77.1 d	4.88 dd
2	29.0 t		15	35.9 t	
3	29.4 t		16	82.1 d	
4	37.7 s		17	64.9 d	
5	41.7 d		18	78.8 t	
6	33.7 t		19	56.1 t	
7	85.9 s		21	50.6 t	
8	76.9 s		22	13.9 q	1.10 t
9	45.9 d		16-OMe	56.3 q	3.29 s
10	37.7 d		18-OMe	59.4 q	3.33 s
11	50.0 s		14-OAc	170.9 s	
12	26.8 t			21.3 q	2.07 s
13	42.9 d				

注：溶剂 CDCl₃

化合物名称：14-benzoylbrowniine

分子式：C$_{32}$H$_{45}$NO$_8$　　　　　　　　分子量（$M+1$）：572

植物来源：*Consolida ajacis* (L.) Schur　飞燕草

参考文献：Pelletier S W，Sawhney R S. 1978. Structures of ajacusine and ajadine，two new C$_{19}$-diterpenoid alkaloids from *Delphinium ajacis* L. Heterocycles，9（4）：463-468.

14-benzoylbrowniine 的 NMR 数据

位置	δ_C/ppm	δ_H/ppm（J/Hz）	位置	δ_C/ppm	δ_H/ppm（J/Hz）
1	84.2 d		16	82.2 d	
2	25.9 t		17	64.8 d	
3	32.0 t		18	77.9 t	
4	38.1 s		19	52.9 t	
5	43.1 d		21	51.3 t	
6	90.2 d		22	14.0 q	
7	88.3 s		1-OMe	55.9 q	
8	77.5 s		6-OMe	57.4 q	
9	51.3 d		16-OMe	56.1 q	
10	37.6 d		18-OMe	59.1 q	
11	49.2 s		14-OCO	167.0 s	
12	28.3 t		1′	129.9 s	
13	45.5 d		2′, 5′	129.9 d	
14	76.0 d		3′, 6′	128.3 d	
15	34.0 t		4′	132.5 d	

注：溶剂 CDCl$_3$

化合物名称：14-benzoyldihydrogadesine

分子式：$C_{30}H_{41}NO_7$　　　　　　　分子量（$M+1$）：528

植物来源：*Delphinium cardiopetalum* DC.

参考文献：Gonzalez A G，De la Fuente G，Reina M，et al. 1986. The structures of four new diterpenoid alkaloids. Heterocycles，24（6）：1513-1516.

14-benzoyldihydrogadesine 的 NMR 数据

位置	δ_C/ppm	δ_H/ppm（J/Hz）	位置	δ_C/ppm	δ_H/ppm（J/Hz）
1	72.7 d	3.76 m	15	34.3 t	
2	28.9 t		16	82.4 d	3.74 m
3	31.6 t		17	65.9 d	
4	33.0 s		18	27.7 q	1.08 s
5	50.0 d		19	60.9 t	3.79 s
6	91.0 d	3.96 s	21	51.2 t	
7	87.6 s		22	14.4 q	1.10 t（7）
8	78.4 s		6-OMe	58.0 q	3.35 s
9	43.5 d		16-OMe	56.4 q	3.35 s
10	43.0 d		14-OCO	166.5 s	
11	49.5 s		1′	129.2 s	
12	29.7 t		2′, 6′	129.8 d	
13	37.9 d		3′, 5′	129.4 d	
14	76.1 d	5.10 t（5）	4′	132.7 d	

注：溶剂 CDCl₃

化合物名称：14-benzoylgadesine

分子式：C$_{30}$H$_{39}$NO$_7$　　　　　　　**分子量**（$M+1$）：526

植物来源：*Delphinium cardiopetalum* DC.

参考文献：Gonzalez A G，De la Fuente G，Reina M，et al. 1986. The structures of four new diterpenoid alkaloids. Heterocycles，24（6）：1513-1516.

14-benzoylgadesine 的 NMR 数据

位置	δ_C/ppm	δ_H/ppm（J/Hz）	位置	δ_C/ppm	δ_H/ppm（J/Hz）
1	68.8 d	3.87 s	15	34.2 t	
2	29.9 t		16	82.6 d	3.77 m
3	22.8 t		17	63.9 d	
4	38.6 s		18	20.3 q	1.01 s
5	37.0 d		19	89.1 d	3.77 m
6	91.3 d	3.87 s	21	47.5 t	
7	84.7 s		22	13.9 q	1.10 t（7）
8	76.4 s		6-OMe	58.6 q	3.32 s
9	43.6 d		16-OMe	56.3 q	3.34 s
10	52.0 d		14-OCO	166.9 s	
11	47.0 s		1′	130.1 s	
12	30.5 t		2′, 6′	130.1 d	
13	38.5 d		3′, 5′	128.5 d	
14	76.0 d	5.12 t（4.5）	4′	132.8 d	

注：溶剂 CDCl$_3$

化合物名称：14-benzoyldelcosine

分子式：C$_{31}$H$_{43}$NO$_8$　　　　　　　　**分子量**（$M+1$）：558

植物来源：*Delphinium biternatum* Huth　三出翠雀花

参考文献：Pelletier S W，Mody N V. 1981. A reinvestigation of the structures of acomonine，iliensine，14-dehydroiliensine，and 14-benzoyliliensine. Tetrahedron Letters，22（3）：207-210.

14-benzoyldelcosine 的 NMR 数据

位置	δ_C/ppm	δ_H/ppm （J/Hz）	位置	δ_C/ppm	δ_H/ppm （J/Hz）
1	72.6 d		16	82.6 d	
2	27.3 t		17	66.2 d	
3	29.8 t		18	77.1 t	
4	37.4 s		19	57.2 t	
5	43.6 d		21	50.3 t	
6	90.1 d		22	13.6 q	
7	87.7 s		6-OMe	57.2 q	
8	78.4 s		16-OMe	56.1 q	
9	44.9 d		18-OMe	59.0 q	
10	37.9 d		14-OCO	166.5 s	
11	49.2 s		1′	130.7 s	
12	29.4 t		2′, 6′	129.8 d	
13	43.1 d		3′, 5′	128.3 d	
14	76.5 d		4′	132.6 d	
15	34.2 t				

注：溶剂 CDCl$_3$

化合物名称：14-benzoylnudicaulidine

分子式：C$_{31}$H$_{43}$NO$_7$ 分子量（$M+1$）：542

植物来源：*Delphinium cardiopetalum* DC.

参考文献：Reina M，Madinaveitia A，De la Fuente G. 1997. Further norditerpenoid alkaloids from *Delphinium cardiopetalum*. Phytochemistry，45（8）：1707-1711.

14-benzoylnudicaulidine 的 NMR 数据

位置	δ_C/ppm	δ_H/ppm（J/Hz）	位置	δ_C/ppm	δ_H/ppm（J/Hz）
1	84.6 d	2.98 dd（10.2, 7.1）	17	64.5 d	2.94 s
2	26.6 t		18	26.8 q	0.97 s
3	37.3 t		19	56.5 t	2.40 d（11.8）
4	34.0 s				2.63 d（11.8）
5	54.8 d	1.41 s	21	51.1 t	2.89 dq（14.6, 7.3）
6	91.1 d	3.85 s			2.79 dq（14.6, 7.3）
7	88.6 s		22	14.2 q	1.04 t（7.2）
8	77.4 s		1-OMe	55.8 q	3.25 s
9	43.1 d		6-OMe	58.2 q	3.27 s
10	45.5 d		16-OMe	56.0 q	3.37 s
11	49.1 s		14-OCO	166.9 s	
12	28.3 t		1′	130.9 s	
13	37.8 d		2′, 6′	129.8 d	8.12 d（7.2）
14	76.0 d	5.03 t（4.8）	3′, 5′	128.3 d	7.39 t（7.2）
15	34.1 t		4′	132.4 d	7.50 t（7.2）
16	82.2 d				

注：溶剂 CDCl$_3$；^{13}C NMR：100 MHz；^{1}H NMR：400 MHz

化合物名称：14-*cis*-cinnamoylnudicaulidine

分子式：C$_{33}$H$_{45}$NO$_7$　　　　　　　　分子量（$M+1$）：568

植物来源：*Delphinium cardiopetalum* DC.

参考文献：Reina M，Madinaveitia A，De la Fuente G. 1997. Further norditerpenoid alkaloids from *Delphinium cardiopetalum*. Phytochemistry，45（8）：1707-1711.

14-*cis*-cinnamoylnudicaulidine 的 NMR 数据

位置	δ_C/ppm	δ_H/ppm（J/Hz）	位置	δ_C/ppm	δ_H/ppm（J/Hz）
1	84.1 d	2.95 dd（7.2, 9.8）	17	64.5 d	2.91 br s
2	26.6 t		18	26.8 q	0.97 s
3	38.2 t		19	56.5 t	2.39 d（12.0）
4	35.8 s				2.62 d（12.0）
5	54.7 d	1.37 br s	21	51.0 t	2.78 dq（14.2, 7.1）
6	91.1 d	3.89 s	22	14.2 q	1.04 t（7.1）
7	87.5 s		1-OMe	55.8 q	3.24 s
8	76.4 s		6-OMe	58.2 q	3.30 s
9	42.2 d		16-OMe	56.2 q	3.38 s
10	45.8 d		14-OCO	166.8 s	
11	49.1 s		1′	120.5 d	6.03 d（12.6）
12	28.4 t		2′	142.9 d	6.88 d（12.6）
13	37.3 d		3′	135.0 s	
14	76.9 d	4.83 t（4.5）	4′, 8′	127.9 d	7.56 d（7.2）
15	34.0 t		5′, 7′	129.9 d	7.31 m
16	82.3 d		6′	128.8 d	7.31 m

注：溶剂 CDCl$_3$；^{13}C NMR：50 MHz；^{1}H NMR：400 MHz

化合物名称：14-*trans*-cinnamoylnudicaulidine

分子式：$C_{33}H_{45}NO_7$ **分子量**（$M+1$）：568

植物来源：*Delphinium cardiopetalum* DC.

参考文献：Reina M，Madinaveitia A，De la Fuente G. 1997. Further norditerpenoid alkaloids from *Delphinium cardiopetalum*. Phytochemistry，45（8）：1707-1711.

14-*trans*-cinnamoylnudicaulidine 的 NMR 数据

位置	δ_C/ppm	δ_H/ppm（J/Hz）	位置	δ_C/ppm	δ_H/ppm（J/Hz）
1	84.5 d	2.97 dd（10.2, 7.2）	18	26.8 q	0.98 s
2	26.6 t		19	56.5 t	2.43 d（12）
3	37.4 t				2.63 d（12）
4	33.9 s		21	51.0 t	2.80 dq（14.0, 7.0）
5	54.6 d				2.88 dq（14.0, 7.0）
6	90.9 d	3.92 s	22	14.2 q	1.05 t（7.2）
7	89.5 s		1-OMe	55.8 q	3.25 s
8	77.6 s		6-OMe	58.2 q	3.29 s
9	42.8 d		16-OMe	56.2 q	3.32 s
10	45.6 d		14-OCO	167.3 s	
11	49.1 s		1′	118.8 d	6.47 d（16.0）
12	28.3 t		2′	144.5 d	7.20 d（16.0）
13	38.2 d		3′	134.7 s	
14	75.8 d	4.91 t（4.8）	4′, 8′	128.6 d	7.52 m
15	34.0 t		5′, 7′	128.1 d	7.35 m
16	82.2 d		6′	129.8 d	
17	64.4 d	2.92 br s			

注：溶剂 CDCl₃；¹³C NMR：50 MHz；¹H NMR：400 MHz

化合物名称：14-deacetyl-14-isobutyrylajadine

分子式：$C_{37}H_{52}N_2O_{10}$　　　　　　　分子量（$M+1$）：685

植物来源：*Delphinium stapeliosum*

参考文献：Shrestha P M，Katz A. 2000. Norditerpenoid alkaloids from the roots of *Delphinium stapeliosum*. Journal of Natural Products，63（1）：2-5.

14-deacetyl-14-isobutyrylajadine 的 NMR 数据

位置	δ_C/ppm	δ_H/ppm（J/Hz）	位置	δ_C/ppm	δ_H/ppm（J/Hz）
1	83.9 d		19		2.75 d（12.8）
2	26.1 t		21	51.0 t	
3	32.3 t		22	14.1 q	1.08 t（7.0）
4	37.7 s		1-OMe	55.8 q	3.28 s
5	50.4 d		6-OMe	58.2 q	3.32 s
6	90.9 d	3.91 s	16-OMe	56.0 q	3.38 s
7	88.5 s		18-OCO	168.1 s	
8	76.4 s		1′	114.6 s	
9	43.1 d		2′	142.0 s	
10	45.8 d		3′	120.7 d	
11	49.1 s		4′	135.0 d	
12	28.2 t		5′	122.6 d	
13	37.9 d		6′	130.3 d	
14	75.6 d	4.77 br t（4.7）	1″	169.0 s	
15	33.9 t		2″	25.5 q	2.24 s
16	82.3 d		1‴	177.3 s	
17	64.4 d		2‴	34.3 d	2.54 m
18	69.8 t	4.18 dd（11.3, 17.5）	3‴	18.9 q	1.18 d（7.0）
19	52.5 t	2.47 d（12.8）	4‴	18.9 q	1.18 d（7.0）

注：溶剂 CDCl₃；¹³C NMR：50 MHz；¹H NMR：200 MHz

化合物名称：14-deacetyl-14-isobutyrylnudicauline

分子式：C$_{40}$H$_{54}$N$_2$O$_{11}$　　　　　　分子量（$M+1$）：739

植物来源：*Delphinium stapeliosum*

参考文献：Shrestha P M，Katz A. 2000. Norditerpenoid alkaloids from the roots of *Delphinium stapeliosum*. Journal of Natural Products，63（1）：2-5.

14-deacetyl-14-isobutyrylnudicauline 的 NMR 数据

位置	δ_C/ppm	δ_H/ppm（J/Hz）	位置	δ_C/ppm	δ_H/ppm（J/Hz）
1	83.9 d		22	14.0 q	1.08 t（6.9）
2	26.9 t		1-OMe	55.8 q	3.28 s
3	31.9 t		6-OMe	58.2 q	3.30 s
4	37.5 s		16-OMe	55.9 q	3.35 s
5	42.9 d		18-OCO	164.0 s	
6	90.6 d	4.09 s	1′	126.9 s	
7	88.5 s		2′	133.0 s	
8	77.2 s		3′	129.4 d	
9	50.0 d		4′	133.7 d	
10	45.7 d		5′	130.0 d	
11	49.0 s		6′	131.0 d	
12	28.3 t		1″	175.7 s	
13	37.7 d		2″	35.3 d	
14	75.5 d	4.76 br t（4.7）	3″	37.0 t	
15	33.7 t		4″	179.7 s	
16	82.2 d		5″	16.4 q	1.46 br s
17	64.4 d		1‴	177.2 s	
18	69.3 t	3.84 d（14.9）	2‴	34.2 d	2.54 m
19	52.3 t	2.46 d（11.9）	3‴	18.9 q	1.18 d（7.0）
		2.62 d（11.9）	4‴	18.8 q	1.18 d（7.0）
21	51.0 t				

注：溶剂 CDCl$_3$；^{13}C NMR：50 MHz；^{1}H NMR：200 MHz

化合物名称：14-deacetylajadine/*N*-acetylde-lectine

分子式：C$_{33}$H$_{46}$N$_2$O$_9$　**分子量**（*M*+1）：615

植物来源：*Consolida ajacis* (L.) Schur　飞燕草/*Delphinium formosum* Boiss. et Huet.

参考文献：Desai H K，Cartwright B T，Pelletier S W. 1994. Ajadinine：a new norditerpenoid alkaloid from the seeds of *Delphinium ajacis*. The complete NMR assignments for some lycoctonine-type alkaloids. Journal of Natural Products，57（5）：677-682；Mericli F，Mericli A H，Becker H，et al. 1996. Norditerpenoid alkaloids from *Delphinium formosum*. Phytochemistry，42（4）：1249-1251.

14-deacetylajadine/*N*-acetyldelectine 的 NMR 数据（Desai et al.，1994）

位置	δ_C/ppm	δ_H/ppm（*J*/Hz）	位置	δ_C/ppm	δ_H/ppm（*J*/Hz）
1	84.6 d	3.05 m			2.80 ABq（10.5）
2	25.2 t	2.03～2.25 m	21	51.1 t	2.95 m
3	32.1 t	1.52～1.75 m	22	14.1 q	1.06 t（7.1）
4	37.7 s		1-OMe	56.0 q	3.25 s
5	50.2 d	1.83 br s	6-OMe	58.2 q	3.35 s
6	90.3 d	3.83 br s	16-OMe	56.4 q	3.37 s
7	89.1 s		18-OCO	168.0 s	
8	76.2 s		1′	114.4 s	
9	45.0 d	3.10 m	2′	141.7 s	
10	45.9 d	1.85 m	3′	120.4 d	8.71 dd（7.2，1.4）
11	48.2 s		4′	134.9 d	7.57 ddd（7.8，7.1，1.6）
12	27.4 t	1.82～2.83 m	5′	122.5 d	7.10 ddd（8.2，7.6，1.5）
13	36.2 d	2.95 m	6′	130.2 d	7.98 dd（8.1，1.4）
14	75.1 d	4.01 br s	NH		10.98 s
15	33.0 t	1.81～2.52 m	1″	169.0 s	
16	81.6 d	3.45 m	2″	25.4 q	2.22 s
17	64.9 d	3.25 m	7-OH		2.15 br s
18	69.6 t	4.16 d（9.0）	8-OH		3.87 s
19	52.3 t	2.52 ABq（10.5）	14-OH		2.77 br s

注：溶剂 CDCl$_3$；^{13}C NMR：75 MHz；^{1}H NMR：300 MHz

14-deacetylajadine/N-acetyldelectine 的 NMR 数据（Mericli et al.，1996）

位置	δ_C/ppm	δ_H/ppm（J/Hz）	位置	δ_C/ppm	δ_H/ppm（J/Hz）
1	84.0 d	3.06 dd（4，8）			4.22 d（11）
2	26.0 t	2.20	19	52.2 t	2.70 m
3	32.3 t	2.50			2.80 m
4	37.8 s		21	51.1 t	2.70
5	43.0 d	2.62 s	22	14.1 q	1.07 t（7）
6	90.6 d	3.96 s	1-OMe	55.9 q	3.27 s
7	89.0 s		6-OMe	57.9 q	3.37 s
8	78.0 s		16-OMe	56.3 q	3.42 s
9	50.5 d	1.75	18-OCO	168.1 s	
10	43.0 d		1'	114.6 s	
11	50.4 s		2'	141.9 s	
12	28.9 t	1.50	3'	120.6 d	8.75 dd（2，8）
13	46.1 d	3.20 m	4'	134.9 d	7.58 dt（2，8）
14	75.3 d	4.02	5'	122.5 d	7.12 dt（2，8）
15	33.6 t	2.60	6'	130.3 d	7.96 br d（8）
16	82.6 d	3.20	1"	169.0 s	
17	65.1 d	4.70	2"	25.6 q	2.23 s
18	69.7 t	4.15 d（11）	NH		11.0 s

注：溶剂 CDCl$_3$；^{13}C NMR：100 MHz；^{1}H NMR：400 MHz

化合物名称：14-deacetylnudicauline

分子式：C$_{36}$H$_{48}$N$_2$O$_{10}$ 分子量（$M+1$）：669

植物来源：*Delphinium andersonii* Gray

参考文献：Pelletier S W，Panu A M，Kulanthaivel P，et al. 1988. New alkaloids from *Delphinium andersonii* Gray. Heterocycles，27（10）：2387-2393.

14-deacetylnudicauline 的 NMR 数据

位置	δ_C/ppm	δ_H/ppm（J/Hz）	位置	δ_C/ppm	δ_H/ppm（J/Hz）
1	84.9 d	3.25 s	19	52.4 t	
2	25.5 t		21	51.2 t	
3	32.2 t		22	14.2 q	1.06 t
4	37.9 s		1-OMe	56.0 q	3.25 s
5	45.2 d		6-OMe	58.3 q	3.36 s
6	90.4 d	3.36 s	16-OMe	56.5 q	
7	89.2 s		18-OCO	164.2 s	
8	76.3 s		1′	127.1 s	
9	50.3 d		2′	133.1 s	
10	46.1 d		3′	129.4 d	7.28 dd（8.5，1.5）
11	48.4 s		4′	133.7 d	7.62 m
12	27.5 t		5′	131.1 d	
13	36.5 d		6′	130.1 d	8.04 dd（8.5，1.5）
14	75.3 d		1″	175.9 s	
15	33.2 t		2″	35.5 d	
16	81.8 d		3″	37.1 t	
17	65.1 d		4″	179.8 s	
18	69.5 t		5″	16.5 q	1.44 d（6.3）

注：溶剂 CDCl$_3$

化合物名称：14-dehydrobrowniine

分子式：$C_{25}H_{39}NO_7$　　　　　　　　　　　　**分子量**（$M+1$）：466

植物来源：*Delphinium cardinale*

参考文献：Pelletier S W，Mody N V，Sawhney R S. 1979. Carbon-13 nuclear magnetic resonance spectra of some C₁₉-diterpenoid alkaloids and their derivatives. Canadian Journal of Chemistry，57（13）：1652-1655.

14-dehydrobrowniine 的 NMR 数据

位置	δ_C/ppm	δ_H/ppm （J/Hz）	位置	δ_C/ppm	δ_H/ppm （J/Hz）
1	85.5 d		14	216.3 s	
2	25.5 t		15	33.1 t	
3	32.5 t		16	85.5 d	
4	38.5 s		17	65.9 d	
5	46.1 d		18	77.9 t	
6	89.8 d		19	52.7 t	
7	88.9 s		21	51.4 t	
8	85.5 s		22	14.3 q	
9	53.8 d		1-OMe	56.1 q	
10	43.9 d		6-OMe	57.6 q	
11	49.0 s		16-OMe	56.3 q	
12	29.7 t		18-OMe	59.2 q	
13	49.5 d				

注：溶剂 CDCl₃

化合物名称：14-dehydrodelcosine

分子式：$C_{24}H_{37}NO_7$　　　　　　**分子量**（M+1）：452

植物来源：*Delphinium grandiflorum* L. 翠雀

参考文献：李从军，陈迪华. 1993. 大花翠雀地上部分的生物碱. 药学学报，35（1）：80-83.

14-dehydrodelcosine 的 NMR 数据

位置	δ_C/ppm	δ_H/ppm（J/Hz）	位置	δ_C/ppm	δ_H/ppm（J/Hz）
1	72.1 d		13	46.8 d	
2	27.3 t		14	214.8 s	
3	29.6 t		15	34.8 t	
4	37.5 s		16	86.5 d	
5	45.3 d		17	66.4 d	
6	89.7 d	4.04 s	18	77.0 t	
7	87.3 s		19	57.3 t	
8	82.9 s		21	50.5 t	
9	53.1 d		22	13.6 q	1.12 t（7.0）
10	40.9 d		6-OMe	56.6 q	3.34 s
11	49.7 s		16-OMe	56.0 q	3.34 s
12	27.5 t		18-OMe	59.0 q	3.34 s

注：溶剂 CDCl₃

化合物名称：14-dehydrodictyocarpine

分子式：C$_{26}$H$_{37}$NO$_8$　　　　　　　分子量（$M+1$）：492

植物来源：*Delphinium* L.

参考文献：Pelletier S W，Mody N V，Dailey O D J. 1980. ^{13}C nuclear magnetic resonance spectroscopy of methylenedioxy group-containing C$_{19}$-diterpenoid alkaloids and their derivatives. Canadian Journal of Chemistry，58（17）：1875-1879.

14-dehydrodictyocarpine 的 NMR 数据

位置	δ_C/ppm	δ_H/ppm（J/Hz）	位置	δ_C/ppm	δ_H/ppm（J/Hz）
1	78.2 d		14	215.0 s	
2	26.0 t		15	30.9 t	
3	36.3 t		16	83.9 d	
4	34.2 s		17	64.9 d	
5	50.5 d		18	25.4 q	
6	77.1 d		19	57.0 t	
7	92.7 s		21	50.2 t	
8	87.1 s		22	14.0 q	
9	58.1 d		1-OMe	55.6 q	
10	79.4 s		16-OMe	56.1 q	
11	55.2 s		6-OAc	170.2 s	
12	36.3 t			21.6 q	
13	45.4 d		O—CH$_2$—O	94.7 t	

注：溶剂 CDCl$_3$

化合物名称：14-dehydrodictyocarpinine

分子式：C$_{24}$H$_{35}$NO$_7$　　　　　　　　**分子量**（M＋1）：450

植物来源：*Delphinium* L.

参考文献：Pelletier S W，Mody N V，Dailey O D J. 1980. ^{13}C nuclear magnetic resonance spectroscopy of methylenedioxy group-containing C$_{19}$-diterpenoid alkaloids and their derivatives. Canadian Journal of Chemistry，58（17）：1875-1879.

14-dehydrodictyocarpinine 的 NMR 数据

位置	δ_C/ppm	δ_H/ppm（J/Hz）	位置	δ_C/ppm	δ_H/ppm（J/Hz）
1	79.8 d		13	45.2 d	
2	26.1 t		14	213.6 s	
3	35.9 t		15	31.7 t	
4	34.1 s		16	84.0 d	
5	51.7 d		17	64.5 d	
6	77.1 d		18	25.4 q	
7	93.0 s		19	57.2 t	
8	87.3 s		21	50.6 t	
9	57.9 d		22	14.0 q	
10	79.5 s		1-OMe	55.6 q	
11	55.4 s		16-OMe	56.1 q	
12	36.5 t		O—CH$_2$—O	94.3 t	

注：溶剂 CDCl$_3$

化合物名称： 14-demethyl-14-acetylanhweidelphinine

分子式： $C_{36}H_{44}N_2O_{11}$　　　　　　　　**分子量（$M+1$）：** 681

植物来源： *Delphinium pentagynum* Lam.

参考文献： Diaz J G，Ruiz J G，Herz W. 2004. Alkaloids from *Delphinium pentagynum*. Phytochemistry，65（14）：2123-2127.

14-demethyl-14-acetylanhweidelphinine 的 NMR 数据

位置	δ_C/ppm	δ_H/ppm（J/Hz）	位置	δ_C/ppm	δ_H/ppm（J/Hz）
1	81.4 d	3.24 t（4.2）	18	66.5 t	4.40 br d，4.32 d
2	21.4 t	1.49 m，1.75 m	19	163.4 d	7.48 br s
3	24.9 t	1.70 m（2H）	1-OMe	56.3 q	3.33 s
4	47.2 s		6-OMe	58.7 q	3.30 s
5	45.6 d	1.87 br s	16-OMe	56.2 q	3.16 s
6	91.5 d	3.74 s	14-OAc	171.7 s	
7	86.4 s			21.4 q	2.05 s
8	77.3 s		18-OCO	163.4 s	
9	42.3 d	3.00 dd（11.0, 6.3）	1′	126.5 s	
10	43.3 d	2.06 m	2′	133.2 s	
11	50.0 s		3′	130.2 d	7.27 br d（7.5）
12	29.5 t	1.58 m，2.04 m	4′	134.0 d	7.68 dt（7.7, 1.5）
13	38.3 d	2.45 br t（5.5）	5′	129.5 d	7.54 dt（7.7, 1.1）
14	75.9 d	4.79 t（4.7）	6′	130.9 d	8.02 br d（7.7）
			1″	175.8 s	
15	33.3 t	2.91 dd（15, 9）	2″	35.3 d	
		1.63 m	3″	36.9 t	
16	82.0 d	3.32 m	4″	——	
17	64.5 d	3.89 br s	5″	16.5 q	1.46 br s

注：溶剂 CDCl₃

化合物名称：14-demethyl-14-isobutyrylanhweidelphinine

分子式：C$_{38}$H$_{48}$N$_2$O$_{11}$　　　　　　　**分子量**（$M+1$）：709

植物来源：*Delphinium pentagynum* Lam.

参考文献：Diaz J G，Ruiz J G，Herz W. 2004. Alkaloids from *Delphinium pentagynum*. Phytochemistry，65（14）：2123-2127.

14-demethyl-14-isobutyrylanhweidelphinine 的 NMR 数据

位置	δ_C/ppm	δ_H/ppm（J/Hz）	位置	δ_C/ppm	δ_H/ppm（J/Hz）
1	81.4 d	3.26 t（4.6）			4.32 br d（11.5）
2	21.3 t	1.50 m	19	163.3 d	7.47 br s
		1.76 m	1-OMe	56.3 q	3.29 s
3	24.9 t	1.69 m（2H）	6-OMe	58.3 q	3.30 s
4	47.2 s		16-OMe	56.0 q	3.16 s
5	45.6 d	1.86 br s	18-OCO	164.0 s	
6	91.5 d	3.76 s	1′	126.5 s	
7	86.4 s		2′	—	
8	77.3 s		3′	130.1 d	7.27 br d（7.5）
9	42.7 d	2.96 m	4′	134.0 d	7.68 td（7.7, 1.5）
10	43.3 d	2.06 m	5′	129.2 d	7.54 td（7.7, 1.1）
11	50.01 s		6′	130.9 d	8.02 br d（7.7）
12	29.5 t	1.58 m	1″	175.6 s	
		2.05 m	2″	35.3 d	
13	38.3 d	2.45 br t（5.5）	3″	36.9 t	
14	75.6 d	4.81 t（4.7）	4″	179.7 s	
15	33.4 t	2.91 dd（15, 9）	5″	16.4 q	1.46 br s
		1.63 m	1‴	177.2 s	
16	81.9 d	3.30 m	2‴	34.2 d	2.55 sept（7）
17	64.5 d	3.88 br s	3‴	18.8 q	1.17 d（7）
18	66.5 t	4.39 br d（11.5）	4‴	18.7 q	1.16 d（7）

注：溶剂 CDCl$_3$

化合物名称：14-isobutyrylnudicaulidine

分子式：$C_{28}H_{45}NO_7$　　　　　　　分子量（$M + 1$）：508

植物来源：*Delphinium cardiopetalum* DC.

参考文献：Reina M，Madinaveitia A，De la Fuente G. 1997. Further norditerpenoid alkaloids from *Delphinium cardiopetalum*. Phytochemistry，45（8）：1707-1711.

14-isobutyrylnudicaulidine 的 NMR 数据

位置	δ_C/ppm	δ_H/ppm（J/Hz）	位置	δ_C/ppm	δ_H/ppm（J/Hz）
1	84.6 d	2.94 dd（10.2, 7.3）	16	82.3 d	
2	26.6 t		17	64.4 d	2.87 s
3	37.9 t		18	26.8 q	0.97 s
4	34.1 s		19	56.6 t	2.65 d（12.0）
5	54.8 d	1.38 s	21	51.0 t	2.78 dq（14.0, 7.0）
6	91.2 d	3.86 s			2.88 dq（14.0, 7.0）
7	88.5 s		22	14.2 q	1.03 t（7.1）
8	77.5 s		1-OMe	55.8 q	3.23 s
9	43.1 d		6-OMe	58.2 q	3.28 s
10	45.7 d		16-OMe	55.9 q	3.39 s
11	49.1 s		1′	177.4 s	
12	28.3 t		2′	33.8 d	2.55 sept（7.0）
13	37.4 d		3′	18.9 q	1.17 d（7.0）
14	75.7 d	4.76 t（4.5）	4′	18.9 q	1.18 d（7.0）
15	34.3 t				

注：溶剂 $CDCl_3$；^{13}C NMR：100 MHz；^{1}H NMR：400 MHz

化合物名称：14-*O*-acetylleroyine

分子式：C$_{24}$H$_{37}$NO$_6$　　　　　　分子量（*M*+1）：436

植物来源：*Delphinium leroyi* Franch. ex Huth

参考文献：Bai Y L，Benn M. 1992. Norditerpenoid alkaloids of *Delphinium leroyi*. Phytochemistry，31（9）：3243-3245.

14-*O*-acetylleroyine 的 NMR 数据

位置	δ_C/ppm	δ_H/ppm（*J*/Hz）	位置	δ_C/ppm	δ_H/ppm（*J*/Hz）
1	72.4 d	3.65 br s	14	77.2 d	4.89 t（4.5）
2	29.3 t	1.50～1.80 m	15	36.1 t	2.88～3.01 m
3	31.4 t	1.50～1.80 m			1.50～1.80 m
4	33.3 s		16	81.9 d	3.29 m
5	46.7 d	1.50～1.80 m	17	64.0 d	2.64 m
6	34.0 t	2.24 m	18	27.3 q	0.94 s
		1.50～1.80 m	19	59.7 t	2.71 d（11.2）
7	85.7 s				2.38 d（11.2）
8	—		21	50.4 t	2.88～3.01 m
9	46.0 d	2.30 dd（4.5，7.4）			2.88～3.01 m
10	42.9 d	1.87 m	22	13.9 q	1.11 t（7.2）
11	50.2 s		16-OMe	56.2 q	3.29 s
12	28.9 t	1.50～1.80 m	14-OAc	170.6 s	
13	36.6 d	2.64 m		21.3 q	2.07 s

注：溶剂 CDCl$_3$；^{13}C NMR：100 MHz；^{1}H NMR：400 MHz

化合物名称：14-*O*-acetyltakaosamine

分子式：C₂₅H₃₉NO₈   分子量（*M* + 1）：482

植物来源：*Consolida orientalis* (Gay) Schrod.

参考文献：Alva A，Grandez M，Madinaveitia A，et al. 2004. Three new norditerpenoid alkaloids from *Consolida orientalis*. Chemical & Pharmaceutical Bulletin，52（5）：530-534.

14-*O*-acetyltakaosamine 的 NMR 数据

位置	δ_C/ppm	δ_H/ppm （*J*/Hz）	位置	δ_C/ppm	δ_H/ppm （*J*/Hz）
1	72.5 d	3.68 br s	14	76.3 d	4.77 t（4.7）
2	29.3 t	1.66 m	15	33.8 t	2.67 dd（15.0, 8.8）
		1.48 dddd			1.60 dd（15.0, 8.4）
		（13.9, 13.9, 6.6, 3.2）	16	82.6 d	3.31 m
3	26.7 t	1.63 m	17	66.1 d	2.79 d（1.9）
		1.93 m	18	67.0 t	3.64 d（10.5）
4	38.1 s				3.37 d（10.5）
5	44.4 d	1.85 d（1.9）	19	57.1 t	2.40 d（11.8）
6	90.3 d	3.96 s			2.43 d（11.8）
7	87.7 s		21	50.3 t	2.95 dq（12.8, 7.2）
8	78.3 s				2.81 dq（12.8, 7.2）
9	42.6 d	3.09 dd（7.1, 4.7）	22	13.6 q	1.08 t（7.2）
10	43.5 d	2.01 ddd（11.9, 7.1, 4.9）	6-OMe	57.7 q	3.37 s
11	49.3 s		16-OMe	56.3 q	3.32 s
12	29.8 t	1.71 dd（14.2, 4.7）	14-OAc	171.4 s	
		2.09 ddd（14.2, 11.9, 7.6）		21.5 q	2.04 s
13	37.9 d	2.45 dd（7.6, 4.7）			

注：溶剂 CDCl₃； ¹³C NMR：50 MHz； ¹H NMR：500 MHz

化合物名称：14-*O*-benzoyltakaosamine

分子式：C$_{30}$H$_{41}$NO$_8$　　　　　　　　**分子量**（*M*＋1）：544

植物来源：*Consolida orientalis*

参考文献：Alva A，Grandez M，Madinaveitia A，et al. 2004. Seven new norditerpenoid alkaloids from spanish *Consolida orientalis*. Helvetica Chimica Acta，87（8）：2110-2119.

14-*O*-benzoyltakaosamine 的 NMR 数据

位置	δ$_C$/ppm	δ$_H$/ppm（*J*/Hz）	位置	δ$_C$/ppm	δ$_H$/ppm（*J*/Hz）
1	72.4 d	3.74 br s（8.3）	15	34.1 t	2.78 dd（15.1, 8.9）
2	29.3 t	1.67 m			1.77 dd（15.1, 7.7）
		1.53 dddd（13.9, 13.9, 6.2, 3.2）	16	82.5 d	3.41 m
3	26.7 t	1.70 m	17	66.2 d	2.87 d（1.8）
		1.96 m	18	66.8 t	3.66 d（10.4）
4	38.1 s				3.40 d（10.4）
5	44.5 d	1.91 d（1.8）	19	57.1 t	2.46 d（11.6）
6	90.3 d	4.00 s			2.44 d（11.6）
7	87.5 s		21	50.3 t	2.99 dq（12.8, 7.2）
8	78.2 s				2.85 dq（12.8, 7.2）
9	43.0 d	3.21 dd（7.0, 4.7）	22	13.6 q	1.12 t（7.2）
10	43.6 d	2.10 ddd（11.8, 7.0, 4.7）	6-OMe	57.7 q	3.39 s
11	49.3 s		16-OMe	56.1 q	3.34 s
12	29.8 t	1.80 dd（14.2, 4.7）	14-OCO	166.5 s	
		2.21 ddd（14.2, 11.8, 7.5）	1′	130.1 s	
			2′, 6′	129.8 d	8.11 d（7.5）
13	37.8 d	2.63 dd（7.5, 4.7）	3′, 5′	128.3 d	7.43 t（7.5）
14	76.5 d	5.09 t（4.7）	4′	132.7 d	7.53 t（7.5）

注：溶剂 CDCl$_3$；^{13}C NMR：50 MHz；^{1}H NMR：500 MHz

化合物名称：14-*O*-deacetylpubescenine

分子式：$C_{24}H_{39}NO_7$　　　　　　分子量（$M+1$）：454

植物来源：*Consolida orientalis*

参考文献：Alva A，Grandez M，Madinaveitia A，et al. 2004. Seven new norditerpenoid alkaloids from spanish *Consolida orientalis*. Helvetica Chimica Acta，87（8）：2110-2119.

14-*O*-deacetylpubescenine 的 NMR 数据

位置	δ_C/ppm	δ_H/ppm（J/Hz）	位置	δ_C/ppm	δ_H/ppm（J/Hz）
1	72.3 d	3.66 br s	13	40.4 d	2.35 dd（7.6, 4.7）
2	29.4 t	1.67 m	14	75.1 d	4.09 t（4.7）
		1.51 dddd	15	29.8 t	2.74 dd（15.1, 8.9）
		（13.8, 13.8, 6.2, 3.4）			1.77 dd（15.1, 7.7）
3	29.6 t	1.70 m	16	82.4 d	3.49 m
		1.96 m	17	63.8 d	2.77 s
4	38.3 s		18	80.7 t	3.62 d（8.9）
5	46.0 d	2.17 d（7.3）			3.42 d（8.9）
6	70.5 d	4.51 t（6.0）	19	56.6 t	2.40 d（10.9）
7	85.2 s				2.84 d（10.9）
8	80.6 s		21	50.6 t	3.03 dq（13.9, 7.2）
9	44.0 d	2.18 dd（6.9, 5.9）			2.93 dq（13.9, 7.2）
10	47.4 d	1.90 ddd（11.5, 7.0, 5.0）	22	13.8 q	1.15 t（7.2）
11	47.3 s		8-OMe	53.0 q	3.49 s
12	29.2 t	1.77 dd（14.3, 4.9）	16-OMe	56.5 q	3.45 s
		2.07 ddd（14.2, 11.2, 7.3）	18-OMe	60.7 q	3.42 s

注：溶剂 CDCl₃；¹³C NMR：50 MHz；¹H NMR：500 MHz

化合物名称：16-deacetylgeyerline

分子式：C₃₆H₄₈N₂O₁₀　分子量（M＋1）：669

植物来源：*Delphinium nuttallianum* Pritz.

参考文献：Gardner D R，Manners G D，Panter K E，et al. 2000. Three new toxic norditerpenoid alkaloids from the low larkspur *Delphinium nuttallianum*. Journal of Natural Products，63（8）：1127-1130.

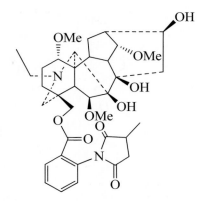

16-deacetylgeyerline 的 NMR 数据

位置	δ_C/ppm	δ_H/ppm（J/Hz）	位置	δ_C/ppm	δ_H/ppm（J/Hz）
1	84.7 d	2.97 m			4.14 d（11.2）
2	25.5 t	2.11 m	19	52.4 t	2.43 d（11.6）
		2.19 m			2.72 d（11.6）
3	27.5 t	1.55 m	21	51.1 t	2.82 m
		1.75 m			2.97 m
4	37.5 s		22	14.2 q	1.06 t（7.2）
5	51.1 d	1.78 br s	1-OMe	56.0 q	3.25 s
6	90.8 d	3.86 br s	6-OMe	58.2 q	3.39 s
7	88.7 s		14-OMe	58.4 q	3.45 s
8	77.4 s		18-OCO	164.4 s	
9	43.7 d	3.23 m	1′	127.2 s	
10	45.9 d	1.80 m	2′	133.3 s	
11	49.1 s		3′	129.6 d	7.28 dd（1.0, 8.0）
12	29.9 t	1.78 m	4′	133.9 d	7.69 dt（2.0, 9.2）
		1.86 m	5′	131.0 d	7.53 dt（2.0, 9.2）
13	38.1 d	2.37 br s	6′	130.3 d	8.05 dd（1.0, 8.0）
14	83.5 d	3.67 m	1″	175.9 s	
15	33.3 t	1.72 m	2″	35.1 d	3.06 br s
		2.71 m	3″	37.1 t	2.54 m
16	72.2 d	3.67 m	4″	180.0 s	
17	64.7 d	3.06 m	5″	16.5 q	1.47 br s
18	69.6 t	4.07 d（11.2）			

注：溶剂 CDCl₃；¹³C NMR：100 MHz；¹H NMR：400 MHz

化合物名称：16-demethoxydelavaine

分子式：C$_{37}$H$_{52}$N$_2$O$_{10}$　　　　　　分子量（$M+1$）：685

植物来源：*Delphinium cuneatum*

参考文献：Khairitdinova E D，Tsyrlina E M，Spirikhin L V，et al. 2005. Norditerpene alkaloids from *Delphinium cuneatum*. Chemistry of Natural Compounds，41（5）：572-574.

16-demethoxydelavaine 的 NMR 数据

位置	δ_C/ppm	δ_H/ppm（J/Hz）	位置	δ_C/ppm	δ_H/ppm（J/Hz）
1	83.0 d		21	51.1 t	
2	25.5 t		22	14.2 q	1.09 t（7.0）
3	32.2 t		1-OMe	56.1 q	3.30 s
4	37.9 s		6-OMe	57.3 q	3.40 s
5	43.1 d		14-OMe	58.5 q	3.43 s
6	90.9 d	3.88 s	18-OCO	168.1 s	
7	89.9 s		1′	114.6 s/114.7 s	
8	77.6 s		2′	141.6 s/141.8 s	
9	50.8 d		3′	120.6 d	7.12 d（7.6）
10	46.3 d		4′	134.9 d	8.00 t（7.6）
11	48.9 s		5′	122.5 d	8.74 t（7.6）
12	29.1 t		6′	130.4 d	7.57 d（7.6）
13	31.8 d		1″	172.5 s/176.0 s	
14	84.4 d	3.48 t（4.2）	2″	39.0 d/35.8 t	
15	25.4 t		3″	37.5 t/41.4 d	
16	22.6 t		4″	174.1 s/169.9 s	
17	64.9 d		5″	17.9 q/17.1 q	
18	69.7 t	4.19 s	4″-OMe	51.8 q/52.0 q	3.69 s/3.72 s
19	52.5 t				

注：溶剂 CDCl$_3$；^{13}C NMR：75 MHz；^{1}H NMR：300 MHz

化合物名称：16-demethoxymethyllycaconitine

分子式：$C_{36}H_{48}N_2O_9$　　　　　　　分子量（$M+1$）：653

植物来源：*Delphinium cuneatum*

参考文献：Khairitdinova E D，Tsyrlina E M，Spirikhin L V，et al. 2003. 16-Demethoxymethyllycaconitine，a new norditerpenoid alkaloid from *Delphinium cuneatum*. Russian Chemical Bulletin，52（9）：2078-2080.

16-demethoxymethyllycaconitine 的 NMR 数据

位置	δ_C/ppm	δ_H/ppm（J/Hz）	位置	δ_C/ppm	δ_H/ppm（J/Hz）
1	83.1 d	3.52 m	19	52.5 t	2.42 d（11.7）
2	25.5 t	1.20～1.60 m			2.71 d（11.7）
		2.00～2.25 m	21	51.1 t	2.77 q（6.9）
3	32.2 t	1.20～1.60 m	22	14.2 q	1.02 t（6.9）
4	37.8 s		1-OMe	56.0 q	3.28 s
5	43.0 d	2.00～2.25 m	6-OMe	57.3 q	3.38 s
6	90.9 d	3.77 d（1.6）	14-OMe	58.5 q	3.39 s
7	89.8 s		18-OCO	164.2 s	
8	77.6 s		1′	127.1 s	
9	50.7 d	2.00～2.25 m	2′	133.0 s	
10	46.3 d	1.20～1.60 m	3′	129.3 d	7.28 dd（7.6, 1.6）
11	48.9 s		4′	133.6 d	7.67 dt（7.6, 1.6）
12	29.1 t	1.20～1.60 m	5′	130.0 d	7.55 dt（7.6, 1.6）
13	31.9 d	2.00～2.25 m	6′	131.1 d	8.02 dd（7.6, 1.6）
14	84.9 d	3.47 t（4.2）	1″	179.8 s	
15	25.4 t	1.65～1.90 m	2″	35.3 d	2.90～3.10 m
16	22.6 t	1.20～1.60 m	3″	37.0 t	2.90～3.10 m
		1.65～1.90 m	4″	175.8 s	
17	64.9 d	2.90～3.10 m	5″	16.4 q	2.28 d（6.2）
18	69.6 t	4.05 d（12.3）	OH		3.85 s
		4.08 d（12.3）			

注：溶剂 CDCl₃；¹³C NMR：75 MHz；¹H NMR：300 MHz

化合物名称：16-demethyldelsoline

分子式：C$_{24}$H$_{39}$NO$_7$　　　　　　　　分子量（$M+1$）：454

植物来源：*Delphinium grandiflorum* var. *fangshanense* W. T. Wang　　房山翠雀

参考文献：Zhang S M，Zhao G L，Lin G Q. 1999. Alkaloids from *Delphinium fangshanense*. Phytochemistry，51（2）：333-336.

16-demethyldelsoline 的 NMR 数据

位置	δ_C/ppm	δ_H/ppm（J/Hz）	位置	δ_C/ppm	δ_H/ppm（J/Hz）
1	72.6 d	3.74 br s	13	42.2 d	3.20 m
2	27.2 t	1.52 m	14	84.9 d	3.70 t（4.6）
		1.95 m	15	38.0 t	1.65 dd
3	28.7 t	1.62 m			2.80 dd
		1.90 m	16	72.9 d	3.72 m
4	37.6 s		17	66.2 d	2.99 br s
5	45.1 d	1.85 s	18	77.3 t	3.04 m
6	90.2 d	4.03 s			3.42 m
7	87.8 s		19	57.3 t	2.59 m
8	78.2 s		21	50.6 t	2.90 m
9	44.0 d	1.87 m			3.17 m
10	42.2 d	2.35 m	22	13.1 q	1.10 t（7.3）
11	49.1 s		6-OMe	57.5 q	3.39 s
12	29.0 t	1.70 m	14-OMe	58.1 q	3.45 s
		2.15 m	18-OMe	59.1 q	3.34 s

注：溶剂 CDCl$_3$；^{13}C NMR：100 MHz；^{1}H NMR：400 MHz

化合物名称：18-demethoxypubescenine

分子式：C$_{25}$H$_{39}$NO$_7$　　　　　　　　**分子量**（$M+1$）：466

植物来源：*Consolida orientalis* (Gay) Schrod.

参考文献：Alva A，Grandez M，Madinaveitia A，et al. 2004. Three new norditerpenoid alkaloids from *Consolida orientalis*. Chemical & Pharmaceutical Bulletin，52（5）：530-534.

18-demethoxypubescenine 的 NMR 数据

位置	δ_C/ppm	δ_H/ppm（J/Hz）	位置	δ_C/ppm	δ_H/ppm（J/Hz）
1	72.2 d	3.63 br s	14	75.5 d	4.77 t (4.6)
2	29.2 t	1.55 m	15	28.4 t	2.62 dd (14.5, 8.6)
		1.52 m			1.96 dd (14.5, 8.6)
3	34.7 t	1.72 ddd (12.7, 12.7, 5.0)	16	82.6 d	3.43 t (8.6)
		1.44 m	17	63.1 d	2.72 s
4	33.6 s		18	30.1 q	1.27 s
5	50.1 d	1.92 d (6.4)	19	60.3 t	2.71 d (11.0)
6	71.3 d	4.50 dd (6.4, 6.4)			2.34 d (11.0)
7	85.0 s		21	50.6 t	2.98 dq (14.2, 7.2)
8	80.6 s				2.88 dq (14.2, 7.2)
9	43.4 d	2.28 dd (7.0, 5.1)	22	13.8 q	1.12 t (7.2)
10	43.2 d	1.92 m	8-OMe	52.6 q	3.41 s
11	47.7 s		16-OMe	56.6 q	3.38 s
12	29.4 t	1.81 dd (14.2, 4.6)	14-OAc	171.4 s	
		2.07 ddd (14.2, 11.4, 7.3)		21.2 q	2.05 s
13	37.8 d	2.48 dd (7.3, 4.6)			

注：溶剂 CDCl$_3$；^{13}C NMR：50 MHz；^{1}H NMR：500 MHz

化合物名称：18-demethyl-14-deacetylpubescenine

分子式：C$_{23}$H$_{37}$NO$_7$　　　　　　**分子量（M + 1）**：440

植物来源：*Aconitella hohenackeri* (Boiss.) Sojak

参考文献：Almanza G，Bastida J，Codina C，et al. 1997. Norditerpenoid alkaloids from *Aconitella hohenackeri*. Phytochemistry，45（5）：1079-1085.

18-demethyl-14-deacetylpubescenine 的 NMR 数据

位置	δ$_C$/ppm	δ$_H$/ppm（J/Hz）	位置	δ$_C$/ppm	δ$_H$/ppm（J/Hz）
1	73.3 d	3.64 br t（4.5）	13	41.5 d	2.21 dd（7.0, 4.5）
2	29.8 t	1.52 m	14	75.4 d	4.00 t（4.5）
		1.49 m	15	29.2 t	2.60 dd（14.0, 8.5）
3	29.6 t	1.52 m			2.11 dd（14.0, 8.5）
		1.86 m	16	84.2 d	3.40 m
4	39.9 s		17	64.5 d	2.72 s
5	46.5 d	2.07 d（7.0）	18	70.0 t	3.84 d（10.5）
6	70.6 d	4.48 d（7.0）			3.69 d（10.5）
7	85.6 s		19	57.7 t	2.36 d（11.0）
8	81.0 s				2.87 d（11.5）
9	47.9 d	2.01 dd（7.0, 5.0）	21	51.4 t	3.06 dq（14.0, 7.0）
10	44.3 d	1.87 m			2.90 dq（14.0, 7.0）
11	47.8 s		22	14.0 q	1.11 t（7.5）
12	31.0 t	1.58 dd（14.0, 5.0）	8-OMe	53.3 q	3.41 s
		2.00 ddd（14.0, 11.5, 7.5）	16-OMe	56.7 q	3.39 s

注：^{13}C NMR 溶剂：CDCl$_3$-CD$_3$OD（1∶8）；^{1}H NMR 溶剂：CD$_3$OD

化合物名称：18-deoxylycoctonine

分子式：C$_{25}$H$_{41}$NO$_6$　　　　　　　　分子量（$M+1$）：452

植物来源：*Delphinium* L.

参考文献：Jones A J，Benn M H. 1973. Carbon-13 magnetic resonance. Diterpenoid alkaloids from the *Delphinium* species. Canadian Journal of Chemistry，51（4）：486-499.

18-deoxylycoctonine 的 NMR 数据

位置	δ_C/ppm	δ_H/ppm （J/Hz）	位置	δ_C/ppm	δ_H/ppm （J/Hz）
1	82.8 d		14	84.5 d	
2	33.8 t		15	26.8 t	
3	37.3 t		16	84.1 d	
4	34.1 s		17	64.3 d	
5	43.4 d		18	26.8 q	
6	91.5 d		19	56.8 t	
7	88.6 s		21	50.9 t	
8	77.6 s		22	14.0 q	
9	55.2 d		1-OMe	57.7 q	
10	46.2 d		6-OMe	55.6 q	
11	49.3 s		14-OMe	58.2 q	
12	28.9 t		16-OMe	56.2 q	
13	38.2 d				

注：溶剂 CDCl$_3$

化合物名称：18-hydroxy-14-*O*-methylgadesine

分子式：$C_{24}H_{37}NO_7$　　　　　　　分子量（$M+1$）：452

植物来源：*Consolida orientalis* (Gay) Schrod.

参考文献：Alva A，Grandez M，Madinaveitia A，et al. 2004. Three new norditerpenoid alkaloids from *Consolida orientalis*. Chemical & Pharmaceutical Bulletin，52（5）：530-534.

18-hydroxy-14-*O*-methylgadesine 的 NMR 数据

位置	δ_C/ppm	δ_H/ppm（J/Hz）	位置	δ_C/ppm	δ_H/ppm（J/Hz）
1	68.9 d	3.76 d （5.2）	13	38.6 d	2.39 dd（7.8，4.5）
2	21.8 t	1.78 ddd（13.7，9.1，5.4）	14	84.1 d	3.65 t（4.5）
3	25.1 t	1.46 ddd（12.5，9.0，9.0）	15	33.3 t	2.70 dd（15.0，8.4）
		1.63 ddd（12.3，8.5，8.5）			1.74 dd（15.0，8.4）
		1.57 dd（12.3，9.1）	16	82.9 d	3.13 t（8.4）
4	43.4 s		17	63.7 d	2.36 s
5	49.8 d	1.55 s	18	64.0 t	3.67 d（10.5）
6	90.5 d	3.96 s			3.60 d（10.5）
7	84.5 s		19	85.1 d	4.06 s
8	76.9 s		21	47.4 t	2.94 dq（14.0，7.2）
9	43.2 d	2.68 dd（6.5，4.5）			2.69 dq（14.0，7.2）
10	37.1 d	2.01 ddd（12.0，6.5，5.6）	22	13.6 q	1.08 t（7.2）
11	47.2 s		6-OMe	58.9 q	3.40 s
12	30.6 t	1.20 dd（13.9，5.6）	14-OMe	57.8 q	3.41 s
		1.87 ddd（13.9，12.0，7.8）	16-OMe	56.3 q	3.33 s

注：溶剂 CDCl$_3$；^{13}C NMR：100 MHz；^{1}H NMR：500 MHz

化合物名称：18-methoxyeladine

分子式：$C_{25}H_{39}NO_7$　　　　　　　　分子量（$M+1$）：466

植物来源：*Delphinium uralense* N.

参考文献：Gabbasov T M，Tsyrlina E M，Spirikhin L V，et al. 2008. 6-Oxocorumdephine and 18-methoxyeladine，new norditerpene alkaloids from the aerial part of *Delphinium uralense*. Chemistry of Natural Compounds，44（6）：745-748.

18-methoxyeladine 的 NMR 数据

位置	δ_C/ppm	δ_H/ppm （J/Hz）	位置	δ_C/ppm	δ_H/ppm （J/Hz）
1	83.7 d		14	83.8 d	3.72 t （4.5）
2	27.2 t		15	36.0 t	
3	32.0 t		16	72.1 d	
4	38.6 s		17	64.1 d	
5	52.0 d		18	79.0 t	3.20 d （7.1）
6	78.7 d	4.27 s	19	54.1 t	
7	93.2 s		21	50.9 t	
8	82.2 s		22	14.2 q	1.06 t （7.2）
9	48.2 d		1-OMe	56.1 q	3.26 s
10	39.8 d		14-OMe	58.4 q	3.35 s
11	49.7 s		18-OMe	59.7 q	3.48 s
12	29.8 t		O—CH₂—O	93.9 t	5.08 s
13	39.0 d				5.17 s

注：溶剂 CDCl₃；¹³C NMR：75 MHz；¹H NMR：300 MHz

化合物名称：18-*O*-2-(2-methyl-4-oxo-4*H*-quinazoline-3-yl)-benzoyllycoctonine

分子式：$C_{41}H_{51}N_3O_9$　分子量（$M+1$）：730

植物来源：*Aconitum pseudo-laeve* var. *erectum* Nakai

参考文献：Shim S H，Kim J S，Son K H，et al. 2006. Alkaloids from the roots of *Aconitum pseudo-laeve* var. *erectum*. Journal of Natural Products，69（3）：400-402.

18-*O*-2-(2-methyl-4-oxo-4*H*-quinazoline-3-yl)-benzoyllycoctonine 的 NMR 数据

位置	δ_C/ppm	δ_H/ppm（J/Hz）	位置	δ_C/ppm	δ_H/ppm（J/Hz）
1	84.9 d		22	14.3 q	0.97 t（7.2）
2	27.0 t		1-OMe	56.1 q	3.19 s
3	32.7 t		6-OMe	56.3 q	3.24 s
4	38.2 s		14-OMe	57.9 q	3.36 s
5	51.6 d	1.41 br s	16-OMe	58.8 q	3.28 s
6	91.8 d	3.73 br s	18-OCO	166.4 s	
7	89.6 s		1′	138.4 s	
8	78.6 s		2′	129.8 s	
9	44.5 d	2.91 dd（4.8, 6.6）	3′	133.4 d	8.22 dd（1.5, 7.8）
10	46.7 d		4′	131.2 d	7.71 td（0.6, 7.5）
11	50.0 s		5′	135.6 d	7.82 td（1.5, 8.6）
12	29.6 t		6′	131.4 d	7.45 dd（1.2, 8.1）
13	39.0 d		2″	156.5 s	
14	85.2 d	3.61 t（4.5）	4″	163.7 s	
15	34.8 t	1.52 dd（6.6, 15.3）	5″	127.8 d	8.16 ddd（0.6, 1.5, 8.0）
		2.54 dd（9.0, 15.3）	6″	128.2 d	7.55 ddd（1.2, 7.2, 8.1）
16	84.3 d	3.14 dd（6.6, 9.0）	7″	136.3 d	7.88 ddd（1.8, 7.2, 9.0）
17	65.8 d	2.81 br s	8″	127.8 d	7.71 td（1.2, 7.5）
18	71.4 t	3.99 d（11.4）	9″	148.7 s	
		4.10 d（11.4）	10″	122.0 s	
19	53.2 t	2.50 br s	2″-Me	24.2 q	2.23 s
21	52.0 t				

注：溶剂 CD₃OD；¹³C NMR：75 MHz；¹H NMR：300 MHz

化合物名称：18-*O*-benxoyl-14-*O*-deacetyl-18-*O*-demethylpubescenine

分子式：C$_{30}$H$_{41}$NO$_8$　　　　　　　**分子量**（*M*+1）：544

植物来源：*Consolida orientalis*

参考文献：Alva A，Grandez M，Madinaveitia A，et al. 2004. Seven new norditerpenoid alkaloids from spanish *Consolida orientalis*. Helvetica Chimica Acta，87（8）：2110-2119.

18-*O*-benxoyl-14-*O*-deacetyl-18-*O*-demethylpubescenine 的 NMR 数据

位置	δ_C/ppm	δ_H/ppm（*J*/Hz）	位置	δ_C/ppm	δ_H/ppm（*J*/Hz）
1	72.1 d	3.71 m	15	29.0 t	2.76 dd（15.1, 8.8）
2	29.7 t	1.71 m			2.05 dd（15.1, 6.9）
		1.54 dddd（14.6, 14.6, 6.1, 3.1）	16	82.4 d	3.48 t（6.0）
3	29.5 t	1.67 m	17	63.8 d	2.81 s
		1.78 m	18	72.2 t	5.10 d（10.5）
4	38.1 s				4.21 d（10.5）
5	46.0 d	2.1 d（6.1）	19	56.3 t	2.50 d（10.3）
6	70.8 d	4.56 m			3.01 d（10.3）
7	85.4 s		21	50.6 t	3.07 dq（13.9, 7.3）
8	80.6 s				2.97 dq（13.9, 7.3）
9	45.0 d	2.11 m	22	13.7 q	1.18 t（7.2）
10	43.9 d	1.89 ddd（11.6, 6.8, 5.1）	8-OMe	53.0 q	3.49 s
11	47.2 s		16-OMe	56.6 q	3.45 s
12	29.5 t	1.76 dd（14.4, 5.0）	18-OCO	167.2 s	
		2.05 m	1′	130.1 s	
13	40.4 d	2.34 dd（7.3, 4.7）	2′, 6′	129.6 d	8.09 d（7.6）
14	75.1 d	4.07 t（4.7）	3′, 5′	128.5 d	7.50 t（7.7）
			4′	133.1 d	7.62 t（7.3）

注：溶剂 CDCl$_3$；^{13}C NMR：50 MHz；^{1}H NMR：500 MHz

化合物名称：18-*O*-methyldelterine

分子式：C$_{26}$H$_{43}$NO$_8$ 分子量（*M* + 1）：498

植物来源：*Delphinium excelsum* Reichb.

参考文献：Batbayar N，Enkhzaya S，Tunsag J，et al. 2003. Norditerpenoid alkaloids from *Delphinium* species. Phytochemistry，62：543-550.

18-*O*-methyldelterine 的 NMR 数据

位置	δ_C/ppm	δ_H/ppm（*J*/Hz）	位置	δ_C/ppm	δ_H/ppm（*J*/Hz）
1	77.5 d	3.57 dd (7.6, 10.0)	15	34.5 t	1.71 dd (5.8, 15.3)
2	26.1 t	2.08 m			2.64 dd (9.0, 15.3)
		2.11 m	16	82.0 d	3.17 dd (5.8, 10.1)
3	32.1 t	1.58 m	17	65.1 d	2.82 br s
		1.60 m	18	78.0 t	2.98 d (9.0)
4	37.9 s				3.40 d (9.0)
5	45.6 d	1.94 br s	19	52.7 t	2.59 d (11.6)
6	91.1 d	3.91 br s			2.84 d (12.0)
7	87.6 s		21	51.1 t	2.77 dq (7.1, 12.8)
8	75.8 s				2.90 dq (7.1, 12.8)
9	53.8 d	2.86 d (4.6)	22	14.1 q	1.05 t (7.1)
10	81.3 s		1-OMe	55.5 q	3.25 s
11	54.5 s		6-OMe	57.6 q	3.42 s
12	39.2 t	1.69 dd (8.3, 15.8)	14-OMe	57.9 q	3.44 s
		3.05 d (15.8)	16-OMe	56.2 q	3.33 s
13	38.2 d	2.48 dd (4.6, 8.3)	18-OMe	59.1 q	3.30 s
14	82.4 d	4.10 t (4.6)			

注：溶剂 CDCl$_3$

化合物名称：19-oxoanthranoyllycoctonine/pacifiline

分子式：C$_{32}$H$_{44}$N$_2$O$_9$　　　　　　　　**分子量**（$M+1$）：601

植物来源：*Consolida ajacis* (L.) Schur　飞燕草/*Delphinium elatum* L. 高翠雀花

参考文献：Liang X H，Ross S A，Sohni Y R，et al. 1991. Norditerpenoid alkaloids from the stems and leaves of *Delphinium ajacis*. Journal of Natural Products，54（5）：1283-1287；Wada K，Yamamoto T，Bando H，et al. 1992. Four diterpenoid alkaloids from *Delphinium elatum*. Phytochemistry，31（6）：2135-2138.

19-oxoanthranoyllycoctonine/pacifiline 的 NMR 数据（Liang et al.，1991）

位置	δ_C/ppm	δ_H/ppm（J/Hz）	位置	δ_C/ppm	δ_H/ppm（J/Hz）
1	81.4 d		18	66.1 t	4.49 ABq
2	25.1 t				4.79 ABq
3	29.6 t		19	170.1 s	
4	47.6 s		21	43.7 t	
5	49.5 d		22	12.0 q	1.14 t（7.2）
6	91.9 d		1-OMe	55.2 q	3.24 s
7	86.0 s		6-OMe	57.9 q	3.38 s
8	76.6 s		14-OMe	58.6 q	3.44 s
9	45.3 d		16-OMe	56.4 q	3.35 s
10	42.8 d		18-OCO	167.5 s	
11	49.1 s		1′	110.3 s	
12	28.5 t		2′	150.9 s	
13	37.7 d		3′	116.9 d	6.67 m
14	83.6 d		4′	134.2 d	7.29 m
15	33.2 t		5′	116.1 d	6.67 m
16	82.1 d		6′	130.6 d	7.78 m
17	63.2 d				

注：溶剂 CDCl$_3$

19-oxoanthranoyllycoctonine/pacifiline 的 NMR 数据（Wada et al., 1992）

位置	δ_C/ppm	δ_H/ppm（J/Hz）	位置	δ_C/ppm	δ_H/ppm（J/Hz）
1	83.7 d		18	66.1 t	4.49 d（12.0）
2	25.2 t				4.78 d（12.0）
3	29.7 t		19	170.1 s	
4	47.5 s		21	43.7 t	
5	49.6 d		22	12.0 q	1.13 t（7.2）
6	92.0 d	3.87 s	1-OMe	55.3 q	3.23 s
7	86.1 s		6-OMe	58.7 q	3.35 s
8	77.5 s		14-OMe	58.0 q	3.38 s
9	42.8 d		16-OMe	56.5 q	3.43 s
10	45.3 d		18-OCO	167.5 s	
11	49.1 s		1′	110.2 s	
12	28.5 t		2′	150.9 s	
13	37.8 d		3′	116.9 d	6.67 d（8.2）
14	82.1 d	3.67 t（4.6）	4′	134.3 d	7.28 dt（1.6, 8.2）
15	33.2 t		5′	116.2 d	6.65 t（8.2）
16	81.4 d		6′	130.6 d	7.78 dd（1.6, 8.2）
17	63.3 d		NH_2		5.77 br s

注：溶剂 $CDCl_3$

化合物名称：19-oxodelphatine

分子式：C$_{26}$H$_{41}$NO$_8$　　　　　　　　分子量（$M+1$）：496

植物来源：*Consolida ajacis* (L.) Schur　飞燕草

参考文献：Liang X H，Ross S A，Sohni Y R，et al. 1991. Norditerpenoid alkaloids from the stems and leaves of *Delphinium ajacis*. Journal of Natural Products，54（5）：1283-1287.

19-oxodelphatine 的 NMR 数据

位置	δ_C/ppm	δ_H/ppm（J/Hz）	位置	δ_C/ppm	δ_H/ppm（J/Hz）
1	81.5 d		15	33.0 t	
2	24.7 t		16	82.2 d	
3	29.4 t		17	63.2 d	
4	47.6 s		18	74.1 t	3.63 ABq（9.6）
5	48.3 d				3.72 ABq（9.6）
6	91.4 d	3.82 s	19	171.1 s	
7	86.0 s		21	43.5 t	
8	76.7 s		22	12.0 q	1.10 t（7.2）
9	42.8 d		1-OMe	55.2 q	3.19 s
10	45.0 d		6-OMe	57.9 q	3.36 s
11	49.4 s		14-OMe	58.0 q	3.43 s
12	28.7 t		16-OMe	56.4 q	3.32 s
13	37.7 d		18-OMe	58.9 q	3.44 s
14	83.7 d	3.66 dd（4.5）			

注：溶剂 CDCl$_3$

化合物名称：19-oxoisodelpheline

分子式：$C_{25}H_{37}NO_7$　　　　　　　**分子量**（$M+1$）：464

植物来源：*Delphinium elatum* L. 高翠雀花

参考文献：Wada K，Asakawa E，Tosho Y，et al. 2016. Four new diterpenoid alkaloids from *Delphinium elatum*. Phytochemistry Letters，17：190-193.

19-oxoisodelpheline 的 NMR 数据

位置	δ_C/ppm	δ_H/ppm（J/Hz）	位置	δ_C/ppm	δ_H/ppm（J/Hz）
1	81.6 d	3.22 dd（10.4, 7.6）	14	74.1 d	4.02 m
2	26.5 t	2.08 m	15	30.2 t	2.25 dd（17.2, 7.5）
		1.87 m			1.88 m
3	34.7 t	1.92 ddd（13.0, 4.8, 2.7）	16	81.8 d	3.62 m
		1.22 m	17	63.4 d	3.81 m
4	45.9 s		18	22.3 q	1.28 s
5	55.8 d	1.53 br s	19	173.3 s	
6	91.5 d	3.53 s	21	42.7 t	4.04 m
7	91.4 s				2.92 m
8	80.0 s		22	12.3 q	1.14 t（7.5）
9	42.2 d	3.62 m	1-OMe	55.4 q	3.24 s
10	48.2 d	2.08 m	6-OMe	59.3 q	3.38 s
11	47.4 s				
12	26.2 t	2.08 m	16-OMe	56.7 q	3.40 s
		1.87 m	O—CH₂—O	94.4 t	5.20 s
13	35.4 d	2.50 br s			5.15 s

注：溶剂 $CDCl_3$；^{13}C NMR：150 MHz；^1H NMR：600 MHz

化合物名称：acoseptridine

分子式：$C_{31}H_{42}N_2O_8$　　　　　　　**分子量**（$M+1$）：571

植物来源：*Aconitum septentrionale* Koelle. 紫花高乌头

参考文献：Sayed H M，Desai H K，Ross S A，et al. 1992. New diterpenoid alkaloids from the roots of *Aconitum septentrionale*：isolation by an ion exchange method. Journal of Natural Products，55（11）：1595-1606.

acoseptridine 的 NMR 数据

位置	δ_C/ppm	δ_H/ppm（J/Hz）	位置	δ_C/ppm	δ_H/ppm（J/Hz）
1	83.8 d		17	65.3 d	
2	25.2 t		18	66.2 t	
3	21.1 t		19	165.6 d	
4	47.1 s		1-OMe	56.0 q	
5	43.8 d		6-OMe	59.9 q	
6	91.9 d		8-OMe	52.0 q	
7	89.3 s		14-OMe	57.6 q	
8	80.2 s		16-OMe	56.4 q	
9	49.0 d		18-OCO	167.8 s	
10	40.3 d		1′	110.2 s	
11	49.3 s		2′	150.2 s	
12	28.5 t		3′	116.6 d	
13	38.2 d		4′	134.2 d	
14	82.9 d		5′	116.2 d	
15	30.2 t		6′	130.9 d	
16	81.1 d				

注：溶剂 CDCl₃

化合物名称：acoseptrinine

分子式：$C_{31}H_{44}N_2O_8$　　　　　　分子量（$M+1$）：573

植物来源：*Aconitum septentrionale* Koelle. 紫花高乌头

参考文献：Sayed H M，Desai H K，Ross S A，et al. 1992. New diterpenoid alkaloids from the roots of *Aconitum septentrionale*：isolation by an ion exchange method. Journal of Natural Products，55（11）：1595-1606.

acoseptrinine 的 NMR 数据

位置	δ_C/ppm	δ_H/ppm（J/Hz）	位置	δ_C/ppm	δ_H/ppm（J/Hz）
1	83.6 d		17	64.7 d	
2	25.4 t		18	68.0 t	
3	31.8 t		19	52.3 t	
4	37.9 s		21	50.9 t	
5	53.4 d		22	13.9 q	
6	80.3 d		1-OMe	55.4 q	
7	87.3 s		14-OMe	57.4 q	
8	77.4 s		16-OMe	55.9 q	
9	45.3 d		18-OCO	168.1 s	
10	42.9 d		1′	109.9 s	
11	48.0 s		2′	150.3 s	
12	28.4 t		3′	116.4 d	
13	37.9 d		4′	134.0 d	
14	83.7 d		5′	115.9 d	
15	34.6 t		6′	130.7 d	
16	82.0 d				

注：溶剂 CDCl₃

化合物名称：acovulparine

分子式：C$_{23}$H$_{35}$NO$_7$　　　　　　　　　分子量（$M+1$）：438

植物来源：*Aconitum vulparia* Rchb.

参考文献：Csupor D，Forgo P，Mathe I，et al. 2004. Acovulparine，a new norditerpene alkaloid from *Aconitum vulparia*. Helvetica Chimica Acta，87（8）：2125-2130.

acovulparine 的 NMR 数据

位置	δ_C/ppm	δ_H/ppm（J/Hz）	位置	δ_C/ppm	δ_H/ppm（J/Hz）
1	81.6 d	3.24 t（3.8）			1.48 dd（13.0, 4.4）
2	20.9 t	1.71 m	13	37.9 d	2.41 dd（6.5, 4.4）
		1.42 m	14	84.1 d	3.66 t（4.4）
3	24.2 t	1.73 m	15	33.1 t	2.80 dd（15.0, 8.5）
		1.64 m			1.70 m
4	48.2 s		16	82.5 d	3.27 t（8.5）
5	45.4 d	1.80 s	17	64.4 d	3.76 br s
6	90.8 d	3.88 br s	18	64.3 t	3.81 d（10.8）
7	86.5 s				3.77 d（10.8）
8	77.2 s		19	166.9 d	7.46 br s
9	42.9 d	2.85 t（5.5）	1-OMe	56.1 q	3.16 s
10	43.4 d	1.99 m	6-OMe	58.4 q	3.44 s
11	50.4 s		14-OMe	57.7 q	3.42 s
12	30.2 t	2.03 m	16-OMe	56.2 q	3.36 s

注：溶剂 CDCl$_3$；^{13}C NMR：125 MHz；^{1}H NMR：500 MHz

化合物名称：ajacine

分子式：C$_{34}$H$_{48}$N$_2$O$_9$ 分子量（$M+1$）：629

植物来源：*Consolida ajacis* (L.) Schur 飞燕草

参考文献：Desai H K，Cartwright B T，Pelletier S W. 1994. Ajadinine: a new norditerpenoid alkaloid from the seeds of *Delphinium ajacis*. The complete NMR assignments for some lycoctonine-type alkaloids. Journal of Natural Products，57（5）：677-682.

ajacine 的 NMR 数据

位置	δ_C/ppm	δ_H/ppm（J/Hz）	位置	δ_C/ppm	δ_H/ppm（J/Hz）
1	83.7 d	2.97～3.01 m	21	50.8 t	2.75～2.91 m
2	25.8 t	2.00～2.24 m	22	13.8 q	1.03 t（7.2）
3	31.8 t	1.51～1.75 m	1-OMe	55.6 q	3.22 s
4	37.3 s		6-OMe	57.9 q	3.36 s
5	50.0 d	1.72 br s	14-OMe	57.6 q	3.33 s
6	90.7 d	3.86 s	16-OMe	56.1 q	3.29 s
7	88.2 s		18-OCO	167.8 s	
8	77.3 s		1′	114.3 s	
9	43.0 d	3.03 m	2′	141.6 s	
10	45.8 d	2.07 m	3′	120.3 d	8.65 dd（8.5, 1.3）
11	48.9 s		4′	134.7 d	7.52 ddd（7.6, 7.0, 1.5）
12	28.5 t	1.75～2.85 m	5′	122.3 d	7.09 ddd（8.0, 7.5, 1.5）
13	37.8 d	2.29 m	6′	130.1 d	7.92 dd（7.9, 1.5）
14	83.6 d	3.56 t（4.6）	1″	168.9 s	
15	33.4 t	1.85～2.55 m	2″	25.3 q	2.18 s
16	82.3 d	3.05 m	NH		10.97 s
17	64.3 d	2.91 br s	7-OH		2.05 br s
18	69.5 t	4.13 br s	8-OH		4.13 s
19	52.2 t	2.41～2.73 ABq（11.9）			

注：溶剂 CDCl$_3$；^{13}C NMR：75 MHz；^{1}H NMR：300 MHz

化合物名称：ajacisine A

分子式：C$_{31}$H$_{44}$N$_2$O$_9$　　　　　　　　**分子量**（$M+1$）：589

植物来源：*Consolida ajacis* (L.) Schur　飞燕草

参考文献：Yang L，Zhang Y B，Zhuang L，et al. 2017. Diterpenoid alkaloids from *Delphinium ajacis* and their anti-RSV activities. Planta Medica，83：111-116.

ajacisine A 的 NMR 数据

位置	δ_C/ppm	δ_H/ppm（J/Hz）	位置	δ_C/ppm	δ_H/ppm（J/Hz）
1	83.8 d	3.34 m	17	67.5 d	2.97 br s
2	27.0 t	2.16（overlapped）	18	69.9 t	4.16 d（11.3）
		2.16（overlapped）			4.13 d（11.3）
3	33.3 t	1.80 dt（13.0, 3.7）	19	53.3 t	2.75 d（11.7）
		1.61 m			2.50 d（11.7）
4	39.0 s		21	52.2 t	2.92 dq（13.0, 7.3）
5	52.0 d	1.85 br s			2.84 dq（13.0, 7.3）
6	91.6 d	3.94 br s	22	14.6 q	1.05 t（7.3）
7	89.6 s		1-OMe	56.3 q	3.37 s
8	77.9 s		6-OMe	58.6 q	3.40 s
9	47.0 d	3.17 t（6.0）	16-OMe	56.6 q	3.36 s
10	58.7 d	1.75 dd（7.2, 3.7）	18-OCO	169.4 s	
11	49.7 s		1′	110.9 s	
12	76.1 d	4.66 d（3.5）	2′	153.2 s	
13	50.7 d	2.20 d（4.9）	3′	118.1 d	6.75 dd（7.8, 1.1）
14	74.2 d	4.36 t（4.9）	4′	135.5 d	7.25 td（7.8, 1.1）
15	35.3 t	2.55 dd（16.3, 8.8）	5′	116.8 d	6.60 td（7.8, 1.1）
		1.71 dd（16.3, 5.2）	6′	131.8 d	7.79 dd（7.8, 1.1）
16	80.8 d	3.42 m			

注：溶剂 CD$_3$OD；^{13}C NMR：125 MHz；^{1}H NMR：500 MHz

化合物名称：ajacisine B

分子式：$C_{32}H_{46}N_2O_9$ 分子量（$M+1$）：603

植物来源：*Consolida ajacis* (L.) Schur 飞燕草

参考文献：Yang L，Zhang Y B，Zhuang L，et al. 2017. Diterpenoid alkaloids from *Delphinium ajacis* and their anti-RSV activities. Planta Medica，83：111-116.

ajacisine B 的 NMR 数据

位置	δ_C/ppm	δ_H/ppm（J/Hz）	位置	δ_C/ppm	δ_H/ppm（J/Hz）
1	83.6 d	3.35 m	17	67.0 d	2.80 br s
2	27.4 t	2.18（overlapped）	18	69.9 t	4.17 d（11.4）
		2.18（overlapped）			4.13 d（11.4）
3	33.2 t	1.81 m	19	53.3 t	2.73 d（11.7）
		1.65 m			2.48 d（11.7）
4	38.8 s		21	52.2 t	2.90 dq（12.8, 7.4）
5	51.9 d	1.83 br s			2.81 dq（12.8, 7.4）
6	91.8 d	3.95 br s	22	14.5 q	1.05 t（7.4）
7	89.4 s		1-OMe	56.4 q	3.39 s
8	78.3 s		6-OMe	58.4 q	3.40 s
9	44.7 d	3.19 dd（6.8, 4.8）	14-OMe	58.0 q	3.38 s
10	58.7 d	1.77 dd（7.2, 3.5）	16-OMe	56.5 q	3.34 s
11	50.1 s		18-OCO	169.4 s	
12	76.4 d	4.94 d（2.5）	1′	110.9 s	
13	49.7 d	2.23 d（4.5）	2′	153.2 s	
14	83.4 d	3.99 t（4.7）	3′	118.1 d	6.75 dd（8.3, 0.8）
15	35.5 t	2.59 dd（15.0, 8.8）	4′	135.5 d	7.25 dt（8.3, 0.8）
		1.60 dd（15.0, 8.3）	5′	116.8 d	6.60 dt（8.3, 0.8）
16	80.9 d	3.23 t（8.3）	6′	131.8 d	7.79 dd（8.3, 0.8）

注：溶剂 CD₃OD；¹³C NMR：125 MHz；¹H NMR：500 MHz

化合物名称：ajacisine C

分子式：$C_{31}H_{42}N_2O_8$　　　　　　分子量（$M+1$）：571

植物来源：*Consolida ajacis* (L.) Schur　飞燕草

参考文献：Yang L，Zhang Y B，Zhuang L，et al. 2017. Diterpenoid alkaloids from *Delphinium ajacis* and their anti-RSV activities. Planta Medica，83：111-116.

ajacisine C 的 NMR 数据

位置	δ_C/ppm	δ_H/ppm（J/Hz）	位置	δ_C/ppm	δ_H/ppm（J/Hz）
1	85.1 d	3.10 m	16	85.4 d	3.82 t（5.4）
2	25.5 t	2.17 m	17	65.6 d	3.56 br s
		2.09 m	18	68.4 t	4.13 d（11.2）
3	32.4 t	1.80 m			4.03 d（11.2）
		1.54 m	19	52.5 t	2.74 d（11.7）
4	38.1 s				2.47 d（11.7）
5	50.3 d	1.82 br s	21	51.4 t	2.97 dq（13.0，7.4）
6	90.2 d	3.87 br s			2.83 dq（13.0，7.4）
7	89.0 s		22	14.4 q	1.07 t（7.4）
8	85.4 s		1-OMe	56.1 q	3.27 s
9	53.9 d	3.22 br s	6-OMe	58.5 q	3.33 s
10	44.0 d	2.03 m	16-OMe	56.4 q	3.31 s
11	49.2 s		18-OCO	167.9 s	
12	25.5 t	2.23 m	1′	110.3 s	
		2.04 m	2′	151.0 s	
13	46.1 d	2.56 t（5.4）	3′	117.1 d	6.65 dd（7.6，1.0）
14	215.8 s		4′	134.6 d	7.26 dt（7.6，1.0）
15	33.2 t	2.41 dd（17.4，6.2）	5′	116.6 d	6.64 dt（7.6，1.0）
		1.74 dd（17.4，8.6）	6′	130.8 d	7.74 dd（7.6，1.0）

注：溶剂 CDCl₃；¹³C NMR：100 MHz；¹H NMR：400 MHz

化合物名称：ajacisine D

分子式：$C_{30}H_{42}N_2O_8$ 分子量（$M+1$）：559

植物来源：*Consolida ajacis* (L.) Schur 飞燕草

参考文献：Yang L，Zhang Y B，Zhuang L，et al. 2017. Diterpenoid alkaloids from *Delphinium ajacis* and their anti-RSV activities. Planta Medica，83：111-116.

ajacisine D 的 NMR 数据

位置	δ_C/ppm	δ_H/ppm（J/Hz）	位置	δ_C/ppm	δ_H/ppm（J/Hz）
1	72.6 d	3.69 m	17	66.3 d	2.87 br s
2	29.4 t	2.09 m，1.64 m	18	68.3 t	4.13 d（11.2）
3	27.4 t	1.95 m			4.07 d（11.2）
		1.74 td（13.6, 5.0）	19	56.9 t	2.55（overlapped）
4	37.0 s				2.55（overlapped）
5	45.5 d	1.91 d（1.6）	21	50.5 t	2.97 dq（13.0, 7.6）
6	90.5 d	4.00 br s			2.87（overlapped）
7	88.0 s		22	13.8 q	1.08 t（7.2）
8	78.2 s		6-OMe	57.9 q	3.24 s
9	45.4 d	2.91（overlapped）	16-OMe	56.5 q	3.33 s
10	44.1 d	1.99 m	18-OCO	168.0 s	
11	49.1 s		1′	110.1 s	
12	29.4 t	2.07 m，1.55 m	2′	151.0 s	
13	39.5 d	2.33 dd（6.8, 5.4）	3′	117.0 d	6.64 dd（8.4, 0.9）
14	75.8 d	4.07 m	4′	134.6 d	7.25 dt（8.4, 0.9）
15	34.5 t	2.74 dd（16.2, 9.2）	5′	116.5 d	6.63 dt（8.4, 0.9）
		1.65 dd（16.2, 6.1）	6′	130.7 d	7.74 dd（8.4, 0.9）
16	82.1 d	3.36 m			

注：溶剂 CDCl₃；¹³C NMR：75 MHz；¹H NMR：300 MHz

化合物名称：ajacisine E

分子式：C₃₀H₄₂N₂O₈　　　　　　　　分子量（$M+1$）：559

植物来源：*Consolida ajacis* (L.) Schur　飞燕草

参考文献：Yang L，Zhang Y B，Zhuang L，et al. 2017. Diterpenoid alkaloids from *Delphinium ajacis* and their anti-RSV activities. Planta Medica，83：111-116.

ajacisine E 的 NMR 数据

位置	δ_C/ppm	δ_H/ppm（J/Hz）	位置	δ_C/ppm	δ_H/ppm（J/Hz）
1	72.7 d	3.70 m	17	66.0 d	2.87 br s
2	29.5 t	1.64 m，1.57 m	18	68.4 t	4.15 d（11.1）
3	27.4 t	2.00 m			4.10 d（11.1）
		1.77 dt（14.0，5.2）	19	57.2 t	2.56（overlapped）
4	37.1 s				2.56（overlapped）
5	45.5 d	1.93 d（1.7）	21	50.5 t	2.97（overlapped）
6	90.9 d	4.00 br s			2.79 dq（12.9，7.7）
7	88.3 s		22	13.8 q	1.09 t（7.3）
8	78.2 s		6-OMe	58.1 q	3.29 s
9	42.3 d	3.01（overlapped）	14-OMe	58.2 q	3.42 s
10	44.3 d	1.95 m	18-OCO	168.1 s	
11	49.4 s		1′	110.3 s	
12	28.8 t	2.04 m，1.67 m	2′	151.0 s	
13	42.4 d	2.34 dd（7.4，4.9）	3′	117.1 d	6.66 dd（8.1，1.1）
14	85.1 d	3.69 m	4′	134.7 d	7.26 dt（8.1，1.1）
15	38.2 t	2.83 dd（13.7，7.1）	5′	116.6 d	6.62 dt（8.1，1.1）
		1.61 dd（13.7，5.9）	6′	130.8 d	7.76 dd（8.1，1.1）
16	73.1 d	3.67 m			

注：溶剂 CDCl₃；¹³C NMR：125 MHz；¹H NMR：500 MHz

化合物名称：ajacusine

分子式：C$_{43}$H$_{52}$N$_2$O$_{11}$　　　　　　　分子量（$M+1$）：773

植物来源：*Consolida ajacis* (L.) Schur　飞燕草

参考文献：Pelletier S W，Sawhney R S. 1978. Structures of ajacusine and ajadine，two new C$_{19}$-diterpenoid alkaloids from *Delphinium ajacis* L. Heterocycles，9（4）：463-468.

ajacusine 的 NMR 数据

位置	δ_C/ppm	δ_H/ppm （J/Hz）	位置	δ_C/ppm	δ_H/ppm （J/Hz）
1	84.0 d		1-OMe	55.9 q	
2	26.0 t		6-OMe	58.1 q	
3	32.1 t		16-OMe	56.1 q	
4	37.6 s		14-OCO	167.0 s	
5	43.1 d		1′	132.5 s	
6	90.6 d		2′, 5′	129.9 d	
7	88.5 s		3′, 6′	128.3 d	
8	77.3 s		4′	—	
9	50.0 d		18-OCO	164.1 s	
10	37.6 d		1″	127.0 s	
11	48.9 s		2″	133.1 s	
12	28.1 t		3″	129.4 d	
13	45.7 d		4″	133.7 d	
14	75.9 d		5″	129.9 d	
15	34.0 t		6″	130.9 d	
16	82.1 d		1‴	175.8 s	
17	64.5 d		2‴	37.0 d	
18	69.4 t		3‴	35.3 t	
19	52.2 t		4‴	179.8 s	
21	51.1 t		5‴	16.4 q	
22	14.1 q				

注：溶剂 CDCl$_3$

化合物名称：ajadelphine

分子式：C$_{25}$H$_{39}$NO$_7$　　　　　　　　　分子量（$M+1$）：466

植物来源：*Consolida ajacis* (L.) Schur　飞燕草

参考文献：Pelletier S W，Bhandaru S，Desai H K，et al. 1992. Two new norditerpenoid alkaloids from the roots of *Delphinium ajacis*. Journal of Natural Products，55（6）：736-743.

ajadelphine 的 NMR 数据

位置	δ_C/ppm	δ_H/ppm（*J*/Hz）	位置	δ_C/ppm	δ_H/ppm（*J*/Hz）
1	72.2 d		14	75.3 d	
2	26.6 t		15	28.9 t	
3	29.4 t		16	82.4 d	
4	38.2 s		17	64.2 d	
5	40.6 d		18	68.1 t	
6	34.4 t		19	55.8 t	
7	87.3 s		21	50.6 t	
8	81.4 s		22	13.8 q	
9	44.0 d		8-OMe	51.8 q	
10	42.7 d		16-OMe	56.4 q	
11	50.5 s		14-OAc	170.4 s	
12	26.2 t			21.3 q	
13	37.2 d				

注：溶剂 CDCl$_3$

化合物名称：ajadelphinine

分子式：C$_{23}$H$_{35}$NO$_6$　　　　　　　　分子量（$M+1$）：422

植物来源：*Consolida ajacis* (L.) Schur　飞燕草

参考文献：Pelletier S W，Bhandaru S，Desai H K，et al. 1992. Two new norditerpenoid alkaloids from the roots of *Delphinium ajacis*. Journal of Natural Products，55（6）：736-743.

ajadelphinine 的 NMR 数据

位置	δ_C/ppm	δ_H/ppm（J/Hz）	位置	δ_C/ppm	δ_H/ppm（J/Hz）
1	71.7 d	3.76 br m	13	38.7 d	2.34 dd（6.7, 4.5）
2	27.7 t	1.99 m	14	74.6 d	4.18 t（4.6）
		2.11 m	15	33.9 t	1.85 m
3	29.4 t	1.19 m			2.45 dd
		1.55 br d	16	81.2 d	（8.9, 14.7）
4	38.1 s				3.40 m
5	45.3 d	1.23 s	17	63.7 d	3.00 s
6	31.8 t	1.51 dd	18	67.7 t	3.31 d（10.5）
		（14.7, 7.5）			3.46 d（10.5）
		2.59 m	19	56.0 t	2.35 ABq（10.9）
7	89.8 s				2.41 ABq（10.9）
8	81.6 s		21	50.6 t	2.77 m
9	45.3 d	3.61 m			2.91 m
10	39.3 d	2.08 m	22	13.5 q	1.14 t（7.5）
11	51.3 s		16-OMe	56.4 q	3.37 s
12	26.2 t	1.79 m	O—CH$_2$—O	93.8 t	4.96 s
		2.51 dd			5.05 s
		（14.3, 4.7）			

注：溶剂 CDCl$_3$

化合物名称：ajadine

分子式：C$_{35}$H$_{48}$N$_2$O$_{10}$　　　　　　分子量（$M+1$）：657

植物来源：*Consolida ajacis* (L.) Schur　飞燕草

参考文献：Lu J，Desai H K，Ross S A，et al. 1993. New norditerpenoid alkaloids from the leaves of *Delphinium ajacis*. Journal of Natural Products，56（12）：2098-2103.

ajadine 的 NMR 数据

位置	δ_C/ppm	δ_H/ppm （J/Hz）	位置	δ_C/ppm	δ_H/ppm （J/Hz）
1	83.7 d		19	52.2 t	
2	26.0 t		21	51.0 t	
3	32.1 t		22	14.1 q	1.07 t
4	37.5 s		1-OMe	55.8 q	3.28 s
5	42.4 d		6-OMe	58.0 q	3.34 s
6	90.6 d		16-OMe	56.3 q	3.38 s
7	88.3 s		14-OAc	171.9 s	
8	77.4 s			21.5 q	2.07 s
9	50.0 d		18-OCO	168.0 s	
10	45.7 d		1′	114.4 s	
11	49.0 s		2′	141.8 s	
12	28.1 t		3′	120.5 d	
13	38.2 d		4′	135.0 d	
14	75.6 d	4.77 dd	5′	122.6 d	
15	33.7 t		6′	130.2 d	
16	82.2 d		1″	169.2 s	
17	64.5 d		2″	25.5 q	2.24 s
18	69.5 t				

注：溶剂 CDCl$_3$

化合物名称：ajadinine

分子式：$C_{33}H_{42}N_2O_{10}$ 分子量（$M+1$）：627

植物来源：*Consolida ajacis* (L.) Schur 飞燕草

参考文献：Desai H K，Cartwright B T，Pelletier S W. 1994. Ajadinine：a new norditerpenoid alkaloid from the seeds of *Delphinium ajacis*. The complete NMR assignments for some lycoctonine-type alkaloids. Journal of Natural Products，57（5）：677-682.

ajadinine 的 NMR 数据

位置	δ_C/ppm	δ_H/ppm（J/Hz）	位置	δ_C/ppm	δ_H/ppm（J/Hz）
1	82.0 d	3.32 m	19	163.1 d	7.55 br s
2	25.1 t	1.98～2.21 m	1-OMe	56.4 q	3.20 s
3	29.6 t	1.48～1.65 m	6-OMe	58.6 q	3.33 s
4	47.1 s		16-OMe	56.4 q	3.36 s
5	45.6 d	1.95 br s	14-OAc	171.7 s	
6	91.6 d	3.80 br s		21.5 q	2.09 s
7	86.4 s		18-OCO	167.9 s	
8	75.9 s		1′	114.0 s	
9	42.3 d	3.08 m	2′	142.0 s	
10	43.4 d	2.11 m	3′	120.7 d	8.76 dd（7.3，1.5）
11	50.1 s		4′	135.4 d	7.61 ddd（7.7，7.0，1.4）
12	25.1 t	1.65～2.55 m	5′	122.7 d	7.15 ddd（8.0，7.5，1.3）
13	38.6 d	2.50 m	6′	130.2 d	7.98 dd（8.0，1.5）
14	75.9 d	4.83 t（4.5）	NH		10.93 s
15	33.4 t	1.79～2.95 m	1″	169.1 s	
16	81.4 d	3.45 m	2″	25.5 q	2.26 s
17	64.5 d	3.79 br s	7-OH		2.62 br s
18	66.8 t	4.40～4.57 dd（9.7）	8-OH		3.55 s

注：溶剂 CDCl₃；¹³C NMR：75 MHz；¹H NMR：300 MHz

化合物名称：ajanine

分子式：C$_{38}$H$_{54}$N$_2$O$_{11}$　　　　　　　**分子量**（$M+1$）：715

植物来源：*Consolida ajacis* (L.) Schur　飞燕草

参考文献：Lu J，Desai H K，Ross S A，et al. 1993. New norditerpenoid alkaloids from the leaves of *Delphinium ajacis*. Journal of Natural Products，56（12）：2098-2103.

ajanine 的 NMR 数据

位置	δ_C/ppm	δ_H/ppm （J/Hz）	位置	δ_C/ppm	δ_H/ppm （J/Hz）
1	83.9 d		22	14.1 q	1.08 t （7）
2	25.9 t		1-OMe	55.9 q	3.28 s
3	32.2 t		6-OMe	58.1 q	3.30 s
4	37.5 s		16-OMe	56.0 q	3.39 s
5	43.2 d		14-OCO	176.2 s	
6	90.6 d		1′	77.2 s	
7	88.4 s		2′	33.9 t	
8	75.2 s		3′	8.0 q	0.90 t （7）
9	50.1 d		4′	25.0 q	1.42 s
10	45.5 d		18-OCO	168.0 s	
11	48.8 s		1″	114.3 s	
12	28.0 t		2″	141.8 s	
13	37.6 d		3″	120.6 d	8.73 d （8）
14	76.2 d	4.92 t	4″	135.1 d	7.60 t （8）
15	32.9 t		5″	122.6 d	7.13 t （8）
16	81.8 d		6″	130.2 d	7.97 d （8）
17	64.5 d		NH		11.0 s
18	69.5 t		1‴	169.1 s	
19	52.2 t		2‴	25.5 q	
21	51.0 t				

注：溶剂 CDCl$_3$；^{13}C NMR：75 MHz；^{1}H NMR：300 MHz

化合物名称：alboviolaconitine A

分子式：$C_{26}H_{41}NO_8$　　　　　分子量（$M+1$）：496

植物来源：*Aconitum alboviolaceum* Kom. 两色乌头

参考文献：陈迪华，斯建勇，北川勳，等. 1991. 两色乌头中新的二萜生物碱. 天然产物研究与开发，3（2）：1-5.

alboviolaconitine A 的 NMR 数据

位置	δ_C/ppm	δ_H/ppm（J/Hz）	位置	δ_C/ppm	δ_H/ppm（J/Hz）
1	85.1 d	3.50 m	15	35.5 t	
2	25.4 t		16	81.5 d	
3	32.4 t		17	66.1 d	3.18 s
4	38.9 s		18	78.5 t	3.04 d（9）
5	44.2 d				3.12 d（9）
6	82.2 d	5.26 s	19	52.9 t	2.50 d（12）
7	89.2 s				2.71 d（12）
8	76.3 s		21	51.4 t	
9	44.3 d		22	14.3 q	1.04 t（7）
10	37.4 d		1-OMe	56.0 q	3.25 s
11	48.0 s		16-OMe	56.6 q	3.29 s
12	27.6 t		18-OMe	59.5 q	3.33 s
13	46.0 d		6-OAc	172.9 s	
14	75.6 d	4.13 t（5）		21.5 q	2.05 s

注：溶剂 CDCl₃；¹³C NMR：125 MHz；¹H NMR：500 MHz

化合物名称：alboviolaconitine B

分子式：C$_{36}$H$_{46}$N$_2$O$_{11}$　　　　　　　　**分子量**（$M+1$）：683

植物来源：*Aconitum alboviolaceum* Kom. 两色乌头

参考文献：陈迪华，斯建勇，北川勋，等. 1991. 两色乌头中新的二萜生物碱. 天然产物研究与开发，3（2）：1-5.

alboviolaconitine B 的 NMR 数据

位置	δ_C/ppm	δ_H/ppm（J/Hz）	位置	δ_C/ppm	δ_H/ppm（J/Hz）
1	84.6 d	3.0 m			4.11 d（11）
2	25.3 t		19	52.6 t	2.64 d（12）
3	31.8 t				2.80 d（12）
4	38.4 s		21	51.4 t	
5	51.3 d		22	14.2 q	1.07 t（7）
6	82.1 d	5.24 s	1-OMe	56.0 q	3.25 s
7	89.9 s		16-OMe	56.6 q	3.34 s
8	75.5 s		6-OAc	172.9 s	
9	44.1 d			21.5 q	2.03 s
10	37.4 d		18-OCO	164.2 s	
11	48.1 s		1'	127.3 s	
12	27.6 t		2'	132.8 s	
13	45.9 d		3'	129.4 d	7.28 d（8）
14	75.2 d	4.14 t（5）	4'	133.6 d	7.68 d（8）
15	35.6 t		5'	129.9 d	7.55 d（8）
16	81.1 d		6'	131.3 d	8.05 d（8）
17	66.8 d	3.20 s	1″, 4″	176.5 s	
18	69.4 t	3.87 d（11）	2″, 3″	28.9 t	

注：溶剂 CDCl$_3$；^{13}C NMR：125 MHz；^{1}H NMR：500 MHz

化合物名称：alboviolaconitine C

分子式：C$_{35}$H$_{46}$N$_2$O$_{10}$　　　　　　　**分子量（$M+1$）**：655

植物来源：*Aconitum alboviolaceum* Kom. 两色乌头

参考文献：陈迪华，斯建勇，北川勳，等. 1991. 两色乌头中新的二萜生物碱. 天然产物研究与开发，3（2）：1-5.

alboviolaconitine C 的 NMR 数据

位置	δ_C/ppm	δ_H/ppm（J/Hz）	位置	δ_C/ppm	δ_H/ppm（J/Hz）
1	72.4 d	3.73 m			4.17 d（11）
2	27.0 t		19	57.7 t	2.53 d（11）
3	29.2 t				2.57 d（11）
4	38.7 s		21	50.3 t	
5	43.9 d		22	13.5 q	1.12 t（7）
6	90.8 d	3.97 s	6-OMe	56.9 q	3.27 s
7	87.9 s		14-OMe	58.0 q	3.36 s
8	78.5 s		16-OMe	56.3 q	3.40 s
9	45.2 d		18-OCO	164.3 s	
10	37.7 d		1′	126.8 s	
11	49.5 s		2′	133.9 s	
12	30.4 t		3′	129.5 d	7.29 d（8）
13	43.4 d		4′	133.8 d	7.68 d（8）
14	84.5 d	3.62 t（4.3）	5′	130.1 d	7.55 d（8）
15	33.5 t		6′	131.0 d	8.04 d（8）
16	82.9 d		1″，4″	176.5 s	
17	65.8 d	3.29 s	2″，3″	28.9 t	
18	69.4 t	4.05 d（11）			

注：溶剂 CDCl$_3$；^{13}C NMR：125 MHz；^{1}H NMR：500 MHz

化合物名称：alboviolaconitine D

分子式：$C_{34}H_{42}N_2O_{10}$　　　　　　　　**分子量（M+1）**：639

植物来源：*Aconitum alboviolaceum* Kom. 两色乌头

参考文献：陈迪华，斯建勇，北川勋，等. 1991. 两色乌头中新的二萜生物碱. 天然产物研究与开发，3（2）：1-5.

alboviolaconitine D 的 NMR 数据

位置	δ_C/ppm	δ_H/ppm（J/Hz）	位置	δ_C/ppm	δ_H/ppm（J/Hz）
1	84.2 d	3.81 br s	17	64.6 d	3.34 s
2	24.8 t		18	66.9 t	4.31 dd（11）
3	21.1 t		19	163.0 d	7.41 br s
4	43.6 s		1-OMe	56.2 q	3.11 s
5	48.1 d		6-OMe	57.7 q	3.29 s
6	91.7 d	3.71 s	14-OMe	58.7 q	3.36 s
7	86.5 s		16-OMe	56.2 q	3.25 s
8	77.5 s		18-OCO	164.1 s	
9	50.4 d		1′	126.6 s	
10	38.8 d		2′	133.9 s	
11	46.7 s		3′	129.4 d	7.22 d（8）
12	30.2 t		4′	133.8 d	7.64 d（8）
13	45.6 d		5′	130.1 d	7.49 d（8）
14	82.4 d	3.60 t（4.5）	6′	131.0 d	8.00 d（8）
15	33.2 t		1″, 4″	176.3 s	
16	81.4 d		2″, 3″	28.8 t	

注：溶剂 CDCl_3；^{13}C NMR：125 MHz；^{1}H NMR：500 MHz

化合物名称：alpinine

分子式：$C_{41}H_{56}N_2O_{11}$

分子量（$M+1$）：753

植物来源：*Delphinium alpinum*

参考文献：Khairitdinova E D，Tsyrlina E M，Spirikhin L V，et al. 2005. Alpinine，a new norditerpene alkaloid from *Delphinium alpinum*. Chemistry of Natural Compounds，41（5）：575-577.

alpinine 的 NMR 数据

位置	δ_C/ppm	δ_H/ppm（J/Hz）	位置	δ_C/ppm	δ_H/ppm（J/Hz）
1	83.9 d		1-OMe	55.8 q	3.27 s
2	26.0 t		6-OMe	58.2 q	3.29 s
3	32.1 t		16-OMe	55.9 q	3.36 s
4	37.6 s		8-OEt	64.4 t	
5	43.2 d			18.9 q	0.91 t（7.4）
6	90.7 d	3.88 s	14-OCO	176.8 s	
7	88.4 s		1′	26.2 t	
8	77.4 s		2′	11.6 q	1.17 t（6.7）
9	50.1 d		18-OCO	164.1 s	
10	45.7 d		1″	127.0 s	
11	49.0 s		2″	133.0 s	
12	28.2 t		3″	129.4 d	7.29 d（7.6）
13	41.2 d		4″	133.7 d	7.74 t（7.6）
14	75.4 d	4.80 t（5.0）	5″	130.1 d	7.57 t（7.6）
15	33.8 t		6″	131.0 d	8.06 d（7.6）
16	82.2 d		1‴	175.8 s	
17	64.4 d	3.80 s	2‴	35.3 d	
18	69.3 t	4.10 s（2H）	3‴	37.0 t	
19	52.3 t		4‴	179.8 s	
21	51.0 t		5‴	16.1 q	1.17 d（6.9）
22	14.0 q	1.07 t（7.1）			

注：溶剂 CDCl₃；¹³C NMR：75 MHz；¹H NMR：300 MHz

化合物名称：ambiguine

分子式：C$_{28}$H$_{45}$NO$_8$　　　　　　　**分子量**（$M+1$）：524

植物来源：*Consolida ajacis* (L.) Schur　飞燕草

参考文献：Desai H K，Cartwright B T，Pelletier S W. 1994. Ajadinine：a new norditerpenoid alkaloid from the seeds of *Delphinium ajacis*. The complete NMR assignments for some lycoctonine-type alkaloids. Journal of Natural Products，57（5）：677-682.

ambiguine 的 NMR 数据

位置	δ_C/ppm	δ_H/ppm（J/Hz）	位置	δ_C/ppm	δ_H/ppm（J/Hz）
1	83.3 d	2.91 m	15	28.2 t	1.92～2.40 m
2	25.4 t	1.81～2.02 m	16	81.8 d	3.23 m
3	31.6 t	1.25～1.75 m	17	66.7 d	2.94 br s
4	38.2 s		18	79.2 t	3.13 ABq（9.9）
5	53.9 d	1.45 br s	19	53.3 t	2.55 s
6	91.0 d	3.51 s	21	52.0 t	2.79～2.88 m
7	89.9 s		22	15.0 q	1.02 t（7.1）
8	80.2 s		1-OMe	55.5 q	3.20 s
9	40.9 d	3.33 m	6-OMe	59.4 q	3.30 s
10	45.9 d	1.94 m	8-OMe	52.5 q	3.47 s
11	46.9 s		16-OMe	56.2 q	3.26 s
12	27.2 t	1.90～2.13 m	18-OMe	59.4 q	3.42 s
13	35.6 d	2.51 m	14-OAc	171.2 s	
14	74.8 d	4.68 t（4.8）		21.4 q	2.01 s

注：溶剂 CDCl$_3$；^{13}C NMR：75 MHz；^{1}H NMR：300 MHz

化合物名称：14-deacetylambiguine

分子式：C$_{26}$H$_{43}$NO$_7$　　　　　　　　**分子量（$M+1$）**：482

植物来源：*Consolida ambigua*

参考文献：Pelletier S W，Sawhney R S，Mody N V. 1978. Ambigunine and dihydroajaconine：two new diterpenoid alkaloids from *Consolida ambigua*. Heterocycles，9（9）：1241-1247.

14-deacetylambiguine 的 NMR 数据

位置	δ_C/ppm	δ_H/ppm（J/Hz）	位置	δ_C/ppm	δ_H/ppm（J/Hz）
1	83.9 d		14	74.9 d	
2	24.9 t		15	26.8 t	
3	31.7 t		16	82.3 d	
4	38.6 s		17	68.3 d	
5	42.7 d		18	79.1 t	
6	91.0 d		19	53.9 t	
7	89.9 s		21	52.9 t	
8	79.6 s		22	15.3 q	
9	52.6 d		1-OMe	55.7 q	
10	36.6 d		6-OMe	59.2 q	
11	46.4 s		8-OMe	54.0 q	
12	27.6 t		16-OMe	56.5 q	
13	46.7 d		18-OMe	59.5 q	

注：溶剂 CDCl$_3$

化合物名称：delectinine

分子式：$C_{24}H_{39}NO_7$　　　　　　　**分子量**（$M+1$）：454

植物来源：*Delphinium omeiense* W. T. Wang　　峨眉翠雀花

参考文献：郑曦孜，王锋鹏. 2002. 峨眉翠雀花中生物碱成分的研究. 天然产物研究与开发，14（1）：13-16.

delectinine 的 NMR 数据

位置	δ_C/ppm	δ_H/ppm（J/Hz）	位置	δ_C/ppm	δ_H/ppm（J/Hz）
1	85.2 d		13	46.1 d	
2	25.4 t		14	75.3 d	
3	31.7 t		15	33.1 t	
4	38.9 s		16	81.8 d	
5	45.1 d		17	65.4 d	
6	90.2 d		18	67.6 t	
7	89.0 s		19	52.7 t	
8	76.3 s		21	51.2 t	
9	49.6 d		22	14.2 q	
10	36.4 d		1-OMe	56.0 q	
11	48.2 s		6-OMe	58.0 q	
12	27.5 t		16-OMe	56.4 q	

注：溶剂 CDCl₃

化合物名称：delphinium alkaloid A

分子式：$C_{22}H_{29}NO_6$　　　　　　　分子量（$M+1$）：404

植物来源：*Delphinium giraldii* Diels　秦岭翠雀花

参考文献：Liu Y，Liu Z Y，Wang X Y，et al. 2019. Anti-inflammation C₁₉-diterpenoid alkaloids from *Delphinium giraldii* Diels. Records of Natural Products，13（5）：379-384.

delphinium alkaloid A 的 NMR 数据

位置	δ_C/ppm	δ_H/ppm（J/Hz）	位置	δ_C/ppm	δ_H/ppm（J/Hz）
1	211.1 s		13	36.2 d	2.55 m
2	40.3 t	3.18 m	14	73.9 d	4.13 m
		2.40 m	15	35.1 t	2.52 m
3	39.2 t	1.81 m			1.75 m
		1.87 m	16	71.4 d	3.71 m
4	35.9 s		17	63.2 d	3.69 s
5	61.5 d	2.25 s	18	24.0 q	1.07 s
6	213.9 s		19	58.4 t	2.75 m
7	90.4 s				2.40 m
8	81.0 s		21	50.5 t	2.77 m
9	44.7 d	2.17 m			2.72 m
10	41.1 d	2.22 m	22	13.5 q	1.06 t（7.5）
11	56.6 s		O—CH₂—O	95.7 t	5.61 s
12	28.1 t	2.40 m			5.15 s
		1.31 m			

注：溶剂 CDCl₃；¹³C NMR：100 MHz；¹H NMR：400 MHz

化合物名称：delphinium alkaloid B

分子式：C$_{23}$H$_{31}$NO$_6$　　　　　　　**分子量**（$M+1$）：418

植物来源：*Delphinium giraldii* Diels　秦岭翠雀花

参考文献：Liu Y，Liu Z Y，Wang X Y，et al. 2019. Anti-inflammation C$_{19}$-diterpenoid alkaloids from *Delphinium giraldii* Diels. Records of Natural Products，13（5）：379-384.

delphinium alkaloid B 的 NMR 数据

位置	δ_C/ppm	δ_H/ppm（J/Hz）	位置	δ_C/ppm	δ_H/ppm（J/Hz）
1	211.1 s		13	39.0 d	2.52 m
2	40.3 t	3.21 m	14	82.1 d	3.73 m
		2.38 m	15	35.0 t	2.53 m
3	39.3 t	1.81 m			1.70 m
		1.85 m	16	71.1 d	3.73 m
4	35.8 s		17	63.2 d	3.70 s
5	61.6 d	2.25 s	18	24.1 q	1.06 s
6	213.7 s		19	58.6 t	2.77 m
7	90.3 s				2.42 m
8	81.1 s		21	50.0 t	2.76 m
9	41.2 d	2.46 m			2.68 m
10	42.1 d	2.23 m	22	13.6 q	1.08 t（7.5）
11	56.3 s		14-OMe	58.0 q	3.42 s
12	28.3 t	2.42 m	O—CH$_2$—O	95.8 t	5.62 s
		1.34 m			5.13 s

注：溶剂 CDCl$_3$；^{13}C NMR：100 MHz；^{1}H NMR：400 MHz

化合物名称：aemulansine

分子式：$C_{25}H_{39}NO_8$ 分子量（$M+1$）：482

植物来源：*Delphinium aemulans* Nevski 塔城翠雀花

参考文献：Ablajan N，Zhao B，Xue W J，et al. 2018. Diterpenoid alkaloids from *Delphinium aemulans*. Natural Product Communications，13（11）：1429-1431.

aemulansine 的 NMR 数据

位置	δ_C/ppm	δ_H/ppm（J/Hz）	位置	δ_C/ppm	δ_H/ppm（J/Hz）
1	81.6 d	3.01（overlapped）	14	84.0 d	3.61 t（4.2）
2	25.4 t	1.39 m	15	33.7 t	2.55 dd（15.0, 9.0）
		2.07 m			1.73 dd（15.0, 7.2）
3	31.6 t	1.53（overlapped）	16	82.4 d	3.18（overlapped）
		1.58 m	17	63.0 d	3.51 br s
4	37.3 s		18	77.1 t	3.40（overlapped）
5	50.6 d	1.91 s			3.00 d（10.2）
6	90.4 d	3.81 s	19	44.6 t	3.72 d（15.0）
7	83.6 s				2.62 d（15.0）
8	77.6 s		21	163.9 d	7.90 s
9	43.6 d	3.10 t（6.0）	1-OMe	55.6 q	3.18 s
10	45.8 d	2.02 m	6-OMe	57.9 q	3.42 s
11	47.7 s		14-OMe	58.1 q	3.40 s
12	28.0 t	2.34（overlapped）	16-OMe	56.6 q	3.33 s
		1.81 m	18-OMe	59.3 q	3.29 s
13	38.3 d	2.36 m			

注：溶剂 CDCl₃；¹³C NMR：150 MHz；¹H NMR：600 MHz

注：溶剂 $CDCl_3$；^{13}C NMR：150 MHz；^1H NMR：600 MHz

化合物名称：andersonidine

分子式：C$_{33}$H$_{46}$N$_2$O$_9$　　　　　　　　　分子量（$M+1$）：615

植物来源：*Delphinium andersonii* Gray

参考文献：Pelletier S W，Kulanthaivel P，Olsen J D. 1989. New alkaloids from *Delphinium andersonii* Gray. Heterocycles，28（1）：107-110.

andersonidine 的 NMR 数据

位置	δ_C/ppm	δ_H/ppm（J/Hz）	位置	δ_C/ppm	δ_H/ppm（J/Hz）
1	83.9 d		18	68.5 t	
2	26.1 t		19	52.4 t	
3	32.2 t		21	51.0 t	
4	37.6 s		22	14.0 q	1.06 t（7）
5	42.6 d		1-OMe	55.7 q	
6	90.7 d		6-OMe	58.0 q	
7	88.3 s		16-OMe	56.2 q	
8	77.4 s		14-OAc	171.8 s	
9	50.1 d			21.5 q	2.06 s
10	45.7 d		18-OCO	167.7 s	
11	49.0 s		1′	110.3 s	
12	28.2 t		2′	150.7 s	
13	38.2 d		3′	116.8 d	
14	75.9 d		4′	134.3 d	
15	33.7 t		5′	116.4 d	
16	82.3 d		6′	130.7 d	
17	64.5 d				

注：溶剂 CDCl$_3$；^{13}C NMR：75 MHz；^{1}H NMR：300 MHz

化合物名称：andersonine

分子式：$C_{39}H_{54}N_2O_{12}$ 分子量（$M+1$）：743

植物来源：*Delphinium andersonii* Gray

参考文献：Pelletier S W，Panu A M，Kulanthaivel P，et al. 1988. New alkaloids from *Delphinium andersonii* Gray. Heterocycles，27（10）：2387-2393.

andersonine 的 NMR 数据

位置	δ_C/ppm	δ_H/ppm（J/Hz）	位置	δ_C/ppm	δ_H/ppm（J/Hz）
1	83.8 d	3.27 s	22	14.1 q	
2	26.1 t		1-OMe	55.8 q	
3	32.2 t		6-OMe	58.1 q	
4	37.6 s		16-OMe	56.3 q	
5	42.5 d		14-OAc	171.9 s	
6	90.7 d	3.34 s		21.6 q	
7	88.4 s		18-OCO	168.1 s	
8	77.4 s		1′	114.7 s/114.8 s	
9	50.1 d		2′	141.7 s/141.9 s	
10	45.2 d		3′	120.7 d	
11	49.0 s		4′	135.0 d	7.12 dt（9.0, 1.5）
12	28.2 t		5′	122.7 d	7.56 dt（9.0, 1.5）
13	38.2 d		6′	130.3 d	7.96 dd（9.0, 1.5）
14	75.9 d	4.76 t（4.5）	1″	172.2 s/169.9 s	
15	33.7 t		2″	39.1 d/41.5 t	
16	82.4 d		3″	39.1 t/35.9 d	
17	64.5 d		4″	174.1 s/175.9 s	
18	69.6 t		5″	51.7 q/51.9 q	
19	52.3 t		6″	18.0 q/17.1 q	
21	51.0 t				

注：溶剂 CDCl₃

化合物名称：anhweidelphinine

分子式：C₃₅H₄₄N₂O₁₀　　　　　　　**分子量**（M + 1）：653

植物来源：*Delphinium grandiflorum* L. 翠雀

参考文献：李从军，陈迪华. 1993. 大花翠雀地上部分的生物碱. 药学学报，35（1）：80-83.

anhweidelphinine 的 NMR 数据

位置	δ_C/ppm	δ_H/ppm（J/Hz）	位置	δ_C/ppm	δ_H/ppm（J/Hz）
1	84.1 d		19	163.2 d	7.54 s
2	24.7 t		1-OMe	56.3 q	3.16 s
3	21.0 t		6-OMe	57.8 q	3.30 s
4	43.5 s		14-OMe	57.8 q	3.34 s
5	43.0 d		16-OMe	56.0 q	3.40 s
6	91.4 d		18-OCO	163.7 s	
7	86.4 s		1′	126.4 s	
8	77.2 s		2′	133.7 s	
9	50.5 d		3′	129.9 d	
10	38.3 d		4′	123.9 d	7.20～8.10 m
11	46.9 s		5′	130.0 d	
12	30.3 t		6′	129.2 d	
13	45.5 d		1″	175.5 s	
14	82.2 d	3.64 t（4.0）	2″	35.3 d	
15	33.2 t		3″	37.0 t	
16	81.3 d		4″	179.5 s	
17	64.4 d		5″	16.5 q	1.44 d（7.0）
18	66.6 t				

注：溶剂 CDCl₃

化合物名称：anthranoyllycoctonine

分子式：C$_{32}$H$_{46}$N$_2$O$_8$　　　　　　　分子量（$M+1$）：587

植物来源：*Delphinium* L.

参考文献：Pelletier S W，Mody N V，Sawhney R S，et al. 1977. Application of carbon-13 NMR spectroscopy to the structural elucidation of C$_{19}$-diterpenoid alkaloids from *Aconitum* and *Delphinium* species. Heterocycles，7（1）：327-339.

anthranoyllycoctonine 的 NMR 数据

位置	δ_C/ppm	δ_H/ppm（J/Hz）	位置	δ_C/ppm	δ_H/ppm（J/Hz）
1	84.0 d		17	64.6 d	
2	26.2 t		18	68.7 t	
3	32.3 t		19	52.6 t	
4	37.6 s		21	51.0 t	
5	43.3 d		22	14.1 q	
6	91.0 d		1-OMe	55.8 q	
7	88.6 s		6-OMe	57.9 q	
8	77.6 s		14-OMe	58.0 q	
9	50.4 d		16-OMe	56.3 q	
10	38.3 d		18-OCO	167.9 s	
11	49.1 s		1′	110.4 s	
12	28.8 t		2′	150.9 s	
13	46.2 d		3′	116.9 d	
14	84.0 d		4′	134.4 d	
15	33.7 t		5′	116.4 d	
16	82.6 d		6′	130.8 d	

注：溶剂 CDCl$_3$

化合物名称：anthriscifoldine A

分子式：C₂₅H₃₇NO₇　　　　　　　　**分子量**（$M+1$）：464

植物来源：*Delphinium anthriscifolium* var. *savatieri* (Franchet) Munz　卵瓣还亮草

参考文献：Song L，Liu X Y，Chen Q H，et al. 2009. New C₁₉- and C₁₈-diterpenoid alkaloids from *Delphinium anthriscifolium* var. *savatieri*. Chemical & Pharmaceutical Bulletin，57（2）：158-161.

anthriscifoldine A 的 NMR 数据

位置	δ_C/ppm	δ_H/ppm（J/Hz）	位置	δ_C/ppm	δ_H/ppm（J/Hz）
1	70.9 d	3.72 d（4.4）	14	75.4 d	4.81 t（4.4）
2	130.1 d	5.77 dd（9.2，4.8）	15	26.7 t	1.88 m
3	137.4 d	5.66 d（9.6）			2.58 m
4	33.7 s		16	82.4 d	3.38 d（5.2）
5	57.5 d	1.65 s	17	65.0 d	2.78 br s
6	81.7 d	4.28 s	18	23.7 q	1.09 s
7	89.1 s		19	56.2 t	2.43 m
8	84.6 s		21	50.3 t	2.90 m
9	44.5 d	2.17 m	22	13.7 q	1.06 t（7.2）
10	37.0 d	2.56 m	8-OMe	57.6 q	3.49 s
11	49.2 s		16-OMe	56.2 q	3.34 s
12	27.5 t	2.28 m	14-OAc	170.1 s	
		2.24 m		21.1 q	2.05 s
13	42.1 d	3.26 m			

注：溶剂 CDCl₃；¹³C NMR：100 MHz；¹H NMR：400 MHz

化合物名称：anthriscifoldine B

分子式：C$_{25}$H$_{39}$NO$_7$　　　　　　　　**分子量**（M + 1）：466

植物来源：*Delphinium anthriscifolium* var. *savatieri* (Franchet) Munz　　卵瓣还亮草

参考文献：Song L，Liu X Y，Chen Q H，et al. 2009. New C$_{19}$- and C$_{18}$-diterpenoid alkaloids from *Delphinium anthriscifolium* var. *savatieri*. Chemical & Pharmaceutical Bulletin，57（2）：158-161.

anthriscifoldine B 的 NMR 数据

位置	δ_C/ppm	δ_H/ppm（J/Hz）	位置	δ_C/ppm	δ_H/ppm（J/Hz）
1	77.9 d	3.63 dd（10.4, 7.2）	16	81.1 d	3.46 br d（7.6）
2	26.0 t	2.07 m	17	62.6 d	3.18 s
3	32.1 t	1.44 m	18	78.8 t	3.13 ABq（8.8）
4	38.2 s				3.01 ABq（8.8）
5	39.3 d	1.78 m	19	52.3 t	2.66 m
6	32.3 t	2.18（overlapped）			2.44 m
7	91.7 s		21	50.6 t	2.83 m
8	82.6 s				2.73 m
9	55.4 d	2.30（overlapped）	22	14.0 q	1.06 t（7.2）
10	78.1 s		1-OMe	55.7 q	3.26 s
11	55.7 s		16-OMe	56.4 q	3.30 s
12	36.9 t	2.41（overlapped）	18-OMe	59.5 q	3.35 s
		1.70 m	O—CH$_2$—O	93.8 t	5.05 s
13	36.3 d	2.55 m			4.97 s
14	72.8 d	4.63 q（5.6）			
15	32.8 t	1.77 m			
		1.79 m			

注：溶剂 CDCl$_3$；^{13}C NMR：100 MHz；^{1}H NMR：400 MHz

化合物名称：anthriscifoldine C

分子式：$C_{27}H_{41}NO_7$　　　　　　**分子量**（$M+1$）：492

植物来源：*Delphinium anthriscifolium* var. *savatieri* (Franchet) Munz　卵瓣还亮草

参考文献：Song L，Liu X Y，Chen Q H，et al. 2009. New C_{19}- and C_{18}-diterpenoid alkaloids from *Delphinium anthriscifolium* var. *savatieri*. Chemical & Pharmaceutical Bulletin，57（2）：158-161.

anthriscifoldine C 的 NMR 数据

位置	δ_C/ppm	δ_H/ppm（J/Hz）	位置	δ_C/ppm	δ_H/ppm（J/Hz）
1	83.7 d		16	81.3 d	
2	26.5 t		17	62.1 d	
3	32.3 t		18	78.9 t	3.10 ABq（8.8）
4	38.1 s				3.01 ABq（8.8）
5	43.3 d		19	52.4 t	
6	32.0 t		21	50.7 t	
7	90.8 s		22	14.0 q	1.06 t（7.2）
8	81.3 s		1-OMe	55.8 q	3.26 s
9	47.0 d		16-OMe	56.2 q	3.28 s
10	36.5 d		18-OMe	59.5 q	3.29 s
11	50.7 s		14-OAc	171.7 s	
12	27.3 t			21.4 q	2.07 s
13	44.2 d		O—CH₂—O	93.3 t	5.01 s
14	75.2 d	4.82 t（4.8）			4.93 s
15	33.5 t				

注：溶剂 CDCl₃；¹³C NMR：100 MHz；¹H NMR：400 MHz

化合物名称：anthriscifolrine A

分子式：C$_{25}$H$_{37}$NO$_6$　　　　　　　　　**分子量（*M*+1）**：448

植物来源：*Delphinium anthriscifolium* var. *majus* Pamp. 大花还亮草

参考文献：Shan L H，Zhang J F，Gao F，et al. 2017. Diterpenoid alkaloids from *Delphinium anthriscifolium* var. *majus*. Scientific Reports，7：6063.

anthriscifolrine A 的 NMR 数据

位置	δ_C/ppm	δ_H/ppm（*J*/Hz）	位置	δ_C/ppm	δ_H/ppm（*J*/Hz）
1	84.3 d	3.85 t（5.4）	16	84.8 d	3.15 dd（6.6, 10.8）
2	26.1 t	2.27 m	17	63.5 d	3.59 br s
3	32.4 t	1.73 m	18	78.9 t	3.01 d（9.0）
4	38.6 s				3.08 d（9.0）
5	46.0 d	2.02 m	19	52.7 t	2.45 m
6	31.7 t	1.40 m			2.63 m
7	91.6 s		21	51.0 t	2.46 m
8	88.0 s				2.85 dd（7.2, 12.6）
9	52.1 d	2.44 m	22	14.3 q	1.09 t（7.2）
10	44.2 d	1.55 d（7.8）	1-OMe	56.1 q	3.29 s
11	51.2 s		16-OMe	56.2 q	3.31 s
12	24.9 t	2.01 m	18-OMe	59.6 q	3.34 s
		2.23 m	O—CH$_2$—O	94.1 t	4.95 s
13	45.6 d	2.66 m			5.04 s
14	213.7 s				
15	31.5 t	2.09 m			
		1.42 m			

注：溶剂 CDCl$_3$；^{13}C NMR：150 MHz；^{1}H NMR：600 MHz

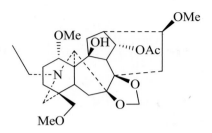

化合物名称：anthriscifolrine B

分子式：C$_{27}$H$_{41}$NO$_8$　　　　　　分子量（$M+1$）：508

植物来源：*Delphinium anthriscifolium* var. *majus* Pamp. 大花还亮草

参考文献：Shan L H，Zhang J F，Gao F，et al. 2017. Diterpenoid alkaloids from *Delphinium anthriscifolium* var. *majus*. Scientific Reports，7：6063.

anthriscifolrine B 的 NMR 数据

位置	δ_C/ppm	δ_H/ppm（J/Hz）	位置	δ_C/ppm	δ_H/ppm（J/Hz）
1	78.1 d	3.57 t（8.4）	16	81.2 d	3.20 d（5.4, 9.6）
2	26.6 t	2.40 m	17	65.1 d	2.98 br s
3	32.2 t	1.40 m	18	79.1 t	3.00 d（9.0）
		1.73 m			3.13 d（9.0）
4	38.1 s		19	52.6 t	2.45 m
5	39.2 d	1.80 m			2.65 d（11.4）
6	32.8 t	2.11 m	21	50.7 t	2.70 dd（7.2, 12.6）
		1.50 m			2.81 dd（7.2, 12.6）
7	90.6 s		22	14.1 q	1.07 t（7.2）
8	82.7 s		1-OMe	55.8 q	3.27 s
9	53.4 d	2.42 d（4.8）	16-OMe	56.3 q	3.28 s
10	79.8 s		18-OMe	59.6 q	3.29 s
11	55.8 s		14-OAc	171.9 s	
12	38.5 t	1.81 m		21.5 q	2.07 s
		2.85 m	O—CH$_2$—O	93.8 t	4.95 s
13	36.2 d	2.76 m			5.01 s
14	74.7 d	5.26 t（5.4）			
15	34.4 t	2.55 dd（9.6, 16.2）			
		1.74 m			

注：溶剂 CDCl$_3$；^{13}C NMR：150 MHz；^{1}H NMR：600 MHz

化合物名称：anthriscifolrine C

分子式：C$_{27}$H$_{41}$NO$_9$　　　　　　　　分子量（$M+1$）：524

植物来源：*Delphinium anthriscifolium* var. *majus* Pamp. 大花还亮草

参考文献：Shan L H，Zhang J F，Gao F，et al. 2017. Diterpenoid alkaloids from *Delphinium anthriscifolium* var. *majus*. Scientific Reports，7：6063.

anthriscifolrine C 的 NMR 数据

位置	δ_C/ppm	δ_H/ppm（J/Hz）	位置	δ_C/ppm	δ_H/ppm（J/Hz）
1	77.2 d	3.63 m	15	37.4 t	2.45 m
2	26.0 t	2.18 m	16	81.3 d	3.47 t（8.8）
3	31.7 t	1.40 m	17	64.9 d	3.34 m
		1.77 m	18	78.3 t	3.05 d（9.2）
4	38.3 s				3.18 d（9.2）
5	45.9 d	1.83 m	19	53.4 t	2.42 m
6	78.3 d	5.52 s			2.78 m
7	93.2 s		21	50.6 t	2.83 m
8	83.2 s		22	14.1 q	1.07 t（7.2）
9	52.3 d	3.37 m	1-OMe	55.7 q	3.25 s
10	79.8 s		16-OMe	56.5 q	3.26 s
11	55.0 s		18-OMe	59.5 q	3.35 s
12	33.0 t	1.79 m	14-OAc	170.2 s	
		2.50 m		21.8 q	2.10 s
13	36.6 d	2.60 m	O—CH$_2$—O	94.3 t	4.96 s
14	72.9 d	4.64 m			4.98 s

注：溶剂 CDCl$_3$；^{13}C NMR：150 MHz；^{1}H NMR：600 MHz

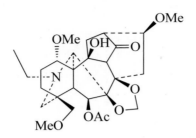

化合物名称：anthriscifolrine D

分子式：C$_{27}$H$_{39}$NO$_9$　　　　　　　　　分子量（M + 1）：522

植物来源：*Delphinium anthriscifolium* var. *majus* Pamp. 大花还亮草

参考文献：Shan L H，Zhang J F，Gao F，et al. 2017. Diterpenoid alkaloids from *Delphinium anthriscifolium* var. *majus*. Scientific Reports，7：6063.

anthriscifolrine D 的 NMR 数据

位置	δ_C/ppm	δ_H/ppm（J/Hz）	位置	δ_C/ppm	δ_H/ppm（J/Hz）
1	83.8 d	3.91 t（5.4）	16	76.9 d	3.77 dd（7.2, 10.2）
2	25.6 t	2.15 m	17	65.3 d	3.71 d（2.4）
3	31.5 t	1.40 m	18	78.1 t	3.04 d（9.6）
		1.70 m			3.14 d（9.6）
4	38.5 s		19	53.3 t	2.49 m
5	45.9 d	1.86 br s			2.75 m
6	77.9 d	5.54 s	21	50.7 t	2.73 m
7	92.7 s				2.87 m
8	87.0 s		22	14.1 q	1.09 t（7.2）
9	58.5 d	3.49 s	1-OMe	55.8 s	3.31 s
10	79.8 s		16-OMe	56.3 q	3.34 s
11	55.0 s		18-OMe	59.5 q	3.24 s
12	31.1 t	1.69 m	6-OAc	170.2 s	
		2.38 dd（6.0, 16.8）		21.7 q	2.08 s
13	45.3 d	2.82 m	O—CH$_2$—O	94.8 t	4.95 s
14	213.2 s				4.96 s
15	36.2 t	1.96 dd（7.2, 15.6）			
		2.74 m			

注：溶剂 CDCl$_3$；^{13}C NMR：150 MHz；^{1}H NMR：600 MHz

化合物名称：anthriscifolrine E

分子式：$C_{26}H_{39}NO_8$ **分子量**（$M+1$）：494

植物来源：*Delphinium anthriscifolium* var. *majus* Pamp. 大花还亮草

参考文献：Shan L H，Zhang J F，Gao F，et al. 2017. Diterpenoid alkaloids from *Delphinium anthriscifolium* var. *majus*. Scientific Reports，7：6063.

anthriscifolrine E 的 NMR 数据

位置	δ_C/ppm	δ_H/ppm（J/Hz）	位置	δ_C/ppm	δ_H/ppm（J/Hz）
1	78.0 d	3.60 t（7.2）	15	34.4 t	2.55 dd（9.6, 16.2）
2	26.6 t	2.12 m			1.74 m
		2.35 m	16	81.2 d	3.20 q（4.8, 9.0）
3	31.6 t	1.70 m	17	62.2 d	2.99 br s
4	38.4 s		18	68.3 t	3.25 m
5	38.4 d	1.75 m			3.40 d（11.4）
6	32.6 t	1.45 m	19	52.4 t	2.38 d（11.4）
		2.12 m			2.61 d（11.4）
7	90.6 s		21	50.8 t	2.72 m
8	79.9 s				2.82 m
9	53.2 d	2.45 d（4.8）	22	14.1 q	1.08 t（7.2）
10	82.7 s		1-OMe	55.8 q	3.27 s
11	56.3 s		16-OMe	56.3 q	3.28 s
12	38.6 t	1.90 d（7.2）	14-OAc	172.1 s	
		2.85 m		21.5 q	2.08 s
13	36.4 d	2.75 m	O—CH2—O	93.8 t	4.94 s
14	74.7 d	5.26 t（5.4）			5.01 s

注：溶剂 CDCl₃；¹³C NMR：150 MHz；¹H NMR：600 MHz

化合物名称：anthriscifolrine F

分子式：C$_{25}$H$_{39}$NO$_7$　　　　　　　分子量（$M+1$）：466

植物来源：*Delphinium anthriscifolium* var. *majus* Pamp. 大花还亮草

参考文献：Shan L H，Zhang J F，Gao F，et al. 2017. Diterpenoid alkaloids from *Delphinium anthriscifolium* var. *majus*. Scientific Reports，7：6063.

anthriscifolrine F 的 NMR 数据

位置	δ_C/ppm	δ_H/ppm （J/Hz）	位置	δ_C/ppm	δ_H/ppm （J/Hz）
1	78.2 d	3.55 t （5.4）	15	34.1 t	2.50 m
2	26.7 t	2.12 m			1.89 m
		2.35 m	16	81.7 d	3.17 dd （4.8, 9.0）
3	32.1 t	1.49 m	17	61.9 d	2.97 br s
4	38.4 s		18	68.5 t	3.31 m
5	38.6 d	2.02 m			3.43 m
6	32.7 t	1.45 m	19	52.4 t	2.41 d （11.4）
		2.15 m			2.62 d （11.4）
7	90.3 s		21	50.7 t	2.70 m
8	80.2 s				2.82 m
9	54.0 d	2.31 m	22	14.3 q	1.08 t （7.2）
10	83.4 s		1-OMe	55.8 q	3.28 s
11	56.5 s		14-OMe	58.0 q	3.45 s
12	39.4 t	1.70 m	16-OMe	56.5 q	3.33 s
		3.01 d （15.6）	O—CH$_2$—O	93.9 t	4.94 s
13	38.0 d	2.55 m			5.02 s
14	81.7 d	4.12 t （4.8）			

注：溶剂 CDCl$_3$；^{13}C NMR：150 MHz；^{1}H NMR：600 MHz

化合物名称：avadharidine

分子式：$C_{36}H_{51}N_3O_{10}$　　　　　　　**分子量**（$M+1$）：686

植物来源：*Aconitum finetianum* Hand.-Mazz. 赣皖乌头

参考文献：蒋山好，朱元龙，赵志扬，等. 1983. 中国乌头之研究——XXI. 赣皖乌头的研究. 药学学报，18（6）：440-445.

avadharidine 的 NMR 数据

位置	δ_C/ppm	δ_H/ppm（J/Hz）	位置	δ_C/ppm	δ_H/ppm（J/Hz）
1	84.0 d		19	52.5 t	
2	26.2 t		21	51.1 t	
3	32.3 t		22	14.2 q	1.04 t（7）
4	37.7 s		1-OMe	56.0 q	
5	43.4 d		6-OMe	58.0 q	
6	91.1 d		14-OMe	58.3 q	
7	88.7 s		16-OMe	56.4 q	
8	77.6 s		18-OCO	168.1 s	
9	50.6 d		1′	114.9 s	
10	38.3 d		2′	141.7 s	
11	49.2 s		3′	120.8 d	8.64 d（8）
12	28.8 t		4′	135.0 d	7.50 t（8）
13	43.4 d		5′	122.8 d	7.06 t（8）
14	84.0 d	3.56 t（4.5）	6′	130.5 d	7.92 d（8）
15	33.8 t		1″	171.0 s	
16	82.7 d		2″	30.5 t	
17	64.6 d		3″	29.8 t	
18	70.0 t		4″	174.1 s	

注：溶剂 CDCl₃

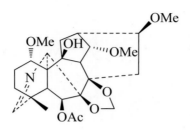

化合物名称：barbeline

分子式：C$_{25}$H$_{35}$NO$_8$　　　　　　　　　分子量（$M+1$）：478

植物来源：*Delphinium barbeyi* Huth

参考文献：Joshi B S，El-Kashoury E S A，Desai H K，et al. 1988. The structure of barbeline，an unusual C$_{19}$-diterpenoid alkaloid from *Delphinium barbeyi* Huth. Tetrahedron Letters，29（20）：2397-2400.

barbeline 的 NMR 数据

位置	δ_C/ppm	δ_H/ppm（J/Hz）	位置	δ_C/ppm	δ_H/ppm（J/Hz）
1	80.4 d		14	81.7 d	4.19 dd（6）
2	24.1 t		15	34.5 t	
3	40.8 t		16	81.2 d	
4	42.9 s		17	62.6 d	
5	45.6 d		18	22.7 q	1.21 s
6	77.9 d	5.32 br s	19	169.3 d	7.44 br s
7	90.8 s		1-OMe	55.5 q	3.22 s
8	83.6 s		14-OMe	57.5 q	3.34 s
9	49.6 d		16-OMe	56.1 q	3.47 s
10	81.5 s		6-OAc	169.3 s	
11	55.9 s			21.4 q	2.07 s
12	30.6 t		O—CH$_2$—O	94.1 t	4.96 s
13	38.1 d				4.98 s

注：溶剂 CDCl$_3$

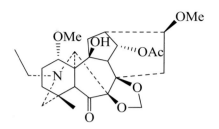

化合物名称：barbinidine

分子式：$C_{26}H_{37}NO_8$　　　　　　　分子量（$M+1$）：492

植物来源：*Delphinium barbeyi* Huth

参考文献：Pelletier S W，Kulanthaivel P，Olsen J D. 1989. Alkaloids of *Delphinium barbeyi*. Phytochemistry，28（5）：1521-1525.

barbinidine 的 NMR 数据

位置	δ_C/ppm	δ_H/ppm（J/Hz）	位置	δ_C/ppm	δ_H/ppm（J/Hz）
1	76.9 d		15	34.1 t	
2	26.6 t		16	80.4 d	
3	37.5 t		17	62.8 d	
4	35.0 s		18	24.7 q	0.95 s
5	56.1 d		19	57.0 t	
6	216.1 s		21	50.0 t	
7	90.3 s		22	13.7 q	1.08 t（7）
8	81.6 s		1-OMe	55.7 q	3.32 s
9	51.4 d		16-OMe	56.1 q	3.28 s
10	79.9 s		14-OAc	172.0 s	
11	51.2 s			21.3 q	2.06 s
12	38.2 t		O—CH₂—O	95.3 t	5.58 s
13	34.8 d				5.10 s
14	73.6 d	5.25 t（5）			

注：溶剂 CDCl₃

化合物名称：barbinine

分子式：$C_{36}H_{46}N_2O_{10}$　　　　　　　　分子量（$M+1$）：667

植物来源：*Delphinium barbeyi* Huth

参考文献：Pelletier S W，Kulanthaivel P，Olsen J D. 1989. Alkaloids of *Delphinium barbeyi*. Phytochemistry，28（5）：1521-1525.

barbinine 的 NMR 数据

位置	δ_C/ppm	δ_H/ppm （J/Hz）	位置	δ_C/ppm	δ_H/ppm （J/Hz）
1	85.2 d		19	52.3 t	
2	25.3 t		21	51.1 t	
3	32.0 t		22	14.3 q	1.08 t （7）
4	37.9 s		1-OMe	55.9 q	3.29 s
5	46.0 d		6-OMe	58.5 q	3.33 s
6	90.1 d		16-OMe	56.1 q	3.34 s
7	88.8 s		18-OCO	164.1 s	
8	85.2 s		1′	127.1 s	
9	53.7 d		2′	133.1 s	
10	43.9 d		3′	129.4 d	7.27 dd （7.6, 2）
11	49.0 s		4′	133.6 d	7.70 dt （7.6, 2）
12	25.3 t		5′	130.9 d	7.54 dt （7.6, 2）
13	50.2 d		6′	133.0 d	8.00 dd （7.6, 2）
14	215.3 s		1″	179.7 s	
15	33.0 t		2″	35.3 d	
16	84.8 d		3″	37.0 t	
17	65.3 d		4″	175.7 s	
18	69.2 t	4.07	5″	16.4 q	1.44 d （6）

注：溶剂 CDCl₃

化合物名称：bearline

分子式：$C_{37}H_{48}N_2O_{11}$

分子量（$M+1$）：697

植物来源：*Delphinium nuttallianum* Pritz.

参考文献：Gardner D R，Manners G D，Panter K E，et al. 2000. Three new toxic norditerpenoid alkaloids from the low larkspur *Delphinium nuttallianum*. Journal of Natural Products，63（8）：1127-1130.

bearline 的 NMR 数据

位置	δ_C/ppm	δ_H/ppm（J/Hz）	位置	δ_C/ppm	δ_H/ppm（J/Hz）
1	84.2 d	2.95 m	19	52.3 t	2.47 d（11.4）
2	25.6 t	2.02 m			2.74 d（11.4）
		2.19 m	21	51.2 t	2.82 m
3	28.1 t	1.57 m			2.96 m
		1.70 m	22	14.2 q	1.07 t（7.1）
4	37.8 s		1-OMe	55.9 q	3.25 s
5	50.0 d	1.78 br s	6-OMe	58.3 q	3.37 s
6	90.4 d	3.89 br s	16-OAc	170.5 s	
7	88.2 s			21.5 q	2.06 s
8	77.2 s		18-OCO	164.2 s	
9	44.9 d	3.08 m	1′	127.2 s	
10	45.6 d	1.96 m	2′	133.1 s	
11	48.6 s		3′	129.4 d	7.25 dd（1.0, 8.0）
12	29.7 t	1.92 m	4′	133.7 d	7.69 dt（2.0, 9.2）
		2.48 m	5′	130.1 d	7.55 dt（1.0, 9.2）
13	39.5 d	2.30 t（5.2）	6′	131.0 d	8.04 dd（1.0, 8.0）
14	73.8 d	4.10 t（4.2）	1″	175.8 s	
15	33.6 t	1.63 dd（5.4, 16.8）	2″	35.3 d	3.08 br s
		2.74 dd（9.2, 16.8）	3″	37.0 t	2.50 m
16	74.7 d	4.89 dd（5.4, 9.2）	4″	179.8 s	
17	64.9 d	3.02 m	5″	16.4 q	1.46 br s
18	69.4 t	4.09 d（11.2）			
		4.12 d（11.2）			

注：溶剂 CDCl₃；¹³C NMR：100 MHz；¹H NMR：400 MHz

化合物名称：blacknidine

分子式：$C_{23}H_{37}NO_5$　　　　　　　　　分子量（$M+1$）：408

植物来源：*Delphinium elatum* L. 高翠雀花

参考文献：Park J C，Desai H K，Pelletier S W. 1995. Two new norditerpenoid alkaloids from *Delphinium elatum* var. "Black Night". Journal of Natural Products，58（2）：291-295.

blacknidine 的 NMR 数据

位置	δ_C/ppm	δ_H/ppm（J/Hz）	位置	δ_C/ppm	δ_H/ppm（J/Hz）
1	72.5 d	3.65 br m	14	74.8 d	4.03 br t
2	29.2 t	1.59 m	15	34.6 t	1.90 m
		1.76 m			2.87 m
3	31.3 t	1.52 m	16	82.0 d	3.45 m
		1.67 m	17	64.1 d	2.76 br s
4	33.2 s		18	27.3 q	0.92 s
5	46.3 d	1.54 br s	19	59.5 t	2.39 ABq（11.5）
6	27.6 t	1.65 br s			2.64 ABq（11.5）
7	87.5 s		21	50.6 t	2.94 m
8	80.8 s		22	13.9 q	1.12 t（7.1）
9	44.6 d	2.35 m	8-OMe	52.6 q	3.45 s
10	44.6 d	1.85 m	16-OMe	56.5 q	3.40 s
11	50.1 s		1-OH		5.98 br s
12	27.6 t	1.90 m	7-OH		1.25 br s
		2.03 m	14-OH		1.25 br s
13	39.6 d	2.33 m			

注：溶剂 CDCl₃；¹³C NMR：75 MHz；¹H NMR：300 MHz

化合物名称：blacknine

分子式：$C_{23}H_{35}NO_6$　　　　　　　分子量（$M+1$）：422

植物来源：*Delphinium elatum* L. 高翠雀花

参考文献：Park J C，Desai H K，Pelletier S W. 1995. Two new norditerpenoid alkaloids from *Delphinium elatum* var. "Black Night". Journal of Natural Products，58（2）：291-295.

blacknine 的 NMR 数据

位置	δ_C/ppm	δ_H/ppm（J/Hz）	位置	δ_C/ppm	δ_H/ppm（J/Hz）
1	72.1 d	3.75 br s	14	74.5 d	4.20 br t
2	29.5 t	1.29 m	15	34.0 t	1.82 m
		1.65 m			1.90 m
3	31.8 t	1.52 m	16	81.3 d	3.40 m
		1.79 m	17	65.0 d	3.07 br s
4	32.8 s		18	26.5 q	1.05 s
5	52.4 d	1.47 br s	19	61.3 t	2.32 ABq（11.6）
6	79.0 d	4.27 br s			2.55 ABq（11.6）
7	92.3 s		21	49.9 t	2.75 m
8	84.2 s		22	13.5 q	1.12 t（7.2）
9	42.1 d	3.61 br s	—16-OMe	56.3 q	3.45 s
10	45.4 d	2.17 m	O—CH₂—O	93.2 t	5.09 s
11	50.9 s				5.15 s
12	28.6 t		6-OH		2.85 br s
13	38.6 d	1.21 m	14-OH		1.65 br s
		2.18 m			

注：溶剂 CDCl₃；¹³C NMR：75 MHz；¹H NMR：300 MHz

化合物名称：bonvalol

分子式：C$_{24}$H$_{37}$NO$_7$　　　　　　　　　**分子量**（$M+1$）：452

植物来源：*Delphinium bonvalotii* Franch. 川黔翠雀花

参考文献：Jiang Q P，Sung W L. 1984. The structures of bonvalotine，bonvalol and bonvalone，three new C$_{19}$-diterpenoid alkaloids. Heterocycles，22（11）：2429-2431.

bonvalol 的 NMR 数据

位置	δ_C/ppm	δ_H/ppm（J/Hz）	位置	δ_C/ppm	δ_H/ppm（J/Hz）
1	76.4 d		14	81.8 d	3.70 t（4.8）
2	26.8 t		15	33.4 t	
3	31.5 t		16	82.1 d	
4	38.5 s		17	64.1 d	
5	76.7 s		18	21.0 q	0.80 s
6	82.9 d	4.11 d（1.5）	19	62.0 t	
7	91.7 s		21	43.6 q	2.47 s
8	84.0 s		1-OMe	55.9 q	3.27 s
9	40.4 d		14-OMe	57.6 q	3.33 s
10	40.4 d		16-OMe	56.2 q	3.43 s
11	53.8 s		O—CH$_2$—O	93.0 t	5.06 s
12	27.6 t				5.15 s
13	37.3 d				

注：溶剂 CDCl$_3$

化合物名称：bonvalone

分子式：$C_{24}H_{35}NO_7$　　　　　　**分子量**（$M+1$）：450

植物来源：*Delphinium bonvalotii* Franch. 川黔翠雀花

参考文献：Jiang Q P，Sung W L. 1984. The structures of bonvalotine，bonvalol and bonvalone，three new C_{19}-diterpenoid alkaloids. Heterocycles，22（11）：2429-2431.

bonvalone 的 NMR 数据

位置	δ_C/ppm	δ_H/ppm（J/Hz）	位置	δ_C/ppm	δ_H/ppm（J/Hz）
1	82.2 d		14	81.2 d	3.69 t（4.8）
2	26.9 t		15	33.2 t	
3	32.4 t		16	81.7 d	
4	38.6 s		17	64.1 d	
5	81.7 s		18	19.6 q	0.80 s
6	217.6 s		19	61.7 t	
7	88.9 s		21	43.2 q	2.52 s
8	82.9 s		1-OMe	56.1 q	3.35 s
9	41.9 d		14-OMe	57.9 q	3.39 s
10	40.3 d		16-OMe	56.4 q	3.42 s
11	49.8 s		O—CH₂—O	95.4 t	5.12 br s
12	27.3 t				5.54 br s
13	38.2 d				

注：溶剂 $CDCl_3$

化合物名称：bonvalotidine A

分子式：$C_{27}H_{41}NO_8$　　　　　　　　**分子量（$M+1$）**：508

植物来源：*Delphinium bonvalotii* Franch. 川黔翠雀花

参考文献：He Y，Chen D L，Wang F P. 2006. Three new C₁₉-diterpenoid alkaloids from *Delphinium bonvalotii*. Natural Product Communications，1（5）：357-362.

bonvalotidine A 的 NMR 数据

位置	δ_C/ppm	δ_H/ppm（J/Hz）	位置	δ_C/ppm	δ_H/ppm（J/Hz）
1	80.7 d	3.11 dd (7.6, 10.0)	15	33.6 t	1.71（hidden）
2	26.7 t	2.00 m			2.40 dd (8.8, 6.2)
		2.19 m	16	81.5 d	3.16 m
3	31.2 t	1.30 m	17	62.8 d	3.07 s
		1.74 m	18	20.9 q	0.70 s
4	38.0 s		19	58.5 t	2.49 m
5	76.5 s				2.77 m
6	76.4 d		21	49.7 t	2.66 m
7	90.6 s				2.72 m
8	82.9 s		22	14.4 q	0.99 t (7.2)
9	39.4 d	3.62 dd (5.6, 7.6)	1-OMe	55.1 q	3.19 s
10	39.8 d	2.56 m	14-OMe	57.3 q	3.37 s
11	53.6 s		16-OMe	55.8 q	3.28 s
12	27.1 t	1.79 m	6-OAc	168.9 s	
		2.52 m		21.2 q	2.10 s
13	37.8 d	2.28 m	O—CH₂—O	93.2 t	4.85 s
14	82.9 d	3.64 t (4.8)			4.87 s

注：溶剂 CDCl₃；¹³C NMR：100 MHz；¹H NMR：400 MHz

化合物名称：bonvalotidine B

分子式：$C_{25}H_{39}NO_7$　　　　　　　　**分子量**（$M+1$）：466

植物来源：*Delphinium bonvalotii* Franch. 川黔翠雀花

参考文献：He Y, Chen D L, Wang F P. 2006. Three new C₁₉-diterpenoid alkaloids from *Delphinium bonvalotii*. Natural Product Communications，1（5）：357-362.

bonvalotidine B 的 NMR 数据

位置	δ_C/ppm	δ_H/ppm（J/Hz）	位置	δ_C/ppm	δ_H/ppm（J/Hz）
1	81.8 d		14	82.9 d	
2	26.8 t		15	33.3 t	
3	31.5 t		16	81.9 d	
4	38.2 s		17	62.7 d	
5	77.0 s		18	20.9 q	0.80 s
6	76.5 d		19	59.0 t	
7	91.5 s		21	50.3 t	
8	83.9 s		22	13.8 q	1.04 t（72）
9	40.3 d		1-OMe	55.7 q	3.24 s
10	40.4 d		14-OMe	57.8 q	3.43 s
11	53.7 s		16-OMe	56.2 q	3.34 s
12	27.5 t		O—CH₂—O	93.0 t	5.07 s
13	37.1 d				5.17 s

注：溶剂 CDCl₃；¹³C NMR：100 MHz；¹H NMR：400 MHz

化合物名称：bonvalotidine C

分子式：$C_{25}H_{37}NO_7$　　　　　　　**分子量**（$M+1$）：464

植物来源：*Delphinium bonvalotii* Franch. 川黔翠雀花

参考文献：He Y，Chen D L，Wang F P. 2006. Three new C₁₉-diterpenoid alkaloids from *Delphinium bonvalotii*. Natural Product Communications，1（5）：357-362.

bonvalotidine C 的 NMR 数据

位置	δ_C/ppm	δ_H/ppm（J/Hz）	位置	δ_C/ppm	δ_H/ppm（J/Hz）
1	80.8 d	3.35 t（5.0）	14	82.1 d	3.66 t（48）
2	26.8 t	2.03 m	15	33.2 t	1.85 dd（16.0, 6.0）
		2.59 m			2.48 dd（16.0, 6.0）
3	32.3 t	1.81 m	16	81.6 d	3.26 d（6.0）
		1.37 m	17	62.5 d	3.54 s
4	38.3 s		18	19.6 q	0.77 s
5	82.0 s		19	58.8 t	2.74 m
6	217.9 s				2.76 m
7	88.6 s		21	49.6 t	2.64 m
8	82.8 s				2.78 m
9	41.7 d	2.42 d（4.8）	22	13.7 q	1.07 t（7.2）
10	38.1 d	2.30 m	1-OMe	55.9 q	3.29 s
11	49.6 s		14-OMe	57.9 q	3.38 s
12	27.2 t	1.94 m	16-OMe	56.5 q	3.35 s
		2.60 m	O—CH₂—O	95.2 t	5.50 d（1.6）
13	40.2 d	2.19 m			5.10 d（1.6）

注：溶剂 CDCl₃；¹³C NMR：100 MHz；¹H NMR：400 MHz

化合物名称：bonvalotidine D

分子式：$C_{25}H_{41}NO_6$　　　　　　　分子量（$M+1$）：452

植物来源：*Delphinium bonvalotii* Franch. 川黔翠雀花

参考文献：何咏. 2006. 川黔翠雀中生物碱成分的研究. 成都：四川大学.

bonvalotidine D 的 NMR 数据

位置	δ_C/ppm	δ_H/ppm（J/Hz）	位置	δ_C/ppm	δ_H/ppm（J/Hz）
1	72.4 d	3.65 br s	14	84.1 d	3.46 t（4.5）
		1.49 m	15	29.4 t	1.82 dd（8.4, 14.8）
2	29.1 t	1.51 m			2.38 m
3	30.1 t	1.56 m	16	83.1 d	3.31 m
		1.69 m	17	65.6 d	2.78 m
4	32.6 s		18	27.3 q	1.04 s
5	53.9 d	1.43 br s	19	61.3 t	2.40 ABq（11.2）
6	91.7 d	3.70 s			2.46 ABq（11.2）
7	91.1 s		21	50.2 t	2.91 m
8	82.1 s				2.80 m
9	36.7 d	2.37 m	22	13.6 q	1.08 t（7.2）
10	44.8 d	1.97 m	6-OMe	59.6 q	3.39 s
11	49.2 s		8-OMe	50.8 q	3.37 s
12	29.7 t	2.01 m	14-OMe	57.6 q	3.35 s
		1.70 m	16-OMe	56.4 q	3.37 s
13	39.1 d	3.25 m			

注：溶剂 CDCl₃；¹³C NMR：100 MHz；¹H NMR：400 MHz

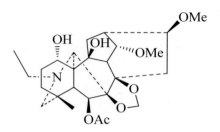

化合物名称：bonvalotidine E

分子式：C$_{26}$H$_{39}$NO$_8$　　　　　　　　分子量（$M+1$）：494

植物来源：*Delphinium bonvalotii* Franch. 川黔翠雀花

参考文献：何咏. 2006. 川黔翠雀中生物碱成分的研究. 成都：四川大学.

bonvalotidine E 的 NMR 数据

位置	δ_C/ppm	δ_H/ppm（J/Hz）	位置	δ_C/ppm	δ_H/ppm（J/Hz）
1	69.8 d	4.07 br s	14	82.1 d	4.15 t（4.5）
2	30.2 t	1.61 m	15	35.3 t	1.92 dd（8.0, 15.2）
		1.72 m			2.47 dd（8.0, 15.8）
3	30.8 t	1.75 m	16	81.6 d	3.23 m
		1.53 m	17	64.9 d	2.94 d（2.4）
4	32.6 s		18	26.9 q	1.04 s
5	46.6 d	1.75 d（1.2）	19	61.4 t	2.52 m（2H）
6	78.8 d	5.51 s	21	49.5 t	2.75
7	90.7 s				2.87
8	83.0 s		22	13.2 q	1.12 t（7.2）
9	50.0 d	3.28 m	6-OAc	169.6 s	
10	84.5 s			21.6 q	2.09 s
11	56.1 s		14-OMe	57.5 q	3.45 s
12	41.4 t	2.02 dd（8.0, 15.2）	16-OMe	56.2 q	3.35 s
		2.37 d（14.4）	O—CH$_2$—O	94.3 t	4.99 s
13	37.6 d	2.61 m			4.95 s

注：溶剂 CDCl$_3$；^{13}C NMR：100 MHz；^{1}H NMR：400 MHz

化合物名称：bonvalotine

分子式：$C_{26}H_{39}NO_8$ 分子量（$M+1$）：494

植物来源：*Delphinium bonvalotii* Franch. 川黔翠雀花

参考文献：Jiang Q P，Sung W L. 1984. The structures of bonvalotine，bonvalol and bonvalone，three new C₁₉-diterpenoid alkaloids. Heterocycles，22（11）：2429-2431.

bonvalotine 的 NMR 数据

位置	δ_C/ppm	δ_H/ppm （J/Hz）	位置	δ_C/ppm	δ_H/ppm （J/Hz）
1	76.7 d		15	33.9 t	
2	27.0 t		16	81.8 d	
3	31.5 t		17	64.7 d	
4	38.5 s		18	21.1 q	0.76 s
5	77.1 s		19	61.6 t	
6	83.2 d		21	43.6 q	2.51 s
7	91.2 s		1-OMe	55.7 q	3.28 s
8	83.2 s		14-OMe	57.6 q	3.34 s
9	40.2 d		16-OMe	56.1 q	3.44 s
10	39.9 d		6-OAc	169.0 s	
11	54.0 s			21.5 q	2.16 s
12	27.5 t		O—CH₂—O	93.6 t	4.91 s
13	38.1 d				5.43 s
14	81.4 d	3.70 t （5）			

注：溶剂 CDCl₃

化合物名称：browniine

分子式：C$_{25}$H$_{41}$NO$_7$　　　　　　　　**分子量**（$M+1$）：468

植物来源：*Delphinium* L.

参考文献：Pelletier S W，Mody N V，Sawhney R S. 1979. ^{13}C nuclear magnetic resonance spectra of some C$_{19}$-diterpenoid alkaloids and their derivatives. Canadian Journal of Chemistry，57（13）：1652-1655.

browniine 的 NMR 数据

位置	δ_C/ppm	δ_H/ppm（J/Hz）	位置	δ_C/ppm	δ_H/ppm（J/Hz）
1	85.2 d		14	75.3 d	
2	25.5 t		15	33.1 t	
3	32.5 t		16	81.7 d	
4	38.4 s		17	65.4 d	
5	45.1 d		18	78.0 t	
6	90.1 d		19	52.7 t	
7	89.1 s		21	51.3 t	
8	76.3 s		22	14.3 q	
9	49.6 d		1-OMe	56.0 q	
10	36.4 d		6-OMe	57.5 q	
11	48.2 s		16-OMe	56.5 q	
12	27.5 t		18-OMe	59.1 q	
13	46.1 d				

注：溶剂 CDCl$_3$

化合物名称：budelphine

分子式：$C_{24}H_{35}NO_8$　　　　　　　　　分子量（$M+1$）：466

植物来源：*Delphinium buschianum* Grossh.

参考文献：Bitis L，Suzgec S，Sozer U，et al. 2007. Diterpenoid alkaloids of *Delphinium buschianum* Grossh. Helvetica Chimica Acta，90（11）：2217-2221.

budelphine 的 NMR 数据

位置	δ_C/ppm	δ_H/ppm（J/Hz）	位置	δ_C/ppm	δ_H/ppm（J/Hz）
1	87.5 d	3.75 d（9）	14	83.7 d	3.59 t（5）
2	82.5 d	3.91～3.94 m	15	32.9 t	1.68～1.71 m
3	24.6 t	1.73～1.77 m			2.54 dd（12，14）
		2.45 dd（13.5）	16	80.4 d	3.75 dd（7，12）
4	37.9 s		17	67.0 d	2.88 s
5	37.7 d	1.95～1.98 m	18	65.9 t	3.30 d（10）
6	77.1 d	4.40 br s			3.55 d（10）
7	86.8 s		19	179.8 s	
8	76.9 s		21	50.0 t	2.58～2.61 m
9	45.5 d	1.79～1.81 m			2.44～2.46 m
10	42.1 d	1.61～1.63 m	22	13.2 q	1.07 t（7）
11	48.3 s		8-OMe	57.9 q	3.42 s
12	29.6 t	2.29～2.31 m	14-OMe	57.6 q	3.35 s
		1.60～1.63 m	16-OMe	56.2 q	3.32 s
13	44.6 d	2.39～2.41 m			

注：溶剂 CDCl₃；¹³C NMR：125 MHz；¹H NMR：500 MHz

化合物名称：bulleyanitine A

分子式：C$_{35}$H$_{47}$N$_3$O$_{10}$　　　　　　**分子量（$M+1$）**：670

植物来源：*Delphinium bulleyanum* Forrest ex Diels　　拟螺距翠雀花

参考文献：魏孝义，陈泗英，韦璧瑜，等. 1989. 拟螺距翠雀花中的新二萜生物碱. 云南植物研究，11（4）：453-460；Joshi B S，Pelletier S W. 1990. The structures of anhweidelphinine，bulleyanitines A-C，puberaconitine，and puberaconitidine. Journal of Natural Products，53（4）：1028-1030.

bulleyanitine A 的 NMR 数据

位置	δ_C/ppm	δ_H/ppm（J/Hz）	位置	δ_C/ppm	δ_H/ppm（J/Hz）
1	84.2 d		1-OMe	56.4 q	3.18 s
2	20.9 t		6-OMe	57.9 q	3.36 s
3	25.0 t		14-OMe	58.8 q	3.36 s
4	43.4 s		16-OMe	56.4 q	3.42 s
5	43.1 d		18-OCO	167.8 s	
6	91.5 d		1′	114.6 s	
7	86.7 s		2′	141.6 s	
8	77.4 s		3′	120.9 d	8.00 d（7）
9	50.6 d		4′	135.2 d	7.58 t（7）
10	38.2 d		5′	122.9 d	7.21 t（7）
11	46.8 s		6′	130.4 d	8.67 d（7）
12	30.5 t		NH		11.0 br s
13	45.9 d		1″	170.7 s	
14	82.4 d	3.68 t（4.5）	2″	42.0 t	
15	33.3 t		3″	36.6 d	
16	81.4 d		4″	178.0 s	
17	64.6 d		5″	17.9 q	1.25 d（6）
18	67.3 t	3.83 ABq	NH$_2$		5.56 br s
		3.90 ABq			6.18 br s
19	163.9 d				

注：溶剂 CDCl$_3$

化合物名称：bulleyanitine B

分子式：$C_{35}H_{47}N_3O_{11}$　　　　　　　分子量（$M+1$）：686

植物来源：*Delphinium bulleyanum* Forrest ex Diels　拟螺距翠雀花

参考文献：魏孝义，陈泗英，韦璧瑜，等. 1989. 拟螺距翠雀花中的新二萜生物碱. 云南植物研究，11（4）：453-460；Joshi B S，Pelletier S W. 1990. The structures of anhweidelphinine，bulleyanitines A-C，puberaconitine，and puberaconitidine. Journal of Natural Products，53（4）：1028-1030.

bulleyanitine B 的 NMR 数据

位置	δ_C/ppm	δ_H/ppm（J/Hz）	位置	δ_C/ppm	δ_H/ppm（J/Hz）
1	83.7 d		1-OMe	55.8 q	3.27 s
2	25.6 t		6-OMe	57.6 q	3.34 s
3	29.2 t		14-OMe	58.9 q	3.38 s
4	47.1 s		16-OMe	56.4 q	3.42 s
5	43.0 d		18-OCO	167.7 s	
6	91.8 d		1′	115.1 s	
7	85.1 s		2′	141.4 s	
8	76.3 s		3′	121.0 d	7.96 d（7）
9	50.3 d		4′	134.6 d	7.55 t（7）
10	37.6 d		5′	122.7 d	7.11 t（7）
11	49.1 s		6′	130.3 d	8.68 d（7）
12	28.4 t		NH		11.0 br s
13	44.9 d		1″	173.9 s	
14	81.9 d	3.65 t（4.5）	2″	39.4 d	
15	33.4 t		3″	39.2 t	
16	81.8 d		4″	174.8 s	
17	59.2 d		5″	18.0 q	
18	67.0 t	3.93 ABq	NH₂		6.11 br s
		3.96 ABq			6.51 br s
19	172.8 s				

注：溶剂 CDCl₃

化合物名称：bulleyanitine C

分子式：C$_{35}$H$_{47}$N$_3$O$_{11}$　　　　　　　　**分子量**（M+1）：686

植物来源：*Delphinium bulleyanum* Forrest ex Diels　　拟螺距翠雀花

参考文献：魏孝义，陈泗英，韦璧瑜，等. 1989. 拟螺距翠雀花中的新二萜生物碱. 云南植物研究，11（4）：453-460；Joshi B S，Pelletier S W. 1990. The structures of anhweidelphinine，bulleyanitines A-C，puberaconitine，and puberaconitidine. Journal of Natural Products，53（4）：1028-1030.

bulleyanitine C 的 NMR 数据

位置	δ_C/ppm	δ_H/ppm（J/Hz）	位置	δ_C/ppm	δ_H/ppm（J/Hz）
1	83.7 d		1-OMe	55.8 q	3.27 s
2	25.6 t		6-OMe	57.6 q	3.34 s
3	29.2 t		14-OMe	58.9 q	3.38 s
4	47.1 s		16-OMe	56.4 q	3.42 s
5	43.0 d		18-OCO	167.7 s	
6	91.8 d		1′	115.1 s	
7	85.1 s		2′	141.4 s	
8	76.3 s		3′	121.0 d	7.96 d（7）
9	50.3 d		4′	134.6 d	7.55 t（7）
10	37.6 d		5′	122.7 d	7.11 t（7）
11	49.1 s		6′	130.3 d	8.68 d（7）
12	28.4 t		NH		11.0 br s
13	44.9 d		1″	170.9 s	
14	81.9 d	3.65 t（4.5）	2″	42.0 t	
15	33.4 t		3″	36.6 d	
16	81.8 d		4″	178.1 s	
17	59.2 d		5″	17.8 q	
18	67.0 t	3.93 ABq	NH$_2$		6.51 br s
		3.96 ABq			6.55 br s
19	172.8 s				

注：溶剂 CDCl$_3$

化合物名称：caerudelphinine A

分子式：C₂₅H₃₉NO₈　　　　　　**分子量**（$M+1$）：482

植物来源：*Delphinium caeruleum* Jacq. ex Camb. 蓝翠雀花

参考文献：Lin C Z，Liu Z J，Bairi Z D，et al. 2017. A new diterpenoid alkaloids isolated from *Delphinium caeruleum*. Chinese Journal of Natural Medicines，15（1）：45-48.

caerudelphinine A 的 NMR 数据

位置	δ_C/ppm	δ_H/ppm（J/Hz）	位置	δ_C/ppm	δ_H/ppm（J/Hz）
1	72.6 d	3.68 t（4.4）	14	88.0 d	3.86 d（5.2）
2	26.2 t	2.07 m	15	39.8 t	1.87 dd（16.8, 4.8）
		2.16 m			2.72 dd（16.8, 4.8）
3	31.6 t	1.53 m	16	79.4 d	3.65 m
		1.78 m	17	61.9 d	3.09 s
4	38.2 s		18	78.2 t	3.02 br s
5	37.6 d	1.76（overlapped）			3.10 br s
6	31.1 t	1.36 dd（15.2, 5.2）	19	53.0 t	2.49 m
		2.93 dd（15.2, 5.2）			2.67 m
7	90.8 s		21	50.6 t	2.72 m
8	80.7 s				2.83 m
9	80.8 s		22	13.8 q	1.09 t（7.2）
10	79.1 s		14-OMe	59.4 q	3.57 s
11	56.5 s		16-OMe	59.5 q	3.30 s
12	35.4 t	1.80 dd（16.0, 7.2）	18-OMe	55.6 q	3.28 s
		2.85（overlapped）	O—CH₂—O	93.7 t	5.10 s
13	37.7 d	2.42 m			5.02 s

注：溶剂 CDCl₃；¹³C NMR：100 MHz；¹H NMR：400 MHz

化合物名称：caerunine

分子式：C$_{24}$H$_{35}$NO$_7$　　　　　　　　**分子量**（$M+1$）：450

植物来源：*Delphinium caeruleum* Jacq. ex Camb. 蓝翠雀花

参考文献：Wang Y，Chen S N，Pan Y J，et al. 1996. Diterpenoid alkaloids from *Delphinium caeruleum*. Phytochemistry，42（2）：569-571.

caerunine 的 NMR 数据

位置	δ_C/ppm	δ_H/ppm（J/Hz）	位置	δ_C/ppm	δ_H/ppm（J/Hz）
1	81.0 d		14	88.8 d	
2	23.6 t		15	33.5 t	
3	28.7 t		16	81.5 d	
4	48.5 s		17	62.4 d	4.08
5	51.8 d		18	75.3 t	
6	26.5 t		19	166.8 d	7.54 br s
7	90.9 s		1-OMe	55.7 q	3.32 s
8	82.4 s		14-OMe	58.0 q	3.48 s
9	78.5 s		16-OMe	56.3 q	3.35 s
10	38.9 d		18-OMe	59.5 q	3.35 s
11	52.0 s		O—CH$_2$—O	93.8 t	4.99 s
12	30.9 t				5.12 s
13	37.2 d				

注：溶剂 CDCl$_3$；^{13}C NMR：100 MHz；^{1}H NMR：400 MHz

化合物名称：campylocine

分子式：C$_{25}$H$_{37}$NO$_7$ **分子量**（$M+1$）：464

植物来源：*Delphinium campylocentrum* Maxim. 弯距翠雀花

参考文献：Yan L P，Chen D L，Wang F P. 2007. Structure elucidation of diterpenoid alkaloids from *Delphinium campylocentrum*. Chinese Journal of Organic Chemistry，27（8）：976-980.

campylocine 的 NMR 数据

位置	δ_C/ppm	δ_H/ppm（J/Hz）	位置	δ_C/ppm	δ_H/ppm（J/Hz）
1	68.6 d	3.77 d（5.2）	14	74.1 d	4.09 t（4.8）
2	25.0 t	1.46～1.54 m	15	33.3 t	2.44 t（8.4）
		1.72～1.79 m			1.89 s
3	21.9 t	1.65～1.67 m	16	81.5 d	3.49 d（6.8）
		1.64 d（8.8）	17	63.2 d	2.90 s
4	42.1 s		18	73.1 t	3.26 ABq（8.8）
5	49.4 d	1.39 s			3.40 ABq（8.8）
6	88.0 d	3.87 s	19	85.6 d	4.00 s
7	90.6 s		21	47.2 t	2.82～2.90 m
8	79.7 s				2.68～2.76 m
9	42.0 d	3.29 d（5.6）	22	13.5 q	1.09 t（7.2）
10	36.1 d	2.06～2.14 m	6-OMe	58.5 q	3.32 s
11	48.0 s		16-OMe	56.2 q	3.37 s
12	26.7 t	1.00～1.08 m	18-OMe	59.0 q	3.32 s
		1.80～1.84 m	O—CH$_2$—O	94.1 t	5.13 s
13	38.4 d	2.46～2.50 m			5.23 s

注：溶剂 CDCl$_3$；^{13}C NMR：100 MHz；^{1}H NMR：400 MHz

化合物名称：campylotine

分子式：$C_{24}H_{37}NO_7$　　　　　　　　分子量（$M+1$）：452

植物来源：*Delphinium campylocentrum* Maxim. 弯距翠雀花

参考文献：Yan L P，Chen D L，Wang F P. 2007. Structure elucidation of diterpenoid alkaloids from *Delphinium campylocentrum*. Chinese Journal of Organic Chemistry，27（8）：976-980.

campylotine 的 NMR 数据

位置	δ_C/ppm	δ_H/ppm（J/Hz）	位置	δ_C/ppm	δ_H/ppm（J/Hz）
1	71.6 d	3.79 d（3.2）	14	74.6 d	4.16 t（4.8）
2	26.5 t	1.62～1.68 m	15	35.7 t	2.53～2.62 m
		1.90～1.93 m			1.90～1.94 m
3	29.4 t	1.55～1.59 m	16	81.6 d	3.37～3.43 m
		1.50～1.54 m	17	65.8 d	3.11 d（2）
4	37.7 s		18	67.3 t	3.40 ABq（10.8）
5	41.8 d	3.60 d（9.4）			3.59 ABq（10.8）
6	88.6 d	3.74 s	19	57.2 t	2.34 ABq（7.6）
7	92.1 s				2.54 ABq（7.6）
8	83.2 s		21	49.9 t	2.84～2.93 m
9	45.6 d	2.06～2.10 m			2.68～2.76 m
10	46.3 d	1.62 d（8.8）	22	13.4 q	1.12 t（7.2）
11	50.4 s		6-OMe	58.4 q	3.34 s
12	28.8 t	1.61～1.68 m	16-OMe	56.1 q	3.36 s
		2.06～2.12 m	O—CH₂—O	93.9 t	5.07 s
13	38.4 d	2.37 t（6.4）			5.11 s

注：溶剂 CDCl₃；¹³C NMR：100 MHz；¹H NMR：400 MHz

化合物名称：cardiopetalidine

分子式：C$_{21}$H$_{33}$NO$_4$　　　　　　　　　**分子量**（M + 1）：364

植物来源：*Delphinium cuneatum*

参考文献：Khairitdinova E D，Tsyrlina E M，Spirikhin L V，et al. 2003. 16-Demethoxymethyllycaconitine，a new norditerpenoid alkaloid from *Delphinium cuneatum*. Russian Chemical Bulletin，52（9）：2078-2080.

cardiopetalidine 的 NMR 数据

位置	δ_C/ppm	δ_H/ppm（J/Hz）	位置	δ_C/ppm	δ_H/ppm（J/Hz）
1	72.7 d		12	32.0 t	
2	29.6 t		13	34.8 d	
3	31.9 t		14	75.8 d	
4	33.5 s		15	26.7 t	
5	47.5 d		16	24.9 t	
6	34.0 t		17	64.0 d	
7	87.2 s		18	27.4 q	
8	78.4 s		19	59.4 t	
9	48.0 d		21	50.5 t	
10	43.8 d		22	13.5 q	
11	50.2 s				

注：溶剂 CDCl$_3$

化合物名称：consolarine

分子式：C$_{22}$H$_{35}$NO$_6$　　　　　　　　分子量（$M+1$）：410

植物来源：*Consolida armeniaca*

参考文献：Mericli A H，Mericli F，Ulubelen A，et al. 1998. Consolarine，a novel norditerpenoid alkaloid from *Consolida armeniaca*. Heterocycles，47（1）：329-335.

consolarine 的 NMR 数据

位置	δ_C/ppm	δ_H/ppm（J/Hz）	位置	δ_C/ppm	δ_H/ppm（J/Hz）
1	72.2 d	3.63 br s	13	39.9 d	2.25 dd（4.9）
2	28.9 t	1.50 m	14	75.2 d	4.12 t（3.5）
3	34.6 t	1.50 m	15	36.2 t	1.90 m
		1.80 m			2.85 m
4	33.7 s		16	82.1 d	3.30 m
5	50.1 d	2.00 d（6.7）	17	63.7 d	2.80 s
6	69.8 d	4.49 d（6.7）	18	30.2 q	1.27 s
7	82.8 s		19	60.3 t	2.36 ABq（11.0）
8	77.5 s				2.82 ABq（11.0）
9	46.8 d	2.20 m	21	50.9 t	2.92 m（7.2）
10	43.4 d	1.85 m			2.99 m（7.2）
11	47.5 s		22	13.6 q	1.12 s
12	29.6 t	1.30 m	16-OMe	57.0 q	3.36 s
		1.70 m			

注：溶剂 CDCl$_3$；^{13}C NMR：75 MHz；^{1}H NMR：300 MHz

化合物名称：corumdephine

分子式：$C_{25}H_{39}NO_6$　　　　　　　　　分子量（$M+1$）：450

植物来源：*Delphinium corumbosum* Rgl.

参考文献：Salimov B T，Yunusov M S，Abdullaev N D，et al. 1985. Corumdefine—new alkaloid from *Delphinium corumbosum*. Khimiya Prirodnykh Soedinenii，1：95-98.

corumdephine 的 NMR 数据

位置	δ_C/ppm	δ_H/ppm（J/Hz）	位置	δ_C/ppm	δ_H/ppm（J/Hz）
1	83.8 d		14	84.7 d	
2	26.2 t		15	36.2 t	
3	31.9 t		16	72.0 d	
4	38.4 s		17	62.3 d	
5	44.0 d		18	78.9 t	
6	32.5 t		19	52.6 t	
7	92.1 s		21	50.7 t	
8	79.7 s		22	14.0 q	
9	47.8 d		1-OMe	55.9 q	
10	42.3 d		14-OMe	58.1 q	
11	50.3 s		18-OMe	59.4 q	
12	26.9 t		O—CH₂—O	93.4 t	
13	39.9 d				

注：溶剂 $CDCl_3$

化合物名称：davidisine A

分子式：$C_{23}H_{37}NO_7$　　　　　　　**分子量**（$M+1$）：440

植物来源：*Delphinium davidii* Franch. 谷地翠雀花

参考文献：Liang X X，Chen D L，Wang F P. 2006. Two new C₁₉-diterpenoid alkaloids from *Delphinium davidii* Franch. Chinese Chemical Letters，17（11）：1473-1476.

davidisine A 的 NMR 数据

位置	δ_C/ppm	δ_H/ppm（J/Hz）	位置	δ_C/ppm	δ_H/ppm（J/Hz）
1	82.8 d	3.16 t (3.2)	14	84.1 d	3.61 t (4.8)
2	24.6 t	1.72 m	15	33.3 t	1.78 m
3	28.5 t	1.58 m			2.68 d (13.2)
4	38.3 s		16	82.6 d	3.16 t (3.2)
5	47.2 d	1.81 s	17	60.6 d	2.83 d (2.4)
6	90.4 d	3.97 s	18	67.3 t	3.47 d (2.4)
7	83.8 s				3.58 d (10.8)
8	77.6 s		19	48.6 t	2.58 m
9	43.5 d	3.06 t (5.2)	1-OMe	55.6 q	3.27 s
10	38.3 d	2.34 t (4.4)	6-OMe	57.8 q	3.44 s
11	48.5 s		14-OMe	57.7 q	3.41 s
12	29.0 t	1.91 m	16-OMe	56.1 q	3.32 s
13	44.8 d	1.95 m			

注：溶剂 CDCl₃

化合物名称：davidisine B

分子式：C$_{24}$H$_{37}$NO$_8$　　　　　　　　　　　**分子量（$M+1$）**：468

植物来源：*Delphinium davidii* Franch. 谷地翠雀花

参考文献：Liang X X，Chen D L，Wang F P. 2006. Two new C$_{19}$-diterpenoid alkaloids from *Delphinium davidii* Franch. Chinese Chemical Letters，17（11）：1473-1476.

davidisine B 的 NMR 数据

位置	δ_C/ppm	δ_H/ppm（J/Hz）	位置	δ_C/ppm	δ_H/ppm（J/Hz）
1	81.1 d	3.04 d（8.0）	14	83.4 d	3.63 t（4.4）
2	24.8 t	2.15 m	15	33.3 t	1.69 dd（7.2，8.8）
3	30.3 t	1.45 m			3.56 dd（8.8，8.8）
		1.80 m	16	82.0 d	3.17 d（8.4）
4	37.5 s		17	62.9 d	3.52 d（2.8）
5	50.6 d	1.84 s	18	66.6 t	3.52 d（2.8）
6	89.5 d	3.84 s	19	44.5 t	2.79 d（14.8）
7	83.1 s				3.70 d（14.8）
8	77.0 s		21	163.7 d	7.89 s
9	42.9 d	3.11 dd（5.6，6.4）	1-OMe	55.1 q	3.21 s
10	45.2 d	2.05 m	6-OMe	58.0 q	3.47 s
11	47.0 s		14-OMe	57.5 q	3.41 s
12	27.5 t	2.32 d（4.8）	16-OMe	56.0 q	3.35 s
13	37.3 d	2.39 m			

注：溶剂 CDCl$_3$

化合物名称：deacetylelasine

分子式：$C_{24}H_{37}NO_7$　　　　　　　分子量（$M+1$）：452

植物来源：*Delphinium retropilosum* Sambuk

参考文献：Osadchii S A，Yakovleva E Y，Shakirov M M，et al. 1999. Study of alkaloids of the Siberian and altai flora. 2. Diterpene alkaloids from *Delphinium retropilosum*. Russian Chemical Bulletin，48（4）：796-800.

deacetylelasine 的 NMR 数据

位置	δ_C/ppm	δ_H/ppm（J/Hz）	位置	δ_C/ppm	δ_H/ppm（J/Hz）
1	76.9 d	3.55～3.60 m	15	36.7 t	1.67 ddd（16.5, 8.5, 1）
2	26.2 t	1.95～2.01 m			2.55 dd（16.5, 8.5）
		2.06～2.14 m	16	71.5 d	3.55～3.60 m
3	36.5 t	1.11 ddd（13, 5, 2.5）	17	63.5 d	3.14 d（2.5）
		1.52 ddd（13, 5, 2.5）	18	25.3 q	0.89 s
4	33.7 s		19	57.0 t	2.23 dd（11.5, 2.5）
5	51.0 d	1.45 s			2.62 d（11.5）
6	79.9 d	4.19 s	21	50.3 t	2.59 dq（13, 7）
7	93.1 s				2.71 dq（13, 7）
8	80.9 s		22	13.78 q	0.99 t（7）
9	48.1 d	3.55～3.60 m	1-OMe	55.4 q	3.19 s
10	82.7 s		14-OMe	58.1 q	3.42 s
11	55.2 s		O—CH₂—O	93.0 t	5.00 s
12	36.9 t	1.67 dd（16.5, 2.5）			5.11 s
		2.49 d（16.5）	OH		2.57 br s
13	39.8 d	2.43 td（5, 2.5）			3.30 br s
14	82.2 d	4.24 td（5, 1）			3.78 br s

注：溶剂 CDCl₃；¹³C NMR：125 MHz；¹H NMR：500 MHz

化合物名称：deacetylswinanine A

分子式：C$_{25}$H$_{37}$NO$_7$　　　　　　　　　　分子量（$M+1$）：464

植物来源：*Delphinium orthocentrum* Franch. 直距翠雀花

参考文献：Ding L S，Wang J，Peng S L，et al. 2000. Norditerpenoid alkaloids from *Delphinium orthocentrum* (Ranunculaceae). Acta Botanica Sinica，42（5）：523-525.

deacetylswinanine A 的 NMR 数据

位置	δ_C/ppm	δ_H/ppm（J/Hz）	位置	δ_C/ppm	δ_H/ppm（J/Hz）
1	76.1 d	3.84 d（4）	14	80.3 d	4.15 t（4.5）
2	125.2 d	6.00 dd（4, 10）	15	34.6 t	
3	137.2 d	5.69 d（10）	16	81.6 d	
4	34.4 s		17	60.3 d	
5	51.1 d		18	23.2 q	1.05 s
6	80.3 d	4.28 br s	19	58.1 t	
7	91.9 s		21	48.7 t	
8	83.1 s		22	12.9 q	1.08 t（7）
9	50.9 d		1-OMe	56.0 q	3.34 s
10	83.7 s		14-OMe	57.6 q	3.46 s
11	56.6 s		16-OMe	56.3 q	3.37 s
12	37.9 t		O—CH$_2$—O	93.6 t	5.11 s
13	38.3 d				5.15 s

注：溶剂 CDCl$_3$；^{13}C NMR：75 MHz；^{1}H NMR：300 MHz

化合物名称：dehydroacosanine

分子式：$C_{25}H_{39}NO_7$　　　　　　　　分子量（$M+1$）：466

植物来源：*Aconitum sajanense* Kumin

参考文献：Vaisov Z M，Bessonova I A. 1992. Alkaloids of *Aconitum sajanense*. Ⅱ. Structure of dehydroacosanine. Khimiya Prirodnykh Soedinenii，5：531-534.

dehydroacosanine 的 NMR 数据

位置	δ_C/ppm	δ_H/ppm（J/Hz）	位置	δ_C/ppm	δ_H/ppm（J/Hz）
1	83.38 d		14	83.96 d	
2	26.22 t		15	34.28 t	
3	32.64 t		16	81.94 d	
4	38.99 s		17	63.04 d	
5	56.05 d		18	76.79 t	
6	219.60 s		19	52.73 t	
7	84.78 s		21	50.72 t	
8	75.47 s		22	15.31 q	
9	45.79 d		1-OMe	56.32 q	
10	37.72 d		14-OMe	57.74 q	
11	43.47 s		16-OMe	57.56 q	
12	28.38 t		18-OMe	59.23 q	
13	45.79 d				

注：溶剂 CDCl₃

化合物名称：dehydrodelsoline

分子式：C$_{25}$H$_{39}$NO$_7$　　　　　　　　**分子量**（$M+1$）：466

植物来源：*Aconitum vulparia* subsp. *neapolitanum*

参考文献：De la Fuente G，Ruiz M L. 1994. Norditerpenoid alkaloids from *Aconitum vulparia* subsp. *neapolitanum*. Phytochemistry，37（1）：271-274.

dehydrodelsoline 的 NMR 数据

位置	δ_C/ppm	δ_H/ppm（J/Hz）	位置	δ_C/ppm	δ_H/ppm（J/Hz）
1	69.4 d	3.76 s	13	39.1 d	2.36 m
2	22.3 t	1.47 dt(12.3, 9.3)	14	84.5 d	3.66 t（4.5）
3	25.8 t	1.62 dt(12.2, 8.4)	15	33.7 t	5.56 d（6.3）
4	43.4 s		16	83.3 d	3.14 t（8.4）
5	49.7 d	1.56 br s	17	63.8 d	2.36 m
6	90.9 d	3.83 s	18	73.6 t	3.16 d（8.6）
7	84.8 s		19	85.7 d	3.90 s
8	77.2 s		21	47.6 t	2.93 sext（6.8）
9	43.6 d		22	13.9 q	1.08 t（7.1）
10	37.5 d	2.02 dt（11.5）	6-OMe	59.1 q	3.31 s
11	47.4 s		14-OMe	58.1 q	3.34 s
12	30.9 t	1.20 dd（14.2, 5.1）	16-OMe	56.7 q	3.39 s
		1.86 dt（13.7, 7.7）	18-OMe	59.3 q	3.46 s

注：溶剂 CDCl$_3$；^{13}C NMR：50 MHz；^{1}H NMR：400 MHz

化合物名称：dehydrodeltatsine

分子式：C$_{25}$H$_{39}$NO$_7$　　　　　　　　**分子量（$M+1$）**：466

植物来源：*Consolida orientalis* (Gay) Schrod.

参考文献：Alva A，Grandez M，Madinaveitia A，et al. 2004. Three new norditerpenoid alkaloids from *Consolida orientalis*. Chemical & Pharmaceutical Bulletin，52（5）：530-534.

dehydrodeltatsine 的 NMR 数据

位置	δ_C/ppm	δ_H/ppm（J/Hz）	位置	δ_C/ppm	δ_H/ppm（J/Hz）
1	68.7 d	3.71 d（5.2）	14	75.1 d	4.08 dt（4.8, 5.5）
2	22.0 t	1.75 m	15	29.1 t	2.66 dd（16.4, 8.7）
		1.47 m			2.14 dd（16.4, 4.7）
3	25.7 t	1.66 m	16	82.8 d	3.34 dd（4.7, 8.7）
		1.68 m	17	66.3 d	2.40 d（2.9）
4	30.3 s		18	73.6 t	3.37 d（9.1）
5	52.1 d	1.56 br s			3.24 d（9.1）
6	90.2 d	3.57 d（1.9）	19	85.2 d	3.98 s
7	87.3 s		21	47.9 t	3.00 dq（12.3, 7.2）
8	79.6 s				2.56 dq（12.3, 7.2）
9	42.9 d	2.91 dd（4.8, 7.0）	22	13.8 q	1.10 t（7.2）
10	37.2 d	2.02 ddd（11.5, 7.0, 7.0）	6-OMe	59.4 q	3.45 s
11	45.5 s		8-OMe	53.1 q	3.59 s
12	28.9 t	1.09 dd（14.0, 7.0）	16-OMe	56.5 q	3.40 s
		1.84 ddd（14.0, 11.5, 7.8）	18-OMe	59.7 q	3.36 s
13	39.1 d	2.43 ddd（7.8, 4.8, 1.7）	14-OH		3.73 d（5.5）

注：溶剂 CDCl$_3$；^{13}C NMR：50 MHz；^{1}H NMR：500 MHz

化合物名称：delajacine

分子式：C₃₇H₅₄N₂O₉　　　　　　　分子量（$M+1$）：671

植物来源：*Consolida ajacis* (L.) Schur　飞燕草

参考文献：Lu J，Desai H K，Ross S A，et al. 1993. New norditerpenoid alkaloids from the leaves of *Delphinium ajacis*. Journal of Natural Products，56（12）：2098-2103.

delajacine 的 NMR 数据

位置	δ_C/ppm	δ_H/ppm （J/Hz）	位置	δ_C/ppm	δ_H/ppm （J/Hz）
1	83.9 d		21	51.0 t	
2	26.1 t		22	14.0 q	1.08 t （7）
3	32.2 t		1-OMe	55.8 q	3.27 s
4	37.6 s		6-OMe	57.8 q	3.35 s
5	43.2 d		14-OMe	58.1 q	3.38 s
6	90.9 d		16-OMe	56.3 q	3.42 s
7	88.5 s		18-OCO	168.0 s	
8	77.5 s		1′	114.5 s	
9	50.4 d		2′	142.1 s	
10	46.1 d		3′	120.7 d	8.00 d （8）
11	49.0 s		4′	135.0 d	7.58 t （8）
12	28.7 t		5′	122.3 d	7.12 t （8）
13	38.1 d		6′	130.3 d	8.80 d （8）
14	83.9 d	3.61 t （4.5）	NH		11.0 s
15	33.7 t		1″	175.8 s	
16	82.5 d		2″	45.0 d	
17	64.5 d		3″	27.3 t	
18	69.7 t	4.18 s	4″	11.8 q	0.98 t （7）
19	52.4 t		5″	17.3 q	1.26 d （6.8）

注：溶剂 CDCl₃

化合物名称：delajacirine

分子式：$C_{36}H_{52}N_2O_9$　　　　　　　　分子量（$M+1$）：657

植物来源：*Consolida ajacis* (L.) Schur　　飞燕草

参考文献：Lu J，Desai H K，Ross S A，et al. 1993. New norditerpenoid alkaloids from the leaves of *Delphinium ajacis*. Journal of Natural Products，56（12）：2098-2103.

delajacirine 的 NMR 数据

位置	δ_C/ppm	δ_H/ppm（J/Hz）	位置	δ_C/ppm	δ_H/ppm（J/Hz）
1	83.9 d		21	51.0 t	
2	26.1 t		22	14.1 q	1.08 t（7）
3	32.2 t		1-OMe	55.9 q	3.27 s
4	37.6 s		6-OMe	57.9 q	3.36 s
5	43.2 d		14-OMe	58.0 q	3.39 s
6	90.9 d		16-OMe	56.3 q	3.42 s
7	88.5 s		18-OCO	168.1 s	
8	77.5 s		1′	114.5 s	
9	50.4 d		2′	142.1 s	
10	46.1 d		3′	120.6 d	8.00 d（8）
11	49.0 s		4′	135.0 d	7.58 t（8）
12	28.7 t		5′	122.3 d	7.12 t（8）
13	38.2 d		6′	130.3 d	8.78 d（8）
14	83.9 d	3.61 t（4.5）	NH		11.0 s
15	33.7 t		1″	176.2 s	
16	82.5 d		2″	37.5 d	
17	64.5 d		3″	19.5 q	1.28 d（9）
18	69.5 t		4″	19.5 q	1.28 d（9）
19	52.3 t				

注：溶剂 CDCl₃

化合物名称：delajadine

分子式：$C_{38}H_{54}N_2O_{10}$　　　　　　　分子量（$M+1$）：699

植物来源：*Consolida ajacis* (L.) Schur　飞燕草

参考文献：Lu J，Desai H K，Ross S A，et al. 1993. New norditerpenoid alkaloids from the leaves of *Delphinium ajacis*. Journal of Natural Products，56（12）：2098-2103.

delajadine 的 NMR 数据

位置	δ_C/ppm	δ_H/ppm（J/Hz）	位置	δ_C/ppm	δ_H/ppm（J/Hz）
1	83.7 d		22	14.1 q	1.08 t（7）
2	26.0 t		1-OMe	55.8 q	3.28 s
3	32.2 t		6-OMe	58.0 q	3.34 s
4	37.6 s		16-OMe	56.3 q	3.80 s
5	42.5 d		14-OAc	172.0 s	
6	90.6 d			21.5 q	2.07 s
7	88.3 s		18-OCO	168.1 s	
8	77.4 s		1′	114.4 s	
9	50.0 d		2′	142.1 s	
10	45.7 d		3′	120.7 d	7.98 d（8）
11	49.0 s		4′	135.1 d	7.60 t（8）
12	28.1 t		5′	122.5 d	7.13 t（8）
13	38.0 d		6′	130.3 d	8.80 d（8）
14	75.9 d	4.78 t	NH		11.0 s
15	33.6 t		1″	175.8 s	
16	82.3 d		2″	45.0 d	
17	64.5 d		3″	27.3 t	
18	69.5 t		4″	11.8 q	0.98 t（7）
19	52.2 t		5″	17.3 q	1.26 d（7）
21	51.0 t				

注：溶剂 CDCl₃

化合物名称：delavaine A

分子式：$C_{38}H_{54}N_2O_{11}$　　　　　　　　分子量（$M+1$）：715

植物来源：*Delphinium delavayi* Franch. var. *pogonanthum* (Hand.-Mazz.) W. T. Wang 须花翠雀花

参考文献：Pelletier S W，Harraz F M，Badawi M M，et al. 1986. The diterpenoid alkaloids of *Delphinium delavayi* Franch var. *pogonanthum* (H.-M.) Wang. Heterocycles，24（7）：1853-1865.

delavaine A 的 NMR 数据

位置	δ_C/ppm	δ_H/ppm （J/Hz）	位置	δ_C/ppm	δ_H/ppm （J/Hz）
1	83.9 d		22	14.0 q	1.07 t（7.0）
2	26.2 t		1-OMe	55.7 q	3.27 s
3	32.2 t		6-OMe	57.8 q	3.40 s
4	37.7 s		14-OMe	58.1 q	3.42 s
5	43.4 d		16-OMe	56.3 q	3.35 s
6	91.1 d		18-OCO	168.1 s	
7	88.6 s		1′	114.7 s	
8	77.6 s		2′	141.7 s	
9	50.7 d		3′	120.8 d	7.97 d（7.8）
10	38.2 d		4′	134.9 d	7.56 t（7.3）
11	49.1 s		5′	122.6 d	7.10 t（7.3）
12	28.8 t		6′	130.3 d	8.72 d（8.8）
13	46.2 d		NH		11.05 br s
14	84.0 d		1″	170.0 s	
15	33.9 t		2″	41.5 t	
16	82.6 d		3″	35.9 d	
17	64.5 d		4″	175.9 s	
18	69.8 t		5″	51.9 q	3.71 s
19	52.6 t		6″	17.1 q	1.30 d（7.0）
21	51.0 t				

注：溶剂 CDCl₃

化合物名称：delavaine A free acid

分子式：$C_{37}H_{52}N_2O_{11}$　　　　　　　　　**分子量**（$M+1$）：701

植物来源：*Delphinium omeiense* W. T. Wang　　峨眉翠雀花

参考文献：Zhang C Y，Sung W L，Chen D H. 1993. Alkaloidal constituents of *Delphinium omeiense*. Fitoterapia，64（2）：188-189.

delavaine A free acid 的 NMR 数据

位置	δ_C/ppm	δ_H/ppm（J/Hz）	位置	δ_C/ppm	δ_H/ppm（J/Hz）
1	83.9 d		21	51.0 t	
2	25.9 t		22	14.0 q	
3	31.9 t		1-OMe	55.9 q	
4	37.5 s		6-OMe	57.9 q	
5	43.2 d		14-OMe	58.1 q	
6	90.7 d		16-OMe	56.4 q	
7	88.4 s		18-OCO	168.0 s	
8	77.6 s		1′	114.7 s	
9	50.2 d		2′	141.4 s	
10	37.7 d		3′	120.8 d	7.94 d（7.7）
11	49.0 s		4′	134.8 d	7.52 t（7.3）
12	28.7 t		5′	122.6 d	7.10 t（7.5）
13	45.9 d		6′	130.3 d	8.65 d（7.3）
14	83.9 d		NH		11.06 br s
15	33.9 t		1″	171.0 s	
16	82.4 d		2″	41.7 t	
17	64.6 d		3″	36.8 d	
18	69.8 t		4″	177.0 s	
19	52.5 t		5″	17.2 q	

注：溶剂 CDCl₃；¹³C NMR：100 MHz；¹H NMR：400 MHz

化合物名称： delavaine B

分子式： $C_{38}H_{54}N_2O_{11}$　　　　　　　　**分子量**（$M+1$）：715

植物来源： *Delphinium delavayi* Franch. var. *pogonanthum* (Hand.-Mazz.) W. T. Wang 须花翠雀花

参考文献： Pelletier S W，Harraz F M，Badawi M M，et al. 1986. The diterpenoid alkaloids of *Delphinium delavayi* Franch var. *pogonanthum* (H.-M.) Wang. Heterocycles，24（7）：1853-1865.

delavaine B 的 NMR 数据

位置	δ_C/ppm	δ_H/ppm（J/Hz）	位置	δ_C/ppm	δ_H/ppm（J/Hz）
1	83.9 d		22	14.0 q	1.07 t（7.0）
2	26.2 t		1-OMe	55.8 q	3.27 s
3	32.2 t		6-OMe	57.9 q	3.40 s
4	37.7 s		14-OMe	58.1 q	3.42 s
5	43.4 d		16-OMe	56.3 q	3.35 s
6	91.1 d		18-OCO	168.1 s	
7	88.6 s		1′	114.8 s	
8	77.6 s		2′	142.0 s	
9	50.6 d		3′	120.8 d	7.97 d（7.8）
10	38.3 d		4′	134.9 d	7.56 t（7.3）
11	49.2 s		5′	122.6 d	7.10 t（7.3）
12	28.8 t		6′	130.3 d	8.72 d（8.3）
13	46.2 d		NH		11.17 br s
14	84.0 d		1″	172.5 s	
15	33.9 t		2″	39.1 d	
16	82.6 d		3″	39.1 t	
17	64.5 d		4″	174.1 s	
18	69.8 t		5″	51.7 q	3.68 s
19	52.6 t		6″	17.9 q	1.28 d
21	51.0 t				

注：溶剂 CDCl₃

化合物名称：delavaine B free acid/shawurensine

分子式：C$_{37}$H$_{52}$N$_2$O$_{11}$　　　　　　　　**分子量（$M+1$）**：701

植物来源：*Delphinium omeiense* W. T. Wang　峨眉翠雀花/*Delphinium shawurense* W. T. Wang　沙乌尔翠雀花

参考文献：Zhang C Y，Sung W L，Chen D H. 1993. Alkaloidal constituents of *Delphinium omeiense*. Fitoterapia，64（2）：188-189；Gu D Y，Aisa H A，Usmanova S K. 2007. Shawurensine，a new C$_{19}$-diterpenoid alkaloid from *Delphinium shawurense*. Chemistry of Natural Compounds，43（3）：298-301.

delavaine B free acid/shawurensine 的 NMR 数据（Zhang et al.，1993）

位置	δ_C/ppm	δ_H/ppm（J/Hz）	位置	δ_C/ppm	δ_H/ppm（J/Hz）
1	83.9 d		21	51.0 t	
2	25.9 t		22	14.0 q	
3	31.9 t		1-OMe	55.9 q	
4	37.5 s		6-OMe	57.9 q	
5	43.2 d		14-OMe	58.1 q	
6	90.7 d		16-OMe	56.4 q	
7	88.4 s		18-OCO	168.0 s	
8	77.6 s		1′	114.9 s	
9	50.2 d		2′	141.6 s	
10	37.7 d		3′	120.8 d	7.94 d（7.7）
11	49.0 s		4′	134.9 d	7.52 t（7.3）
12	28.7 t		5′	122.7 d	7.10 t（7.5）
13	45.9 d		6′	130.3 d	8.65 d（7.3）
14	83.9 d		NH		11.14 br s
15	33.9 t		1″	171.0 s	
16	82.4 d		2″	39.2 d	
17	64.6 d		3″	39.2 t	
18	69.8 t		4″	175.0 s	
19	52.5 t		5″	17.9 q	

注：溶剂 CDCl$_3$；^{13}C NMR：100 MHz；^{1}H NMR：400 MHz

delavaine B free acid/shawurensine 的 NMR 数据（Gu et al.，2007）

位置	δ_C/ppm	δ_H/ppm（J/Hz）	位置	δ_C/ppm	δ_H/ppm（J/Hz）
1	83.9 d	3.00 m	19	52.3 t	2.48 d（11.4）
2	25.9 t	2.09 m			2.73 d（11.4）
		2.17 m	21	50.9 t	2.81~2.84 m
3	32.0 t	1.53 m	22	14.0 q	1.15 t（7.2）
		1.80 d（15）	1-OMe	55.8 q	3.40 s
4	37.5 s		6-OMe	57.8 q	3.37 s
5	43.3 d	1.73 br s	14-OMe	58.1 q	3.34 s
6	90.8 d	3.92 br s	16-OMe	56.3 q	3.26 s
7	88.5 s		18-OCO	167.9 s	
8	77.5 s		1′	114.9 s	
9	50.4 d	2.97 d（7.2）	2′	141.6 s	
10	38.4 d	1.95 q（12.0，6.0）	3′	120.7 d	7.95 d（11.4）
11	49.0 s		4′	134.8 d	7.52 t（7.5）
12	28.6 t	1.67 dd（15.0，6.6）	5′	122.6 d	7.09 t（7.7）
		2.43 dd（15.0，8.4）	6′	130.3 d	8.68 d（8.4）
13	45.9 d	2.35 dd（6.6，4.8）	NH		11.09 br s
14	83.9 d	3.61 t（4.5）	1″	174.8 s	
15	33.6 t	1.85 dd（14.4，7.8）	2″	39.1 d	3.12 br s
		2.43 dd（15.0，8.4）	3″	37.0 t	2.96 br s
16	82.5 d	3.08 t（6.0）	4″	176.0 s	
17	64.5 d	2.63 br s	5″	17.9 q	1.31 d（7.2）
18	69.8 t	4.18 br s			

注：溶剂 CDCl₃；¹³C NMR：150 MHz；¹H NMR：600 MHz

化合物名称：delbonine

分子式：$C_{27}H_{43}NO_8$ 分子量（$M+1$）：510

植物来源：*Consolida orientalis* (Gay) Schrod.

参考文献：Alva A，Grandez M，Madinaveitia A，et al. 2004. Three new norditerpenoid alkaloids from *Consolida orientalis*. Chemical & Pharmaceutical Bulletin，52（5）：530-534.

delbonine 的 NMR 数据

位置	δ_C/ppm	δ_H/ppm（J/Hz）	位置	δ_C/ppm	δ_H/ppm（J/Hz）
1	72.2 d	3.66 br s	15	30.2 t	2.56 dd（15.4, 7.8）
2	29.3 t	1.52 m			1.74 dd（15.4, 7.8）
3	26.9 t	1.45 dddd（13.9, 13.9, 6.1, 3.1）	16	82.2 d	3.34 m
		1.63 m	17	66.2 d	2.80 d（1.9）
		1.91 dd（13.8, 6.6）	18	78.6 t	3.31 d（8.9）
4	37.0 s				3.15 d（8.9）
5	48.5 d	1.71 d（1.9）	19	57.2 t	2.51 d（11.5）
6	90.7 d	3.83 s			2.46 d（11.5）
7	90.8 s		21	50.3 t	2.93 dq（14.0, 7.2）
8	81.6 s				2.82 dq（14.0, 7.2）
9	38.1 d	3.32 m	22	13.7 q	1.09 t（7.2）
10	44.4 d	2.10 m	6-OMe	59.2 q	3.37 s
11	49.1 s		8-OMe	50.6 q	3.31 s
12	29.3 t	1.73 t（9.3）	16-OMe	56.1 q	3.36 s
		1.83 m	18-OMe	59.3 q	3.38 s
13	36.6 d	2.52 br t（9.2）	14-OAc	170.6 s	
14	75.3 d	4.80 dt（5.3, 0.9）		21.4 q	2.05 s

注：溶剂 CDCl₃；¹³C NMR：50 MHz；¹H NMR：500 MHz

化合物名称：delbotine

分子式：$C_{26}H_{43}NO_7$　　　　　　　分子量（$M+1$）：482

植物来源：*Delphinium bonvalotii* Franch. 川黔翠雀花

参考文献：Jiang Q P，Sung W L. 1985. The structures of four new diterpenoid alkaloids from *Delphinium bonvalotii* Franch. Heterocycles，23（1）：11-15.

delbotine 的 NMR 数据

位置	δ_C/ppm	δ_H/ppm（J/Hz）	位置	δ_C/ppm	δ_H/ppm（J/Hz）
1	72.5 d	4.69 t（9.0）	15	29.9 t	
2	27.3 t		16	83.4 d	
3	29.6 t		17	66.2 d	
4	37.4 s		18	79.1 t	
5	39.5 d		19	57.5 t	
6	91.5 d	3.78 br s	21	50.4 t	
7	91.4 s		22	13.7 q	1.05 t（7.2）
8	82.3 s		6-OMe	59.4 q	3.34 s
9	49.4 d		8-OMe	57.7 q	3.34 s
10	37.0 d		14-OMe	57.7 q	3.39 s
11	51.0 s		16-OMe	56.4 q	3.39 s
12	30.3 t		18-OMe	59.4 q	3.39 s
13	45.2 d		1-OH		3.62 m
14	84.4 d	3.42 t（5.4）			

注：溶剂 CDCl₃

化合物名称：delbruline

分子式：$C_{26}H_{41}NO_7$　　　　　　　分子量（$M+1$）：480

植物来源：*Delphinium brunonianum* Royle　囊距翠雀花

参考文献：Deng W，Sung W L. 1986. Three new C₁₉-diterpenoid alkaloids：delbrunine，delbruline and delbrusine from *Delphinium brunonianum* Royle. Heterocycles，24（4）：873-876.

delbruline 的 NMR 数据

位置	δ_C/ppm	δ_H/ppm（J/Hz）	位置	δ_C/ppm	δ_H/ppm（J/Hz）
1	83.2 d		15	32.1 t	
2	26.7 t		16	81.8 d	
3	31.9 t		17	64.4 d	
4	37.9 s		18	78.3 t	
5	51.9 d		19	53.4 t	
6	88.5 d		21	50.4 t	
7	93.7 s		22	13.9 q	1.06 t（7.2）
8	80.7 s		1-OMe	55.5 q	3.26 s
9	48.0 d		6-OMe	58.1 q	3.32 s
10	42.1 d		16-OMe	56.2 q	3.36 s
11	49.0 s		18-OMe	59.1 q	3.36 s
12	23.7 t		O—CH₂—O	93.7 t	5.13 s
13	36.0 d				5.16 s
14	74.2 d				

注：溶剂 CDCl₃

化合物名称：delbrunine

分子式：$C_{25}H_{39}NO_7$　　　　　　分子量（$M+1$）：466

植物来源：*Delphinium caeruleum* Jacq. ex Camb. 蓝翠雀花

参考文献：Wang Y，Chen S N，Pan Y J，et al. 1996. Diterpenoid alkaloids from *Delphinium caeruleum*. Phytochemistry，42（2）：569-571.

delbrunine 的 NMR 数据

位置	δ_C/ppm	δ_H/ppm（J/Hz）	位置	δ_C/ppm	δ_H/ppm（J/Hz）
1	71.8 d		14	74.7 d	
2	28.2 t		15	36.5 t	
3	29.4 t		16	81.5 d	
4	37.1 s		17	65.8 d	
5	42.0 d		18	77.9 t	
6	88.3 d	3.72 s	19	57.4 t	
7	92.2 s		21	50.2 t	
8	83.4 s		22	13.9 q	1.12 t（7.2）
9	45.7 d		6-OMe	58.1 q	3.35 s
10	46.6 d		16-OMe	56.2 q	3.33 s
11	50.7 s		18-OMe	59.2 q	3.37 s
12	29.0 t		O—CH₂—O	94.1 t	5.09 s
13	42.6 d				5.12 s

注：溶剂 CDCl₃；¹³C NMR：100 MHz；¹H NMR：400 MHz

化合物名称：delbruninol

分子式：$C_{24}H_{37}NO_7$　　　　　　　　　　分子量（$M+1$）：452

植物来源：*Delphinium brunonianum* Royle　　囊距翠雀花

参考文献：Ulubelen A，Desai H K，Teng Q，et al. 1999. Delbruninol，a new norditerpenoid alkaloid from *Delphinium brunonianum* Royle. Heterocycles，51（8）：1897-1903.

delbruninol 的 NMR 数据

位置	δ_C/ppm	δ_H/ppm（J/Hz）	位置	δ_C/ppm	δ_H/ppm（J/Hz）
1	71.9 d	4.06 t（3.1）	14	74.6 d	4.19 br t（4.5）
2	27.3 t	2.14 m	15	34.2 t	2.57 m
		1.75 m			1.90 m
3	29.2 t	1.61 m	16	81.3 d	3.82 br d（9.0）
		1.94 m	17	65.7 d	4.38 br s
4	36.8 s		18	78.5 t	3.45 ABq（10.4）
5	47.9 d	1.68 d（8.1）			3.28 ABq（10.4）
6	78.6 d	4.38 br s	19	57.9 t	3.35 ABq（11.7）
7	92.4 s				2.88 ABq（11.7）
8	84.1 s		21	50.2 t	3.70 m
9	42.1 d	3.65 dd（4.7, 10.4）			3.49 m
10	45.5 d	2.25 m	22	13.6 q	1.11 t（7.1）
11	50.7 s		16-OMe	59.5 q	3.36 s
12	28.6 t	2.19 m	18-OMe	56.4 q	3.40 s
		2.18 m	O—CH₂—O	93.3 t	5.29 s
13	38.6 d	2.51 m			5.19 s

注：溶剂 CDCl₃；¹³C NMR：125 MHz；¹H NMR：500 MHz

化合物名称：delbrusine

分子式：$C_{27}H_{43}NO_7$　　　　　　　　**分子量（$M+1$）**：494

植物来源：*Delphinium brunonianum* Royle　囊距翠雀花

参考文献：Deng W，Sung W L. 1986. Three new C₁₉-diterpenoid alkaloids：delbrunine，delbruline and delbrusine from *Delphinium brunonianum* Royle. Heterocycles，24（4）：873-876.

delbrusine 的 NMR 数据

位置	δ_C/ppm	δ_H/ppm（J/Hz）	位置	δ_C/ppm	δ_H/ppm（J/Hz）
1	82.1 d		15	35.0 t	
2	26.7 t		16	81.9 d	
3	31.6 t		17	64.3 d	
4	39.0 s		18	79.0 t	
5	52.3 d		19	53.9 t	
6	89.5 d		21	50.7 t	
7	92.5 s		22	13.4 q	1.06 t（7.0）
8	84.0 s		1-OMe	55.1 q	3.32 s
9	48.7 d		6-OMe	58.5 q	3.33 s
10	40.2 d		14-OMe	57.8 q	3.38 s
11	50.7 s		16-OMe	56.2 q	3.42 s
12	28.3 t		18-OMe	59.5 q	3.43 s
13	37.9 d		O—CH₂—O	94.0 t	5.11 s
14	82.1 d				5.16 s

注：溶剂 CDCl₃

化合物名称：delcaroline

分子式：C$_{25}$H$_{41}$NO$_8$ 分子量（$M+1$）：484

植物来源：*Delphinium carolinianum* Walt.

参考文献：Pelletier S W，Mody N V，Desai R C. 1981. Delcaroline，a novel alkaloid from *Delphinium carolinianum* Walt. Heterocyccles，16（5）：747-750.

delcaroline 的 NMR 数据

位置	δ_C/ppm	δ_H/ppm（J/Hz）	位置	δ_C/ppm	δ_H/ppm（J/Hz）
1	79.4 d		14	73.6 d	4.06
2	25.5 t		15	33.9 t	
3	32.2 t		16	81.3 d	
4	38.1 s		17	66.1 d	
5	45.1 d		18	77.2 t	
6	90.8 d		19	52.5 t	
7	88.0 s		21	51.3 t	
8	75.1 s		22	14.3 q	1.05 t
9	54.0 d		1-OMe	55.5 q	3.25 s
10	79.9 s		6-OMe	57.7 q	3.35 s
11	53.8 s		16-OMe	56.3 q	3.30 s
12	37.6 t		18-OMe	59.1 q	3.42 s
13	37.0 d				

注：溶剂 CDCl$_3$

化合物名称：delcoridine

分子式：$C_{25}H_{39}NO_7$　　　　　　　　　**分子量**（$M+1$）：466

植物来源：*Delphinium iliense* Huth　伊犁翠雀花

参考文献：Zhamierashvili M G，Tel′Nov V A，Yunusov M S，et al. 1980. Alkaloids of *Delphinium iliense*. Chemistry of Natural Compounds，16（5）：479-480.

delcoridine 的 NMR 数据

位置	δ_C/ppm	δ_H/ppm（J/Hz）	位置	δ_C/ppm	δ_H/ppm（J/Hz）
1	83.9 d		14	74.1 d	
2	25.7 t		15	31.9 t	
3	27.0 t		16	81.7 d	
4	38.6 s		17	64.3 d	
5	52.2 d		18	78.9 t	
6	78.7 d		19	54.1 t	
7	94.2 s		21	50.7 t	
8	81.7 s		22	14.2 q	
9	48.0 d		1-OMe	56.1 q	
10	42.9 d		16-OMe	56.1 q	
11	49.6 s		18-OMe	59.7 q	
12	28.1 t		O—CH₂—O	93.4 t	
13	36.2 d				

注：溶剂 CDCl₃

化合物名称：delcorine

分子式：$C_{26}H_{41}NO_7$　　　　　　　分子量（$M+1$）：480

植物来源：*Delphinium* L.

参考文献：Pelletier S W，Mody N V，Dailey O D J. 1980. [13]C nuclear magnetic resonance spectroscopy of methylenedioxy group-containing C₁₉-diterpenoid alkaloids and their derivatives. Canadian Journal of Chemistry，58（17）：1875-1879.

delcorine 的 NMR 数据

位置	δ_C/ppm	δ_H/ppm（J/Hz）	位置	δ_C/ppm	δ_H/ppm（J/Hz）
1	83.1 d		14	82.5 d	
2	26.4 t		15	33.3 t	
3	31.8 t		16	81.8 d	
4	38.1 s		17	63.9 d	
5	52.6 d		18	78.9 t	
6	78.9 d		19	53.7 t	
7	92.7 s		21	50.7 t	
8	83.9 s		22	14.0 q	
9	48.1 d		1-OMe	55.5 q	
10	40.3 d		14-OMe	57.8 q	
11	50.2 s		16-OMe	56.3 q	
12	28.1 t		18-OMe	59.6 q	
13	37.9 d		O—CH₂—O	92.9 t	

注：溶剂 CDCl₃

化合物名称：delcosine

分子式：C$_{24}$H$_{39}$NO$_7$　　　　　　　分子量（$M+1$）：454

植物来源：*Consolida ajacis* (L.) Schur　飞燕草

参考文献：Desai H K，Cartwright B T，Pelletier S W. 1994. Ajadinine：a new norditerpenoid alkaloid from the seeds of *Delphinium ajacis*. The complete NMR assignments for some lycoctonine-type alkaloids. Journal of Natural Products，57（5）：677-682.

delcosine 的 NMR 数据

位置	δ_C/ppm	δ_H/ppm （J/Hz）	位置	δ_C/ppm	δ_H/ppm （J/Hz）
1	72.5 d	3.63 br s	15	34.3 t	1.59～1.68 m
2	29.2 t	1.64～1.93 m	16	81.9 d	3.30 m
3	27.3 t	1.45～1.65 m	17	66.3 d	2.82 s
4	37.5 s		18	77.2 t	2.95～3.42 ABq （9.3）
5	45.0 d	1.84 br s	19	57.0 q	2.41 s
6	89.9 d	3.99 s	21	50.3 t	2.75～2.98 m
7	87.7 s		22	13.6 q	1.06 t （7.1）
8	78.0 s		6-OMe	57.3 q	3.33 s
9	45.1 d	2.95 m	16-OMe	56.3 q	3.34 s
10	43.8 d	1.93 m	18-OMe	59.0 q	3.30 s
11	48.7 s		1-OH		7.30 br s
12	29.2 t	1.90～2.03 m	7-OH		5.26 s
13	39.3 d	2.30 m	8-OH		3.95 s
14	75.6 d	4.06 br s	14-OH		3.40 s

注：溶剂 CDCl$_3$；^{13}C NMR：75 MHz；^{1}H NMR：300 MHz

化合物名称：delectine

分子式：$C_{31}H_{44}N_2O_8$　　　　　　　　分子量（$M+1$）：573

植物来源：*Delphinium formosum* Boiss. et Huet.

参考文献：Mericli F，Mericli A H，Becker H，et al. 1996. Norditerpenoid alkaloids from *Delphinium formosum*. Phytochemistry，42（4）：1249-1251.

delectine 的 NMR 数据

位置	δ_C/ppm	δ_H/ppm（J/Hz）	位置	δ_C/ppm	δ_H/ppm（J/Hz）
1	85.0 d		17	65.2 d	
2	25.5 t		18	68.6 t	
3	32.3 t		19	52.5 t	
4	37.9 s		21	51.2 t	
5	42.8 d		22	14.3 q	
6	90.4 d		1-OMe	55.9 q	
7	90.5 s		6-OMe	58.2 q	
8	77.3 s		16-OMe	56.4 q	
9	50.3 d		18-OCO	167.9 s	
10	36.4 d		1′	110.4 s	
11	48.4 s		2′	150.9 s	
12	27.5 t		3′	134.4 d	
13	45.1 d		4′	130.8 d	
14	75.3 d		5′	116.4 d	
15	33.1 t		6′	116.9 d	
16	81.8 d				

注：溶剂 CDCl₃；¹³C NMR：100 MHz

化合物名称：delectinine 14-*O*-acetate

分子式：C$_{26}$H$_{41}$NO$_8$　　　　　　　　分子量（*M* + 1）：496

植物来源：*Delphinium nuttallianum* Pritz.

参考文献：Bai Y L，Benn M，Majak W. 1990. Further norditerpenoid alkaloids from *Delphinium nuttallianum*. Heterocycles，31（7）：1233-1236.

delectinine 14-*O*-acetate 的 NMR 数据

位置	δ_C/ppm	δ_H/ppm （*J*/Hz）	位置	δ_C/ppm	δ_H/ppm （*J*/Hz）
1	84.1 d		14	76.0 d	
2	26.1 t		15	33.7 t	
3	31.6 t		16	82.3 d	
4	38.6 s		17	64.8 d	
5	45.7 d		18	67.8 t	
6	90.4 d		19	52.5 t	
7	88.3 s		21	51.1 t	
8	—		22	14.2 q	
9	42.6 d		1-OMe	55.8 q	
10	49.3 d		6-OMe	57.9 q	
11	48.8 s		16-OMe	56.2 q	
12	28.2 t		14-OAc	171.9 s	
13	38.1 d			21.5 q	

注：溶剂 CDCl$_3$

化合物名称：delelatine

分子式：C$_{24}$H$_{37}$NO$_6$　　　　　　　　分子量（$M+1$）：436

植物来源：*Delphinium elatum* L. 高翠雀花

参考文献：Ross S A，Desai H K，Joshi B S，et al. 1988. The structure and partial synthesis of delelatine，an alkaloid from *Delphinium* species. Phytochemistry，27（11）：3719-3721.

delelatine 的 NMR 数据

位置	δ_C/ppm	δ_H/ppm（J/Hz）	位置	δ_C/ppm	δ_H/ppm（J/Hz）
1	83.9 d		14	73.9 d	4.15 t（4.5）
2	26.3 t		15	32.2 t	
3	36.8 t		16	81.8 d	
4	34.2 s		17	63.9 d	
5	55.9 d		18	25.3 q	0.95 s
6	78.8 d	4.22 br s	19	57.5 t	
7	94.0 s		21	50.6 t	
8	81.8 s		22	14.0 q	1.05 t（7）
9	47.8 d		1-OMe	56.4 q	3.30 s
10	42.6 d		16-OMe	56.4 q	3.40 s
11	49.7 s		O—CH$_2$—O	93.2 t	5.10 s
12	27.0 t				5.20 s
13	36.5 d				

注：溶剂 CDCl$_3$

化合物名称：delphatine

分子式：$C_{26}H_{43}NO_7$　　　　　　分子量（$M + 1$）：482

植物来源：*Delphinium* L.

参考文献：Pelletier S W，Mody N V，Sawhney R S，et al. 1977. Application of carbon-13 NMR spectroscopy to the structural elucidation of C₁₉-diterpenoid alkaloids from *Aconitum* and *Delphinium* species. Heterocycles，7（1）：327-339.

delphatine 的 NMR 数据

位置	δ_C/ppm	δ_H/ppm（J/Hz）	位置	δ_C/ppm	δ_H/ppm（J/Hz）
1	83.9 d		14	84.3 d	
2	26.2 t		15	33.5 t	
3	32.4 t		16	82.6 d	
4	38.1 s		17	64.8 d	
5	43.3 d		18	78.1 t	
6	90.6 d		19	52.8 t	
7	88.4 s		21	51.1 t	
8	77.5 s		22	14.2 q	
9	49.8 d		1-OMe	55.7 q	
10	38.1 d		6-OMe	57.3 q	
11	48.9 s		14-OMe	57.8 q	
12	28.7 t		16-OMe	56.3 q	
13	46.1 d		18-OMe	59.0 q	

注：溶剂 CDCl₃；¹³C NMR：25 MHz

化合物名称：delpheline

分子式：$C_{25}H_{39}NO_6$ **分子量**（$M+1$）：450

植物来源：*Delphinium caeruleum* Jacq. ex Camb. 蓝翠雀花

参考文献：Wang Y，Chen S N，Pan Y J，et al. 1996. Diterpenoid alkaloids from *Delphinium caeruleum*. Phytochemistry，42（2）：569-571.

delpheline 的 NMR 数据

位置	δ_C/ppm	δ_H/ppm（J/Hz）	位置	δ_C/ppm	δ_H/ppm（J/Hz）
1	83.1 d		14	81.9 d	
2	26.9 t		15	33.5 t	
3	36.9 t		16	81.9 d	
4	33.9 s		17	63.7 d	
5	55.5 d		18	25.3 q	
6	79.3 d		19	57.3 t	
7	92.8 s		21	50.2 t	
8	84.4 s		22	13.9 q	1.07 t（3）
9	47.6 d		1-OMe	57.6 q	3.30 s
10	40.3 d		14-OMe	56.1 q	3.32 s
11	50.4 s		16-OMe	59.3 q	3.40 s
12	28.1 t		O—CH_2—O	93.3 t	5.01 s
13	38.6 d				5.10 s

注：溶剂 CDCl_3；^{13}C NMR：100 MHz；^{1}H NMR：400 MHz

化合物名称：delphinifoline

分子式：$C_{23}H_{37}NO_7$　　　　　　分子量（$M+1$）：440

植物来源：*Aconitum yesoense* var. *macroyesoense* (Nakai) Tamura

参考文献：Wada K，Kawahara N. 2009. Diterpenoid and norditerpenoid alkaloids from the roots of *Aconitum yesoense* var. *macroyesoense*. Helvetica Chimica Acta，92（4）：629-637.

delphinifoline 的 NMR 数据

位置	δ_C/ppm	δ_H/ppm（J/Hz）	位置	δ_C/ppm	δ_H/ppm（J/Hz）
1	73.3 d	3.89～3.97 m	13	40.7 d	2.51～2.55 m
2	30.1 t	1.68～1.76 m	14	76.2 d	4.48 t（4.4）
		1.86～1.92 m	15	35.3 t	2.43～2.51 m
3	28.5 t	1.87～1.93 m			3.25～3.37 m
		2.02～2.06 m	16	83.7 d	3.64 t（7.8）
4	38.2 s		17	67.0 d	3.29 s
5	51.2 d	2.03 s	18	78.9 t	3.15 ABq（5.3）
6	80.7 d	4.96 s			3.36 ABq（5.3）
7	88.6 s		19	57.9 t	2.67 ABq（11.4）
8	79.0 s				2.83 ABq（11.4）
9	46.4 d	3.58 t（5.3）	21	50.8 t	3.04～3.11 m
10	45.1 d	2.07～2.11 m			3.22～3.28 m
11	49.3 s		22	13.9 q	1.13 t（7.0）
12	30.8 t	2.57～2.60 m	16-OMe	55.8 q	3.34 s
		2.11～2.19 m	18-OMe	59.0 q	3.16 s

注：溶剂 C_5D_5N；¹³C NMR：67.5 MHz；¹H NMR：270 MHz

化合物名称：delphiperegrine

分子式：C₃₄H₄₇NO₈　　　　　　　　　　分子量（M＋1）：598

植物来源：*Delphinium peregrinum*

参考文献：Ulubelen A，Mericli A H，Mericli F，et al. 1992. Diterpene alkaloids from *Delphinium peregrinum*. Phytochemistry，31（3）：1019-1022.

delphiperegrine 的 NMR 数据

位置	δ_C/ppm	δ_H/ppm（J/Hz）	位置	δ_C/ppm	δ_H/ppm（J/Hz）
1	84.3 d	3.67 m	17	64.2 d	
2	27.3 t		18	26.3 q	0.92 s
3	33.6 t		19	57.5 t	
4	34.3 s		21	48.3 t	
5	43.5 d	2.72	22	13.3 q	1.08 t（8）
6	73.8 d	5.53	1-OMe	56.5 q	3.42 s
7	88.6 s		7-OMe	56.0 q	3.30 s
8	82.2 s		8-OMe	48.5 q	3.30 s
9	46.2 d		16-OMe	56.5 q	3.12 s
10	38.4 d		6-OAc	171.2 s	
11	48.3 s			21.5 q	1.98 s
12	29.2 t		14-OCO	164.3 s	
13	41.3 d		1′	130.0 s	
14	79.1 d	5.18 t（4.5）	2′, 6′	129.7 d	
15	38.2 t		3′, 5′	128.5 d	
16	83.2 d	3.75 dd（9,4）	4′	133.2 d	

注：溶剂 CDCl₃

化合物名称：delsemine A

分子式：$C_{37}H_{53}N_3O_{10}$　　　　　　　**分子量**（$M+1$）：700

植物来源：*Delphinium gyalanum* Marq. et Shaw　　拉萨翠雀花

参考文献：Wang F P，Pelletier S W. 1990. A study on the alkaloidal components from *Delphinium gyalanum* Marq. et Shaw. Acta Botanica Sinica，32（9）：733-736.

delsemine A 的 NMR 数据

位置	δ_C/ppm	δ_H/ppm（J/Hz）	位置	δ_C/ppm	δ_H/ppm（J/Hz）
1	83.7 d		21	50.9 t	
2	26.1 t		22	14.0 q	1.10 t（7）
3	32.2 t		1-OMe	55.7 q	
4	37.7 s		6-OMe	57.8 q	
5	43.3 d		14-OMe	58.1 q	
6	91.1 d		16-OMe	56.3 q	
7	88.6 s		18-OCO	168.0 s	
8	77.6 s		1′	115.1 s	
9	50.7 d		2′	141.8 s	
10	38.3 d		3′	120.7 d	7.98 m
11	49.2 s		4′	134.8 d	7.56 m
12	28.7 t		5′	122.7 d	7.04 m
13	46.1 d		6′	130.3 d	8.70 m
14	83.9 d		1″	174.4 s	
15	33.7 t		2″	39.2 d	
16	82.6 d		3″	39.5 t	
17	64.5 d		4″	172.4 s	
18	69.9 t		5″	17.1 q	1.25 d（6）
19	52.6 t				

化合物名称：delsemine B

分子式：C$_{37}$H$_{53}$N$_3$O$_{10}$ **分子量**（$M+1$）：700

植物来源：*Delphinium gyalanum* Marq. et Shaw　拉萨翠雀花

参考文献：Wang F P，Pelletier S W. 1990. A study on the alkaloidal components from *Delphinium gyalanum* Marq. et Shaw. Acta Botanica Sinica，32（9）：733-736.

delsemine B 的 NMR 数据

位置	δ_C/ppm	δ_H/ppm（J/Hz）	位置	δ_C/ppm	δ_H/ppm（J/Hz）
1	83.6 d		21	50.9 t	
2	26.1 t		22	14.0 q	1.10 t（7）
3	32.2 t		1-OMe	55.7 q	
4	37.7 s		6-OMe	57.2 q	
5	43.3 d		14-OMe	57.8 q	
6	91.1 d		16-OMe	56.3 q	
7	88.6 s		18-OCO	168.0 s	
8	77.6 s		1′	115.1 s	
9	50.7 d		2′	141.7 s	
10	38.0 d		3′	120.7 d	7.98 m
11	49.2 s		4′	134.8 d	7.56 m
12	28.7 t		5′	122.6 d	7.14 m
13	46.1 d		6′	130.4 d	8.72 m
14	83.9 d		1″	170.5 s	
15	33.9 t		2″	41.4 t	
16	82.7 d		3″	36.7 d	
17	64.5 d		4″	177.5 s	
18	69.9 t		5″	17.8 q	1.36 d（6）
19	52.6 t				

化合物名称：delsoline

分子式：$C_{25}H_{41}NO_7$　　　　　　分子量（$M+1$）：468

植物来源：*Delphinium* L.

参考文献：Pelletier S W，Mody N V，Sawhney R S，et al. 1977. Application of carbon-13 NMR spectroscopy to the structural elucidation of C₁₉-diterpenoid alkaloids from *Aconitum* and *Delphinium* species. Heterocycles，7（1）：327-339.

delsoline 的 NMR 数据

位置	δ_C/ppm	δ_H/ppm（J/Hz）	位置	δ_C/ppm	δ_H/ppm（J/Hz）
1	72.6 d		14	84.5 d	
2	27.2 t		15	33.5 t	
3	29.3 t		16	82.9 d	
4	37.4 s		17	66.0 d	
5	43.9 d		18	77.3 t	
6	90.4 d		19	57.2 t	
7	87.8 s		21	50.3 t	
8	78.5 s		22	13.5 q	
9	44.9 d		6-OMe	57.2 q	
10	33.7 d		14-OMe	57.9 q	
11	49.3 s		16-OMe	56.3 q	
12	30.5 t		18-OMe	59.1 q	
13	43.3 d				

注：溶剂 CDCl₃；¹³C NMR：25 MHz

化合物名称：deltaline

分子式：C$_{27}$H$_{41}$NO$_8$　　　　　　　　　　分子量（M + 1）：508

植物来源：*Delphinium occidentale* S. Wats

参考文献：Desai H K，Pelletier S W. 1993. Revised ^{13}C NMR assignments for norditerpenoid alkaloids with 7, 8-methylenedioxy and 10 β-OH groups. Journal of Natural Products，56（7）：1140-1147.

deltaline 的 NMR 数据

位置	δ_C/ppm	δ_H/ppm（J/Hz）	位置	δ_C/ppm	δ_H/ppm（J/Hz）
1	77.3 d	3.50 m	15		2.45 m
2	27.2 t	2.10 m	16	81.5 d	3.19 m
		2.20 m	17	63.5 d	3.08 d（2.1）
3	36.5 t	1.21 m	18	25.7 q	0.88 s
		1.57 m	19	56.9 t	2.47 ABq（11.3）
4	33.7 s				2.71 ABq（11.3）
5	50.4 d	1.58 br s	21	50.2 t	2.70 m
6	79.2 d	5.46 s			2.82 m
7	91.6 s		22	13.8 q	1.06 t（7.1）
8	81.4 s		1-OMe	55.3 q	3.26 s
9	50.4 d	3.34 d（6.0）	14-OMe	57.7 q	3.45 s
10	83.8 s		16-OMe	56.2 q	3.33 s
11	56.0 s		6-OAc	169.8 s	
12	39.4 t	1.75 m		21.7 q	2.08 s
		3.29 m	O—CH$_2$—O	93.9 t	4.91 s
13	38.5 d	2.51 m			4.96 s
14	81.7 d	4.13 t（4.9）	10-OH		1.67 s
15	34.8 t	1.82 m			

注：溶剂 CDCl$_3$；^{13}C NMR：75 MHz；^{1}H NMR：300 MHz

化合物名称：deltamine

分子式：C₂₅H₃₉NO₇ 分子量（$M + 1$）：466

植物来源：*Delphinium occidentale* S. Wats

参考文献：Desai H K，Pelletier S W. 1993. Revised ^{13}C NMR assignments for norditerpenoid alkaloids with 7, 8-methylenedioxy and 10β-OH groups. Journal of Natural Products，56（7）：1140-1147.

deltamine 的 NMR 数据

位置	δ_C/ppm	δ_H/ppm（J/Hz）	位置	δ_C/ppm	δ_H/ppm（J/Hz）
1	77.3 d	3.55 dd（9.9, 7.5）	15	34.3 t	1.83 m
2	27.0 t	2.03 m			2.50 m
		2.13 m	16	81.6 d	3.18 m
3	36.8 t	1.21 m	17	63.2 d	3.01 d（2.1）
		1.57 br d（13.3）	18	25.6 q	0.94 s
4	33.6 s		19	57.2 t	2.25 ABq（11.3）
5	51.3 d	1.48 br s			2.73 ABq（11.2）
6	80.1 d	4.24 s	21	50.4 t	2.64 m
7	92.4 s				2.73 m
8	82.4 s		22	13.9 q	1.04 t（7.1）
9	50.8 d	3.45 d（6.1）	1-OMe	55.5 q	3.25 s
10	83.5 s		14-OMe	57.8 q	3.43 s
11	56.0 s		16-OMe	56.2 q	3.33 s
12	38.7 t	1.76 d（15.4）	O—CH₂—O	93.3 t	5.05 s
		3.08 d（15.5）			5.13 s
13	37.4 d	2.53 m	10-OH		2.39 s
14	81.6 d	4.13 t（4.7）			

注：溶剂 CDCl₃；^{13}C NMR：75 MHz；^{1}H NMR：300 MHz

化合物名称：deltatsine

分子式：C$_{25}$H$_{41}$NO$_7$ 分子量（$M+1$）：468

植物来源：*Delphinium tatsienense* Franch. 康定翠雀花

参考文献：Joshi B S，Glinski J A，Chokshi H P，et al. 1984. Deltatsine, a new C$_{19}$-diterpenoid alkaloid from *Delphinium tatsienense* Franch. Heterocycles，22（9）：2037-2042.

deltatsine 的 NMR 数据

位置	δ_C/ppm	δ_H/ppm（J/Hz）	位置	δ_C/ppm	δ_H/ppm（J/Hz）
1	72.3 d	3.60 br s	14	74.7 d	4.00 t（4.5）
2	27.2 t		15	30.9 t	
3	29.3 t		16	82.4 d	
4	37.1 s		17	66.5 d	
5	39.9 d		18	78.6 t	3.14 ABq（8.9）
6	90.6 d	3.80 s			3.30 ABq（8.9）
7	91.2 s		19	57.3 t	
8	81.2 s		21	50.3 t	
9	48.9 d		22	13.7 q	1.08 t（7.3）
10	45.2 d		6-OMe	59.2 q	
11	48.6 s		8-OMe	51.3 q	
12	28.5 t		16-OMe	56.3 q	
13	39.9 d		18-OMe	59.3 q	

注：溶剂 CDCl$_3$；^{13}C NMR：75 MHz；^{1}H NMR：300 MHz

化合物名称：delterine

分子式：C$_{25}$H$_{41}$NO$_7$　　　　　　　分子量（$M+1$）：468

植物来源：*Delphinium excelsum* Reichb.

参考文献：Batbayar N，Enkhzaya S，Tunsag J，et al. 2003. Norditerpenoid alkaloids from *Delphinium* species. Phytochemistry，62：543-550.

delterine 的 NMR 数据

位置	δ_C/ppm	δ_H/ppm（J/Hz）	位置	δ_C/ppm	δ_H/ppm（J/Hz）
1	78.0 d		14	82.8 d	
2	26.9 t		15	34.9 t	
3	37.3 t		16	82.4 d	
4	34.1 s		17	65.1 d	
5	51.1 d		18	27.1 q	
6	92.2 d		19	56.8 t	
7	88.1 s		21	51.3 t	
8	76.2 s		22	14.4 q	
9	53.9 d		1-OMe	55.8 q	
10	81.6 s		6-OMe	58.7 q	
11	55.0 s		14-OMe	58.8 q	
12	40.0 t		16-OMe	56.5 q	
13	38.6 d				

注：溶剂 CDCl$_3$

化合物名称：delvestidine

分子式：C$_{33}$H$_{48}$N$_2$O$_8$　　　　　　　　　分子量（$M+1$）：601

植物来源：*Aconitum septentrionale* Koelle. 紫花高乌头

参考文献：Samir A R，Pelletier S W. 1992. New norditerpenoid alkaloids from *Aconitum septentrionale*. Tetrahedron，48（7）：1183-1192.

delvestidine 的 NMR 数据

位置	δ_C/ppm	δ_H/ppm（J/Hz）	位置	δ_C/ppm	δ_H/ppm（J/Hz）
1	83.4 d		18	69.5 t	
2	25.6 t		19	53.3 t	
3	31.9 t		21	51.8 t	
4	37.7 s		22	14.8 q	
5	40.5 d		1-OMe	55.6 q	
6	91.3 d		6-OMe	59.8 q	
7	90.1 s		8-OMe	54.3 q	
8	80.7 s		14-OMe	57.6 q	
9	51.9 d		16-OMe	56.4 q	
10	46.6 d		18-OCO	167.9 s	
11	47.5 s		1′	110.7 s	
12	27.9 t		2′	150.6 s	
13	37.9 d		3′	116.7 d	
14	83.0 d		4′	134.1 d	
15	28.0 t		5′	116.3 d	
16	82.8 d		6′	131.0 d	
17	66.2 d				

注：溶剂 CDCl$_3$

化合物名称：delvestine

分子式：$C_{32}H_{46}N_2O_8$　　　　　　　　**分子量**（$M+1$）：587

植物来源：*Delphinium vestitum* Wall.

参考文献：Desai H K，Joshi B S，Pelletier S W. 1985. Two new diterpenoid alkaloids from *Delphinium vestitum* Wall. Heterocycles，23（10）：2483-2487.

delvestine 的 NMR 数据

位置	δ_C/ppm	δ_H/ppm（J/Hz）	位置	δ_C/ppm	δ_H/ppm（J/Hz）
1	72.2 d		17	65.8 d	
2	26.9 t		18	69.0 t	
3	29.5 t		19	57.3 t	
4	36.6 s		21	50.3 t	
5	39.0 d		22	13.7 q	
6	91.1 d		6-OMe	59.8 q	
7	91.1 s		8-OMe	50.8 q	
8	82.0 s		14-OMe	57.6 q	
9	49.1 d		16-OMe	56.3 q	
10	44.8 d		18-OCO	167.9 s	
11	49.1 s		1′	110.4 s	
12	29.3 t		2′	150.9 s	
13	36.7 d		3′	116.9 d	
14	84.1 d		4′	134.4 d	
15	30.1 t		5′	116.4 d	
16	83.1 d		6′	130.8 d	

注：溶剂 CDCl₃

化合物名称：desacetyl-6-*epi*-pubescenine

分子式：C$_{24}$H$_{39}$NO$_7$　　　　　　　　**分子量（$M+1$）**：454

植物来源：*Delphinium nuttallianum* Pritz.

参考文献：Bai Y L，Benn M，Majak W. 1990. Further norditerpenoid alkaloids from *Delphinium nuttallianum*. Heterocycles，31（7）：1233-1236.

desacetyl-6-epi-pubescenine 的 NMR 数据

位置	δ_C/ppm	δ_H/ppm（J/Hz）	位置	δ_C/ppm	δ_H/ppm（J/Hz）
1	72.6 d		13	39.6 d	
2	27.1 t		14	74.7 d	
3	28.5 t		15	29.1 t	
4	37.2 s		16	82.0 d	
5	45.0 d		17	66.8 d	
6	80.7 d		18	78.9 t	
7	90.0 s		19	57.6 t	
8	84.3 s		21	50.7 t	
9	43.0 d		22	13.8 q	
10	49.3 d		8-OMe	52.0 q	
11	49.1 s		16-OMe	56.6 q	
12	27.3 t		18-OMe	59.5 q	

注：溶剂 CDCl$_3$

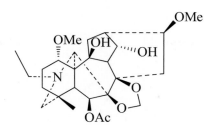

化合物名称：dictyocarpine

分子式：$C_{26}H_{39}NO_8$　　　　　　　**分子量（$M+1$）**：494

植物来源：*Delphinium dictyocarpum*

参考文献：Desai H K，Pelletier S W. 1993. Revised ^{13}C NMR assignments for norditerpenoid alkaloids with 7, 8-methylenedioxy and 10 β-OH groups. Journal of Natural Products，56（7）：1140-1147.

<h3 style="text-align:center">dictyocarpine 的 NMR 数据</h3>

位置	δ_C/ppm	δ_H/ppm（J/Hz）	位置	δ_C/ppm	δ_H/ppm（J/Hz）
1	77.2 d	3.61 dd（10.0, 7.4）	15	32.9 t	1.81 m
2	26.4 t	2.03 m			2.49 dd（14.7, 9.1）
		2.12 m	16	81.2 d	3.47 m
3	36.3 t	1.20 m	17	64.4 d	3.29 d（2.2）
		1.56 br d（13.2）	18	25.5 q	0.85 s
4	34.0 s		19	56.9 t	2.44 ABq（11.8）
5	50.4 d	1.56 br s			2.71 ABq（11.8）
6	78.6 d	5.47 s	21	50.4 t	2.77 m
7	93.0 s		22	14.0 q	1.05 t（8.6）
8	79.9 s		1-OMe	55.6 q	3.25 s
9	51.8 d	3.36 d（5.1）	16-OMe	56.3 q	3.34 s
10	82.9 s		6-OAc	170.2 s	
11	55.1 s			21.8 q	2.08 s
12	37.6 t	1.75 d（4.5）	O—CH₂—O	93.9 t	4.94 s
		2.67 d（14.8）			4.98 s
13	36.6 d	2.56 m	10-OH		2.17 s
14	72.8 d	4.62 m	14-OH		4.29 d（6.5）

注：溶剂 CDCl₃；^{13}C NMR：75 MHz；^{1}H NMR：300 MHz

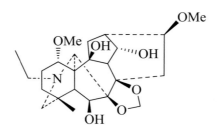

化合物名称：dictyocarpinine

分子式：$C_{24}H_{37}NO_7$ 分子量（$M+1$）：452

植物来源：*Delphinium glaucescens* Rybd.

参考文献：Pelletier S W，Mody N V，Dailey O D J. 1980. [13]C nuclear magnetic resonance spectroscopy of methylenedioxy group-containing C₁₉-diterpenoid alkaloids and their derivatives. Canadian Journal of Chemistry，58（17）：1875-1879.

dictyocarpinine 的 NMR 数据

位置	δ_C/ppm	δ_H/ppm（J/Hz）	位置	δ_C/ppm	δ_H/ppm（J/Hz）
1	79.9 d		13	36.5 d	
2	26.4 t		14	72.6 d	
3	36.9 t		15	33.2 t	
4	33.9 s		16	81.2 d	
5	51.9 d		17	64.0 d	
6	77.3 d		18	25.4 q	
7	93.4 s		19	57.2 t	
8	82.8 s		21	50.5 t	
9	51.6 d		22	14.0 q	
10	80.5 s		1-OMe	55.6 q	
11	55.4 s		16-OMe	56.3 q	
12	36.7 t		O—CH₂—O	93.4 t	

注：溶剂 CDCl₃

化合物名称：dihydrogadesine

分子式：$C_{23}H_{37}NO_6$　　　　　　分子量（$M+1$）：424

植物来源：*Delphinium giraldii* Diels　　秦岭翠雀花

参考文献：Zhou X L，Chen Q H，Chen D L，et al. 2003. New C₁₉-diterpenoid alkaloids from the roots of *Delphinium giraldii*. Chinese Journal of Chemistry，21（7）：871-874.

dihydrogadesine 的 NMR 数据

位置	δ_C/ppm	δ_H/ppm（J/Hz）	位置	δ_C/ppm	δ_H/ppm（J/Hz）
1	72.7 d	3.58～3.72 m	13	44.0 d	1.75～1.84 m
2	29.2 t	1.83～1.97 m	14	75.6 d	4.10 t（4.8）
		2.00～2.10 m	15	34.3 t	1.65～1.75 m
3	32.1 t	1.52～1.64 m			2.70～2.80 m
4	33.0 s		16	81.9 d	3.30～3.42 m
5	50.7 d	1.54 d（1.6）	17	65.6 d	2.86 d（2.0）
6	90.9 d	3.95 s	18	27.6 q	1.11 s
7	87.8 s		19	60.7 t	2.47 ABq（12.0）
8	77.9 s				2.51 ABq（12.0）
9	45.2 d	2.88～3.00 m	21	50.1 t	2.76～2.87 m
10	39.2 d	2.31～2.41 m			2.93～3.02 m
11	49.0 s		22	13.6 q	1.10 t（7.2）
12	29.1 t	1.54～1.68 m	6-OMe	57.9 q	3.37 s
		1.60～1.69 m	16-OMe	56.2 q	3.36 s

注：溶剂 CDCl₃；¹³C NMR：100 MHz；¹H NMR：400 MHz

化合物名称：dimethyllycoctonine

分子式：$C_{27}H_{45}NO_7$　　　　　　　　　　分子量（$M+1$）：496

植物来源：*Delphinium tatsienense* Franch. 康定翠雀花

参考文献：Joshi B S，Glinski J A，Chokshi H P，et al. 1984. Deltatsine，a new C₁₉-diterpenoid alkaloid from *Delphinium tatsienense* Franch. Heterocycles，22（9）：2037-2042.

dimethyllycoctonine 的 NMR 数据

位置	δ_C/ppm	δ_H/ppm（J/Hz）	位置	δ_C/ppm	δ_H/ppm（J/Hz）
1	82.9 d		15	33.5 t	
2	30.0 t		16	84.2 d	
3	32.3 t		17	66.4 d	
4	38.0 s		18	78.1 t	
5	50.4 d		19	52.4 t	
6	85.5 d		21	51.4 t	
7	92.8 s		22	14.0 q	
8	80.0 s		1-OMe	55.8 q	
9	44.5 d		6-OMe	56.3 q	
10	45.6 d		7-OMe	55.5 q	
11	49.0 s		14-OMe	57.7 q	
12	26.2 t		16-OMe	56.0 q	
13	38.9 d		18-OMe	59.0 q	
14	84.5 d				

注：溶剂 CDCl₃

化合物名称：eladine

分子式：C$_{24}$H$_{37}$NO$_6$　　　　　　　　**分子量（M+1）**：436

植物来源：*Delphinium uralense* N.

参考文献：Gabbasov T M，Tsyrlina E M，Spirikhin L V，et al. 2008. 6-Oxocorumdephine and 18-methoxyeladine，new norditerpene alkaloids from the aerial part of *Delphinium uralense*. Chemistry of Natural Compounds，44（6）：745-748.

eladine 的 NMR 数据

位置	δ_C/ppm	δ_H/ppm（J/Hz）	位置	δ_C/ppm	δ_H/ppm（J/Hz）
1	82.8 d		13	38.9 d	
2	26.9 t		14	83.8 d	
3	36.8 t		15	36.1 t	
4	34.2 s		16	71.9 d	
5	55.7 d		17	63.5 d	
6	79.1 d		18	25.3 q	
7	93.0 s		19	57.6 t	
8	82.3 s		21	50.4 t	
9	47.9 d		22	13.9 q	
10	39.9 d		1-OMe	56.1 q	
11	49.8 s		14-OMe	58.2 q	
12	27.1 t		O—CH$_2$—O	93.8 t	

注：溶剂 CDCl$_3$

化合物名称：elanine

分子式：$C_{41}H_{56}N_2O_{11}$

分子量（$M+1$）：753

植物来源：*Delphinium elatum* L. 高翠雀花

参考文献：Pelletier S W，Ross S A，Desai H K. 1990. A norditerpenoid alkaloid from *Delphinium elatum*. Phytochemistry，29（7）：2381-2383；Shen X L，Zhou X L，Chen Q H，et al. 2002. New C₁₉-diterpenoid alkaloids from the roots of *Delphinium potaninii* var. *jiufengshanense*. Chemical & Pharmaceutical Bulletin，50（9）：1265-1267.

elanine 的 NMR 数据

位置	δ_C/ppm	δ_H/ppm（J/Hz）	位置	δ_C/ppm	δ_H/ppm（J/Hz）
1	83.8 d		1-OMe	55.9 q	
2	26.1 t		6-OMe	58.2 q	
3	32.0 t		16-OMe	55.9 q	
4	37.6 s		14-OCO	176.9 s	
5	49.9 d		1′	41.2 d	
6	90.6 d	3.86 s	2′	26.3 t	
7	88.3 s		3′	11.6 q	0.88 t（7）
8	77.3 s		4′	16.2 q	
9	43.1 d		18-OCO	164.1 s	
10	45.6 d		1″	127.0 s	
11	49.0 s		2″	133.1 s	
12	28.2 t		3″	130.1 d	7.27 dd（2, 7.5）
13	37.6 d		4″	131.0 d	7.68 dt（2, 7.5）
14	75.4 d	4.78 t（6）	5″	133.7 d	7.55 dt（2, 7.5）
15	33.7 t		6″	129.5 d	8.05 dd（2, 7.5）
16	82.2 d		1‴	179.8 s	
17	64.6 d		2‴	35.2 d	
18	69.4 t	4.08 s	3‴	37.0 t	
19	52.3 t		4‴	175.8 s	
21	51.1 t		5‴	16.4 q	
22	14.1 q	1.02 t（7）			

注：溶剂 CDCl₃

化合物名称：elapacidine

分子式：$C_{24}H_{37}NO_6$　　　　　　　　分子量（$M+1$）：436

植物来源：*Delphinium elatum* L. 高翠雀花

参考文献：Wada K，Chiba R，Kanazawa R，et al. 2015. Six new norditerpenoid alkaloids from *Delphinium elatum*. Phytochemistry Letters，12：79-83.

elapacidine 的 NMR 数据

位置	δ_C/ppm	δ_H/ppm（J/Hz）	位置	δ_C/ppm	δ_H/ppm（J/Hz）
1	84.6 d	3.17 dd（10.3, 6.9）	13	36.3 d	2.49 m
2	26.2 t	2.47 m	14	74.2 d	3.91 t（4.8）
		1.94 m	15	30.5 t	2.45 dd（17.2, 7.5）
3	38.1 t	1.64 m			2.02 d（17.2）
		1.34 m	16	81.5 d	3.57 dd（6.9, 3.4）
4	35.3 s		17	64.4 d	3.66 d（2.1）
5	61.9 d	1.84 s	18	24.7 q	0.96 s
6	219.0 s		19	56.1 t	2.55 d（11.7）
7	87.8 s				2.25 dd（12.4, 2.7）
8	78.7 s		21	50.7 t	2.86 m
9	42.4 d	2.32 br s			2.78 m
10	46.5 d	1.92 t（3.5）	22	14.2 t	1.04 t（7.5）
11	44.2 s		1-OMe	56.1 q	3.30 s
12	26.3 t	1.91 m	8-OMe	53.5 q	3.52 s
		1.81 m	16-OMe	56.7 q	3.37 s

注：溶剂 CDCl₃；¹³C NMR：150 MHz；¹H NMR：600 MHz

化合物名称：elapacigine

分子式：$C_{23}H_{31}NO_6$ **分子量**（$M+1$）：418

植物来源：*Delphinium elatum* L. 高翠雀花

参考文献：Yamashita H，Katoh M，Kokubun A，et al. 2018. Four new C₁₉-diterpenoid alkaloids from *Delphinium elatum*. Phytochemistry Letters，24：6-9.

elapacigine 的 NMR 数据

位置	δ_C/ppm	δ_H/ppm（J/Hz）	位置	δ_C/ppm	δ_H/ppm（J/Hz）
1	211.2 s		13	36.5 d	2.52 m
2	40.4 t	3.22 m	14	73.6 d	4.12 m
		2.39 m	15	32.4 t	2.42 m
3	39.4 t	1.91 m			1.85 m
		1.82 m	16	80.8 d	3.51 m
4	35.8 s		17	65.2 d	3.59 s
5	61.6 d	2.24 s	18	24.4 q	1.05 s
6	213.8 s		19	58.5 t	2.77 m
7	90.8 s				2.42 m
8	81.8 s		21	50.1 t	2.77 m
9	44.9 d	2.20 m			2.72 m
10	41.5 d	2.29 m	22	13.7 q	1.07 t（7.5）
11	56.1 s		16-OMe	56.7 q	3.37 s
12	28.6 t	2.42 m	O—CH₂—O	95.8 t	5.62 s
		1.34 m			5.15 s

注：溶剂 CDCl₃；¹³C NMR：150 MHz；¹H NMR：600 MHz

化合物名称：elasine

分子式：$C_{26}H_{39}NO_8$　　　　　　　**分子量**（$M+1$）：494

植物来源：*Delphinium elatum* L. 高翠雀花

参考文献：Pelletier S W，Ross S A，Kulanthaivel P. 1989. New alkaloids from *Delphinium elatum* L. Tetrahedron，45（7）：1887-1892.

elasine 的 NMR 数据

位置	δ_C/ppm	δ_H/ppm（J/Hz）	位置	δ_C/ppm	δ_H/ppm（J/Hz）
1	78.9 d		15	37.1 t	
2	26.2 t		16	71.7 d	
3	37.9 t		17	64.0 d	
4	33.9 s		18	25.4 q	0.82 s
5	50.2 d		19	56.8 t	
6	77.1 d	5.43 br s	21	50.2 t	
7	92.7 s		22	13.8 q	1.01 t（7.0）
8	83.0 s		1-OMe	55.4 q	
9	47.6 d		14-OMe	57.9 q	
10	80.1 s		6-OAc	169.7 s	
11	55.0 s			21.4 q	2.03 s
12	36.4 t		O—CH₂—O	93.6 t	4.86 s
13	40.0 d				4.91 s
14	82.5 d	4.28 t（4.5）			

注：溶剂 CDCl₃

化合物名称：elatidine

分子式：$C_{26}H_{41}NO_7$ 分子量（$M+1$）：480

植物来源：*Delphinium elatum* L. 高翠雀花

参考文献：Osadchii S A，Pankrushina N A，Shakirov M M，et al. 2000. Study of alkaloids from plants of Siberia and Altai. 4. *N*-deethylation of diterpene alkaloids of the aconitane type. Russian Chemical Bulletin，49（3）：557-562.

elatidine 的 NMR 数据

位置	δ_C/ppm	δ_H/ppm（*J*/Hz）	位置	δ_C/ppm	δ_H/ppm（*J*/Hz）
1	83.2 d	3.52 br s			2.32 dd（16，8.5）
2	26.1 t	1.96～2.06 m	16	81.3 d	3.15 m
3	31.0 t	1.27～1.35 m	17	64.0 d	3.03 s
		1.57～1.66 m	18	67.8 t	3.25 d（10.5）
4	37.8 s				3.39 d（10.5）
5	51.8 d	1.27～1.35 m	19	52.9 t	2.12 d（12）
6	89.0 d	3.52 br s			2.52～2.59 m
7	91.9 s		21	50.1 t	2.52～2.59 m
8	83.0 s				2.72 dq（13，7）
9	39.7 d	3.58 t（6.5）	22	13.5 q	0.95 t（7）
10	48.3 d	1.96～2.06 m	1-OMe	54.7 q	3.16 s
11	49.7 s		6-OMe	57.4 q	3.32 s
12	27.6 t	1.57～1.66 m	14-OMe	58.3 q	3.26 s
		2.46 dd（14，3.5）	16-OMe	55.7 q	3.23 s
13	38.2 d	2.22 t（5）	O—CH₂—O	93.1 s	4.94 s（2H）
14	81.4 d	2.89 t（8.5）	OH		2.35 br s
15	34.5 t	1.75 dd（16，7.5）			

注：溶剂 CDCl₃；¹³C NMR：50 MHz；¹H NMR：200 MHz

化合物名称：finetiadine

分子式：$C_{38}H_{52}N_2O_{12}$　　　　　　分子量（$M+1$）：729

植物来源：*Aconitum finetianum* Hand.-Mazz. 赣皖乌头

参考文献：Wu G，Jiang S H，Zhu D Y. 1996. Norditerpenoid alkaloids from roots of *Aconitum finetianum*. Phytochemistry，42（4）：1253-1255.

finetiadine 的 NMR 数据

位置	δ_C/ppm	δ_H/ppm （J/Hz）	位置	δ_C/ppm	δ_H/ppm （J/Hz）
1	83.67 d	3.05			2.75
2	25.99 t	2.20	21	51.02 t	2.80
3	32.25 t	1.55	22	14.07 q	1.07 t （7.0）
		1.73	1-OMe	55.80 q	3.26 s
4	37.51 s		6-OMe	58.04 q	3.37 s
5	49.95 d	1.75	16-OMe	56.26 q	3.33 s
6	90.61 d	3.90	14-OAc	171.91 s	
7	88.25 s			21.52 q	2.06 s
8	77.14 s		18-OCO	167.95 s	
9	42.42 d	3.23	1′	114.42 s	
10	45.67 d	2.05	2′	141.66 s	
11	48.92 s		3′	120.60 d	8.70 d （8.4）
12	28.07 t	1.90	4′	135.00 d	7.56 t （8.4）
		2.50	5′	122.62 d	7.13 t （8.0）
13	38.17 d	2.40	6′	130.23 d	7.96 d （8.0）
14	75.86 d	4.75 t （4.8）	NH		11.11 s
15	33.67 t	1.55	1″	170.25 s	
		2.65	2″	28.86 t	2.74
16	83.67 d	3.25	3″	32.63 t	2.74
17	64.45 d	2.95	4″	173.03 s	
18	69.50 t	4.15	5″	51.88 q	3.70 s
19	52.17 t	2.45			

注：溶剂 CDCl₃；¹³C NMR：100 MHz；¹H NMR：400 MHz

化合物名称：gadeline

分子式：C$_{30}$H$_{39}$NO$_8$　　　　　　分子量（$M+1$）：542

植物来源：*Delphinium pentacynum* Lam.

参考文献：Gonzalez A G，De la Fuente G，Reina M，et al. 1986. The structures of four new diterpenoid alkaloids. Heterocycles，24（6）：1513-1516.

gadeline 的 NMR 数据

位置	δ_C/ppm	δ_H/ppm（J/Hz）	位置	δ_C/ppm	δ_H/ppm（J/Hz）
1	68.7 d	3.86 s	15	35.2 t	
2	30.3 t		16	81.8 d	
3	26.0 t		17	65.6 d	
4	38.7 s		18	20.6 q	0.98 s
5	47.6 d		19	88.8 d	3.95 m
6	92.1 d	3.82 s	21	47.5 t	
7	84.2 s		22	13.7 q	1.06 t（7）
8	74.9 s		6-OMe	58.6 q	3.25 s
9	54.2 d		16-OMe	56.2 q	3.31 s
10	79.6 s		14-OCO	167.0 s	
11	51.8 s		1′	130.7 s	
12	40.7 t		2′, 6′	130.1 d	
13	38.3 d		3′, 5′	128.4 d	
14	75.2 d	5.55 t（5）	4′	132.8 d	

注：溶剂 CDCl$_3$

化合物名称：gadenine

分子式：C$_{30}$H$_{41}$NO$_8$　　　　　　分子量（$M+1$）：544

植物来源：*Delphinium pentagynum* Lam.

参考文献：Gonzalez A G，De la Fuente G，Diaz Acosta R. 1984. Structures of gadenine and pentagyline，two new diterpenoid alkaloids. Heterocycles，22（1）：17-20.

gadenine 的 NMR 数据

位置	δ_C/ppm	δ_H/ppm（J/Hz）	位置	δ_C/ppm	δ_H/ppm（J/Hz）
1	70.0 d	4.15 m	15	35.2 t	
2	30.0 t		16	81.5 d	
3	31.5 t		17	66.3 d	
4	32.7 s		18	27.7 q	1.11 s
5	46.0 d		19	61.0 t	
6	91.5 d	4.02 s	21	50.4 t	
7	87.0 s		22	13.4 q	1.11 t（7）
8	76.8 s		6-OMe	58.2 q	3.32 s
9	53.0 d		16-OMe	56.2 q	3.36 s
10	81.7 s		14-OCO	166.6 s	
11	54.3 s		1′	130.5 s	
12	40.5 t		2′, 6′	130.0 d	
13	38.2 d		3′, 5′	128.4 d	
14	75.5 d	5.55 t（4.5）	4′	132.8 d	

注：溶剂 CDCl$_3$

化合物名称：gadesine

分子式：$C_{23}H_{35}NO_6$　　　　　　　**分子量（M + 1）**：422

植物来源：*Delphinium pentagynum* Lam.

参考文献：Gonzalez A G，De la Fuente G，Reina M，et al. 1986. The structures of four new diterpenoid alkaloids. Heterocycles，24（6）：1513-1516.

gadesine 的 NMR 数据

位置	δ_C/ppm	δ_H/ppm（J/Hz）	位置	δ_C/ppm	δ_H/ppm（J/Hz）
1	68.3 d	3.69 m	13	38.3 d	
2	27.7 t		14	75.3 d	3.97 dd（4.5, 4.5）
3	22.5 t		15	33.8 t	
4	38.4 s		16	81.8 d	
5	36.9 d		17	64.1 d	
6	90.9 d	3.82 d（1）	18	20.1 q	1.00 s
7	84.9 s		19	89.0 d	3.78 s
8	76.0 s		21	47.3 t	
9	45.4 d		22	13.7 q	1.09 t（7）
10	52.2 d		6-OMe	58.4 q	3.35 s
11	46.4 s		16-OMe	56.4 q	3.37 s
12	30.2 t				

注：溶剂 CDCl₃

化合物名称：gigactonine

分子式：$C_{24}H_{39}NO_7$　　　　　　**分子量（$M+1$）**：454

植物来源：*Delphinium vestitum* Wall.

参考文献：Desai H K，Joshi B S，Pelletier S W. 1985. Two new diterpenoid alkaloids from *Delphinium vestitum* Wall. Heterocycles，23（10）：2483-2487.

gigactonine 的 NMR 数据

位置	δ_C/ppm	δ_H/ppm（J/Hz）	位置	δ_C/ppm	δ_H/ppm（J/Hz）
1	72.7 d		13	37.8 d	
2	29.4 t		14	84.6 d	
3	30.5 t		15	33.5 t	
4	38.2 s		16	83.0 d	
5	44.7 d		17	66.1 d	
6	90.6 d		18	66.8 t	
7	87.8 s		19	57.3 t	
8	78.5 s		21	50.4 t	
9	43.4 d		22	13.6 q	
10	44.0 d		6-OMe	57.7 q	
11	49.4 s		14-OMe	57.7 q	
12	26.7 t		16-OMe	56.4 q	

注：溶剂 CDCl₃

化合物名称：giraldine A

分子式：C$_{23}$H$_{35}$NO$_6$ **分子量**（$M+1$）：422

植物来源：*Delphinium giraldii* Diels   秦岭翠雀花

参考文献：Zhou X L，Chen Q H，Chen D L，et al. 2003. New C$_{19}$-diterpenoid alkaloids from the roots of *Delphinium giraldii*. Chinese Journal of Chemistry，21（7）：871-874.

giraldine A 的 NMR 数据

位置	δ_C/ppm	δ_H/ppm（J/Hz）	位置	δ_C/ppm	δ_H/ppm（J/Hz）
1	71.1 d	3.74 d（4.8）	14	75.5 d	4.12 t（4.4）
2	130.5 d	5.82 dd（9.6, 4.8）	15	34.4 t	1.62 dd（12.0, 6.4）
3	137.0 d	5.66 d（9.6）			2.74～2.84 m
4	34.8 s		16	82.0 d	3.30～3.42 m
5	53.8 d	1.72 d（1.6）	17	65.0 d	2.85 d（2.0）
6	91.2 d	3.92 s	18	24.4 q	1.12 s
7	86.7 s		19	56.0 t	2.40 ABq（12.0）
8	78.1 s				2.44 ABq（12.0）
9	45.4 d	2.90～3.02 m	21	50.1 t	2.75～2.85 m
10	39.7 d	2.30～2.40 m			3.02 s
11	48.9 s		22	13.6 q	1.06 t（7.2）
12	27.6 t	1.96～2.05 m	6-OMe	57.9 q	3.38 s
		2.00～2.10 m	16-OMe	56.2 q	3.37 s
13	44.5 d	1.90～2.03 m			

注：溶剂 CDCl$_3$；^{13}C NMR：100 MHz；^{1}H NMR：400 MHz

化合物名称：giraldine B

分子式：C$_{25}$H$_{37}$NO$_7$　　　　　　　　　　**分子量（$M+1$）**：464

植物来源：*Delphinium giraldii* Diels　秦岭翠雀花

参考文献：Zhou X L，Chen Q H，Chen D L，et al. 2003. New C$_{19}$-diterpenoid alkaloids from the roots of *Delphinium giraldii*. Chinese Journal of Chemistry，21（7）：871-874.

giraldine B 的 NMR 数据

位置	δ_C/ppm	δ_H/ppm（J/Hz）	位置	δ_C/ppm	δ_H/ppm（J/Hz）
1	71.0 d	3.75 d（4.8）	15	33.9 t	1.55～1.66 m
2	130.6 d	5.82 dd（9.6, 4.8）			2.66～2.76 m
3	136.9 d	5.66 d（9.6）	16	82.6 d	3.28～3.38 m
4	34.7 s		17	64.7 d	2.79 d（2.0）
5	53.6 d	1.70 d（1.6）	18	24.4 q	1.11 s
6	91.3 d	3.81 s	19	56.0 t	2.40 ABq（hidden）
7	86.5 s				2.46 ABq（hidden）
8	78.4 s		21	50.1 t	2.80～2.89 m
9	44.2 d	2.00～2.08 m			2.95～3.05 m
10	38.5 d	2.37～2.47 m	22	13.5 q	1.06 t（7.2）
11	49.2 s		6-OMe	57.9 q	3.37 s
12	28.0 t	1.95～2.05 m	16-OMe	56.2 q	3.35 s
		2.19～2.28 m	14-OAc	171.4 s	
13	42.6 d	3.10～3.22 m		21.4 q	2.07 s
14	76.3 d	4.80 t（5.2）	1-OH		3.89 s

注：溶剂 CDCl$_3$；^{13}C NMR：100 MHz；^{1}H NMR：400 MHz

化合物名称：giraldine C

分子式：C$_{30}$H$_{39}$NO$_7$　　　　　　　　分子量（$M+1$）：526

植物来源：*Delphinium giraldii* Diels　秦岭翠雀花

参考文献：Zhou X L，Chen Q H，Chen D L，et al. 2003. New C$_{19}$-diterpenoid alkaloids from the roots of *Delphinium giraldii*. Chinese Journal of Chemistry，21（7）：871-874.

giraldine C 的 NMR 数据

位置	δ_C/ppm	δ_H/ppm（J/Hz）	位置	δ_C/ppm	δ_H/ppm（J/Hz）
1	71.1 d		15	34.3 t	
2	130.7 d	5.80 dd（9.4, 4.6）	16	82.5 d	
3	137.0 d	5.70 d（9.4）	17	64.8 d	
4	34.8 s		18	24.4 q	1.12 s
5	53.8 d		19	56.0 t	
6	91.4 d		21	50.1 t	
7	86.8 s		22	13.6 q	1.08 t（7.2）
8	78.5 s		6-OMe	57.9 q	3.38 s
9	43.2 d		16-OMe	56.1 q	3.36 s
10	38.4 d		14-OCO	166.6 s	
11	49.4 s		1′	129.8 s	
12	27.9 t		2′, 6′	129.8 d	
13	43.2 d		3′, 5′	128.3 d	7.44～8.15 m
14	76.4 d	5.09 t（4.6）	4′	132.6 d	

注：溶剂 CDCl$_3$；^{13}C NMR：50 MHz；^{1}H NMR：200 MHz

化合物名称：giraldine D

分子式：$C_{24}H_{37}NO_6$　　　　　　　　**分子量**（$M+1$）：436

植物来源：*Delphinium giraldii* Diels　秦岭翠雀花

参考文献：Zhou X L，Chen Q H，Wang F P. 2004. Three new lycoctonine-type C_{19}-diterpenoid alkaloids from *Delphinium giraldii*. Heterocycles，63（1）：123-128.

giraldine D 的 NMR 数据

位置	δ_C/ppm	δ_H/ppm（J/Hz）	位置	δ_C/ppm	δ_H/ppm（J/Hz）
1	70.8 d	3.70 d（4.8）	14	74.8 d	4.00 t（4.8）
2	130.4 d	5.77 dd（4.8, 9.2）	15	31.1 t	2.67 dd（18.8, 7.6）
3	137.1 d	5.66 d（9.2）			1.83 m
4	34.7 s		16	82.2 d	3.40 m
5	51.6 d	3.49 s	17	65.2 d	2.86 s
6	91.6 d	3.69 s	18	24.0 q	1.07 s
7	90.6 s		19	56.2 t	2.43 ABq（11.6）
8	81.1 s				2.47 ABq（11.6）
9	40.3 d	3.31 m	21	50.2 t	2.88 m
10	40.0 d	2.28 m			3.00 m
11	48.4 s		22	13.7 q	1.06 t（7.2）
12	26.3 t	1.92 m	6-OMe	59.4 q	3.48 s
		2.08 m	8-OMe	57.5 q	3.41 s
13	46.0 d	2.04 m	16-OMe	56.3 q	3.39 s

注：溶剂 CDCl₃；¹³C NMR：100 MHz；¹H NMR：400 MHz

化合物名称：giraldine E

分子式：$C_{25}H_{39}NO_7$　　　　　　　　分子量（$M+1$）：466

植物来源：*Delphinium giraldii* Diels　秦岭翠雀花

参考文献：Zhou X L，Chen Q H，Wang F P. 2004. Three new lycoctonine-type C₁₉-diterpenoid alkaloids from *Delphinium giraldii*. Heterocycles，63（1）：123-128.

giraldine E 的 NMR 数据

位置	δ_C/ppm	δ_H/ppm（J/Hz）	位置	δ_C/ppm	δ_H/ppm（J/Hz）
1	71.0 d	3.75 d（4.4）	15	33.6 t	2.64 dd（8.8, 14.8）
2	131.6 d	5.82 dd（4.4, 9.6）			1.74 dd（8.8, 14.8）
3	134.2 d	5.86 d（9.6）	16	82.9 d	3.30 t（8.8）
4	39.9 s		17	65.0 d	2.84 d（2.8）
5	48.8 d	2.06 d（1.6）	18	75.8 t	3.17 ABq（6.8）
6	91.1 d	3.93 s			3.47 ABq（6.8）
7	86.7 s		19	51.8 t	2.33 ABq（11.6）
8	78.5 s				2.41 ABq（11.6）
9	43.5 d	2.98 m	21	50.2 t	2.80 m
10	44.7 d	2.00 m			3.02 m
11	49.1 s		22	13.5 q	1.06 t（7.2）
12	28.6 t	1.92 m	6-OMe	57.2 q	3.38 s
		2.20 dd（4.0, 13.2）	14-OMe	57.6 q	3.42 s
13	38.7 d	2.40 m	16-OMe	56.2 q	3.36 s
14	84.4 d	4.80 t（4.8）	18-OMe	59.1 q	3.36 s

注：溶剂 CDCl₃；¹³C NMR：100 MHz；¹H NMR：400 MHz

化合物名称：giraldine F

分子式：C$_{23}$H$_{33}$NO$_6$　　　　　　　分子量（$M+1$）：420

植物来源：*Delphinium giraldii* Diels　秦岭翠雀花

参考文献：Zhou X L，Chen Q H，Wang F P. 2004. Three new lycoctonine-type C$_{19}$-diterpenoid alkaloids from *Delphinium giraldii*. Heterocycles，63（1）：123-128.

giraldine F 的 NMR 数据

位置	δ_C/ppm	δ_H/ppm（J/Hz）	位置	δ_C/ppm	δ_H/ppm（J/Hz）
1	70.8 d	3.87 d（4.8）	14	215.4 s	
2	130.5 d	5.84 dd（4.8，9.2）	15	35.0 t	2.72 dd（15.6，8.0）
3	137.1 d	5.69 d（9.2）			1.35 m
4	34.8 s		16	86.7 d	3.86 m
5	53.2 d	3.08 d（2.0）	17	65.3 d	3.25 s
6	91.2 d	3.93 s	18	24.4 q	1.13 s
7	86.3 s		19	56.0 t	2.40 m
8	83.0 s				2.52 m
9	53.9 d	2.20 m	21	50.3 t	2.88 m
10	41.7 d	2.23 m			3.02 m
11	49.8 s		22	13.6 q	1.09 t（7.2）
12	25.8 t	2.50 m	6-OMe	57.9 q	3.37 s
13	47.1 d	2.44 m	16-OMe	56.0 q	3.35 s

注：溶剂 CDCl$_3$；^{13}C NMR：100 MHz；^{1}H NMR：400 MHz

化合物名称：giraldine G

分子式：C$_{40}$H$_{57}$N$_3$O$_{11}$ 　　　　**分子量**（$M+1$）：756

植物来源：*Delphinium giraldii* Diels　秦岭翠雀花

参考文献：Zhou X L，Chen Q H，Wang F P. 2004. Three new C$_{19}$-diterpenoid alkaloids from *Delphinium giraldii*. Chemical & Pharmaceutical Bulletin，52（4）：456-458.

giraldine G 的 NMR 数据

位置	δ_C/ppm	δ_H/ppm（J/Hz）	位置	δ_C/ppm	δ_H/ppm（J/Hz）
1	83.7 d		6-OMe	58.0 q	3.28 s
2	25.9 t		16-OMe	55.7 q	3.36 s
3	32.1 t		14-OCO	177.3 s	
4	37.5 s		1′	34.1 d	
5	50.0 d		2′	18.7 q	1.16 d（7.0）
6	90.6 d		3′	18.8 q	1.16 d（7.0）
7	88.4 s		18-OCO	167.9 s	
8	77.3 s		1″	114.8 s	
9	42.8 d		2″	141.7 s	
10	45.8 d		3″	120.5 d	
11	48.9 s		4″	134.8 d	7.07～8.71 m
12	28.0 t		5″	122.6 d	
13	37.7 d		6″	130.2 d	
14	75.5 d	4.75 t（4.8）	NH		11.16 s
15	33.6 t		1‴	174.6 s	
16	82.1 d		2‴	39.3 d	
17	64.3 d		3‴	39.0 t	
18	69.6 t		4‴	173.3 s	
19	52.2 t		5‴	18.1 q	1.35 d（7.0）
21	50.9 t		NH$_2$		5.36 br s
22	14.0 q	1.05 t（7.2）			5.80 br s
1-OMe	55.9 q	3.25 s			

注：溶剂 CDCl$_3$；^{13}C NMR：50 MHz；^{1}H NMR：200 MHz

化合物名称：giraldine H

分子式：C$_{41}$H$_{59}$N$_3$O$_{11}$　　　　　　分子量（$M+1$）：770

植物来源：*Delphinium giraldii* Diels　秦岭翠雀花

参考文献：Zhou X L，Chen Q H，Wang F P. 2004. Three new C$_{19}$-diterpenoid alkaloids from *Delphinium giraldii*. Chemical & Pharmaceutical Bulletin，52（4）：456-458.

giraldine H 的 NMR 数据

位置	δ_C/ppm	δ_H/ppm（J/Hz）	位置	δ_C/ppm	δ_H/ppm（J/Hz）
1	83.8 d		6-OMe	58.1 q	3.28 s
2	26.0 t		16-OMe	55.8 q	3.36 s
3	32.2 t		14-OCO	176.9 s	
4	37.7 s		1′	41.2 d	
5	50.2 d		2′	26.2 t	
6	90.8 d		3′	11.4 q	0.89 t（7.2）
7	88.4 s		5′	16.1 q	1.14 d（6.8）
8	77.3 s		18-OCO	167.9 s	
9	43.1 d		1″	114.9 s	
10	45.7 d		2″	141.7 s	
11	49.0 s		3″	120.7 d	
12	28.2 t		4″	134.9 d	7.08～8.71 m
13	37.6 d		5″	122.7 d	
14	75.4 d	4.78 t（4.6）	6″	130.3 d	
15	33.7 t		NH		11.16 s
16	82.2 d		1‴	174.6 s	
17	64.4 d		2‴	39.4 d	
18	69.7 t		3‴	39.2 t	
19	52.3 t		4‴	173.3 s	
21	51.0 t		5‴	18.2 q	1.35 d（7.0）
22	14.0 q	1.06 t（7.2）	NH$_2$		5.34 br s
1-OMe	55.9 q	3.25 s			5.79 br s

注：溶剂 CDCl$_3$；^{13}C NMR：50 MHz；^{1}H NMR：200 MHz

化合物名称：glabredelphinine

分子式：C$_{22}$H$_{33}$NO$_6$　　　　　　　**分子量**（$M+1$）：408

植物来源：*Delphinium kamaonense* var. *glabrescens* W. T. Wang　展毛翠雀花

参考文献：丁立生，陈维新. 1990. 展毛翠雀花中的二萜生物碱. 药学学报，25（6）：438-440.

glabredelphinine 的 NMR 数据

位置	δ_C/ppm	δ_H/ppm（J/Hz）	位置	δ_C/ppm	δ_H/ppm（J/Hz）
1	71.6 d	3.73 d（4.6）	14	76.0 d	4.23 dd（4.7, 4.7）
2	130.3 d	5.77 dd（9.4, 4.6）	15	37.1 t	
3	137.5 d	5.67 d（9.4）	16	82.0 d	
4	35.1 s		17	65.9 d	2.89 s
5	56.4 d		18	23.8 q	1.09 s
6	78.7 d		19	58.3 t	
7	87.5 s		21	50.5 t	2.45 q（7.2）（2H）
8	81.6 s		22	13.8 q	1.07 t（7.2）
9	45.5 d		16-OMe	56.8 q	3.37 s
10	44.8 d		OH		3.15 br s
11	48.8 s				3.85 br s
12	27.5 t				4.02 br s
13	40.1 d				

注：溶剂 CDCl$_3$；^{13}C NMR：100 MHz；^{1}H NMR：400 MHz

化合物名称：glaucedine

分子式：C$_{30}$H$_{49}$NO$_8$　　　　　　　　**分子量**（$M+1$）：552

植物来源：*Delphinium glaucescens* Rybd.

参考文献：Pelletier S W，Dailey O D J，Mody N V，et al. 1981. Isolation and structure elucidation of the alkaloids of *Delphinium glaucescens* Rybd. Journal of Organic Chemistry，46（16）：3284-3293.

glaucedine 的 NMR 数据

位置	δ_C/ppm	δ_H/ppm（J/Hz）	位置	δ_C/ppm	δ_H/ppm（J/Hz）
1	84.3 d		16	82.3 d	
2	26.2 t		17	64.8 d	
3	32.4 t		18	78.1 t	
4	37.1 s		19	52.8 t	
5	43.2 d		21	48.9 t	
6	90.5 d	3.88 d（3.0）	22	14.2 q	1.03 t（7.5）
7	88.4 s		1-OMe	55.8 q	3.33 s
8	77.4 s		6-OMe	57.4 q	3.28 s
9	51.1 d		16-OMe	55.8 q	3.33 s
10	38.1 d		18-OMe	59.0 q	3.43 s
11	49.6 s		14-OCO	176.9 s	
12	28.3 t		1'	41.3 d	
13	45.7 d		2'	26.2 t	
14	75.6 d	4.82 dd（5，5）	3'	11.6 q	
15	33.8 t		4'	16.2 q	

注：溶剂 CDCl$_3$

化合物名称：glaucenine

分子式：C$_{31}$H$_{47}$NO$_9$　　　　　　　　分子量（$M+1$）：578

植物来源：*Delphinium glaucescens* Rybd.

参考文献：Pelletier S W，Dailey O D J，Mody N V，et al. 1981. Isolation and structure elucidation of the alkaloids of *Delphinium glaucescens* Rybd. Journal of Organic Chemistry，46（16）：3284-3293.

glaucenine 的 NMR 数据

位置	δ_C/ppm	δ_H/ppm（J/Hz）	位置	δ_C/ppm	δ_H/ppm（J/Hz）
1	79.1 d		17	63.8 d	
2	26.9 t		18	25.3 q	0.89 s
3	37.3 t		19	56.9 t	
4	33.7 s		21	50.4 t	
5	50.3 d		22	13.8 q	1.06 t（7）
6	77.3 d	5.46 br s	1-OMe	55.4 q	3.32 s
7	91.6 s		16-OMe	55.8 q	3.32 s
8	83.2 s		6-OAc	170.0 s	
9	50.1 d			21.6 q	2.05 s
10	81.3 s		14-OCO	176.9 s	
11	55.8 s		1′	41.3 d	
12	36.6 t		2′	26.3 t	
13	38.9 d		3′	11.4 q	0.97 t（7.5）
14	74.1 d	5.32 dd（6, 6）	4′	16.2 q	1.12 d（7）
15	34.9 t		O—CH$_2$—O	93.7 t	4.89 s
16	81.2 d				4.97 s

注：溶剂 CDCl$_3$

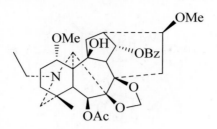

化合物名称：glaucephine

分子式：C$_{33}$H$_{43}$NO$_9$　　　　　　　分子量（$M+1$）：598

植物来源：*Delphinium glaucescens* Rybd.

参考文献：Pelletier S W，Dailey O D J，Mody N V，et al. 1981. Isolation and structure elucidation of the alkaloids of *Delphinium glaucescens* Rybd. Journal of Organic Chemistry，46（16）：3284-3293.

glaucephine 的 NMR 数据

位置	δ_C/ppm	δ_H/ppm（J/Hz）	位置	δ_C/ppm	δ_H/ppm（J/Hz）
1	79.0 d		17	64.1 d	
2	26.9 t		18	25.6 q	0.88 s
3	36.9 t		19	56.9 t	
4	33.8 s		21	50.4 t	
5	50.2 d		22	13.9 q	1.06 t（7）
6	77.4 d	5.48 m	1-OMe	55.5 q	3.31 s
7	91.7 s		16-OMe	55.9 q	3.33 s
8	83.2 s		6-OAc	170.2 s	
9	50.1 d			21.6 q	2.05 s
10	81.2 s		14-OCO	166.9 s	
11	55.7 s		1′	130.7 s	
12	36.6 t		2′, 6′	129.9 d	8.08~8.25 m
13	38.7 d		3′, 5′	128.3 d	7.38~7.65 m
14	74.3 d	5.48 m	4′	132.7 d	7.38~7.65 m
15	35.1 t		O—CH$_2$—O	93.9 t	4.89 s
16	81.2 d				4.95 s

注：溶剂 CDCl$_3$

化合物名称：glaucerine

分子式：$C_{30}H_{45}NO_9$　　　　　　分子量（$M+1$）：564

植物来源：*Delphinium glaucescens* Rybd.

参考文献：Pelletier S W，Dailey O D J，Mody N V，et al. 1981. Isolation and structure elucidation of the alkaloids of *Delphinium glaucescens* Rybd. Journal of Organic Chemistry，46（16）：3284-3293.

glaucerine 的 NMR 数据

位置	δ_C/ppm	δ_H/ppm（J/Hz）	位置	δ_C/ppm	δ_H/ppm（J/Hz）
1	79.0 d		17	63.9 d	
2	26.9 t		18	25.6 q	0.90 s
3	37.3 t		19	56.9 t	
4	33.7 s		21	50.4 t	
5	50.2 d		22	13.9 q	1.07 t（7）
6	77.3 d	5.45 s	1-OMe	55.4 q	3.32 s
7	91.6 s		16-OMe	55.9 q	3.35 s
8	83.2 s		6-OAc	170.1 s	
9	49.9 d			21.6 q	2.07 s
10	81.2 s		14-OCO	176.9 s	
11	55.7 s		1′	34.2 d	
12	36.5 t		2′	18.9 q	1.17 d（7）
13	38.8 d		3′	18.9 q	1.17 d（7）
14	74.3 d	5.32 dd（6，5）	O—CH₂—O	93.7 t	4.91 s
15	34.8 t				4.98 s
16	81.2 d				

注：溶剂 CDCl₃

化合物名称：glaudelsine

分子式：C₃₆H₄₈N₂O₁₀　　　　　　分子量（$M+1$）：669

植物来源：*Delphinium macrocentrum* Oliv.

参考文献：Benn M H，Okanga F I，Manavu R M. 1989. The principal alkaloids of *Delphinium macrocentrum* from Mt Kenya. Phytochemistry，28（3）：919-922.

glaudelsine 的 NMR 数据

位置	δ_C/ppm	δ_H/ppm（J/Hz）	位置	δ_C/ppm	δ_H/ppm（J/Hz）
1	84.9 d		19	52.4 t	
2	25.3 t		21	51.2 t	
3	32.2 t		22	14.3 q	1.09 t（7.2）
4	37.0 s		1-OMe	56.1 q	3.33 s
5	45.8 d		14-OMe	58.3 q	3.39 s
6	90.3 d		16-OMe	56.5 q	
7	89.2 s		18-OCO	164.2 s	
8	76.3 s		1′	127.1 s	
9	50.2 d		2′	133.1 s	
10	37.9 d		3′	129.5 d	
11	48.3 s		4′	133.7 d	
12	27.6 t		5′	131.0 d	
13	46.1 d		6′	130.1 d	
14	84.9 d	4.28 t（5）	1″	175.9 s	
15	33.1 t		2″	35.3 d	
16	81.7 d		3″	37.0 t	
17	65.0 d		4″	179.8 s	
18	69.5 t		5″	16.3 q	

注：溶剂 CDCl₃；¹³C NMR：50 MHz

化合物名称：graciline

分子式：$C_{21}H_{31}NO_4$　　　　　　　　**分子量**（$M+1$）：362

植物来源：*Delphinium cossonianum* Batt.

参考文献：De la Fuente G，Gavin J A，Acosta R D，et al. 1993. Three diterpenoid alkaloids from *Delphinium cossonianum*. Phytochemistry，34（2）：553-558.

graciline 的 NMR 数据

位置	δ_C/ppm	δ_H/ppm（J/Hz）	位置	δ_C/ppm	δ_H/ppm（J/Hz）
1	68.7 d	3.69 d（5.2）	12	28.9 t	
2	22.8 t		13	35.5 d	
3	30.6 t		14	74.6 d	4.01 t（4.5）
4	38.1 s		15	27.5 t	
5	46.8 d		16	23.0 t	
6	33.1 t		17	64.5 d	2.70 s
7	87.1 s		18	19.8 q	0.85 s
8	76.2 s		19	89.3 d	3.80 s
9	45.3 d		21	48.0 t	2.98 q（7）
10	36.4 d				3.02 q（7）
11	48.0 s		22	14.3 q	1.09 t（7）

注：溶剂 CDCl$_3$；^{13}C NMR：50 MHz；^{1}H NMR：200 MHz

化合物名称：gracinine

分子式：C$_{30}$H$_{41}$NO$_8$　　　　　　分子量（$M+1$）：544

植物来源：*Delphinium gracile* DC.

参考文献：Gonzalez A G，Diaz Acosta R，Gavin J A，et al. 1986. Gracinine，a new C$_{19}$-diterpenoid alkaloid from *Delphinium gracile* DC. Heterocycles，24（10）：2753-2756.

gracinine 的 NMR 数据

位置	δ_C/ppm	δ_H/ppm（J/Hz）	位置	δ_C/ppm	δ_H/ppm（J/Hz）
1	71.6 d	4.17 m	15	35.2 t	
2	29.5 t		16	79.1 d	
3	32.6 t		17	66.7 d	2.70 d（2.0）
4	33.4 s		18	27.7 q	1.08 s
5	50.8 d	1.98 t（1.8）	19	60.8 t	
6	91.3 d	3.93 s	21	50.4 t	
7	88.0 s		22	13.8 q	1.11 t（7.11）
8	77.7 s		6-OMe	58.2 q	3.35 s
9	43.7 d	3.40 m	16-OMe	56.4 q	3.35 s
10	55.6 d	1.90 dd（2.7, 7.8）	14-OCO	166.7 s	
11	48.8 s		1′	131.0 s	
12	76.0 d	4.30 d（2.4）	2′, 6′	130.1 d	8.10 m
13	49.1 d	2.54 d（4.7）	3′, 5′	128.5 d	7.45 m
14	75.3 d	5.47 t（4.8）	4′	132.8 d	7.45 m

注：溶剂 CDCl$_3$

化合物名称：grandifline B

分子式：C$_{25}$H$_{39}$NO$_8$　　　　　　　　　　分子量（$M+1$）：482

植物来源：*Delphinium grandiflorum* L. 翠雀

参考文献：南泽东. 2010. 翠雀化学成分研究. 兰州：兰州大学.

grandifline B 的 NMR 数据

位置	δ_C/ppm	δ_H/ppm（J/Hz）	位置	δ_C/ppm	δ_H/ppm（J/Hz）
1	72.3 d	3.68 m	14	85.1 d	3.87 t（4.8）
2	29.7 t	1.59 m	15	41.1 t	1.70 m
		1.61 m			2.93 m
3	27.7 t	1.74 m	16	72.6 d	3.75 m
		1.93 m	17	66.4 d	3.05 s
4	37.9 s		18	78.0 t	3.17 d（9.2）
5	47.6 d	1.88 br s			3.30 d（9.2）
6	80.4 d	5.56 s	19	57.1 t	2.63 d（11.6）
7	88.9 s				2.69 d（11.6）
8	77.1 s		21	50.1 t	2.95 m
9	42.3 d	3.10 m			3.10 m
10	44.0 d	2.09 m	22	13.2 q	1.14 t（7.5）
11	49.1 s		6-OAc	171.3 s	
12	29.8 t	1.83 m		20.7 s	2.06 s
		2.11 m	14-OMe	57.0 q	3.52 s
13	41.6 d	2.37 m	18-OMe	58.5 q	3.35 s

注：溶剂(CD$_3$)$_2$CO

化合物名称：grandifloricine

分子式：$C_{35}H_{44}N_2O_{10}$　　　　　　　**分子量**（$M+1$）：653

植物来源：*Delphinium grandiflorum* L. 翠雀

参考文献：李从军，陈迪华. 1992. 大花翠雀的新二萜生物碱. 药学学报，31（6）：466-469.

grandifloricine 的 NMR 数据

位置	δ_C/ppm	δ_H/ppm（J/Hz）	位置	δ_C/ppm	δ_H/ppm（J/Hz）
1	72.1 d		19	58.1 t	
2	27.2 t		21	50.7 t	
3	29.5 t		22	13.7 q	1.14 t（7.0）
4	37.0 s		6-OMe	56.3 q	3.28 s
5	45.7 d		16-OMe	56.2 q	3.33 s
6	90.1 d	4.00 s	18-OCO	164.2 s	
7	87.3 s		1′	126.5 s	
8	83.0 s		2′	133.9 s	
9	53.1 d		3′	130.1 d	
10	41.1 d		4′	133.0 d	7.20～8.08 m
11	49.9 s		5′	130.8 d	
12	27.5 t		6′	129.5 d	
13	46.8 d		1″	175.5 s	
14	214.8 s		2″	35.3 d	
15	34.8 t		3″	36.8 t	
16	86.5 d		4″	179.5 s	
17	66.3 d		5″	16.5 q	1.44 d（7.0）
18	69.0 t				

注：溶剂 CDCl₃；¹³C NMR：25 MHz；¹H NMR：100 MHz

化合物名称：grandiflorine

分子式：C$_{36}$H$_{48}$N$_2$O$_{10}$ **分子量**（$M+1$）：669

植物来源：*Delphinium grandiflorum* L. 翠雀

参考文献：李从军，陈迪华. 1993. 大花翠雀地上部分的生物碱. 药学学报，35（1）：80-83.

grandiflorine 的 NMR 数据

位置	δ$_C$/ppm	δ$_H$/ppm（J/Hz）	位置	δ$_C$/ppm	δ$_H$/ppm（J/Hz）
1	72.1 d		19	56.7 t	
2	28.9 t		21	50.0 t	
3	30.2 t		22	13.4 q	1.13 t（7.0）
4	38.5 s		6-OMe	56.7 q	3.26 s
5	44.9 d		14-OMe	57.4 q	3.34 s
6	90.3 d	3.94 s	16-OMe	56.1 q	3.38 s
7	87.4 s		18-OCO	163.8 s	
8	78.2 s		1′	126.4 s	
9	43.0 d		2′	133.3 s	
10	43.6 d		3′	129.7 d	
11	49.2 s		4′	132.4 d	
12	26.7 t		5′	130.5 d	
13	37.4 d		6′	129.0 d	
14	84.1 d	3.62 t（5.0）	1″	175.3 s	
15	33.3 t		2″	35.1 d	
16	82.6 d		3″	36.8 t	
17	65.5 d		4″	179.3 s	
18	68.9 t		5″	16.2 q	1.46 d（7.0）

注：溶剂 CDCl$_3$

化合物名称： grandifloritine

分子式： C₃₅H₄₂N₂O₁₀　　　　　　　**分子量（M + 1）：** 651

植物来源： *Delphinium grandiflorum* L. 翠雀

参考文献： 李从军, 陈迪华. 1992. 大花翠雀的新二萜生物碱. 药学学报, 31（6）: 466-469.

grandifloritine 的 NMR 数据

位置	δ_C/ppm	δ_H/ppm（J/Hz）	位置	δ_C/ppm	δ_H/ppm（J/Hz）
1	67.5 d	3.78 m	19	84.9 d	4.24 s
2	25.3 t		21	47.4 t	
3	21.8 t		22	13.7 q	1.12 t（7.0）
4	42.5 s		6-OMe	59.3 q	3.28 s
5	34.6 d		16-OMe	56.2 q	3.33 s
6	89.7 d	4.16 s	18-OCO	163.8 s	
7	84.9 s		1′	126.5 s	
8	83.6 s		2′	133.6 s	
9	53.3 d		3′	129.9 d	
10	46.2 d		4′	130.0 d	7.16～8.20 m
11	46.9 s		5′	130.9 d	
12	24.4 t		6′	129.2 d	
13	50.1 d		1″	175.6 s	
14	212.6 s		2″	35.4 d	
15	33.7 t		3″	37.0 t	
16	84.7 d		4″	179.5 s	
17	64.6 d		5″	16.5 q	1.42 d（7.0）
18	65.4 t				

注：溶剂 CDCl₃；¹³C NMR：25 MHz；¹H NMR：100 MHz

化合物名称：gyalanine A

分子式：C$_{39}$H$_{56}$N$_2$O$_{11}$ 分子量（$M+1$）：729

植物来源：*Delphinium gyalanum* Marq. et Shaw   拉萨翠雀花

参考文献：Wang F P，Pelletier S W. 1990. A study on the alkaloidal components from *Delphinium gyalanum* Marq. et Shaw. Acta Botanica Sinica，32（9）：733-736.

gyalanine A 的 NMR 数据

位置	δ_C/ppm	δ_H/ppm（J/Hz）	位置	δ_C/ppm	δ_H/ppm（J/Hz）
1	82.6 d		22	14.0 q	1.08 t（7）
2	26.1 t		1-OMe	55.7 q	
3	32.2 t		6-OMe	57.6 q	
4	37.8 s		14-OMe	57.7 q	
5	43.3 d		16-OMe	56.3 q	
6	91.1 d		18-OCO	168.1 s	
7	88.6 s		1′	114.7 s	
8	77.6 s		2′	141.8 s	
9	50.7 d		3′	120.7 d	8.75 m
10	38.3 d		4′	134.9 d	7.58 m
11	49.2 s		5′	122.5 d	7.11 m
12	28.2 t		6′	130.3 d	8.00 m
13	46.2 d		1″	172.1 s	
14	83.9 d		2″	39.2 d	
15	33.8 t		3″	39.2 t	
16	82.6 d		4″	174.0 s	
17	64.5 d		5″	60.6 t	
18	69.9 t		6″	14.2 q	
19	52.6 t		2″-Me	18.5 q	1.28 d（6）
21	50.9 t				

化合物名称：gyalanine B

分子式：$C_{39}H_{56}N_2O_{11}$　　　　　　**分子量**（$M+1$）：729

植物来源：*Delphinium gyalanum* Marq. et Shaw　　拉萨翠雀花

参考文献：Wang F P，Pelletier S W. 1990. A study on the alkaloidal components from *Delphinium gyalanum* Marq. et Shaw. Acta Botanica Sinica，32（9）：733-736.

gyalanine B 的 NMR 数据

位置	δ_C/ppm	δ_H/ppm（J/Hz）	位置	δ_C/ppm	δ_H/ppm（J/Hz）
1	82.6 d		22	14.0 q	1.01 t（7）
2	26.1 t		1-OMe	55.7 q	
3	32.2 t		6-OMe	57.6 q	
4	37.8 s		14-OMe	57.7 q	
5	43.3 d		16-OMe	56.3 q	
6	91.1 d		18-OCO	168.1 s	
7	88.6 s		1′	114.7 s	
8	77.6 s		2′	141.8 s	
9	50.7 d		3′	120.7 d	8.00 m
10	38.3 d		4′	134.9 d	7.58 m
11	49.2 s		5′	122.5 d	7.11 m
12	28.2 t		6′	130.3 d	8.75 m
13	46.2 d		1″	170.0 s	
14	83.9 d		2″	41.5 t	
15	33.8 t		3″	36.1 d	
16	82.6 d		4″	176.2 s	
17	64.5 d		5″	60.6 t	
18	69.9 t		6″	14.2 q	
19	52.6 t		2″-Me	17.5 q	1.28 d（1.35）
21	50.9 t				

化合物名称：iliensine A

分子式：C$_{40}$H$_{55}$NO$_{14}$　　　　　　　　**分子量**（$M+1$）：774

植物来源：*Delphinium iliense* Huth　　伊犁翠雀花

参考文献：Zhang J F，Dai R Y，Shan L H，et al. 2016. Iliensines A and B：two new C$_{19}$-diterpenoid alkaloids from *Delphinium iliense*. Phytochemistry Letters，17：299-303.

iliensine A 的 NMR 数据

位置	δ_C/ppm	δ_H/ppm（J/Hz）	位置	δ_C/ppm	δ_H/ppm（J/Hz）
1	83.7 d	3.14 t（8.4）	21	51.6 t	2.69 m
2	27.4 t	2.15 m			2.83 m
		2.15 m	22	14.2 q	1.07 t（7.2）
3	32.7 t	1.38 m	1-OMe	55.8 q	3.32 s
		1.84 m	16-OMe	56.3 q	3.30 s
4	39.3 s		18-OMe	59.7 q	3.34 s
5	54.5 d	1.40 br s	O—CH$_2$—O	94.3 t	5.07 br s
6	79.4 d	4.26 br s			5.19 br s
7	94.3 s		1′	169.0 s	
8	83.9 s		2′	117.0 d	6.42 d（16.2）
9	49.0 d	3.33（overlapped）	3′	145.8 d	7.69 d（16.2）
10	41.5 d	3.86 dt（1.2，6.0）	4′	130.1 s	
11	51.1 s		5′	130.7 d	7.55 d（9.0）
12	28.6 t	1.98 dd（3.6，12.6）	6′	118.0 d	7.13 d（9.0）
		2.53 dd（3.6，12.6）	7′	160.8 s	
13	38.5 d	2.59 m	8′	118.0 d	7.13 d（9.0）
14	76.9 d	4.98 t（4.2）	9′	130.7 d	7.55 d（9.0）
15	35.9 t	1.83 m	1″	101.9 d	4.99 d（7.2）
		2.60 m	2″	74.8 d	3.49 m
16	83.0 d	3.37 m	3″	78.2 d	3.48 m
17	65.3 d	3.24 s	4″	71.3 d	3.42 m
18	79.8 t	3.23 d（9.0）	5″	78.0 d	3.50 m
		3.33（overlapped）	6″	62.5 t	3.73 dd（6.0，12.0）
19	55.0 t	2.33 d（15.4）			3.93 dd（2.4，12.0）
		2.74 d（15.4）			

注：溶剂 CD$_3$OD；^{13}C NMR：150 MHz；^{1}H NMR：600 MHz

化合物名称：iliensine B

分子式：$C_{26}H_{41}NO_8$　　　　　　　　　分子量（$M+1$）：496

植物来源：*Delphinium iliense* Huth　伊犁翠雀花

参考文献：Zhang J F，Dai R Y，Shan L H，et al. 2016. Iliensines A and B：two new C₁₉-diterpenoid alkaloids from *Delphinium iliense*. Phytochemistry Letters，17：299-303.

iliensine B 的 NMR 数据

位置	δ_C/ppm	δ_H/ppm（J/Hz）	位置	δ_C/ppm	δ_H/ppm（J/Hz）
1	77.2 d	3.53 t（8.4）	15	34.3 t	1.86 m
2	26.5 t	2.11 m			2.52 m
		2.11 m	16	81.6 d	3.17 m
3	31.7 t	1.36 m	17	63.6 d	3.06 s
		1.78 m	18	78.8 t	3.18 d（9.6）
4	37.9 s				3.24 d（9.6）
5	47.3 d	1.66 br s	19	53.8 t	2.27 d（12.0）
6	79.8 d	4.29 br s			2.72 d（12.0）
7	92.5 s		21	50.1 t	2.66 m
8	82.3 s				2.78 m
9	51.0 d	3.42 m	22	14.0 q	1.05 t（7.2）
10	83.5 s		1-OMe	55.6 q	3.25 s
11	56.0 s		14-OMe	56.4 q	3.43 s
12	38.6 t	1.76 m	16-OMe	58.0 q	3.33 s
		3.07 m	18-OMe	59.7 q	3.34 s
13	37.5 d	2.54 m	O—CH₂—O	93.4 t	5.05 br s
14	81.6 d	4.14 t（4.8）			5.12 br s

注：溶剂 CDCl₃；¹³C NMR：150 MHz；¹H NMR：600 MHz

化合物名称：iminodelpheline

分子式：C$_{23}$H$_{33}$NO$_6$ 分子量（$M+1$）：420

植物来源：*Delphinium elatum* L. 高翠雀花

参考文献：Wada K，Chiba R，Kanazawa R，et al. 2015. Six new norditerpenoid alkaloids from *Delphinium elatum*. Phytochemistry Letters，12：79-83.

iminodelpheline 的 NMR 数据

位置	δ_C/ppm	δ_H/ppm（J/Hz）	位置	δ_C/ppm	δ_H/ppm（J/Hz）
1	80.9 d	3.21 m			1.91 m
2	25.4 t	1.91 m	13	38.0 d	2.43 dd（6.9，4.8）
		1.49 m	14	83.1 d	3.74 t（4.8）
3	31.6 t	1.71 dt（13.7，6.2）	15	32.8 t	2.74 dd（15.1，8.2）
		1.34 m			1.89 dd（15.1，7.6）
4	44.6 s		16	81.4 d	3.29 m
5	53.2 d	1.41 s	17	63.0 d	4.09 s
6	81.2 d	4.03 s	18	22.1 q	1.23 s
7	90.6 s		19	170.7 d	7.42 s
8	83.7 s		1-OMe	55.6 q	3.21 s
9	40.1 d	3.47 m	14-OMe	57.9 q	3.47 s
10	47.3 d	2.19 m	16-OMe	56.4 q	3.37 s
11	49.9 s		O—CH$_2$—O	93.3 t	5.16 s
12	28.6 t	2.08 dd（14.5，5.5）			5.11 s

注：溶剂 CDCl$_3$；^{13}C NMR：150 MHz；^{1}H NMR：600 MHz

化合物名称：iminoisodelpheline

分子式：$C_{23}H_{33}NO_6$　　　　　　　　　　分子量（$M+1$）：420

植物来源：*Delphinium elatum* L. 高翠雀花

参考文献：Wada K，Chiba R，Kanazawa R，et al. 2015. Six new norditerpenoid alkaloids from *Delphinium elatum*. Phytochemistry Letters，12：79-83.

iminoisodelpheline 的 NMR 数据

位置	δ_C/ppm	δ_H/ppm（J/Hz）	位置	δ_C/ppm	δ_H/ppm（J/Hz）
1	82.4 d	3.16 dd（9.0, 6.9）	13	35.6 d	2.48 m
2	26.4 t	2.01 m	14	74.4 d	4.03 m
		1.36 m	15	31.1 t	2.57 dd（17.2, 7.5）
3	32.1 t	1.69 m			1.91 d（17.2）
		1.29 m	16	81.8 d	3.60 m
4	45.5 s		17	64.4 d	4.46 s
5	53.2 d	1.44 s	18	22.3 q	1.22 s
6	91.3 d	3.45 s	19	171.0 d	7.46 s
7	91.9 s		1-OMe	55.7 q	3.21 s
8	80.5 s		6-OMe	59.1 q	3.36 s
9	42.3 d	3.62 t（5.5）	16-OMe	56.6 q	3.39 s
10	48.4 d	1.97 m	O—CH₂—O	94.5 t	5.19 s
11	47.9 s				5.18 s
12	26.5 t	1.87 m			

注：溶剂 CDCl₃；¹³C NMR：150 MHz；¹H NMR：600 MHz

化合物名称：iminopaciline

分子式：C$_{24}$H$_{35}$NO$_6$　　　　　　　　分子量（$M+1$）：434

植物来源：*Delphinium elatum* L. 高翠雀花

参考文献：Wada K，Chiba R，Kanazawa R，et al. 2015. Six new norditerpenoid alkaloids from *Delphinium elatum*. Phytochemistry Letters，12：79-83.

iminopaciline 的 NMR 数据

位置	δ_C/ppm	δ_H/ppm（J/Hz）	位置	δ_C/ppm	δ_H/ppm（J/Hz）
1	80.4 d	3.20 m	13	38.7 d	2.37 dd（6.8，4.8）
2	25.7 t	1.93 m	14	83.4 d	3.68 t（4.8）
		1.50 m	15	34.3 t	2.71 dd（15.1，8.9）
3	32.1 t	1.72 dt（13.7，6.2）			1.91 dd（15.1，7.5）
		1.33 m	16	81.3 d	3.28 m
4	44.2 s		17	63.8 d	4.14 br s
5	53.3 d	1.39 br s	18	22.6 q	1.22 s
6	91.0 d	3.47 s	19	170.0 d	7.43 br s
7	90.8 s		1-OMe	55.3 q	3.21 s
8	82.8 s		6-OMe	59.0 q	3.33 s
9	39.7 d	3.53 dd（6.5，4.8）	14-OMe	57.9 q	3.47 s
10	48.0 d	2.12 m	16-OMe	56.3 q	3.35 s
11	49.5 s		O—CH₂—O	94.0 t	5.12 s
12	28.6 t	2.10 m			5.10 s
		1.83 m			

注：溶剂 CDCl₃；^{13}C NMR：150 MHz；^{1}H NMR：600 MHz

化合物名称：isodelectine

分子式：C$_{31}$H$_{44}$N$_2$O$_8$　　　　　　　　分子量（$M+1$）：573

植物来源：*Delphinium vestitum* Wall.

参考文献：Desai H K，El Sofany R H，Pelletier S W. 1990. Isodelectine：a new norditerpenoid alkaloid from *Delphinium vestitum*. Journal of Natural Products，53（6）：1606-1608.

isodelectine 的 NMR 数据

位置	δ_C/ppm	δ_H/ppm（J/Hz）	位置	δ_C/ppm	δ_H/ppm（J/Hz）
1	72.5 d	3.73 br s	17	65.8 d	
2	27.1 t		18	68.2 t	
3	30.4 t		19	57.0 t	
4	36.8 s		21	50.2 t	
5	43.3 d		22	13.5 q	1.13 t（7）
6	90.8 d	3.97 s	6-OMe	57.7 q	3.29 s
7	87.8 s		14-OMe	57.7 q	3.36 s
8	78.5 s		16-OMe	56.3 q	3.41 s
9	43.9 d		18-OCO	168.0 s	
10	45.3 d		1′	110.1 s	
11	49.5 s		2′	150.9 s	
12	29.2 t		3′	116.8 d	
13	37.7 d		4′	134.4 d	6.63～7.80 m
14	84.5 d	3.63 t（4.5）	5′	116.3 d	
15	33.5 t		6′	130.6 d	
16	82.9 d		NH$_2$		5.76 br s（2H）

注：溶剂 CDCl$_3$；^{13}C NMR：75 MHz；^{1}H NMR：300 MHz

化合物名称：isodelelatine

分子式：C$_{24}$H$_{37}$NO$_6$　　　　　　　　　**分子量（$M+1$）**：436

植物来源：*Aconitum taipaicum* Hand.-Mazz. 太白乌头

参考文献：He Y Q，Ma Z Y，Yang Q，et al. 2008. A new norditerpenoid alkaloid from *Aconitum taipaicum*. Acta Pharmaceutica Sinica，43（9）：934-937.

isodelelatine 的 NMR 数据

位置	δ_C/ppm	δ_H/ppm（J/Hz）	位置	δ_C/ppm	δ_H/ppm（J/Hz）
1	84.1 d	3.04 dd（9.6, 7.6）	13	36.1 d	2.40 m
2	26.3 t	2.02 m	14	74.7 d	4.10 t（4.5）
		2.13 m	15	78.9 d	4.19 d（6.0）
3	36.9 t	1.20 m	16	91.6 d	3.45 dd（10.8, 6.0）
		1.58 m	17	63.9 d	3.28 s
4	34.3 s		18	25.0 q	0.93 s
5	56.1 d	1.26 s	19	57.5 t	2.28 m
6	32.0 t	1.77 m			2.69 m
		1.81 m	21	50.7 t	2.64 m
7	94.1 s				2.76 m
8	84.8 s		22	14.1 q	1.03 t（7.2）
9	42.8 d	3.65 m	1-OMe	56.0 q	3.23 s
10	47.7 d	1.95 m	16-OMe	56.5 q	3.35 s
11	49.7 s		O—CH$_2$—O	93.2 t	5.07 m
12	26.9 t	2.04 m			5.17 m
		2.51 dd（9.8, 8.4）			

注：溶剂 CDCl$_3$；^{13}C NMR：100 MHz；^{1}H NMR：400 MHz

化合物名称：jiufengdine

分子式：$C_{36}H_{52}N_2O_9$

分子量（$M+1$）：657

植物来源：*Delphinium potaninii* var. *jiufengshanense* W. J. Zhang & G. H. Chen 彭州黑水翠雀

参考文献：Shen X L，Zhou X L，Chen Q H，et al. 2002. New C₁₉-diterpenoid alkaloids from the roots of *Delphinium potaninii* var. *jiufengshanense*. Chemical & Pharmaceutical Bulletin，50（9）：1265-1267.

jiufengdine 的 NMR 数据

位置	δ_C/ppm	δ_H/ppm（J/Hz）	位置	δ_C/ppm	δ_H/ppm（J/Hz）
1	83.9 d	3.01 dd（9.6, 6.8）	19	52.4 t	2.43（hidden）
2	26.0 t	2.08 m			2.73 d（11.6）
		2.16 m	21	51.0 t	2.82 m
3	32.2 t	1.72 m			2.93 m
		1.79 m	22	14.0 q	1.06 t（7.2）
4	37.7 s		1-OMe	55.7 q	3.26 s
5	51.5 d	1.74 m	6-OMe	58.0 q	3.37 s
6	90.7 d	3.91 s	16-OMe	55.8 q	3.29 s
7	88.4 s		14-OCO	176.8 s	
8	77.0 s		1′	41.2 d	2.36 m
9	43.1 d	3.15 dd（6.8, 4.8）	2′	26.2 t	1.48 m
10	45.7 d	2.04 m			1.76 m
11	49.0 s		3′	11.5 q	0.90 t（7.2）
12	28.2 t	1.89 m	4′	16.1 q	1.15 d（7.2）
		2.46 m	18-OCO	167.7 s	
13	37.6 d	2.42 m	1″	110.3 s	
14	75.3 d	4.79 t（5.0）	2″	150.7 s	
15	33.7 t	1.59 dd（15.2, 6.4）	3″	116.7 d	6.67 br d（8.4）
		2.64 dd（15.2, 9.2）	4″	134.3 d	7.29 td（8.4, 1.2）
16	82.2 d	3.26（hidden）	5″	116.3 d	6.67 td（8.2, 1.2）
17	64.4 d	2.96 d（1.0）	6″	130.6 d	7.79 dd（8.2, 1.6）
18	68.5 t	4.10 d（11.2）	NH₂		5.73 br s
		4.15 d（11.2）			

注：溶剂 CDCl₃；¹³C NMR：100 MHz；¹H NMR：400 MHz。参考文献中 C(6)-OMe 为 α 构型，根据化学位移变化推测，实际 C(6)-OMe 应为 β 构型

化合物名称：jiufengtine

分子式：$C_{30}H_{42}N_2O_8$ 分子量（$M+1$）：559

植物来源：*Delphinium potaninii* var. *jiufengshanense* W. J. Zhang & G. H. Chen 彭州黑水翠雀

参考文献：Shen X L，Zhou X L，Chen Q H，et al. 2002. New C_{19}-diterpenoid alkaloids from the roots of *Delphinium potaninii* var. *jiufengshanense*. Chemical & Pharmaceutical Bulletin，50（9）：1265-1267.

jiufengtine 的 NMR 数据

位置	δ_C/ppm	δ_H/ppm（J/Hz）	位置	δ_C/ppm	δ_H/ppm（J/Hz）
1	82.3 d	3.25 m	16	82.2 d	3.22 m
2	24.0 t	1.77 m	17	60.8 d	3.05 d（2）
		2.01 m	18	68.2 t	4.11 d（11.2）
3	28.3 t	1.81 m			4.15 d（11.2）
4	37.0 s		19	48.4 t	2.85 d（13.2）
5	47.2 d	1.95 br s			2.95 d（13.2）
6	90.4 d	4.01 br s	1-OMe	55.7 q	3.31 s
7	83.9 s		6-OMe	57.7 q	3.37 s
8	77.6 s		14-OMe	58.0 q	3.42 s
9	43.5 d	3.09 dd（6.8，4.8）	16-OMe	56.2 q	3.34 s
10	44.5 d	2.04 m	18-OCO	167.6 s	
11	48.8 s		1'	109.9 s	
12	29.2 t	1.78 m	2'	150.8 s	
13	38.4 d	2.37 dd（6.8，4.8）	3'	116.8 d	6.69 br d（8.4）
14	84.1 d	3.62 t（4.8）	4'	134.4 d	7.29 td（8.0，1.2）
15	33.3 t	1.75 m	5'	116.2 d	6.64 td（8.4，1.2）
		2.66 dd（14.8，8.8）	6'	130.5 d	7.76 dd（8.0，1.6）

注：溶剂 $CDCl_3$；^{13}C NMR：100 MHz；^1H NMR：400 MHz。参考文献中 C(6)-OMe 为 α 构型，根据化学位移变化推测，实际 C(6)-OMe 应为 β 构型

化合物名称：jiufengsine

分子式：C$_{38}$H$_{54}$N$_2$O$_{11}$　　　　　　　　**分子量**（$M+1$）：715

植物来源：*Delphinium potaninii* var. *jiufengshanense* W. J. Zhang & G. H. Chen 彭州黑水翠雀

参考文献：申向黎，王锋鹏. 2004. 彭黑碱的化学结构. 中国天然药物，3（2）：152-154.

jiufengsine 的 NMR 数据

位置	δ_C/ppm	δ_H/ppm（J/Hz）	位置	δ_C/ppm	δ_H/ppm（J/Hz）
1	72.5 d	3.65 br s	21	50.3 t	2.79～2.82 m
2	29.2 t	1.55～1.58 m			2.99～3.01 m
3	27.3 t	1.93～1.96 m	22	13.5 q	1.07 t（7.2）
		1.59～1.63 m	6-OMe	57.2 q	3.34 s
4	37.4 s		16-OMe	56.2 q	3.34 s
5	45.2 d	1.85 d（2）	18-OMe	58.9 q	3.30 s
6	89.9 d	3.99 s	8-OCO	168.1 s	
7	87.7 s		1′	115.4 s	
8	78.0 s		2′	141.3 s	
9	45.1 d	2.91 dd（5.6, 4.8）	3′	120.3 d	8.02 d（7.6）
10	43.8 d	1.89～1.92 m	4′	134.3 d	7.49 t（7.2）
11	48.7 s		5′	122.4 d	7.05 t（7.2）
12	29.2 t	1.55～1.58 m	6′	130.7 d	8.64 d（7.6）
13	39.4 d	2.31～2.33 m	1″	173.6 s	
14	75.6 d	4.08 t（4.4）	2″	39.3 d	3.01～3.05 m
15	34.3 t	2.71 dd（8.8, 2.8）	3″	39.1 t	2.33～2.37 m
		1.64～1.66 m			2.76 dd（7.2, 3.2）
16	81.9 d	3.31（overlapped）	4″	174.5 s	
17	66.2 d	2.84 s	5″	61.3 t	4.36 q（7.2）
18	77.1 t	2.99 ABq（10.8）	6″	14.0 q	1.38 d（7.2）
		3.37 ABq（10.8）	2″-Me	18.1 q	1.34 d（7.2）
19	56.9 t	2.42 s			

注：溶剂 CDCl$_3$

化合物名称：laxicymine

分子式：$C_{24}H_{35}NO_7$　　　　　　　　　　分子量（$M+1$）：450

植物来源：*Delphinium laxicymosum* var. *pilostachyum* W. T. Wang　　毛序聚伞翠雀花

参考文献：Tang P，Chen D L，Chen Q H，et al. 2007. Three new C₁₉-diterpenoid alkaloids from *Delphinium laxicymosum* var. *pilostachyum*. Chinese Chemical Letters，18：700-703.

laxicymine 的 NMR 数据

位置	δ_C/ppm	δ_H/ppm（J/Hz）	位置	δ_C/ppm	δ_H/ppm（J/Hz）
1	69.7 d	3.86 d（5.2）	13	37.2 d	2.50（hidden）
2	23.7 t	1.65 m	14	82.9 d	3.79 t（4.4）
		1.81 m	15	33.5 t	1.85 m
3	25.8 t	1.37 m			2.64 m
		1.82 m	16	82.0 d	3.15 t（8.0）
4	42.3 s		17	60.6 d	2.58 br s
5	74.2 s		18	15.8 q	0.89 s
6	78.0 d	4.30 d（3.2）	19	89.9 d	3.38 br s
7	87.5 s		21	47.4 t	2.64 m
8	83.0 s				2.85 m
9	32.4 d	2.47（hidden）	22	13.8 q	1.08 t（7.2）
10	40.3 d	2.67（hidden）	14-OMe	57.8 q	3.43 s
11	51.2 s		16-OMe	56.3 q	3.36 s
12	29.0 t	1.18 dd	O—CH₂—O	93.1 t	5.08 s
		1.90（hidden）			5.27 s

注：溶剂 CDCl₃；¹³C NMR：100 MHz；¹H NMR：400 MHz

化合物名称：laxicyminine

分子式：C$_{24}$H$_{35}$NO$_6$　　　　　　　　分子量（$M+1$）：434

植物来源：*Delphinium laxicymosum* var. *pilostachyum* W. T. Wang　　毛序聚伞翠雀花

参考文献：Tang P，Chen D L，Chen Q H，et al. 2007. Three new C₁₉-diterpenoid alkaloids from *Delphinium laxicymosum* var. *pilostachyum*. Chinese Chemical Letters，18：700-703.

laxicyminine 的 NMR 数据

位置	δ_C/ppm	δ_H/ppm（J/Hz）	位置	δ_C/ppm	δ_H/ppm（J/Hz）
1	68.9 d	3.84 d（5.6）	13	37.9 d	2.49 m
2	23.0 t	1.62 m	14	83.1 d	3.77 t（4.8）
		1.78 m	15	33.7 t	1.90 m
3	30.2 t	1.40 m			2.62 m
		1.51 m	16	82.4 d	3.17 m
4	38.0 s		17	62.3 d	2.61 br s
5	54.1 d	1.29 br s	18	18.9 q	0.99 s
6	79.4 d	4.33 s	19	90.1 d	3.83 br s
7	89.8 s		21	47.6 t	2.71 m
8	83.0 s				2.83 m
9	40.1 d	3.22 dd（7.6, 5.2）	22	13.8 q	1.09 t（7.2）
10	39.0 d	2.25 m	14-OMe	57.8 q	3.44 s
11	49.2 s		16-OMe	56.3 q	3.36 s
12	30.1 t	1.21（hidden）	O—CH$_2$—O	93.1 t	5.08 s
		1.90 m			5.23 s

注：溶剂 CDCl₃；¹³C NMR：100 MHz；¹H NMR：400 MHz

化合物名称：laxicymisine

分子式：$C_{24}H_{37}NO_7$ **分子量**（$M+1$）：452

植物来源：*Delphinium laxicymosum* var. *pilostachyum* W. T. Wang　毛序聚伞翠雀花

参考文献：Tang P，Chen D L，Chen Q H，et al. 2007. Three new C_{19}-diterpenoid alkaloids from *Delphinium laxicymosum* var. *pilostachyum*. Chinese Chemical Letters，18：700-703.

laxicymisine 的 NMR 数据

位置	δ_C/ppm	δ_H/ppm（J/Hz）	位置	δ_C/ppm	δ_H/ppm（J/Hz）
1	71.8 d	3.71 m	14	83.4 d	3.74 t（4.4）
2	29.7 t	1.60 m	15	33.7 t	1.90 dd
		2.09 m			2.52 m
3	31.0 t	1.69 m	16	82.0 d	3.27 t（8.4）
		1.70 m	17	63.7 d	2.99 br s
4	37.4 s		18	21.9 q	0.95 s
5	76.3 s		19	62.3 t	2.43 ABq（12.0）
6	76.1 d	4.16 s			2.66 ABq（12.0）
7	90.1 s		21	49.5 t	2.60 m
8	85.0 s				2.80 m
9	40.0 d	3.12 dd（7.6，5.2）	22	13.4 q	1.10 t（7.2）
10	38.9 d	2.56 m	14-OMe	57.6 q	3.42 s
11	54.6 s		16-OMe	56.2 q	3.36 s
12	29.2 t	1.81 dd（14.0，4.8）	O—CH₂—O	93.3 t	5.10 s
		2.06（hidden）			5.17 s
13	36.8 d	2.45 m			

注：溶剂 CDCl₃；¹³C NMR：100 MHz；¹H NMR：400 MHz

化合物名称：leroyine

分子式：C$_{22}$H$_{35}$NO$_5$　　　　　　　**分子量**（$M+1$）：394

植物来源：*Delphinium leroyi* Franch. ex Huth

参考文献：Bai Y L，Benn M. 1992. Norditerpenoid alkaloids of *Delphinium leroyi*. Phytochemistry，31（9）：3243-3245.

leroyine 的 NMR 数据

位置	δ_C/ppm	δ_H/ppm （J/Hz）	位置	δ_C/ppm	δ_H/ppm （J/Hz）
1	72.8 d	3.61 t （3.5）	13	39.3 d	2.38 dd （5, 8）
2	29.6 t		14	75.7 d	4.24 t （4.7）
3	31.9 t	1.52～1.62 m	15	36.2 t	2.99 dd （9.2, 17.1）
4	33.5 s				1.72～1.82 m
5	47.2 d	1.52～1.62 m	16	81.6 d	3.41 dd （3.5, 9.2）
6	33.8 t	2.32 dd （7.4, 15）	17	64.2 d	2.77 s
		1.52～1.62 m	18	27.3 q	0.93 s
7	86.4 s		19	59.4 t	2.71 d （11.2）
8	—				2.41 d （11.2）
9	48.1 d	2.24 dd （4.7, 7.2）	21	50.5 t	2.98 dq （7.2, 12.8）
10	43.8 d	1.72～1.82 m			2.91 dq （7.2, 12.8）
11	49.6 s		22	14.0 q	1.11 t （7.2）
12	27.8 t	2.05 ddd （8, 11.1, 14.7）	16-OMe	56.4 q	3.37 s

注：溶剂 CDCl$_3$；^{13}C NMR：100 MHz；^{1}H NMR：400 MHz

化合物名称：leucostine B

分子式：C₂₄H₃₉NO₈   **分子量（M + 1）**：470

植物来源：*Aconitum leucostomum* Worosch. 白喉乌头

参考文献：Yue J M，Xu J，Sun H D，et al. 1996. Two norditerpenoid alkaloids from *Aconitum leucostomum*. Chinese Chemical Letters，7（8）：725-728.

leucostine B 的 NMR 数据

位置	δ_C/ppm	δ_H/ppm（*J*/Hz）	位置	δ_C/ppm	δ_H/ppm（*J*/Hz）
1	73.57 d		13	55.60 d	
2	28.64 t		14	75.51 d	4.51 q（4.7）
3	29.49 t		15	34.76 t	
4	37.78 s		16	78.91 d	
5	45.80 d		17	66.96 d	
6	89.93 d	4.11 d（2.4）	18	77.21 t	
7	87.90 s		19	56.17 t	
8	77.34 s		21	50.59 t	
9	45.94 d		22	13.73 q	1.12 t（7.0）
10	49.42 d		6-OMe	57.43 q	3.32 s
11	48.00 s		16-OMe	56.40 q	3.37 s
12	71.90 d		18-OMe	59.08 q	3.40 s

注：溶剂 CDCl₃；¹³C NMR：100 MHz；¹H NMR：400 MHz

化合物名称： lycoctonine

分子式： $C_{25}H_{41}NO_7$　　　　　　　　　**分子量** $(M+1)$：468

植物来源： *Delphinium* L.

参考文献： Pelletier S W，Mody N V，Sawhney R S，et al. 1977. Application of carbon-13 NMR spectroscopy to the structural elucidation of C_{19}-diterpenoid alkaloids from *Aconitum* and *Delphinium* species. Heterocycles，7（1）：327-339.

lycoctonine 的 NMR 数据

位置	δ_C/ppm	δ_H/ppm（J/Hz）	位置	δ_C/ppm	δ_H/ppm（J/Hz）
1	84.2 d		14	84.0 d	
2	26.1 t		15	33.7 t	
3	31.6 t		16	82.7 d	
4	38.6 s		17	64.8 d	
5	43.3 d		18	67.6 t	
6	90.6 d		19	52.9 t	
7	88.3 s		21	51.1 t	
8	77.5 s		22	14.1 q	
9	49.7 d		1-OMe	55.7 q	
10	38.0 d		6-OMe	57.7 q	
11	48.9 s		14-OMe	58.0 q	
12	28.8 t		16-OMe	56.2 q	
13	46.1 d				

注：溶剂 CDCl₃；¹³C NMR：25 MHz

化合物名称：macrocentridine

分子式：C$_{23}$H$_{37}$NO$_7$ 分子量（$M+1$）：440

植物来源：*Delphinium macrocentrum* Oliv.

参考文献：Benn M H，Okanga F I，Manavu R M. 1989. The principal alkaloids of *Delphinium macrocentrum* from Mt Kenya. Phytochemistry，28（3）：919-922.

macrocentridine 的 NMR 数据

位置	δ_C/ppm	δ_H/ppm（J/Hz）	位置	δ_C/ppm	δ_H/ppm（J/Hz）
1	72.6 d		13	45.1 d	
2	27.5 t		14	76.1 d	4.28 t（5）
3	29.3 t		15	38.7 t	
4	37.6 s		16	72.3 d	
5	43.9 d		17	66.1 d	
6	89.9 d		18	77.2 t	
7	87.8 s		19	57.0 t	
8	78.4 s		21	50.4 t	
9	45.1 d		22	13.7 q	1.09 t（7.2）
10	43.1 d		6-OMe	47.4 q	3.33 s
11	48.5 s		18-OMe	59.1 q	3.39 s
12	28.7 t				

注：溶剂 CDCl$_3$；^{13}C NMR：50 MHz；^{1}H NMR：200 MHz

化合物名称：majusine A

分子式：C₃₂H₄₄N₂O₉　　　　　　　　分子量（M + 1）：601

植物来源：*Delphinium majus* W. T. Wang　　金沙翠雀花

参考文献：Chen F Z，Chen D L，Chen Q H，et al. 2009. Diterpenoid alkaloids from *Delphinium majus*. Journal of Natural Products，72（1）：18-23.

majusine A 的 NMR 数据

位置	δ_C/ppm	δ_H/ppm （J/Hz）	位置	δ_C/ppm	δ_H/ppm （J/Hz）
1	72.3 d	3.7 t （4.0）	17	65.9 d	2.92 br s
2	29.1 t	1.63 m	18	69.3 t	4.23 br s
		1.63 m	19	56.7 t	2.67 （hidden）
3	27.3 t	1.80 m			3.32 （hidden）
		1.94 m	21	50.2 t	2.88 m
4	36.7 s				3.02 m
5	45.6 d	1.93 s	22	13.5 q	1.14 t （7.2）
6	90.4 d	4.03 s	6-OMe	57.8 q	3.30 s
7	87.9 s		16-OMe	56.2 q	3.37 s
8	77.9 s		18-OCO	168.0 s	
9	43.9 d	2.96 m	1′	114.2 s	
10	45.2 d	2.07 m	2′	141.8 s	
11	48.9 s		3′	120.5 d	7.96 d （8）
12	29.1 t	1.57 m	4′	135.0 d	7.59 t （8）
		1.62 m	5′	122.5 d	7.12 t （8）
13	39.3 d	2.37 t （2.8）	6′	130.0 d	8.72 d （8）
14	75.5 d	4.12 dd （9.6, 4.8）	NH		11.0 s
15	34.3 t	1.69 q （9.2）	1″	168.9 s	
		2.77 q （9.2）	2″	25.4 q	2.25 s
16	81.8 d	3.44 （hidden）			

注：溶剂 CDCl₃；¹³C NMR：100 MHz；¹H NMR：400 MHz

化合物名称：majusine B

分子式：C$_{24}$H$_{37}$NO$_6$　　　　　　　　　　**分子量**（$M+1$）：436

植物来源：*Delphinium majus* W. T. Wang　金沙翠雀花

参考文献：Chen F Z，Chen D L，Chen Q H，et al. 2009. Diterpenoid alkaloids from *Delphinium majus*. Journal of Natural Products，72（1）：18-23.

majusine B 的 NMR 数据

位置	δ_C/ppm	δ_H/ppm（J/Hz）	位置	δ_C/ppm	δ_H/ppm（J/Hz）
1	71.8 d	3.74 t（3.2）	14	74.6 d	4.13 t（4.8）
2	29.5 t	1.59 m	15	35.8 t	1.88 dd（16.4, 5.2）
		1.59 m			2.55 dd（16.4, 5.2）
3	31.7 t	1.52 m	16	81.6 d	3.37 m
		1.61 m	17	65.1 d	3.01 s
4	32.5 s		18	27.1 t	1.02 s
5	51.7 d	1.37 s	19	60.9 t	2.30 ABq（12.3）
6	89.2 d	3.65 s			2.51 ABq（12.3）
7	92.1 s		21	49.8 t	2.67 m
8	83.2 s				2.83 m
9	42.0 d	3.56 t（5.6）	22	13.4 q	1.09 t（6.8）
10	45.7 d	2.05 dd（9.6, 5.6）	6-OMe	58.5 q	3.34 s
11	50.8 s		16-OMe	56.1 q	3.30 s
12	28.8 t	1.72 m	O—CH$_2$—O	93.8 t	5.60 s
		2.03 m			5.09 s
13	38.6 d	2.35（hidden）			

注：溶剂 CDCl$_3$；^{13}C NMR：100 MHz；^{1}H NMR：400 MHz

化合物名称：majusine C

分子式：$C_{26}H_{37}NO_8$　　　　　　　　分子量（$M+1$）：492

植物来源：*Delphinium majus* W. T. Wang　　金沙翠雀花

参考文献：Chen F Z，Chen D L，Chen Q H，et al. 2009. Diterpenoid alkaloids from *Delphinium majus*. Journal of Natural Products，72（1）：18-23.

majusine C 的 NMR 数据

位置	δ_C/ppm	δ_H/ppm（J/Hz）	位置	δ_C/ppm	δ_H/ppm（J/Hz）
1	70.7 d	3.70 d（4.8）	15	38.3 t	1.46 dd（14.8, 7.2）
2	130.2 d	5.78 dd（9.2, 4.8）			3.00 dd（14.8, 7.2）
3	136.8 d	5.68 d（9.2）	16	82.2 d	3.35（hidden）
4	35.2 s		17	65.7 d	2.87 br s
5	55.3 d	1.74 s	18	23.8 t	1.03 s
6	81.6 d	5.28 s	19	56.1 t	2.48 ABq（12.0）
7	87.2 s				2.55 ABq（12.0）
8	77.4 s		21	50.2 t	2.93 m
9	42.1 d	3.08 dd（6.8, 4.8）			3.02 m
10	44.3 d	2.03 m	22	13.6 q	1.06 t（7.2）
11	49.1 s		16-OMe	56.0 q	3.31 s
12	27.9 t	2.20 m	6-OAc	172.4 s	
		2.23 m		21.3 q	2.05 s
13	37.4 d	2.58 m	14-OAc	172.4 s	
14	76.9 d	4.87 t（4.8）		21.4 q	2.05 s

注：溶剂 CDCl₃；¹³C NMR：100 MHz；¹H NMR：400 MHz

化合物名称：melpheline

分子式：C$_{24}$H$_{37}$NO$_6$　　　　　　分子量（$M+1$）：436

植物来源：*Delphinium elatum* L. 高翠雀花

参考文献：Wada K，Asakawa E，Tosho Y，et al. 2016. Four new diterpenoid alkaloids from *Delphinium elatum*. Phytochemistry Letters，17：190-193.

melpheline 的 NMR 数据

位置	δ_C/ppm	δ_H/ppm（J/Hz）	位置	δ_C/ppm	δ_H/ppm（J/Hz）
1	83.2 d	3.01 t（8.3）	14	82.0 d	3.69 t（4.8）
2	26.9 t	2.06 m	15	33.3 t	2.51 m
3	36.8 t	1.60 dt（13.0, 4.1）			1.82 m
		1.21 m	16	81.8 d	3.24 m
4	34.1 s		17	64.8 d	2.96 d（2.0）
5	56.3 d	1.21 s	18	25.3 q	0.93 s
6	79.1 d	4.19 s	19	60.1 t	2.53 d（12.3）
7	92.9 s				2.33 dd（12.3, 2.0）
8	84.1 s		21	43.9 q	2.48 s
9	40.4 d	3.65 dd（7.6, 4.8）	1-OMe	56.1 q	3.28 s
10	47.8 d	2.13 ddd（12.3, 7.5, 4.8）	14-OMe	57.9 q	3.44 s
11	50.4 s		16-OMe	56.3 q	3.55 s
12	28.1 t	2.53 m	O—CH$_2$—O	92.9 t	5.14 s
		1.85 m			5.06 s
13	37.7 d	2.38 m			

注：溶剂 CDCl$_3$；^{13}C NMR：150 MHz；^{1}H NMR：600 MHz

化合物名称：methyllycaconitine

分子式：$C_{37}H_{50}N_2O_{10}$　　　　　分子量（$M+1$）：683

植物来源：*Delphinium tricorne* Michx.

参考文献：Pelletier S W，Mody N V，Sawhney R S，et al. 1977. Application of carbon-13 NMR spectroscopy to the structural elucidation of C_{19}-diterpenoid alkaloids from *Aconitum* and *Delphinium* species. Heterocycles，7（1）：327-339.

methyllycaconitine 的 NMR 数据

位置	δ_C/ppm	δ_H/ppm（J/Hz）	位置	δ_C/ppm	δ_H/ppm（J/Hz）
1	83.9 d		21	50.9 t	
2	26.0 t		22	14.0 q	
3	32.0 t		1-OMe	55.7 q	
4	37.6 s		6-OMe	57.8 q	
5	43.2 d		14-OMe	58.2 q	
6	90.8 d		16-OMe	56.3 q	
7	88.5 s		18-OCO	164.1 s	
8	77.4 s		1′	127.1 s	
9	50.3 d		2′	133.1 s	
10	38.0 d		3′	129.4 d	
11	49.0 s		4′	133.6 d	
12	28.7 t		5′	131.0 d	
13	46.1 d		6′	130.0 d	
14	83.9 d		1″	175.9 s	
15	33.6 t		2″	35.3 d	
16	82.5 d		3″	37.0 t	
17	64.5 d		4″	179.8 s	
18	69.5 t		5″	16.4 q	
19	52.3 t				

注：溶剂 CDCl₃；¹³C NMR：25 MHz

化合物名称：molline

分子式：C$_{25}$H$_{39}$NO$_7$ **分子量**（$M+1$）：466

植物来源：*Delphinium mollipilum* W. T. Wang　软毛翠雀花

参考文献：Zhang S M，Ou Q Y. 1995. C$_{19}$-Diterpenoid alkaloids of *Delphinium mollipilum*. Chinese Chemical Letters，6（2）：101-102.

molline 的 NMR 数据

位置	δ_C/ppm	δ_H/ppm（J/Hz）	位置	δ_C/ppm	δ_H/ppm（J/Hz）
1	81.7 d		14	89.8 d	
2	26.3 t		15	30.2 t	
3	31.8 t		16	72.2 d	
4	38.2 s		17	61.7 d	
5	42.8 d		18	79.1 t	
6	39.2 t		19	52.6 t	
7	81.8 s		21	50.4 t	
8	91.2 s		22	13.8 q	0.96 t（7.2）
9	78.3 s		1-OMe	55.4 q	3.15 s
10	39.2 d		14-OMe	58.8 q	3.18 s
11	50.7 s		18-OMe	59.2 q	3.44 s
12	24.4 t		O—CH$_2$—O	93.1 t	4.88 s
13	52.0 d				4.97 s

注：溶剂 CDCl$_3$；^{13}C NMR：100 MHz；^{1}H NMR：400 MHz

化合物名称：navicularine

分子式：C₂₇H₄₃NO₈　　　　　　　　分子量（$M+1$）：510

植物来源：*Delphinium naviculare* var. *lasiocarpum* W. T. Wang　毛果船苞翠雀花

参考文献：Shan L H，Chen L，Gao F，et al. 2018. Diterpenoid alkaloids from *Delphinium naviculare* var. *lasiocarpum* with their antifeedant activity on *Spodoptera exigua*. Natural Product Research，33（22）：3254-3259.

navicularine 的 NMR 数据

位置	δ_C/ppm	δ_H/ppm（J/Hz）	位置	δ_C/ppm	δ_H/ppm（J/Hz）
1	77.4 d	3.53 t（8.4）	15	39.3 t	1.63 m
2	26.7 t	2.07 m			3.19 m
3	29.8 t	1.25 m	16	82.3 d	3.20 dd（7.8, 10.2）
4	34.3 s		17	65.4 d	2.87 m
5	40.2 d	2.41 m	18	25.9 q	0.89 m
6	82.9 d	5.25 s	19	56.5 t	2.58 d（12.0）
7	90.4 s				2.65 d（12.0）
8	79.1 s		21	51.4 t	2.85 m
9	52.0 d	2.75 d（4.8）	22	14.3 q	1.04 t（7.2）
10	81.7 s		1-OMe	56.6 q	3.24 s
11	54.8 s		8-OMe	51.9 q	3.28 s
12	36.6 t	1.24 m	14-OMe	57.6 q	3.38 s
		1.61 m	16-OMe	55.5 q	3.37 s
13	36.1 d	1.60 m	6-OAc	173.4 s	
14	82.8 d	4.05 t（4.8）		21.7 q	2.06 s

注：溶剂 CDCl₃；¹³C NMR：100 MHz；¹H NMR：400 MHz

化合物名称：*N*-deethyl-19-oxoisodelpheline/tongolenine D

分子式：C₂₃H₃₃NO₇   分子量（*M*＋1）：436

植物来源：*Delphinium elatum* L. 高翠雀花/*Delphinium tongolense* Franch. 川西翠雀花

参考文献：Wada K，Asakawa E，Tosho Y，et al. 2016. Four new diterpenoid alkaloids from *Delphinium elatum*. Phytochemistry Letters，17：190-193；He L，Pan X，Li B G，et al. 1997. Diterpenoid alkaloids from *Delphinium tongolense*. Chinese Chemical Letters，8（9）：791-792.

N-deethyl-19-oxoisodelpheline/tongolenine D 的 NMR 数据（Wada et al.，2016）

位置	δ_C/ppm	δ_H/ppm（*J*/Hz）	位置	δ_C/ppm	δ_H/ppm（*J*/Hz）
1	81.8 d	3.22 m	13	35.3 d	2.50 m
2	26.8 t	1.91 m	14	74.1 d	4.03 m
		1.49 m	15	30.0 t	2.18 m
3	31.6 t	2.15 m			1.84 m
		1.84 m	16	81.7 d	3.58 m
4	45.9 s		17	58.9 d	3.77 br s
5	55.8 d	1.56 br s	18	22.0 q	1.29 s
6	91.5 d	3.57 d（2.0）	19	176.0 s	
7	91.1 s		1-OMe	55.7 q	3.27 s
8	79.9 s		6-OMe	59.4 q	3.41 s
9	42.2 d	3.64 t（4.8）	16-OMe	56.7 q	3.39 s
10	47.9 d	2.10 m	O—CH₂—O	94.4 t	5.23 s
11	47.2 s				5.15 s
12	26.3 t	1.84 m			

注：溶剂 CDCl₃；¹³C NMR：150 MHz；¹H NMR：600 MHz

N-deethyl-19-oxoisodelpheline/tongolenine D 的 NMR 数据（He et al.，1997）

位置	δ_C/ppm	δ_H/ppm（J/Hz）	位置	δ_C/ppm	δ_H/ppm（J/Hz）
1	81.8 d		13	35.2 d	
2	26.3 t		14	74.1 d	
3	29.7 t		15	34.1 t	
4	34.1 s		16	81.7 d	
5	45.9 d		17	59.4 d	
6	91.5 d		18	22.0 q	1.29 s
7	91.0 s		19	176.1 s	
8	79.9 s		1-OMe	55.7 q	
9	47.8 d		6-OMe	58.9 q	
10	42.2 d		16-OMe	56.7 q	
11	47.2 s		O—CH₂—O	94.4 t	5.23 s
12	26.7 t				5.15 s

注：溶剂 CDCl₃；¹³C NMR：75 MHz；¹H NMR：300 MHz

化合物名称：*N*-deethyl-19-oxodelpheline

分子式：C$_{23}$H$_{33}$NO$_7$　　　　　　　　**分子量**（*M* + 1）：436

植物来源：*Delphinium elatum* L. 高翠雀花

参考文献：Wada K，Asakawa E，Tosho Y，et al. 2016. Four new diterpenoid alkaloids from *Delphinium elatum*. Phytochemistry Letters，17：190-193.

N-deethyl-19-oxodelpheline 的 NMR 数据

位置	δ_C/ppm	δ_H/ppm（*J*/Hz）	位置	δ_C/ppm	δ_H/ppm（*J*/Hz）
1	80.5 d	3.24 dd（9.6, 8.2）			1.86 m
2	27.3 t	2.22 m	13	37.9 d	2.44 m
		1.53 m	14	82.6 d	3.73 t（4.8）
3	34.2 t	1.93 ddd（13.1, 5.5, 2.1）	15	32.4 t	2.48 m
		1.28 m			1.89 m
4	45.9 s		16	81.1 d	3.19 m
5	56.7 d	1.50 br s	17	57.9 d	3.49 br s
6	81.6 d	4.15 s	18	21.3 q	1.30 s
7	89.9 s		19	176.1 s	
8	82.8 s		1-OMe	55.3 q	3.28 s
9	40.1 d	3.51 dd（7.6, 4.8）	14-OMe	57.8 q	3.44 s
10	47.6 d	2.31 m	16-OMe	56.4 q	3.35 s
11	48.3 s		O—CH$_2$—O	93.3 t	5.19 s
12	27.6 t	2.30 m			5.08 s

注：溶剂 CDCl$_3$；^{13}C NMR：150 MHz；^{1}H NMR：600 MHz

化合物名称：*N*-deethyldelphatine

分子式：C$_{24}$H$_{39}$NO$_7$　　　　　　　　分子量（*M*+1）：454

植物来源：*Aconitum orientale*

参考文献：Ullubelen A，Mericli A H，Mericli F，et al. 1996. Diterpenoid alkaloids from *Aconitum orientale*. Phytochemistry，41（3）：957-961.

N-deethyldelphatine 的 NMR 数据

位置	δ_C/ppm	δ_H/ppm（*J*/Hz）	位置	δ_C/ppm	δ_H/ppm（*J*/Hz）
1	83.6 d	3.20 d（6）	14	83.5 d	3.65 t（4.5）
2	26.2 t		15	33.5 t	
3	32.4 t		16	81.9 d	3.27 m
4	37.7 s		17	64.3 d	
5	42.5 d	2.63 d（6）	18	78.0 t	3.54 d（9）
6	88.4 d	4.20 d（6）			3.60 d（9）
7	86.7 s		19	52.0 t	
8	78.2 s		1-OMe	55.8 q	
9	49.5 d		6-OMe	56.5 q	
10	38.3 d		14-OMe	57.9 q	
11	50.5 s		16-OMe	56.3 q	
12	29.0 t		18-OMe	59.8 q	
13	44.2 d		NH		3.12 br s

注：溶剂 CDCl$_3$；^{13}C NMR：50 MHz；^{1}H NMR：200 MHz

化合物名称：*N*-deethylmethyllycaconitine

分子式：C$_{35}$H$_{46}$N$_2$O$_{10}$　　　　　　分子量（*M*＋1）：655

植物来源：*Aconitum cochleare* Worosch.

参考文献：Mericli A H，Pirildar S，Suzgec S，et al. 2006. Norditerpenoid alkaloids from the aerial parts of *Aconitum cochleare* Woroschin. Helvetica Chimica Acta，89（2）：210-217.

N-deethylmethyllycaconitine 的 NMR 数据

位置	δ_C/ppm	δ_H/ppm（*J*/Hz）	位置	δ_C/ppm	δ_H/ppm（*J*/Hz）
1	84.2 d	3.22 dd（9，6）			4.22 d（10）
2	24.8 t	1.67～1.71 m	19	50.9 t	1.79～1.81 m
		1.67～1.71 m			3.28～3.31 m
3	33.3 t	1.79～1.83 m	1-OMe	55.8 q	3.38 s
		2.49～2.53 m	6-OMe	57.8 q	3.41 s
4	38.1 s		14-OMe	58.1 q	3.34 s
5	43.6 d	1.96～1.98 m	16-OMe	56.4 q	3.33 s
6	90.8 d	3.95 br s	18-OCO	164.7 s	
7	88.0 s		1′	128.2 s	
8	77.3 s		2′	133.1 s	
9	51.2 d	1.79～1.83 m	3′	129.4 d	7.26 dd（1.5，8）
10	38.6 d	1.59～1.63 m	4′	133.7 d	7.68 ddd（1.5，8，8）
11	49.0 s		5′	130.9 d	7.52 ddd（1.5，8，8）
12	29.2 t	2.49～2.53 m	6′	130.1 d	8.00 dd（1.5，8）
		1.59～1.63 m	NH		3.26 s
13	45.0 d	2.49～2.53 m	1″	173.9 s	
14	84.8 d	3.69 t（5）	2″	38.1 d	2.87 br s
15	35.2 t	1.67～1.71 m	3″	35.2 t	2.87 br s
		2.59 dd（12，14）			2.87 br s
16	82.5 d	3.58～3.60 m	4″	178.0 s	
17	65.0 d	2.87 s	5″	16.3 q	1.44 d（7）
18	69.3 t	4.20 d（10）			

注：^{13}C NMR：125 MHz；^{1}H NMR：500 MHz

化合物名称： *N*-deethylnevadensine

分子式： $C_{21}H_{32}NO_6$　　　　　　　　**分子量**（$M+1$）**：** 394

植物来源： *Aconitum japonicum* subsp. *subcuneatum* (Nakai) Kadota

参考文献： Yamashita H，Takeda K，Haraguchi M，et al. 2018. Four new diterpenoid alkaloids from *Aconitum japonicum* subsp. *subcuneatum*. Journal of Natural Medicines，72（1）：230-237.

N-deethylnevadensine 的 NMR 数据

位置	δ_C/ppm	δ_H/ppm（J/Hz）	位置	δ_C/ppm	δ_H/ppm（J/Hz）
1	68.9 d	3.76 d（5.5）	12	27.0 t	1.87 m
2	21.9 t	1.77 m			1.07 dd（13.0, 5.5）
		1.48 dt（12.3, 8.9）	13	38.7 d	2.45 m
3	25.8 t	1.66 m	14	75.3 d	4.22 t（4.8）
		1.59 m	15	35.9 t	2.86 dd（17.2, 9.0）
4	42.6 s				2.00 dd（17.2, 2.8）
5	44.2 d	1.65 m	16	81.6 d	3.38 m
6	31.4 t	2.25 dd（14.4, 8.2）	17	56.1 d	3.02 s
		1.38 dd（14.4, 8.2）	18	73.7 t	3.35 d（8.9）
7	86.1 s				3.21 d（8.9）
8	73.9 s		19	82.8 d	4.07 s
9	46.5 d	2.17 t（4.8）	16-OMe	56.5 q	3.36 s
10	36.5 d	1.87 m	18-OMe	59.3 q	3.32 s
11	45.8 s				

注：溶剂 CDCl₃；¹³C NMR：150 MHz；¹H NMR：600 MHz

化合物名称：*N*-deethyl-*N*-formylpaciline

分子式：$C_{25}H_{37}NO_7$ 分子量（*M*+1）：464

植物来源：*Delphinium elatum* L. 高翠雀花

参考文献：Yamashita H，Katoh M，Kokubun A，et al. 2018. Four new C₁₉-diterpenoid alkaloids from *Delphinium elatum*. Phytochemistry Letters，24：6-9.

N-deethyl-N-formylpaciline 的 NMR 数据

位置	δ_C/ppm	δ_H/ppm（*J*/Hz）	位置	δ_C/ppm	δ_H/ppm（*J*/Hz）
1	79.1 d	3.11 dd（9.6，7.6）	14	83.4 d	3.68 t（5.5）
2	26.0 t	2.12 m	15	34.7 t	2.47 m
		1.35 m			1.99 dd（15.1，8.2）
3	36.2 t	1.64 m	16	81.3 d	3.28 m
		1.26 m	17	62.1 d	3.80 s
4	32.7 s		18	25.6 q	1.02 s
5	58.2 d	1.41 s	19	47.1 t	3.86 d（15.1）
6	89.8 d	3.61 s			2.76 d（15.1）
7	88.2 s		21	163.1 d	7.94 s
8	83.8 s		1-OMe	55.0 q	3.23 s
9	40.2 d	3.77 m	6-OMe	59.4 q	3.40 s
10	48.4 d	2.22 m	14-OMe	58.0 q	3.45 s
11	49.3 s		16-OMe	56.4 q	3.37 s
12	27.3 t	2.45 m	O—CH₂—O	94.1 t	5.12 s
		1.72 m			5.10 s
13	38.7 d	2.40 m			

注：溶剂 CDCl₃；¹³C NMR：150 MHz；¹H NMR：600 MHz

化合物名称：*N*-deethyl-*N*-formylpacinine

分子式：$C_{24}H_{33}NO_7$　　　　　　　　**分子量**（$M+1$）：448

植物来源：*Delphinium elatum* L. 高翠雀花

参考文献：Yamashita H，Katoh M，Kokubun A，et al. 2018. Four new C_{19}-diterpenoid alkaloids from *Delphinium elatum*. Phytochemistry Letters，24：6-9.

N-deethyl-N-formylpacinine 的 NMR 数据

位置	δ_C/ppm	δ_H/ppm（J/Hz）	位置	δ_C/ppm	δ_H/ppm（J/Hz）
1	79.6 d	3.33 m	13	38.6 d	2.50 dd（8.9, 4.8）
2	25.8 t	2.16 dd（13.0, 6.2）	14	82.0 d	3.68 t（4.8）
		1.59 m	15	32.7 t	2.51 dd（15.8, 8.9）
3	36.7 t	1.71 m			1.95 dd（15.8, 6.2）
		1.33 m	16	81.1 d	3.32 m
4	34.2 s		17	59.0 d	4.16 s
5	61.2 d	1.88 s	18	24.2 q	1.00 s
6	213.9 s		19	46.0 t	4.04 d（14.4）
7	87.2 s				2.51 d（14.4）
8	83.0 s		21	162.0 d	8.04 s
9	41.9 d	2.42 dd（6.2, 4.8）	1-OMe	55.6 q	3.29 s
10	47.5 d	2.17 m	14-OMe	58.1 q	3.40 s
11	46.2 s		16-OMe	56.6 q	3.38 s
12	27.1 t	2.37 dd（14.5, 5.5）	O—CH₂—O	95.9 t	5.54 s
		1.96 m			5.13 s

注：溶剂 CDCl₃；¹³C NMR：150 MHz；¹H NMR：600 MHz

化合物名称：nevadensine

分子式：C$_{23}$H$_{35}$NO$_6$　　　　　　　　**分子量**（$M+1$）：422

植物来源：*Aconitum nevadense* Vechtr.

参考文献：Gonzalez A G，De la Fuente G，Orribo T，et al. 1985. Nevadenine and nevadensine，two new diterpenoid alkaloids from *Aconitum nevadense* Vechtr. Heterocycles，23（12）：2979-2982.

nevadensine 的 NMR 数据

位置	δ_C/ppm	δ_H/ppm（J/Hz）	位置	δ_C/ppm	δ_H/ppm（J/Hz）
1	69.0 d	3.89 s	13	38.9 d	
2	25.9 t		14	75.5 d	4.14 t（4.8）
3	22.3 t		15	35.3 t	
4	42.7 s		16	81.9 d	
5	36.7 d		17	64.4 d	
6	32.5 t		18	73.9 t	
7	86.7 s		19	85.3 d	3.60 m
8	74.1 s		21	47.9 t	
9	46.7 d		22	14.1 q	1.04 t（7.2）
10	43.9 d		16-OMe	56.6 q	3.25 s
11	47.2 s		18-OMe	59.5 q	3.30 s
12	27.3 t				

注：溶剂 CDCl$_3$

化合物名称： *N*-formyl-4, 19-secopacinine

分子式： $C_{25}H_{37}NO_7$　　　　　　　**分子量（$M+1$）：** 464

植物来源： *Delphinium elatum* L. 高翠雀花

参考文献： Wada K，Chiba R，Kanazawa R，et al. 2015. Six new norditerpenoid alkaloids from *Delphinium elatum*. Phytochemistry Letters，12：79-83.

N-formyl-4, 19-secopacinine 的 NMR 数据

位置	δ_C/ppm	δ_H/ppm（J/Hz）	位置	δ_C/ppm	δ_H/ppm（J/Hz）
1	84.8 d	3.24 dd（12.3, 5.5）	13	39.0 d	2.52 dd（7.8, 4.8）
2	25.8 t	1.97 m	14	82.1 d	3.73 t（4.8）
		1.21 m	15	33.5 t	2.58 dd（15.1, 8.9）
3	32.4 t	1.75 m			1.96 dd（15.1, 6.8）
		0.91 m	16	82.1 d	3.29 dd（15.2, 6.2）
4	33.6 d	1.55 m	17	59.2 d	3.37 s
5	58.6 d	1.72 d（11.7）	18	21.6 q	1.17 d（6.8）
6	216.4 s		19	163.8 d	8.10 br s
7	88.5 s		21	40.1 t	3.38 m
8	85.2 s		22	12.6 q	1.12 t（7.0）
9	41.1 d	2.46 dd（6.2, 4.8）	1-OMe	56.0 q	3.36 s
10	53.9 d	2.20 dd（12.4, 6.2）	14-OMe	58.0 q	3.40 s
11	50.2 s		16-OMe	56.6 q	3.38 s
12	28.1 t	2.19 m	O—CH₂—O	95.5 t	5.58 s
		2.06 m			5.12 s

注：溶剂 CDCl₃；¹³C NMR：150 MHz；¹H NMR：600 MHz

化合物名称：*N*-formyl-4, 19-secoyunnadelphinine

分子式：C$_{24}$H$_{35}$NO$_7$　　　　　　　　分子量（*M*+1）：450

植物来源：*Delphinium elatum* L. 高翠雀花

参考文献：Yamashita H，Katoh M，Kokubun A，et al. 2018. Four new C$_{19}$-diterpenoid alkaloids from *Delphinium elatum*. Phytochemistry Letters，24：6-9.

N-formyl-4, 19-secoyunnadelphinine 的 NMR 数据

位置	δ_C/ppm	δ_H/ppm（*J*/Hz）	位置	δ_C/ppm	δ_H/ppm（*J*/Hz）
1	85.1 d	3.25 dd（11.3, 4.8）	13	37.7 d	2.56 m
2	25.4 t	1.95 m	14	73.1 d	4.16 t（4.8）
		1.21 m	15	33.2 t	2.59 dd（17.1, 8.9）
3	32.5 t	1.74 m			1.95 m
		0.88 m	16	80.8 d	3.55 d（8.9）
4	33.3 d	1.56 m	17	59.5 d	3.34 s
5	58.7 d	1.73 d（11.7）	18	21.6 q	1.16 d（6.1）
6	215.8 s		19	163.8 d	8.09 s
7	89.8 s		21	40.3 t	3.37 m
8	83.3 s		22	12.7 q	1.13 t（6.8）
9	44.7 d	2.35 t（4.8）	1-OMe	56.0 q	3.34 s
10	53.2 d	2.15 m	16-OMe	56.6 q	3.39 s
11	49.5 s		O—CH$_2$—O	95.6 t	5.63 s
12	26.5 t	2.66 m			5.15 s
		1.84 dd（15.8, 7.6）			

注：溶剂 CDCl$_3$；^{13}C NMR：150 MHz；^{1}H NMR：600 MHz

化合物名称：nordhagenine A

分子式：C$_{25}$H$_{39}$NO$_6$　　　　　　　分子量（$M+1$）：450

植物来源：*Delphinium nordhagenii* Wendelbo　选裂翠雀花

参考文献：Shaheen F，Zeeshan M，Ahmad M，et al. 2006. Norditerpenoid alkaloids from *Delphinium nordhagenii*. Journal of Natural Products，69（5）：823-825.

nordhagenine A 的 NMR 数据

位置	δ_C/ppm	δ_H/ppm（J/Hz）	位置	δ_C/ppm	δ_H/ppm（J/Hz）
1	82.8 d		14	84.0 d	3.70 t（4.59）
2	21.0 t		15	42.2 t	
3	28.2 t		16	83.8 d	
4	39.8 s		17	62.3 d	
5	79.0 s		18	21.0 q	0.81 s
6	34.0 t		19	61.6 t	
7	84.1 s		21	51.5 t	
8	83.9 s		22	14.0 q	1.04 t（7.2）
9	42.0 d		1-OMe	56.2 q	3.22 s
10	38.0 d		14-OMe	57.8 q	3.31 s
11	54.8 s		16-OMe	58.8 q	3.41 s
12	27.4 t		O—CH$_2$—O	94.5 t	4.85 s
13	40.0 d				4.98 s

注：溶剂 CDCl$_3$；^{13}C NMR：150 MHz；^{1}H NMR：600 MHz

化合物名称：nordhagenine B

分子式：$C_{26}H_{39}NO_8$　　　　　　　　分子量（$M+1$）：494

植物来源：*Delphinium nordhagenii* Wendelbo　　选裂翠雀花

参考文献：Shaheen F，Zeeshan M，Ahmad M，et al. 2006. Norditerpenoid alkaloids from *Delphinium nordhagenii*. Journal of Natural Products，69（5）：823-825.

nordhagenine B 的 NMR 数据

位置	δ_C/ppm	δ_H/ppm（J/Hz）	位置	δ_C/ppm	δ_H/ppm（J/Hz）
1	79.0 d		15	36.0 t	
2	26.3 t		16	71.6 d	3.66 t（9.2）
3	38.0 t		17	64.2 d	
4	34.0 s		18	21.6 q	0.85 s
5	50.5 d		19	56.7 t	
6	77.2 d	5.50 s	21	50.3 t	
7	92.7 s		22	13.8 q	1.05 t（6.55）
8	81.8 s		1-OMe	56.5 q	3.23 s
9	47.9 d		14-OMe	57.6 q	3.48 s
10	80.2 s		6-OAc	169.7 s	
11	50.3 s			25.4 q	2.15 s
12	37.2 t		O—CH₂—O	93.8 t	4.7 s
13	40.0 d				4.8 s
14	83.0 d	4.28 t（5.1）			

注：溶剂 CDCl₃；¹³C NMR：150 MHz；¹H NMR：600 MHz

化合物名称：nordhagenine C

分子式：$C_{26}H_{39}NO_8$　　　　　　　　**分子量**（$M+1$）：494

植物来源：*Delphinium nordhagenii* Wendelbo　选裂翠雀花

参考文献：Shaheen F，Zeeshan M，Ahmad M，et al. 2006. Norditerpenoid alkaloids from *Delphinium nordhagenii*. Journal of Natural Products，69（5）：823-825.

nordhagenine C 的 NMR 数据

位置	δ_C/ppm	δ_H/ppm（J/Hz）	位置	δ_C/ppm	δ_H/ppm（J/Hz）
1	80.5 d		15	39.1 t	
2	26.2 t		16	71.4 d	3.66 t（9.8）
3	28.4 t		17	62.1 d	
4	34.0 s		18	21.4 q	0.84 s
5	77.0 s		19	60.8 t	
6	77.5 d	5.40 s	21	51.8 t	
7	92.5 s		22	10.9 q	1.04 t（7.1）
8	83.0 s		1-OMe	58.0 q	3.23 s
9	40.0 d		14-OMe	56.3 q	3.50 s
10	41.2 d		6-OAc	169.4 s	
11	55.0 s			26.2 q	2.04 s
12	38.9 t		O—CH₂—O	95.1 t	4.8 s
13	44.9 d				4.9 s
14	82.0 d	4.27 t（4.9）			

注：溶剂 $CDCl_3$；^{13}C NMR：150 MHz；^{1}H NMR：600 MHz

化合物名称：nudicaulamine

分子式：C$_{25}$H$_{39}$NO$_6$　　　　　　　　分子量（$M+1$）：450

植物来源：*Delphinium nudicaule* Torr. & Gray

参考文献：Kulanthaivel P，Benn M. 1985. Diterpenoid alkaloids from *Delphinium nudicaule* Torr. and Gray. Heterocycles，23（10）：2515-2520.

nudicaulamine 的 NMR 数据

位置	δ_C/ppm	δ_H/ppm（J/Hz）	位置	δ_C/ppm	δ_H/ppm（J/Hz）
1	84.9 d		14	74.2 d	
2	26.0 t		15	32.4 t	
3	31.9 t		16	81.6 d	
4	38.3 s		17	62.6 d	
5	44.0 d		18	78.9 t	
6	31.6 t		19	52.6 t	
7	88.3 s		21	50.8 t	
8	79.2 s		22	14.1 q	
9	47.5 d		1-OMe	56.0 q	
10	36.2 d		16-OMe	56.5 q	
11	50.1 s		18-OMe	59.5 q	
12	26.6 t		O—CH$_2$—O	93.6 t	
13	46.2 d				

注：溶剂 CDCl₃；¹³C NMR：50.3 MHz

化合物名称：nudicaulidine

分子式：C$_{24}$H$_{39}$NO$_6$　　　　　　　分子量（$M+1$）：438

植物来源：*Delphinium nudicaule* Torr. & Gray

参考文献：Kulanthaivel P，Benn M. 1985. Diterpenoid alkaloids from *Delphinium nudicaule* Torr. and Gray. Heterocycles，23（10）：2515-2520.

nudicaulidine 的 NMR 数据

位置	δ_C/ppm	δ_H/ppm（J/Hz）	位置	δ_C/ppm	δ_H/ppm（J/Hz）
1	85.5 d		13	46.0 d	
2	25.9 t		14	75.3 d	
3	37.3 t		15	33.1 t	
4	34.3 s		16	81.7 d	
5	55.0 d		17	65.0 d	
6	90.8 d		18	26.8 q	
7	89.2 s		19	56.6 t	
8	—		21	51.2 t	
9	45.1 d		22	14.3 q	
10	36.5 d		1-OMe	56.0 q	
11	48.5 s		6-OMe	58.5 q	
12	27.6 t		16-OMe	56.5 q	

注：溶剂 CDCl$_3$；^{13}C NMR：50 MHz

化合物名称：nudicauline

分子式：C$_{38}$H$_{50}$N$_2$O$_{11}$　　　　　　　　分子量（M＋1）：711

植物来源：*Delphinium nudicaule* Torr. & Gray

参考文献：Kulanthaivel P，Benn M. 1985. Diterpenoid alkaloids from *Delphinium nudicaule* Torr. and Gray. Heterocycles，23（10）：2515-2520.

nudicauline 的 NMR 数据

位置	δ_C/ppm	δ_H/ppm（J/Hz）	位置	δ_C/ppm	δ_H/ppm（J/Hz）
1	83.8 d		21	51.0 t	
2	26.0 t		22	14.1 q	1.07 t（7.0）
3	32.0 t		1-OMe	55.8 q	3.35 s
4	37.5 s		6-OMe	58.1 q	3.30 s
5	42.5 d		16-OMe	56.2 q	3.28 s
6	90.5 d	3.92 br s	14-OAc	171.9 s	
7	88.2 s			21.5 q	2.00 s
8	77.4 s		18-OCO	164.0 s	
9	49.9 d		1′	126.9 s	
10	38.1 d		2′	133.0 s	
11	48.9 s		3′	130.0 d	7.34 dd（7.5，2）
12	28.1 t		4′	133.7 d	7.60 dt（7.5，2）
13	45.7 d		5′	129.4 d	7.74 dt（2，7.5）
14	75.9 d	4.73 t（5）	6′	131.0 d	8.10 dd（7.5，2）
15	33.7 t		1″	175.8 s	
16	82.3 d		2″	35.2 d	
17	64.5 d		3″	37.0 t	
18	69.3 t		4″	179.8 s	
19	52.2 t		5″	16.4 q	

注：^{13}C NMR：50 MHz，溶剂 CDCl$_3$；^{1}H NMR：200 MHz，溶剂 CD$_3$OD

化合物名称：occidentalidine

分子式：C$_{29}$H$_{47}$NO$_8$　　　　　　　　分子量（$M+1$）：538

植物来源：*Delphinium occidentale* S. Wats

参考文献：Kulanthaivel P，Pelletier S W，Olsen J D. 1988. Three new C$_{19}$-diterpenoid alkaloids from *Delphinium occidentale* S. Wats. Heterocycles，27（2）：339-342.

occidentalidine 的 NMR 数据

位置	δ_C/ppm	δ_H/ppm（J/Hz）	位置	δ_C/ppm	δ_H/ppm（J/Hz）
1	84.2 d		16	82.2 d	
2	26.2 t		17	64.7 d	
3	32.4 t		18	78.4 t	
4	38.0 s		19	52.6 t	
5	43.0 d		21	51.1 t	
6	90.4 d	3.88 m	22	14.1 q	1.04 t（7）
7	88.3 s		1-OMe	55.7 q	3.41 s
8	77.4 s		6-OMe	57.2 q	3.30 s
9	49.5 d		16-OMe	55.8 q	3.30 s
10	45.6 d		18-OMe	58.9 q	3.25 s
11	48.8 s		14-OCO	170.0 s	
12	28.1 t		1′	34.2 d	
13	37.7 d		2′	18.8 q	1.17 d（6）
14	75.6 d	4.77 t（4.5）	3′	18.8 q	1.17 d（6）
15	33.7 t				

注：溶剂 CDCl$_3$

化合物名称：occidentaline

分子式：$C_{25}H_{39}NO_5$　　　　　　　　　　　分子量（$M+1$）：434

植物来源：*Delphinium occidentale* S. Wats

参考文献：Kulanthaivel P，Pelletier S W. 1987. Deoxygenation reactions of C₁₉-diterpenoid alkaloids. Tetrahedron Letters，28（34）：3883-3886.

occidentaline 的 NMR 数据

位置	δ_C/ppm	δ_H/ppm（J/Hz）	位置	δ_C/ppm	δ_H/ppm（J/Hz）
1	83.9 d		14	81.8 d	
2	27.2 t		15	33.2 t	
3	37.6 t		16	83.2 d	
4	34.0 s		17	61.4 d	
5	49.3 d		18	25.8 q	
6	32.7 t		19	56.1 t	
7	90.5 s		21	50.4 t	
8	81.9 s		22	13.8 q	
9	47.8 d		1-OMe	55.4 q	
10	43.7 d		14-OMe	57.6 q	
11	51.1 s		16-OMe	56.1 q	
12	28.1 t		O—CH₂—O	93.3 t	
13	38.3 d				

注：溶剂 CDCl₃

化合物名称：olividine

分子式：C$_{26}$H$_{39}$NO$_8$　　　　　　　分子量（$M+1$）：494

植物来源：*Consolida oliveriana* DC.

参考文献：Grandez M，Madinaveitia A，Gavin J A，et al. 2002. Alkaloids from *Consolida oliveriana*. Journal of Natural Products，65（4）：513-516.

olividine 的 NMR 数据

位置	δ_C/ppm	δ_H/ppm（J/Hz）	位置	δ_C/ppm	δ_H/ppm（J/Hz）
1	81.5 d	3.20 t（4.6）	14	75.2 d	4.81 t（3.9）
2	21.7 t	1.68（overlapped）	15	28.7 t	2.79 dd（15.7, 8.7）
		1.48 dddd（12.0, 11.6, 10.5, 3.4）			2.00 dd（16.0, 6.4）
3	25.1 t	1.66 (overlapped)（2H）	16	82.2 d	3.39 t（9.0）
4	48.6 s		17	65.4 d	3.87 d（2.4）
5	48.8 d	1.69 s	18	75.5 t	3.50 d（9.3）
6	91.6 d	3.66 s			3.44 d（9.3）
7	89.1 s		19	167.7 d	7.52 s
8	79.9 s		1-OMe	56.0 q	3.15 s
9	40.6 d	3.14 dd（6.8, 4.7）	6-OMe	59.4 q	3.40 s
10	43.5 d	2.03（overlapped）	8-OMe	52.4 q	3.50 s
11	48.2 s		16-OMe	56.2 q	3.33 s
12	29.1 t	1.47 br d（7.9）	18-OMe	59.4 q	3.39 s
		2.02（overlapped）	14-OAc	—	
13	36.8 d	2.55 t（6.3）		21.3 q	2.05 s

注：溶剂 CDCl$_3$；^{13}C NMR：125 MHz；^{1}H NMR：500 MHz

化合物名称：olivimine

分子式：$C_{24}H_{37}NO_7$　　　　　　　　分子量（$M+1$）：452

植物来源：*Consolida oliveriana* DC.

参考文献：Grandez M，Madinaveitia A，Gavin J A，et al. 2002. Alkaloids from *Consolida oliveriana*. Journal of Natural Products，65（4）：513-516.

olivimine 的 NMR 数据

位置	δ_C/ppm	δ_H/ppm（J/Hz）	位置	δ_C/ppm	δ_H/ppm（J/Hz）
1	81.6 d	3.22 t（3.8）	13	43.0 d	2.83 t（6.0）
2	20.7 t	1.77（overlapped）	14	84.2 d	3.65 t（4.5）
		1.36 dddd（12.6, 12.6, 10.8, 3.4）	15	32.9 t	2.86 dd（14.8, 8.6）
3	24.2 t	1.55 ddd（11.4, 11.4, 6.5）			1.74 dd（14.5, 7.7）
		1.80 ddd（13.4, 8.7, 3.0）	16	82.3 d	3.28 t（10.1）
4	50.5 s		17	64.4 d	3.78 s
5	44.8 d	1.83 s	18	74.2 t	3.63 d（9.3）
6	91.1 d	3.78 s			3.28 d（9.3）
7	86.4 s		19	164.5 d	7.29 s
8	77.3 s		1-OMe	56.2 q	3.15 s
9	38.4 d	2.38 dd（4.6, 7.3）	6-OMe	57.9 q	3.38 s
10	43.3 d	1.94 ddd（11.7, 11.7, 6.6）	14-OMe	57.7 q	3.43 s
11	47.5 s		16-OMe	56.2 q	3.35 s
12	30.4 t	1.47 dd（13.5, 4.8）	18-OMe	59.0 q	3.34 s
		2.02 ddd（11.8, 11.8, 7.5）	8-OH		4.15 s

注：溶剂 CDCl₃；¹³C NMR：125 MHz；¹H NMR：500 MHz

化合物名称：omeienine

分子式：C35H50N2O10　　　　　　　分子量（$M+1$）：659

植物来源：*Delphinium omeiense* W. T. Wang　　峨眉翠雀花

参考文献：Xu Q Y，Wang F P. 1996. Structure of omeienine. Chinese Chemical Letters，7（6）：555-556.

omeienine 的 NMR 数据

位置	δ_C/ppm	δ_H/ppm（J/Hz）	位置	δ_C/ppm	δ_H/ppm（J/Hz）
1	83.9 d		19	52.4 t	
2	26.0 t		21	51.0 t	
3	32.0 t		22	14.0 q	1.06 t（7.0）
4	37.5 s		1-OMe	55.8 q	3.25 s
5	43.3 d		6-OMe	57.8 q	3.33 s
6	90.0 d		14-OMe	58.1 q	3.36 s
7	88.5 s		16-OMe	56.3 q	3.40 s
8	77.5 s		18-OCO	167.0 s	
9	50.4 d		1′	114.2 s	
10	38.2 d		2′	142.1 s	
11	49.1 s		3′	119.0 d	7.94 m
12	28.7 t		4′	134.8 d	7.55 m
13	46.1 d		5′	121.5 d	7.04 m
14	83.7 d		6′	134.0 d	8.05 m
15	33.7 t		NH		10.39 s
16	82.5 d		1″	153.6 s	
17	64.4 d		2″	61.2 t	4.22 q（7.1）
18	69.7 t		3″	14.5 q	1.31 t（7.1）

化合物名称：orthocentrine

分子式：C$_{22}$H$_{33}$NO$_5$　　　　　　　　　**分子量**（$M+1$）：392

植物来源：*Delphinium orthocentrum* Franch. 直距翠雀花

参考文献：Ding L S，Wang J，Peng S L，et al. 2000. Norditerpenoid alkaloids from *Delphinium orthocentrum* (Ranunculaceae). Acta Botanica Sinica，42（5）：523-525.

orthocentrine 的 NMR 数据

位置	δ_C/ppm	δ_H/ppm（J/Hz）	位置	δ_C/ppm	δ_H/ppm（J/Hz）
1	40.9 t		12	30.6 t	
2	18.0 t		13	40.8 d	2.39 m
3	24.3 t		14	78.4 d	4.05 t（5）
4	44.0 s		15	34.5 t	
5	32.4 d		16	81.7 d	3.72 m
6	23.6 t		17	64.0 d	4.04 s
7	89.3 s		18	23.0 q	1.22 s
8	78.6 s		19	172.7 d	7.62 s
9	54.0 d	2.05 d（4.5）	8-OMe	52.6 q	3.21 s
10	80.7 s		14-OMe	57.7 q	3.41 s
11	54.6 s		16-OMe	56.2 q	3.39 s

注：溶剂 CDCl$_3$；^{13}C NMR：125 MHz；^{1}H NMR：500 MHz

化合物名称：pacidine

分子式：C$_{24}$H$_{37}$NO$_6$　　　　　　　**分子量**（$M+1$）：436

植物来源：*Delphinium elatum* L. 高翠雀花

参考文献：Wada K，Yamamoto T，Bando H，et al. 1992. Four diterpenoid alkaloids from *Delphinium elatum*. Phytochemistry，31（6）：2135-2138.

pacidine 的 NMR 数据

位置	δ_C/ppm	δ_H/ppm（J/Hz）	位置	δ_C/ppm	δ_H/ppm（J/Hz）
1	72.1 d		14	83.6 d	
2	29.4 t		15	33.8 t	
3	31.6 t		16	82.2 d	
4	32.7 s		17	65.0 d	
5	52.8 d		18	26.7 q	1.04 s
6	79.3 d	4.28 s	19	61.7 t	
7	91.9 s		21	49.8 t	
8	85.3 s		22	13.4 q	1.11 t（7.2）
9	40.1 d		14-OMe	57.7 q	3.37 s
10	45.2 d		16-OMe	56.3 q	3.43 s
11	51.5 s		O—CH$_2$—O	93.3 t	5.09 s
12	30.2 t				5.13 s
13	37.0 d				

注：溶剂 CDCl$_3$

化合物名称：pacifidine

分子式：C$_{30}$H$_{40}$N$_2$O$_8$　　　　　　　　　　**分子量（M+1）**：557

植物来源：*Delphinium elatum* L. 高翠雀花

参考文献：Wada K，Yamamoto T，Bando H，et al. 1992. Four diterpenoid alkaloids from *Delphinium elatum*. Phytochemistry，31（6）：2135-2138.

<h3 align="center">pacifidine 的 NMR 数据</h3>

位置	δ_C/ppm	δ_H/ppm（J/Hz）	位置	δ_C/ppm	δ_H/ppm（J/Hz）
1	82.3 d		17	64.6 d	
2	29.4 t		18	65.9 t	4.38 d（11.2）
3	21.1 t				4.46 d（11.2）
4	47.0 s		19	163.5 d	7.53 br s
5	45.9 d		1-OMe	56.4 q	3.19 s
6	91.8 d	3.82 s	6-OMe	58.6 q	3.34 s
7	86.6 s		14-OMe	57.9 q	3.37 s
8	77.4 s		16-OMe	56.4 q	3.43 s
9	43.1 d		18-OCO	167.7 s	
10	43.6 d		1′	109.8 s	
11	50.5 s		2′	151.0 s	
12	30.4 t		3′	117.0 d	6.69 d（8.2）
13	38.5 d		4′	134.6 d	7.30 dt（1.3, 8.2）
14	84.3 d	3.68 t（4.6）	5′	116.4 d	6.67 t（8.2）
15	33.2 t		6′	130.7 d	7.80 dd（1.3, 8.2）
16	81.6 d		NH$_2$		5.77 br s

注：溶剂 CDCl$_3$

化合物名称：pacifinine

分子式：C$_{30}$H$_{40}$N$_2$O$_9$　　　　　　　　分子量（$M+1$）：573

植物来源：*Delphinium elatum* L. 高翠雀花

参考文献：Wada K，Yamamoto T，Bando H，et al. 1992. Four diterpenoid alkaloids from *Delphinium elatum*. Phytochemistry，31（6）：2135-2138.

pacifinine 的 NMR 数据

位置	δ_C/ppm	δ_H/ppm（J/Hz）	位置	δ_C/ppm	δ_H/ppm（J/Hz）
1	83.7 d		18	65.7 t	4.49 d（12.0）
2	25.8 t				4.76 d（12.0）
3	29.3 t		19	172.8 s	6.25 br d（4.9）
4	47.1 s		NH		6.25 br d（4.9）
5	50.0 d		1-OMe	55.8 q	3.27 s
6	92.1 d	3.89 s	6-OMe	58.7 q	3.34 s
7	85.4 s		14-OMe	58.0 q	3.37 s
8	77.5 s		16-OMe	56.5 q	3.42 s
9	42.9 d		18-OCO	167.4 s	
10	45.1 d		1′	110.2 s	
11	49.1 s		2′	150.9 s	
12	28.4 t		3′	116.9 d	6.68 d（8.2）
13	37.9 d		4′	134.4 d	7.29 dt（1.6, 8.2）
14	81.8 d	3.66 t（4.6）	5′	116.2 d	6.65 t（8.2）
15	33.1 t		6′	130.6 s	7.77 dd（1.6, 8.2）
16	81.9 d		NH$_2$		5.77 br s
17	59.1 d				

注：溶剂 CDCl$_3$

化合物名称：paciline

分子式：$C_{26}H_{41}NO_6$　　　　　　　　分子量（$M+1$）：464

植物来源：*Delphinium pacific* Giant

参考文献：Bando H，Wada K，Tanaka J，et al. 1989. Two new diterpenoid alkaloids from *Delphinium pacific* Giant and revised carbon-13 NMR assignment of delpheline. Heterocycles，29（7）：1293-1300.

paciline 的 NMR 数据

位置	δ_C/ppm	δ_H/ppm（J/Hz）	位置	δ_C/ppm	δ_H/ppm（J/Hz）
1	81.9 d		14	83.4 d	3.63 t（5.0）
2	27.0 t		15	34.9 t	
3	37.0 t		16	81.6 d	
4	33.5 s		17	64.1 d	
5	57.1 d		18	26.0 q	0.92 s
6	89.8 d		19	56.9 t	
7	92.2 s		21	50.1 t	
8	83.4 s		22	14.0 q	1.04 t（7.2）
9	40.0 d		1-OMe	55.2 q	3.25 s
10	48.4 d		6-OMe	58.9 q	3.34 s
11	50.5 s		14-OMe	57.7 q	3.35 s
12	27.9 t		16-OMe	56.1 q	3.43 s
13	38.6 d		O—CH₂—O	93.4 t	5.07 s（2H）

注：溶剂 CDCl₃

化合物名称：pacinine

分子式：C$_{25}$H$_{37}$NO$_6$　　　　　　　　**分子量**（$M+1$）：448

植物来源：*Delphinium pacific* Giant

参考文献：Bando H，Wada K，Tanaka J，et al. 1989. Two new diterpenoid alkaloids from *Delphinium pacific* Giant and revised carbon-13 NMR assignment of delpheline. Heterocycles，29（7）：1293-1300.

pacinine 的 NMR 数据

位置	δ_C/ppm	δ_H/ppm（J/Hz）	位置	δ_C/ppm	δ_H/ppm（J/Hz）
1	82.3 d		14	81.9 d	3.64 t（5.0）
2	26.7 t		15	32.8 t	
3	37.6 t		16	81.3 d	
4	34.8 s		17	62.2 d	
5	60.6 d		18	24.4 q	0.92 s
6	215.9 s		19	56.8 t	
7	89.9 s		21	49.8 t	
8	82.4 s		22	13.5 q	1.06 t（7.3）
9	41.6 d		1-OMe	55.6 q	3.31 s
10	47.4 d		14-OMe	57.7 q	3.35 s
11	46.1 s		16-OMe	56.2 q	3.39 s
12	27.4 t		O—CH$_2$—O	94.9 t	5.08 s
13	38.1 d				5.52 s

注：溶剂 CDCl$_3$

化合物名称：pergilone

分子式：C$_{26}$H$_{37}$NO$_8$　　　　　　　　**分子量**（$M+1$）：492

植物来源：*Delphinium peregrinum*

参考文献：Ulubelen A，Mericli A H，Mericli F，et al. 1992. Diterpene alkaloids from *Delphinium peregrinum*. Phytochemistry，31（3）：1019-1022.

pergilone 的 NMR 数据

位置	δ_C/ppm	δ_H/ppm（J/Hz）	位置	δ_C/ppm	δ_H/ppm（J/Hz）
1	212.3 s		15	39.2 t	
2	41.8 t		16	83.2 d	
3	38.8 t		17	64.3 d	
4	39.1 s		18	26.5 q	0.90 s
5	47.4 d	2.72 d（7）	19	57.6 t	
6	75.3 d	5.29 d（7）	NH		3.28 s
7	86.8 s		7-OMe	56.5 q	3.16 s
8	81.8 s		8-OMe	48.3 q	3.22 s
9	46.8 d		16-OMe	56.5 q	3.47 s
10	38.6 d		6-OAc	171.2 s	
11	61.0 s			21.5 q	1.98 s
12	34.1 t		14-OAc	170.3 s	
13	39.6 d			22.0 q	1.98 s
14	75.0 d	4.66 t（4.5）			

注：溶剂 CDCl$_3$

化合物名称：potanidine A

分子式：$C_{41}H_{60}N_2O_{11}$　　　　　　　　　**分子量**（$M+1$）：757

植物来源：*Delphinium potaninii* W. T. Wang　黑水翠雀

参考文献：浦海燕，王锋鹏. 1994. 黑翠碱甲和黑翠碱乙的化学结构. 药学学报，29（9）：689-692.

potanidine A 的 NMR 数据

位置	δ_C/ppm	δ_H/ppm（J/Hz）	位置	δ_C/ppm	δ_H/ppm（J/Hz）
1	84.1 d		1-OMe	56.3 q	3.35 s
2	25.9 t		6-OMe	57.8 q	3.36 s
3	30.9 t		14-OMe	58.6 q	3.37 s
4	38.2 s		16-OMe	56.5 q	3.43 s
5	44.3 d		18-OCO	168.8 s	
6	90.4 d		1′	117.2 s	
7	86.7 s		2′	142.0 s	
8	79.6 s		3′	122.2 d	7.96 m
9	49.8 d		4′	135.7 d	7.60 m
10	38.9 d		5′	124.6 d	7.17 m
11	51.3 s		6′	131.8 d	8.62 m
12	30.9 t		1″	176.4 s	
13	45.3 d		2″	40.3 d	
14	85.1 d		3″	39.8 t	
15	34.6 t		4″	176.5 s	
16	82.9 d		5″	58.7 t	
17	65.9 d		6″	39.8 t	
18	69.9 t		7″	21.9 t	
19	53.0 t		8″	13.2 q	1.33 d（7）
21	—		2″-Me	17.9 q	
22	11.1 q	1.40 t（6.7）			

注：^{13}C NMR：100 MHz, 溶剂 CDCl₃；^{1}H NMR：50 MHz, 溶剂 CD₃OD

化合物名称：potanidine B

分子式：C$_{37}$H$_{48}$N$_2$O$_{11}$　　　　　　　　分子量（$M+1$）：697

植物来源：*Delphinium potaninii* W. T. Wang　黑水翠雀

参考文献：浦海燕，王锋鹏. 1994. 黑翠碱甲和黑翠碱乙的化学结构. 药学学报，29（9）：689-692.

potanidine B 的 NMR 数据

位置	δ_C/ppm	δ_H/ppm（J/Hz）	位置	δ_C/ppm	δ_H/ppm（J/Hz）
1	83.8 d		19	53.8 t	
2	24.8 t		21	51.7 t	
3	30.9 t		22	13.1 q	1.04 t（7.4）
4	39.4 s		1-OMe	55.7 q	3.23 s
5	44.9 d		14-OMe	59.5 q	3.31 s
6	92.3 d		16-OMe	56.3 q	3.38 s
7	88.0 s		8-OAc	172.5 s	
8	80.3 s			21.5 q	2.15 s
9	51.7 d		18-OCO	164.0 s	
10	39.0 d		1′	126.8 s	
11	46.5 s		2′	133.1 s	
12	29.3 t		3′	129.4 d	7.24 m
13	46.4 d		4′	134.6 d	7.67 m
14	83.7 d	3.57 t（4.6）	5′	130.8 d	7.53 m
15	33.5 t		6′	129.8 d	8.02 m
16	82.7 d		1″，4″	179.7 s	
17	65.4 d		2″，3″	37.2 t	2.61 s
18	70.2 t				

注：溶剂 CDCl$_3$；^{13}C NMR：50 MHz；^{1}H NMR：200 MHz

化合物名称：potanine

分子式：C$_{24}$H$_{39}$NO$_7$　　　　　　　　分子量（$M+1$）：454

植物来源：*Delphinium potaninii* W. T. Wang　黑水翠雀

参考文献：Pu H Y，Wang F P. 1994. Structure of potanine. Chinese Chemical Letters，5（11）：939-940.

potanine 的 NMR 数据

位置	δ_C/ppm	δ_H/ppm （J/Hz）	位置	δ_C/ppm	δ_H/ppm （J/Hz）
1	72.1 d		13	39.5 d	
2	26.2 t		14	74.5 d	
3	29.0 t		15	30.4 t	
4	31.7 s		16	82.0 d	
5	39.8 d		17	66.4 d	
6	90.4 d		18	67.5 t	
7	91.1 s		19	57.1 t	
8	81.0 s		21	50.3 t	
9	48.2 d		22	13.5 q	1.15 t （7）
10	44.9 d		6-OMe	59.5 q	3.40 s
11	48.3 s		8-OMe	51.3 q	3.41 s
12	28.3 t		16-OMe	56.3 q	3.47 s

注：溶剂 CDCl$_3$；^{13}C NMR：50 MHz

化合物名称：potanisine A

分子式：C$_{25}$H$_{40}$NO$_7$　　　　　　　　**分子量（M^+）**：466

植物来源：*Delphinium davidii* Franch. 谷地翠雀花

参考文献：Liang X X，Chen D L，Wang F P. 2006. Two new C$_{19}$-diterpenoid alkaloids from *Delphinium davidii* Franch. Chinese Chemical Letters，17（11）：1473-1476.

potanisine A 的 NMR 数据

位置	δ_C/ppm	δ_H/ppm（J/Hz）	位置	δ_C/ppm	δ_H/ppm（J/Hz）
1	81.8 d		14	85.1 d	
2	19.2 t		15	34.3 t	
3	25.1 t		16	83.5 d	
4	49.0 s		17	72.5 d	
5	45.6 d		18	65.3 t	
6	90.1 d		19	178.8 d	
7	88.0 s		21	58.7 t	
8	78.6 s		22	13.1 q	1.48 t（7.2）
9	44.0 d		1-OMe	56.6 q	3.21 s
10	43.0 d		6-OMe	59.0 q	3.39 s
11	53.4 s		14-OMe	57.9 q	3.41 s
12	31.5 t		16-OMe	56.3 q	3.53 s
13	38.6 d				

注：溶剂 CD$_3$OD；^{13}C NMR：150 MHz；^{1}H NMR：600 MHz

化合物名称：potanisine B

分子式：C₃₆H₄₆N₂O₁₁　　　　　　　　　分子量（$M+1$）：683

植物来源：*Delphinium potaninii* W. T. Wang　黑水翠雀

参考文献：Pu H Y，Xu Q Y，Wang F P，et al. 1996. Two new norditerpenoid alkaloids from *Delphinium potaninii*. Planta Medica，62（5）：462-464.

potanisine B 的 NMR 数据

位置	δ_C/ppm	δ_H/ppm（J/Hz）	位置	δ_C/ppm	δ_H/ppm（J/Hz）
1	82.6 d		19	58.4 t	
2	18.7 t		21	174.8 d	
3	30.9 t		1-OMe	56.4 q	3.16 s
4	45.7 s		6-OMe	59.4 q	3.38 s
5	42.3 d		14-OMe	57.9 q	3.42 s
6	87.8 d		16-OMe	56.2 q	3.46 s
7	86.9 s		18-OCO	164.0 s	
8	77.2 s		1′	126.7 s	
9	44.1 d		2′	132.7 s	
10	42.6 d		3′	129.5 d	7.26 m
11	51.4 s		4′	133.7 d	7.69 m
12	26.4 t		5′	129.7 d	7.59 m
13	38.6 d		6′	131.3 d	8.10 m
14	83.7 d	3.69 t（5.3）	1″	180.0 s	
15	33.4 t		2″	37.1 t	
16	80.2 d		3″	35.2 d	
17	70.1 d		4″	175.9 s	
18	65.5 t		5″	16.4 q	

注：溶剂 CDCl₃；¹³C NMR：50 MHz；¹H NMR：200 MHz

化合物名称：potanisine C

分子式：C$_{25}$H$_{39}$NO$_9$ **分子量（M + 1）**：498

植物来源：*Delphinium potaninii* W. T. Wang   黑水翠雀

参考文献：Pu H Y，Wang F P，Che C T. 1996. Norditerpenoid alkaloids from the roots of *Delphinium potaninii*. Phytochemistry，43（1）：287-290.

potanisine C 的 NMR 数据

位置	δ_C/ppm	δ_H/ppm（J/Hz）	位置	δ_C/ppm	δ_H/ppm（J/Hz）
1	83.5 d		14	80.3 d	3.61 t（4.3）
2	18.7 t		15	71.1 d	
3	31.0 t		16	83.7 d	
4	48.2 s		17	71.1 d	
5	40.6 d		18	78.1 t	
6	87.1 d		19	57.6 t	
7	90.5 s		21	178.4 d	8.84 s
8	79.6 s		1-OMe	55.9 q	3.14 s
9	47.6 d		6-OMe	60.1 q	3.39 s
10	42.3 d		8-OMe	52.6 q	3.42 s
11	50.6 s		14-OMe	57.6 q	3.50 s
12	28.4 t		16-OMe	56.5 q	3.52 s
13	37.8 d				

注：溶剂 CDCl$_3$；^{13}C NMR：50 MHz；^{1}H NMR：200 MHz

化合物名称：potanisine D

分子式：C$_{32}$H$_{44}$N$_2$O$_{10}$　　　　　　　　　　分子量（$M+1$）：617

植物来源：*Delphinium potaninii* W. T. Wang　黑水翠雀

参考文献：Pu H Y，W F P，Che C T. 1996. Norditerpenoid alkaloids from the roots of *Delphinium potaninii*. Phytochemistry，43（1）：287-290.

potanisine D 的 NMR 数据

位置	δ_C/ppm	δ_H/ppm（J/Hz）	位置	δ_C/ppm	δ_H/ppm（J/Hz）
1	83.6 d		17	71.3 d	
2	18.7 t		18	64.4 t	
3	31.2 t		19	58.5 t	
4	46.8 s		21	175.8 d	8.70 s
5	40.9 d		1-OMe	56.1 q	3.16 s
6	86.2 d		6-OMe	60.6 q	3.41 s
7	91.5 s		8-OMe	53.0 q	3.44 s
8	79.6 s		14-OMe	57.7 q	3.52 s
9	46.6 d		16-OMe	56.5 q	3.56 s
10	42.3 d		18-OCO	167.0 s	
11	50.3 s		1′	109.9 s	
12	28.4 t		2′	150.8 s	
13	38.3 d		3′	116.8 d	6.65 m
14	80.5 d	3.64 t（4.4）	4′	134.4 d	7.29 m
15	71.3 d		5′	116.3 d	6.65 m
16	83.9 d		6′	131.1 d	7.83 m

注：溶剂 CDCl$_3$；^{13}C NMR：50 MHz；^{1}H NMR：200 MHz

化合物名称：potanisine E

分子式：$C_{37}H_{48}N_2O_{12}$　　　　　　　　分子量（$M+1$）：713

植物来源：*Delphinium potaninii* W. T. Wang　黑水翠雀

参考文献：Pu H Y，W F P，Che C T. 1996. Norditerpenoid alkaloids from the roots of *Delphinium potaninii*. Phytochemistry，43（1）：287-290.

potanisine E 的 NMR 数据

位置	δ_C/ppm	δ_H/ppm（J/Hz）	位置	δ_C/ppm	δ_H/ppm（J/Hz）
1	83.6 d		21	175.1 d	8.62 s
2	18.7 t		1-OMe	56.1 q	3.13 s
3	31.4 t		6-OMe	60.6 q	3.41 s
4	46.5 s		8-OMe	53.0 q	3.44 s
5	41.0 d		14-OMe	57.7 q	3.55 s
6	85.7 d		16-OMe	56.5 q	3.57 s
7	91.6 s		18-OCO	163.7 s	
8	79.5 s		1′	127.5 s	
9	46.7 d		2′	132.4 s	
10	42.2 d		3′	129.4 d	7.29 m
11	50.5 s		4′	133.5 d	7.71 m
12	28.4 t		5′	129.5 d	7.57 m
13	38.0 d		6′	131.4 d	8.13 m
14	80.1 d	3.61 t（4.3）	1″	176.0 s	
15	71.5 d		2″	35.3 d	
16	84.0 d		3″	37.0 t	
17	71.5 d		4″	180.2 s	
18	65.4 t		5″	16.4 q	
19	58.5 t				

注：溶剂 CDCl_3；^{13}C NMR：50 MHz；^1H NMR：200 MHz

化合物名称：potanisine F

分子式：C$_{38}$H$_{52}$N$_2$O$_{10}$　　　　　　**分子量**（*M* + 1）：697

植物来源：*Delphinium potaninii* W. T. Wang　黑水翠雀

参考文献：Chen D L，Lin L Y，Chen Q H，et al. 2003. New C$_{19}$-diterpenoid alkaloids from *Aconitum hemsleyanum* var *leueanthus* and *Delphinium potaninii*. Journal of Asian Natural Products Research，5（3）：209-213.

potanisine F 的 NMR 数据

位置	δ_C/ppm	δ_H/ppm（*J*/Hz）	位置	δ_C/ppm	δ_H/ppm（*J*/Hz）
1	82.5 d		21	51.3 t	
2	25.1 t		22	14.3 q	1.03 t（7.4）
3	31.2 t		1-OMe	55.1 q	3.23 s
4	37.9 s		6-OMe	59.5 q	3.34 s
5	40.0 d		8-OMe	51.5 q	3.35 s
6	90.8 d		14-OMe	57.2 q	3.42 s
7	89.8 s		16-OMe	55.9 q	3.44 s
8	80.4 s		18-OCO	163.9 s	
9	53.6 d		1′	127.0 s	
10	46.1 d		2′	132.5 s	
11	47.3 s		3′	129.6 d	7.25 m
12	27.5 t		4′	130.8 d	7.65 m
13	37.3 d		5′	130.8 d	7.50 m
14	82.5 d		6′	128.9 d	8.04 m
15	27.6 t		1″	175.6 s	
16	82.2 d		2″	37.3 d	
17	65.6 d		3″	37.2 t	
18	69.9 t		4″	176.6 s	
19	52.7 t		5″	15.9 q	

注：溶剂 CDCl$_3$；^{13}C NMR：50 MHz；^{1}H NMR：200 MHz

化合物名称：potanisine G

分子式：C$_{38}$H$_{55}$N$_3$O$_{10}$　　　　　　　　分子量（$M+1$）：714

植物来源：*Delphinium potaninii* W. T. Wang　　黑水翠雀

参考文献：Chen D L，Lin L Y，Chen Q H，et al. 2003. New C$_{19}$-diterpenoid alkaloids from *Aconitum hemsleyanum* var *leueanthus* and *Delphinium potaninii*. Journal of Asian Natural Products Research，5（3）：209-213.

potanisine G 的 NMR 数据

位置	δ_C/ppm	δ_H/ppm（J/Hz）	位置	δ_C/ppm	δ_H/ppm（J/Hz）
1	82.8 d		22	11.3 q	1.10 t（7.4）
2	25.2 t		1-OMe	55.5 q	3.36 s
3	31.4 t		6-OMe	59.8 q	3.39 s
4	37.7 s		8-OMe	54.0 q	3.39 s
5	46.5 d		14-OMe	57.5 q	3.41 s
6	91.2 d		16-OMe	56.5 q	3.42 s
7	90.1 s		18-OCO	167.9 s	
8	80.6 s		1′	115.1 s	
9	51.6 d		2′	141.2 s	
10	37.5 d		3′	120.6 d	7.97 m
11	47.6 s		4′	134.5 d	7.53 m
12	27.9 t		5′	122.6 d	7.11 m
13	40.3 d		6′	129.4 d	8.59 m
14	83.8 d		NH		10.9 br s
15	27.9 t		1″	170.4 s	
16	82.6 d		2″	41.8 t	
17	65.8 d		3″	36.3 d	
18	70.3 t		4″	176.7 s	
19	53.2 t		5″	17.6 q	1.25 d（6.8）
21	51.8 t				

注：溶剂 CDCl$_3$；^{13}C NMR：50 MHz；^{1}H NMR：200 MHz

化合物名称：pseudonidine A

分子式：C$_{24}$H$_{35}$NO$_7$　　　　　　　　**分子量**（$M+1$）：450

植物来源：*Delphinium pseudoaemulans* C. Y. Yang et B. Wang　　毛茎萨乌尔翠雀花

参考文献：Xue W J，Zhao B，Ruzi Z，et al. 2018. Norditerpenoid alkaloids from *Delphinium pseudoaemulans* C. Y. Yang et B. Wang. Phytochemistry，156：234-240.

pseudonidine A 的 NMR 数据

位置	δ_C/ppm	δ_H/ppm（J/Hz）	位置	δ_C/ppm	δ_H/ppm（J/Hz）
1	82.3 d	3.15 dd（8.4, 6.6）	13	36.0 d	2.45 m
2	25.4 t	1.40 m	14	74.6 d	4.00 d（5.4）
		1.90 m	15	31.7 t	2.56 dd（17.4, 7.8）
3	27.2 t	1.77 m			1.87 m
		1.53 ddd（13.8, 13.8, 4.8）	16	82.0 d	3.57 m
4	50.0 s		17	65.1 d	4.44 br s
5	48.9 d	1.64 br s	18	75.1 t	3.52 d（9.0）
6	90.5 d	3.53 br s			3.41 d（9.0）
7	92.0 s		19	167.9 d	7.53 s
8	80.8 s		1-OMe	56.0 q	3.18 s
9	42.5 d	3.59 t（5.4）	6-OMe	58.8 q	3.30 s
10	48.2 d	1.97 m	16-OMe	56.8 q	3.37 s
11	48.7 s		18-OMe	59.6 q	3.34 s
12	26.9 t	1.77 m	O—CH$_2$—O	94.8 t	5.15 s
		1.86 m			5.15 s

注：溶剂 CDCl$_3$；^{13}C NMR：150 MHz；^{1}H NMR：600 MHz

化合物名称：pseudonidine B

分子式：$C_{29}H_{45}NO_8$　　　　　　　　　　分子量（$M+1$）：536

植物来源：*Delphinium pseudoaemulans* C. Y. Yang et B. Wang　毛茎萨乌尔翠雀花

参考文献：Xue W J，Zhao B，Ruzi Z, et al. 2018. Norditerpenoid alkaloids from *Delphinium pseudoaemulans* C. Y. Yang et B. Wang. Phytochemistry，156：234-240.

pseudonidine B 的 NMR 数据

位置	δ_C/ppm	δ_H/ppm（J/Hz）	位置	δ_C/ppm	δ_H/ppm（J/Hz）
1	83.2 d	3.01 t（8.4）			1.80 m
2	26.4 t	1.83 m	16	82.2 d	3.51 m
		1.98 m	17	61.0 d	3.54 br s
3	28.5 t	1.77 m	18	78.2 t	3.18 d（9.0）
		1.27 m			2.93 d（9.0）
4	40.7 s		19	57.0 d	3.31 m
5	53.3 d	1.60 br s	21	45.6 t	2.83 m
6	87.7 d	3.89 br s	22	14.9 q	1.03 t（7.2）
7	94.4 s		1-OMe	55.8 q	3.20 s
8	81.4 s		6-OMe	58.7 q	3.36 s
9	42.5 d	3.74 t（5.4）	16-OMe	56.7 q	3.35 s
10	48.6 d	1.93 m	18-OMe	59.3 q	3.20 s
11	48.5 s		O—CH₂—O	94.3 t	5.12 s
12	26.8 t	1.99 dd（13.8，7.2）			5.09 s
		1.79 m	1′	46.1 t	2.78 dd（18.6，1.8）
13	36.2 d	2.39 m			2.59 dd（18.6，4.8）
14	74.7 d	3.98 d（5.4）	2′	207.8 s	
15	32.3 t	2.39 dd（15.0，8.4）	3′	30.6 q	2.16 br s

注：溶剂 CDCl₃；¹³C NMR：150 MHz；¹H NMR：600 MHz

化合物名称：pseudophnine A

分子式：C₂₅H₄₀NO₇　　　　　　　　　**分子量**（M^+）：466

植物来源：*Delphinium pseudoaemulans* C. Y. Yang et B. Wang　　毛茎萨乌尔翠雀花

参考文献：Xue W J，Zhao B，Ruzi Z，et al. 2018. Norditerpenoid alkaloids from *Delphinium pseudoaemulans* C. Y. Yang et B. Wang. Phytochemistry，156：234-240.

pseudophnine A 的 NMR 数据

位置	δ_C/ppm	δ_H/ppm （J/Hz）	位置	δ_C/ppm	δ_H/ppm （J/Hz）
1	80.6 d	3.36 (overlapped)	14	75.1 d	4.10 t (4.2)
2	19.4 t	1.78 m	15	34.1 t	2.65 dd (16.8, 8.4)
		1.32 m			1.90 dd (16.8, 4.2)
3	24.5 t	2.14 m	16	81.5 d	3.38 (overlapped)
		1.77 m	17	71.1 d	3.63 d (1.8)
4	48.1 s		18	72.8 t	4.08 d (9.0)
5	44.3 d	2.05 br s			3.79 d (9.0)
6	86.7 d	4.49 br s	19	177.8 d	8.94 s
7	88.1 s		21	58.4 t	4.52 m
8	76.3 s				3.97 m
9	44.7 d	2.93 t (5.4)	22	13.6 q	1.49 t (7.2)
10	42.5 d	2.05 m	1-OMe	56.6 q	3.14 s
11	50.5 s		6-OMe	59.0 q	3.45 s
12	28.6 t	1.12 dd (13.8, 6.0)	16-OMe	56.8 q	3.37 s
		2.11 m	18-OMe	59.5 q	3.41 s
13	38.2 d	2.47 t (6.0)			

注：溶剂 CDCl₃；¹³C NMR：150 MHz；¹H NMR：600 MHz

化合物名称：pseudophnine B

分子式：C$_{24}$H$_{38}$NO$_7$　　　　　　　　　**分子量**（M^+）：452

植物来源：*Delphinium pseudoaemulans* C. Y. Yang et B. Wang　　毛茎萨乌尔翠雀花

参考文献：Xue W J，Zhao B，Ruzi Z，et al. 2018. Norditerpenoid alkaloids from *Delphinium pseudoaemulans* C. Y. Yang et B. Wang. Phytochemistry，156：234-240.

pseudophnine B 的 NMR 数据

位置	δ_C/ppm	δ_H/ppm（J/Hz）	位置	δ_C/ppm	δ_H/ppm（J/Hz）
1	80.6 d	3.37（overlapped）	13	37.5 d	2.50 t（6.6）
2	19.4 t	1.77 m	14	75.0 d	4.11 t（4.2）
		1.36 m	15	33.8 t	2.55 dd（17.4, 8.4）
3	25.2 t	1.94 m			1.92 m
		1.94 m	16	81.3 d	3.41（overlapped）
4	49.3 s		17	70.6 d	3.67 br s
5	46.2 d	1.95 br s	18	65.6 t	4.21 d（11.4）
6	87.8 d	4.33 s			3.94 d（11.4）
7	87.3 s		19	180.9 d	9.34 s
8	76.3 s		21	58.0 t	4.39 m
9	44.6 d	2.96 t（5.4）			3.94 m
10	42.6 d	2.04 m	22	13.7 q	1.52 t（7.2）
11	50.6 s		1-OMe	56.6 q	3.14 s
12	28.2 t	1.11 dd（14.4, 6.0）	6-OMe	59.3 q	3.48 s
		2.10 m	16-OMe	56.9 q	3.37 s

注：溶剂 CDCl$_3$；^{13}C NMR：150 MHz；^{1}H NMR：600 MHz

化合物名称：pseudophnine C

分子式：$C_{27}H_{42}NO_7$　　　　　　　　**分子量**（M^+）：492

植物来源：*Delphinium pseudoaemulans* C. Y. Yang et B. Wang　毛茎萨乌尔翠雀花

参考文献：Xue W J，Zhao B，Ruzi Z，et al. 2018. Norditerpenoid alkaloids from *Delphinium pseudoaemulans* C. Y. Yang et B. Wang. Phytochemistry，156：234-240.

pseudophnine C 的 NMR 数据

位置	δ_C/ppm	δ_H/ppm（J/Hz）	位置	δ_C/ppm	δ_H/ppm（J/Hz）
1	79.3 d	3.51 t（3.6）	15	35.0 t	2.43 dd（7.2, 4.2）
2	19.8 t	1.84 m			2.03 dd（15.6, 7.2）
		1.31 m	16	82.0 d	3.12 t（8.4）
3	24.2 t	2.07 m	17	67.4 d	3.64 br s
		2.03 m	18	72.8 t	3.91 d（8.4）
4	47.7 s				3.86 d（8.4）
5	44.5 d	1.90 br s	19	180.9 d	10.29 s
6	87.4 d	3.70 s	21	57.0 t	4.58 m
7	90.9 s				3.95 m
8	83.3 s		22	13.6 q	1.50 t（7.2）
9	39.2 d	3.53 dd（6.6, 5.4）	1-OMe	56.4 q	3.16 s
10	44.9 d	2.29 m	6-OMe	59.1 q	3.32 s
11	53.0 s		14-OMe	58.2 q	3.41 s
12	30.9 t	1.28 dd（14.4, 5.4）	16-OMe	56.7 q	3.36 s
		2.14 m	18-OMe	59.5 q	3.39 s
13	37.1 d	2.49 dd（7.2, 4.2）	O—CH₂—O	94.9 t	5.09 s
14	82.8 d	3.72 t（4.8）			5.08 s

注：溶剂 CDCl₃；¹³C NMR：150 MHz；¹H NMR：600 MHz

化合物名称：pseudophnine D

分子式：C₂₆H₄₀NO₇   **分子量**（M^+）：478

植物来源：*Delphinium pseudoaemulans* C. Y. Yang et B. Wang   毛茎萨乌尔翠雀花

参考文献：Xue W J，Zhao B，Ruzi Z，et al. 2018. Norditerpenoid alkaloids from *Delphinium pseudoaemulans* C. Y. Yang et B. Wang. Phytochemistry，156：234-240.

pseudophnine D 的 NMR 数据

位置	δ_C/ppm	δ_H/ppm（J/Hz）	位置	δ_C/ppm	δ_H/ppm（J/Hz）
1	79.4 d	3.51 br s	15	34.9 t	2.44 dd（15.6, 9.0）
2	19.9 t	1.80 m			2.02 dd（15.6, 7.2）
		1.35 m	16	82.1 d	3.12 t（7.8）
3	25.3 t	2.06 m	17	67.7 d	3.64 br s
		1.79 m	18	66.4 t	4.12 br d（8.4）
4	48.7 s				4.03 br d（8.4）
5	47.3 d	1.72 br s	19	182.2 d	10.10 s
6	86.9 d	4.11 s	21	57.2 t	4.47 m
7	90.7 s				3.93 m
8	83.3 s		22	13.7 q	1.51 t（7.2）
9	39.2 d	3.54 t（6.0）	1-OMe	56.3 q	3.16 s
10	45.0 d	2.30 m	6-OMe	59.4 q	3.35 s
11	53.1 s		14-OMe	58.2 q	3.42 s
12	30.9 t	1.30 m	16-OMe	56.7 q	3.36 s
		2.13 m	O—CH₂—O	94.8 t	5.09 s
13	37.1 d	2.48 t（6.6, 4.8）			5.06 s
14	82.8 d	3.72 t（4.8）			

注：溶剂 CDCl₃；¹³C NMR：150 MHz；¹H NMR：600 MHz

化合物名称: pseudorenine A

分子式: C$_{39}$H$_{53}$N$_2$O$_{11}$　**分子量**（M^+）: 725

植物来源: *Delphinium pseudoaemulans* C. Y. Yang et B. Wang　毛茎萨乌尔翠雀花

参考文献: Xue W J，Zhao B，Ruzi Z，et al. 2018. Norditerpenoid alkaloids from *Delphinium pseudoaemulans* C. Y. Yang et B. Wang. Phytochemistry，156：234-240.

pseudorenine A 的 NMR 数据

位置	δ_C/ppm	δ_H/ppm （J/Hz）	位置	δ_C/ppm	δ_H/ppm （J/Hz）
1	88.4 d	3.64 （overlapped）	21	57.5 t	4.72 m
2	20.4 t	1.89 m			4.02 m
		1.48 m	22	13.6 q	1.54 t (7.2)
3	25.1 t	2.22 m	1-OMe	59.9 q	3.27 s
		2.10 m	6-OMe	56.4 q	3.20 s
4	47.1 s		14-OMe	58.2 q	3.40 s
5	45.7 d	1.94 br s	16-OMe	56.7 q	3.36 s
6	78.9 d	3.55 br s	O—CH$_2$—O	94.8 t	5.11 s
7	90.6 s				5.10 s
8	83.5 s		18-OCO	167.3 s	
9	39.1 d	3.55 （overlapped）	1′	114.6 s	
10	45.3 d	2.38 m	2′	142.0 s	
11	52.4 s		3′	121.1 d	8.65 d (8.4)
12	30.6 t	1.38 dd (14.4, 4.8)	4′	135.3 d	7.52 d (8.4)
		2.15 m	5′	123.1 d	7.09 t (8.4)
13	37.1 d	2.50 m	6′	130.9 d	8.03 t (8.4)
14	82.7 d	3.72 t (4.8)	NH		10.97 s
15	34.6 t	2.45 dd (15.6, 9.0)	1″	174.4 s	
		2.05 dd (15.6, 7.2)	2″	39.2 d	2.95 m
16	81.8 d	3.15 t (7.8)	3″	37.8 t	2.85 m
17	67.9 d	3.73 br s			2.42 m
18	64.9 t	4.95 d (12.0)	4″	172.6 s	
		4.85 d (12.0)	5″	52.0 q	3.64 s
19	179.5 d	10.54 br s	6″	18.1 q	1.29 d (6.6)

注：溶剂 CDCl$_3$；^{13}C NMR：150 MHz；^{1}H NMR：600 MHz

化合物名称：pseudorenine B

分子式：C$_{39}$H$_{53}$N$_2$O$_{11}$　分子量（M^+）：725

植物来源：*Delphinium pseudoaemulans* C. Y. Yang et B. Wang　毛茎萨乌尔翠雀花

参考文献：Xue W J，Zhao B，Ruzi Z，et al. 2018. Norditerpenoid alkaloids from *Delphinium pseudoaemulans* C. Y. Yang et B. Wang. Phytochemistry，156：234-240.

pseudorenine B 的 NMR 数据

位置	δ_C/ppm	δ_H/ppm（J/Hz）	位置	δ_C/ppm	δ_H/ppm（J/Hz）
1	88.4 d	3.64（overlapped）	21	57.5 t	4.72 m
2	20.4 t	1.89 m			4.02 m
		1.48 m	22	13.6 q	1.54 t（7.2）
3	25.1 t	2.22 m	1-OMe	59.9 q	3.27 s
		2.10 m	6-OMe	56.4 q	3.20 s
4	47.1 s		14-OMe	58.2 q	3.40 s
5	45.7 d	1.94 br s	16-OMe	56.7 q	3.36 s
6	78.9 d	3.55 br s	O—CH$_2$—O	94.8 t	5.11 s
7	90.6 s				5.10 s
8	83.5 s		18-OCO	167.3 s	
9	39.1 d	3.55（overlapped）	1′	114.7 s	
10	45.3 d	2.38 m	2′	141.7 s	
11	52.4 s		3′	121.3 d	8.60 d（8.4）
12	30.6 t	1.38 dd（14.4, 4.8）	4′	135.4 d	7.52 d（8.4）
		2.15 m	5′	123.0 d	7.09 t（8.4）
13	37.1 d	2.50 m	6′	130.9 d	8.03 t（8.4）
14	82.7 d	3.72 t（4.8）	NH		10.84 s
15	34.6 t	2.45 dd（15.6, 9.0）	1″	170.3 s	
		2.05 dd（15.6, 7.2）	2″	41.5 t	2.86 m
16	81.8 d	3.15 t（7.8）			2.50 m
17	67.9 d	3.73 br s	3″	36.1 d	3.03 m
18	64.9 t	4.95 d（12.0）	4″	176.1 s	
		4.85 d（12.0）	5″	52.2 q	3.67 s
19	179.5 d	10.54 br s	6″	17.3 q	1.24 d（6.6）

注：溶剂 CDCl$_3$；^{13}C NMR：150 MHz；^{1}H NMR：600 MHz

化合物名称：puberaconitine

分子式：$C_{36}H_{50}N_2O_{11}$　　　　　　　　分子量（$M+1$）：687

植物来源：*Aconitum barbatum* var. *puberulum* Ledeb. Fl. Ross. 牛扁

参考文献：Yu D Q，Das B C. 1983. Alkaloids of *Aconitum barbatum*. Planta Medica，49（2）：85-89；Joshi B S，Pelletier S W. 1990. The structures of anhweidelphinine，bulleyanitines A-C，puberaconitine，and puberaconitidine. Journal of Natural Products，53（4）：1028-1030.

puberaconitine 的 NMR 数据

位置	δ_C/ppm	δ_H/ppm（J/Hz）	位置	δ_C/ppm	δ_H/ppm（J/Hz）
1	83.8 d	3.1 dd（8，5）	19	52.5 t	2.50～2.80 m
2	25.7 t		21	50.9 t	1.1 t（7）
3	31.7 t		22	13.7 q	
4	37.5 s		1-OMe	55.7 q	3.30 s
5	43.2 d		6-OMe	57.6 q	3.38 s
6	90.9 d	3.95 s	14-OMe	58.0 q	3.40 s
7	88.3 s		16-OMe	56.1 q	3.42 s
8	77.7 s		18-OCO	168.0 s	
9	50.3 d		1′	114.7 s	
10	37.9 d		2′	141.6 s	
11	49.0 s		3′	120.7 d	8.72 d（7.0）
12	28.7 t		4′	134.8 d	7.58 t（7.0）
13	45.9 d		5′	122.5 d	7.30 t（7.0）
14	83.8 d	3.65 d	6′	130.3 d	8.00 d（7.0）
15	33.6 t		1″	170.7 s	
16	82.5 d	3.20 m	2″	29.5 t	
17	64.5 d	3.00 m	3″	29.8 t	
18	69.2 t	4.20 d（11） 4.22 d（11）	4″	170.7 s	

注：溶剂 CDCl$_3$；^{13}C NMR：100 MHz；^{1}H NMR：400 MHz

化合物名称：pubescenine

分子式：C$_{26}$H$_{41}$NO$_8$　　　　　　　　　分子量（$M+1$）：496

植物来源：*Consolida pubescens* (DC.) Soo

参考文献：De la Fuente G，Acosta R D，Gavin J A，et al. 1988. The structure of pubescenine，the first lycoctonine-type C$_{19}$-diterpenoid alkaloid with a C-6α oxygen function. Tetrahedron Letters，29（22）：2723-2726.

pubescenine 的 NMR 数据

位置	δ_C/ppm	δ_H/ppm（J/Hz）	位置	δ_C/ppm	δ_H/ppm（J/Hz）
1	72.5 d	3.63 m	16	83.1 d	
2	29.6 t		17	63.7 d	3.15 s
3	29.8 t		18	80.9 t	3.35 d（8.9）
4	38.5 s		19	56.7 t	2.35 d（11.1）
5	44.1 d	2.13 d（6.8）			2.79 d（11.1）
6	70.8 d	4.45 t（6.8）	21	50.8 t	2.90 dq（7.1）
7	85.4 s				2.91 dq（7.3）
8	80.7 s		22	13.8 q	1.11 t（7.2）
9	43.5 d	2.47 dd（4.7, 7.1）	8-OMe	52.9 q	3.37 s
10	47.0 d		16-OMe	56.6 q	3.37 s
11	47.7 s		18-OMe	59.3 q	3.41 s
12	28.8 t		14-OAc	170.8 s	
13	38.3 d			21.2 q	2.03 s
14	75.8 d	4.76 t（4.5）	1-OH		7.37 br s
15	29.9 t		6-OH		4.09 m

注：溶剂 CDCl$_3$；^{13}C NMR：50 MHz；^{1}H NMR：200 MHz

化合物名称：6β, 7β, 8β, 15α-tetrahydroxy-1α, 14α, 16β, 18β-tetramethoxy-aconitan-19-en

分子式：$C_{25}H_{41}NO_8$　　　　　　　**分子量**（$M+1$）：484

植物来源：*Aconitum sinomontanum* Nakai　　高乌头

参考文献：张娇，白玮，李玉泽，等. 2018. 高乌头中 1 个新的二萜类生物碱成分. 中草药，49（15）：3562-3566.

6β, 7β, 8β, 15α-tetrahydroxy-1α, 14α, 16β, 18β-tetramethoxy-aconitan-19-en 的 NMR 数据

位置	δ_C/ppm	δ_H/ppm（J/Hz）	位置	δ_C/ppm	δ_H/ppm（J/Hz）
1	77.4 d	3.61 t（8.6）	14	82.9 d	4.19 t（4.8）
2	25.7 t	2.03 m	15	79.2 d	3.61 dd（3.2, 5.9）
		1.93 m	16	89.9 d	3.11 d（4.7）
3	39.1 t	1.73 m	17	66.7 d	2.80 m
		2.89 m	18	79.2 t	3.26 d（8.9）
4	38.4 s				3.69 d（8.2）
5	54.3 d	3.05 d（4.7）	19	53.6 t	2.61 d（11.9）
6	81.5 d	4.34 s			2.53 m
7	86.6 s		21	51.9 t	2.87 m
8	80.7 s				2.89 m
9	37.2 d	2.51 m	22	14.7 q	1.03 t（7.1）
10	49.8 d	1.71 m	1-OMe	55.6 q	3.32 s
11	54.1 s		14-OMe	58.1 q	3.40 s
12	31.9 t	1.75 m	16-OMe	56.4 q	3.31 s
		1.30 m	18-OMe	59.8 q	3.32 s
13	37.6 d	1.62 m			

注：溶剂 CDCl₃；¹³C NMR：100 MHz；¹H NMR：400 MHz

化合物名称：septentriodine

分子式：$C_{37}H_{52}N_2O_{11}$　　　　　　　分子量（$M+1$）：701

植物来源：*Aconitum septentrionale* Koelle. 紫花高乌头

参考文献：Pelletier S W，Sawhney R S，Aasen A J. 1979. Septentrionine and septentriodine：two new C_{19}-diterpenoid alkaloids from *Aconitum septentrionale* Koelle. Heterocycles，12（3）：377-381.

septentriodine 的 NMR 数据

位置	δ_C/ppm	δ_H/ppm（J/Hz）	位置	δ_C/ppm	δ_H/ppm（J/Hz）
1	84.0 d		21	51.0 t	
2	26.1 t		22	14.1 q	1.07 t（7.1）
3	31.6 t		1-OMe	55.9 q	3.26 s
4	37.6 s		6-OMe	57.9 q	3.34 s
5	43.3 d		14-OMe	58.1 q	3.38 s
6	91.1 d		16-OMe	56.4 q	3.42 s
7	88.7 s		18-OCO	168.3 s	
8	77.6 s		1′	114.7 s	
9	50.4 d		2′	141.9 s	
10	38.1 d		3′	120.8 d	
11	49.1 s		4′	135.2 d	
12	28.7 t		5′	122.8 d	7.0～8.7 m
13	46.1 d		6′	130.5 d	
14	84.0 d		NH		11.10 s
15	33.7 t		1″	170.6 s	
16	82.7 d		2″	28.9 t	2.80 s
17	64.6 d		3″	32.7 t	2.80 s
18	69.9 t		4″	173.3 s	
19	52.4 t		5″	51.9 q	3.71 s

注：溶剂 CDCl₃

化合物名称：septentrionine

分子式：$C_{38}H_{54}N_2O_{11}$　　　　　　分子量（$M+1$）：715

植物来源：*Aconitum septentrionale* Koelle. 紫花高乌头

参考文献：Samir A R，Pelletier S W. 1992. New norditerpenoid alkaloids from *Aconitum septentrionale*. Tetrahedron，48（7）：1183-1192.

septentrionine 的 NMR 数据

位置	δ_C/ppm	δ_H/ppm（J/Hz）	位置	δ_C/ppm	δ_H/ppm（J/Hz）
1	83.1 d		21	51.9 t	
2	25.6 t		22	14.8 q	1.08 t（6.8）
3	31.9 t		1-OMe	55.7 q	3.25 s
4	37.7 s		6-OMe	60.0 q	3.37 s
5	46.7 d		8-OMe	54.4 q	3.37 s
6	91.5 d		14-OMe	57.7 q	3.47 s
7	90.4 s		16-OMe	56.5 q	3.47 s
8	80.9 s		18-OCO	168.4 s	
9	51.9 d		1′	115.1 s	
10	40.6 d		2′	141.8 s	
11	47.6 s		3′	120.6 d	
12	27.9 t		4′	134.9 d	
13	37.7 d		5′	122.7 d	
14	83.5 d		6′	130.8 d	7.04～8.74 m
15	27.9 t		1″	170.6 s	
16	82.8 d		2″	29.0 t	2.80
17	66.2 d		3″	32.7 t	2.80
18	70.6 t		4″	173.3 s	
19	53.2 t		5″	51.9 q	3.70 s

注：溶剂 CDCl₃

化合物名称：sharwuphinine A

分子式：C₂₃H₃₅NO₈   分子量（$M+1$）：454

植物来源：*Delphinium shawurense* W. T. Wang　沙乌尔翠雀花

参考文献：Li C，Hirasawa Y，Arai H，et al. 2010. A new diterpenoid alkaloid，sharwuphinine A，from *Delphinium sharwurense*. Heterocycles，80（1）：607-612.

sharwuphinine A 的 NMR 数据

位置	δ_C/ppm	δ_H/ppm（J/Hz）	位置	δ_C/ppm	δ_H/ppm（J/Hz）
1	82.1 d	3.43 br s			2.18 m
2	21.0 t	1.40 m	13	39.4 d	2.39 dd（6.5，4.4）
		1.90 m	14	85.6 d	3.72 dd（4.8，4.4）
3	26.3 t	1.62 m	15	34.3 t	1.66 dd（15.1，8.5）
		1.95 dd（14.0，7.6）			2.83 dd（15.1，8.5）
4	45.7 s		16	84.1 d	3.26 dd（8.5，8.1）
5	46.1 d	2.10 br s	17	79.0 d	3.57 s
6	91.0 d	3.93 br s	18	65.0 t	3.65 d（10.9）
7	86.9 s				3.80 d（10.9）
8	78.8 s		19	144.1 d	6.8 s
9	44.4 d	2.87 dd（6.2，4.8）	1-OMe	57.0 q	3.21 s
10	43.7 d	2.21 m	6-OMe	59.3 q	3.50 s
11	53.0 s		14-OMe	58.1 q	3.38 s
12	32.0 t	1.30 dd（13.7，4.1）	16-OMe	56.6 q	3.35 s

注：溶剂 CD₃OD；¹³C NMR：150 MHz；¹H NMR：600 MHz

化合物名称：sharwuphinine B

分子式：C$_{26}$H$_{39}$NO$_7$　　　　　　　　分子量（M^+）：478

植物来源：*Delphinium shawurense* W. T. Wang　沙乌尔翠雀花

参考文献：Zhao B，Usmanova S K，Yili A，et al. 2015. New C$_{19}$-norditerpenoid alkaloids from *Delphinium shawurense*. Chemistry of Natural Compounds，51（3）：451-453.

sharwuphinine B 的 NMR 数据

位置	δ_C/ppm	δ_H/ppm（J/Hz）	位置	δ_C/ppm	δ_H/ppm（J/Hz）
1	79.2 d	3.44 t（3.6）	15	33.1 t	2.36 dd（17.4, 8.4）
2	20.4 t	1.73 m			1.97 d（17.4）
		1.39 m	16	81.0 d	3.56 d（9.0）
3	24.6 t	2.00 dd（9.0, 5.4）	17	68.5 d	4.04 br s
4	48.4 s		18	73.0 t	3.89 d（9.6）
5	45.0 d	1.90 s			3.80 d（9.6）
6	87.4 d	3.68 br s	19	181.5 d	10.1 s
7	91.4 s		21	57.1 t	4.57 dq（13.8, 7.2）
8	81.5 s				3.98 dq（13.8, 7.2）
9	41.7 d	3.56 m	22	14.1 q	1.51 t（7.2）
10	44.9 d	2.17 dt（11.4, 6.6）	1-OMe	56.6 q	3.16 s
11	51.6 s		6-OMe	59.0 q	3.34 s
12	27.4 t	2.10 m	14-OMe	56.9 q	3.37 s
		1.25 m	16-OMe	59.5 q	3.38 s
13	35.9 d	2.52 s	O—CH$_2$—O	95.3 t	5.16 s
14	74.0 d	4.10 t（4.8）			5.13 s

注：溶剂 CDCl$_3$；^{13}C NMR：100 MHz；^{1}H NMR：600 MHz

化合物名称：sinomontanine I

分子式：$C_{34}H_{44}N_2O_{10}$　　　　　　　　　　**分子量**（$M+1$）：641

植物来源：*Aconitum sinomontanum* Nakai　　高乌头

参考文献：彭崇胜，陈东林，陈巧鸿，等. 2005. 高乌头根中新的二萜生物碱. 有机化学，25（10）：1235-1239.

sinomontanine I 的 NMR 数据

位置	δ_C/ppm	δ_H/ppm（J/Hz）	位置	δ_C/ppm	δ_H/ppm（J/Hz）
1	72.4 d	3.65 br s	18	70.1 t	3.94 ABq（10.8）
2	29.2 t				4.09 ABq（10.8）
3	27.2 t		19	55.9 t	
4	37.1 s		21	50.3 t	
5	40.5 d		22	13.6 q	1.11 t（7.2）
6	32.4 t		14-OMe	57.8 q	3.32 s
7	85.0 s		16-OMe	56.2 q	3.39 s
8	77.3 s		18-OCO	164.5 s	
9	78.3 s		1′	127.1 s	
10	48.4 d		2′	132.6 s	
11	49.8 s		3′	129.4 d	7.25 t（7.0）
12	26.5 t		4′	133.5 d	7.66 d（7.6）
13	36.2 d		5′	129.7 d	7.52 t（7.6）
14	90.0 d		6′	131.4 d	8.05 d（6.4）
15	38.0 t		1″, 4″	175.0 s	
16	82.6 d		2″, 3″	28.8 t	
17	64.2 d				

注：溶剂 CDCl₃；¹³C NMR：150 MHz；¹H NMR：600 MHz

化合物名称：siwanine A

分子式：C$_{27}$H$_{39}$NO$_8$　　　　　　　分子量（$M+1$）：506

植物来源：*Delphinium siwanense* var. *leptogen* W. T. Wang

参考文献：Zhang S M，Ou Q Y. 1998. Norditerpenoid alkaloids from *Delphinium siwanense* var. *leptogen*. Phytochemistry，48（1）：191-196.

siwanine A 的 NMR 数据

位置	δ_C/ppm	δ_H/ppm（J/Hz）	位置	δ_C/ppm	δ_H/ppm（J/Hz）
1	75.9 d	3.80 d（4.0）			2.53 m
2	125.2 d	5.99 dd（4.0, 10.0）	16	81.7 d	2.97 m
3	137.9 d	5.47 d（10.0）	17	60.6 d	3.19 s
4	34.7 s		18	23.3 q	1.00 s
5	50.0 d	1.73 s	19	57.6 t	2.47 m
6	78.9 d	5.47 br s			2.85 m
7	90.9 s		21	48.5 t	2.55 s
8	82.2 s		22	12.9 q	1.07 t（7.2）
9	50.4 d	3.20 m	1-OMe	55.8 q	3.33 s
10	84.0 s		14-OMe	57.6 q	3.44 s
11	56.4 s		16-OMe	56.1 q	3.34 s
12	36.6 t	2.60 m	6-OAc	169.6 s	
		1.80 m		21.6 q	2.08 s
13	38.8 d	2.50 m	O—CH$_2$—O	94.1 t	4.94 s
14	81.4 d	4.13 t（4.8）			4.98 s
15	35.6 t	1.90 m			

注：溶剂 CDCl$_3$

化合物名称：siwanine B

分子式：$C_{26}H_{37}NO_8$　　　　　　　分子量（$M+1$）：492

植物来源：*Delphinium siwanense* var. *leptogen* W. T. Wang

参考文献：Zhang S M，Ou Q Y. 1998. Norditerpenoid alkaloids from *Delphinium siwanense* var. *leptogen*. Phytochemistry，48（1）：191-196.

siwanine B 的 NMR 数据

位置	δ_C/ppm	δ_H/ppm（J/Hz）	位置	δ_C/ppm	δ_H/ppm（J/Hz）
1	75.7 d	3.84 d（4.0）	15	36.5 t	2.66 m
2	124.8 d	5.99 dd（4.0, 10.0）			1.81 m
3	137.0 d	5.68 d（10.0）	16	71.7 d	3.65 m
4	34.5 s		17	61.0 d	3.15 s
5	49.7 d	1.86 s	18	23.2 q	0.99 s
6	79.0 d	5.47 br s	19	57.6 t	2.47 m
7	91.2 s				2.65 m
8	81.7 s		21	48.5 t	2.56 s
9	48.5 d	3.49 m	22	12.9 q	1.07 t（7.2）
10	83.6 s		1-OMe	56.0 q	3.32 s
11	55.9 s		14-OMe	57.8 q	3.47 s
12	38.9 t	2.70 m	6-OAc	169.6 s	
		1.73 m		21.5 q	2.07 s
13	42.3 d	2.49 m	O—CH₂—O	93.9 t	4.91 s
14	82.4 d	4.24 t（4.8）			4.97 s

注：溶剂 CDCl₃

化合物名称：siwanine C

分子式：$C_{26}H_{37}NO_7$　　　　　　　　**分子量**（$M+1$）：476

植物来源：*Delphinium siwanense* var. *leptogen* W. T. Wang

参考文献：Zhang S M，Ou Q Y. 1998. Norditerpenoid alkaloids from *Delphinium siwanense* var. *leptogen*. Phytochemistry，48（1）：191-196.

siwanine C 的 NMR 数据

位置	δ_C/ppm	δ_H/ppm（J/Hz）	位置	δ_C/ppm	δ_H/ppm（J/Hz）
1	80.0 d	3.86 d（4.0）	15	34.2 t	1.76 m
2	124.4 d	6.01 dd（4.0, 10.0）			2.62 m
3	137.2 d	5.69 d（10.0）	16	81.9 d	3.64 m
4	34.5 s		17	65.9 d	2.99 s
5	54.1 d	1.58 s	18	23.1 q	1.00 s
6	78.2 d	5.50 br s	19	57.6 t	2.50 m
7	91.5 s				2.66 m
8	84.4 s		21	43.6 q	2.53 s
9	47.4 d	3.50 m	1-OMe	56.2 q	3.35 s
10	39.0 d	2.10 m	14-OMe	58.7 q	3.48 s
11	50.8 s		16-OMe	56.4 q	3.36 s
12	27.8 t	1.86 m	6-OAc	168.6 s	
		2.52 m		21.7 q	2.10 s
13	38.7 d	2.60 m	O—CH₂—O	93.7 t	4.91 s
14	83.5 d	4.26 t（4.8）			4.99 s

注：溶剂 CDCl₃

化合物名称：siwanine D

分子式：$C_{25}H_{35}NO_8$　　　　　　　　**分子量**（$M+1$）：478

植物来源：*Delphinium siwanense* var. *leptogen* W. T. Wang

参考文献：Zhang S M，Ou Q Y. 1998. Norditerpenoid alkaloids from *Delphinium siwanense* var. *leptogen*. Phytochemistry，48（1）：191-196.

siwanine D 的 NMR 数据

位置	δ_C/ppm	δ_H/ppm（J/Hz）	位置	δ_C/ppm	δ_H/ppm（J/Hz）
1	75.9 d	3.84 d（4.0）	15	36.5 t	1.82 m
2	124.5 d	5.98 dd（4.0，10.0）			2.70 m
3	137.6 d	5.65 d（10.0）	16	71.6 d	3.64 m
4	34.6 s		17	65.4 d	3.15 s
5	49.0 d	1.62 s	18	23.1 q	0.99 s
6	78.7 d	5.47 br s	19	58.6 t	2.48 m
7	91.5 s				2.67 m
8	81.4 s		21	43.4 q	2.55 s
9	48.5 d	3.46 m	1-OMe	56.6 q	3.31 s
10	83.6 s		14-OMe	57.6 q	3.45 s
11	55.9 s		6-OAc	169.5 s	
12	38.8 t	1.73 m		21.5 q	2.05 s
		2.59 m	O—CH₂—O	93.9 t	4.93 s
13	42.0 d	2.49 m			4.98 s
14	82.3 d	4.25 t（4.8）			

注：溶剂 CDCl₃

化合物名称：siwanine E

分子式：$C_{28}H_{39}NO_9$　　　　　　**分子量**（$M+1$）：534

植物来源：*Delphinium siwanense* var. *leptogen* W. T. Wang

参考文献：Zhang S M，Zhao G L，Lin G Q. 1997. Two norditerpenoid alkaloids from *Delphinium siwanense*. Phytochemistry，45（8）：1713-1716.

siwanine E 的 NMR 数据

位置	δ_C/ppm	δ_H/ppm（J/Hz）	位置	δ_C/ppm	δ_H/ppm（J/Hz）
1	75.6 d	3.85 d（4.0）			2.95 m
2	125.2 d	5.99 dd（4.0, 10.0）	16	73.9 d	4.70 dt（4.5, 9.0）
3	138.8 d	5.68 d（10.0）	17	60.9 d	3.20 s
4	34.5 s		18	23.1 q	0.99 s
5	50.5 d	1.90 s	19	57.5 t	2.47 m
6	78.8 d	5.49 br s			2.65 m
7	91.0 s		21	48.8 t	2.55 m
8	81.5 s		22	12.8 q	1.07 t（7.2）
9	49.9 d	3.45 d（4.8）	1-OMe	56.0 q	3.30 s
10	83.5 s		14-OMe	57.8 q	3.42 s
11	56.3 s		6-OAc	169.5 s	
12	34.3 t	1.90 m		21.6 q	2.07 s
		2.65 m	16-OAc	170.5 s	
13	38.9 d	2.55 m		21.2 s	2.02 s
14	81.3 d	4.21 t（4.8）	O—CH₂—O	93.9 t	4.89 s
15	37.9 t	1.95 m			4.95 s

注：溶剂 $CDCl_3$；^{13}C NMR：100 MHz；^1H NMR：400 MHz

化合物名称：siwanine F

分子式：C$_{26}$H$_{37}$NO$_8$　　　　　　　　分子量（$M+1$）：492

植物来源：*Delphinium siwanense* var. *leptogen* W. T. Wang

参考文献：Zhang S M，Zhao G L，Lin G Q. 1997. Two norditerpenoid alkaloids from *Delphinium siwanense*. Phytochemistry，45（8）：1713-1716.

siwanine F 的 NMR 数据

位置	δ_C/ppm	δ_H/ppm （J/Hz）	位置	δ_C/ppm	δ_H/ppm （J/Hz）
1	76.0 d	3.86 d（4.0）	15	35.4 t	1.90 m
2	125.1 d	6.00 dd（4.0，10.0）			2.70 m
3	136.7 d	5.70 d（10.0）	16	80.6 d	3.35 m
4	34.5 s		17	61.2 d	3.21 s
5	52.2 d	1.84 s	18	23.1 q	0.99 s
6	78.7 d	5.50 br s	19	57.6 t	2.50 m
7	91.4 s				2.66 m
8	81.5 s		21	48.6 t	2.54 m
9	49.7 d	3.32 m	22	—	1.10 t（7.2）
10	83.9 s		1-OMe	55.8 q	3.36 s
11	55.8 s		16-OMe	56.1 q	3.38 s
12	36.9 t	1.86 m	6-OAc	169.9 s	
		2.66 m		21.6 q	2.10 s
13	38.9 d	2.70 m	O—CH$_2$—O	94.1 t	4.92 s
14	73.0 d	4.67 t（4.8）			5.01 s

注：溶剂 CDCl$_3$；^{13}C NMR：100 MHz；^{1}H NMR：400 MHz

化合物名称：soulidine

分子式：C$_{27}$H$_{41}$NO$_8$　　　　　　　　分子量（$M+1$）：508

植物来源：*Delphinium souliei* Franch. 川甘翠雀花

参考文献：He L，Pan Y J，Li B G，et al. 1999. A minor new diterpenoid alkaloid from the roots of *Delphinium souliei* Franch. Chinese Chemical Letters，10（12）：1027-1028.

soulidine 的 NMR 数据

位置	δ_C/ppm	δ_H/ppm（J/Hz）	位置	δ_C/ppm	δ_H/ppm（J/Hz）
1	84.6 d		15	34.8 t	
2	26.3 t		16	81.5 d	
3	33.0 t		17	61.7 d	
4	37.3 s		18	78.1 t	
5	51.2 d		19	56.4 t	
6	77.4 d	5.42 s	21	41.2 q	
7	90.5 s		1-OMe	56.2 q	3.46 s
8	84.3 s		14-OMe	57.7 q	3.46 s
9	49.1 d		16-OMe	56.3 q	3.46 s
10	42.1 d		18-OMe	61.7 q	3.33 s
11	53.1 s		6-OAc	169.7 s	
12	28.1 t			21.5 q	2.10 s
13	37.3 d		O—CH$_2$—O	93.5 t	5.07 s
14	81.6 d				5.11 s

注：溶剂 CDCl$_3$；^{13}C NMR：100 MHz；^{1}H NMR：400 MHz

化合物名称：souline C

分子式：$C_{27}H_{41}NO_7$　　　　　　**分子量**（$M+1$）：492

植物来源：*Delphinium souliei* Franch. 川甘翠雀花

参考文献：Zhang K，He L，Pan X，et al. 1998. Souline C and souline D，two new diterpenoid alkaloids from *Delphinium souliei*. Planta Medica，64（6）：580-581.

souline C 的 NMR 数据

位置	δ_C/ppm	δ_H/ppm（J/Hz）	位置	δ_C/ppm	δ_H/ppm（J/Hz）
1	79.1 d	3.07 q（13.2）	15	36.4 t	
2	26.9 t		16	81.4 d	
3	34.8 t		17	63.4 d	
4	33.8 s		18	25.6 q	0.75 s
5	50.1 d		19	56.8 t	
6	77.3 d	5.32 br s	21	50.3 t	
7	91.4 s		22	13.8 q	0.96 t（7）
8	83.3 s		1-OMe	55.7 q	3.14 s
9	49.9 d		14-OMe	57.5 q	3.20 s
10	39.3 d		16-OMe	56.1 q	3.41 s
11	50.2 s		6-OAc	169.8 s	
12	27.0 t			21.7 q	1.93 s
13	38.3 d		O—CH_2—O	93.6 t	4.77 s
14	81.5 d				4.82 s

注：溶剂 CDCl_3；^{13}C NMR：100 MHz；^1H NMR：400 MHz

化合物名称：swatinine

分子式：$C_{25}H_{41}NO_8$　　　　　　　　　**分子量**（$M+1$）：484

植物来源：*Aconitum variegatum* L.

参考文献：Shaheen F，Ahmad M，Khan M T H，et al. 2005. Alkaloids of *Aconitum laeve* and their anti-inflammatory，antioxidant and tyrosinase inhibition activities. Phytochemistry，66（8）：935-940.

swatinine 的 NMR 数据

位置	δ_C/ppm	δ_H/ppm（J/Hz）	位置	δ_C/ppm	δ_H/ppm（J/Hz）
1	77.4 d	3.51 t（8.3）	14	82.0 d	3.92 t（4.5）
2	25.9 t		15	34.6 t	
3	31.2 t		16	82.4 d	2.97 t（8.0）
4	38.3 s		17	65.1 d	2.59 s
5	45.3 d	1.99 br s	18	67.7 t	
6	91.1 d	3.85 br s	19	52.6 t	
7	87.6 s		21	51.1 t	
8	75.7 s		22	14.0 q	
9	53.6 d	2.69 d（4.6）	1-OMe	55.5 q	3.32 s
10	81.2 s		6-OMe	58.0 q	3.22 s
11	54.4 s		14-OMe	57.8 q	3.13 s
12	39.2 t		16-OMe	56.1 q	3.15 s
13	38.0 d				

注：^{13}C NMR：125 MHz，溶剂 CDCl₃；^{1}H NMR：500 MHz，溶剂(CD₃)₂SO

化合物名称：takaonine

分子式：C$_{24}$H$_{35}$NO$_7$ 分子量（$M+1$）：450

植物来源：*Aconitum japonicum* Thunb.

参考文献：Sakai S，Takayama H，Okamoto T. 1979. On the alkaloids of *Aconitum japonicum* Thunb. collected at Mt. Takao（Tokyo）. Yakugaku Zasshi，99（6）：647-656.

takaonine 的 NMR 数据

位置	δ_C/ppm	δ_H/ppm（J/Hz）	位置	δ_C/ppm	δ_H/ppm（J/Hz）
1	70.8 d		13	47.1 d	
2	131.3 d	5.88 s	14	215.3 s	
3	134.5 d	5.86 s	15	35.1 t	
4	40.0 s		16	86.7 d	
5	49.0 d		17	65.7 d	
6	90.4 d	3.96 s	18	75.7 t	
7	86.2 s		19	51.6 t	
8	83.0 s		21	50.5 t	
9	53.2 d		22	13.8 q	1.08 t（7）
10	41.6 d		6-OMe	57.3 q	
11	49.6 s		16-OMe	56.1 q	
12	25.8 t		18-OMe	59.3 q	

注：溶剂 CDCl$_3$

化合物名称：takaosamine

分子式：$C_{23}H_{37}NO_7$　　　　　　　　　分子量（$M+1$）：440

植物来源：*Delphinium nudicaule* Torr. & Gray

参考文献：Kulanthaivel P，Benn M. 1985. Diterpenoid alkaloids from *Delphinium nudicaule* Torr. and Gray. Heterocycles，23（10）：2515-2520.

takaosamine 的 NMR 数据

位置	δ_C/ppm	δ_H/ppm（J/Hz）	位置	δ_C/ppm	δ_H/ppm（J/Hz）
1	72.6 d		13	39.3 d	
2	26.9 t		14	75.7 d	4.12 t（5）
3	29.3 t		15	34.4 t	
4	38.2 s		16	81.9 d	
5	44.8 d		17	66.3 d	
6	90.1 d	4.00 br s	18	66.8 t	
7	87.8 s		19	57.0 t	
8	78.0 s		21	50.4 t	
9	43.9 d		22	13.7 q	1.10 t（7）
10	45.2 d		6-OMe	57.8 q	3.37 s
11	48.8 s		16-OMe	56.3 q	3.40 s
12	26.9 t				

注：溶剂 CDCl₃；¹³C NMR：50.3 MHz；¹H NMR：200 MHz

化合物名称：talitine A

分子式：$C_{26}H_{41}NO_8$　　　　　　　　分子量（$M+1$）：496

植物来源：*Delphinium caeruleum* Jacq. ex Camb. 蓝翠雀花

参考文献：Lin C Z，Liu Z J，Bairi Z D，et al. 2017. A new diterpenoid alkaloids isolated from *Delphinium caeruleum*. Chinese Journal of Natural Medicines，15（1）：45-48.

talitine A 的 NMR 数据

位置	δ_C/ppm	δ_H/ppm（J/Hz）	位置	δ_C/ppm	δ_H/ppm（J/Hz）
1	81.4 d	3.68 t（4.4）	15	30.8 t	1.87 dd（16.8, 4.8）
2	26.7 t	2.04 m			2.72 dd（16.8, 4.8）
		2.16 m	16	81.9 d	3.64 m
3	31.8 t	1.41 m	17	61.4 d	3.09 s
		1.78 m	18	79.2 t	3.02 br s
4	38.0 s				3.10 br s
5	36.6 d	1.77（hidden）	19	52.9 t	2.49 m
6	37.7 t	1.36 dd（15.2, 5.2）			2.67 m
		2.93 dd（15.2, 5.2）	21	50.6 t	2.72 m
7	90.3 s				2.83 m
8	79.1 s		22	13.8 q	1.08 t（7.2）
9	81.0 s		1-OMe	56.1 q	3.32 s
10	78.4 s		14-OMe	58.0 q	3.46 s
11	57.0 s		16-OMe	59.5 q	3.29 s
12	34.5 t	1.80 dd（16.0, 7.2）	18-OMe	55.6 q	3.29 s
		2.85（hidden）	O—CH₂—O	93.8 t	5.09 s
13	36.1 d	2.45 m			5.02 s
14	86.7 d	3.72 d（5.2）			

注：溶剂 CDCl₃；¹³C NMR：100 MHz；¹H NMR：400 MHz

化合物名称：talitine B

分子式：C$_{26}$H$_{41}$NO$_7$　　　　　　　　分子量（$M+1$）：480

植物来源：*Delphinium caeruleum* Jacq. ex Camb. 蓝翠雀花

参考文献：Wang Y，Chen S N，Pan Y J，et al. 1996. Diterpenoid alkaloids from *Delphinium caeruleum*. Phytochemistry，42（2）：569-571.

talitine B 的 NMR 数据

位置	δ_C/ppm	δ_H/ppm（J/Hz）	位置	δ_C/ppm	δ_H/ppm（J/Hz）
1	83.3 d	4.76 dd（4.0, 7.5）	15	36.1 t	
2	25.1 t		16	81.6 d	
3	32.0 t		17	61.8 d	
4	39.2 s		18	79.4 t	
5	53.1 d		19	52.6 t	
6	26.7 t		21	50.5 t	
7	90.6 s		22	13.9 q	1.08 t（7）
8	82.6 s		1-OMe	55.3 q	3.27 s
9	79.0 s		14-OMe	57.9 q	3.28 s
10	43.5 d		16-OMe	56.0 q	3.32 s
11	51.3 s		18-OMe	59.4 q	3.45 s
12	30.1 t		O—CH$_2$—O	93.5 t	4.96 s
13	36.9 d				5.08 s
14	89.3 d	3.62 d（4.5）			

注：溶剂 CDCl$_3$；^{13}C NMR：100 MHz；^{1}H NMR：400 MHz

化合物名称：talitine C

分子式：$C_{27}H_{41}NO_9$ **分子量**（$M+1$）：524

植物来源：*Delphinium caeruleum* Jacq. ex Camb. 蓝翠雀花

参考文献：Lin C Z，Liu Z J，Bairi Z D，et al. 2017. A new diterpenoid alkaloids isolated from *Delphinium caeruleum*. Chinese Journal of Natural Medicines，15（1）：45-48.

talitine C 的 NMR 数据

位置	δ_C/ppm	δ_H/ppm（J/Hz）	位置	δ_C/ppm	δ_H/ppm（J/Hz）
1	74.3 d	3.74 t（4.4）	15	30.7 t	1.86 dd（16.8, 4.8）
2	26.6 t	2.06 m			2.72 dd（16.8, 4.8）
		2.16 m	16	81.2 d	3.66 m
3	31.8 t	1.51 m	17	61.4 d	3.07 s
		1.78 m	18	79.1 t	3.02 br s
4	38.0 s				3.10 br s
5	35.8 d	1.79（hidden）	19	52.8 t	2.51 m
6	37.8 t	1.35 dd（15.2, 5.2）			2.67 m
		2.93 dd（15.2, 5.2）	21	50.6 t	2.68 m
7	90.5 s				2.83 m
8	78.9 s		22	13.7 q	1.08 t（7.2）
9	80.8 s		14-OMe	58.0 q	3.48 s
10	78.1 s		16-OMe	59.5 q	3.29 s
11	56.8 s		18-OMe	55.5 q	3.28 s
12	35.4 t	1.82 dd（16.0, 7.2）	1-OAc	170.4 s	
		2.85（hidden）		21.3 q	2.04 s
13	35.6 d	2.41 m	O—CH₂—O	93.9 t	5.09 s
14	86.2 d	3.74 d（4.4）			5.02 s

注：溶剂 CDCl₃；¹³C NMR：100 MHz；¹H NMR：400 MHz

化合物名称：tatsidine

分子式：C$_{23}$H$_{35}$NO$_6$　　　　　　　　**分子量**（$M+1$）：422

植物来源：*Delphinium tatsienense* Franch. 康定翠雀花

参考文献：Joshi B S，Desai H K，Pelletier S W，et al. 1990. Tatsidine，a norditerpenoid alkaloid from *Delphinium tatsienense*. Phytochemistry，29（1）：357-358.

tatsidine 的 NMR 数据

位置	δ_C/ppm	δ_H/ppm（J/Hz）	位置	δ_C/ppm	δ_H/ppm（J/Hz）
1	72.3 d		13	39.1 d	
2	29.2 t		14	80.4 d	
3	30.9 t		15	36.5 t	
4	32.9 s		16	81.8 d	
5	43.2 d		17	62.6 d	
6	30.1 t		18	27.0 q	
7	89.7 s		19	60.4 t	
8	83.3 s		21	49.8 t	
9	78.6 s		22	13.4 q	1.08 t（7）
10	50.4 d		16-OMe	56.3 q	3.30 s
11	52.3 s		O—CH$_2$—O	93.8 t	4.97 s
12	26.4 t				5.06 s

注：溶剂 CDCl$_3$

化合物名称：tatsienine V

分子式：C$_{25}$H$_{39}$NO$_7$　　　　　　　　**分子量**（$M+1$）：466

植物来源：*Delphinium tatsienense* var. *chinghaiense* W. T. Wang　青海翠雀花

参考文献：余明新，潘远江，陈耀祖. 2003. 青海翠雀化学成份的研究. 有机化学，23（6）：563-565.

tatsienine V 的 NMR 数据

位置	δ_C/ppm	δ_H/ppm（J/Hz）	位置	δ_C/ppm	δ_H/ppm（J/Hz）
1	72.58 d		14	90.12 d	
2	24.57 t		15	39.66 t	
3	26.47 t		16	83.77 d	
4	38.58 s		17	61.98 d	
5	52.07 d		18	79.39 t	
6	32.12 t		19	52.95 t	
7	91.57 s		21	50.66 t	
8	81.92 s		22	14.04 q	1.07 t
9	78.46 s		14-OMe	55.66 q	3.26 s
10	43.00 d		16-OMe	59.66 q	3.29 s
11	51.02 s		18-OMe	59.48 q	3.55 s
12	30.47 t		O—CH$_2$—O	93.44 t	4.99 s
13	39.25 d				5.09 s

注：溶剂 CDCl$_3$；^{13}C NMR：125 MHz；^{1}H NMR：500 MHz

化合物名称：tatsiensine

分子式：$C_{27}H_{39}NO_7$　　　　　　　　　分子量（$M+1$）：490

植物来源：*Delphinium tatsienense* Franch. 康定翠雀花

参考文献：Pelletier S W，Glinski J A，Joshi B S，et al. 1983. The diterpenoid alkaloids of *Delphinium tatsienense* Franch. Heterocycles，20（7）：1347-1354.

tatsiensine 的 NMR 数据

位置	δ_C/ppm	δ_H/ppm（J/Hz）	位置	δ_C/ppm	δ_H/ppm（J/Hz）
1	83.6 d	3.20 d（4）	15	34.2 t	
2	124.6 d	5.91 dd（10，4）	16	81.9 d	3.69 m
3	137.4 d	5.62 d（10）	17	61.5 d	
4	34.8 s		18	23.2 q	1.00 s
5	54.8 d		19	57.6 t	
6	78.5 d	5.39 br s	21	48.7 t	
7	91.3 s		22	13.0 q	1.08 t（7）
8	84.3 s		1-OMe	55.9 q	3.30 s
9	47.4 d		14-OMe	57.6 q	3.35 s
10	40.0 d		16-OMe	56.2 q	3.42 s
11	50.8 s		6-OAc	169.9 s	
12	28.3 t			21.7 q	2.05 s
13	38.7 d		O—CH₂—O	93.4 t	4.93 br s（2H）
14	80.2 d	3.69 m			

注：溶剂 CDCl₃；¹³C NMR：22.5 MHz；¹H NMR：90 MHz

化合物名称：tatsinine

分子式：C$_{22}$H$_{35}$NO$_6$　　　　　　　　分子量（$M+1$）：410

植物来源：*Delphinium tatsienense* Franch. 康定翠雀花

参考文献：Glinski J A，Joshi B S，Chen S，et al. 1984. The structure of tatsinine，a novel C$_{19}$-diterpenoid alkaloid from *Delphinium tatsienense* Franch. Tetrahedron Letters，25（12）：1211-1214.

tatsinine 的 NMR 数据

位置	δ_C/ppm	δ_H/ppm（J/Hz）	位置	δ_C/ppm	δ_H/ppm（J/Hz）
1	73.0 d		12	27.6 t	
2	28.9 t		13	48.7 d	
3	31.1 t		14	80.8 d	
4	33.5 s		15	36.5 t	
5	45.4 d		16	83.2 d	
6	32.4 t		17	64.1 d	
7	85.8 s		18	27.1 q	0.97 s
8	77.8 s		19	60.2 t	
9	77.8 s		21	49.9 t	
10	39.8 d		22	13.8 q	1.13 t（7.5）
11	50.4 s		16-OMe	56.5 q	3.43 s

注：溶剂 CDCl$_3$

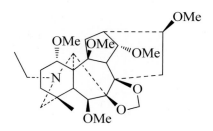

化合物名称：terdeline

分子式：$C_{27}H_{43}NO_7$　　　　　　分子量（$M+1$）：494

植物来源：*Delphinium ternatum*

参考文献：Narzullaev A S，Matveev V M，Abdullaev N D，et al. 1988. Structure of terdeline. Khimiya Prirodnykh Soedinenii，24（3）：396-399.

terdeline 的 NMR 数据

位置	δ_C/ppm	δ_H/ppm （J/Hz）	位置	δ_C/ppm	δ_H/ppm （J/Hz）
1	77.7 d		15	35.3 t	
2	27.2 t		16	82.7 d	
3	36.8 t		17	63.1 d	0.89 s
4	33.0 s		18	26.3 q	
5	44.3 d		19	57.1 t	
6	90.3 d		21	50.3 t	
7	91.9 s		22	13.8 q	
8	82.8 s		1-OMe	54.9 q	3.18 s
9	50.3 d		6-OMe	58.5 q	3.29 s
10	88.5 s		10-OMe	52.0 q	3.31 s
11	57.6 s		14-OMe	57.8 q	3.41 s
12	36.6 t		16-OMe	56.0 q	3.41 s
13	38.1 d		O—CH₂—O	94.0 t	5.07 s （2H）
14	81.7 d				

注：溶剂 CDCl₃

化合物名称：tianshanidine

分子式：C$_{24}$H$_{35}$NO$_7$　　　　　　　　分子量（$M+1$）：450

植物来源：*Delphinium tianshanicum* W. T. Wang　　天山翠雀花

参考文献：Zhao B，Usmanove S，Aisa H A. 2014. Three new C$_{19}$-diterpenoid alkaloids from *Delphinium tianshanicum* W. T. Wang. Phytochemistry Letters，10：189-192.

tianshanidine 的 NMR 数据

位置	δ_C/ppm	δ_H/ppm（J/Hz）	位置	δ_C/ppm	δ_H/ppm（J/Hz）
1	81.0 d	3.24 m	13	38.2 d	2.44 t（4.8）
2	24.1 t	1.56 m	14	83.3 d	3.73 t（4.8）
		1.75 m	15	33.0 t	1.89 dd（15.0，7.2）
3	26.5 t	1.58 m			2.74 dd（15.0，8.4）
		1.78 m	16	81.7 d	3.27 m
4	48.8 s		17	63.9 d	4.09 s
5	49.1 d	1.59 br s	18	75.1 t	3.49 s
6	80.7 d	4.10 s	19	167.3 d	7.53 s
7	90.7 s		1-OMe	55.9 q	3.20 s
8	84.0 s		14-OMe	58.1 q	3.44 s
9	40.2 d	3.44 s	16-OMe	56.6 q	3.37 s
10	47.0 d	2.21 m	18-OMe	59.9 q	3.39 s
11	50.7 s		O—CH$_2$—O	93.6 t	5.15 s
12	29.3 t	1.94 m			5.11 s

注：溶剂 CDCl$_3$；^{13}C NMR：150 MHz；^{1}H NMR：600 MHz

化合物名称：tianshanine

分子式：C$_{24}$H$_{39}$NO$_6$　　　　　　　　分子量（$M+1$）：438

植物来源：*Delphinium tianshanicum* W. T. Wang　天山翠雀花

参考文献：Zhao B，Usmanove S，Aisa H A. 2014. Three new C$_{19}$-diterpenoid alkaloids from *Delphinium tianshanicum* W. T. Wang. Phytochemistry Letters，10：189-192.

tianshanine 的 NMR 数据

位置	δ_C/ppm	δ_H/ppm（J/Hz）	位置	δ_C/ppm	δ_H/ppm（J/Hz）
1	77.8 d	3.57 dd（10.2, 7.8）			2.56 d（15.0）
2	26.2 t	1.90 m	13	39.3 d	2.12 m
		2.13 m	14	72.2 d	4.32 d（4.8）
3	37.2 t	1.10 m	15	27.8 t	1.89 dd（15.0, 6.0）
		1.51 m			2.42 m
4	33.6 s		16	82.3 d	3.16 m
5	45.6 d	1.63 d（7.8）	17	63.4 d	2.55 s
6	34.1 t	1.31 d（1.44）	18	26.2 q	0.75 s
		2.22 dd（14.4, 7.8）	19	55.1 t	2.63 d（11.4）
7	87.5 s				2.40 d（11.4）
8	77.8 s		21	50.6 t	2.79 m（2H）
9	55.4 d	1.84 d（4.8）	22	14.5 q	0.95 s
10	79.8 s		1-OMe	55.0 q	3.13 s
11	54.5 s		8-OMe	52.0 q	3.29 s
12	38.9 t	1.52 m	16-OMe	55.3 q	3.22 s

注：溶剂(CD$_3$)$_2$SO；^{13}C NMR：150 MHz；^{1}H NMR：600 MHz

化合物名称：tianshanisine

分子式：C$_{23}$H$_{35}$NO$_5$　　　　　　　　　　**分子量**（$M+1$）：406

植物来源：*Delphinium tianshanicum* W. T. Wang　天山翠雀花

参考文献：Zhao B，Usmanove S，Aisa H A. 2014. Three new C$_{19}$-diterpenoid alkaloids from *Delphinium tianshanicum* W. T. Wang. Phytochemistry Letters，10：189-192.

tianshanisine 的 NMR 数据

位置	δ_C/ppm	δ_H/ppm（J/Hz）	位置	δ_C/ppm	δ_H/ppm（J/Hz）
1	68.8 d	3.69 d（5.4）			1.84 m
2	23.0 t	1.47 m	13	40.5 d	2.41 t（6.0）
		1.76 m	14	75.5 d	4.10 dd（9.0，4.2）
3	30.8 t	1.32 m	15	29.0 t	2.06（hidden）
		1.62 m			2.82 dd（15.6，9.0）
4	38.3 s		16	83.0 d	3.30 dd（9.0，7.2）
5	46.8 d	1.44 d（9.0）	17	65.0 d	2.19 s
6	32.6 t	1.28 d（14.4）	18	20.0 q	0.88 s
		2.20 dd（14.4，9.0）	19	89.0 d	3.83 s
7	87.4 s		21	48.0 t	2.55 m
8	78.9 s				3.05 m
9	46.3 d	2.04（hidden）	22	14.3 q	1.10 t（7.2）
10	36.9 d	1.88 m	8-OMe	53.3 q	3.49 s
11	47.5 s		16-OMe	56.8 q	3.41 s
12	29.6 t	1.12 m			

注：溶剂 CDCl$_3$；^{13}C NMR：150 MHz；^{1}H NMR：600 MHz

化合物名称：tianshanisine A

分子式：C₃₀H₄₁NO₆　　　　　　　　分子量（M + 1）：512

植物来源：*Delphinium tianshanicum* W. T. Wang　　天山翠雀花

参考文献：Zhang J F，Shan L H，Gao F，et al. 2017. Five new C₁₉-diterpenoid alkaloids from *Delphinium tianshanicum* W. T. Wang. Chemistry & Biodiversity，14（4）：e1600297.

tianshanisine A 的 NMR 数据

位置	δ_C/ppm	δ_H/ppm（J/Hz）	位置	δ_C/ppm	δ_H/ppm（J/Hz）
1	78.9 d	5.07 dd（11.2, 7.2）	15	26.6 t	1.30~1.31 m
2	27.2 t	1.95~1.96 m			1.60~1.61 m
		2.27~2.28 m	16	82.1 d	3.33~3.34 m
3	37.5 t	1.32~1.33 m	17	63.9 d	3.23 s
		1.62~1.63 m	18	26.0 q	0.84 s
4	34.6 s		19	56.4 t	2.56 ABq（12.6）
5	51.4 d	1.58（overlapped）			2.80 ABq（12.6）
6	34.5 t	1.42 d（15.0）	21	51.7 t	2.88~2.89 m
		2.44~2.45 m			3.09~3.19 m
7	88.7 s		22	15.1 q	1.19 t（7.2）
8	79.2 s		8-OMe	53.4 q	3.49 s
9	46.1 d	2.36 t（4.8）	16-OMe	56.7 q	3.32 s
10	45.7 d	1.82~1.83 m	1-OCO	165.9 s	
11	48.1 s		1′	131.2 s	
12	28.2 t	2.05~2.06 m	2′, 6′	129.6 d	8.02 d（7.8）
		2.46~2.47 m	3′, 5′	128.7 d	7.48 d（7.8）
13	36.6 d	2.21~2.22 m	4′	137.0 d	7.58 d（7.2）
14	74.5 d	3.88 t（4.2）			

注：溶剂 CDCl₃；¹³C NMR：150 MHz；¹H NMR：600 MHz

化合物名称：tianshanisine B

分子式：C₂₃H₃₇NO₅   分子量（*M*＋1）：408

植物来源：*Delphinium tianshanicum* W. T. Wang　天山翠雀花

参考文献：Zhang J F，Shan L H，Gao F，et al. 2017. Five new C₁₉-diterpenoid alkaloids from *Delphinium tianshanicum* W. T. Wang. Chemistry & Biodiversity，14（4）：e1600297.

tianshanisine B 的 NMR 数据

位置	δ_C/ppm	δ_H/ppm （J/Hz）	位置	δ_C/ppm	δ_H/ppm （J/Hz）
1	72.8 d	3.61 t (4.2)			1.94～1.95 m
2	29.6 t	1.55～1.56 m	13	41.8 d	2.34～2.35 m
		1.90～1.91 m	14	84.7 d	3.58 t (4.2)
3	31.7 t	1.47～1.48 m	15	30.2 t	1.93～1.94 m
		1.76～1.77 m			2.55～2.56 m
4	33.4 s		16	73.0 d	3.79 dd (11.4, 4.8)
5	46.7 d	1.51～1.52 m	17	63.7 d	2.74 s
6	34.7 t	1.50～1.51 m	18	27.5 q	0.90 s
		2.32～2.33 m	19	59.7 t	2.36 ABq （10.8）
7	88.2 s				2.68 ABq （10.8）
8	81.3 s		21	50.6 t	2.82～2.83 m
9	43.5 d	2.27 t (5.4)			2.93～2.94 m
10	44.5 d	1.80～1.81 m	22	14.0 q	1.09 t (7.2)
11	50.4 s		8-OMe	52.4 q	3.38 s
12	27.9 t	1.62 dd （14.4, 6.0）	14-OMe	58.1 q	3.41 s

注：溶剂 CDCl₃；¹³C NMR：150 MHz；¹H NMR：600 MHz

化合物名称：tianshanisine C

分子式：C$_{25}$H$_{39}$NO$_6$　　　　　　　**分子量**（$M+1$）：450

植物来源：*Delphinium tianshanicum* W. T. Wang　天山翠雀花

参考文献：Zhang J F，Shan L H，Gao F，et al. 2017. Five new C$_{19}$-diterpenoid alkaloids from *Delphinium tianshanicum* W. T. Wang. Chemistry & Biodiversity，14（4）：e1600297.

tianshanisine C 的 NMR 数据

位置	δ_C/ppm	δ_H/ppm（J/Hz）	位置	δ_C/ppm	δ_H/ppm（J/Hz）
1	72.5 d	3.62 d（9.0）	13	37.4 d	2.49~2.50 m
2	29.1 t	1.71~1.72 m	14	75.5 d	4.79 t（4.8）
		2.05~2.06 m	15	34.9 t	1.52~1.53 m
3	31.2 t	1.53~1.54 m			2.27 dd（14.4, 7.2）
		1.75~1.76 m	16	82.6 d	3.34 t（11.2）
4	33.2 s		17	63.7 d	2.62 s
5	46.2 d	1.51~1.52 m	18	27.5 q	0.90 s
6	26.9 t	1.82 dd（15.0, 7.8）	19	59.8 t	2.31 ABq（10.8）
		2.51~2.52 m			2.67 ABq（10.8）
7	87.6 s		21	50.5 t	2.57~2.58 m
8	81.5 s				2.91~2.92 m
9	43.0 d	2.30~2.31 m	22	14.0 q	1.08 t（7.2）
10	44.0 d	1.91~1.92 m	8-OMe	52.0 q	3.36 s
11	50.7 s		16-OMe	56.5 q	3.17 s
12	29.4 t	1.50~1.51 m	14-OAc	170.8 s	
		1.75~1.76 m		21.5 q	2.03 s

注：溶剂 CDCl$_3$；^{13}C NMR：150 MHz；^{1}H NMR：600 MHz

化合物名称：tianshanisine D

分子式：$C_{23}H_{35}NO_5$　　　　　　　**分子量**（$M+1$）：406

植物来源：*Delphinium tianshanicum* W. T. Wang　天山翠雀花

参考文献：Zhang J F，Shan L H，Gao F，et al. 2017. Five new C_{19}-diterpenoid alkaloids from *Delphinium tianshanicum* W. T. Wang. Chemistry & Biodiversity，14（4）：e1600297.

tianshanisine D 的 NMR 数据

位置	δ_C/ppm	δ_H/ppm（J/Hz）	位置	δ_C/ppm	δ_H/ppm（J/Hz）
1	72.2 d	3.73 s	13	38.8 d	2.39 t（6.0）
2	27.8 t	1.56~1.57 m	14	74.8 d	4.17 t（4.2）
		2.08~2.09 m	15	34.1 t	1.87 dd（16.2, 4.2）
3	31.7 t	1.50~1.51 m			2.59 dd（16.2, 4.2）
		1.75~1.76 m	16	81.4 d	3.41 dd（9.0, 4.2）
4	33.3 s		17	63.1 d	2.96 s
5	45.0 d	1.46（overlapped）	18	27.1 q	0.89 s
6	32.4 t	1.86~1.87 m	19	59.9 t	2.44~2.45 m
		2.58~2.59 m			2.53~2.54 m
7	90.1 s		21	50.2 t	2.73~2.74 m
8	81.7 s				2.87~2.88 m
9	45.5 d	2.45 t（6.0）	22	13.7 q	1.12 t（7.2）
10	45.5 d	1.92~1.93 m	16-OMe	56.5 q	3.56 s
11	51.7 s		O—CH$_2$—O	93.9 t	4.96 s
12	32.4 t	1.47~1.48 m			5.04 s
		2.16 dd（15.0, 7.8）			

注：溶剂 CDCl$_3$；^{13}C NMR：150 MHz；^{1}H NMR：600 MHz

化合物名称：tianshanisine E

分子式：C$_{25}$H$_{37}$NO$_7$　　　　　　　　分子量（$M+1$）：464

植物来源：*Delphinium tianshanicum* W. T. Wang　　天山翠雀花

参考文献：Zhang J F，Shan L H，Gao F，et al. 2017. Five new C$_{19}$-diterpenoid alkaloids from *Delphinium tianshanicum* W. T. Wang. Chemistry & Biodiversity，14（4）：e1600297.

tianshanisine E 的 NMR 数据

位置	δ_C/ppm	δ_H/ppm （J/Hz）	位置	δ_C/ppm	δ_H/ppm （J/Hz）
1	80.5 d	3.24~3.25 m	14	83.5 d	3.67 t（4.8）
2	24.2 t	1.56~1.57 m	15	34.7 t	1.91（overlapped）
		1.72~1.73 m			2.71 dd（15.0，6.6）
3	26.5 t	1.61~1.62 m	16	81.7 d	3.26 t（7.2）
		1.75~1.76 m	17	64.4 d	4.11 s
4	48.3 s		18	75.0 t	3.39（overlapped）
5	48.4 d	1.61 s			3.54 ABq（9.0）
6	90.1 d	3.57 s	19	166.2 d	7.44 s
7	91.1 s		1-OMe	55.7 q	3.19 s
8	82.9 s		6-OMe	58.7 q	3.32 s
9	39.7 d	3.50 t（5.4）	14-OMe	58.0 q	3.43 s
10	47.4 d	1.62~1.63 m	16-OMe	56.5 q	3.34 s
11	50.4 s		18-OMe	59.4 q	3.35 s
12	29.4 t	1.25 s	O—CH$_2$—O	94.2 t	5.07 s
		1.89~1.90 m			5.11 s
13	38.7 d	3.37 t（4.8）			

注：溶剂 CDCl$_3$；^{13}C NMR：150 MHz；^{1}H NMR：600 MHz

化合物名称：tiantaishanmine

分子式：C$_{25}$H$_{35}$NO$_7$　　　　　　　**分子量**（$M+1$）：462

植物来源：*Delphinium tiantaishanense* W. J. Zhang et G. H. Chen　天台山翠雀花

参考文献：Li J，Chen D L，Jian X X，et al. 2007. New diterpenoid alkaloids from the roots of *Delphinium tiantaishanense*. Molecules，12（3）：353-360.

tiantaishanmine 的 NMR 数据

位置	δ_C/ppm	δ_H/ppm（J/Hz）	位置	δ_C/ppm	δ_H/ppm（J/Hz）
1	80.4 d	3.23 m	13	38.7 d	2.40 m
2	25.6 t	1.53 m	14	83.4 d	3.73 t（3.2）
		1.92 m	15	33.4 t	1.85 m
3	31.9 t	1.31 m			2.71 m
		1.72 m	16	81.3 d	3.28 t（5.2）
4	44.4 s		17	63.5 d	4.16 br s
5	52.5 d	1.41 br s	18	22.1 q	1.17 s
6	79.9 d	5.25 s	19	169.9 d	7.46 br s
7	90.9 s		1-OMe	55.4 q	3.22 s
8	82.9 s		14-OMe	57.7 q	3.45 s
9	39.8 d	3.40 m	16-OMe	56.4 q	3.34 s
10	47.9 d	2.20 m	6-OAc	169.5 s	
11	49.8 s			21.5 q	2.06 s
12	28.7 t	2.13 m	O—CH$_2$—O	93.9 t	4.93 s
		1.88 dd（10.0，5.2）			4.97 s

注：溶剂 CDCl$_3$；^{13}C NMR：150 MHz；^{1}H NMR：600 MHz

化合物名称：tiantaishannine

分子式：C$_{26}$H$_{39}$NO$_7$　　　　　　**分子量**（$M+1$）：478

植物来源：*Delphinium tiantaishanense* W. J. Zhang et G. H. Chen　　天台山翠雀花

参考文献：Li J，Chen D L，Jian X X，et al. 2007. New diterpenoid alkaloids from the roots of *Delphinium tiantaishanense*. Molecules，12（3）：353-360.

tiantaishannine 的 NMR 数据

位置	δ_C/ppm	δ_H/ppm（J/Hz）	位置	δ_C/ppm	δ_H/ppm（J/Hz）
1	71.6 d	3.81 br s	15	34.2 t	1.88 m
2	29.2 t	1.26 br s			2.51 m
		1.56 br s	16	82.2 d	3.28 m
3	30.9 t	1.54 m	17	65.3 d	3.02 s
		1.58 m	18	26.7 q	0.99 s
4	32.8 s		19	61.1 t	2.44 m
5	51.1 d	1.39 m			2.51 m
6	78.2 d	5.44 s	21	49.6 t	2.74 m
7	90.9 s				2.87 m
8	84.4 s		22	13.3 q	1.11 t（7.2）
9	39.5 d	3.44 m	14-OMe	57.4 q	3.43 s
10	45.2 d	2.14 m	16-OMe	56.1 q	3.36 s
11	51.3 s		6-OAc	169.7 s	
12	30.3 t	1.87 m		21.5 q	2.07 s
		2.18 m	O—CH$_2$—O	93.9 t	4.92 s
13	37.2 d	2.44 m			4.96 s
14	83.5 d	3.73 t（4.0）			

注：溶剂 CDCl$_3$；^{13}C NMR：100 MHz；^{1}H NMR：400 MHz

化合物名称：tongolenine C

分子式：C$_{23}$H$_{35}$NO$_6$　　　　　　　　　分子量（$M+1$）：422

植物来源：*Delphinium tongolense* Franch. 川西翠雀花

参考文献：He L，Pan X，Li B G，et al. 1997. Diterpenoid alkaloids from *Delphinium tongolense*. Chinese Chemical Letters，8（9）：791-792.

tongolenine C 的 NMR 数据

位置	δ_C/ppm	δ_H/ppm（J/Hz）	位置	δ_C/ppm	δ_H/ppm（J/Hz）
1	82.5 d		13	37.7 d	
2	28.8 t		14	84.0 d	
3	33.1 t		15	33.0 t	
4	38.5 s		16	83.6 d	
5	53.0 d		17	66.3 d	
6	31.3 t		18	80.4 t	
7	86.6 s		19	180.1 d	
8	77.2 s		1-OMe	57.6 q	3.12 s
9	42.2 d		14-OMe	56.3 q	3.34 s
10	46.0 d		16-OMe	56.2 q	3.42 s
11	49.0 s		18-OMe	58.9 q	3.51 s
12	24.7 t				

注：溶剂 CDCl$_3$；^{13}C NMR：100 MHz；^{1}H NMR：400 MHz

化合物名称：tongoline

分子式：C$_{25}$H$_{39}$NO$_6$　　　　　　　　分子量（$M+1$）：450

植物来源：*Delphinium tongolense* Franch. 川西翠雀花

参考文献：He L，Chen Y Z，Ding L S，et al. 1996. New alkaloids tongoline and tongolinine from *Delphinium tongolense*. Chinese Chemical Letters，7（6）：557-560.

tongoline 的 NMR 数据

位置	δ_C/ppm	δ_H/ppm（J/Hz）	位置	δ_C/ppm	δ_H/ppm（J/Hz）
1	83.9 d		14	74.3 d	
2	26.2 t		15	32.3 t	
3	37.0 t		16	82.0 d	
4	34.0 s		17	64.5 d	
5	56.0 d		18	26.2 q	
6	89.0 d		19	57.3 d	
7	93.9 s		21	50.7 t	
8	80.9 s		22	14.1 q	
9	48.0 d		1-OMe	55.8 q	3.25 s
10	42.3 d		6-OMe	58.4 q	3.35 s
11	49.5 s		16-OMe	56.4 q	3.38 s
12	29.3 t		O—CH$_2$—O	93.9 t	5.11 s
13	36.0 d				5.17 s

注：溶剂 CDCl$_3$

化合物名称：tricornine

分子式：C$_{27}$H$_{43}$NO$_8$　　　　　　　　　　分子量（$M+1$）：510

植物来源：*Delphinium tricorne* Michx.

参考文献：Pelletier S W，Mody N V，Sawhney R S，et al. 1977. Application of carbon-13 NMR spectroscopy to the structural elucidation of C$_{19}$-diterpenoid alkaloids from *Aconitum* and *Delphinium* species. Heterocycles，7（1）：327-339.

tricornine 的 NMR 数据

位置	δ$_C$/ppm	δ$_H$/ppm （*J*/Hz）	位置	δ$_C$/ppm	δ$_H$/ppm （*J*/Hz）
1	84.0 d		15	33.7 t	
2	26.1 t		16	82.6 d	
3	31.9 t		17	64.6 d	
4	37.2 s		18	69.1 t	
5	43.3 d		19	52.4 t	
6	90.9 d		21	51.0 t	
7	88.5 s		22	14.1 q	
8	77.5 s		1-OMe	55.7 q	
9	50.4 d		6-OMe	57.8 q	
10	38.1 d		14-OMe	58.0 q	
11	49.0 s		16-OMe	56.3 q	
12	28.7 t		18-OAc	170.9 s	
13	46.1 d			20.8 q	
14	84.0 d				

注：溶剂 CDCl$_3$

化合物名称：trifoliolasine A

分子式：$C_{35}H_{50}N_2O_9$

分子量（$M+1$）：643

植物来源：*Delphinium trifoliolatum* Finet et Gagnep. 三小叶翠雀花

参考文献：Zhou X L，Chen Q H，Wang F P. 2004. New C₁₉-diterpenoid alkaloids from *Delphinium trifoliolatum*. Chemical & Pharmaceutical Bulletin，52（4）：381-383.

trifoliolasine A 的 NMR 数据

位置	δ_C/ppm	δ_H/ppm（J/Hz）	位置	δ_C/ppm	δ_H/ppm（J/Hz）
1	83.9 d	3.01 dd（7.2, 5.2）			4.15 d（11.6）
2	26.0 t	2.08 m	19	52.3 t	2.43 ABq（10.4）
		2.16 m			2.73 ABq（10.4）
3	32.1 t	1.59 dd（14.4, 6.0）	21	50.9 t	2.93 m
		1.74 m			2.82 m
4	37.5 s		22	14.0 q	1.08 t（7.2）
5	50.0 d	1.81 s	1-OMe	55.7 q	3.26 s
6	90.6 d	3.91 s	6-OMe	57.9 q	3.39 s
7	88.3 s		16-OMe	55.8 q	3.30 s
8	77.3 s		14-OCO	177.2 s	
9	42.9 d	3.17 dd（10.0, 7.2）	1′	34.1 d	2.57 m
10	45.6 d	2.04 m	2′	18.7 q	1.18 d（7.2）
11	48.9 s		3′	18.8 q	1.18 d（7.2）
12	28.1 t	1.89 m	18-OCO	167.7 s	
		2.46 m	1″	110.2 s	
13	37.7 d	2.42 m	2″	150.7 s	
14	75.4 d	4.80 t（4.8）	3″	116.7 d	6.67 dd（8.0, 1.2）
15	33.7 t	2.64 dd（13.6, 9.2）	4″	134.3 d	6.67 ddd（8.0, 7.2, 1.2）
		1.56 dd（13.6, 5.2）	5″	116.3 d	7.29 ddd（8.0, 7.6, 1.6）
16	82.2 d	3.26（hidden）	6″	130.6 d	7.80 dd（7.8, 1.2）
17	64.4 d	2.96 d（2.4）	NH₂		5.75 br s
18	68.4 t	4.10 d（11.6）	8-OH		3.81 s

注：溶剂 CDCl₃；¹³C NMR：100 MHz；¹H NMR：400 MHz

化合物名称：trifoliolasine B

分子式：C$_{36}$H$_{51}$N$_3$O$_{10}$ 分子量（$M+1$）：686

植物来源：*Delphinium trifoliolatum* Finet et Gagnep. 三小叶翠雀花

参考文献：Zhou X L，Chen Q H，Wang F P. 2004. New C$_{19}$-diterpenoid alkaloids from *Delphinium trifoliolatum*. Chemical & Pharmaceutical Bulletin，52（4）：381-383.

trifoliolasine B 的 NMR 数据

位置	δ_C/ppm	δ_H/ppm（J/Hz）	位置	δ_C/ppm	δ_H/ppm（J/Hz）
1	84.7 d		22	14.1 q	1.08 t（7.2）
2	25.2 t		1-OMe	55.9 q	3.26 s
3	32.1 t		6-OMe	58.3 q	3.39 s
4	37.8 s		16-OMe	56.4 q	3.37 s
5	45.0 d		18-OCO	167.9 s	
6	90.4 d		1′	114.7 s	
7	89.1 s		2′	141.4 s	
8	76.2 s		3′	120.5 d	7.97 dd（8.0, 1.6）
9	50.4 d		4′	134.8 d	7.56 ddd（7.6, 7.6, 1.2）
10	36.3 d		5′	122.7 d	7.13 ddd（8.0, 8.0, 1.2）
11	48.3 s		6′	130.3 d	8.67 dd（7.6, 1.2）
12	27.4 t		NH		11.08 s
13	45.9 d		1″	170.5 s	
14	75.2 d	4.00 t（4.8）	2″	41.8 t	
15	33.0 t		3″	39.1 d	
16	81.6 d		4″	177.6 s	
17	64.9 d		5″	17.6 q	1.26 d（7.0）
18	69.4 t		NH$_2$		5.57 br s
19	52.3 t				6.09 br s
21	51.0 t				

注：溶剂 CDCl$_3$；^{13}C NMR：100 MHz；^{1}H NMR：400 MHz

化合物名称：trifoliolasine C

分子式：C$_{40}$H$_{57}$N$_3$O$_{11}$　　　　　　　　**分子量**（$M+1$）：756

植物来源：*Delphinium trifoliolatum* Finet et Gagnep. 三小叶翠雀花

参考文献：Zhou X L，Chen Q H，Wang F P. 2004. New C$_{19}$-diterpenoid alkaloids from *Delphinium trifoliolatum*. Chemical & Pharmaceutical Bulletin，52（4）：381-383.

trifoliolasine C 的 NMR 数据

位置	δ_C/ppm	δ_H/ppm（J/Hz）	位置	δ_C/ppm	δ_H/ppm（J/Hz）
1	84.1 d		6-OMe	58.1 q	3.36 s
2	25.9 t		16-OMe	55.9 q	3.28 s
3	32.1 t		14-OCO	177.3 s	
4	37.5 s		1′	34.1 d	
5	42.9 d		2′	18.8 q	1.16 d（7.0）
6	90.3 d		3′	18.9 q	1.16 d（7.0）
7	88.3 s		18-OCO	167.8 s	
8	77.3 s		1″	114.8 s	
9	50.5 d		2″	141.6 s	
10	37.7 d		3″	120.3 d	7.95 d（8.0）
11	48.9 s		4″	134.5 d	7.55 t（7.8）
12	28.2 t		5″	122.5 d	7.08 t（7.8）
13	45.6 d		6″	130.8 d	8.67 d（8.0）
14	75.5 d	4.75 t（4.8）	NH		11.0 s
15	33.7 t		1‴	170.5 s	
16	82.1 d		2‴	41.8 t	
17	64.7 d		3‴	39.3 d	
18	69.5 t		4‴	177.3 s	
19	52.2 t		5‴	18.2 q	1.25 d（6.4）
21	51.1 t		NH$_2$		5.35 br s
22	14.0 q	1.10 t（7.2）			5.93 br s
1-OMe	55.7 q	3.25 s			

注：溶剂 CDCl$_3$；^{13}C NMR：50 MHz；^{1}H NMR：200 MHz

化合物名称：turcosine

分子式：$C_{24}H_{39}NO_8$　　　　　　　　　**分子量**（$M+1$）：470

植物来源：*Aconitum turczaninowi* Worosch.

参考文献：Batbayar N，Batsuren D，Sultankhodzhaev M N. 1993. Alkaloids of Mongolian flora. Ⅳ. Turcosine，a new alkaloid from *Aconitum turczaninowi*. Khimiya Prirodnykh Soedinenii，29（1）：60-62.

turcosine 的 NMR 数据

位置	δ_C/ppm	δ_H/ppm（J/Hz）	位置	δ_C/ppm	δ_H/ppm（J/Hz）
1	69.7 d		13	39.9 d	
2	27.3 t		14	74.2 d	4.62 dd（5）
3	30.5 t		15	35.3 t	
4	37.3 s		16	81.2 d	
5	41.2 d		17	66.9 d	
6	90.5 d	3.99 d（2）	18	77.3 t	
7	87.1 s		19	57.1 t	
8	76.4 s		21	50.4 t	
9	54.8 d		22	13.3 q	1.08 t（7）
10	81.8 s		6-OMe	57.6 q	3.33 s
11	53.6 s		16-OMe	56.3 q	3.35 s
12	39.9 t		18-OMe	59.1 q	3.38 s

注：溶剂 CDCl₃；¹³C NMR：75 MHz；¹H NMR：300 MHz

化合物名称：umbrosine

分子式：C$_{24}$H$_{39}$NO$_6$　　　　　　　**分子量**（$M+1$）：438

植物来源：*Delphinium grandiflorum* L. 翠雀

参考文献：韩毅丽，高黎明，朱开礼，等. 2007. 大花翠雀中生物碱成分的研究. 中草药，38（2）：182-183.

umbrosine 的 NMR 数据

位置	δ_C/ppm	δ_H/ppm（J/Hz）	位置	δ_C/ppm	δ_H/ppm（J/Hz）
1	72.0 d		13	44.9 d	
2	29.3 t		14	84.8 d	3.71 t（4.2）
3	29.6 t		15	42.9 t	
4	37.2 s		16	82.6 d	
5	43.5 d		17	63.7 d	
6	30.1 t		18	78.9 t	
7	85.9 s		19	56.6 t	
8	74.9 s		21	48.9 t	
9	45.7 d		22	14.1 q	1.03 t（7.2）
10	36.8 d		14-OMe	57.6 q	3.27 s
11	48.5 s		16-OMe	56.2 q	3.29 s
12	26.5 t		18-OMe	59.4 q	3.41 s

注：溶剂 CDCl$_3$；^{13}C NMR：100 MHz；^{1}H NMR：400 MHz

化合物名称：umbrosumine A

分子式：$C_{38}H_{53}N_3O_{11}$　　　　　　　分子量（$M+1$）：728

植物来源：*Delphinium umbrosum* Hand.-Mazz. 阴地翠雀花

参考文献：Chen F Z，Chen Q H，Wang F P. 2010. C₁₉-Diterpenoid alkaloids from *Delphinium umbrosum*. Journal of Asian Natural Products Research，12（6）：498-504.

umbrosumine A 的 NMR 数据

位置	δ_C/ppm	δ_H/ppm （J/Hz）	位置	δ_C/ppm	δ_H/ppm （J/Hz）
1	83.7 d	2.96 （hidden）	21	51.0 t	2.68 （hidden）
2	26.0 t	2.21 m	22	14.0 q	1.07 t （7.2）
3	32.1 t	1.78 m	1-OMe	55.8 q	3.26 s
4	37.6 s		6-OMe	58.1 q	3.37 s
5	50.1 d	1.75 s	16-OMe	56.3 q	3.33 s
6	90.7 d	3.90 s	14-OAc	171.9 s	
7	88.3 s			21.5 q	2.06 s
8	77.4 s		18-OCO	167.9 s	
9	42.5 d	3.23 （hidden）	1′	114.7 s	
10	45.7 d	2.08 （hidden）	2′	141.5 s	
11	49.0 s		3′	120.7 d	7.96 d （8.0）
12	28.1 t	2.53 m	4′	134.9 d	7.56 t （8.0）
		2.42 m	5′	122.8 d	7.14 t （8.0）
13	38.2 d	2.57 m	6′	130.3 d	8.67 d （8.0）
14	75.9 d	4.75 d （4.4）	NH		11.0 s
15	33.7 t	1.54 （hidden）	1″	174.5 s	
		1.75 （hidden）	2″	42.0 t	2.99 （hidden）
16	82.3 d	3.24 （hidden）			2.62 （hidden）
17	64.4 d	2.94 s	3″	36.3 d	3.03 m
18	69.7 t	4.13 ABq （11.2）	4″	177.8 s	
		4.20 ABq （11.2）	5″	17.7 q	1.26 d （6.8）
19	52.3 t	2.66 m	NH₂		5.39 br s
		2.81 m			5.91 br s

注：溶剂 CDCl₃；¹³C NMR：100 MHz；¹H NMR：400 MHz

化合物名称： umbrosumine B

分子式： $C_{38}H_{53}N_3O_{11}$

分子量（$M+1$）： 728

植物来源： *Delphinium umbrosum* Hand.-Mazz. 阴地翠雀花

参考文献： Chen F Z，Chen Q H，Wang F P. 2010. C_{19}-Diterpenoid alkaloids from *Delphinium umbrosum*. Journal of Asian Natural Products Research，12（6）：498-504.

umbrosumine B 的 NMR 数据

位置	δ_C/ppm	δ_H/ppm（J/Hz）	位置	δ_C/ppm	δ_H/ppm（J/Hz）
1	83.7 d	3.06（hidden）	21	51.0 t	2.85 m
2	26.0 t	2.11 m			3.08 m
3	32.1 t	1.80 m	22	14.0 q	1.07 t（7.2）
		1.89 m	1-OMe	55.7 q	3.26 s
4	37.6 s		6-OMe	58.0 q	3.37 s
5	50.1 d	1.79 s	16-OMe	56.2 q	3.33 s
6	90.7 d	3.91 s	14-OAc	171.9 s	
7	88.3 s			21.5 q	2.06 s
8	77.5 s		18-OCO	167.9 s	
9	42.5 d	3.25（hidden）	1'	114.8 s	
10	45.7 d	2.04（hidden）	2'	141.7 s	
11	49.0 s		3'	120.7 d	7.97 d（8.4）
12	28.1 t	2.56 m	4'	134.9 d	7.57 t（8.4）
		2.63 m	5'	122.7 d	7.14 t（8.4）
13	38.1 d	2.51 m	6'	130.3 d	8.70 d（8.4）
14	75.9 d	4.76 dd（4.8）	NH		11.2 s
15	33.7 t	1.60（hidden）	1"	174.6 s	
		1.86（hidden）	2"	39.4 d	3.29（hidden）
16	82.2 d	3.28（hidden）	3"	39.2 t	3.23（hidden）
17	64.4 d	2.96 s	4"	173.4 s	
18	69.6 t	4.21 ABq（11.2）	5"	18.2 q	1.35 d（7.2）
		4.15 ABq（11.2）	NH_2		5.45 br s
19	52.2 t	2.50 m			5.88 br s
		2.79 m			

注：溶剂 CDCl₃；¹³C NMR：100 MHz；¹H NMR：400 MHz

化合物名称：umbrosumine C

分子式：$C_{38}H_{52}N_2O_{12}$　　　　　　分子量（$M+1$）：729

植物来源：*Delphinium umbrosum* Hand.-Mazz. 阴地翠雀花

参考文献：Chen F Z，Chen Q H，Wang F P. 2010. C₁₉-Diterpenoid alkaloids from *Delphinium umbrosum*. Journal of Asian Natural Products Research，12（6）：498-504.

umbrosumine C 的 NMR 数据

位置	δ_C/ppm	δ_H/ppm（J/Hz）	位置	δ_C/ppm	δ_H/ppm（J/Hz）
1	83.7 d	3.03 t（5.2）			2.51 m
2	26.0 t	2.16 m	21	51.0 t	2.78 m
3	32.1 t	1.83 m	22	14.0 q	1.07 t（7.2）
4	37.5 s		1-OMe	55.8 q	3.27 s
5	50.1 d	1.82 s	6-OMe	58.1 q	3.37 s
6	90.7 d	3.92 s	16-OMe	56.2 q	3.33 s
7	88.3 s		14-OAc	171.9 s	
8	77.5 s			21.5 q	2.06 s
9	42.5 d	3.16 dd（6.4, 4.8）	18-OCO	168.0 s	
10	45.7 d	2.11（hidden）	1′	114.9 s	
11	49.0 s		2′	141.7 s	
12	28.7 t	2.45 m	3′	120.8 d	7.96 d（8.0）
13	38.1 d	2.50 m	4′	134.9 d	7.56 t（8.0）
14	75.9 d	4.76 dd（4.8）	5′	122.7 d	7.13 t（8.0）
15	33.7 t	1.58 dd（16.0, 8.4）	6′	130.3 d	8.70 d（8.0）
		1.92 dd（16.0, 8.4）	1″	174.8 s	
16	82.3 d	3.29（hidden）	2″	38.0 t	3.27（hidden）
17	64.4 d	2.96 s	3″	39.0 d	3.38（hidden）
18	69.7 t	4.14 ABq（11.2）	4″	174.6 s	
		4.23 ABq（11.2）	5″	17.9 q	1.34 d（7.2）
19	52.2 t	2.75 m			

注：溶剂 CDCl₃；¹³C NMR：100 MHz；¹H NMR：400 MHz

化合物名称：uraphine

分子式：$C_{25}H_{39}NO_7$　　　　　　　　　分子量（$M+1$）：466

植物来源：*Delphinium uralense* N.

参考文献：Gabbasov T M，Tsyrlina E M，Spirikhin L V，et al. 2008. Uraphine, a new norditerpene alkaloid from the aerial part of *Delphinium uralense*. Chemistry of Natural Compounds，44（4）：472-474.

uraphine 的 NMR 数据

位置	δ_C/ppm	δ_H/ppm （J/Hz）	位置	δ_C/ppm	δ_H/ppm （J/Hz）
1	71.9 d		16	82.2 d	
2	27.1 t		17	65.5 d	
3	30.3 t		18	78.5 t	3.20 d （8.9）
4	37.2 s				3.28 d （8.8）
5	47.8 d		19	58.1 t	2.35 d （11.5）
6	79.0 d	4.37 s			2.58 d （11.5）
7	92.0 s		21	51.3 t	2.62~2.76 m
8	85.2 s				2.76~2.91 m
9	45.2 d		22	13.4 q	1.11 t （7.2）
10	40.0 d		14-OMe	57.7 q	3.36 s
11	50.0 s		16-OMe	56.3 q	3.37 s
12	29.3 t		18-OMe	59.5 q	3.42 s
13	37.0 d		O—CH₂—O	93.3 t	5.09 s
14	83.6 d	3.71 t （4.5）			5.12 s
15	33.7 t				

注：溶剂 CDCl₃；¹³C NMR：75 MHz；¹H NMR：300 MHz

化合物名称：vaginadine

分子式：$C_{24}H_{35}NO_7$　　　　　　　　**分子量**（$M+1$）：450

植物来源：*Aconitum scaposum* var. *vaginatum* (Pritz.) Rapaics　聚叶花葶乌头

参考文献：Jiang Q P，Sun W L. 1986. The diterpenoid alkaloids from *Aconitum scaposum* var. *vaginatum*. Heterocycles，24（4）：877-879.

vaginadine 的 NMR 数据

位置	δ_C/ppm	δ_H/ppm（J/Hz）	位置	δ_C/ppm	δ_H/ppm（J/Hz）
1	84.7 d		13	52.8 d	
2	24.8 t		14	218.6 s	
3	32.3 t		15	29.7 t	
4	39.2 s		16	84.5 d	
5	46.1 d		17	64.4 d	
6	211.6 s		18	76.5 t	
7	83.6 s		19	55.3 t	
8	85.6 s		21	50.9 t	
9	56.0 d		22	14.0 q	1.14 t (7.2)
10	43.9 d		1-OMe	56.2 q	3.39 s
11	45.4 s		16-OMe	57.7 q	3.39 s
12	25.8 t		18-OMe	59.2 q	3.40 s

注：溶剂 CDCl₃

化合物名称：vaginaline

分子式：C$_{24}$H$_{37}$NO$_7$　　　　　　　　分子量（$M+1$）：452

植物来源：*Aconitum scaposum* var. *vaginatum* (Pritz.) Rapaics　聚叶花葶乌头

参考文献：Jiang Q P，Sun W L. 1986. The diterpenoid alkaloids from *Aconitum scaposum* var. *vaginatum*. Heterocycles，24（4）：877-879.

vaginaline 的 NMR 数据

位置	δ_C/ppm	δ_H/ppm（J/Hz）	位置	δ_C/ppm	δ_H/ppm（J/Hz）
1	85.5 d		13	53.3 d	
2	25.2 t		14	217.0 s	
3	32.3 t		15	32.9 t	
4	38.8 s		16	85.5 d	
5	46.4 d		17	66.1 d	
6	79.8 d		18	78.9 t	
7	88.2 s		19	54.5 t	
8	85.3 s		21	51.3 t	
9	53.6 d		22	14.3 q	1.06 t（7.2）
10	44.1 d		1-OMe	55.7 q	3.30 s
11	48.6 s		16-OMe	56.1 q	3.33 s
12	25.2 t		18-OMe	59.5 q	3.35 s

注：溶剂 CDCl$_3$

化合物名称：vaginatine

分子式：$C_{24}H_{39}NO_7$　　　　　　　　　**分子量**（$M+1$）：454

植物来源：*Aconitum scaposum* var. *vaginatum* (Pritz.) Rapaics　聚叶花葶乌头

参考文献：Jiang Q P，Sun W L. 1986. The diterpenoid alkaloids from *Aconitum scaposum* var. *vaginatum*. Heterocycles，24（4）：877-879.

vaginatine 的 NMR 数据

位置	δ_C/ppm	δ_H/ppm（J/Hz）	位置	δ_C/ppm	δ_H/ppm（J/Hz）
1	85.0 d		13	46.0 d	
2	25.1 t		14	75.4 d	
3	32.1 t		15	34.1 t	
4	38.8 s		16	82.1 d	
5	45.0 d		17	65.9 d	
6	80.2 d	4.35 br s	18	78.9 t	
7	88.0 s		19	54.0 t	
8	76.9 s		21	51.6 t	
9	45.0 d		22	14.4 q	1.07 t（7.2）
10	37.4 d		1-OMe	55.8 q	3.27 s
11	47.9 s		16-OMe	56.4 q	3.37 s
12	27.7 t		18-OMe	59.5 q	3.39 s

注：溶剂 CDCl₃

化合物名称：virescenine

分子式：$C_{23}H_{37}NO_6$　　　　　　　　**分子量**（$M+1$）：424

植物来源：*Aconitum yesoense* var. *macroyesoense* (Nakai) Tamura

参考文献：Wada K，Kawahara N. 2009. Diterpenoid and norditerpenoid alkaloids from the roots of *Aconitum yesoense* var. *macroyesoense*. Helvetica Chimica Acta，92（4）：629-637.

virescenine 的 NMR 数据

位置	δ_C/ppm	δ_H/ppm（J/Hz）	位置	δ_C/ppm	δ_H/ppm（J/Hz）
1	72.2 d		13	39.5 d	
2	29.1 t		14	75.4 d	
3	26.8 t		15	35.8 t	
4	37.6 s		16	81.8 d	
5	41.8 d		17	64.8 d	
6	33.4 t		18	78.6 t	
7	86.0 s		19	55.7 t	
8	76.1 s		21	50.4 t	
9	47.6 d		22	13.6 q	
10	43.4 d		16-OMe	56.2 q	
11	49.3 s		18-OMe	59.3 q	
12	28.4 t				

注：溶剂 CDCl₃

化合物名称：winkleridine

分子式：$C_{23}H_{37}NO_6$　　　　　　　分子量（$M+1$）：424

植物来源：*Delphinium winklerianum* Huth　温泉翠雀花

参考文献：Chen Y Z，Wu A G. 1990. Diterpenoid alkaloids from *Delphinium winklerianum*. Phytochemistry，29（3）：1016-1019.

winkleridine 的 NMR 数据

位置	δ_C/ppm	δ_H/ppm（J/Hz）	位置	δ_C/ppm	δ_H/ppm（J/Hz）
1	81.9 d	3.94 t（3）	13	39.7 d	
2	31.4 t		14	75.3 d	4.13 t（4.5）
3	29.7 t		15	39.7 t	
4	39.7 s		16	89.4 d	
5	45.2 d		17	58.9 d	
6	34.2 t		18	67.4 t	
7	89.9 s		19	56.4 t	
8	76.8 s		21	53.4 t	
9	48.7 d		22	14.1 q	1.08 t（7）
10	42.7 d		1-OMe	54.3 q	3.27 s
11	50.0 s		16-OMe	58.6 q	3.38 s
12	31.4 t				

注：溶剂 CDCl₃；¹³C NMR：100 MHz；¹H NMR：400 MHz

化合物名称：winkleriline

分子式：$C_{24}H_{37}NO_6$　　　　　　　　分子量（$M+1$）：436

植物来源：*Delphinium winklerianum* Huth　温泉翠雀花

参考文献：Chen Y Z，Wu A G. 1990. Diterpenoid alkaloids from *Delphinium winklerianum*. Phytochemistry，29（3）：1016-1019.

winkleriline 的 NMR 数据

位置	δ_C/ppm	δ_H/ppm（J/Hz）	位置	δ_C/ppm	δ_H/ppm（J/Hz）
1	72.5 d		14	79.6 d	
2	27.2 t		15	32.2 t	
3	29.9 t		16	85.8 d	
4	34.3 s		17	65.4 d	
5	41.9 d		18	82.8 t	
6	33.2 t		19	62.2 t	
7	92.4 s		21	52.9 t	
8	84.1 s		22	13.7 q	1.14 t（7）
9	45.8 d		16-OMe	56.8 q	3.38 s
10	40.5 d		18-OMe	58.1 q	3.43 s
11	51.9 s		O—CH₂—O	93.8 t	5.10 s
12	30.7 t				5.14 s
13	37.8 d				

注：溶剂 CDCl₃；¹³C NMR：100 MHz；¹H NMR：400 MHz

化合物名称：yesoensine

分子式：C$_{24}$H$_{35}$NO$_7$　　　　　　　　分子量（$M+1$）：450

植物来源：*Aconitum yesoense* var. *macroyesoense* (Nakai) Tamura

参考文献：Wada K，Bando H，Kawahara N. 1990. Studies on *Aconitum* species. ⅩⅢ. Two new diterpenoid alkaloids from *Aconitum yesoense* var. *macroyesoense* (Nakai)Tamura. Ⅵ. Heterocycles，31（6）：1081-1088.

yesoensine 的 NMR 数据

位置	δ_C/ppm	δ_H/ppm（J/Hz）	位置	δ_C/ppm	δ_H/ppm（J/Hz）
1	67.8 d		13	—	
2	25.3 t		14	213.4 s	
3	21.9 t		15	33.7 t	
4	43.2 s		16	85.1 d	
5	34.6 d		17	64.7 d	
6	89.9 d		18	73.1 t	
7	84.9 s		19	85.2 d	
8	83.7 s		21	47.4 t	
9	53.4 d		22	13.6 q	
10	46.3 d		6-OMe	58.9 q	
11	46.8 s		16-OMe	56.2 q	
12	24.6 t		18-OMe	59.0 q	

注：溶剂 CDCl$_3$

化合物名称：yunnadelphinine

分子式：$C_{24}H_{35}NO_6$　　　　　　分子量（$M+1$）：434

植物来源：*Delphinium elatum* L. 高翠雀花

参考文献：Wada K，Yamamoto T，Bando H，et al. 1992. Four diterpenoid alkaloids from *Delphinium elatum*. Phytochemistry，31（6）：2135-2138.

yunnadelphinine 的 NMR 数据

位置	δ_C/ppm	δ_H/ppm（J/Hz）	位置	δ_C/ppm	δ_H/ppm（J/Hz）
1	83.6 d		14	73.6 d	
2	26.4 t		15	31.1 t	
3	37.9 t		16	81.1 d	
4	35.1 s		17	63.2 d	
5	60.7 d		18	24.6 q	0.95 s
6	215.9 s		19	57.1 t	
7	91.7 s		21	50.2 t	
8	81.1 s		22	13.8 q	1.07 t（7.2）
9	45.5 d		1-OMe	56.1 q	3.31 s
10	47.5 d		16-OMe	56.6 q	3.37 s
11	46.2 s		O—CH₂—O	95.7 t	5.14 s
12	26.5 t				5.60 s
13	36.0 d				

注：溶剂 CDCl₃

化合物名称：zaliline

分子式：C$_{35}$H$_{44}$N$_2$O$_{11}$　　　　　　　　分子量（$M+1$）：669

植物来源：*Delphinium zalil*

参考文献：Sun F，Benn M. 1992. Norditerpenoid alkaloids from seeds of *Delphinium zalil*. Phytochemistry，31（9）：3247-3250.

zaliline 的 NMR 数据

位置	δ_C/ppm	δ_H/ppm（J/Hz）	位置	δ_C/ppm	δ_H/ppm（J/Hz）
1	81.9 d		17	59.1 d	
2	28.4 t	1.85 m	18	66.7 t	4.44 d（12.1）
		2.86 m			4.23 d（12.1）
3	25.8 t	1.62 m	19	172.4 s	
		2.85 m	1-OMe	56.4 q	3.09 s
4	47.0 s		6-OMe	58.9 q	3.15 s
5	50.0 d	1.97 br s	14-OMe	57.9 q	3.10 s
6	92.0 d	3.65 br s	16-OMe	55.7 q	3.05 s
7	85.3 s		18-OCO	164.1 s	
8	77.3 s		1′	127.0 s	
9	42.9 d	2.72 dd（4.6，7.0）	2′	133.0 s	
10	45.1 d	2.00 m	3′	129.3 d	7.14 dd（1.5，7.8）
11	49.1 s		4′	133.6 d	7.53 dt（1.5，7.8）
12	29.1 t	1.61 m	5′	130.1 d	7.41 dt（1.5，7.7）
		1.83 m	6′	130.8 d	7.91 dd（1.5，7.8）
13	37.9 d	2.18 dd（4.6，12.7）	1″	175.8 s	
14	83.6 d	3.48 t（4.6）	2″	35.3 d	
15	33.2 t	2.40 dd（9.0，15.5）	3″	37.0 t	
		1.40 dd（6.8，15.5）	4″	179.8 s	
16	81.7 d	2.97 dd（9.0，6.8）	5″	16.2 q	1.19 d（6.8）

注：^{13}C NMR：100 MHz，溶剂 CDCl$_3$；^{1}H NMR：400 MHz，溶剂 CD$_3$OD

化合物名称：*α*-oxobrowniine

分子式：$C_{24}H_{37}NO_8$　　　　　　　　分子量（$M+1$）：468

植物来源：*Aconitum yesoense* var. *macroyesoense* (Nakai) Tamura

参考文献：Wada K，Bando H，Amiya T，et al. 1989. Studies on *Aconitum* species. XI. Two new diterpenoid alkaloids from *Aconitum yesoense* var. *macroyesoense* (Nakai)Tamura Ⅴ. Heterocycles，29（11）：2141-2148.

α-oxobrowniine 的 NMR 数据

位置	δ_C/ppm	δ_H/ppm（J/Hz）	位置	δ_C/ppm	δ_H/ppm（J/Hz）
1	83.1 d		13	36.9 d	
2	23.8 t		14	75.4 d	
3	26.3 t		15	33.0 t	
4	47.8 s		16	81.6 d	
5	45.1 d		17	65.1 d	
6	91.3 d		18	74.6 t	
7	86.7 s		19	—	
8	76.1 s		21	166.5 d	7.14 s
9	45.0 d		1-OMe	56.1 q	3.18 s
10	47.0 d		6-OMe	58.1 q	3.35 s
11	49.6 s		16-OMe	56.5 q	3.38 s
12	27.4 t		18-OMe	59.2 q	3.40 s

注：溶剂 CDCl₃

2.3　热解型（pyro type，B3）

化合物名称：16-*epi*-pyroaconine

分子式：C$_{25}$H$_{39}$NO$_8$　　　　　　　　　分子量（M + 1）：482

植物来源：*Aconitum nagarum* var. *lasiandrum* W. T. Wang　宣威乌头

参考文献：Ji H，Wang F P. 2006. Structure of lasiansine from *Aconitum nagarum* var. *lasiandrum*. Journal of Asian Natural Products Research，8（7）：619-624.

16-*epi*-pyroaconine 的 NMR 数据

位置	δ_C/ppm	δ_H/ppm（J/Hz）	位置	δ_C/ppm	δ_H/ppm（J/Hz）
1	83.4 d	2.97 dd（9.6, 6.0）	14	76.4 d	4.16 d（4.8）
2	32.9 t	2.04 m	15	212.3 s	
		2.27 m	16	85.8 d	3.82 br s
3	71.6 d	3.65 dd（10.0, 4.8）	17	61.8 d	2.90 s
4	43.6 s		18	76.6 t	3.61 ABq（9.6）
5	48.1 d	1.96 d（6.4）			3.68 ABq（9.6）
6	84.0 d	3.90 d（6.8）	19	49.0 t	2.40 ABq（11.6）
7	41.6 d	2.71（hidden）			2.86 ABq（10.8）
8	44.7 d	2.01（hidden）	21	47.6 t	2.45 m
9	48.9 d	2.44 m	22	13.0 q	0.98 t（7.2）
10	40.5 d	2.72（hidden）	1-OMe	55.8 q	3.16 s
11	51.1 s		6-OMe	57.7 q	3.21 s
12	33.6 t	1.63 t（12.8）	16-OMe	62.0 q	3.67 s
		2.68 m	18-OMe	59.1 q	3.23 s
13	78.3 s				

注：溶剂 CDCl$_3$；^{13}C NMR：100 MHz；^{1}H NMR：400 MHz

化合物名称： aconasutine

分子式： $C_{24}H_{37}NO_4$　　　　　　　　　**分子量**（$M+1$）**：** 404

植物来源： *Aconitum nasutum* Fisch. et Reicht.

参考文献： Mericli A H，Mericli F，Becker H，et al. 1996. A new prodelphinine type alkaloid from *Aconitum nasutum*. Turkish Journal of Chemistry，20（2）：164-167.

aconasutine 的 NMR 数据

位置	δ_C/ppm	δ_H/ppm（J/Hz）	位置	δ_C/ppm	δ_H/ppm（J/Hz）
1	72.5 d	3.72 m	12	34.5 t	1.50 m
2	29.6 t	1.50 m			2.00 m
		1.60 m	13	45.6 d	2.30 t（5.0）
3	31.9 t	1.40 m	14	81.9 d	3.80 t（4.5）
		1.90 m	15	116.4 d	5.45 s
4	45.4 s		16	81.9 d	3.23 m
5	48.3 d	1.70 m	17	77.1 d	2.80 s
6	29.6 t	1.50 m	18	77.1 t	3.35 d（9.0）
		1.70 m	19	50.4 t	2.25 d（11.0）
7	48.3 d	2.00 m	21	48.3 t	2.50 m
8	146.5 s		22	13.9 q	1.07 t（7.0）
9	48.3 d	2.20 m	14-OMe	58.5 q	3.41 s
10	46.4 d	2.15 m	16-OMe	56.8 q	3.38 s
11	51.8 s		18-OMe	59.4 q	3.28 s

注：溶剂 CDCl₃；¹³C NMR：100 MHz；¹H NMR：400 MHz

化合物名称：falaconitine

分子式：C$_{34}$H$_{47}$NO$_{10}$　　　　　　　　分子量（M+1）：630

植物来源：*Aconitum falconeri* Stapf

参考文献：Pelletier S W，Mody N V，Sawhney R S，et al. 1977. Application of carbon-13 NMR spectroscopy to the structural elucidation of C$_{19}$-diterpenoid alkaloids from *Aconitum* and *Delphinium* species. Heterocycles，7（1）：327-339.

falaconitine 的 NMR 数据

位置	δ_C/ppm	δ_H/ppm（J/Hz）	位置	δ_C/ppm	δ_H/ppm（J/Hz）
1	83.8 d		18	76.1 t	
2	38.0 t		19	49.7 t	
3	71.4 d		21	47.7 t	
4	44.0 s		22	13.5 q	
5	48.0 d		1-OMe	56.2 q	
6	83.7 d		6-OMe	58.0 q	
7	49.5 d		16-OMe	57.3 q	
8	146.6 s		18-OMe	59.2 q	
9	48.2 d		14-OCO	167.5 s	
10	46.2 d		1′	122.9 s	
11	51.6 s		2′	112.5 d	
12	33.4 t		3′	148.5 s	
13	77.4 s		4′	153.0 s	
14	78.1 d		5′	110.3 d	
15	116.4 d		6′	—	
16	83.1 d		3′-OMe	55.9 q	
17	77.8 d		4′-OMe	55.9 q	

注：溶剂 CDCl$_3$；^{13}C NMR：25 MHz

化合物名称：mithaconitine

分子式：C$_{32}$H$_{43}$NO$_8$　　　　　　　　分子量（$M+1$）：570

植物来源：*Aconitum falconeri* Stapf

参考文献：Pelletier S W，Mody N V，Sawhney R S，et al. 1977. Application of carbon-13 NMR spectroscopy to the structural elucidation of C$_{19}$-diterpenoid alkaloids from *Aconitum* and *Delphinium* species. Heterocycles，7（1）：327-339.

mithaconitine 的 NMR 数据

位置	δ_C/ppm	δ_H/ppm（J/Hz）	位置	δ_C/ppm	δ_H/ppm（J/Hz）
1	83.6 d		16	83.1 d	
2	38.2 t		17	78.5 d	
3	71.8 d		18	76.4 t	
4	44.1 s		19	49.9 t	
5	48.3 d		21	47.9 t	
6	83.6 d		22	13.5 q	
7	49.6 d		1-OMe	56.3 q	
8	146.5 s		6-OMe	58.1 q	
9	48.3 d		16-OMe	57.2 q	
10	46.4 d		18-OMe	59.2 q	
11	51.7 s		14-OCO	168.0 s	
12	33.4 t		1′	130.2 s	
13	77.6 s		2′, 6′	130.0 d	
14	78.3 d		3′, 5′	128.2 d	
15	116.4 d		4′	132.8 d	

注：溶剂 CDCl$_3$；^{13}C NMR：25 MHz

化合物名称：nagaconitine B

分子式：$C_{32}H_{43}NO_9$ 分子量（$M+1$）：586

植物来源：*Aconitum nagarum* var. *heterotrichum* Fletcher et Lauener   小白撑

参考文献：Zhao D K，Shi X Q，Zhang L M，et al. 2017. Four new diterpenoid alkaloids with antitumor effect from *Aconitum nagarum* var. *heterotrichum*. Chinses Chemical Letters，28（2）：358-361.

nagaconitine B 的 NMR 数据

位置	δ_C/ppm	δ_H/ppm（J/Hz）	位置	δ_C/ppm	δ_H/ppm（J/Hz）
1	84.1 d	3.88 d（8.2）	17	61.7 d	2.93 br s
2	34.1 t	2.20 m	18	76.8 t	3.69 d（8.6）
		2.37 m			3.74 d（8.6）
3	72.0 d	3.69 m	19	49.1 t	2.37 m
4	43.7 s				2.40 m
5	49.4 d		21	47.3 t	2.40 m
6	83.6 d	3.02 m			2.88 m
7	44.8 d	2.18 m	22	13.4 q	1.05 t（7.1）
8	77.4 s		1-OMe	56.2 q	3.25 s
9	48.6 d	2.64 m	6-OMe	59.2 q	3.30 s
10	41.7 d	2.79 m	16-OMe	57.9 q	3.25 s
11	51.2 s		18-OMe	62.4 q	3.76 s
12	33.0 t	3.03 m	14-OCO	166.1 s	
		2.80 m	1'	129.7 s	
13	38.7 d		2', 6'	129.4 d	7.97 d（7.2）
14	78.4 d	5.43 t（5.0）	3', 5'	128.7 d	7.45 dd（7.2, 7.2）
15	211.7 s		4'	133.7 d	7.61 dd（7.2, 7.2）
16	81.6 d	3.84 m			

注：溶剂 CDCl₃；¹³C NMR：100 MHz；¹H NMR：400 MHz

化合物名称：pyroaconine

分子式：$C_{25}H_{39}NO_8$　　　　　　　　**分子量（$M+1$）**：482

植物来源：*Aconitum* L.

参考文献：Katz A，Rudin H. 1984. Mild alkalilische hydrolyse von aconitin. Helvetica Chimica Acta，67（7）：2017-2022.

pyroaconine 的 NMR 数据

位置	δ_C/ppm	δ_H/ppm（J/Hz）	位置	δ_C/ppm	δ_H/ppm（J/Hz）
1	84.1 d	2.99～3.05 dd	14	78.5 d	4.05 d
2	34.2 t	2.14～2.21 m	15	210.6 s	
		2.27～2.37 m	16	89.1 d	3.30
3	71.8 d	3.64～3.70 dd	17	61.8 d	2.80 s
4	43.6 s		18	77.0 t	3.69 d
5	47.1 d	2.20 d			3.88 d
6	83.7 d	3.98 d	19	49.1 t	2.4 d
7	42.3 d	2.78 d			2.9 d
8	43.3 d	2.85～2.89	21	47.6 t	2.45～2.50 m
9	48.5 d	2.53～2.59 q	22	13.4 q	0.95 t
10	41.2 d	1.95～2.03 m	1-OMe	56.1 q	3.25 s
11	51.0 s		6-OMe	57.8 q	3.29 s
12	35.2 t	2.05～2.14 m	16-OMe	60.9 q	3.62 s
		2.41～2.49 m	18-OMe	59.3 q	3.31 s
13	76.0 s				

注：溶剂 $CDCl_3$；^{13}C NMR：90 MHz；^1H NMR：360 MHz

化合物名称：pyrochasmaconitine

分子式：C$_{32}$H$_{43}$NO$_7$　　　　　　　　　　分子量（$M+1$）：554

植物来源：*Aconitum kongboense* Lauener　工布乌头

参考文献：Yue J M，Jun X，Chen Y Z. 1994. C$_{19}$-diterpenoid alkaloids of *Aconitum kongboense*. Phytochemistry，35（3）：829-831.

pyrochasmaconitine 的 NMR 数据

位置	δ_C/ppm	δ_H/ppm（J/Hz）	位置	δ_C/ppm	δ_H/ppm（J/Hz）
1	86.1 d		16	83.6 d	
2	25.2 t		17	78.6 d	
3	35.4 t		18	80.4 t	
4	39.9 s		19	54.1 t	
5	48.6 d		21	49.9 t	
6	83.7 d	4.21 d（6.8）	22	13.6 q	1.10 t（7.1）
7	51.0 d		1-OMe	56.4 q	3.25 s
8	147.0 s		6-OMe	58.2 q	3.29 s
9	48.5 d		16-OMe	57.2 q	3.31 s
10	46.6 d		18-OMe	59.3 q	3.40 s
11	51.7 s		14-OCO	168.1 s	
12	38.4 t		1′	130.9 s	
13	77.7 s		2′, 6′	130.0 d	7.42 t（7.8）
14	78.4 d	4.96 d（2.5）	3′, 5′	128.2 d	7.56 d（7.6）
15	116.0 d	5.56 d（6.3）	4′	132.8 d	8.07 d（7.5）

注：^{13}C NMR：100 MHz；^{1}H NMR：400 MHz

化合物名称：pyrocrassicauline A

分子式：C$_{33}$H$_{45}$NO$_8$　　　　　　　**分子量**（$M+1$）：584

植物来源：*Aconitum kongboense* Lauener　工布乌头

参考文献：Yue J M，Jun X，Chen Y Z. 1994. C$_{19}$-diterpenoid alkaloids of *Aconitum kongboense*. Phytochemistry，35（3）：829-831.

pyrocrassicauline A 的 NMR 数据

位置	δ_C/ppm	δ_H/ppm（J/Hz）	位置	δ_C/ppm	δ_H/ppm（J/Hz）
1	86.1 d		17	78.4 d	
2	25.2 t		18	80.4 t	
3	35.4 t		19	54.1 t	
4	39.9 s		21	49.9 t	
5	48.6 d		22	13.7 q	1.09 t（7.2）
6	83.7 d	4.20 d（6.4）	1-OMe	56.5 q	3.20 s
7	51.0 d		6-OMe	58.2 q	3.29 s
8	147.0 s		16-OMe	57.2 q	3.32 s
9	48.5 d		18-OMe	59.3 q	3.39 s
10	46.7 d		14-OCO	167.9 s	
11	51.7 s		1′	122.9 s	
12	38.5 t		2′, 6′	132.0 d	8.00 ABq（8.1）
13	77.7 s		3′, 5′	113.5 d	6.90 ABq（8.1）
14	78.4 d	4.95 d（2.5）	4′	163.3 s	
15	116.0 d	5.55 d（6.3）	4′-OMe	55.4 q	3.85 s
16	83.7 d				

注：^{13}C NMR：100 MHz；^{1}H NMR：400 MHz

化合物名称：pyrodelphinine

分子式：$C_{31}H_{41}NO_7$ 分子量（$M+1$）：540

植物来源：*Aconitum falconeri* Stapf

参考文献：Pelletier S W，Mody N V，Sawhney R S，et al. 1977. Application of carbon-13 NMR spectroscopy to the structural elucidation of C_{19}-diterpenoid alkaloids from *Aconitum* and *Delphinium* species. Heterocycles，7（1）：327-339.

pyrodelphinine 的 NMR 数据

位置	δ_C/ppm	δ_H/ppm（J/Hz）	位置	δ_C/ppm	δ_H/ppm（J/Hz）
1	86.1 d		16	83.6 d	
2	25.3 t		17	78.6 d	
3	35.3 t		18	80.3 t	
4	40.0 s		19	56.5 t	
5	48.5 d		21	42.7 q	
6	83.6 d		1-OMe	56.5 q	
7	50.4 d		6-OMe	58.1 q	
8	146.6 s		16-OMe	57.1 q	
9	47.6 d		18-OMe	59.2 q	
10	46.7 d		14-OCO	168.0 s	
11	51.9 s		1′	130.5 s	
12	38.4 t		2′, 6′	130.0 d	
13	77.7 s		3′, 5′	128.1 d	
14	79.1 d		4′	132.7 d	
15	116.3 d				

注：溶剂 CDCl₃；¹³C NMR：25 MHz

化合物名称：talassicumine B

分子式：C₃₁H₃₈N₂O₅　　　　　　　　　　**分子量**（$M+1$）：519

植物来源：*Aconitum talassicum* M. Pop. var. *villosulum* W. T. Wang　伊犁乌头

参考文献：Yue J M，Xu J，Chen Y Z，et al. 1994. Diterpenoid alkaloids from *Aconitum talassicum*. Phytochemistry，37（5）：1467-1470.

talassicumine B 的 NMR 数据

位置	δ_C/ppm	δ_H/ppm （J/Hz）	位置	δ_C/ppm	δ_H/ppm （J/Hz）
1	30.3 t		17	76.7 d	
2	24.8 t		18	70.6 t	
3	33.1 t		19	52.3 t	
4	37.2 s		21	50.8 t	
5	47.2 d		22	13.4 q	
6	36.8 t		7-OMe	55.6 q	3.35 s
7	51.0 s		18-OCO	169.0 s	
8	150.8 s		1′	114.7 s	
9	68.1 d		2′	141.7 s	
10	42.1 d		3′	120.4 d	8.72 d （8.4）
11	48.1 s		4′	134.8 d	7.58 t （8.5）
12	27.4 t		5′	122.5 d	7.15 t （7.9）
13	44.0 d		6′	130.4 d	7.95 d （8.0）
14	220.2 s		NH		11.08 s
15	108.0 d	5.04 t （2.8）	1″	168.2 s	
16	48.5 t		2″	25.5 q	1.09 t （7.2）

注：溶剂 CDCl₃

2.4　内酯型（lactone type，B4）

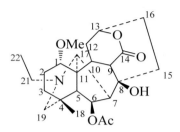

化合物名称：6-acetylheteratisine

分子式：$C_{24}H_{35}NO_6$　　　　　　　分子量（$M+1$）：434

植物来源：*Aconitum heterophyllum* Wall.

参考文献：Desai H K，Pelletier S W. 1993. ¹³C-NMR assignments for lactone-type norditerpenoid alkaloids. Journal of Natural Products，56（12）：2193-2197.

6-acetylheteratisine 的 NMR 数据

位置	δ_C/ppm	δ_H/ppm（J/Hz）	位置	δ_C/ppm	δ_H/ppm（J/Hz）
1	82.2 d	3.11 t（9.5）	14	173.8 s	
2	26.7 t	1.86 m	15	35.7 t	1.75 m
		2.19 m			1.83 m
3	36.3 t	1.24 m	16	28.8 t	2.12 m
		1.57 m			3.19 m
4	34.7 s		17	62.4 d	3.80 br s
5	55.4 d	1.45 br s	18	25.9 q	0.87 s
6	74.0 d	5.31 d（7.5）	19	57.3 t	2.10 ABq（11.7）
7	49.5 d	2.51 m			2.56 ABq（11.7）
8	75.1 s		21	48.8 t	2.62 m
9	48.5 d	3.81 d（7.8）	22	13.4 q	1.04 t（7.1）
10	42.7 d	2.21 m	1-OMe	54.9 q	3.26 s
11	48.7 s		6-OAc	170.8 s	
12	29.3 t	1.68 m		21.6 q	2.06 s
		2.31 m	8-OH		3.58 s
13	75.2 d	4.72 m			

注：溶剂 CDCl₃；¹³C NMR：75 MHz

化合物名称：6-benzoylheteratisine

分子式：$C_{29}H_{37}NO_6$　　　　　　　　分子量（$M+1$）：496

植物来源：*Aconitum heterophyllum* Wall.

参考文献：Desai H K，Pelletier S W. 1993. ^{13}C-NMR assignments for lactone-type norditerpenoid alkaloids. Journal of Natural Products，56（12）：2193-2197.

6-benzoylheteratisine 的 NMR 数据

位置	δ_C/ppm	δ_H/ppm（J/Hz）	位置	δ_C/ppm	δ_H/ppm（J/Hz）
1	82.3 d		15	35.3 t	
2	26.7 t		16	28.8 t	
3	36.4 t		17	62.6 d	
4	34.9 s		18	26.0 q	
5	55.9 d		19	57.5 t	
6	74.5 d		21	48.9 t	
7	44.9 d		22	13.4 q	
8	75.2 s		1-OMe	54.9 q	
9	48.9 d		6-OCO	166.6 s	
10	42.7 d		1′	130.2 s	
11	48.7 s		2′, 6′	128.5 d	
12	29.4 t		3′, 5′	129.6 d	
13	75.8 d		4′	132.8 d	
14	173.5 s				

注：溶剂 CDCl₃；^{13}C NMR：75 MHz

化合物名称：6β-methoxy-9β-dihydroxylheteratisine

分子式：$C_{23}H_{35}NO_6$　　　　　　　**分子量**（$M+1$）：422

植物来源：*Aconitum heterophyllum* Wall.

参考文献：Ahmad H，Ahmad S，Shah S A A，et al. 2017. Antioxidant and anticholinesterase potential of diterpenoid alkaloids from *Aconitum heterophyllum*. Bioorganic & Medicinal Chemistry，25（13）：3368-3376.

6β-methoxy-9β-dihydroxylheteratisine 的 NMR 数据

位置	δ_C/ppm	δ_H/ppm（J/Hz）	位置	δ_C/ppm	δ_H/ppm（J/Hz）
1	83.2 d	3.18 t（9.7）	13	75.3 d	4.77 t（6.1）
2	26.8 t	2.36 m（2H）	14	174.8 s	
3	36.5 t	2.13 m（2H）	15	29.2 t	1.37 d（6）（2H）
4	34.7 s		16	29.6 t	1.70 m
5	50.8 d	2.08 m	17	62.3 d	3.53 s
6	75.9 d	4.51 br s	18	26.2 q	0.98 s
7	49.2 d	4.00 d（7.6）	19	58.3 t	2.61 d（8.0）
8	73.5 s		21	48.9 t	2.49 m（2H）
9	100.4 s		22	13.4 q	1.07 t（7.1）
10	42.7 d	2.30 m	1-OMe	57.7 q	3.29 s
11	49.5 s		6-OMe	55.2 q	3.25 s
12	33.4 t	1.9 m（2H）			

注：溶剂 CDCl₃；¹³C NMR：125 MHz；¹H NMR：500 MHz

化合物名称：8-acetylheterophyllisine

分子式：C₂₄H₃₅NO₅　　　　　　　　分子量（M + 1）：418

植物来源：*Delphinium denudatum* Wall.

参考文献：Atta-ur-Rahman，Nasreen A，Akhtar F，et al. 1977. Antifungal diterpenoid alkaloids from *Delphinium denudatum*. Journal of Natural Products，60（5）：472-474.

8-acetylheterophyllisine 的 NMR 数据

位置	δ_C/ppm	δ_H/ppm（J/Hz）	位置	δ_C/ppm	δ_H/ppm（J/Hz）
1	84.6 d		13	75.2 d	4.69 br m
2	26.5 t		14	172.0 s	
3	37.2 t		15	28.8 t	
4	34.8 s		16	29.5 t	
5	49.5 d		17	60.7 d	3.35 m
6	27.1 t		18	26.4 q	0.75 s
7	48.6 d		19	56.5 t	
8	87.1 s		21	48.9 t	
9	41.4 d	3.25 d（8）	22	13.4 q	1.03 s
10	42.1 d		1-OMe	55.6 q	3.24 s
11	—		8-OAc	169.8 s	
12	29.7 t			22.3 q	1.95 s

注：溶剂 CDCl₃；¹³C NMR：100 MHz；¹H NMR：400 MHz

化合物名称：diacetylheteratisine

分子式：$C_{26}H_{37}NO_7$　　　　　　　　分子量（$M+1$）：476

植物来源：*Aconitum pulchellum* Hand.-Mazz. 美丽乌头

参考文献：陈佩卿，何兰，丁立生，等. 1997. 美丽乌头中的内酯型降二萜生物碱. 天然产物研究与开发，9（1）：1-3.

diacetylheteratisine 的 NMR 数据

位置	δ_C/ppm	δ_H/ppm（J/Hz）	位置	δ_C/ppm	δ_H/ppm（J/Hz）
1	81.7 d		14	172.5 s	
2	26.7 t		15	29.7 t	
3	36.3 t		16	29.2 t	
4	34.4 s		17	62.8 d	3.69 d（7）
5	47.1 d		18	25.7 q	0.83 s
6	74.3 d	5.13 d（7）	19	57.0 t	
7	44.7 d		21	48.8 t	
8	85.8 s		22	13.4 q	1.05 t（7）
9	56.1 d	4.03 d（8）	1-OMe	54.7 q	3.26 s
10	42.6 d		6-OAc	170.7 s	
11	48.6 s			21.7 q	2.13 s
12	37.4 t		8-OAc	169.5 s	
13	75.2 d	4.73 m		22.2 q	1.90 s

注：溶剂 CDCl₃；¹³C NMR：75 MHz；¹H NMR：300 MHz

化合物名称：heteratisine

分子式：$C_{22}H_{33}NO_5$　　　　　　　　**分子量（M+1）**：392

植物来源：*Aconitum heterophyllum* Wall.

参考文献：Desai H K，Pelletier S W. 1993. ^{13}C-NMR assignments for lactone-type norditerpenoid alkaloids. Journal of Natural Products，56（12）：2193-2197.

heteratisine 的 NMR 数据

位置	δ_C/ppm	δ_H/ppm （J/Hz）	位置	δ_C/ppm	δ_H/ppm （J/Hz）
1	83.5 d	3.11 t (9.4)	13	75.8 d	4.71 m
2	26.9 t	1.90 m	14	176.0 s	
		2.10 m	15	33.1 t	1.67 m
3	36.8 t	1.20 m			1.87 m
		1.50 m	16	29.0 t	2.10 m
4	34.7 s				3.22 m
5	58.3 d	1.33 br s	17	62.2 d	3.45 d (0.3)
6	72.9 d	4.47 m	18	26.2 q	0.96 s
7	50.7 d	2.38 d (8.9)	19	57.8 t	1.93 d (11.8)
8	75.4 s				2.53 d (11.8)
9	49.4 d	4.01 d (7.5)	21	49.0 t	2.40 m
10	42.8 d	2.25 m	22	13.5 q	1.02 t (7.3)
11	49.3 s		1-OMe	55.2 q	3.25 s
12	29.2 t	1.70 m	6-OH		5.19 d (3.9)
		2.30 m	8-OH		5.11 s

注：溶剂 CDCl₃；^{13}C NMR：75 MHz；^{1}H NMR：300 MHz

化合物名称：heterophyllidine

分子式：C_21H_31NO_5　　　　　　　　分子量（M+1）：378

植物来源：*Aconitum heterophyllum* Wall.

参考文献：Desai H K，Pelletier S W. 1993. ^{13}C-NMR assignments for lactone-type norditerpenoid alkaloids. Journal of Natural Products，56（12）：2193-2197.

heterophyllidine 的 NMR 数据

位置	δ_C/ppm	δ_H/ppm（J/Hz）	位置	δ_C/ppm	δ_H/ppm（J/Hz）
1	72.7 d	3.81 br s	13	75.1 d	4.86 t（7.2）
2	29.5 t	1.65 m	14	175.1 s	
		1.95 m	15	33.5 t	1.79 m
3	31.7 t	1.63 m			1.95 m
		1.81 m	16	29.9 t	1.75 m
4	33.1 s				2.48 m
5	54.1 d	1.59 br s	17	63.9 d	3.44 d（0.2）
6	72.4 d	4.62 m	18	27.6 q	1.08 s
7	50.3 d	2.49 d（7.9）	19	62.1 t	2.01 ABq（11.8）
8	76.2 s				2.47 ABq（11.8）
9	49.3 d	3.97 d（6.8）	21	48.5 t	2.47 m
10	40.0 d	2.35 m	22	13.0 q	1.11 t（7.1）
11	49.8 s		1-OH		1.66 br s
12	30.3 t	1.68 m	6-OH		4.89 d（3.5）
		2.33 m	8-OH		2.31 s

注：溶剂 CDCl_3；^{13}C NMR：75 MHz；^{1}H NMR：300 MHz

化合物名称：heterophylline

分子式：$C_{21}H_{31}NO_4$　　　　　　　　分子量（$M+1$）：362

植物来源：*Aconitum heterophyllum* Wall.

参考文献：Desai H K，Pelletier S W. 1993. ^{13}C-NMR assignments for lactone-type norditerpenoid alkaloids. Journal of Natural Products，56（12）：2193-2197.

heterophylline 的 NMR 数据

位置	δ_C/ppm	δ_H/ppm （J/Hz）	位置	δ_C/ppm	δ_H/ppm （J/Hz）
1	72.6 d	3.78 br s			2.95 m
2	29.4 t	1.65 m	13	75.0 d	4.84 t （7.1）
		2.25 m	14	173.6 s	
3	30.8 t	1.25 m	15	34.1 t	1.75 m
		1.58 m			2.01 m
4	33.0 s		16	29.4 t	1.70 m
5	44.5 d	1.63 br s			2.40 m
6	26.2 t	1.85 m	17	62.2 d	3.28 d （0.2）
		2.45 m	18	27.7 q	0.92 s
7	45.7 d	2.22 m	19	60.5 t	2.10 ABq （11.7）
8	75.6 s				2.48 ABq （11.7）
9	50.0 d	2.93 d （7.3）	21	48.5 t	2.52 m
10	39.8 d	2.21 m	22	13.1 q	1.13 t （7.2）
11	50.1 s		1-OH		1.63 br s
12	30.1 t	1.78 m	8-OH		2.28 s

注：溶剂 CDCl₃；^{13}C NMR：75 MHz；^{1}H NMR：300 MHz

化合物名称：heterophyllisine

分子式：C₂₂H₃₃NO₄   **分子量**（$M+1$）：376

植物来源：*Aconitum heterophyllum* Wall.

参考文献：Desai H K，Pelletier S W. 1993. ¹³C-NMR assignments for lactone-type norditerpenoid alkaloids. Journal of Natural Products，56（12）：2193-2197.

heterophyllisine 的 NMR 数据

位置	δ_C/ppm	δ_H/ppm（J/Hz）	位置	δ_C/ppm	δ_H/ppm（J/Hz）
1	84.4 d	3.16 dd（10.1）	13	75.5 d	4.72 m
2	27.0 t	2.02 m	14	174.3 s	
		2.22 m	15	33.9 t	1.66 m
3	37.2 t	1.19 m			1.97 m
		1.52 m	16	29.3 t	2.08 m
4	34.8 s				3.20 m
5	46.5 d	2.31 m	17	60.9 d	3.38 d（0.2）
6	27.2 t	1.99 m	18	26.5 q	0.80 s
		2.33 m	19	56.6 t	2.06 ABq（12.1）
7	49.4 d	1.40 d（7.6）			2.45 ABq（12.1）
8	75.4 s		21	49.0 t	2.42 m
9	50.4 d	2.98 d（6.9）	22	13.5 q	1.06 t（7.1）
10	42.7 d	2.15 m	1-OMe	55.6 q	3.28 s
11	49.6 s		8-OH		1.62 br s
12	28.7 t	1.70 m			
		2.31 m			

注：溶剂 CDCl₃；¹³C NMR：75 MHz；¹H NMR：300 MHz

化合物名称：rotundifosine A

分子式：C$_{21}$H$_{29}$NO$_5$　　　　　　　**分子量**（$M+1$）：376

植物来源：*Aconitum rotundifolium* Kar. et Kir. 圆叶乌头

参考文献：Frejat F O A，Xu W L，Shan L H，et al. 2017. Three new lactone-type diterpenoid alkaloids from *Aconitum rotundifolium* Kar. & Kir. Heterocycles，94（10）：1903-1908.

rotundifosine A 的 NMR 数据

位置	δ_C/ppm	δ_H/ppm（J/Hz）	位置	δ_C/ppm	δ_H/ppm（J/Hz）
1	72.3 d	4.07 m	12	30.2 t	1.62 m
2	30.4 t	1.59 m			1.86 m
		1.85 m	13	76.2 d	4.91 m
3	30.8 t	1.61 m	14	173.6 s	
		1.88 m	15	30.5 t	2.12 m
4	34.2 s				2.49 m
5	44.2 d	2.03 m	16	29.2 t	1.63 m
6	26.2 t	1.89 m			1.92 m
		2.02 m	17	58.7 d	4.07 m
7	45.2 d	3.61 d（7.8）	18	27.4 q	1.04 s
8	86.6 s		19	51.0 t	2.83 ABq（13.2）
9	48.7 d	3.12 d（6.6）			2.93 ABq（13.2）
10	40.2 d	2.48 m	8-OAc	171.1 s	
11	50.4 s			21.9 q	2.01 s

注：溶剂 CDCl$_3$；^{13}C NMR：150 MHz；^{1}H NMR：600 MHz

化合物名称：rotundifosine B

分子式：$C_{23}H_{33}NO_5$ 分子量（$M+1$）：404

植物来源：*Aconitum rotundifolium* Kar. et Kir. 圆叶乌头

参考文献：Frejat F O A，Xu W L，Shan L H，et al. 2017. Three new lactone-type diterpenoid alkaloids from *Aconitum rotundifolium* Kar. & Kir. Heterocycles，94（10）：1903-1908.

rotundifosine B 的 NMR 数据

位置	δ_C/ppm	δ_H/ppm（J/Hz）	位置	δ_C/ppm	δ_H/ppm（J/Hz）
1	74.1 d	3.81 m	13	76.6 d	4.88 m
2	30.2 t	1.59 m	14	174.7 s	
		1.80 m	15	31.1 t	2.63 m
3	32.1 t	1.57 m			2.87 m
		1.78 m	16	30.9 t	1.85 m
4	34.2 s				2.50 m
5	45.8 d	1.83 m	17	63.2 d	3.33（overlapped）
6	26.6 t	1.69 m	18	27.9 q	0.93 s
		1.84 m	19	61.3 t	2.18 ABq（11.4）
7	41.9 d	3.42 d（7.8）			2.35 ABq（11.4）
8	88.2 s		21	49.3 t	2.53 m
9	49.5 d	3.07 d（7.2）			2.62 m
10	40.5 d	2.29 m	22	13.3 q	1.14 t（7.2）
11	51.1 s		8-OAc	171.3 s	
12	30.6 t	1.59 m		22.0 q	1.97 s
		1.68 m			

注：溶剂 CDCl₃；¹³C NMR：150 MHz；¹H NMR：600 MHz

化合物名称：rotundifosine C

分子式：C₂₃H₃₃NO₆　　　　　　　**分子量**（*M* + 1）：420

植物来源：*Aconitum rotundifolium* Kar. et Kir.　圆叶乌头

参考文献：Frejat F O A，Xu W L，Shan L H，et al. 2017. Three new lactone-type diterpenoid alkaloids from *Aconitum rotundifolium* Kar. & Kir. Heterocycles，94（10）：1903-1908.

rotundifosine C 的 NMR 数据

位置	δ_C/ppm	δ_H/ppm（*J*/Hz）	位置	δ_C/ppm	δ_H/ppm（*J*/Hz）
1	72.6 d	3.83 m	13	74.8 d	4.86 m
2	29.8 t	1.23 m	14	173.1 s	
		1.65 m	15	36.0 t	1.76 m
3	30.5 t	2.31 m			2.00 m
		2.51 m	16	31.7 t	1.67 m
4	33.6 s				1.83 m
5	51.4 d	1.66 m	17	64.1 d	3.48 m
6	73.2 d	5.47 d（7.2）	18	27.7 q	1.03 s
7	49.6 d	2.61 d（7.2）	19	61.8 t	2.17 m
8	75.9 s				2.52 m
9	48.9 d	3.75 d（6.8）	21	48.6 t	2.04 m
10	40.2 d	2.40 m			2.53 m
11	49.8 s		22	13.2 q	1.12 t（7.2）
12	30.3 t	1.27 m	6-OAc	170.8 s	
		1.76 m		21.9 q	2.09 s

注：溶剂 CDCl₃；¹³C NMR：100 MHz；¹H NMR：400 MHz

化合物名称：souline B

分子式：C$_{25}$H$_{33}$NO$_7$　　　　　　　　分子量（$M+1$）：460

植物来源：*Delphinium souliei* Franch. 川甘翠雀花

参考文献：Pan X，He L，Li B G，et al. 1998. Two new norditerpenoid alkaloids from *Delphinium souliei*. Chinese Chemical Letters，9（1）：57-59.

souline B 的 NMR 数据

位置	δ_C/ppm	δ_H/ppm（J/Hz）	位置	δ_C/ppm	δ_H/ppm（J/Hz）
1	77.2 d		14	170.5 s	
2	29.9 t		15	31.6 t	
3	32.1 t		16	29.1 t	
4	43.8 s		17	66.4 d	
5	48.9 d		18	29.2 q	1.22 s
6	42.9 t		19	180.1 s	
7	47.7 d		21	53.8 t	
8	83.7 s		22	13.5 q	1.44 t（7）
9	54.4 d		1-OAc	169.2 s	
10	46.1 d			21.2 q	1.90 s
11	51.4 s		8-OAc	169.8 s	
12	30.7 t			21.6 q	2.12 s
13	73.4 d				

注：溶剂 CDCl$_3$；^{13}C NMR：125 MHz；^{1}H NMR：500 MHz

2.5　7,17-断裂型（7,17-seco type，B5）

化合物名称：3-hydroxyfranchetine

分子式：C$_{31}$H$_{41}$NO$_7$　　　　　　　分子量（$M+1$）：540

植物来源：*Aconitum hemsleyanium* var. *atropurpureum* (Hand.-Mazz.) W. T. Wang

参考文献：Tang P，Chen D L，Jian X X，et al. 2007. Two new C$_{19}$-diterpenoid alkaloids from roots *Aconitum hemsleyanium* var. *atropurpureum*. Chinese Chemical Letters，18（6）：704-707.

3-hydroxyfranchetine 的 NMR 数据

位置	δ_C/ppm	δ_H/ppm（J/Hz）	位置	δ_C/ppm	δ_H/ppm（J/Hz）
1	84.2 d	3.39 m	16	85.5 d	3.34 s
2	33.0 t	2.24 br s	17	91.9 d	4.40 s
		2.59 br s	18	76.3 t	3.23 ABq（9.6）
3	71.4 d	3.88 dd（12, 4.8）			3.37 ABq（9.6）
4	42.1 s		19	45.6 t	1.78 ABq（11.4）
5	46.0 d	2.23 m			2.90 ABq（11.4）
6	74.8 d	4.42 d（6.0）	21	48.9 t	2.44 m
7	128.6 d	5.78 d（6.0）			2.60 m
8	137.2 s		22	13.1 q	1.04 t（7.2）
9	42.9 d	3.05 brs	1-OMe	57.1 q	3.36 s
10	49.1 d	2.38 m	16-OMe	56.1 q	3.26 s
11	50.4 s		18-OMe	59.5 q	3.32 s
12	30.0 t	1.58 br s	14-OCO	166.5 s	
		2.09 m	1′	130.6 s	
13	38.4 d	2.62 m	2′, 6′	129.7 d	8.05 d（7.8）
14	78.7 d	5.15 br s	3′, 5′	128.4 d	7.44 t（7.8）
15	38.6 t	2.54 m	4′	132.8 d	7.55 t（7.8）
		2.91 m			

注：溶剂 CDCl$_3$；^{13}C NMR：150 MHz；^{1}H NMR：600 MHz

化合物名称：7, 8-epoxy-franchetine

分子式：C$_{31}$H$_{41}$NO$_7$ 分子量（$M+1$）：540

植物来源：*Aconitum iochanicum* Ulbr. 滇北乌头

参考文献：Guo R H，Guo C X，He D，et al. 2017. Two new C$_{19}$-diterpenoid alkaloids with anti-inflammatory activity from *Aconitum iochanicum*. Chinese Journal of Chemistry，35（10）：1644-1647.

7, 8-epoxy-franchetine 的 NMR 数据

位置	δ_C/ppm	δ_H/ppm（J/Hz）	位置	δ_C/ppm	δ_H/ppm（J/Hz）
1	86.5 d	3.16 dd（8.6, 5.8）			2.70 dd（8.0, 4.8）
2	24.2 t	1.88～1.91 m	16	82.3 d	3.43 dd（8.0, 8.0）
		2.46～2.48 m	17	94.3 d	4.50 s
3	32.5 t	1.44～1.56 m	18	79.1 t	3.60 d（9.6）
		1.81～1.82 m			3.10 d（9.6）
4	37.0 s		19	52.3 t	2.52 d（11.2）
5	43.6 d	1.88 br s			2.10 d（11.2）
6	76.2 d	4.59 d（4.0）	21	49.1 t	2.47～2.48 m
7	64.1 d	2.87 d（4.0）			2.64～2.66 m
8	59.1 s		22	13.1 q	1.04 t（7.2）
9	42.7 d	2.54～2.57 m	1-OMe	56.1 q	3.21 s
10	46.9 d	2.27～2.29 m	16-OMe	57.2 q	3.30 s
11	49.1 s		18-OMe	59.5 q	3.33 s
12	29.4 t	1.58～1.59 m	14-OCO	166.4 s	
		2.20～2.22 m	1'	130.4 s	
13	36.6 d	2.74～2.76 m	2', 6'	129.7 d	8.06 d（8.0）
14	77.9 d	5.16 t（4.0）	3', 5'	128.4 d	7.44 dd（8.0, 8.0）
15	36.5 t	1.57 m	4'	132.8 d	7.55 t（8.0）

注：溶剂 CDCl$_3$；^{13}C NMR：200 MHz；^{1}H NMR：800 MHz

化合物名称：13-hydroxyfranchetine

分子式：$C_{31}H_{41}NO_7$　　　　　　　**分子量**（$M+1$）：540

植物来源：*Aconitum nagarum* Stapf　保山乌头

参考文献：Zhang F，Peng S L，Luo F，et al. 2005. Two new norditerpenoid alkaloids of *Aconitum nagarum*. Chinese Chemical Letters，16（8）：1043-1046.

13-hydroxyfranchetine 的 NMR 数据

位置	δ_C/ppm	δ_H/ppm（J/Hz）	位置	δ_C/ppm	δ_H/ppm（J/Hz）
1	86.3 d	3.36 m			2.64 m
2	24.3 t	2.41 m	16	86.0 d	3.35 m
		1.95 m	17	92.5 d	4.37 s
3	32.7 t	1.76 dd（14，3）	18	79.1 t	3.15 d（9）
		1.55 m			3.04 d（9）
4	37.3 s		19	52.1 t	2.44 m
5	47.3 d	2.25 s			2.04 m
6	74.7 d	4.40 d（6）	21	49.1 t	2.60 m
7	129.1 d	5.76 d（6）			2.41 m
8	135.7 s		22	13.1 q	1.01 t（7）
9	44.0 d	3.20 br s	1-OMe	57.1 q	3.37 s
10	47.0 d	2.66 m	16-OMe	58.0 q	3.47 s
11	50.5 s		18-OMe	59.4 q	3.28 s
12	38.9 t	2.12 t（11）	14-OCO	166.7 s	
		2.01 m	1′	130.3 s	
13	77.3 s		2′，6′	129.8 d	8.07 d（8）
14	83.5 d	5.06 br s	3′，5′	128.4 d	7.45 t（8）
15	39.0 t	3.90 dd（12，8）	4′	133.0 d	7.57 t（8）

注：溶剂 CDCl₃；¹³C NMR：150 MHz；¹H NMR：600 MHz

化合物名称：14-debenzoylfranchetine

分子式：$C_{24}H_{37}NO_5$　　　　　　**分子量**（$M+1$）：420

植物来源：*Aconitum handelianum* Comber　剑川乌头

参考文献：尹田鹏，陈阳，罗萍，等. 2018. 两个 C19-二萜生物碱的结构鉴定和 NMR 信号归属. 波谱学杂志，35（1）：90-97.

14-debenzoylfranchetine 的 NMR 数据

位置	δ_C/ppm	δ_H/ppm（J/Hz）	位置	δ_C/ppm	δ_H/ppm（J/Hz）
1	85.0 d	3.23 m	14	77.5 d	4.17 br s
2	24.5 t	2.57 m	15	38.9 t	2.91 dd（12.0, 7.2）
		1.91 m			2.58 m
3	32.9 t	1.76 m	16	85.0 d	3.37 m
		1.50 m	17	92.6 d	4.33 m
4	37.5 s		18	79.4 t	3.16 ABq（8.8）
5	48.3 d	2.25 m			3.06 ABq（8.8）
6	75.1 d	4.38 d（6.0）	19	52.8 t	2.44 ABq（11.2）
7	128.6 d	5.69 br s			2.03 ABq（11.2）
8	137.6 s		21	49.3 t	2.59 m
9	44.5 d	2.77 m			2.44 m
10	49.3 d	2.17 m	22	13.3 q	1.00 t（7.2）
11	50.5 s		1-OMe	57.4 q	3.33 s
12	29.5 t	1.91 m	16-OMe	56.4 q	3.32 s
		1.50 m	18-OMe	59.7 q	3.29 s
13	40.7 d	2.27 m			

注：溶剂 CDCl₃；^{13}C NMR：100 MHz；^{1}H NMR：400 MHz

化合物名称：16-hydroxyl-vilmorisine

分子式：$C_{25}H_{37}NO_6$　　　　　　分子量（$M+1$）：448

植物来源：*Aconitum ouvrardianum* Hand.-Mazz. 德钦乌头

参考文献：Liu W Y，He D，Zhao D K，et al. 2010. Four new C_{19}-diterpenoid alkaloids from the roots of *Aconitum ouvrardianum*. Journal of Asian Natural Products Research，21（1）：9-16.

16-hydroxyl-vilmorisine 的 NMR 数据

位置	δ_C/ppm	δ_H/ppm（J/Hz）	位置	δ_C/ppm	δ_H/ppm（J/Hz）
1	86.5 d	3.29～3.31 m	14	79.1 d	4.97 t（4.8）
2	24.3 t	1.91～1.93 m	15	41.5 t	2.53～2.55 m
		2.42～2.44 m			2.67～2.69 m
3	32.7 t	1.49～1.51 m	16	76.4 d	3.71～3.73 m
		1.70～1.72 m	17	92.4 d	4.35 s
4	37.3 s		18	79.0 t	3.04 d（9.6）
5	47.8 d	2.29～2.31 m			3.15 d（9.6）
6	74.8 d	4.38 d（6.4）	19	52.1 t	2.08～2.10 m
7	128.8 d	5.73 d（5.6）			2.42～2.44 m
8	136.3 s		21	49.4 t	2.39～2.41 m
9	42.6 d	3.03～3.05 m			2.66～2.68 m
10	49.0 d	2.33～2.35 m	22	13.1 q	1.00 t（7.1）
11	50.9 s		1-OMe	57.1 q	3.29 s
12	29.0 t	1.49～1.51 m	18-OMe	59.5 q	3.34 s
		2.08～2.10 m	14-OAc	170.7 s	
13	42.4 d	2.33～2.35 m		21.6 q	2.10 s

注：溶剂 $CDCl_3$；¹³C NMR：200 MHz；¹H NMR：800 MHz

化合物名称：beiwudine

分子式：$C_{31}H_{41}NO_8$ 分子量（$M+1$）：556

植物来源：*Aconitum kusnezoffii* Reichb. 北乌头

参考文献：Wang F P，Li Z B，Che C T. 1998. Beiwudine，a norditerpenoid alkaloid from *Aconitum kusnezoffii*. Journal of Natural Products，61（12）：1555-1556.

beiwudine 的 NMR 数据

位置	δ_C/ppm	δ_H/ppm（J/Hz）	位置	δ_C/ppm	δ_H/ppm（J/Hz）
1	86.3 d	3.30 m	16	94.2 d	2.85 d
2	24.3 t	1.80 m	17	92.6 d	4.37 s
		2.40 m	18	78.9 t	3.02 ABq（9.2）
3	32.7 t	1.50 m			3.25 ABq（9.2）
		1.70 m	19	52.0 t	2.03 ABq
4	37.3 s				2.35 ABq
5	47.5 d	2.29 s	21	49.1 t	2.35 m
6	74.3 d	4.55 d（6.4）			2.55 m
7	123.9 d	6.08 d（6.4）	22	13.0 q	1.00 t（7.1）
8	138.6 s		1-OMe	57.1 q	3.30 s
9	42.7 d	3.10 m	16-OMe	61.3 q	3.67 s
10	47.5 d	2.65 m	18-OMe	59.4 q	3.26 s
11	50.5 s		14-OCO	166.6 s	
12	38.9 t	2.00 m	1′	129.6 s	
13	76.5 s		2′, 6′	129.5 d	8.07 d（7）
14	74.6 d	5.04 br s	3′, 5′	128.5 d	7.45 d（7.2）
15	83.3 d	5.04 d（6）	4′	133.2 d	7.57 d（7.2）

注：溶剂 CDCl₃；¹³C NMR：75 MHz；¹H NMR：300 MHz

化合物名称：brachyaconitine C

分子式：$C_{32}H_{41}NO_{10}$　　　　　　　　**分子量**（$M+1$）：600

植物来源：*Aconitum brachypodum* Diels　短柄乌头

参考文献：Shen Y，Zuo A X，Jiang Z Y，et al. 2010. Four new nor-diterpenoid alkaloids from *Aconitum brachypodum*. Helvetica Chimica Acta，93（5）：863-869.

brachyaconitine C 的 NMR 数据

位置	δ_C/ppm	δ_H/ppm（J/Hz）	位置	δ_C/ppm	δ_H/ppm（J/Hz）
1	79.7 d	3.22～3.27（overlapped）	17	165.0 d	7.85 br s
2	29.9 t	1.14 dd（12.1, 12.1）	18	71.9 t	2.98 d（8.8）
		2.29～2.32 m			4.02 d（8.8）
3	71.7 d	4.92 dd（15.3, 8.7）	19	52.1 t	2.31～2.35（overlapped）
4	47.3 s				2.77～2.83（overlapped）
5	42.6 d	2.21～2.28（overlapped）	1-OMe	57.0 q	3.21 s
6	86.4 d	4.52 dd（10.6, 7.7）	6-OMe	58.2 q	3.22 s
7	131.2 d	5.66 d（5.6）	16-OMe	61.6 q	3.24 s
8	137.1 s		18-OMe	58.7 q	3.76 s
9	41.3 d	2.31～2.35（overlapped）	3-OAc	170.1 s	
10	41.5 d	2.45～2.52（overlapped）		21.2 q	2.07 s
11	42.2 s		14-OCO	166.1 s	
12	38.5 t	2.45～2.52（overlapped）	1′	129.7 s	
13	75.3 s		2′, 6′	129.9 d	8.05 d（7.2）
14	79.2 d	5.10 t（4.1）	3′, 5′	128.5 d	7.45 dd（7.2）
15	73.8 d	4.86 d（4.3）	4′	133.3 d	7.57 t（7.3）
16	92.2 d	3.27～3.33（overlapped）			

注：溶剂 CDCl₃；¹³C NMR：125 MHz；¹H NMR：500 MHz

化合物名称：carmichasine B

分子式：$C_{31}H_{41}NO_7$　　　　　　　分子量（$M+1$）：540

植物来源：*Aconitum carmichaelii* Debx. 乌头

参考文献：Li Y，Gao F，Zhang J F，et al. 2018. Four new diterpenoid alkaloids from the roots of *Aconitum carmichaelii*. Chemistry & Biodiversity，15（7）：e1800147.

carmichasine B 的 NMR 数据

位置	δ_C/ppm	δ_H/ppm（J/Hz）	位置	δ_C/ppm	δ_H/ppm（J/Hz）
1	86.9 d	3.32～3.34 m	16	93.9 d	2.83 d（6.0）
2	24.5 t	1.92～1.97 m	17	92.6 d	4.38 s
		2.49～2.54 m	18	79.1 t	3.08 ABq（9.0）
3	33.0 t	1.56～1.58 m			3.17 ABq（9.0）
		1.76～1.79 m	19	52.2 t	2.44 ABq（10.8）
4	37.6 s				2.08 ABq（10.8）
5	48.2 d	2.34 s	21	49.3 t	2.42～2.44 m
6	74.6 d	4.57 d（6.0）			2.58～2.63 m
7	123.9 d	6.22 d（6.6）	22	13.3 q	1.02 t（7.2）
8	138.6 s		1-OMe	57.3 q	3.37 s
9	42.9 d	3.13 br s	16-OMe	57.3 q	3.33 s
10	49.5 d	2.40～2.42 m	18-OMe	59.6 q	3.29 s
11	50.7 s		14-OCO	166.5 s	
12	30.2 t	1.58～1.60 m	1′	130.4 s	
		2.09～2.14 m	2′, 6′	129.8 d	8.04 dd（1.2, 8.4）
13	36.5 d	2.68 t（6.6）	3′, 5′	128.6 d	7.44 t（7.8）
14	78.8 d	5.11 br s	4′	133.1 d	7.55 t（7.2）
15	73.4 d	5.03 t（6.0）			

注：溶剂 CDCl₃；¹³C NMR：150 MHz；¹H NMR：600 MHz

注：溶剂 $CDCl_3$；^{13}C NMR：150 MHz；^{1}H NMR：600 MHz

化合物名称：carmichasine C

分子式：$C_{24}H_{37}NO_6$　　　　　　分子量（＋1）：436

植物来源：*Aconitum carmichaelii* Debx. 乌头

参考文献：Li Y，Gao F，Zhang J F，et al. 2018. Four new diterpenoid alkaloids from the roots of *Aconitum carmichaelii*. Chemistry & Biodiversity，15（7）：e1800147.

carmichasine C 的 NMR 数据

位置	δ_C/ppm	δ_H/ppm（J/Hz）	位置	δ_C/ppm	δ_H/ppm（J/Hz）
1	86.9 d	3.22～3.25 m	13	39.4 d	2.30（overlapped）
2	24.5 t	1.90～1.94 m	14	77.7 d	4.17 br s
		2.48～2.53 m	15	73.8 d	5.17 t（6.0）
3	33.0 t	1.55～1.57 m	16	93.7 d	2.87 d（5.4）
		1.77～1.80 m	17	92.6 d	4.33 s
4	37.5 s		18	79.3 t	3.09 ABq（9.0）
5	48.3 d	2.29 s			3.17 ABq（9.0）
6	74.6 d	4.54 d（6.6）	19	52.3 t	2.44 d（11.4）
7	123.1 d	6.14 d（6.0）			2.07 dd（3.0，11.4）
8	139.8 s		21	49.3 t	2.37～2.42 m
9	44.6 d	2.84 br s			2.57～2.60 m
10	49.3 d	2.19～2.23 m	22	13.3 q	1.00 t（7.2）
11	50.5 s		1-OMe	57.3 q	3.34 s
12	29.9 t	1.51～1.55 m	16-OMe	57.3 q	3.46 s
		1.99～2.02 m	18-OMe	59.7 q	3.30 s

注：溶剂 CDCl_3；^{13}C NMR：150 MHz；^{1}H NMR：600 MHz

化合物名称：circinatine A

分子式：$C_{32}H_{43}NO_8$ **分子量（M+1）**：570

植物来源：*Aconitum hemsleyanum* var. *circinatum* W. T. Wang　拳距瓜叶乌头

参考文献：Xu J B，Huang S，Zhou X L. 2018. C₁₉-diterpenoid alkaloids from *Aconitum hemsleyanum* var. *circinatum*. Phytochemistry Letters，27：178-182.

circinatine A 的 NMR 数据

位置	δ_C/ppm	δ_H/ppm（J/Hz）	位置	δ_C/ppm	δ_H/ppm（J/Hz）
1	86.2 d	3.36 m	17	92.8 d	4.37 s
2	24.5 t	1.93 m，2.50 m	18	79.2 t	3.14 d（9.0）
3	32.9 t	1.74 m，1.78 m			3.05 d（9.0）
4	37.5 s		19	52.2 t	2.04 ABq（hidden）
5	47.4 d	2.26 s			2.44 ABq（hidden）
6	74.9 d	4.39 d（6.0）	21	49.3 t	2.40 m，2.63 m
7	129.2 d	5.76 d（6.0）	22	13.3 q	1.02 t（7.2）
8	136.1 s		1-OMe	59.6 q	3.28 s
9	44.1 d	3.19 m	16-OMe	58.5 q	3.37 s
10	47.1 d	2.66 m	18-OMe	59.6 q	3.46 s
11	50.7 s		14-OCO	166.6 s	
12	39.2 t	1.99 m，2.12 m	1′	122.9 s	
13	77.5 s		2′，6′	132.0 d	8.02 d（9.0）
14	83.4 d	5.02 br s	3′，5′	113.8 d	6.93 d（9.0）
15	39.0 t	2.63 m，2.94 m	4′	163.6 s	
16	86.5 d	3.34 m	4′-OMe	55.6 q	3.87 s

注：溶剂 CDCl₃；¹³C NMR：150 MHz；¹H NMR：600 MHz

化合物名称：francheline

分子式：$C_{24}H_{37}NO_6$　　　　　　　　**分子量**（$M+1$）：436

植物来源：*Aconitum nagarum* var. *lasiandrum* W. T. Wang　宣威乌头

参考文献：Ji H，Chen D L，Wang F P. 2004. Two new C_{19}-diterpenoid alkaloids from *Aconitum nagarum* var. *lasiandrum*. Heterocycles，63（10）：2363-2370.

francheline 的 NMR 数据

位置	δ_C/ppm	δ_H/ppm（J/Hz）	位置	δ_C/ppm	δ_H/ppm（J/Hz）
1	86.4 d	3.24 dd（10.8, 6.4）	14	82.4 d	4.04 br s
2	24.3 t	1.93 m	15	38.9 t	2.59 m
		2.48 m			3.09 m
3	32.7 t	1.52 ddd（12.0, 4.4, 2.4）	16	85.8 d	3.31 m
		1.77 ddd（13.6, 4.8, 2.0）	17	92.5 d	4.32 br s
4	37.2 s		18	79.1 t	3.06 ABq（9.2）
5	47.3 d	2.21 s			3.16 ABq（9.2）
6	74.7 d	4.39 d（6.0）	19	52.0 t	2.44 ABq（11.0）
7	128.7 d	5.71 d（5.6）			2.04 ABq（11.0）
8	136.6 s		21	49.0 t	2.42 m
9	45.5 d	2.83 br s			2.60 m
10	46.3 d	2.42 m	22	13.0 q	0.99 t（7.2）
11	50.3 s		1-OMe	57.1 q	3.31 s
12	38.7 t	2.00 m	16-OMe	57.7 q	3.42 s
		1.93 m	18-OMe	59.4 q	3.29 s
13	77.9 s				

注：溶剂 CDCl₃；¹³C NMR：100 MHz；¹H NMR：400 MHz

化合物名称：franchetine

分子式：C$_{31}$H$_{41}$NO$_6$ 分子量（$M+1$）：524

植物来源：*Aconitum franchetii* Finet et Gagnep. 大渡乌头

参考文献：Wang F P，Li Z B，Dai X P，et al. 1997. Structural revision of franchetine and vilmorisine，two norditerpenoid alkaloids from the roots of *Aconitum* spp. Phytochemistry，45（7）：1539-1542.

franchetine 的 NMR 数据

位置	δ_C/ppm	δ_H/ppm（J/Hz）	位置	δ_C/ppm	δ_H/ppm（J/Hz）
1	86.5 d	3.30 m	16	85.4 d	3.30 m
2	24.3 t	1.80 m	17	92.2 d	4.39 s
		2.41 m	18	78.8 t	3.00 ABq（9）
3	32.7 t	1.50 m			3.18 ABq（9）
		1.70 m	19	52.1 t	2.00 ABq
4	37.3 s				2.42（hidden）
5	47.9 d	2.31 s	21	49.0 t	2.19 m
6	74.8 d	4.40 d（5.2）			2.51 m
7	128.7 d	5.77 d（5.2）	22	13.0 q	1.01 t（7）
8	136.8 s		1-OMe	57.6 q	3.25 s
9	42.9 d	3.05 m	16-OMe	55.9 q	3.36 s
10	49.4 d	2.40 m	18-OMe	59.3 q	3.29 s
11	50.1 s		14-OCO	166.4 s	
12	29.7 t	1.52 m	1′	136.8 s	
		2.02 m	2′, 6′	128.8 d	8.02 d（7.2）
13	38.3 d	2.60 m	3′, 5′	128.2 d	7.43 t（7.6）
14	78.7 d	5.15 br s	4′	132.6 d	7.54 t（8.0）
15	38.5 t	2.50（hidden）			
		2.90 t（8.1）			

注：溶剂 CDCl$_3$；^{13}C NMR：100 MHz；^{1}H NMR：400 MHz

化合物名称：guiwuline

分子式：$C_{24}H_{37}NO_6$　　　　　　　　**分子量**（$M+1$）：436

植物来源：*Aconitum carmichaelii* Debx. 乌头

参考文献：Wang D P，Lou H Y，Huang L，et al. 2012. A novel franchetine type norditerpenoid isolated from the roots of *Aconitum carmichaeli* Debx. with potential analgesic activity and less toxicity. Bioorganic & Medicinal Chemistry Letters，22（13）：4444-4446.

guiwuline 的 NMR 数据

位置	δ_C/ppm	δ_H/ppm（J/Hz）	位置	δ_C/ppm	δ_H/ppm（J/Hz）
1	86.7 d	3.24 dd（6.8, 10.8）	14	77.3 d	4.16 br s
2	24.3 t	1.90 m	15	73.4 d	5.17 br s
3	32.7 t	1.78 m	16	93.4 d	2.89 d（6.0）
		1.57 m	17	92.5 d	4.33 s
4	37.3 s		18	79.0 t	3.19 d（9.6）
5	48.0 d	2.30 m			3.08 d（9.6）
6	74.5 d	4.54 br d（6.0）	19	52.0 t	2.45 d（11.2）
7	122.9 d	6.15 d（6.0）			2.05 d（11.2）
8	139.9 s		21	49.1 t	2.58 m
9	44.3 d	2.83 br s			2.40 m
10	49.1 d	2.21 m	22	13.1 q	1.00 t（7.3）
11	50.3 s		1-OMe	57.1 q	3.34 s
12	29.7 t	1.49 m	16-OMe	57.5 q	3.46 s
		1.98 m	18-OMe	59.5 q	3.03 s
13	39.1 d	2.30 m			

注：溶剂 CDCl₃；¹³C NMR：100 MHz；¹H NMR：400 MHz。参考文献中 C(15)—OH 为 β 构型，根据化学位移变化推测，实际 C(15)—OH 应为 α 构型，与化合物 carmichasine C 结构相同

化合物名称：hemaconitine A

分子式：$C_{33}H_{48}NO_{10}$　　　　　　　　分子量（$M+1$）：618

植物来源：*Aconitum hemsleyanum* var. *circinatum* W. T. Wang　拳距瓜叶乌头

参考文献：He D，Liu W Y，Xiong J，et al. 2019. Four new C₁₉-diterpenoid alkaloids from *Aconitum hemsleyanum* var. *circinatum*. Journal of Asian Natural Products Research，21（9）：833-841.

hemaconitine A 的 NMR 数据

位置	δ_C/ppm	δ_H/ppm（J/Hz）	位置	δ_C/ppm	δ_H/ppm（J/Hz）
1	86.3 d	3.17～3.19 m	17	50.7 t	2.17～2.19 m
2	29.8 t	1.79～1.83 m			2.97 d（8.8）
		1.96～1.99 m	18	76.7 t	3.49 d（9.2）
3	74.8 d	1.91 d（8.8）			3.62 d（9.2）
4	42.3 s		19	87.6 d	4.17 br s
5	38.6 d	1.91 d（8.8）	21	49.3 t	2.56～2.59 m
6	78.9 d	4.39～4.42 m			2.59～2.62 m
7	131.6 d	5.47 d（5.5）	22	13.4 q	1.03 t（7.1）
8	130.2 s		1-OMe	57.2 q	3.29 s
9	45.0 d	3.17～3.19 m	6-OMe	57.6 q	3.26 s
10	38.6 d	2.41～2.44 m	16-OMe	58.1 q	3.45 s
11	46.0 s		18-OMe	59.2 q	3.25 s
12	40.8 t	1.59～1.61 m	14-OCO	166.7 s	
		2.16～2.19 m	1′	122.8 s	
13	76.1 s		2′，6′	131.9 d	8.04 d（8.9）
14	81.4 d	5.06 d（5.1）	3′，5′	113.7 d	6.93 d（8.9）
15	35.2 t	2.75～2.78 m	4′	163.4 s	
		2.81～2.83 m	4′-OMe	55.5 q	3.85 s
16	85.5 d	3.32～3.34 m			

注：溶剂 CDCl₃；¹³C NMR：125 MHz；¹H NMR：500 MHz

化合物名称：kongboendine

分子式：C$_{32}$H$_{43}$NO$_7$　　　　　　　　**分子量**（$M+1$）：554

植物来源：*Aconitum franchetii* var. *villosulum* W. T. Wang　展毛大渡乌头

参考文献：阿萍，陈东林，陈巧鸿，等. 2002. 工布乌碱的结构. 天然产物研究与开发，14（5）：6-8.

kongboendine 的 NMR 数据

位置	δ_C/ppm	δ_H/ppm（J/Hz）	位置	δ_C/ppm	δ_H/ppm（J/Hz）
1	86.6 d	3.3 m	16	85.5 d	3.3 m
2	24.3 t	1.92 m	17	92.4 d	4.36 s
3	32.7 t	1.61 m	18	79.1 t	3.03 ABq（9.6）
		1.76 m			3.13 ABq（9.6）
4	37.3 s		19	52.1 t	2.03 ABq（hidden）
5	47.9 d	2.40 m			2.45 ABq（hidden）
6	74.9 d	4.40 d（6.4）	21	49.1 t	2.45 m
7	128.7 d	5.76 d（6.0）	22	13.3 q	1.01 t（7.6）
8	137.0 s		1-OMe	57.1 q	3.25 s
9	42.9 d	3.06 m	16-OMe	56.1 q	3.34 s
10	49.4 d	2.44 m	18-OMe	59.4 q	3.29 s
11	50.5 s		14-OCO	166.2 s	
12	30.0 t	1.54 m	1'	123.5 s	
		2.04 m	2', 6'	131.6 d	8.01 d
13	38.3 d	2.58 m	3', 5'	113.6 d	6.91 t
14	78.4 d	5.12 br s	4'	163.2 s	
15	38.5 t	2.52 dd（12.4, 3.6）	4'-OMe	55.3 q	3.85 s
		2.88 dd（11.6, 8）			

注：溶剂 CDCl$_3$；^{13}C NMR：100 MHz；^{1}H NMR：400 MHz

化合物名称：leueandine

分子式：C₃₃H₄₃NO₆　　　　　　　　　**分子量（M + 1）**：550

植物来源：*Aconitum hemsleyanum* var. *leueanthus*

参考文献：Chen D L，Lin L Y，Chen Q H，et al. 2003. New C₁₉-diterpenoid alkaloids from *Aconitum hemsleyanum* var. *leueanthus* and *Delphinium potaninii*. Journal of Asian Natural Products Research，5（3）：209-213.

leueandine 的 NMR 数据

位置	δ_C/ppm	δ_H/ppm（J/Hz）	位置	δ_C/ppm	δ_H/ppm（J/Hz）
1	86.6 d		17	92.4 d	4.37 s
2	24.4 t		18	79.0 t	
3	32.8 t		19	52.1 t	
4	37.3 s		21	49.1 t	
5	47.9 d		22	13.2 q	1.01 t（7.2）
6	74.8 d	4.41 d（6.0）	1-OMe	57.1 q	3.27 s
7	128.7 d	5.77 d（5.6）	16-OMe	56.1 q	3.29 s
8	136.9 s		18-OMe	59.4 q	3.36 s
9	42.9 d		14-OCO	166.7 s	
10	49.3 d		1′	118.5 d	6.44 d（16.0）
11	55.5 s		2′	144.6 d	7.67 d（16.0）
12	29.9 t		3′	134.4 s	
13	38.2 d		4′, 8′	128.8 d	
14	78.5 d	5.01 br s	5′, 7′	127.9 d	7.37～7.54 m
15	38.5 t		6′	130.2 d	
16	85.5 d				

注：溶剂 CDCl₃；¹³C NMR：50 MHz；¹H NMR：200 MHz

化合物名称：secoaconitine

分子式：C$_{32}$H$_{43}$NO$_9$　　　　　　　　分子量（$M+1$）：586

植物来源：*Aconitum pendulum* Busch　铁棒锤

参考文献：Wang Y J，Zhang J，Zeng C J，et al. 2011. Three new C$_{19}$-diterpenoid alkaloids from *Aconitum pendulum*. Phytochemistry Letters，4（2）：166-169.

secoaconitine 的 NMR 数据

位置	δ_C/ppm	δ_H/ppm（J/Hz）	位置	δ_C/ppm	δ_H/ppm（J/Hz）
1	87.0 d	3.23 m	17	86.9 d	4.22 s
2	29.9 t	1.85 m，2.02 m	18	76.5 t	3.49 d（9.4）
3	75.1 d	4.02 d（5.1）			3.52 d（9.4）
4	42.0 s		19	50.9 t	2.22 d（9.4）
5	38.8 d	1.99 d（9.0）			2.97 d（9.4）
6	78.7 d	4.51 m	21	48.9 t	2.58 m，2.70 m
7	130.5 d	5.97 d（5.8）	22	12.6 q	1.07 t（7.2）
8	135.2 s		1-OMe	57.3 q	3.31 s
9	43.8 d	3.25 br s	6-OMe	57.6 q	3.29 s
10	38.7 d	2.48 m	16-OMe	59.9 q	3.66 s
11	45.8 s		18-OMe	59.1 q	3.27 s
12	40.4 t	1.65 m，2.29 m	14-OCO	166.8 s	
13	75.5 s		1′	130.0 s	
14	80.8 d	5.10 d（3.7）	2′，6′	129.9 d	8.08 d（7.6）
15	73.9 d	4.76 dd（3.5，7.0）	3′，5′	128.4 d	7.46 t（7.6）
16	95.3 d	2.45 d（7.0）	4′	133.2 d	7.59 t（7.6）

注：溶剂 CDCl$_3$；^{13}C NMR：150 MHz；^{1}H NMR：600 MHz

化合物名称：secokaraconitine

分子式：$C_{30}H_{39}NO_9$　　　　　　　**分子量**（$M+1$）：558

植物来源：*Aconitum karacolicum* Rapaics

参考文献：Sultankhodzhaev M N，Atia-tul-Wahab，Choudhary M I，et al. 2003. Spectral data of secokaraconitine. Chemistry of Natural Compounds，39（5）：512.

secokaraconitine 的 NMR 数据

位置	δ_C/ppm	δ_H/ppm（J/Hz）	位置	δ_C/ppm	δ_H/ppm（J/Hz）
1	79.5 d		15	79.2 d	4.82 dd（2.6, 2.7）
2	33.0 t		16	92.1 d	
3	71.0 d		17	165.1 d	7.83 br d
4	47.9 s		18	76.5 t	
5	43.6 d		19	51.5 t	
6	87.0 d	4.48 dtd（2.2, 2.3, 2.2）	1-OMe	56.8 q	3.20 s
7	137.8 d	5.62 br dd（2.7, 3.9）	6-OMe	59.0 q	3.22 s
8	137.7 s		16-OMe	61.6 q	3.31 s
9	42.7 d		18-OMe	57.9 q	3.70 s
10	41.5 d		14-OCO	166.3 s	
11	51.5 s		1′	133.2 s	
12	38.6 t		2′, 6′	129.9 d	8.00 d（8.1）
13	73.9 s		3′, 5′	128.5 d	7.43 t（7.7）
14	79.5 d	5.09 d（4.2）	4′	131.0 d	7.56 t（7.4）

注：溶剂 CDCl₃；¹³C NMR：100 MHz；¹H NMR：400 MHz

化合物名称：secoyunaconitine

分子式：C$_{33}$H$_{45}$NO$_9$ 分子量（$M+1$）：600

植物来源：*Aconitum episcopale* Levl. 西南乌头

参考文献：Li Z Y，Zhao J F，Yang J H，et al. 2004. A new diterpenoid alkaloid from *Aconitum episcopale*. Helvetica Chimica Acta，87（8）：2085-2087.

secoyunaconitine 的 NMR 数据

位置	δ_C/ppm	δ_H/ppm（J/Hz）	位置	δ_C/ppm	δ_H/ppm（J/Hz）
1	86.3 d		16	85.5 d	
2	29.6 t	1.76 m	17	87.5 d	4.10 s
		1.93 m	18	76.1 t	
3	74.6 d	3.93 d（5.0）	19	50.6 t	2.92 d（8.8）
4	42.2 s		21	49.1 t	2.12 q（7.2）
5	38.6 d	1.85 d（7.0）	22	13.1 q	0.97 t（7.2）
6	78.9 d	4.36 m	1-OMe	57.9 q	3.16 s
7	131.5 d	5.42 d（5.2）	6-OMe	59.2 q	3.16 s
8	130.1 s		16-OMe	58.9 q	3.18 s
9	44.9 d		18-OMe	57.3 q	3.38 s
10	38.5 d	3.28 m	14-OCO	166.5 s	
11	45.9 s		1′	122.7 s	
12	40.7 t	1.53 m	2′，6′	131.8 d	7.99 d（8.8）
		2.12 m	3′，5′	113.6 d	6.87 d（8.8）
13	76.6 s		4′	163.4 s	
14	81.3 d	5.00 d（3.4）	4′-OMe	55.3 q	3.84 s
15	35.1 t	2.75 m			

注：溶剂 CDCl$_3$；^{13}C NMR：100 MHz；^{1}H NMR：400 MHz

化合物名称： szechenyianine C

分子式： C$_{30}$H$_{39}$NO$_8$　　　　　　　**分子量（$M+1$）：** 542

植物来源： *Aconitum szechenyianum* Gay. 铁棒锤

参考文献： Wang F，Yue Z G，Xie P，et al. 2016. C$_{19}$-norditerpenoid alkaloids from *Aconitum szechenyianum* and their effects on LPS-activated NO production. Molecules，21：1175.

szechenyianine C 的 NMR 数据

位置	δ_C/ppm	δ_H/ppm（J/Hz）	位置	δ_C/ppm	δ_H/ppm（J/Hz）
1	89.6 d	2.99 dd（4.4, 11.3）	15	74.1 d	4.80 dd（3.0, 5.8）
2	24.7 t	1.10 m	16	92.2 d	3.30 d（6.0）
		1.86 m	17	166.4 d	7.86 br s
3	37.4 t	1.55 m	18	80.6 t	3.16 d（8.4）
		1.69 m			3.86 d（8.4）
4	39.7 s		19	58.3 t	3.53 m
5	46.2 d	2.32 d（8.9）			3.45 m
6	80.1 d	4.45 m	1-OMe	58.2 q	3.20 s
7	132.1 d	5.62 d（5.5）	6-OMe	56.9 q	3.19 s
8	137.5 s		16-OMe	61.8 q	3.75 s
9	43.0 d	3.18 s	18-OMe	59.1 q	3.27 s
10	41.7 d	2.43 s	14-OCO	166.4 s	
11	48.5 s		1′	130.0 s	
12	38.9 t	2.45 m	2′, 6′	130.1 d	8.03 d（7.5）
13	75.6 s		3′, 5′	128.7 d	7.42 t（7.5）
14	79.4 d	5.08 d（4.2）	4′	133.5 d	7.53 t（7.5）

注：溶剂 CDCl$_3$；^{13}C NMR：100 MHz；^{1}H NMR：400 MHz

化合物名称：szechenyianine D

分子式：C$_{31}$H$_{43}$NO$_{10}$　　　　　　　　**分子量（$M+1$）**：590

植物来源：*Aconitum szechenyianum* Gay. 铁棒锤

参考文献：Song B，Jin B L，Li Y Z，et al. 2018. C$_{19}$-norditerpenoid alkaloids from *Aconitum szechenyianum*. Molecules，23：1108.

szechenyianine D 的 NMR 数据

位置	δ_C/ppm	δ_H/ppm（J/Hz）	位置	δ_C/ppm	δ_H/ppm（J/Hz）
1	80.3 d	3.45 d（7.6）	15	76.4 d	4.65 d（5.4）
2	29.6 t	1.22 m	16	93.2 d	3.22 d（5.4）
		2.41 m	17	70.0 d	4.29 s
3	29.9 t	1.22 m	18	76.6 t	3.54 d（8.2）
		1.40 m			3.46 d（8.2）
4	43.5 s		19	50.3 t	3.62 d（11.9）
5	42.3 d	2.41 d（6.7）			3.72 d（11.9）
6	82.2 d	4.12 d（6.7）	1-OMe	55.4 q	3.37 s
7	64.4 d	3.32 s	6-OMe	59.3 q	3.29 s
8	83.3 s		8-OMe	50.7 q	3.21 s
9	44.5 d	2.59 t（5.8）	16-OMe	62.2 q	3.80 s
10	40.8 d	2.26 m	18-OMe	59.0 q	3.29 s
11	50.9 s		14-OCO	166.4 s	
12	35.5 t	2.24 m	1′	130.0 s	
		1.84 m	2′，6′	130.0 d	8.00 d（7.4）
13	74.7 s		3′，5′	128.7 d	7.44 t（7.4）
14	78.8 d	4.84 d（5.8）	4′	133.4 d	7.54 t（7.4）

注：溶剂 CDCl$_3$；^{13}C NMR：100 MHz；^{1}H NMR：400 MHz

化合物名称：vilmorisine

分子式：C₂₆H₃₉NO₆　　　　　　　　**分子量（M＋1）**：462

植物来源：*Aconitum vilmorinianum* Kom. 黄草乌

参考文献：尹田鹏，王雅溶，王敏，等. 三个 C₁₉-二萜生物碱的 NMR 数据全归属. 波谱学杂志，36（3）：331-340.

vilmorisine 的 NMR 数据

位置	δ_C/ppm	δ_H/ppm（J/Hz）	位置	δ_C/ppm	δ_H/ppm（J/Hz）
1	86.9 d	3.21 m	15	39.0 t	2.72 m
2	24.5 t	2.41 m			2.40 m
		1.85 m	16	85.6 d	3.16 m
3	33.4 t	1.69 m	17	92.7 d	4.28 s
		1.46 m	18	79.3 t	3.09 ABq（9.2）
4	37.8 s				2.98 ABq（9.2）
5	48.1 d	2.20 br s	19	52.3 t	2.35 ABq（12.0）
6	75.4 d	4.31 d（6.0）			1.96 ABq（12.0）
7	128.4 d	5.67 d（6.0）	21	49.4 t	2.55 m
8	137.5 s				2.32 m
9	43.1 d	2.84 br s	22	13.4 q	0.94 t（7.2）
10	49.4 d	2.34 m	1-OMe	57.4 q	3.26 s
11	50.7 s		16-OMe	56.4 q	3.18 s
12	30.2 t	2.04 m	18-OMe	59.7 q	3.22 s
		1.55 m	14-OAc	171.6 q	
13	37.6 d	2.52 m		21.9 q	2.04 s
14	78.7 d	4.85 br s			

注：溶剂 CDCl₃；¹³C NMR：100 MHz；¹H NMR：400 MHz

化合物名称：vilmoritine

分子式：C$_{24}$H$_{35}$NO$_5$　　　　　　　　　　**分子量**（$M+1$）：418

植物来源：*Aconitum vilmorinianum* Kom. 黄草乌

参考文献：丁立生，陈耀祖，吴凤锷. 黄草乌中的新二萜生物碱. 化学学报，50：405-408.

vilmoritine 的 NMR 数据

位置	δ_C/ppm	δ_H/ppm（J/Hz）	位置	δ_C/ppm	δ_H/ppm（J/Hz）
1	80.4 d		13	46.2 d	
2	22.0 t		14	76.3 d	4.83 t（4.5）
3	25.1 t		15	49.7 t	
4	33.6 s		16	81.7 d	
5	60.6 d		17	54.0 t	
6	202.2 s		18	26.7 q	0.88 s
7	124.6 d	6.01 dd（1.2, 1.3）	19	59.2 t	
8	157.1 s		21	43.9 q	2.56 s
9	54.1 d		1-OMe	56.3 q	3.21 s
10	36.8 d		16-OMe	56.0 q	3.31 s
11	55.7 s		14-OAc	170.4 s	
12	28.3 t			21.3 q	2.04 s

注：溶剂 CDCl$_3$；^{13}C NMR：100 MHz；^{1}H NMR：400 MHz

2.6　重排型（rearranged type，B6）

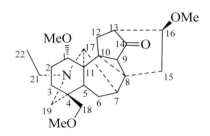

化合物名称：aconitramine A

分子式：C$_{24}$H$_{35}$NO$_4$　　　　　　**分子量**（$M+1$）：402

植物来源：*Aconitum transsectum* Diels　直缘乌头

参考文献：Shen Y，Ai H L，Cao T W，et al. 2012. Three new C$_{19}$-diterpenoid alkaloids from *Aconitum transsectum*. Helvetica Chimica Acta，95（3）：509-513.

aconitramine A 的 NMR 数据

位置	δ_C/ppm	δ_H/ppm（J/Hz）	位置	δ_C/ppm	δ_H/ppm（J/Hz）
1	79.7 d	3.43 dd （10.3，6.2）	13	46.7 d	2.46 t（4.8）
2	24.3 t	2.11～2.16 m	14	211.1 s	
		2.28～2.33 m	15	30.3 t	1.99～2.04 m
3	32.8 t	1.24～1.31 m			2.11～2.16 m
		1.76～1.82 m	16	79.6 d	3.62 dd（9.4，5.7）
4	39.2 s		17	77.6 d	3.54 br s
5	44.0 d	1.39 d（7.4）	18	79.4 t	2.97 d（8.8）
6	26.2 t	1.07 dd （12.2，6.8）			3.08 d（8.8）
		1.40～1.47 m	19	53.2 t	2.15 d（11.6）
7	42.8 d	2.19～2.26 m			2.56 d（11.6）
8	40.9 s		21	50.2 t	2.40～2.47 m
9	39.9 d	2.12 s			2.61～2.66 m
10	44.9 s		22	13.4 q	1.03 t（7.2）
11	51.0 s		1-OMe	55.8 q	3.35 s
12	29.4 t	1.24～1.31 m	16-OMe	55.6 q	3.25 s
		2.15～2.19 m	18-OMe	59.4 q	3.27 s

注：溶剂 CDCl$_3$；^{13}C NMR：100 MHz；^{1}H NMR：400 MHz

化合物名称：acoseptine

分子式：C$_{32}$H$_{44}$N$_2$O$_7$　　　　　　　　　**分子量**（$M+1$）：569

植物来源：*Aconitum septentrionale* Koelle. 紫花高乌头

参考文献：Usmanova S K，Bessonova I A，Abdullaev N D，et al. 1999. Structure of acoseptine—a representative of a new type of norditerpenoid alkaloids. Chemistry of Natural Compounds，35（1）：91-93.

acoseptine 的 NMR 数据

位置	δ_C/ppm	δ_H/ppm（J/Hz）	位置	δ_C/ppm	δ_H/ppm（J/Hz）
1	84.0 d		18	69.8 t	
2	26.0 t		19	55.8 t	4.15 d（11.6）
3	31.5 t				4.37 d（11.6）
4	39.2 s		21	42.4 t	
5	42.4 d		22	9.9 q	1.00 t（7.2）
6	79.4 d		1-OMe	55.7 q	3.36 s
7	201.6 s		6-OMe	59.7 q	3.49 s
8	59.1 s		14-OMe	57.0 q	3.48 s
9	49.1 d		16-OMe	56.7 q	3.37 s
10	39.7 d		18-OCO	168.1 s	
11	51.4 s		1′	110.5 s	
12	29.6 t		2′	150.6 s	
13	46.6 d		3′	116.6 d	6.75 m
14	83.4 d		4′	134.2 d	7.35 dd（1.6, 8.4）
15	20.3 t		5′	116.3 d	6.75 m
16	83.0 d		6′	131.2 d	8.01 dd（1.6, 8.4）
17	66.0 d				

注：溶剂 CDCl₃；¹³C NMR：100 MHz；¹H NMR：400 MHz

化合物名称：anhydrolycaconitine

分子式：C$_{36}$H$_{46}$N$_2$O$_9$ 分子量（$M+1$）：651

植物来源：*Aconitum septentrionale* Koelle. 紫花高乌头

参考文献：Yunusov M S，Tsyrlina E M，Khairitdinova E D，et al. 2000. "Anhydrolycaconitine"，a new diterpene alkaloid from *Aconitum septentrionale* K. Russian Chemical Bulletin，49（9）：1629-1633.

anhydrolycaconitine 的 NMR 数据

位置	δ_C/ppm	δ_H/ppm（J/Hz）	位置	δ_C/ppm	δ_H/ppm（J/Hz）
1	79.0 d	3.45～3.63 m	18	70.5 t	4.00 d（11.0）
2	25.9 t	1.95～2.20 m			4.28 d（11.0）
3	29.3 t	1.95～2.20 m	19	55.6 t	2.28 d（12.6）
4	38.9 s				2.84～3.02 m
5	48.9 d	2.18 s	21	48.1 t	2.58 q（7.0）
6	83.7 d	3.81 s	22	9.8 q	0.89 t（7.0）
7	201.2 s		1-OMe	56.9 q	
8	58.9 s		6-OMe	55.5 q	
9	46.3 d		14-OMe	59.5 q	
10	39.5 d	2.31 m	16-OMe	56.6 q	
11	51.2 s		18-OCO	164.2 s	
12	31.3 t	1.40～1.60 m	1′	126.6 s	
		1.60～1.80 m	2′	132.7 s	
13	42.2 d	1.95～2.20 m	3′	128.6 d	7.27 d
14	82.8 d	3.45～3.63 m	4′	133.6 d	7.69 t
15	20.1 t	1.40～1.60 m	5′	128.8 d	7.57 t
		1.95～2.20 m	6′	131.4 d	8.22 d
16	83.7 d	3.45～3.63 m	1″, 4″	176.8 s	
17	65.8 d	3.45～3.63 m	2″, 3″	28.9 t	2.84～3.02 m

注：溶剂 CDCl$_3$；^{13}C NMR：75 MHz；^{1}H NMR：300 MHz

化合物名称：puberuline C

分子式：C$_{25}$H$_{39}$NO$_6$　　　　　　　分子量（$M+1$）：450

植物来源：*Aconitum barbatum* var. *puberulum* Ledeb. Fl. Ross. 牛扁

参考文献：Sun L M，Huang H L，Li W H，et al. 2009. Alkaloids from *Aconitum barbatum* var. *puberulum*. Helvetica Chimica Acta，92（6）：1126-1133.

puberuline C 的 NMR 数据

位置	δ_C/ppm	δ_H/ppm（J/Hz）	位置	δ_C/ppm	δ_H/ppm（J/Hz）
1	83.3 d	3.03 dd（8.4, 3.6）	14	83.0 d	3.33（overlapped）
2	25.1 t	1.98～1.99 m	15	28.3 t	2.12～2.14 m
		1.76～1.80 m			2.20～2.23 m
3	34.6 t	1.46～1.50 m	16	83.8 d	3.65 dd（11.7, 6.0）
		1.76～1.78 m	17	63.5 d	3.62 s
4	37.3 s		18	79.6 t	2.91～2.93 m
5	58.8 d	2.39 s			2.78～2.83 m
6	213.0 s		19	54.6 t	2.82（overlapped）
7	81.0 d	4.23 s			2.76（overlapped）
8	55.0 s		21	50.4 t	2.86～2.89 m
9	45.5 d	1.80～1.82 m			3.14～3.17 m
10	46.6 d	1.85～1.87 m	22	14.5 q	1.10 q（6.3）
11	50.0 s		1-OMe	57.5 q	3.30 s
12	31.7 t	2.43（overlapped）	14-OMe	57.4 q	3.35 s
		1.92（overlapped）	16-OMe	57.0 q	3.28 s
13	39.5 d	2.20～2.25 m	18-OMe	59.4 q	3.25 s

注：溶剂 CDCl$_3$；^{13}C NMR：75 MHz；^{1}H NMR：300 MHz

化合物名称：septonine

分子式：C$_{35}$H$_{44}$N$_2$O$_9$　　　　　　　　　分子量（$M+1$）：637

植物来源：*Aconitum septentrionale* Koelle. 紫花高乌头

参考文献：Khairitdinova E D，Tsyrlina E M，Spirikhin L V，et al. 2008. Norditerpenoid alkaloids from *Aconitum septenrionale* K. Russian Journal of Organic Chemistry，44（4）：536-541.

septonine 的 NMR 数据

位置	δ_C/ppm	δ_H/ppm（J/Hz）	位置	δ_C/ppm	δ_H/ppm（J/Hz）
1	82.7 d		19	53.8 t	
2	24.7 t		21	50.1 t	
3	34.3 t		22	14.2 q	1.18 t（7.0）
4	36.0 s		1-OMe	57.2 q	3.29 s
5	58.5 d		14-OMe	57.3 q	3.33 s
6	212.4 s		16-OMe	56.8 q	3.38 s
7	80.8 d	4.27 s	18-OCO	164.1 s	
8	54.7 s		1′	127.2 s	
9	45.3 d		2′	132.6 s	
10	46.3 d		3′	129.4 d	7.28 dd（7.8, 1.5）
11	49.6 s		4′	133.6 d	7.69 td（7.6, 1.5）
12	31.4 t		5′	129.8 d	7.55 td（7.6, 1.5）
13	39.4 d		6′	131.4 d	8.10 dd（7.8, 1.5）
14	82.6 d	3.41 t（3.3）	1″	176.6 s	
15	28.0 t		2″	28.8 t	
16	83.5 d		3″	28.8 t	
17	63.0 d		4″	176.6 s	
18	70.3 t				

注：溶剂 CDCl$_3$；^{13}C NMR：75 MHz；^{1}H NMR：300 MHz

化合物名称：septontrionine

分子式：$C_{25}H_{39}NO_6$　　　　　　　　分子量（$M+1$）：450

植物来源：*Aconitum septentrionale* Koelle. 紫花高乌头

参考文献：Khairitdinova E D，Tsyrlina E M，Spirikhin L V，et al. 2008. Norditerpenoid alkaloids from *Aconitum septenrionale* K. Russian Journal of Organic Chemistry，44（4）：536-541.

septontrionine 的 NMR 数据

位置	δ_C/ppm	δ_H/ppm（J/Hz）	位置	δ_C/ppm	δ_H/ppm（J/Hz）
1	83.0 d	3.03 dd	13	39.3 d	2.22 t
2	24.8 t	1.85~2.04 m	14	82.8 d	3.36 t (3.0)
3	34.4 t	1.48 t	15	28.0 t	2.12 m
		1.78 d	16	83.6 d	3.65 t (3.0)
4	37.1 s		17	63.2 d	3.60 s
5	58.5 d	2.41 m	18	79.4 t	2.84 d
6	212.7 s				2.91 d
7	80.7 d	4.23 s	19	54.4 t	2.41 m
8	54.8 s		21	50.1 t	
9	45.2 d	1.85~2.04 m	22	14.2 q	1.14 t (7.0)
10	46.4 d	1.85~2.04 m	1-OMe	57.1 q	3.27 s
11	49.7 s		14-OMe	57.2 q	3.29 s
12	31.5 t	1.85~2.04 m	16-OMe	56.6 q	3.30 s
		2.41 m	18-OMe	59.1 q	3.36 s

注：溶剂 CDCl₃；¹³C NMR：75 MHz；¹H NMR：300 MHz

化合物名称：vilmoraconitine

分子式：C$_{23}$H$_{33}$NO$_3$　　　　　　　　**分子量**（$M+1$）：372

植物来源：*Aconitum vilmorinianum* Kom. 黄草乌

参考文献：Xiong J，Tan N H，Ji C J，et al. 2008. Vilmoraconitine，a novel skeleton C$_{19}$-diterpenoid alkaloid from *Aconitum vilmorinianum*. Tetrahedron Letter，49（33）：4851-4853.

vilmoraconitine 的 NMR 数据

位置	δ_C/ppm	δ_H/ppm（J/Hz）	位置	δ_C/ppm	δ_H/ppm（J/Hz）
1	79.9 d	3.43 dd（10.76，6.30）	13	46.7 d	2.46 t（4.8）
2	24.8 t	1.97～2.00 m	14	211.2 s	
		2.18～2.20 m	15	30.4 t	2.01 dd（14.74，2.91）
3	37.9 t	1.15～1.19 m			2.25 dd（14.74，6.78）
		1.58～1.62 m	16	79.7 d	3.60～3.63 m
4	35.0 s		17	77.2 d	3.50 br s
5	48.6 d	1.21 d（6.7）	18	26.2 q	0.73 s
6	26.4 t	1.07～1.11 m	19	56.9 t	2.00～2.23（overlapped）
		1.37～1.42 m			2.49 d（11.49）
7	42.6 d	2.22～2.23（overlapped）	21	50.2 t	2.34～2.38 m
8	41.0 s				2.58～2.64 m
9	39.9 d	2.12 s	22	13.3 q	1.02 t（7.2）
10	45.0 s		1-OMe	55.7 q	3.34 s
11	51.3 s		16-OMe	55.6 q	3.25 s
12	29.5 t	2.15～2.16（overlapped）			

注：溶剂 CDCl$_3$；^{13}C NMR：125 MHz；^{1}H NMR：500 MHz

化合物名称：vilmorine B

分子式：$C_{21}H_{27}NO_3$　　　　　　　　　**分子量（M＋1）：**342

植物来源：_Aconitum vilmorinianum_ Kom. 黄草乌

参考文献：Yin T P，Cai L，Fang H X，et al. 2015. Diterpenoid alkaloids from _Aconitum vilmorinianum_. Phytochemistry，116：314-319.

vilmorine B 的 NMR 数据

位置	δ_C/ppm	δ_H/ppm（J/Hz）	位置	δ_C/ppm	δ_H/ppm（J/Hz）
1	79.2 d	3.51 dd（6.4, 10.8）	11	50.5 s	
2	25.9 t	1.34 m	12	29.4 t	2.14 m
		2.15 m			2.18 m
3	33.6 t	1.24 m	13	47.0 d	2.50 m
		1.60 m	14	210.3 s	
4	46.5 s		15	30.1 t	2.08 m
5	45.2 d	1.31 m			2.50 m
6	29.0 t	1.47 m	16	79.4 d	3.67 dd（3.2, 7.6）
		1.82 m	17	76.3 d	4.56 m
7	47.2 d	2.31 m	18	21.7 q	1.03 s
8	41.0 s		19	170.1 d	
9	41.0 d	2.23 s	1-OMe	55.6 q	3.32 s
10	45.9 s		16-OMe	55.9 q	3.27 s

注：溶剂 CDCl₃；¹³C NMR：100 MHz；¹H NMR：400 MHz

化合物名称：vilmorine C

分子式：C$_{22}$H$_{29}$NO$_4$　　　　　　　　　　**分子量**（$M+1$）：372

植物来源：*Aconitum vilmorinianum* Kom. 黄草乌

参考文献：Yin T P，Cai L，Fang H X，et al. 2015. Diterpenoid alkaloids from *Aconitum vilmorinianum*. Phytochemistry，116：314-319.

vilmorine C 的 NMR 数据

位置	δ_C/ppm	δ_H/ppm（J/Hz）	位置	δ_C/ppm	δ_H/ppm（J/Hz）
1	79.0 d	3.53 dd（6.4，10.8）	12	29.2 t	2.16 m
2	25.1 t	1.37 m			2.20 m
		2.10 m	13	46.8 d	2.52 m
3	28.6 t	1.49 m	14	210.0 s	
		1.87 m	15	29.9 t	2.48 m
4	50.8 s				2.07 m
5	41.2 d	1.50 m	16	79.2 d	3.69 dd（3.2，7.6）
6	28.9 t	1.36 m	17	77.1 d	4.64 m
		1.84 m	18	75.1 t	3.27 ABq（10.0）
7	47.0 d	2.33 m			3.37 ABq（10.0）
8	40.8 s		19	166.5 d	7.36 s
9	40.8 d	2.25 s	1-OMe	55.4 q	3.34 s
10	45.6 s		16-OMe	55.7 q	3.29 s
11	50.2 s		18-OMe	59.6 q	3.36 s

注：溶剂 CDCl$_3$；^{13}C NMR：100 MHz；^{1}H NMR：400 MHz

化合物名称：yunnanenseine A

分子式：C₃₇H₄₈N₂O₉

分子量（M＋1）：665

植物来源：*Delphinium yunnanense* Franch.
云南翠雀花

参考文献：Chen F Z，Chen Q H，Wang F P.
2011. Diterpenoid alkaloids from *Delphinium
yunnanense*. Helvetica Chimical Acta，94（2）：
254-260.

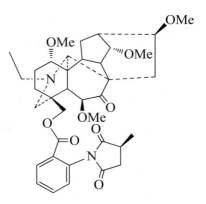

yunnanenseine A 的 NMR 数据

位置	δ_C/ppm	δ_H/ppm（J/Hz）	位置	δ_C/ppm	δ_H/ppm（J/Hz）
1	83.4 d	3.50～3.55 m	19	55.5 t	
2	26.1 t	2.18～2.22 m	21	48.3 t	2.56～2.60 m
		2.32～2.35 m	22	9.9 q	0.90 t（7.2）
3	29.6 t	1.40～1.45 m	1-OMe	55.6 q	3.28 s
		1.76～1.80 m	6-OMe	59.4 q	3.41 s
4	39.0 s		14-OMe	56.9 q	3.27 s
5	42.5 d	3.42 s	16-OMe	56.5 q	3.39 s
6	84.0 d	3.81 s	18-OCO	164.0 s	
7	201.1 s		1′	126.7 s	
8	51.2 s		2′	132.9 s	
9	46.6 d	2.09（overlapped）	3′	129.2 d	
10	49.2 d	2.19～2.23 m	4′	133.3 d	
11	58.9 s		5′	129.7 d	
12	20.3 t	2.40～2.44 m	6′	131.2 d	
		2.50～2.55 m	1″	179.8 s	
13	39.8 d	2.55～2.60 m	2″	35.0 d	3.03～3.08 m
14	79.4 d	4.75 t（4.4）	3″	37.1 t	2.45～2.50 m
15	31.6 t	1.50～1.54 m			3.14～3.18 m
		2.26～2.30 m	4″	175.8 s	
16	83.1 d	3.55～3.60 m	5″	16.6 q	
17	66.1 d	3.49 s			
18	70.7 t	3.90 ABq（11.6）			
		4.27 ABq（11.6）			

注：溶剂 CDCl₃；¹³C NMR：100 MHz；¹H NMR：400 MHz

2.7 新骨架化合物

化合物名称：grandiflodine B

分子式：$C_{33}H_{48}N_2O_{10}$　　　　　　　**分子量**（$M+1$）：633

植物来源：*Delphinium grandiflorum* L. 翠雀

参考文献：Chen N H，Zhang Y B，Li W，et al. 2017. Grandiflodines A and B，two novel diterpenoid alkaloids from *Delphinium grandiflorum*. RSC Advances，7（39）：24129-24132.

grandiflodine B 的 NMR 数据

位置	δ_C/ppm	δ_H/ppm（J/Hz）	位置	δ_C/ppm	δ_H/ppm（J/Hz）
1	88.9 d	2.88 dd（10.8, 4.1）	17	42.3 t	2.65 d（11.0）
2	21.7 t	1.98 m			2.99 d（11.0）
		1.75 m	18	70.5 t	4.66 d（10.9）
3	30.1 t	2.34 m			4.15 d（10.9）
		1.44 m	19	174.9 s	
4	49.8 s		21	43.7 t	3.15 m
5	49.9 d	2.02 d（6.7）			2.75 m
6	90.5 d	3.71 m	22	13.7 q	1.02 t（6.9）
7	87.8 s		1-OMe	56.8 q	3.24 s
8	82.0 s		6-OMe	61.3 q	3.62 s
9	39.9 d	2.30 m	14-OMe	57.9 q	3.38 s
10	51.3 d	1.89 m	16-OMe	56.4 q	3.28 s
11	42.7 s		19-OMe	52.1 q	3.72 s
12	29.6 t	1.83 m	18-OCO	167.7 s	
		1.35 m	1′	110.7 s	
13	45.3 d	2.43 m	2′	150.8 s	
14	85.3 d	3.66 t（3.9）	3′	117.0 d	6.64 m
15	33.2 t	2.37 m	4′	134.4 d	7.24 m
		1.57 dd（13.8, 8.1）	5′	116.5 d	6.58 m
16	84.2 d	3.12 m	6′	131.0 d	7.71 dd（8.0, 1.4）

注：溶剂 CDCl₃；¹³C NMR：75 MHz；¹H NMR：300 MHz

化合物名称：hemsleyaconitine F

分子式：C₂₃H₃₅NO₃　　　　　　　**分子量（M+1）**：374

植物来源：*Aconitum hemsleyanum* Pritz. 瓜叶乌头

参考文献：Shen Y，Zuo A X，Jiang Z Y，et al. 2011. Hemsleyaconitines F and G，two novel C₁₉-diterpenoid alkaloids possessing a unique skeleton from *Aconitum hemsleyanum*. Helvetica Chimica Acta，94（2）：268-272.

hemsleyaconitine F 的 NMR 数据

位置	δ_C/ppm	δ_H/ppm （J/Hz）	位置	δ_C/ppm	δ_H/ppm （J/Hz）
1	85.0 d	3.22～3.27（overlapped）	13	48.7 d	2.72 br s
2	26.2 t	1.99～2.05 m	14	218.5 s	
		2.86～2.93 m	15	37.3 t	2.16～2.22 m
3	39.0 t	1.37～1.43 m			2.62 dd（14.9, 8.6）
		1.66 dd（13.5, 5.5）	16	79.9 d	3.35～3.43（overlapped）
4	33.4 s		17	49.7 t	2.11 d（11.0）
5	137.2 s				2.62 d（11.2）
6	119.1 d	5.36 d（5.3）	18	25.9 q	0.73 s
7	22.7 t	1.95～2.03 m	19	57.9 t	2.17～2.23（overlapped）
		2.15～2.21 m			2.45 d（14.0）
8	46.7 t	2.04～2.09 m	21	52.4 t	2.17 q（6.8）
		2.41～2.48 m			2.39 q（6.8）
9	48.3 s		22	12.4 q	1.02 t（7.1）
10	41.3 d	1.15 dd（10.7, 6.3）	1-OMe	54.6 q	3.22 s
11	41.1 s		16-OMe	55.9 q	3.38 s
12	36.2 t	1.32 dd（11.8, 4.4）			
		2.87～2.93 m			

注：溶剂 CDCl₃；¹³C NMR：100 MHz；¹H NMR：400 MHz

化合物名称： hemsleyaconitine G

分子式： $C_{24}H_{37}NO_4$　　　　　　　　　**分子量（M+1）：** 404

植物来源： *Aconitum hemsleyanum* Pritz. 瓜叶乌头

参考文献： Shen Y，Zuo A X，Jiang Z Y，et al. 2011. Hemsleyaconitines F and G，two novel C₁₉-diterpenoid alkaloids possessing a unique skeleton from *Aconitum hemsleyanum*. Helvetica Chimica Acta，94（2）：268-272.

hemsleyaconitine G 的 NMR 数据

位置	δ_C/ppm	δ_H/ppm（J/Hz）	位置	δ_C/ppm	δ_H/ppm（J/Hz）
1	84.8 d	3.21～3.26（overlapped）	13	48.8 d	2.71 br s
2	25.9 t	2.04～2.11 m	14	218.5 s	
		2.81～2.87 m	15	37.3 t	2.61 dd（15.3，6.1）
3	33.6 t	1.64～1.69 m			2.16～2.22 m
		1.68～1.75 m	16	79.9 d	3.35～3.43（overlapped）
4	37.4 s		17	50.4 t	2.15～2.21（overlapped）
5	137.2 s				2.99 d（11.1）
6	118.9 d	5.35 d（5.9）	18	78.4 t	2.88 d（8.9）
7	22.1 t	1.86～1.93 m			3.06 d（8.9）
		2.16～2.22 m	19	54.3 t	2.12～2.19（overlapped）
8	46.8 t	2.04～2.10 m			2.47 d（11.2）
		2.42～2.49 m	21	52.6 t	2.09 q（6.8）
9	48.3 s				2.40 q（6.8）
10	37.1 d	1.38 dd（10.5，6.1）	22	12.4 q	1.02 t（7.1）
11	40.6 s		1-OMe	54.7 q	3.21 s
12	36.2 t	1.31 dd（11.9，2.9）	16-OMe	56.0 q	3.37 s
		2.85～2.92 m	18-OMe	59.3 q	3.27 s

注：溶剂 CDCl₃；¹³C NMR：100 MHz；¹H NMR：400 MHz

化合物名称：kusnezosine A

分子式：$C_{25}H_{37}NO_9$　　　　　　　**分子量**（$M+1$）：496

植物来源：*Aconitum kusnezoffii* var. *gibbiferum* (Reichb.) 宽裂北乌头

参考文献：Li Y Z，Qin L L，Gao F，et al. 2020. Kusnezosines A-C，three C₁₉-diterpenoid alkaloids with a new skeleton from *Aconitum kusnezoffii* Reichb. var. *gibbiferum*. Fitoterapia，144：104609.

kusnezosine A 的 NMR 数据

位置	δ_C/ppm	δ_H/ppm（J/Hz）	位置	δ_C/ppm	δ_H/ppm（J/Hz）
1	81.8 d	3.07 m	14	86.3 d	4.56 d（4.7）
2	26.7 t	2.34 m	15	173.6 s	
		2.05 m	16	177.0 s	
3	34.7 t	1.58 s	17	62.2 d	2.92 s
		1.58 s	18	80.3 t	3.25 d（8.4）
4	38.9 s				3.66 d（8.4）
5	50.8 d	2.11 d（6.1）	19	53.2 t	2.43 s
6	85.5 d	3.93 d（6.2）			2.54 d（10.9）
7	45.9 d	2.27 s	21	49.2 t	2.38（overlapped）
8	80.0 s				2.48 m
9	48.6 d	2.85 m	22	13.3 q	1.03 t（7.2）
10	47.6 d	2.40 m	1-OMe	55.1 q	3.21 s
11	49.8 s		6-OMe	58.3 q	3.35 s
12	35.9 t	1.75 dd（14.6, 7.0）	15-OMe	53.5 q	3.85 s
		2.85 s	18-OMe	59.3 q	3.30 s
13	80.0 s				

注：溶剂 CDCl₃；¹³C NMR：150 MHz；¹H NMR：600 MHz

化合物名称：kusnezosine B

分子式：C$_{24}$H$_{37}$NO$_8$　　　　　　　　**分子量**（$M+1$）：480

植物来源：*Aconitum kusnezoffii* var. *gibbiferum* (Reichb.)　宽裂北乌头

参考文献：Li Y Z，Qin L L，Gao F，et al. 2020. Kusnezosines A-C，three C$_{19}$-diterpenoid alkaloids with a new skeleton from *Aconitum kusnezoffii* Reichb. var. *gibbiferum*. Fitoterapia，144：104609.

kusnezosine B 的 NMR 数据

位置	δ_C/ppm	δ_H/ppm（J/Hz）	位置	δ_C/ppm	δ_H/ppm（J/Hz）
1	81.8 d	3.05 dd（9.7, 7.4）	14	83.2 d	5.13 m
2	26.8 t	2.35 m	15	170.7 s	
		2.05 m	16	177.2 s	
3	34.8 t	1.59 m	17	61.6 d	2.94 s
		1.64 m	18	81.4 t	3.19 d（8.4）
4	38.8 s				3.71 d（8.4）
5	50.6 d	2.08 s	19	53.4 t	2.45 m
6	85.5 d	3.94 d（6.4）			2.49 m
7	45.6 d	2.25 s	21	49.0 t	2.37 m
8	80.4 s				2.64 m
9	48.6 d	2.35 m	22	13.2 q	1.02 t（7.2）
10	49.1 d	2.64 m	1-OMe	55.1 q	3.24 s
11	50.0 s		6-OMe	58.2 q	3.34 s
12	29.3 t	2.64 m	15-OMe	52.2 q	3.73 s
		1.86 m	18-OMe	59.3 q	3.30 s
13	49.7 d	2.45 m			

注：溶剂 CDCl$_3$；^{13}C NMR：150 MHz；^{1}H NMR：600 MHz

化合物名称：kusnezosine C

分子式：$C_{24}H_{35}NO_8$　　　　　　　　**分子量**（$M+1$）：466

植物来源：*Aconitum kusnezoffii* var. *gibbiferum* (Reichb.)　宽裂北乌头

参考文献：Li Y Z，Qin L L，Gao F，et al. 2020. Kusnezosines A-C，three C_{19}-diterpenoid alkaloids with a new skeleton from *Aconitum kusnezoffii* Reichb. var. *gibbiferum*. Fitoterapia，144：104609.

kusnezosine C 的 NMR 数据

位置	δ_C/ppm	δ_H/ppm（J/Hz）	位置	δ_C/ppm	δ_H/ppm（J/Hz）
1	71.9 d	4.00 s	13	46.2 d	2.29 d（6.2）
2	27.4 t	1.24（overlapped）	14	84.2 d	5.22 m
		2.01 d（5.9）	15	170.0 s	
3	30.6 t	1.68 s	16	177.1 s	
		1.86 dd（7.2, 3.7）	17	63.5 d	2.83 s
4	38.5 s		18	79.9 t	3.16 d（8.1）
5	48.5 d	2.26 t（2.7）			3.69 m
6	85.3 d	3.91 d（6.1）	19	56.3 t	2.47 m
7	45.9 d	2.35 s			2.54 m
8	80.8 s		21	48.8 t	2.53 s
9	48.4 d	2.65 m			2.54 s
10	48.1 d	2.78 m	22	12.8 q	1.01 t（7.2）
11	49.7 s		6-OMe	58.4 q	3.36 s
12	29.0 t	2.36 s	15-OMe	59.3 q	3.33 s
		2.32 s	18-OMe	52.3 q	3.74 s

注：溶剂 CDCl₃；¹³C NMR：150 MHz；¹H NMR：600 MHz

化合物名称：nagarine A

分子式：$C_{24}H_{39}NO_6$　　　　　　　　　**分子量**（$M+1$）：438

植物来源：*Aconitum nagarum* Stapf　保山乌头

参考文献：Yin T P，Shu Y，Zhou H，et al. 2019. Nagarines A and B，two novel 8, 15-seco diterpenoid alkaloids from *Aconitum nagarum*. Fitoterapia，135：1-4.

nagarine A 的 NMR 数据

位置	δ_C/ppm	δ_H/ppm（J/Hz）	位置	δ_C/ppm	δ_H/ppm（J/Hz）
1	71.5 d	4.06 m	14	31.6 t	1.47 m
2	31.6 t	1.78 m			1.94 m
		1.77 m	15	62.0 t	3.46 dd（12.0, 4.4）
3	31.4 t	1.63 dd（13.2, 7.2）			3.77 dd（12.0, 2.8）
		1.86 dd（13.2, 7.2）	16	85.5 d	2.98 m
4	38.4 s		17	66.6 d	3.05 br s
5	48.7 d	2.23 d（6.0）	18	79.7 t	3.23 ABq（8.4）
6	84.9 d	4.06 m			3.59 ABq（8.4）
7	56.1 d	2.81 br s	19	55.5 t	2.41 ABq（11.2）
8	213.8 s				2.42 ABq（11.2）
9	49.8 d	2.95 s	21	48.9 t	2.37 m
10	50.3 d	2.12 m			2.46 m
11	51.0 s		22	13.0 q	1.04 t（7.2）
12	35.2 t	1.52 m	6-OMe	58.7 q	3.25 s
		2.27 m	16-OMe	58.3 q	3.39 s
13	40.1 d	1.93 m	18-OMe	59.3 q	3.29 s

注：溶剂 CDCl₃；¹³C NMR：100 MHz；¹H NMR：400 MHz

化合物名称：nagarine B

分子式：C₂₆H₄₁NO₇　　　　　　　　**分子量（*M* + 1）**：480

植物来源：*Aconitum nagarum* Stapf　保山乌头

参考文献：Yin T P，Shu Y，Zhou H，et al. 2019. Nagarines A and B，two novel 8, 15-seco diterpenoid alkaloids from *Aconitum nagarum*. Fitoterapia，135：1-4.

nagarine B 的 NMR 数据

位置	δ_C/ppm	δ_H/ppm（*J*/Hz）	位置	δ_C/ppm	δ_H/ppm（*J*/Hz）
1	71.6 d	4.08 m	15	64.4 t	4.00 dd（12.0, 2.8）
2	31.7 t	1.83 m			4.31 dd（12.0, 2.8）
		1.80 m	16	82.8 d	3.13 m
3	31.5 t	1.68 m	17	66.7 d	3.08 br s
		1.88 m	18	79.8 t	3.26 ABq（8.4）
4	38.5 s				3.62 ABq（8.4）
5	48.8 d	2.26 d（6.0）	19	55.6 t	2.43 ABq（8.8）
6	85.0 d	4.08 m			2.45 ABq（8.8）
7	56.1 d	2.84 br s	21	49.0 t	2.41 m
8	213.6 s				2.49 m
9	49.9 d	2.98 m	22	13.9 q	1.07 t（7.2）
10	50.3 d	2.18 m	6-OMe	58.8 q	3.28 s
11	51.1 s		16-OMe	58.4 q	3.41 s
12	35.0 t	1.56 m	18-OMe	59.3 q	3.32 s
		2.30 m	15-OAc	171.1 s	
13	40.9 d	1.92 m		21.1 q	2.07 s
14	30.9 t	1.54 m			
		1.96 m			

注：溶剂 CDCl₃；¹³C NMR：100 MHz；¹H NMR：400 MHz

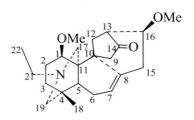

化合物名称：vilmorine A

分子式：C$_{23}$H$_{35}$NO$_3$　　　　　　　　　分子量（$M+1$）：374

植物来源：*Aconitum vilmorinianum* Kom. 黄草乌

参考文献：Yin T P，Cai L，Fang H X，et al. 2015. Diterpenoid alkaloids from *Aconitum vilmorinianum*. Phytochemistry，2015，116：314-319.

vilmorine A 的 NMR 数据

位置	δ_C/ppm	δ_H/ppm（J/Hz）	位置	δ_C/ppm	δ_H/ppm（J/Hz）
1	81.5 d	3.38 m	13	48.3 d	2.80 m
2	24.8 t	2.26 m	14	215.8 s	
		2.83 m	15	37.3 t	2.19 m
3	36.4 t	1.42 m			2.69 dd（15.6，6.6）
		1.97 m	16	79.6 d	3.40 m
4	34.0 s		17	47.2 t	2.52 ABq（12.6）
5	39.1 d	1.41 d（6.0）			3.84 ABq（12.6）
6	22.9 t	1.89 m	18	25.9 q	0.94 s
		2.20 m	19	55.9 t	2.64 ABq（9.6）
7	118.2 d	5.46 t（4.8）			3.44 ABq（9.6）
8	137.7 s		21	58.2 t	3.01 m
9	46.5 t	2.10 dd（18.0，3.0）			3.36 m
		2.43 dd（18.0，3.0）	22	10.1 q	1.51 t（7.2）
10	49.1 s		1-OMe	54.9 q	3.30 s
11	41.1 s		16-OMe	56.4 q	3.41 s
12	35.9 t	1.23 dd（12.0，3.0）			
		2.96 dd（12.0，6.6）			

注：溶剂 CDCl$_3$；^{13}C NMR：100 MHz；^{1}H NMR：400 MHz

化合物名称：vilmotenitine A

分子式：C$_{23}$H$_{35}$NO$_3$ 　　　　　　　　分子量（$M+1$）：374

植物来源：*Aconitum vilmorinianum* var. *patentipilum* W. T. Wang 　　展毛黄草乌

参考文献：Cai L，Fang H X，Yin T P，et al. 2015. Unusual C$_{19}$-diterpenoid alkaloids from *Aconitum vilmorinianum* var. *patentipilum*. Phytochemistry Letters，14：106-110.

vilmotenitine A 的 NMR 数据

位置	δ_C/ppm	δ_H/ppm （J/Hz）	位置	δ_C/ppm	δ_H/ppm （J/Hz）
1	85.1 d	3.16 dd（7.2, 9.2）	13	48.8 d	2.66 m
2	26.3 t	1.94 m	14	218.5 s	
		2.81 m	15	37.4 t	2.09 m
3	39.1 t	1.28 m			2.56 dd（6.8, 15.2）
		1.61 dd（5.2, 14.4）	16	80.0 d	3.28 dd（4.4, 7.6）
4	33.4 s		17	49.8 t	1.98 m
5	41.4 d	1.09 dd（6.0, 10.8）			2.91 d（11.2）
6	22.7 t	1.89 m	18	25.9 q	0.72 s
		2.11 m	19	58.0 t	2.11 d（10.4）
7	119.2 d	5.31 d（5.2）			2.40 d（10.4）
8	137.3 s		21	52.5 t	2.11 m
9	46.8 t	1.93 d（10.0）			2.32 m
		2.33 d（10.0）	22	12.5 q	0.97 t（6.8）
10	48.4 s		1-OMe	54.7 q	3.16 s
11	41.2 s		16-OMe	56.0 q	3.32 s
12	36.3 t	1.25 m			
		2.81 m			

注：溶剂 CDCl$_3$；^{13}C NMR：100 MHz；^{1}H NMR：400 MHz

化合物名称：vilmotenitine B

分子式：C$_{23}$H$_{37}$NO$_4$　　　　　　　　　　**分子量**（$M+1$）：404

植物来源：*Aconitum vilmorinianum* var. *patentipilum* W. T. Wang　展毛黄草乌

参考文献：Cai L，Fang H X，Yin T P，et al. 2015. Unusual C$_{19}$-diterpenoid alkaloids from *Aconitum vilmorinianum* var. *patentipilum*. Phytochemistry Letters，14：106-110.

vilmotenitine B 的 NMR 数据

位置	δ_C/ppm	δ_H/ppm（J/Hz）	位置	δ_C/ppm	δ_H/ppm（J/Hz）
1	84.8 d	3.24 dd（7.2, 9.6）	13	48.8 d	2.74 m
2	26.0 t	2.02 m	14	218.5 s	
		2.82 m	15	37.3 t	2.16 m
3	33.6 t	1.70 m			2.63 dd（6.4, 15.2）
		1.71 m	16	79.9 d	3.35 dd（4.4, 7.2）
4	37.5 s		17	50.4 t	2.14 m
5	37.1 d	1.41 dd（6.4, 10.4）			3.01 m
6	22.1 t	1.88 m	18	78.5 t	2.90 d（8.8）
		2.15 m			3.08 d（8.8）
7	118.9 d	5.37 d（5.6）	19	54.4 t	2.13 d（10.8）
8	137.3 s				2.50 d（10.8）
9	46.8 t	2.04 d（11.6）	21	52.6 t	2.22 m
		2.42 d（11.6）			2.42 m
10	48.3 s		22	12.4 q	1.05 t（7.2）
11	40.7 s		1-OMe	54.7 q	3.24 s
12	36.3 t	1.33 dd（3.2, 11.6）	16-OMe	56.0 q	3.40 s
		2.86 dd（6.4, 11.6）	18-OMe	59.3 q	3.30 s

注：溶剂 CDCl$_3$；^{13}C NMR：100 MHz；^{1}H NMR：400 MHz

　　少数二萜生物碱在文献中仅有相关结构，暂未见有关其核磁数据的报道。现
将该部分化合物整理如下。

乌头碱型（aconitine type，B1）

化合物名称：1-benzoylkarasamine

分子式：C$_{30}$H$_{41}$NO$_5$　　　　　　　　　**分子量**（$M+1$）：496

植物来源：*Aconitum karakolicum* Rapaics　多根乌头

参考文献：Sultankhodzhaev M N，Yunusov M S，Yunusov S Y. 1982. Karasamine and 1-benzoylkarasamine——new alkaloids from *Aconitum karakolicum*. Khimiya Prirodnykh Soedinenii，5：660-661.

化合物名称：14-*O*-benzoyl-8-methoxybikhaconine

分子式：C$_{33}$H$_{47}$NO$_8$　　　　　　　　　**分子量**（$M+1$）：586

植物来源：*Aconitum chasmanthum* Stapf　展花乌头

参考文献：Parvez M，Gul W，Anwar S. 1998. 14-*O*-Benzoyl-8-ethoxybikhaconine and 14-*O*-benzoyl-8-methoxybikhaconine. Acta Crystallographica，Section C：Crystal Structure Communications，54（6）：790-792.

化合物名称：dihydropentagynine

分子式：C$_{23}$H$_{37}$NO$_5$　　　　　　　　**分子量**（$M+1$）：408

植物来源：*Delphinium pentagynum* Lam.

参考文献：Gonzalez A G，De la Fuente G，Diaz R. 1982. Four new diterpenoid alkaloids from *Delphinium pentagynum*. Phytochemistry，21（7）：1781-1782.

化合物名称：dolichotine C

分子式：C$_{35}$H$_{47}$NO$_7$　　　　　　　　**分子量**（$M+1$）：594

植物来源：*Aconitum dolichorhynchum* W. T. Wang　　长柱乌头

参考文献：Liang H L，Chen S Y. 1989. Five new diterpenoids from *Aconitum dolichorhynchum*. Heterocycles，29（12）：2317-2326.

化合物名称：duclouxine

分子式：C$_{34}$H$_{47}$NO$_{10}$　　　　　　　　**分子量**（$M+1$）：630

植物来源：*Aconitum duclouxii* Levl. 宾川乌头

参考文献：王崇云，陈敬炳，朱元龙，等. 1984. 宾川乌头中的生物碱及其结构的研究. 药学学报，19（6）：445-449.

化合物名称：guayewuanine A

分子式：$C_{31}H_{43}NO_9$　　　　　　　　**分子量**（$M+1$）：574

植物来源：*Aconitum hemsleyanum* Pritz. 瓜叶乌头

参考文献：张涵庆，朱元龙，朱仁宏. 1982. 瓜叶乌头根中生物碱成分的研究. 植物学报，24（3）：261-263.

化合物名称：karasamine

分子式：$C_{23}H_{37}NO_4$　　　　　　　　**分子量**（$M+1$）：392

植物来源：*Aconitum karakolicum* Rapaics　　多根乌头

参考文献：Sultankhodzhaev M N，Yunusov M S，Yunusov S Y. 1982. Karasamine and 1-benzoylkarasamine——new alkaloids from *Aconitum karakolicum*. Khimiya Prirodnykh Soedinenii，5：660-661.

化合物名称：methylgymnaconitine

分子式：$C_{35}H_{49}NO_8$　　　　　　　　**分子量**（$M+1$）：612

植物来源：*Aconitum gymnandrum* Maxim. 露蕊乌头

参考文献：蒋山好，郭素华，周炳南，等. 1986. 露蕊乌头生物碱的研究（Ⅱ）. 药学学报，21（4）：279-284.

化合物名称：neoline 1-acetate

分子式：$C_{26}H_{41}NO_7$　　　　　　　　分子量（$M+1$）：480

植物来源：*Delphinium staphisagria* L.

参考文献：Pelletier S W，Djarmati Z，Lajsic S，et al. 1976. Alkaloids of *Delphinium staphisagria*. The structure and stereochemistry of delphisine，neoline，chasmanine，and homochasmanine. Journal of the American Chemical Society，98（9）：2617-2624.

化合物名称：tuberaconitine

分子式：$C_{35}H_{49}NO_{10}$　　　　　　　　分子量（$M+1$）：644

植物来源：*Aconitum tuberosum* Host.

参考文献：Boronova Z S，Sultankhodzhaev M N. 2001. Alkaloids of *Aconitum tuberosum*. Structure of tuberaconitine and tubermesaconitine. Chemistry of Natural Compounds，37（3）：269-271.

化合物名称：tubermesaconitine

分子式：$C_{34}H_{47}NO_{10}$　　　　　　　**分子量（M+1）**：630

植物来源：*Aconitum tuberosum* Host.

参考文献：Boronova Z S，Sultankhodzhaev M N. 2001. Alkaloids of *Aconitum tuberosum*. Structure of tuberaconitine and tubermesaconitine. Chemistry of Natural Compounds，37（3）：269-271.

牛扁碱型（lycoctonine type，B2）

化合物名称：2, 3-dehydrodelcosine

分子式：$C_{24}H_{37}NO_7$　　　　　　　**分子量（M+1）**：452

植物来源：*Aconitum japonicum* var. *montanum* Nakai

参考文献：Takayama H，Okazaki T，Yamaguchi K，et al. 1988. Structure of two new diterpene alkaloids，3-epi-ignavinol and 2, 3-dehydrodelcosine. Chemical & Pharmaceutical Bulletin，36（8）：3210-3212.

化合物名称：14-ketogadesine

分子式：$C_{23}H_{33}NO_6$　　　　　　　　**分子量**（$M+1$）：420

植物来源：*Delphinium pentagynum* Lam

参考文献：Gonzalez G A，De la Fuente G，Diaz R，et al. 1979. Gadesine, a new C_{19}-diterpene alkaloid from *Delphinium pentagynum* Lam. Tetrahedron Letters，1：79-80.

化合物名称：cardiopetalidine diacetate

分子式：$C_{25}H_{37}NO_6$　　　　　　　　**分子量**（$M+1$）：448

植物来源：*Delphinium cardiopetalum* DC.

参考文献：Gonzalez A G，De la Fuente G，Reina M，et al. 1980. Two new diterpene alkaloids from *Delphinium cardiopetalum* DC. Tetrahedron Letters，21（12）：1155-1158.

化合物名称：delcorinine

分子式：$C_{24}H_{37}NO_7$　　　　　　　　**分子量**（$M+1$）：452

植物来源：*Delphinium corymbosum* Rgl.

参考文献：Salimov B T. 2001. Delcorinine，a new alkaloid from *Delphinium corymbosum*. Chemistry of Natural Compounds，37（3）：272-273.

化合物名称：demethylenedelpheline

分子式：C$_{24}$H$_{39}$NO$_6$　　　　　　　分子量（$M+1$）：438

植物来源：*Delphinium corumbosum* Rgl.

参考文献：Narzullaev A S，Yunusov M S，Sabirov S S. 1989. Demethylenedelpheline，a new diterpene alkaloid from *Delphinium corumbosum*. Khimiya Prirodnykh Soedinenii，1：50-51.

化合物名称：deoxydelsoline

分子式：C$_{25}$H$_{41}$NO$_6$　　　　　　　分子量（$M+1$）：452

植物来源：*Aconitum monticola* Steinb. 山地乌头

参考文献：Ametova E F，Yunusov M S，Tel'nov V A. 1982. Deoxydelsoline and dihydromonticamine from *Aconitum monticola*. Khimiya Prirodnykh Soedinenii，4：504-507.

化合物名称：ibukinamine

分子式：$C_{23}H_{35}NO_7$　　　　　　　　**分子量**（$M+1$）：438

植物来源：*Aconitum ibukiense* Nakai

参考文献：Sakai S，Yamaguchi K，Yamamoto I，et al. 1983. Three new alkaloids，ryosenamine，ryosenaminol，and ibukinamine from *Aconitum ibukiense* Nakai. Chemical & Pharmaceutical Bulletin，31（9）：3338-3341.

化合物名称：pentagydine

分子式：$C_{22}H_{33}NO_5$　　　　　　　　**分子量**（$M+1$）：392

植物来源：*Delphinium pentagynum* Lam.

参考文献：Gonzalez A G，De la Fuente G，Diaz R，et al. 1983. The structure of pentagydine，a new diterpenoid alkaloid. Tetrahedron Letters，24（9）：959-960.

化合物名称：puberaconitidine

分子式：$C_{37}H_{52}N_2O_{11}$　　　　　　**分子量**（$M+1$）：701

植物来源：*Aconitum barbatum* var. *puberulum* Ledeb. Fl. Ross. 牛扁

参考文献：Yu D Q，Das B C. 1983. Alkaloids of *Aconitum barbatum*. Planta Medica，49（2）：85-89；Joshi B S，Pelletier S W. 1990. The structures of anhweidelphinine，bulleyanitines A-C，puberaconitine，and puberaconitidine. Journal of Natural Products，53（4）：1028-1030.

化合物名称：septerine

分子式：$C_{33}H_{48}N_2O_8$　　　　　　**分子量**（$M+1$）：601

植物来源：*Aconitum septentrionale* Koelle. 紫花高乌头

参考文献：Usmanova S K，Bessonova I A，Mil'gram E G. 1996. Septerine and septephine，novel alkaloids from *Aconitum septentrionale*. Khimiya Prirodnykh Soedinenii，32（2）：198-200.

热解型（pyro type，B3）

化合物名称：16-*epi*-pyromesaconitine

分子式：$C_{36}H_{41}NO_9$　　　　　　　分子量（$M+1$）：572

植物来源：*Aconitum manshuricum* Nakai. 光梗鸭绿乌头

参考文献：Ishimi K，Makino M，Asada Y，et al. 2006. Norditerpenoid alkaloids from *Aconitum manshuricum*. Journal of Natural Medicines，60（3）：255-257.

化合物名称：pyrochasmanine

分子式：$C_{25}H_{39}NO_5$　　　　　　　分子量（$M+1$）：434

植物来源：*Aconitum yezoense* Nakai

参考文献：Takayama H，Tokita A，Ito M，et al. 1982. On the alkaloids of *Aconitum yezoense* Nakai. Yakugaku Zasshi，102（3）：245-257.

7, 17-断裂型（7, 17-seco type，B5）

化合物名称：secojesaconitine

分子式：$C_{33}H_{45}NO_{10}$　　　　　　　　分子量（$M+1$）：616

植物来源：*Aconitum japonicum* Thunb.

参考文献：Bando H，Wada K，Amiya T，et al. 1988. Structures of secojesaconitine and subdesculine，two new diterpenoid alkaloids from *Aconitum japonicum* Thunb. Chemical & Pharmaceutical Bulletin，36（4）：1604-1606.

索　引

化合物名称	分子式	分子量（$M+1$）	骨架类型	页码
1-*epi*-acetyldelphisine	$C_{30}H_{45}NO_9$	564	B1	69
1-*epi*-neoline	$C_{24}H_{39}NO_6$	438	B1	70
1-ketodelphisine	$C_{28}H_{41}NO_8$	520	B1	71
1-ketoneoline	$C_{24}H_{37}NO_6$	436	B1	72
1, 8, 14-tri-*O*-methylneoline	$C_{27}H_{45}NO_6$	480	B1	73
1, 8-diacetylcondelphine	$C_{29}H_{43}NO_8$	534	B1	74
1, 14-diacetylneoline	$C_{28}H_{43}NO_8$	522	B1	75
1, 14-diketoneoline	$C_{24}H_{35}NO_6$	434	B1	76
1, 15-dimethoxy-3-hydroxy-14-benzoyl-16-ketoneoline	$C_{32}H_{43}NO_9$	586	B1	77
2-hydroxydeoxyaconitine	$C_{34}H_{47}NO_{11}$	646	B1	78
3-acetylmesaconitine	$C_{35}H_{47}NO_{12}$	674	B1	79
3-acetylaconifine	$C_{36}H_{49}NO_{13}$	704	B1	80
3-acetylaconitine	$C_{36}H_{49}NO_{12}$	688	B1	81
3-dehydroxyl-lipoindaconitine	$C_{50}H_{75}NO_9$	834	B1	82
3-deoxyaconitine	$C_{34}H_{47}NO_{10}$	630	B1	84
3-deoxybeiwutine trifluoroacetate	$C_{33}H_{46}NO_{11}$	632（M^+）	B1	173
3-hydroxykaracoline	$C_{22}H_{35}NO_5$	394	B1	85
3-hydroxytalatisamine	$C_{24}H_{39}NO_6$	438	B1	86
3′-methoxyacoforestinine	$C_{36}H_{53}NO_{11}$	676	B1	87
3-*O*-acetylbeiwutine	$C_{35}H_{47}NO_{13}$	690	B1	88
6, 14-dimethoxyforesticine	$C_{26}H_{43}NO_6$	466	B1	89
6-*O*-acetylbicolorine	$C_{24}H_{37}NO_6$	436	B1	90
6, 14-diacetylforesticine	$C_{28}H_{43}NO_8$	522	B1	93
6-epichasmanine	$C_{25}H_{41}NO_6$	452	B1	94
6-epiforsticine	$C_{24}H_{39}NO_6$	438	B1	95
6-*epi*-neolinine	$C_{23}H_{37}NO_6$	424	B1	96
6-*epi*-neolinine 14-*O*-acetate	$C_{25}H_{39}NO_7$	466	B1	97
8β, 14α-dibenzoyloxy-3α, 10β, 13β, 15α-tetrahydroxy-1α, 6α, 16β, 18-tetramethoxy-*N*-methylaconitane	$C_{38}H_{47}NO_{12}$	710	B1	91
8β, 14α-dibenzoyloxy-13β, 15α-dihydroxy-1α, 6α, 16β, 18-tetramethoxy-*N*-methylaconitane	$C_{38}H_{47}NO_{10}$	678	B1	92
8-acetoxydemethoxyisopyrodelphinine	$C_{32}H_{41}NO_8$	568	B1	98
8-acetyl-14-benzoylchasmanine	$C_{34}H_{47}NO_8$	598	B1	321
8-acetyl-14-benzoxylneoline	$C_{33}H_{45}NO_8$	584	B1	99

化合物名称	分子式	分子量（M+1）	骨架类型	页码
8-acetyl-15-hydroxyneoline	C$_{26}$H$_{41}$NO$_8$	496	B1	100
8-acetylcondelphine	C$_{27}$H$_{41}$NO$_7$	492	B1	101
8-deacetylsungpaconitine	C$_{34}$H$_{47}$NO$_8$	598	B1	102
8-dehydroxyl-bikhaconine	C$_{25}$H$_{41}$NO$_6$	452	B1	103
8-ethoxysachaconitine	C$_{25}$H$_{41}$NO$_4$	420	B1	104
8-methoxykarakoline	C$_{23}$H$_{37}$NO$_4$	392	B1	105
8-O-acetylkarasamine	C$_{25}$H$_{39}$NO$_5$	434	B1	106
8-O-azeloyl-14-benzoylaconine	C$_{41}$H$_{59}$NO$_{13}$	773（M$^+$）	B1	107
8-O-cinnamoylneoline	C$_{33}$H$_{45}$NO$_7$	568	B1	108
8-O-ethyl-14-benzoylmesaconine	C$_{33}$H$_{47}$NO$_{10}$	618	B1	109
8-O-ethylcammaconine	C$_{25}$H$_{41}$NO$_5$	436	B1	110
8-O-ethylscaconine	C$_{26}$H$_{43}$NO$_5$	450	B1	111
8-O-ethylyunaconitine	C$_{35}$H$_{51}$NO$_{10}$	646	B1	112
8-O-linoleoyl-14-benzoylaconine	C$_{50}$H$_{75}$NO$_{11}$	866	B1	113
8-O-methylcolumbianine	C$_{23}$H$_{37}$NO$_5$	408	B1	115
8-O-methylhypaconine	C$_{25}$H$_{41}$NO$_8$	484	B1	116
8-O-methylkarasamine	C$_{24}$H$_{39}$NO$_4$	406	B1	117
8-O-methylsachaconitine	C$_{24}$H$_{39}$NO$_4$	406	B1	118
8-O-methyltalatisamine	C$_{25}$H$_{41}$NO$_5$	436	B1	119
8-O-methylveratroylpseudaconine	C$_{35}$H$_{51}$NO$_{11}$	662	B1	120
8β, 14α-dibenzoyloxy-N-ethyl-13β, 15α-dihydroxy-1α, 6α, 16β, 18-tetramethoxyaconitane	C$_{39}$H$_{49}$NO$_{12}$	724	B1	121
9-hydroxysenbushine A	C$_{23}$H$_{37}$NO$_7$	440	B1	122
10-hydroxy-8-O-methyltalatizamine	C$_{25}$H$_{41}$NO$_6$	452	B1	123
10-hydroxychasmanine	C$_{25}$H$_{41}$NO$_7$	468	B1	124
10-hydroxyisotalatizidine	C$_{23}$H$_{37}$NO$_6$	424	B1	125
10-hydroxyneoline	C$_{24}$H$_{39}$NO$_7$	454	B1	127
10-hydroxyperegrine	C$_{26}$H$_{41}$NO$_7$	480	B1	128
10-hydroxytalatizamine	C$_{24}$H$_{39}$NO$_6$	438	B1	129
12β-hydroxykarasamine	C$_{23}$H$_{37}$NO$_5$	408	B1	130
12β-hydroxykarasamine 8-O-acetate	C$_{25}$H$_{39}$NO$_6$	450	B1	131
13, 15-dideoxyaconitine	C$_{34}$H$_{47}$NO$_9$	614	B1	132
13-deoxyludaconitine	C$_{32}$H$_{45}$NO$_8$	572	B1	134
14α-benzoyloxy-N-ethyl-15α-hydroxy-1α, 8β, 16β, 18-tetramethoxyaconitane	C$_{32}$H$_{45}$NO$_7$	556	B1	135

化合物名称	分子式	分子量（M+1）	骨架类型	页码
14α-benzoyloxy-N-ethyl-13β, 15α-dihydroxy-1α, 8β, 16β, 18-tetramethoxyaconitane	$C_{32}H_{45}NO_8$	572	B1	136
14-acetoxy-8-O-methylsachaconitine	$C_{26}H_{41}NO_5$	448	B1	137
14-acetoxyscaconine	$C_{25}H_{39}NO_6$	450	B1	138
14-acetylchasmanine	$C_{27}H_{43}NO_7$	494	B1	139
14-acetylgenicunine B	$C_{25}H_{39}NO_6$	450	B1	140
14-acetylkaracoline	$C_{24}H_{37}NO_5$	420	B1	141
14-acetylneoline	$C_{26}H_{41}NO_7$	480	B1	142
14-anisoyl-lasianine	$C_{33}H_{48}N_2O_{10}$	633	B1	143
14-anisoylliljestrandisine	$C_{31}H_{43}NO_7$	542	B1	144
14-anisoyl-N-deethylaconine	$C_{31}H_{43}NO_{11}$	606	B1	145
14-benzoyl-8-O-methylaconine	$C_{33}H_{47}NO_{10}$	618	B1	146
14-benzoylaconine-8-palmitate	$C_{48}H_{75}NO_{11}$	842	B1	147
14-benzoylliljestrandisine	$C_{30}H_{41}NO_6$	512	B1	148
14-benzoylmesaconine	$C_{31}H_{43}NO_{10}$	590	B1	149
14-benzoylneoline	$C_{31}H_{43}NO_7$	542	B1	150
14-benzoylpseudaconine	$C_{32}H_{45}NO_9$	588	B1	151
14-benzoylsachaconitine	$C_{30}H_{41}NO_5$	496	B1	152
14-benzoyltalatisamine	$C_{31}H_{43}NO_6$	526	B1	153
14-cinnamoyloxy-15α-hydroxyneoline trifluoroacetate	$C_{33}H_{45}NO_8$	584（M⁺）	B1	154
14-O-acetyl-10-hydroxyneoline	$C_{26}H_{41}NO_8$	496	B1	155
14-O-acetyl-8-O-methyl-18-O-2-(2-metyl-4-oxo-4H-quinazoline-3-yl)benzoylcammaconine	$C_{42}H_{51}N_3O_8$	726	B1	156
14-O-acetylperegrine	$C_{28}H_{43}NO_7$	506	B1	157
14-O-acetylsachaconitine	$C_{25}H_{39}NO_5$	434	B1	158
14-O-acetylsenbusine A	$C_{25}H_{39}NO_7$	466	B1	159
14-acetyltalatisamine	$C_{26}H_{41}NO_6$	464	B1	160
14-O-anisoylneoline	$C_{32}H_{45}NO_8$	572	B1	161
14-O-benzoyl-8-methoxybikhaconine	$C_{33}H_{47}NO_8$	586	B1	991
14-O-benzoylperegrine	$C_{33}H_{45}NO_7$	568	B1	162
14-O-cinnamoylneoline	$C_{33}H_{45}NO_7$	568	B1	163
14-O-methylforesticine	$C_{25}H_{41}NO_6$	452	B1	164
14-O-methylperegrine	$C_{27}H_{43}NO_6$	478	B1	165
14-O-methyltalatisamine	$C_{25}H_{41}NO_5$	436	B1	166

化合物名称	分子式	分子量（$M+1$）	骨架类型	页码
14α-benzoyloxy-8β-butoxy-3α, 13β, 15α-trihydroxy-1α, 6α, 16β, 18-tetramethoxyl-N-methylaconitane	C$_{35}$H$_{51}$NO$_{10}$	646	B1	167
14α-benzoyloxy-8β-butoxy-N-ethyl-13α, 15α-dihydroxy-1α, 6α, 16β, 18-tetramethoxyaconitane formate	C$_{36}$H$_{54}$NO$_9$	644（M^+）	B1	168
14α-benzoyloxy-8β-butoxy-N-ethyl-3α, 13β, 15α-trihydroxy-1α, 6α, 16β, 18-tetramethoxylaconitane	C$_{36}$H$_{53}$NO$_{10}$	660	B1	169
14α-benzoyloxy-13β, 15α-dihydroxy-1α, 6α, 8β, 16β, 18-pentamethoxy-19-oxoaconitan	C$_{32}$H$_{43}$NO$_{10}$	602	B1	170
14α-benzoyloxy-N-ethyl-15α-hydroxy-1α, 6α, 8β, 16β, 18-pentamethoxyaconitane formate	C$_{33}$H$_{48}$NO$_8$	586（M^+）	B1	171
15-deoxyaconifine trifluoroacetate	C$_{34}$H$_{48}$NO$_{11}$	646（M^+）	B1	172
16β-acetoxy-cardiopetaline	C$_{23}$H$_{35}$NO$_5$	406	B1	174
16-β-hydroxycardiopetaline	C$_{21}$H$_{33}$NO$_4$	364	B1	175
18-acetylcammaconine	C$_{25}$H$_{39}$NO$_6$	450	B1	176
19R-acetonyl-talatisamine	C$_{27}$H$_{43}$NO$_6$	478	B1	177
acoapetaldine A	C$_{32}$H$_{46}$N$_2$O$_7$	571	B1	178
acoapetaludine B	C$_{24}$H$_{39}$NO$_5$	422	B1	179
acoapetaludine C	C$_{26}$H$_{41}$NO$_6$	464	B1	180
acoapetaludine D	C$_{30}$H$_{41}$NO$_7$	528	B1	181
acoapetaludine E	C$_{31}$H$_{43}$NO$_7$	542	B1	182
acoapetaludine F	C$_{30}$H$_{41}$NO$_6$	512	B1	183
acoapetaludine G	C$_{31}$H$_{44}$N$_2$O$_6$	541	B1	184
acoapetaludine H	C$_{28}$H$_{35}$NO$_6$	482	B1	185
acoapetaludine I	C$_{29}$H$_{37}$NO$_6$	496	B1	186
acoapetaludine J	C$_{28}$H$_{35}$NO$_7$	498	B1	187
acoapetaludine K	C$_{31}$H$_{42}$N$_2$O$_7$	555	B1	188
acobretine A	C$_{33}$H$_{46}$N$_2$O$_7$	583	B1	189
acobretine B	C$_{33}$H$_{48}$N$_2$O$_6$	569	B1	190
acobretine C	C$_{35}$H$_{50}$N$_2$O$_7$	611	B1	191
acobretine D	C$_{35}$H$_{48}$N$_2$O$_8$	625	B1	192
acobretine E	C$_{30}$H$_{42}$N$_2$O$_6$	527	B1	193
acofamine A	C$_{32}$H$_{45}$NO$_9$	588	B1	194
acofamine B	C$_{32}$H$_{45}$NO$_9$	588	B1	195
acoforesticine	C$_{33}$H$_{47}$NO$_8$	586	B1	196
acoforestine	C$_{35}$H$_{51}$NO$_9$	630	B1	197
acoforine	C$_{28}$H$_{45}$NO$_6$	492	B1	198

化合物名称	分子式	分子量（$M+1$）	骨架类型	页码
acoleareine	$C_{29}H_{45}NO_8$	536	B1	199
aconicarmichoside A	$C_{29}H_{47}NO_{10}$	570	B1	200
aconicarmichoside B	$C_{29}H_{47}NO_{10}$	570	B1	201
aconicarmichoside C	$C_{29}H_{47}NO_{10}$	570	B1	202
aconicarmichoside D	$C_{29}H_{47}NO_{10}$	570	B1	203
aconicarmichoside E	$C_{29}H_{47}NO_{10}$	570	B1	204
aconicarmichoside F	$C_{28}H_{45}NO_9$	540	B1	205
aconicarmichoside G	$C_{28}H_{45}NO_9$	540	B1	206
aconicarmichoside H	$C_{28}H_{45}NO_9$	540	B1	207
aconicarmichoside I	$C_{29}H_{47}NO_{11}$	586	B1	208
aconicarmichoside J	$C_{29}H_{47}NO_{11}$	586	B1	209
aconicarmichoside K	$C_{29}H_{47}NO_9$	554	B1	210
aconicarmichoside L	$C_{30}H_{49}NO_{10}$	584	B1	211
aconine	$C_{25}H_{41}NO_9$	500	B1	212
aconitilearine	$C_{25}H_{41}NO_7$	468	B1	213
aconitine	$C_{34}H_{47}NO_{11}$	646	B1	214
aconitorientaline	$C_{25}H_{39}NO_7$	466	B1	215
aconitramine B	$C_{33}H_{45}NO_7$	568	B1	216
aconitramine C	$C_{34}H_{47}NO_8$	598	B1	217
aconitramine D	$C_{32}H_{43}NO_6$	538	B1	218
aconitramine E	$C_{33}H_{47}NO_8$	586	B1	219
aconorine	$C_{32}H_{44}N_2O_7$	569	B1	220
acoseptridinine	$C_{29}H_{40}N_2O_6$	513	B1	221
acoseptrigine	$C_{27}H_{43}NO_7$	494	B1	222
acoseptriginine	$C_{25}H_{41}NO_6$	452	B1	223
acotoxinine	$C_{33}H_{47}NO_9$	602	B1	224
aldohypaconitine	$C_{33}H_{43}NO_{11}$	630	B1	225
alexhumboldtine	$C_{25}H_{39}NO_7$	466	B1	226
aljesaconitine A	$C_{34}H_{49}NO_{11}$	648	B1	227
aljesaconitine B	$C_{35}H_{51}NO_{11}$	662	B1	228
altaconitine	$C_{34}H_{47}NO_{12}$	662	B1	229
anhydroaconitine	$C_{34}H_{45}NO_{10}$	628	B1	230
anisoezochasmaconitine	$C_{35}H_{49}NO_9$	628	B1	231
anisoylyunaconine	$C_{33}H_{47}NO_{10}$	618	B1	232

化合物名称	分子式	分子量（$M+1$）	骨架类型	页码
apetaldine A	$C_{36}H_{50}N_2O_8$	639	B1	233
apetaldine B	$C_{34}H_{46}N_2O_8$	611	B1	234
apetaldine C	$C_{34}H_{44}N_2O_8$	609	B1	235
apetaldine D	$C_{33}H_{46}N_2O_7$	583	B1	236
apetaldine E	$C_{31}H_{40}N_2O_6$	537	B1	237
apetaldine F	$C_{32}H_{44}N_2O_7$	569	B1	238
apetaldine G	$C_{32}H_{42}N_2O_7$	567	B1	239
apetaldine H	$C_{34}H_{48}N_2O_8$	613	B1	240
apetaldine I	$C_{34}H_{46}N_2O_7$	595	B1	241
apetaldine J	$C_{33}H_{46}N_2O_7$	583	B1	242
apetalrine A	$C_{43}H_{55}N_3O_{10}$	774	B1	243
apetalrine B	$C_{41}H_{53}N_3O_9$	732	B1	245
apetalrine C	$C_{45}H_{57}N_3O_{11}$	816	B1	247
apetalrine D	$C_{43}H_{57}N_3O_9$	760	B1	249
apetalrine E	$C_{44}H_{57}N_3O_{10}$	788	B1	251
atropurpursine	$C_{34}H_{47}NO_{11}$	646	B1	253
austroconitine B	$C_{33}H_{47}NO_9$	602	B1	254
balfourine	$C_{33}H_{45}NO_{10}$	616	B1	255
beiwucine	$C_{33}H_{47}NO_{11}$	634	B1	256
beiwutine	$C_{33}H_{45}NO_{12}$	648	B1	257
14-benzoylaconine	$C_{32}H_{45}NO_{10}$	604	B1	258
benzoyldeoxyaconine	$C_{32}H_{45}NO_9$	588	B1	259
bicoloridine	$C_{25}H_{39}NO_6$	450	B1	260
bicoloridine alcohol	$C_{23}H_{37}NO_5$	408	B1	261
bicolorine 14-O-acetate	$C_{24}H_{37}NO_6$	436	B1	262
bicolorine	$C_{22}H_{35}NO_5$	394	B1	263
bikhaconine	$C_{25}H_{41}NO_7$	468	B1	264
bikhaconitine	$C_{36}H_{51}NO_{11}$	674	B1	265
brachyaconitine	$C_{38}H_{53}NO_{11}$	700	B1	266
brachyaconitine A	$C_{35}H_{45}NO_{13}$	688	B1	267
brachyaconitine B	$C_{34}H_{43}NO_{12}$	658	B1	268
brachyaconitine D	$C_{32}H_{43}NO_{11}$	618	B1	269
brevicanine	$C_{34}H_{48}N_2O_7$	597	B1	270
brevicanine A	$C_{40}H_{49}N_3O_7$	684	B1	271

化合物名称	分子式	分子量（$M+1$）	骨架类型	页码
brevicanine B	$C_{42}H_{51}N_3O_8$	726	B1	272
brevicanine C	$C_{41}H_{49}N_3O_8$	712	B1	273
brevicanine D	$C_{42}H_{53}N_3O_7$	712	B1	274
brochyponine A	$C_{25}H_{41}NO_5$	436	B1	275
brochyponine B	$C_{32}H_{46}N_2O_6$	555	B1	276
brochyponine C	$C_{29}H_{38}N_2O_6$	511	B1	277
bullatine E	$C_{27}H_{43}NO_7$	494	B1	278
bullatine F	$C_{24}H_{39}NO_7$	454	B1	279
caeruline	$C_{25}H_{37}NO_5$	432	B1	280
cammaconine	$C_{23}H_{37}NO_5$	408	B1	281
cardiopetaline	$C_{21}H_{33}NO_3$	348	B1	282
carmichaeline E trifluoroacetate	$C_{32}H_{46}NO_8$	572（M^+）	B1	283
carmichaeline F trifluoroacetate	$C_{38}H_{48}NO_{11}$	694（M^+）	B1	284
carmichaeline G trifluoroacetate	$C_{31}H_{44}NO_8$	558（M^+）	B1	285
carmichaeline H trifluoroacetate	$C_{32}H_{46}NO_8$	572（M^+）	B1	286
carmichaeline I trifluoroacetate	$C_{31}H_{44}NO_8$	558（M^+）	B1	287
carmichaeline J trifluoroacetate	$C_{33}H_{48}NO_8$	586（M^+）	B1	288
carmichaeline K trifluoroacetate	$C_{31}H_{44}NO_7$	542（M^+）	B1	289
carmichaeline L trifluoroacetate	$C_{30}H_{42}NO_7$	528（M^+）	B1	290
carmichaeline M trifluoroacetate	$C_{34}H_{48}NO_9$	614（M^+）	B1	291
carmichaenine A	$C_{31}H_{43}NO_7$	542	B1	292
carmichaenine B	$C_{23}H_{37}NO_7$	440	B1	293
carmichaenine C	$C_{30}H_{41}NO_7$	528	B1	294
carmichaenine D	$C_{29}H_{39}NO_7$	514	B1	295
carmichaenine E	$C_{31}H_{43}NO_8$	558	B1	296
carmichasine A	$C_{34}H_{44}N_2O_{10}$	641	B1	297
carmichasine D	$C_{32}H_{41}NO_{10}$	600	B1	298
chasmaconitine	$C_{34}H_{47}NO_9$	614	B1	299
chasmanine	$C_{25}H_{41}NO_6$	452	B1	300
chasmanthinine	$C_{36}H_{49}NO_9$	640	B1	301
circinadine A	$C_{32}H_{45}NO_9$	588	B1	302
circinadine B	$C_{24}H_{39}NO_7$	454	B1	303
circinasine A	$C_{23}H_{37}NO_7$	440	B1	304
circinasine B	$C_{31}H_{43}NO_{10}$	590	B1	305

化合物名称	分子式	分子量（$M+1$）	骨架类型	页码
circinasine C	$C_{31}H_{43}NO_9$	574	B1	306
circinasine D	$C_{31}H_{43}NO_8$	558	B1	307
circinasine E	$C_{23}H_{37}NO_6$	424	B1	308
circinasine F	$C_{24}H_{39}NO_8$	470	B1	309
circinasine G	$C_{30}H_{39}NO_{10}$	574	B1	310
circinatine B	$C_{22}H_{33}NO_6$	408	B1	311
circinatine C	$C_{30}H_{39}NO_8$	542	B1	312
circinatine D	$C_{30}H_{39}NO_9$	558	B1	313
circinatine E	$C_{31}H_{41}NO_{10}$	588	B1	314
circinatine F	$C_{30}H_{39}NO_{10}$	574	B1	315
columbianine	$C_{22}H_{35}NO_5$	394	B1	316
columbidine	$C_{26}H_{43}NO_5$	450	B1	317
conaconitine	$C_{23}H_{37}NO_5$	408	B1	318
condelphine	$C_{25}H_{39}NO_6$	450	B1	319
consolinine	$C_{25}H_{41}NO_6$	452	B1	320
crassicaudine	$C_{34}H_{47}NO_8$	598	B1	321
crassicaulidine	$C_{24}H_{39}NO_8$	470	B1	323
crassicauline A	$C_{35}H_{49}NO_{10}$	644	B1	324
crassicausine	$C_{34}H_{49}NO_9$	616	B1	325
crassicautine	$C_{34}H_{49}NO_{10}$	632	B1	326
crispulidine	$C_{23}H_{37}NO_5$	408	B1	327
cyphoplectine	$C_{32}H_{45}NO_7$	556	B1	328
dehydrobicoloridine	$C_{25}H_{37}NO_6$	448	B1	329
dehydrocardiopetaline	$C_{21}H_{31}NO_3$	346	B1	330
delphidine	$C_{26}H_{41}NO_7$	480	B1	331
delphinine	$C_{33}H_{45}NO_9$	600	B1	332
delphinine 13-acetate	$C_{35}H_{47}NO_{10}$	642	B1	333
delphisine	$C_{28}H_{43}NO_8$	522	B1	334
delpoline	$C_{22}H_{33}NO_3$	360	B1	335
delponine	$C_{24}H_{39}NO_7$	454	B1	336
delstaphidine	$C_{28}H_{41}NO_8$	520	B1	337
delstaphinine	$C_{24}H_{37}NO_6$	436	B1	338
delstaphisine	$C_{27}H_{41}NO_8$	508	B1	339
delstaphisinine	$C_{27}H_{41}NO_8$	508	B1	340

续表

化合物名称	分子式	分子量（$M+1$）	骨架类型	页码
demethoxyisopyrodelphonine	$C_{23}H_{35}NO_5$	406	B1	341
deoxyaconine	$C_{25}H_{41}NO_8$	484	B1	342
deoxyjesaconitine	$C_{35}H_{49}NO_{11}$	660	B1	343
dihydropentagynine	$C_{23}H_{37}NO_5$	408	B1	992
dolichotine A	$C_{34}H_{47}NO_8$	598	B1	344
dolichotine B	$C_{35}H_{49}NO_9$	628	B1	345
dolichotine C	$C_{35}H_{47}NO_7$	594	B1	992
dolichotine D	$C_{49}H_{77}NO_9$	824	B1	346
dolichotine E	$C_{49}H_{77}NO_{10}$	840	B1	347
ducloudine A	$C_{33}H_{45}NO_9$	600	B1	348
ducloudine B	$C_{28}H_{43}NO_9$	538	B1	349
ducloudine C	$C_{24}H_{35}NO_6$	434	B1	350
ducloudine D	$C_{24}H_{39}NO_7$	454	B1	351
ducloudine E	$C_{26}H_{41}NO_8$	496	B1	352
ducloudine F	$C_{24}H_{35}NO_6$	434	B1	353
duclouxine	$C_{34}H_{47}NO_{10}$	630	B1	992
ezochasmaconitine	$C_{34}H_{47}NO_8$	598	B1	354
ezochasmanine	$C_{25}H_{41}NO_7$	468	B1	355
falconeridine	$C_{34}H_{49}NO_9$	616	B1	356
falconerine	$C_{34}H_{49}NO_{10}$	632	B1	357
falconerine 8-acetate	$C_{36}H_{51}NO_{11}$	674	B1	358
faleoconitine	$C_{35}H_{47}NO_{13}$	690	B1	359
flavaconidine	$C_{32}H_{41}NO_{12}$	632	B1	360
flavaconijine	$C_{33}H_{43}NO_{11}$	630	B1	361
flavaconitine	$C_{31}H_{41}NO_{11}$	604	B1	362
foresaconitine	$C_{35}H_{49}NO_9$	628	B1	363
forsticine	$C_{24}H_{39}NO_6$	438	B1	364
forestine	$C_{33}H_{47}NO_9$	602	B1	365
fuziline	$C_{24}H_{39}NO_7$	454	B1	366
geniconitine	$C_{32}H_{45}NO_8$	572	B1	367
geniculatine A	$C_{34}H_{47}NO_9$	614	B1	368
geniculatine B	$C_{33}H_{47}NO_9$	602	B1	369
geniculatine C	$C_{34}H_{47}NO_9$	614	B1	370
geniculatine D	$C_{32}H_{45}NO_8$	572	B1	371

化合物名称	分子式	分子量（$M+1$）	骨架类型	页码
geniculine	$C_{34}H_{47}NO_{11}$	646	B1	372
genicunine A	$C_{22}H_{35}NO_4$	378	B1	373
genicunine B	$C_{23}H_{37}NO_5$	408	B1	374
genicunine C	$C_{23}H_{35}NO_5$	406	B1	375
giraldine I	$C_{22}H_{35}NO_3$	362	B1	376
guayewuanine A	$C_{31}H_{43}NO_9$	574	B1	993
guenerin	$C_{25}H_{37}NO_7$	464	B1	377
gymnaconitine	$C_{34}H_{47}NO_8$	598	B1	378
habaenine A	$C_{35}H_{47}NO_{11}$	658	B1	379
habaenine B	$C_{33}H_{45}NO_{10}$	616	B1	380
habaenine C	$C_{35}H_{47}NO_{10}$	642	B1	381
hanyuannine	$C_{34}H_{47}NO_{11}$	646	B1	382
hemaconitine B	$C_{41}H_{53}NO_{12}$	752	B1	383
hemaconitine C	$C_{34}H_{47}NO_{11}$	646	B1	384
hemaconitine D	$C_{28}H_{45}NO_6$	492	B1	385
hemsleyaconitine A	$C_{32}H_{45}NO_7$	556	B1	386
hemsleyaconitine B	$C_{32}H_{45}NO_9$	588	B1	387
hemsleyaconitine C	$C_{27}H_{43}NO_5$	462	B1	388
hemsleyaconitine D	$C_{31}H_{43}NO_8$	558	B1	389
hemsleyaconitine E	$C_{35}H_{51}NO_9$	630	B1	390
hemsleyanaine	$C_{34}H_{47}NO_9$	614	B1	132
hemsleyadine	$C_{32}H_{45}NO_9$	588	B1	391
hemsleyaline	$C_{34}H_{49}NO_9$	616	B1	392
hemsleyanine A	$C_{31}H_{43}NO_9$	574	B1	393
hemsleyanine B	$C_{24}H_{39}NO_7$	454	B1	394
hemsleyanine C	$C_{24}H_{39}NO_6$	438	B1	395
hemsleyanine D	$C_{32}H_{45}NO_8$	572	B1	396
hemsleyanine E	$C_{30}H_{41}NO_9$	560	B1	397
hemsleyanine F	$C_{31}H_{41}NO_9$	572	B1	398
hemsleyanine G	$C_{31}H_{41}NO_8$	556	B1	399
hemsleyanisine	$C_{31}H_{43}NO_9$	574	B1	400
hemsleyatine	$C_{25}H_{42}N_2O_7$	483	B1	401
hoheconsoline	$C_{26}H_{43}NO_6$	466	B1	402
hokbusine A	$C_{32}H_{45}NO_{10}$	604	B1	403

续表

化合物名称	分子式	分子量（$M+1$）	骨架类型	页码
hokbusine B	$C_{22}H_{33}NO_5$	392	B1	404
homochasmanine	$C_{26}H_{43}NO_6$	466	B1	405
hypaconine	$C_{24}H_{39}NO_8$	470	B1	406
hypaconitine	$C_{33}H_{45}NO_{10}$	616	B1	407
indaconitine	$C_{34}H_{47}NO_{10}$	630	B1	408
isodelphinine	$C_{33}H_{45}NO_9$	600	B1	409
isohemsleyanisine	$C_{31}H_{43}NO_9$	574	B1	410
isotalatizidine	$C_{23}H_{37}NO_5$	408	B1	411
jadwarine-A	$C_{23}H_{37}NO_6$	424	B1	125
jadwarine-B	$C_{25}H_{39}NO_5$	434	B1	412
jesaconitine	$C_{35}H_{49}NO_{12}$	676	B1	413
karaconitine	$C_{34}H_{47}NO_{11}$	646	B1	414
karakanine	$C_{22}H_{33}NO_4$	376	B1	415
karakoline	$C_{22}H_{35}NO_4$	378	B1	416
karasamine	$C_{23}H_{37}NO_4$	392	B1	993
kohatenine	$C_{28}H_{43}NO_8$	522	B1	417
kongboenine	$C_{34}H_{49}NO_8$	600	B1	418
kongboensine	$C_{22}H_{35}NO_4$	378	B1	419
kongboentine A	$C_{24}H_{40}N_2O_4$	421	B1	420
kongboentine B	$C_{31}H_{43}NO_7$	542	B1	421
lasianine	$C_{25}H_{42}N_2O_8$	499	B1	422
lasiansine	$C_{24}H_{39}NO_7$	454	B1	423
leucanthumsine A	$C_{36}H_{49}NO_8$	624	B1	424
leucanthumsine B	$C_{34}H_{47}NO_7$	582	B1	425
leucanthumsine C	$C_{24}H_{39}NO_6$	438	B1	426
leucanthumsine D	$C_{23}H_{35}NO_6$	422	B1	427
leucanthumsine E	$C_{33}H_{45}NO_{10}$	616	B1	428
leueantine A	$C_{36}H_{49}NO_9$	640	B1	429
leueantine B	$C_{36}H_{49}NO_8$	624	B1	430
leueantine C	$C_{33}H_{45}NO_6$	552	B1	431
leueantine D	$C_{33}H_{45}NO_7$	568	B1	432
liaconitine A	$C_{35}H_{47}NO_{10}$	642	B1	433
liaconitine B	$C_{41}H_{51}NO_{11}$	734	B1	434
liaconitine C	$C_{35}H_{49}NO_9$	628	B1	435

化合物名称	分子式	分子量($M+1$)	骨架类型	页码
liangshantine	$C_{26}H_{37}NO_7$	476	B1	436
liljestrandinine	$C_{23}H_{35}NO_4$	390	B1	437
liljestrandisine	$C_{23}H_{37}NO_5$	408	B1	438
linearilobin	$C_{37}H_{46}N_2O_9$	663	B1	439
lipo-14-O-anisoylbikhaconine	$C_{51}H_{77}NO_{10}$ $C_{51}H_{81}NO_{10}$ $C_{49}H_{77}NO_{10}$ $C_{51}H_{79}NO_{10}$	864 868 840 866	B1	440
lipobikhaconitine	$C_{52}H_{83}NO_{11}$ $C_{52}H_{79}NO_{11}$ $C_{50}H_{79}NO_{11}$	898 894 870	B1	442
lipodeoxyaconitine	$C_{50}H_{75}NO_{10}$	850	B1	444
lipoforesaconitine	$C_{53}H_{85}NO_9$ $C_{51}H_{81}NO_9$ $C_{51}H_{77}NO_9$ $C_{49}H_{77}NO_9$	880 852 848 824	B1	445
lipohypaconitine	$C_{50}H_{75}NO_{10}$ $C_{48}H_{75}NO_{10}$ $C_{50}H_{77}NO_{10}$ $C_{50}H_{79}NO_{10}$ $C_{50}H_{73}NO_{10}$	850 826 852 854 848	B1	446
lipoindaconitine	$C_{54}H_{79}NO_{10}$ $C_{50}H_{75}NO_{10}$ $C_{48}H_{75}NO_{10}$	854 850 826	B1	447
lipojesaconitine	$C_{51}H_{81}NO_{12}$ $C_{51}H_{79}NO_{12}$ $C_{51}H_{77}NO_{12}$ $C_{51}H_{75}NO_{12}$ $C_{49}H_{77}NO_{12}$	900 898 896 894 872	B1	449
lipomesaconitine	$C_{49}H_{73}NO_{11}$ $C_{47}H_{73}NO_{11}$ $C_{49}H_{75}NO_{11}$ $C_{49}H_{77}NO_{11}$ $C_{49}H_{71}NO_{11}$	852 828 854 856 850	B1	450
lipopseudaconitine	$C_{52}H_{79}NO_{12}$ $C_{50}H_{79}NO_{12}$ $C_{52}H_{83}NO_{12}$	910 886 914	B1	451
lipoyunaconitine	$C_{51}H_{77}NO_{11}$ $C_{49}H_{77}NO_{11}$ $C_{51}H_{81}NO_{11}$	880 856 884	B1	453
longtouconitine A	$C_{35}H_{49}NO_{10}$	644	B1	455
longzhoushansine	$C_{32}H_{45}NO_8$	572	B1	456
macrorhynine A	$C_{33}H_{43}NO_9$	598	B1	457
macrorhynine B	$C_{33}H_{43}NO_{10}$	614	B1	458
manshuritine	$C_{38}H_{47}NO_{11}$	694	B1	459

化合物名称	分子式	分子量（$M+1$）	骨架类型	页码
merckonine	$C_{32}H_{41}NO_{11}$	616	B1	460
methylgymnaconitine	$C_{35}H_{49}NO_8$	612	B1	993
mesaconine	$C_{24}H_{39}NO_9$	486	B1	461
mesaconitine	$C_{33}H_{45}NO_{11}$	632	B1	462
munzianine	$C_{23}H_{37}NO_5$	408	B1	463
munzianone	$C_{24}H_{37}NO_5$	420	B1	464
N(19)-en-austroconitine A	$C_{23}H_{33}NO_5$	404	B1	465
N-acetylflavaconitine	$C_{33}H_{43}NO_{12}$	646	B1	466
nagaconitine A	$C_{36}H_{51}NO_{12}$	690	B1	467
nagaconitine C	$C_{28}H_{43}NO_9$	538	B1	468
nagadine	$C_{22}H_{33}NO_5$	392	B1	469
nagarine	$C_{34}H_{47}NO_{12}$	662	B1	471
N-deacetylscaconitine	$C_{31}H_{44}N_2O_6$	541	B1	472
N-deethyl-14-O-methylperegrine	$C_{25}H_{39}NO_6$	450	B1	473
N-deethyl-3-acetylaconitine	$C_{34}H_{45}NO_{12}$	660	B1	474
N-deethyl-3-O-acetylchasmaconitine	$C_{34}H_{45}NO_{11}$	644	B1	475
N-deethyl-3-O-acetyljesaconitine	$C_{35}H_{47}NO_{13}$	690	B1	476
N-deethyl-3-O-acetylyunaconitine	$C_{35}H_{47}NO_{12}$	674	B1	477
N-deethylaconitine	$C_{32}H_{43}NO_{11}$	618	B1	478
N-deethylaljesaconitine A	$C_{32}H_{45}NO_{11}$	620	B1	479
N-deethylchasmanine	$C_{23}H_{37}NO_6$	424	B1	480
N-deethyldelphisine	$C_{26}H_{39}NO_8$	494	B1	481
N-deethyldelstaphidine	$C_{26}H_{37}NO_8$	492	B1	482
N-deethyldelstaphinine	$C_{22}H_{33}NO_6$	408	B1	483
N-deethyldeoxyaconitine	$C_{32}H_{43}NO_{10}$	602	B1	484
N-deethyl-N-19-didehydrosachaconitine	$C_{21}H_{31}NO_4$	362	B1	485
N-deethylperegrine alcohol	$C_{22}H_{35}NO_5$	394	B1	486
N-deethyltalatisamine	$C_{22}H_{35}NO_5$	394	B1	487
N-desethyl-N-formyl-8-O-methyltalatisamine	$C_{24}H_{37}NO_6$	436	B1	488
neojiangyouaconitine	$C_{33}H_{47}NO_9$	602	B1	489
neoline	$C_{24}H_{39}NO_6$	438	B1	490
neoline 1-acetate	$C_{26}H_{41}NO_7$	480	B1	994
neolinine	$C_{23}H_{37}NO_6$	424	B1	491
nevadenine	$C_{23}H_{35}NO_5$	406	B1	492

化合物名称	分子式	分子量（$M+1$）	骨架类型	页码
nuttalianine	$C_{26}H_{41}NO_7$	480	B1	493
nuttalline	$C_{24}H_{39}NO_6$	438	B1	494
nuttallianine	$C_{26}H_{41}NO_7$	480	B1	495
ouvrardiantine	$C_{35}H_{49}NO_{11}$	660	B1	496
patentine	$C_{33}H_{45}NO_8$	584	B1	497
penduline	$C_{34}H_{47}NO_9$	614	B1	498
pengshenine A	$C_{24}H_{37}NO_6$	436	B1	499
pengshenine B	$C_{22}H_{33}NO_5$	392	B1	469
pentagyline	$C_{30}H_{41}NO_7$	528	B1	500
pentagynine	$C_{23}H_{35}NO_5$	406	B1	501
peregrine	$C_{26}H_{41}NO_6$	464	B1	502
peregrine alcohol	$C_{24}H_{39}NO_5$	422	B1	503
peregrinine	$C_{24}H_{35}NO_6$	434	B1	504
piepunensine A	$C_{22}H_{33}NO_6$	408	B1	505
polyschistine A	$C_{36}H_{51}NO_{11}$	674	B1	506
polyschistine B	$C_{34}H_{47}NO_{11}$	646	B1	507
polyschistine C	$C_{31}H_{41}NO_{10}$	588	B1	508
polyschistine D	$C_{34}H_{47}NO_{11}$	646	B1	509
pseudaconine	$C_{25}H_{41}NO_8$	484	B1	510
pseudaconitine	$C_{36}H_{51}NO_{12}$	690	B1	511
pubescensine	$C_{33}H_{45}NO_{10}$	616	B1	512
racemulosine B	$C_{31}H_{43}NO_8$	558	B1	513
raveyine	$C_{23}H_{37}NO_5$	408	B1	514
royleinine	$C_{24}H_{39}NO_5$	422	B1	515
scaconine	$C_{24}H_{39}NO_5$	422	B1	516
scaconitine	$C_{33}H_{46}N_2O_7$	583	B1	517
senbusine A	$C_{23}H_{37}NO_6$	424	B1	518
senbusine B	$C_{23}H_{37}NO_6$	424	B1	519
sinchiangensine A	$C_{50}H_{75}NO_{12}$	882	B1	520
sinomontanine C	$C_{34}H_{44}N_2O_9$	625	B1	521
sinomontanitine A	$C_{35}H_{44}N_2O_9$	637	B1	522
sinomontanitine B	$C_{36}H_{46}N_2O_9$	651	B1	523
souline A	$C_{26}H_{39}NO_7$	478	B1	524
souline D	$C_{22}H_{35}NO_3$	362	B1	525

续表

化合物名称	分子式	分子量($M+1$)	骨架类型	页码
souline E	$C_{22}H_{35}NO_3$	362	B1	526
spicatine A	$C_{34}H_{49}NO_{10}$	632	B1	527
spicatine B	$C_{31}H_{41}NO_{10}$	588	B1	528
stapfianine A	$C_{32}H_{43}NO_6$	538	B1	529
staphisadrine	$C_{27}H_{39}NO_9$	522	B1	530
staphisadrinine	$C_{23}H_{35}NO_6$	422	B1	531
straconitine A	$C_{31}H_{43}NO_8$	558	B1	532
straconitine B	$C_{30}H_{41}NO_8$	544	B1	533
subcumine	$C_{26}H_{41}NO_7$	480	B1	534
subcusine	$C_{24}H_{39}NO_6$	438	B1	535
sungpanconitine	$C_{36}H_{49}NO_9$	640	B1	536
taipeinine A	$C_{25}H_{41}NO_6$	452	B1	537
taipeinine B	$C_{25}H_{41}NO_6$	452	B1	538
taipeinine C	$C_{24}H_{39}NO_6$	438	B1	539
talassicumine A	$C_{34}H_{48}N_2O_7$	597	B1	540
talassicumine C	$C_{31}H_{40}N_2O_5$	521	B1	541
talatisamine	$C_{24}H_{39}NO_5$	422	B1	542
talatisamine 8-acetyl-14-*p*-methoxybenzoate	$C_{34}H_{47}NO_8$	598	B1	543
talatisamine 14-*p*-methoxybenzoate	$C_{32}H_{45}NO_7$	556	B1	544
talatizidine	$C_{23}H_{37}NO_5$	408	B1	545
taronenine A	$C_{34}H_{47}NO_{10}$	630	B1	546
taronenine B	$C_{34}H_{47}NO_{10}$	630	B1	547
taronenine C	$C_{33}H_{45}NO_9$	600	B1	548
taronenine D	$C_{33}H_{45}NO_9$	600	B1	549
taronenine E	$C_{24}H_{37}NO_6$	436	B1	550
taurenine	$C_{26}H_{41}NO_8$	496	B1	551
transconitine A	$C_{33}H_{45}NO_7$	568	B1	552
transconitine B	$C_{35}H_{49}NO_{12}$	676	B1	553
transconitine C	$C_{40}H_{65}NO_7$	672	B1	554
transconitine D	$C_{32}H_{43}NO_8$	570	B1	555
transconitine E	$C_{34}H_{45}NO_{11}$	644	B1	556
tschangbaischanitine	$C_{35}H_{49}NO_{11}$	660	B1	557
tuberaconitine	$C_{35}H_{49}NO_{10}$	644	B1	994
tubermesaconitine	$C_{34}H_{47}NO_{10}$	630	B1	995

化合物名称	分子式	分子量（$M+1$）	骨架类型	页码
veratroylbikhaconine	C$_{34}$H$_{49}$NO$_{10}$	632	B1	558
veratroylpseudaconine	C$_{34}$H$_{49}$NO$_{11}$	648	B1	559
villosudine A	C$_{35}$H$_{49}$NO$_9$	628	B1	560
villosudine B	C$_{36}$H$_{49}$NO$_{11}$	672	B1	561
villosutine	C$_{36}$H$_{49}$NO$_{10}$	656	B1	562
vilmorinine	C$_{35}$H$_{49}$NO$_9$	628	B1	563
vilmorrianine A	C$_{35}$H$_{49}$NO$_{10}$	644	B1	564
vilmorrianine B	C$_{22}$H$_{35}$NO$_4$	378	B1	565
vilmorrianine D	C$_{23}$H$_{37}$NO$_4$	392	B1	566
vilmorrianine F	C$_{23}$H$_{35}$NO$_5$	406	B1	567
vilmorrianine G	C$_{22}$H$_{33}$NO$_4$	376	B1	568
vilmotenitine C	C$_{22}$H$_{33}$NO$_4$	376	B1	569
yunaconitine	C$_{35}$H$_{49}$NO$_{11}$	660	B1	570
牛扁碱型				
1-demethylwinkleridine	C$_{22}$H$_{35}$NO$_6$	410	B2	571
1-O, 19-didehydrotakaosamine	C$_{23}$H$_{35}$NO$_7$	438	B2	572
1-O-demethyltricornine	C$_{26}$H$_{41}$NO$_8$	496	B2	573
2, 3-dehydrodelcosine	C$_{24}$H$_{37}$NO$_7$	452	B2	995
6, 14-didehydrodictyocarpinine	C$_{24}$H$_{33}$NO$_7$	448	B2	574
6-acetyldelcorine	C$_{28}$H$_{43}$NO$_8$	522	B2	575
6-acetyldelpheline	C$_{27}$H$_{41}$NO$_7$	492	B2	576
6-demethyldelsoline	C$_{24}$H$_{39}$NO$_7$	454	B2	577
6-dehydrodelcorine	C$_{26}$H$_{39}$NO$_7$	478	B2	578
6-dehydrodeltaline	C$_{25}$H$_{37}$NO$_7$	464	B2	579
6-dehydrodictyocarpinine	C$_{24}$H$_{35}$NO$_7$	450	B2	580
6-dehydroeladine	C$_{24}$H$_{35}$NO$_6$	434	B2	581
6-demethyldelphatine	C$_{25}$H$_{41}$NO$_7$	468	B2	582
6-deoxydelcorine	C$_{26}$H$_{41}$NO$_6$	464	B2	584
6-epi-pubescenine	C$_{26}$H$_{41}$NO$_8$	496	B2	585
6-O-acetyl-14-O-methyldelphinifoline	C$_{26}$H$_{41}$NO$_8$	496	B2	586
6-O-acetyldemethylenedelcorine	C$_{27}$H$_{43}$NO$_8$	510	B2	587
6-oxocorumdephine	C$_{25}$H$_{37}$NO$_7$	464	B2	589
8-methyl-10-hydroxyllycoctonine	C$_{26}$H$_{43}$NO$_8$	498	B2	590
8-methyllycoctonine	C$_{26}$H$_{43}$NO$_7$	482	B2	591

续表

化合物名称	分子式	分子量（$M+1$）	骨架类型	页码
8-O-cinnamoylgraciline	$C_{30}H_{37}NO_5$	492	B2	592
8-O-methylconsolarine	$C_{23}H_{37}NO_6$	424	B2	593
8-O-methyllycaconitine	$C_{37}H_{50}N_2O_{10}$	683	B2	594
9-hydroxyvirescenine	$C_{23}H_{37}NO_7$	440	B2	595
10-hydroxydelsoline	$C_{25}H_{41}NO_8$	484	B2	596
10-hydroxymethyllycaconitine	$C_{37}H_{50}N_2O_{11}$	699	B2	597
10-hydroxynudicaulidine	$C_{24}H_{39}NO_7$	454	B2	598
14-(2-methylbutyryl)-nudicaulidine	$C_{29}H_{47}NO_7$	522	B2	599
14-acetylbrowniine	$C_{27}H_{43}NO_8$	510	B2	600
14-acetyldihydrogadesine	$C_{25}H_{39}NO_7$	466	B2	601
14-acetylbearline	$C_{39}H_{50}N_2O_{12}$	739	B2	602
14-acetyldelcosine	$C_{26}H_{41}NO_8$	496	B2	603
14-acetyldictyocarpine	$C_{28}H_{41}NO_9$	536	B2	604
16-acetylelasine	$C_{28}H_{41}NO_9$	536	B2	605
14-acetylgadesine	$C_{25}H_{37}NO_7$	464	B2	606
14-acetylisodelpheline	$C_{27}H_{41}NO_7$	492	B2	607
14-acetylnudicaulidine	$C_{26}H_{41}NO_7$	480	B2	608
14-acetylvirescenine	$C_{25}H_{39}NO_7$	466	B2	609
14-benzoylbrowniine	$C_{32}H_{45}NO_8$	572	B2	610
14-benzoyldihydrogadesine	$C_{30}H_{41}NO_7$	528	B2	611
14-benzoylgadesine	$C_{30}H_{39}NO_7$	526	B2	612
14-benzoyldelcosine	$C_{31}H_{43}NO_8$	558	B2	613
14-benzoylnudicaulidine	$C_{31}H_{43}NO_7$	542	B2	614
14-cis-cinnamoylnudicaulidine	$C_{33}H_{45}NO_7$	568	B2	615
14-$trans$-cinnamoylnudicaulidine	$C_{33}H_{45}NO_7$	568	B2	616
14-deacetyl-14-isobutyrylajadine	$C_{37}H_{52}N_2O_{10}$	685	B2	617
14-deacetyl-14-isobutyrylnudicauline	$C_{40}H_{54}N_2O_{11}$	739	B2	618
14-deacetylajadine	$C_{33}H_{46}N_2O_9$	615	B2	619
N-acetyldelectine	$C_{33}H_{46}N_2O_9$	615	B2	619
14-deacetylambiguine	$C_{26}H_{43}NO_7$	482	B2	670
14-deacetylnudicauline	$C_{36}H_{48}N_2O_{10}$	669	B2	621
14-dehydrobrowniine	$C_{25}H_{39}NO_7$	466	B2	622
14-dehydrodelcosine	$C_{24}H_{37}NO_7$	452	B2	623
14-dehydrodictyocarpine	$C_{26}H_{37}NO_8$	492	B2	624

化合物名称	分子式	分子量（$M+1$）	骨架类型	页码
14-dehydrodictyocarpinine	$C_{24}H_{35}NO_7$	450	B2	625
14-demethyl-14-acetylanhweidelphinine	$C_{36}H_{44}N_2O_{11}$	681	B2	626
14-demethyl-14-isobutyrylanhweidelphinine	$C_{38}H_{48}N_2O_{11}$	709	B2	627
14-ketogadesine	$C_{23}H_{33}NO_6$	420	B2	996
14-isobutyrylnudicaulidine	$C_{28}H_{45}NO_7$	508	B2	628
14-O-acetylleroyine	$C_{24}H_{37}NO_6$	436	B2	629
14-O-acetyltakaosamine	$C_{25}H_{39}NO_8$	482	B2	630
14-O-benzoyltakaosamine	$C_{30}H_{41}NO_8$	544	B2	631
14-O-deacetylpubescenine	$C_{24}H_{39}NO_7$	454	B2	632
16-deacetylgeyerline	$C_{36}H_{48}N_2O_{10}$	669	B2	633
16-demethoxydelavaine	$C_{37}H_{52}N_2O_{10}$	685	B2	634
16-demethoxymethyllycaconitine	$C_{36}H_{48}N_2O_9$	653	B2	635
16-demethyldelsoline	$C_{24}H_{39}NO_7$	454	B2	636
18-demethoxypubescenine	$C_{25}H_{39}NO_7$	466	B2	637
18-demethyl-14-deacetylpubescenine	$C_{23}H_{37}NO_7$	440	B2	638
18-deoxylycoctonine	$C_{25}H_{41}NO_6$	452	B2	639
18-hydroxy-14-O-methylgadesine	$C_{24}H_{37}NO_7$	452	B2	640
18-methoxyeladine	$C_{25}H_{39}NO_7$	466	B2	641
18-O-2-(2-methyl-4-oxo-4H-quinazoline-3-yl)-benzoyllycoctonine	$C_{41}H_{51}N_3O_9$	730	B2	642
18-O-benxoyl-14-O-deacetyl-18-O-demethylpubescenine	$C_{30}H_{41}NO_8$	544	B2	643
18-O-methyldelterine	$C_{26}H_{43}NO_8$	498	B2	644
19-oxoanthranoyllycoctonine	$C_{32}H_{44}N_2O_9$	601	B2	645
pacifiline	$C_{32}H_{44}N_2O_9$	601	B2	645
19-oxodelphatine	$C_{26}H_{41}NO_8$	496	B2	647
19-oxoisodelpheline	$C_{25}H_{37}NO_7$	464	B2	648
acosanine	$C_{25}H_{41}NO_7$	468	B2	582
acoseptridine	$C_{31}H_{42}N_2O_8$	571	B2	649
acoseptrinine	$C_{31}H_{44}N_2O_8$	573	B2	650
acovulparine	$C_{23}H_{35}NO_7$	438	B2	651
ajacine	$C_{34}H_{48}N_2O_9$	629	B2	652
ajacisine A	$C_{31}H_{44}N_2O_9$	589	B2	653
ajacisine B	$C_{32}H_{46}N_2O_9$	603	B2	654
ajacisine C	$C_{31}H_{42}N_2O_8$	571	B2	655

化合物名称	分子式	分子量（$M+1$）	骨架类型	页码
ajacisine D	$C_{30}H_{42}N_2O_8$	559	B2	656
ajacisine E	$C_{30}H_{42}N_2O_8$	559	B2	657
ajacusine	$C_{43}H_{52}N_2O_{11}$	773	B2	658
ajadelphine	$C_{25}H_{39}NO_7$	466	B2	659
ajadelphinine	$C_{23}H_{35}NO_6$	422	B2	660
ajadine	$C_{35}H_{48}N_2O_{10}$	657	B2	661
ajadinine	$C_{33}H_{42}N_2O_{10}$	627	B2	662
ajanine	$C_{38}H_{54}N_2O_{11}$	715	B2	663
alboviolaconitine A	$C_{26}H_{41}NO_8$	496	B2	664
alboviolaconitine B	$C_{36}H_{46}N_2O_{11}$	683	B2	665
alboviolaconitine C	$C_{35}H_{46}N_2O_{10}$	655	B2	666
alboviolaconitine D	$C_{34}H_{42}N_2O_{10}$	639	B2	667
alpinine	$C_{41}H_{56}N_2O_{11}$	753	B2	668
ambiguine	$C_{28}H_{45}NO_8$	524	B2	669
aemulansine	$C_{25}H_{39}NO_8$	482	B2	674
andersonidine	$C_{33}H_{46}N_2O_9$	615	B2	675
andersonine	$C_{39}H_{54}N_2O_{12}$	743	B2	676
anhweidelphinine	$C_{35}H_{44}N_2O_{10}$	653	B2	677
anthranoyllycoctonine	$C_{32}H_{46}N_2O_8$	587	B2	678
anthriscifoldine A	$C_{25}H_{37}NO_7$	464	B2	679
anthriscifoldine B	$C_{25}H_{39}NO_7$	466	B2	680
anthriscifoldine C	$C_{27}H_{41}NO_7$	492	B2	681
anthriscifolrine A	$C_{25}H_{37}NO_6$	448	B2	682
anthriscifolrine B	$C_{27}H_{41}NO_8$	508	B2	683
anthriscifolrine C	$C_{27}H_{41}NO_9$	524	B2	684
anthriscifolrine D	$C_{27}H_{39}NO_9$	522	B2	685
anthriscifolrine E	$C_{26}H_{39}NO_8$	494	B2	686
anthriscifolrine F	$C_{25}H_{39}NO_7$	466	B2	687
avadharidine	$C_{36}H_{51}N_3O_{10}$	686	B2	688
barbeline	$C_{25}H_{35}NO_8$	478	B2	689
barbinidine	$C_{26}H_{37}NO_8$	492	B2	690
barbinine	$C_{36}H_{46}N_2O_{10}$	667	B2	691
bearline	$C_{37}H_{48}N_2O_{11}$	697	B2	692
blacknidine	$C_{23}H_{37}NO_5$	408	B2	693

续表

化合物名称	分子式	分子量 ($M+1$)	骨架类型	页码
blacknine	C$_{23}$H$_{35}$NO$_6$	422	B2	694
bonvalol	C$_{24}$H$_{37}$NO$_7$	452	B2	695
bonvalone	C$_{24}$H$_{35}$NO$_7$	450	B2	696
bonvalotidine A	C$_{27}$H$_{41}$NO$_8$	508	B2	697
bonvalotidine B	C$_{25}$H$_{39}$NO$_7$	466	B2	698
bonvalotidine C	C$_{25}$H$_{37}$NO$_7$	464	B2	699
bonvalotidine D	C$_{25}$H$_{41}$NO$_6$	452	B2	700
bonvalotidine E	C$_{26}$H$_{39}$NO$_8$	494	B2	701
bonvalotine	C$_{26}$H$_{39}$NO$_8$	494	B2	702
browniine	C$_{25}$H$_{41}$NO$_7$	468	B2	703
budelphine	C$_{24}$H$_{35}$NO$_8$	466	B2	704
bulleyanitine A	C$_{35}$H$_{47}$N$_3$O$_{10}$	670	B2	705
bulleyanitine B	C$_{35}$H$_{47}$N$_3$O$_{11}$	686	B2	706
bulleyanitine C	C$_{35}$H$_{47}$N$_3$O$_{11}$	686	B2	707
caerudelphinine A	C$_{25}$H$_{39}$NO$_8$	482	B2	708
caerunine	C$_{24}$H$_{35}$NO$_7$	450	B2	709
campylocine	C$_{25}$H$_{37}$NO$_7$	464	B2	710
campylotine	C$_{24}$H$_{37}$NO$_7$	452	B2	711
cardiopetalidine	C$_{21}$H$_{33}$NO$_4$	364	B2	712
cardiopetalidine diacetate	C$_{25}$H$_{37}$NO$_6$	448	B2	996
consolarine	C$_{22}$H$_{35}$NO$_6$	410	B2	713
corumdephine	C$_{25}$H$_{39}$NO$_6$	450	B2	714
davidisine A	C$_{23}$H$_{37}$NO$_7$	440	B2	715
davidisine B	C$_{24}$H$_{37}$NO$_8$	468	B2	716
deacetylelasine	C$_{24}$H$_{37}$NO$_7$	452	B2	717
deacetylswinanine A	C$_{25}$H$_{37}$NO$_7$	464	B2	718
dehydroacosanine	C$_{25}$H$_{39}$NO$_7$	466	B2	719
dehydrodelsoline	C$_{25}$H$_{39}$NO$_7$	466	B2	720
dehydrodeltatsine	C$_{25}$H$_{39}$NO$_7$	466	B2	721
delajacine	C$_{37}$H$_{54}$N$_2$O$_9$	671	B2	722
delajacirine	C$_{36}$H$_{52}$N$_2$O$_9$	657	B2	723
delajadine	C$_{38}$H$_{54}$N$_2$O$_{10}$	699	B2	724
delavaine A	C$_{38}$H$_{54}$N$_2$O$_{11}$	715	B2	725
delavaine A free acid	C$_{37}$H$_{52}$N$_2$O$_{11}$	701	B2	726

化合物名称	分子式	分子量（$M+1$）	骨架类型	页码
delavaine B	$C_{38}H_{54}N_2O_{11}$	715	B2	727
delavaine B free acid	$C_{37}H_{52}N_2O_{11}$	701	B2	728
shawurensine	$C_{37}H_{52}N_2O_{11}$	701	B2	728
delbonine	$C_{27}H_{43}NO_8$	510	B2	730
delbotine	$C_{26}H_{43}NO_7$	482	B2	731
delbruline	$C_{26}H_{41}NO_7$	480	B2	732
delbrunine	$C_{25}H_{39}NO_7$	466	B2	733
delbruninol	$C_{24}H_{37}NO_7$	452	B2	734
delbrusine	$C_{27}H_{43}NO_7$	494	B2	735
delcaroline	$C_{25}H_{41}NO_8$	484	B2	736
delcoridine	$C_{25}H_{39}NO_7$	466	B2	737
delcorine	$C_{26}H_{41}NO_7$	480	B2	738
delcorinine	$C_{24}H_{37}NO_7$	452	B2	996
delcosine	$C_{24}H_{39}NO_7$	454	B2	739
delectine	$C_{31}H_{44}N_2O_8$	573	B2	740
delectinine	$C_{24}H_{39}NO_7$	454	B2	671
delectinine 14-O-acetate	$C_{26}H_{41}NO_8$	496	B2	741
delelatine	$C_{24}H_{37}NO_6$	436	B2	742
delphatine	$C_{26}H_{43}NO_7$	482	B2	743
delpheline	$C_{25}H_{39}NO_6$	450	B2	744
delphinifoline	$C_{23}H_{37}NO_7$	440	B2	745
delphinium alkaloid A	$C_{22}H_{29}NO_6$	404	B2	672
delphinium alkaloid B	$C_{23}H_{31}NO_6$	418	B2	673
delphiperegrine	$C_{34}H_{47}NO_8$	598	B2	746
delsemine A	$C_{37}H_{53}N_3O_{10}$	700	B2	747
delsemine B	$C_{37}H_{53}N_3O_{10}$	700	B2	748
delsoline	$C_{25}H_{41}NO_7$	468	B2	749
deltaline	$C_{27}H_{41}NO_8$	508	B2	750
deltamine	$C_{25}H_{39}NO_7$	466	B2	751
deltatsine	$C_{25}H_{41}NO_7$	468	B2	752
delterine	$C_{25}H_{41}NO_7$	468	B2	753
delvestidine	$C_{33}H_{48}N_2O_8$	601	B2	754
delvestine	$C_{32}H_{46}N_2O_8$	587	B2	755
demethylenedelpheline	$C_{24}H_{39}NO_6$	438	B2	997

续表

化合物名称	分子式	分子量（$M+1$）	骨架类型	页码
deoxydelsoline	$C_{25}H_{41}NO_6$	452	B2	997
desacetyl-6-*epi*-pubescenine	$C_{24}H_{39}NO_7$	454	B2	756
dictyocarpine	$C_{26}H_{39}NO_8$	494	B2	757
dictyocarpinine	$C_{24}H_{37}NO_7$	452	B2	758
dihydrogadesine	$C_{23}H_{37}NO_6$	424	B2	759
dimethyllycoctonine	$C_{27}H_{45}NO_7$	496	B2	760
eladine	$C_{24}H_{37}NO_6$	436	B2	761
elanine	$C_{41}H_{56}N_2O_{11}$	753	B2	762
elapacidine	$C_{24}H_{37}NO_6$	436	B2	763
elapacigine	$C_{23}H_{31}NO_6$	418	B2	764
elasine	$C_{26}H_{39}NO_8$	494	B2	765
elatidine	$C_{26}H_{41}NO_7$	480	B2	766
finetiadine	$C_{38}H_{52}N_2O_{12}$	729	B2	767
gadeline	$C_{30}H_{39}NO_8$	542	B2	768
gadenine	$C_{30}H_{41}NO_8$	544	B2	769
gadesine	$C_{23}H_{35}NO_6$	422	B2	770
gigactonine	$C_{24}H_{39}NO_7$	454	B2	771
giraldine A	$C_{23}H_{35}NO_6$	422	B2	772
giraldine B	$C_{25}H_{37}NO_7$	464	B2	773
giraldine C	$C_{30}H_{39}NO_7$	526	B2	774
giraldine D	$C_{24}H_{37}NO_6$	436	B2	775
giraldine E	$C_{25}H_{39}NO_7$	466	B2	776
giraldine F	$C_{23}H_{33}NO_6$	420	B2	777
giraldine G	$C_{40}H_{57}N_3O_{11}$	756	B2	778
giraldine H	$C_{41}H_{59}N_3O_{11}$	770	B2	779
glabredelphinine	$C_{22}H_{33}NO_6$	408	B2	780
glaucedine	$C_{30}H_{49}NO_8$	552	B2	781
glaucenine	$C_{31}H_{47}NO_9$	578	B2	782
glaucephine	$C_{33}H_{43}NO_9$	598	B2	783
glaucerine	$C_{30}H_{45}NO_9$	564	B2	784
glaudelsine	$C_{36}H_{48}N_2O_{10}$	669	B2	785
graciline	$C_{21}H_{31}NO_4$	362	B2	786
gracinine	$C_{30}H_{41}NO_8$	544	B2	787
grandifline B	$C_{25}H_{39}NO_8$	482	B2	788

续表

化合物名称	分子式	分子量（$M+1$）	骨架类型	页码
grandifloricine	$C_{35}H_{44}N_2O_{10}$	653	B2	789
grandiflorine	$C_{36}H_{48}N_2O_{10}$	669	B2	790
grandifloritine	$C_{35}H_{42}N_2O_{10}$	651	B2	791
gyalanine A	$C_{39}H_{56}N_2O_{11}$	729	B2	792
gyalanine B	$C_{39}H_{56}N_2O_{11}$	729	B2	793
ibukinamine	$C_{23}H_{35}NO_7$	438	B2	998
iliensine A	$C_{40}H_{55}NO_{14}$	774	B2	794
iliensine B	$C_{26}H_{41}NO_8$	496	B2	795
iminodelpheline	$C_{23}H_{33}NO_6$	420	B2	796
iminoisodelpheline	$C_{23}H_{33}NO_6$	420	B2	797
iminopaciline	$C_{24}H_{35}NO_6$	434	B2	798
isodelectine	$C_{31}H_{44}N_2O_8$	573	B2	799
isodelelatine	$C_{24}H_{37}NO_6$	436	B2	800
jiufengdine	$C_{36}H_{52}N_2O_9$	657	B2	801
jiufengtine	$C_{30}H_{42}N_2O_8$	559	B2	802
jiufengsine	$C_{38}H_{54}N_2O_{11}$	715	B2	803
laxicymine	$C_{24}H_{35}NO_7$	450	B2	804
laxicyminine	$C_{24}H_{35}NO_6$	434	B2	805
laxicymisine	$C_{24}H_{37}NO_7$	452	B2	806
leroyine	$C_{22}H_{35}NO_5$	394	B2	807
leucostine A	$C_{27}H_{43}NO_8$	510	B2	587
leucostine B	$C_{24}H_{39}NO_8$	470	B2	808
lycoctonine	$C_{25}H_{41}NO_7$	468	B2	809
macrocentridine	$C_{23}H_{37}NO_7$	440	B2	810
majusine A	$C_{32}H_{44}N_2O_9$	601	B2	811
majusine B	$C_{24}H_{37}NO_6$	436	B2	812
majusine C	$C_{26}H_{37}NO_8$	492	B2	813
melpheline	$C_{24}H_{37}NO_6$	436	B2	814
methyllycaconitine	$C_{37}H_{50}N_2O_{10}$	683	B2	815
molline	$C_{25}H_{39}NO_7$	466	B2	816
navicularine	$C_{27}H_{43}NO_8$	510	B2	817
N-deethyl-19-oxoisodelpheline	$C_{23}H_{33}NO_7$	436	B2	818
tongolenine D	$C_{23}H_{33}NO_7$	436	B2	818
N-deethyl-19-oxodelpheline	$C_{23}H_{33}NO_7$	436	B2	820

化合物名称	分子式	分子量（$M+1$）	骨架类型	页码
N-deethyldelphatine	$C_{24}H_{39}NO_7$	454	B2	821
N-deethylmethyllycaconitine	$C_{35}H_{46}N_2O_{10}$	655	B2	822
N-deethylnevadensine	$C_{21}H_{32}NO_6$	394	B2	823
N-deethyl-N-formylpaciline	$C_{25}H_{37}NO_7$	464	B2	824
N-deethyl-N-formylpacinine	$C_{24}H_{33}NO_7$	448	B2	825
nevadensine	$C_{23}H_{35}NO_6$	422	B2	826
N-formyl-4, 19-secopacinine	$C_{25}H_{37}NO_7$	464	B2	827
N-formyl-4, 19-secoyunnadelphinine	$C_{24}H_{35}NO_7$	450	B2	828
nordhagenine A	$C_{25}H_{39}NO_6$	450	B2	829
nordhagenine B	$C_{26}H_{39}NO_8$	494	B2	830
nordhagenine C	$C_{26}H_{39}NO_8$	494	B2	831
nudicaulamine	$C_{25}H_{39}NO_6$	450	B2	832
nudicaulidine	$C_{24}H_{39}NO_6$	438	B2	833
nudicauline	$C_{38}H_{50}N_2O_{11}$	711	B2	834
occidentalidine	$C_{29}H_{47}NO_8$	538	B2	835
occidentaline	$C_{25}H_{39}NO_5$	434	B2	836
olividine	$C_{26}H_{39}NO_8$	494	B2	837
olivimine	$C_{24}H_{37}NO_7$	452	B2	838
omeienine	$C_{35}H_{50}N_2O_{10}$	659	B2	839
orthocentrine	$C_{22}H_{33}NO_5$	392	B2	840
pacidine	$C_{24}H_{37}NO_6$	436	B2	841
pacifidine	$C_{30}H_{40}N_2O_8$	557	B2	842
pacifinine	$C_{30}H_{40}N_2O_9$	573	B2	843
paciline	$C_{26}H_{41}NO_6$	464	B2	844
pacinine	$C_{25}H_{37}NO_6$	448	B2	845
pentagydine	$C_{22}H_{33}NO_5$	392	B2	998
pergilone	$C_{26}H_{37}NO_8$	492	B2	846
potanidine A	$C_{41}H_{60}N_2O_{11}$	757	B2	847
potanidine B	$C_{37}H_{48}N_2O_{11}$	697	B2	848
potanine	$C_{24}H_{39}NO_7$	454	B2	849
potanisine A	$C_{25}H_{40}NO_7$	466（M^+）	B2	850
potanisine B	$C_{36}H_{46}N_2O_{11}$	683	B2	851
potanisine C	$C_{25}H_{39}NO_9$	498	B2	852
potanisine D	$C_{32}H_{44}N_2O_{10}$	617	B2	853

续表

化合物名称	分子式	分子量（$M+1$）	骨架类型	页码
potanisine E	$C_{37}H_{48}N_2O_{12}$	713	B2	854
potanisine F	$C_{38}H_{52}N_2O_{10}$	697	B2	855
potanisine G	$C_{38}H_{55}N_3O_{10}$	714	B2	856
pseudonidine A	$C_{24}H_{35}NO_7$	450	B2	857
pseudonidine B	$C_{29}H_{45}NO_8$	536	B2	858
pseudophnine A	$C_{25}H_{40}NO_7$	466（M^+）	B2	859
pseudophnine B	$C_{24}H_{38}NO_7$	452（M^+）	B2	860
pseudophnine C	$C_{27}H_{42}NO_7$	492（M^+）	B2	861
pseudophnine D	$C_{26}H_{40}NO_7$	478（M^+）	B2	862
pseudorenine A	$C_{39}H_{53}N_2O_{11}$	725（M^+）	B2	863
pseudorenine B	$C_{39}H_{53}N_2O_{11}$	725（M^+）	B2	864
puberaconitidine	$C_{37}H_{52}N_2O_{11}$	701	B2	999
puberaconitine	$C_{36}H_{50}N_2O_{11}$	687	B2	865
pubescenine	$C_{26}H_{41}NO_8$	496	B2	866
6β, 7β, 8β, 15α-tetrahydroxy-1α, 14α, 16β, 18β-tetramethoxy-aconitan-19-en	$C_{25}H_{41}NO_8$	484	B2	867
septentriodine	$C_{37}H_{52}N_2O_{11}$	701	B2	868
septentrionine	$C_{38}H_{54}N_2O_{11}$	715	B2	869
septerine	$C_{33}H_{48}N_2O_8$	601	B2	999
sharwuphinine A	$C_{23}H_{35}NO_8$	454	B2	870
sharwuphinine B	$C_{26}H_{39}NO_7$	478（M^+）	B2	871
sinomontanine I	$C_{34}H_{44}N_2O_{10}$	641	B2	872
siwanine A	$C_{27}H_{39}NO_8$	506	B2	873
siwanine B	$C_{26}H_{37}NO_8$	492	B2	874
siwanine C	$C_{26}H_{37}NO_7$	476	B2	875
siwanine D	$C_{25}H_{35}NO_8$	478	B2	876
siwanine E	$C_{28}H_{39}NO_9$	534	B2	877
siwanine F	$C_{26}H_{37}NO_8$	492	B2	878
soulidine	$C_{27}H_{41}NO_8$	508	B2	879
souline C	$C_{27}H_{41}NO_7$	492	B2	880
swatinine	$C_{25}H_{41}NO_8$	484	B2	881
takaonine	$C_{24}H_{35}NO_7$	450	B2	882
takaosamine	$C_{23}H_{37}NO_7$	440	B2	883
talitine A	$C_{26}H_{41}NO_8$	496	B2	884

化合物名称	分子式	分子量（$M+1$）	骨架类型	页码
talitine B	C$_{26}$H$_{41}$NO$_7$	480	B2	885
talitine C	C$_{27}$H$_{41}$NO$_9$	524	B2	886
tatsidine	C$_{23}$H$_{35}$NO$_6$	422	B2	887
tatsienine V	C$_{25}$H$_{39}$NO$_7$	466	B2	888
tatsiensine	C$_{27}$H$_{39}$NO$_7$	490	B2	889
tatsinine	C$_{22}$H$_{35}$NO$_6$	410	B2	890
terdeline	C$_{27}$H$_{43}$NO$_7$	494	B2	891
tianshanidine	C$_{24}$H$_{35}$NO$_7$	450	B2	892
tianshanine	C$_{24}$H$_{39}$NO$_6$	438	B2	893
tianshanisine	C$_{23}$H$_{35}$NO$_5$	406	B2	894
tianshanisine A	C$_{30}$H$_{41}$NO$_6$	512	B2	895
tianshanisine B	C$_{23}$H$_{37}$NO$_5$	408	B2	896
tianshanisine C	C$_{25}$H$_{39}$NO$_6$	450	B2	897
tianshanisine D	C$_{23}$H$_{35}$NO$_5$	406	B2	898
tianshanisine E	C$_{25}$H$_{37}$NO$_7$	464	B2	899
tiantaishanmine	C$_{25}$H$_{35}$NO$_7$	462	B2	900
tiantaishannine	C$_{26}$H$_{39}$NO$_7$	478	B2	901
tongolenine C	C$_{23}$H$_{35}$NO$_6$	422	B2	902
tongoline	C$_{25}$H$_{39}$NO$_6$	450	B2	903
tricornine	C$_{27}$H$_{43}$NO$_8$	510	B2	904
trifoliolasine A	C$_{35}$H$_{50}$N$_2$O$_9$	643	B2	905
trifoliolasine B	C$_{36}$H$_{51}$N$_3$O$_{10}$	686	B2	906
trifoliolasine C	C$_{40}$H$_{57}$N$_3$O$_{11}$	756	B2	907
turcosine	C$_{24}$H$_{39}$NO$_8$	470	B2	908
umbrosine	C$_{24}$H$_{39}$NO$_6$	438	B2	909
umbrosumine A	C$_{38}$H$_{53}$N$_3$O$_{11}$	728	B2	910
umbrosumine B	C$_{38}$H$_{53}$N$_3$O$_{11}$	728	B2	911
umbrosumine C	C$_{38}$H$_{52}$N$_2$O$_{12}$	729	B2	912
uraphine	C$_{25}$H$_{39}$NO$_7$	466	B2	913
vaginadine	C$_{24}$H$_{35}$NO$_7$	450	B2	914
vaginaline	C$_{24}$H$_{37}$NO$_7$	452	B2	915
vaginatine	C$_{24}$H$_{39}$NO$_7$	454	B2	916
virescenine	C$_{23}$H$_{37}$NO$_6$	424	B2	917
winkleridine	C$_{23}$H$_{37}$NO$_6$	424	B2	918

化合物名称	分子式	分子量（M+1）	骨架类型	页码
7, 8-epoxy-franchetine	C$_{31}$H$_{41}$NO$_7$	540	B5	948
13-hydroxyfranchetine	C$_{31}$H$_{41}$NO$_7$	540	B5	949
14-debenzoylfranchetine	C$_{24}$H$_{37}$NO$_5$	420	B5	950
16-hydroxyl-vilmorisine	C$_{25}$H$_{37}$NO$_6$	448	B5	951
beiwudine	C$_{31}$H$_{41}$NO$_8$	556	B5	952
brachyaconitine C	C$_{32}$H$_{41}$NO$_{10}$	600	B5	953
carmichasine B	C$_{31}$H$_{41}$NO$_7$	540	B5	954
carmichasine C	C$_{24}$H$_{37}$NO$_6$	436	B5	955
circinatine A	C$_{32}$H$_{43}$NO$_8$	570	B5	956
francheline	C$_{24}$H$_{37}$NO$_6$	436	B5	957
franchetine	C$_{31}$H$_{41}$NO$_6$	524	B5	958
guiwuline	C$_{24}$H$_{37}$NO$_6$	436	B5	959
hemaconitine A	C$_{33}$H$_{48}$NO$_{10}$	618	B5	960
kongboendine	C$_{32}$H$_{43}$NO$_7$	554	B5	961
leueandine	C$_{33}$H$_{43}$NO$_6$	550	B5	962
secoaconitine	C$_{32}$H$_{43}$NO$_9$	586	B5	963
secojesaconitine	C$_{33}$H$_{45}$NO$_{10}$	616	B5	1001
secokaraconitine	C$_{30}$H$_{39}$NO$_9$	558	B5	964
secoyunaconitine	C$_{33}$H$_{45}$NO$_9$	600	B5	965
szechenyianine C	C$_{30}$H$_{39}$NO$_8$	524	B5	966
szechenyianine D	C$_{31}$H$_{43}$NO$_{10}$	590	B5	967
vilmorisine	C$_{26}$H$_{39}$NO$_6$	462	B5	968
vilmoritine	C$_{24}$H$_{35}$NO$_5$	418	B5	969
重排型 B6				
aconitramine A	C$_{24}$H$_{35}$NO$_4$	402	B6	970
acoseptine	C$_{32}$H$_{44}$N$_2$O$_7$	569	B6	971
anhydrolycaconitine	C$_{36}$H$_{46}$N$_2$O$_9$	651	B6	972
puberuline C	C$_{25}$H$_{39}$NO$_6$	450	B6	973
septonine	C$_{35}$H$_{44}$N$_2$O$_9$	637	B6	974
septontrionine	C$_{25}$H$_{39}$NO$_6$	450	B6	975
vilmoraconitine	C$_{23}$H$_{33}$NO$_3$	372	B6	976
vilmorine B	C$_{21}$H$_{27}$NO$_3$	342	B6	977
vilmorine C	C$_{22}$H$_{29}$NO$_4$	372	B6	978
yunnanenseine A	C$_{37}$H$_{48}$N$_2$O$_9$	665	B6	979

续表

化合物名称	分子式	分子量（$M+1$）	骨架类型	页码
新骨架				
grandiflodine B	$C_{33}H_{48}N_2O_{10}$	633	新骨架	980
hemsleyaconitine F	$C_{23}H_{35}NO_3$	374	新骨架	981
hemsleyaconitine G	$C_{24}H_{37}NO_4$	404	新骨架	982
kusnezosine A	$C_{25}H_{37}NO_9$	496	新骨架	983
kusnezosine B	$C_{24}H_{37}NO_8$	480	新骨架	984
kusnezosine C	$C_{24}H_{35}NO_8$	466	新骨架	985
nagarine A	$C_{24}H_{39}NO_6$	438	新骨架	986
nagarine B	$C_{26}H_{41}NO_7$	480	新骨架	987
vilmorine A	$C_{23}H_{35}NO_3$	374	新骨架	988
vilmotenitine A	$C_{23}H_{35}NO_3$	374	新骨架	989
vilmotenitine B	$C_{23}H_{37}NO_4$	404	新骨架	990